# 측량 및
# 지형공간정보공학

측량 및 지형공간정보공학은 지형정보를 기반으로 하고 공간정보를 활용하여 인류가 지향하는 참
된 생활환경 조성과 미래지향적인 복지사회 구현에 기여할 수 있는 과학기술이다. 여기서 지형정보
는 삶의 터전(地)에 존재하는 대상(자연물 및 인공물)의 형상(形象)에 의하여 이루어지는 정보이고,
공간정보는 자연 및 인간의 특성이 시간과 위치에 관련되어 제한된 영역(空間)에서 발생하는 현상
(現象)으로 이루어지는 정보를 뜻한다.

유 연(柳 然) 저
유복모(柳福模) 감수

씨아이알

# 발간사

   삶의 가치창출을 향상시킬 수 있는 미래지향적 학문이 되려면 인간생활영역에 관련된 제반형상(形象)과 현상(現像)에 관한 사항을 올바르게 관측하여 해석하고 처리하여 모든 인간생활 상황에 대한 적절한 의사결정, 편의제공 등을 극대화시킬 수 있도록 신속성(迅速性), 정확성(正確性), 유연성[[柔軟性 또는 융통성(融通性)] 및 완결성(完結性) 있게 수행할 수 있어야 한다. 이에 본 도서는 현대인들이 필요불가결하고 정보문화에 기본이 되는 위치 해석, 대상을 가시화시키는 도면화 및 도형 해석(또는 도면제작 및 도형처리), 사회기반시설 조성 및 유지관리에 대한 자료 마련, 영상 탐측, 지형공간정보의 특성, 현황 및 자료기반의 발전동향, 우주개발현황 및 미래계획에 관한 기본개념 등을 다루었다.

   또한 본 서는 건설 및 건설 관련 분야의 조사, 계획, 설계, 시공 등에 기본지식이 될 수 있는 내용이 상세하고 광범위하게 정리하였음으로 학부의 교재로 활용할 수 있을 뿐만 아니라 각종 국가고시 및 자격시험(기술고시, 각종 임용시험, 토목, 도시계획, 측량 및 지형공간정보 등에 관련된 기사·기술사 등)에 관한 지식기반에도 크게 기여할 수 있을 것이다.

   본 서와 관련된 영상은 '영상탐측학개관'(동명사 간), GIS는 '지형공간정보개관'(동명사 간 2판), 측지, 우주개발, 에너지자원, 재해예방 및 주거환경개선은 '지공탐측학개관'(박영사 간), '사회환경 안전관리'(씨아이알 간) 등을 참고하기 바란다.

   본 서 출판에 협력하여주신 도서출판 씨아이알 이일석 팀장을 비롯한 임직원 및 관계자 여러분에게 깊은 감사의 뜻을 전합니다.

   또한 독자 여러분께서 좋은 지적과 자료를 주신다면 지속적으로 보완수정을 하여 소기의 목적에 충실하고자 하오니 선배제현과 관련 분야 분들의 협조와 격려를 부탁드립니다.

(재)석곡관측과학기술연구원에서 2016. 1. 17.

저자 씀

# Contents

## PART 03　지형공간정보공학

### CHAPTER 12　지형공간정보공학

## PART 04　우주개발

### CHAPTER 13　우주개발

# 부 록

# PART. 01

# 서 론

# 01 서 론

## 1. 측량 및 지형공간정보공학의 의의

측량(測量, Survey)은 대상을 헤아려[측(測)] 크기[양(量)]를 알아내는 것이고 정보(情報, Information)는 자료를 처리하여 사용자에게 의미 있는 가치를 부여하는 것이다.

측량 및 지형공간정보공학(測量 · 地形空間情報工學, ESGI : Engineering of Survey and Geospatial Information)은 삶의 터전[또는 地球]에 존재하는 대상의 형상[形象 또는 형태(形態) ··· 자연물과 인공물]에 의하여 이루어지는 지형정보(地形情報, Geo Information)를 기반으로 하고 자연이나 인간의 특성이 시간과 위치(時 · 位)에 관련되어 제한된 영역[또는 공간(空間)]에서 발생하는 현상[現象 또는 상태(狀態) ··· 자연 및 인공의 특성에 의하여 나타나는 가치창출, 각종 사건 및 사고, 재난, 환경변화 등]에서 이루어지는 공간정보(空間情報, Spatial Information)를 활용하여 인류가 지향하는 참된 생활환경조성과 미래지향적인 복지사회구현에 기여할 수 있는 과학기술이다.

측량을 통하여 위치자료가 취득되어야만 지형정보와 공간정보를 이루어나갈 수 있다. 측량이란 용어는 중국의 주(周)나라에서 3100년 전부터 사용한 측천(測天 : 하늘을 헤아리고)양지(量地 : 삶의 터전인 땅에 존재하는 대상물의 크기를 관측하여 알아냄)에서 유래되었으며, 서양에서는 3000년 전 구약성서 여호수아 18장 4절에서 Survey라는 용어를 사용하였다. 측량공학

(Survey Engineering)은 지구 및 지구와 관련된 우주공간에 존재하는 제반 점[點 또는 대상물 (對象物)] 간의 위치관계와 특성을 해석하여 위치 결정, 도면제작 및 도형해석을 통하여 필요로 하는 정보화에 기여한다. 정보는 '상황에 대한 적절한 판단 및 행동을 통하여 가치를 창출할 수 있게 하는 지식'이다.

정보의 특성은, 가) 시간의 차원을 가지고 있기 때문에 미래에 유용하게 사용될 수 있고, 나) 복사가 가능하기 때문에 대량생산이 가능하며, 다) 정보의 소비자는 이를 이용하여 새로운 분야에 대한 정보의 생산자가 될 수 있고, 라) 정보는 아무리 분배해도 줄어들지 않고 오히려 새로운 사용자에 의해서 그 가치를 더욱 증대시킬 수 있다.

대상물의 특성을 일정한 기준에 따라 처리, 규격화한 정보체계(IS : Information System)는 다양한 이질적 관측 양들을 적절히 가공하여 자료화하고, 이들 자료를 보다 이용하기 쉽도록 자료기반(DB : Data Base)을 구축한다. 구축된 자료기반으로 정보의 시기적절함, 정보가 적용되는 대상 및 내용 등을 고려하여 일정한 목적에 부합하는 의미와 기능을 갖는 정보를 생산할 뿐만 아니라 많은 정보를 효과적으로 결합·운영하여 통합된 기능을 발휘할 수 있도록 한다. 현재 정보는 가치 있는 자산(資産)이며 높은 가격으로 사고팔 수 있는 상품이다.

삶의 가치창출을 극대화시킬 수 있는 미래지향적 종합정보체계가 되려면 지형공간정보공학을 활용한 지형공간정보체계(GIS : Geospatial Information System) 발전추세에 따라 정보의 기반이 되는 지형정보와 활용에 상응하는 공간정보를 연계하여 다룰 수 있는 지형공간정보공학 (Geospatial Information Engineering)이 필수적으로 도입되어야 한다(표 1-1).

[표 1-1] Geo Information, Spatial Information, Geospatial Information

| 대상항목 | Geo Information 지형정보 | Spatial Information 공간정보 | Geospatial Information 지형공간정보 |
|---|---|---|---|
| 나타나는 대상의 모습 | 삶의 터전(또는 地球) 및 삶의 터전과 관련된 영역(地球와 地球와 관련된 영역)에 존재하는 자연물과 인공물로 일정한 형상[形象 또는 형태(形態)]으로 나타냄. 생존할 수 있도록 마련된 것으로 삶의 기본적인 대상임 | 무한하고 비어 있는 영역(空)의 일부 제한된 영역[간(間) 또는 사이]에서 자연 및 인간의 특성이 시간과 위치(時·位)에 관련되어 발생하는 현상[現象 또는 상태(狀態)]으로 나타냄. 생존해가면서 이루어지는 것으로 삶의 활용적인 대상임 | 삶의 터전(또는 地球)에서 형상(形象 또는 形態)을 갖춘 실체(實體)가 비어 있는 영역(空) 중 제한된 영역(또는 사이, 間)에 어떠한 특성이 명시되어 現象(또는 狀態)으로 나타냄 |
| 식별 및 구분 | 색(色)을 지니고 있는 대상들로 가시화가 되므로 식별이 잘 되며 실체(實體)로 구분됨 | 색이 없으므로 가시화가 안 되어 식별이 안 되며 실체가 없이 특성으로만 구분됨 | 실체로써 대상의 특성이 잘 식별이 됨 |

**[표 1-1]** Geo Information, Spatial Information, Geospatial Information(계속)

| 대상항목 | Geo Information<br>지형정보 | Spatial Information<br>공간정보 | Geospatial Information<br>지형공간정보 |
|---|---|---|---|
| 가치<br>확인 | 과학기술을 적용시켜 삶의 필수품을 이루어갈 수 있으므로 가치 확인이 쉽게 이루어짐 | 지형정보를 기반으로 인문사회학 및 과학기술 처리과정을 거쳐야만 대상의 특성이 가치를 이루게 됨으로써 확인이 될 수 있음<br>예 : 도시·국토개발-지형정보를 기반으로 계획, 설계, 작품제작 및 관리함으로써 가치가 확인됨 | 대상을 지형정보를 기반으로 공간정보를 활용하여 자연과학기술 및 인문사회학을 적용시켜 처리하면 새로운 가치가 창출됨을 확인할 수 있음 |

예 : 서울의 북악터널 입구에서 ○○년 ○월 ○일 오후 2시에 승용차 접촉사고가 있었다.
　　　　① 　　　　　　　　　　　　　　　　　　　　②

① 삶의 터전[또는 지구(地球)]에 존재하는 대상(서울의 북악터널)이 일정한 형상[形象 또는 형태(形態) : 터널]으로 기반이 되는 면을 타나냈음으로 이루어진 정보이므로 지형정보(地形情報)임

② 제한된 영역[터널공간(空間)]에서 시간과 위치(○○년 ○월 ○일 오후에 입구에서)에 관련되어 발생한 현상[現象 또는 상태(狀態) : 승용차 접촉사고]으로 활용적인 면을 나타냈음으로 이루어진 정보임으로 공간정보(空間情報)임

이에 측량 및 지형공간정보공학을 활용한 지형공간정보체계는 인간생활영역에 관련된 제반 형상과 현상에 관한 사항을 해석하고 처리방식에 의해 신속성(迅速性, Speediness), 정확성(正確性, Accuracy), 유연성[柔軟性 또는 융통성(融通性), Flexibility], 완결성(完結性, Completion) 있게 수행함으로써 모든 상황에 대하여 탁월한 의사결정, 편의제공 등을 극대화시킬 수 있는 학문 분야로 기여도를 증대시켜가고 있다.

## 2. 측량공학 및 지형공간정보공학의 활용 분야

### (1) 측량공학의 활용 분야

측량학은 위치관측, 도면제작 및 도형해석, 사회기반시설 조성을 위한 기획, 조사, 설계, 시

공 및 유지관리, 정보 분야에 자료 제공, 인공위성 관측에 의한 우주과학기술 분야 등에 기여하는 과학기술 분야로 발전하고 있다.

일반적으로 활용 분야를 나누어보면 다음과 같다.

## 1) 토 지

인간활동을 위한 각종 시설물의 설치와 시민생활의 편의를 제공하려는 목적으로 토지이용조사 및 계획수립을 위해서 국가기본도 및 지형도 작성, 토지이용도 및 도시계획도 작성, 지도재정비, 해안선 및 해저수심 조사, 임야도 및 토양도 작성, 센서에 의한 구조물조사·관찰(관측 및 감시 : monitering), 항공기나 인공위성을 이용하여 넓은 지역을 비교적 적은 비용으로 빠른 기일 내에 주기적인 관찰을 통하여 주요 농작물에 관한 재배현황, 분포, 관개농경지, 임상의 분류, 재배지, 황폐, 피해상황의 파악, 산림면적 조사 및 관리 등에 기여하고 있다.

## 2) 자 원

전자기파나 인공위성(Landsat, SPOT, KOMPSAT, Radarsat 등)을 이용하여 지질(단층 및 구조선 등) 및 광물자원(광맥의 분포 및 양 등) 조사측량, 자원을 관리할 수 있는 전역적 및 국부적 분포도 작성에 활용되고 있으며, 농작물의 종별, 분포 및 수확량 조사, 삼림의 수종 및 산림 자원조사, 어군의 이동상황 및 분포 등을 조사하는 데 이용한다.

## 3) 환경 및 재해

센서(sensor)에 의한 지상, 항공 및 인공위성 관측으로 광범위한 지역의 대기오염, 수질오염 및 해양오염조사, 야생동물 보호, 식물의 활력조사 및 수온, 조류, 파속 등 해양환경 조사, 빙산의 변동과 기상변환(온도분포, 바람, 수분, 해수면온도) 관측 및 분석, 강우, 호우(홍수), 폭설, 태풍진로예상 등에 관한 자연재해 조사 및 대응책 마련, 대기복사효과조사 및 오존층 파괴 조사, 영상 및 GPS(Global Positioning System)에 의한 방재 및 긴급구조, 여가선용 등에 이용된다.

## 4) 지형공간정보체계(GIS)

지형공간정보체계를 구축하는 데 있어서 전체 비용의 70~80% 이상을 감당하는 자료기반의 구축에 있어서 필수로 요구되는 위치자료, 도형자료, 영상자료 제공이 측량에 의해 이루어지므로 측량의 정확도와 경제성은 GIS에 큰 영향을 미친다. 또한 각종 정보들은 지형 및 공간적 기준에 의해 중첩, 분류 또는 검색되므로 측량의 도움이 없이는 지형공간정보체계의 구축은 이루어질 수 없다.

### 5) 건설사업관리

고품질의 건설사업관리(CM : Construction Management)를 하기 위하여 건설공사의 계획 단계로부터 시행, 시행완료 및 유지관리단계별(계획준비, 기본설계, 실시설계, 시공, 준공, 유지관리) 조사에 책임측량사제도(QS System : Quantity Surveyor System)를 도입하여 조사의 적정성 및 정확성 확보와 공사시행 중 각 단계별로 엄격하고 정확한 점검 관측으로 품질의 질과 양을 보장하고 공사완료시 준공측량도면을 제출케 하여 정확·신속 및 완결성 있는 유지관리를 할 수 있도록 한다.

### 6) 군  사

측량학은 항공기나 인공위성 등에 의한 영상처리나 위치자료취득으로 대상지역에 접근하지 않고 다양한 정보를 얻을 수 있는 최첨단의 기술 분야로서, 이 자료는 지상군 무기, 함대, 공군기, 미사일기지 등의 현황 및 이동을 신속, 정확하게 탐지한다. 지형의 3차원 해석에 의한 연속적인 투시로 신속, 정확한 군작전 계획 수립, 작전지역의 지형분석 모형화, 군사지도 작성, 넓은 지역의 위성영상 동시출력, 도로망 및 중화기 이동 가능성 자료조사, 엄폐 및 은폐지역의 사전조사, 적지 및 작전수행 지역의 지형 및 지질정보 취득, 군수물자의 분포 및 이동상황 탐지, 적외선 파장 및 위성사진 분석에 의한 위장지역의 탐지, 기상조건에 관계없이 능동적 센서에 의한 적정의 탐지, 화학, 생물 및 방사능 오염지역의 탐색 등에 이용된다.

### 7) 우주개발

위성이나 달표면에 반사경을 설치하여 위성레이저측량(SLR)이나 달레이저측량(LLR) 등을 통한 위치해석, 인공위성 전파신호해석에 의한 위치결정(GPS), 위성측량에 의한 인공위성궤도 해석, 각종 위성, 지구로부터 먼 거리에 있는 준성을 관측하여 위치를 구하는 VLBI들에 의한 위치 관측 등 우주개발에 필요한 지구와 혹성들 간의 위치관측 및 우주과학기술개발에 측량학이 활발히 기여되고 있다.

### 8) 인체공학, 유형문화재 및 교통

영상에 의한 고적지발견 및 고적의 도면제작, 문화재보존과 복원, 유형문화재 조형미 해석, 토목 및 건축물에 관한 시설물위치, 크기 및 변위량, 의상 및 인체공학에 필요한 영상과 도면자료해석, 영상처리에 의한 진단, 인체의 상태변화 등에 관한 의학에 적용, GPS에 의한 차량항법,

운송 분야, 물류 분야, 항공운항 분야, 고속도로 및 수로관리, 교통량, 차량주행방향 등의 교통 조사, 교통사고 및 도로상태조사, 산업생산품설계 및 제품조사, 범죄상황조사 등의 사회문제연구 등에 활용할 수 있어 측량의 활용도가 광역화 및 고도화되어 가고 있다.

## (2) 지형공간정보공학의 활용 분야

지형공간정보체계 기술은 신속하게 산업적 응용 분야를 확장해가고 있으며 이러한 응용 분야는 각국에서 지형공간정보체계 산업을 위한 시장의 영역과 성장을 증대시켜 가고 있다. 금융 서비스에서부터 즉석식(fast food)에 이르기까지 각종 산업들은 전략적·전술적 또는 조직상의 활동을 위해 투자하고 있다. 회사들은 고객들, 경쟁회사들, 판매경로, 시장, 가격, 공급자, 전망 그리고 심지어는 이윤에 있어서까지 각 지역에 따라 어떻게 다양해지는가를 알 필요가 있다. 기업에서는 수요자 분포, 구매력, 구매 기록, 광고효과, 성장지역, 경쟁사의 분포, 최소비용 경로, 환경적인 요소, 매상 분포, 그리고 지리적 영향에 의한 예산 분배 등과 같은 여러 가지 지역적인 문제해결을 필요로 하고 있다. 이러한 문제와 또 다른 수많은 문제점들에 대한 해결책을 구하기 위해서 복잡한 지형공간정보 해석을 통하여 효율성을 증대시켜가고 있다.

지형공간정보학은 삶의 터전에 존재하고 발생하는 형상과 현상을 적절하게 처리하는 데 중요한 몫을 수행하는 과학기술 분야이다.

## 1) 산업 분야

현대사회의 기업이 추구하는 지형공간정보체계 응용 분야 중 주류를 이루고 있는 형태는 계획수립, 경쟁력 분석, 위치 설정, 판매, 시장조사, 분배 최적화이다. 계획수립에 있어서는 경쟁력 분석, 위치 선정, 판매, 시장조사, 판매관리, 그리고 서비스와 상호 연관성을 고려하여야 한다. 이러한 능력에 있어서 지형공간정보체계는 자료 통합과 의사결정 지원도구로서 기업적 계획수립에 중추적 역할을 하고 있다.

## 2) 마케팅 분석(marketing analysis)

마케팅 분석 분야는 현재와 미래의 소비자 위치를 찾아내고, 마케팅량 추정, 그리고 마케팅 지역을 추정하며, 미개척된 상업지역을 찾아 개발하고, 경쟁회사는 현재와 미래에 어디에 있게 될 것인가를 검색하고, 경쟁에 의한 마케팅 효과를 평가한다.

① 위치선정

마케팅 분석 기술은 고도의 잠재 가능 지역을 식별하고 한 지역과 시장의 성장 가능성을 분석하며, 제품요구와 시장에서의 세력 확장을 결정하는 데 사용 가능하다.

② 판매

마케팅 분석부분은 성공적인 판매계획의 개발, 목표 판매수행, 소비자 측면, 판매관리, 광고계획의 수립, 제품판매 지원, 그리고 소비자 요소를 상세히 묘사하는 데 사용된다.

지형공간정보체계의 기술은 어디에 고객이 위치해 있는가를 찾는 데 이용되며, 직접 우편 및 이메일 광고활동을 돕는 데 이용된다.

③ 소량 시장판매

현대의 정보화 시대에 대량판매에 반하는 말은 소량판매이다. 현대의 시장은 폭넓고 다양한 소비자 요소로 구성되어 있으며, 기업이 다음 세기까지 살아남기 위해서는 소비자들의 다양성에 의해 야기되는 변화에 적응하여야 한다. 지형공간정보체계는 제조, 광고, 그리고 소매 기능들 간의 상업정보의 흐름을 통합할 수 있는 수단을 제공하여 소매 교류지역, 판매 영역, 중개시장, 그리고 개인 소비자를 한 영역에 포함시켜 자료들을 관리할 수 있다. 기업에 있어서 지형공간정보체계는 광고, 판촉, 경로, 배달, 그리고 서비스 활동을 얽어매주는 실과 같은 역할을 한다.

④ 시장조사

각 지역별 총수요에 기초한 비교 지역 간의 다양한 판매고를 분석하는 데 시장조사가 이용된다. 조사의 목적은 이러한 지역 각각의 현존하는 수요와 예상되는 수요에 따라 시장지역까지 가장 경제적인 제품과 서비스의 공급방법을 설정하는 것이다.

⑤ 분배 최적화

제품과 서비스의 분배 최적화와 분배 평가 수행에도 지형공간정보체계는 이용된다. 한 지역으로부터 다른 지역까지의 대상물 취득은 수많은 요소들에 의해 복잡하게 얽혀 있는데, 이러한 고려 요소들을 선택적으로 처리함으로써 최적해법을 찾을 수 있다.

⑥ 지형공간정보체계를 이용한 산업

현재 지형공간정보체계를 이용하고 있거나 응용 분야에서 지형공간정보체계의 잠재력을 평가하고 있는 산업은 금융, 보험, 건설, 제조업, 부동자산(또는 부동산), 도소매, 물류산업, 공익사업, 통신 등 산업 전반에 관련되어 있다.

### 가) 금융

금융계에서의 사용자들은 은행, 신용회사, 보증중개인, 상인, 증권거래소, 그리고 기타 금융기관이다. 금융업에서의 지형공간정보체계는 잠재된 고객 인식, 은행지점과 현금인출기의 위치, 그리고 대리점과 서비스 설비의 배달계획에 이용된다. 은행지점의 위치선정은 현재의 고객에 대한 서비스와 새로운 고객에 대한 유인에 매우 중요하다. 위치 결정은 오직 단 하나의 현금인출기만 포함할 수 있으나 가장 효과적인 장소에 현금인출기를 설치하는 것이 기본적으로 현존 고객을 위한 서비스이거나, 새로운 고객을 끌어들이기 위함인가 등에 관한 몇 가지 사항을 고려하여야 한다. 누가 그 은행을 이용하는가? 그들은 어디에 사는가? 그들은 은행이 문을 여는 낮 시간 동안에는 무엇을 하는가? 여기에 대한 해답은 현금인출기를 어디에 설치해야 고객을 위한 최대의 서비스가 가능한가 하는 현실적인 관점을 제공한다.

### 나) 보험

각종 보험회사와 다양한 보험 대행업체, 중개인, 그리고 서비스 기구들은 지형공간정보체계를 이용한다. 전형적인 보험에 관한 지형공간정보체계 응용 분야는 재산보증보험이나 생명보험에 대한 위험분류 등이다. 재산과 생명보험에 있어서는 건강과 환경영향, 또는 응급실의 근접도와 같은 위험요소들의 지리적인 분포에 대한 지식은 대단히 중요하다. 보험회사는 집에 있는 동안에 발생한 절도사건과 직장으로 통근하는 동안에 발생하는 사건을 비교분석할 수 있다. 지형공간정보체계를 통해 범죄 수준과 범행 장소에 관한 사용 가능한 정보는 판단과 처리에 중요한 몫을 한다. 또한 위험정보는 우범지대에 위치한 집이나 쓰레기 처리장 가까이에 있는 집의 경우는 커다란 차이가 있다. 고객의 소유재산 위치확인, 시설물도로부터 소화전 위치, 지진·화재·홍수지역 또는 유해 쓰레기 매립장과 같은 자료들의 분석을 통해 위험정보 분석이 가능하다.

### 다) 건설

지형공간정보체계는 부지선정을 포함한 상업용 건축계획, 부지의 경쟁성, 주변여건, 교통량, 대중교통수단과의 근접성 등과 같은 수많은 요소들을 고려한다.

지형공간정보체계는 각각의 관련된 요소들을 통합하고, 그 중 서로 대치관계에 있거나 조화를 이루는 것이 무엇인가를 판단하기 위한 정보 분석을 통한 계획과 부지 선정과정을 지원한다. 주거용 건축에 있어서는 도시화와 선정형태를 고려하여야 한다. 무슨 용도의 건물인가? 그 지역에 적당한 가격은 얼마인가? 학교는 어디에 있으며, 장차 어느 곳에 세워질 것인가? 관공서는 어디에 있는가? 이런 공공기관을 지탱하는 세금의 가산점과 면적은 얼마인가? 그 위치가 경제적인 면에서 적합한가? 주변에 유효 요소나 범람하는 평야, 또는 건축이나 보험 요구조건에 영향을 미칠만한 특수한 환경이 있는가? 지형공간정보체계는 이러한 문제들에 대해 이해하기 쉬운 해결책을 제시할 수 있도록 정보의 수집에서부터 조직화, 분석능력을 제공한다.

### 라) 제조업

제조업 관련회사 중 지형공간정보체계를 적극 활용하는 회사는 미국의 코카콜라 회사 등이 있다. 이들 회사는 공장건설, 재산관리, 교통수단의 접근성, 물품도매, 분배 등을 지원하기 위해 지형공간정보체계를 중요한 회사의 의사결정 및 유지관리에 이용한다.

### 마) 부동자산(또는 부동산)

부동자산 사업은 건설개발회사, 소유자, 임대자, 은행, 보험회사, 상사(商社), 개인으로 구성된다. 또한 중개업자, 건축가, 계획가, 회사, 토목공학자, 회계사, 변호사, 그리고 부동산 중개업자와 같은 서비스 회사를 포함한다. 부동자산 투자는 지형공간정보체계를 필요로 하는 사업으로 반드시 재산가치의 증감, 성장 역사, 양식, 일반 제한사항과 환경적인 제한사항, 수력, 가스, 전기와 공익사업(공익사업에 접근하기 위한 비용 등 모든 요소)들을 고려해야만 한다.

### 바) 도소매

일반상품가게, 식품점, 자동차 매장, 주유소, 의류가게, 가정용 가구점, 식당과 즉석식 (fast food) 점포는 전형적인 도소매업이다. 그들의 기본적인 응용 분야에서는 경쟁업체 분석, 새로운 지점과 소매점의 위치 설정, 포괄적인 시장 분석, 판매고의 계획과 관리, 판매전망, 그리고 시장 경향, 영향 평가 등이 있다. 소매업자들은 '누가 내 제품을 사는가?'와 '어디서 고객들을 찾아야 하는가?'를 알 필요가 있다. 제품과 서비스, 소비자들을 지도화함으로써 새로운 위치, 수송, 그리고 가게에서의 접근성과 같은 것을 고려하는 소비자 재료가 개발된다. 일정 수입 수준의 가구의 위치와 수, 자녀의 수와 그 외의 구매특징은 판촉활동, 판매관리, 시장추적에 영향을 미친다. 다른 응용 분야는 재고통제를 위한 지도화이다. 경영자의 위치에서는 지형공간정보체계를 통해 재고통제 상의 문제를 신속히 이해하고 대처할 수 있어서, 자본의 낭비와 판매기회 상실의 범위를 줄일 수 있게 된다. 또한 수천 개나 되는 점포의 판매행태를 관측하고 분석할 수 있으며, 언제 개선책이 필요한가를 결정할 수 있도록 한다. 또한 경영자는 상품과 목표시장 내에 위치한 점포에서 소비자요구를 짝지을 수 있다.

사) 물류[物流, logistics : 운송, 택배 및 공급연쇄관리]산업

물류산업은 지형공간정보체계를 응용하여 배달 경로계획, 분배 최적화와 평가, 서비스지역 확대, 공항계획, 비상대책 등을 처리한다. 이를 위해 트럭, 버스, 택시, 구조차량, 선박, 항공기 등 모든 수송체계가 근간이 된다. 많은 회사들은 판매, 분배, 서비스로 이어지는 꽉 짜인 시간표 내에서 '정시도착'이라는 원칙 아래 움직인다. 제조, 생산 공정은 운송체계가 정시에 도착하지 못하면 혼란에 빠지게 된다.

범세계 위치 결정시스템(GPS)과 다른 차량 추적 장치는 중앙집중 통제에 의해 차량을 추적 관리하는 데 주된 관심사가 되고 있다. 지형공간정보체계를 이용하여 차량위치 결정과 통행률을 커다란 비디오 스크린상의 노선도에 표시할 수 있다. 이동시간 계산과 경로정보는 차량항법체계(CNS : Car Navigation System)를 이용하여 쉽게 송달인에 의해 접근 가능하고, 각종 지시 및 전달은 운전자들로 하여금 도로 장애물을 피하도록 도와줌으로써 교통체증 지역으로부터 벗어나게 하며, 즉시 수리담당 차량과 구급차량에 언제 어디서 사고가 났는지 통보해준다.

아) 공익사업

공공사업체는 가스, 전기, 교통시설, 그리고 상하수도처리를 제공한다. 공공사업체는 오래 전부터 도면자동화/시설물관리(AM/FM : Automatic Management/Facility Management)에 지형공간정보체계가 응용 가능함을 알고 있었다. AM/FM은 공학적 제도와 가스관, 전기선로, 상수관, 하수관, 철도 부지와 재산 소유권, 그리고 식생정보를 위한 도면을 필요로 하는 각종 공사의 해결사로 널리 인식되어 왔다. 지형공간정보체계의 응용은 AM/FM의 범주를 넘어 체계와 망을 팽창시키는 계획까지 확대 가능하다. 성장세에 있는 공공사업체는 새로운 공장부지 계획이나 현재의 조직망 재구성에 지형공간정보체계를 이용한다. 또한 회사들은 그들의 고객이 어디에 쓰이는가, 그들이 필요한 게 무엇이며, 그들 각 개인이 있는 위치에서 이러한 서비스를 제공하는 최상의 방법이 무엇인가를 인식함으로써 고객에게 서비스를 제공할 수 있다.

지형공간정보체계는 통신, 광고, 그리고 원거리 통신, 케이블 TV, 라디오, 옥외광고, 신문발행, 잡지 발행과 같은 매체사업에 이용된다. 연결조직망(network)의 확장, 소비자 요구 예견, 시장분석, 위치결정, 경로 선정, 그리고 분배 평가를 위해 원거리 통신과 케이블 TV 회사는 지형공간정보체계를 이용한다. 신문 발행인들은 경영배분뿐만 아니라 신문의 지방별 편집을 위한 시장의 특성을 결정하는 데도 지형공간정보체계를 이용한다. 주간지는 특정 지방 배달용으로 선택된 광고양식을 사용하기 위해 지형공간정보체계를 이용할 수 있다. 지형공간정보와 많은 형태의 응용 분야에 대한 지형공간분석의 사용에 대한 관심이 고조되고 있다. 따라서 더 많은 회사들은 회사의 소유정보력을 전략적 경쟁이익으로 전환시키기 위해 지형공간정보체계를 이용하게 될 것이다.

## 3. 관측값 취득의 일반적 사항

### (1) 관측의 의의

관측은 대상의 형상 및 현상의 요소를 헤아리는 것(재고 추정함)으로 자연과학적 측면과 인문과학적 측면을 다룬다. 관측과정에서 일반적으로 관측값에는 오차(또는 오류)를 생성하게 된다. 관측값의 오차의 종별에는 수치 및 물리 화학적 해석방법으로 처리가능한 일반적 오차, 논리상으로는 추정가능하나 처리방법의 해결이 잘 이루어지지 않는 논리적 오차, 논리적 추정이나 해결방법이 이루어지기 어려운 사항으로 주로 종교적 대상으로 다루어지고 있는 비논리적(또는 추상적) 오차(또는 비과학적 오류)가 있다.

### (2) 관측의 분류

대상의 참된 값을 헤아리는 과정을 관측대상, 관측성격, 관측방법 및 모형에 따라 분류하면 다음과 같다.

① 관측대상에 의한 분류
　　가) 지형(地形)자료(geo data)
　　삶의 터전[또는 지구(地球)와 지구와 관련된 영역]에 존재하는 자연물과 인공물로 일정한 형상[形象 또는 형태(形態)]으로 나타내는 것으로, 생존할 수 있도록 마련된 삶의 기본적인 대상을 관측한다.

나) 공간(空間)자료(spatial data)

무한히 비어 있는 영역[공(空)]의 일부 제한된 영역[간(間) 또는 사이]에서 자연 및 인간의 특성이 시간과 위치(時·位)에 관련되어 발생하는 현상[現象 또는 상태(狀態)]으로 나타내는 것으로 생존해가면서 이루어지는 삶의 활용적인 대상을 관측한다.

② 관측의 성격에 따른 분류

가) 독립관측(independent observation)

어떤 구속제약을 받지 않고 독립적인 입장에서의 관측을 뜻한다. 예를 들면 2점 간의 거리를 관측하거나 삼각형의 2각을 관측할 때와 같이 각각의 관측성과로부터 쉽게 관측값을 구할 수 있는 관측을 말한다.

나) 조건부관측(conditional observation)

조건부관측은 관측값 사이에 어떤 조건하에서 수행하는 관측으로서, 관측된 값을 어떤 조건에 대하여 비교해보면 그 정확성을 판단할 수 있는 관측을 말한다. 예를 들면, 삼각측량에서 삼각형의 세 개의 내각 합은 180°가 되어야 한다는 조건하에서 관측하는 경우를 들 수 있다.

③ 관측방법에 따른 분류

가) 직접관측(direct observation)

구하려는 값을 직접 관측하는 방법으로 줄자에 의한 거리관측, 각관측에 의한 각관측, 레벨에 의한 고저차관측 등이 있다.

나) 간접관측(indirect observation)

간접관측은 구하려는 값 이외의 것을 관측하여 계산에 의하여 구하는 방법으로서 관측요소가 많고, 각각의 정밀도에 의해 얻어지는 값의 정확도가 좌우된다(삼각형의 변의 길이를 다른 변의 길이와 내각으로부터 구하는 경우, 또는 전자기파의 도달시간으로 거리를 구하는 경우 등). 일반적으로 각 요소를 매우 정밀하게 관측하는 경우를 제외하고는 일반적으로 직접관측에 비해 간접관측의 오차가 클 수 있다.

④ 관측모형(observed model)에 따른 분류

기하학적인 또는 물리학적인 조건과 오차가 내포되어 있는 관측에서, 수학적인 모형은 함수모형과 추계모형으로 이루어진다고 볼 수 있다.

　가) 함수모형

함수모형(functional model)은 기하학적인 또는 물리학적인 특성을 표시하는 것으로, 삼각측량의 경우 내각을 관측하여 평면삼각형의 형태를 결정할 때 잉여관측값으로부터 삼각형을 정확히 설명하기 위한 함수 모형은 내각의 합이 180°라는 조건이 성립된다.

　나) 추계모형

반복관측에서는 동일조건으로 관측한다 해도 그 관측 값은 불규칙하므로, 이 관측값들로부터 필요한 결과값을 얻기 위해서는 통계적인 변화를 신중히 고려하여야 한다. 이와 같이 추계모형(stochastic model)은 위에서 설명한 함수모형에 포함되어 있는 모든 요소들의 통계학적인 특성을 나타내는 것으로 관측값들의 상관관계를 나타내는 정밀도와 관측점의 정확도를 평가하는 부가적인 값을 제공한다.

## (3) 관측값의 오차

대상을 헤아리는 관측은 자연과학적(물질적) 측면과 인문과학적(정신적) 측면을 다룬다. 관측과정에서 일반적으로 관측값에는 오차(또는 오류)를 생성하게 된다. 관측값에 관한 오차의 종별에는 수치 및 물리학적 해석방법으로 처리 가능한 일반적 오차, 논리상으로는 추정 가능하나 처리방법의 해결이 잘 이루어지지 않는 논리적 오차, 논리적 추정이나 해결방법이 이루어지기 어려운 사항으로 주로 종교적 대상으로 다루어지고 있는 비논리적 오차(또는 비과학적 오류)가 있다. 여기서는 일반적인 오차를 수치해석, 관측 시의 성질 및 원인에 따라 분류하여 기술한다.

■ **수치해석에 따른 오차의 종별**

① 참오차(true error) : 관측값과 참값의 차이

$$\varepsilon = x - \tau \cdots x\text{는 관측값, } \tau\text{는 참값} \tag{1-1}$$

② 잔차(residual error) : 관측값과 최확값[1]의 차이

$$v = x - \mu \qquad\qquad (1-2)$$

③ 편의(bias)$\beta$ : 평균값($\mu$)과 참값($\tau$)의 편차

$$\beta = \mu - \tau \qquad\qquad (1-3)$$

④ 상대오차(relative error)

$$Re = \frac{|v|}{x} \qquad\qquad (1-4)$$

⑤ 평균오차(mean error)

$$Me = \sum \frac{|v|}{n} \qquad\qquad (1-5)$$

⑥ 평균 제곱오차(mean square error)

$$M^2 = \sigma^2 + \beta^2 = E[(x-\tau)^2] \;\cdots\; [\text{MSE}] \qquad\qquad (1-6)$$

⑦ 평균 제곱근오차(root mean square error)[2]

$$\sigma = \pm \sqrt{\frac{[vv]}{n-1}} \;\cdots\; [\text{RMSE}] \qquad\qquad (1-7)$$

---

1  최확값(most probable value)
   대상에 대한 참값을 알기 위하여 관측할 경우에 오차(인위적, 기기적, 자연조건 등에 의한 오차)가 있으므로 관측값에 대한 보정(정오차인 경우) 및 조정(부정오차인 경우)한 값을 최확값(또는 조정 환산값)이라 한다. 일반적으로 최확값을 평균값이라고도 한다.
2  잔차의 제곱을 산술평균한 값의 제곱근을 평균제곱근오차라 하며 밀도 함수 전체의 68.26%인 범위이다. 또한 표준편차와 같은 의미로 사용되며 독립 관측값인 경우의 분산($\sigma^2$)의 제곱근이다.

**예제 1-1**

줄자를 이용하여 5회 관측한 결과, 다음과 같은 값을 얻었다. 최확값(또는 조정 환산값)과 1 관측의 평균 제곱근 오차 및 최확값에 대한 평균 제곱근 오차의 최종조정 환산값을 구하시오.

[표 1-2]

| No. | 관측값 | $v$[m] | $vv$ |
|---|---|---|---|
| 1 | 111m | 0.2 | 0.04 |
| 2 | 109m | 2.2 | 4.84 |
| 3 | 114m | −2.8 | 7.84 |
| 4 | 110m | 1.2 | 1.44 |
| 5 | 112m | −0.8 | 0.64 |
| Σ | 556 | 0.0 | 14.80 |

**풀이** 최확값은

$$x_0 = \frac{556}{5} = 111.2[\text{m}]$$

이며, 1 관측의 평균 제곱근 오차는

$$\sigma = \pm \sqrt{\frac{vv}{n-1}} = \pm \sqrt{\frac{14.80}{5-1}} = \pm 1.9[\text{mm}]$$

가 된다. 따라서 최확값의 평균 제곱근 오차는

$$\sigma_{x0} = \pm \sqrt{\frac{vv}{n(n-1)}} = \pm \sqrt{\frac{14.80}{5(5-1)}} = \pm 0.9[\text{mm}]$$

이므로,

최종 최확값 = 111.2[m] ± 0.9[mm]

가 된다.

[註] 관측값을 조정 또는 보정(補正)한 값을 조정 환산값이라 하며, 하나 또는 둘 이상의 조정 환산값을 해석함으로써 측량값이 얻어진다.

**예제 1-2**

쇠줄자를 사용하여 10m를 관측한 결과 관측자의 교대로 인해 관측값이 차이가 있으므로, 표 1-3과 같이 경중률 $W$를 고려하였다. 조정 환산값(또는 최확값) 및 1 관측의 평균 제곱근 오차 및 조정 환산값의 평균 제곱은 오차를 구하고 최종조종 환산값을 결정하시오.

**[표 1-3]**

| 관측횟수 | 관측값[m] | 경중률[W] | $v$ | $vv$ | $Wvv$ | $lw$ |
|---|---|---|---|---|---|---|
| 1 | 10.124 | 1 | 1 | 1 | 1 | 10.124 |
| 2 | 10.128 | 3 | $-3$ | 9 | 27 | 30.384 |
| 3 | 10.123 | 2 | 2 | 4 | 8 | 20.246 |
| 4 | 10.129 | 4 | $-4$ | 16 | 64 | 40.516 |
| 5 | 10.121 | 3 | 4 | 16 | 48 | 30.363 |
| $\Sigma$ | 50.625 | 13 | | | 148 | 131.633 |

**풀이** 최확값(또는 조정 환산값)은 $x_0 = \dfrac{[lw]}{[w]} = \dfrac{131.633}{13} \fallingdotseq 10.126[\text{m}]$가 되며, 1 관측의 평균 제곱근 오차는

$$\sigma = \pm \sqrt{\frac{[Wvv]}{n-1}} = \pm \sqrt{\frac{128}{4}} \fallingdotseq \pm 6[\text{mm}]$$

이므로, 최확값에 대한 평균 제곱근 오차는

$$\sigma_{x0} = \pm \sqrt{\frac{Wvv}{[W]\,(n-1)}} = \pm \sqrt{\frac{128}{13(5-1)}} = \pm 2[\text{mm}]$$

따라서 최종최확값은

$$최종최확값 = 10.125[\text{m}] \pm 2[\text{mm}]$$

가 된다.

※ 경중률($W$ : weight)은 관측값들의 신뢰도를 나타내는 값으로 관측횟수에 비례하고 관측거리 및 관측각에 반비례한다. 또한 평균제곱근 오차의 제곱에 반비례한다.

■ 길이와 경중률

$$W_1 : W_2 : W_3 = \frac{1}{S_1} : \frac{1}{S_2} : \frac{1}{S_3}$$ 여기서, $W_1$, $W_2$, $W_3$: 경중률, $S_1$, $S_2$, $S_3$ : 관측길이

■ 관측각의 조정량과 경중률

$$W_1 : W_2 : W_3 = \frac{1}{\alpha_1} : \frac{1}{\alpha_2} : \frac{1}{\alpha_3}$$ 여기서, $\alpha_1$, $\alpha_2$, $\alpha_3$ : 각각의 조정량

■ 평균제곱근 오차(또는 표준 오차)와 경중률

$$W_1 : W_2 : W_3 = \frac{1}{M_1^{\,2}} : \frac{1}{M_2^{\,2}} : \frac{1}{M_3^{\,2}}$$ 여기서, $M_1$, $M_2$, $M_3$ : 각각의 평균제곱근 오차

가) 일관측의 평균 제곱근 오차

(ㄱ) 관측정밀도가 같을 때

$$\sigma = \pm \sqrt{\frac{[v^2]}{n-1}} \qquad (1-8)$$

(ㄴ) 관측정밀도(경중률 : $W$)가 다를 때

$$\sigma = \pm \sqrt{\frac{[Wv^2]}{n-1}} \qquad (1-9)$$

나) 최확값의 평균 제곱근 오차

(ㄱ) 관측정밀도가 같을 때

$$\overline{\sigma} = \pm \sqrt{\frac{[v^2]}{n(n-1)}} \qquad (1-10)$$

(ㄴ) 관측정밀도(경중률 : $W$)가 다를 때

$$\overline{\sigma} = \pm \sqrt{\frac{[Wv^2]}{[W]\ (n-1)}} \qquad (1-11)$$

⑧ 표준편차(standard deviation) : 잔차의 제곱을 평균하여 제곱한 오차
독립 관측값의 정밀도, 분산($\sigma^2$)의 제곱근

$$\overline{\sigma} = \pm \sqrt{\frac{[v^2]}{n-1}} \qquad (1-12)$$

⑨ 표준오차(standard error)

$$\sigma_L = \pm \sqrt{\frac{[vv]}{n(n-1)}} \quad \text{최확값의 정밀도} \qquad (1-13)$$

⑩ 확률오차(probable error)

밀도함수 전체의 50% 범위를 나타내는 오차로서 표면편자의 승수 $k$가 $0.6745(67.45\%)$인 오차를 뜻한다.

자료 처리 시 발생하는 오차

　가) 1 관측에 대한 확률 오차

　　(ㄱ) 관측정밀도가 같을 때

$$r = \pm 0.6745 \sqrt{\frac{[v^2]}{n-1}} \tag{1-14}$$

　　(ㄴ) 관측정밀도가 다를 때

$$r = \pm 0.6745 \sqrt{\frac{[wv^2]}{n-1}} \tag{1-15}$$

　나) 최확값에 대한 확률 오차

　　(ㄱ) 관측정밀도가 같을 때

$$r = \pm 0.6745 \sqrt{\frac{[v^2]}{n(n-1)}} \tag{1-16}$$

　　(ㄴ) 관측정밀도가 다를 때

$$r = \pm 0.6745 \sqrt{\frac{[wv^2]}{[w](n-1)}} \tag{1-17}$$

■ **자료 처리 시 발생하는 오차**

⑪ 절단오차(truncation error)

수치처리과정에서 무한급수를 유한급수로 처리 시 발생하는 오차

⑫ 마무리오차(round-off error)

전산기의 유한한 기억자리수에 표현할 시 오차

⑬ 입력오차(input error)

전산기에 무한한 수를 유한한 수로 입력 시 오차

⑭ 변환오차(translation error)

전산기의 기억장치에서 진법변환 시 오차

**예제 1-3**

**동일 경중률로서 각 관측을 하여 다음의 관측값을 얻었다. 최확값 및 확률오차를 구하시오.**

**[표 1-4]**

| 관측수 | 관측값 | $v$[초] | $vv$ |
|---|---|---|---|
| 1 | $35° \ 42′ \ 35″$ | $+2 ″$ | 4 |
| 2 | $35° \ 42′ \ 35″$ | $+2 ″$ | 4 |
| 3 | $35° \ 42′ \ 20″$ | $-13 ″$ | 169 |
| 4 | $35° \ 42′ \ 05″$ | $-28 ″$ | 784 |
| 5 | $35° \ 43′ \ 15″$ | $42 ″$ | 1764 |
| 6 | $35° \ 42′ \ 40″$ | $7 ″$ | 49 |
| 7 | $35° \ 42′ \ 10″$ | $-23 ″$ | 529 |
| 8 | $35° \ 42′ \ 30″$ | $-3 ″$ | 9 |
| 9 | $35° \ 42′ \ 50″$ | $17 ″$ | 289 |
| 10 | $35° \ 42′ \ 30″$ | $-3 ″$ | 9 |
| $\Sigma$ | | | 3,610 |

**풀이** 최확값은

$$l_0 = \frac{[l]}{n} = 35° \ 42′ \ 33″$$

이며, 확률오차는

$$\bar{\gamma} = \pm \ 0.6745 \sqrt{\frac{3,610}{10(10-1)}} = \pm 4.3″$$

이다.

어떤 관측선의 길이를 관측하여 표 1-5의 결과를 얻었다. 최확값 및 정확도는 얼마인가?

[표 1-5]

| 관측군 | 관측값[m] | 관측횟수 |
|--------|-----------|----------|
| I | 100.352 | 4 |
| II | 100.348 | 2 |
| III | 100.353 | 3 |

**풀이** 관측값의 경중률은 I : II : III = 4 : 2 : 3
조정 환산값은

$$l_0 = \frac{[l_1 w_1 + l_2 w_2 + l_3 w_3]}{w_1 + w_2 + w_3} = 100.3 + \frac{52 \times 4 + 48 \times 2 + 53 \times 3}{(4+2+3) \times 1,000}$$
$$= 100.351 \, \text{m}$$

따라서

$$r_0 = \pm 0.6745 \sqrt{\frac{[Wvv]}{W(n-1)}} = \pm 0.6745 \sqrt{\frac{34}{9(3-1)}} = \pm 0.93 \, \text{mm}$$

그러므로 정확도는

$$\frac{r_0}{l_0} = \frac{0.93}{100.351} = \frac{1}{107.904} \, \text{mm}$$

[표 1-6]

| 관측군 | 최확값[m] | 관측값[m] | $v$ | $vv$ | $W$ | $Wvv$ |
|--------|-----------|-----------|-----|------|-----|-------|
| I | | 100.352 | 1 | 1 | 4 | 4 |
| II | 100.351 | 100.348 | −3 | 9 | 2 | 18 |
| III | | 100.353 | 2 | 4 | 3 | 12 |
| Σ | | | | | 9 | 34 |

## ■ 관측의 성질에 따른 오차의 종별

⑮ 착오, 오차(mistake, blunder)

관측자 미숙, 오차가 크며 주의하면 없앨 수 있다.

⑯ 정오차, 계통오차, 누차(constant, systematic, cumulative error)

원인 명확, 보정계산

⑰ 부정오차, 우연오차, 상차(random, accident, compensation error)

원인 불명확, 최소제곱법으로 소거

부정오차는 원인불명으로 해석이 가능하도록 다음과 같은 오차법칙을 설정하고 오차를 소거(예 : 최소 제곱값)한다.

    가) 매우 큰 오차는 발생하지 않는다.

    나) 오차들은 확률법칙에 의하여 분포한다.

    다) 양(+)방향 및 음(−)방향으로 발생할 오차의 확률은 같다.

    라) 큰 오차가 발생할 확률은 작은 오차가 생길 오차가 생길 확률보다 낮다.

부정오차에서 위의 오차 법칙특성을 나타내는 곡선을 확률곡선(probable curve)이라 한다. 확률분포 X가 $\mu$(평균값)=0이고 $\sigma^2$(표준편차)=1인 특수한 분포를 할 때 X는 표준정규분포(standard normal distribution)를 이룬다. 이로 인하여 확률곡선을 오차곡선(error curve), 또는 정규 분포곡선(normal distribution curve)이라고도 한다.

## ■ 관측 시 원인에 따른 오차의 종별

⑱ 개인오차(personal error)

관측자의 습관과 부주의

⑲ 기계적 오차(instrument error)

관측기의 상태와 정밀도

⑳ 자연적 오차(natural error)

주위환경 및 현상의 조건

## (4) 정확도와 정밀도

정확도(正確度, accuracy)는 관측값과 참값의 편차로서 적합성(適合性−관측결과에 발생)을 뜻하며 지표는 평균제곱오차($M^2 = \sigma^2 + \beta^2$)이다.

정밀도(精密度, precision)는 반복 관측의 경우 관측값 간의 편차로서 균질성(均質性−관측도

중 발생)을 뜻하며 지표는 평균제곱근오차 $\left( \sigma = \pm \sqrt{\dfrac{[vv]}{n-1}} \right)$ 이다.

※ 정밀도가 좋다고 반드시 정확도가 높은 것은 아니다. 편의(偏倚)가 없을 때 정밀도가 좋으면 정확도가 높다.

## 4. 위치해석의 기본요소

위치결정 및 해석에 필요한 기본요소 중에서 길이, 각, 시, 좌표계, 투영, 측량원점 및 기준점에 관한 사항만을 다루기로 한다.

### (1) 길  이

#### 1) 개  요

'길이' 또는 '거리'는 공간상에 위치한 두 점 간의 상관성을 나타내는 가장 기초적인 양으로서 두 점 간의 1차원 좌표의 차이라 할 수 있다. '거리'는 중력장의 영향을 받는 수평선 내의 양이며 '길이'보다 포괄적으로 두 점 간의 양으로 사용된다. 거리는 평면상, 곡면상, 공간상의 거리로 분류된다.

#### 2) 평면선형(line on plane)

평면 거리는 평면상의 선형을 경로로 하여 측량한 거리이며, 평면은 중력방향과의 관계에 따라서 수평면, 수직면, 경사면으로 크게 나눌 수가 있다. 평면상 두 점을 잇는 평면선형은 수평면상의 수평직선(horizontal straight line)과 수평곡선(horizontal curve), 수직면상의 수직직선(vertical straight line)과 수직곡선(vertical curve), 경사면상의 경사직선(slope straight line)과 경사곡선(slope curve)으로 구분할 수 있다.

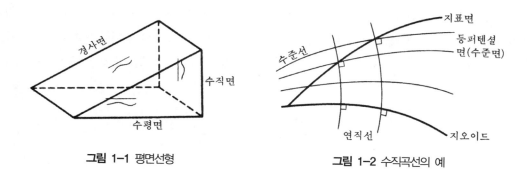

| 그림 1-1 평면선형 | 그림 1-2 수직곡선의 예 |

지구상에서 자연현상 및 인간활동을 지배하는 가장 기초적인 요소로 중력(重力)을 들 수 있으며, 측량에서는 이 중력방향(gravity direction), 즉 연직선(plumb line)과 이에 직교하는 수평방향(horizontal direction)에서의 각과 거리의 요소로서 관측량을 구분하여 관측한다. 지구상의 절대적인 위치결정에 필요한 천문측량 등에서는 엄밀한 중력방향의 설정과 수평면 내에서 정확하게 관측기구를 정치(整置)하는 것이 필수적이지만, 일반적으로 소규모 측량이나 상대적인 값만을 요구하는 공사측량 등에서는 개략적인 연직방향과 수평유지만으로 충분하다.

### 3) 곡면선형(line on curved surface)

곡면 거리는 곡면상의 선형(線型)을 경로(經路)로 하여 측량한 거리이며, 곡면의 형태는 무수히 많겠으나 측량에서는 일반적으로 구면(球面)과 타원체면을 위주로 한다.

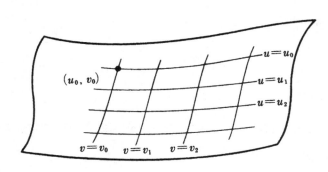

그림 1-3 곡면선형

### 4) 공간선형(line in space)

공간 거리는 공간상의 두 점을 잇는 선형을 경로로 하여 측량한 거리이다. 위성측량(satellite survey)이나 항공기를 매개로 한 공간 삼각측량(space triangulation) 등에서 지상에 있는 다수의 관측점으로부터 목표물까지의 거리를 관측하는 경우, 개개의 관측점과 목표물 사이의 거리는 수직면상의 거리로 간주되나, 이들을 조합하여 일관된 좌표계산에 의한 위치해석을 위해서는 전체 관측점들과 목표물 사이의 3차원 공간상의 선형을 고려할 필요가 있다.

**그림 1-4** 공간성형

## (2) 각

### 1) 개 요

각측량(角測量)이란 임의점에서 시준한 2점 사이의 낀 각을 구하는 것을 말한다. 그림 1-5에서 기준이 되는 점이 구의 중심 O인 약 100km 정도의 구에서 A를 시준할 때의 시준선 $\overrightarrow{OA}$가 구면과 만난점을 A′라 하고, OXY를 수평면, OZ를 수평면에 직교하는 수직축으로 한다. Z로부터 A′를 지나 OXY면과 만나는 점을 A″라 할 때 $\alpha_H$를 수평각, $\alpha_V$를 고저각, ∠ZOA를 천정각거리라 한다.

### 2) 각의 종류

각은 두 방향선의 차이를 나타내는 양으로, 공간상 한 점의 위치는 지향성을 표시하는 방향과 원점으로부터의 길이로 결정된다.

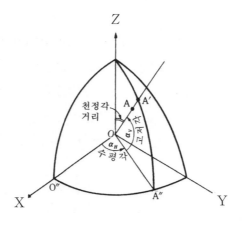

**그림 1-5** 각 표시법

각은 크게 평면각(plane angle), 곡면각(curved surface angle) 및 공간각(solid angle)으로 구분된다.

① 평면각

평면각은 평면 삼각법을 기초로 하여 넓지 않은 지역의 상대적 위치결정에 이용되며, 곡면각은 구면 또는 타원체상의 각으로 구면 삼각법을 이용하여 장거리 또는 넓은 지역의 위치결정을 위한 측지측량에 응용되고, 공간상의 입체각은 전파의 확산각도 및 광원의 방사휘도 관측 등에 사용되며 공간각(sr : steradian)으로 규정된다.

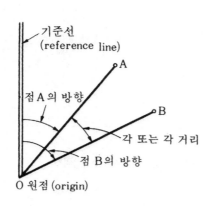

**그림 1-6** 방향과 각

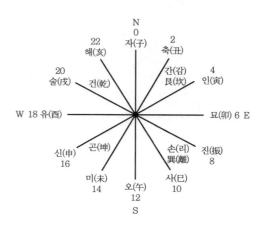

**그림 1-7** 방향의 표시

가) 수평각

수평각은 중력방향과 직교(直交)하는 평면인 수평면 내에서 관측한 각으로 기준선의 설정과 관측방법에 따라 방향각, 방위각, 방위로 구분한다.

수평각은 대개의 경우 자오선(meridian)을 기준으로 하며, 원칙적으로는 진북(眞北) 자오선(true meridian : N)을 사용하는 것이 이상적이나, 편의상 자북(磁北) 자오선(magnetic meridian : MG), 도북(圖北) 자오선(grid meridian : GN), 가상 자오선(assumed meridian) 등을 기준으로 한다.

본 서에서는 세로축(NS축)이 X축, 가로축(EW축)이 Y축인 경우, 수학 좌표계와의 혼돈을 피하기 위하여 세로축을 XN, 가로축을 YE로 표기하여 구분함을 원칙으로 한다. 다만 수식전개 등 복잡한 형태로 전개될 때에는 단순히 X, Y로 표시한다.

(ㄱ) 방향각

방향각(direction angle)은 도북(X방향 또는 XN)을 기준으로 임의의 축선까지 시계방향으로 잰 수평각이다.

(ㄴ) 방위각

진북 방위각(azimuth)은 진북을 기준으로 잰 수평각이고, 자북 방위각은 자북을 기준으로 잰 수평각이다.

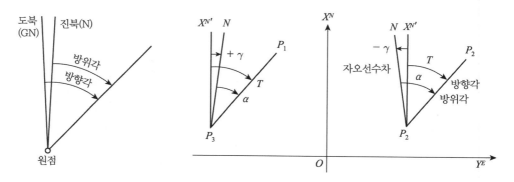

**그림 1-8a** 방향각과 방위각        **그림 1-8b** 방향각과 진북방위각

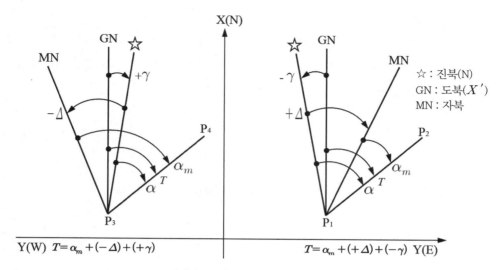

**그림 1-9** 진북, 자북, 도북의 관계

(ㄷ) 자오선수차

진북과 도북의 편차를 자오선 수차(子午線收差, meridian convergence)라 하며, 좌표원점에서는 진북과 도북이 일치하나 동서로 멀어질수록 그 값이 커지게 되어, 관측점이 측량원점의 서편이면 ($\angle X^{N'} P_3 N = + r$), 동편이면 ($\angle X^{N'} P_1 N = - r$)이 된다.

(ㄹ) 자침편차

진북과 자북의 편차인 자침편차(magnetic declination)는 진북을 기준으로 시계방향을 (+)로 하며, 우리나라는 4~9°W에 속한다.

방향각을 $T$, 진북 방위각을 $\alpha$, 자북 방위각을 $\alpha_m$, 자오선 수차를 $r$, 자침편차를 $\Delta$라 하면, 이들 사이의 관계식은

$$T = \alpha + (\pm r)$$
$$\alpha = \alpha_m + (\pm \Delta)$$
$$T = \alpha_m + (\pm \Delta) + (\pm r)$$

(1-18)

가 된다.

(ㅁ) 역방위각

 평판측량에서 두 점 P1, P2의 도북과 진북이 일치한다고 할 때, P1에서 P2를 관측할 경우의 방위각과 P2에서 P1을 관측한 방위각은 180° 차이가 나며, 후자의 경우를 역방위각(reciprocal azimuth)이라 한다. 즉,

$$\alpha_2 = \alpha_1 + 180° \tag{1-19}$$

가 되며, 구면일 경우 자오선 수차를 고려하여

$$\alpha_2 = \alpha_1 + 180° + r \tag{1-20}$$

가 된다.

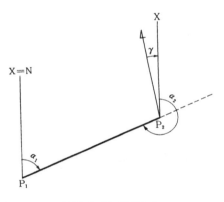

**그림 1-10** 역방위각

(ㅂ) 방위

 방위는 자오선(NS 선)과 관측선 사이의 각으로, 0~90°의 각(방위각은 0~360°)으로서 관측선(觀測線)의 방향에 따라 부호를 붙여 몇 상한(象限)의 각인지를 표시한 것이며, 다각측량(多角測量)에서는 어느 관측선의 방위각으로부터 방위를 계산하여 좌표축에 촬영된 길이인 위거(緯距)와 경거(經距)를 구하는 데 이용된다.

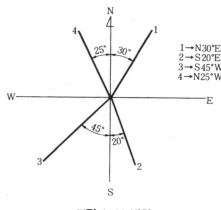

**그림 1-11** 방위

(ㅅ) 교각

교각은 전 관측선과 다음 관측선을 이어 이루는 각이다.

(ㅇ) 편각

편각은 전 관측선의 연장과 다음 관측선을 이어 이루는 각이다.

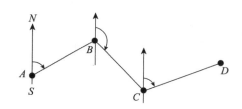

**그림 1-12** 방위각

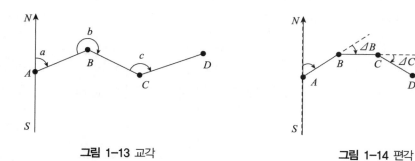

**그림 1-13** 교각          **그림 1-14** 편각

나) 수직각

수직면에서의 각으로 천정각거리, 고저각, 천저각거리가 있다.

(ㄱ) 천정각거리(zenith distance or zenith angle)

천문측량 등에 주로 이용되는 각으로 연직선 위쪽을 기준으로 목표점까지 내려서 잰 각을 말한다. 천문측량에서는 관측자의 천정(연직상방과 천구의 교점), 천극 및 항성으로 이루어지는 천문삼각형(astronomical triangle)을 해석하는 데 기본 관측량의 하나로 중요하다.

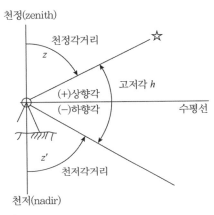

**그림 1-15** 수직각

(ㄴ) 고저각(altitude)

일반측량이나 천문측량의 지평좌표계에서 주로 이용되는 각으로 수평선을 기준으로 목표점까지 올려 잰 각을 상향각(또는 앙각 : angle of elevation), 내려 잰 각을 하향각 (또는 부각 : angle of depression)이라 한다.

(ㄷ) 천저각거리(nadir angle)

항공영상을 이용한 측량에서 많이 이용되는 각으로서 연직선 아래쪽을 기준으로 시준 점까지 올려서 잰 각을 말한다.

② 곡면각(curved surface angle)

대단위 정밀삼각측량이나 천문측량 등에서와 같이 구면 또는 타원체면상의 위치 결정에는 평면삼각법을 적용할 수 없으므로 구과량(球過量)이나 구면삼각법의 원리를 적용해야 하며, 이 때 곡면각의 특성을 잘 파악해야 한다.

가) 구면삼각형

측량대상지역이 넓을 경우 평면삼각법만에 의한 측량계산에는 오차가 생기므로 곡면각의 성질을 알아야 한다. 측량에서 이용되는 곡면각은 대부분 타원체면이나 구면삼각형(spherical triangle)에 관한 것이다.

구의 중심을 지나는 평면과 구면의 교선을 대원(大圓, great circle)이라 하고, 세변이 대원의 호로 된 삼각형을 구면삼각형이라 한다. 구면삼각형의 세변 길이는 일반적으로 대원호의 중심각과 같은 각거리(angular distance)로 표시한다.

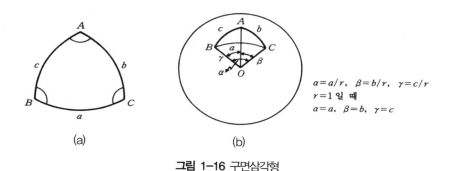

**그림 1-16** 구면삼각형

나) 구과량(spherical excess)

구면삼각형 $ABC$의 세 내각을 $A$, $B$, $C$라 할 때 내각의 합은 180°를 넘으며 이 차이를 구과량이라 한다. 즉, 구과량을 $\varepsilon$이라 하면,

$$A + B + C > 180° \tag{1-21}$$
$$\varepsilon = A + B + C - 180°$$

이며 구과량은 구면삼각형의 면적 $F$에 비례하고 구의 반경 $r$의 제곱에 반비례한다. 즉, $\rho'' = 1\,\mathrm{rad} = 206265''$일 때

$$\varepsilon'' = \frac{F}{r^2}\rho'' \tag{1-22}$$

다) 구면삼각법(spherical trigonometry)

구면삼각형에 관한 삼각법을 구면삼각법이라 한다. 천문측량에서 천극, 천정, 항성의 세 점으로 이루어지는 천문삼각형(celestial triangle)의 해석이나 대지측량에서의 삼각망 계산, 지표상 두 점간 대원호 길이 계산 등에 구면삼각법이 적용된다. 구면삼각법의 두 가지 중요한 공식인 sine법칙과 cosine법칙(2변과 1각을 알 때 대변을 구하는 공식)은 다음과 같다.

$$\text{sine법칙} : \frac{\sin a}{\sin A} = \frac{\sin b}{\sin B} = \frac{\sin c}{\sin C} \tag{1-23}$$

$$\text{cosine} : \cos a = \cos b \cos c + \sin b \sin c \cos A \tag{1-24}$$

$$: \cos b = \cos c \cos a + \sin c \sin a \cos B \tag{1-25}$$

$$: \cos c = \cos a \cos b + \sin a \sin b \cos C \tag{1-26}$$

③ 공간각(또는 입체각, solid angle)

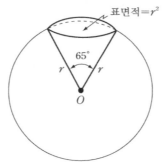

구의 각표면적 $= 4\pi \text{sr} = 5.35 \times 10''$제곱초

$1\text{sr} = 1$제곱라디안 $= (57.3도)^2 = 3283$제곱도

$= (206265초)^2 = 4.25 \times 10^{10}$제곱초

**그림 1-17** 스테라디안

평면각의 호도법은 원주상에서 그 반경과 같은 길이의 호를 끊어서 얻은 2개의 반경 사이에

끼는 평면각을 1라디안(radian : rad로 표시)으로 표시한다. 이와 마찬가지로 반지름 $r$인 단위 구 상의 표면적을 구의 중심각으로 나타낼 수 있다. 스테라디안(steradian : sr로 표시)은 공간 각의 단위로서 구의 중심을 정점으로 하여 구표면에서 구의 반경을 한 변으로 하는 정사각형의 면적과 같은 면적($r^2$)을 갖는 원과 구의 중심이 이루는 공간각을 말한다. 구의 전 표면적은 $4\pi r^2$이므로 전구를 입체각으로는 $4\pi$스테라디안으로 나타낼 수 있다. 구의 중심을 지나는 평면상에서 1sr을 나타내는 양 반경 사이의 평면각은 약 65°가 된다.

이 스테라디안은 복사도(W/sr), 복사휘도(W/m² sr), 광속(루멘 : 1m=cd · sr)의 관측 등에도 사용된다. 여기서 W는 와트, cd는 칸델라이다.

## (3) 시(時, time)의 종류

### 1) 항성시[(Local) Sidereal Time : LST 또는 ST]

1항성일(sidereal day)은 춘분점이 연속해서 같은 자오선을 두 번 통과하는 데 걸리는 시간이다(23시간 56분 4초). 이 항성일을 24등분하면 항성시(恒星時)가 된다. 즉, 춘분점을 기준으로 관측된 시간을 항성시라고 한다. 항성시는 그 지방의 경도에 따라 다르므로 지방시(地方時, LT : Local Time)라고도 한다.

### 2) 태양시(solar time)

지구에서의 시간법은 태양의 위치를 기준으로 한다.

① 시태양시(apparent time)

춘분점 대신 시태양(視太陽, apparent sun)을 사용한 항성시이며 태양의 시간각(hour angle)에 12시간을 더한 것으로 하루의 기점은 자정이 된다.

$$시태양시 = 태양의 \ 시간각 + 12^h \tag{1-27}$$

태양의 연주운동은 그 각도가 고르지 않기 때문에 태양의 시간각은 정확하게 시간에 비례하지 않으므로 시태양시는 고르지 못하고 시태양일(apparent solar day)의 길이도 연중 일정하지가 않다.

② 평균태양시[mean solar time : (local) civil time, LMT(Local Mean Time)]

시태양시의 불편을 없애기 위하여 천구 적도상을 1년간 일정한 평균각속도로 동쪽으로 운행하는 가상적인 태양, 즉 평균태양(mean sun)의 시간각으로 평균태양시를 정의하며 이것이 우리가 쓰는 상용시(civil time)이다. 평균태양일(mean solar day)은 항상 1/365.2564년이다.

## 3) 세계시(Universal Time : UT, GCT, GMT)[3]

① 지방시와 표준시[LST(Local Sidereal Time) and standard time]

천체를 관측해서 결정되는 시(항성시, 평균태양시)는 그 시점의 자오선마다 다르므로 이를 지방시라 한다. 지방시를 직접 사용하면 불편하므로 이러한 곤란을 해결하기 위하여 경도 15° 간격으로 전 세계에 24개의 시간대(time zone)를 정하고, 각 경도대 내의 모든 지점을 동일한 시간을 사용하도록 하는데, 이를 표준시라 한다. 우리나라 표준시는 동경 135°를 기준으로 하고 있다.

② 세계시

표준시의 세계적인 표준시간대는 경도 0°인 영국의 Greenwich를 중심으로 하며, Greenwich 자오선에 대한 평균태양시(Greenwich 표준시)를 세계시라 한다.

한편 지구의 자전운동은 극운동(자전축이 하루 중에도 순간적으로 변화하는 것)과 계절적 변화(연주변화와 반연주변화)의 영향으로 항상 균일한 것은 아니다. 이러한 영향을 고려하지 않은 세계시를 UT0, 극운동으로 생기는 천구에 대한 각각의 경도값의 변화량 $\Delta\lambda$를 고려한 것을 UT1, 계절적 변화의 수정값 $\Delta s$를 UT1에 고려한 것을 UT2라 한다. 이들 사이의 관계는 다음과 같다.

$$UT2=UT1+\Delta s=UT0+\Delta\lambda+\Delta s \tag{1-28}$$

## 4) 역표시(曆表時, ET : Ephemeris Time)

태양계에 있는 천체의 위치를 예측하기 위한 천체역학에서는 일정한 속도로 꾸준히 계속되는 시간의 기준이 필요하여 역표시를 사용한다. 지구는 자전운동뿐 아니라 공전운동도 불균일하므로 이러한 영향 DT를 고려하여 균일하게 만들어 사용하는 것을 역표시라 한다.

---

3  GCT=Greenwich Civil Time, GMT=Greenwich Mean Time.

$$ET=UT2+\varDelta T \tag{1-29}$$

역표시에서는 1900년 초(1899년 12월 31일 정오)에 태양의 기하학적 평균황경이 279°41′ 48.04″인 순간을 1900년 1월 0일 12$^h$ ET로 한다.

## (4) 영상(Imagery)

### 1) 개 요

영상(image)은 대상물이 센서(sensor)에 의하여 비쳐서 나타나는(가시화) 형상이다. 영상 탐측학(映像探測學 : imagematics)은 전자기파를 이용하여 대상물(토지, 자원 및 환경 등)에 대한 크기, 위치, 형상을 알아내는 정량적(定量的) 해석과 특성 및 현상변화를 도출하는 정성적 (定性的) 해석을 하는 학문이다. 여기서 matics는 라틴어로 exploration[살펴서 찾음(探)]과 search[특성이나 형상을 헤아려 알아냄(測)]의 뜻을 내포하고 있다.

개개의 대상이 비쳐서 단순히 나타낸 상태가 협의의 영상(image)이고 개개의 영상에 처리과 정을 거쳐 대상이 집합적으로 가시화된 상태를 광의의 영상(imagery)이라고 한다. 영상의 가 장 작은 단위(cell)는 영상소(映像素 : pixel or picture element)이며 영상을 면상(面狀 : screen)으로 가시화시킨 상태를 영상면(映像面 : image plane or imagery), 정지된 영상면 을 정지영상면(靜止映像面 : static imagery), 움직이는 영상면을 동영상면(動映像面 : dynamic imagery), 영상을 이용한 회의를 영상회의(映像會議 : imagery conference or video conference)라 한다. 영상면을 정제(精製)하여 종이(paper)나 판상의 물체에 나타낸 것이 사 진(寫眞 : photograph)이다. 일반적으로 사용되는 사진은 비스캐닝(non-scanniing) 센서 체계인 광학카메라 영상이고, 인공위성 영상은 스캐닝 센서체계의 수치영상이다.

일반적으로 사진측량(photogrammetry)은 카메라에 의하여 취득된 영상을 정제하여 사진 을 만든 다음 행하는 탐측방법이며 원격탐측(remote sensing)은 관측대상물에 직접 접근하 지 않고 센서를 이용하여 멀리 떨어진 거리에서 관측한 정보를 추출해내는 탐측방법이다. 또한 영상면판독(imagery interpretation)은 영상의 정성적 정보를 판별해내는 기법이다.

과거에는 사진을 제작하여 각종 관측과 연구가 이루어졌지만 최근에는 각종 센서(수동적 센 서, 능동적 센서 등)가 개발됨에 따라 사진이 이루어지기 전인 영상을 직접 처리하여 정성적 및 정량적 해석을 하고 있다. 사진은 일반생활에서 가시화가 필요한 사항(지도제작, 대상물형상 표현 등)에 주로 활용되어 왔지만 최근 영상은 지도제작은 물론, 토지, 자원, 환경, 의료, 통신, 디자인, 우주개발 및 각종 대상의 다자인 등에 관하여 정성적 및 정량적 해석을 할 수 있는 기법으로 급성장하고 있다. 이에 영상이 사진의 기본요소일 뿐만 아니라 대상물에 대한 탐측 (matics : 살피고 찾음(探-exploration), 헤아려서 알아냄(測-search)이 사진보다 더 포괄적으로 활용되어가는 추세이므로 영상탐측학(imagematics)이라는 용어가 제안되었다.

## 2) 영상면의 해상도 분류

영상면의 해상도(imagery resolution)는 관측 및 해석과정에서 대상물의 세부묘사를 분별할 수 있는 능력을 뜻하는 것으로 표현장비를 이용하여 출력 가능한 영상소 수로써 나타낸다. 위성영상면에서는 공간해상도(spatial resolution), 분광해상도(spectral resolution), 방사해상도(radiometric resolution), 주기해상도(temporal resolution) 등으로 나누어 다루고 있다.

### ① 공간해상도

영상면 내에서 영상소(pixel)가 표현 가능한 대상의 크기(예, 지상의 면적)를 표현하는 것으로 일반적으로 해상도라면 이 공간해상도를 뜻한다. 예로 1m급 공간해상도라면 대상물의 크기가 가로, 세로 1m 이상인 물체이면 판단이 가능한 것이다.

### ② 분광해상도

센서가 수집할 수 있는 다양한 분광파장을 표현하는 것으로 영상면의 질적 성능을 판별할 수 있는 중요한 기준이 된다. 예로 가시광선 영역의 영상면(Red, Green, Blue 영역 해당) 취득, 근적외, 중적외, 열적외 등 다양한 분광영역의 영상면을 수집하는 것으로 분광해상도가 좋을수록 영상면 분석 결과의 이용 가능성이 증대된다.

### ③ 방사해상도

센서가 수집한 영상면에서 얼마나 다양한 결과값을 도출할 수 있는가를 표시하는 것으로 영상면 분석정밀도를 분별할 수 있다. 예로 영상소의 표현에 따라 만일 한 영상소를 8bit로 표현할 경우 그 영상소가 포함하고 있는 정보(대상물체가 건축물, 나무, 물 등인지에 관한 정보)를 256($2^8$)개의 성질로 분류할 수 있고, 또한 영상소를 11bit로 표현할 경우 그 영상소가 포함하고 있는 정보(대상물체가 나무로 구분된 분류 중에서도 건강한지, 병충해가 있는지, 활엽수인지, 침엽수인지 등)를 2,048($2^{11}$)개로 자세하게 분류할 수 있다.

④ 주기해상도

특정지역을 어느 주기로 자주 촬영 가능한지를 표현하는 것으로 대상물 변화양상을 파악할 수 있다. 예로 건설공사의 진척사항, 재해지역의 변화사항 등을 파악할 수 있는데, 이 경우 위성에 탑재된 하드웨어의 성능에 많은 영향을 받는다.

## 3) 관측위치 및 방법에 의한 영상탐측의 분류

① 항공영상탐측(aerial imagematics)

항공기 및 기구 등에 탑재된 측량용 카메라로 연속촬영된 중복영상면을 정성적 분석(판독에 의한 환경 및 자원조사) 및 정량적으로 해석(지상위치 및 형상해석)하는 관측방법이다.

② 지상영상탐측(terrestrial imagematics)

지상에서 촬영한 영상면을 이용하여 건조물 및 시설물의 형태 및 변위관측 등을 위한 측량방법으로 대략 300m 이내에서 이루어진다. 촬영거리가 짧은 경우 근거리영상탐측(close-range imagematics)이라 하며, 공학적으로 널리 이용되고 있다.

③ 수중영상탐측(underwater imagematics)

수중영상탐측은 해저영상탐측이라고도 한다. 이는 수중카메라에 의해 얻어진 영상을 해석함으로써 수중자원 및 환경을 조사하는 것으로 플랑크톤의 양 및 수질조사, 해저의 기복상황, 수중식물의 활력도, 분포량 등을 조사한다.

④ 원격탐측(remote sensing)

지상에서 반사 또는 방사하는 각종 파장의 전자기파를 센서로 수집·처리하여 토지, 환경 및 자원문제에 이용하는 영상탐측의 새로운 기법 중의 하나이다.

⑤ 비지형영상탐측(non-topographic imagematics)

지도 작성 이외의 목적으로 X선, 모아레(moire) 영상, 홀로그래피(holograph) 영상면 등을 이용하여 의학, 고고학, 문화재조사, 변형조사 등에 이용된다.

⑥ 디지털영상탐측(digital imagematics)

수치영상을 이용하여 대상물을 처리하는 기법으로 디지털 센서(digital sensor)를 이용하여 대상물 공간을 디지타이징(digitizing)이나 스캐닝(scanning)하여 직접적으로 수치영상을 취득하거나 기존의 항공 및 지상영상을 디지타이징이나 스캐닝하여 간접적으로 수치영상을 취득할 수 있다.

## (5) 측량의 좌표계

위치는 공간상에서 대상이 어느 계(系)에서 다른 대상과 어떤 기하학적 상관관계를 갖는가를 의미하는 것으로 이때 어느 계의 기준이 되는 고유한 1점을 원점(origin), 매개가 되는 실수를 좌표(coordinate) 또는 좌표계라 한다.

### 1) 차원별 좌표계

좌표계에는 1차원 좌표계, 2차원 좌표계(평면직교좌표, 평면사교 좌표, 2차원 극좌표, 원·방사선 좌표, 원·원좌교, 쌍곡선·쌍곡선좌표), 3차원 좌표계(3차원 직교좌표, 3차원 사교좌표, 원주좌표, 구면좌표, 3차원 직교곡선좌표) 등이 있다.

① 1차원 좌표계(one-dimensional coordinate)

1차원 좌표는 주로 직선과 같은 1차원 선형에 있어서 점의 위치를 표시하는 데 쓰인다. 예를 들면, 직선상을 등속운동하는 물체를 생각할 때 어느 시점에서 이 물체의 위치는 기준점으로부터의 거리로 표시되며 이것은 시간과 속도의 함수로 나타낼 수 있다.

② 2차원 좌표계(two-dimensional coordinate)

　가) 평면직교좌표(plane rectangular coordinate)

평면 위의 한 점 $O$를 원점으로 정하고, $O$를 지나고 서로 직교하는 두 수직직선 $XX'$, $YY'$을 좌표축으로 삼는다. 평면상의 한 점 $P$ 위의 위치는 $P$를 지나며 $X$, $Y$축에 평행한 두 직선이 $X$, $Y$축과 만나는 $P'$ 및 $P''$의 좌표축상 $OP' = x$, $OP'' = y$로 나타낼 수 있다.

나) 평면사교좌표(plane oblique coordinate)

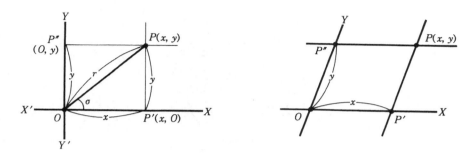

**그림 1-18** 평면직교좌표와 평면사교좌표

다) 2차원 극좌표(plane polar coordinate)

2차원 극좌표는 평면상 한 점과 원점을 연결한 선분의 길이와 원점을 지나는 기준선과 그 선분이 이루는 각으로 표현되는 좌표이다.

평면직교좌표와 2차원 극좌표는 다음과 같은 관계가 성립된다.

$$r = \sqrt{x^2 + y^2}, \quad \theta = \tan^{-1}\left(\frac{y}{x}\right)$$
$$x = r\cos\theta, \quad y = r\sin\theta \tag{1-30}$$

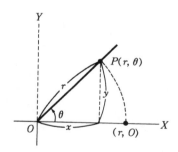

**그림 1-19** 2차원 극좌표

라) 원·방사선좌표

원점 $O$를 중심으로 하는 동심원과 원점을 지나는 방사선을 좌표선으로 하는 좌표로서 각 좌표선이 되는 원과 방사선은 평면상 모든 곳에서 서로 직교하므로 이 좌표계는 일종의 평면직교좌표계를 형성한다. 이 좌표계는 레이더탐지에 의한 물체의 위치표시나 지도투영에서 쓰인다.

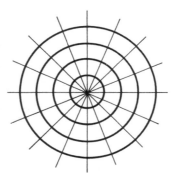

그림 1-20 원·방사선좌표

마) 원·원좌표

한 점을 중심으로 하는 동심원과 또 다른 동심원은 좌표선으로 하는 좌표계에 의한 좌표이다. 각 좌표선은 한 정점으로부터 등거리인 위치선으로서 원을 이루고 좌표선 간의 간격은 일정하다. 한 점의 위치는 두 개의 원호의 교점으로 결정되며 그 좌표는 한 정점에서의 거리 $r_a$와 다른 정점에서의 $r_b$에 의해 $(r_a, r_b)$로 표시될 수 있다. 이 좌표계는 주로 중단거리용인 Raydist 등의 원호방식에 응용된다.

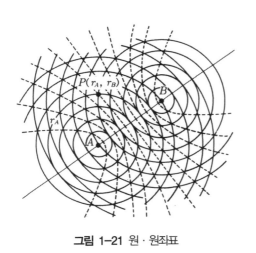

그림 1-21 원·원좌표

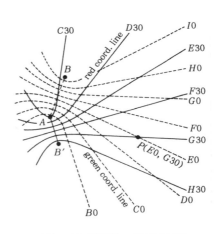

그림 1-22 쌍곡선 · 쌍곡선 좌표

바) 쌍곡선·쌍곡선 좌표

두 정점을 초점으로 하는 하나의 쌍곡선군과 또 다른 두 정점에 의한 쌍곡선군을 좌표선으로 하며, 좌표선 간의 간격은 원점에서 멀어질수록 커지고 좌표선들은 서로 사교하므로 위치결정의 정확도는 거리에 비례하여 낮아진다. 이 좌표계는 전자기파측량에서 주로 장거리용인 LORAN, DECCA 등의 쌍곡선 방식에 응용된다. 이 경우 쌍곡선인 위치선마다 고유번호를 부여하고 두 개의 쌍곡선군을 적·녹으로 구분하면 한 점의 위치는 녹색위치선 $L_G$ 및 적색위치선 $L_R$에 의한 좌표$(L_G,\ L_R)$로 표시된다.

③ 3차원 좌표계(three-dimensional coordinate)

　가) 3차원 직교좌표(three-dimensional rectangular or cartesian coordinate)

　3차원 직교좌표계는 공간의 위치를 나타내는 데 가장 기본적으로 사용되는 좌표계로서 평면직교좌표계를 확장해서 생각하며, 서로 직교하는 세 축 $OX$, $OY$, $OZ$로 이루어진다.

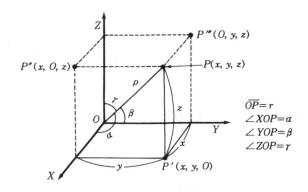

그림 1-23 3차원 직교좌표

$$\rho = \sqrt{x^2 + y^2 + z^2}$$
$$\cos^2 \alpha + \cos^2 \beta + \cos^2 \gamma = \frac{x^2}{\rho^2} + \frac{y^2}{\rho^2} + \frac{z^2}{\rho^2} = 1 \qquad\qquad (1-31)$$

　나) 3차원 사교좌표(three-dimensional oblique coordinate)

　공간에 한 점 $O$를 원점으로 정하고, $O$를 지나며 서로 직교하지 않는 세 평면상에서 $O$를 지나는 세 개의 수치직선 $XOX'$, $YOY'$, $ZOZ'$를 좌표축으로 잡는다. $OX$, $OY$, $OZ$를 양의 반직선으로 하는 좌표계를 도입하면 공간상 한 점 $P$에 대하여 세 개의 실수의 순서쌍이 대응된다. 이 대응을 3차원 공간에서의 사교(또는 평행) 좌표계라 한다.

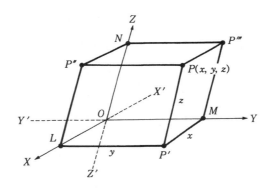

**그림 1-24** 3차원 사교좌표

다) 원주좌표(cylindrical coordinate)

공간에서 점의 위치를 표시하는 데 원주좌표가 종종 편리하게 쓰인다. 원주좌표에서는 평면 $z = 0$ 위의 $(x, y)$ 대신 극좌표$(r, \theta)$를 사용한다.

원주좌표와 3차원 직교좌표 사이에는 다음과 같은 관계가 성립된다.

$$r = \sqrt{x^2 + y^2}, \quad \theta = \tan^{-1}\left(\frac{y}{x}\right), \quad z = z \tag{1-32}$$
$$x = r\cos\theta, \quad y = r\sin\theta, \quad z = z$$

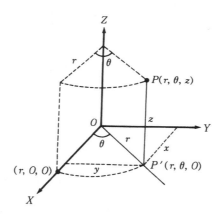

**그림 1-25** 원주좌표

라) 구면좌표(spherical coordinate)

구면좌표는 원점을 중심으로 대칭일 때 유용하다. 구면좌표에서는 하나의 길이와 두 개의 각으로 공간상 위치를 나타낸다.

3차원 직교좌표, 원주좌표, 구면좌표 사이에는 다음 관계가 있다.

$$\begin{pmatrix} x \\ y \\ z \end{pmatrix} = \begin{pmatrix} r\cos\theta \\ r\sin\theta \\ z \end{pmatrix}, \quad \begin{pmatrix} r \\ \theta \\ z \end{pmatrix} = \begin{pmatrix} \rho\sin\phi \\ \theta \\ \rho\cos\phi \end{pmatrix}, \quad \begin{pmatrix} x \\ y \\ z \end{pmatrix} = \begin{pmatrix} r\cos\theta \\ r\sin\theta \\ z \end{pmatrix} \tag{1-33}$$

## 5. 측량의 종류

측량의 종류는 측량법, 대상영역, 정확도 및 목적, 측량방법에 따라 다음과 같이 분류한다.

### (1) 측량법

### 1) 기본측량

모든 측량의 기초가 되는 측량으로 국토교통부명을 받아 국토지리정보원이 실시하는 측량으로 천문측량, 중력측량, 지자기측량, 삼각측량, 수준(고저)측량, 검조(조석관측) 등이 있다.

### 2) 공공측량

기본측량 이외의 측량으로 공공의 이해에 관계되는 기관(국가나 지방자치단체, 정부투자기관관리기본법 제2조의 규정에 의한 정부투자기관 및 대통령령이 지정하는 기관)이 실시하는 측량이다.

### 3) 일반측량

일반인들이 기본측량 및 공공측량 이외의 수행하는 측량이다.

### (2) 대상영역

### 1) 평면측량(plane survey)

지구의 곡률을 고려할 필요가 없는 좁은 지역으로 반경 11km 이내의 지역을 평면으로 취급하여 수행하는 측량으로 소지측량(小地測量 : small area survey)이라고도 한다.

## 2) 대지측량(large area survey)

지구의 곡률을 고려(지구의 형상과 크기)한 넓은 지역으로 반경 11km 이상 또는 400km$^2$ 이상의 넓은 지역에 관한 측량이다. 대륙 간의 측량, 대규모 정밀측량망 형성을 위한 정밀삼각측량, 고저측량, 삼변측량, 천문측량, 공간삼각측량, 대규모로 건설되는 철도, 수로 등 긴 구간에 대한 건설측량(engineering survey) 등이 대지측량이다.

## 3) 측지측량(geodetic survey)

측지학(geodesy : 회전타원체인 지구의 특성, 즉 지구의 형상, 운동, 지구내부구조, 열, 물성, 지각 변화 등을 연구)을 도입한 측량으로 인공위성측량, 중력측량, 지자기측량, 레이저측량, 탄성파측량, 천문측량 등이 있다. 위치결정 및 지구특성해석이 중력의 영향을 받는 지구중력장 안에서 이루어지므로 기하학적측지학(평면 또는 대지측량)과 물리학적측지학(측지측량)을 엄밀하게 구분하기는 어렵다.

## 4) 해양측량(sea survey)

해양측량은 해양을 적극적으로 활용하고 개발하기 위해 해상위치결정 및 수심, 해안선형태, 해양조석관측, 항해용 해도작성, 해저지형도, 지층분포도(또는 지질구조도), 중력이상도 등의 도면작성, 항만, 방파제 등 해양구조물건설, 자원탐사 및 개발계획 등에 기여하고 있다.

## 5) 지하측량(underground survey)

지하측량은 지구내부의 특성(중력 및 지자기분포, 지질구조 등)해석, 지하시설물(지하철, 상수도, 하수도, 가스, 난방, 통신, 지하도, 터널, 지하상가) 및 지하시설물과 연결되어 지상으로 노출된 각종맨홀, 전주, 체신주 등의 가공선과 지하시설물 관리와 운용에 필요한 모든 자료에 대하여 조사 및 관측을 하여 자료기반을 구축하는 데 기여하는 작업이다.

## (3) 정확도 및 목적

## 1) 정확도에 의한 분류

넓은 지역을 측량하기 위해서는 측량의 기준이 되는 기준점을 측량대상지역 전체에 전개하고 이 기준점을 기초로 하여 세부측량을 하면, 전체적으로 균형 있고 정밀한 측량의 결과가 얻어진다.

① 기준점 측량 혹은 골조측량(control survey or skeleton survey)

기준점 측량은 측량의 기준이 되는 점의 위치를 구하는 측량으로 천문측량, 삼각측량, 다각측량, 고저측량, 광파 및 전파측량, 삼변측량, 천체 및 위성측량(VLBI, GPS 등) 등이 있다. 이들에 의한 기준점에는 천측점(천문관측점), 삼각점, 다각점, 고저기준점(또는 수준점), 위성기준점 등이 있다.

② 세부측량(minor survey or detail survey)

세부측량은 기준점을 기준으로 하여 측량대상(사회기반시설물, 지형도 등)에 대한 세부사항을 도면화, 위치해석, 면·체적의 산정 등을 수행한다. 세부측량에는 평판측량, 영상탐측, 레이저측량, 시거측량, 음파측량, 전파측량 등이 있다.

## 2) 목적에 의한 분류

① 토지측량(land survey)

토지에 대한 면·체적, 경계, 분할 및 통합에 관한 2차원(x, y) 및 3차원(x, y, z) 위치관측에 의한 측량이다.

② 지적측량(cadastral survey)

토지에 대한 면적경계, 소유자의 지번, 지목 등에 관한 2차원(x, y) 위치관측에 의한 측량이다.

③ 지형측량(topographical survey)

지형은 지모와 지물을 뜻한다. 지표면의 지형[지모(地貌)-땅의 생김새로 산정, 구릉, 계곡, 경사, 평야 등, 지물(地物)-지상에 있는 대상물로 도로, 철도, 시가지, 하천, 암석 등]에 대한 2차원 및 3차원 위치관측에 의하여 도면화(지형도, 편집도, 토지이용도, 주제도 등) 및 위치해석 등을 수행한다.

④ 노선측량(route survey)

노선측량은 도로, 철도, 운하, 터널, 배수로, 송전선(送電線) 등 폭이 좁고 길이가 긴 선상구조물(線狀構造物) 등의 건설에 필요한 측량이다.

⑤ 단지측량(plant survey)

단지측량은 토지의 활용도를 증진시키기 위하여 단지조성에 관한 계획과 집단적인 개발로 주거단지, 농공단지, 상업 및 업무단지, 유통단지, 관광단지, 여가 및 운동시설단지, 산업단지 등 생활개선에 필요한 공용의 부지조성에 관한 측량이다.

⑥ 댐측량(dam survey)

댐측량은 하천의 개발계획(발전, 치수, 농업 및 공업용수 등), 댐의 세부도 작성(댐의 본체, 지부, 배수로, 터널, 운반도로, 토사장, 가설비지점 등), 댐의 안전관리(댐의 변형 및 변위를 관측하기 위해 공사 중의 시공관리, 완성 후의 유지관리 등) 등을 위한 측량으로 조사사항으로는 수문, 지형, 지질, 보상, 재료원, 가설비 등이 있다.

⑦ 항만측량(harbour survey)

항만측량은 화물의 수륙수송을 안전하게 전환하고 출입 및 정박을 할 수 있도록 수역(항행 및 정박영역), 항로, 박지(대기, 하역 및 피난영역), 외곽시설(방파제, 파제제, 호안, 갑문, 토류제 등)에 관한 준설, 매립에 관한 관측자료를 제공하는 작업으로써 수심측량, 연안 및 해양측량, 해양에 관련된 자료조사 등이 측량사의 몫이다.

⑧ 지구형상측량(earth form survey)

지구형상결정측량방법은 기하학적방법과 역학적인방법이 있다. 기하학적방법은 천문측량, VLBI 및 인공위성측량 등에 의하여 지구상 다수의 관측점에 대한 관측값 자료를 이용하여 적도의 반경과 편평률을 구하고 천문측지경위도에 의한 연직선편차를 각 지점에 대하여 적분함으로써 지오이드기복을 결정한다, 이러한 값을 전 측지계에 결합하여 지구타원체를 결정한다. 역학적 방법은 지구중력장해석에 의한 것으로 중력관측에 의한 방식과 인공위성궤도해석에 의한 방식이 있다.

## (4) 측량방법

### 1) 거리측량(distance survey)

거리측량은 두 점 간의 거리를 직접(줄자, 보측, 목측 등) 또는 간접(각과 거리관측, 음파, 전파, 광파, 영상 등)으로 관측하는 것으로 사거리측량(slope distance survey)과 수평거리측량(horizontal distance survey)이 있다. 사거리 측량값은 기준면에 투영(reduction to reference plane)한 수평거리로 고쳐서 사용한다.

## 2) 고저(또는 수준)측량(leveling survey)

고저측량은 두 점 간의 고저 차를 알기 위한 관측방법으로 고저관측기(level)와 표적을 이용하는 직접고저측량과 각과 거리관측(삼각고저측량), 음파, 전파, 광파, 영상 등을 이용하는 간접고저측량이 있다. 또한 기준면에 대한 고저차(또는 표고)를 결정하는 방법으로 결합고저측량(미지점에 대하여 기준점과 점검점을 이용한 관측), 왕복고저측량(기준점, 미지점을 직접 연결하여 관측), 폐합고저측량(기준점에 여러 미지점을 관측하여 폐합시키는 관측)이 있다.

## 3) 트래버스 측량(traverse survey)

트래버스 측량은 각과 거리를 관측하여 2차원 위치(x, y)를 구하는 작업으로 결합 트래버스(기지점에서 출발하여 다른 기점에 연결시키는 것으로 정밀도가 가장 높다), 폐합 트래버스(기지점에서 출발하여 다시 출발 기지점에 연결시키는 것으로 결합 트래버스보다 정밀도가 낮다), 개방 트래버스(임의의 점에서 출발하여 다른 임의의 점에 연결시키는 것으로 정밀도가 트래버스 측량 중에서 가장 낮음으로 답사측량에 이용한다)가 있다.

## 4) 삼각측량(triangulation)

삼각측량은 삼각형의 꼭짓점각을 관측하여 가장 높은 정확도의 2차원 위치(x, y)값을 얻을 수 있으므로 기준점 설정 및 넓은 영역에서 세부측량에까지 이용되고 있다. 삼각측량에 이용되는 삼각망은 단삼각형, 사변형, 유심다각형 등이 있다.

## 5) 삼변측량(trilateration survey)

삼변측량은 삼각형의 변의 길이만을 관측하여 2차원 위치를 구하는 것으로써 단삼변망, 사변망, 유심다변망을 이용하고 있으며 변의 길이가 길수록 삼각측량보다 높은 정확도의 값을 얻을 수 있다.

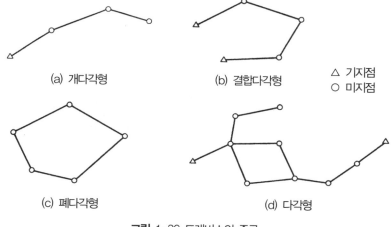

(a) 개다각형

(b) 결합다각형

△ 기지점
○ 미지점

(c) 폐다각형

(d) 다각형

**그림** 1-26 트래버스의 종류

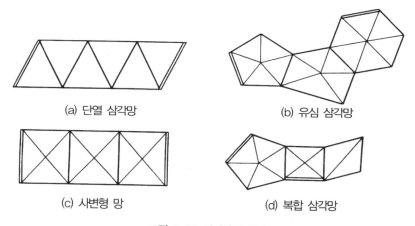

(a) 단열 삼각망

(b) 유심 삼각망

(c) 사변형 망

(d) 복합 삼각망

**그림** 1-27 삼각망의 종류

## 6) 평판측량(plane table survey)

평판측량은 평판, 앨리데이드를 이용하여 현지에서 지형도작성, 간단히 거리 및 고저차를 구하는 작업이다. 최근 전자평판기를 이용하고 있다.

## 7) 영상탐측(imagematics)

영상탐측은 지상, 항공기 및 인공위성에서 취득된 영상을 이용하여 지형해석 및 지형도작성은 물론, 생활개선을 위한 대상물가시화 및 위치해석, 생태계관측 및 조화미분석, 수치형상모형을 이용한 대상물의 설계 및 디자인, 영상에 의한 의사결정 및 가상세계의 현실화 설정 등을 수행한다.

## 8) 위성측량(satellite survey)

위성측량은 정확한 위치를 알고 있는 인공위성에서 발사하는 전파(GPS의 경우 최소 4개 이상의 위성의 신호가 이용 됨)를 지상에서 수신하여 위치결정, 도면제작, 자원, 환경, 교통 등 각종 정보체계에 자료를 제공하고 있다. 또한 인공위성에 의한 우주공간에서의 행성들에 관한 위치 및 특성도 해석하는 작업에 위성측량이 기여하고 있다.

# 6. 지형공간정보에 소요되는 자료의 구성 및 처리

## (1) 지형공간정보의 자료구성 체계

지형공간정보체계의 자료기반(資料基盤 : DB, Database)을 효율적으로 형성하기 위해서 많은 종류의 자료를 필요로 하나 크게 자료구조를 지형자료의 기본인 특성자료와 공간자료의 기본인 위치자료로 구분하여 처리하고 있다. 특성자료(特性資料 : descriptive data)는 도형 및 속성자료(圖形 및 屬性資料 : graphic & attribute data)와 영상 및 속성자료(映像 및 屬性資料 : image & attribute data)로 세분된다. 위치자료(位置資料 : positional data)는 절대위치자료(絶對位置資料 : absolute positional data)와 상대위치자료(相對位置資料 : relative positional data)로, 또는 절대위치 및 시간, 상대위치 및 시간으로 세분된다.

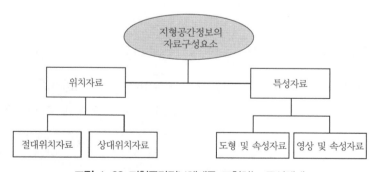

**그림 1-28** 지형공간정보체계를 표현하는 구성체계

절대위치는 현실(現實) 또는 실제공간(實際空間, reality space)이나 측지학적 공간(測地學的空間, geodetic space)에서의 위치이고 상대위치는 모형공간(模形空間, model space)이나

가상공간(假想空間, virtual space)에서의 위치이다.

위치에는 1차원, 2차원, 3차원 위치로 분류할 수 있다.

1차원 위치는 거리(距離, distance)와 고도(高度, height)가 있다. 고도는 일반적인 높이와 측지학적 높이(測地學的, geodetic height)로 평균해수면(平均海水面, MSL-Mean Sea Level)으로부터의 고도인 표고(標高, elevation, $Z$)가 있다.

2차원 위치는 일반적인 직교좌표상에서의 수평위치(水平位置, plane position, $x$, $y$)와 측지학상의 직교좌표에서 수평위치인 경도(經度 : longitude-$\lambda$ or Länge-$L$)와 위도(緯度 : latitude-$\Psi$ or Breite-$B$)가 있다.

3차원 위치는 일반적인 직교좌표상의 수평 및 수직(垂直)위치인 $x$, $y$, $z$와 측지학상의 경도, 위도 및 표고인 $\lambda$, $\Psi$, $z$가 있다.

영상자료(映像資料 : image data)는 일반필름사진(지상 또는 항공카메라 사진, X-ray 사진 등), 스캐닝(scanning)체계(인공위성, 레이저, 레이더 등)에 의한 영상, 비디오 및 각종 영상 취득 장치에 의한 영상이 있다.

도형자료(圖形資料, graphic data)는 대상의 형상을 가시화한 것으로 도면(계획 및 설계도면, 구조물도면, 각종 대상의 도면), 지형도, 지도 등이 있다.

속성자료(屬性資料, attribute data)는 대상물의 자연, 인문, 사회, 행정, 경제, 환경 등에 관한 특징을 나타내는 자료로서 지형공간정보 분석이 가능하도록 문자나 숫자로 되어 있다.

정보의 생활화를 위한 정보체계의 정량화 과정에서 정보체계 구성요소 취득이 가장 중요한 몫이다. 정보체계의 구성요소인 위치자료와 도형자료는 측량학의 고유 업무이며 영상자료 또한 일부 신호처리 이외는 영상측량에서 다루어지고 있으므로 정보체계를 표현하는 구성요소 취득의 대부분이 측량을 통하여 이루어지고 있다.

## (2) 지형공간정보의 자료처리체계

지형공간정보체계의 자료처리체계는 자료입력, 자료처리, 출력의 3단계로 구분할 수 있으며, 보다 세부적으로는 ① 부호화, ② 자료입력, ③ 자료정비, ④ 조작처리, ⑤ 출력의 다섯 단계로 구분할 수 있다.

### 1) 자료입력(data input)

자료입력 과정은 지형공간자료인 위치자료, 도형자료, 영상자료 및 특성자료에 따라 방법이 다르지만 주로 키보드로 입력되는 특성자료를 제외하고는 기존의 자료 활용측면과 새로운 자료

취득 측면으로 나눌 수 있다. 기존의 자료활용 측면에서 가장 많이 이용되는 것이 지도의 디지타이징과 스캐닝이며, 이는 반자동방식(디지타이저), 자동방식(스캐너)으로 구분된다. 점, 선, 면 또는 다각형 등에 포함된 지형공간적 변량을 부호화하는 데는 ① 격자형 방식(raster 방식), ② 선추적방식(vecter 방식)의 두 가지가 사용된다.

## 2) 지형공간자료의 변량을 부호화 및 표현하는 방식

점, 선, 면 또는 다각형 등에 포함된 지형공간적 변량을 부호화나 표현하는 데는 격자(raster)방식, 선추적(vector)방식, 메타자료(meta data)방식, 세밀도(LOD)방식, 자료기반(DB)방식 등이 있다.

① 격자형 방식(raster 방식)

자료의 표현을 격자형(또는 작은 방 : cell)들의 집합으로 형성된다. 또한 각 격자형은 속성값을 지니고 있으며 X, Y축을 이루어 존재한다.

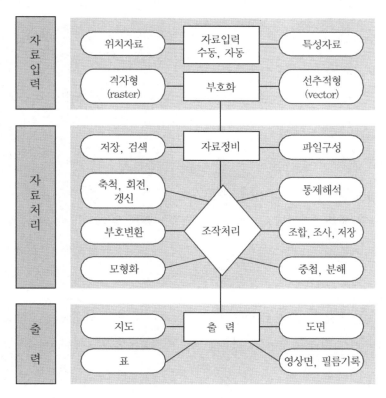

그림 1-29 자료처리체계

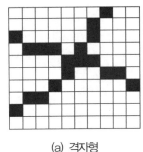
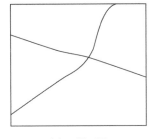

(a) 격자형                     (b) 선추적형

**그림 1-30 부호화**

② 선추적방식(vector 방식)

자료의 표현을 마디(또는 고리 : mode)로 구성된다. 점(點)은 하나의 마디, 선(線)은 두 마디 이상이나 수 개의 절점(vertex)으로 연결, 면(面)은 하나의 마디와 수 개의 절점으로 구성된 연결로 표현된다. 또한 벡터자료는 기하학(geometric)정보[점($x$, $y$)은 하나로 저장, 선은 연결된 점들의 집합, 면은 면의 내부를 확인하는 참조점으로 구성]와 위상구조(topology)정보[점, 선, 면들의 공간형상들의 공간관계를 인접성(adjacency), 연속성(continuity), 영역성(area definition)등으로 구성] 등을 구축한다.

③ 메타자료방식(meta data)

자료의 대한 이력(자료의 개요, 품질, 구성, 형상 및 속성, 정보취득방법, 참조정보 등이 저장됨)을 설명하는 자료로서 정보에 대한 시간과 비용의 절약 및 정보유통의 효율성을 증대시킬 수 있다.

④ 자료의 세밀도(LOD : Level Of Detail)

자료 중 가까운 대상은 자세히 표현하고 먼 대상은 세부적인 사항(level)을 축약하여 개략적으로 표현한다.

⑤ 자료기반(DB : Data Base)

서로 연관성 있는 자료들 간에 특정한 의미를 가지는 자료의 모임으로 자료의 표준화가 되어 많은 사용자가 자료를 공유할 수 있는 것으로 초기에 자료구축 비용과 자료 유지관리비가 많이 소요된다.

### 3) 자료처리(data processing)

#### ① 자료정비

자료의 방대함과 다양함 또는 응용 범위의 광대함에 비추어서 자료관리 과정은 지형공간정보체계의 효율적 작업의 성공 여부에 매우 중요하다. 자료유지관리는 모든 자료의 등록, 저장, 재생 및 유지에 관한 일련의 프로그램으로 구성된다.

#### ② 자료처리

지형공간정보체계의 자료처리에는 표면분석과 중첩분석의 두 가지 자동분석이 가능하다. 표면분석은 하나의 자료층 상에 있는 변량들 간의 관계분석에 적용하며, 중첩분석은 둘 이상의 자료층에 있는 변량들 간의 관계분석에 적용된다.

중첩에 의한 정량적 분석은 각각의 정성적 변량에 관한 수치지표를 부여하여 수행되며, 변량들의 상대적 중요도에 따라 경중률을 부가함으로써 보다 정밀한 중첩분석을 행할 수 있다.

정량적 해석과 경중률 부여기법에 의한 자료은행(data bank)은 두 가지 형태의 예측모형에 이용될 수 있다. 예를 들어서 평가모형은 산불 가능성, 지하수 오염, 교통체계 등의 환경특성평가에 적용될 수 있으며, 배치모형은 도시개발, 교통노선, 관개농경개발 등의 특정한 토지이용에 가장 적합한 지역결정에 적용될 수 있다.

#### ③ 출력

지형공간정보체계는 도면이나 도표의 형태로 검색 및 출력할 수 있다. 대부분의 체계에서는 인쇄도면, 그림, 표 및 지도 등을 여러 가지 형태와 크기로 제작할 수 있으며, 관찰 영상면(또는 관측 및 감시 액정면, monitor screen)을 통해서 자료기반의 한 구역 또는 다중 자료기반에 관한 도형 및 도형정보를 해석하여 가치를 평가할 수 있다.

# 연 습 문 제

## 제1장 서  론

다음의 각 사항에 대하여 약술하시오.

① 측량 및 지형공간정보공학의 의의
② 측량(survey) 용어의 역사적 의미
③ 정보 및 정보체계
④ 지형정보 및 공간정보에 대하여 나타나는 모습, 식별 및 구분과 가치 확인
⑤ 지형공간정보체계(GIS) 기여
⑥ 측량공학의 활용 분야
⑦ 지형공간정보공학의 활용 분야
⑧ 관측의 분류
⑨ 관측값의 오차에서 수치해석 시, 자료처리 시 오차의 종별
⑩ 위치해석의 기본요소(길이, 각, 시)
⑪ 영상(imagery)에 관하여 영상소, 해상도
⑫ 영상탐측학의 분류
⑬ 측량의 좌표계
⑭ 측량공학에 관하여 측량법, 대상영역, 정확도 및 목적, 측량방법에 따른 분류
⑮ 지형공간정보의 자료구성체계
⑯ 지형공간정보의 자료처리체계

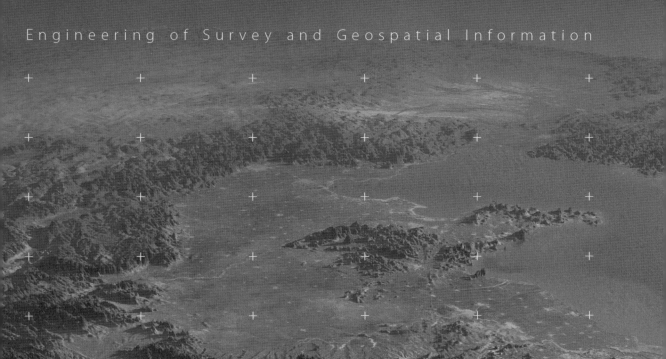

Engineering of Survey and Geospatial Information

# PART. 02

# 위치해석, 도면화, 면·체적산정, 사회시반시설측량, 영상탐측학

　위치해석에는 제II-1편에서 1차원 위치(수평거리 또는 거리 : X, 수직거리 또는 고저 : Z or H)로 거리측량 및 고저측량, 제II-2편에서 2차원 위치인 수평위치(X·Y)로 다각측량, 삼각측량, 삼변측량, 제II-3편에서 3차원 및 4차원 위치(X·Y·Z, X·Y·Z·T)로 영상탐측, 광파종합관측, 라이다에 의한 관측, 관성측량체계, 위성측지, GPS, GLONAS, GALILEO 및 4차원 위치해석 등을 다루었다.

# PART. 02-1

## 1차원위치(X, Z or H)해석

# 02 수평거리(또는 거리 : X)측량

## 1. 거리관측의 개요

거리측량은 모든 측량의 기본으로 한 점의 수평위치를 정하려면 수평각과 거리를 관측하여야 하며, 각을 정밀하게 관측한 경우에도 최소한 한 번 이상 거리를 재서 확인하는 것이 바람직하다. 거리측량 방법에는 줄자를 이용하는 직접 관측법을 비롯하여 기하학적 상사성(相似性)과 물리학적 법칙을 이용하는 여러 가지 방법이 있지만, 일반적으로 줄자에 의한 직접 관측법, 광학적(光學的) 상사성에 의한 시거법(視距法) 및 전자기파(電磁氣波) 거리 측량기에 의한 관측법, 레이저 광에 의한 방법, 영상탐측에 의한 방법, 전파(VLBI)에 의한 방법, 인공위성(GPS, SLR) 방법 등이 있다. 또한 측량의 목적에 부합하는 정밀도에 따라서 간략법과 엄밀법으로 구분할 수도 있다. 최근 줄자는 전파, 광파 등에 의한 기기로 바뀌어가고 있으나 본서에서는 거리관측 원리를 익히기 위해 줄자를 기준으로 설명을 한다.

## 2. 거리관측 방법

### (1) 목측(eye—measurement)

일기, 지형, 시력, 위치, 주변물체 등에 따라 영향을 받으나 반복연습으로 오차를 줄일 수 있다. 대략적인 기준은 다음과 같다.

100m　: 사람의 눈, 코의 위치가 인정된다.

150m　: 양복의 단추가 보인다.

400m　: 사람의 팔, 다리를 구분할 수 있다.

800m　: 사람이 움직이고 정지함을 판단한다.

2000m : 사람이 검은 점으로만 보인다.

**[표 2-1]** 수평 거리 측량을 위한 관측법

간략법 : 1) 목측(目測), 2) 보측(步測), 3) 시각법(視角法), 4) 음측(音測), 5) 윤정계(輪程計),
　　　　 6) 평판 시준기(平板視準器), 7) 항공영상과 지형도(地形圖), 8) 줄자에 의한 간략법,
엄밀법 : 1) 줄자에 의한 엄밀법, 2) 전자기파(電磁氣波) 거리측량, 3) 수평표척(水平標尺),
　　　　 4) 수직표척(垂直標尺), 5) 직교 기선법(直交基線法)

### (2) 보측(pacing)

보폭(步幅)이 $d$일 때 구하려는 거리 $D$를 $N$보(步)에 통과했다면 $D = Nd$이다. 일반적으로 $d = 75$cm로 하여

$$D = 0.75N = (1 - 1/4)N = N - N/4[\text{m}] \qquad (2-1)$$

이다. 예를 들어 $N = 80$보일 때 $D = 80 - 80/4 = 60$m이다. 먼 거리를 잴 때는 보수계(步數計, pedometer)를 사용하면 좋다.

### (3) 시각법

팔을 쭉 펴서 높이를 아는 물체를 시준(視準)했을 때 팔 길이가 $l$, 물체의 높이가 $H$, 자의 길이가 $h$이면 구하는 거리 $D$는 다음 관계로부터 알 수 있다(그림 2-1).

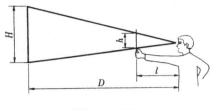

**그림 2-1** 시각법

$$D = \frac{l}{h} \times H \qquad\qquad (2-2)$$

### (4) 음측(acoustic measurement)

온도 $t°C$일 때 음속 $v\,[\mathrm{m/sec}]$

$$v = 331 + 0.609t \qquad\qquad (2-3)$$

이다. 1초에 넷을 세도록 훈련하면(10초에 40) 헤아린 수에 100m를 곱하여 개략적인 거리를 알 수 있다(예를 들어서 야간에 번갯불 빛을 보고, 천둥소리가 들릴 때까지 35를 세었다면 거리는 $D = 35 \times 100 = 3,500\mathrm{m}$이다).

### (5) 윤정계(odometer)

윤정계(輪程計)는 원 둘레를 정확히 알고 있는 바퀴의 회전수로부터 거리를 환산해내는 기구로서 차량에 연결하여 주행거리를 재거나 노선측량 예비선점(路線測量豫備選點) 등에 활용한다. 또 다른 방법으로 관측된 길이를 개략적으로 조사하는 데 응용되기도 하며, 일반적으로 정확도는 약 1/200이나 올림픽 마라톤 경기 경로는 자전거 뒷바퀴에 단 윤정계를 이용하여 얻은 관측값을 수치 처리함으로써 1/1000까지 정확도를 향상시킬 수 있다. 바퀴의 크기가 작은 것은 단거리 관측용 또는 곡선 거리를 재는 데 매우 유용하다.

도면상에서 곡선 길이를 재는 곡선계(曲線計, curvimeter)의 원리도 이와 동일하다.

### (6) 평판 시준기(alidade)

일반적으로 평판 시준기(平板視準器, peep-sight alidade)의 시준판(視準板)에 나타난 눈금을 이용하면 점 A, B 간의 수평 거리 $D$를 구할 수 있다. 평판 시준기의 전시준판(前視準板)에는 전후 시준판 간격의 1/100을 간격으로 하여 눈금을 새겨 놓았다. 따라서 그림 2-2에서 $\Delta O n_1 n_2 \propto \Delta O ab$인 관계로부터 눈금 하나의 간격을 $s$라고 한다면 $100s / (n_1 - n_2)s = D/l$ 이므로

$$D = \frac{100}{n_1 - n_2}l = \frac{100}{n}l \tag{2-4}$$

여기서 $l$은 시준판의 눈금 $n_1$, $n_2$에 상당하는 표척(標尺)의 읽음값 $a$, $b$ 간의 길이이다.

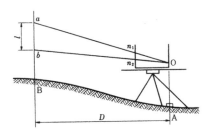

**그림 2-2** 평판 시준기에 의한 거리 관측

---

**예제 2-1**

그림 2-3에서 $l = 2.0\text{m}$, $n_1 = 20$, $n_2 = 15$일 때 두 점 간의 거리는?

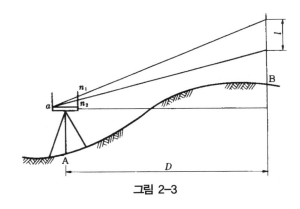

**그림 2-3**

**풀이** 식 (2-1)에 의해

$$D = \frac{100}{20 - 15} \times 2.0 = 40\text{m}$$

## (7) 항공영상과 지형도

항공영상으로 촬영된 영상은 중심 투영상(投影像)이고, 지형에도 기복이 있으므로 엄밀하게는 한 영상면상이라도 각각 축척(縮尺)이 다르다. 정확한 수평 거리를 측량하려면 입체 도화기(立體圖畵機)나 정밀좌표 관측기(精密座標觀測機)를 사용하여야 하지만 항공영상의 축척을 안다면 영상면상에 찍혀진 두 점 A, B 간의 실제 거리 $D_{AB}$의 개략적인 값을 알 수 있다. 영상면상에서 잰 두 점 간의 거리가 $l_{AB}$, 영상면의 축척분모(縮尺分母)가 $s$이면

$$D_{AB} = s \cdot l_{AB} = (H/f) \cdot l_{AB} \qquad (2\text{-}5)$$

이다. 영상면의 축척분모는 촬영고도 $H$, 촬영 사진기의 초점 거리 $f$의 관계로부터 구할 수 있다. 또, 촬영된 지역의 지형도(축척 $1/\bar{s}$)가 있을 경우에는 지형도상에 그 위치가 명확하게 나타난 다른 두 점 C, D 간의 도상거리(圖上距離) $\bar{l}_{CD}$와 영상면상 거리 $l_{CD}$를 비교하여 영상면의 축척을 구할 수도 있다.

즉, $s \cdot \bar{l}_{CD} = \bar{s} \cdot \bar{l}_{CD}$이므로

$$s = \bar{s} \cdot \bar{l}_{CD}/l_{CD} \qquad (2\text{-}6)$$

이다.

## (8) 줄자에 의한 간략법

### 1) 줄 자

정확을 요하지 않는 측량이나 답사를 할 경우에는 천줄자(布卷尺, cloth tape), 합성섬유 줄자(glass-fiber tape), 잼줄(測繩, measuring rope)이 간편하게 사용되어 왔다.

근래 정확성을 요구하는 거리측량에는 쇠줄자(鋼卷尺, steel tape)와 인바줄자(invar tape 또는 invar wire)가 사용되는데, 이들을 사용하면 매우 정확한 값을 얻을 수 있으나 보관과 취급에 주의하여야 하므로 삼각측량의 기선측량(基線測量) 등에서와 같이 매우 정확한 값을 필요로 할 때 이외에는 잘 쓰지 않는다. 쇠줄자와 인바줄자가 보편화되기 전에는 대자(竹尺, bamboo chain)와 측쇄(測鎖, chain)가 정밀기구로 사용되었다.

## 2) 거리 관측법

### ① 평지에서의 관측법

줄자의 길이보다 긴 거리를 잴 경우에는 일정 구간씩 끊어서 재고, 마지막 구간의 끝수를 더하면 좋다. 이때 각 구간이 정확하게 일직선상에 있도록 주의해야 한다.

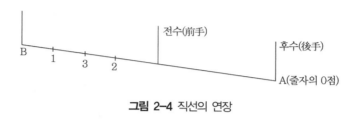

**그림 2-4** 직선의 연장

### ② 경사지에서의 관측법

경사지에서 거리를 잴 경우에는 계단식으로 수평 거리를 관측해서 더하는 방법 그림 2-5(a) 등측법(登測法), (b) 강측법(降測法)과 경사 거리와 경사각, 또는 경사 거리와 높이차를 재서 환산하는 방법이 있다(그림 2-5(c)).

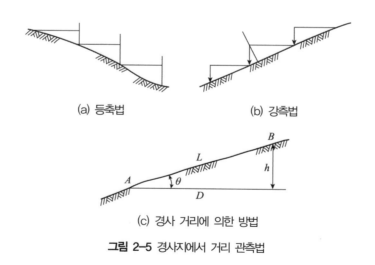

(a) 등측법　　　　(b) 강측법

(c) 경사 거리에 의한 방법

**그림 2-5** 경사지에서 거리 관측법

### ③ 방해물이 있을 경우

거리 관측 시 장애물이 있는 경우 그림 2-6과 같이 사각형, 정삼각형 또는 닮은꼴 삼각형의 원리를 이용하여 간접적으로 거리값을 구할 수 있다.

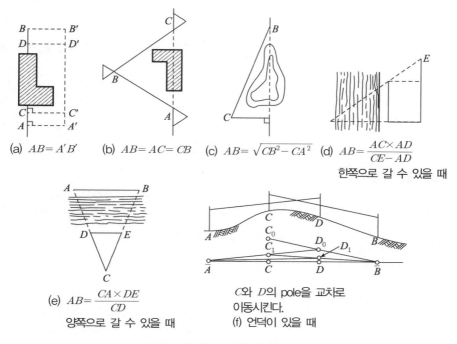

(a) $AB = A'B'$
(b) $AB = AC = CB$
(c) $AB = \sqrt{CB^2 - CA^2}$
(d) $AB = \dfrac{AC \times AD}{CE - AD}$
한쪽으로 갈 수 있을 때

(e) $AB = \dfrac{CA \times DE}{CD}$
양쪽으로 갈 수 있을 때

$C$와 $D$의 pole을 교차로 이동시킨다.
(f) 언덕이 있을 때

**그림 2-6** 장애물이 있을 때 거리 관측법

## 3. 거리관측값의 정오차 보정

줄자를 사용하여 최초 관측한 거리는 많은 오차를 포함하고 있다. 이 중에서 줄자의 특성값, 온도, 장력, 처짐, 경사, 표고 등과 같이 그 원인이 분명한 정오차(定誤差)는 다음과 같은 방법으로 그 오차를 보정(補正)해서 표준 조건하의 정확한 값으로 환산해주어야 한다.

### (1) 표준자에 대한 보정(특성값 보정, 상수보정)

특성값이 $l \pm \Delta l$인(예 : 50m+0.006m) 줄자로 관측 거리 $D$를 재었을 때 특성값에 대한 보정량 $C_i$는 다음과 같다.

$$C_i = (\Delta l / l) D \tag{2-7}$$

## (2) 온도에 대한 보정

표준온도를 $t_0$, 관측 시의 온도를 $t$, 줄자의 선팽창 계수를 $\alpha$, 관측값을 $D$, 온도 보정량을 $C_t$라 하면 다음과 같다.

$$C_t = \alpha\,(t - t_0)\,D \tag{2-8}$$

## (3) 장력에 대한 보정

표준장력 $P_0$, 길이 $l$인 줄자를 장력 $P$로 당겨서 관측할 때 줄자의 단면적을 $A\,[\mathrm{cm}^2]$, 탄성계수를 $E\,[\mathrm{kg/cm}^2]$라 하면 관측값 $D$에 대한 장력(張力) 보정량 $C_p$는

$$C_p = \frac{(P - P_0)}{A E}\,D \tag{2-9}$$

## (4) 처짐에 대한 보정

줄자는 자중(自重) 때문에 처지므로 관측값은 실제 거리보다 크게 나타난다. 그림 2-7에서 거리 $d$인 한 구간에 생기는 처짐에 대한 보정량 $C_s$는 단위중량을 $w\,[\mathrm{kg/m}]$라 하면

$$C_s = -\,\frac{d}{24}\left(\frac{wd}{P}\right)^2 \tag{2-10}$$

이고, 전 구간($D = nd$)에 대해서는

$$C_s = -\,\frac{nd}{24}\left(\frac{wd}{P}\right)^2 \tag{2-11a}$$

또는, $nd = D$, $d = D/n$로부터

$$C_s = -\,\frac{w^2}{24}\left(\frac{D^3}{n^2 P^2}\right) \tag{2-11b}$$

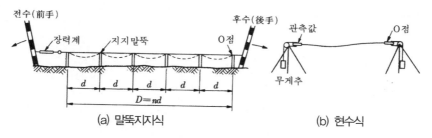

그림 2-7 줄자에 의한 엄밀 거리관측

## (5) 경사에 대한 보정

### 1) 표고차를 잰 경우

양단에 표고차 $h$가 있는 두 지점 간의 경사 거리를 관측한 값이 $D$일 때 정확한 거리 $D_0$는

$$D_0 = (D^2 - h^2)^{\frac{1}{2}} = D(1 - h^2/D^2)^{\frac{1}{2}}$$
$$= D(1 - h^2/2D^2 - h^4/8D^4 - \cdots) \fallingdotseq D - h^2/2D$$

따라서 경사 보정량을 $C_g$라 하면

$$C_g = -h^2/2D \tag{2-12}$$

### 2) 경사각을 잰 경우

$$D_0 = D\cos\theta = D[1 - 2\sin^2(\theta/2)] = D - 2D\sin^2(\theta/2)$$

따라서 경사 보정량은

$$C_g = -2D\sin^2(\theta/2) \tag{2-13}$$

또는 $\cos\theta$를 전개하면

$$D_0 = D(1 - \theta^2/2 + \theta^4/24 - \cdots) \fallingdotseq D - (\theta^2/2)D$$

그런데 $\theta$를 라디안으로 하려면 $\rho = 206, 265''$로 나누어서

$$D_0 = D - (\theta^2 / 2\rho^2)D$$

따라서 경사 보정량은

$$C_g = -(\theta^2 / 2\rho^2)D \qquad\qquad (2\text{--}14)$$

## (6) 표고(또는 고도, 높이, 수직위치)에 대한 보정

표고 $H$인 곳에서 관측한 값 $D'$를 지구 반경이 $R$이고, 표고 $O_m$인 기준면상의 거리로 환산할 때의 보정량 $C_h$는

$$D_0 = D' \cdot R / (R + H) = D'(1 + H/R)^{-1}$$
$$= D'(1 - H/R + H^2/R^2 - \cdots) \fallingdotseq D'(1 - H/R)$$

이므로

$$C_h = -(H/R)D'$$

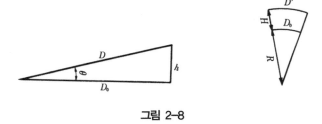

그림 2-8

## (7) 일반식

어떤 거리를 관측한 값이 $D$일 때 앞의 여러 가지 조건을 모두 더한 총보정량을 $\sum C$ ($= C_i + C_t + C_p + C_s + C_g$)라 하면 정확한 거리 $D_0$를 구하는 일반식은 다음과 같다.

$$D' = D + \sum C$$

$$D_0 = D' + \left( \frac{D'H}{R} \right) = D' + C_h$$

예제 2-2

특성값이 50m−0.002m인 쇠줄자를 사용하여, 온도 $t$=20°C에서 장력 $P$=15kg을 가해 기선(基線)을 관측한 값이 149.9862m이었다. 줄자의 표준온도 $t_0$=15°C, 표준장력 $P_0$=10kg, 단면적 $A$=0.028cm², 탄성계수 $E$=2.1×106kg/cm², 선팽창 계수 $\alpha$=0.000011/°C, 단위 중량 $w$=0.023kg/m이다. 지지 말뚝간 거리 $d$=10m, 기선 양단의 표고차 $h$=50cm, 평균표고는 350m의 관측조건일 때 정확한 기선 길이를 산출하시오. 단, 지구 반경 $R$=6370km이다.

**풀이** · 특성값 보정 : $C_i = \dfrac{\Delta l}{l} \times D$

$$= \frac{-0.002}{50} \times 149.9862 = -0.0060 \,[\text{m}]$$

· 온도보정 : $C_i = \alpha \,(t - t_0) D$

$$= 0.000011 \times (20 - 15) \times 149.9862 = 0.0082 \,[\text{m}]$$

· 장력보정 : $C_p = \dfrac{(P - P_0)}{AE} D$

$$= \frac{(15 - 10)}{0.028 \times 2.1 \times 10^6} \times 149.9862 = 0.0128 \,[\text{m}]$$

· 처짐보정 : $C_s = -\dfrac{nd}{24} \left( \dfrac{wd}{p} \right)^2$

$$= \frac{-15 \times 10}{24} \left( \frac{0.023 \times 10}{15} \right)^2 = -0.0015 \,[\text{m}]$$

· 경사보정 : $C_g = -\dfrac{h^2}{2D} = -\dfrac{(0.5)^2}{2 \times 149.9862} = -0.0008 \,[\text{m}]$

· 총보정량 : $\sum C (= C_i + C_t + C_p + C_s + C_g)$

$$= -0.0060 + 0.0082 + 0.0128 - 0.0015 - 0.0008$$
$$= 0.0127 \,[\text{m}]$$
$$D' = D + \sum C = 149.9862 + 0.0127 = 149.9989 \,[\text{m}]$$

· 표고보정 : $C_h = -(H/R)D' = -\dfrac{350 \times 149.9989}{6,370,000}$

$$= -0.0082[\text{m}]$$

$$\therefore \text{조정 환산값} = D' + C_h = 149.9989 - 0.0082 = 149.9907[\text{m}]$$

## 4. 직접거리측량의 오차

### (1) 오차의 특성

기선이나 쇠줄자로 관측할 경우 거리측량에서 신뢰할 만한 값을 구하기 위하여서는 매우 주의를 하여야 한다. 착오를 피해 각종 방법으로 정오차를 없애고, 남아 있는 우연오차를 합리적으로 취급하여 목적하는 바의 정확도에 해당하는 값을 구할 필요가 있다.

이 오차의 가벼운 정오차는 주로 거리의 길이, 관측횟수에 비례하고 우연오차는 관측횟수의 제곱근에 비례한다. 즉, 전길이 $L$을 $n$구간으로 나누어 한 구간 $l$의 정오차를 $\delta$, 우연오차를 $\varepsilon$이라 하면,

$$\text{전길이의 정오차 } \delta_s = n\delta, \quad \text{정확도 } \frac{\delta_s}{L} = \frac{n\delta}{nl} = \frac{\delta}{l} \tag{2-15}$$

$$\text{전길이의 우연오차 } \varepsilon_s = \sqrt{n} \cdot \varepsilon, \quad \text{정밀도 } \frac{\varepsilon_s}{L} = \frac{\sqrt{n} \cdot \varepsilon}{nl} = \frac{\varepsilon}{\sqrt{n} \cdot l} \tag{2-16}$$

이것들을 동시에 생각한 전길이의 확률오차 $r$은 오차전파의 법칙에서 다음 식으로 주어진다.

$$r = \sqrt{(\delta n)^2 + (\varepsilon \sqrt{n})^2} = \sqrt{\alpha^2 L + \beta^2 L} \tag{2-17}$$

$$\text{여기서 } \alpha = \frac{\delta \sqrt{n}}{\sqrt{l}}, \ \beta = \frac{\varepsilon}{\sqrt{l}}$$

위의 식에서 거리측량의 오차는 일반적으로 거리 $L$에 비례하는 정오차가 대부분을 차지하므로 구한 정밀도가 높은 한 이 정오차를 보정하여 오차를 되도록이면 우연오차만으로 한다.

이것들의 오차원인과 그 보정은 다음과 같다.

## (2) 착오와 정오차의 원인

착오는 논리상의 오차로 취급하지 않으므로 관측값에 중대한 영향을 미친다. 이것은 주로 관측자의 부주의에서 생긴다. 눈금 또는 숫자의 잘못 읽는 경우와 기록의 틀림 등이 있다.

언제나 오차는 생기게 되므로 반드시 같은 측선을 2회 이상 반복하여 이것의 평균을 취하거나 관측자를 바꾸어서 측량하여 이것을 방지할 필요가 있다.

정오차의 원인에는

가) 줄자의 길이가 표준길이와 다른 경우(줄자의 특성값 보정)
나) 관측 시의 쇠줄자의 온도가 검정시의 온도와 다른 경우(온도보정)
다) 쇠줄자에 가한 장력이 검정시의 장력과 다른 경우(장력보정)
라) 줄자의 처짐(처짐 보정)
마) 줄자가 똑바로 수평으로 되지 않은 경우(경사보정)
바) 줄자가 기준면상의 길이로 되지 않은 경우(표고보정)

등이 있다.

## (3) 관측지역에 따른 허용정밀도

그리고 거리측량 시 줄자의 허용정밀도를 장애물의 많고 적음에 따라 구별하여 그 개략을 나타내면 다음과 같다.

가) 평탄한 지역      1/2,500 양호      1/5,000 우량
나) 산 지      1/500 가능      1/1,000 양호
다) 시가지      1/10,000~1/50,000의 정밀도를 요한다.
라) 사용하는 줄자의 정확도

    천줄자 : 1/500~1/2,000

    측 쇄 : 1/1,000~1/5,000 상당히 주의하면 1/10,000

    쇠줄자 : 1/5,000~1/25,000(특히 면밀한 주의를 하여 충분한 보정을 하면 1/100,000 이상
        이 가능)

    검정공차 $\Delta mm$($D$ : 줄자 길이 m)

    금속제 줄자 $\Delta = 0.6 + 0.1(D-1) = 0.5 + 0.1D$

최초의 1m에 대해서는 0.6mm, 나머지 1m 증가하는 데 따라 0.1mm 가산(50m 쇠줄자의 $\Delta$=5.4mm)

쇠줄자 이외의 줄자 $\Delta$=4+1.5($D$−1)=2.5+1.5$D$

최초의 1m에 대해서는 4mm, 나머지 1m 증가하는 데 따라 1.5mm 가산(50m의 천줄자, 유리섬유줄자, 측쇄 등 측량용줄자의 $\Delta$=77.5mm, 30cm 스케일의 $\Delta$=0.5mm)

사용공차라 하는 것도 있다. 이것은 일단 검정에 합격한 자라도 사용 중에 길이가 변하기 때문에 사용해 얻은 한도의 오차를 계량기사용공차령으로 규정한 것이다. 사용공차는 대개 1.5 $\Delta$로 정해져 있다.


# 5. 관측선의 길이, 분할 및 관측횟수에 대한 정확도

## (1) 줄자의 길이와 정확도의 관계

관측선 AB를 그림 2-9와 같이 길이 $l$의 줄자로 $n$회 나누어 관측한 것으로 하고 줄자 1회의 오차를 $m$이라 하면 전길이 $L$에 대한 평균제곱근오차(또는 중등오차) $M$은 오차전파의 법칙에 의하여 $M=\pm\sqrt{nm}=\pm\sqrt{\dfrac{L}{l}}\,m$이다. 즉, 거리관측의 오차는 사용하는 줄자 길이의 제곱근에 비례한다. 또한 동일줄자로 관측할 경우에는 관측거리의 제곱근에 비례하여 오차가 커진다.

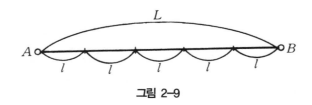

**그림 2-9**

## (2) 관측횟수와 정확도의 관계

어떤 관측선을 동일경중률로 $n$회 관측하였을 경우 그 최확값 $l_0$ 및 평균제곱근오차 $m_0$는

$$l_0=\frac{[l]}{n},\ m_0=\pm\sqrt{\frac{[v^2]}{n(n-1)}} \tag{2-18}$$

이다. 또한 1회 관측한 평균제곱근오차를 $m$이라 하고 정밀도를 $R$이라 하면,

$$m = m_0 \sqrt{n}, \ R = \frac{m_0}{l_0} \qquad (2-19)$$

이므로 관측횟수가 많을수록 최확값의 정밀도가 좋아진다.

### (3) 관측선의 분할관측의 정확도

다각측량, 삼각측량의 기선측량을 할 때 그림 2-10과 같이 전길이 $L$을 $n$구간으로 분할하고 각 구간의 최확값 및 평균제곱근오차를 각각 $l_1, l_2, \cdots, l_n$ 및 $m_1, m_2, \cdots, m_n$이라 하면 전길이의 최확값 $L_0$ 및 평균제곱근오차 $M_0$는

$$L_0 = l_1 + l_2 + \ldots + l_n$$
$$M_0 = \pm \sqrt{m_1^2 + m_2^2 + \cdots + m_n^2} \qquad (2-20)$$

이 된다.

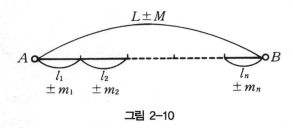

그림 2-10

## 6. 전자기파거리측량

전자기파거리측량(EDM : Electromagnetic Distance Measurement)은 적외선, 레이저 광선, 극초단파 등의 전자기파를 이용하여 거리를 관측하는 방법으로 지형의 기복이나 장애물로 인하여 장거리 관측이 불가능할 경우, 높은 정밀도로 장거리 측량을 간편하게 할 수 있을 뿐만 아니라 각(수평각, 수직각, 경사각)을 동시에 관측할 수 있고 내장된 컴퓨터에 의해 위치[수평위

치, 수직위치(높이)], 지형도제작, 면·체적 산정, GIS 및 각종 위치활용 분야에 기여하고 있다.

## (1) 전자기파거리측량기의 분류

전자기파거리측량기는 크게 다음과 같이 이분된다.

전자기파거리측량기(EDM) { 전파거리측량기(electro wave distance meter)
광파거리측량기(optical wave distance meter)
광파종합관측기(TS : Total Station)

### 1) 전자기파거리측량기[테루로메타(tellurometer) 등]

주국(主局)과 종국(終局)으로 되어 있는 관측점에 세운 주국으로부터 목표점의 종국에 대하여 극초단파를 변조고주파로 하여 발사하고 이것이 종국을 지나 다시 주국으로 돌아오는 반사파의 위상과 발사파의 위상차로부터 거리를 구하는 장치이다.

### 2) 광파거리측량기[지오디메타(geodimeter) 등]

전파 대신에 빛을 쓰는 것으로 강도 변조한 빛(매초 15×106회의 명암을 가한 빛)을 관측점에 세운 기계로부터 발사하여 이것이 목표점의 반사경에 반사하여 돌아오는 반사파의 위상과 발사파의 위상차로부터 거리를 구하는 장치이다.

① 레이저(LASER : Light Amplification by Stimulated Emission of Radiation)에 의한 광파거리측량기

위에서 말한 광파거리측량기의 광원은 백색광이나 최근에는 헬륨 네온·가스·레이저라고 하는 단색광(파장 6,328Å)의 강력한 수평광선을 보내는 광원장치가 개발되어 이것을 이용한 거리측량기로서, 미국의 스펙트라피직스 사의 데오돌라이트는 그의 일례로 관측 가능 거리는 야간 80km, 주간 32km, 오차는 ±1mm 이내라 한다. 또한 Geodimeter 8형은 60km 관측이 가능하다.

② 광파종합관측기(TS : Total Station)

TS는 거리(수평거리, 수직거리, 경사거리) 및 각(수평각, 수직각)을 관측하는 기기로서 거리측량에서[(1~2mm)+1ppm(ppm : 1/1,000,000)]의 정확도이다. 자세한 내용은 3차원측량에서 다루기로 한다.

[표 2-2] 광파와 전파거리측량기의 특징 비교

| 항목 | 광파 거리 측량기 | s전파 거리 측량기 |
|---|---|---|
| 정확도 | $\pm(5\text{mm}+5\text{ppm}\times D)$ | $\pm(15\text{mm}+5\text{ppm}\times D)$ |
| 최소 조작인원 | 1명(목표지점에 반사경이 놓여 있는 것으로 하여) | 2명(주국, 종국에 각 1명) |
| 기상조건 | 안개나 눈으로 시통이 방해 받음 | 안개나 구름에 좌우대지 않음 |
| 관측거리 | 약 10m~60km(원거리용)<br>약 1m~1km(근거리용) | 약 100m~60km |
| 방해물 | 시준이 필요 광로 및 프리즘 뒤에 방해를 해서는 안 됨 | 관측점 부근에 움직이는 장애물(가령 자동차)이 있어서 관측되지 않는 경우가 있다. 송전선 부근도 별로 좋지 않음 |
| 조작시간 | 한 변 10~20분<br>1회 관측시간 8초 내외 | 한 변 20~30분<br>1회 관측시간 30초 내외 |

## (2) 전자기파거리측량기의 원리

현재의 전자기파거리측량기는 광파나 전파를 일정파장의 주파수로 변조하여 이 변조파의 왕복 위상 변화를 관측하여 거리를 구한다. 대기 중의 전자기파속도 $v$는 약 $3 \times 10^8$m/sec의 값을 가지고 있다. 이 전자기파를 일정한 주파수로 변조하면 $v/f$로 정해지는 파장을 갖는 변조파가 된다. 가령 $f = 7.5 \times 10^6$Hz라면 변조파장 $\lambda$는 40m가 된다. 이 변조파장을 거리관측의 매개체로 하여 쓴다.

지금 $2\pi f = w$로 하여 $w$ 및 $v$에서 변조파의 왕복에서 위상차 $\phi$를 관측하면 $D$가 구해진다. 여기서 위상은 파의 진동상태를 각도로 나타낸 것이므로 일반적으로 $2n\pi + \phi$의 형태로 표시된다. 그리하여 거리 $D$는 그림 2-11에서 바로

$$\frac{2D}{\lambda} = n + \frac{\phi}{2\pi} \tag{2-21}$$

그리하여

$$D = n\frac{\lambda}{2} + \frac{\phi}{2\pi} \cdot \frac{\lambda}{2} \quad (n = 2D \text{ 사이에 포함된 변조파의 수}) \tag{2-22}$$

로 되며 $n$과 $\phi$를 관측하면 거리 $D$가 얻어진다.

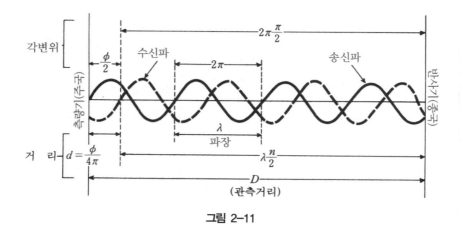

**그림 2-11**

## (3) 전파 및 광파거리측량기의 보정

전자기파(전파 및 광파)가 왕복하는 대기 중의 온도·기압·습도는 전자기파의 굴절률에 영향을 주는 것으로 정밀한 거리관측에서는 이러한 요소들에 대한 보정이 필요하다. 또 관측 길이는 일반적으로 사거리이므로, 경사보정, 평균해수면에의 보정을 해야 한다. 전파는 기후 장해로는 거의 영향을 받지 않으나 전파거리측량기로부터 발사된 전파는 약 10°의 폭으로 퍼지므로 전파 장해물이 많은 시가지, 삼림 등 또는 해수면에 가까운 곳이나 지상에 기복이 있는 경우에는 불규칙한 반사 등의 영향을 받아 좋은 결과를 얻지 못한다. 광파는 어느 정도 평행광선이므로 다소의 안개나 비 등에도 영향을 받아 관측이 곤란하다.

### 1) 기상보정(meteorological correction)

전자기파거리측량기를 사용하여 거리를 관측할 경우에 가장 기본적인 값은 '광속도'이다. 진공 중에 있어서 광속도 $C_0$는 299,792.5km/sec로 정하였다. 그러나 관측을 실제로 행하는 것은 공기 중이므로 관측할 때의 공기 중의 광속도 $C$를 구해야 한다.

$C$, $C_0$의 관계는 다음 식으로 주어진다.

$$C = C_0/n \tag{2-23}$$

여기서 $n$은 대기의 굴절률(refractive index of air)이며 기압·기온·습도에 의해 결정된다. 따라서 기온·기압 등의 오차가 관측거리에 영향을 미친다. 기온에 대해서는 1°C의 관측오차, 기압에 대해서는 3mmHg의 관측오차가 각각의 관측거리에 1/1,000,000의 오차를 준다. 습도의 영향은 전파를 사용한 거리관측에는 영향을 크게 주나, 빛을 사용한 거리관측(광파거리측량기)에는 많은 영향을 주지 않으므로 일반적으로 생략된다. 보통 광파거리측량기에서는 일정한 기상조건(예 15℃, 760mmHg)에 있어서의 값을 표시하게 된다. 실제의 경우에는 기상조건을 25℃, 760mmHg로 하면 오차 $\Delta D$는

$$\Delta D = 1km \times (25 - 15) \times 10^{-6} = 1.0 \text{ cm} \tag{2-24}$$

로 된다. 따라서 관측에 필요한 정확도가 수 cm정 도이면 기상의 보정을 전혀 행할 필요가 없다. 정확한 거리를 구하기 위해서는 관측 시에 기온·기압을 관측하여 보정식·보정표 또는 보정척을 사용하여 거리의 보정값을 구하여 관측값에 가한다. 이 보정을 기상보정(meteorological correction)이라 한다. 장거리정밀관측 때에는 기온의 관측방법이 문제가 된다. 그러나 대개 수 km의 거리관측에서는 전혀 문제가 되지 않는다.

## 2) 반사경

광파거리측량기가 전파거리측량기보다도 편리한 점의 하나는 전자가 후자보다도 사용기계가 간편하다는 점이다. 즉, 전파거리측량기를 사용하는 경우는 주·종국 2대를 1조로 하여 사용하는 데 대해 광파거리측량기를 사용할 때는 관측점의 일단에 빛을 거리측량기로 되돌려보내는 반사경을 설치하면 되고 정확도에 있어서는 광파거리측량기는 전파거리측량기보다 양호하다. 작업 능률면에서도 반사경을 사용하는 경우는 이동이 용이, 관측 중에는 사람의 손이 불필요하고, 여러 개를 준비하여 많은 점을 동일점에서 간단히 관측할 수 있는 점 등의 이점이 있다. 일반적으로 반사경으로서는 프리즘 반사경을 사용한다. 이 반사경의 특징은 빛의 반사성에 있다. 즉, 반사된 빛은 반드시 빛의 방향(거리관측기의 방향)으로 진행하므로 프리즘의 방향을 엄밀히 하지 않고도 작업을 용이하게 할 수 있다(그림 2-12 참조).

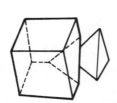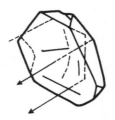

그림 2-12

## 3) 전자기파거리측량기에 의한 거리관측의 오차

전자기파거리측량기를 사용하는 경우에 생기는 오차에는 거리에 비례하는 것과 비례하지 않는 것이 있다.

① 거리에 비례하는 오차

　가) 광속도의 오차

진공 중의 광속도는 국제적으로 299,792.5km±0.4km의 값을 쓰기로 결정하였다. 이것으로부터 기인되는 오차는 일반적인 측량에는 전혀 영향이 없다. 일반적으로 진공 중의 광속도의 오차에 관해서는 생각하지 않는다.

　나) 광변조주파수의 오차

주파수의 오차는 관측거리에 크게 영향을 준다. 광변조주파수를 $f$, 주파수의 오차를 $\Delta f$라 하면 관측거리 $D$에 미치는 오차 $dD$는 $-(\Delta f/f) \cdot D$로 된다. 즉, 주파수의 상대오차는 같다.

　다) 굴절률 오차

굴절률의 오차를 $\Delta n$이라 하면 거리의 오차는

$$dD = -(\Delta n/n) \cdot D \qquad (2-25)$$

로 된다.

관측거리가 수 km로서 1/10,000 정도의 거리관측 정밀도가 요구되면 관측양단의 기상자료로부터 굴절률을 구하면 충분하다.

② 거리에 비례하지 않는 오차

　가) 위상차관측의 오차

전자동적으로 위상차를 얻는 거리측량기에는 기계 그 자체가 갖고 있는 분해능, 또는 관측자가 위상차를 구하는 거리측량기에는 기계의 분해능에 가해지는 관측자의 관측오차가 있다. 이 크기는 일반적으로 1~2cm 정도이다.

나) 기계상수, 반사경상수의 오차

거리측량기에는 기계상수가 있으나 이 오차의 크기는 2~3mm 정도이다. 반사경상수도 같은 정도이다.

다) 거리측량기와 반사경의 기준점(참조점)이 지상점에서 벗어남에 의한 오차

이 목적에는 일반적으로 수직추를 쓰나 1~2mm 정도의 오차가 있다. 단거리 관측에서는 이 오차에 주의할 필요가 있다.

상기의 전자기파거리측량기의 오차는 모두 주파수 및 굴절률에 의해 많은 영향을 받는다. 2~3km 정도의 거리측량에서는 주파수가 올바르게 점검된 거리측량기를 사용하면 종합오차가 1~2cm로 작아지므로 중거리 관측용에는 적당하다.


# 7. 초장기선간섭계(VLBI)에 의한 장거리측량

## (1) VLBI 관측

초장기선 간섭계는 동일 전파원으로부터 방사된 전파를 멀리 떨어진 2점에서 동시에 수신하여, 2점에서 전파가 도착하는 시간차(지연시간)를 정확히 관측함으로써 2점 사이에 거리를 구하는 대상으로 하고 있기 때문에 거의 부동(不動)으로 간주할 수 있어 매우 안정된 관측기준이 확보되어 있다. 한편 GPS, SLR 관측은 인공위성을 기준으로 하고 있기 때문에 장기적으로는 안정성을 보장할 수 없다. 이는 위성의 궤도계산 오차발생이 있을 수 있기 때문이다. 안정된 천문기준좌표계에 의거한 VLBI 관측자료는 장기적으로도 안정하다. 이로써 VLBI는 GPS 등 다른 우주기술의 관측자료의 장기 안정성을 확보할 수 있는 지침이 될 수 있다. GPS 관측으로 얻어진 관측점은 GPS 안테나의 위상중심(位相中心)에 위치하고 있기 때문에 외부의 전자기(電磁氣)환경에 의해 변위 될 수 있으므로 측량에 적용 시 오차가 발생 할 수 있다. VLBI 기법은 전파를 발사하는 천체의 위치나 구조를 관측하는 기술로써 고안되었으나, 1960년대 말경부터 대규모 측량에 적용 발달하였다. 전파망원경에서는 광선에 비해 방향의 분해능이 대단히 나쁘므로 안테나 지름을 크게 해야 하지만, 너무 크게 하기에는 경비나 기술적인 면에서 곤란하기 때문에 작은 지름의 안테나를 멀리 설치하여 큰 지름의 안테나와 같은 분해능을 갖도록 고안되었다. 초장기선 간섭계는 전파 분해능을 이용하여 수백에서 수천 km 떨어진 점들 사이의 위치 관계를 구할 수 있다. 전파원으로는 109광년의 거리에서 전파(백색잡음에 가까운 1~100GHz

정도의 주파수)를 발사하는 준성(quasar)이 이용된다. 무한거리에 있다고 볼 수 있는 준성에서의 전파는 거리 s만큼 떨어진 2개의 안테나에 평행하게 입사하므로, 도착시간차는 기하학적 지연시간(遲延時間, geometrical delay time)인 $\tau_g$이다. 지연시간의 관측은 준성으로부터의 전파를 정확한 시간과 함께 테이프 기록기에 기록하고 양안테나에서의 기록의 상관으로부터 최대의 간섭이 얻어지는 시간차 $\tau$를 결정한다. 이 시간차의 관측정밀도는 $\pm 0.1 \mathrm{ns}(1 \mathrm{ns} = 10^{-9}$초)에 달하며 광속으로 환산한 거리는 $\pm 3 \mathrm{cm}$에 해당한다. 측지 VLBI는 수천 km의 초장(超長 : 수천 km)기선관측에서 수 mm 정밀도로 관측이 가능하며 측지 VLBI망은 전 세계에 구축되어 있다. GPS는 단거리 관측에서는 VLBI에 필적하는 정확도를 확보할 수 있으나 지구를 주기적으로 회전하고 있는 인공위성을 기준으로 하고 있음으로 지구규모의 초장기선 관측에서는 정확도가 떨어짐으로 측지VLBI를 사용해야 한다.

기선 벡터를 $B$, 준성의 방향단위 벡터를 $Q$, 광속을 $c$라 할 때 $\tau_g$는

$$\tau_g = \frac{B \cdot Q}{c} \tag{2-26}$$

이다.

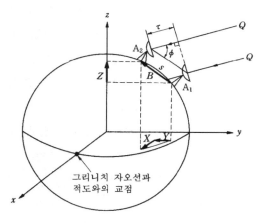

**그림 2-13** VLBI의 원리

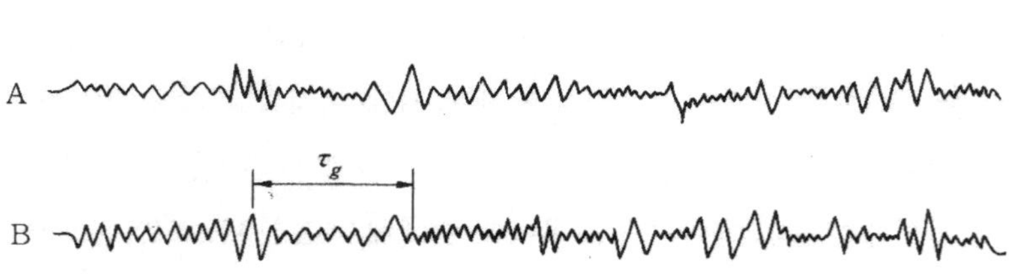

**그림 2-14** 시간차 $\tau$의 관측

## (2) 우주측지기술로서의 측지 VLBI, GPS, SLR의 상관성

국제지구회전기준좌표계제공(IERS : International of Earth Rotation and Reference Systems Service)에서 이용되고 있는 3가지 우주측지기술 중 VLBI는 표 2-3과 같다.

[표 2-3] 우주측지기술에 있어서의 VLBI의 역할

| observational techniques | reference frames | | earth orientation parameters | | | polar motion accuracy |
|---|---|---|---|---|---|---|
| | ICRF | IRTF | Pol. Mot. | UTI | Prec. & Nut | |
| VLBI | ○ | ○ | ○ | ○ | ○ | ≤0.2mas |
| GPS | × | ○ | ○ | △ | × | 0.2mas |
| SLR | × | ○ | ○ | △ | × | 0.3~0.4mas |

mas : 1밀리각초(milliarcsecond)

VLBI는

가) 우주론적원방(遠方)에 있는 은하계외(銀河系外)전파원(電波源)에 준거하고 있으며, 순수기하학적인 측지원리를 기준으로 하고 있다.

나) 천구기준좌표계(ICRF : International Celestial Reference Frame)를 구축하고 지구자세를 나타내는 모든 parameter(Polar motion, UTI, Precession&Nutation)를 결정한다(UTI는 지구회전계의 세계시임).

다) 가장 높은 정확도를 확보할 수 있어 최첨단 기술로서 중요한 관측방법으로 역할을 할 수 있다.

# 03 수직거리(또는 고저)측량

## 1. 개 요

고저측량(高低測量, leveling)이라 함은 지구상에 있는 점들의 고저차를 관측하는 것을 말하며 수준측량(水準測量) 또는 레벨측량이라고도 한다.

육상에서는 고저측량(수직위치 또는 수준측량), 하천이나 해양에서는 수심측량(또는 측심)이라 하며, 지하에서는 지하깊이측량이라 한다.

수직위치를 결정하는 수준측량에는 레벨에 의한 직접수준측량으로 실시해야 함이 원칙이나, 어느 정도의 허용 오차(거리에 따라 수 cm)를 감안하는 경우에는 GPS 또는 TS에 의한 간접수준측량을 실시할 수도 있다.

## 2. 직접 고저측량(direct leveling)

레벨에 의하여 직접 고도를 관측하는 것으로 레벨의 기포를 이용하여 레벨을 지오이드면과 평행(중력방향과는 직교)되도록 설치하고, 표척의 높이를 직접 관측하여 2점에 세운 표척의 눈금 읽음값 차이로 2점간의 고저차를 구하는 방법이다.

표고는 지오이드면으로부터 지면까지의 높이를 말하며, 고저측량은 기지점의 표고로부터 미지점의 상대적 표고를 구한다.

## (1) 직접 고저측량의 원리

그림 3-1에서 각 구간에서의 표척(標尺)의 눈금값을 $a_1$, $b_1$, $a_2$, $b_2$, $\cdots$라 한다면 $A$, $B$ 2점 사이의 고저차는 다음 식으로 계산된다.

$$
\begin{aligned}
\Delta H &= (a_1 - b_1) + (a_2 - b_2) + \cdots \\
&= (a + a_2 + \cdots) - (b_1 + b_2 + \cdots) \\
&= \text{후시의 총합}(\Sigma \text{BS 의 값}) - \text{전시의 총합}(\Sigma \text{FS 의 값}) \qquad (3-1)
\end{aligned}
$$

$$
\text{즉, B점의 표고 } H_B = H_A + \Sigma BS - \Sigma FS \qquad (3-2)
$$

그러므로 후시(後視, BS : Back Sight)의 값은 항상 +, 전시(前視, FS : Fore Sight)의 값은 항상 −로 하고 후시의 값의 합으로부터 전시의 합을 뺄 때 그 차가 양(+)이면 전시의 점이 높은 것을 의미한다.

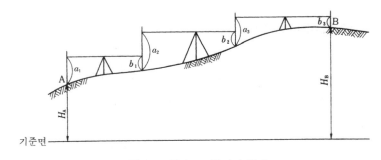

**그림 3-1** 직접 고저측량의 원리

## (2) 직접고저측량의 시준거리

### 1) 시준거리의 표준

레벨에서 표척까지의 거리를 시준거리(length of sight)라 말한다. 시준거리를 길게 하면 작업은 순조로우나 관측자가 표척의 눈금을 확실히 읽을 수 없으므로 그 결과의 정확도는 낮다.

그러므로 높은 정확도의 결과보다, 오히려 신속을 요할 경우 이외에는 지나치게 시준거리를 길게 하지 않는다. 또 시준거리를 짧게 하면, 작업이 순조롭지 못하고, 레벨을 움직이는 횟수가 증가하기 때문에 관측결과의 정확도가 낮아진다.

시준거리를 길게 하면, 공기에 의해 빛이 불규칙한 굴절을 하므로, 높은 정확도로 관측하지 못할 경우가 많다. 이 같은 경우에는 공기가 안정될 때를 기다리거나, 시준거리를 단축하는 것 이외에 다른 방법은 없다. 공기의 상태는 일출 무렵부터 오전 9시 정도까지와 오후 3시 정도부터 일몰까지가 좋다. 또 구름이 낀 날은 맑은 날보다도 양호하다.

일반적인 레벨에 있어서 적당한 시준거리의 표준은 다음과 같다.

① 아주 높은 정확도의 고저측량 : 40m
② 일반적인 정확도의 고저측량 : 50~60m
③ 그 외의 고저측량 : 30~60m

## 2) 등시준거리의 중요성

① 레벨의 조정이 불완전하여 시준선이 기포관축과 평행하지 않을 때 표척의 눈금값(讀數)에 생긴 오차는 시준거리에 정비례하므로 그림 3-2와 같이 전후의 시준거리를 똑같이 하면 이 오차는 소거된 고저차에 영향을 주지 않는다.
이것은 다음과 같이 입증된다.

$d$ : 전시와 후시를 같게 한 시준거리
$v$ : 시준선의 경사각
$a_1$, $b_1$ : 관측한 후시와 전시
$a$, $b$ : 정확한 후시와 전시

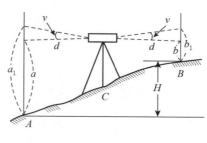

그림 3-2

로 하면,

$$a = a_1 - d \tan v \quad b = b_1 - d \tan v$$

$$\therefore H = a - b = a_1 - d \tan v - (b_1 - d \tan v) = a_1 - b_1 \qquad (3-3)$$

즉, $a_1 - b_1$을 구하면 시준선이 기포관축과 평행하지 않는 경우에도 정확히 고저차 H가 얻어진다.

② 그리고 전후의 점에 대한 시준거리를 똑같이 하면 지구의 곡률오차와 빛의 굴절오차가 소거된다.
③ 시준거리를 같게 하면 초점나사를 움직일 필요가 없으므로 그로 인하여 일어난 오차가 줄어들게 되는 이점이 있다.

그러므로 전후의 점에 대한 시준거리가 같게 되도록 레벨을 세우거나 표척을 세운 점을 잘 선정하는 것은 높은 정확도의 고저차를 관측할 경우에 대단히 중요한 조건이 된다.

## (3) 관 측

### 1) 자동레벨의 경우

가장 일반적으로 사용되는 레벨로 기계가 수평을 이룬 상태에서 기계 및 기포가 다소 기울더라도 일정한 범위에서 자동보정장치(compensator)에 의해 기계 수평이 자동으로 유지된다. 망원경의 배율이 높고 기포관 감도가 예민할수록 정밀하다.

### 2) 전자레벨(디지털 레벨)의 경우

최근 매우 높은 정확도를 요구하는 측량에 사용되고 있으며, 일반 자동레벨과 달리 바코드로 된 스타프를 적외선 광선으로 감지하여 0.01mm 단위로 높이 값을 자동 독취하므로 개인 오차가 없다.

## (4) 직접 고저측량의 야장기입법(野帳記入法)의 종류

고저측량의 결과를 표로 나타낸 것이 고저측량 야장(野帳)이며, 야장기입법에는 고차식(高差式), 승강식(昇降式), 기고식(器高式) 등이 있다.

## 1) 고차식

고차식은 후시(後視-BS : 기지점에 세운 표척의 눈금값)와 전시(前視-FS : 구하려는 점에 세운 표척의 눈금값)의 2란만으로 고저차를 나타내므로 2란식이라고도 하며, 2점 간의 높이만을 구하는 것이 주 목적으로 점검이 용이하지 않다.

## 2) 승강식

승강식은 전시값이 후시값보다 작을 때는 그 차를 오름칸(승란 : 昇欄)에, 클 때는 내림칸(강란 : 降欄)에 기입하여 완전한 검산을 계산할 수 있으며, 높은 정확도를 필요로 하는 측량에는 적합하지만 중간점이 많을 때는 계산이 복잡하며 시간이 많이 소요된다.

## 3) 기고식

기고식은 시준(視準) 고도를 구한 다음, 여기서 임의의 점의 지반(地盤 : 관측지면의 기준) 고도에 그 후시를 더하면 기계 고도를 얻게 되고, 이것에서 다른 점의 전시를 빼면 그 점의 지반 고도를 얻는다. 기고식은 이 관계를 이용한 것으로 후시보다 전시가 많을 때 편리하고, 승강식보다 기입사항이 적고 고차식보다 상세하므로 시간이 절약된다. 또한, 중간시(中間視)가 많은 경우에 편리한 방법이나 완전한 검산을 할 수 없는 결점이 있다. 이 방법은 일반적으로 종단 고저측량에 많이 이용된다.

**그림 3-3** 우리나라 고저측량망도

**[표 3-1]** 고차식 야장 기입법

| 관측점 | 후시(BS) | 전시(FS) | 기계고(IH) | 지반고(GH) | 비고 |
|---|---|---|---|---|---|
| A | 1.5 |  | 101.5 | 100 | A의 지반고 =100m |
| 3 | 2.0 | 0.7 | 102.8 | 100.8 |  |
| 5 | 2.0 | 2.5 | 102.3 | 100.3 |  |
| 6 | −1.0 | −0.6 | 101.9 | 102.9 |  |
| B |  | 0.8 |  | 101.1 |  |
| 계 | 4.5 | 3.4 |  | $\Delta H$=1.1 |  |
| 검 산 | $\Delta H = \Sigma BS - \Sigma FS = 1.1\,[\text{m}]$, $\quad \Delta H_B = \Delta H_A = 1.1\,[\text{m}]$ $\quad \therefore$ O.K. |||||

**[표 3-2]** 승강식 야장 기입법

| 관측점 | 후시 | 전시 | | 승(+) | 강(−) | 지반고 | 비고 |
|---|---|---|---|---|---|---|---|
|  |  | 전환점 | 중간점 |  |  |  |  |
| A | 1.5 |  |  |  |  | 100 | GHA=100m |
| 1 |  |  | 1.8 |  | 0.3 | 99.7 |  |
| 2 |  |  | 1.9 |  | 0.4 | 99.6 |  |
| 3 | 2.0 | 0.7 |  | 0.8 |  | 100.8 |  |
| 4 |  |  |  |  | 0.1 | 100.7 |  |
| 5 | 2.0 | 2.5 | 2.1 |  | 0.5 | 100.3 |  |
| 6 | −1.0 | −0.6 |  | 2.6 |  | 102.9 |  |
| B |  | 0.8 |  |  | 1.8 | 101.1 |  |
| 계 | 4.5 | 3.4 |  |  |  | $\Delta H$=1.1 |  |
| 검산 | $\Delta H = \Sigma BS - \Sigma FS = 1.1\,[\text{m}]$, $\quad \Delta H = \Delta HB = \Delta HA = 1.1\,[\text{m}]$ $\quad \therefore$ O.K. |||||||

**[표 3-3]** 기고식 야장 기입법

| 관측점 ST | 거리 DT[m] | 후시 BS[m] | 기기 높이 IH[m] | 전시, FS[m] | | 지반고 GP[m] | 비고 |
|---|---|---|---|---|---|---|---|
|  |  |  |  | 전환점TP | 중간점IP |  |  |
| BM | 0 | 2.191 | 12.191 |  |  | 10.000 | BM의 표고 10.000m |
| No.1 | 20 |  |  |  | 2.507 | 9.684 |  |
| No.2 | 20 |  |  |  | 2.325 | 9.866 |  |
| No.3 | 20 | 3.019 | 13.714 | 1.496 |  | 10.695 |  |
| No.4 | 20 |  |  |  | 2.513 | 11.201 |  |
| No.5 | 20 | 1.752 | 12.655 | 2.811 |  | 10.903 |  |
| No.6 | 20 |  |  | 3.817 |  | 8.838 |  |
| 계 | 120 | 6.962 |  | 8.124 |  |  |  |
| 검 산 | 6.902−8.124=−1.162 || | 8.838−10.000=−1.162 |||

그림 3–4와 같은 고저측량 결과를 기고식 야장 기입법으로 기입하시오. 단, A의 표고는 100.0m이다.

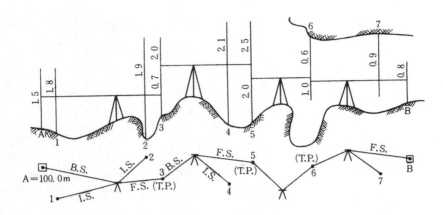

**그림 3–4** 고저측량 야장기입 예

풀이 다음 계산식에 의해 계산된다. $i$점의 표고는

$$GH_{i-1} + BS = IH \quad \cdots\cdots ①$$

$$IH - FS = GH_i \quad \cdots\cdots ②$$

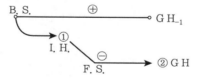

[표 3-4]

| 관측점 | BS | IH | FS | | GH | 비고 |
|---|---|---|---|---|---|---|
| | | | TP | IP | | |
| A | 1.5 | 101.5 | (+) | | 100.0 | GHA=100m |
| 1 | 〃 | | (−) | 1.8 | 99.7 | IP |
| 2 | 〃 | | (+) | 1.9 | 99.6 | IP |
| 3 | 2.0 | 102.8 | 0.7 | | 100.8 | TPs |
| 4 | 〃 | | | 2.1 | 100.7 | |
| 5 | 2.0 | 102.3 | 2.5 | | 100.3 | TP |
| 6 | −1.0 | 101.9 | −0.6 | | 102.9 | TP |
| 7 | 〃 | | | −0.9 | 102.8 | |
| B | 〃 | | 0.8 | | 101.1 | GHB=100.1m |
| 계 | ΣBS =4.5 | | ΣFS =3.4 | | ΔH=1.1 | |

검산 : $\Delta H = \sum BS - \sum FS = 4.5 - 3.4 = 1.1\text{m}$

$\Delta H = HB - HA = 101.1 - 100 = 1.1\text{m}$

단, IP점들은 검산이 안 됨

# 3. 간접 고저측량

간접 고저측량은 레벨에 의해 표고를 직접 관측하지 않고 평판 앨리데이드, 삼각고저측량, 광파종합관측기(TS : Total Station)나 GPS 등에 의해 이루어지는 고저측량을 말한다.

## (1) TS에 의한 간접 고저측량

① 표고 값을 알고 있는 기지점에 TS를 설치하고 미지점에 반사경을 설치하여 관측하면 즉시 미지점의 고도를 알 수 있다.

② 가까운 거리에서는 지구곡률이나 공기 굴절률이 미소하므로 고려하지 않는다.

③ TS에 의한 간접 고저측량 시는 TS의 각 정확도(2mm+2ppm 또는 5mm+3ppm 등)에 따라 오차가 발생하므로 높은 정밀도를 요하는 고저측량에는 적용치 않는 것이 좋다.

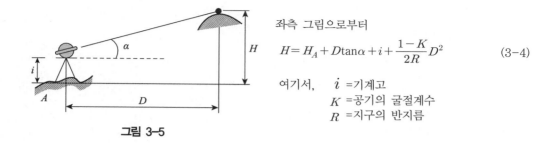

좌측 그림으로부터

$$H = H_A + D\tan\alpha + i + \frac{1-K}{2R}D^2 \qquad (3-4)$$

여기서,   $i$ =기계고
$K$ =공기의 굴절계수
$R$ =지구의 반지름

그림 3-5

## (2) GPS에 의한 간접 고저측량

① 레벨에 의해 직접 고저측량으로 구해진 높이 값은 표고이나 GPS에 의해 관측된 높이값은 타원체고에 해당한다(그림 3-6).

② 표고는 지오이드로부터의 높이값이므로 GPS 측량과 고저측량을 동일 관측점에서 실시하면 그 지점의 지오이드고를 알 수 있다.

③ 현재 우리나라는 지오이드 모형이 고시되지 않은 상태이므로 2개의 기지점에서 GPS관측을 하여 두 점 간의 국소지오이드 경사도를 구한 후, 미지점의 위치를 GPS 관측높이를 보정함으로써 GPS 고저측량값을 얻을 수 있다.

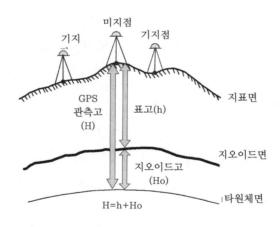

그림 3-6 GPS 수준측량

## (3) 앨리데이드에 의한 고저측량

앨리데이드를 이용하여 다음과 같이 $A$, $B$ 2점 간의 고저차를 구한다. 그림 3-7에서 점 $A$로부터 시준공까지의 높이를 I ; $A$, $B$ 양점의 표고를 $H_A$, $H_B$ ; $AB$ 간의 거리를 $D$ ; $B$점의 시준

고를 $H$라 하면,

$$\left.\begin{array}{l} H_B = H_A + I + H - h \\ H = \dfrac{n}{100} D \end{array}\right\} \qquad (3\text{-}3)$$

여기서 $I = h$로 하면,

$$H_B = H_A + H \qquad (3\text{-}4)$$

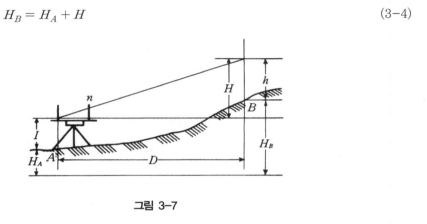

그림 3-7

이 결과 시준공을 통하여 본 표척의 일정한 길이에 대한 시준판의 눈금을 $n_1 - n_2 = n$으로 값을 읽으면 2점 간의 거리 $D$가 구하여져 $I = h$로 함에 따라 측량을 신속히 할 수 있다.

## (4) 삼각고저측량(trigonometric leveling)

삼각고저측량은 각 측량기를 사용하여 고저각과 거리를 관측하고 삼각법을 응용한 계산에 의하여 2점의 고저차를 구하는 측량이다. 일반적으로 삼각측량의 보조수단으로 멀리 떨어진 관측점 상호의 고저차를 구하는 경우에 사용된다. 직접고저측량에 비하여 비용 및 시간이 절약되지만 정확도는 훨씬 떨어진다.

이것은 주로 대기 중에서 광선의 굴절에 기인하는 오차가 일정하지 않기 때문에 일어나며 기온·기압뿐만 아니라 지방에 따라서도 달라지는 것이다. 이 고저각의 관측은 낮이나 밤이 가장 적당하며, 아침·저녁은 공기 중의 굴절 변화가 매우 많기 때문에 피한다. 정밀한 각관측에는 고저각관측용 각측량기를 사용한다.

이 기계는 수직 분도원이 $10''{\sim}20''$인 각측량기로 정위반 위의 평균을 취하면 높은 정확도가 얻어진다.

## 1) 2점 $A$, $P$ 간의 수평거리 $D$와 고저각 $\alpha$를 알고 있는 경우

수평거리 $D$가 가까운 거리인 경우는 곡률 및 굴절이 미소하므로 $H = D\tan\alpha + i$이고 $P$의 고도는 $H_P = H_A + D\tan\alpha + i$가 되며, $D$가 커져서 곡률 및 굴절의 영향을 고려할 때 $P$의 고도는

$$H_P = H_A + D\tan\alpha + i + \frac{1-K}{2R}D^2 \tag{3-7}$$

이 된다. 여기서 $i$는 기계고, $K$는 공기의 굴절계수, $R$은 지구의 반경, $H_A$는 $A$점의 고도이다.

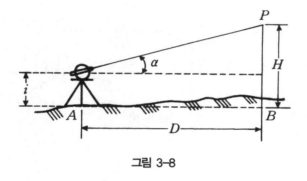

그림 3-8

## 2) 3점 $A$, $B$, $P$가 동일연직면내에 있을 경우

그림 3-9에서와 같이 미지점 $P$에 갈 수 없을 경우 다음과 같이 관측을 한다.

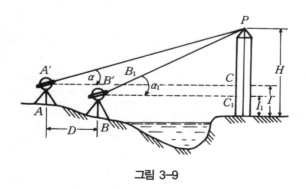

그림 3-9

지반으로부터 미지점 $P$의 높이 $H$를 구하려면 점 $A$에 트랜싯 또는 데오돌라이트를 세워 망원경을 수평으로 한 후, 건물에 횡차선의 위치 $C$를 표시하여 지반에 대해 고도 $I$를 관측한다. 또한 $P$에 대한 고저각 $\alpha$를 관측한 다음에 $AP$의 연직면 내에서 거리 $D$만큼 떨어진 점 $B$에 기계를 옮겨 점 $A$에서 한 것과 마찬가지로 점 $B$에서의 수평시준선 $C_1$을 표시한다. 지반에 대한 $C_1$의 높이 $I_1$을 관측하고 점 $P$에 대한 고저각 $\alpha_1$을 구할 때 그림 3-10과 같이 점 $A$와 점 $B$에서 점 $P$를 시준한 시준선의 가상 교점을 $B_1$이라면,

$$H = \left\{ D + (I - I_1) \cot \alpha_1 \right\} \frac{\sin \alpha \sin \alpha_1}{\sin(\alpha - \alpha_1)} + I$$

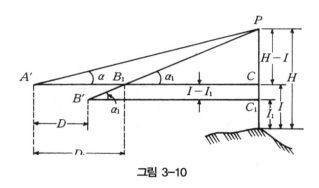

그림 3-10

또한 $A'B_1 = D_1$이라면,

$$D_1 = D + (I - I_1) \cot \alpha_1 \tag{3-8}$$

이 되며 $A'P$ 및 $B'P$를 각각 사변으로 하는 두 직각삼각형에서

$$(H - I) \cot \alpha - (H - I) \cot \alpha_1 = D_1$$
$$D_1 = (H - I)(\cot \alpha - \cot \alpha_1)$$
$$\therefore H = D_1 \frac{\sin \alpha_1 \sin \alpha}{\sin(\alpha_1 - \alpha)} + I \tag{3-9}$$

가 되며, 식 (3-9)에 식 (3-8)을 대입하면,

$$H = \left\{ D + (I - I_1) \cot \alpha_1 \right\} \frac{\sin \alpha_1 \sin \alpha}{\sin (\alpha_1 - \alpha)} + I \tag{3-8}$$

즉, 위 식을 이용하여 $BC$ 간의 거리를 관측하지 않고 점 $P$의 고도를 구할 수 있다.

### 3) 3점 $A$, $B$, $P$가 동일연직면 내에 없을 경우

점 $P$에 갈 수 없을 경우에 그림 3-11에서의 점 $A$에 대한 점 $P$의 높이 $H$를 관측하려면 다음과 같이 한다. 그림 3-11과 같이 적당한 위치에 두 점 $A$, $B$를 선정하여 수평거리를 정밀히 관측하여 $D$라 하고 $A$점에서의 수평각 $\alpha'$과 고저각 $\alpha$를 관측하고 기계를 $B$점에 옮겨 세워 수평각 $\beta'$를 관측하면,

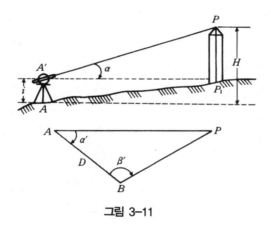

그림 3-11

$$H = \frac{D \sin \beta' \times \tan \alpha}{\sin (\alpha' + \beta')} + i \tag{3-11}$$

에 의하여 고도 $H$를 구할 수 있다.

또한 점 $A$에 기계를 세워 점 $B$에 대한 고저각과 시준고를 관측하면 점 $B$의 고도 $H_B$를 구할 수 있고, 또 점 $B$에 기계를 세워 기계고와 $P$의 고저각을 관측하면 점 $B$에 대한 $P$의 표고 $H_1$을 구할 수 있으므로 $H = H_B + H_1$이 된다. 그러므로 점 $A$에서 구한 $P$ 혹은 $B$의 고도를 비교하면 서로 검사할 수 있다.

## 4. 교호고저측량(reciprocal leveling)

고저측량의 관측선 중에 하천, 계곡 등이 있으면 레벨로 관측점의 중간에서 관측할 수가 없게 된다. 예를 들면 그림 3-12에서와 같이 하천이 있을 경우 한쪽의 안(岸)까지만 관측하면 레벨의 기기오차, 표척의 읽기 오차가 증가한다. 이 오차의 증가분을 소거한 관측방법을 교호고저측량 (또는 도하고저측량, 교호수준측량)이라 말한다. 그 방법은 다음과 같다.

① $A$, $B$ 2점 간의 고저차를 구하기 위해서 우선 $A$, $B$ 양점으로부터 $aA = bB$가 되도록 $\angle aAB = \angle bBA$ 또는 그림 3-12와 같이 $AB$직선상에 레벨을 세울 점 $a$, $b$를 설정한다.

② $a$점에 세운 레벨에 의하여 $A$, $B$양점의 표척의 읽은 값을 $a_1$, $b_1$, 다음에 $b$점에서의 $A$, $B$ 양점의 표척의 읽은 값을 $a_2$, $b_2$로 한다.

③ 레벨과 표척의 거리가 각각 같으므로 시준선이 기포관축에 평행하지 않아도 기차(빛의 굴절), 구차(지구의 곡률) 및 표척의 읽음값 등에 의하여 $a_1$, $b_1$ 및 $a_2$, $b_2$에서 생긴 오차 $e_1$, $e_2$는 같다. 그러므로 $A$, $B$ 양점 간의 고저차 $h$는 다음 식으로 구하여진다.

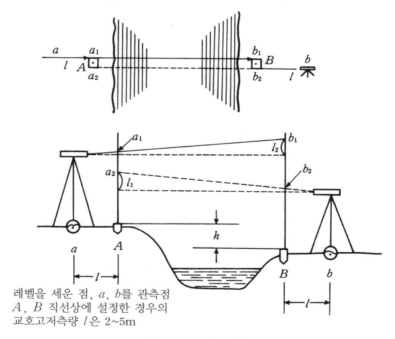

레벨을 세운 점, $a$, $b$를 관측점
$A$, $B$ 직선상에 설정한 경우의
교호고저측량 $l$은 2~5m

그림 3-12 교호고저측량

$$h = \frac{1}{2}\{(a_1 - b_1) + (a_2 - b_2)\} \qquad (3\text{-}12)$$

이 교호고저측량은 기상의 변화에 의한 오차가 제거되므로 $a$, $b$ 양점의 동시관측이 바람직하다. 또 $A$, $B$의 거리가 먼 경우는 시준판이 부착된 표척을 사용한다.

관측횟수 및 관측오차(평균값의 표준편차)의 제한은 표 3-5를 표준으로 한다. 단, $S$는 km 단위로 떨어져 있는 거리이다.

[표 3-5] 교호 고저측량의 관측횟수 및 허용오차

| 급별 | 레벨감도($''$/2mm) | 한쪽의 관측대 횟수 | 허용오차[mm] |
|---|---|---|---|
| 1급 고저측량 | 10 | $85S^{1.6}$ | $\pm\ 2S^{1.6}$ |
| 2급 〃 | 10 | $45S^{1.6}$ | $\pm\ 5S^{1.6}$ |
| 3급 〃 | 20 | $35S^{1.6}$ | $\pm 10S^{1.6}$ |
| 보조 〃 | 40 | $10S^{1.6}$ | $\pm 20S^{1.6}$ |

# 5. 종단고저측량 및 횡단고저측량

## (1) 종단측량(profile leveling)

그림 3-13과 같이 철도, 도로, 수로 등의 노선측량에는 1chain 때마다 중심말뚝을 박아 중심선을 확정하고 그 중심선에 연한 지반의 고도를 측량하여 종단면도를 작성한다. 이 측량을 종단측량이라 한다. 위와 같이 1chain마다 말뚝을 박는 대신에 지반의 기울기의 변화가 있는 곳에 적당히 말뚝을 박아 고도를 관측하는 동시에 거리를 관측하게 된다. 어느 곳이든 적당한 지점에 레벨을 정치하고 고저기준 등의 기지점 고도를 후시하여 기계고를 결정하고 모든 점을 순차로 전시하여 고도를 구하여 간다. 이때 한곳에서 많은 전시를 취하면 작업은 빠르나 시준선 길이가 여러 번 변화하면 오차가 증가하므로 적당한 곳에 전환점을 설치하여 레벨을 옮길 필요가 있다. 이때 전환점은 반드시 중심선상에 있을 필요는 없다.

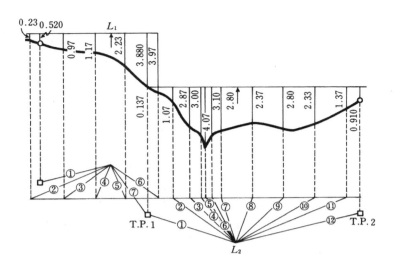

그림 3-13

## (2) 횡단측량(cross section leveling)

횡단측량이라 함은 종단측량에 의하여 정해진 중심선상의 각 관측점에 있어서 이것에 직각인 방향으로 지표면을 끊었을 때의 횡단면을 얻기 위하여 중심말뚝을 기준으로 좌우 지반고의 변화가 있는 점까지의 거리 및 그 점의 고도를 관측하는 측량이다. 횡단측량은 일반적으로 hand level을 이용하는 경우가 많다. 이 측량으로 종단면과 횡단면을 알게 됨으로써 도로·철도 등의 공사로 인한 토공용적을 계산할 수 있다. 이 측량방법은 다음과 같다.

### 1) 레벨과 줄자에 의한 방법

레벨로 고도를, 줄자로써 중심말뚝까지의 수평거리를 직접 측량함으로써 평지나 구릉지에서 효율적으로 측량값을 취득할 수 있다. 측량의 방법은 고저측량과 똑같으며 야장기입법은 종단측량과 똑같은 기고식을 사용하나 표 3-6과 같이 중심말뚝에서 각 관측점까지의 거리의 난을 좌측과 우측의 2개로 분리한다(그림 3-14). 아주 높은 정확도를 필요로 하지 않는 경우, 지형이 매우 급한 경우 및 개략관측(槪略觀測)의 경우 등에서는 핸드 레벨을 사용하는 경우가 많다.

[표 3-6] 횡단측량야장(기고식)

| 중심말뚝에서 각관측점까지의 거리 | | 후시 (BS) | 기계고 (IH) | 전시(FS) | | 지반고 (GH) | 적요 |
|---|---|---|---|---|---|---|---|
| 좌측 | 우측 | | | 전환점 (TP) | 중간점 (IP) | | |
| | | 3.40 | 210.30 | | | 206.90 | No.2 지반고 206.90m |
| 5.00 | | | | | 2.10 | 208.20 | |
| 7.00 | | | | | 2.00 | 208.30 | |
| 10.00 | | | | | 1.80 | 208.50 | |
| 12.00 | | | | | 1.75 | 208.55 | |
| | 3.00 | | | | 2.50 | 207.80 | |
| | 5.00 | 3.01 | 212.41 | 0.90 | | 209.40 | |
| | 10.00 | | | | 1.50 | 210.91 | |

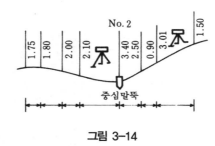

그림 3-14

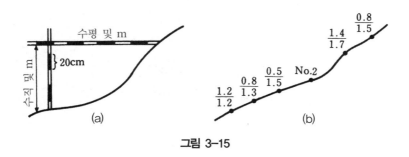

그림 3-15

## 2) 폴에 의한 횡단측량

이 방법은 매우 간단한 횡단측량이라든지 재해조사할 때에 있어서 횡단재관측 또는 보측(補測) 등을 할 경우에 그림 3-15(a)와 같이 폴을 조합하여 '몇 m 가서 몇 m 내려감 혹은 올라감'으로 지시하면서 순차적으로 횡단을 관측하는 방법이다. 이 측량방법으로는 오차가 누적되어 가고 1회 관측한 거리도 경사가 급한 경우 짧게 되므로 주의를 요한다. 그림 3-15(b)는 그 기장의 한 예이다.

# 6. 고저측량에서 생기는 오차

## (1) 기기조정 잔류오차에 의해 생기는 오차

기기를 완전무결하게 조정하는 것은 불가능하므로 약간의 허용오차는 고려해야 한다. 이 중에서 연직축의 기울음에 의한 오차는 일반적으로 미량이며 높은 정확도의 측량 이외에서는 무시한다. 그러나 가능한 한 연직축이 기울지 않도록 기계를 정확히 정치한다. 시준선과 기포관축이 평행하지 않기 때문에 일어나는 오차, 즉 시준선오차는 정오차이며 거리가 길게 늘어나 전시·후시가 부등거리가 되면 이 거리의 차이만큼 높이에 오차가 생긴다.

그림 3-16에서 시준선의 경사 $\delta$, 후시·전시의 시준거리 및 읽음값을 각각 $S_1$, $S_2$ 및 $a$, $b$라 하면 이 구간의 고저차 $\Delta h$는

$$\Delta h = \left(a - \frac{\delta}{\rho} S_1\right) - \left(b - \frac{\delta}{\rho} S_2\right)$$

$$= (a - b) - \frac{\delta}{\rho}(S_1 - S_2) \qquad (3-13)$$

곧 후시·전시의 거리 차에서 시준선오차가 생긴다. 따라서 같은 거리가 되면 소거된다.

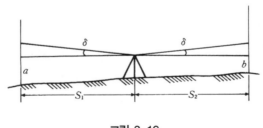

그림 3-16

## (2) 시차에 의한 오차

시차(視差)가 있는 망원경으로 표척을 읽으면 눈의 위치가 변하여 정확한 값을 얻을 수 없다. 이 오차는 부정오차이다. 망원경은 시차가 없도록 조정해야 한다. 그리고 우선 허공 등 흰 곳에 망원경을 향하고 접안경을 조절하여 십자선을 명백히 하여, 다음에 목표가 명확히 보일 때 대물경을 조절하는 것이다.

### (3) 표척의 눈금이 정확하지 않을 때의 오차

고저차는 표척의 눈금 읽기에 의하여 관측되므로, 눈금오차는 직접 고저차에 영향을 준다. 이 오차는 정오차로서 고저차에 비례하여 증가한다. 즉, 1m에 있어 0.1mm는 100m에서는 1cm, 1km면 10cm가 된다.

이 오차를 없애기 위해 미리 표척을 정확히 기준자와 비교하고 그 보정값을 정하며, 관측결과를 보정한다. 높은 정확도의 고저측량에 쓰는 정밀표척은 그 특유의 정수를 정하고 또한 관측시의 온도에 대한 온도보정도 해야 한다.

### (4) 표척의 영눈금의 오차(영점오차)

저면이 마모·변형·부상(浮上)할 경우는 표척의 눈금이 표척의 아래면과 일치하지 않으므로 오차가 생긴다. 이 오차는 정오차이고, 이 오차를 없애기 위해 출발점에서 쓰던 표척을 도착점에도 이용하는 것이 좋다. 즉, 기계의 정치수를 짝수횟수로 하는 것이 좋다.

그림 3-17에서 1의 표척에 영점오차 $r$이 있으면 (1)구간의 후시의 읽기 $a$에서는 이것을 포함하고, (2)구간의 전시의 읽기에서도 이것이 포함된다.

그러므로 기계정치수를 짝수회(이 경우 2회로 한다)로 한 $A$, $B$ 간의 고도차 $\Delta h$는

$$\Delta h = \{(a_1 + r) - b_1\} + \{a_2 - (b_2 + r)\} = (a_1 - b_1) + (a_2 - b_2) = \Sigma a - \Sigma b \quad (3\text{-}14)$$

로 되어 $r$의 오차는 소거되는 것이다.

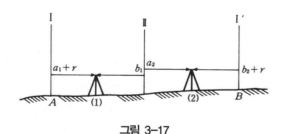

**그림 3-17**

### (5) 표척의 기울기에 의한 오차

표척이 기울어져 있으면 표척읽기에 큰 오차가 생긴다. 이 오차는 표척의 읽음값의 크기에 비례하며, 또 그 경사각의 제곱에 비례한다.

그림 3-18에서 수직으로 세워진 표척에서 $a$를 읽고 $\theta$만큼 기운 경우, $a'$를 읽을 때, $oa' - oa$ 의 오차가 생긴다.

즉,

$$\overline{oa} = \overline{oa'}\cos\theta = \overline{oa'}\left(1 - 2\sin^2\frac{\theta}{2}\right) = \overline{oa'} - 2\overline{oa'}\sin^2\frac{\theta}{2}$$

$$\therefore \ \overline{oa} - \overline{oa'} = -2\overline{oa'}\sin^2\frac{\theta}{2} \tag{3-15}$$

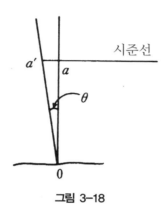

시준선

**그림 3-18**

$\theta$는 일반적으로 미소각이고 $\sin^2\dfrac{\theta}{2}$를 전개하여 그의 제1항을 쓰면,

$$\overline{oa} - \overline{oa'} = -2\overline{oa'} \times \frac{\theta^2}{4\rho^2} = -\overline{oa'} \times \frac{\theta^2}{2\rho^2}$$

이 식에서 이 오차는 읽음값의 크기 $\overline{oa'}$에 비례하고 또 경사각 $\theta$의 제곱에 비례함을 알 수 있다.

표척은 부속의 환형기포관에서 이 수직을 규정하기 때문에 환형기포관이 틀리면 이 표척은 항상 일정한 한 방향으로 기울어져 있게 된다. 그러므로 고저차가 있는 경우, 정오차가 누적되고, 이 고저차는 크게 관측된다. 그림 3-19에서 I호 표척이 항상 기계에 대하여 뒤로 일정하게 기울어져 있다. 관측점 (1)에 있어서 후시읽기 $a_1$에서는 경사의 오차 $d_1$을 포함하며, 관측점 (2)에 있어서 전시읽기 $b_2$에서는 경사의 오차 $d_2$를 포함하기 때문에 $AB$ 간의 고저차 $\Delta h$는
$= (a_1 - b_1) + (a_2 - b_2) - (d_1 - d_2)$

$$\Delta h = \{(a_1 - d_1) - b_1\} + \{a_2 - (b_2 - d_2)\}$$
$$= \Delta h' - (d_1 - d_2)$$
$$\therefore \quad \Delta h' = \Delta h + (d_1 - d_2) \tag{3-16}$$

즉, 관측고저차 $\Delta h'$에는 $(d_1 - d_2)$의 오차가 포함되어 있어서 경사지에서는 $d_1$과 $d_2$의 차가 크게 되어 이것이 누적되는 것이다.

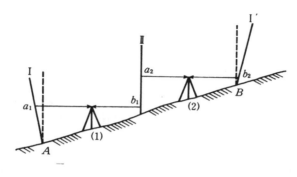

그림 3-19

또 표척의 기울기에 관해서는 다음과 같은 것도 염두에 두어야 한다. 표척은 일반적으로 표척대의 돌기부에 대해서 표척저면 중앙부에 접하여 있으므로, 이 상태에서 경사는 그림 3-20(a)와 같이 그 하부에 일종의 영눈금오차에 해당하는 $\Delta$가 생기며 이것과 상기의 경사 오차가 함께 영향을 미친다. $\Delta$는 같은 그림에서도 (b)에서는 작고 (c)에서는 크다. 표척은 때때로 조정하고 항상 수직으로 서 있어야 한다.

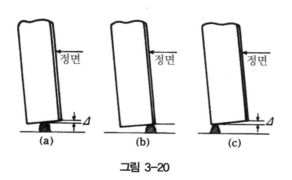

그림 3-20

## (6) 기기 및 표척의 침하에 의한 오차

후시를 읽고 나서 전시를 읽는 사이 기계의 삼각이 침하하면 항상 전시의 읽기가 작다. 또 기계를 운반하는 도중 전환점($TP$)인 표척대의 침하는 항상 후시가 크게 읽힌다. 이 오차도 정오차로 되어 누적되고 경사지에서 위로 갈 경우, 고저차가 커지고 내려갈 경우 고저차는 작게 관측된다. 오차를 작게 하려면 기계의 삼각 및 표척대를 견고한 지반에 잘 정치를 하고 단시간 내에 관측을 끝내야 한다.

## (7) 삼각고저측량의 곡률오차 및 굴절오차

### 1) 곡률오차

지구표면은 구상(球狀) 표면에 있다. 그러므로 이것과 연직면과의 교선, 즉 수평선은 원호로 보게 된다. 그러므로 넓은 지역(大地域)에 있어서는 수평면에 대한 고도와 지평면에 대한 고도와 는 다소 다르다. 이 차를 곡률오차(error of curvature)라 한다. 그림 3–21에서 $NAN$을 수평 면, 그 반경을 $r$, $A$에 대한 지평면을 $AH$, $B'$에 대한 고저각을 $BB' = h$로 하고, $AB = D$, $A$에서 $B'$를 시준할 때의 고저각 $= v'$, $\angle AOB = \theta$로 하면

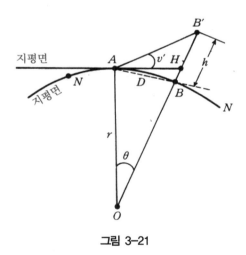

그림 3–21

$\angle HAB = \dfrac{\theta}{2}$이므로 $\triangle ABB'$에 있어서

$$\angle B' = 180° - (90° + v' + \theta) = 90° - (v' + \theta)$$

그러므로 다음 식이 얻어진다.

$$\frac{h}{D} = \frac{\sin\left(v' + \dfrac{\theta}{2}\right)}{\sin B'} = \frac{\sin v' + \dfrac{\theta}{2}}{\cos(v' + \theta)}$$

(3-17)

그런데 $\theta$는 미소하게 되므로 위 식에 있어서

$$\sin\left(v' + \frac{\theta}{2}\right) = \sin v' \cos\frac{\theta}{2} + \cos v' \sin\frac{\theta}{2} \fallingdotseq \sin v' + \frac{\theta}{2}\cos v'$$

$$\cos(v' + \theta) = \cos v' \cos\theta - \sin v' \sin\theta \fallingdotseq \cos v'$$

으로 하면,

$$\frac{h}{D} = \frac{\sin v' + \dfrac{\theta}{2}\cos v'}{\cos v'} = \tan v' + \frac{\theta}{2}$$

또 $\theta = \dfrac{D}{r}$로 볼 수 있다. 따라서

$$h = D\tan v' + \frac{D^2}{2r}$$

(3-18)

그러므로 $\Delta C$를 곡률오차라 하면,

$$\Delta C = + \frac{D^2}{2r}$$

(3-19)

즉, 곡률오차는 거리의 제곱에 비례하여 변화하는 것을 알 수 있다.

## 2) 굴절오차

광선이 대기 중을 진행할 때는 밀도가 다른 공기층을 통과하면서 일종의 곡선을 그린다. 그러

므로 물체는 이 곡선의 접선방향에 서서 보면 이 시준방향과 진방향과는 다소 다르게 되는 것을 알 수 있다. 이 차를 굴절오차(error of refraction)라 말한다.

그림 3-22에 있어서 $B'$에서 $A$에 오는 광선은 곡선이 되므로 $B'$는 그 접선 $AB''$와 연직선 $BB'$연장과의 교점 $B''$에 온다고 본다. 지금 접선 $AB''$와 $AB'$가 이룬 각을 $\delta$라 하고 $AB''$와 지평면과 이룬 각을 $v$라 하며 다른 것은 전항의 기호를 사용하면,

$$v' = v - \delta$$

$$\tan v' = \tan(v - \delta) = \frac{\tan v - \tan \delta}{1 + \tan v \tan \delta}$$

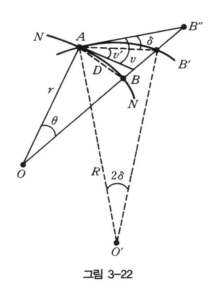

그림 3-22

그런데 $\delta$는 미소하게 되므로 분모의 제2항을 생략하고 또한 $\tan \delta$의 대신으로 $\delta$를 사용하면,

$$\tan v' = \tan v - \delta$$

곡선 $B'A$를 원호로 가정하고 그 중심을 $O'$로 하면 중심각은 $2\delta$가 된다. 그 반경을 $R$이라 하면 $\frac{r}{R} = k$가 되며 이때 $k$는 굴절계수(coefficient of refraction)라 한다. 호 $AB$ 및 호 $AB'$는 $r$에 비하여 미소하므로 $AB = AB' = D$로 된다. 그러므로 다음 식으로 쓸 수 있다.

$$\delta = \frac{1}{2} \cdot \frac{D}{R}$$

$$\therefore \ \delta = \frac{kD}{2r}$$

이것을 앞 식에 대입하면,

$$\tan v' = \tan v - \frac{kD}{2r}$$

$$\therefore \ D \tan v' = D \tan v - \frac{kD^2}{2r}$$

따라서 굴절오차를 $\Delta r$로 하면,

$$\Delta r = -\frac{k}{2r} D^2 \tag{3-20}$$

따라서 $\Delta r$ 또한 거리의 제곱에 비례한다. 우리나라에서는 $k = 0.14$를 택하고 있다. 전항 및 본 항의 결과에서 $A$에 대한 $B'$의 고도 $h$는 다음과 같다.

$$h = D \tan v' + \Delta C = D \tan v + \Delta r + \Delta C$$

또는

$$h = D \tan v + \frac{1-k}{2r} D^2$$

이 식 우변 제2항은 항상 정수로 된다.
$r = 6,370 \text{km}, \ k = 0.14$로 하면,

$$\Delta h = \Delta r + \Delta C = \frac{1-k}{2r} D^2 = 6.67 D^2 \text{cm} (단, \ D는 \text{km로 한다.}) \tag{3-21}$$

지금 $D$=1km로 하면 고도에 대한 보정 $\Delta h$=6.67cm로 되고 $D$=2km로 하면 $\Delta h$=26.7cm로 된다. 따라서 시준거리가 크게 될 때는 $\Delta h$를 더하지 않으면 안 된다. 여기서 곡률오차 $\Delta C$와 굴절오차 $\Delta r$을 합하여 양차(兩差)라 한다.

## (8) 천후기상의 상태에 따라 생기는 기타의 오차

태양의 광선, 바람, 습도 및 온도의 변화 등이 기계나 표척에 미치는 영향은 일정하지 않으며 측량결과에 각각 오차를 미친다. 예를 들면 레벨의 생명인 기포관에 온도차가 있으면 온도가 높은 쪽은 액체의 표면장력이 감소하기 때문에 기포는 온도가 높은 쪽으로 끌려가 올바른 수평을 나타낼 수 없다.

높은 정확도의 측량에서는 우산으로써 기계를 태양이나 바람으로부터 막고, 또 왕복관측은 오전·오후에 하되 그 평균값을 구하여 측량결과로 이용함으로써 가능한 한 오차를 작게 하도록 할 필요가 있다.

## (9) 관측자에 의한 오차

관측자의 개인오차, 기포의 수평조정, 표척의 읽기오차 등이 있다. 개인의 습관에 따른 개인차는 이것이 일정해지면 별다른 문제가 없다. 기포의 수평조정이나 표척면의 읽기는 사람으로서의 한계가 있으나 이것으로 인한 오차는 일반적으로는 허용 범위에 들 수 있다.

## (10) 고저측량에서 일어나기 쉬운 과실

고저측량에서는 상술한 바와 같은 오차 이외에 부주의로 인한 과실이 있다. 일어나기 쉬운 과실은 다음과 같다.

① 표척을 잘못 읽는 경우(특히 m 단위의 틀림, 예를 들면 3.92m를 2.92m로 하는 것)
② 전시와 후시의 난을 잘못 기입하는 경우
③ 전시를 읽고 후시할 동안에 표척의 위치가 변하는 경우
④ 함척(函尺)일 때 완전히 뽑지 않았든가 밑에 표시한 눈금을 알지 못하고 위를 읽은 경우

관측에 과실이 있으면 관측결과를 점검할 때 매우 큰 차가 생긴다.

## 7. 직접 고저측량의 오차조정

### (1) 동일점의 폐합 또는 표고기지점에 폐합한 직접수준

출발점으로부터 몇 개 고저기준점의 고저를 관측하고 출발점 또는 고저기지점에 폐합된 때에 생긴 오차를 고저폐합오차라 말한다. 이 폐합오차는 각 관측점 간의 거리에 정비례로 생긴 것으로 하여 각 고저기준점에 배분한다.

지금 $L$을 전관측선의 길이, $E_c$를 폐합오차, 출발점에서 수준점 $A$, $B$, …, $N$에 이르는 거리를 $a$, $b$, …, $n$ 또 $C_a$, $C_b$, …, $C_n$을 고저기준점 $A$, $B$, …, $N$에서 관측한 고도의 조정값이라 하면 다음과 같은 식이 성립한다.

$$C_a = -\frac{a}{L}E_c, \quad C_b = -\frac{b}{L}E_c, \quad \cdots, \quad C_n = -\frac{n}{L}E_c \tag{3-22}$$

### (2) 2점 간 직접고저측량의 오차조정

동일조건으로 2점 간을 왕복관측한 경우에는 2개의 관측값을 산술평균하여 구한 최확값이 표고로 된다. 또 이 2점간을 2개 이상의 다른 노선을 측량한 경우에는 관측값의 경중률을 고려한 조정값에 의하여 구한 최확값이 표고가 된다.

## 8. 고저측량의 정확도

### (1) 고저측량의 정확도

고저측량의 경우도 폐합다각형과 같이 측량한 폐합오차를 합리적으로 배분한다. 후시 및 전시에 대한 시준거리를 똑같이 하고 반환점 및 레벨의 안정에 주의한다. 정오차의 원인을 제거하면 오차는 일반적으로 우연오차로 생각된다.

$$E = C\sqrt{n} \tag{3-23}$$

$E$ : 수준측량의 오차, $C$ : 1회의 관측에 의한 오차, $n$ : 관측횟수

또 시준거리가 일정할 때는 이것을 변형하여

$$n = \frac{L}{2S} \quad \therefore \ E = \pm\, C\sqrt{\frac{L}{2S}} = \pm\, K\sqrt{L} \ \ \text{또는} \ \ K = \pm\, \frac{E}{\sqrt{L}} \tag{3-24}$$

$S$ : 시준거리, $L$ : 고저측량선의 총길이

즉, 고저측량의 오차 $E$는 전체 길이의 제곱근에 정비례하게 되므로 $K$는 1km의 고저측량의 오차에 해당한다. 그러므로 이 $K$의 값에 의해 정확도를 비교한다.

## (2) 고저측량의 허용오차의 범위

### 1) 우리나라

① 기본고저측량과 공공고저측량에서의 허용오차는 표 3-7과 같다.

[표 3-7] 우리나라 고저측량의 허용오차

| 구분 | 기본고저측량 | | 공공고저측량 | | | | |
|------|------|------|------|------|------|------|------|
| | 1등 | 2등 | 1등 | 2등 | 3등 | 4등 | 간이 |
| 왕복차 | $2.5\text{m}\sqrt{L}$ | $5.0\text{m}\sqrt{L}$ | $2.5\text{m}\sqrt{L}$ | $5\text{mm}\sqrt{L}$ | $10\text{mm}\sqrt{L}$ | $20\text{mm}\sqrt{L}$ | $40\text{mm}\sqrt{L}$ |
| 폐합차 | $2.0\text{m}\sqrt{L}$ | $5.0\text{m}\sqrt{L}$ | $2.5\text{m}\sqrt{L}$ | $5\text{mm}\sqrt{L}$ | $10\text{mm}\sqrt{L}$ | $20\text{mm}\sqrt{L}$ | $50\text{mm}+$ $40\text{mm}\sqrt{L}$ |

\*$L$은 관측거리(km)

② 종횡단측량은 2회 이상 실제 관측하고 이것의 평균을 취하며 그 오차 범위는 4km에 대하여 유조부 10mm, 무조부 15mm, 급류부 20mm이다.

### 2) 외국의 실례

① International Geodetic Association 확률오차

　　$1\text{mm}\sqrt{L(\text{km})}$ : 우,　$2\text{mm}\sqrt{L(\text{km})}$ : 양

　　$3\text{mm}\sqrt{L(\text{km})}$ : 가,　$5\text{mm}\sqrt{L(\text{km km})}$ : 제한오차

② US Coast and Geodetic Survey 및 US Geological Survey에서는 $4\text{mm}\sqrt{L(\text{km})}$

③ 일본의 하천측량 : 종단측량은 적어도 왕복 1회 이상 시행하고 그 오차는 거리 5km에 대하

여 감조부 12mm, 완류부 15mm, 급류부 20mm 이내가 되어야 한다.

④ 일본의 국유철도 : 직접고저측량의 허용오차는 대략 1km마다 10mm 정도이다.

# 9. 하천 및 해양의 수심(수직위치)측량

수심측량은 하천과 해안의 깊이를 관측하는 것으로 그 기준은 평균최저간조면(MLLW)으로 하여 해도상에 표시한다. 수심측량의 방법은 측심봉(rod)이나 측심추에 의한 방법, 음향측심기에 의한 방법 및 사진측량에 의한 방법 등이 있으나 주된 수심측량은 측심봉, 측심추, 음향측심기에 의해 이루어진다.

## (1) 측심봉과 측심추에 의한 수심측량

측심봉은 수심 5m 이내의 얕은 곳을 측량할 때 이용되는 것으로 5m 정도의 막대에 10cm씩 백색과 적색으로 교대로 칠하여 1m마다 표를 붙이고 하단은 납이나 철 등으로 무겁게 하고 수면 밑의 토사에 묻히지 않도록 넓게 만든다.

측심추는 마사제(麻絲製)로 된 줄에 투연(投鉛)을 매달고 줄에 눈금을 새겨서 수심을 측량하는 것으로 투연은 수심에 따라 7.5kg, 6.4kg, 4kg이 이용된다.

추의 줄이 장애물 등으로 수직을 유지하기 힘든 경우는 그림 3-24처럼 경사길이와 각의 관측에 의해 수심을 측량하기도 한다. 호소의 경우 측심추에 의한 수심은 20m 정도까지가 적당하지만 최대 60m까지도 측량하고, 해양에서는 수심 100m 내외에 대하여는 직접 손으로 내리지만, 그 이상의 깊이(약 500m 정도)에는 원통에 감긴 강선을 내리는 장비(추측심기)를 이용한다.

추측에 의한 수심관측단위는 수심 31m 미만은 0.1m, 그보다 깊은 곳은 0.5m 단위로 한다. 관측수심에는 줄의 신축, 추측심기의 오차, 조고(潮高) 등에 대한 보정을 가하여 실수심을 구한다. 즉,

실수심 = 관측수심 ± 줄의 신축 및 기차 ± 조고보정량

이 된다.

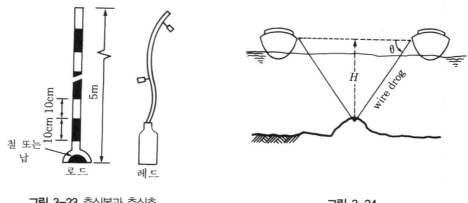

그림 3-23 측심봉과 측심추                      그림 3-24

## (2) 단일빔음향측심기(SBES : Single Beam Echo Sounder)

수심($D$)은 음파의 속도($V$)와 왕복시간($t$)을 알 때

$$D = \frac{1}{2} V \cdot t \tag{3-25}$$

로 구해진다. 이때 수중의 음파속도는 물의 온도, 밀도, 염분, 압력 등 물리적조건에 따라 변화하므로 음속의 정확한 값을 알기 위해서는 이들 물리적 조건들도 정확히 관측하여야 한다.

음파의 지향성은 음파의 주파수, 음파의 확산폭, 음향측심기의 출력, 음향반사경(acoustic reflector)의 유무, 음원소자의 배열 등에 관련된다.

지향성을 높이려면 가능한 출력을 높이거나, 일정 출력하에서는 높은 주파수를 선택하고, 지향각을 좁게 하는 것이 바람직하다.

## 1) 음향측심의 보정

음파에 의해 측량한 수심의 보정에는 다음과 같은 것이 있다.

① 송수파기의 흘수보정은 측량선 자체의 흘수가 원인으로 변화하므로 수시로 점검하여 보정해야 한다.
② 음속도보정에는 Barcheck에 의한 방법과 계산에 의한 보정이 있다.
③ 조석보정은 조석의 기본수준면에 대한 보정으로 기본수준면은 그 지역에 있어서 장기간의

조석관측에 의하여 얻어진 평균수면과 조석조화상수로 얻어진다.

④ 기차(器差)보정은 동기발진기(同期發振器)의 발진주파수의 변동, 기록 범위의 절체폭의 부정에 의한 변환오차(shift error), 기록펜 속도의 비직선성 등에 대한 보정이다.

## 2) 수심측량의 정확도

수심의 정확도는 수심 자체의 관측오차와 위치관측오차의 함수이지만, 여기서는 수심측량오차만을 생각한다. 수심측량오차(평균제곱근오차) $M_D$는 일반적으로 수심측량에 관계되는 제반요소에 대한 오차, 즉 기계적 오차 $m_m$, 수심 읽기오차 $m_r$, 음속수정값의 오차 $M_v$, 파에 대한 오차 $m_w$, 기준면결정의 오차 $m_d$, 조고보정의 오차 $m_t$ 등에 의하여 다음과 같이 정해진다.

$$M_D^2 = m_m^2 + m_r^2 + m_v^2 + m_w^2 + m_d^2 + m_t^2 \qquad (3-26)$$

기계적 오차는 각 기계에 따라 그 값이 주어져 있고, 수심읽기오차는 최소눈금의 1/2로 본다.

음향측심기는 기본적으로 그림 3-25와 같이 기록기, 송신기 및 수신기, 송파기 및 수파기로 구성되며 천해용, 중심해용, 심해용 및 정밀심해용 등이 있다.

기록기(recorder)는 음향측심기의 가장 핵심이 되는 부분으로 송신기에 송신지령을 공급하고, 송신펄스와 수신펄스를 기록하여 그 시간간격을 관측하고, 시간간격을 거리로 환산하여 측심선 해저의 수심을 기록한다.

송신기(transmission unit)는 기록기의 송신지령을 받아서 전기펄스를 발생시켜 송파기에 공급한다.

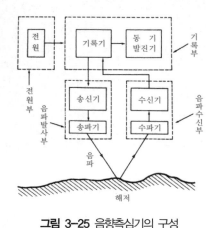

**그림 3-25** 음향측심기의 구성

3-26 음향측심

송파기(transmitting transducer)는 전기펄스를 음향펄스로 변환하여 수중으로 방사한다.

수파기(receiving transducer)는 해저로부터 도달한 반향펄스를 전기펄스로 변환하여 수신기로 보낸다.

수신기(receiving amplifier)는 수파기로부터의 미약한 펄스신호를 기록기작동에 충분하도록 증폭하여 기록기로 보낸다.

## (3) 다중빔음향측심기(multi-beam echo sounder)에 의한 자료생성

다중빔음향측심기는 배가 이동하면서 다중 음향신호를 발사하고, 이를 다시 수신함으로써 송·수파 가능 범위의 해저 횡단면 전체를 동시에 관측하는 음향측심기를 말한다. 해저 지형도를 작성하는 데에 사용된다.

[표 3-8] 단빔 음향측심과 다중빔 음향측심의 비교

| 구분 | 빔 음파 범위 | 3-D 수심도 |
|---|---|---|
| 단일빔 음향측심 | | |
| 다중빔 음향측심 | | |

**[표 3-9]** 수중탐측장비별 특징과 장단점

| 장비 | 단빔 음향탐측기 | 다중빔 음향측심기 |
|------|----------------|-------------------|
| 특징 | 계획된 경로를 따라 선박의 밑바닥에 대한 수심측량용 장비 | N개의 단빔을 설치, 수심의 3배까지 측면을 탐사할 수 있으며 3차원 자료를 추출 |
| 장점 | 설치가 간편 | • 탐사폭이 단빔의 3배<br>• 누락부분이 훨씬 적고 넓은 면적에 대해 탐측이 용이 |
| 단점 | • 경로를 벗어난 곳은 탐사가 안됨<br>• 암초나 대륙붕 등을 놓치기 쉬움<br>• 탐측시간이 오래 걸림 | • 송신기와 수신기가 여러 개 달려 있어 복잡<br>• 점 단위로 송수신함으로써 누락 부분이 발생 |
| 용도 | 하천 및 저수지 수심측량 등 | 해도작성, 수로 조사사업 등 |

기존의 음향측심기가 조사선의 수직하부 한 지점의 측심만 할 수 있는 것과는 달리 다중빔음향측심기는 송·수파 가능 범위의 해저 횡단면 전체를 동시에 관측할 수 있다. 관측자료는 기존의 음향측심기보다 우수하고, 조사해역 해저면의 해저지형(Bathymetry)을 약 1m 이상의 해상도로 정확하게 표현할 수 있다. 관측된 자료는 선상(船上)에 있는 컴퓨터를 통해서 실시간 등심도(等深圖) 또는 지형도가 컬러그래픽으로 작성되며, 여러 형태의 정보로 분석·처리된다. 천해용과 심해용이 있는데, 심해용은 1만 1,000m까지 관측할 수 있다.


# 10. 지하에 대한 고저(지하깊이)측량

지하고저(또는 깊이)측량은 터널 및 광산 등에서 지표면으로부터 밑으로 지하갱도를 통하여 지하고저를 측량하는 것과 지하매설물측량에 주로 이용되는 전기심사 및 탄성파측량, 지자기에 의한 방법 등이 있고 그의 보링(boring)에 의한 방법이 있다.


## (1) 전기탐사에 의한 지하고저측량

측량방법은 송신기를 지하매설물에 연결한 후 그림 3-27과 같이 수신기를 지상에서 45° 위치로 하여 전위의 최솟값이 나올 때까지 움직인다. 이와 같은 작업을 양쪽으로 교대로 반복하여 실시한 후 최초 최솟값과 최후 최솟값과의 거리가 매설고도다. 경사진 지형 속에 시설물이 있을 경우 수신기로 그 위치에서 수직으로 세우고 같은 방법을 실시한다. 만일 고도 확인 시 양쪽의 최소량이 시설물 중심에서 같은 간격을 유지하지 않으면 등분하여 매설고도를 결정한다.

$$T = \frac{D-B}{2}$$

(3-27)

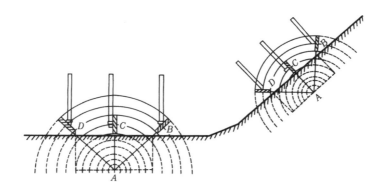

**그림 3-27** 평지와 경사지의 고저측량

## (2) 탄성파에 의한 지하고저측량

측량하는 순서는 원하는 선을 따라 충격발생장치를 움직이고, 충격을 유도하는 거리의 주어진 간격으로 충격지점에서 geophone까지 거리($d$)와 충격파운동시간($t$)을 기록한다.

이 결과들을 도면에 기록하면 그 그래프의 처음부분의 기울기는 $\dfrac{t}{d} = \dfrac{1}{\text{속도}}$이 된다.

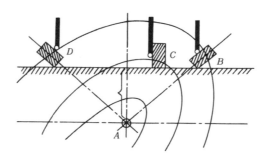

**그림 3-28** 거리가 같지 않은 시설물의 고저측량법

## (3) 터널에서의 지하고저측량

터널에서 수직갱을 뚫어 지하고저를 측량하는 경우에는 그림에서처럼 수직통로 내에 자(피아노선)를 내리고 수준측량을 한다. 고도기지점 $A$의 고도 $H_A$에서부터 후시 $a$ 및 $b$, $b'$, 지하갱도

상의 점 $c$에서 전시 $c$를 측량하면 점 $c$의 고도는 다음 식이 된다.

$$H_c = H_A + a - (b - b') - c \tag{3-28}$$

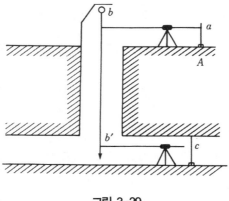

그림 3-29

## 11. 육상과 해상의 고저기준체계

육상의 고저(표고)기준은 국가에서 정한 평균해수면(예 : 인천만의 평균해수면)을 기준으로 하며 해상의 고저기준은 그 지역의 평균해수면을 기준으로 하고 있다. 이와 같이 이원화된 국가 고저기준체계를 효율적으로 관리하기 위해서는 육상의 BM(Bench Mark)과 해상의 TBM(Tide Bench Mark)의 값을 정확하게 변환할 수 있는 모형식이 필요하게 되었다. 이에 BM과 TBM의 연결에 의한 2차원적 고저변환식이 아닌 물리적측면을 고려(중력지오이드와 지역적인 기하학적 지오이드고 간의 차이를 고려한 모형화)하여 3차원적인 고저변환이 가능한 합성지오이드모형식을 개발하여 활용하고 있다.

# 연 습 문 제

## 제2장 수평거리(또는 거리 : X)측량

1) 다음 사항에 대하여 약술하시오.
　① 거리관측의 분류
　② 전자기파 거리측량기의 원리 및 특징
　③ 초장기선간섭계(VLBI)
　④ 레어저에 의한 위성 및 달의 거리측량(SLR, LLR)

2) 다음 표에서 얻은 최확값과 평균제곱근오차는 얼마인가? 또한 1관측의 평균제곱근오차를 구하시오.

| 횟수 | 관측값(m) | $v$(mm) | $vv$(mm$^2$) |
|---|---|---|---|
| 1 | 240.304 | −52 | 2,704 |
| 2 | 240.432 | +76 | 5,776 |
| 3 | 240.289 | −67 | 4,489 |
| 4 | 240.376 | +20 | 400 |
| 5 | 240.343 | −13 | 169 |
| 6 | 240.296 | −60 | 3,600 |
| 7 | 240.410 | +54 | 2,916 |
| 8 | 240.312 | −44 | 1,936 |
| 9 | 240.402 | +46 | 2,116 |
| 10 | 240.393 | +37 | 1,369 |
| 계 | 2,403.557 | | 25,475 |

평균 ＝ 240.356

3) 사면에서 거리측량을 할 때 경사에 의한 오차를 1/5,000까지 허용한다면 경사를 몇 도까지 허용하여야 되는가?

4) 어떤 기선을 관측하는데, 이것을 4구간으로 나누어 관측하니 다음과 같다.
　$L_1 = 29.5512\text{m} \pm 0.0014\text{m}$

$L_2 = 29.8837\text{m} \pm 0.0012\text{m}$

$L_3 = 29.3363\text{m} \pm 0.0015\text{m}$

$L_4 = 29.4488\text{m} \pm 0.0015\text{m}$이다.

여기서 0.0014m, 0.0012m, 0.0015m를 확률오차라 하면 이 전체 거리에 대한 확률오차는?


# 제3장 수직거리(또는 고저)측량

1) 다음 각 사항에 대하여 약술하시오.

　① 수준면

　② 수준선

　③ 고저기준점

　④ 고저기준망

　⑤ 전환점(TP: Turning Point)

　⑥ 수준측량 시 야장기입법 종류

　⑦ 삼각고저측량

　⑧ 교호수준측량

　⑨ 종단고저측량

　⑩ 횡단고저측량

　⑪ 양차

　⑫ 굴절오차

　⑬ 고저측량의 정확도

　⑭ 하천이나 해양에서의 수심(수직위치)측량

　⑮ 단일빔음향측심기(SBES: Single Beam Echo Sounder)

　⑯ 다중빔음향측심기(MBES: Multi Beam Echo Sounder)

　⑰ 지하에 대한 지하깊이(수직위치)관측방법

　⑱ 육상과 해상의 고저기준체계인 합성지오이드모형


2) 고저측량의 관측작업에서 그림과 같이 $A$점에서 $D$점에 이르는 도중 $BC$ 사이에 폭이 약 200m 인 강이 있기 때문에 $P$ 및 $Q$에 level을 설치하여 교호수준을 하였다. $A$점에서 $D$점까지의

각 관측점에서의 전·후 표척의 읽음값의 차는 각각 다음과 같다. 단, $A$점의 표고는 2.545m로 한다.

$$A \rightarrow B = -0.512\text{m}$$

level P에 있어서 $B \rightarrow C = -0.344\text{m}$

level Q에 있어서 $C \rightarrow B = +0.386\text{m}$

$$C \rightarrow D = +0.636\text{m}$$

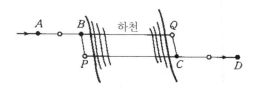

$D$점의 표고는 얼마인가?

3) 1등고저기준점 $A$에서 출발하여 1등고저기준점 $B$로 폐합하는 고저측량을 하여 다음과 같은 결과를 얻었다. 관측점 5의 표고는 얼마인가? 단, 1등고저기준점 $A$의 표고를 2.134m, 일등고저기준점 $B$의 표고를 24.678m로 한다.

| 관측점 간 | 왕관측(往觀測) | 복관측(復觀測) |
|---|---|---|
| $A$~1 | +3.643m | −3.651m |
| 1~2 | +25.325 | −25.312 |
| 2~3 | +78.476 | −78.488 |
| 3~4 | −18.934 | +18.945 |
| 4~5 | −52.717 | +52.706 |
| 5~$B$ | −13.282 | +13.292 |

4) 지반고 125.31m의 지점 $A$에 기계고 1.23m의 트랜시트를 세워서 시준거리 116.00m의 지점 B에 세운 높이 1.95m의 관측선을 시준하면서 부각 30°를 얻었다. B점의 지반고는?

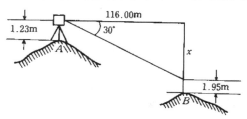

5) level을 사용하여 다음과 같은 상태로 관측한 경우에는 관측 결과에 얼마만큼의 오차가 생기는가?
 ① 4.00m 높이의 곳에서 20cm 기울여 세운 표척의 3.00m를 읽은 경우
 ② 감도 20″의 level로 1눈금(2mm) 만큼 기포가 벗어난 그대로 50m 떨어진 표척을 2.55m로 읽은 경우

6) 그림과 같은 고저측량망(leveling network)의 관측을 행한 결과는 다음과 같다. 각각의 환의 폐합차를 구하시오. 또 재관측을 필요로 하는 경우에는 재관측구간을 노선구간의 번호로 표시하시오. 단, 이 수준측량의 폐합차의 제한은 1.0cm $\sqrt{S}$ 이다($S$는 km 단위).

| 선번호 | 고저차 | 거리 | 선번호 | 고저차 | 거리 |
|--------|--------|------|--------|--------|------|
| (1) | +2.474m | 4.1km | (6) | −2.115m | 4.0km |
| (2) | −1.250 | 2.2 | (7) | −0.378 | 2.2 |
| (3) | −1.241 | 2.4 | (8) | −3.094 | 2.3 |
| (4) | −2.233 | 6.0 | (9) | +2.822 | 3.5 |
| (5) | +3.117 | 3.6 | | | |

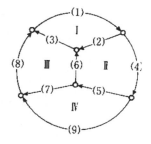

7) $P$, $Q$점의 표고를 구하는데, 그림의 $A$로부터 고저측량을 행하여 아래와 같은 값을 구하였다. $A$점의 표고를 17.533m라 할 때 $P$, $Q$의 표고를 구하시오.

| 번호 | 고저차 |
|------|--------|
| (1) | $l_1 =$ 4.250m |
| (2) | $l_2 =$ −8.537m |
| (3) | $l_3 =$ −12.781m |
| (4) | $l_4 =$ −8.557m |

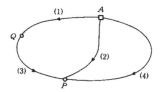

8) 어떤 공사를 위하여 $B$, $C$ 간의 고저차가 필요한데 $B$, $C$ 간에는 장애가 있어 직접 측량을 할 수 없으므로 $A$점에서 $B$, $C$점까지의 고저측량을 하였더니 다음 결과를 얻었다. 다음 물음에 답하시오.

| 선호 | 방향 | 고저차 | 거리 | 평균제곱근오차 |
|------|------|--------|------|----------------|
| ① | $A \to B$ | +12.573m | 6.2km | $2\sqrt{6.2}$ mm |
| ② | $A \to C$ | +13.794m | 5.0km | $2\sqrt{5.0}$ mm |

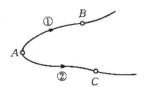

① $B$, $C$ 간의 고저차는 얼마인가?

② $B$, $C$ 간 고저차의 평균제곱근오차를 0.1mm까지 구하시오.

9) 다음 그림은 교호고저측량의 결과이다. $B$점의 표고를 구하시오. 단, $A$점의 표고는 50m이다.

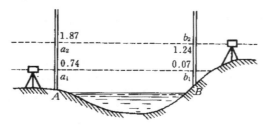

10) 그림과 같이 P점의 높이를 구하고자 $A$, $B$, $C$, $D$의 고저기준점에서 직접 고저측량을 하여 각각 다음 값을 얻었다. $P$점의 최확값을 구하시오.

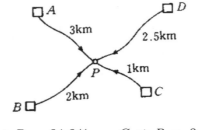

$$A \rightarrow P = 34.241\text{m} \qquad C \rightarrow P = 34.235\text{m}$$
$$B \rightarrow P = 34.249\text{m} \qquad D \rightarrow P = 34.238\text{m}$$

11) $P$점의 표고를 구하기 위하여, 그림처럼 고저측량을 행했다. $A$, $B$, $C$, $D$의 표고가 그림의 괄호 내의 값이고, 관측한 비고 및 거리가 각각 표와 같다고 하면, $P$점의 표고의 최확값은 얼마인가?

단, 비고에 대하여 관측값의 오차의 제곱은 2점 간의 거리에 비례하는 것으로 한다.

| 노선 | 고저차 | 거리 |
|---|---|---|
| $A \rightarrow P$ | $+10.536$m | 2.8km |
| $P \rightarrow C$ | $-9.450$ | 7.8 |
| $B \rightarrow P$ | $+6.919$ | 4.2 |
| $P \rightarrow D$ | $-4.518$ | 5.6 |

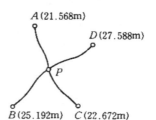

12) $P$점의 표고를 정하기 위하여 4개의 고저기준점 $A$, $B$, $C$, $D$에서 각각 왕복의 고저측량을 행하였다. 각 고저기준점의 표고는 그림의 괄호 내의 값이고 왕복관측에 의한 고저차의 평균값 및 관측거리는 각각 표 ①과 같다. $P$점의 최확값 및 그 평균제곱근오차(표준편차 또는 중등오차)는 얼마인가? 표 ② 중에서 해당하는 것을 골라라.

단, 관측자 · 기계 · 측량방법 등은 전부 동일하다고 한다.

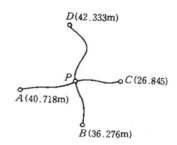

표 ①

| 노선 | 고저차 | 거리 |
|---|---|---|
| $A \rightarrow P$ | +6.208m | 2.4km |
| $P \rightarrow C$ | −7.680 | 2.5 |
| $B \rightarrow P$ | −1.764 | 1.2 |
| $P \rightarrow D$ | +7.808 | 4.2 |

표 ②

| 해답 | 최확값 | 평균제곱근오차 |
|---|---|---|
| (1) | 40.002m | ±11.2mm |
| (2) | 34.516 | ±3.8 |
| (3) | 36.281 | ±8.2 |
| (4) | 40.438 | ±26.7 |
| (5) | 38.725 | ±1.6 |

# PART. 02-2

## 2차원 위치(X, Y)해석

# 04 다각측량

## 1. 개 요

　다각측량(多角測量 또는 traverse 測量)은 기준관측점(基準觀測點)을 연결하는 관측선(觀測線)의 길이와 방향을 관측하여 관측점의 수평위치(X, Y)를 결정하는 측량으로, 높은 정확도를 요구하지 않는 골조측량(骨組測量), 산림지대·시가지 등 삼각측량이 불리한 지역과 관측점이 선형(線形)으로 배치된 좁고 긴 지역의 기준점 설치에 유리하기 때문에 경계측량, 삼림측량, 노선측량, 지적측량 등의 기준점 측량에 널리 이용된다.

　다각측량은 국가기본 삼각점이 널리 배치되어 있으나, 추가 기준점을 설치해야 할 경우와 도로, 수로(水路), 철도 등의 선로(線路)와 같이 좁고 긴 곳의 측량에 유리하며, 시준이 어려운 지역의 측량에 적합하다. 또 거리와 각을 관측하여 도식해법에 의해 모든 점의 위치를 결정할 때 편리한 특징이 있다.

　최근 전자기파 거리측량기에 의한 거리관측의 정확도가 높아감에 따라 고정밀도 다각망(정밀결합 다각망)에 의한 측량값은 삼각측량, 삼변측량에 못지않은 정확한 값을 얻을 수 있어 국가기본망(예 : 美國)으로도 사용되고 있다.

## 2. 다각측량의 특징

다각측량은 거리와 각에 의한 수평위치를 결정하는 것으로 다음과 같은 특징이 있다.

① 국가기본삼각점이 멀리 배치되어 있어 좁은 지역에 세부측량의 기준이 되는 점을 추가 설치할 경우에 편리하다.
② 복잡한 시가지나 지형의 기복이 심해 시준이 어려운 지역의 측량에 적합하다.
③ 선로(도로, 수로, 철도 등)와 같이 좁고 긴 곳의 측량에 편리하다.
④ 거리와 각을 관측하여 도식해법에 의하여 모든 점의 위치를 결정할 때 편리하다.
⑤ 일반적인 다각측량은 삼각측량과 같은 높은 정확도를 요하지 않는 골조측량에 사용되나, 전자기파거리측량기를 이용한 결합다각측량은 고정밀도 국가측지기본망에도 이용된다.

## 3. 다각형의 종류

길이와 방향이 정하여진 선분이 연속된 것을 다각형(traverse)이라 한다.

### (1) 개다각형(open traverse)

연속된 관측점에 있어서 출발점과 종점간에 아무런 관련이 없는 것(그림 4-1 참조)으로 측량결과의 점검이 안 되어 높은 정확도의 측량에는 사용하지 않으나 노선측량의 답사에는 편리한 방법이다.

### (2) 결합다각형(decisive or combined traverse)

어떤 기지점으로부터 출발하여 다른 기지점에 결합시키는 것(그림 4-2 참조)으로 이때 기지점으로는 삼각점을 이용한다. 측량결과의 검사가 되며 가장 높은 정확도의 다각측량을 할 수 있다. 대규모지역의 정확성을 요하는 측량에 이용된다.

### (3) 폐다각형(closed-loop traverse)

어떤 관측점으로부터 시작하여 차례로 측량을 함으로써 최후에 다시 출발점으로 되돌아오는 것(그림 4-3 참조)이며 관측선에 의하여 폐다각형이 형성된다.

측량결과가 검토는 되나 결합다각형보다 정확도가 낮다. 소규모지역의 측량에 이용된다.

## (4) 다각망(traverse network)

위에서 설명한 1, 2 및 3종류의 다각형을 소요에 따라 그물 모양으로 결합한 것이다(그림 4-4 참조).

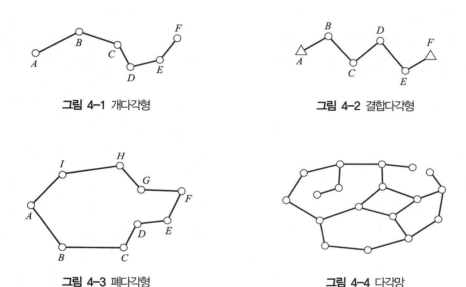

그림 4-1 개다각형          그림 4-2 결합다각형

그림 4-3 폐다각형          그림 4-4 다각망

## (5) 다각망의 구성

다각점에 이르는 도중에 거리와 교각을 관측하는 데 측량표지를 설치하지 않은 점을 다각절점이라 하며, 절점 및 다각점을 연결한 측량의 진행선을 다각노선이라 말한다. 다각노선 또는 이것에 의한 망은 그림 4-5 중의 어느 한 가지 형을 취하게 된다. 그림 (a)는 단순결합노선이고 그림 (b)(c) … (f)는 각각 Y형, X형, H형, A형, Θ형의 다각망이다. 단 A형은 H형의 2기지점, A, C가 일치한 경우, Θ형은 H형 2조의 2기지점 A, C 및 B, D가 일치한 경우이며 H형과 본질적으로 다른 것은 아니다.

또한 X 및 Y형은 3개 이상의 기지점에 근거하여 교점 1개를 평균하며, A, H형은 교점 2개를 평균하게 된다.

다각노선의 교점을 다각교점이라 말한다. 점의 표시기호로서 교 1, 교 2 등을 사용하고 또

노선 외의 첨탑 등으로 2개 이상의 절점을 기준으로 하고 위치를 교선법(交線法)으로 결정한 점을 다각교선점이라 한다. 노선번호를 표시할 필요가 있을 때는 그림 4-5(c)와 같이 (1), (2), …로 표시한다.

삼각측량의 차수와 똑같이 다각망 및 점의 차수를 다음과 같이 규정한다. 4등 이하의 국가삼각점 또는 2등 다각점을 기지점으로 하여 구성한 망을 기준다각망, 그것에 의하여 결정한 다각점을 기준다각점이라 말한다. 이 기준다각점 이상을 기지점으로 하여 구성된 망 및 다각점을 각각 보조다각망 및 보조다각점이라 한다.

기준 및 보조다각측량을 일괄하여 1차 다각망 및 1차 다각점이라 한다.

1차 다각점 이상을 기지점으로 한 망과 2차 다각망 및 2차 다각점이라 하고 이하 순차적으로 차수를 결정한다. 단 기준다각망은 2차까지, 보조다각망은 3차까지를 한도로 한다.

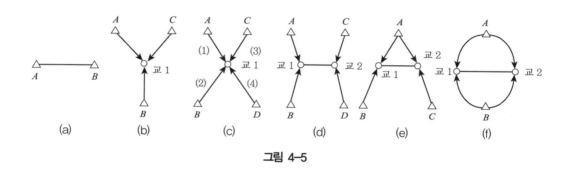

그림 4-5

## 4. 다각측량의 순서

다각측량은 크게 외업(外業)과 내업(內業)으로 나눌 수 있으며, 외업은 계획, 답사, 선점(選點), 조표(造標)와 거리 및 각관측의 순서로 이루어지고, 내업에는 조정계산 및 관측점(觀測點)의 전개가 포함된다.

### (1) 계획(planning)

소요의 측량 정확도, 경제성, 작업시일 등을 고려하여 각 기관이 발행한 각종 지형도를 이용함으로써 전체적인 계획을 세운다. 기준점의 성과는 국토지리정보원(國土地理情報院)의 삼각 및 고저측량(또는 수준측량) 성과표를 이용한다.

## (2) 답사(reconnaissance)

답사는 계획에 따라 현지의 작업 가능성을 재점검함으로써 계획을 확정시킨다.

## (3) 선점(selection of station)

답사와 계획에 따라 관측점(觀測點)을 현지에서 확정하는 것을 선점(選點)이라 한다.

## (4) 조표(election of signal)

선점이 끝나면 관측점을 표시하기 위하여 측량의 목적에 따라 말뚝(나무, 돌 및 콘크리트 등)을 매설하고 적절한 표지를 한다.


# 5. 다각형의 관측

## (1) 변의 길이 관측

다각형 각 변의 길이는 소요정확도와 현지 상황 등에 따라 사용기계, 관측방법을 변경하여야 한다. 정밀한 결과를 요할 때는 전자기파거리측량기, 쇠줄자, 쇠띠자, 유리줄자 등이 사용되며, 높은 정확도를 요구하지 않을 때는 유리줄자, 대나무자, 천줄자 등이 사용되며 또한 산지 등에서는 시거법이 사용된다.

이미 설명한 바와 같이 경사지에 있어서 직접 경사거리 l을 관측한 경우에는 경사각 $i$를 관측하여

$$d = l \cos i \text{ (그림 4-6 참조)}$$

이 식으로 수평거리 $d$를 구할 수 있다.

거리관측은 거리측량 항을 참조하기 바란다.

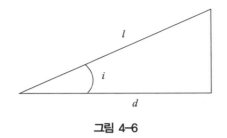

그림 4-6

## (2) 각의 관측

### 1) 개 요

각측량용 기기에는 트랜시트(transit), 데오돌라이트(theodolite), 광파종합관측기(TS : Total Station) 등이 있다. 트랜시트는 망원경이 그 수평축의 주위를 회전할 수 있으나, 데오돌라이트는 회전할 수 없고 대개 compass도 장치되어 있지 않다. 각관측에 있어서는 트랜시트보다 데오돌라이트나 TS가 높은 정밀도로 각을 관측할 수 있다. 원래 트랜시트는 미국(정준나사 4개), 데오돌라이트는 유럽(정준나사 3개)에서 사용되어 왔으나 지금은 뚜렷하게 구별되지는 않는다.

본 장에서는 수평각과 수직각관측 방법 및 관측에 따른 오차와 정밀도에 관하여 기술하겠다.

### 2) 수평각 관측법

수평각은 트랜싯, 데오돌라이트, TS 등으로 수평축을 기준하여 교각법, 편각법, 방위각법 등이 있으며 수평각을 관측하는 방법에는 단각법, 배각법, 방향각법 및 조합각관측법(또는 각관측법)의 4종류가 있다. 어느 방법을 사용하느냐 하는 것은 측량의 종류, 소요 정확도 및 사용되는 시간 등에 따라서 결정한다.

① 단각법

1개의 각을 1회 관측으로 관측하는 방법이며 그 결과는 '나중 읽음값-처음 읽음값'으로 구해진다.

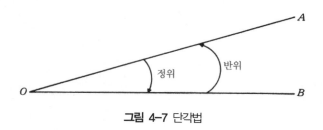

**그림 4-7** 단각법

② 배각법(반복법)

　가) 방법

　　배각법은 ∠AOB를 2회 이상 반복 관측하여 관측한 각도를 모두 더하여 평균을 구한다. 이 방법은 아들자의 최소 읽기가 20″~1′으로 나쁜 눈금의 이중축(복축)을 가진 트랜싯에서 그의 이중축을 이용하여 읽기의 정밀도를 향상시키기 위한 방법이다.

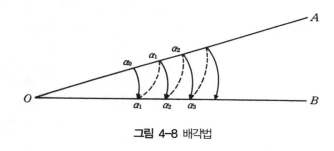

**그림 4-8** 배각법

1회 최후의 $B$를 시준한 때의 눈금이 $\alpha_n$이라 하면,

$$\angle AOB = \frac{\alpha_n - \alpha_0}{n} \tag{4-1}$$

로 구해진다. 일반적으로 정·반위의 망원경에 쓰이는 방법이다.

　나) 배각법의 각관측정밀도

　　(ㄱ) $n$배각의 관측에 있어서 1각에 포함되는 시준오차 $m_1$은

$$m_1 = \frac{\sqrt{2}\,\alpha \cdot \sqrt{n}}{n} = \sqrt{\frac{2\alpha^2}{n}} \quad \text{단, } \alpha : 시준오차 \tag{4-2}$$

(ㄴ) 읽음 오차 $m_2$

$$m_2 = \frac{\sqrt{2}\,\beta}{n} = \frac{\sqrt{2\beta^2}}{n} \quad 단, \ \beta : 읽기 \ 오차 \tag{4-3}$$

(ㄷ) 1각에 생기는 배각관측오차 $M$

$$M = \pm \sqrt{m_1^2 + m_2^2} = \pm \sqrt{\frac{2}{n}\left(\alpha^2 + \frac{\beta^2}{n}\right)} \tag{4-4}$$

다) 배각법의 특징

(ㄱ) 배각법은 방향각법과 비교하여 읽기 오차 $\beta$의 영향을 적게 받는다.

(ㄴ) 눈금을 직접 관측할 수 없는 미량의 값을 누적하여 반복횟수로 나누면 세밀한 값을 읽을 수 있다.

(ㄷ) 눈금의 불량에 의한 오차를 최소로 하기 위하여 $n$회의 반복결과가 360°에 가깝게 해야 한다.

(ㄹ) 내축과 외축을 이용하므로 내축과 외축의 수직선에 대한 불일치에 의하여 오차가 생기는 경우가 있다.

(ㅁ) 배각법은 방향수가 적은 경우에는 편리하나 삼각측량과 같이 많은 방향이 있는 경우는 적합하지 않다.

③ 방향각법

가) 방법

이 방법은 어떤 시준방향을 기준($O$ 방향)으로 하여 각 시준방향의 내각을 관측하여 기준 방향선에 결합한 경우 최초의 읽기($O$ 방향)와 일치하도록 조절한다. 또 오차가 있는 경우는 각각의 각에 평균분배한다. 그리고 기계적 오차를 제거하기 위해서 정·반의 관측평균값을 취하면 된다.

나) 방향각법의 각관측오차

(ㄱ) 1방향에 생기는 오차 $m_1$

$$m_1 = \pm \sqrt{\alpha^2 + \beta^2} \quad 단, \ \alpha : 시준오차, \ \beta : 읽기 \ 오차 \qquad (4-5)$$

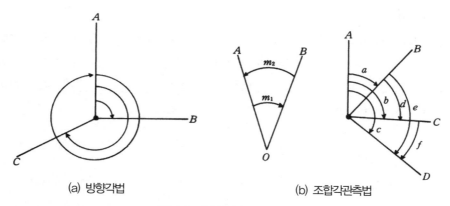

(a) 방향각법         (b) 조합각관측법

**그림 4-9** 방향각법과 조합각관측법

(ㄴ) 각관측(두 방향의 차)의 오차 $m_2$

$$m_2 = \sqrt{2}\, m_1 = \pm \sqrt{2(\alpha^2 + \beta^2)} \qquad (4-6)$$

(ㄷ) $n$회 관측한 평균값에 있어서의 오차 $M$

$$M = \pm \frac{\sqrt{n}\, m_2}{n} = \pm \frac{m_2}{\sqrt{n}} = \pm \sqrt{\frac{2}{n}(\alpha^2 + \beta^2)} \qquad (4-7)$$

④ 조합각관측법(또는 각관측법)

수평각관측법 중 가장 정확한 값을 얻을 수 있는 방법으로 1등 삼각측량에 이용된다. 관측할 여러 개의 방향선 사이의 각을 차례로 방향각법으로 관측하여 최소제곱법에 의하여 각 각의 최확값을 구한다. 한 점에서 관측할 방향수가 $N$일 때 총각관측수와 조건식수는 다음과 같다.

$$총각관측수 = N(N-1)/2 \qquad (4-8)$$

$$조건식수 = (N-1)(N-2)/2 \qquad (4-9)$$

그림 4-9(b)의 경우에 방향수 $N$=4이므로 총각관측수=6, 조건식수=3이다.

## 3) 수직각관측법

수직각은 망원경을 트랜싯이나 각관측기 등의 수평축 주위로 회전하여 수직분도원상에서 읽어서 관측한다. 수준기의 기포가 수평을 나타낼 때 망원경의 수평방향이 수평이 되지 않으면 수직각의 관측정밀도는 낮아진다. 수직분도원의 시준선방향은 천정각거리 관측용 기계에서는 90° 및 270°, 고저각관측용 기계에서는 0° 및 180°로 되어 있다.

### ① 천정각거리의 관측

트랜싯의 고도눈금은 우회(右回)로 0~360°까지의 눈금으로 되어 있고 망원경이 수평일 때 아들자의 지표가 90°와 270°를 가리키고 0~90°까지 좌우의 눈금으로 되어 망원경을 수평으로 할 때, 아들자가 0°를 가리키게 된다. 대부분의 트랜싯은 아들자가 하나인 것이 많으나 정밀한 기계에는 아들자가 2개 있다. 수직각의 관측은 수평각과 똑같이 망원경 정반의 관측을 실시하고 기계오차를 소거한다.

목표를 시준할 때는 십자횡선에 대하여 정확히 목표를 맞추면 고도 기포관의 기포를 정확히 중앙으로 하여 눈금을 읽지 않으면 안 된다. 눈금 0~360°의 것을 사용하여 관측한 정반(正反)의 관측값과 천정각거리의 관계는 다음과 같다. 망원경은 90°, 270°를 이은 선에 일치된 경우 목표를 시준(視準)하고 망원경을 수평축 주위로 회전하면 분도원도 한 번 회전하며 아들자 $A$의 눈금을 읽는다. 그러나 망원경의 장치가 정확히 90°의 선에 일치하지 않으므로 오차 $c$를 가지며 또 아들자의 위치도 오차 $n$을 갖는다고 생각하지 않으면 안 된다.

이 경우 망원경 정위(正位)의 관측값을 $r$, 반위(反位)의 관측값을 $l$로 하여 구한 천정각거리 $Z$와의 관계는 그림 4-10에서

$$정위 : 90° - Z = 90° - r + c - n \tag{4-10}$$

$$반위 : 90° - Z = l - 270° - c + n \tag{4-11}$$

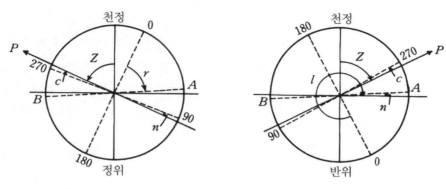

그림 4-10

양식을 더함으로써

$$2Z = r - l$$

망원경 정위의 관측값에서 반위의 관측값을 빼는 것은 $c$, $n$의 양오차를 소거하여 천정각거리의 2배각을 얻는다. 그러므로 구하려는 천정각거리는

$$Z = \frac{1}{2}(r - l) \qquad\qquad . \qquad\qquad (4-12)$$

눈금이 왼쪽방향으로 둥글게 새긴 것, 또는 정위, 반위의 눈금이 그림 4-10과 반대로 붙어 있는 경우에는

$$Z = \frac{1}{2}(l - r) \qquad\qquad\qquad\qquad (4-13)$$

로 되므로 사용기계는 미리 점검하지 않으면 안 된다.

② 고도상수

식 (4-10)와 (4-11)과의 차로부터

$$r + l = 360° + 2(c - n) = 360° + K \qquad \qquad `(4\text{-}14)$$

$2(c - n) = K$는 고도상수(또는 영점오차)라 말하고 이 기계에 있어서는 상수로 되며 눈금의 원근이나 고저에 관계되지 않으므로 천정각거리관측의 양부판정에 사용된다.

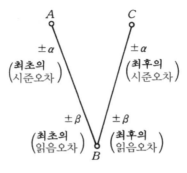

**그림 4-11** 단각법의 각오차

또 망원경을 수평으로 할 때 아들자가 0°를 가리키는 것은

$$r + l = 180° + K \qquad \qquad (4\text{-}15)$$

로 된다.

### 4) 각의 관측단위

① 도(degree)

60진법에 의하여 표시하는 것으로, 원주(圓周)를 360의 눈금으로 등분하여 눈금 하나가 만드는 중심각을 1도라고 하며 이것을 다시 60등분한 것을 1분, 이것을 다시 60등분한 것을 1초라고 한다.

즉, 원=360°, 1°=60′, 1′=60″, ∴1°=60′=3,600″

② 그레이드(grade)

100진법을 사용하는 것으로 원주를 400등분 한 호(弧)에 대한 중심각으로 그레이드(grade)라고 한다.

$$1^g = \frac{360°}{400} = 0.9° = 54' \qquad 1^{직각}(90°) = 100^g$$

$$1^g(그레이드\ grade) = 100c(센티그레이드\ centi-grade)$$

$$1c(센티그레이드) = 100cc(센티센티그레이드\ centi-centigrade)$$

이 각의 단위의 사진측량의 경사단위로 또한 유럽에서 각의 단위로 많이 사용한다.

③ 호도(弧度)와 각도(角度)

1 radian : 반경 $R$와 호의 길이를 $R$로 같게 했을 때 그 중심각을 1라디안(radian)이라 한다. 1개의 원에 있어서 중심각과 그것에 대한 호(弧)의 길이는 서로 비례하므로 반경 $R$와 같은 길이의 호(弧) $AB$를 잡고 이것에 대한 중심각을 $\rho°$로 하면

$$\frac{R}{2\pi R} = \frac{\rho°}{360°}$$

$$\therefore \rho° = \frac{360°R}{2\pi R} = \frac{180°}{\pi} = 57.29578° \tag{4-16}$$

이 $\rho$는 반경 $R$에 관계없이 정수에 의해서만 결정되므로 이것을 각(角)의 단위로 하여 라디안 (radian, 弧度)이라 부른다.

$$\pi = 3.14159265$$

$$\rho° = \frac{180°}{\pi} = 57.29578°$$

$$\rho' = \frac{180° \times 60'}{\pi} = 3437.7468'$$

$$\rho'' = \frac{180° \times 60' \times 60''}{\pi} = 206264.806''$$

$$\therefore 1\ radian = 57.2958° = 57°17'45'' = 206265'' \tag{4-17}$$

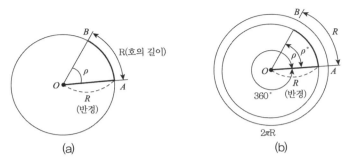

그림 4-12

# 6. 다각측량에서 각관측

다각측량에서 각 인접변 사이의 각관측방법은 교각법, 편각법 및 방위각법으로 삼분된다.

## (1) 교각법(direct angle method)

어떤 관측선이 그 앞의 관측선과 이루는 각을 관측하는 것을 교각법이라 한다. 일명 협각법(夾角法)이라고도 한다.

교각법은 다각측량의 각관측에 일반적으로 널리 이용되는 방법으로 다음과 같은 이점이 있다.

① 각 각이 독립적으로 관측되므로 잘못을 발견하였을 경우에도 다른 각에 관계없이 재관측할 수 있다.
② 요구하는 정확도에 따라 방향각법, 배각법으로 각관측을 할 수 있다.
③ 결합 및 폐다각형에 적합하며 관측점수는 일반적으로 20점 이내가 효과적이다.

〈각관측 요령〉

그림 4-13(a), (b)의 $A$, $B$, $C$, …와 같이 관측 진행방향에 대한 우회의 수평각 $a$, $b$, $c$, …를 우회(clock-wise)교각이라 하고 그림 4-14(a), (b)의 $A$, $B$, $C$, …와 같이 관측진행 방향에 대한 좌회의 수평각 $a'$, $b'$, $c'$, …를 좌회(counter clock-wise)교각이라 한다.

## (2) 편각법(deflection angle method)

각 관측선이 그 앞 관측선의 연장과 이루는 각을 관측하는 방법을 편각법이라 하며, 도로,

수로, 철도 등 선로의 중심선측량에 유리하다.

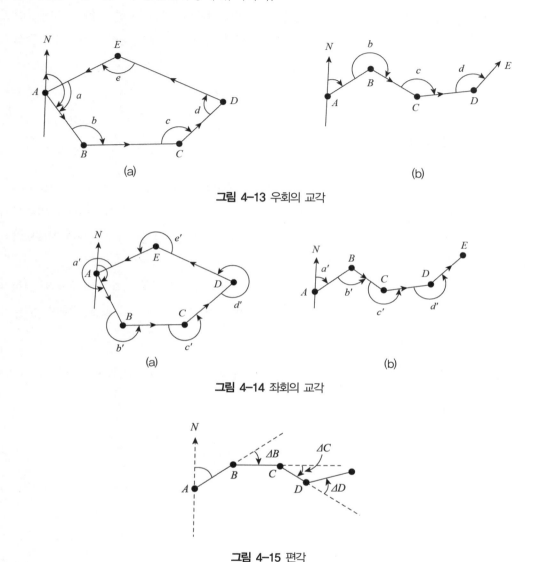

그림 4-13 우회의 교각

그림 4-14 좌회의 교각

그림 4-15 편각

## (3) 방위각법(azimuth, full circle method)

각 관측선이 일정한 기준선과 이루는 각을 우회(右回)로 관측하는 방법이 방위각법이다. 진북 방향과 관측선과 이루는 각을 방위각(azimuth, meridian angle)이라 하고, 임의 기준선의 방향과 관측선의 방향 사이의 수평각을 시계 방향으로 관측한 각을 방향각(direction angle) 혹은 전원방위(whole circle bearing)라 한다. 진북은 일반적으로 관측이 용이하지 않으므로 자침에 의한 북을 기준선으로 할 때가 많다. 이 방법의 특징은 각 관측선을 따라 진행하면서 방위각을 관측하므로 각관측값의 계산과 제도도 편리하고 신속히 관측할 수 있어 노선측량이나 지형측량에 널리 사용된다. 그러나 한 번 오차가 생기면 그 영향은 끝까지 미치며 지형이 험준하고 복잡한 지역에서는 적합하지 않은 단점이 있다.

## 7. 거리와 각관측 정확도의 균형

다각측량은 거리와 각도를 조합함으로써 다각점의 위치를 구하는 것으로 다각점의 정확도는 이의 관측정확도에 따라 좌우된다. 그러므로 거리를 아무리 정확도 높게 관측해도 각관측이 부정확하면 정확한 거리관측이 무의미하게 된다. 이 때문에 다각측량에서는 거리관측 정확도와 각관측 정확도의 균형을 고려함이 원칙이다.

그림 4-16에서, 교각($\angle QOP = \beta$)은 관측할 때 여기서 $\pm e_\beta$의 관측오차를 포함하면, 거리 $l$에서 임의점 $P$는, $A$ 또는 $B$로 편위된다. 또한 거리 $l$에서 $\pm e_d$의 오차를 포함하면 이 양 오차의 $P$점은 $C$, $D$ 혹은 E, F로 편위된다.

거리와 각관측정밀도의 균형을 고려하면 각관측오차 $\pm e_d$에서 생기는 $P$점의 편위량 $l \cdot \dfrac{e''_\beta}{l''}$ 와 거리의 오차 $\pm e_d$가 대개 같아진다. 곧,

$$e_d = l \cdot \frac{e''_\beta}{\rho''}$$

여기서

$$e''_\beta = \frac{e_d}{l} \cdot \rho''$$

로 된다.

지금, 거리의 정밀도 1/5,000에서 각관측오차를 구하면 다음과 같다.

$$e''_\beta = \frac{e_d}{l} \cdot \rho'' = \frac{1 + 206265''}{5,000} \fallingdotseq 41''$$

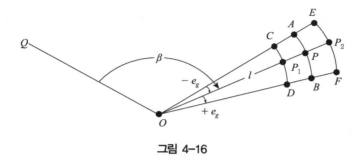

그림 4-16

## 8. 다각측량의 계산과정

외업으로 각과 거리관측이 끝나면 다음의 순서에 따라서 계산한다.

① 각관측값의 오차검토
② 각관측값의 허용오차 범위 및 오차배분
③ 방위각 및 방위계산
④ 위거 및 경거의 계산
⑤ 다각형의 폐합오차 및 폐합비 계산
⑥ 폐합비의 허용 범위
⑦ 폐합오차의 조정
⑧ 좌표계산
⑨ 면적계산

## 9. 각관측값의 오차점검

### (1) 폐다각형

폐다각형의 관측선의 총수가 $n$이고, 교각(交角)의 관측값을 $a_1, a_2, \cdots, a_n$이라 할 때, 폐다각형의 각관측 값에 대한 총합은 $180°(n-2)$가 되나 각관측 때의 오차요인에 따라 다음과 같은 각오차($E_a$)가 생긴다.

## 1) 내각관측(우회교각)

$$E_a = [a] - 180°(n-2)$$

## 2) 외각관측(좌회교각)

$$E_a = [a] - 180°(n+2)$$

$(4-18)$

## 3) 편각관측

$$E_a = [a] - 360°$$

여기서, $[a] = a_1 + a_2 + \cdots + a_n$이다.

---

**예제 4-1**

**다음과 같은 폐다각형의 폐합오차를 구하시오.**

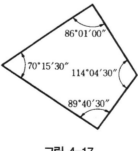

**그림 4-17**

**풀이** 폐다각형의 폐합오차는 식 (4-18)에 의해

$$[a] = 89°40'30'' + 114°04'30'' + 86°01'00'' + 70°15'30'' = 360°01'30''$$

$$E_a = [a] - 180°(n-2) = 360°01'30'' - 180°(4-2) = 90'' = 1'30''$$

## (2) 결합 다각형

결합 다각형형이라 함은 그림 4-18에 표시한 바와 같은 기지점 $A$, $B$를 연결한 다각형으로 $A$점 및 $B$점에서 다른 기지의 삼각점 $L$ 및 $M$이 시준되며 $a_1$, $a_2$, $a_3$, $\cdots$, $a_{n-1}$, $a_n$을 관측한 경우의 검사법은 다음과 같다.

그림 4-18에서 $\overrightarrow{AL}$ 및 $\overrightarrow{BM}$ 의 방위각이 측량선과 $\omega_a$, $\omega_b$로서 알고 있다면,

$$\left.\begin{array}{l} a_1' = 360° - \omega_a \\ a_1'' = a_1 - a_1' = a_1 - (360° - \omega_a) \\ a_n' = a_n - \omega_b \end{array}\right\} \tag{4-19}$$

$$\left.\begin{array}{l} a_1'' + a_2' = 180° \\ a_2'' + a_3' = 180° \\ \cdots\cdots\cdots\cdots\cdots \\ a_{n-1}'' + a_n' = 180° \end{array}\right\} \quad (n-1)\text{개} \tag{4-20}$$

식 (4-20)에 식 (4-19)를 대입하면 다음 식으로 된다.

$$\{a_1 - (360° - \omega_a)\} + a_2 + a_3 + \cdots + a_{n-1} + (a_n - \omega_b) = 180°(n-1)$$

따라서

$$[a] + \omega_a - \omega_b = 180°(n+1) \tag{4-21}$$

즉, 그림 4-18인 경우는 식 (4-21)이 성립하여야 하지만 일반적으로는 각오차가 있다. 각오차가 $E_a$는 다음 식으로 표시할 수 있다.

$$E_a = \omega_a - \omega_b + [a] - 180°(n-1) \tag{4-22}$$

단, $[a] = a_1 + a_2 + a_3 + \ldots a_{n-1} + a_n$

같은 방법에 의하면 $\overrightarrow{AL}$ 및 $\overrightarrow{BM}$이 차지하는 위치가 각각 $a_1''$ 및 $a_n'$ 내에 있는가, 밖에 있는

가의 조합에 따라 다른 식이 된다.

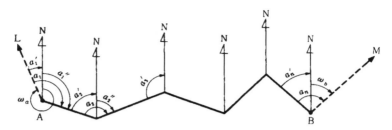

**그림 4-18** 결합 다각형의 각관측 오차

$\overrightarrow{AL}$ 및 $\overrightarrow{BM}$이 그림 4-19의 어디에 있는가에 따라 다음 식으로 주어진다.

(ㄱ) (a)의 경우

$$E_a = \omega_a - \omega_b + [a] - 180°(n+1) \tag{4-23a}$$

(ㄴ) (b), (c)의 경우

$$E_a = \omega_a - \omega_b + [a] - 180°(n-1) \tag{4-23b}$$

(ㄷ) (d)의 경우

$$E_a = \omega_a - \omega_b + [a] - 180°(n-3) \tag{4-23c}$$

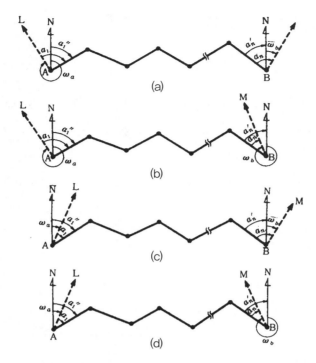

**그림 4-19** 여러 가지 형태의 결합 다각형

**예제 4-2**

**다음과 같은 결합 다각형의 각관측 오차를 계산하시오.**

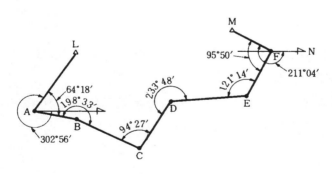

**그림 4-20**

**풀이** 본 경우는 식 (4-23b)에 해당되므로

$$E_a = \omega_a - \omega_b + [a] - 180°(n-1)$$
$$[a] = 180° \ 10' \quad n = 6$$
$$\therefore E_a = 302° \ 56' - 211° \ 04' + 808° \ 10' - 180° \ (6-1) = +2'$$

## 10. 각관측값의 허용오차 범위 및 오차배분

### (1) 허용오차 범위

관측값의 오차검토 결과 $E_a$가 허용 범위에 있는가를 조사한다. 각관측값의 오차가 허용 범위 이내인 경우에는 기하학적인 조건에 만족되도록 그 오차를 조정하여야 하지만 허용오차보다 클 경우에는 다시 각관측을 하여야 한다.

각관측에서 1관측점의 수평각 허용오차가 $\varepsilon_a$ 이고, 각관측 수가 $n$일 때 일반식은 다음과 같다.

$$E_a = \pm \varepsilon_a \sqrt{n} \tag{4-24}$$

일반적으로 허용오차 범위는 지형에 따라 다음과 같다.

시가지 : $0.3' \sqrt{n} \sim 0.5' \sqrt{n}$　　　　평탄지 : $0.5' \sqrt{n} \sim 1' \sqrt{n}$

삼림 및 복잡한 지형 : $1.5' \sqrt{n}$

### (2) 오차배분

각관측 오차의 배분은 각관측 결과를 기하학적 조건과 비교하여 다음과 같은 방법으로 배분한다.

① 각관측 결과가 허용오차 이내에 있고, 각관측 정밀도가 같은 경우에는 오차를 각의 크기와 관계없이 동일하게 배분한다.
② 각관측 경중률이 다를 경우에는 오차를 경중률에 비례하여 각각의 각에 배분한다.
③ 변 길이의 역수에 비례하여 각각의 각에 배분한다.


## 11. 방위각 및 방위의 계산

### (1) 방위각계산

다각측량을 한 경우에 그 관측한 각이 방위각이 아니고 교각이나 편각이라 면 다음과 같이

하여 방위각을 계산할 수 있다.

## 1) 교각을 잰 경우

다각형의 교각을 잰 경우에 어떤 변 $AB$ 및 그 다음 변 $BC$의 방위각을 각각 $(AB)$, $(BC)$로 표시하고 괄호의 양변의 교각을 B로 표시하면 그림 4-21(a)와 같이 $(AB) + B > 180°$일 때는

$$(AB) - (BC) + B = 180°$$
$$\therefore (BC) = (AB) + B - 180°$$

또한 그림 4-21(b)와 같이 $((AB) + B < 180°$일 때는

$$(AB) + [360° - (BC)] + B = 180°$$
$$\therefore (BC) = (AB) + B + 180°$$

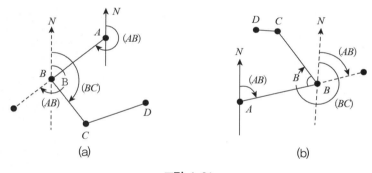

(a)                    (b)

**그림 4-21**

따라서 다음과 같이 말할 수 있다.

즉, 어떤 관측선 $AB$의 방위각$(AB)$에 그 관측선과 다음 관측선 사이의 교각 B를 가한 경우에

① $(AB) + B > 180°$라면 $(AB) + B$에서 $180°$를 뺀 것이 다음 관측선 $BC$의 방위각 $(BC)$가 되며,

② $(AB) + B < 180°$라면 $(AB) + B$에 $180°$를 더한 것이 다음 관측선 $BC$의 방위각 $(BC)$가 된다. 즉,

(어떤 관측선의 방위각)=(하나 앞 관측선의 방위각)+교각+180°

단,

① 진행방향에 대해 우회교각 관측시 : 전관측선의 방위각+180°+그 관측선의 교각
② 진행방향에 대해 좌회교각 관측시 : 전관측선의 방위각+180°-그 관측선의 교각

으로 된다. 단, 방위각의 값으로서 360°보다 큰 값을 얻었을 때는 그 값에서 360°를 감하여 방위각으로 한다.

이와 같은 가), 나)의 양 법칙에 따라 차례로 관측선의 방위각을 계산할 수 있다. 그 밖에 후시방향으로 향하여 우회교각을 (+), 좌회교각을 (-)라 하면 위 법칙은 좌회교각을 관측한 경우에도 적용할 수 있다.

## 2) 편각을 잰 경우

다각형의 편각을 잰 경우에 어떤 변 $AB$ 및 그 다음 변 $BC$의 방위각을 각각 $(AB)$, $(BC)$로 표시하는 한편 편각을 $DB$로 표시하면 그림 4-22에서 표시한 바와 같이

$$(BC) = (AB) + \Delta B$$

가 된다. 즉,

(어떤 관측선의 방위각)=(하나 앞 관측선의 방위각)+(그 관측선의 편각)

으로 된다. 단, 편각은 우편각이 (+), 좌편각이 (-)인 것으로 한다.

그러므로 어떤 관측선 $AB$의 방위각$(AB)$에 B에서의 편각 $DB$를 대수적으로 가하면 다음 관측선 $BC$의 방위각$(BC)$이 됨을 알 수 있다. 방위각의 값으로서 360°보다 큰 것을 얻었을 때는 이것으로부터 360°를 뺀 것, 또한 음수의 값 (-)을 얻었을 때는 이것에 360°를 가한 것을 방위각으로 한다.

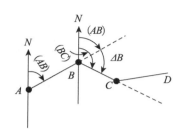

**그림 4-22** 편각과 방위각과의 관계

## (2) 방위의 계산

각 관측선의 방위각이 주어져 있는 경우에 이것을 방위로 고치기 위해서는 다음 관계에 주의할 필요가 있다. 즉, 그림 4-23에서 관측선 $AB$의 방위각 $(AB)$를 방위로 고친다고 하면 표 4-1과 같다.

**그림 4-23** 방위

[표 4-1]

| 관측선 $AB$의 방위각 | 관측선 $AB$의 방위 |
|---|---|
| $0° < (AB) < 90°$ | $N(AB)E$ |
| $90° < (AB) < 180°$ | $S180° - (AB)E$ |
| $180° < (AB) < 270°$ | $S(AB) - 180°W$ |
| $270° < (AB) < 360°$ | $N360° - (AB)W$ |

# 12. 위거 및 경거의 계산

## (1) 위거(latitude)

일정한 자오선에 대한 어떤 관측선의 정사영(正射影)을 그의 위거(緯距)라 하며 관측선이 북쪽으로 향할 때 위거는 (+)로 하고 관측선이 남쪽으로 향할 때 위거는 (−)로 한다.

## (2) 경거(departure)

일정한 동서선에 대한 어떤 관측선의 정사영을 그의 경거(經距)라 하여 관측선이 동쪽으로 향할 때 경거는 (+)로 하고 관측선이 서쪽으로 향할 때 경거는 (−)로 한다.

## (3) 공 식

그림 4-24에서 $OA$, $OB$, $OC$, $OD$의 방위를 각각 $N\theta_1E$, $N\theta_2W$, $S\theta_3W$, $S\theta_4E$라 하고 그 수평거리를 각각 $a_1$, $a_2$, $a_3$, $a_4$라 하며, 그 위거·경거를 각각 $L_1$, $L_2$, $L_3$, $L_4$ 및 $D_1$, $D_2$, $D_3$, $D_4$라 하면 그림 4-24에 의하여 다음 식이 주어진다.

$$L_1 = + a_1\cos\theta_1, \quad D_1 = + a_1\sin\theta_1$$
$$L_2 = + a_2\cos\theta_2, \quad D_2 = - a_2\sin\theta_2$$
$$L_3 = - a_3\cos\theta_3, \quad D_3 = - a_3\sin\theta_3$$
$$L_4 = - a_4\cos\theta_4, \quad D_4 = + a_4\sin\theta_4$$

즉, 위거는 관측선의 수평거리에 방위의 cos을 곱한 것으로, 그 부호는 방위의 앞에 붙어 있는 문자가 $N$일 경우 (+)이며 $S$일 경우 (−)이다. 또한 경거는 관측선의 수평거리에 방위의 sin을 곱한 것으로 그 부호는 방위의 뒤에 붙어 있는 문자가 $E$일 경우 (+)이며 $W$일 경우 (−)이다.

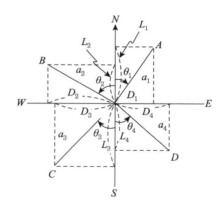

**그림 4-24** 위거 · 경거

## (4) 계 산

### 1) 경위거표(traverse table)

위거·경거의 계산은 경위거표에 의하면 시간과 일을 많이 줄일 수 있다.

경위거표는 0°에서 90°까지의 각 도분에 대한 sin, cos의 1배로부터 10배 내지는 100배까지를 계산하여 표기한 것으로 이것을 사용하면 간단한 기법에 따라 위거·경거가 얻어진다.

### 2) 대수표

일반적으로 삼각함수 및 수의 대수표를 사용하여 위거 및 경거가 계산된다.

### 3) 전자계산기

계산량이 다량일 때는 탁상전자계산기나 컴퓨터를 사용하면 능률적이다.


# 13. 다각형의 폐합오차 및 폐합비

## (1) 폐합오차(error of closure)

### 1) 폐합다각형의 폐합오차

일반적으로 폐다각형 측량에 있어서 방위 또는 각과 변의 길이를 정확히 관측하는 것은 실제적으로 곤란하며 다소의 오차를 포함하는 것이다. 그러므로 계산한 $\sum L$ 및 $\sum D$는 정확히 0이 되지 않는 것이 보통이다. 지금 만약 위거·경거에서의 전 오차를 각각 $E_L$, $E_D$라 하면 이것을 각각 $\sum L$, $\sum D$에 가하여 0이 된다. 즉,

$$\sum L + E_L = 0 \qquad \sum D + E_D = 0$$

이다. 그러므로 다음 식이 얻어진다.

$$E_L = -\sum L, \qquad E_D = -\sum D$$

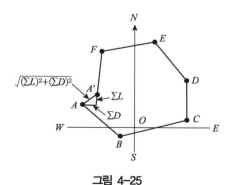

그림 4-25

그리고 길이의 오차는 그림 4-25에서 알 수 있는 바와 같이 $\sum L$, $\sum D$를 두 변으로 하는 직각삼각형의 빗변에 상당하므로,

$$\text{길이의 오차} = \sqrt{(\sum L)^2 + (\sum D)^2} = \sqrt{E_L^2 + E_D^2}$$

이 길이의 오차를 폐합오차라 한다. 그러므로,

$$\text{폐합오차} = \sqrt{(\sum L)^2 + (\sum D)^2} \tag{4-25}$$

## 2) 결합다각형의 폐합오차

$A$점으로부터 $B$점이 결합하는 다각형노선(그림 4-26 참조)에 있어서

$$\alpha_a, \ \alpha_1, \ \alpha_2 : \text{각 관측선의 정방향각}$$
$$S_a, \ S_1, \ S_2 : \text{각 관측선의 길이(다각변의 길이)}$$

기지점 $A$ 및 $B$의 좌표를 $(X_a, \ Y_a)$, $(X_b, \ Y_b)$, 각 점의 좌표값을 $(x_1, \ y_1)$, $(x_2, \ y_2)$, …라면 각 점의 좌표값은 다음의 식으로 계산된다.

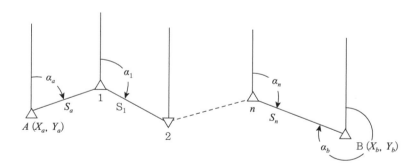

그림 4-26

① $x_1 = X_a + S_a \cos \alpha_a, \ y_1 = Y_a + S_a \sin \alpha_a$

② $x_2 = X_1 + S_1 \cos \alpha_1, \ y_2 = Y_1 + S_1 \sin \alpha_1$

③ $x_3 = X_2 + S_2 \cos \alpha_2, \ y_2 = Y_2 + S_2 \sin \alpha_2$

.........................................

$B$, $x_b = X_n + S_n \cos \alpha_n$, $\qquad$ $y_b = Y_n + S_n \sin \alpha_n$

이 $x_b$, $y_b$는 기지점 $A$의 좌표값에 기준하여 계산된 점 $B$의 좌표값이다. 점 $B$의 기지좌표값과 의 차가 좌표의 폐합오차이다. 즉,

$$x_b - X_b = E_x$$
$$y_b - Y_b = E_y$$

## (2) 폐합비(ratio of closure)

지금 $\sum S$를 폐다각형 각 변의 관측값의 합이라 하면 폐합오차를 $\sum S$로 나눈 것을 폐합비(또는 폐비)라 한다. 즉,

$$폐합비 = \frac{\sqrt{(\sum L)^2 + (\sum D)^2}}{\sum S} \qquad (4-26)$$

이 폐합비는 일반적으로 $1/m$, 즉 분자가 1인 분수의 형태로 표시하고 외업의 양부(겷否)의 판정은 이 폐합비로 판단하며 폐합비가 적은 관측의 결과는 정밀하다고 한다.

## (3) 폐합비와 측량방법과의 관계

다각측량의 폐합비는 측량의 목적, 지형, 사용기계 등에 따라 다른 것으로 소요의 폐합비를 얻기 위한 측량방법은 표 4-2와 같다.

## (4) 폐합비의 허용 범위

다각측량에 있어서 폐합비의 허용 범위는 소요의 정확도, 측량기술 및 지형의 조건에 따라 다르나 일반적인 허용 범위는 다음과 같다.

[표 4-2] 폐합비와 측량방법과의 관계

| 폐합비 | 수평면의 관측 | | | 거리의 관측 | | | |
|---|---|---|---|---|---|---|---|
| | 사용트랜시트 | 최소의 읽기 | 허용제한값 | 사용줄자 | 최소의 읽기 | 정오차의 보정 | 허 용 정확도 |
| 1/1,000 | 1′읽기 망원경 정으로 관측 | 1′ | $1.5′\sqrt{n}$ | 유리자줄자 | 1cm | | 1/2,000 |
| 1/3,000 | 1′읽기 망원경 정반으로 관측 | 1′ | $1′\sqrt{n}$ | 쇠줄자 | 5mm | 특성값 보정 | 1/5,000 |
| 1/5,000 | 20″ 또는 30″ 읽기 망원경 정반으로 관측 | 30″ | $30″\sqrt{n}$ | 쇠줄자 | 1mm | 특성값 보정 온도보정 | 1/10,000 |
| 1/10,000 | 20″ 읽기 망원경 정반으로 관측 | 20″ | $15″\sqrt{n}$ | 쇠줄자 | 1mm | 특성값 보정 온도보정 장력보정 | 1/20,000 |

($n$은 관측점의 수)

시가지나 평탄지 : 1/5,000~1/10,000

낮은 산이나 평야 : 1/1,000~1/3,000

험준한 산이나 시통이 잘 안되는 지역 : 1/300~1/1,000

## (5) 폐합오차의 조정(balance of the error of closure)

폐다각형을 측량하였을 경우에 계산상 $\sum L = 0$, $\sum D = 0$인 관계식이 성립하지 않거나 제도하였을 때에 최초의 점과 최후의 변의 종단(終端)이 일치하지 않는 예가 많다. 이 오차는 각 변의 방위 또는 각과 변의 길이를 관측하였을 때의 오차로 인해 생기는 것이다. 이 오차를 각 변에 적당히 배분하여 다각형을 폐합 및 결합시키는 조정방법의 주된 것으로는 콤파스 법칙(compass rule)과 트랜시트 법칙(transit rule)의 두 종류가 있다.

## 1) 콤파스 법칙

각관측과 거리관측의 정밀도가 동일할 때 실시하는 방법으로 각 관측선길이(다각변의 길이)에 비례하여 폐합오차를 배분한다.

$$위거에 \ 대한 \ 조정량 = \sum l = \frac{-\sum L}{\sum S}S$$

$$\text{경거에 대한 조정량} = \sum d = \frac{-\sum D}{\sum S} S \qquad (4\text{-}27)$$

단, $\sum l$, $\sum d$ : 위거 및 경거의 조정량

$\sum L$, $\sum D$ : 위거 및 경거의 폐합오차

$\sum S$ : 관측선 길이의 총합

$S$ : 어떤 관측선의 길이

이등다각측량에서 이용되는 방법으로 다각점 간의 거리가 같을 경우는 오차를 등분하여서 배분한다.

## 2) 트랜싯 법칙

각관측의 정밀도가 거리관측의 정확도보다 높을 때 조정하는 방법으로, 위거($L$)와 경거($D$) 의 크기에 비례하여 폐합오차를 배분한다.

$$\text{위거에 대한 조정량} = \sum l = \frac{-\sum L}{\sum |L|} \cdot |L_i|$$

$$\text{경거에 대한 조정량} = \sum d = \frac{-\sum D}{\sum |D|} \cdot |D_i| \qquad (4\text{-}28)$$

단, $\sum|L|$, $\sum|D|$ : 위거 및 경거의 절댓값의 총합

$L_i \ D_i \ L$ : 어떤 관측선(觀測線)의 위거 및 경거

## 3) 조정방법의 선정

폐다각형의 조정을 할 경우, 콤파스 법칙과 트랜시트 법칙 중 어떠한 조정법에 의하여야 할 것인가는 각 또는 방위 및 변의 길이가 어느 정도까지 정밀하게 관측되었는가를 판단하고, 만약 이 양자가 대략 같은 정확도로 관측되었다고 인정될 때는 콤파스 법칙의 조정방법을 적용한다. 또한 변의 길이에 비하여 각 또는 방위가 특히 정확하다고 인정될 때는 트랜시트 법칙의 조정방 법에 의하여 한다. 예를 들면 각은 1′ 읽기 트랜시트로 1배각을 관측하고 변의 길이는 30m의 쇠줄자로 1cm까지 재었을 경우 또는 각은 20″ 읽기 트랜시트로 2배각을 관측하고 변의 길이는 50m의 쇠줄자로 5mm까지 잰 경우에는 콤파스 법칙의 조정법에 의하고 또한 각은 20″ 읽기 트랜시트로 배각법으로 정확하게 관측하고 변의 길이는 줄자로 1cm까지 잰 경우에는 트랜시트

법칙으로 조정하는 것이 좋다.

그 밖에 다각측량을 할 경우에 변의 길이와 각관측의 정확도를 동일하게 관측하는 것은 매우 중요한 일이다. 예를 들면 길이 관측오차가 각관측오차에 비교하여 클 때는 어느 정도 각관측을 정밀히 하여도 무의미하게 폐합오차는 길이 관측오차에 좌우되어 정확한 결과를 얻기 어려운 것에 주의해야 한다.

## 14. 좌표의 계산

동서선을 y축, 자오선을 x축으로 하는 직교좌표축에 대한 어떤 관측선 시단(始端)의 좌표와 그 경거·위거를 알면 같은 관측선의 종단(終端)의 좌표를 계산할 수 있다. 단, 점의 횡좌표(abscissa)를 합경거(total departure), 종좌표(ordinate)를 합위거(total latitude)라 할 수 있다. 합위거(x)와 합경거(y)가 음(−)수로 되지 않게 하기 위하여 원점의 좌표에 일정한 값을 더하는 경우가 있다. 우리나라의 경우 지적도상의 좌표는 종축(x)에 500,000m, 횡축(y)에 200,000m를 더하여 38°선상의 4개의 원점(동해, 동부, 중부, 서부)을 정하여 음(−)수가 생기지 않게 했다.

그림 4-27에서 $ABC$, …를 다각형이라 하고 그 제1변 $AB$, 제2변 $BC$, 제3변 $CD$, …, 제$n$변 등의 시단의 좌표를 각각 $(x_1, y_1)$, $(x_2, y_2)$, …, $(x_n, y_n)$으로 하고 제$n$변의 종단의 좌표를 $(x_{n+1}, y_{n+1})$이라 하고 제1변, 제2변, …, 제$n$변의 위거·경거를 각각 $L_1$, $L_2$, $L_3$, …, $L_n$ 및 $D_1$, $D_2$, $D_3$,…, $D_n$이라 하면 다음 식과 같다.

$$x_2 = x_1 + L_1, \qquad y_2 = y_1 + D_1$$
$$x_3 = x_2 + L_2 = x_1 + L_1 + L_2, \qquad y_3 = y_2 + D_2 = y_1 + D_1 + D_2$$

일반식은 다음과 같이 쓸 수 있다.

$$x_{n+1} = x_1 + L_1 + L_2 + \cdots + L_n, \qquad y_{n+1} = y_1 + D_1 + D_2 + \cdots + D_n$$

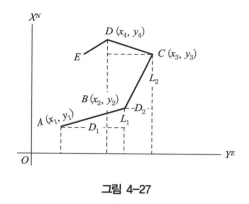

**그림 4-27**

이들의 식은 다각형 각 모서리의 좌표를 계산할 경우에 사용하는 것이다.


## 15. 두 점의 좌표에 의한 관측선의 길이 및 방위계산

두 점의 좌표를 알면 이 두 점을 연결하는 직선의 길이와 방위를 계산할 수가 있다. 그림 4-28에서 $A$, $B$의 좌표를 각각 $(x_1, y_1)$, $(x_2, y_2)$라 하면 직각삼각형 $ABC$로부터

$$AB = \sqrt{(x_2 - x_1)^2 + (y_2 - y_1)^2} \tag{4-29}$$

또한 $AB$의 방위를 $\theta$라 하면,

$$\text{ttan}\,\theta = \left| \frac{y_2 - y_1}{x_2 - x_1} \right| \tag{4-30}$$

그러므로 직선의 길이 및 방위는 식 (4-29), (4-30)에 의하여 구하여진다.

단, 식 (4-29)에 의하면 계산에 불편하므로 먼저 식 (4-30)에 의하여 $\theta$를 구하고 이것을 사용하여 식 (4-31)에서 $AB$를 구하는 것이 좋다.

$$AB = \frac{y_2 - y_1}{\sin\theta} = \frac{x_2 - x_1}{\cos\theta} \tag{4-31}$$

그 외에 식 (4–30)의 분모·분자의 부호는 방위 앞뒤에 있는 문자를 결정하는 데 중요한 것이다. 즉, 만약 식 (4–30)의 분모가 (+)라면 방위의 앞에 붙는 문자를 $N$으로 하고 (–)라면 $S$로 한다. 또한 식 (4–30)의 분자가 (+)라면 방위의 뒤에 붙는 문자를 $E$로 하고 (–)라면 $W$로 한다. 그리고 $\theta$를 계산할 때에는 식 (4–30)의 분모·분자의 부호를 생략하여도 된다.

## 16. 면적계산

어떤 관측선의 중점으로부터 기준선(남북자오선)에 내린 수선의 길이를 횡거(橫距)라 한다. 다각측량에서 면적을 계산할 때 위거와 횡거에 의하는데, 이때 횡거를 그대로 이용하면 계산이 불편하므로 횡거의 2배인 배횡거를 사용한다.

### (1) 배횡거

① 제1관측선의 경우 : 제1관측선의 경거의 길이
② 임의 관측선의 경우 : (하나 앞의 관측선의 배횡거)+(하나 앞의 관측선의 경거)+(그 관측선의 경거)

### (2) 다각형의 면적(A)

$$(A) = \frac{1}{2} \times \sum (\text{배횡거} \times \text{위거}) \tag{4-32}$$

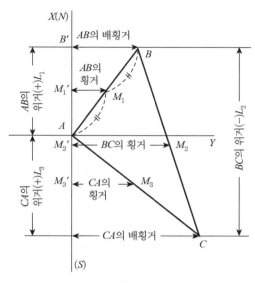

**그림 4-28**

계산된 면적은 부호에 관계없이 절댓값을 이용한다.

다각측량의 결과 얻은 각 관측점의 위치는 일반적으로 합경거·합위거의 값에 따라서 기준으로 한 직교좌표계를 이용하여 도지(圖紙)상에서 구한다. 이것을 점의 전개라 부른다. 이와 같이 각 관측점의 위치를 그 좌표값에 의하여 전개한 것은

① 각 관측점의 위치는 다른 관측점과 전혀 관계가 없으므로, 1개의 점의 오차가 다른 점에 영향을 미치지 않는다.
② 미리 정확히 측량구역의 형이나 크기를 알고 있는 것이 편리하다.
③ 점검방법이 편리하다.
④ 도지의 신축을 용이하게 알 수 있으므로 적절히 보정할 수 있다.

등의 이점이 있다.

관측점을 전개하는 데는 먼저 전관측점이 포함된 사변형의 크기를 합위거·합경거에서 구한다. 이 사변형은 합경거의 가장 큰 관측점과 가장 작은 관측점을 지나는 자오선을 각각 우와 좌변으로 잡고, 합위거의 가장 큰 관측점과 가장 작은 관측점을 지나는 평행권(동서선)을 각각 상과 하변으로 한 직사각형이다(그림 4-29 참조).

도면이 크고, 많은 관측점을 전개해야 할 때에는 전체를 같은 간격의 자오선 및 동서선으로 몇 개의 정방형으로 나누어진다. 그 간격은 100m 또는 1,000m의 정수배로 되고 또 도면상에서

5~10cm 간격으로 하는 것이 좋다. 각 관측점의 위치를 결정하기 위해서는 합위거·합경거의 값을 기준으로 하든가 또는 나누어진 자오선 및 동서선에서 관측한다.

이와 같이 하여 각 점이 결정되면, 각 관측선의 길이가 정확하게 되어 있는지의 여부를 반드시 도상에서 관측하여 점검하는 것이 좋다.

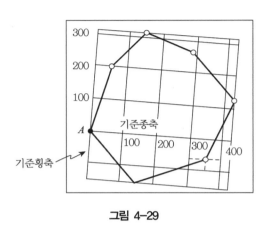

그림 4-29

## 17. 방향각 및 좌표 교차

다각측량에서의 거리관측 및 각관측을 규정에 따라 행하여 각각 제한조건 이내에 있으면 계산결과는 자연히 다각에 기대된 값으로 얻어지게 된다. 같은 노선계산상의 제한조건은 표 4-3과 같은 표준으로 하는 것이 좋다.

[표 4-3] 다각노선계산상의 제한조건

| 구분 | 기준다각노선 | 보조다각노선 |
|---|---|---|
| 방향각 교차 | $10''+15''\sqrt{n}$ | $15''+20''\sqrt{n}$ |
| 좌표 교차 | $20\text{cm}+2.5\sqrt{s}\,\text{cm}$ | $25\text{cm}+3\sqrt{s}\,\text{cm}$ |

## 18. 다각측량의 응용

다각측량은 삼각측량의 대용으로 건설, 농림, 지적 그 밖의 기초공사 및 시공용 지도의 기준점 설치를 위해 널리 이용되고 있다. 다각측량이 삼각측량보다 유리한 일반적인 경우를 들면 다음과 같다.

① 장애물이 많아서 시통이 어려운 지역

시가지나 삼림 내 등에서 삼각측량은 높은 측표나 벌목을 필요로 하여 비경제적이나, 다각측량에는 이러한 점들을 피할 수 있다. 단, 고층건물의 옥상과 전자기파거리측량기에 의한 삼변측량을 할 경우는 별개의 문제이다.

② 선형 또는 대상(帶狀)의 측량지역

도로나 철도의 계획조사, 하천의 개수공사 등의 경우는 삼각측량에서는 가늘고 긴 삼각형을 조합하게 되든지 또는 넓은 면적의 무모한 측량이 되기 쉽지만 다각측량은 효율적으로 할 수 있는 특징을 가지고 있다.

③ 간격 300m 이하 정도의 고밀도로 기준점이 요구되는 경우

지적측량, 사진측량 등에서 표정점 설정작업이다.

## (1) 노선측량에의 응용

노선측량은 도로, 철도 등 좁고 긴 지역에 만들어지는 시설의 계획이나 시공을 위한 측량으로, 그 내용은

① 이미 만들어진 축척지형도에 의한 기본계획
② 예정 노선지역의 대축척지형도(1/5,000~1/2,500)의 작성
③ 노선중심선의 현지설정
④ 시공용의 종횡단면의 측량과 토공량 등의 계산

등이다.

여기에서 대축척지형도의 작성 및 노선중심선의 설정에 쓰이는 기준점을 다각측량으로 설치하는 경우의 일반적인 주의사항은 다음과 같다.

다각노선은 좁고 길기 때문에 기설 국가기준점으로 고정하는 것이 곤란할 때가 많은데, 될 수 있는 한 결합다각형으로 한다. 개다각형은 대단히 짧은 거리 이외에는 피하도록 한다. 또한

실제로는 일어날 수 없다고 생각되나 동일점에서 폐합되는 폐다각형도 좋지 않다.

삼각점이 산꼭대기에 있고 노선이 계곡 밑을 따라서 있는 경우는 그림 4-30에 예시한 것 같이 삼각측량을 병용하여 결합점을 설치하는 것이 필요하다.

그림 4-31은 고속도로 건설계획에서 인터체인지 설치예정지 부근의 측량계획인데, 이와 같은 다각측량과 삼각측량의 병용은 때로는 효과적이며 계산방식이 다소 다를 뿐이므로 각각의 특징을 잘 이용하여 능률적인 작업이 가능하다. 또한 전방 또는 후방교선법에 의한 다각교선점의 설치도 응용하면 좋다.

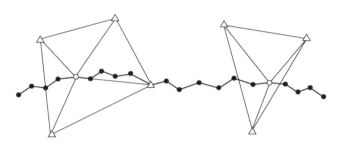

**그림 4-30** 다각노선의 삼각점에의 결합

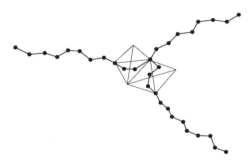

**그림 4-31** 인터체인지 부근의 기준점 측량

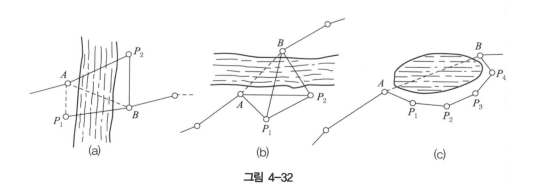

**그림 4-32**

다각노선의 도중에 절점 간의 거리가 내(川)나 논에 의하여 직접 관측이 되지 않는 경우도 가끔 있다. 그림 4-32의 (a), (b), (c)의 각 그림에서 $AB$의 직접관측이 불가능한 경우의 관측예가 도시되었다.

## (2) 터널측량에의 응용

터널의 양 예정갱구를 잇는 중심선의 거리와 방위각을 구할 경우 지형의 악조건 때문에 중심선측량이나 삼각측량이 불가능하면 다각측량에 의한다.

그림 4-33는 그 한 예이다. 중심선 $AB$의 거리 및 방위각 $a$는

$$AB = \{(\sum \Delta x)^2 + (\sum \Delta y)^2\}^{\frac{1}{2}}$$
$$a = \tan^{-1}(\sum \Delta y/\sum \Delta x)$$

로 구해진다. 그림의 좌측과 같이 국가삼각점에 연결하면 좋다. 짧은 터널이라 하면 $AI$방향을 $X$축으로 하는 좌표계에 의해 간단히 $A$, $B$의 상대적인 위치관계를 구할 수 있다. 어느 것으로 해도 단일노선 I만으로는 개다각형에 지나지 않으므로 노선 II를 추가하여 최소한 폐다각형으로 하지 않으면 안 된다. 노선I 및 II에 의한 결과의 차가 요구정확도의 범위이면(예를 들어 1/10,000), I, II가 거의 같은 점수와 거리인 것을 조건으로 양자의 평균값을 써도 좋다.

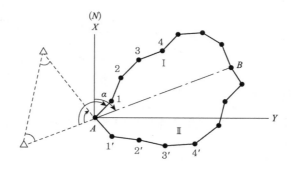

**그림 4-33** 다각에 의한 중심선의 측량

## (3) 지적측량에의 응용

지적용 기준점 및 보조기준점을 다각측량으로 결정한 경우는 지적용 기준다각점이라 한다. 그 측량의 한도는 표 4-4에 나타낸 것과 같다.

[표 4-4] 지적용 기준점 측량의 허용오차

| 구분 | | 수평위치의 오차 | | | | 수직위치의 오차 | |
|---|---|---|---|---|---|---|---|
| | | 좌표의 오차 | 변 길이의 오차합비 | 각의 폐합차 | 거리관측의 오차 | 출합차 (出合差) | 폐합차 (閉合差) |
| 지적용 기준점 | 삼각점 다각점 수준점 | ±10cm ±10cm | 1/10,000 1/5,000 | $20''$ $30\sqrt{n}''$ | 1/10,000 | 30cm 1.5cm/2km | $10\text{cm}+3\sqrt{n}\,\text{cm}$ $1.0\sqrt{S}\,\text{cm}$ |
| 지적용 보조 기준점 | 삼각점 다각점 수준점 | ±20cm ±20cm | 1/7,000 1/3,000 | $40''$ $40\sqrt{n}''$ | 1/5,000 | 45cm 1.5cm/1km | $15\text{cm}+5\sqrt{n}\,\text{cm}$ $1.5\sqrt{S}\,\text{cm}$ |

1) 좌표의 오차라 함은, 기지점(旣知點)에서 산출한 해당점의 좌표값의 평균 제곱근 오차(표준편차를 말함)
2) 각의 폐합차라 함은, 삼각점에 있어서는 삼각형의 폐합차를, 다각점에 있어서는 기지방향(旣知方向)에 대한 방향의 폐합차를 말함
3) $n$은 다각노선의 변수(邊數), S는 고저측량 노선의 전체 길이를 km 단위로 표시한 수

[표 4-5] 지적용 도근 다각측량에 있어서 관측값의 허용오차

| 구분 | | 정확도 구분 | 갑 1 | 갑 2~을 3 | |
|---|---|---|---|---|---|
| | | | | (가) | (나) |
| 수 평 각 | 방향각법 | 대횟수(對回數) | 2 | 2 | 2 |
| | | 관측차 | $45''$ | $60''$ | ⋯ |
| | | 교차(較差) | ⋯ | ⋯ | $60''$ |
| | | 배각차(倍角差) | $60''$ | $120''$ | ⋯ |
| | 배각법 | 배각차(倍角差) | 2 | 2 | ⋯ |
| | | 정반(正反)의 관측값의 차 | $60''$ | $120''$ | ⋯ |
| 연직각(鉛直角) | | 대횟수(對回數) | 1 | 1 | 1 |
| | | 정수차(定數差) | $60''$ | $60''$ | $60''$ |
| | | 동일 구간에 대한 전후 시차 | $90''$ | $90''$ | $90''$ |

[비고] 정확도 구분 갑 2~을 3란 중 (나)는 다음의 각 호에 게재한 지적용(地籍用) 도근 다각측량을 말하고, (가)는 (나) 이외의 지적용 도근 다각측량을 말한다.
(1) 그 노선이 갑 2 이하의 정확도 구분에 속하는 2차 노선이고, 그 노선에 3차 노선의 출발점 또는 폐합점(閉合點)을 포함하지 않는 지적용 도근 다각측량
(2) 그 노선이 갑 2 이하의 정확도 구분에 속하는 2차 노선인 지적용 도근 다각측량

**[표 4-6]** 지적용 도근 다각측량에 있어서 계산값의 허용오차

| 정확도 구분 | 계산 단위 | | | | 계산값의 허용요차 | | | |
|---|---|---|---|---|---|---|---|---|
| | 각값 | 변의 길이 | | 좌표값 및 표고값 | 방향각의 폐합차 | 좌표의 폐합차 | 표고의 폐합차 | |
| | | 진수 | 대수 | | | | 직접법 | 간접법 |
| 갑1 | 10″ | cm | 5 | cm | $30″\sqrt{n}+10″$ | $0.005\text{m}\sqrt{S}+0.05\text{m}$ | cm　　cm $15+30$ $\sqrt{\dfrac{S}{1000}}$ | cm　　cm $15+30$ $\sqrt{N}$ |
| 갑2 | 〃 | 〃 | 〃 | 〃 | $45″\sqrt{n}+20″$ | $0.01\text{m}\sqrt{S}+0.10\text{m}$ | | |
| 갑3 | 〃 | 〃 | 〃 | 〃 | $60″\sqrt{n}+30″$ | $0.02\text{m}\sqrt{S}+0.20\text{m}$ | | |
| 을1 | 〃 | 〃 | 〃 | 〃 | $90″\sqrt{n}+30″$ | $0.03\text{m}\sqrt{S}+0.20\text{m}$ | | |
| 을2 | 〃 | 10cm | 〃 | 10cm | $90″\sqrt{n}+45″$ | $0.04\text{m}\sqrt{S}+0.20\text{m}$ | | |
| 을3 | 〃 | 〃 | 〃 | 〃 | $120″\sqrt{n}+45″$ | $0.06\text{m}\sqrt{S}+0.02\text{m}$ | | |

[주] $n$ : 관측점수, $N$ : 변수, $S$ : 전길이 [m]

지적도용 도근점을 다각측량으로 결정할 때 이것을 지적용 도근다각측량이라고 한다. 이 다각측량은 국가삼각점, 지적의 기준점(삼각점 또는 다각점), 지적용 도근삼각점(다각점은 사용할 수 없다)을 기지점으로 한다.

다각노선의 차수는 3차까지로 된다. 1차노선은 도근삼각점 또는 2등다각점 이상을 기지점으로 하는 노선으로 그 연장은 1.5km 이내를 표준으로 한다.

2차노선은 1차의 다각점 이상을 기지점으로 하고, 3차노선은 2차의 다각점 이상을 기지점으로 하는 노선이고 또한 그 연장은 1km 이내를 표준으로 한다.

지적용 도근다각측량에서 관측값의 제한조건을 표 4-5에, 계산의 단위 및 계산값의 제한조건은 표 4-6과 같다. 실제의 작업에 있어서는 작업규정준칙에 따라야만 한다.

## (4) 삼림측량에의 응용

삼림측량에 필요한 제1차 도근주점(圖根主點) 및 제2차 도근주점을 다각측량으로 구하는 경우는 다음 기준에 따른다. 제1차 주점(主點)은 국가삼각점을 주어진 점으로 하는 1관측계 10점을 한도로 결합다각측량으로 결정한다.

[표 4-7] 다각측량에 산림 도근점의 관측과 공차(公差)

| 도근점의 종류 | | | 제1차 및 제2차 주점 | 제1차 및 제2차 주점 |
|---|---|---|---|---|
| 수평각 | 관측대 횟수 | | 2 | 2 |
| | 공차 | 정반의 교차 | 50″ | 50″ |
| | | 각대회의 교차 | 30″ | 30″ |
| | | 관측차 | 45″ | 45″ |
| | | 배각차 | 60″ | 60″ |
| | | 각규약에 대한 교차 | $30″\sqrt{n}$ | $40″\sqrt{n}$ |
| | | 기정각에 대한 교차 | $30″\sqrt{n}$ | $40″\sqrt{n}$ |
| 수직각 | 관측대 횟수 | | 1 | 1 |
| | 공차 | 상수차 | 60″ | 60″ |
| 거리 | 관측 횟수 | | 2 | 2 |
| | 공차 | 읽음값의 차 | 1cm | 1cm |
| 종횡선 계산 | 공차 | 폐합비(閉合比) | 1/3000 | 1/2000 |
| 고저 계산 | 공차 | 폐합오차(閉合誤差) | $10\sqrt{n}$ cm | $10\sqrt{n}$ cm |

$n$ : 관측점수

# 05 삼각측량

## 1. 개 요

삼각측량(三角測量, triangulation)은 다각측량, 지형측량, 지적측량 등 기타 각종 측량에서 골격이 되는 기준점인 삼각점(triangulation station)의 위치를 삼각법으로 정밀하게 결정하기 위하여 실시하는 측량방법으로 높은 정확도를 기대할 수 있다. 삼각측량을 측량구역의 넓이에 따라 두 가지로 크게 나누면 대지삼각측량(또는 측지삼각측량, geodetic triangulation)과 소지삼각측량(또는 평면삼각측량, plane triangulation)이 있다. 전자는 삼각점의 위도, 경도 및 표고를 구하여 지구상의 지리적 위치를 결정하는 동시에 나아가서는 지구의 크기 및 형상까지도 결정하려는 것으로서 그 규모도 크고, 계산을 할 때 지구의 곡률을 고려하여 정확한 결과를 구하려는 것이다. 후자는 지구의 표면을 평면으로 간주하고 실시하는 측량이며 취급할 수 있는 범위, 예를 들면 100만분의 1의 정확도를 바라는 경우에는 반지름 11km의 범위를 평면으로 간주하는 삼각측량이다.

삼각측량에서 출발점을 측지원점이라 하며, 출발점의 경도, 위도, 방위각, 지오이드 높이 및 기준(또는 준거), 지구타원체의 요소를 측지원점요소(測地原點要素 또는 測地原子)라 한다.

## 2. 삼각측량의 일반사항

### (1) 수평위치

한 지점의 수평위치(또는 평면위치)를 결정하려면 방향과 거리를 알면 된다.

거리를 줄자 등으로 잴 수 있는 곳은 삼각측량이 불필요하나 거리가 멀거나 또는 산이나 강 등의 장애가 있어서 잴 수 없는 경우에는 삼각측량의 방법이 쓰인다. 그림 5-1에서 $B$점을 기준으로 하여 $A$점의 위치를 구하려 할 경우 먼저 $B$점의 옆에 적당한 지점 $C$를 선정한다. 이 선정의 조건으로서는 $BC$의 거리가 관측될 것과 $C$에서 $B$ 및 $A$가 보여야 한다. $C$점이 결정되면 $BC$간의 거리 $a$를 정확히 관측한다. 이 거리는 삼각측량의 기준변이 되는 것으로 이것을 기선(基線)이라 하고 기선을 관측하는 작업을 기선측량이라 한다. 다음에 점 $B$, $C$에서 트랜시트를 사용하여 $\angle ABC$ 및 $\angle BCA$를 관측한다. 그렇게 하면 수평각 $\angle A'BC$, $\angle BCA'$를 얻을 수 있다(이 그림의 경우 $B$와 $C$는 대체로 평지에 있는 것으로 가정한다). 따라서 삼각형의 내각의 합은 $180°$이므로,

$$\angle BCA' = 180° - (\angle A'BC + \angle BCA')$$

즉, 1변과 3각을 알므로 수학의 삼각법에 있어서(sine 법칙)

$$\frac{a}{\sin A'} = \frac{b}{\sin B} = \frac{c}{\sin C}$$

를 이용하여 다음 식으로부터 $b$ 및 $c$를 구할 수 있다.

$$b = \frac{a \sin B}{\sin A'} \ , \ c = \frac{a \sin C}{\sin A'}$$

여기에서는 $\angle BA'C$를 직접 구하지 않고 간접적으로 구했다.

이론적으로는 간접적으로 구하는 것도 좋으나 측량에서는 $\angle BA'C$도 직접 관측하는 것이 바람직하다.

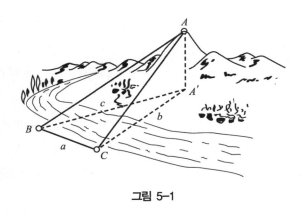

그림 5-1

## (2) 수직위치

삼각점의 수직위치(또는 표고, 높이)는 직접고저측량 또는 간접고저측량(삼각고저측량)으로 구한다. 삼각점에서 비교적 가까운 곳에 고저기준점(또는 수준점)이 있고 또 삼각점이 평지 또는 낮은 산 등 직접 고저측량이 용이한 곳에 있으면 직접고저측량에 의하여 그 수직위치를 구하지만 그렇지 않을 때는 간접고저측량에 의한다.

## (3) 삼각점

국토교통부 국토지리정보원이 실시한 측량을 기본측량이라 말하고 이것에 의하여 설치된 삼각점, 다각점, 고저기준점(또는 수준점) 등을 국가기준점이라 말한다.

삼각점은 각관측정밀도에 의하여 일등삼각점, 이등삼각점, 삼등삼각점, 사등삼각점의 4등급으로 나누어진다(그림 5-2 참조).

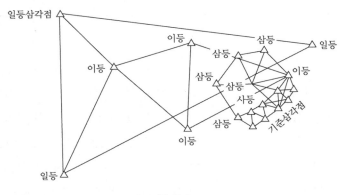

그림 5-2

이 삼각점들은 경위도 원점(經緯度原點)을 기준으로 경위도를 정하고 수준원점(또는 고저 기준원점)을 기준으로 하여 그 표고를 정한다. 표 5-1은 삼각점의 정확도를 나타내고, 축척 1/50,000 정도의 지형도를 작성할 때는 3등 삼각점, 축척 1/10,000 정도에서는 4등 삼각점의 설치가 필요하게 된다.

그 외의 1등, 3등 삼각점 및 4등 삼각점 또는 기설(既設)의 기준 삼각점에서 실시한 삼각측량을 기준 삼각측량, 이에 의하여 얻은 점을 기준 삼각점이라 말한다. 또 기준 삼각점으로도 정확도가 낮은 경우에는 보조 삼각측량을 하여 보조 삼각점을 구한다. 기준 삼각점 및 보조 삼각점의 점간 거리는 각각 약 1.5km, 0.7km를 표준으로 한다.

[표 5-1] 삼각점의 정확도

| 구분 | | 대삼각 | | 소삼각 | |
|---|---|---|---|---|---|
| | | 1등 | 2등 | 3등 | 4등 |
| 평균변의 길이 | | 30km | 10km | 5km | 2.5km |
| 교각(交角) | | 약 60° | 30~120° | 25~130° | 15° 이상 |
| 최소읽음값 | | 0.1″ | 0.1″ | 1″ | 1″ |
| 관측법 | | 각관측 | 〃 | 〃 | 〃 |
| 수평각의 제한 | 대횟수 | 12 | 12 | 3 | 2 |
| | 배각차 | | | 15″ | 20″ |
| | 관측차 | 1.5″ | 2.0″ | 8″ | 10″ |
| | 삼각형의 폐합차 | 1.0″ | 5.0″ | 15.0″ | 20.0″ |
| 조정법 | | 조건식에의한 망조정 | 좌표조정 (3차까지) | 좌표조정 (6차까지) | 간략좌표 조정(5차) |
| 변길이의 계산단위 | | 대수 8자리 | 대수 7자리 | 대수 6자리 | 대수 6자리 |
| 각의 계산단위 | | 0.001″ | 0.01″ | 0.1″ | 1.0″ |
| 수평각의 평균 제곱근 오차 | | 1방향±0.5″ | 〃 ±1.0″ | 〃 ±2.0″ | 수평위치 ±5cm |

## (4) 삼각망

삼각망은 지역 전체를 고른 밀도로 덮는 삼각형이며 광범위한 지역의 측량에 사용된다.

삼각망을 구성하는 삼각형은 가능한 한 정삼각형에 가까운 것이 바람직하나 지형 및 기타 등으로 이 조건을 만족하기 어려우므로 1각의 크기를 25~130°의 범위로 취하는 것이 일반적인 기준이다. 이것은 각이 지니는 오차가 변에 미치는 영향을 작게 하기 위한 것이다.

각관측의 정밀도는 각 자체의 대소에는 관계없으나 변의 길이 계산에서는 sin 법칙을 사용하므로 sin 5°로부터 90°까지의 변화를 대수표에서 조사해보면 각도 1″의 변화에 대하여 대수

6자리에서의 변화는 다음과 같다.

| sin | 5° | 10° | 15° | 20° | 25° | 30° | 40° | 50° | 60° | 70° | 80° | 90° |
|---|---|---|---|---|---|---|---|---|---|---|---|---|
| 1″의 표차 | 24 | 12 | 7.9 | 5.8 | 4.5 | 3.6 | 2.6 | 1.8 | 1.2 | 0.7 | 0.4 | 0 |

sin 10°와 sin 80°를 비교하면 약 30배의 영향을 미친다. 따라서 각관측오차가 같은 경우 이 오차가 변길이에 미치는 영향은 각이 작을수록 큰 것을 알 수 있다. 변길이 계산에 기초가 되는 기선은 하나의 삼각망에서 하나만 있으면 되나 넓은 지역인 경우 그 삼각망의 최후변에 있어서 각관측오차로부터 생기는 변길이 오차가 누적되어 실제 길이와 큰 차이가 생긴다. 이것을 조정하기 위하여 적당한 위치에 또 하나의 기선을 설치한다. 이것을 검기선(점검기선)이라 한다.

기선은 삼각망에서 한 변을 취할 수 있으면 좋으나, 일반적으로 지형 및 기타의 상황에 의하여 삼각망의 한 변을 취하는 것은 곤란하므로 적당한 길이의 기선을 별개로 설치해 이것을 그 삼각망에 연결한다. 이를 위해 그림 5-3과 같이 실제 관측한 기선길이를 차례로 확대하여 바라는 길이로 하기 위하여 소삼각형의 조합을 기준으로 한 기선삼각망을 설치한다. 1회의 확대는 기선 길이의 3~4배로 하고, 또 확대의 횟수도 2회 정도까지로 한정하고 최종 확대 변은 기선길이의 10배 이내로 하는 것이 바람직하다.

삼각망의 종별은 그림 5-4에 나타난 바와 같이 (a) 단열삼각망, (b) 유심다각망, (c) 사변형망 등이 있으며 이들의 특징은 다음과 같다.

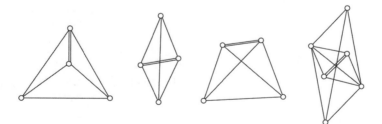

그림 5-3

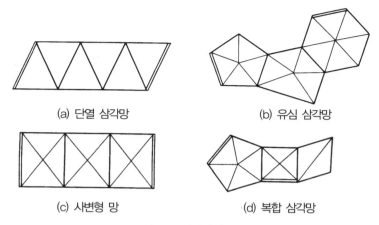

(a) 단열 삼각망　　　　　　(b) 유심 삼각망

(c) 사변형 망　　　　　　　(d) 복합 삼각망

**그림 5-4** 삼각망의 종류

### 1) 단열삼각망

　① 폭이 좁고 거리가 먼 지역에 적합하다. 하천측량, 노선측량, 터널측량 등에 이용된다.

　② 거리에 비하여 관측수가 적으므로 측량이 신속하고 측량비가 적게 드나 조건식이 적기 때문에 정확도가 낮다.

### 2) 유심다각망(육각형, 중심형)

　① 방대한 지역의 측량에 적합(농지측량)하다.

　② 동일관측점수에 비하여 포함면적이 가장 넓다.

　③ 정확도는 단열삼각형보다 높으나 사변형보다 낮다.

### 3) 사변형망

　① 조건식의 수가 가장 많아 정확도가 가장 높다.

　② 조정이 복잡하고 포함면적이 적으며 시간과 비용을 많이 요하는 것이 결점이다.

## (5) 삼각측량의 특징

　① 삼각측량은 삼각점 간의 거리를 비교적 길게 취할 수 있고, 또 한 점의 위치를 정확하게 결정할 수 있으므로 넓은 지역에 똑같은 정확도의 기준점을 배치하는 것이 편리하다. 우리나라의 1등삼각측량은 변의 평균 길이가 30km 정도이다.

　② 삼각측량은 넓은 면적의 측량에 적합하다.

③ 삼각점은 서로 시통이 잘 되어야 하고, 또 후속 측량에 이용되므로 일반적으로 전망이 좋은 곳에 설치한다. 따라서 삼각측량은 산지 등 기복이 많은 곳에 알맞고, 평야지역과 삼림지대 등에서는 시통을 위하여 많은 벌목과 높은 관측표 등을 필요로 하므로 작업이 곤란하다.

④ 조건식이 많아 계산 및 조정방법이 복잡하다.

⑤ 각 단계에서 정확도를 점검할 수 있다. 즉, 삼각형의 폐합차, 좌표 및 표고의 계산결과로부터 측량의 양부를 조사할 수 있다.

## 3. 삼각망의 관측

① 삼각측량은 삼각점간의 거리를 비교적 길게 취할 수 있고, 또 한 점의 위치를 정확하게 결정할 수 있으므로 넓은 지역에 똑같은 정확도의 기준점을 배치하는 것이 편리하다. 우리나라의 일등삼각측량은 변의 평균 길이가 30km 정도이다.

② 삼각측량은 넓은 면적의 측량에 적합하다.

③ 삼각점은 서로 시통이 잘 되어야 하고, 또 후속 측량에 이용되므로 일반적으로 전망이 좋은 곳에 설치한다. 따라서 삼각측량은 산지 등 기복이 많은 곳에 알맞고, 평야지역과 삼림지대 등에서는 시통을 위하여 많은 벌목과 높은 측표 등을 필요로 하므로 작업이 곤란하다.

④ 조건식이 많아 계산 및 조정방법이 복잡하다.

⑤ 각 단계에서 정확도를 점검할 수 있다. 즉, 삼각형의 폐합차, 좌표 및 표고의 계산결과로부터 측량의 양부를 조사할 수 있다.

### (1) 각관측

각관측의 일반사항은 3장에서 설명하였으므로 여기서는 편심관측만 설명한다.

삼각측량에서 삼각점의 표석, 관측표 및 기계의 중심이 연직선으로 일치되어 있는 것이 이상적이나 현지의 상황에 따라 이들 3자가 일치될 수 없는 조건하에서 부득이 측량하여야 할 때에는 편심시켜서 관측을 하여야 하며 이것을 편심(또는 귀심)관측이라 한다.

## 1) 편심의 관측

삼각점의 표석중심을 C, 관측표를 B, 관측표중심을 P라 할 때 이것들을 동일연직선 내에 있게 하여 각관측을 하는 것이 원칙이다. 그러나 높은 관측표를 건설할 것을 절약하고 벌채를 하지 않고 또 관측표의 설치당시에는 P=C이나 시일의 경과에 따라 P≠C의 상태로 되어 많은 편심이 일어난다. 특히 시가지에는 빌딩의 건설로 그 옥상에 기계를 고정하여 각관측을 하는 등의 필요성이 생긴다. 이와 같이 하여 C=B에서 관측하고 P≠C의 관측표를 건설한 경우에는 B 및 P의 C에 대한 편심량 $e$를 관측하고 B=C=P의 조건에 의하여 각관측값을 구하기 위하여 조정계산을 한다. 이것을 편심조정의 계산이라 말한다. 또한 편심조정의 계산을 편심계산 혹은 귀심(歸心)계산이라고도 말한다. 계산에 필요한 편심거리 $e$와 편심각 $\varphi$를 편심요소라 말하며 편심의 종류는 다음과 같다.

① (B=P)≠C의 경우

그림 5-5(b) 및 그림 5-6(a)에서 나타낸 바와 같이 표석의 위치에 고정시킬 수 없으므로 $e$만큼 떨어진 지점에 관측표를 세워 관측한다. 예를 들면, 도근점을 설치함으로써 선점, 조표, 관측 후 매석을 할 단계에서 표석의 보존상 모두 교체하는 경우이다.

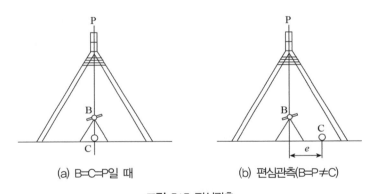

(a) B=C=P일 때          (b) 편심관측(B=P≠C)

**그림 5-5** 편심관측

② (B=C)≠P의 경우

그림 5-6(b)에서 나타낸 바와 같이 관측표의 설치가 정확하게 되며 관측표가 오래된 경우에 생기는 예가 있다. 일반적으로 편심량이 작고 편심관측 중에서 제일 많다.

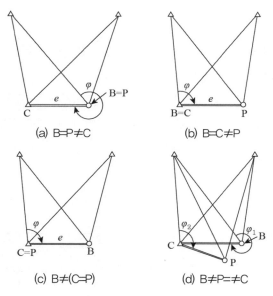

(a) B=P≠C  (b) B=C≠P

(c) B≠(C=P)  (d) B≠P=≠C

**그림 5-6** 편심의 종류

③ B≠(C=P)의 경우

말뚝의 삼각점을 시준할 때 이 하나의 시준이 불가능하며 이 경우의 편심관측으로 도시하면 그림 5-6(c)과 같다. 그러나 일반적으로 이와 같은 경우는 거의 없다.

④ B≠C≠P의 경우

관측점, 표석중심, 관측표 중심이 흩어지는 경우가 있고 그림 5-6(d)와 같다. 이 경우 1관측점에서 2개의 편심조정을 할 필요가 있다. 상기의 편심관측에 따르는 편심조정량 $x$의 부호를 표시하면 표 5-2와 같다.

**[표 5-2]** 편심관측과 조정량 $x$의 부호

| 편심 | $B$에서 관측한 경우 | $C$에서 관측한 경우 | $P$에서 관측한 경우 |
|---|---|---|---|
| (B=P)≠C | 정방향 $+x$<br>반방향 $+x$ | 정방향 $-x$<br>반방향 $-x$ | 정방향 $+x$<br>반방향 $+x$ |
| (B=C)≠P | 반방향 $-x$ | 반방향 $-x$ | 반방향 $+x$ |
| B≠(C=P) | 정방향 $+x$ | 정방향 $-x$ | 정방향 $-x$ |
| B≠C≠P | 정방향 $+x$<br>(C≠P의 조정) | 정방향 $-x$<br>(B≠C의 조정)<br>반방향 $-x$<br>(C≠P의 조정) | 반방향 $+x$<br>(C≠B의 조정) |

## 2) 편심요소의 관측

편심요소는 전술한 바와 같이 편심조정계산에 필요한 편심거리 $e$ 및 편심각 $\varphi$이다.

편심거리는 관측점과 표석중심간의 거리로서 mm까지 관측한다. 쇠줄자를 사용한 경우는 왕복 관측을 하지 않고 필요에 따라 자(척)의 상수, 온도, 경사 또는 표고의 각 조정계산을 한다. 편심각의 관측은 편심거리에 따라 30′단위에서 1″단위까지 5단계로 구분하여 실시한다. 각각의 단계에서 분도기, 트랜시트, 데오돌라이트를 사용한다. 편심거리에 따른 편심요소의 관측기준은 표 5-3과 같다.

**[표 5-3]** 편심거리에 따른 편심요소의 관측기준

| 등급 | s/e | e | 편심각 | | 편심거리 | 관측방법 | 관측단위 |
| | | | 관측방법 | 각의 단위 | | | |
|---|---|---|---|---|---|---|---|
| 1·2급기준점측량 | 3,600 이상 | 10cm 미만 | 분도기에 의함 | 30′ | 30cm 미만 | 자에 의함 (mm 자) | mm |
| | | 10cm 이상 | sehnen 표 또는 삼각함수에 의함 | | | | |
| | 600 이상 | 3m 미만 | | 10′ | 25m 이하 | 쇠줄자에 의함 | |
| | | 2m 이상 | | | | | |
| | 60 이상 | | 트랜시트에 의한 2대회 | 1′ | 25m 이상 | 쇠줄자 또는 광파거리측량기에 의함 | |
| | 10 이상 | | | 10″ | | | |
| | 6 이상 | | | 1″ | | | |
| 3·4급기준점측량 | 3,600 이상 | | 분도기에 의함 | 1° | 30cm 미만 | 자에 의함(mm 자) | mm |
| | 1,800 이상 | | | 30′ | 25m 이하 | 쇠줄자에 의함 | |
| | 300 이상 | | sehnen 표 또는 삼각함수에 의함 | 10′ | 25m 이상 | 쇠줄자 또는 광파거리측량기에 의함 | |
| | 60 이상 | | 트랜시트에 의함 | 1′ | | | |
| | 10 이상 | | | 10″ | | | |

*편심거리 1cm 미만은 계산 생략

## (2) 기선관측

삼각측량을 하려면 우선 기선을 정하고 기선을 확대하여 삼각망을 구성하여야 한다. 기선의 관측방법에 대해서는 앞의 거리관측에서 다루었으므로 여기서는 생략한다.

## 4. 조정계산

삼각측량의 각 삼각점에 있어 모든 각의 관측은 다음 세 조건이 만족되어야 한다.

① 하나의 관측점 주위에 있는 모든 각의 합은 360°가 될 것
② 삼각망 중에서 임의 한 변의 길이는 계산의 순서에 관계없이 동일할 것
③ 삼각망 중 각각 삼각형 내각의 합은 180°가 될 것($n$각형 내각의 합은 $(n-2) \times 180°$가 된다)

①을 점조건식, ②를 변조건식, ③을 각조건식이라 한다. 그러나 신중히 관측하여도 항상 오차가 포함되어 이 조건이 만족되지 않으므로 위의 조건이 만족되도록 모든 관측각을 조정한다. 이 조정에 필요한 계산을 조정계산 또는 평균계산이라 말한다. 만약 관측값의 오차가 제한값 이상일 경우는 다시 관측한다.

### (1) 조정에 필요한 조건

조정에 필요한 조건에는 관측점조건과 도형조건이 있다.

### 1) 관측점조건

한 관측점의 둘레 각의 합은 360°가 되어야 한다는 조건이다. 이것은 임의의 1관측점을 공통으로 하는 각각의 각 사이의 성립하는 기하학적 조건이다.

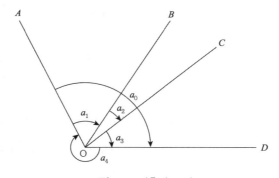

**그림 5-7** 관측점 조건

그림 5-7에 있어서 다음 식이 성립된다.

$$\alpha_0 = \alpha_1 + \alpha_2 + \alpha_3$$
$$360° = \alpha_1 + \alpha_2 + \alpha_3 + \alpha_4$$

## 2) 도형조건

삼각망의 도형이 폐합하는 까닭에 삼각형의 내각의 합은 180°라는 각조건과, 삼각망 중의 임의의 한 변의 길이는 계산의 순서에 관계없이 어느 변에서 계산하여도 같다는 변조건이 성립한다. 이 조건에 의한 식을 각조건식〈그림 5-8〉, 변조건식〈그림 5-9〉라 한다. 각조건식을 표시하면,

$$\alpha + \beta + \gamma = 180°$$

이다.

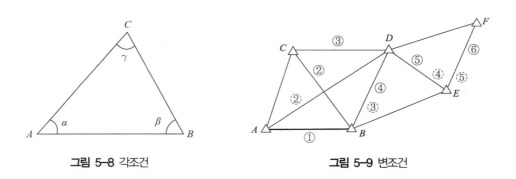

그림 5-8 각조건             그림 5-9 변조건

## 3) 조정에 필요한 조건식수

① 조건식의 총수

그림 5-8에 표시한 것처럼 1개의 기선 $AB$를 이용하여 1점 $C$의 위치를 정하는 데는 2각 $\alpha$, $\beta$를 관측할 필요가 있다. 또 나머지의 각 $\gamma$를 관측하면 $\alpha + \beta + \gamma = 180°$인 조건식이 만들어진다.

따라서 삼각점의 총수를 $p$, 관측각수를 $a$라 하면, $a - 2(p-2)$는 나머지에서 관측한 각수,

곧 조건식의 총수가 된다.

그런데 그림 5-10처럼 검기선 $EF$를 관측하면, 점 $F$는 각 $\gamma_4$를 관측하면 결정된다. 따라서 각 $\alpha_4$는 나머지(여분)관측각, 곧 조건식을 1개 증가시키는 경우의 관측각이 된다.

여기서, 기선 및 검기선의 수를 $B$라 하면, 검기선의 수($B-1$)만큼 $a-2(p-2)$보다 조건식 수가 많아진다.

이 결과 조건식의 수 $K_1$은 일반적으로 식 (5-1)처럼 표시한다.

$$K_1 = a - 2(p-2) + (B-1) = a - 2p + 3 + B \qquad (5-1)$$

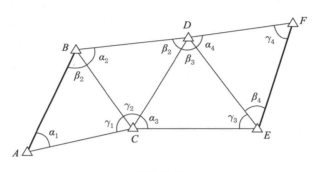

그림 5-10

② 각조건식의 수

그림 5-11에서 $CE$, $DE$처럼 편측각을 관측한 관측선 그리고 편측 관측변의 수를 $l'$, 삼각망의 변 수를 $l$이라 하면, 양측 관측변의 수는 $l-l'$이다.

또 $p$개의 삼각점에서 임의의 1개의 삼각점에 모든 삼각점을 결합시키면, 그 변수는 ($p-1$)이 된다. 또 1개의 변이 조합되는 경우에 1개의 삼각형이 만들어지고, 각 조건이 1개씩 증가하게 된다. 이 결과 각조건식 수 $K_2$는 다음 식으로 표시된다.

$$K_2 = l - l' - (p-1) = l - l' - p + 1$$

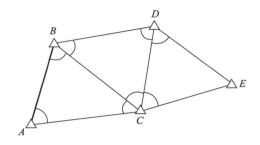

**그림 5-11** 각조건식의 수

③ 변조건식의 수

기선의 양단 2점을 제외한 모든 삼각점 $(p-2)$개는 모두 1점이 2개의 변으로 그 위치가 결정되므로 모두 삼각점에 있어서는 $2(p-2)$의 변 수가 필요하다.

여기에서, 기선 및 검기선 수를 $B$라 하면 $(B-1)$의 조건식이 더하여져서 변조건식의 수 $K_3$는 다음 식으로 표시된다.

$$K_3 = l - \{2(p-2)+1\} + (B-1) = l - 2p + 2 + B$$

④ 관측점 조건식의 수

관측점 조건식의 수 $K_4$는 조건식의 총수 $K_1$에서, 각조건식의 수 $K_2$, 변조건식의 수 $K_3$를 빼면 구해진다. 따라서

$$K_4 = K_1 - (K_2 + K_3) = a + p - 2l + l'$$

## (2) 단삼각형의 조정과 변길이 계산

### 1) 단삼각형의 조정

독립된 하나의 삼각형을 단삼각형이라 말한다. 그림 5-12에 있어서 관측각을 $\alpha$, $\beta$, $\gamma$, 조정량을 $v_1$, $v_2$, $v_3$, 조정각을 $\alpha'$, $\beta'$, $\gamma'$, 기선을 $S_c$라 하면 다음의 각조건식이 성립된다.

$$(\alpha + v_1) + (\beta + v_2) + (\gamma + v_3) = 180°$$

여기서 폐합오차를 $\varepsilon$이라 하면,

$$(\alpha + \beta + \gamma) - 180° = -(v_1 + v_2 + v_3) = \varepsilon$$

각 각이 같은 정밀도로 관측된다고 하면 최소제곱법에 의하여

$$v_1 = v_2 = v_3$$

로 된다. 그러므로,

$$v_1 = v_2 = v_3 = -\frac{\varepsilon}{3}$$

이 결과 동조정각 $\alpha'$, $\beta'$, $\gamma'$는 다음 식으로 된다.

$$\alpha' = \alpha \mp \frac{\varepsilon}{3}$$
$$\beta' = \beta \mp \frac{\varepsilon}{3} \qquad\qquad (5-2)$$
$$\gamma' = \gamma \mp \frac{\varepsilon}{3}$$

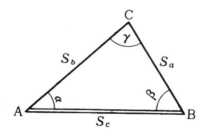

**그림 5-12** 단삼각형

## 2) 변 길이의 계산

조정내각 $\alpha'$, $\beta'$, $\gamma'$와 기선길이 $S_c$에서 다른 2변 $S_a$, $S_b$를 sine 법칙에 의하여 구한다.

$$\left. \begin{array}{l} S_a = \dfrac{\sin\alpha'}{\sin\gamma'} S_c \\[3mm] S_b = \dfrac{\sin\beta'}{\sin\gamma'} S_c \end{array} \right\} \qquad\qquad (5-2)$$

## (3) 사변형의 조정계산

그림 5-13에서 기선 $AB$와 8개의 내각을 관측한 경우의 조정법에는 엄밀법과 근사법이 있다. 엄밀법은 각조건과 변조건을 동시에 고려한 방법이고, 근사법은 각조건에 의하여 조정한 후, 변조건조정을 하는 조정법이다.

최근 컴퓨터의 발달로 근사법은 잘 사용하지 않으므로 엄밀법에 관하여 기술한다.

$$조건식의\ 총수 = a - 2p + 3 + B = 8 - 2 \times 4 + 3 + 1 = 4$$
$$각조건식의\ 수 = l - p + 1 = 6 - 4 + 1 = 3$$
$$변조건식의\ 수 = l - 2p + 2 + B = 6 - 2 \times 4 + 2 + 1 = 1$$

## 1) 엄밀법에 의한 조정

그림 5-13에서 각 각의 조정량을 $v_1$, $v_2$, $\cdots$, $v_g$라 하면,

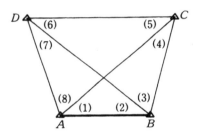

**그림 5-13** 사변형의 조정

$$\{(1) + v_1\} + \{(2) + v_2\} + \{(3) + v_3\} + ... + \{(8) + v_8\} = 360° \qquad (5\text{-}4\text{a})$$
$$\{(1) + v_1\} + \{(2) + v_2\} = \{(5) + v_5\} + \{(6) + v_6\}$$
$$\{(3) + v_3\} + \{(4) + v_4\} = \{(7) + v_7\} + \{(8) + v_8\}$$

위 식에 있어서

$$\left.\begin{array}{l} \{(1) + (2) + (3) + (4) + \cdots + (8)\} - 360° \\[4pt] \{(1) + (2)\} - \{(5) + (6)\} = \varepsilon_1 \\[4pt] \{(3) + (4)\} - \{(7) + (8)\} = \varepsilon_2 \end{array}\right\} \qquad (5\text{-}4\text{b})$$

라 하면,

$$
\left.\begin{array}{l}
v_1 + v_2 + \cdots + v_8 - \varepsilon_3 = 0 \\
v_1 + v_2 - (v_5 + v_6) - \varepsilon_1 = 0 \\
v_3 + v_4 - (v_7 + v_8) - \varepsilon_2 = 0
\end{array}\right\} \tag{5-4c}
$$

다음에 $\triangle ABC,\ \triangle BCD,\ \triangle CDA,\ \triangle DAB$에서 sine 법칙으로 다음의 변조건식이 성립한다.

$$
\frac{\sin\{(2)+v_2\}\cdot\sin\{(4)+v_4\}\cdot\sin\{(6)+v_6\}\cdot\sin\{(8)+v_8\}}{\sin\{(1)+v_1\}\cdot\sin\{(3)+v_3\}\cdot\sin\{(5)+v_5\}\cdot\sin\{(7)+v_7\}} = 1 \tag{5-4d}
$$

## (4) 삼각형의 조정계산

도시한 두 기선 사이에 끼인 단열삼각망의 조정계산은 다음 순서에 의한다. 이 경우 기지변에 대한 각을 $\beta$로 하고 삼각형의 순서에 따라서 $\beta_1,\ \beta_2,\ \beta_3,\ \beta_4$의 기호를 붙인다. 또 미지변(求邊)에 대한 각을 $\alpha_1,\ \alpha_2,\ \alpha_3,\ \alpha_4$로 한다.

## 1) 각조건에 대한 조정(제1조정)

178쪽 (2) 1)에서 말한 바와 같이 각각의 삼각형에 있어서

$$
(\alpha_1 + \beta_1 + \gamma_1) - 180° = \varepsilon_1
$$
$$
(\alpha_2 + \beta_2 + \gamma_2) - 180° = \varepsilon_2
$$
$$
(\alpha_3 + \beta_3 + \gamma_3) - 180° = \varepsilon_3
$$
$$
(\alpha_1 + \beta_4 + \gamma_4) - 180° = \varepsilon_4
$$

그러므로 조정각은 삼각형 ①의 경우

$$\left.\begin{array}{l} \alpha'_1 = \alpha_1 \mp \dfrac{\varepsilon_1}{3} \\[2mm] \beta'_1 = \beta_1 \mp \dfrac{\varepsilon_2}{3} \\[2mm] \gamma'_1 = \gamma_1 \mp \dfrac{\varepsilon_3}{3} \end{array}\right\} \qquad\qquad (5\text{-}5)$$

로 구하게 된다. 이하 삼각형 ②, ③, ④에 있어서도 마찬가지다.

### 2) 방향각에 대한 조정(제2조정)

이 조정은 관측점 $A$에서 관측선 $AC$의 방향각 $T_0$로부터 시작하여 계산한 관측선 $EF$의 방향각 $T_b{'}$가 관측선 $EF$의 기지방향각 $T_b$와 같지 않은 경우에 실시한다. 생긴 오차는 각각에 조정하여 배분한다.

그림 5-14에서

$$CB\text{의 방향각 } T_1 = T_0 + 180° + \gamma_1{'}$$
$$BD\text{의 방향각 } T_2 = T_1 + 180° - \gamma_2{'}$$
$$DE\text{의 방향각 } T_3 = T_2 + 180° + \gamma_3{'}$$
$$\cdots\cdots\cdots\cdots\cdots\cdots\cdots\cdots\cdots\cdots\cdots\cdots\cdots\cdots$$

일반적으로 최종방향각 $T_b{'}$는 방향각수를 $n$으로 하면,

$$T_b{'} = T_0 + 180° \times n - [\gamma'\text{짝수}] + [\gamma'\text{홀수}] \qquad\qquad (5\text{-}6)$$

$T_b{'} - T_b = \varepsilon_2$로 하면 각 방향각의 조정량 $v_2$는 식 (5-6)에 의하여 구하여진다.

$$\left.\begin{array}{l} \gamma \text{에 대하여} : v_2 = -(-1)^n \dfrac{\varepsilon_2}{n} \\[3mm] \alpha, \beta \text{에 대하여} : v_2 = \dfrac{1}{2}(-1)^n \dfrac{\varepsilon_2}{n} \end{array}\right\} \qquad\qquad (5\text{-}7)$$

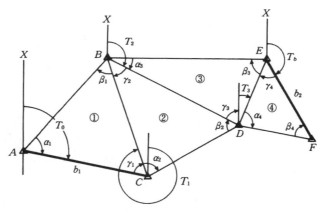

**그림 5-14** 삼각망의 조정

## 3) 변조건에 대한 조정(제3조정)

이 조정은 삼각망의 실측값 $b_2$가 기선 $b_1$에서 시작하여 구한 계산값과 같지 않은 경우에 실시한다.

그림 5-15에서

$$S_1 = \frac{b_1 \sin \alpha_1''}{\sin \beta_1''}, \qquad S_2 = \frac{S_1 \sin \alpha_2''}{\sin \beta_2''}$$

로 되므로,

$$b_2 = b_1 \frac{\sin \alpha_1'' \sin \alpha_2'' \sin \alpha_3'' \sin \alpha_4''}{\sin \beta_1'' \sin \beta_2'' \sin \beta_3'' \sin \beta_4''} \tag{5-8}$$

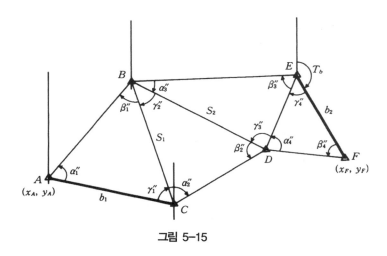

그림 5-15

## 4) 좌표조건에 대한 조정

삼각망 내의 기지삼각점에서 조정된 방향각과 변의 길이를 사용하여 각 삼각점의 좌표를 계산하고 다른 기지삼각점에 이을 때에 계산된 좌표와 기지의 좌표와는 반드시 일치하며 좌표의 폐합오차가 생긴다. 이 같은 경우에 조정된 방향각 및 변의 길이를 사용한다. 다음과 같이 하여 각 점의 좌표를 조정한다.

변의 길이 $S_1$, $S_2$, $S_3$, $b_2$는

$$S_1 = \frac{b_1 \sin \alpha_1'''}{\sin \beta_1'''} \qquad S_2 = \frac{S_1 \sin \alpha_2'''}{\sin \beta_2'''}$$

$$S_3 = \frac{S_2 \sin \alpha_3'''}{\sin \beta_3'''} \qquad S_2 = \frac{S_1 \sin \alpha_2'''}{\sin \beta_2'''}$$

각 변의 방향각 $T_1$, $T_2$, $T_3$, $T_b$는

$$T_1 = T_0 + 108° + \gamma_1''' \qquad T_2 = T_1 + 108° - \gamma_2'''$$

$$T_3 = T_2 + 108° + \gamma_3''' \qquad T_b = T_3 + 108° - \gamma_4'''$$

A점의 좌표를 $(x_A,\ y_A)$로 표시할 때 각 점의 좌표를 나타내면,

$$x_C' = x_A + b_1 \cos T_0 \qquad y_C' = y_A + b_1 \sin T_0$$

$$x_B{}' = x_C{}' + S_1\cos T_1 \qquad\qquad y_B{}' = y_C{}' + S_1\sin T_1$$

$$x_D{}' = x_B{}' + S_2\cos T_2 \qquad\qquad y_D{}' = y_B{}' + S_2\sin T_2$$

$$x_E{}' = x_D{}' + S_3\cos T_3 \qquad\qquad y_E{}' = y_D{}' + S_3\sin T_3$$

$$x_F{}' = x_E{}' + b_2\cos T_b \qquad\qquad y_F{}' = y_E{}' + b_2\sin T_b$$

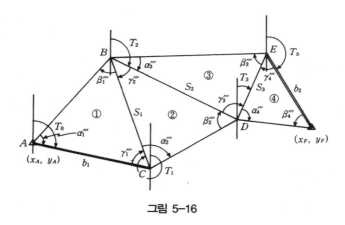

그림 5-16

여기서

$$x_F{}' - x_F = e_x \qquad\qquad\qquad y_F{}' - y_F = e_y$$

로 두고 삼각점을 $n$이라 하면,

$$e_x = (x_A - x_F) + \sum S\cos T + b_1\cos T_0 + b_2\cos T_b$$

$$e_y = (y_A - y_F) + \sum S\sin T + b_1\sin T_0 + b_2\sin T_b$$

여기서

$$d_x = \frac{-e_x}{n-1} \qquad\qquad\qquad d_y = \frac{-e_y}{n-1}$$

로 하면 각 점의 좌표는 각각

$$x_C = x_C{}' + d_x \qquad\qquad\qquad y_C = y_C{}' + d_y$$

$$x_B = x_B{'} + 2d_x \qquad\qquad y_B = y_B{'} + 2d_y$$

$$x_D = x_D{'} + 3d_x \qquad\qquad y_D = y_D{'} + 3d_y$$

$$x_E = x_E{'} + 4d_x \qquad\qquad y_E = y_E{'} + 4d_y$$

$$x_F = x_F{'} + 5d_x \qquad\qquad y_F = y_F{'} + 5d_y$$

로 된다.

## (5) 두 삼각형의 조정

그림 5-17과 같이 삼각점 $A$, $B$, $C$를 신설하고 삼각점 $D$를 증설할 경우의 조정법에 대해서 기술한다. 그림 중에 $\alpha$, $\beta$, $\gamma$는 관측각, $\theta$는 기지각, $S_1$, $S_2$는 기지변이다.

### 1) 각조건에 대한 조정(제1조정)

단삼각형의 조정과 똑같이 하면 된다. 삼각형 $ABD$, 삼각형 $BCD$의 폐합오차를 각각 $\varepsilon_1$, $\varepsilon_2$라 하면 조정각은 $\varepsilon_1$, $\varepsilon_2$를 3등분하여 각 각에 부호를 바꾸어 놓는다. 즉,

$$\alpha_1{'} = \alpha_1 \mp \frac{\varepsilon_1}{3} \qquad\qquad \alpha_2{'} = \alpha_2 \mp \frac{\varepsilon_2}{3}$$

$$\beta_1{'} = \beta_1 \mp \frac{\varepsilon_1}{3} \qquad\qquad \beta_2{'} = \beta_2 \mp \frac{\varepsilon_2}{3} \qquad\qquad (5-9)$$

$$\gamma_1{'} = \gamma_1 \mp \frac{\varepsilon_1}{3} \qquad\qquad \gamma_2{'} = \gamma_2 \mp \frac{\varepsilon_2}{3}$$

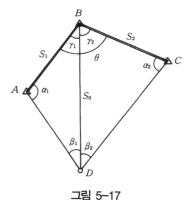

그림 5-17

로 된다.

## 2) 관측점조건에 대한 조정(제2조정)

$$(\gamma_1' + \gamma_2') - \theta_2 = \pm\, \varepsilon_3$$

로 하면,

$$\gamma_1'' = \gamma_1' \mp \frac{\varepsilon_3}{2} \qquad\qquad \gamma_2'' = \gamma_2' \mp \frac{\varepsilon_3}{2} \qquad\qquad (5\text{--}10)$$

이 결과 각각의 삼각형내각의 합은 180°가 되지 않으므로 $\gamma$를 조정한 양의 1/2을 다른 2각에서 뺀다. 즉,

$$\left.\begin{array}{ll} \alpha_1'' = \alpha_1' \pm \dfrac{\varepsilon_3}{4} & \alpha_2'' = \alpha_2' \pm \dfrac{\varepsilon_3}{4} \\[2mm] \beta_1'' = \beta_1' \pm \dfrac{\varepsilon_3}{4} & \beta_2'' = \beta_2' \pm \dfrac{\varepsilon_3}{4} \end{array}\right\} \qquad (5\text{--}11)$$

## 3) 변조건에 대한 조정(제3조정)

$\alpha_1''$, $\alpha_2''$, $\beta_1''$, $\beta_2''$ 및 $S_1$, $S_2$의 사이에는 식 (5-12)와 같은 식이 성립된다.

$$\frac{\sin\alpha_2'' \cdot \sin\beta_1''}{\sin\alpha_1'' \cdot \sin\beta_2''} = \frac{S_1}{S_2} \qquad\qquad (5\text{--}12)$$

## (6) 유심다각망의 조정

그림 5-18에 표시된 바와 같이 수 개의 삼각형이 공통의 중심을 가지며 인접한 변이 공통인 이 도형을 유심다각망(有心多角網)이라 말한다. 유심다각망의 조정은 각조건 또는 변조건에 대하여 실시한다.

## 1) 각조건에 대한 조정(제1조정)

각 삼각형 내각의 합이 180°가 되도록 관측각을 조정한다. 이것은 단삼각형의 경우와 똑같다.

## 2) 각관측조건에 대한 조정(제2조정)

각조건에 대한 조정은 각도에 대하여 유심점 주위에 있는 각의 합이 360°가 되도록 조정한다.
그림 5-18(a)의 경우

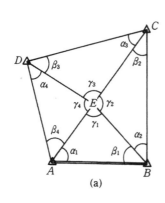
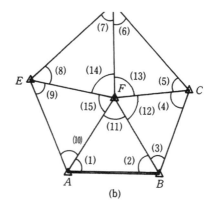

**그림 5-18**

$$\gamma_1 + \gamma_2 + \gamma_3 + \gamma_4 - 360\,° = \pm\,\varepsilon_2$$

$$\therefore v_2 = \mp \frac{\varepsilon_2}{4}$$

그림 5-18(b)의 경우

$$(11) + (12) + (13) + (14) + (15) - 360° = \pm\,\varepsilon_2$$

$$\therefore v_2 = \mp \frac{\varepsilon_2}{5}$$

## 3) 변조건에 대한 조정(제3조정)

그림 5-18(a)에서 각 각의 사이에는 다음 식이 성립된다.

$$\frac{\sin \alpha_1 \sin \alpha_2 \sin \alpha_3 \sin \alpha_4}{\sin \beta_1 \sin \beta_2 \sin \beta_3 \sin \beta_4} = 1$$

## 5. 관측조정값의 계산과 정리

### (1) 계산정리의 순서

조정계산이 완료된 조정각 및 기선으로부터 처음 신설하는 삼각점의 위치를 구하는 순서는 다음과 같다.

① 편심조정계산
② 삼각형의 계산(변길이의 계산, 방향각계산)
③ 좌표조정계산
④ 표고계산
⑤ 경위도계산(필요에 따라서)

### (2) 편심조정의 계산

편심조정의 계산에는 sine법칙에 의한 방법과 두 변 사이의 교각에 의한 방법이 있다.

### 1) sine 법칙에 따른 방법

그림 5-19(a)에서와 같이 P=C≠B인 관측에 적당한 방법으로, 기계를 $e$만큼 떨어진 점 B에 설치하고 $t$, $\varphi$, $e$를 관측할 때 삼각점 $C$에 의하여 $T$는 다음과 같이 계산된다.

$$T = t + x_2 - x_1 \tag{5-13}$$

위 식에 sine 법칙을 적용하면 $x_1$과 $x_2$는 미소하므로

$$x_1 = \frac{e}{S_1} \sin(360° - \varphi)\rho'' \tag{5-14}$$

$$x_2 = \frac{e}{S_2} \sin(360° - \varphi + t)\rho'' \tag{5-15}$$

로 된다. 식 (5-15)와 (5-15)에서 $x_1$, $x_2$를 구하여 식 (5-13)에 대입하면 각 $T$가 계산된다.

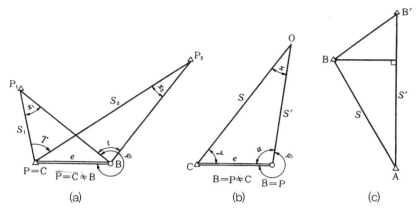

**그림 5-19** 편심조정의 계산

## 2) 2변 교각에 의한 방법

그림 5-19(b)에 나타낸 바와 같이 $\gamma$ 및 $OC = S$인 관측에 적당한 방법으로, $S = S'$로 되지 않는 경우에는 sine 법칙에 의하여 조정계산을 하지 않고 2변 교각에 의한 방법을 사용한다. 그림 5-19(b)에서 $\angle\,OBC = \alpha$라 하면,

$$\frac{1}{2}(\gamma + x\,) = 90° - \frac{\alpha}{2} \qquad\qquad (5-15)$$

$$\tan\frac{1}{2}(\gamma - x\,) = \frac{\tan\lambda - 1}{\tan\lambda + 1}\tan\left(90° - \frac{\alpha}{2}\right)$$

$$= \tan(\lambda - 45°)\tan\left(90° - \frac{\alpha}{2}\right) \qquad\qquad (5-16)$$

여기서

$$\tan\lambda = \frac{S'}{e}$$

이다. 이 결과 식 (5-15), (5-16)에서 $\frac{1}{2}(r + x)$, $\frac{1}{2}(r - x)$를 계산하여 $x$를 구한다.

### 3) 편심조정계산상의 주의사항

① 편심각은 관측부분에 따라 180°가 달라진다. 따라서 어디에서 관측하는가를 명확히 하여 놓아야 한다.

② 서로 마주 본 관측점이 모두 큰 편심을 갖게 되면 계산이 복잡하게 되므로 동시에 편심이 되지 않도록 한다.

③ 4등삼각측량(삼각점 간의 평균거리 1.5km)에서는 편심거리가 2m 정도까지는 편심각을 어떤 점에서 관측하여도 sine 법칙의 방법에 의하여 계산된다.

④ 편심거리 $e$가 커서 $S = S'$로 볼 수 없는 경우는 $S$를 안다고 가정하고 편심각의 관측을 한다.

⑤ 편심조정계산을 한 후 삼각형의 내각의 합을 구하면 계산결과의 점검을 행하게 된다.

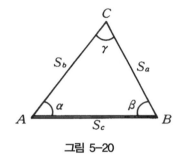

그림 5-20

## (3) 삼각형의 계산

### 1) 변길이의 계산

삼각망에서 조정계산의 종료 후 그 조정각을 사용하여 변길이를 계산한다. 변길이의 계산에는 식 (5-18)을 사용한다.

$$S_a = \frac{\sin \alpha}{\sin \gamma} S_c \qquad S_b = \frac{\sin \beta}{\sin \gamma} S_c \qquad (5-18)$$

### 2) 방향각계산

변 길이의 계산을 한 다음 삼각점의 좌표값을 구하기 위해서 기지방향 및 조정각을 사용하여 각 관측선의 방향각을 계산한다. 소규모인 삼각측량에는 삼각망을 하나의 다각형으로 생각하여 외측관측선의 방향각을 계산하여 좌표계산의 기초로 한다. 그림 5-21에서 관관측선 $AB$에 대

한 방향각을 $T_0$로 하면,

$$BD의 \; 방향각 \quad T_1 = T_0 + 180° - (\gamma_1 + \alpha_2)$$
$$DF의 \; 방향각 \quad T_2 = T_1 + 180° - (\beta_2 + \gamma_3 + \alpha_4)$$
$$FG의 \; 방향각 \quad T_3 = T_2 + 180° - (\beta_4 + \gamma_5)$$

..................................................................

일반적으로 우회(右回)의 경우 이 점의 방향각 $T_n$은

$$T_n = T_{n-1} + 180° - (방향각 \; 계산에 \; 이용된 \; 각(\gamma)의 \; 합) \tag{5-19}$$

좌회(左回)의 경우는

$$T_n = T_{n-1} + 180° + (방향각 \; 계산에 \; 이용된 \; 각(\gamma)의 \; 합) \tag{5-20}$$

이다.

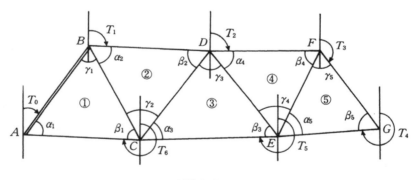

그림 5-21

## 3) 좌표계산

그림 5-22(a)에서 기지점 $P_1$의 평면직교좌표를 $x_1$, $y_1$, $P_1$, $P_2$ 사이의 수평거리를 $S$라 하고, $P_1$에서 $P_2$에의 방향각을 $T$로 할 때 미지점의 좌표값 $x_2$, $y_2$는 다음 식으로 구하여진다.

$$x_2 = x_1 + S\cos T \\ y_2 = y_1 + S\sin T$$

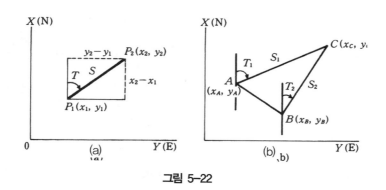

그림 5-22

또, 그림 5-22(b)와 같이 기지점 $A$, $B$에서 미지점 $C$의 좌표를 구할 경우는

$$x_{A \to C} = x_A + S_1 \cos T_1, \quad y_{A \to C} = y_A + S_1 \sin T_1 \\ x_{B \to C} = x_B + S_2 \cos T_2, \quad y_{B \to C} = y_B + S_2 \sin T_2$$ (5-21)

을 사용한다. 두 식에서 얻은 좌표값의 평균값을 점 $C$의 좌표로 한다.

## 4) 표고(수직위치, 고도)계산

삼각점 간의 고저차는 고저각을 관측하고 간접적인 계산으로 구하는 경우가 많다. 그림 5-23에서 $A$, $B$ 양점의 표고, 기기고, 관측표고를 각각 $H_A$, $i_A$, $h_A$ 및 $H_B$, $i_B$, $h_B$, 양차[양차는 곡률 및 굴절오차로써 식 (3-21) 참조]를 $K$로 하면 기지점 $A$에 의하여 미지점 $B$를 관측할 때(정방향관측 또는 직시)

$$H_B = H_A + i_A + S \tan \alpha_A - h_B + K$$ (5-22)

또 미지점 $B$에 의하여 기지점 $A$를 관측할 때(반방향관측 또는 반시)

$$H_B = H_A + h_A + S \tan \alpha_B - i_B - K$$ (5-23)

정·반 양방향관측을 한 경우 식 (5-22), (5-23)에서

$$H_B = H_A + \frac{S}{2}(\tan \alpha_A + \tan \alpha_B) + \frac{1}{2}(i_A + h_A) - \frac{1}{2}(i_B + h_B) \qquad (5\text{-}24)$$

위 식의 계산을 간략히 하기 위하여 고저각이 20°까지 될 때는 $\frac{(\alpha_A + \alpha_B)}{2} = \alpha$라 하여

$$H_B = H_A \pm S \tan \alpha + \frac{1}{2}(i_A + h_A) - \frac{1}{2}(i_B + h_B) \qquad (5\text{-}25)$$

로 하여도 별 차이가 없다. 단, 부각일 때는 (−)이다.

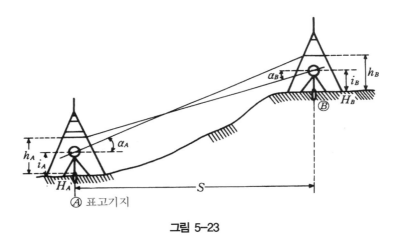

그림 5-23

식 (5-24)에서 아는 바와 같이 정·반 양측을 실시하면 양차 $K$에 의한 보정은 필요치 않다.

## 6. 삼각측량의 정확도

삼각점의 수평위치의 정확도는 주로 삼각망의 형상, 각관측의 정확도 및 기지점의 정확도에 따라 좌우된다. 각 등삼각점의 수평위치는 일반적으로 3~5개의 기지점을 이용하여 1개씩 점차 좌표조정법에 의하여 계산한다. 따라서 그 위치의 정확도는 등급에 관계없이 같은 방법으로

구할 수가 있다.

삼각망의 형상, 관측법 및 관측의 모든 제한조건은 표 5-4에 표시되어 있는데, 등급의 저하에 따라서 각관측의 정확도도 낮아진다. 기지점에 대한 상대적인 위치의 정확도는 등급에 관계없이 대개 하나의 꼴로 되는 것으로 생각하고 있다.

**[표 5-4]** 도형과 관측의 제한조건

| | 1등삼각점 | 2등삼각점 | 3등삼각점 | 4등삼각점 |
|---|---|---|---|---|
| 평균변의길이 | 30km | 10km | 5km | 2.5km |
| 삼각형내각 | 30° | | 25° | 15° |
| 조정계산의 방향수 | 3~5 방향 | | | |
| 조정차수 | 4차 | 5차 | 6차 | 5차 |
| 경위의 | Wild T3 | | Wild T2 | |
| 관측법 | 각관측 | 방향관측 | | |
| 대횟수 | 방향관측6대회 상당 | 6 | 3 | 2 |
| 배각차 | – | 10″ | 15″ | 20″ |
| 관측차 | 2″ | 4″ | 8″ | 10″ |
| 삼각형폐합차 | 2″ | 5″ | 10″ | 20″ |

## (1) 각관측의 정밀도

각관측의 정밀도는 같은 등급의 삼각측량에서도 사용기계나 작업지역 등에 따라 차이가 있다. 신·구 삼각측량 수백 점의 자료에서 평균값을 구한 것이 표 5-5에 표시되고 있다.

이 표에서 $m_\triangle$는 삼각형 폐합차에서 산출한 방향1의 평균제곱근오차, $m_\delta$는 조정계산의 결과에 의한 것이다. $m_\triangle$와 $m_\delta$와의 차이는 주로 기지점오차에서 기인되는 수가 많다.

**[표 5-5]** 1방향관측의 평균제곱근오차

| | 1등삼각점 | 2등삼각점 | 3등삼각점 | 4등삼각점 |
|---|---|---|---|---|
| $m_\triangle$ | 0.7″ | 0.8″ | 1.6″ | 2.2″ |
| $m_\delta$ | 0.9″ | 1.3″ | 2.3″ | 3.2″ |

## (2) 수평위치의 정밀도

구점의 수평위치의 정밀도는 오차타원에 의한 표현법이 있는데, 이것은 장축·단축의 두 양으로 표시하는 경우이다. 한편, 한 개의 양에 의한 표현법으로 다음의 식으로 구해지는 평균제곱근오차 $M$이 있다.

$$M = \sqrt{m_x^2 + m_y^2} \tag{5-26}$$

여기서 $m_x$, $m_y$는 오차전파의 법칙을 적용하여 구한 평균제곱근오차이다.

위의 식은 위치정확도의 표현으로는 정확하지는 못하지만, 한 개의 양으로 표현하였기 때문에 간편하다. 또 도형의 회전에 대하여 불변의 양을 가지고 있으므로 편리하다.

$M$은 도형과 관측의 정확도와의 관계인데, 기지점에 대한 구점의 상대적 정확도를 표시하는 것이라 할 수 있다. 따라서 좌표원점에 대한 구점의 정확도를 표시할 필요는 없고, 또 고차삼각점의 오차에 의한 삼각망 전체의 비틀림이나 신축에 있어서 아무런 의미도 없다.

## (3) 2기선간 삼각망의 정밀도

계산에 의하여 구한 검기선의 길이와 실측한 검기선의 길이를 비교하여 정밀도를 나타낸다. 기선의 길이를 $b_1$, 검기선의 길이를 $b_2$, 계산에 의한 검기선의 길이를 $b'$라 하면

$$\log b_2' = \log b_1 + \Sigma\log \sin \alpha - \Sigma\log \sin \beta(\text{단}, \ \alpha, \ \beta\text{는 변의 사이 각}) \tag{5-27}$$

이 결과

$$\text{정밀도} = \frac{b_2' - b_2}{b_2}$$

로 된다. 이 정밀도는 대삼각측량에서 1/100,000 이상, 소삼각측량에서 1/5,000~ 1/10,000 이상, 하천측량에는 1/6,000, 일반적으로 소규모인 삼각측량에도 1/3,000 이상이 요구된다.


## 7. 측량과정에 관한 기록정리

수평각, 수직각의 관측야장 및 관측기록을 각각 구분하여 정리한다. 조정(평균)계산, 편심계

산, 삼각형의 계산, 좌표계산, 표고계산 등은 계산장부로 구분하여 정리한다.

## 8. 삼각 및 수준(또는 고저)측량 성과표

### (1) 성과표 이용의 의의

대지측량에 의하여 대한민국전역에 대한 삼각측량의 결과와 고저측량의 결과를 종합 기록하여 놓은 것을 삼각 및 고저측량 성과표(또는 삼각 및 수준측량 성과표)라 한다.

삼각 및 고저측량 성과표는 삼각측량에서 산지 혹은 기선을 관측하기 곤란한 경우 과거 실제 관측 계산에 의한 삼각 및 고저측량 성과표를 이용하여 단시일 내에 경비를 절감시켜 측량할 수 있도록 작성된 성과표이다.

### (2) 삼각 및 고저(또는 수준)측량 성과표 내용

#### 1) 삼각점의 등급, 번호 및 명칭

등급은 번호표시로 되어 있으며 삼각점에는 명칭, 관자(冠字)번호를 붙인다(◎·: 1등, ◎: 2등, ○·: 3등, ○: 4등삼각점).

#### 2) 측참(測站) 및 시준점

측참은 다른 삼각점을 관측하기 위하여 기계를 세운 삼각점이며 측참에서 시준된 점을 시준점이라 한다.

#### 3) 방위각

평면직교좌표계의 원점을 통과하는 자오선에 평행한 방향을 기준으로 하여 시계방향으로 관측하는 각을 말한다.

#### 4) 진북방향각

삼각점 X좌표의 정축(그 점에 대한 평면직교좌표원점을 통과하는 자오선에 평행한 선의 북쪽)에서 그 점을 통한 자오선까지의 방향각이 있다. 우회로 관측한 각을 양으로 한다. 그러므로 원점을 중심으로 동에 있는 삼각점은 음, 서에 있는 삼각점은 양으로 한다.

### 5) 평균거리의 대수(對數)

여기서 표시한 거리는 회전타원체면상의 호길이의 대수로 된다. 평면상의 거리로 고치기 위해서는 축척계수를 고려해야 하며 단위는 m로 한다.

### 6) 평면직교좌표

X, Y로 표시되며 X축은 남북거리, Y축은 동서거리이다.

### 7) 위도 · 경도

위도 Breite($\varphi$), 경도 Länge($\lambda$)로 표시하며 이는 측지학적 경위도이다.

### 8) 삼각점의 표고

$H$로 표시되며 인천만의 평균해수면(중등해면)으로부터의 높이이며 삼각점의 높이는 직접고저측량으로 기본수준점을 관측하고 그 밖의 삼각점표고는 수직각과 정점거리를 관측하여 간접고저측량에 의하여 정한다.

## (3) 삼각측량 성과표의 이용방법

삼각측량의 성과표를 이용하는 방법은 다음과 같다. 즉, 점의 등급, 경위도, 직교좌표점의 표고, 진북방향각 등을 알 수 있으므로 기설점 간의 방위와 거리를 산출할 수 있다. 이것을 기선 및 검기선으로 잡아 신설삼각망을 구성하고 삼각망의 수평관측각으로 각 변의 방위 및 변장을 산출할 수 있다. 따라서 직교좌표를 계산할 수 있으며 진북방향각을 각 변의 방향각에 가감하여 방위각을 산출할 수 있고 또한 경위도좌표도 구할 수 있다. 기지점의 표고를 기준으로 하여 고저각에 의한 간접고저측량으로 점차 전삼각점의 표고를 구할 수 있다.

삼각점 및 고저기준 성과표

| 고양 | 의정부 | 청평천 |
|---|---|---|
| 서울 | | 마석우군 |
| 군포장 | 광주 | 양평 |

127° 15'
37° 40'
127° 0'
37° 30'

○ 양40　○ 보84　○ 보80　○ 평동산
○ 양39　◎ 불암산　○ 보77　○ 보78　◎ 문산
○ 양65　○ 보94　○ 보76　○ 보79
○ 창동　○ 백산　○ 일낙유　○ 보59
○ 양70　○ 보98　○ 보75　○ 보73　○ 보68
○ 보74　○ 보35
돈암리　○ 곡7　○ 보72　○ 보67　응봉　○ 보66
○ 파12　○ 곡1　○ 자산
○ 용미산　○ 보70　○ 보33
○ 보95
○ 홍수동　○ 봉산　○ 보96　하일　흥심산
○ 곡8　◎ 용마산　○ 보71　○ 망월
○ 파10　○ 자마　○ 보97　고덕　능곡　당정　○ 보65
파12　○ 중창　○ 곡4　곡교　○ 호　보84
○ 파5　○ 곡5　수상산　창도
○ 파25　곤도　○ 곡6　풍납　○ 덕소　천현
언양비　해자　광암　상교　산곡
○ 학동　북계　송파　둔촌
○ 남부　○ 마천　○ 반만

[표 5-6] 삼각점 성과표

| 시준점의 명칭 | 조정방학각 | 거리의 대수 | 시준점의 명칭 | 조정방향각 | 거리의 대수 |
|---|---|---|---|---|---|
| | | ○ 슬비산 (동) | | | |
| | $B$=35° 42' 45".426 | $X$=−253,710.16m | | | |
| | $L$=128 31 22. 436 | $Y$=−43,17.76 | | | |
| | =128 31 22. 436 | $H$=1,083.58 | | | |
| 진북방학각 | α=+0°　16′ 42″.61 | | 효굴산 | 218 04 06.14 | 4.676 4360 |
| 팔공산 | 25°　09′ 15″.39 | 4.566 0227 | 국 1 미타산 | 224 01 36.80 | 4.486 8503 |
| 심21칠리봉 | 30 32 51.70 | 4.082 5686 | 〃 19용소산 | 227 43 20.60 | 4.005 9543 |
| 석두산 | 75 19 39.43 | 4.673 0130 | 〃 3 소학산 | 246 03 10.50 | 4.296 1113 |
| 서16학일산 | 90 37 42.20 | 4.490 8827 | 오도산 | 263 54 35.26 | 4.611 1561 |
| 운문산 | 103 50 26.12 | 4.650 0509 | 평 3 법수봉 | 263 13 16.50 | 4.357 1292 |
| 서12화악산 | 131 57 53.70 | 4.306 4436 | 성산 | 317 26 38.47 | 4.446 8173 |
| 덕대산 | 166 50 50.05 | 4.479 1872 | 심 3 와룡산 | 356 23 39.80 | 4.231 5785 |
| 서13증룡산 | 177 42 21.50 | 4.272 5307 | | | |

# 06 삼변측량 및 천문측량

## 1. 삼변측량

장거리를 정확하게 관측한다는 것은 매우 어려운 일이었으므로 거리관측을 최소로 하는 삼각측량이 수평위치결정에 널리 이용되어 왔다. 그러나 전자기파거리측량기(EDM)의 출현으로 장거리 관측의 정확도가 높아짐에 따라 변만을 관측하여 수평위치를 결정하는 삼변측량방식이 선용되기에 이르렀다. 삼변측량(三邊測量, trilateral surveying)은 cosine 제2법칙, 반각공식을 이용하여 변으로부터 각을 구하고 구한 각과 변에 의하여 수평위치가 구하여진다. 관측값에 비하여 조건식이 적은 것이 단점이나 최근 한 점에 대하여 복수변길이를 연속 관측하여 조건식의 수를 늘리고 기상보정을 하여 정확도를 높이고 있다.

삼변측량은 관측요소가 변길이뿐이므로 삼각형의 내각을 구하기 위해 다음과 같은 방법이 이용되고 있다. cosine 제2법칙에

$$\cos A = \frac{b^2 + c^2 - a^2}{2bc}, \qquad \cos B = \frac{a^2 + c^2 - b^2}{2ac}$$

$$\cos C = \frac{a^2 + b^2 - c^2}{2ab} \qquad\qquad (6-1)$$

이 되며, 반각공식으로부터

$$\sin\frac{A}{2} = \sqrt{\frac{(s-b)(s-c)}{bc}}$$

$$\cos\frac{A}{2} = \sqrt{\frac{s\,(s-a)}{bc}}$$

$$\tan\frac{A}{2} = \sqrt{\frac{(s-b)(s-c)}{s\,(s-a)}} \tag{6-2}$$

이 되고, 면적조건으로부터

$$\sin A = \frac{2}{bc}\sqrt{s\,(s-a)(s-b)(s-c)} \tag{6-3}$$

단, $s = \dfrac{1}{2}(a+b+c)$

이 된다. 삼변측량에 의한 좌표계산은 기지점(旣知點)이 2개 이상인 경우는 두 좌표로부터 방향각이 결정되기 때문에 좌표계산에는 편리하다. 삼변측량의 조정방법에는 조건 방정식에 의한 조정과 관측 방정식에 의한 조정 방법이 있다.

---

**예제 6-1**

다음과 같은 삼변삼각형의 거리와 좌표 관측값을 얻었다. $C$점의 좌표값은 얼마인가?

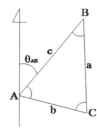

| 관측선 | 거리값(m) | 관측점 | 좌표(m) | |
| --- | --- | --- | --- | --- |
| | | | E | N |
| a | 1,360.53 | A | 112.5 | 1,875.0 |
| b | 1,097.90 | B | 2,404.12 | 2,534.35 |

**풀이** $\overline{AB} = \sqrt{(2,404.12-1,125.0)^2 + (2,534.35-1,875.0)^2} = 1,439.06\text{m}$

$\theta_{AB} = \tan^{-1}\left(\dfrac{2,404.12-1,125.0}{2,534.35-1,875.0}\right) = \tan^{-1}\left(\dfrac{1,279.12}{659.35}\right) = 62°43'49''$

$$\angle A = \cos^{-1}\left(\frac{b^2+c^2-a^2}{2bc}\right) = \cos^{-1}\left(\frac{1{,}097.9^2 + 1{,}439.06^2 - 1{,}360.53^2}{2 \times 1{,}097.9 \times 1{,}439.06}\right) = 63°11'22''$$

$$\theta_{AC} = \theta_{AB} + \angle A = 62°43'49'' + 63°43'49'' = 126°27'38''$$

$$X_C = X_A + b\cos\theta_{AC} = 1{,}125.0 + 1{,}097.9\cos 126°27'38 = 472.55\text{m}$$

$$Y_C = Y_A + b\sin\theta_{AC} = 1{,}875.0 + 1{,}097.9\sin 126°27'38 = 2{,}758.00\text{m}$$

## 2. 천문측량

### (1) 개 요

천문측량(astronomical survey)은 태양이나 별을 이용하여 미지점의 경도, 위도 및 방위각을 구하는 것으로 국가의 경위도원점의 위치를 결정할 경우 정밀천문측량에 의하여 이루어진다.

이미 정확한 위치나 방위를 알고 잇는 지점에 대해서는 반드시 천문측량을 할 필요는 없지만, 대규모의 측지측량망에서의 오차누적을 피하기 위해 또는 연직선편차를 구하고자 할 때는 삼각점에서 천문관측을 실시한다.

또한 경위도는 지도상에서 어느 정도 정확하게 찾을 수 있으나, 방위각은 지상에 기점의 방위각선들이 없으면 지도상에서 구할 수 없다. 진방위각을 얻기 위해서는 대략의 위도와 관측시각을 알아야 한다.

위도의 근사값과 관측시각은 지도와 라디오 시보를 통해 얻을 수 있으나, 이것이 불가능할 경우 천문측량에 의해 결정해야만 한다.

관측대상은 주간에는 태양을, 야간에는 별을 관측하지만 태양관측은 별관측에 의한 것보다 정확도가 떨어진다.

태양이나 별의 위치는 천측력에 그리니치시로 나와 있으므로 지방시로 바꾸어 사용한다.

관측장비로는 애스트로레이브(astrolabe), 데오돌라이트, 크로노미터와 보정을 위한 온도계, 기압계 등이 필요하며, 간역법(簡易法)으로는 트랜싯과 일반 손목시계를 이용한다. 육분의는 정밀을 요하지 않는 항해에서 사용된다. 시각을 알기 위해서는 라디오 시보를 이용한다. 태양을 관측할 때는 눈을 보호하기 위해 검은 색 필터를 꼭 사용해야만 한다.

천문측량을 하기 위해서는 첫째, 천체 및 시간에 관한 기본지식과, 둘째, 구면삼각법을 포함한 제반 수학적 개념을 알고 있어야 하며, 마지막으로 관측자의 경험과 숙련도가 요구된다.

천문측량의 목적은 다음과 같다.

## 1) 경위도원점(측지측량원점)의 결정

국가의 측량좌표계를 동일한 경위도원점으로부터 출발하기 위해, 지오이드면의 연직선상에서 항성을 이용한 천문측량에 의하여 측지측량원점의 위치관측 및 진북방향으로부터 원방위점의 방위각을 관측한다.

## 2) 도서 및 측지측량망과 독립된 지역의 위치결정

한 국가의 국토는 동일한 경위도원점을 이용하여 측지측량망을 연결하는 것이 가장 이상적이지만 육지에서 멀리 떨어진 도서 등과 같이 독립된 지역에서는 천문측량에 의해 위치를 결정하게 된다.

## 3) 측지측량망의 방위각조정

삼각망이 확대 연결됨에 따라 오차가 누적되어 변의 방위각은 진방위각과 차이가 발생하게 된다. 따라서 정밀삼각망(1등, 2등삼각점) 중의 2/3 또는 점 간 50km마다 라플라스점(Laplace station)을 설치하고 천문관측에 의해 이를 조정한다.

## 4) 연직선편차의 결정

측지측량위치는 준거타원체를 기준을 하는 반면, 천문관측은 지오이드면을 기준으로 하므로 양자는 연직선편차만큼의 차이가 발생한다. 각 지점에서의 연직선편차를 이용하여 지오이드면과 거의 일치하는 새로운 기준타원체를 구할 수 있다. 현재, 우리나라의 연직선편차의 벡타방향은 태백산맥을 경계로 하여 동해안부분을 제외하고는 북서방향으로 거의 일정하게 기울어져 있다.

또한 다각측량 등에서 천문방위각과 측지측량방위각과의 차이가 각오차의 허용 범위에 들어오므로 천문방위각을 그대로 사용할 경우가 있으며, 또한 점들 간의 시통이 어려운 경우, 천문방위각을 관측함으로써 능률적이고 경제적인 측량을 할 수 있다.

## (2) 천문경도, 위도 및 방위각 결정

### 1) 천문경도의 결정

경도는 바로 시간과 대비된다. 즉, 어느 두 지점 사이의 경도차는 그들의 지방시차와 같다. 천문경도는 그림 6-1과 같이 다음 식으로 나타낼 수 있다.

$$\lambda_a = LST - GST$$
$$= LHA - GHT \tag{6-4}$$
$$= LMT - GMT$$

여기에서 $LST$는 지방시(또는 지방항성시), $GST$는 그리니치항성시, $LHA$는 지방시각, $GHT$는 그리니치시각, $LMT$는 평균태양시(또는 지방평시), $GMT$는 그리니치 표준시이다.

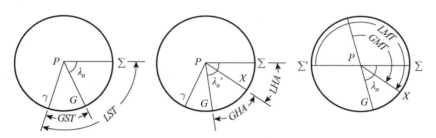

**그림 6-1** 경도와 시의 관계

자오선상에 있는 별의 적경은 지방항성시와 같으므로 별이 자오선을 통과하는 순간의 그리니치항성시를 결정함으로써 천문경도를 얻을 수 있다. 별의 적경은 역표(曆表)에 나와 있다. 또한 관측지점의 위도와 별의 적위를 알고 있으면 별의 고도를 관측하여 천문삼각형에 의해 관측순간의 지방시각 및 지방평시를 구할 수 있으며, 관측순간의 그리니치시는 라디오 시보를 이용하여 얻을 수 있으므로 천문경도를 결정할 수 있다.

경도결정에서 오차의 주요인은 시각관측으로서 시각 1초가 경도 15초에 해당된다는 것으로부터 그 중요성을 알 수 있다.

관측시는 일주광행차(diurnal aberration)에 대해 보정해야 한다.

경도결정방법에는 자오선법(子午線法, method by meridian transits), 등고도법(等高度法, method by equal altitudes), 단고도법(單高度法, method by single altitudes) 등이 있다.

## 2) 천문위도의 결정

천문위도는 관측지점에서의 연직선방향과 적도면 사이의 각을 말하며, 천극(天極)의 고도와 일치한다.

따라서 천문위도는 북극성에 의해 단순하게 결정할 수도 있으나, 정확성을 요하는 경우 별의 자오선고도 또는 자오선천정각거리를 관측하고 별의 적위를 이용하여 결정한다.

### 3) 천문방위각의 결정

일반적으로 방위각의 관측은, 첫째, 지상에 설정된 방위표에 이르는 방위선과 천체 사이의 수평각관측과, 둘째, 천체의 방위각을 관측하는 것으로 이루어진다. 그림 6-2에서 방위선 $OM_a$의 방위각을 구하는 경우를 고려한 것이다.

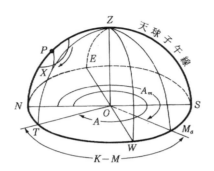

**그림 6-2** 천문방위각의 결정

천체 $X$의 방위각 $A$는 다음 식으로 얻어진다.

$$A = A_m + (K - M) \tag{6-5}$$

즉, 방위각은 방위표($M_a$)의 방위각($A_m$)에 방위표와 천체 사이의 수평각($K - M$)을 더함으로써 얻어진다.

정밀한 천문방위각의 관측은 주극성을 여러 번 관측하여 결정하며 주극성으로는 북극성을 선택하는 경우가 많다.

천문방위각 결정방법에는 시각관측에 의한 방법, 고도관측에 의한 방법, 최대 이격(離隔)에 있는 주극성(周極星)관측에 의한 방법 등이 있다.

천문측량에 대한 자세한 내용은 측량학원론(II)(박영사 간)을 참고하기 바란다.

# 연습문제

## 제4장 다각측량

1) 다음 각 사항에 대하여 약술하시오.
① 다각측량의 특징
② 다각형의 종류
③ 다각측량의 순서
④ 다각측량에서 각관측법의 종류
⑤ 콤파스법칙과 트랜시트 법칙
⑥ 다각측량의 응용

2) 그림과 같은 결합다각형에서 다음과 같은 관측값을 얻었다.

$W_a$ : ($AL$의 방위각) 12° 43′ 18″

$W_b$ : ($BM$의 방위각) 351° 42′ 51″

$a_1 = 23° 05′ 50″$

$a_2 = 196° 38′ 27″$

$a_3 = 191° 51′ 20″$

$a_4 = 217° 28′ 20″$

$a_5 = 136° 32′ 17″$

$a_6 = 113° 22′ 50″$

각관측오차는 얼마인가?

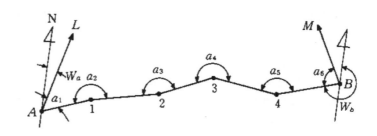

3) 그림과 같은 폐다각형에서 내각을 관측한 결과는 다음과 같다.

$a_1 = 87° 26′ 20″$, $a_2 = 70° 44′ 00″$

$a_3 = 112° 47′ 40″$, $a_4 = 89° 02′ 00″$

$AB$, $BC$, $CD$, $DA$ 관측선의 방위각을 구하시오.

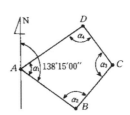

4) 관측점 7개의 폐다각형의 내각을 관측하여 표와 같은 결과를 얻었다. 내각을 조정하고 방향각을 계산하시오. 단, 제1관측점에서 제7관측점으로의 방향각은 시계 방향으로 재어 3°00′10″이었다.

| 관측점 | 실제관측내각 | 조정내각 | 방향각 |
|---|---|---|---|
| 1 | 91° 32′ 47″ | | |
| 2 | 192° 45′ 52″ | | |
| 3 | 33° 13′ 40″ | | |
| 4 | 208° 02′ 32″ | | |
| 5 | 100° 09′ 07″ | | |
| 6 | 179° 33′ 27″ | | |
| 7 | 94° 44′ 00″ | | |

5) 폐다각형에 있어서 다음과 같은 결과를 얻었다.

| | 야장 | | 경·위거계산 | | | |
|---|---|---|---|---|---|---|
| | | | 경거 | | 위거 | |
| 관측점 | 방위 | 거리 | E(+) | W(−) | N(+) | S(−) |
| A | N 52° 00′ E | 106.3m | | | | |
| B | S 29° 45′ E | 41.0 | | | | |
| C | S 31° 45′ W | 76.9 | | | | |
| D | N 61° 00′ W | 71.3 | | | | |

경·위거란을 채우고 이 측량의 폐합오차 및 폐합비를 구하시오.

6) 다음과 같은 폐다각형의 측량결과에서 빈 칸을 채우고 면적을 구하시오.

| 관측점 | 거리(m) | 위거(m) + | 위거(m) − | 경거(m) + | 경거(m) − | 조정위거(m) + | 조정위거(m) − | 조정경거(m) + | 조정경거(m) − | 배횡거 | 배면적 |
|---|---|---|---|---|---|---|---|---|---|---|---|
| 1~2 | 103.88 | 100.53 | | 26.17 | | | | | | | |
| 2~3 | 112.26 | 41.93 | | | 104.14 | | | | | | |
| 3~4 | 67.81 | | 54.55 | | 40.29 | | | | | | |
| 4~5 | 65.33 | | 58.47 | 29.14 | | | | | | | |
| 5~6 | 93.86 | | 29.42 | 89.13 | | | | | | | |
| 계 | 443.14 | | | | | | | | | | |

7) 다각측량에서 변 길이가 200m의 관측점에 대하여 2cm의 변위가 있는 경우, 각관측 오차의 허용한도는 몇 초인가?

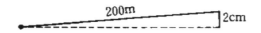

8) 다각측량에서 그림과 같이 관측선의 길이 $AB$가 158m이고, $A$점의 각관측에 20″의 오차를 생기게 했다고 하면, 관측점 $B$에서 몇 cm의 오차로 되는가?

9) 다각측량에서, 절점간의 평균거리를 200m라 하고, 각 내각의 각관측오차를 ±20″라고 할 때, 각관측과 거리관측의 정확도를 같게 하기 위해서는 거리관측의 오차를 얼마로 하지 않으면 안 되는가?

10) 그림에서 $AB$의 방위각은 125°27′, 각 점의 교각은 그림과 같다. $CD$의 방위각은 얼마인가?

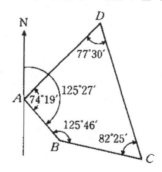

11) 그림과 같이, 관측점 $A$에서 출발하여 관측점 $B$에 결합하는 결합다각형에서, 각관측한 교각 $b$와 출발점 및 결합점에서의 방향각 $a$는 표와 같다. 관측한 각을 조정하여, 각 점에서 관측 방향각 및 조정한 방향각을 표에 기입하시오. 단, $A$점의 방향각 $a_A = 325°14′16″$, $B$점의 방향각 $a_B = 91°35′46″$이었다.

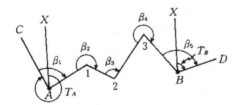

| 관측점 | 관측한 교각 | 관측 방향각 | 조정량 | 조정 방향각 |
|---|---|---|---|---|
| | | | | $\alpha_A = 325°$ $14′16″$ |
| $A$ | 68°26′54″ | | | |
| 1 | 239°58′42″ | | | |
| 2 | 149°49′18″ | | | |
| 3 | 269°30′15″ | | | |
| $B$ | 118°36′36″ | | | $\alpha_B = 91°$ $35′46″$ |

12) 표에 의해 위거·경거의 조정량을 구하시오. 단, 각관측이 거리관측보다 정확도가 높은 것으로 한다.

| 관측선 | 거리 | 위거($\Delta x$) | 경거($\Delta y$) | 조정위거 | 조정경거 |
|---|---|---|---|---|---|
| 1-2 | 103.88m | +100.53m | + 26.17m | | |
| 2-3 | 112.26 | +41.93 | -104.14 | | |
| 3-4 | 67.81 | -54.55 | -40.29 | | |
| 4-5 | 65.33 | -58.47 | +29.14 | | |
| 5-1 | 93.86 | -29.42 | +89.13 | | |
| 계 | 443.14 | +0.02 | +0.01 | | |

13) 어떤 다각측량에서 다음의 결과를 얻었다. 이때 폐합비는? 거리의 총합은 1,240m, 위거의 폐합차 -0.12m, 경거의 폐합차 +0.23m이다.

14) 농지구 개척계획의 지구경계 및 보조관측점에 있어서 다각측량의 폐합비는 얼마이며, 또 그 분배법은 보통 어느 것을 사용하는가?

15) 다각측량의 결과를 계산할 때 방위각이 90° 또는 270°에 가까운 값일 때 각 오차가 위거와 경거에 미치는 영향은 어느 것이 더 큰가?


# 제5장 삼각측량

1) 다음 각 사항에 대하여 약술하시오.
    ① 삼각측량의 원리
    ② 삼각망의 종류
    ③ 삼각측량의 특징
    ④ 편심관측의 종류
    ⑤ 삼각망조정에 필요한 조건식수
    ⑥ 삼각형의 조정계산의 제1, 제2, 제3의 조정
    ⑦ 두삼각형의 조정계산의 제1, 제2, 제3의 조정
    ⑧ 유심다각망의 조정계산에서 제1, 제2, 제3의 조정
    ⑨ 편심조정계산상의 주의사항
    ⑩ 삼각점 간의 좌표계산 및 표고계산

⑪ 삼각측량의 각관측 및 수평위치정밀도

⑫ 삼각 및 수준성과표

2) 평균표고 300m의 지점 $A$, $B$ 간의 기선의 길이를 관측하였더니 수평거리가 500.423m이었다. 회전타원체상에 투영한 $\overline{AB}$의 거리를 구하시오. 단, 지구의 반경은 6,400km로 한다.

3) 평균 변장이 2km인 삼각측량에서 시준점의 편심에 의한 영향을 $1''$ 이내로 하기 위해서는 편심거리는 어느 정도까지 허용되는가?

4) 그림에 있어서 $O$점의 표석 중심($C$)에서 $Q$점 및 $R$점 방향이 보이지 않으므로 편심점($B$)에서 $T'$를 관측하였다. 이 관측각 $T'$를 ($C$)에서의 관측각 $T$로 고치기 위하여 편심거리 $e$ 및 편심각 $\varphi$를 관측하여 다음 결과를 얻었다.

$T' = 60°00'00''$   $\varphi = 120°00'$   $e = 0.200\text{m}$

$S_1 \fallingdotseq S_2 \fallingdotseq 2,000\text{m}$   $e'' = 2 \times 10^5$

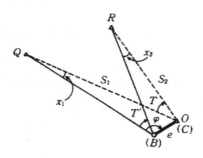

5) 그림과 같은 유심다각형에서 ①에서 ⑱까지의 각을 관측하였다. 이를 조정하는 데 필요한 조건식을 전부 열거하시오.

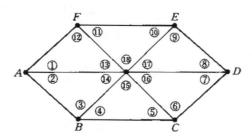

6) 바닷가에 서서 바라볼 수 있는 수평선까지의 거리는 얼마인가? 단, 눈의 높이는 바다수면에서 약 1.4m, 지구반경을 6,370km, 빛의 굴절계수 $k=0.14$로 한다.

7) 양차 0.01m가 되는 수평거리를 구하시오.
   단, $k=0.14$로 한다.

8) 삼각점 A에 기계를 설치하여 삼각점 $B$가 시준되지 않으므로 점 $P$를 관측하여 $T'=60°32'15''$ 를 얻었다. 보정각 $T$를 구하시오. 단, S=1.3km, $e=5$m, $\varphi=302°56'$이다.

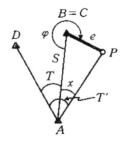

9) 4등삼각점은 평균 변의 길이 1.5km인데, 이 삼각형이 차지하고 있는 면적은 얼마인가?

10) 그림에서 $\angle ABD$(관측각)을 보정하여 $\angle ACD$를 구하시오. 단, 편심보정요소 및 $AC$, $DC$ 의 개략 거리는 기지로 한다.

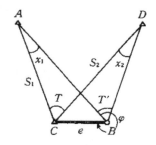

11) 그림의 점조건식, 각조건식, 변조건식을 구하시오.

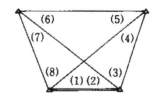

12) 간접고저측량에서 지구의 곡률에 의한 오차를 구하는 식을 나타내고, 수평거리 5km일 때의 지구의 곡률오차를 구하시오.

13) 삼각측량에 있어서 삼각망을 구성하는 삼각형은 어떤 형이 좋은가?

14) 삼각망의 종류를 들고 조건식의 수와 그 특징을 설명하시오.


# 제6장 삼변측량 및 천문측량

1) 다음 각 사항에 대하여 약술하시오.
   ① 삼변측량의 의의
   ② 삼변망의 종류
   ③ 삼변망의 좌표결정
   ④ 천문측량의 의의
   ⑤ 천문경도, 위도 및 방위각 결정

2) 사변형 삼각망의 관측값을 조정하는 순서를 도시하고 설명하시오.

3) 다음과 같은 삼변삼각형의 거리와 좌표 관측값을 얻었다. $C$점의 좌표값은 얼마인가?

| 관측선 | 거리값(m) | 관측점 | 좌표(m) | |
| --- | --- | --- | --- | --- |
| | | | $E$ | $N$ |
| $a$ | 1,360.53 | $A$ | 112.5 | 1,875.0 |
| $b$ | 1,097.90 | $B$ | 2,404.12 | 2,534.35 |

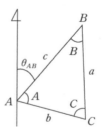

4) 그림과 같은 도형에서 $U$점에서 좌표를 삼변망의 관측방정식에 의한 최소제곱법으로 구하시오.

단, $\overline{AU}=4{,}536.75\text{m}$, $\overline{BU}=3{,}552.00\text{m}$, $\overline{CU}=4{,}084.87\text{m}$

| 관측점 | $X$(m) | $Y$(m) |
|---|---|---|
| $A$ | 649.05 | 3,395.36 |
| $B$ | 1,824.42 | 1,535.44 |
| $C$ | 2,148.92 | 20.36 |

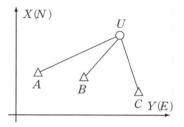

# PART. 02-3

## 3차원 및 4차원
## 위치(X, Y, Z or X, Y, Z, T)해석

# 07 3차원 및 4차원 위치해석

## 1. 영상탐측

영상면과 기준점성과를 이용하여 기계적, 해석적 및 수치적 방법으로 3차원 좌표를 구한다. 기계적(analogue) 방법은 중복촬영된 투명영상면을 정밀입체도화기에 장치한 다음 내부, 상호 표정을 마친 후, 기준점성과를 이용하여 절대표정을 하면 3차원 좌표를 구할 수 있다.

해석적(analysis) 방법은 중복촬영된 영상면으로부터 좌표를 관측한 다음, 기준점성과를 이용하는 수치적 방법으로 표정을 마치면 3차원 좌표를 구할 수 있다.

수치적(digital) 방법은 중복촬영한 영상면으로부터 좌표를 관측한 다음 기준점 측량성과를 이용하여 수치적 방법으로 표정을 마치면 3차원 좌표를 구할 수 있다. 해석적 조정방법에는 독립모형법(IMT)이나 광속조정법(bundle adjustment) 등이 있으며 일반적으로 영상탐측에서는 다음과 같은 표정식을 이용한다.

$$\begin{bmatrix} X_G \\ Y_G \\ Z_G \end{bmatrix} = SR \begin{bmatrix} X_m \\ Y_m \\ Z_m \end{bmatrix} + \begin{bmatrix} X_0 \\ Y_0 \\ Z_0 \end{bmatrix} \qquad (7-1)$$

$X_G$, $Y_G$, $Z_G$는 구하려는 3차원 좌표, $S$는 축척, $R$은 $\kappa$, $\varphi$, $\omega$로 구성되는 회전행렬, $X_m$,

$Y_m$, $Z_m$은 입체모형(model)좌표, $X_0$, $Y_0$, $Z_0$는 평행변위이다.

## 2. 광파종합관측

### (1) 개  요

광파종합관측기(TS : Total Station)는 광파거리관측기, theodolite(각관측기)와 computer 가 합쳐진 관측 장비로서 각(수평각, 수직각)과 거리(수평거리, 수직거리, 경사거리)를 관측하여 삼각 및 다각측량원리를 이용하여 3차원 좌표값을 구할 수 있다. 관측범위는 3km 정도이며 높은 정확도를 요할시(1~1.5초 독취로 각관측)는 (1~2mm)+1ppm[1]이고 일반적인 경우(3~5초 독취로 각관측)는 (3~5mm)+3ppm의 정확도를 확보할 수 있다. TS는 관측 시 공간적(지상, 지하, 좁은 지역, 건물, 숲속, 가로수 아래, 복잡한 도심 등) 제한을 안 받고 관측값을 구할 수 있으며 관측장비도 저렴하고 휴대도 가능하다. TS관측 시 시준선이 확보되어야 하며 기상조건에 영향이 큰 것이 단점이다. 거리관측 시 광파가 대기 중을 통과하여 반사경에 반사된 후 다시 관측장비로 되돌아 올 때까지의 시간을 계산하여 거리를 산출하여야 하므로 대기의 온도와 기압에 따라 관측값이 다르게 나타나므로 반드시 이를 보정해야 하는 번거로움이 있다.

### (2) TS의 종류

TS는 반사경을 수동으로 시준하는 일반형 측설점을 자동 시준하는 모터 구동형, 반사경 없이 측량이 가능(기종에 따라 50~600m 무반사경 측량 가능)한 무타겟형, 반사경 없이 측량이 가능하며 측설점을 자동으로 시준할 수 있는 무타겟 모터 구동형, 이동 중이라도 반사경이 자동으로 추적하여 시준하는 반사경 추적형 등이 있다.

### (3) TS관측의 체계

TS관측의 체계는 다음 그림 7-1과 같다.

---

1 ppm(part per million)은 1/1,000,000을 뜻하며 1ppm은 거리에 따른 오차량으로 1km의 거리관측 시 1mm의 오차가 더 생긴다는 것을 의미한다.

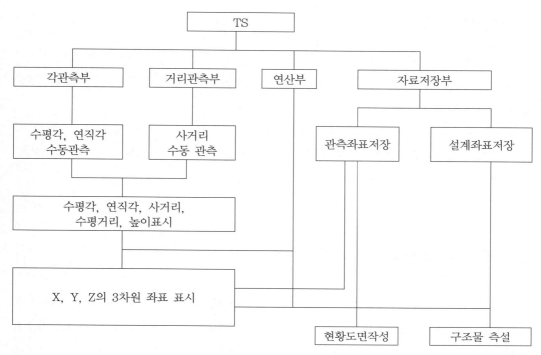

**그림 7-1** 관측의 흐름도

## (4) TS의 정확도

### 1) 각관측의 경우

독취각의 초독에 따른 정확도의 경우, 1~1.5초 정확도는 정밀시공 및 관측업무에, 2초 정확도는 정밀시공 및 정밀설계에, 3~5초 정확도는 일반시공 및 일반설계에 사용하고 있다.

### 2) 거리관측의 경우

독취단위가 모두 1mm일 때, (1~2mm)+1ppm일 경우는 정밀시공 및 관측에, (3~5mm)+3ppm인 경우는 일반시공 및 설계에 이용되고 있다.

따라서 (5mm+3ppm)의 거리 정확도를 가진 TS를 이용하여 1km의 거리 관측 시에는 기계오차 5mm와 거리에 따른 오차 3mm가 더해지는데, 이때 서로 성질이 다른 두 가지의 오차에 대한 합이므로 평균제곱근 오차를 적용하면 $\sqrt{(5)^2 + (3)^2}$ mm= $\sqrt{34}$ mm= 5.83mm의 오차가 발생한다.

### (5) TS 사용 시 주의사항

TS로 거리 관측 시는 적외선 광경이 대기 중을 통과하여 반사경에 반사된 후 다시 장비로 되돌아 올 때까지의 시간을 관측하여 거리를 관측하게 되므로 대기의 온도와 기압에 따라 관측값이 달라지기 때문에 반드시 이를 보정하여야 한다.

① TS 제작 시 설계 온도 및 기압 : 15°C에서의 표준기압(1,013hPa=1,013mbar)
② 측량 시 온도 및 기압을 관측하거나 기상청 자료를 입수하여 장비에 입력을 하여야 한다.
③ TS의 각종 부속품의 제원이 정상인가를 점검한다.

## 3. 라이다(LiDAR)에 의한 위치관측

LiDAR는 Laser Scanner, GPS, 관성항법체계(INS)로 구성되어 있으므로 위치는 GPS가, 센서의 자세는 INS(Inertial Navigation System)가 바로잡고 레이저 스캐너가 센서를 지표면과의 거리를 관측하여 지표면상의 3차원 좌표(X, Y, Z)를 구할 수 있는 위치결정체계이다. 자세한 내용은 영상탐측과 원격탐측에서 설명하기로 한다.

## 4. 관성측량체계

관성측량체계(ISS : Inertial Survey System 또는 INS : Inertial Navigation System)는 세 가속도계를 서로 수직으로 설치하여 여기에 각각 자동평형기인 자이로(gyro)를 부착한 후 탑재기(platform)에 장착하여 물체의 거동으로부터 회전각과 이동거리의 변화를 계산하는 자주적(autonomous)인 위치결정체계이다. 관성측량체계는 원래 공중 및 해상에서의 비행을 목적으로 개발된 관성항법체계로부터 출발하여 최근 측지측량에 활용되고 있다. 관성측량의 특징은 기후조건과 관측지역에 완전히 무관하게 신속히 관측이 가능하며 또한 위치, 속도, 방향 및 가속도를 동시에 결정할 수 있는 장점을 지니고 있다. 그림 7-2는 이러한 관성항법체계의 기타 다른 항법체계와 비교한 장점을 도시한 것이다.

관성측량체계는 현재 위치결정에 관한 한 단독체계(stand alone)로서는 GPS에 반하여 그 중요성이 점차 적어지고 있는 실정이며, 단지 산악이나 산림지역과 같이 GPS의 적용이 불가능한 곳에서 그 활용도가 인정되고 있다. 관성측량체계는 회전각의 결정에서는 기본센서로서 계속 주된 역할을 하고 있다. 이는 GPS에 의한 회전각 결정의 정확도가 아직도 매우 낮기 때문이다.

　관성측량체계는 최근 레이저 스캐너와 GPS/INS 구성에 의한 LIDAR, GPS/INS 통합체계와 두 대의 Video 혹은 CCD Camera를 사용한 이동식도면화체계(MMS) 등 다양한 관측 분야에 활용되고 있다.

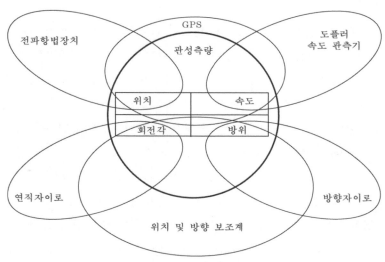

**그림 7-2** 관성항법체계의 장점

## 5. 위성측지

　위성측지(satellite geodesy)는 GPS와 같은 위성위치관측체계를 말하며 이는 현대 사회의 전반에 걸쳐 활용되고 있다. 기초 산업 분야에서는 생산성 향상에 기여하며 GPS 위성의 원자시계로부터의 정밀시각은 정보화시대의 기반이 되는 통신망 동기화, 전력계통 관리, 전자상거래 인증과 같은 경제활동에 중요한 역할을 담당하고 있다. 이와 같은 민간 및 상업적인 응용 분야의 증가 외에도 다양한 종류의 군장비에 활용되고 있으며, 국가 안보확보에도 필수적인 체계(system)로 인식되고 있다.

　현재 위성측지분야는 미국의 GPS, 러시아의 GLONASS, 유럽연합의 Galileo 등이 활용 중이거나 계획 중에 있다. 현재 우주기반 위치결정, 항법, 그리고 시각동기를 위해 전 세계에서 가장 많이 사용되는 체계는 GPS라 알려진 NAVSTAR[2]이다. 본래 군사적 목적으로 개발되었고 미

---

2　NAVSTAR : NAVigation Satellite Timing And Ranging

국방부가 운영하고 있는 장비이나 현재는 95% 이상이 민간 분야에 활용되고 있다.

# 6. GPS(Global Positioning System)

## (1) GPS의 기본

GPS는 정확한 위치를 알고 있는 위성에서 발사한 전파가 지상의 수신기까지 도달하는 소요시간을 관측함으로써 미지점의 위치를 구하는 인공위성의 범지구 위치결정체계이다. GPS는 1978년 첫 발사된 이래 62기였으나 현재에는 31개(예비용 7기 포함)가 약 20,200km의 고도에서 6개의 궤도에 적도면과 55°각도로 원에 가까운 궤도를 그리면서 11시간 58분 주기로 지구를 공전한다. GPS 수신기는 31개의 인공위성 중 최소 4개, 최대 9개의 위성을 이용하여 지구상 어느 곳(육, 해, 공)에서 날씨(기상)에 관계없이 24시간 그 위치를 몇 m의 범위로 정확하게 수평성분($x$, $y$)과 수직성분($z$ or $h$)을 제공함으로써 3차원 정보를 얻을 수 있다. GPS의 보강 및 보정체계를 사용할 경우 몇 cm 내지 몇 mm 수준의 높은 정확도를 얻을 수 있다. GPS는 세계측지기준계(WGS84)를 사용함으로 이용자는 그 지역의 측지기준계로 환산하여 관측값을 사용하여야 한다. GPS의 관측법은 의사거리를 이용한 단독위치관측방법[또는 절대위치관측, point or absolute positioning, 또는 의사거리위치관측 및 코드상관기법(pseudo-ranging positioning, code correlation)]과 상대위치관측방법[또는 정밀위치관측, relative or differential positioning, 또는 방송파위상관측기법(carrier phase measurement)]으로 위치를 결정한다.

GPS 영상탐측학은 기존의 영상탐측기법에 GPS 측량기술을 접목시킨 새로운 학문으로서 발전 속도가 빠르고 활용 분야도 점차 넓어지고 있다. 그 응용 분야를 대별하여 보면 지형도 작성을 위한 항공영상탐측분야와 GPS Van에 의한 도면화체계, 자원 및 생태계 관측 및 분석 등에 기여하고 있다.

GPS 항공영상탐측의 기본원리는 항공영상탐측기에 GPS 수신기를 장치하여 수신된 위성의 신호를 분석하여, 영상의 취득과 동시에 사진기의 노출위치, 즉 영상면의 외부표정요소를 직접 구하는 기법이다. 사진기의 노출위치는 촬영구역 내에 설치된 기준국(reference station)과 연계한 반송파 관측에 의한 이동식 GPS(kinematic mode GPS) 기법으로, 높은 정확도의 위치결정이 이루어지고 있다. 이러한 정확도로 관측된 GPS 노출위치는 항공삼각측량의 블록조정 시 부가의 변수로 도입되어 미지점의 정밀위치결정에 활용되고 있다.

GPS 항측기술은 재래식 방법에 비해 특히 두 가지 장점이 있다. 첫째, 확실한 비행경로를 유지하여 정밀촬영이 가능하므로 계획된 중복도의 실현이 간편하다. 둘째, 정확한 노출위치의 결정은 항공기에 탑재된 GPS 수신기가 대신하므로 항공삼각측량에 필요한 지상기준점의 수를 대폭 줄일 수 있다. 따라서 GPS 항공삼각측량이 성공적으로 활용되면 지형도제작에 소요되는 시간과 경비를 크게 절약할 수 있다.

또한 GPS 영상탐측 분야는 현재 GPS의 단점을 보완하기 위해서 관성항법체계(INS : Inertial Navigation System)와 결합하여 새로운 연구 분야로 발전하고 있다.

## (2) GPS의 역할 및 기능에 따른 구성

GPS는 위성체 연구, 좌표계와 GPS 신호, 위성제도의 향상 및 수신기술개발 등이 접목되어 다양한 응용 분야로 급속히 확산되고 있다. 물론 GPS 이전의 항행 및 위치결정체계인 미해군의 도플러 방식에 의한 TRANSIT(NNSS[3])도 존재하였으나, 그 활용 범위나 정확도면에서 GPS와 비교할 바가 아니다.

다른 위성항행체계와 마찬가지로 GPS도 그 역할과 기능에 따라서 세 분야로 구분되는데, 위성의 배치와 관련된 우주부문(space segment)과 이를 통제하고 시간을 조정하며 궤도를 추정하는 제어부문(control segment) 및 수신기와 관련된 사용자부문(user segment)이다.

### 1) 우주부문

GPS의 우주부문은 실시간(real time) 군사비행을 목적으로 개발되어 지구상에서 언제 어디서나 관측이 가능하도록 설계되었다. 위성은 3.9km/s의 속도로 회전하며, 주기는 항성시(sidereal time, 23시간 56분 4초/1항성일)를 기준으로 12시간으로 태양시(또는 세계시 : solar time or universal time)보다 하루 4분 빠르며, 매일 반복된 위성형상을 이룬다. 각 위성은 매우 정확한 시간정보의 제공을 위해서 세슘(Cs)과 루비듐(Rb) 원자시계를 탑재하고 있다. 현재 총 31개의 GPS 위성(Block IIA 10기 및 Block IIIR 12기, Block IIR-M 7기, Block IIF 2기)이 완전 작동 중에 있다. 향후 계획된 새로운 위성들은 보다 정밀한 원자시계 등을 탑재하여 GPS에 의한 위치결정의 정확도를 한층 더 높여줄 것으로 기대된다.

GPS 위성의 번호표기는 위성의 발사순서에 따른 SVN(Space Vehicle Number)과 궤도의 배열에 관련된 PRN(Pseudo Random Noise)으로 나눈다. Block I 위성에서는 그 번호의 명명이 SVN과 PRN에서 같지 않으나 Block II의 SVN 14부터는 번호표기가 일치하며, 일반적으로 수신기에는 PRN 번호가 나타난다.

---

3   NNSS : Navy Navigation Satellite System

## 2) 제어부문

제어부문은 그 위치가 매우 정확한 Colorado Springs의 주 제어국(master control station), 적도상에 균등 배치된 5개의 조정국(monitor station) 및 3개의 지상송신소(ground antenna)로 구성되어 있다. 정밀한 세슘(Cs) 시계를 장착한 5개 조정국에서는 모든 위성들로부터 신호를 수신하여 각 위성의 작동상태, 궤도 및 시간에 대한 정보를 주 제어국으로 보낸다. 주 제어국에서는 이 정보들을 이용하여 궤도요소를 추정하고, 시간을 수정한 후 다른 필요한 위성정보와 함께 지상 안테나를 통하여 다시 각 위성으로 발송한다. 이러한 작업은 하루에도 몇 차례 반복되므로 이용자는 위성에 대한 생생한 정보를 얻을 수 있다.

## 3) 사용자부문

사용자부문은 위성신호의 취득에 필요한 하드웨어 분야인 수신기와 자료처리를 위한 소프트웨어로 구성되며, 앞의 두 부문과는 달리 사용자 자신의 최소한의 선택권이 주어진다. GPS 수신은 기본적으로 수동, 즉 수신된 신호 수신기의 개발경향은 현재 매우 빠른 속도로 진행 중이고 전자동 처리가 가능하며, 저가의 소형품, 특히 신호차단(AS : Anti Spoofing)에 대비한 새로운 수신기들이 등장하고 있다.

한편, GPS 이용자의 편의를 제공하고 신속한 정보를 제공하기 위한 민간 GPS 정보안내소 (GPS information service)들이 전 세계적으로 건립되고 있는데, 현재 IGS(International Geodynamics Service), GIBS, CBB, GPSIC 등이 운영되고 있다.

## (3) GPS 위성신호의 구성요소

위성에서 발사하는 모든 신호는 반송파(carrier : $L_1$, $L_2$), 코드(cod : P-code, C/A code), 항법메시지(navigation message), 자료신호(data signal) 등으로 구성되어 있다. 위성에 탑재된 발신기에서 기본주파수 $f_0$(10.23MHz)에 154배인, $154f_0$(1,575.42MHz)인 반송파 $L_1$과 120배인 $120f_0$(1,227.60MHz)인 반송파 $L_2$를 연속적으로 발사하고 있다. $L_1$파로 전송되는 SPS(Standard Positioning Service)는 일반이 사용할 수 있는 것(예 : 핸드폰으로 이용)이며, $L_1$과 $L_2$파로 전송되는 PPS(Precise Positioning Service)는 암호키를 가진자만이 사용할 수 있다. $L_1$과 $L_2$를 동시에 조합시키면 전리층효과(ionospheric effect)를 보정할 수 있다. C/A코드(clear/access code or coarse acquisition code)는 $f_0$/10(1.013MHz) 주파수로 1ms[4]주기로

---

4   ms : mili second, 1/1,000초

변조시켜 일반인이 자유로이 사용할 수 있으나 P코드(Precise code)는 $f_0$(10.23MHz) 주파수로 일반인의 사용에 제한을 받는다. $L_1$은 C/A와 P-코드를 다 가지고 있으나 $L_2$는 P-코드만 가지고 있다(그림 7-3).

1990년 3월 25일부터 2000년 5월 1일까지 C/A-코드에 인위적으로 궤도오차 및 시계오차를 첨가시킨 SA(Selective Availability : 선택적 가용성)를 실시한 적이 있었다. 반송파 $L_1$과 $L_2$는 수신기에 위성시각, 궤도매개변수(Parameter) 등의 정보를 송신하기 위해 코드값을 변조[이진이중위상변조(binary biphase modulation) : 반송파 위상을 180° 이동시킴]시킨다. 항법메시지는 GPS신호에 포함된 37,500비트의 메시지를 초당 50비트로 송신한다. 여기에는 위성의 궤도력(ephemeris), 시계(clock)자료, 위성력(almanac), 위성들과 그 신호에 대한 정보들이 포함된다. 자료신호는 2진위상(binary biphase)기법으로 변조(modulation)된다.

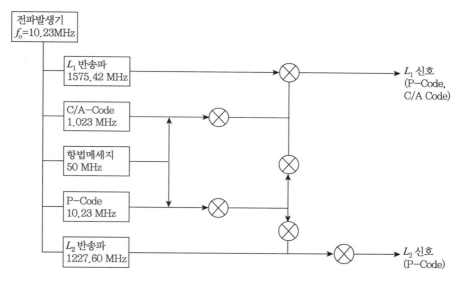

**그림 7-3** GPS 신호의 발생과 그 구성

## (4) GPS 위치결정방법

GPS는 위성에서 발사한 전파가 지상의 수신기에 도달하는 데 소요되는 시간을 관측한 후 전파의 전달속도를 곱하여 거리를 환산하는 일방향 거리관측체계(one-way ranging system) 이다.

GPS에 의한 3차원 위치관측에는 단독위치관측방법과 상대위치관측방법으로 대별되고 있는데, 단독위치관측방법은 수신기 한 대로 4개 이상의 위성을 관측하여 수신기에서 PRN 코드신호의 시간차에 의하여 계산된 의사거리를 이용한다. 상대위치관측방법은 수신기 2대로 4개 이상의 위성을 관측하며 위성으로부터 송신된 수신기자체의 발진기에서 발생한 동기신호(同期信號 : synchronized code)의 반송파의 변위(위상차)를 이용한다. 이 경우 두 측점 중 한 점은 기지점을 이용한다. 상대위치관측방법이 단독위치관측방법에 비해 정확도가 높다.

## 1) 단독위치관측방법(또는 코드상관기법)

단독위치관측에서는 한 개의 수신기에서 4개 또는 4개 이상의 위성에 의한 의사거리를 이용하여 후방교선법(resection)으로 위치를 구한다. 단독위치 관측 시 코드관측에서는 위성에서 발사한 코드와 수신기에서 미리 복사된 코드(replica)를 비교하여 두 코드가 완전히 일치할 때까지 걸리는 시간을 관측하므로 코드상관기법(code correlation)이라 한다. 그러나 관측 중 대기층의 영향과 수신기의 시계가 위성의 시계만큼 정확하지 않으므로 인하여, 약간의 오차가 생기기 때문에 이를 의사거리(pseudo-range)라 부른다. GPS 위성은 아주 정밀한 세슘시계를 탑재하고 있으며, 지상에서 전송되는 시간보정자료를 이용하여 시계를 계속 수정하게 된다. 반면에 수신기의 시계는 GPS 시계보다는 낮은 정확도로 인하여 수신기의 난수배열 생성시간은 일정한 시각오차를 포함하게 된다. 따라서 임의의 측점에서 단일 위성에 대하여 코드관측에 의한 의사거리관측기법을 적용한 단독위치관측방법의 기본방정식은 식 (7-2)와 같이 표현된다.

$$PR = c \cdot \Delta t = |X_S - X_R| + c \cdot \delta t \qquad (7-2)$$
$$= [(X_S - X_R)^2 + (Y_S - Y_R)^2 + (Z_S - Z_R)^2]^{1/2} + c \cdot \delta t$$

여기서, $PR$ : 위성($S$)과 수신기($R$) 사이의 의사거리관측값

$(X_s, Y_s, Z_s)$ : 위성의 위치

$(X_R, Y_R, Z_R)$ : 수신기의 위치

$\Delta t$ : 위성과 수신기간 신호의 도달시간

$c$ : 신호의 전파속도

$\delta t$ : 수신 시 시계오차(GPS와 수신기간의 시각동기오차)

식 (7-2)에서 $\Delta t$는 관측 가능하므로 4개의 미지수 $X_R$, $Y_R$, $Z_R$, $\delta t$가 존재한다. 따라서 의사범위를 이용한 위치결정은 그림 7-4와 같이 4개의 위성을 관측하게 되면 원하는 수신기의 위치와 시간오차를 구할 수 있다. 또한 관측 시 발생하는 각종 오차를 고려하여 코드관측에

의한 의사거리관측기법의 함수모형은 식 (7-2)로부터 식 (7-3)와 같이 표시된다.

$$PR_{CD}(t) = R(t) + c \cdot \delta t_{sym} + c \cdot \delta t_a + c \cdot \delta_S + n_R \tag{7-3}$$

여기서, $R(t)$ : 임의의 시점에서 위성과 수신기간의 거리

$\delta t_{sym}$ : 위성과 수신기간의 시각동기오차

$\delta t_a$ : 대기의 영향에 의한 오차(이온층 및 대류층)

$\delta t_S$ : 위 성시계의 오차

$n_R$ : 관측의 잡음(noise)

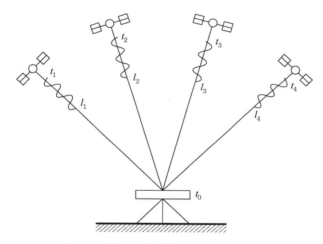

**그림 7-4** 의사거리에 의한 단독위치관측 방법

## 2) 상대위치관측방법(또는 반송파위상관측기법)

그림 7-5와 같이 수신기 두 개(또는 두 개 이상)에서 동일한 위성을 동시에 관측하여 수신기의 3차원 위치를 결정하는 방법으로 두 개의 측점 중 하나는 기지점으로 하고 다른 한점을 기지점과 관련시켜 위치를 구한다. 반송파의 위상차(또는 위상변위 : phase difference)를 사용하는데, 파장의 크기가 작을수록 더 정밀한 관측값을 얻을 수 있다.

비행이나 저정밀도 목적을 위한 코드를 관측, 전파의 도달시간을 계산하여 위치를 결정하는 의사거리관측기법(pseudo-ranging)을 이용한 단독위치관측방법과는 달리 정밀위치 결정을 위한 GPS의 이용은 반송파 관측에 의한 상대위치결정방법이 많이 이용되고 있다. 반송파 위상관측기법(carrier phase measurement)을 이용한 상대위치관측방법에서는 위성에서 보낸 파

장과 지상에서 수신된 파장의 위상차를 관측하므로 단독위치관측방법보다 높은 정확도의 유지가 가능하므로 현재 거의 모든 측지위치결정에 이용되고 있다.

반송파위상관측에서 대기의 영향에 의한 오차와 관측잡음(noise)을 고려한 기본방정식은 식 (7-4)와 같다.

$$PR_{CR}(t) = R(t) + c \cdot \delta t_{sym} + c \cdot \delta t_{ta} + c \cdot \delta t_S + N \cdot \lambda + n_R \qquad (7-4)$$

여기서, $N$ : 파장의 불명확 상수값(또는 파장의 모호성)

$\lambda$ : 파장

위 식에서 각 항목에 대한 설명은 앞의 세 식과 동일하다.

반송파 관측방정식은 의사거리관측기법(그림 7-4)의 방법과 비교하여 단지 파장의 불명확상수 $N$이 하나 더 추가되었음을 알 수 있다. 전체 관측시간 동안 위성신호의 차단이 일어나지 않으면 최초에 발생한 모호상수를 한 번만 결정하면 되지만, 신호의 차단과 더불어 하드웨어 또는 소프트웨어 문제 등으로 주파수 단절(cycle slips)로 불리는 신호의 불연속이 종종 일어나는데, 이때는 새로운 불명확상수를 해결해야만 한다. 이 불명확상수 문제는 GPS 활용에서 가장 큰 중심테마를 이루며, 이의 정확한 결정이 GPS의 정확도를 좌우한다.

GPS 항공영상탐측을 위한 이동식(kinematic) 위치결정에서의 불명확상수 문제는 지상에서 보다 더 큰 어려움이 있는데, 이는 빠른 비행속도에 기인한 공기 동력학(aerodynamic)에 따른 안테나의 거동, 비행동체에 의한 다중경로, 비행시간 단축을 위한 곡선(curve)에서의 급선회 등이다. 현재 이의 해결을 위해 가장 많이 이용되는 방법은 비행과 동시에 짧은 순간에 불명확상수를 결정하는 on-the-fly 기법이다.

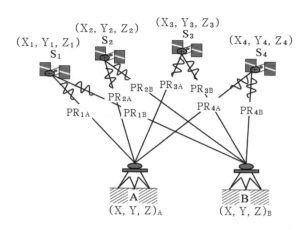

그림 7-5 상대위치관측 방법

① 불명확 상수값(또는 파장의 모호성)

위성관측에서 시계의 불완전성(위성과 수신기에 있는 시계가 불일치)으로 인한 문제점 이외에 수신기까지 전달되는 경로에서 파장의 총수를 정확히 알 수 없는데, 이를 GPS 관측에서는 불명확 상수값[또는 파장의 모호성($N_{SR}$) : ambiguity or integer ambiguity]이라 한다. 이는 한 파장 내에서의 위상차만 관측하므로 전체 파장의 숫자는 정확히 알려져 있지 않기 때문이다.

반송파 위상관측기법의 원리와 모호성의 개념은 그림 7-6과 같다.

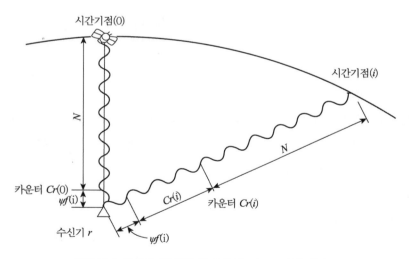

그림 7-6 반송파 위상관측과 모호성(ambiguity)의 개념도

그림 7-6에 나타낸 바와 같이 일정한 시간 기점[epoch(0)]에서 관측이 시작되면 수신기 $r$에

서는 위상변이량 $\Psi_f(0)$를 관측함과 동시에 내부의 파장의 수를 세는 카운터(counter)는 0의 상태가 된다. 다음 기점($i$)에서는 이에 해당하는 위상변이량 $\Psi_f(i)$와 단지 기점(0)에 대한파장의 증가값 $C(i)$만을 관측한다.

따라서 파장의 불명확상수인 전체 파장의 숫자 $N$은 미지수로 남게 된다. 위의 과정을 토대로 임의의 기점($t$)에서의 반송파의 위상관측은 식 (7-5)으로 표시된다.

$$\Psi_f(t) = \frac{2\pi}{\lambda}(|X_S - X_r| - N \cdot \lambda + c \cdot \delta t) \tag{7-5}$$

여기서, $\Psi_f(t)$ : 시간기점 $t$에서 관측된 위상값

$\qquad N$ : 파장의 불명확 상수값

$\qquad \lambda$ : 파장

② 위상차분법(phase differencing)

상대위치관측법에서 불명확 상수값을 소거하기 위해서는 다수의 수신기와 위성관측으로 인하여 생성되는 많은 방정식을 동시에 처리해야 하는 번거로움이 있다. 이러한 번거로움을 단순화하여 미지값을 해석하기 위하여 하나의 관측방정식에서 다른 관측방정식을 차감(差減 : differencing)하는 차분방법을 이용한다. 위상차분에는 단일차분법(또는 단순차법 : single differencing), 2중차분법(또는 2중차법 : double differencing), 3중차분법(또는 3중차법 : triple differencing) 등이 있다.

가) 단일차분법(single differencing)

단일차분법은 하나의 위성에 대하여 두 대의 수신기가 동시에 수신하여 순간적인 위상차를 관측하는 방법이다. 이 방법에서는 위성시계의 편차는 제거할 수 있으나 수신기의 시계편차는 제거할 수 없다(그림 7-7(a)).

나) 2중차분법(double differencing)

2중차분법은 두 개의 위성에 대하여 두 대의 수신기에서 단일차분법을 두 번 반복하는 방법이다. 즉, 그림 7-7(b)에서와 같이 한 위성에 대한 단일차분법을 시행함과 동시에 다른 위성에 대하여서도 같은 단일차분법을 시행한 것에 대한 관측방정식을 구성한 다음 서로 차감하는 방식이다. 이 방법에서는 위성시계와 수신기 시계편차는 제거될 수 있으나 다중

파장경로에 대한 오차는 제거할 수 없다.

다) 3중차분법(triple differencing)

3중차분법은 그림 7-7(c)에서와 같이 2중차분법을 동시에 두 번 수행한 것에 대한 관측방정식을 구성한 다음 서로 차감하는 방식이다. 이 방법에서는 각 수신기에서 4개 이상의 위성을 동시에 관측할 뿐만 아니라 많은 잉여관측값 등(예, 순간적위상변위)을 관측하기 때문에 최소제곱법을 이용하여 관측값을 처리한다. 이 방법을 활용하면 시계편차, 위상에 대한 변위 및 불명확값(예, 불명확 상수)들을 제거할 수 있다.

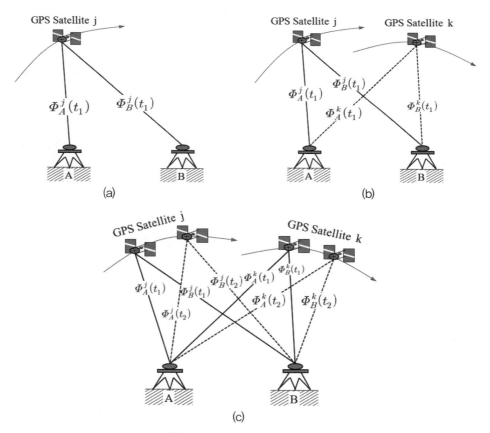

그림 7-7 차분별(differencing)에 관한 위성 및 수신기

## (5) GPS 관측기법

GPS 관측기법에는 정지식관측(static GPS), 정밀식관측(DGPS), 정지·이동식관측(SGK

GPS), 연속이동식관측(CK GPS), 실시간이동관측(RTK GPS) GPS 등이 있다.

## 1) 정지식관측(static-GPS)

정확도가 높은 측지측량 등에 이용한다. 기선길이가 20km 이상인 경우 많은 시간을 요하는 관측으로 SA나 멀티패스영향을 소거할 수 있으나 천공각을 충분히 확보하고 전파방해지역을 피해야 한다. 정확도가 ±(5mm+1ppm)이므로 기준점측량, 지구물리 분야 등 측지분야에 이용된다.

## 2) 정밀GPS(DGPS : Differential GPS, Pseudorange or code-phase differential GPS)

정밀 GPS는 위치를 정확히(수 cm 이내) 알고 있는 곳에 정밀한 시계와 수신기를 갖춘 기준국을 두고, GPS 위성의 신호를 받아 수신기로 계산한 위치값과 미리 알고 있는 자신의 위치를 비교하여 위치의 오차에 대한 보정값을 계산한다. 의사거리 혹은 좌표로 표현된 보정값에 대한 정보를 기준국 주위에서 움직이는 사용자에게 실시간 혹은 후처리(post processing)로 넘겨주어, 같은 위성의 신호를 수신하는 사용자가 이 값을 이용해서 보다 정확한 위치를 계산한다는 원리이다. 후처리 DGPS인 경우 단순차분법과 2중차분법에 의한 관측방정식을 구성하여 최소제곱법으로 관측값을 구한다. 이 DGPS로 정확한 위치 계산이 가능한 이유는 기준국의 정확한 위치 계산뿐만 아니라 위성궤도오차, 위성시계오차, 전리층 시간지연, 대류층 시간지연 등을 제거할 수 있기 때문이다. GPS 이용에 회의적인 분야에서도 이 GPS에 대해 많은 관심을 갖고 있다. 그러나 실제의 경우 두 수신기간의 거리, 두 수신기간의 정보 전달속도, 계산에 쓰이는 알고리즘 및 하드웨어의 성능 요인들이 DPGS의 정확도에 커다란 영향을 미친다.

DGPS는 위성이나 라디오 비콘(radio beacon) 등과 같은 다양한 자료연결(data link)을 이용하기 때문에 자료신호(data message)의 표준화를 필요로 한다. 특히 실시간 응용에서 표준 자료형식(data format)의 필요성 때문에 미국 RTCM-SC 104(Radio Technical Commission for Maritime services Special Committee 104)는 실시간 DGPS에 이용되어질 수 있는 다양한 형태의 표준화된 자료형식(data format)을 제정했다.

특히 두 수신기간의 거리가 문제시되는 것은 거리가 멀면 한 위성과 두 수신기 사이에 놓여 있는 전리층과 대류권의 성질이 다를 수 있으므로, 이들에 의한 시간지연값이 두 수신기에 다르게 나타나기 때문이다. 그러므로 일반적으로 DGPS를 구성할 때 기준국과 사용자 간의 거리가 100km를 넘지 않도록 기준국을 배열해야 한다.

한편, 특정한 목적의 측량과 같은 분야에서는 절대위치 관측보다는 두 점 간의 상대위치 정보가 필요할 수도 있다. 이런 경우는 주변의 임의의 위치에 한 수신기를 놓아 기준국으로 하고,

두 수신기간의 상대적 위치를 매우 정확히 관측할 수 있다. 현재 미국 해안경비대(coast quard)와 연방항공국(FAA)을 비롯한 여러 단체를 중심으로 C/A 코드 위치 관측에 대한 정밀도를 높이기 위해 가장 활발하게 연구되고 있는 방법이 DGPS이다. 위성에서의 항법신호는 사용자의 수신기에 도달하면서 위성시계와 수신기 시계의 불일치, 전리층이나 대류권에서 전파의 지연으로 생기는 시간차, 주파수 단절(cycle slip) 등으로 인해 정확도가 떨어지게 된다. 이러한 문제점을 해결하기 위해서 정밀 GPS 기법이 개발되었다. 이러한 DGPS 기법을 사용하면 정확도는 고정점과 기선거리에 따라 다르나 일반적으로 0.1~0.3m정도이다.

## 3) 정지 · 이동식 GPS(SGK GPS : Stop & Go Kinematic GPS)

연속적인 미지점 관측시에 이용되며 라디오모뎀을 통한 실시간 처리 및 후 처리를 선택할 수 있으며 초기 기지점 또는 다른 기지점에 연결하여 오차점검을 해야 한다. 정확도는 2cm+1ppm이므로 정확도가 낮은 기준점측량, 지형측량, 시공측량, 경계측량, 영상면기준점 및 항공영상면의 위치측량 등에 사용된다.

## 4) 연속이동식GPS(CK GPS : Continuous Kinematic GPS)

도로나 수로의 중심선관측에 이용되며 Stop & Go Kinematic GPS와 비슷한 정확도로 이용되며 완공된 도로선형의 수치지도갱신 및 동체의 궤적 등을 추적할 경우 등에 많이 사용된다.

## 5) 실시간 이동GPS(RTK GPS : Real-Time Kinematic GPS)

실시간 이동GPS인 경우 기준국의 보정값을 무선으로 이동국에 송신하여 의사거리를 보정한 후 위치를 계산한다. 후처리(post processing)방식에서는 양국에서 수신한 자료를 컴퓨터에서 보정하여 위치를 해석한다. 그림 7-8은 정밀GPS(DGPS)를 이용한 위치해석 방법으로 현장에서 즉시 관측결과를 사용할 수 있어 차량 및 항공기의 실시간 항법용으로 이용, 지질학연구, 해양시추선에 활용, 댐의 변형연구 등에 수 cm 정도 이내의 정밀도를 요구하는 분야에 응용, 이동점의 위치좌표를 실시간으로 수신할 수 있어 실시간현황측량, 절토 및 구조물결합의 확인 등 시공측량에 편리하게 이용되고 있다.

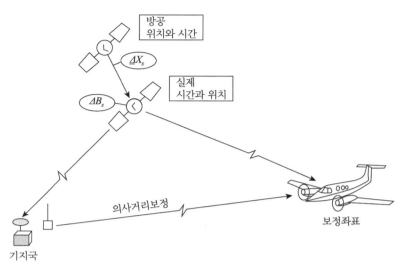

**그림 7-8** DGPS에 의한 위치해석

## (6) 조직망 RTK GPS(Network RTK GPS)

조직망 RTK는 복수의 상시관측소에서 취득한 위성자료로부터 계통적 오차를 분리, 모형화하여 생성한 보정자료를 사용자에게 실시간 전송함으로써 수신기 1대만으로도 높은 정확도의 RTK측량을 가능하도록 하는 기술로써 단일조직망, 다중조직망, VRS, FKP 방식 등이 있다.

### 1) 단일조직망(단일 기준점 위치관측)

하나의 기준점을 이용하여 이동국의 위치를 관측하는 방법으로 기준국에서 위치보정데이터를 생성하여 이동국으로 직접 전송한다. 또한 기준국과 이동국 간 거리의 증가에 따라 오차가 증가하므로, 관측지점에서의 현장 검증(calibration) 과정이 필요하다.

### 2) 다중조직망(다중기준점 위치관측)

여러 개의 기준점망을 이용하여 이동국의 위치를 관측하는 방법으로 기준점망에서 주요 오차원의 보정값을 추정하여 면보정 매개변수(parameter)를 생성하거나, 가상기준점에 대한 위치보정값을 생성하여 이동국으로 전송한다. 또한 연결망 내에서는 거리에 따른 오차가 없고 신뢰성이 높다.

[표 7-1] 단일 및 다중 RTK 특징 비교

| 구분 | 단일 RTK | 다중 RTK |
|------|----------|----------|
| 장점 | · 장비의 설치 및 사용이 간편<br>· 위치보정신호 오류의 발견과 조치가 신속함 | · 기준국 장비가 필요 없이 1대의 이동국 장비만으로도 측량가능<br>· 다수의 기준점 관측자료를 모두 사용하므로 위치관측의 신뢰성이 높음 |
| 단점 | · 이동국 등 2대의 RTK-GPS 장비가 필요함<br>· 이동국간 거리 증가에 따라 오차가 증가하므로 관측지역에서의 현장검증이 필요 | · 시설 및 시스템 구축에 고가의 비용이 소요<br>· 시스템 유지관리의 어려움<br>· 무결성 판단이 어려움<br>· 등의 실용화에 시간이 필요함 |

## 3) VRS 방식(Virtual Reference Station)

### ① 의의

VRS(Virtual Reference Station)방식은 기준국(GPS 상시관측소) 3점 이상을 이용하여, 이동국(관측점) 주변에 가상의 기준점을 설정하고, 관측오차보정 요소(전리층, 대류권 및 위성궤도 오차, 다중경로 오차 등)를 제거한 자료를 이동국에 전송함으로써 관측위치 정확도나 초기화 시간이 기준국(GPS 상시관측소) 간 거리에 좌우되지 않는 RTK GPS 체계이다. 이때 만들어진 오차모형은 가상기준점망을 형성하는 모든 기준국에서 관측한 값으로 만들게 되므로 한 점을 기준으로 만드는 보정값보다 정밀하고 신뢰성이 높다.

VRS 관측방법은 이동국의 개략위치를 제어센터로 송신하고, 제어센터는 수신된 자료를 가지고 이에 맞는 위상보정값을 RTCM(Radio Technical Commission for Maritime Services) 형식으로 이동국에 송신한다. 이동국은 보정값을 수신하고 수신기 위치를 DGPS 방식으로 계산하여 이를 다시 제어센터로 송신한다. 제어센터는 다시 새로운 RTCM 보정값을 계산하여 전송하고 이때 보정값은 이동국 바로 옆에 위치한 가상의 기준국에 대한 값이다.

### ② VRS 위치관측의 장점

가) 종래의 RTK 또는 DGPS 위치관측 시의 문제점을 해결할 수 있다.

(ㄱ) 기지국 GPS가 필요 없음(경제적임)

(ㄴ) 위치보정자료 송수신을 위한 무선모뎀장치가 필요 없음

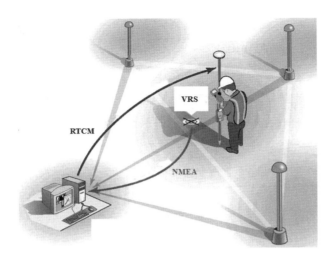

**그림 7-9** VRS 관측 개요도

　　(ㄷ) 휴대전화의 사용으로 통신거리에 제약이 없음
　　(ㄹ) 실시간 측량을 위한 장비의 초기화가 필요 없음

　나) 다양한 종류의 GPS 위치관측 서비스를 제공할 수 있다.
　　(ㄱ) 정밀 위치관측 : cm 단위의 RTK-VRS 서비스
　　(ㄴ) 일반 위치관측 : Sub meter 단위의 DGPS-VRS서비스
　　(ㄷ) Static 위치관측 : 후처리 방식의 정지식 측량 VRS 서비스

　다) Static VRS인 경우 기지점에 GPS 수신기를 설치할 필요 없이 상시관측소 간의 기선을 세션관측 시 그대로 이용하므로 적은 GPS 장비로 많은 양의 관측이 가능해진다.

③ VRS 위치관측의 단점
　가) GPS 상시 관측망에 근거한 VRS망 외부 지역에서는 위치관측 불가능
　나) 휴대전화 가청 범위로 위치관측 제한
　다) 휴대 전화 요금의 문제
　라) 상시 관측소 설치, VRS서비스 센터 구축, 휴대전화 기지국 망의 확충 및 통화 품질
　　등 전체적인 VRS 시스템 구축에 막대한 비용 소요

④ 해석방법

가) VRS 방식의 원리

(ㄱ) VRS 서비스센터에서 상시관측소의 GPS 관측자료를 24시간 수신하고, 가상 기준점에 설치한 이동국 수신기의 GPS관측 자료를 수신한다. 이때 NMEA 형식으로 이동통신망 등을 이용한다.

(ㄴ) 상시관측소와 가상기준점의 관측자료를 이용, 정적간섭 위치관측 방식으로 순간 처리하여 가상 기준점의 위치보정자료를 생성하고 이에 맞는 위상보정값을 RTCM 형식을 이용하여 이를 휴대전화 또는 무선 인터넷모뎀으로 이동국 GPS 사용자에게 송신한다. 이동국은 보정값을 수신하여 수신기 위치를 DGPS 방식으로 계산하며 이동국 수신기는 다시 새로운 위치를 VRS 서비스센터로 보낸다.

(ㄷ) 네트워크서버는 다시 새로운 RTCM 보정값을 계산하여 이동통신망을 이용하여 전송한다. 여기서 보정값은 이동국 옆에 위치한 가상의 기준국에 대한 것으로, 전리층과 대류권 지연효과를 전체 기준망의 관측값을 이용하여 모형화하므로 보다 정확한 값을 갖게 된다. 이 기법은 자료가 가시화되지도 않으며, 실제로 관측하지도 않은 가상의 기준점의 개념을 도입하였으므로 '가상기준점' 기법이라 한다.

나) VRS 위치관측의 조건

(ㄱ) 국가의 측지 기준점 체계 확보

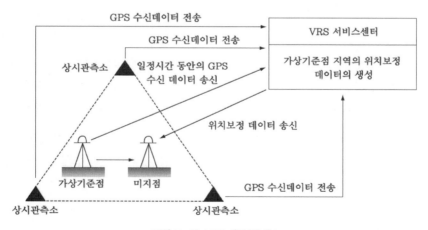

**그림 7-10** VRS 운영체계도

(ㄴ) 상시 관측소가 최소 30~50km 간격으로 균등하게 배치

(ㄷ) 위치보정자료를 순간 생성할 수 있는 GPS 기선 해석 및 망조정 기술 능력의 확보

(ㄹ) 제공되는 위치보정자료에 대하여 측지 성과로서의 공신력 확보

(ㅁ) 위치보정자료의 통신 매체인 휴대전화나 인터넷모뎀 등의 통신 품질의 확보

(ㅂ) 이동국 GPS 사용자의 GPS 측량에 대한 기초지식이 필요

## 4) FKP 방식(Flächen Korrektur Parameter)

① 개요

다수의 상시관측소 데이터를 이용하여 시계오차, 위성궤도오차, 전리층오차 등의 주요 오차원의 보정값을 관측하여 이를 기초자료로 면보정 매개변수를 계산한 후 사용자에게 전송하는 방식이다(그림 7-11).

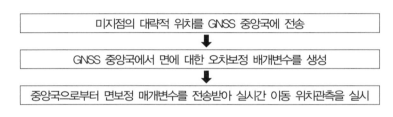

**그림 7-11** FKP 방식 흐름도

② 특징

그 동안 국토지리정보원에서는 VRS 방식을 이용하여 위치보정정보 자료를 사용자에게 제공하고 있지만, 인터넷 통신 모뎀을 사용하여 서비스하는 가상기준국은 사용자와 보정정보생성 서버 간의 양방향 송수신 시스템으로 서비스 회선수가 200회선으로 제한되어 있어 200명 이상 동시 접속 시 위치정보를 제공해주는 서버의 렉(wreck) 발생 등으로 많은 불편함이 있었다. 이러한 불편함을 해소하기 위하여 2012년 말부터 3cm 미만의 FKP-GPS 위치정보서비스를 단방향 통신으로 전송(방송 또는 인터넷으로 보정계수를 전송)함으로써 누구나 쉽고 정확하게 위치자료를 활용할 수 있는 환경이 되었을 뿐만 아니라, 이용자수도 무제한이 될 수 있다는 장점이 있다.

## 5) 연결조직망 실시간 이동체계(Network RTK system) 구축시 필요사항

수 cm 이내의 RTK 측량을 위해서는 최소 40~50km 간격의 상시관측소 네트워크가 필요하며, 네트워크 구성 및 데이터통신 시설의 구축비용, 보안성, 자료의 시간지연 등을 고려하여야

한다. 또한 시스템의 유지관리, 장애시 처리를 위한 철저한 계획이 필요하다.

## (7) GPS의 위치 결정에 영향을 주는 오차의 종류 및 오차처리

GPS를 이용하여 위치를 결정할 때 발생하는 중요한 오차요인은 위성(기하학적 분포, 궤도, 시계), 위성신호전달(전리층, 대류권, 다중경로), 수신기(시계, 주파수)에 의한 오차 등이 있다.

### 1) 위성에 관한 오차

① 위성의 기하학적 분포에 따른 오차

수신기 주위로 위성이 적당히 고르게 배치되어 있는 경우에 위치의 오차가 작아진다. 이때 보이는 위성배치의 고른 정밀도를 DOP(Dilution Of Precision)라고 하며, 일반적으로 위성들 간의 공간이 더 많으면 많을수록 수신기에서 결정하는 위치정밀도는 높다고 할 수 있다. DOP에 는 기하학적 DOP(GDOP : Geometric DOP), 3차원 위치 DOP(PDOP : Positional DOP), 수직위 치 DOP(VDOP : Vertical DOP), 평면위치 DOP(HDOP : Horizontal DOP), 시간 DOP(TDOP : Time DOP) 등이 있다.

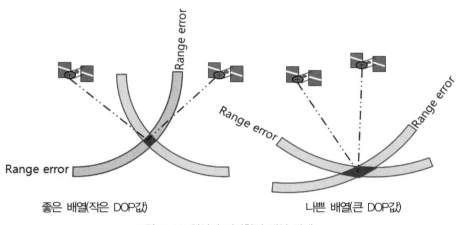

좋은 배열(작은 DOP값)　　　　　나쁜 배열(큰 DOP값)

**그림 7-12** 위성의 기하학적 배열 관계

DOP는 모든 위성의 항법메세지를 해석하여 예측할 수 있다. 수신가능한 위성수와 DOP의 관계를 이용해 GPS 관측이 가장 양호한 시간대를 정하여 관측하면 보다 정확한 결과값을 얻을 수 있다. 관측정확도, 위치정확도, DOP의 관계는 다음과 같다.

$$\sigma_P = DOP \; \sigma_{UERE} \qquad\qquad (7-6)$$

여기서, $\sigma_{UERE}$ : 관측정확도(measurement accuracy, User Equivalent Range Error)

$\sigma_P$ : 위치정확도(position accuracy)

DOP는 다음과 같이 구분하여 계산할 수 있다.

$$\text{기하학적 DOP(GDOP)} = \frac{\sqrt{\sigma_E^2 + \sigma_N^2 + \sigma_U^2 + \sigma_T^2}}{\sigma} \qquad\qquad (7-7)$$

$$\text{위치 DOP(PDOP)} = \frac{\sqrt{\sigma_E^2 + \sigma_N^2 + \sigma_U^2}}{\sigma} \qquad\qquad (7-8)$$

$$\text{평면위치 DOP(HDOP)} = \frac{\sqrt{\sigma_E^2 + \sigma_N^2}}{\sigma} \qquad\qquad (7-9)$$

$$\text{수직위치 DOP(VDOP)} = \frac{\sqrt{\sigma_U^2}}{\sigma} = \frac{\sigma_U}{\sigma} \qquad\qquad (7-10)$$

$$\text{시간 DOP(TDOP)} = \frac{\sqrt{\sigma_T^2}}{\sigma} = \frac{\sigma_T}{\sigma} \qquad\qquad (7-11)$$

여기서 $\sigma_E^2$, $\sigma_N^2$, $\sigma_U^2$은 수신기 위치 추정변동량을 동쪽(East), 북쪽(North), 위쪽(Up) 성분으로 표시한 것이고, $\sigma_T^2$은 수신기 시계오차 추정변동량을, $\sigma$는 거리에 대한 표준편차를 나타낸 것이다. 참고로 $PDOP^2 = HDOP^2 + VDOP^2$, $GDOP^2 = PDOP^2 + TDOP^2$과 같다. 그리고 비행계획 수립 시 PDOP는 3~5, HDOP는 2.5 이하로 하는 것이 좋다.

[표 7-2] DOP 값의 의미

| DOP 값 | 양호한 정도 | 비고 |
|--------|-----------|------|
| <1 | 이상적 | 가장 높은 신뢰도, 항상 높은 정확도를 가짐 |
| 1-2 | 매우 좋음 | 충분히 높은 신뢰도, 민감한 정확도가 요구되는 분야에 사용 가능 |
| 2-5 | 좋음 | 경로 안내를 위한 요구사항을 만족시키는 신뢰도 |
| 10-10 | 보통 | 위치관측 결과를 사용 가능하나 좀 더 열린 시야각에서의 관측을 요함 |
| 10-20 | 불량 | 낮은 신뢰도, 위치관측 결과는 대략적인 위치를 파악할 때만 사용 |
| >20 | 매우 불량 | 매우 낮은 신뢰도(6m의 오차를 가지는 기기가 약 300m 정도 발생) |

② 위성의 궤도에 의한 오차

위성에 작용하는 여러 힘들[예 : 부정확한 모형화인 선택적 가용성(SA : Selective Availability)에 의한 인위적인 위성정보 적용]에 의하여 정해진 궤도로 위성이 진행하지 않아서 수신기에 틀린 정보를 제공으로 함으로써 생기는 오차가 궤도에 대한 오차이다. 수신기 두 대 이상을 설치하여 관측하거나 차분법을 사용하면 오차를 많이 줄일 수 있다.

③ 시계오차

GPS 위성들은 시간유지와 신호동기(synchronizing)를 위해 고도의 정밀도를 가진 세슘(Cs) 또는 루비듐(Rb) 원자시계를 이용한다. 위성시계의 오차는 정확하게 교정될 수 있다.

## 2) 위성신호전달에 의한 오차

① 전리층오차

지표면으로부터 80~1,000km 사이의 전리층을 신호전파가 통과 시 분산이 일어나고 전압의 변화가 생기므로 발생하는 오차이다. 고주파($L_1$)신호에 비해 저주파($L_2$)신호가 전리층에서 속도가 느리므로 두 신호의 지연차를 비교하여 지연효과를 계산하고 소거하는 과정에 오차모형화를 이용하면 오차를 감소시킬 수 있다.

② 대류권 오차

지표면으로부터 평균 12km 사이의 대류권 통과 시 구름과 같은 수증기에 의한 굴절로 오차가 발생한다. 대류권오차는 표준보정식(예 : Hopfield model)에 의해 소거될 수 있으나 오차모형화에 의한 오차감소방법을 수행하기도 한다.

③ 다중경로에 의한 오차

바다표면이나 빌딩 등에서 반사신호에 의해 직접 신호의 간섭으로 오차가 발생한다. 특별히 제작된 안테나(예 : choke ring 안테나)를 사용하든가 적절한 위치선정(예 : 수신기 안테나 근처에 사물로 인한 굴절이 안 되는 곳)을 해야 오차를 소거할 수 있다.

## 3) 수신기에 의한 오차

① 수신기 시계의 오차

수신기에는 위성의 원자시계보다 저가의 시계를 사용하므로 GPS 시각의 동기오차가 발생한다. 이를 해결하기 위해 시계오차를 미지수로 다루는 3개의 의사거리 방정식을 이용하여 수신기 위치($X$, $Y$, $Z$)와 시계오차(t)를 구하여 수신기 시계오차를 소거한다.

② 주파수오차

주파수 모호성(cycle ambiguity)과 주파수단절(cycle slip 예 : 수신을 방해하는 건축물, 나무, 비행기, 조류 등에 의한 관측환경 불량으로 갑자기 신호가 끊김)로 생기는 오차이다.

## (8) GPS 관측값의 측지학적 고도와 지오이드 고도차의 개념차이

GPS에서 관측의 높이(고도)값은 타원체의 수학적표면을 기준으로 하였기 때문에 물리적인 지오이드고와 차이가 있다

$$H = h + N \qquad\qquad (7\text{-}12)$$

$H$ : 측지학적고도(정표고 : orthometic height)
$h$ : 평균해수면으로부터의 고도(타원체고 ellipsoidal height)
$N$ : 지오이드고도(geoidal height)

GPS의 수평위치의($X$, $Y$)의 값은 정확도가 좋으나 수직위치(고도)의 값($h$)의 정확도는 수평위치의 정확도에 비해 낮다(종래의 Level 측량성과보다 정확도가 떨어진다).

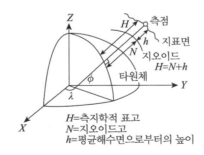

그림 7-13 측지학적고도와 지오이드 고도차

## (9) GPS 관측성과의 좌표변환

GPS 측량에서는 지구중심좌표계 WGS84(World Geodetic System 1984)를 기준좌표계를

사용하고 있지만 각 나라마다 각기 다른 좌표계를 사용하기 때문에 좌표계 사이에 변환관계가 명확하게 정립되어야 한다. 향후 GPS 관측에 의한 측지망의 구성 및 지도제작의 신뢰성, 자료의 균질성 및 통일성을 확보하기 위하여서는 각 나라가 국가적 차원에서 정확한 좌표전환요소를 산출하여 공시할 필요가 있다. 우리나라에서는 일반적으로 TM 좌표계를 사용하고 군사적 목적으로는 UTM 좌표계를 사용한다. 즉, GPS 관측성과를 사용자의 지역에 맞게끔 좌표를 환산하여 이용한다. 좌표변환 방법에는 매개변수변환, molodensky 변환, 회귀다항식변환 방법이 있으나 일반적으로 이용되고 있는 매개변수(parameter) 방법만을 소개한다.

### 1) 매개변수(parameter)에 의한 변환 방법

매개변수에 의한 방법에는 3-매개변수변환(3-parameter transformation)과 7-매개변수변환(7-parameter transformation)이 있다.

① 3-매개변수변환

두 기준계(I, II)의 좌표 $(X, Y, Z)$축이 평행이며 그 크기가 동일한 경우로 평행변위(translation : $\Delta X$, $\Delta Y$, $\Delta Z$)요소만을 고려하여 보정한다.

$$X_2 = X_1 + \Delta X, \quad Y_2 = Y_1 + \Delta Y, \quad Z_2 = Z_1 + \Delta Z \tag{7-13}$$

$X_1, \ Y_1, \ Z_1$ : 기준계I의 직교좌표
$X_2, \ Y_2, \ Z_2$ : 기준계II의 직교좌표
$\Delta X, \ \Delta Y, \ \Delta Z$ : 두 타원체 간의 평행변위(translation)

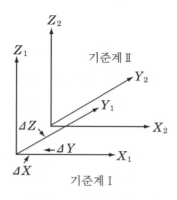

**그림 7-14** 3-매개변수 변환

② 7-매개변수변환

두 기준계(I, II)의 좌표(X, Y, Z)축의 크기와 변형이 다르므로 평행변위(translation : $\Delta X$, $\Delta Y$, $\Delta Z$), 회전변위(rotation : $R_X$ $X$축의 쌍곡선형 변형, $R_Y$ $Y$축의 포물선형 변형, $R_Z$ $Z$축의 타원형 변형), 축척인자(scale factor : S)를 고려하여 보정해야 한다.

$$
\begin{bmatrix} X_Z \\ Y_Z \\ Z_Z \end{bmatrix} = S_1 \begin{bmatrix} 1 & R_Z & -R_Z \\ -R_Z & 1 & R_X \\ R_Y & -R_X & 1 \end{bmatrix} \begin{bmatrix} X_1 \\ Y_1 \\ Z_1 \end{bmatrix} + \begin{bmatrix} \Delta X \\ \Delta Y \\ \Delta Z \end{bmatrix} \tag{7-14}
$$

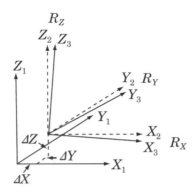

**그림 7-15** 7-매개변수 변환

## (10) GPS의 활용 분야

현재 GPS의 활용 분야는 거의 제한이 없을 정도로 매우 광범위하며, GPS 측량기법의 우수성과 수신기의 가격 하락으로 나날이 새로운 적용분야가 생겨나고 있다. 다음에서는 위치결정과 관련된 GPS의 활용 분야를 간단히 소개한다.

### 1) 측지측량기준망 설정

GPS 활용의 가장 대표적인 분야로서 GPS 측량기법은 재래식 삼각 또는 삼변측량으로는 불가능하였던 날씨와 기선장에 무관하게 3차원 위치를 높은 정확도로 결정할 수 있게 되었다. 따라서 1980년대 말부터 세계 전역을 하나의 동일좌표계를 바탕으로 대륙 간을 cm의 정확도로 연결하는 세계측지측량망인 ITRF(International Terrestrial Reference Frame)가 설정되었으며, 현재도 계속 갱신작업이 추진 중이다. 이를 위하여 지구상에 균등 배치된 VLBI, SLR 등을 이용하여 관측소에서 준성, 위성 등을 목표물로 장기간 관측한 자료들을 분석하여, 현재 망의 정확도를 ±1cm로 유지하고 있다.

각 대륙은 이를 바탕으로 기선장 300~500km 내외의 대륙측량망을 구축하였으며, 대표적인 예로 유럽의 EUREF(European REferencing), 북미의 ACS(Active Control System) 등을 들 수 있다. 또한 각국은 이 대륙측량망을 기본으로 기선장 50~100km의 국가 GPS 기준망을 설정하여, 지역별로 20~50km의 밀도로 배치하여 고밀화 측지측량망으로 정확도 갱신, 수준측량 및 지적측량 등에 활용하고 있다. 그러나 이러한 성공적인 GPS 활용을 위해서는 세계좌표계와 지역좌표계간의 정확한 변환요소 결정과 지오이드기복고도에 대한 정밀모형이 우선적으로 해결되어야만 한다.

## 2) 지구물리학적인 측면

GPS를 지구물리학적 측면에 활용할 경우 지각변동을 관측하는 작업이나 지질의 구조를 해석하는 일, 지오이드모형개발, 지구의 자전속도 및 극운동 변화량 검출, 지각변동, 항공 지구물리 등이 GPS를 응용하여 수행할 수 있는 분야이다. GPS를 이용한 기상학, 해수면 감시, 시추공의 위치 확인 및 결정, 해상의 중력측량, 해상탐색 및 구조, 준설작업, 해저지도 작성, 해양자원탐사에 활용도 증가, 인공위성의 궤도 및 자세의 결정 등을 위한 기술수단으로 큰 역할을 할 수 있을 것이다.

## 3) 국토개발

국토재정비 및 이용계획, 환경보존 등에 필요한 지형공간정보의 근간이 되는 기준점 설정을 GPS로 정확하게 처리할 수 있다. GPS 활용으로 해상구조물측설, 수심측량시 수평위치결정, 해양탐사, 천연자원(미네랄, 석유, 석탄 등) 탐사지역의 위치확인 및 영역설정, 습지, 숲, 목재 등의 천연자원관리를 저렴하고 정확한 처리, 야생동물을 관찰하는 동물학자, 생태학자, 해양생물학자 등이 행하는 야생동물보호 및 동물들로부터 위협을 받는 자들이 자신을 지키기 위하여 위치확인 수단 등으로도 GPS가 이용될 수 있다.

## 4) 지적 측량

GPS의 지적측량에는 실시간이동식 관측기법(realtime kinematic)과 보정자료전송의 편리성 및 상시관측소의 설치 등으로 앞으로 이 분야에의 활용이 크게 기대된다. 위성시계의 확보가 가능한 지역에서는 별 어려움 없이 현장에서 직접 도근점 설치, 지적경계선의 분할과 합병 등이 가능하며, 위성시계가 불량한 지역이라 할지라도 광파종합관측기(total station) 등과 연계하여 상기의 목적을 매우 효율적으로 수행할 수 있다.

### 5) 고저(수준) 측량

GPS는 3차원 정보를 제공하는 기술체계이므로 수평위치는 물론 높이의 결정도 가능하나, GPS 위치결정의 특성상 높이 좌표는 평면에 비해 항상 그 정확도가 떨어지는 단점도 있다. 또한 GPS에 의한 고도값은 기하학적으로 정의된 타원체고도이므로, 이를 실제에 활용하기 위해서는 중력이 기준이 되는 정표고로의 환산을 위한 지오이드고도가 필요하다. 지오이드고가 cm 정도인 선진국에서는 이미 GPS에 의한 고저측량망(수준망) 조정, 검조위 관측 등이 보편화되고 있다. 현재 정밀중력측량을 실시하고 있으며, 각종 위성관측으로부터 유도된 중력자료의 정확도가 현저히 증가하여, 머지않은 장래에 GPS 측량은 삼각고저(수준)측량이나 레벨측량기법으로 대체 될 것이다.

### 6) 지형공간정보(지도, 자원 및 시설물유지관리 등)에 활용

3차원 지형공간 자료취득 및 지도제작 과정은 GPS 측량과 밀접한 관계에 있다. 지도를 제작하거나 주제도를 분류하여 제작하는 일, 수자원 관리, 삼림관리 등에도 유용하게 이용될 수 있다. 정적 및 동적 관측대상에 대하여 GPS와 각종 센서(CCD나 video 등)를 결합하여, 각종 시설물(지상, 지하)에 대한 위치정보와 특성정보를 신속히 취득하여 지형공간정보의 자료기반(DB)을 구축한다. 예로서, 도로의 현황이나 전력선, 상수도관·하수도관, 가스관 등, 광범위하게 분포된 시설물의 위치와 상태를 GPS와 PenMap 등으로 현장에서 직접 독취하여 저장한 후, 유지보수와 관련된 모든 정보를 자동으로 관리한다.

또한 동적인 관측(이동하면서 관측하거나 움직이는 대상이나 화재현장조사 등)의 경우 비디오로 촬영한 자료에 위치를 표시하거나, 이동물체나 현장의 변화상태를 실시간으로 감시할 수 있는 원격제어체계를 구축할 수 있다.

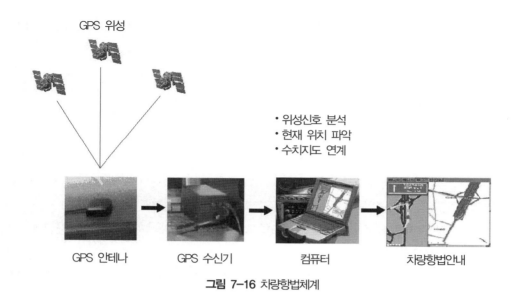

GPS 위성

· 위성신호 분석
· 현재 위치 파악
· 수치지도 연계

GPS 안테나　　　GPS 수신기　　　컴퓨터　　　차량항법안내

**그림 7-16** 차량항법체계

## 7) 차량항법체계(CNS)와 이동식도로정보화체계(GPS Van) 및 군사적 응용

GPS를 이용한 차량항법체계(CNS : Car Navigation System)를 구축하여 차 내에 장착된 액정영상면을 통해 격자형 및 벡터형 자료로 구성된 수치자료로 차량의 현재 위치를 파악하며, 미리 입력된 자료기반을 이용하여 목적지를 검색할 수 있다. 또한 차량의 최적경로를 안내하며 지형(지모, 지물) 정보를 제공한다. 운송 분야에서는 택시, 버스, 상업용 차량을 운영하는 회사들이 각 차량을 추적할 수 있으며, 특히 혼잡한 주차장이나 철도 선로 구역에서 효과적으로 차의 위치를 확인할 수 있고, 물류 분야에서는 택배나 화물운반 회사에서 보다 나은 물자의 실시간추적과 관리가 가능하며, 해양수산 분야에서는 어업 경계선의 침범, 경계구역의 문제들을 효과적으로 해결할 수 있다. 고속도로 및 수로의 조사 및 유지관리에 필요한 자료를 GPS Van으로 처리한다. GPS Van은 일반차량에 GPS 수신기, 디지털 사진기, 자이로스코프, 가속도계 및 휠탐측기 등을 탑재하여 주행과 동시에 도로와 관련된 각종 시설물 현황이나 기타 특성정보를 실시간으로 자동 취득하는 차량기반 이동도면화체계(MMS : Mobile Mapping System)이다. GPS Van은 GPS 측량기술, 차량항법 및 수치영상 처리기술 등이 복합된 최신의 측량기법으로서, 도로와 관련된 효율적인 GIS 자료취득에 가장 큰 주목을 받고 있는 점에 있어서도 유망한 GPS 영상탐측에 의한 분야이다. 지능형교통체계(ITS : Intelligent Transport System), 선박의 항법, 항공기 항법체계, 고속철도 등의 항법 및 교통 분야에서도 GPS의 정확도 향상으로 인하여 필요성이 확대될 것이다. 위성신호수신기와 무선통신을 통합시킴으로써 높은 정확도를 얻을 수 있으며, 위성신호 및 무선통신신호 수신 즉시 수신기의 위치를 계산할 수 있다. 높은

정확도의 위치관측값을 얻으므로 선박, 항공기나 미사일의 공격목표선정 및 최대공격효과 예측 등 항법장치에 이용되며, 군사 작전에 필요한 각종 정보를 사전 또는 실시간으로 취득할 수 있다.

## 8) 긴급구조 및 방재

소방대원, 경찰, 구급차를 급파하여 화재, 범죄현장, 사고피해자, 구급대원의 위치를 신속하고 정확하게 스크린에 나타낼 수 있다. 또한 긴급구조 119 휴대전화에 GPS 위치결정기술을 장착하여 간단하고 경제적인 구조활동을 할 수 있다. GPS 활용으로 조난 구조팀이 바다, 산, 스키장, 사막, 황무지 등에서 조난자들을 조사하고 구조할 수 있다. GPS 수신기를 차량에 장착하면 차량이 고장이 났을 경우 자신의 위치를 정확히 전달시킬 수 있으며, 견인차가 신속하게 도착할 수 있다. 방재를 위한 GPS 활용으로 기상, 예보, 홍수피해지역, 제방, 배수로와 같은 대상을 확인하고 영역을 결정하여 지형공간정보를 형성할 수 있다.

## 9) 여가선용

하이킹, 캠핑, 사냥을 할 경우 길을 잃었거나, 잃어버린 대상들을 찾는 데 GPS를 활용하면, 안전하고 손쉽게 원하는 바를 마무리 지을 수 있다. 보트를 타거나 낚시의 경우 모래톱, 바위 및 여타 장애물 주위를 좀 더 안전하게 항해할 수 있고, 즐겨 찾는 지점을 정확하게 찾을 수 있으며, 낚시꾼들은 빠르고 효율적으로 안내할 수 있고 덫을 찾거나 설치하는 데 도움을 줄 수 있다.

## 10) 우주개발

위성궤도 추적을 위하여 GPS 수신기를 이용하면 정확하게 궤도 위치를 결정할 수 있으며, 엘리뇨 기상지도를 신속하고 경제적으로 제작하려면 DGPS 기술을 이용한다. 우주정거장 개발을 위하여 랑데부 운영을 쉽게 할 수 있고, 궤도 수정을 하는 동안 상호 GPS 운영을 효율적으로 할 수 있다.

## 11) 고응용체

항공산업, 항구 내에서의 배의 운항, 정교한 기차의 운영을 수행하는 철로, 농업과 광업에서 요구하는 소요 정확도와 활용 등에서 높은 정확도를 요구하는 사용자에게는 DGPS에 의한 오차 수정과정을 연구하여 보다 정확한 관측값을 제공하여야 할 것이다.

## 7. GLONASS

러시아의 GLONASS 개발은 미·소 냉전시대인 1970년대부터 시작되었고 1982년에 첫 번째 위성의 발사가 이루어졌다. 초기에는 24기의 위성으로 이루어진 체계를 계획하고 있었으나 위성의 너무 짧은 수명과 구소련의 붕괴 이후 러시아의 재정적 어려움으로 인해 계획은 현실화되지 못하였다. 1991년 가동 중인 7기의 위성으로 1단계 GLONASS 체계가 완성되고 이후 1993~1994년 사이에 발사된 Block IIv(평균수명 3년)와 1995년부터 발사를 계획한 GLONASS-M(평균수명 7년)을 이용하여 3개의 궤도면에 24개 위성(각 궤도면에 8기)을 45° 간격으로 배치하고 이웃하는 궤도면의 위성과는 15° 간격을 가지는 2단계 GLONASS 체계를 완성할 계획이었으나 재정부족으로 2003년 말에 첫 GLONASS-M 위성이 발사되었다.

재정적 어려움으로 제 기능을 수행하지 못했지만 최근 주변국가의 재정협조로 2004년 말에 3대의 위성을 발사하여 14대의 위성이 활동 중이며 7대의 GLONASS-M 위성을 생산 중에 있으며 이후 GLONASS-K 위성을 배치할 계획에 있다. K 위성은 제3의 민간신호가 첨가됨으로 신뢰도와 정확도의 향상을 달성할 수 있고, 수명이 10년 이상 증가할 것으로 전망된다.

## 8. GALILEO

유럽연합과 유럽 우주국의 Galileo 프로젝트는 유럽 독자의 GNSS(Global Naviagtion Satellite System) 계획으로 1990년대 말 GPS 유료화 움직임 및 미국의 독점적 위치에 대응하고자 시작되어진 프로젝트이다. Galileo 프로젝트는 완전한 민간 체계로서 추진되고 있으며, 3개의 궤도평면에 9개의 위성과 1개의 여유분을 가지도록 설계되어 총 30기의 위성으로 구성된다. 궤도평면 경사각은 GPS와 거의 동일하게 56°를 유지한다. Galileo위성의 정확도는 현재 GPS 위치관측 정확도의 90% 이상 수준으로 향상될 것으로 예상된다. Galileo 프로젝트에 대한 내용은 표 7-3과 같다.

[표 7-3] 갈릴레오 프로젝트의 내용

| 단계 | 내용 |
|---|---|
| 초기(1999. 10~2000. 12) | 갈릴레오 체계 설계(장비 발전 model 등) |
| 개발(2001. 01~2001. 12) | 위성 설계 검증 |
| 준비(2002. 01~2004. 12) | 3개의 위성제작 발사. 지상국 일부개발장비와 위성의 개발 가능성 증명 |
| 발전(2005. 01~2007. 12) | 궤도결정. 수정위성 제작발사. 지상국 완성. 위성배치 완성 및 체계시험 운영 |
| 공급( ~2008) | 유럽 및 각 국가에 공급 개시 |

Galileo는 GPS나 GLONASS와는 달리 유료 서비스를 제공할 계획이므로 정확한 위치관측정보를 위해서는 일정수준의 사용료를 제공하여야 하나 중저급 정밀도의 위치관측정보는 GPS와 마찬가지로 무료로 제공할 계획이다.

현재 추진 중인 Galileo 프로젝트에는 공식협정을 맺은 중국을 비롯하여 우리나라, 러시아, 인도, 호주, 브라질, 아르헨티나, 모로코, 우크라이나 등의 국가들이 참가할 의사를 표명한 것으로 알려졌다.

이러한 위성위치관측 체계의 주체국들은 상호협력을 통하여 향상된 서비스를 제공하고자 2004년에 러시아와 미국은 IGS(International GNSS Service)와의 협의를 통해 위성을 공동으로 사용하고 있으며 최근에는 미국과 EU와의 협의를 통해서 GPS와 Galileo 위성 간의 상호호환이 가능하도록 시도하고 있다. 미국의 GPS 의존으로 유럽주권의 종속우려로 2005년 12월 28일 30개의 위성을 24,000km상공에 발사할 계획으로 초기위성 GIOV-A(Galileo In Orbit Validution Element) 위성을 발사하여 2006년 1월 12일부터 항법메세지가 방송되었다 사업비와 공동사업의 차질로 2010~2013년으로 연기된 상태이다. GPS의 도심지장애물로 55%만 측량할 수 있으나 Galileo와 공동 활용한다면 95% 이상의 지역에 대한 위치값 취득이 가능할 것으로 추정하고 있다.

# 9. 위성 레이저와 달 레이저 측량

[SLR or LLR : Satellite (or Lunna) Laser Ranging]

위성 측량방법으로 영상에 의해 위성의 방향을 관측하는 광학적 방향관측법이 일찍부터 실시되었으나 대기의 영향에 의해 정확도 면에서 만족할 만한 값을 얻지 못하였다. 따라서 지상측량에서 삼각측량이 삼변측량으로 대체되는 것과 같이 위성이나 달측량에 있어서도 방향관측에 대신하여 거리관측이 등장하게 되었다. 인공위성이나 달까지 거리를 관측하는 방법에는 전파를 사용하는 방법이 있으나 대출력의 레이저펄스를 이용하는 방법이 정확도 면에서 유리하므로 현재는 레이저 거리측량방식이 주류를 이루고 있다. 위성 또는 달 레이저 거리측량은 위성 또는 달을 향해 레이저 펄스를 발사하고 위성 또는 달로부터 반사되어 돌아오는 왕복시간으로부터 위성 또는 달까지의 거리를 관측하는 방법이다.

## (1) SLR

SLR(Satellite Laser Ranging)은 지상관측소와 인공위성사이에 레이저파의 소요시간을 관측하여 두 점 간의 거리를 산정할 수 있는 체계이다. 이는 지상관측소에서 단파장($\lambda$=10150ps)의 레이저를 인공위성을 향해 발사하게 되면 정밀한 시간관측장치(TIC : Time Interval Counter)를 작동시킨 후 레이저파가 인공위성의 역발사체(retroreflector)에 의해 발사되어 지상의 관측소로 복귀하면서 시간관측장치를 중단시킨다. 이때 관측된 소요시간에 속도를 곱하여 얻은 거리를 이등분하면 지상관측소와 인공위성사이의 거리를 산정 할 수 있다. 현재 전 세계적으로 약 58개의 SLR 지상관측소가 운영되고 있다.

SLR의 활용 분야와 기술현황은 ① 지구회전 및 지심변동량관측, ② 해수면과 빙하면을 관측, ③ 지형 및 평균해수면의 높이를 직접관측, ④ 지각변동연구 및 기초물리학의 연구자료 제공, ⑤ 지구중력장에서 시간에 따른 변화량의 관측, 지구의 수직운동 등을 감시(monitor)할 수 있어 SLR 관측망을 통하여 지구중심의 움직임을 mm 단위로 감시하는 데 이용, ⑥ 일반상대성이론을 실험 할 수 있는 유일한 기술로 이용, ⑦ SLR 관측소는 VLBI, GPS 시스템을 포함하여 국제적 우주측지관측망을 형성하는 데 중요한 역할을 한다. 이로써 SLR은 지상과 위성간의 거리관측, 지구중심의 변동량모니터, 표면의 관측, 해수면의 관측, 일반상대성이론의 실험 등 지구물리학 분야에 중요한 관측방법으로 이용되고 있으며 국제지구기준좌표계(ITRF : International Terrestrial Reference Frame)의 유지에도 크게 기여하고 있다.

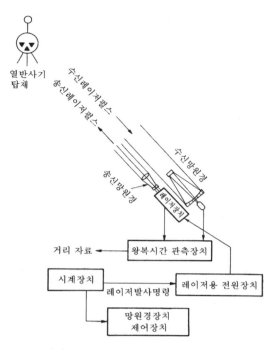

열반사기
탑재

수신레이저펄스

송신레이저펄스

수신망원경

송신레이저펄스

송신망원경

레이저장치

거리 자료 ← 왕복시간 관측장치

시계장치

레이저발사명령

레이저용 전원장치

망원경장치
제어장치

**그림 7-17** SLR(Satelllte Laser Ranging)의 원리

## (2) LLR(Lunar Laser Ranging)

LLR는 1969년 아폴로II호의 달 착륙이 성공되면서 이때 설치한 달 역반사체를 이용하여 달까지의 거리를 관측할 수 있다.

## 10. 4차원 위치해석

두 점 사이의 거리를 재는 데 시간은 두 점에서 동일하다고 생각하였으나 정확히 말한다면 떨어져 있는 두 점에서 시간은 동일하지 않다. 특수상대성이론이 생긴 후 3차원 입체기하학은 시간의 인자를 도입하여 텐서해석학(tensor analysis)으로 발전하였다. 따라서 4차원 공간에서 두 점 사이의 거리($r$)는 광속도($c$)와 시간($t$)이 첨가된 $r = \sqrt{x^2 + y^2 + z^2 - (ct)^2}$ 으로 표시된다.

$$r = \sqrt{x^2 + y^2 + z^2 - (ct)^2}$$

(7-15)

3차원 공간의 점 $P(X, Y, Z)$를 2차원 평면상의 점 $P(x, y)$로 투영하여 $P(x, y)$로부터 $P(X, Y, Z)$를 구하는 것을 3차원 측량이라 하면, 4차원 공간의 점 $P(X, Y, Z, T)$를 3차원 공간의 점 $P(x, y, t)$로 투영하여 $P(X, Y, Z, T)$를 구하는 것을 4차원 측량이라 한다. 측량방법은 영상탐측의 경우 사진기와 영화촬영기를 사용하여 일반영상탐측과 같은 방법으로 측량하지만 시간을 정확히 관측하기 위해 시간간격이 일정한 스트로보방전관을 사용한다.

그림 7-18은 높이가 70m이고 경사가 약 60°인 절벽 위에서 돌을 떨어뜨린 경우 이 낙석이 그리는 궤적을 구한 예이다.

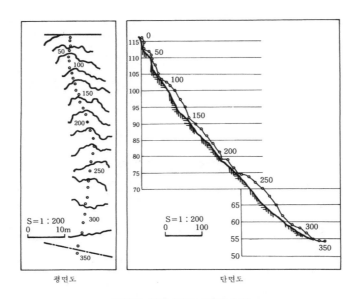

평면도          단면도

**그림 7-18** 낙석의 4차원 측량

# 연 습 문 제

## 제7장 3차원 및 4차원 위치해석

다음 각 사항에 대하여 약술하시오.

① 3차원 위치관측을 위한 표정식

② 관성측량체계

③ 광파종합관측기(TS)

④ GPS에 의한 위치관측의 기본

⑤ GPS 항측기술(airborn GPS)

⑥ GPS의 역할과 기능에 따른 분류

⑦ GPS 위성신호의 요소

⑧ GPS의 선택적 가용성(SA : Selective Availability)

⑨ GPS에 의한 단독위치관측법(코드상 관측기법)과 상대위치관측법(반송파위상 관측기법)의 특징 차이

⑩ 정밀GPS(DGPS : Differential GPS)

⑪ 실시간이동 GPS(RTK GPS : Real-Time kinematic GPS)

⑫ 불명확상수값(또는 파장의 모호성)

⑬ 차분법(differencing)의 의의, 종별 및 종별에 따른 특성

⑭ GPS측량의 오차

⑮ 정밀도 저하율(DOP : Dilution Of Precision)

⑯ GPS 좌표성과의 좌표변환

⑰ GPS에 의한 차량항법체계(CNS : Car Navigation System)

⑱ GPS Van

⑲ GPS의 활용 분야

⑳ VRS(Virtual Reference Station)와 FKP(Flächen Korrektur Parameter)의 의의, 장단점 및 해석방법

㉑ GLONASS

㉒ GALILEO

㉓ 4차원 측량

# PART. 02-4

## 도면제작 및 면·체적산정

# 08 도면제작

## 1. 개 요

　도면 제작(mapping)은 절대좌표계(또는 기준좌표계 : 경도, 위도, 표고 등)에 특성정보를 점·선·면의 집합으로 표현한 지도와 임의의 좌표계(또는 상대좌표계)에 특성정보를 점·선·면의 집합으로 표현한 뇌도면, 심장도면, 비지형 설계도면 등이 있다. 여기서 다루고자 하는 도면 제작은 일반지형도, 특수지형도(사진지형도, 수치모형도, 수치형상도 등), 지적도 등이다.
　일반적으로 지형(지모와 지물)을 표시한 지형도를 지도라고도 한다.

## 2. 지형도 제작방법

### (1) 종래의 지상측량방법

　① 기준점 측량(수평위치 : 삼각, 다각, GPS 측량 등/수직위치 : 고저측량)
　② 보조기준점(또는 도근점) 측량(다각, 고저측량 등)
　③ 세부측량(세부도화 : 평판, 시거, 지형측량 등)을 통하여 지형도를 작성

## (2) GPS와 TS에 의한 방법

① 기준점 및 보조기준점 측량(수평위치 : GPS에 의한 삼변측량, TS에 의한 삼각 및 다각측량, 수직위치 : 고저측량, 조석관측)
② 세부측량(TS에 의한 지형〈지모 · 지물〉의 3차원 좌표취득)
③ 측량원도작성(CAD) 상에서 대상물의 같은 속성에 대한 3차원 좌표를 연결하여 수치지도로서 지형도를 작성

## (3) 영상에 의한 영상탐측 방법

1) 촬영에 의한 영상면과 투명양화 제작, 2) 영상면에 필요한 기준점 측량, 3) 1)에서 얻은 영상면이나 투명양화를 표정(내부 및 상호표정)한 다음 2)에서 얻은 기준점 성과를 이용하여 절대표정을 마치면 세부사항을 도면화할 수 있다. 또한 이때 절대좌표도 얻을 수 있다.

## (4) 수치지도 작성에 의한 방법

종래의 지도제작 방법으로 완성된 지도를 digitizer 또는 scanner를 사용하여 수치화하는 방법이 있고 또 다른 방법으로는 항공영상의 도화작업에 이용되는 해석도화기를 사용하여 자료를 취득하는 방법이 있다.

### ■ 수치지도화체계의 3단계
### 1) 입력체계
도면이나 영상의 지형공간 정보를 수치화하여 자기테이프나 하드디스크에 기록한다.

### 2) 편집체계
입력된 수치자료(digital data)를 영상면상에 표시하여 대화적으로 영상면이나 도형의 가공 편집 수정을 행한다.

### 3) 출력체계
수치화된 지형공간 정보를 X-Y plotter, laser plotter 등의 출력장치를 이용하여 직접 제도판용 필름(scribbing sheet)에 그려 내거나 자기테이프(M/T)에서 hard copier 등의 기기를 통해 출력한다.

## (5) 고해상도 위성영상에 의한 방법

인공위성에 탑재된 scanner에 의하여 취득된 고해상 영상면에 대하여 기하보정을 거친 후 기준점 성과를 이용하여 2차원 및 3차원 위치를 결정함으로써 도면을 제작한다.

## (6) 3차원 레이저 스캐너(scanner)에 의한 방법

대상물의 표면을 스캐닝하여 대상물의 형상을 도면화하는 관측장비로 수평방향으로 360°, 연직방향으로 150° 범위를 회전하면서 1초당 2,000개의 레이저빔을 발사한다. 관측대상물에 대하여 관측점의 정밀도를 높게 하여 취득된 3차원 좌표를 이용하여 모형화(modeling)함으로써 실제 물체의 형상과 거의 동일한 도면을 작성할 수 있다.

# 3. 지도분류

## (1) 표현내용에 따른 분류

### 1) 일반도(一般圖, general map)

일반인을 위한 다목적 지도로서, 국가기본도(1/5,000), 토지이용도(1/25,000), 대한민국전도(1/1,000,000) 등이 있다.

### 2) 주제도(主題圖, thematic map)

어느 특정한 주제를 강조한 지도로서, 지질도, 토양도, 관광도, 교통도, 도시계획도, 산림도 등이 있다.

### 3) 특수도(特殊圖, specific map)

특수한 목적에 따라 사용되는 지도로서, 항공도, 해도, 천기도, 점자지도, 입체모형지도, 지적도 등이 있다.

## (2) 제작방법에 따른 구분

### 1) 실측도(實測圖)

실제 측량한 성과를 이용하여 제작하는 도면으로서, 1/5,000 및 1/25,000 국가지형도, 지적도, 공사용 대축척지도 등이 이에 속한다.

### 2) 편집도(編輯圖)

기존의 지도를 이용하여 편집하여 제작하며 대축척도면으로부터 소축척도면으로 편집하는 것을 원칙으로 한다. 1/50,000 지형도 및 1/250,000 지세도는 각각 1/25,000 및 1/50,000 지형도를 모체로 하는 편집도이다.

### 3) 집성도(集成圖)

기존의 지도, 도면 또는 영상면 등을 이어 붙여서 만든 것으로 항공영상을 집성한 사진집성도가 대표적인 예이다.

## (3) 축척에 따른 구분

축척은 도상거리와 지상거리의 비를 말하는 것으로, 항상 분자를 1로 분모는 정수로 표시하며 분모가 작을수록 대축척이 된다.

① 대축척도 : 1/500~1/3,000
② 중축척도 : 1/5,000~1/10,000
③ 소축척도 : 1/10,000~1/100,000 이하

## (4) 대상물 표현에 따른 분류

### 1) 지형도(地形圖, topographic map)

지형[지모(地貌 : 계곡, 산정 등)과 지물(地物 : 건물, 철도 등의 인공물과 암석, 수목 등의 자연물 등)]에 대하여 3차원 기준점[수평위치$(x, y)$와 수직위치$(z)$] 성과를 이용하여 도면을 제작한 것이다. 우리나라의 국가지형도는 1/50,000(1910~1918 : 종래 지상측량방법으로 남북한 전 지역 제작), 1/25,000(1966~1974), 1/10,000, 1/5,000 등으로 영상탐측방법으로 남한만을 제작,

영상면축척(1/37,500~1/40,000), 또한 1975년부터 2001년 사이에 1/5,000 국가기본도 16,561도엽이 영상면축척 1/20,000에 의해 제작되었다.

## 2) 기본도(基本圖, base map)

전국을 대상으로 하여 제작된 지형도 중 규격이 일정하고 정확도가 통일된 것으로 축척이 최대인 것이어야 한다(측량·수로조사 및 지적에 관한 법률 시행규칙 제15조 참조). 우리나라의 경우 육지에서는 축척이 가장 큰 1/5,000 국가기본도(national base map)가 있다. 해양에서는 국가해양기본도로 축척 1/250,000인 해저지형도, 중력이상도, 지자기 전자력도, 천부(淺部) 지층분포도가 1996년부터 제작되고 있다.

## 3) 지적도(地籍圖, cadastral map)

토지에 대한 물권(物權)이 미치는 한계(위치, 크기, 모양, 경계 등)를 알기 위하여 2차원 기준점[수평위치(x, y)만 필요함]성과를 이용하여 도면을 제작한 것이다. 우리나라의 지적도에는 대지(垈地)나 전답(田畓)은 1/600(또는 1/500), 1/1,200(또는 1/1,000), 1/2,400, 임야는 1/3,000, 1/6,000로 표현된 임야도가 있다.

## 4) 선분도(線分圖, line map)

대상물의 특성을 선추적 방식(vector)으로 표현(직선이나 곡선으로 표현)한 도면이다. 지형도, 기본도, 지적도, 관광도, 교통도 등 일반도면으로서 vector map이라고 한다.

## 5) 영상면지도(映像面地圖, imagery map)

대상물의 특성을 격자형 방식(raster)으로 표현한 도면이다. 집성영상도면, 정사투영영상도면 등으로서 raster map이라고도 한다.

## 6) 부호도(符號圖, signal map)

대상물의 특성을 일정한 기호나 점 등으로 표현한 도면이다. 기호지도, 부호도면, 점도면 등이 있다.

### 7) 수치도면(數値圖面, digital map)

대상물의 위치 및 특성 정보를 수치화하여 저장하였다가 필요시 가시화하여 이용하는 도면이다.

## 4. 지도 제작 시 고려사항

### (1) 도 식

지도에서는 지상에 존재하는 대상물의 세부 상황을 총망라하여 도면을 제작하는 것이 이상적이지만 축척의 관계로 그것은 불가능하고 또 너무 상세히 하면 반대로 복잡하여 대상물의 읽기가 어려워진다. 도면 내용이 복잡한 것은 피하며 되도록 상세한 도면을 만들기 위하여 일정한 기호 및 표현상의 약속이 필요하게 된다. 이 기호 및 규정을 도식(圖式)이라 한다. 각종의 도면에서 동일한 도식을 사용할 수 있다면 대단히 편리하겠지만 지도의 사용목적과 축척의 크기가 각각 다르므로 모든 도면을 동일하게 할 수는 없다. 도식과 기호는 다음과 같은 조건을 만족하는 것이 중요하다.

① 지물의 종류가 그 기호로써 명확히 판별될 수 있을 것
② 도면이 깨끗이 만들어지며 도식의 의미를 잘 알 수 있을 것
③ 간단하면서도 대상을 도면으로 제작하는 것이 용이할 것

### (2) 색 채

도면 제작에 필요한 사항을 알기 쉽게 하기 위하여 색채를 이용할 경우가 있으나 도면의 색이 너무 짙으면 도면을 이용할 때, 필요한 사항을 도면 내에 표현하기가 불편하므로 색은 옅은 편이 좋다. 특히 주목해야 하는 지물이나 기호에는 짙은 홍색을 사용한다. 이 이외에는 원칙적으로 실제의 색에 따르도록 한다. 채색은 글자나 선을 쓰기 전에 하여야 한다.

측량한 도면을 청사진으로 할 때는 색을 낼 수가 없으나 이것을 인쇄할 때에는 각각의 색을 내는 다색인쇄가 가능하므로 자주 이용되고 있다.

### (3) 정식(整飾)

도면이 다 이루어지면 표현하고자 하는 대상을 정리하고 체제를 정돈하여 내용의 설명 및

도면 제작에 필요한 사항 등을 남김없이 기재한다. 일반적으로 기입하는 사항은 다음과 같다.

① 표제, 도면의 종류 및 번호
② 인접도와의 관계, 도곽선에 있는 도로 및 철로의 경유지와 도착지명
③ 축척, 방위, 등고선 표고, 주요도식, 측량 및 제도연월일, 담당자명 등

## 5. 지상측량 방법에 의한 지형도 제작

### (1) 지형도의 개요

지표면상의 지형[地形 : 자연 및 인공적 지물(地物)·지모(地貌)]의 상호위치관계를 수평적(x, y) 또는 수직적(z)으로 관측하여 그 결과를 일정한 축척과 도식으로 도지에 도시한 것을 지형도(topographic map)라 하는데, 이 지형도를 작성하기 위한 측량을 지형측량(地形測量, topographic survey)이라 한다.

지형도상에 표현되는 것에는 지물과 지모의 두 가지가 있는데, 이 두 가지를 총칭하여 지형이라 한다. 지물(지상에 있는 도로·하천·철도·시가·암석 등으로 형상을 갖추고 있는 대상들)을 일정한 축척으로 표현한다. 이 경우 작은 물체나 지상물의 성질과 상태를 기호화한 것도 이에 포함된다. 지모[산정(山頂)·구릉·계곡·평야·경사지, 토지의 기복 등]는 등고선으로 표시된다. 따라서 이 같은 내용을 가진 지형도는 다목적으로 이용되고 각종의 편집도, 토지이용도, 주제도작성 등의 기초가 된다.

### (2) 지형의 표시방법

지형의 표시방법에는 자연적 도법과 부호적 도법이 있다. 자연적 도법은 태양광선이 지표면을 비칠 때에 생긴 명암의 상태를 이용하여 지표면의 입체감을 나타내는 방법이다.

부호적 도법은 일정한 부호를 사용하여 지형을 세부적으로 정확히 나타내는 방법이다. 널리 이용되는 국토해양부 국토지리정보원발행의 1/50,000, 1/25,000, 1/5,000의 지형도는 부호적 방법에 의한 것이다.

## 1) 자연적 도법

자연적 도법에는 영선법(影線法)과 음영법(陰影法)이 있다.

### ① 영선법(hachuring)

이 방법은 그림 8-1에 표시한 바와 같이 '게바'라 하는 단선상의 선으로 지표의 기복을 나타내는 것이다. 그러므로 이것은 일명 게바법이라고도 한다. 게바의 사이, 굵기, 길이 및 방법 등에 의하여 지표를 표시한다. 급경사는 굵고 짧게, 완경사는 가늘고 길게 표시한다. 그러므로 기복은 잘 판별되나 제도방법이 복잡 곤란하고 고저가 숫자로 표시되지 않으므로 토목공사에 별로 사용하지 않는 지형도이다.

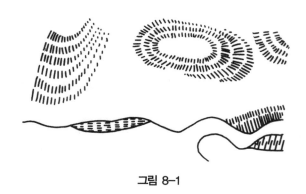

그림 8-1

### ② 음영법(shading)

음영법은 태양광선이 서북쪽에서 경사 45°의 각도로 비친다고 가정하고 지표의 기복에 대하여 그 명암을 도상에 2~3색 이상으로 채색하여 지형을 표시하는 방법이다.

## 2) 부호적 도법

부호적 도법에는 단채법(段彩法), 점고법(點高法)과 등고선법이 있다.

### ① 단채법(layer system)

이 방법은 등고선 간 대상(帶狀)의 부분을 색으로 구분하고 채색하여 높이의 변화를 나타나게 하는 것이다. 채색의 농도를 변화시켜서 지표면의 고저를 나타내는 것으로 지리관계의 지도에 사용된다.

② 점고법(spot system)

지표면상 임의점의 표고를 도상에 있는 숫자에 의하여 지표를 나타내는 방법이며 해도, 하천, 호소, 항만의 심천(深淺)을 나타내는 경우에 사용된다.

### 3) 등고선법(contour system)

이 방법은 동일표고의 점을 연결한 곡선, 즉 등고선에 의하여 지표를 표시하는 비교적 정확한 지표의 표현방법이다. 여기에서 등고선은 그림 8-2와 같이 지표면을 일정한 높이의 수평면으로 자를 때에 이 자른 면의 둘레의 선이다. 등고선에 의하여 지표를 나타낸 경우는 등고선의 성질을 파악하지 않으면 안 된다.

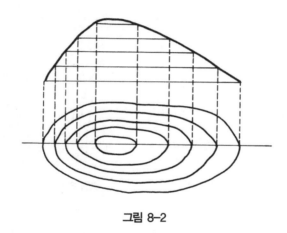

그림 8-2

## (3) 등고선의 성질

등고선의 주요한 성질은 다음과 같이 도해하여 요약할 수 있다.

① 동일 등고선상에 있는 모든 점은 같은 높이이다(그림 8-3 참조).
② 등고선은 도면 내나 외에서 폐합하는 폐곡선이다. 단, 지도의 도면 내에서 폐합하는 경우와 폐합하지 않는 경우가 있는 것은 물론이다(그림 8-4 참조).
③ 지도의 도면 내에서 폐합하는 경우 등고선의 내부에는 산꼭대기(山頂) 또는 요지(凹地)가 있다. 요지에는 지소(池沼)가 있는데, 물이 없는 경우에는 그림 8-5와 같은 방법으로 표시한다.

그림 8-3

그림 8-4

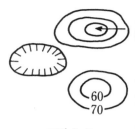

그림 8-5

④ 그림 8-6과 같이 2쌍의 등고선 볼록부가 상대하고 있고 다른 한쌍의 등고선의 바깥쪽으로 향하여 내려갈 때 그곳은 고개이다.

⑤ 일반적으로 솟아오른 절벽이 있는 곳 이외에는 등고선은 그림 8-7과 같이 서로 만나는 것이 없으며 또 그림 8-8, 그림 8-9와 같은 등고선은 없다.

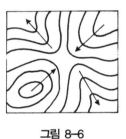

그림 8-6

그림 8-7

그림 8-8

그림 8-9

⑥ 동등한 경사의 지표에서 양등고선의 수평거리는 서로 같다(그림 8-10 참조).

⑦ 평면을 이루는 지표의 등고선은 서로 평행한 직선이다(그림 8-11 참조).

⑧ 등고선은 계곡을 횡단할 경우에는 그림 8-12에 나타난 것과 같이 그 한쪽을 따라 올라가서 유선(流線)을 가로질러 또다시 내려와 대안(對岸)에 이른다.

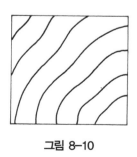

그림 8-10

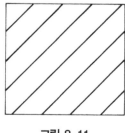

그림 8-11

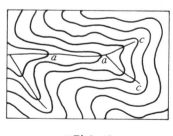

그림 8-12

⑨ 등고선은 그림 8-13에 나타난 것과 같이 늘 최대 경사선과 직각으로 만나고 그림 8-12와 같이 유선을 횡단하는 점에서 유선과 직각으로 만난다.

⑩ 등고선은 분수선(능선)과 직각으로 만난다(그림 8-13 참조).

⑪ 일반적으로 산꼭대기와 산밑(산저)은 산중턱(산복)보다도 완경사이므로 등고선의 수평거리는 산꼭대기와 산밑에서는 크고, 산중턱에서는 작다(그림 8-14 참조).

⑫ 수원(水源)에 가까운 부분은 하류보다도 경사가 급하다. 따라서 등고선은 그림 8-12와 같이 수원에 가까운 부분에서는 가까워지고 하류에서는 떨어진다.

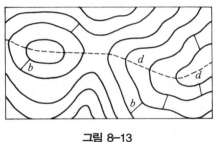

그림 8-13

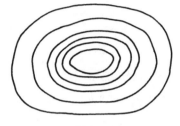

그림 8-14

## (4) 등고선의 간격 및 종류

일반적으로 등고선 간격의 기준이 되는 곡선을 주곡선(主曲線)이라 말하고 실선으로 표시한다. 그림 8-15에 나타난 바와 같이 완만한 경사지에는 등고선의 평면거리가 길기 때문에 국부적으로 지형의 변화가 불분명하다. 그러므로 이 같은 경우에는 등고선 간격의 1/2 또는 1/4의 간격으로 보조적인 등고선을 사용한다. 지형에 있어서 안정될 수 있는 최대경사는 45°이며 이 경사 이내에서 근접한 2선의 육안식별 한계는 0.2mm이고 곡선의 굵기는 0.1mm로 두 곡선의 중심 간격은 0.3mm로 되어 있으나 안전율을 고려하여 0.4~0.5mm를 택한다. 예로서 축척 1/10,000에서 0.4~0.5mm에 대한 실 거리는 4~5m, 이를 m 단위로 표시할 경우 4/10,000~5/10,000, 즉 소축척은 축척분모수의 1/2,500~1/2,000에 해당된다. 일반적으로 말하는 등고선은 주곡선으로 주곡선의 간격은 소축척은 축척분모수의 1/2,500~1/2,000이나 중축척이나 대축척은 1/500~1/1,000로 정하고 있다.

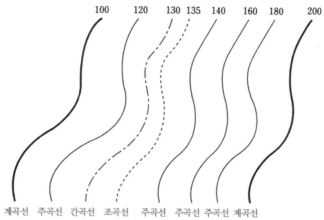

계곡선　주곡선　간곡선　조곡선　주곡선　주곡선 주곡선　계곡선

**그림 8-15**

주곡선(세실선으로 표시)의 간격은 1/50,000 지형도의 경우 20m이고 10m 간격으로 나타낸 보조곡선을 간곡선(세파선 또는 할선으로 표시)으로 하고 20m의 1/4, 즉 5m 간격으로 나타낸 간곡선의 역할을 보조하기 위하여 조곡선(세점선으로 표시)을 사용한다. 또 등고선 수의 읽기를 쉽게 하기 위하여 주곡선을 5개마다 굵게 하여 이것을 계곡선(計曲線, 2호실선으로 표시)이라 한다.

## (5) 지성선(topographical line)

지형도는 얼핏보기에 복잡하여 지표면의 형상은 불규칙하게 된 것처럼 보인다. 그러나 자세히 보면 지표는 많은 철선(능선), 요선(곡선), 경사변환선 및 최대경사선으로 구성되어 있다. 이와 같이 지성선(地性線)은 지표면을 다수의 평면으로 이루어졌다고 생각할 때 이 평면의 접합부, 즉 접선(接線)을 말하며 지세선(地勢線)이라고도 한다.

## 1) 철선(능선)

철선은 지표면이 높은 곳의 꼭대기 점을 연결한 선으로 빗물이 이것을 경계로 하며 좌우로 흐르게 되므로 분수선, 미근근(尾根筋) 또는 능선이라고 한다. 그림 8-16의 $AD$, $AE$, $AB$, $BC$, $CG$, $CF$, $BH$는 모두가 철선이다. 철선은 지표면상에서 중요한 선으로 등고선을 그릴 때에 그 위치, 방향, 분기점($BC$ 등)을 정확히 그려야 한다. 철선은 일반적으로 직선이며 산꼭대기 이외에서는 1점에서 동시에 3방향으로 분리되지 않으며 구부러질 때는 반드시 지선이 다시 만들어진다.

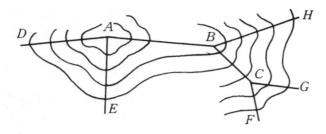

그림 8-16

## 2) 요선(계곡선)

요선은 지표면이 낮거나 움푹 패인 점을 연결한 선으로 합수선, 곡선 또는 합곡선(合谷線)이라고 한다.

곡저나 하천은 모두 요선으로서 사면을 흐른 물은 이 요선을 향하여 모이게 되므로 합수선이라 한다. 그림 8-17의 $AB$, $AC$, $AD$는 요선이다. 요선은 철선의 사이에 있으며 $Y$형으로 변화하는 경우가 많으며 곡선을 이룬다.

그림 8-17

## 3) 경사변환선

동일방향의 경사면에서 경사의 크기가 다른 두 면의 접합선(평면교선)을 경사변환선이라 말한다.

그림 8-18(a)의 $CD$는 완경사에서 급경사로, $EF$는 급경사에서 완경사로 변화한 경사변환선이 된다. 또 그림 (b), (c) 중에서 쇄선은 모두 경사변환점이다.

철선 및 요선상에서 경사가 변화한 점을 경사변환점이라 말한다. 그림 8-18(a)의 $C$, $E$, $G$, $I$의 각 점은 이 예이다.

주요점의 표고를 알면 지성선을 기준으로 하여 등고선을 그릴 수 있다.

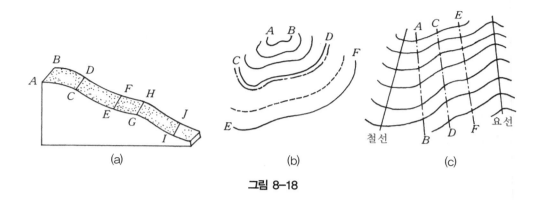

그림 8–18

## 4) 최대경사선

지표의 임의의 1점에 있어서 그 경사가 최대로 되는 방향을 표시한 선을 말하며 등고선과 직각으로 교차한다. 이것을 물이 흐르는 방향이라는 의미에서 유하선(流下線)이라고도 한다.

## (6) 지형도, 수치지도, 영상면지도, 수치형상모형, 이동식도면화 작성방법

지형도 작성방법은 지상측량에 의한 방법, 항공영상면과 지상영상면에 의한 방법, LiDAR에 의한 방법, 인공위성 측량방법으로 대별되는데, 항공영상면·지상영상면 및 인공위성영상면 등에 의한 방법은 정밀입체도화기를 이용한 지형도작성, 영상면집성에 의한 영상면지도(제14장 영상탐측 참조), 정사투영영상면지도, 영상면판독에 의한 지형분석 방법 등이 있다.

또한 최근에 전산기가 급속히 발전함에 따라 지형을 수치화하여 전산기를 이용, 지형을 분석 및 처리하는 수치지도제작 방법이 활발히 연구되고 있다.

## 1) 지상측량에 의한 지형도작성 방법

삼각측량, 삼변측량, GPS 측량, 또는 고저측량 등을 이용하여 기준점 측량을 실시하여 기준점을 정하고, 삼각측량, 고저측량, 다각측량 등에 의해 도근점 측량을 하여 일정한 간격의 도근점을 설치한 다음, 이 도근점을 기준으로 평판측량, 시거측량, 지형측량 등을 이용하여 세부측량을 실시하여 측량 원도를 작성한다.

지형도작성의 기본적인 순서는 그림 8–19와 같다.

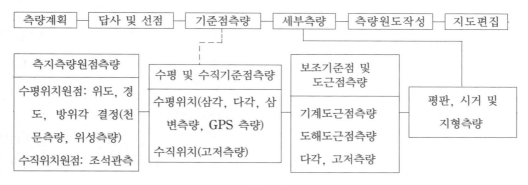

그림 8-19

① 측량계획

지형도작성을 위한 측량계획 작성에 있어서는 다음 사항을 검토하여 결정한다.

    가) 지형도작성의 목적에 적합한 측량범위, 축척, 도식, 정확도 등

    나) 지형도의 작성을 위해서 이용 가능한 자료를 수집

    다) 나)을 기초로 한 작업원 편성, 일수, 기계 등이며 주의할 점은 축척이다. 일반적으로 토목공사와 같은 공공사업에는 1/500 정도의 대축척 지형도가 필요하지만 지역계획의 입안을 위해서는 1/2,500~1/5,000이 적당하며 보다 넓은 지역을 대상으로 하는 경우에는 1/10,000~1/25,000이 적당하다.

표 8-1은 각 축척마다 실제 거리에 대응되는 도상의 길이를 표시한 것이다.

**[표 8-1]** 도상거리와 실거리의 관계

| 축척 | 도상 cm에 대응하는 실거리 | 도상 30cm에 대응하는 실거리 | 도상 50cm에 대응하는 실거리 |
|---|---|---|---|
| 1/100 | 1m | 30m | 250m |
| 1/500 | 5m | 150m | 500m |
| 1/1,000 | 10m | 300m | 1,250m |
| 1/2,500 | 25m | 750m | 1,500m |
| 1/3,000 | 30m | 900m | 2,500m |
| 1/5,000 | 50m | 1,500m | 5,000m |
| 1/10,000 | 100m | 3,000m | 12,500m |
| 1/25,000 | 250m | 7,500m | |

② 도근점측량

　가) 도근점측량의 종류

　도근점(圖根點, supplementary control point)이라는 것은 기설의 기준만으로는 세부측량을 실시하기에 부족(단위 체적당의 수가 불충분)할 경우, 기설 기준점을 기준으로 하여 새로운 수평위치 및 수직위치를 관측(도근점측량)하여 결정되는 기준점을 말한다. 도근점의 설치에는 삼각·다각측량을 실시하여 도근점의 수평위치, 수직위치를 관측하고 이것을 평판상에 전개(위치를 평판 위에 옮기는 작업)하는 기계도근점측량과 평판측량에 의하여 직접 도해하여 전개하는 도해도근점측량이 쓰인다. 기준점의 밀도가 낮은 경우는 기계도근점측량을, 높은 경우는 도해도근점측량을 이용한다. 도근삼각 및 다각측량방법은 이미 기술한 바 있는 삼각 및 다각측량요령과 같으므로 여기서는 도해도근점측량에 관하여서만 기술한다.

　나) 답사 및 선점

　현지에서 선점을 하기 전에 먼저 도상선점을 실시한다. 이를 위해서는 될 수 있는 한 많은 기준 자료를 이용하는 것이 바람직하다. 국토지리정보원에서 작성한 1/25,000 지형도나 국가기본도는 선점을 위한 자료로서 효과적이나, 국가기본도가 없는 경우에는 지방공공단체에서 작성한 것을 될 수 있는 한 참고로 한다. 또 항공영상을 입체시함으로써 시준선의 유무를 확인하는 경우가 있으므로 항공영상은 빼놓을 수 없는 좋은 자료가 된다. 도근점의 배점 및 밀도는 일반적으로 도상 5cm당 한 점을 표준으로 한다. 도근점의 위치를 택하는 데 적당한 것은 기설의 기준점 분포와의 관계, 현지의 지형(지모·지물)의 분포상황을 충분히 고려할 필요가 있으며 표현하려는 대상이 많은 경우에는 배점 밀도를 약간 높게, 작은 부분은 약간 낮게 택한다. 도상선점 다음에 현지선점을 실시하는 데 현지에서는 특히 시준선의 유무에 주의하고 편심(偏心)은 될 수 있는 한 피하도록 한다.

　평지부에 있어서 높은 탑, 굴뚝, 고압선 등 주위로부터 쉽게 시준할 수 있는 건축물은 세부측량을 실시하는 데 대단히 유효하므로 될 수 있는 대로 이용한다.

　도근점의 선점에 있어서는 항상 후속의 세부측량에 어느 정도 이용되는가를 판단 기준으로 삼아야 한다.

　다) 도해도근점측량

　도해법(graphical method)에 따라 도근점측량을 실시하는 데는 일반적으로 교선법(交線法, intersection)과 전진법(前進法, traversing)이 이용된다. 이들의 특징은 다음과 같다.

교선법은 측량범위가 광대하고 기복이 심한 장소와 2점 간의 거리를 직접관측이 곤란하거나 불가능한 경우에 쓰인다. 특히 산악지에 적당하다.

전진법은 측량범위가 비교적 협소하여 2점간의 거리관측이 가능한 경우에 쓰인다. 특히 평야에서 많이 쓰인다. 교선법·전진법에 관하여서는 평판측량을 참고하기 바란다.

③ 세부측량

가) 계획

세부측량은 표현할 지물의 위치, 형상, 지모의 형상을 정해진 도식을 이용하여 평판상에 작도하는 작업이다. 세부측량을 능률적으로 실시하려면 다음 사항에 주의하여야 한다.

(ㄱ) 작업에 중복이 없도록 면밀한 계획을 세울 것. 예를 들면 동일한 노선을 반복하지 않도록 관측순서를 정할 것
(ㄴ) 기설의 기준점은 빠짐없이 사용할 것
(ㄷ) 다른 측량구역과 접합부에서 어긋나지 않도록 할 것. 접합부에서는 인접 구역과 공통된 기준점을 이용하며 또 공통된 관측점을 설치할 것
(ㄹ) 관측점수를 적게 하기 위해서는 될 수 있는 한 전망이 트인 장소에 관측점을 설치할 것

이상 기술한 조건을 만족시키기 위해서는 먼저 도근점측량에서 기술한 것과 같은 이미 만들어진 지형도, 항공사진 등을 수집하는 것과 기설기준점의 유무에 따른 충분한 조사를 하는 것이 필요하다. 도식은 작업 전에 정해지므로 측량을 시작하기 전에 알아두면 효율적인 작업을 할 수 있다.

나) 세부측량의 작업방법

세부측량에 이용되는 방법은 평판측량(교선법, 전진법, 방사법)과 지거법 등이 있으나 각 장에서 설명하였으므로 여기서는 생략한다.

다) 지물측량의 진행방법

여기에서는 각 지물에 대한 위치관측의 진행방법에 관해서 간단히 설명한다.

(ㄱ) 도로, 철도

도로는 주요도로로부터 고속도로, 일반국도, 특별시도, 지방도, 시·군도 등의 순으로 측량한다. 주요도로의 중심선을 따라 전진법에 의하여 기준점을 설치하고 이것을 골격으로 하여 이 점으로부터 도로에 접한 부근의 지물을 방사법 등으로 결정한다. 대축척도의 경우는 도로표시로서 실제의 폭을 줄여 표시한 것(직폭도로)과 기호에 따라 나타낸 기호 도로가 있다. 도로, 철도의 주요점은 곡선부의 변환점, 곡률반경 등이다.

(ㄴ) 시가지, 촌락

시가지, 촌락 등은 구조물이 많아 시야가 가려지는 것이 일반적인 경우이다. 따라서 먼저 전진법·교선법 등에 따라 굴뚝, 높은 탑, 고층 건축물의 위치를 결정하면 후속작업이 용이하게 된다.

시가지의 내부에서는 교선법, 전진법으로서 주요가로를 따라서 기준점을 설정하고 이 점을 기준으로 부근 지물의 위치를 방사선법, 지거법에 의하여 정한다.

(ㄷ) 하천

하천은 평수시(平水時)의 형상을, 그리고 합류점·만곡점 등 주요점은 교선법에 의해 결정한다. 특히 유의할 것은 절벽의 주요점을 정하는 경우에는 해안의 지물, 수애선의 주요물도 정해 놓으면 후속작업과의 연결이 용이하게 된다.

호수·항만 등에 관해서는 주위의 기준점으로부터 수애선의 주요점을 교선법에 의하여 정하고 수면의 표고를 주위의 기준점으로부터 구하여 설치한다.

(ㄹ) 해안

해안선을 따라서는 전진법에 의하여 결정된 점을 중심으로 하여 연안의 주요부를 주로 교선법으로 결정한다.

④ 지모의 측량

지모(地貌), 즉 토지의 기복 상황은 장소에 따라 현저히 다르다. 따라서 항상 일정한 표현법에 따라 기복상황을 표시하는 것은 어려운 일인데, 최근에 이용되는 일반적인 표현법은 등고선 (contour)법이다. 산악지와 같은 복잡한 지형에서는 지형의 상황을 상세히 측량하는 것이 곤란하므로 산악지형 상황의 골격이 되는 지평선을 도시한다. 이 선상의 대표점에 표고를 관측하여 연결한 등고선을 구하는 경우가 많다. 이와 같은 지모측량에 의하여 측량원도가 작성된다.

이 외에도 토목공사에 사용되는 대축척의 지형도에 대하여서는 표 8-3에 의한다(중·대축척이므로 주곡선 간격은 축척 분모의 1/500~1/1,000이다).

**[표 8-2]** 등고선간격(소축척이므로 주곡선간격은 1/2,000~1/2,500)

(단위 : m)

| 축척 | 등고선 종별 표시법 | 주곡선 세실선 | 계곡선 2호 실선 | 간곡선 세파선 | 조곡선 세점선 | 2차조곡선 |
|---|---|---|---|---|---|---|
| 지형도 | 1/50,000 | 20 | 100 | 10 | 5 | 2.5 |
| | 1/25,000 | 10 | 50 | 5 | 2.5 | 1.25 |
| | 1/10,000 | 5 | 25 | 2.5 | 1.25 | 0.625 |
| 지세도 | 1/200,000 | 100 | 500 | 50 | 25 | |

**[표 8-3]** 토목공사용 등고선간격

(단위 : m)

| 축척 | 곡선종별 주곡선 | 계곡선 | 간곡선 | 조곡선 |
|---|---|---|---|---|
| 1/5,000 | 5 | 25 | 2.5 | 1.25 |
| 1/2,500 | 2 | 10 | 1.0 | 0.50 |
| 1/1,000 | 1 | 5 | 0.5 | 0.25 |
| 1/500 | 1 | 5 | 0.5 | 0.25 |

## 2) 영상에 의한 지형도 제작

영상탐측에 이용되는 영상은 취득 방법에 따라 항공영상, 지상영상, 위성영상 등으로 분류되는데, 일반적으로 지형도 작성에는 항공영상이 주로 이용되고, 지상영상은 특수한 목적에 의해 소규모 지역에 대한 지형도를 작성하거나, 또는 항공영상에 의한 지형도 작성에 있어 세부적인 지역에 대해 보조자료로서 이용되고 있으며 수평촬영을 한다는 점에서 항공사진과 구분된다.

최근에는 인공위성의 기법이 발달함에 따라 광역에 대해 손쉽게 촬영을 할 수 있는 위성영상을 이용하여 지형도를 제작하는 방법이 연구되고 있다.

### ① 입체도화기에 의한 방법

항공영상에 의한 지형도제작은 일반적으로 다음과 같이 촬영, 기준점측량과 세부도화의 세 과정에 의한다. 먼저 촬영은 능률적이며 경제적으로 소요의 정확도에 의한 촬영기선길이, 촬영고도, 소요영상면축척 등을 고려하여 촬영계획을 세워 촬영하여 음화필름을 얻는다.

촬영에서 얻어진 음화로부터 세부도화에 필요한 투명영상면필름(양화필름)과 지상기준점측량에 필요한 밀착인화영상면 및 현지조사에 쓸 확대 인화영상면을 제작한다.

기준점측량은 세부도화에 필요한 수평위치기준점(planimetric control point : $x$, $y$) 및 수직위치기준점좌표(height control point : $h$)를 얻기 위해 지상측량방법을 이용한다. 경우에 따라 항공삼각측량을 행하여 필요한 점의 좌표를 구한다. 세부도화는 투명양화를 정밀입체도화기에 장치한 다음 내부, 상호표정을 거쳐 기준점 성과를 이용하여 절대표정을 한다. 절대표정을 하면 영상면상의 상과 대응되는 대상물과 상사관계가 이루어진다. 절대표정이 끝난 후 대상의 지형을 입체도화에 의하여 최종도면축척으로 세부도화를 한다. 이로써 지형에 관한 측량원도가 작성된다. 또한 필요에 따라 현지지형조사 및 지상영상면 등에 의해 보완을 한 후 최종편집을 거쳐 색분리제도, 식자(植字) 등의 제반작업을 마친 후 인쇄하여 지도를 얻을 수 있다. 등고선지도의 제작방법은 사용 사진기와 도화기의 종류에 따라 약간의 차이가 있으나 지형도 제작과정의 흐름도에서 항공영상에 의한 기계적(analogue) 방법은 그림 8-20과 같으며 수치적(digital) 방법은 표 8-4와 같다.

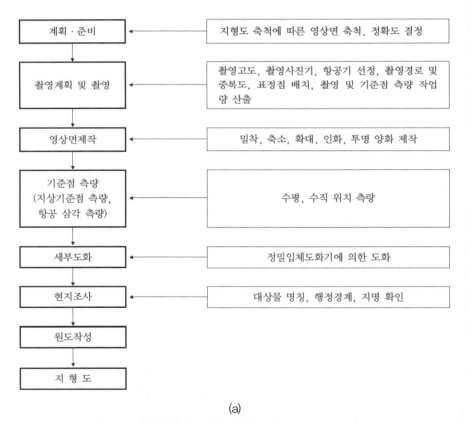

(a)

**그림 8-20** 항공영상탐측 방법에 의한 지형도 제작과정의 흐름도

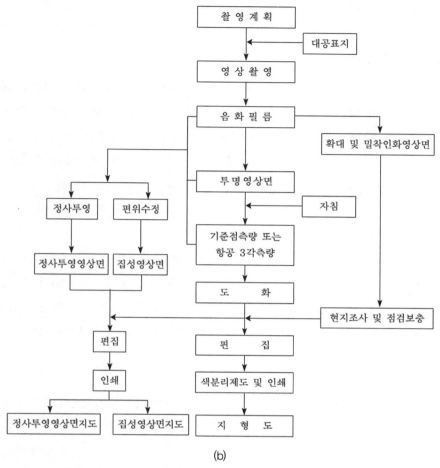

(b)

**그림 8-20** 항공영상탐측 방법에 의한 지형도 제작과정의 흐름도(계속)

② 위성영상에 의한 지형도 작성

1950년대 후반부터 인공위성 기법이 개발됨에 따라 지구, 달, 흑성 및 태양계에 대한 특성규명에 많은 공헌을 하였고, 특히 위성영상탐측의 활용적인 측면에서도 매우 큰 진전이 이루어져왔다.

위성영상과 항공영상의 차이점은 항공영상이 중심투영체계에 의해 얻어지는 데 반하여 위성영상은 전파주사(scanning)방식에 의하여 수치화된 영상면을 얻는다. 위성영상처리기법으로 토양도, 산림도, 작물현황도 등의 주제도(主題圖, thematic map) 등을 작성하는 데 이용되고 있다.

위성영상은 그 자료형태 및 영상의 기하학적 조건이 개개의 위성에 따라 다르므로 이에 대한 해석방법도 다르게 이루어진다. 그러나 영상면의 형태를 취한다는 점에서는 근본적으로 영상탐측의 개념을 벗어나지 않는다.

## 3) 수치지도 제작 방법

수치지도는 항공영상이나 위성영상의 중복촬영에 의하여 입체시된 정보의 내용을 해석도화기를 이용해서, 촬영 대상의 도형 정보를 점, 선, 면 및 기호(symbol)의 형태로 수치화하고, 각 위치에 관련된 속성자료와 연결하여 지형도를 제작하거나 목적에 맞는 주제별 지도를 작성하여 출력하는 것으로 영상면이나 지도의 위치정보를 찾아내어 수치자료로 처리할 수 있는 컴퓨터 체계가 개발되어 일정한 원칙하에 모든 자료를 수치화하여 지도를 그려낸다.

### ① 자료취득

수치지도 자료취득 방법으로는 종래의 지도작성방법으로 완성된 지도를 반자동방식인 digitizer나 자동방식인 scanner 등의 좌표관측기를 사용하여 수치화하는 방법과 항공영상이나 인공위성영상을 해석도화기를 이용하여 수치지도 자료를 직접 취득하는 방법 등이 있다. 지도 작업의 과정에서 영상면지도 자료 취득은 후자의 방법(해석도화기)을 많이 이용하고 있다.

### ② 입력체계

수치지도 제작의 입력체계 설계에 있어서는 해석도화기에 의한 수치자료의 취득이 가장 중요한 요건이 되며, 지도제작을 위하여 현지조사 자료의 삽입 및 도식 규정에 의한 지도 편집의 과정에 있어서는 정확한 위치의 설정에 의하여 필요한 정보의 입력과 편집 원칙에 따라 대화적으로 컴퓨터에 의하여 이루어진다.

수치지도 제작 작업공정은 표 8-4와 같다.

### ③ 도면화체계

수치도면화체계는 항공영상면 및 인공위성영상면의 해석도화에 의한 지도자료의 초기 입력부터 처리분석 및 출력에 이르기까지 전산기 도면 처리 체계에 의한 수치적 표현에 의하여 구성되고 있다.

[표 8-4] 수치지도 제작 작업공정

| 공정 | 작업내용 |
|---|---|
| 1 | 계획준비 : 작업방법 · 작업계획의 입안, 사용할 기기 소프트웨어의 정비, 인원의 배치 |
| 2 | 표정점의 설치 : 기설점 이외, 항공영상의 표정이 필요한 기준점, 즉 수평(x, y) 및 수직(z)점을 설치 |
| 3 | 대공표지의 설치 : 수평 및 수직 기준점, 표정점의 좌표를 관측하기 위해 영상면상에서 쉽게 알아볼 수 있도록 표지를 설정한다. |
| 4 | 촬영 : 측량용 항공영상면을 취득한다. |
| 5 | 자침 : 항공영상면에서 기준점 위치를 현지 확인하여 시행한다. |
| 6 | 현지조사 : 지형도를 작성할 때에 항공영상면에서 얻을 수 없는 건물 명칭 · 가옥명 등의 정보를 현지 조사에서 수집한다. |
| 7 | 항공삼각측량 : 조정기법에 의해 종접합점, 횡접합점 및 기준점의 평면위치 및 표고값을 결정한다. |
| 8 | 수치도화 : 표정을 통해서 지모와 지물의 위치자료(수치도화 자료)를 해독한다. |
| 9 | 지형보완측량 : 지도정보 level 1,000 이상의 자료를 작성하는 경우에 특정 지역을 대상으로 하여 등고선, 표고점에 관한 현지 측량을 한다. |
| 10 | 지도자료편집 : 수치도화 자료 및 현지조사에 의해 얻어진 정보를 편집체계에 입력하여 편집한다. |
| 11 | 현지보측 : 항공영상면에 있어 잘 드러나지 않아 명확하지 않은 부분과 중요 사항을 현지관측에 의해 편집된 자료를 수정(또는 추가)한다. 이와 같이 하여 편집, 수정된 자료를 진위치 자료라 부른다. |
| 12 | 진위치 자료파일의 작성 : 보측편집시 진위치 자료를 작업순서에 따라 자기테이프들의 기록매체에 출력함으로써 진위치 자료 출력도, 정확도관리표, 진위치 자료파일의 설명서 등을 첨가하면 완성품이 된다. |
| 13 | 작도 자료파일의 작성 : 필요로 하는 제도 자료파일이 작성된다. 제도 자료파일의 진위치 내용을 지도표현기준에 따라 도식처리를 한다. |
| 14 | 구조화 자료파일의 작성 : 필요에 따라 구조화 자료파일이 작성된다. |

## 4) 항공영상에 의한 영상지도 제작

촬영당시 사진기나 센서의 자세에 따라 영상에 포함된 변위(경사 및 축척에 의한 변위)를 제거하는 편위수정(偏位修正, rectification) 과정을 거쳐 정사영상면(正射映像面, ortho imagery)을 만들고 이를 지도 규정에 의해 지도처럼 만든 것을 영상지도라 한다. 기계적인 방법에서 편위수정기를 이용할 경우, 일반적으로 $X$, $Y$를 알고 있는 최소한 3점의 기준점을 이용하나 정밀을 요하거나 해석적인 방법일 때는 4점의 기준점을 이용하여 편위수정을 거친 후 정사영상을 만든다. 수치적인 방법의 경우 수치형상모형[數値形象模形, DFM(Digital Feature Model : DEM, DTM, DSM)]을 이용하여 정밀 수치편위수정을 수행함으로써 정사영상을 만들 수 있다. 정사영상으로부터 지도의 제 규정을 참고하여 영상지도를 제작한다. 대상을 선(line) 단위인 선추적 방식으로 표현한 일반지도를 선지도(line map) 또는 vector map이라 하고 영상소(pixel) 단위인 raster 방식으로 표현한 지도를 영상지도(imagery map) 또는 raster map이라고 한다.

① 영상면지도의 종류
　가) 집성영상지도
　　(ㄱ) 약조집성영상지도(uncontrolled mosaic imagery map)
　　사진기의 경사에 의한 변위, 지표면의 비고에 의한 변위를 수정하지 않고 영상면을 그대로 모아 집성한 영상지도로 등고선이 삽입되어 있지 않다.

　　(ㄴ) 반조정집성영상지도(semi controlled mosaic imagery map)
　　편위수정기에 의한 편위 중 일부만 수정해 집성한 영상지도로 등고선이 삽입되어 있지 않다.

　　(ㄷ) 조정집성영상지도(controlled mosaic imagery map)
　　편위수정을 거친 영상면을 집성한 영상지도로 등고선이 삽입되어 있지 않다.

　나) 정사영상지도(ortho imagery map)
　　(ㄱ) 기계적 방법
　　정밀입체도화기와 연동시킨 정사투영기(ortho projector)에 의하여 영상면의 경사 및 축척에 의한 변위를 수정하고 등고선을 삽입한 영상지도이다.

　　(ㄴ) 수치적 방법
　　항공영상을 스캐너(scanner)에 의해 변환시킨 수치영상 혹은 수치영상과 수치형상모형(DFM)을 이용하여 상응하는 좌표에 영상면의 밝기값을 부여(또는 할당)함으로써 정사영상면을 얻는다. 정사영상에 요구되는 좌표계에 통일시킨 후 주석을 기입하여 알맞은 축척으로 인쇄 복사함으로써 정사영상지도를 제작할 수 있다.

② 정사영상지도의 활용
종래의 지도는 대상물을 기호로 표시하므로 일반인들이 판독하기가 쉽지 않았다. 정사영상지도는 대상물을 영상면의 형태로 표현하고 있으므로 일반지형도에서 표현할 수 없는 여러 가지 사항의 현실감을 높이고 판독을 용이하게 할 수 있으므로 향후 새로운 형태의 지도로써 조사 및 계획분야에서의 활용성이 증대될 것이다. 따라서 공학적인 용도의 지도는 물론 행정도, 관광

안내도, 등반용 지도 등으로 활용될 경우 종래의 지도에 비해 보다 높은 유용성을 보인다.

정사영상지도는 최근 많이 활용되고 있는 지형공간정보 분야의 기본자료로 직접 이용할 수 있으며, 이를 처리하여 각종 정보를 추출할 수 있는 것은 물론 지형과 관련된 다양한 정보체계에서 응용이 가능하므로 정보화시대에 있어서 필수적인 자료로 활용될 것이다.

### 5) 수치형상모형(Digital Feature Model)

① 개요

3차원 좌표에 의하여 대상물의 형상(形象) 또는 지모, 지물 등에 관한 형상을 수치로 나타낸 자료를 통칭하여 수치형상모형(數値形象模形, DFM : Digital Feature Model)이라 한다. 수치형상모형(DFM)에는 수치지세모형(數値地勢模形, DTM : Digital Terrain Model), 수치고도모형(數値高度模形, DEM : Digital Elevation Model), 수치외관모형(數値外觀模形, DSM : Digital Surface Model) 등이 있다. DTM은 지상위에 아무것도 없는(수목도 제외시킴) 상태(bare-earth)인 지표면을 표현한 것으로 지표면에 일정간격으로 분포된 지점의 고도값을 수치로 기록함으로써 컴퓨터를 이용하여 분석이 용이하도록 만든 것이다. DEM은 대상물의 고도(또는 표고 : H)를 수평위치좌표 $X$, $Y$의 함수로 표현한 자료로 수치고도자료의 유형으로는 여러 가지가 있으며, 지형을 일정 크기의 격자로 나누어 고도값을 격자형으로 표현한 Raster DEM과 불규칙 삼각형으로 나누어 지형을 표현한 TIN(Triangulated Irregular Network) DEM이 있다. DSM은 DEM 혹은 DTM과 유사하나, 지모뿐만 아니라 지물(건물의 꼭대기, 나무, 타워, 기타 지상표면에서 솟아오른 지물들)을 표현한 자료이다. 정사사진을 생성하기 위해서 DSM은 대단히 중요한 자료가 될 수 있다. 이 외에도 DTD(Digital Terrain Data), DTED(Digital Terrain Elevation Data) 등이 있다.

② 수치형상모형의 제작

지상영상, 항공영상, 위성영상, 라이다(LIDAR) 및 SAR(Synthetic Aperture Radar) 위성영상 등을 이용한 수치영상탐측 방법에 의하여 생성한다.

가) 항공영상 및 위성영상을 이용한 수치형상모형생성 방법
(ㄱ) 항공영상의 스캐닝(영상의 디지털화)
(ㄴ) 공선조건식에 의한 후방교선법으로 외부표정요소($\omega$, $\phi$, $\kappa$, $X_0$, $Y_0$, $Z_0$)를 결정 (영상좌표와 지상기준점 활용)

(ㄷ) 외부표정요소와 내부표정요소($x$, $y$, $f$)를 이용한 전방교선법으로 영상의 중복영역에 대해 지상좌표(X, Y, Z)를 결정한 후 보간법에 의해 정규격자형 DFM(DEM, DSM, DTM) 생성

나) 라이다(LIDAR)를 이용한 수치형상모형생성 방법

LIDAR(LIght Detection And Ranging)는 레이저 스캐너와 GPS/INS로 구성되어 있으며 스캐너의 위치(X, Y, Z)와 자세($\omega$, $\phi$, $\kappa$)는 GPS/INS로부터 제공받고 레이저 펄스를 지표면에 주사하여 반사된 레이저파의 도달시간을 이용하여 지표면까지의 거리(D)를 구하여 3차원 위치좌표를 계산함으로써 수치형상모형을 생성한다.

다) SAR(Synthetic Aperture Radar) 위성영상을 이용한 수치형상모형생성 방법

SAR 영상을 이용한 DEM 추출기법은 크게 입체시의 원리를 이용하는 기법과 레이더 간섭을 통한 두 영상의 위상 정보를 이용하는 기법이 있다. 입체시기법은 기존의 항공영상이나 광학 원격탐측 영상에 적용되었던 공선조건식에 기초하여 지상기준점과 위성 궤도에 대한 보조적인 정보를 이용하여 입체모형에 대한 변수를 최소제곱법에 의해 계산함으로써 모형식을 구성한다. 그런 다음 영상 매칭을 통해 DFM을 생성한다

레이더 간섭 기법(interferometry)의 경우는 동일한 지표면에 대하여 두 SAR 영상이 지니고 있는 위상정보의 차이값을 활용하는 것으로서, 공간적으로 떨어져 있는 두 개의 레이다 안테나들로부터 받은 신호를 연관시킴으로써 고도값을 추출하고 수치형상모형을 생성한다.

③ 수치형상모형의 활용

수치형상모형은 각종 공학적인 활용이나 도시계획, 군사 분야 등에서 대단히 중요성이 크다. 대표적인 예로서 댐의 건설을 위하여 현장을 설계할 때나 도로 건설을 위한 굴착을 할 때 수치형상모형을 기초로 하여 필요한 토공량을 계산할 수 있다. 또한 임의의 위치에서 시야가 가능한 지역의 파악을 위한 가시지역 분석을 할 수도 있다. 이러한 가시지역 분석 기능은 전파의 중계를 위한 송신탑의 건설이나 레이더와 같은 중요 시설물의 적정 위치 선정을 위한 적지 분석과도 동일한 분석이다. 또한 가시지역 분석은 도로의 적정 경로 분석이나 철도의 적정노선 선정을 위하여 사용될 수도 있다.

## 6) 인공위성 관측값을 이용한 이동식 도면화 작성체계

이동식 도면화체계(MMS : Mobile Mapping System)는 지형공간정보 자료기반을 구축, 유지, 관리하기 위해 요구되는 기존 측량방법을 보완하여 비용 및 시간 면에서 효율성을 높이고 향후 활용성을 높이기 위한 첨단정보 체계로 발전시켜 일반 차량에 CCD 카메라, 레이저 스캐너, 비디오 카메라 등의 영상 취득장치(image acquisition device)와 GPS 수신기, INS(Inertial Navigation System), DMI(Distance, Measuring Indicator) 등의 내비게이션 정보 취득장치를 탑재하여 주행과 동시에 도로와 관련된 각종 시설물 현황이나 기타 특성정보를 실시간으로 자동 취득 및 갱신할 수 있는 체계이다. MMS에서 핵심적인 역할을 하는 GPS와 INS의 정보를 통합하여 영상 센서의 위치와 자세를 의미하는 외부표정요소(exterior orientation)를 직접적인 방식으로 결정할 수 있다.

### ① MMS의 구성

MMS의 구성은 GPS/INS 통합체계와 두 대의 Video 혹은 CCD 카메라를 사용하며 추가적으로 지상 LiDAR 장비를 설치할 수 있다. 수치영상탐측기법을 이용하여 두 대의 카메라에 모두 나타나는 모든 물체의 정확한 위치를 결정할 수 있다. MMS의 위치정보는 GPS 수신기에 의해서 결정되지만, 비교적 낮은 자료 수신율(1Hz)과 최소 위성이 4개 보여야 한다는 단점 때문에 GPS만 사용하는 것은 바람직하지 않다. 이와 같은 GPS의 단점을 보완하기 위해서 짧은 시간 동안 높은 정확도의 위치와 자세 정보를 고주파로 얻을 수 있는 관성항법체계(INS)를 사용한다. GPS와 관성항법체계를 통합함으로써 정확한 GPS 위치정보가 관성항법체계의 자료로 갱신되어 GPS 신호가 없는 사이에 관성항법센서가 자료를 제공한다. 관성항법체계의 경우 비교적 고가이므로 차속 휠 센서를 많이 이용하기도 한다. 휠 센서는 주로 차량의 두 바퀴에 부착하여 거리값 산정뿐만 아니라 차량 방향각 변화의 계산도 가능하다. 각종 센서와 GPS간 관측의 기점에 대한 시각동기화는 매초마다 발생하는 GPS 수신기의 신호를 이용하여 휠 센서와 고도차계의 관측값과 UTC 시간을 할당하기도 한다.

### ② MMS의 활용

영상탐측학적 측면에서 보면, MMS는 GPS/INS의 위치, 자세 정보를 이용하는 입체 영상체계이다. 사람이 두 개의 눈으로 사물의 거리를 알아내는 것처럼, 두 영상면에 나타나는 모든 물체의 위치정보를 알 수 있다. 영상면은 GPS/INS 장치에 의해 결정되는 영상이 취득된 순간의 위치와 자세 정보를 갖고 있다. 취득된 영상의 처리를 위해서 우선 도로에 대한 실제 관측 작업

전 각종 센서들의 상태와 상호간의 편이벡터와 회전각을 실험실에서 관측한다. 정지상태의 3차원 측량 성과를 이용하여 카메라의 내부표정 요소(초점거리, 주점 및 렌즈의 왜곡 매개변수) 및 외부표정 요소(카메라 촬영 때의 위치와 자세)를 결정할 수 있으며, 이러한 카메라 보정은 카메라의 내부표정 요소를 구하기 위해서도 필요한 과정이지만 항공 삼각측량과 같이 외부표정 요소를 산출할 수 있어 CCD/GPS/INS를 통합하기 위해서도 필요한 과정이다. 카메라 보정결과로 얻어지는 외부표정 요소와 동일 시간대의 GPS/INS 통합결과의 편이벡터와 회전 매트릭스를 계산하여 현장 측량에서 촬영된 모든 영상면에 대한 외부표정 요소를 지상기준점 없이 얻을 수 있다.

이 체계의 단점으로는 건물이 밀집되어 차량의 진입이 불가능한 지역에 대한 정보취득은 불가능하며, 체계 구축에 있어 초기 투자비용이 많이 소요된다.

또한 대상거리가 무한히 길고, 동일한 카메라로 사용하는 항공영상탐측과 달리 2대의 CCD 카메라가 탑재된 근거리 영상탐측체계로써 취득된 CCD 영상면으로부터 정밀한 3차원 위치정보를 얻기 위해서는 정확한 초점거리와 주점의 위치, 그리고 렌즈왜곡을 반드시 고려해야 하고 CCD 카메라의 위치 및 자세정보가 정확해야 한다. 이 체계는 복잡하고 정밀한 기기로 구성되어 개발 및 운용에 높은 기술력을 요구한다는 점도 단점이다.

### (7) 지형도의 허용오차

### 1) 개 요

지형도를 사용하여 지점의 위치를 결정하거나 계획, 설계에 이용할 경우, 지형도 자체에 포함된 오차가 문제가 된다. 지형도는 근본적으로 거리, 방향 및 면적에 오차가 발생할 수 있으며, 일반적으로 필요되는 중·대축척 지형도는 등각투영법을 주로 이용하므로 거리에 의한 오차가 더욱 문제될 수 있다.

지형도에서 위치오차는 측량, 제도 및 인쇄의 각 단계에서 발생하는 오차가 종합되어 나타나는 것이며, 또한 도지(圖紙)의 신축에 의해서도 오차가 발생할 수 있다. 전자에 의한 오차는 허용기준을 정하여 지형도의 사용목적에 적합한 최소오차한계 안에 들게 규정하며, 후자의 경우, 예를 들어 재산권에 관련되는 지적도 등에서는 알루미늄코팅도지 등을 사용하여 도지의 신축이 최소가 되도록 하는 방법이 사용된다. 종이지도인 경우 정밀하게 제도된 지형도에서 도지신축을 제외한 지물의 수평위치오차는 가능한 ±0.5mm의 표준오차 이내가 되도록 한다. 또한 수평 및 수직위치오차가 클 경우, 인접하는 등고선이 서로 겹치게 되므로 이를 방지하기 위하여 도면상에서 관측한 표고(또는 고저)오차의 최댓값은 등고선 간격의 1/2을 초과하지 않도록 규정하고 있다. 수치지형도의 허용오차와 관련된 규정은 수치지형도작성작업규정의 제10조 벡터화의 정확도(정확도는 래스터자료와 최종 벡터자료를 영상면에서 비교하여 도상 0.2 mm 이내이어야 하며, 확인용 출력도면은 지도원판과 비교하여 상대 최대오차가 도상 0.7mm, 표준 편차가 도상 0.4mm 이내이어야 한다)에 규정되어 있다.

**[표 8-5]** 수치도화의 축척별 오차의 허용범위

| 도화축척 | 표준편차 | | | 최대오차 | | |
|---|---|---|---|---|---|---|
| | 평면위치 | 등고선 | 표고점 | 평면위치 | 등고선 | 표고점 |
| 1/1,000 | 0.2m | 0.3m | 0.15m | 0.4m | 0.6m | 0.3m |
| 1/5,000 | 1.0m | 1.0m | 0.5m | 2.0m | 2.0m | 1.0m |
| 1/25,000 | 5.0m | 3.0m | 1.5m | 10.0m | 5.0m | 2.5m |

## 2) 등고선의 위치오차

일반적으로 산악지나 산림이 우거진 지역에서는 등고선의 수직위치오차가 크게 되고, 완경사 지에서는 등고선의 수직위치가 벗어나기 쉽다. 등고선을 작성하기 위한 세부측량에서 발생한 수평위치관측오차를 $\Delta H$, 수직위치관측오차를 $\Delta V$라고 하고, 지면의 경사가 $\theta$라면 이로 인한 등고선의 최대 수평위치오차 $\delta H$와 최대수직위치오차 $\delta V$는 각각 다음 식으로 표시된다(그림 8-21).

$$\delta H = \Delta H + \Delta V \cot \theta \tag{8-1a}$$

$$\delta V = \Delta H \tan \theta + \Delta V \tag{8-1b}$$

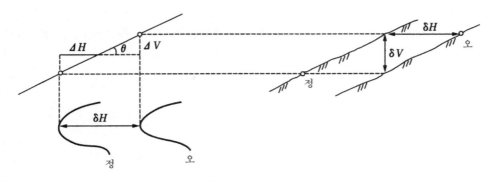

**그림 8-21** 등고선의 위치오차

표고측량의 최대오차가 지면경사 10°일 때 0.5m라고 한다. 1:50,000 지형도 등고선의 도상 수평위치변위의 최대허용값이 0.5mm라면 도상에서 결정한 위치에 포함될 수 있는 수평 및 수직위치오차의 최댓값은 얼마인가?

**풀이** 최대수평위치오차 $\delta H = \Delta H + DELTV \cot \theta$

$$= \frac{0.5}{1,000} \times 50,000 + 0.5 \times \cot 10°$$

$$= 27,000\text{m (지상거리오차)}$$

$$27,836 \times \frac{1,000}{5,000} = 0.557\text{mm (도상오차)}$$

최대수평위치오차 $\delta V = \Delta H \tan \theta + \Delta V$

$$= \frac{0.5}{1,000} \times 50,000 + \tan 10° + 0.5$$

$$= 4,908\text{m}$$

## (8) 지형도의 활용

지형도는 지점의 위치를 비롯하여 지점간 거리, 방향, 대상지역의 면적산정 등 위치관계의 확인에 널리 이용되며 이 밖에도 도로, 철도, 교량, 댐 등 각종 건설공사의 입지선정, 시설물의 규모결정, 공사량추정 등이 기본자료로 이용된다.

또한 각종 단지계획, 도시계획, 국토계획에 가장 기초적인 자료로 이용된다. 다음에 그 이용면에 대하여 설명하기로 한다.

지형도에 의해 제작된 지도는 보다 편리한 생활환경을 조성하기 위하여 지형공간 정보의 자료 기반으로 이용되어 정보화 생활과 자연환경 친화에 기여하고 있다. 지도는 지표면의 위치(경·위도, 표고), 방향, 거리, 경사, 면적(경사평면면적, 경사곡면면적, 유역면적), 체적, 단면도, 성토 및 절토범위 등을 해석할 수 있는 자료의 각종 조사, 계획, 설계, 개발 및 유지관리에 활용되고 있다.

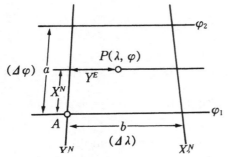
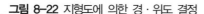

그림 8-22 지형도에 의한 경·위도 결정

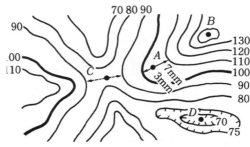

그림 8-23 지형도에 의한 표고결정의 예

## 1) 경·위도 결정

지형도의 도곽과 경선, 위도에 표시된 경·위도를 기준으로 하여 도상 임의점의 경위도를 결정할 수 있다. 경도 $\lambda_1$ 및 $\lambda_2$인 두 경선의 경도차를 $\Delta\lambda$, 도상거리를 $b$, 위도 $\varphi_1$ 및 $\varphi_2$인 두 위선의 위도차를 $\Delta\varphi$, 도상거리를 $a$라 할 때 $A(\lambda_1,\ \varphi_1)$점에서 도상거리 $x,\ y$만큼 떨어진 곳에 있는 한 점 $P(\lambda,\ \varphi)$의 경위도는 다음 식으로 구한다.

$$\left.\begin{array}{l} \varphi = \varphi_1 + \Delta\varphi \cdot \dfrac{x}{a} \\[3mm] \lambda = \lambda_1 + \Delta\lambda \cdot \dfrac{y}{a} \end{array}\right\} \tag{8-2}$$

## 2) 표고결정

등고선상에 있지 않은 임의점의 표고(또는 고저)는 주위 등고선으로부터 추정할 수 있다. 등고선 간격 $\Delta h$(m)인 지형도에서 표고 $H_1$과 $H_2(=H_1+\Delta h)$인 등고선 사이에 있는 한 점 $P$의 표고 $H_P$는

$$H_P = H_1 + \frac{d_1}{d_1 + d_2}\Delta h \tag{8-3}$$

로 구한다. 여기서 $d_1,\ d_2$는 $P$점을 지나는 좌우 등고선 사이의 최단거리선상에서 잰 좌우 등고선까지의 도상거리이다. 또한 표고 $H_1$인 폐곡선으로 된 등고선 중심에 있는 지점의 표고는

$$H_P = H_1 \pm \frac{1}{2}\Delta h \tag{8-4}$$

로 구하며, 윗 식의 우변 2항의 부호는 철지(凸地)에서 (+), 요지(凹地)에서 (−)이다. 예를 들어, 그림 8-23과 같은 경우 $H_A = 100 + \frac{3}{10} \times 10 = 103(\mathrm{m})$, $H_B = 140 + \frac{10}{2} = 145(\mathrm{m})$, $H_C = 90 - \frac{10}{2} = 85(\mathrm{m})$ 또는 $80 + \frac{10}{2} = 85(\mathrm{m})$, $H_D = 70 - \frac{5}{2} = 67.5(\mathrm{m})$이다.

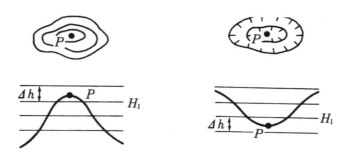

**그림 8-24** 지형도에 의한 표고결정

### 3) 단면도의 제작

지형도상의 등고선을 이용하여 지형도상의 임의의 선상에 단면도를 제작하게 된다. 그림 8-25에서 $AB$선의 단면도는 다음과 같이 제작한다.

처음에 기선으로 $A'B'$선을 취하고 $AB$선과 등고선과의 교점에서 $A'B'$선에 수선을 내려 소정의 축척에 의한 등고선의 높이를 $A'B'$선상에 취하여 단면도를 그린다. 이같은 방법으로 임의의 선의 종단방향 및 횡당방향의 단면도를 구하게 되나 등고선의 정도가 매우 낮아서 등고선도에 따라 얻게 된 단면도는 신뢰하기 힘들다.

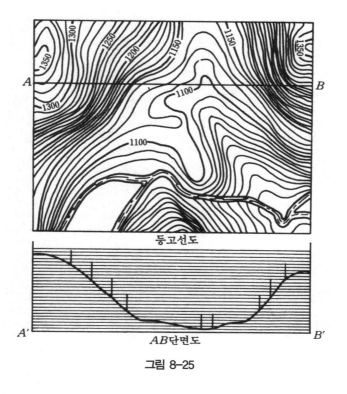

등고선도

AB단면도

그림 8-25

## 4) 등경사선의 관측

수평면에 대하여 일정의 경사를 가진 지표면상의 선을 등경사선이라 말한다. 등경사선을 구하면 곡선반지름·거리·지형 등을 그때그때 고려하여 이 등경사선에 가까이 부착하여 중심선을 결정한다.

지금 등고선의 간격을 $h$, 필요한 등경사선의 경사를 $i\%$, 수평거리를 $L$이라 하면,

$$L = \frac{100h}{i} \tag{8-5}$$

따라서 그림 8-26과 같이 점 $A$에서 지형도 축척에 따라서 수평거리 $L$로서 등고선을 1개씩 1, 2, 3, …로 자르면 소정의 등경사선을 구하게 된다.

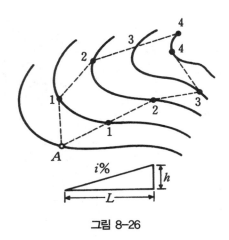

**그림 8-26**

축척 1/5,000, 등고선 간격 5.0m, 제한경사 5%일 때 각 등고선 간의 수평거리 $L$을 구하여라.

**풀이** $L = \dfrac{5.0 \times 100}{5} = 100(\text{m})$

축척 1/5,000이므로 도상거리는 $10,000 \times 1/5,000 = 2.0\text{cm}$로 된다.

## 5) 유역면적의 관측

댐에 의한 발전계획이나 용수 등의 이수(利水)계획을 세울 경우 그 지점에 대하여 하천유량을 결정할 필요가 있다. 그렇기 때문에 이용지점에 용수가 유하(流下)한 범위, 즉 유역면적을 구하지 않으면 안 된다.

그림 8-27에서 산 능선 $AA'$, $BB'$는 하나의 분수선이고 그 양측에서 빗물은 각각 다른 방향으로 최대경사선을 따라 흘러내린다. 그림 8-27에서 파선은 분수선을 표시하고 점 $P$에 대하여 유역면적은 점 $P$에서 등고선에 직각방향으로 $PA$, $PB$를 그리게 되면 점선 상부가 점 $P$에서의 유역면적이 된다. 면적의 관측은 구적기(planimeter)를 사용한다.

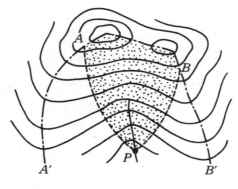

그림 8-27

## 6) 성토 및 절토 범위의 관측

토공계획에서 필요한 공사용지의 범위를 구하는 것은 원지반 등고선의 성토(盛土) 및 절토(切土)에 의하여 공사완성 후의 지반의 등고선을 그리고, 양자의 높이가 같은 등고선의 교점을 구하여 이으면 필요한 용지의 평면적인 형을 구하게 된다.

① 흙댐(earth dam)의 경우

그림 8-28은 위 그림과 같은 횡단면형을 나타낸 흙댐을 지형도상에 나타낸 것이다.

댐의 등고선을 수평으로 자르면 경사면(傾斜面)의 어느 교점에서 지형도상에 수직을 내리고 같은 높이의 등고선과의 교점을 구한다. 이것들의 점을 이으면 현 지반과 댐의 경계를 나타낸 평면도가 얻어진다.

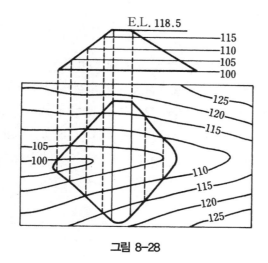

그림 8-28

② 도로계획의 경우

그림 8-29와 같은 지형도상에 No.10에서 5% 정도의 경사인 도로를 만들 경우 절취의 범위를 다음과 같이 구한다. 도시한 바와 같이 No.10의 계획고를 75m로 하고 중심 말뚝 사이의 거리를 20m로 하면 각 말뚝간의 계획고와의 고저차는 20m_0.05=1m이고 No.11, No.12, No.13의 계획고는 각각 76m, 77m, 78m로 된다. 도로의 양측 사면 경사를 1 : 1.5로 하고 노면은 평평한 것으로 한다.

처음에 No.10의 도로의 양단을 따라서 1.5m 떨어진 10, 10′를 구한다. 10, 10′의 표고는 76m가 되므로 No.11의 도로양단과 곡선을 이어 이 곡선과 표고 76m의 등고선과의 교점 $A$를 구한다. 똑같이 하여 점 $B$, $C$를 구하여 이것들의 점을 이으면 이 선의 내측을 구한 절취범위로 한다.

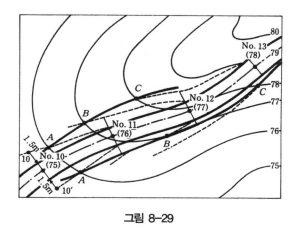

그림 8-29

## 7) 등고선도에 의한 체적계산

① 계획면이 수평인 경우

부지의 정지작업이나 저수지의 용량을 관측할 때 사용된다.

댐의 저수량은 저수예정수면에서 밑까지 각 등고선과 댐에 의하여 둘러싸여 진 면적을 플라니메타로 관측하여 각 등고선간의 면적을 구하고 그 총합에 의하여 저수량을 구한다. 그림 8-30에서 등고선 간격을 $h$, 등고선을 둘러싼 면적을 $A_1$, $A_2$, $A_3$, …라 하면 구간의 저수량을 구하는 공식에는 다음의 세 가지 방법이 있다.

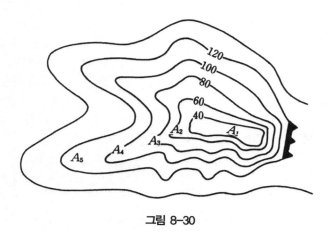

그림 8-30

가) 양단면 평균법

저수량 $V_i$은 양단면 평균법을 사용하면,

$$V_1 = \left( \frac{A_1 + A_2}{2} \right) h$$

그러므로 저수량은 $V$는

$$V = V_1 + V_2 + V_3 + V_4 \tag{8-6}$$

$$= \frac{h}{2} \{ A_1 + A_5 + 2(A_2 + A_3 + A_4) \}$$

로 되며, 여기서 식 (8-7)의 일반식이 얻어진다.

$$V = \frac{h}{2} \{ A_1 + A_{n+1} + 2(A_2 + A_3 + \cdots + A_n) \} \tag{8-7}$$

그림 8-28에 표시된 흙댐의 축제(築堤)토량을 구할 때는 댐의 등고선과 지형도의 등고선에 둘러싸여진 면적을 구하여 식 (8-7)을 이용하면 된다.

나) 각주공식

각주(角柱)공식에 의하여 저수량 $V$를 구하면,

$$V_1 = \frac{h}{3}(A_0 + 4A_1 + A_2)$$

$$V_2 = \frac{h}{3}(A_2 + 4A_3 + A_4)$$

$$V_n = \frac{h}{3}(A_{n-2} + 4A_{n-1} + A_n) \tag{8-8}$$

$$\sum V = \frac{h}{3}\{A_0 + A_n + 4(A_1 + A_3 + \cdots + A_{n-1}) + 2(A_2 + A_4 + \cdots + A_{n-2})\}$$

$$= \frac{h}{3}\{A_0 + A_n + 4\sum A_{\text{홀수}} + 2\sum A_{\text{나머지짝수}}\} \tag{8-9}$$

여기서 식 (8-8), (8-9)는 $n$이 짝수일 때만 사용하고 $n$이 홀수일 때는 최후의 한 구간은 양단면 평균법으로 구한다.

다) 비례중항법

이것은 1구간마다 추체(錐體)공식을 이용하여 계산하는 것으로

+)

$$V_1 = \frac{h}{3}(A_0 + \sqrt{A_0 A_1} + A_1)$$

$$V_2 = \frac{h}{3}(A_1 + \sqrt{A_1 A_2} + A_2)$$

$$\cdots\cdots\cdots\cdots\cdots\cdots\cdots\cdots\cdots\cdots\cdots\cdots\cdots\cdots\cdots\cdots$$

$$V_n = \frac{h}{3}(A_{n-1} + \sqrt{A_{n-1} A_n} + A_n)$$

$$\sum V = \frac{h}{3}\{A_0 + A_n + 2(A_1 + A_2 + \cdots + A_{n-1})$$

$$+ (\sqrt{A_0 A_1} + \sqrt{A_1 A_2} + \cdots + \sqrt{A_{n-1} A_n})\} \tag{8-10}$$

$$= \frac{h}{3}\left\{A_0 + A_n + 2\sum_{r=1}^{n-1} A_r + \sum_{r=0}^{n-1} \sqrt{A_r \cdot A_{r+1}}\right\} \tag{8-11}$$

② 계획면이 경사진 경우

절취, 성토 등의 체적계산에 이용된다. 그림 8-31에서 평면도 (a)의 실선 및 파선은 각각 원지반과 계획절취면의 등고선을 표시하기 때문에 동일높이의 양등고선의 교점을 연결한 굵은 실선을 그으면 원지반과 계획면과의 교선이 되고 그 내측에는 절취, 외측에는 성토가 필요하게 된다. 절취토량을 산정하는 데에는 우선, 단면도 (b)에 표시된 것처럼 각 등고선에 해당하는 수평면에 대해 많은 수평층으로 분할하여 생각한다. 이와 같이 하면 각 층의 양단면적은 평면도 (a)에서 높이가 같은 2조의 등고선에 둘러싸인 폐곡선 내의 면적이고 구적기(planimeter)에 의해 쉽게 구해지기 때문에 앞에서 유도한 공식을 적용하여 체적을 계산하면 된다.

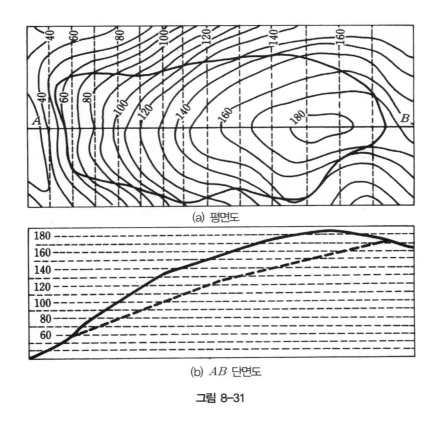

(a) 평면도

(b) $AB$ 단면도

**그림 8-31**

③ 등고선을 이용한 경우

계획등고선(grading contour)은 정지(整地)된 후의 실등고선을 나타내기 위해 지형도 위에 그린 일정한 높이의 선을 뜻한다. 정지를 하면 일정한 경사를 가진 매끈한 표면이 되므로 계획등고선은 등간격을 가지는 일련의 직선이거나 곡선이 된다. 간단한 예를 그림 8-32에 나타내면, 그림에서 본래의 등고선을 굵은선으로 1m 간격으로 그려 있다. 계획등고선은 지도 위에 점선으로 표시되어 있다.

불규칙한 점선은 성토 및 절토면적을 나타내기 위해 정지점(grade point)을 통과하여 그려져 있다. I로 표시된 지역은 본래의 879m 등고선과 879m 계획등고선으로 둘러싸여 있다. 즉, 지반고가 879m 수평면이다. 마찬가지로 II로 표시된 지역은 지반고가 878m인 수평면이다. 이 두 표면 사이에 필요한 성토량은 각 지역에 대해 구적기를 사용하며 면적을 재고 두 지역 면적의 평균값에 두 지역의 등고선간격(여기서는 1m)을 곱함으로써 구할 수 있다. II와 III 사이의 체적과 III과 IV 사이의 체적도 같은 방법으로 구하면 된다(점 $F$와 I지역 사이의 성토는 각추(角錐) 모양이며 점 $A$와 IV지역 사이의 성토도 마찬가지이다). 두 경우의 체적은 각각 $\frac{1}{3}bh$로 취할 수 있다. 여기서 $b$는 체적의 빗금친 부분의 밑면적이고 $h$ 등고선간격이다. $K$와 $P$ 사이의 체적도 같은 방법으로 구할 수 있다.

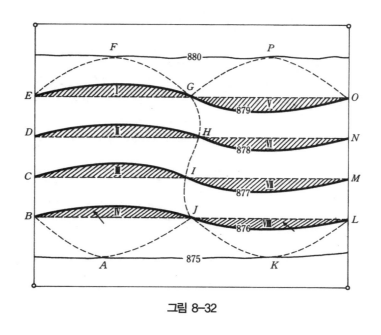

그림 8-32

④ 등심선(equal-depth contour)에 의한 방법

지형의 기복이 매우 불규칙한 지면의 성토량 또는 절토량을 구할 때 등심선을 이용하면 편리하다. 그림 8-33은 계곡에 성토사면을 조성하는 예이다. 가는 실선은 원지반의 등고선, 파선은 계획등고선(굵은선은 등심선이다), 원지반등고선과 계획등고선의 교점을 연결하면 등심선을 구할 수 있다. 예를 들어서, 100m 계획선과 98m 지반등고선의 교점을 연결한 곡선은 2m 등심선, 98m 계획선과 94m 지반선의 교점을 연결한 것은 4m 등심선, … 등과 같이 된다.

계획선 위쪽의 등심선은 성토윗면이 수평면일 경우에 원지반등고선과 일치하게 되며 여기서
는 그림을 알아보기 쉽도록 0m 등심선만 표시하였다.

등심선 안의 면적을 재어서 체적공식을 적용하면 토공량을 구할 수 있다.

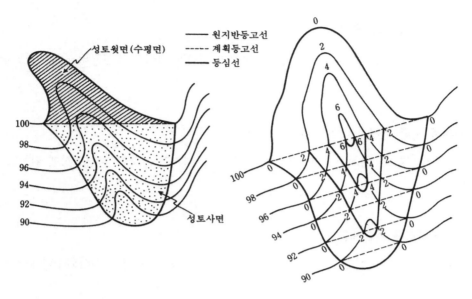

**그림 8-33** 등심선

## 예제 8-3

그림 8-33의 각 등심선 내의 면적을 구적기로 잰 결과 $A_0 = 1,000\text{m}^2$, $A_2 = 600\text{m}^2$,
$A_4 = 400\text{m}^2$, $A_6 = 100\text{m}^2$이었다. 성토량을 구하시오.

**풀이**

| 성토깊이(m) | 면적(m²) | 높이차(m) | 1체적(m³) |
|:---:|:---:|:---:|:---:|
| 0 | 1,000 | | |
| | | 2 | $\frac{1}{2} \times 2 \times 1,600 = 1,600$ |
| 2 | 600 | | |
| | | 2 | $\frac{1}{2} \times 2 \times 1,000 = 1,000$ |
| 4 | 400 | | |
| | | 2 | $\frac{1}{2} \times 2 \times 500 = 500$ |
| 6 | 100 | | |
| | | 1 | $\frac{1}{3} \times 2 \times 100 = 33$ |
| 7 | 0 | | |

토공량 = 3,133m³

## 8) 토지이용개발

토지의 효율성을 높이기 위한 구획정리, 단지설계, 국토종합개발계획 등에 지형도가 이용되고 있다.

## 9) 편리한 교통체계에 기여

차량항법체계(CNS), 도로 및 철도설계, 미지의 지역에 여행시 지형도의 자료가 큰 역할을 하고 있다.

## 10) 쾌적한 생활 환경조성에 기여

공원, 정원, 등산, 하천이나 해변의 경관 음미 등 정서적인 생활 환경조성에 지형도가 큰 기여를 한다.

## 11) 정보화사회에 자료제공

정보체계의 구성 요소로 도면 정보가 주된 자료로 이용되므로 정보화사회구현에 지형도는 필수적인 자료이다.

# 6. 지적도 제작

기준점 및 도근점측량은 지형도 제작과 동일하게 수평위치만을 결정한 후 세부측량을 시행한다.

## (1) 개 요

지적측량(地籍測量 : cadastral survey)은 토지를 필지 단위별로 등록하여, 토지에 대한 물권(物權)이 미치는 한계(위치, 크기, 모양, 경계 등)를 밝히기 위한 측량으로 2차원($x$, $y$) 위치만을 내포하고 있다.

우리나라 측량수로조사 및 지적에 관한 법률(제2조)상의 지적측량의 목적을 보면 다음과 같다. "지적측량은 토지를 지적공부에 등록하거나 지적공부에 등록된 경계점을 지상에 복원하기 위하여 제21호에 따른 필지의 경계 또는 좌표와 면적을 정하는 측량을 말한다."

이와 같이 지적측량은 토지의 등록단위인 1필지를 정량적으로 파악하여 (1필지의 경계, 좌표,

면적), 통일적으로 기록(지번지역, 지번, 지목)함으로써 토지자원의 효율적인 관리와 법적인 결정에 의해 소유권을 보호하기 위한 것이라 할 수 있다.

지적조사는 국토를 효율적으로 이용하기 위한 토지조사로서 토지에 대한 등록의 조사이다. 토지에 대한 등록은 1필지에 대한 지적측량 결과의 정량적인 것을 근거로 하기 때문에 지적측량은 국토관리의 기초가 된다.

등록의 단위인 1필지는 일반적으로 다각형인 폐곡선으로서 다각형을 이루는 경우는 그 절점들의 위치를 측량함으로써 1필지의 형상과 면적을 구할 수 있지만, 곡선인 경우는 소정의 정확도에 따라 근사적인 다각형으로 치환하여 측량한다.

각 필지의 경계를 표시하는 경계점은 어느 때라도 일정한 공인 오차 범위 내에 재현될 수 있는 기록으로서의 측량이 이루어져야 한다. 측량된 점은 그 필지의 주변에서 쉽게 측량될 수 있는 인조점(引照點)을 설치해 놓으면 이후에 정확도가 높으며, 경제적인 측량이 가능하게 된다.

지적측량에 앞서 지적의 이해를 돕기 위하여 사용되는 용어를 지적법상에 정의된 것을 근거로 소개하면 다음과 같다.

필지(筆地)는 하나의 지번(地番)이 붙는 토지의 등록단위를 말하며, 지번은 토지에 붙이는 번호이다. 필지는 토지에 대한 법률적인 단위구역이므로 필지가 성립하기 위해서는 몇 가지 조건이 갖추어져야 한다. 지번지역이 동일하고, 지목(地目)이 같으며, 지적도 또는 임야도의 축척이 같아야 하며, 지반이 도로·하천·제방 등의 토지에 의해 단절되지 않고 연속되어야 한다. 그리고 소유자가 동일하고, 소유권 이외의 권리관계가 같으며 등기 여부가 같아야 한다. 여기서 지번지역은 리·동 또는 이에 준하는 지역으로 지번을 설정하는 단위지역을 말하며, 지목은 토지의 주된 사용 목적에 따라서 토지의 종류를 구분·표시하는 명칭으로 전, 답, 과수원, 목장용지, 임야, 광천지, 염전, 대(垈), 공장용지, 학교용지, 주차장, 주유소용지, 창고용지, 도로, 철도용지, 하천, 제방, 구거, 유지, 수도용지, 공원, 체육용지, 유원지, 종교용지, 사적지, 묘지, 잡종지로 구분한다. 이중 임야는 수목지, 죽림지, 암석지, 사력지, 사지(砂地), 초생지, 황무지, 습지, 간석지 등을 합쳐서 말하며, 잡종지는 호전(芦田), 초평(草坪), 채석장, 토취장, 물건장(物乾場), 물치장(物置場), 공작장, 도급장, 수차장(水車場), 화장장, 도수장(屠獸場), 시장, 비행장, 공동우물, 비석부지, 방앗간, 상여집, 측량표부지 등을 포함한다.

지적도나 임야도의 정확도를 높이기 위하여 다른 축척으로 변경하는 것을 축척변경이라 하며, 지적공부에 등록된 1필지를 2필지 이상으로 나누어 등록하는 것을 분할, 2필지 이상을 1필지로 합하여 등록하는 것을 합병이라 한다. 지적공부는 지적도, 임야도 및 수치지적부 그리고 토지대장과 임야대장을 말한다.

토지를 새로 지적공부에 등록하는 신규등록할 토지가 생기거나, 기등록지의 지번, 지목, 경계, 좌표 또는 면적이 달라지는 것을 토지의 이동이라 한다.

지적측량의 기초가 되는 기초점은 지적측량용 삼각점과 보조삼각점 및 도근점을 가리킨다.

## (2) 일반적인 지적의 분류

### 1) 도해지적

도해지적(圖解地籍)은 지적도 또는 임야도에 토지의 경계를 도면화하여 등록하는 것이다. 평면측량이나 항공영상탐측 등으로 실시되는 도해지적은 수치지적에 비해 정확도가 낮지만, 토지의 경계가 도면으로 표시되어 있기 때문에 쉽게 볼 수 있고 이용하기에 편리하다.

### 2) 수치지적

토지의 경계점을 도해적으로 표시하지 않고, 수학적인 좌표로 표시하는 것을 수치지적이라 하며, 일반적으로 데오돌라이트, 광파종합측량기(TS), GPS 등에 의한 측량이나 항공영상탐측 등으로 실시된다. 수치지적은 도해지적에 비해 정확도가 훨씬 높기 때문에 경제성이 높은 지역이나 정확을 요하는 지역에서 이용된다. 그러나 수치지적에서 도면은 전혀 만들지 않고, 좌표만을 사용할 경우 일반인이 사용하기에 불편하므로, 안내역할을 할 수 있는 도면을 따로 설치할 필요가 있다.

## (3) 지적측량의 축척과 정확도

지적측량을 시작하기 전에 측량지역, 지역의 면적 및 측량기간 등의 계획과 함께 축척, 정확도 및 측량의 방법 등을 결정하여야 한다. 전국토를 동일한 정확도로 측량하는 것은 실용적이지 못하므로 지역에 맞는 정확도와 축척을 사용하는 것이 경제적이다.

우리 나라 지적도의 시행지역은 1/500, 1/600, 1/1,000, 1/1,200, 1/2,400이 있고 임야도 시행지역은 1/3,000, 1/6,000의 축척을 사용하고 있다. 1/1,200은 대부분 농촌지역에 적용되어 있으며, 시가 중심지에는 1/600이 사용되고 있다. 그리고 대부분의 산지는 1/6,000로 되어 있으나 시가지 주변의 산지는 1/3,000로 되어 있다. 그러나 최근에 실시하고 있는 1/500, 1/1,000 축척 등 1/500이 적용되는 곳은 구획정리, 도시계획에 의한 신시가지 등으로 수치측량에 의한 수치지적부(數値地籍簿)가 비치되도록 하고 있다. 1/1,000은 경지정리사업에 의한 농지의 새로운 축척으로 이용되며, 이때는 경우에 따라 수치지적부를 비치하지 않아도 된다.

## (4) 지적측량의 순서

지적측량은 데오돌라이트, TS, GPS, 평판 등을 이용한 지상측량과 사진측량에 의한 방법으로 나누어진다. 기초측량은 데오돌라이트를 이용한 지상측량이나 영상탐측법에 의하여 실시하며 세부측량에서 확정측량은 데오돌라이트에 의하는 것을 원칙으로 하며, 그 외의 측량은 평판측량 또는 영상탐측에 의하여 실시한다. 영상탐측방법은 제14장에서 기술한 작업순서와 동일하므로, 여기서는 지상법에 의한 순서를 설명한다.

### 1) 작업계획과 준비

측량지역의 공부(公簿) 및 경계조사, 축척결정 등

### 2) 1필지조사

조사도의 소도(素圖)작성, 지적조사표작성, 경계표시말뚝준비 등의 준비작업과 현지에서의 경계조사, 조사도작성

### 3) 기초측량

국가기본 삼각측량의 성과를 점검하고, 삼각측량, 삼각보조측량 및 다각측량(도근측량) 실시

### 4) 세부측량

필요에 따라 세부도근측량을 실시하고, 1필지측량 실시

### 5) 면적산정

필지의 수평면적을 좌표면적계산법이나 전자면적관측기(digital planimeter) 등을 이용하여 산정한다.

### 6) 지적도 정리

측량결과에 따라 새로운 지적도를 작성하거나, 지적도상의 등록사항을 정정한다.

## (5) 지적측량의 좌표 표현

필지의 경계 위치를 복원하기 위한 위치표현 방법은 크게 대지(大地)측량적 표현과 소지(小地)측량적 표현의 두 가지로 나눌 수 있다.

### 1) 평면직교좌표

대지측량에서 위치의 표현은 구면좌표로서 경위도를 사용하지만, 지적측량에서 상세하게 소지적인 지역을 표현하는 데는 불편하므로 적용범위를 동서 200km 정도(경도차 2°)로 구분하여 한 좌표계를 사용하는 평면직교좌표로 표현한다. 즉, 대지측량에서 이미 결정되어 있는 국가기본삼각점(1~4 등)의 경위도를 각각 평면좌표계의 $X$, $Y$ 값으로 환산한 것을 기초로 삼각점, 도근점 등의 기초점 측량을 실시한다.

지적측량에 사용되는 평면직교좌표의 원점은 우리나라 평면직교좌표의 원점과 동일하다. 즉, 동해원점(북위 38°선과 동경 131°선의 교점), 동부원점(북위 38°선과 동경 129°의 교점), 중부원점(북위 38°선과 동경 127°선의 교점), 서부원점(북위 38°선과 동경 125°선의 교점)의 4대원점이다. 그러나 현재 우리나라에서는 이 원점 외에 구 소삼각측량지역, 특별 소삼각측량지역, 특별 도근측량지역 및 특별 세부측량지역은 기타의 원점을 사용하고 있으며 이 원점들은 표 8-6과 같다.

[표 8-6] 특별측량지역의 원점좌표(각 원점의 평면직교좌표($X$, $Y$)=(0, 0))

| 위치 \ 원점명 | 망산 | 계양 | 도본 | 가리 |
|---|---|---|---|---|
| 북 위 | 37° 43′7″.060 | 37° 33′1″.124 | 37° 26′35″.262 | 37° 25′30″.532 |
| 동 경 | 126° 22′24″.596 | 126° 42′49″.685 | 127° 14′7″.397 | 126° 51′59″.430 |

| 위치 \ 원점명 | 등경 | 고초 | 율곡 | 현창 |
|---|---|---|---|---|
| 북 위 | 37° 11′52″.885 | 37° 9′3″.530 | 35° 57′21″.322 | 35° 51′46″.967 |
| 동 경 | 126° 51′32″.845 | 127° 14′41″.585 | 128° 57′30″.916 | 128° 46′3″.947 |

| 위치 \ 원점명 | 구암 | 금산 | 소라 | |
|---|---|---|---|---|
| 북 위 | 35° 51′30″.878 | 35° 43′46″.532 | 45° 39′58″.199 | |
| 동 경 | 128° 35′46″.186 | 128° 17′26″.070 | 128° 43′36″.841 | |

4대원점 및 기타 원점의 경위도와 국가기본삼각점의 경위도좌표를 평면직교좌표로의 변환은

현재 가우스 이중투영에 의한 값을 사용하고 있다.

## 2) 소지측량적 좌표표현

국지적인 좌표의 표현방법에는 극좌표방식과 삼변장방식의 두 가지가 있다.

### ① 극좌표방식

극좌표방식은 그림 8-34와 같이 1필지의 경계점 또는 근처의 점 중에서 상호 시통(視通)이 되고, 거리측량이 가능한 두 점에 영구적이며 완전한 표지를 설치하여 이 두 점을 기준으로 하여 1필지 내의 각 지점까지의 방향각과 거리를 필요로 하는 정확도로 측량하여 기록해 놓는 방법이다. 이 방법은 기준이 되는 두 점이 부동으로 명확하게 표지가 유지 보존되면 다른 경제점의 위치는 요구되는 정확도로 쉽게 복원될 수 있다.

그림 8-34에서 (a)는 필지의 근처에 기준이 되는 두 점 $A$, $B$를 설정한 경우이며, (b)는 필지의 경계점에 기준점을 설치한 경우이다. 어느 것이나 두 점 중에서 한 점($A$ 또는 $P_1$)을 원점으로 하고 다른 한 점($B$ 또는 $P_2$)으로의 방향선을 원방향으로 하여, 즉 $B$ 또는 $P_2$점을 방위점으로 하여 방향각과 거리로써 각 경계점의 위치를 표시한다.

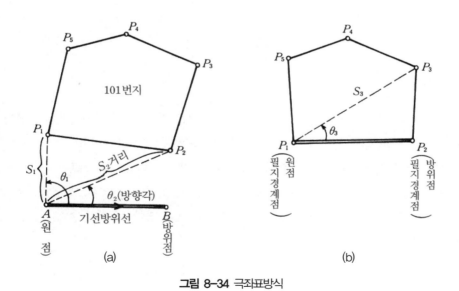

**그림 8-34** 극좌표방식

### ② 삼변장방식

삼변장방식(三邊長方式)도 그림 8-35와 같이 1필지 근처의 두 점 그림 8-34(a)이나 경계점

그림 8-34(b) 중에서 시통이 잘 되는 두 점을 선택하여 원점을 설치하고, 이 원점으로부터 각 경계점까지의 거리를 측량하여 각 점의 위치를 표현하는 방법이다.

이와 같은 국지적 좌표표현은 평면직교좌표로 변환하는 것이 가능하지만 이것은 어디까지나 아주 협소한 범위에 사용되는 것에 불과하므로 평면직교좌표와는 구별하여야 한다. 그리고 이 방법은 그 기준이 되는 두 점의 부동성에 의심이 생기는 경우는 그 복원은 무의미하게 되고 따라서 측량기록도 무의미하게 되므로 원점을 이동되지 않게 유지하여야 한다.

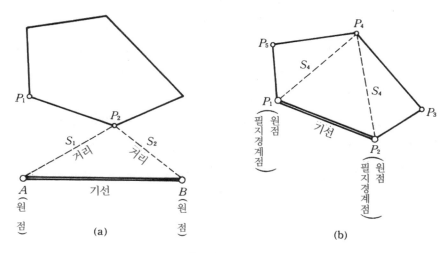

**그림 8-35** 삼변장방식

## (6) 기초측량

지적의 기초측량은 지적측량에 필요한 기초점의 설치를 위해서 실시하거나 세부측량을 시행하기 위하여 필요한 경우에 실시하는 측량이다. 기초측량은 데오돌라이트나, TS, GPS 또는 사진측량방법으로 시행하며 삼각측량, 삼각보조측량 및 도근측량으로 구분한다.

삼각측량과 삼각보조측량은 지적에 필요한 기초점을 신설 및 보수할 필요가 있을 때 실시하며 도근측량은 구획정리 또는 축척변경을 시행하는 지역이나 집단이동지의 면적이 해당 지적도 또는 임야도 1매에 해당하는 지역에서 실시한다.

## 1) 삼각측량

지적의 삼각측량은 국가기본삼각점과 지적측량용삼각점을 기초로 시행하며 삼각점의 매설은 다음 사항을 고려하여야 한다. 첫째, 삼각점 사이의 거리는 2~5km로 협각이 30° 이상 120°

이하로 설치하며, 둘째 영구적으로 보존할 수 있는 장소에 행정단위별로 일련번호를 부여하여 구성한다.

삼각측량의 수평각은 10″ 이상의 정밀데오돌라이트를 사용하여 3대회(윤곽도는 0°, 60°, 120°)의 방향관측법으로 방향각, 1관측회의 폐색 및 삼각형 내각합과 180°외의 차는 각각 30″ 이하, 기지각과의 차이는 40″ 이하로 측량하여야 한다.

이때 계산단위는 표 8-7에 의하여 실시하며, 삼각점의 표고를 등록할 때는 두 삼각점의 고저각을 관측하여 그 교차(較差)가 1관측점에서는 30″ 이하, 소구점에서 기지점을 관측한 수직각의 교차가 90″ 이하인 때는 그 평균값을 수직각으로 한다.

또 2개의 기지점에서 소구점의 표고를 산출한 결과 그 산출교차가 5cm+5cm($S_1$+$S_2$) 이하인 때에는 그 평균값을 표고로 한다. 여기서 $S_1$, $S_2$는 기지점에서 소구점까지의 수평거리로서 km 단위이다.

**[표 8-7]** 삼각측량의 계산 단위

| 종별 | 각 | 변길이 | 대수 | 좌표 | 경위도 | 자오선 수차 |
|------|-----|--------|-----------|-----|------------|------------|
| 단위 | 초 | cm | 6자리 이상 | cm | 초 아래 3자리 | 초 아래 1자리 |

## 2) 보조삼각측량

삼각보조점은 도근측량을 시행할 때 기설의 삼각점과의 연결이 곤란한 경우에 설치하여 국가기본삼각점 및 지적측량용 삼각점에 의하여 시행하고, 지형상 부득이한 경우에 삼각보조점을 혼용할 수 있다. 삼각보조점의 평균거리는 1~3km로서 삼각형의 내각이 30° 이상 120° 이하로 설치한다. 점의 결정은 전방교선법 또는 측방교선법으로 하며 교선은 3방향 교선에 의한다. 다만, 2방향으로 결정해야 하는 지형에서는 삼각형의 내각의 차가 40″ 이하일 때 각 각에 배분하여 사용한다. 각관측은 20″ 이상의 데오돌라이트를 사용하며 2대회(윤곽도 0°와 90°)의 방향관측법으로 하며 1방향각 및 1관측회의 폐쇄는 40″ 이하, 삼각형의 내각의 차 및 기지점과의 차는 50″ 이하로 한다. 계산단위는 각, 변길이, 좌표 및 대수를 표 8-7의 삼각측량과 같이하며 2개의 삼각형으로부터 산출한 위치의 연결오차(= $\sqrt{(\text{종선차})^2 + (\text{횡선차})^2}$)가 0.3m 이하인 때는 그 평균값을 삼각보조점의 위치로 결정한다.

## 3) 도근측량

도근점측량(圖根點測量)은 국가기본삼각점, 지적측량용 삼각점 및 삼각보조점을 기초로 하여 세부측량의 기준이 되는 도근점을 설치하기 위하여 실시하는 측량이다. 측량방법은 일반적으로 다각측량에 의하며, 경우에 따라 다각측량과 함께 교선법을 병행하기도 하여 결과를 평면직교 좌표로 표시한다.

① 다각측량

다각측량(또는 도선법)은 1등 다각점(또는 도선)과 2등 다각점으로 구분하며 1등 다각점은 기본삼각점, 지적측량용 삼각점 및 삼각보조점을 연결하여 가, 나, 다순의 고딕체로 표시하며 2등 다각점은 기본삼각점, 지적의 삼각점, 삼각보조점 및 도근점을 연결하는 것으로 ㄱ, ㄴ, ㄷ 순의 고딕체로 표기한다.

다각점은 기초점을 연결하는 결합다각측량으로 하는 것을 원칙으로 하지만, 지형상 폐합다각측량 또는 왕복측량을 하는 경우도 있다. 1다각측량의 다각점은 30점 이하로 하되 지형에 따라 10점을 증가시킬 수 있으며 점 사이의 거리는 해당지역의 축척 분모의 1/10m를 기준으로 하며 300m 이하로 한다. 거리관측은 2회로 하여 그 교차가 축척분모의 5/1,000cm 이하인 경우에 평균값으로 하며 거리와 좌표의 계산은 cm 단위까지로 한다. 경사거리는 수평거리로 환산하며 고저각이 1° 이하일 때는 수평거리로 간주한다. 그리고 임야도 작성시 지형상 부득이한 경우는 시거측량에 의하여 거리를 측량할 수도 있다.

다각측량 폐합오차의 제한은 다음과 같다.

1등다각 : 해당지역 축척분모수의 $\dfrac{1}{100\sqrt{n}}$ cm 이내

　　　(단, $n$은 관측선의 총거리를 100으로 나눈 수)

2등다각 : 해당지역 축척분모수의 $\dfrac{1.5}{100\sqrt{n}}$ cm 이내

축척 1/3,000 이하 지역 : 이 지역의 오차제한에 준용

각의 관측은 20″ 이상의 데오돌라이트를 이용하며 고저각은 상향각(앙각)과 하향각(부각)을 관측하여 평균하며, 수평각은 배각법이나 방위각법을 사용한다.

가) 배각법

수평각 관측에서 배각법(倍角法)은 시가지에서 사용하며, 3배각으로 초단위까지 관측 계산을 한다. 각관측의 오차제한은 1배각과 3배각의 교차(較差)에 대하여 30초로 하고 1다각

측량의 내각관측차는 1등도선이 $20\sqrt{n}''$, 2등도선이 $30\sqrt{n}''$($n$은 관측변수)으로 한다. 각 관측오차가 이 오차제한 내에 든 경우에 오차배분은 다음 식에 의해 관측선길이에 반비례하여 각 각에 배분한다.

$$K_1 = \frac{R}{e} \times 0.5$$
$$K_2 = K_1 + \frac{R}{e}$$
$$\vdots$$
$$K_n = K_{n-1} + \frac{R}{e}$$

(8-12)

(단, $K_1$, $K_2$, $\cdots$, $K_n$은 $1''$, $2''$, $\cdots$, $n''$를 배분하여야 할 관측선길이 반수(反數)(=1,000/관측선길이)의 최소한, $e$는 오차, $R$은 관측선길이 반수의 총합계)

다각측량 결과의 연결오차는 배분은 각 관측선의 종선차 또는 횡선차에 비례하여 배분한다.

$$T_1 = \frac{L}{e} \times 0.5$$
$$T_2 = T_1 + \frac{L}{e}$$
$$\vdots$$
$$T_n = T_{n-1} + \frac{L}{e}$$

(8-13)

(단, $T_1$, $T_2$, $\cdots$, $T_n$은 1cm, 2cm, $\cdots$, $n$cm를 배분할 종선차(縱線差) 또는 횡선차(橫線差)의 최단거리, $e$는 종선 또는 횡선오차, $L$은 종선차 또는 횡선차의 절대값의 총합계)

### 나) 방위각법

수평각관측에서 방위각법은 시가지를 제외한 기타지역에서 사용하며 각 관측점에서 1회씩 분단위까지 측량한다.

방위각법에서의 폐합오차는 1등다각점에서 $\sqrt{n}'$, 2등다각점에서 $1.5\sqrt{n}'$이 허용한계이다. 각 관측선에 대한 방위각의 배분은

$$K_1 = \frac{S}{e} \times 0.5$$
$$K_2 = K_1 + \frac{S}{e}$$
$$\vdots$$
$$K_n = K_{n-1} + \frac{S}{e}$$

(8-14)

(단, $K_1$, $K_2$, …, $K_n$은 1분, 2분, …, $n$분을 배분하여야 할 처음변, $e$는 오차량, $S$는 변수)

로 하며, 종횡선오차의 배분은 다음 식으로 한다.

$$C_1 = \frac{L}{e} \times 0.5$$
$$C_2 = C_1 + \frac{L}{e}$$
$$\vdots$$
$$C_n = C_{n-1} + \frac{L}{e}$$

(8-15)

(단, $C_1$, $C_2$, …, $C_n$은 1cm, 2cm, 3cm를 배분하여야 할 관측선길이의 최단거리, $e$는 오차, $L$은 관측선길이의 합)

다) 교선법

교선법(交線法)은 다각측량으로는 지형상 측량하기 곤란한 도근점을 전방 또는 측방교선법으로 3방향교선에 의해 관측하는 것이다. 교선법에 의한 도근점은 교선의 길이가 평균 200m, 교각이 30˚이상 120˚이하가 되도록 설치하며, 각관측은 다각측량방법과 마찬가지로 시가지에서는 배각법(3배각, 초단위 관측)을 사용하고, 기타지역에서는 방위각법(1회, 분단위 관측)을 사용한다.

3방향교선에서 2개 삼각형으로부터 계산한 위치오차($= \sqrt{(종선교차)^2 + (횡선교차)^2}$)의 제한은 0.3m 이내이다.

시가지 : 0.5m         기타 : 0.8m         임야도시행 : 1.0m

## 4) 도근점의 전개

도근점(圖根點)의 전개는 세부측량을 실시하기 위하여 기초측량의 성과를 측량원도에 표시하는 작업이다. 평판측량을 실시하게 되는 측량원도의 도곽(圖廓)은 종선길이(남북) 33.33cm(1.1척), 횡선길이(동서) 41.67cm(1.375척)이다. 단, 구획정리지구나 축척변경시행지역에서 새로 지적도를 만드는 곳은 도곽폭을 30cm_40cm로 하고 있다. 도근점의 좌표는 앞의 좌표계에서 설명한 측량의 4대원점과 기타원점을 이용한 평면직교좌표계에 따른다. 따라서 도곽을 직사각형으로 도곽선을 작도하고 이 도곽선에 의해 도근점을 전개한다. 도곽선은 도곽판(도곽정규라고도 함)을 이용하거나 피타고라스 정리를 이용하여 도면의 축척과 동일한 축척으로 작도한다.

축척별 도곽의 크기와 실제거리는 표 8-8과 같다. 예를 들어, 축척 1/1,200인 지역에서 도근점 11(127377.10, 42812.60)과 12(127473.80, 42734.00)를 전개한다. 도곽선은 축척에 맞게 구획되므로 종선은 400m, 횡선은 500m이다. 11과 12의 종축($x$)좌표를 보면 400m씩 구획될 때 가장 가까운 종선값은 127,200m이며, 횡축($y$)좌표는 500m씩 구획되어서 가장 가까운 횡선값은 42,500m이므로 이 구역의 도곽은 그림 8-36과 같다.

**[표 8-8] 축척별 도곽의 크기**

| 구분 \ 축척 | $\dfrac{1}{500}$ | $\dfrac{1}{1,000}$ | $\dfrac{1}{600}$ | $\dfrac{1}{1,200}$ |
|---|---|---|---|---|
| 도상길이<br>실제거리 | 30cm×40cm<br>150m×200m | 30cm×40cm<br>30m×40m | 33.33cm×41.67cm<br>200m×250m | 33.33cm×41.67cm<br>400m×500m |

| 구분 \ 축척 | $\dfrac{1}{2,400}$ | $\dfrac{1}{3,000}$ | $\dfrac{1}{6,000}$ |
|---|---|---|---|
| 도상길이<br>실제거리 | 33.33cm×41.67cm<br>800m×1,000m | 33.33cm×41.67cm<br>1,000m×1,250m | 33.33cm×41.67cm<br>2,000m×2,500m |

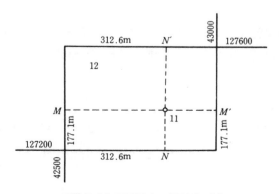

**그림 8-36** 도곽선과 도근점의 전개

그림에서처럼 11점과 12점의 전개는 도곽의 상하 및 좌우변에서 도곽선으로부터의 거리를 잡아서 점의 위치를 결정하며, 도상거리를 관측하여 정확하게 되었는지의 여부를 검사한다.

## 5) 세부측량

### ① 세부측량의 종류

세부측량은 도근점을 기초로 하여 1필지마다의 형상을 측량하는 것, 즉 1필지의 경계점의 좌표를 결정하여 지적도(임야도를 포함)를 작성하는 측량으로, 1필지측량이라 할 수 있다.

세부측량을 시행하는 경우는 토지이동의 신청 등에 의한 것으로 다음과 같은 여덟 가지로 나누어진다.

#### 가) 신규등록측량

공유수면매립의 준공 등으로 새로운 토지가 생겼을 때 토지를 새로이 지적공부에 등록하는 측량이다.

#### 나) 등록전환측량

임야도의 토지를 지적도에 옮겨 등록하는 경우의 측량으로 이것은 지적공부의 정확도를 높이기 위한 것이다.

#### 다) 축척변경측량

지적도(임야도 포함)의 정확도를 높이기 위하여 소축척도를 대축척도로 축척을 변경하는 경우에 시행한다.

#### 라) 분할측량

1필지의 토지를 2필지 이상으로 나누는 경우로서 토지의 일부매매, 또는 공공시설물의 설치 등으로 시행하게 되며 지적에서 세부측량을 실시하는 대종을 이루는 측량이다.

#### 마) 확정측량

도시계획, 농지개량, 토지구획정리사업 등에 의해 실시되는 측량으로, 대부분의 경우 환지(換地)가 교부되므로 세부측량에서도 가장 정밀하게 실시된다.

바) 경계정정측량

현지의 경계는 변동이 없지만 지적공부상에 경계가 잘못 기록되었을 때 공부를 정정하기 위한 측량이다.

사) 복구측량

천재·지변 또는 인위 등으로 지적공부가 망실되었을 때 망실 전의 상태로 복구하기 위한 측량이다.

아) 경계감정측량(또는 경계복원측량)

지적공부에 등록된 경계를 현지에 표시하는 행정처분으로 등록할 당시의 측량방법과 동일한 방법으로 시행하여야 한다. 이것은 최근에 지적측량으로 규정되었다(1976년).

1필지측량은 측량 전에 필지의 조사가 선행되어야 하며 필지의 조사는 해당지역의 지적도를 투사하여 조사도를 작성한다. 세부측량은 일반적으로 평판(측판)에 의한 도해법으로 실시되어 왔으나, 최근에는 데오돌라이트에 의한 수치지적이 이루어지고 있다.

② 도해법

평판측량에서는 교선법, 전진법(또는 도선법), 방사법, 지거법, 비례법으로 실시하며 거리측량단위는 5cm(임야도는 50cm)로 한다. 측량원도는 해당지역의 지적도와 동일한 축척으로 작성하며, 경계위치는 지상경계선과 도상경계선의 일치상태를 현형법(現形法), 도상원호교선법, 지상원호교선법, 거리비교확인법 등으로 확인한다. 이때 도상 길이가 15cm 미만인 경계는 그 차이가 1mm 이내, 도상길이가 15cm 이상 경계는 매 15cm마다 1mm를 더한 차이 이내일 때 경계의 이동은 없는 것으로 한다. 그리고 도상에 영향을 미치지 않는 지상거리의 축척별 한계는 $L = \frac{1}{10}M$mm로 한다($L$은 지상거리, $M$은 축척분모수).

③ 교선법

교선법은 전방교선법 또는 측방교선법에 의하여 3방향교선으로 실시한다.

방향각의 교각은 30° 이상 150° 이하로 하며, 방향선의 도상길이는 평판의 방위맞추기(또는 표정)에 사용한 방향선의 도상길이 이하로서 10cm 이내로 한다. 시오삼각형이 생겼을 때는 내접원의 지름이 1mm 이하일 때 그 중심점을 취한다.

④ 전진법(또는 도선법)

전진법에서의 관측선길이는 도상 8cm 이하로서 관측선(또는 도선)수는 20변 이하로 한다. 관측선연결오차의 제한은 $\sqrt{n}/3$mm 이내이며, 오차배분은

$$M_1 = \frac{e}{n}, \ M_2 = M_1 + \frac{e}{n}, \ \cdots, \ M_n = M_{n-1} + \frac{e}{n} \qquad (8-16)$$

($n$은 변수, $e$는 오차량)

으로 한다.

## (7) 확정측량

### 1) 가구(街區)확정측량의 순서

① 작업준비

측량작업에 들어가기 전에 작업계획을 수립하고, 현지를 답사하여 작업방침을 결정한다.

② 계획가로의 중심점 및 준거점의 측량과 계산

간선가로인 도시계획가로의 중심점위치가 정해져 있을 때는 그 중심점을, 그렇지 않을 때는 가로설정의 조건이 되는 준거점(건축물 또는 견고한 시설물)을 측량하고 그 좌표를 계산하여 가로 중심선을 조건에 맞춘다.

③ 중심점좌표, 중심점 사이의 거리, 방향각계산

각 가로의 교차중심점이나 절점이 되는 중심점의 좌표를 계산하고, 이 중심점 사이의 거리와 방향각을 구하여 이 성과를 확정원도에 기입한다.

④ 가구변의 길이, 가구점의 좌표, 가구면적의 계산

가구의 교차중심점의 좌표를 기준으로 하여 각 가구변의 길이, 가구점의 좌표, 가구의 면적을 계산한다.

⑤ 중심점, 가구점, 절점의 측설

좌표가 계산된 교차중심점, 가구점 및 절점을 근처의 다각점과 역계산을 하여 현지에 측설한다.

⑥ 가구확정원도 작성

켄트지에 교차중심점, 가구점, 절점을 도화하여 각 가구를 작성하고 확정원도를 작성한다.

## 2) 원곡선부의 가구점 처리

일반적으로, 시가지에서 도로선형은 완화곡선이 삽입되지 않은 단곡선으로 되어 그 선형계산은 노선측량방법에 의한 계산식에 따른다. 그러나 공공용지나 택지는 등기 또는 토지이용면에서 곡선경계로 하지 않고 외측에 외접하고, 내측에 내접하는 등변다각형으로 정한다(그림 8-37 참조).

이 등변다각형으로 도로곡선의 폭이 확보되고, 면적이 크게 변하지 않도록 하기 위해서는 곡선 중심각의 분할을 6° 이하로 하고 가구의 절선길이는 5m 이상으로 하지만, 분할된 호의 길이와 현의 길이의 차이가 5mm 이내가 되도록 한다.

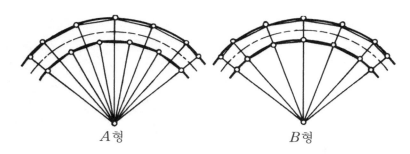

A형　　　　　　　　B형

**그림 8-37** 원곡선부의 가구점

## (8) 수치지적

수치지적(數値地籍)은 필지의 경계에 대한 정확도를 높이고 도해법에 의한 문제점을 보완하기 위하여 경계점을 수치($X$, $Y$ 좌표)로 표현하는 것이다. 2001년 지적법 개정으로 수치지적부는 경계점좌표등록부로 명칭이 변경되었다. 수치지적도는 도해도면보다 신도, 축도가 용이하며 다양한 축척으로 변환할 수 있으며 확대 재생산 등이 가능하다. 경계점좌표등록부를 설치한 지역에 있어서는 토지의 경계결정과 지표상의 복원은 좌표로 한다.

트랜시트에 의한 세부측량은 20″ 이상의 데오돌라이트를 사용하여 10″ 단위로 측량하며 방향관측법 또는 2대회 이상의 배각법에 의하여 시행한다. 거리측량은 수평거리 2회 관측하며 cm 단위로 관측하고 좌표계산도 cm 단위로 한다.

세부측량 중 도시계획사업, 토지구획정리사업, 농지개량사업 및 지역개발사업 등의 지적확정측량은 데오돌라이트에 의한 수치계산으로 경계점좌표등록부를 작성한다. 따라서 경계점의 좌표를 결정하기 위해서는 소정의 계산식을 사용하여야 한다. 그리고 필요에 따라 평판 및 사진 측량을 사용할 수도 있다.

# CHAPTER 09 면 · 체적산정

## 1. 면적의 산정

### (1) 개 요

토지의 면적은 그 토지를 둘러싼 경계선을 기준면에 투영시켰을 때 그 선내의 넓이를 말하며 측량구역이 작은 경우에는 수평면으로 간주하여도 무관하나 넓은 경우에는 기준면을 평균해수면으로 잡는다.

면적의 관측법에는 직접법과 간접법이 있는데, 전자는 현지에서 직접 거리를 관측하여 구하는 방법이고, 후자에는 도상에서 값을 구하여 계산하거나 구적기를 사용하여 구하는 방법과 기하학을 이용하여 구하는 방법 등이 있다. 간접관측법은 도상에서의 거리관측의 오차, 도지의 신축 등이 면적계산에 영향을 미치므로 직접관측법에 비하여 정확도가 낮다.

### (2) 도상거리법

### 1) 삼사법

밑변과 높이를 관측하여 면적을 구하는 방법

$$A = \frac{1}{2}ah \qquad\qquad (9-1)$$

각 각의 크기, 변의 길이가 기지인 경우에는

$$A = \frac{1}{2}ab \cdot \sin C = \frac{1}{2}ac \cdot \sin B = \frac{1}{2}bc \cdot \sin A \qquad\qquad (9-2)$$

여기서 삼각형의 밑변과 높이는 되도록 같게 하는 것이 이상적이다.

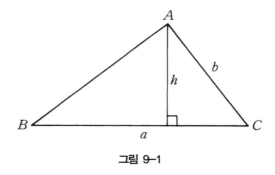

그림 9-1

## 2) 삼변법

삼각형이 밀집된 경우에는 이 방법을 이용하여 삼각형의 3변 $a$, $b$, $c$를 관측하여 면적을 구한다. 이 경우 삼각형은 정삼각형에 가깝도록 나누는 것이 이상적이다.

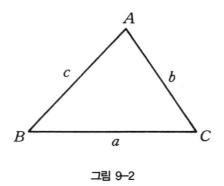

그림 9-2

$$A = \sqrt{s(s-a)(s-b)(s-c)} \qquad (9-3)$$

단, $s = \dfrac{1}{2}(a+b+b)$

## 3) 사다리꼴의 공식(臺形法)

경계선의 굴절이 심한 경우 그림 9-3처럼 경계선을 직선으로 간주하고, 구할 면적을 몇 개의 대형(臺形)으로 구분하여 식 (9-4)에 의하여 구한다.

$$A = \frac{1}{2}\{(y_0 + y_1)d_1 + (y_1 + y_2)d_2 + \cdots + (y_4 + y_5)d_5\} \qquad (9-4)$$

이 식을 일반식으로 나타내면,

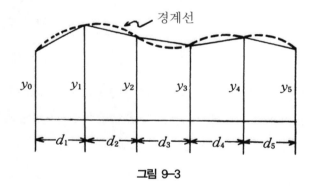

경계선

$y_0$  $y_1$  $y_2$  $y_3$  $y_4$  $y_5$

$d_1$  $d_2$  $d_3$  $d_4$  $d_5$

그림 9-3

$$A = \frac{1}{2}\{d_1 y_0 + (d_1 + d_2)y_1 + \cdots + (d_{n-1} + d_n) \cdot y_{n-1} + d_n y_n\} \quad (9-5)$$

여기서 지거(支距)의 간격이 같을 경우에는 식 (9-5)에서

$$d_1 = d_2 = d_3 = \ldots = d_n = d \text{이므로}$$

$$A = d\left\{\frac{y_0 + y_n}{2} + y_1 + y_2 + \cdots + y_{n-1}\right\} = d\left(\frac{y_0 + y_n}{2} + \sum_{i=1}^{n-1} y_i\right) \qquad (9-6)$$

로 된다.

### 4) 투사지법

#### ① 격자법(grid method)

투사지에 일정한 간격으로 격자선을 그려서 도면상에 얹어놓고, 구하려는 면적에 둘러싸인 부분의 격자수를 센다. 경계선이 격자에 들어간 경우는 비례에 의하여 그 자리수를 읽는다(그림 9-4 참조).

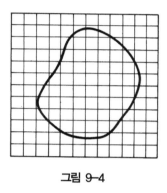

**그림 9-4**

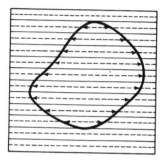

**그림 9-5**

#### ② 스트립법(strips method)

투사지에 일정간격 $d$로 횡선을 그려 두고 이것을 도면상에 두어 좌우의 경계선에 둘러싸인 각 스트립(종접합모형)의 중앙길이 $l$을 구한다. 각 스트립의 면적은 $dl$로써 구하게 되므로 이 총합을 구하면 된다(그림 9-5 참조).

## (3) 지거방법

### 1) 심프슨(Simpson)의 제1법칙

그림 9-6에서 2구간을 1조로 한 도형 ABCDE의 면적 $A_1$을 구하면,

$$A_1 = (대형\,ABCD) + (포물선\,BCD) \tag{9-7}$$
$$= \left(2d \times \frac{y_0 + y_2}{2}\right) + \frac{2}{3}\left(y_1 - \frac{y_0 + y_2}{2}\right) \times 2d$$
$$= \frac{d}{3}(y_0 + 4y_1 + y_2)$$

또 그림 9-7로부터

$$A_2 = \frac{d}{3}(y_2 + 4y_3 + y_4)$$

$$A_3 = \frac{d}{3}(y_4 + 4y_5 + y_6)$$

...........................

$$A_n = \frac{d}{3}(y_{2n-2} + 4y_{2n-1} + y_{2n})$$

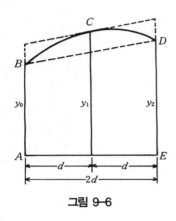

그림 9-6

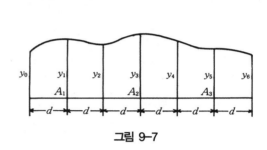

그림 9-7

으로 되어 전면적 $A$는 식 (9-8)로 표시된다.

$$A = \frac{d}{3}\{y_0 + y_n + 4(y_1 + y_3 + \cdots + y_{n-1}) + 2(y_2 + y_4 + \cdots + y_{n-2})\} \quad (9\text{-}8)$$

$$= \frac{d}{3}(y_0 + y_n + 4\sum y_{\text{홀수}} + 2\sum y_{\text{나머지짝수}})$$

(단, $n$은 짝수이며 홀수인 경우는 끝의 것은 사다리꼴로 계산함)

## 2) 심프슨의 제2법칙

그림 9-8에서 3구간을 1조로 한 도형 $ABCDEFG$의 면적 $A_1$을 구하면,

$$A_1 = (\text{대형}\,ABCD) + (\text{포물선}\,BCD) = \left(3d \times \frac{y_0 + y_3}{2}\right)$$

$$+ \frac{3}{4}\left(\frac{y_1 + y_2}{2} - \frac{y_0 + y_3}{2}\right) \times 3d = \frac{3}{8}d(y_0 + 3y_1 + 3y_2 + y_3)$$

일반적인 경우

$$A_2 = \frac{3}{8}d(y_3 + 3y_4 + 3y_5 + y_6)$$

$$A_3 = \frac{3}{8}d(y_6 + 3y_7 + 3y_8 + y_9)$$

........................................

$$A_n = \frac{3}{8}d(y_{3n-3} + 3y_{3n-2} + y_{3n})$$

로 되어 전면적 $A$는 식 (9-9)로 표시된다.

$$A = \frac{3}{8}d\{y_0 + y_n + 2(y_3 + y_6 + \cdots + y_{n-3}) + 3(y_1 + y_2 + y_4$$

$$+ y_5 + \cdots + y_{n-2} + y_{n-1})\}$$

$$\frac{3}{8}d\{y_0 + y_n + 2\sum y_{3의 배수} + 3\sum y_{나머지수}\} \tag{9-9}$$

(단, $n$은 3의 배수)

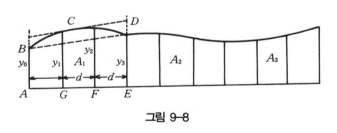

그림 9-8

## (4) 자동구적기에 의한 방법

자동면적측량기 및 자동좌표독취기는 원도를 그대로 좌표 전개기에 고정하고 광학적으로 수배 확대한 도형 투명부에서 관측하므로 각 관측점의 각 각에 십자선을 맞추어 추적하면 변환기에 의하여 수치화하여 각 각점의 좌표를 기록하고 그 결과를 소형의 전산기에 연결하여 면적을 구하도록 되어 있다.

## (5) 횡단면적을 구하는 방법

### 1) 횡단면적의 기장법

토공량(土工量)을 알기 위하여 횡단면도를 만드는 데는 일반적으로 종횡의 축척을 같게 취하고 방안지상에 횡단측량의 결과 또는 지형도의 등고선으로부터 기준이 되는 점을 기입하고 이것을 직선으로 연결하여 만든다.

각 단면도에는 그림 9-9와 같이 각 단면도 밑에 관측점번호를, 단면도 내에는 그 단면적을, 단면을 쓰는 기준점에는 노반의 중심을 원점으로 한 좌표값을 (1.5)/(7.3)과 같이 표시한다. 이 경우 분모는 원점으로부터의 수평거리를, 분자는 노반면으로부터의 높이를 표시한다.

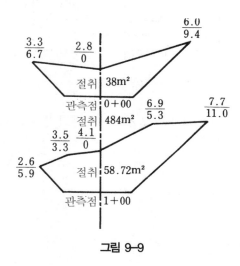

**그림 9-9**

### 2) 횡단면적을 구하는 방법

도로나 철도 공사와 같이 토공량을 계산하기 위한 횡단면이 비교적 좁을 경우에 단면을 정하는 것으로 일반적으로 2~3점에서 거리와 높이를 관측하면 충분하다.

단면이 간단한 경우 단면적을 구하는 공식은 다음과 같다.

$w$ : 노반의 저폭(底幅)

$s$ : 사면의 기울기(연직 1에 대하여 수평 $s$)

$n$ : 원지반의 기울기

$c$ : 중심선에서의 굴삭의 깊이

$d_1$, $d_2$ : 중심선으로부터 양측의 사면말뚝까지의 거리

$h_1$, $h_2$ : 사면말뚝의 노반면에서의 높이

$A$ : 횡단면적

① 수평단면(원지반이 수평인 경우)(그림 9-10 참조)

$$d_1 = d_2 = \frac{w}{2} + sh, \ A = c(w+sh) \tag{9-10}$$

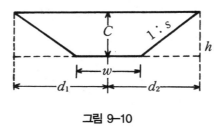

**그림 9-10**

② 등경사단면(양측면의 높이가 다르고 그 사이가 일정한 경사로 되어 있는 경우)(그림 9-11 참조)

$$d_1 = \left(c + \frac{w}{2s}\right)\left(\frac{ns}{n+s}\right) \tag{9-11}$$

$$d_2 = \left(c + \frac{w}{2s}\right)\left(\frac{ns}{n-s}\right)$$

$$A = \frac{d_1 d_2}{s} - \frac{w^2}{4s} = sh_1 h_2 + \frac{w}{2}(h_1 + h_2)$$

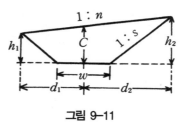

**그림 9-11**

③ 삼고도단면(3점의 높이가 기지인 경우)(그림 9-12 참조)

$$d_1 = \left(c + \frac{w}{2s}\right)\left(\frac{n_1 s}{n_1 + s}\right) \tag{9-12}$$

$$d_1 = \left(c + \frac{w}{2s}\right)\left(\frac{n_2 s}{n_2 - s}\right)$$

$$A = \frac{(d_1 + d_2)}{2}\left(c + \frac{w}{2s}\right) - \frac{w^2}{4s} = \frac{c(d_1 + d_2)}{2} + \frac{w}{4}(h_1 + h_2)$$

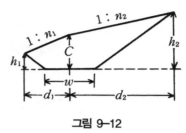

그림 9-12

④ 불규칙한 단면의 경우(그림 9-13 참조)

이 경우 야장에는 분모에 횡좌표, 분자에 종좌표를 다음과 같이 기입한다.

$$\frac{H_2}{D_2} \cdot \frac{H_1}{D_1} \cdot \frac{c}{O} \cdot \frac{h_1}{d_1} \cdot \frac{h_2}{d_2}$$

이것에 부호를 붙이고 $M$, $N$점의 좌표값도 가하여 다음과 같이 표시한다.

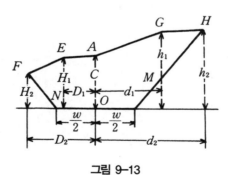

그림 9-13

$$\frac{O}{-\dfrac{w}{2}} \cdot \frac{H_2}{-D_2} \cdot \frac{H_1}{-D_1} \cdot \frac{c}{O} \cdot \frac{h_1}{+d_1} \cdot \frac{h_2}{+d_2} \cdot \frac{O}{+\dfrac{w}{2}}$$

면적을 계산하기 위하여 다음과 같이 사용한다. 즉, 각 항의 분모 우측에 그 부호와 반대의 부호를 기입한다.

$$\frac{O}{-\frac{w}{2}+} \bowtie \frac{H_2}{-D_2+} \bowtie \frac{H_1}{-D_1+} \bowtie \frac{c}{O} \bowtie \frac{h_1}{+d_1-} \bowtie \frac{h_2}{+d_2-} \bowtie \frac{O}{+\frac{w}{2}-}$$

면적은 다음 법칙에 의하여 구하여진다.

각 분자에 서로 인접한 항의 분모의 대수합을 곱한다. 이때 분모의 부호는 곱하는 분자의 측에 있는 부호로 한다. 이러한 넓이의 합은 횡단면적의 2배이다.

$$
\begin{aligned}
면적\,(A) = \frac{1}{2}\Bigg[ & O \times \left(-D_2 - \frac{w}{2}\right) + H_2\left(\frac{w}{2} - D_1\right) + H_1\left(D_2 - O\right) \quad (9\text{--}13) \\
& + c\left(D_1 + d_1\right) + h_1\left(O + d_2\right) + h_2\left(-d_1 + \frac{w}{2}\right) \\
& + O \times \left(-d_1 - \frac{w}{2}\right)\Bigg]
\end{aligned}
$$

**예제 9-1**

불규칙한 단면에 있어서 횡단면측량을 한 결과 다음 값을 얻었다. 횡단면 좌측 3.5m, 4.5m일 때 고도가 각각 1.4m, 0.8m이고 우측 5.0m, 8.4m일 때 고도가 각각 2.8m, 3.4m, 중앙점고도가 2.0m이고 노반의 폭은 7.0m일 때 이 단면적을 구하시오.

**풀이**

$$\frac{0}{-3.5+} \quad \frac{0.8}{-4.5+} \quad \frac{1.4}{-3.5+} \quad \frac{2.0}{0} \quad \frac{2.8}{+5.0-} \quad \frac{3.4}{+8.4-} \quad \frac{0}{+3.5-}$$

$0 \times (-4.5 - 3.5) = 0$
$0.8 \times (+3.5 - 3.5) = 0.0$
$1.4 \times (+4.5 - 0) = 6.3$
$2.0 \times (+3.5 + 5.0) = 17.0$
$2.8 \times (0 + 8.4) = 23.52$
$3.4 \times (-5.0 + 3.5) = -5.1$
$0 \times (-8.4 - 3.5) = 0$

배면적 $41.72\text{m}^2$
$\therefore$ 면적 = $20.86\text{m}^2$

## (6) 면적의 분할

### 1) 삼각형의 분할

① 한 변에 평행한 직선에 의한 분할

그림 9-14(a)와 같이 삼각형면적을 $m:n$으로 분할할 경우 $\triangle ABC$의 높이를 $h$, 면적을 $S$, $\triangle ADE$의 높이를 $h'$, 면적을 $M$이라 하면,

$$M = \frac{1}{2}h' \cdot DE, \qquad S = \frac{1}{2}h \cdot BC \tag{9-14}$$

$$\frac{M}{S} = \frac{m}{m+n} = \frac{h'}{h} \cdot \frac{DE}{BC} = \left(\frac{DE}{BC}\right)^2 = \left(\frac{AD}{BC}\right)^2 = \left(\frac{AE}{AC}\right)^2$$

$$\therefore AD = AB\sqrt{\frac{m}{m+n}}, \qquad AE = AC\sqrt{\frac{m}{m+n}}$$

② 한 꼭짓점을 지나는 직선에 의한 분할(그림 9-14(b) 참조)

$$M = \frac{1}{2}h \cdot BD, \qquad N = \frac{1}{2}h \cdot CD, \qquad S = \frac{1}{2}h \cdot BC \tag{9-15}$$

$$\frac{M}{S} = \frac{m}{m+n} = \frac{BD}{BC}, \qquad \frac{N}{S} = \frac{n}{m+n} = \frac{CD}{BC}$$

$$\therefore BD = \frac{m}{m+n}BC, \qquad CD = \frac{n}{m+n}BC$$

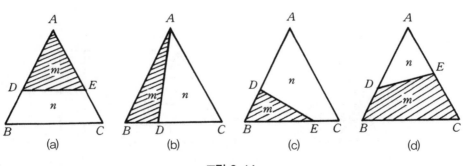

그림 9-14

③ 한 변상 고정점을 지나는 직선에 의한 분할

　　가) $M < \triangle BCD$일 경우

$\triangle ABC$의 높이를 $h$, $\triangle BED$의 높이를 $h'$라 하면 $h' = \dfrac{BD}{AB}h$이므로,

$$\frac{h'}{2} \cdot BE = \frac{m}{m+n} \cdot \frac{h}{2} \cdot BC$$

$$\frac{h}{2} \frac{BD}{AB} \cdot BE = \frac{m}{m+n} \cdot \frac{h}{2} \cdot BC$$

$$\therefore BE = \frac{m}{m+n} \cdot \frac{AB}{BD} \cdot BC \qquad (9-16)$$

나) $M > \triangle BCD$일 경우

$\triangle ABC$와 $\triangle ADE$의 변 $AC$에 수직한 높이를 $h$ 및 $h'$라 하면 $h' = \dfrac{AD}{AB}h$이므로,

$$\frac{h'}{2} \cdot AE = \frac{n}{m+n} \cdot \frac{h}{2} \cdot AC$$

$$\frac{h}{2} \cdot \frac{AD}{AB} \cdot AE = \frac{n}{m+n} \cdot \frac{h}{2} \cdot AC$$

$$\therefore AE = \frac{n}{m+n} \cdot \frac{AB}{AD} \cdot AC \qquad (9-17)$$

## 2) 사각형의 분할

그림 9-15와 같은 사다리꼴을 밑변에 평행한 직선으로 $m : n$으로 분할할 경우

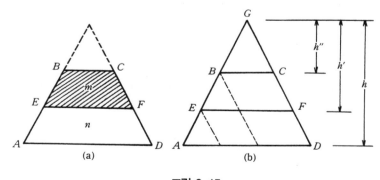

그림 9-15

$$\triangle BCG = \frac{h''}{2} \cdot BC, \quad \triangle EFG = \frac{h'}{2} \cdot EF, \quad \triangle ADG = \frac{h}{2} \cdot AD$$

$$BCFE = \frac{m}{m+n}(\triangle ADG - \triangle BCG) = \triangle EFG - \triangle BCG$$

$$\frac{m}{m+n}\left(\frac{h}{2} \cdot AD - \frac{h''}{2} \cdot BC\right) = \frac{h'}{2} \cdot EF - \frac{h''}{2} \cdot BC$$

$$\frac{m}{m+n} \cdot AD + \frac{m}{m+n} \cdot \frac{h''}{h} \cdot BC = \frac{h''}{h} \cdot EF$$

$$\frac{h''}{h} = \frac{BC}{AD}, \quad \frac{h'}{h} = \frac{EF}{AD} \text{이므로}$$

$$\frac{m}{m+n} \cdot AD + \frac{n}{m+n} \cdot \frac{BC^2}{AD} = \frac{EF^2}{AD}$$

$$\frac{1}{m+n}(mAD^2 + nBC^2) = EF^2$$

$$\therefore EF = \sqrt{\frac{mAD^2 + nBC^2}{m+n}}$$

또한

$$AE = \frac{AD - EF}{AD - BC} \cdot AB \tag{9-18}$$

## (7) 관측면적의 정확도

그림 9-16에 표시한 것처럼 동일한 정밀도로 거리관측을 실시하여 관측값 $x$, $y$를 얻고, 각각에 오차 $dx$, $dy$가 생긴 것으로 한다. 오차 $dy$에 의해 생기는 면적의 오차(그림 중 사선을 친 부분)를 $dA_y$, 오차 $dx$에 의해 만들어지는 면적의 오차를 $dA_x$라 하면 식 (9-19)가 성립된다.

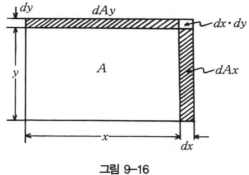

그림 9-16

$$\frac{dy}{y} = \frac{dA_y}{A}, \qquad \frac{dx}{x} = \frac{dA_x}{A} \tag{9-19}$$

여기서 $dx$, $dy$는 미소(微少)이어서 생략하고, $dA = dA_x + dA_y$로 하면,

$$\frac{dA}{A} = \frac{dA_x}{A} + \frac{dA_y}{A} = \frac{dx}{x} + \frac{dy}{y} \tag{9-20}$$

거리관측은 동일정밀도로 행하여졌기 때문에

$$\frac{dx}{x} = \frac{dy}{y} = K \tag{9-21}$$

$$\therefore \frac{dA}{A} = 2K$$

로 되어

$$dA = dKA \tag{9-22}$$

**예제 9-2**

면적이 약 50m²인 구역에서 다각측량을 하여, 그 면적을 0.1m²까지 정확히 관측하였다. 각 관측선의 거리는 어느 정도 정확히 관측하면 좋은가?
단, 다각형의 최단변의 길이는 약 15m, 변수는 5이고, 수평각 관측에는 오차는 없는 것으로 한다.

**풀이** 측량구역을 ABCDE로 하여, 그림처럼 3개의 삼각형으로 나눈다고 하자. 변길이의 관측오차는, 거리가 동일정밀도로 관측된 것으로 하면 식 (9-21)로부터

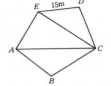

$$\frac{dA}{A} = 2\frac{dx}{x} = 2\frac{dy}{y}$$

이다. 여기서 삼각형의 수는 3개이므로, 전체에 대해서는

$$\frac{dA}{A} = \left(2 \times \frac{dx}{x}\right) \times 3 = \frac{6dx}{x}$$

$$\frac{dx}{x} = \frac{dA}{6A}$$

위 식에 $dA=0.1\text{m}^2$ $A=500\text{m}^2$를 대입하면,

$$\frac{dx}{x} = \frac{0.1}{6 \times 500} = \frac{0.1}{3,000} = \frac{1}{30,000}$$

## (8) 지적도의 면적산정

### 1) 면적산정의 일반사항

지적측량에서 필지의 경계와 좌표를 결정하는 것과 함께 중요한 역할을 하는 것이 필지의 면적산정이다. 면적은 세부측량을 실시할 때에 필지마다 산정하여야 한다. 면적산정법은 크게 도상법과 지상법으로 나눌 수 있는데, 지적측량의 축척은 거리 및 면적산정의 공차로 선정되기 때문에 도상법이 주로 이용된다. 도상법은 지적측량의 정확도에 따라 적당한 방법이 선택될 수 있지만 우리 나라의 규정에 의하면 세 가지로 나누어진다. 첫째, 세부측량이 데오돌라이트로 이루어져 좌표가 산출된 수치지적부가 있는 지역은 좌표법으로 산정된다. 둘째, 필지의 면적이 축척분모의 1/50 이하인 경우는 삼사법으로 산정한다. 셋째, 임야도에서는 구적기(求積器)에 의해 산정된다.

면적산정방법은 소개되었으므로 여기서는 생략한다. 면적의 표시는 1m²의 단위로 0.5m² 이상은 반올림하지만, 축척이 $\frac{1}{500}$ 또는 $\frac{1}{600}$인 지역은 0.1m²를 단위로 0.05m² 이상을 반

올림한다.

## 2) 면적관측의 절차

면적관측은 각 필지마다 행하며 좌표법, 삼사법, 구적기(planimeter) 또는 전자면적계에 의한다. 지적도면에서 도곽선길이에 0.5mm 이상의 신축이 있을 때는 이를 보정하여야 한다.

면적을 분할하는 경우, 5,000m² 이상의 면적에 대하여 1필지의 면적이 그 중 80% 이상이 될 때는 먼저 20% 미만 필지의 면적을 재어서 원래 면적에서 **뺀** 값으로 한다.

지적도에서는 $M/50(\text{m}^2)$ 이하($M$은 축척분모), 임야도에서는 200m² 이하인 경우는 삼사법 또는 전자면적계에 의한다.

## 3) 지적도면의 면적계산 및 허용오차

### ① 좌표면적계산법

필지별 면적관측은 경계점좌표에 의하며, 산출면적은 1/1,000(m²)까지 계산하여 1/10(m²) 단위로 정한다.

### ② 전자면적관측기(digital planimeter)

도상에서 2회 관측하여 그 교차가 다음 산식에 의한 허용면적 이하인 때에는 그 평균값을 관측면적으로 하며, 관측면적은 1/1,000(m²)까지 계산하여 1/10(m²) 단위로 정한다.

$$A = 0.023^2 M \sqrt{F}$$

($A$ : 허용면적, $M$ : 축척분모, $F$ : 2회 관측한 면적의 합계를 2로 나눈 수)

### ③ 등록전환 및 분할에 따른 오차허용범위 및 배분

가) 분할지

등록전환과 토지분할의 경우 오차의 허용범위 계산식

$$A = 0.026^2 M \sqrt{F} \tag{9-23}$$

($A$ : 오차허용면적, $M$ : 등록전환 시 임야도 축척분모, 토지분할 시 축척분모, $F$ : 등록전환 시 등록전환될 면적, 토지분할시 원면적)

이 경우 1/3,000지역의 축척분모는 1/6,000로 한다.

면적오차 $e(\leq e_A)$는 다음 식에 따라 각 필지에 분배한다.

$$r = \frac{F}{A} \times a \tag{9-24}$$

여기서 $r$은 각 필지의 산출 면적, $a$는 각 필지의 관측 또는 보정면적, $A$는 $a$의 합계, $F$는 원면적(토지대장상의 면적)이다.

나) 구획정리지

가구(街區)의 경우, 각 필지면적의 합계와 가구면적의 교차는 1/500 이내로 한다. 지구(地區)의 경우는 각 가구와 도로, 하천 및 기타의 면적의 합계와 지구층면적의 교차를 1/200 이내로 한다.

## 4) 도면의 조제

도면은 측량원도 또는 경계점 좌표에 의하여 조제 및 정리한다. 지적도의 도곽은 30cm×40cm, 도곽선수치는 원점을 기준으로 하여 정한다.

## 5) 측량성과의 인정한계

측량성과와 검사성과의 연결오차가 다음 각호의 1의 한계 이내인 때에는 성과에 관하여 다른 입증을 할 수 있는 경우를 제외하고 그 측량성과에 잘못이 없는 것으로 인정한다.

① 지적삼각점 0.20m 이내
② 지적삼각보조점 0.25m 이내
③ 도근점
　　가) 수치지적부 시행지역 0.15m 이내
　　나) 기타지역 0.25m 이내
④ 경계점
　　가) 수치지적부 시행지역 0.10m 이내
　　나) 기타지역 10분의 $3M$ mm 이내($M$은 축척분모)

## 2. 체적의 산정

### (1) 개 요

토목공사를 행하기 위하여는 자주 체적을 산정할 필요가 있는데, 여기에는 다음의 3가지 방법이 있다. 즉, 1) 단면법, 2) 점고법, 3) 등고선법 등이다.

철도·도로 및 수로 등을 축조할 때처럼 자세히 토지의 토공량을 산정하는 데는 1)이 사용되고, 정지작업을 행할 때와 같이 넓은 면적의 토공량 산정에는 2), 3)이 사용된다. 저수지용량의 산정은 특히 3)에 의하여 한다.

### (2) 단면에 의한 방법(computation of volume by cross sections)

철도·도로와 같은 노선측량에서는 먼저 중심선을 따라서 종단측량을 하고, 그 중심선에 직각으로 어떤 간격으로 설치한 관측점에서 횡단을 관측한다.

다음으로 종단면도에 시공기준면(formation level)을 기입하여 각 관측점의 중심선상의 시공높이를 정하고 다음에 횡단면도에 시공단면을 기입한다. 이것에 의해 각 횡단면의 토공면적을 관측하여 단면과 단면과의 사이에서 이 토공면적이 직선적 비율로 변화한다고 가정하고, (2)에 기술한 기본공식을 적용하여 토공체량(土工體量)을 구하고, 이것들을 합계하여 그 노선의 전토공량이라 한다. 이 경우 횡단면 간의 간격은 보통 같은 거리로 하고, 토지의 상태, 필요 정확도 등에 따라서 적당히 정할 수 있지만, 지형이 급변하는 곳에서는 꼭 횡단면을 추가하여야 한다.

### 1) 횡단면의 토공면적의 산정

횡단면형이 불규칙한 경우는 횡단면도에서부터 구적기를 이용하여 구할 때가 많은데, 비교적 규칙적인 단면형일 때는 그림 9-17과 그림 9-18에 표시한 공식에 의하여 면적을 구한다.

그림 9-17의 경우

$$A = bd + rd^2 = \frac{1}{2}(m + n + b)d \qquad (9-25)$$

단, $m = n$, $h = k = d$

그림 9-18의 경우

$$A = \frac{s^2 r}{s^2 - r^2}\left(d + \frac{b}{2r}\right)^2 - \frac{b^2}{4r} \qquad (9\text{-}26)$$

$$= \frac{b}{2}(h + k) + rhk = \frac{1}{2}bh + mk$$

$$= \frac{1}{2}bk + nh$$

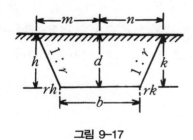

그림 9-17

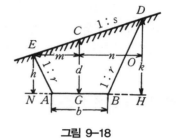

그림 9-18

그림 9-19의 경우

$$A = \frac{1}{2}\left(d + \frac{b}{2r}\right)(m + n) - \frac{b^2}{4r} \qquad (9\text{-}27)$$

$$= \frac{1}{2}d(m + n) + \frac{1}{4}b(h + k)$$

그림 9-20의 경우

$$A' = \triangle QEB = \left(\frac{b}{2} + sd\right)^2 / 2(s - r) \qquad (9\text{-}28)$$

$$A'' = \triangle QDA = \left(\frac{b}{2} - sd\right)^2 / 2(s - r)$$

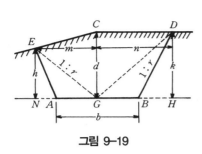

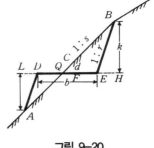

그림 9-19                           그림 9-20

실제 계산에 필요한 모든 양은 야장에서 직접 구하든지 또는 도상에서 그 길이를 관측하여 구하든지 하는데, 되도록이면 전자에 의하여 구하는 편이 정확하다. 또 위의 면적계산을 간단히 하기 위해 도표가 작성되어 있다. Trautwine, Goering Müller 등의 것이 유명하다.

### 2) 토공량산정에 대한 기본공식

① 각주공식(prismoidal formula)

다각형인 양저면이 평행이고 측면이 전부 평면형인 입체를 각주(角柱, 또는 의도〈擬〉)라 부른다. 이 체적은 심프슨 제1법칙을 적용하면(그림 9-21 참조)

$$V_0 = \frac{h}{3}(A_1 + 4A_m + A_2) \tag{9-29}$$

여기서 $A_1$, $A_2$는 양저면적, $A_m$은 높이 $h$의 중앙에서의 단면적이다. 식 (9-29)는 바닥에 평행인 단면적을 바닥에서의 거리의 2차식으로 표시하여 얻은 것보다 더 용이하다.

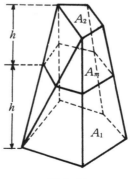

그림 9-21

각도(角)・각추(角錐) 및 설형(楔型)은 모두 각주의 특별한 경우인데, 밑면적을 $A$, 높이를 $h$라 하면, 각각 다음의 식으로 얻어진다.

$$\begin{cases} \text{각도}: V_0 : hA \\ \text{각추}: V_0 = \dfrac{1}{3}hA \\ \text{설형}: V_0 = \dfrac{1}{2}hA \end{cases} \tag{9-30}$$

일반적으로 어떤 노선의 전토공량을 구할 때는, 중심선에 수직인 평행단면으로 절단하여, 각각을 각주로 가정하고 그 2개씩을 1조로 하여 위의 공식을 적용하면 된다. 지금 $A_0$, $A_1$, $\cdots$, $A_n$(단, $n$은 짝수)을 같은 간격 1 마다에서 구한 토공량이라 하면, 전토공량은

$$V = \sum V_0 = \left\{ \frac{h}{3} A_0 + A_n + 2(A_2 + A_4 + \cdots + A_{n-2}) + 4(A_1 + A_3 + \cdots + A_{n-1}) \right\}$$

$$= \frac{h}{3} \left\{ A_0 + A_n + 4 \sum A_{홀수} + 2 \sum A_{나머지짝수} \right\} \tag{9-31}$$

② 양단면평균법(end area formula)

①에 있어서 $A_m = \dfrac{1}{2}(A_1 + A_2)$로 가정할 때의 공식은

$$V_0 = \frac{l}{2}(A_1 + A_2) \tag{9-32}$$

$$V = l \left\{ \frac{1}{2}(A_0 + A_n) + \sum_{r=1}^{n-1} A_r \right\} \tag{9-33}$$

이 식은 ①의 경우보다도 약간 큰 값을 갖는 경향이 있는데, 간단하므로 실제의 토공량 산정에는 널리 이용되고 있다.

③ 중앙단면법(middle area formula)

①에서 $A_m$을 $A_1$과 $A_2$의 중앙에 위치한 단면으로 가정할 때의 공식은

$$V_0 = A_m l, \quad V = l\Sigma A_m \tag{9-34}$$

이 식은 ①의 경우보다 약간 작은 값을 갖는 경향이 있지만, 매우 간단하여 실용상 자주 이용되는 것은 ②와 마찬가지이다. 체적산정결과는 ②, ①, ③의 크기로 나타난다.

### 3) 곡선부의 토공량산정

노선의 중심선이 곡선으로 되는 경우도, 간단히 직선부와 같이 2)에서처럼 계산을 하는 것이 보통이다. 그러나 엄밀히 말하면, 단면 중심이 노선중심선 상에 있는 경우에 한하여 직선부와 동일한 값이 되며, 그 이외의 경우에는 일반적으로 보정이 필요하다.

Pappus의 정리에 의하면, 1평면상의 폐곡선이 그 평면 내의 축의 주위로 회전하여 생긴 체적은 그 폐곡선의 중심이 그리는 길이에 그 폐곡선내의 면적을 곱한 것과 같다. 따라서 노선곡선부에서 중심선의 반경을 $R$, 길이를 $l$로 하고 단면적 $A$의 중심점과 중심선과의 수평거리(이것을 단면의 편심거리라 한다)를 $e$라 하면, 이 곡선부의 체적은(그림 9-22 참고),

$$V_0 = A\left(l\,\frac{R \pm e}{R}\right) = lA \pm lA\,\frac{e}{R} \tag{9-35}$$

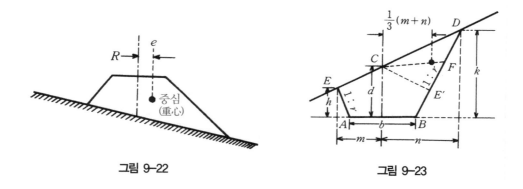

그림 9-22　　　　　　　　그림 9-23

식 중의 ±는 중심이 회전축에서, 생각하는 중심선보다 외측에 있을 때를 양(+), 내측에 있을 때를 음(−)으로 한다. 여기서 $\pm lA\,\dfrac{e}{R} \equiv \varDelta_c$를 곡률보정(curvature correction)이라 부른다. 그림 9-23~9-24의 경우에는 각각 다음과 같이 표시된다.

그림 9-23의 경우

$$\Delta_c = \pm \frac{l(m+n)}{3R}\left\{\frac{1}{2}d(n-m) + \frac{1}{4}b(k-h)\right\} \\ = \pm \frac{l}{6R}(n^2 - m^2)\left(d + \frac{b}{2r}\right) \quad\Bigg\} \tag{9-36}$$

그림 9-24의 경우

$$절토\ QBD에\ 대하여\ \Delta_{c1} = \pm \frac{l(b+n-w)}{3R}\ \frac{wk}{2} \\ 성토\ QAE에\ 대하여\ \Delta_{c2} = \mp \frac{l(b+m-w')}{3R} \cdot \frac{w'k}{2} \quad\Bigg\} \tag{9-37}$$

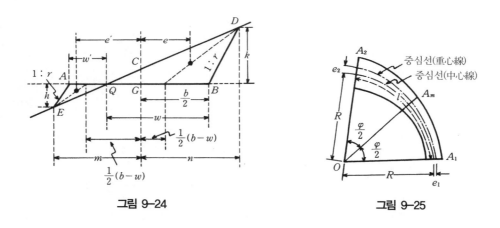

**그림 9-24**          **그림 9-25**

만약 그림 9-25와 같이 단면적 $A$와 편심거리 $e$가 점변(漸變)한다면, 삼각형 단면에 대하여

$$V_0 = \frac{l}{6}(A_1 + 4A_m + A_2) + \frac{l}{6R}\{(A_1 + 2A_m)e_1 + (2A_m + A_2)e_2\} \tag{9-38}$$

이 된다. 식 중에서 우변의 제1항은 곡률을 고려하지 않는 경우의 각주공식에 의한 용적이므로, 제2항에는 곡률보정 $\Delta_C$를 나타내고 있다. 삼각형 단면 이외의 경우에도 근사적으로 위 식을 적용하면 차이는 없지만, 엄격히 하려면 적당히 고려를 해야 한다. 예를 들면 그림 9-23과 같은 경우에는, $CE$에 대칭인 $CE'$를 그린 단면을 $CEABE'$와 $CE'D$의 2부분으로 분할하면,

전자에 대해서는 중심(重心)과 중심선(中心線)이 일치하여서 $\Delta_C = 0$이 되고, 후자에 대해서는 삼각형 단면이므로 위 식이 때때로 적용된다.

## (3) 점고법(computation of volume by spot levels)

일반적으로 양단면이 평면으로 되어 있다면, 어떠한 도체(壔體, cylinder or prism)에서도 그 체적은 양단면의 중심(重心)점간의 거리에 수직면적을 곱한 것과 같다. 따라서 그림 9-26과 같은 직사각형도체에서는, 중심축(重心軸)의 길이 $h = \frac{1}{4}A(h_1 + h_2 + h_3 + h_4)$로 되므로, 그 수직단면에서 어떤 구형의 면적을 $A$로 하면, 체적 $V_0$는

$$V_0 = \frac{1}{4}A(h_1 + h_2 + h_3 + h_4) \tag{9-39}$$

그림 9-27과 같은 삼각도체에서는 그 수직단면적을 $A$라 하면,

$$V_0 = \frac{1}{3}A(h_1 + h_2 + h_3) \tag{9-40}$$

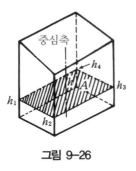

그림 9-26

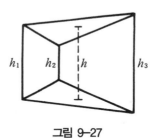

그림 9-27

건물부지의 정지, 토취장 및 토사장의 용량관측과 같이, 넓은 면적의 토공용적을 산정할 경우, 위의 기본정리를 이용하면 매우 적합하다. 그래서 전구역에 종횡 각 같은 거리에 말뚝을 박아 같은 면적으로 분할하고, 각 직사각형의 모서리의 지반고를 레벨과 표척으로 관측한다. 다음에 그 모서리의 시공기면을 결정하면, 이것들의 지반고와의 차에 의하여 절취 또는 성토의 토공고(土工高)가 구해진다. 지금 1개의 직사각형의 4모서리의 토공고의 합을 $\Sigma h$로 표시하고,

직사각형면적을 $A$라 하면, 그 직사각형 내의 토공량은 $V_0 = \dfrac{1}{4}A\Sigma h$로 된다. 그 체적을 전체에 걸쳐서 총계하면 소요의 전토공용적 $V$를 알 수 있으므로, 그림 9-28처럼 우선 각 모서리에 집중되어 있는 직사각형의 수를 기입하고, 1로 쓰인 모서리의 지반고의 합을 $\Sigma h_1$, 2로 쓰인 모서리 지반고의 합을 $\Sigma h_2$, …로 하면,

$$V = \sum V_0 = \frac{1}{4}A\left(\sum h_1 + 2\sum h_2 + 3\sum h_3 + 4\sum h_4\right) \tag{9-41}$$

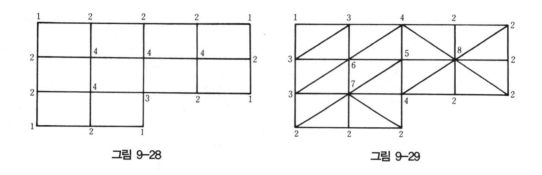

그림 9-28       그림 9-29

이 경우 각 직사각형의 4 모서리가 되도록이면 1평면 내에 존재하고, 또 그 구형 내의 지반고가 평면이 되도록, 구형의 크기를 선택하여야 하므로 소요 정확도 및 토지의 상황에 대하여 구형의 크기를 적당히 변경하지 않으면 안 된다.

더욱 정밀을 요할 때는 그림 9-28을 다시 그림 9-29와 같이 삼각형으로 나누어 삼각도체의 공식을 적용하면 된다.

삼각형의 모서리는 꼭 한 평면 내에 존재하여야 하고 처음에 기술한 기본 정리의 가정을 더욱 더 만족시켜야 되기 때문이다. 이 경우 전과 같이 각 모서리의 토공고를 산정하면, 모서리에 집중된 삼각형의 수를 기입하여 $\Sigma h_1$, $\Sigma h_2$, …를 계산하면, 전토공용적 $V$는

$$V = \sum V_0 = \frac{1}{3}A\left(\sum h_1 + 2\sum h_2 + \cdots + 7\sum h_7 + 8\sum h_8\right) \tag{9-42}$$

여기서 $A$는 구형면적, 즉 삼각형 1개의 면적이고, 직사각형을 사각형으로 분할할 때는 각 삼각형 내의 지반고가 되도록이면 평면을 이루도록 주의해야 한다.

## (4) 등고선법(computation of volume from contour lines)

체적을 근사적으로 구하는 경우 대단히 편리한 방법이다.

### 1) 계획면이 평면인 경우

정지작업, 저수지의 용량관측 등에 쓰인다. 예를 들면, 후자의 경우는 대체로 저수지 평면도에 지저(池底)지반의 등고선을 기입하고, 각 등고선 내의 면적을 구한다. 다음에 이 면적을 각주의 저면적, 등고선 간격을 그 높이로 생각하여 저수지용량을 구한다.

그림 9-30은 저수지 수면의 높이를 165m로 한 경우, 그 용량을 구하기 위하여 지저지반의 등고선을 기입한 것이다.

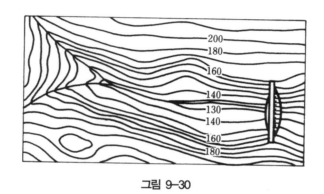

그림 9-30

### 2) 계획면이 경사진 경우

큰 산의 절취 등의 체적산정에 이용되는 것으로 그림 9-31(a), (b)로 그 방법을 설명하겠다. 실선과 점선은 각각 원지반과 계획면의 등고선을 표시하고 있으므로 같은 높이의 양등고선의 교점을 연결한 굵은 실선을 그으면 계획면과 원지반과의 교선으로 되고, 그 내측에는 절토, 외측에는 성토가 필요하게 된다.

절토체적을 산정하는 데는, 먼저 그림 (b)에 나타난 것처럼 각 등고선에 해당하는 수평면에 의하여 많은 수평층으로 분할되는 것으로 생각한다. 각 층의 양단면적은 평면도 (a)에서 높이가 같은 2조의 등고선으로 둘러싸인 폐곡선을 따라 구적기를 사용하여 보다 용이하게 구할 수 있으므로, 각 등고선 간격을 각 수평층의 높이로 생각하고 식 (9-39)의 공식을 사용하여 그 체적을 산정하면 된다. 예를 들면 그림 (b)에서 빗금친 수평층의 양단면은 그림 (a)에서 빗금을 그은 75m와 80m의 2폐곡선으로 표시되고, 그 높이는 등고선 간격 5m로 된다.

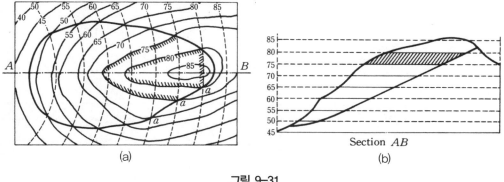

(a)  (b)

그림 9-31

또 위와 같은 수평층으로 분할한 대신에 계획면에 평행인 층으로 분할하고, 되도록이면 면적을 구하는 수고를 더는 경우도 있지만, 그만큼 새로운 등고선을 그릴 필요가 있어서 잘 이용되지 않는다.

## (5) 유토(流土)곡선(mass curve)에 의한 토량계산

종단고저측량과 횡단고저측량에 의해 작성된 종횡단면도에서, 각 관측점의 단면적을 절토(흙깎기)는 (+), 성토(흙쌓기)는 (−)로 하여 각 관측점마다 토량을 구해 누가토량(累加土量)을 구한다. 이 누가토량을 종단면도의 축척과 동일하게 기준선을 설정하여 작도한 것을 유토곡선이라 한다. 이 곡선은 Brukner 곡선, 또는 토량곡선이라고도 한다.

종횡단고저측량에 의해 얻어진 각 관측점의 단면적에 의해 유토곡선을 작도하는 과정은 표 9-1, 그림 9-32와 같다.

그림 9-32에서 나타난 것과 같이 유토곡선은 다음과 같은 성질을 갖고 있다.

① 유토곡선이 하향인 구간은 성토구간이고 상향인 구간은 절토구간이다.
② 곡선의 저점은 성토에서 절토로, 정점은 절토에서 성토로 바뀌는 점이다.
③ 곡선과 평행선(기선)이 교차하는 점, 즉 $c$, $e$, $g$는 절토량과 성토량이 거의 같은 평형상태를 나타낸다.
   그림 9-32에서 $a{\sim}c$구간, $c{\sim}e$구간, $e{\sim}g$구간의 절토와 성토량은 균형을 이룬다.
④ 평행선에서 곡선의 저점이나 정점까지 높이는 절토에서 성토로 운반되는 전토량을 나타낸다. 그림에서 $a{\sim}c$구간에서는 $bb'$, $c{\sim}e$구간에서는 $dd'$, $e{\sim}g$구간에서는 $ff'$가 전토량을 의미한다.

⑤ $AH$구간에서 사토량(捨土量)은 $hh'$가 된다.

⑥ 절토와 성토의 평균운반거리는 유토곡선토량의 $\frac{1}{2}$ 점 간의 거리로 한다.

**[표 9-1]** 토적계산표

| 관측점 | 거리 | 절토 | | | 성토 | | | | | 차인[*2] | 누가[*3] | 횡방[*4] |
|---|---|---|---|---|---|---|---|---|---|---|---|---|
| No. | m | 단면 | 평균<br>단면 | 토량 | 단면 | 평균<br>단면 | 토량 | 토량환산<br>계수 | 보정[*1]<br>토량 | 토량 | 토량 | 향토량 |
| No.0 | 0 | 0 | | | 0 | | | 0.9 | | 0.0 | 0.0 | |
| No.1 | 20 | 2.0 | 1.0 | 20.0 | 5.0 | 2.5 | 50.0 | 0.9 | 55.6 | −35.6 | −35.6 | 20.0 |
| No.2 | 20 | 5.0 | 3.5 | 70.0 | 2.8 | 3.9 | 78.0 | 0.9 | 86.7 | −16.7 | −52.3 | 70.0 |
| No.3 | 20 | 3.2 | 4.1 | 82.0 | 1.2 | 2.0 | 40.0 | 0.9 | 44.4 | 37.6 | −14.7 | 44.4 |
| No.4 | 20 | 6.2 | 4.7 | 94.0 | 0.8 | 1.0 | 20.0 | 0.9 | 22.2 | 71.8 | 57.1 | 22.2 |
| No.5 | 20 | 5.8 | 6.0 | 120.0 | 5.3 | 3.1 | 62.0 | 0.9 | 68.9 | 51.1 | 108.2 | 68.9 |
| No.6 | 20 | 3.1 | 4.5 | 90.0 | 6.7 | 6.0 | 120.0 | 0.9 | 133.3 | −43.3 | 64.9 | 90.0 |
| No.7 | 20 | 1.1 | 2.1 | 42.0 | 3.1 | 4.9 | 98.0 | 0.9 | 108.9 | −66.9 | −2.0 | 42.0 |
| No.8 | 20 | 5.9 | 3.5 | 70.0 | 4.8 | 4.0 | 80.0 | 0.9 | 88.9 | −18.9 | −20.9 | 70.0 |
| No.9 | 20 | 6.8 | 6.4 | 128.0 | 2.3 | 3.6 | 72.0 | 0.9 | 80.0 | 48.0 | 27.1 | 80.0 |
| No.10 | 20 | 2.1 | 4.5 | 90.0 | 0.9 | 1.6 | 32.0 | 0.9 | 35.6 | 54.4 | 81.5 | 35.0 |
| 계 | 200 | | | 806.0 | | | | | 724.5 | 81.5 | | 542.5 |

주) *1) 보정토량=토량/토량환산계수          *2) 차인(差引)토량=절토량−성토량
    *3) 누가토량=차인토량의 합            *4) 횡방향토량=절토량과 성토량 중 적은 값

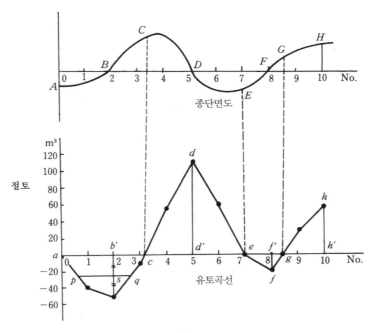

그림 9-32

예로써, $AC$구간의 평균운반거리는 $bb'$의 $\frac{1}{2}$점인 $s$점을 통과하는 평행선의 길이 $pq$이다.

평균운반거리는 절토부분의 중심과 성토부분의 중심 간의 거리를 의미한다.

따라서 총토공량은 총토량을 평균운반거리만큼 운반한 것을 뜻하므로,

$$평균운반거리 = \frac{총토공량}{총토량} \tag{9-43}$$

이다. 총토공량은 유토곡선과 평행선으로 둘러싸인 부분의 면적에 해당하며 총토량은 유토곡선의 최대종거를 의미한다.

$$평균운반거리 = \frac{유토곡선과\ 평행선으로\ 둘러싸인\ 면적}{최대종거} \tag{9-44}$$

## (6) 체적측량의 정확도

관측된 수평 및 수직거리 $x$, $y$, $z$의 거리오차를 $dx$, $dy$, $dz$라 하고, 거리 관측의 정확도가

$$\frac{dx}{x} = \frac{dy}{y} = \frac{dz}{z} = K \tag{9-45}$$

로 동일하다고 할 때 체적오차 $dV$는 미소항을 생각하면

$$
\begin{aligned}
dV &= (x+dx)(y+dy)(z+dz) - xyz \\
&= xydz + yzdx + zxdy + xdydz + ydzdx + zdxdy + dxdydz \\
&\fallingdotseq xydz + yzdx + zxdy
\end{aligned}
\tag{9-46}
$$

이고,

$$\frac{dV}{V} = \frac{dx}{x} + \frac{dy}{y} + \frac{dz}{z} = 3K \tag{9-47}$$

이다. 이 경우 체적측량의 정확도는 거리측량의 정확도의 $\frac{1}{3}$이 된다.

예제 9-2

약 600m³의 체적을 정확하게 산출하려고 한다. 수평 및 수직 거리를 동일한 정확도로 관측하고 체적산정 오차를 0.2m³ 이내에 들게 하려면 거리관측의 허용 정확도는 얼마로 해야 하는가?

[풀이] $\dfrac{dV}{V} = \dfrac{0.2}{600} \geq 3K$

$\therefore \ K \leq \dfrac{0.2}{1,800} = \dfrac{1}{9,000}$

# 연 습 문 제

## 제8장 도면제작

다음 각 사항에 대하여 약술하시오.

① 도면제작의 의의

② 도면제작 방법

③ 지도표현내용에 따른 분류

④ 지도제작방법에 따른 분류

⑤ 지형도 제작 및 지적도 제작 시 기준점성과의 차이점

⑥ 지도대상물 표현에 따른 분류

⑦ 종이지도의 허용오차한계

⑧ 지형의 표시방법

⑨ 지형도작성에 관한 지상측량방법

⑩ 항공영상에 의한 지형도 제작방법

⑪ 항공영상에 의한 영상도면 작성

⑫ 수치지도 제작방법

⑬ 수치형상모형 제작

⑭ 지형도의 허용오차

⑮ 지형도의 이용

⑯ 인공위성관측값을 이용한 이동식 도면화 작성체계(MMS : Mobile Mapping System)

⑰ 지적도 제작 방법

⑱ 지적측량의 좌표표현

⑲ 지적측량에 있어 확정측량

⑳ 수치지적

㉑ 도상거리에 의한 면적산정 방법

㉒ 횡단면적을 구하는 방법

㉓ 삼각형의 면적분할 방법

㉔ 면적산정값의 정확도

㉕ 지적도면의 면적계산 및 허용오차

㉖ 지적측량성과의 인정한계
㉗ 단면법에 의한 체적의 산정 방법
㉘ 등고선법에 의한 체적산정
㉙ 체적산정의 정확도

# 제9장 면·체적산정

다음 각 사항에 대하여 약술하시오.
① 면적산정 방법의 종류
② 면적의 분할 방법
③ 지적도의 면적산정
④ 단면법에 의한 체적산정
⑤ 등고선법에 의한 체적산정
⑥ 면적 및 체적산정의 정확도

# PART. 02-5

## 사회기반시설측량

# 10 사회기반시설측량

## 1. 사회기반시설측량 시 필요한 기초측량

### (1) 기준점 측량

### 1) 수평위치

수평위치 (X, Y 좌표)를 결정하는 기준점측량에는 삼각측량, 삼변측량, 다각측량 및 GPS에 의한 삼변측량 방법 등이 있으나, 최근에는 TS, GPS 측량과 다각측량이 주로 사용되고 있다.

① 광파종합관측기(TS : Total station)
광파종합관측기의 사용 시 흐름을 그림 10-1과 같다.

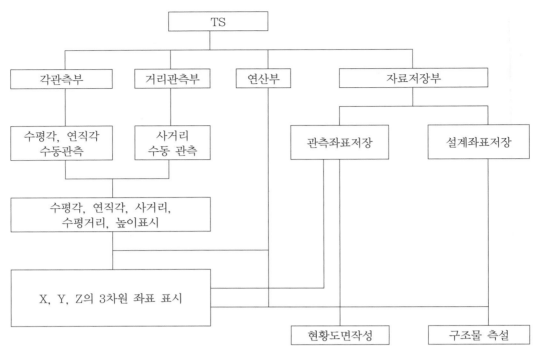

**그림 10-1** 관측의 흐름도

가) TS의 정확도

(ㄱ) 각 관측의 경우

독취각의 초독에 따른 정확도는 1초 정확도는 정밀시공 및 관측업무에, 1.5초 정확도는 정밀시공 및 관측업무에, 2초 정확도는 정밀시공 및 정밀설계에, 3초 정확도는 일반시공 및 일반설계에, 5초 정확도는 일반시공 및 일반설계에 사용하고 있다.

(ㄴ) 거리 관측의 경우

독취단위가 모두 1mm일 때 1mm+1ppm[5]은 정밀시공 및 관측에, 2mm+1ppm은 정밀시공 및 관측에, 3mm+3ppm은 일반시공 및 설계에, 5mm+3ppm은 일반시공 및 설계에 이용되고 있다.

따라서 (5mm+3ppm)의 거리 정확도를 가진 TS를 이용하여 1km의 거리 관측시에는 기계오차 5mm와 거리에 따른 오차 3mm가 더해지는데, 이때 서로 성질이 다른 두 가지의 오차에 대한 합이므로 평균제곱근 오차를 적용하면 $\sqrt{5^2+3^2}$ mm= $\sqrt{34}$ mm=5.83mm

---

5   ppm(part per million) : 1ppm은 1/1,000,000을 뜻하며 1ppm은 거리에 따른 오차량으로서 1km의 거리관측시 1mm의 오차가 더 생긴다는 것을 의미한다.

의 오차가 발생하게 된다.

나) TS 사용 시 주의사항

TS로 거리 관측 시는 적외선 광경이 대기 중을 통과하여 반사경에 반사된 후 다시 장비로
되돌아 올 때까지의 시간을 관측하여 거리를 관측하게 되므로 대기의 온도와 기압에 따라
관측값이 달라지기 때문에 반드시 이를 보정하여야 한다.

   (ㄱ) TS 제작 시 설계 온도 및 기압 : 15℃에서의 표준기압(1,013hp=1,013mbar)
   (ㄴ) 측량 시 온도 및 기압을 관측하거나 기상청 자료를 입수하여 장비에 입력을 하여
       야 한다.
   (ㄷ) 현장에서 쇠줄자에 의한 실측값과 TS의 프리즘 상수 및 거리확인, 기표를 통한
       수평확인, 연직각확인을 해야 한다.
   (ㄹ) 차량으로 이동 시 기기박스 안에 안치, 삼각대와 분리 후 이동, 두 손으로 들고
       이동시는 연직에 가깝게 해야 한다.
   (ㅁ) 겨울철 현장 사용 후 실내온도에 적응시킨 후 보관해야 한다.

② GPS 관측

GPS 관측(Static GPS, Real Time Kinematic GPS, Virtual Reference Station)으로 설계
도면 작성 및 시공을 할 경우 표 10-1과 같은 방법을 사용한다.

**[표 10-1]** GPS 관측방식

| Static 측량(후처리 방식) | RTK 측량(실시간처리 방식) | VRS(가상기준국 측량) |
|---|---|---|
| | | |
| (1) 최소 4대 이상의 GPS 수신기로 기지점과 미지점망을 연결하여 동시 관측(세션관측)<br>(2) 각 수신기는 단지 위성 신호만을 수신하여 자료 저장(최소 30분 이상)<br>(3) 수집된 관측자료의 요구정확도는 간섭위치관측용 소프트웨어에 의해 기선해석 및 망조정 계산을 거쳐 미지점의 좌표 결정<br>(4) 정확도 : 수평 5mm+1ppm 수직 10mm+2ppm<br>(5) 용도 : 측지기준점(1등삼각점), 정확도를 위한 망조정용 | (1) 최소 2대 이상의 수신기가 필요함(기지국 GPS 및 이동국 GPS)<br>(2) 기지국 GPS는 위성에 의해 관측된 성과와 기지점 성과와의 차이값을 계산하여 위치보정자료를 생성하고 이를 무선모뎀 등을 통해 이동국 GPS로 송신<br>(3) 이동국 GPS는 위성에 의해 관측되는 성과와 기지국 GPS에서 송신된 위치보정량을 수신하여 미지점의 좌표를 실시간으로 계산, 결정<br>(4) 정확도 : 수평 12mm+2.5ppm 수직 15mm+2.5ppm<br>(5) 용도 : 도면화, GIS, 실시간구조물 변위관측, 10km 이상의 장거리 기준점측량, 공사측량 | (1) GPS를 이용한 RTK 측량기술의 하나로 GPS 관측망으로부터 생성된 RTK용 위치정보신호를 인터넷통신을 통해 전송받아 수신기 1대만으로 전국 어디서나 높은 정확도의 RTK 측량을 할 수 있다.<br>(2) 2007. 11. 21. 일부터 국토지리정보원에서 VRS 위치정보신호서비스를 개시함에 따라 수신기1대만으로 몇 초만에 높은 정확도의 RTK 측량을 할 수 있다. |

## 2) 기준점 측량 시 유의사항

① 수평위치의 기준점 측량

　(가) 기준점측량은 평면위치 (X, Y)에 대한 기준점을 설치하는 측량으로서 반드시 국토지리정보원에서 발급한 삼각점 성과표의 좌표를 기준으로 해야 한다.

　(나) 기준점 측량의 범위에는 삼각점과 신설점[현장기준점 : 현장 CP(Control Point)]을 서로 연결한 기준점 망내의 모든 점이 포함된다.

　(다) 도로의 시·종점부와 연결되는 인접 공구의 현장 기준점과도 반드시 연결측량을 실시하여 시공 시 흔히 발생하는 인접 공구와의 노선 불일치 원인을 근본적으로 제거한다.

　(라) 단독 공사인 경우에는 도로 시·종점부의 기존 구조물 등에도 신설점을 설치하고 연결측량을 실시하여야 시공 시 기존 구조물과의 불부합 문제가 발생하지 않는다.

② 수직위치의 기준점 측량

(가) 고저측량은 반드시 국토지리정보원에서 발급한 고저기준점(수준점) 성과표의 표고를 기준으로 해야 한다.

(나) 기준점측량에서와 같이 인접 공구의 현장 가설고저기준점(TBM : Temporary Bench Mark)과도 반드시 연결측량을 실시해야 한다.

(다) 고저측량은 가능한 한 한 점의 국가고저기준점만을 연결하는 폐합노선측량 보다는 두 점의 국가고저기준점을 연결하는 결합 노선측량 방식으로 실시하는 것이 좋으며, 현장 인근의 국가고저기준점이 유실되었을 경우는 보다 먼 거리에 위치한 다른 국가고저기준점과 연결하여야 한다. 신설 도로의 길이가 1km도 안 되는 경우도 있지만 고저기준점으로부터 고저측량을 하기 위해서는 수십 km 이상을 고저측량을 해야 하는 경우도 있다.

## (2) 용지측량

### 1) 개 요

용지측량은 설계 평면도에 지적도를 중첩하여 매입부지를 확정하고 부지매입에 따르는 예산을 수립하는 데 적용되는 측량으로서, 향후 시공과정에서 부지경계와 관련된 민원 발생의 소지가 매우 크므로 그 정확도에 세심한 주의를 기울여야 한다.

용지도면(용지도) 작성 시 일반적으로 시·군·구 지적과에서 발급한 지적도를 스캐닝하여 설계평면도상에 적당히 중첩하는 경우가 많은데, 수치지적 지구인 경우는 지적도근점을 기준으로 좌표측량을 실시해야 하며, 도해지적 지구인 경우는 지적측량 전문업체(대한지적공사 또는 안전행정부 지적측량 등록업체)에 의뢰하여 경계 말목 위치에 대한 경계측량을 실시하는 것이 좋다.

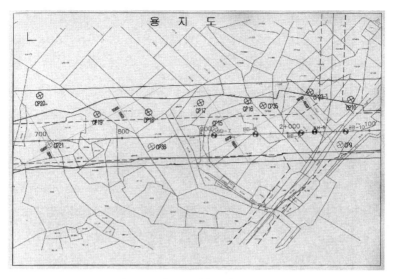

**그림 10-2** 용지도면(용지도) 작성 예

## 2) 용지측량

용지측량에는 주로 평판측량이 이용된다.

① 종래의 평판측량(평판측량기 사용)

가) 순서

**그림 10-3**

나) 문제점

(ㄱ) 평판 도지의 크기가 제한되어 있어 넓은 구역의 현황도 작성 시 여러 장의 도면을 별도로 작도하여 합성하게 되는데, 이때 오차가 많이 발생한다.

(ㄴ) 전자지도화(Digital Mapping)를 위해서는 수작업으로 작도된 현황 도면을 다시 CAD로 입력함으로써 이중 작업이 된다.

(ㄷ) 비, 바람 등의 기후에 영향을 많이 받으므로 정확도가 낮아진다.

(ㄹ) 시간이 많이 소요된다.

② 최근의 전자평판측량(GPS 및 TS 사용)

가) 순서

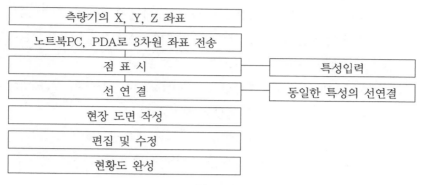

```
┌─────────────────────────────┐
│      측량기의 X, Y, Z 좌표     │
├─────────────────────────────┤
│   노트북PC, PDA로 3차원 좌표 전송  │
├─────────────────────────────┤          ┌─────────────────┐
│          점 표 시            │──────────│    특성입력       │
├─────────────────────────────┤          └─────────────────┘
│          선 연 결            │──────────┌─────────────────┐
├─────────────────────────────┤          │  동일한 특성의 선연결 │
│        현장 도면 작성         │          └─────────────────┘
├─────────────────────────────┤
│         편집 및 수정          │
├─────────────────────────────┤
│         현황도 완성           │
└─────────────────────────────┘
```

**그림 10-4**

나) 전자 평판측량의 장점

(ㄱ) 현장에서 관측과 동시에 지형도를 작성함으로서 현장과 도면을 직접 눈으로 확인하면서 작업하므로 결측 부분이 발생하지 않는다.

(ㄴ) 컴퓨터 영상면의 이동 기능으로 종래 평판 측량과 같이 종이도면(도지)의 크기에 제한을 받지 않으므로 넓은 지역의 측량이 가능하다.

(ㄷ) 컴퓨터 영상면의 축소, 확대가 가능하므로 매우 복잡하고 세밀한 지형의 정확한 지형도 작성이 가능하다.

(ㄹ) 각 관측점의 특성까지도 현지에서 입력하므로 차후 특성 파악을 위한 별도의 작업이 필요 없다.

다) 전자평판측량 세부 순서

(ㄱ) TS 및 노트북 PC를 도근점(현장 기준점)에 설치한다.

(ㄴ) 작업 전 먼저 현장을 둘러보면서 특성별로 관측점에 대한 코드를 설정하고 측량 순서를 결정한다.

예) 도로 경계석은     100번 코드
상수도관은     200번 코드
하수관은     300번 코드
·      ·
·      ·
·      ·
가스관로는     800번 코드

(ㄷ) 같은 특성의 관측점, 즉 같은 코드 번호의 관측점들을 순서대로 먼저 관측하여 선을 연결한 다음, 다음 특성점을 관측한다(좌우측 도로 및 지하시설물을 번갈아가면서 한쪽부터 완벽한 도면을 작성하는 것이 좋을 것이라고 고려되나 기계수가 한 사람인 이상 컴퓨터를 조작하는 시간이 필요하며 잦은 관측점 코드의 변경으로 혼동을 초래할 가능성이 있으므로 특성별 관측이 더 효율적이다).

(ㄹ) 외업은 상기와 같이 지형에 대한 실시간 현황도면의 작성으로 종료되며 사무실로 복귀 후 편집 및 수정 보완 작업을 하게 된다.

(ㅁ) 편집은 주로 현장에서 실시한 매핑시 관측점 간의 선연결이 실행되지 않았다던가 혹은 속성이 잘못 입력된 것 등을 검색하여 수정, 보완하는 것이다.

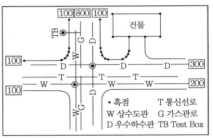

**그림 10-5 노트북 PC 매핑**

③ 평판측량의 정확도

평판에 의한 다각측량의 정확도는 일반적으로 폐합비로 표시되며 그 허용한계는 다음과 같다.

가) 평탄지 : 1/1,000

나) 완경사지 : 1/800 ～ 1/600

다) 산지 또는 복잡한 지형 : 1/500 ～ 1/300

# 2. 단지(주거, 업무 및 산업시설 입지)조성측량

## (1) 개 요

단지(plant)조성은 토지의 이용도 및 효율성을 증대시키기 위하여 집단적이며 계획적으로 부지(주거, 업무, 상업, 여가 및 운동시설, 국가 및 지방산업단지, 농공, 유통, 관광 등 공용의 목적으로 개발되는 부지형태)를 마련하기 위한 작업이다. 단지조성에는 기준점관리, 지형 및 현황관리, 용지경계설정, 도로 및 관로관리, 종·횡단측량, 연약지반 및 호안관리, 확정 및 준공 측량작업등을 수행하여야 한다.

## (2) 단지조성측량 사전준비작업

### 1) 기준점관리

#### ① 기준점 설정

일반적인 단지조성인 경우 국토지리정보원의 좌표체계를 이용하나 택지조성인 경우 지적공사의 좌표체계를 이용한다. 두 좌표의 제원은 다르나 좌표전환을 거치면 지형의 위치는 일치함을 알 수 있다.

#### ② 시공 전 기준점측량계획서 작성

시공 전 설계측량 시 수평기준점(X, Y) 및 수직(고도 또는 수준) 기준점(Z)을 확인 후 이 기준점을 이용한 용지경계측량, 공구경계측량, 종·횡단측량, 중요구조물의 위치에 관한 수량 산출 및 문제점을 조사하여 공사가 원활히 이루어지도록 계획서를 작성한다.

### 2) 지장물조사 및 처리

용지보상과 관련되는 사유재산 및 육상에 설치된 모든 시설물(건축물, 구조물, 농작물, 묘지, 전주, 가로등, 신호동, 표지판 등)을 지장물(또는 지상시설물)이라 한다. 지장물을 표시한 자료를 설계서 후면에 명기하고 있다.

측량사는 설계 시 누락된 지장물의 유·무를 점검하여 공사담당자에게 업무를 이관한다.

지하매설물은 도로(차도, 도보), 하천의 제방 및 고수부지, 교량의 상·하류부의 도강(渡江)한 부분의 개구(맨홀)부 등이 있다. 설계도에 있는 지하매설물도를 기준으로 개구부의 정확한 위치 및 종류를 정밀 답사하여 확인한 후 유관관계자의 업무협조요청과 현재 관련 자료를 취득한다.

취득된 확인자료를 설계도와 비교검토 후 정비된 도면자료를 공사관계자에게 인계한다. 지하매설물의 이설 및 신설, 철거 및 폐기업무를 수행할 시는 관련관계자의 입회를 요청하여야 한다.

## 3) 도로의 형상과 기준

도로는 도시의 골격을 이루는 주간선도로(광로, 대로)와 근린생활권 형성에 연결하는 보조간선도로(대로, 중로), 근린생활권 내 교통집산기능이나 근린생활외곽을 연결하는 집산도로(중로), 도로지역을 구획하는 국지도로(소로), 보행자나 자전거의 전용도로 등으로 분류하여 기준을 설정한다. 또한 보도와 차도의 경계선은 복합곡선이나 원호를 이용하고 교차지점의 곡선반경은 큰 도로의 곡선반경기준(주간선도로 15m, 보조간선 12m, 집산도로 10m, 국지도로 6m 이상)을 적용시켜 처리한다. 도로의 종류와 설계속도 표 10-2와 같다.

[표 10-2] 도로의 종류 및 설계속도

| 구분 | 도로 폭(m) | 설계속도(km/hr) | 도로구분 |
|------|-----------|----------------|----------|
| 광로 | 50 | 80(60) | 주간선도로 |
| 광로 | 40 | 80(60) | |
| 대로 1류 | 35 | 80(60) | |
| 대로 2류 | 30 | 60 | 부조간선도로 |
| 대로 3류 | 25 | 60 | |
| 중로 1류 | 20 | 50 | |
| 중로 2류 | 15 | 50 | 집산도로 |
| 중로 3류 | 12 | 50 | |
| 소로 1류 | 10 | 40(30) | |
| 소로 2류 | 8 | 40(30) | 국지도로 |
| 소로 3류 | 6 | 40(30) | |

( )는 부득이한 경우 적용 설계속도

## 4) 관 로

관로에는 우수관로와 오수관로로 대별된다.

### ① 우수관로

우수관로는 우수를 하수본관에 유입시키기 위해 우수받이의 심도는 800~1000mm, 내경의 크기는 300~500mm, 우수받이의 간격은 30m 이내로 하여 도로의 좌우측 L형 측구에 설치하는 관로이다. 또한 우수관로는 교통의 안전이나 토사 등의 유입을 방지하기 위하여 구멍이 있는 덮개나 연결관의 관거보다 15cm 이상 높게 모래받이를 조성한다.

② 오수관로

오수관로에는 차집관로와 쓰레기압송관로가 있다. 차집관로는 단지 내 소하천에 구간경사와 완만하게 설치하는 것으로 구간 내 역류가 일어나지 않도록 정확한 고저측량을 요하는 관로이다. 쓰레기압송관로는 도로부지와 녹지공간을 이용하여 설치한다.

## 5) 호안 및 연약지반

### ① 호안

호안은 유수에 의한 훼손 및 침식을 보호하기 위하여 제방 앞 또는 제외지 비탈에 설치하는 구조물이다.

### ② 연약지반

연약지반은 지질이 연약하거나 다양한 지질형성으로 인하여 부등침하, 유동, 국부전단파괴가 발생하여 기반의 수평상태유지가 곤란한 지반이다. 압밀수의 양이 많아서 샌드메트만으로 배수가 충분하지 않을 때 유공관을 이용하여 배수관의 경사는 1‰ 이상으로 한다. 또한 집수정 배공도나 침하판을 설치 후 주기적인 관측값을 분석할 때 성토 중에는 주위지반의 융기와 붕괴 등을 관찰하여 최종마무리높이의 허용오차가 ±10cm 이내로 하고 후속작업을 진행하도록 한다.

## (3) 단지조성 현지측량

## 1) 착공 전 기준점측량

### ① 수평위치(X, Y)

측량의 팀(TS팀, GPS팀, 레벨팀, 종·횡단팀, 현황측량팀, 용지 및 공구경계측량팀, 중요구조물 확인팀)이 설계 시 설정된 수평기준점과 고저기준점(수준점)을 인수하여 확인측량을 한다. 기준점측량은 국토지리정보원에서 발급하는 국가기준점을 원칙으로 하나 인접공구가 있을 시는 상호 협약하되 공문으로 문서화한다. 지구경계(용지경계)는 대한지적공사에 의뢰하여 경계점을 측량한 다음 측량값을 현장좌표로 변경해야 한다. 공사에 필요하여 적합한 위치에 기준점을 설치할 경우 기반이 견고하고 후속측량 시 시통이 양호한 위치이어야 한다. 또한 교량이나 터널 등의 주요시설물의 시점과 종점 부근에는 반드시 기준점을 설치하여야 한다. 단지조성현장의 기준점측량은 일반적으로 결합트래버스측량을 원칙으로 한다. 각 관측값의 허용오차는 시가지 : $0.3\sqrt{n} \sim 0.5\sqrt{n}$ 분, 평지 : $0.5\sqrt{n} \sim 1\sqrt{n}$ 분, 산지 : $1.5\sqrt{n}$ 분으로 하며 트래버스 폐합비 허용오차는 장애물이 적은 평지 또는 시가지 : 1/5,000~1/10,000, 평지 : 1/2,000~

1/5,000, 장애물이 많은 지형이나 산지 : 1/1,000~1/2,000

② 수직(고저 또는 수준)위치(Z)

국토지리정보원에서 발급하는 국가고저기준점(수준점)을 성과를 이용하여 왕복측량을 하되 표 10-3의 값을 초과 시 재관측을 하여 성과를 이용한다.

[표 10-3] 기점과 결합 시 폐합차의 허용범위

| 환폐합차 | 1등 고저측량 | 2등 고저측량 | $L$ : 환전장 단위 km |
|---|---|---|---|
| | $2.0\text{mm}\sqrt{L}$ 이하 | $5.0\text{mm}\sqrt{L}$ 이하 | |

## 2) 종·횡단측량 및 수량산정

① 종·횡측량

설계서를 기준으로 평지는 20m, 또는 굴곡부는 플러스체인으로 종단측량을 수행하고 중심접선의 직교방향으로 횡단측량을 하되 용지경계 밖으로 10~20m까지 횡단측량을 한다. 종·횡단측량에서 평지는 광파종합관측기(TS)로 중심선을 측설하고 레벨을 이용한 고저측량을 수행하며 아울러 구조물 설치점의 위치도 측량하여 성과표를 작성한 후 설계성과와 비교검토한다.

② 종·횡단 측량의 수량산출

종·횡단측량에 의한 횡단면도를 이용하여 수량 토적표작성, 공종별토공수량집계표 및 총괄수량집계표를 작성한다. 토공량계산에서는 흙깎이, 흙쌓기, 누가토량을 산정하고 흙깎기와 흙쌓기에 대한 값은 설계 시와 측량한 성과와의 비교값을 표로 작성하여 필요 시 이용할 수 있도록 한다.

## 3) 용지경계측량

용지경계(지구계)측량은 토지소유자의 재산권 및 공사부지면적의 확정과 관련됨으로 고도의 정밀성을 요구하며 준공 완료 시까지 용지경계 측량값은 보존하고 관리하여야 한다. 경계측량이 대규모공사인 경우는 대한지적공사가 직접 측량하나 임야나 구릉지 등 민원의 문제가 별로 없는 구역은 시공사가 우선 측량하여 확인하는 방법과 대한지적공사가 직접 측량하는 방법을 병행하는 경우도 있다. 주택밀집지역이나 재산권 권리행사가 발생하는 지역은 반드시 대한지적공사의 측량에 의존해야 한다. 대한지적공사에서 측량한 경계는 반드시 측량하여 현장좌표로 변환하여 성과표로 보관하여야 한다.

### 4) 도로 및 지하매설물 측량

① 도로

최신 지형공간정보를 토대로 도로의 교차점(I·P : Intersection Point) 제원을 토대로 원활하고 충분한 교통조건을 확보하도록 하며, 광역도로에 관한 좌표전개도 및 편경사전개도를 이용하여 기능별 도로의 중심 및 경계좌표를 산출하여 단지측량 시 및 단조성완료 후 기본 자료로 활용한다.

② 지하매설물

지하매설물은 상수도, 우수관로, 전선관로, 통신관로, 도시가스, 지역난방 등으로 계획고 및 위치를 검토하여 현장측량 및 변경 시공할 경우 이용할 수 있도록 자료를 미련하여 둔다. 또한 우수받이는 노면포장 시 곡선부의 시점, 종점부에 설계고와 도로편경사도가 잘 유지되도록 정확한 측량작업으로 점검되어야 한다.

### 5) 확정, 검사 및 준공측량

① 확정측량

확정측량은 측량대상지역을 현지에서 위치, 형상 및 면·체적을 확정하는 작업으로서 가구확정측량과 필지확정측량으로 대별된다.

가) 가구확정측량

가구확정측량은 공공용지(도로, 공원, 수로, 녹지 등)와 사유용지에 대한 좌표값을 이용하여 현지에 표시하는 작업이다.

나) 필지측량

필지측량은 환지설계된 자료를 이용하여 면적을 관측한 후 현지에서 필지의 한계에 대한 말뚝을 현지에 표시하는 작업이다. 확정측량은 공사 완료 후 공동 및 단독택지, 공공용지(공원, 도로, 철도, 도시지원시설, 하천 등)의 경계를 설정하고 기준점을 기준으로 이들에 관한 좌표 및 면적산출과 도면을 작성한다. 등기용 지적도는 등기소에 영구보존된다.

② 검사측량

검사측량은 공사가 완료된 후 시설물(건축물, 도로, 공공시설물)및 필지경계점의 위치를 관측하여 가구의 형상, 필지의 형상, 면적 등이 기본설계자료와 이상이 있을 경우 계획기관의 지시에 의해 수행하는 작업이다. 검사측량에는 가구의 면적과 형상을 검사하는 가구검사측량과 필지경계점의 위치를 검사하는 필지검사측량 등이 있다.

③ 준공측량

준공측량은 측량시행자가 측량작업을 완료하고 준공검사의 신청을 위한 측량작업의 제반사항[준공도서, 신·구 지적대조도, 공공시설의 귀속조서 및 도면, 조성자의 소유자별 면적조서, 토지의 용도별 면적조서 및 평면도, 시장·군수가 인정하는 실측평면도와 구적평면도, 기타 국토교통부(실시기관의 최고기관)령이 정하는 서류]을 제출하기 위한 작업이다. 준공검사는 택지개발사업이 실시계획대로 완료되었다고 인정되면 국토교통부장관(실시기관의 최고기관장)은 준공검사서를 시행자에게 교부하고 이를 관보에 공고한다.

(참조 : 현장측량 실무지침서, (주)케이지에스테크, 구미서관, 2012)

# 3. 해양, 항만 및 하천측량

## (1) 해양측량

### 1) 개   요

해양을 적극적으로 활용하고 개척하기 위해서는 해양에 대한 제반정보를 정확하게 수집하여야 하며, 이를 통하여 능률적인 해양계획의 수립과 추진이 가능하다 할 수 있다. 이를 위하여 해수의 흐름 및 변동, 해양물리, 해양생물, 해양기상 및 해상(海象) 등의 해양학(oceanography)과 함께 해저지형 및 지질, 해상위치 결정 및 수심, 해안선 형태, 해양조석 관측 등에 대한 제반정보를 정확히 수집분석하기 위한 해양측량(sea survey)은 이들을 기초로 하여 해양활용의 기술을 다루는 해양공학(ocean engineering)과 함께 총체적인 해양과학(ocean science)을 구성하는 중요한 분야가 된다.

해양측량은 항해용 해도(海圖)를 작성하기 위한 수로측량(hydrographic survey)을 위주로 하여 발전해 왔으며, 항해용 해도에는 수심, 해저지질, 해저지형, 해류(海流) 및 조류(潮流) 등 항해와 관련된 사항이 기재된다. 최근 해양측량의 범위가 확산되고 해양과학 및 해양공학과의 상호 관련성이 높아짐에 따라서 해양측량의 결과는 주로 항해용 해도는 물론, 해저 지형도, 해저지질 구조도, 중력 이상도 등의 다양한 형태의 도면으로 작성되어 제공되며, 이를 기초로 하여 해양의 이용과 개발을 위한 항해안전과 항만, 방파제 등 해양 구조물 건설, 자원탐사 및 개발계획 등이 이루어지고 있다.

## 2) 해양측량의 종류

① 해양위치 측량(marine positioning survey)

해상에서 선박의 위치를 결정하기 위한 측량으로 지문항법, 천문항법, 전파항법(또는 전파신호 수신법), 위성항법(또는 인공위성 신호 수신법), 관성항법, 해저 매설표 신호 수신법 등이 있다.

② 수심측량(bathymetric survey)

해수면에서 해저까지의 수심결정 측량으로 초음파 왕복 시간차에 의한 음향측심(sounding)이 이용된다.

③ 해저지형 측량(underwater topographic survey)

해저지형 기복을 결정하는 측량(해상위치와 수심측량을 동시에 실시)으로 수중측량, 항공사진, 수중사진 등이 있다.

④ 해저지질 측량(underwater geological survey)

해저지질 및 지층구조를 조사하는 측량으로 음파탐사, 투영법, 채니법, 시추공법 등이 있다.

⑤ 조석(潮汐)관측(tidal observation)

해수면의 주기적 상승의 정확한 양상을 관측하는 측량으로, 연안선 선박통행, 수심관측의 기준면 설정, 항만공사 등의 기준면 설정, 육상수준 측량의 기준면 설정 등이 있다.

⑥ 해안선 측량(coast line survey)

해안선의 형상과 성질을 조사하는 측량이다.

⑦ 해도작성을 위한 측량(hydrographic survey)

　　가) 항만측량(harbor survey)

　　항만 및 그 부근에서 항해의 안전을 목적으로 실시하는 측량으로 1/10,000 표준축척을
이용한다.

　　나) 항로측량(channel or passage survey)

　　주요항로에 있어서 선박의 안전항행을 목적으로 실시하는 측량으로, 항로폭은 통행선박
길이의 5배를 확보하여 측량한다.

　　다) 연안측량(coastal survey)

　　연안지역에서 선박의 안전항행을 목적으로 실시하는 측량으로 1/50,000 표준축척을 이
용한다.

　　라) 대양측량(oceanic survey)

　　대양에서 선박의 안전항행을 목적으로 실시하는 측량으로 1/200,000 표준축척을 이용
한다.

　　마) 보정측량(correction survey)

　　해저기복의 국지적인 변화에 따른 해도의 정비를 위한 측량(준설지역, 해안선 및 항로변
동, 정박지의 수심보정, 해양 시설물 준공 후의 확인측량)이다.

⑧ 소해측량(sweep or drag survey)

얕은 암초와 침선 등의 장애물을 탐지하고 그것의 제거를 하기 위한 측량이다.

⑨ 해양 중력측량(marine gravity survey)

해상 또는 수중에서 중력을 관측하여 해면 지오이드 결정과 같은 해양측지학, 해양지구 물리,
해저지각 구조 및 자원탐사 등의 자료를 제공하기 위한 측량이다.

⑩ 해양 지자기 측량(marine magnetic survey)

항해용 지자기 분포도와 해양자원 탐사자료 취득을 위한 측량이다.

⑪ 해양 기준점 측량(marine control survey)

해안 부근의 육상지형, 해안선, 도서지방의 정확한 위치결정에 필요한 기준점을 설치하기 위한 측량이다. 여기에는 천문, 위성, 3각, 3변, 다각, 도해 고저측량 등이 이용되고 있다.

⑫ 선박속력 시험표 측량(mile post survey)

선박속력 관측을 위한 거리표의 설치측량이다.

⑬ 해양의 측량 거리에 따른 분류

GPS출현 이전에는 다음과 같은 전자기파 측량에 의한 항법이 이용되었다.

가) 근거리 항법

해안에서 비교적 가까운 거리(유효 거리 100해리 이내)에서는 근거리용 전파 측량기 HIFIX, Raydist 등으로 이용되었다.

나) 중거리 항법

해안에서 비교적 먼 거리(유효 거리 100~500해리)에서는 중거리용 전파측량(radio beacon, Consol, Decca 등)으로 이용되었다.

다) 장거리 항법

대양(유효 거리 500해리 이상)에 관한 위치결정으로는 천문항법, 위성항법, 관성항법, 추측항법 등이 있으며, 전파 측량기로는 LORAN-A나 LORAN-C 등이 이용되었다.

## 3) 해도(Marine chart)

해도에는 국가해양기본도, 항해용 해도, 특수해도 등이 있다.

① 국가해양기본도(basic map of the sea)

국립해양조사원은 해양부존자원 및 에너지개발 등 해양개발을 위한 기초자료의 제공과 해상교통의 안전항로 확보, 해양환경보존 및 해양정책 수립 시 필수 정보를 확보하기 위해 우리나라 관할 해역 중 영해외측 375,000km²를 대상 해역으로 하여 제1단계 사업으로 1996년부터 2011년 완료 목표로 처음으로 동해남부해역에서 국가해양기본도조사를 시작하였다.

국가해양기본도조사는 바다 밑의 정보를 조사한 다음 그 자료를 분석하여 해저지형도, 중력이상도, 지자기전자력도, 천부지층분포도 등 4개의 도면을 1조로 하는 국가해양기본도를 간행하는 사업으로 선박에 탑재된 각종 조사측량장비를 이용한다. 즉, 해저지형측량은 심해용다중음향탐사기(MBES : Mulit Beam Echo Sounder)를 사용하며, 중력계(gravity meter)와 지자기관측기(magneto meter) 및 천부지층탐사기(sub-bottom profiler)를 사용하여 중력, 지자기 천부지층을 조사 측량하고 있다. 국가해양기본도의 축척은 1:250,000, 1:500,000이 있다.

② 항해용 해도

항로, 해저수심, 장애물, 목표물, 연안지형 지물, 좌표, 방위, 거리 등 항해상 필요한 제반사항을 표시한 도면으로, 일반적으로 해도라 함은 항해용 해도를 뜻한다.

수로측량의 자료에 의하여 제작되는데, 항박도는 대축척이고 총도는 소축척이다.

가) 총도(general chart)

광대한 해역을 일괄하여 볼 수 있도록 만든 해도로서 원양항해, 항해계획 수립용에 이용된다. 축척은 1/400만 이하이다.

나) 원양 항해도(sailing chart)

원양항해에 사용되는 해도로서 외해의 수심, 주요등대, 등부표, 육상물표 등을 게재하는데 이용되며, 축척은 1/100만 이하이다

다) 근해 항해도(coast navigation chart)

육지의 가시거리 내에서 항해할 때 사용되는 해도로서 축척은 1/30만 이하이다.

라) 해안도(coast chart)

연안 항해에 사용되는 해도로서 축척은 1/50,000 이하이다.

마) 항박도(harbor plan)

비교적 소구역·대상, 항만, 묘박지,6 어항, 수도,7 착안시설 등이 상세히 기록된 해도로

---

6   묘박지 : 선박이 지나다니는 해로(항로).
7   수도 : 선박이 정박할 수 있는 구역(박지).

서 1/50,000 이상이며, 항만이나 임해공업 단지의 규모나 중요도에 따라 1/5000, 1/15,000 등이 이용되고 있다.

③ 특수해도(special chart)

가) 수심도, 해저 지형도(bathymetric chart)

해저지형을 등고선이나 음영법으로 표시한 도면으로 해저자원 조사, 개발, 학술연구 등에 적합하다.

나) 어업용도(fishing chart)

어업에 편의를 제공하기 위한 일반 항해도에 어업정보, 규제내용을 기재한 도면으로 해도번호 앞에 'F'자를 기입하여 구분한다.

다) 전파 항법도(electronic positioning chart)

일반 항해도에 LORAN, DECCA, HIFIX 등의 전파항법 체계의 위치선과 번호를 기입한 해도로서 LORAN의 경우는 해도번호 앞에 'L'자를 기입한다.

라) 조류도

연안수로에서 선박통행에 참고가 되도록 조류의 흐름과 분포를 기재한 도면이다.

## 4) 위치결정

우리나라 해양측량의 중요한 기준은 다음과 같다.

첫째, 지구의 형상 및 크기는 Bessel 값을 사용하며, 둘째, 경위도(經緯度)는 지리학적 경위도로 표시하고, 셋째, 측량의 원점(原點)은 경위도 원점을 기초로 하며, 넷째, 표고(標高)는 평균해수면(海水面)으로부터의 높이로 표시하고, 다섯째, 수심은 기본 수준면으로부터의 깊이를 표시하고, 여섯째, 노간출암(露干出岩)은 기본 수준면으로부터의 높이로 표시하며, 일곱째, 해안선은 해면(海面)의 약최고 고조면(略最高高潮面)에 달했을 때의 육지와 해면의 경계로 표시한다.

① 해안선에서 수평위치 결정

해안선의 수평위치측량은 종래에는 지문항법, 천문항법, 전파항법, 관성항법 등이 이용되어 왔으나 GPS가 출현됨에 따라 해안선의 수평위치결정은 주로 GPS에 의존하고 있다. 항법

(navigation)이란 기지점으로부터 미지점까지 운행하기 위한 안내, 즉 '길도우미'를 뜻한다.

해안선 측량은 해안선의 형상과 그 종별을 확인하여 도면화하기 위한 측량으로, 해안선 부근의 육상지형, 소도(小島), 이암(離岩), 간출암(干出岩), 저조선(간출선) 등도 함께 관측하는 것이 일반적이다.

해안선 측량은 영상탐측학·평판측량 또는 소요의 점을 일방향 일거리 교선법(交線法)으로 구하며 견취도(見取圖)로 도화(圖化)하는 방법을 이용하고 있다.

해안선 측량을 할 때 해도(海圖)에 필요한 지모 및 지물(地物)을 관측하는 지형측량, 영상탐측, 평판측량(平板測量) 등을 한다. 해안선은 그 지역의 평균해수면보다 $(H_M + H_S + H_K + H_O)$만큼 상면, 즉 해수면(海水面)이 약최고 고조면(略最高高潮面)에 달하였을 때의 육지와의 경계로 표시한다. 여기서 $H_M$, $H_S$, $H_K$, $H_O$는 각각 주요 4분조 $M$(주태음 반일주조), $S$(주태양 반일주조), $K$(일월합성 주조) 및 $O$(주태음일 주조)에 관한 분조(分潮)의 진폭이다. 그러나 실제로는 상기(上記)의 경계관측은 곤란하므로 고조(해안선의 고조면 부근에서 오랫동안에 걸쳐 해수에 씻겨졌기 때문에 색조가 달라진 부분)를 관측하여 해도(海圖)에 기재한다. 해도에는 해안선 이외에 저조선(低潮線)이 기재되어 있는데, 이것은 수심의 기준면과 동일면, 즉 평균 해수면으로부터$(H_M + H_S + H_K + H_O)$만큼 하면에서 육지와의 경계를 나타낸다. 즉, 약최저 저조(略最低低潮)와 육지와의 교선(交線)이다. 저조선(低潮線)은 해안선 측량과 수심측량으로 구한다. 해안선은 그 종별에 따라 급사해안(急斜海岸), 평탄한 해안, 절벽해안, 인공안(人工岸), 암해안(岩海岸), 군석(群石), 석빈(石濱), 사빈(砂濱), 풀숲해안 등으로 구별하여 도시한다. 또한 저조선(低潮線)은 진흙, 돌·바위, 모래·진흙 혼합, 모래·자갈 혼합, 산호초 등으로 구별하여 도시한다.

② 해양에서 수직위치 결정(수심측량 : bathymetry)

수심측량은 원칙적으로 음향 측심기(音響測深器)에 의하여 행하며, 계획된 측심선(測深線)을 따라서 해상위치 측량과 동시에 실시함으로써 해저지형의 기복(起伏)을 알아낼 수가 있다. 해안선 부근의 수심측량은 안측도(岸測圖)가 완성된 후에 시행하는 것이 효과적이다. 수심측량에서 특히 암초나 침몰된 배 등 천소(淺所)나 수중 장애물의 확인이 중요하므로 음향측심 기록의 판독 시에 주의를 요한다.

음향 측심기로부터 발견된 얕은 곳은 종횡으로 조밀하게 측심하는 것이 좋다. 암초가 예상되는 곳이나 수심이 얕은 곳에서는 측심선 간격을 조밀하게 할 필요가 있다.

수심측량은 최근 GPS, geodimeter, echo sounder 등을 이용하여 수행하고 있다.

가) 수심측량 원리

해양의 이용 및 시설물(항만, 항로, 방조재축조, 매립간척 등)의 계획, 설계 및 시공에 필요한 자료를 얻기 위해 수심을 관측한다. 수심관측은 탐사선 측면에 송수파기(transducer)를 부착하여 해저면에 음파를 발사하여 이음파가 해저면에서 반사되어 되돌아오는 시간을 관측하여 수심을 결정한다. 음파를 송수신으로 수심을 관측하므로 음향측심(echo sounder)이라 한다.

$$D = \frac{1}{2} \cdot t \cdot V \qquad\qquad (10-1)$$

$D$ : 수심,　　$t$ : 음파가 발사된 후 되돌아오는 데 소요된 시간
$V$ : 음파의 수중음속도

다중음파관측기에 의해 수심을 관측하고, GPS에 의해 평면좌표($X$, $Y$)를 관측하여 이를 컴퓨터에 입력시킨다.

수심측량 중 조위계를 사용하거나 직접 수준측량을 통해 시간대별 조위차를 관측한 다음, 실제수심(기본수준면과의 높이차)으로 수심을 갱신(갱정수심 취득)한다. 갱신된 수심과 $X$, $Y$ 좌표를 편집한 3차원 좌표를 이용하여 CAD상에서 각종 목적에 맞는 성과를 작성할 수 있다.

나) 작업진행
　(ㄱ) 현지탐사(측량예정지 수심, 지모, 지물, 조석관계, 기상상태)
　(ㄴ) 수심측량 예정항로 및 수심측량 S/W를 준비
　(ㄷ) 수심측량실행
　(ㄹ) 위치 및 수심성과를 노트북에 저장
　(ㅁ) 외업성과를 음속도 및 조위 등에 관한 보완수정
　(ㅂ) 도면(수심, 항적)작성

다) 수심측량의 현장

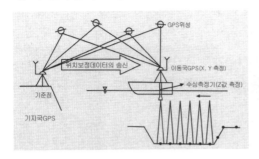

**그림 10-6** 수심측량 개념도

**그림 10-7** 수심관측기와 GPS설치광경

**그림 10-8** 수심측량 광경

**그림 10-9** 수심이 낮은 지점의 수심측량 광경

라) 수심측량 작업방법

(ㄱ) TS(Total Station 또는 geodimeter)를 이용

지상의 기준점에 TS를 설치하고 측량선에 설치된 반사경을 이용하여 측량선의 위치를 radio modem으로 측량선을 유도하여 수심을 관측하는 방법이다. 가까운 거리에 대한 수심측량에 많이 이용되고 있다.

(ㄴ) DGPS(해상전용 또는 RTK)

지상기준점에 GPS 기준국(위성안테나, 위성수신기, radio modem)을 설치한 후 측량선에 설치된 이동국으로부터 수신된 위성자료를 처리하여 측량선을 유도함으로써 수심관측을 하는 방법이다. 해상용관측기의 오차는 1.0~1.5m이나 RTK system을 이용하면 수 cm 내의 정확한 값을 취득할 수 있다.

(ㄷ) DGPS/beacon system(MX9250)

측량선에 이동국만 설치하여 실시간으로 수심관측을 하는 방법이다. 해상에서 오차가 1.0~1.5m 정도이다. DGPS는 1999년 8월부터 해양수산부에서 우리나라연안과 항만 입·출항선박의 안전운항을 위하여 서해안(팔미도·어청도)부터 서비스를 시작했다.

마) 수심측량 시 고려사항

(ㄱ) 음속도 보정

해수중의 음속도는 해수의 온도, 염분, 수압 등에 의하여 영향을 받으므로 철재척을 이용하여 바–체크(bar check)로 오차를 보정해야 한다. 바–체크는 수심관측전 해역의 최심부에서 수행하여야 하며 바의 심도는 송수파기를 기준으로 심도 32m까지는 2m마다 그 이상은 5m마다 관측하며 오차는 32m까지는 2.5cm, 그 이상은 5cm 이내이어야 한다.

(ㄴ) 조위보정

ⅰ) 조위

해수면의 주기적 승강(높아졌다 낮아지는 것)이 조석(潮汐, tide)이다. 조석으로 인하여 해수면의 높이가 변하는데, 이를 조위라 한다.

ⅱ) 조위의 종류

ⓐ 고극조위(HHW : Highest High Water)

장기 조석관측에서 실측된 가장 높은 조위로서 천문조에 의한 최고조위와 기상조위에 의한 이상조위가 합쳐진 조위, 즉 일정 기간 동안 관측기간 중의 최고조위 ↔ 저극조위

ⓑ 양최고고조위(Approx. HHW : Approximate Highest High Water)

4대 주요 분조의 각각에 의한 최고위수 상승치가 동시에 발생했을 때의 고조위

ⓒ 대조평균고조위(HWOST : High Water Of Spring Tide)

대조(spring tide)때 고조의 평균조위, 대조승(spring rise)이라고도 한다.

ⓓ 평균고조위(HWOMT : High Water Of Mean Tide)

일정한 관측기간(월, 년) 중의 고조위의 평균치

ⓔ 소조평균고조위(HWONT : High Water Of Neap Tide)

일정한 관측기간(월, 년) 중의 저조위의 평균치

ⓕ 평균해수면(MSL : Mean Sea Level)

일반적으로 해수면의 높이를 어느 일정기간의 높이로 평균한 때의 해수면(인천항의 평균해수면은 육상수준점(BM)의 기준이 되며, 이때의 BM값은 0이 된다)

ⓖ 소조평균저조위(LWONT : Low Water Of Neap Tide)

소조(neap tide) 때의 저조의 평균조위

ⓗ 평균저조위(LWOMT : Low Water Of Mean Tide)

일정한 관측기간(월, 년) 중의 저조위의 평균치

ⓘ 대조평균저조위(LWOST : Low Water Of Spring Tide)

대조(spring tide) 때의 저조의 평균조위

ⓙ 약최저저조위(Approx. LLW : Approximate Lowest Low Water)

4대 주요 분조의 각각에 의한 최조수위 하강값이 동시에 발생했을 때의 저조위로서 우리나라에서 기본 수준면(수심, 해도의 기준면)으로 채택하고 있는 해수면

ⓚ 저극조위(LLW : Lowest Low Water)

고극조위의 반대로 이해하면 됨

iii) 조석관측

조석에 따라 해수면의 높이가 변하기 때문에 수심측량시 별도의 조위를 일반적으로 10분~20분 간격으로 관측하나 정조(간조와 만조)의 1시간 30분 전후에는 10분 간격으로 관측해야 한다.

그림 10-10 조위관측을 위한 수준측량 광경         그림 10-11 조위관측 광경

(ㄷ) 수심관측환경에 관한 보완사항

ⅰ) 어망이나 기타장애물

음향측심기를 다루는 작업인 이외 다른 작업인이 승선하여 해수면을 잘 살펴야 한다. 이는 어망이나 밧줄에 음향측심봉이 분실되거나 측량선의 스크루(screw)에 어망이나 밧줄이 감겨져 측량을 못하는 경우가 있기 때문이다.

ⅱ) 사석이나 모래를 투하

사석이나 모래를 투하면서 동시에 수심측량을 할 경우는 부유물이 가라앉는 시간을 추가로 계산하여야 한다.

ⅲ) 해상의 날씨 변화

해상날씨에 따라 수심성과에 큰 영향을 줌으로 너울성 파도가 있을 때는 잔파가 있을 때보다 정확성이 크게 저하될 수 있다.

ⅳ) 조위와 측량시간

ⓐ 주기적으로 변하는 조식이므로 측량시기를 놓치면 다음 주기에 측량을 수행해야 한다.

ⓑ 수심이 얕은 곳은 대조기 만조정조시에 측량을 실시하며 유속이 빠른 곳은 소조기 정조 시 측량을 실시한다.

ⓒ 측량이 가능한 조위 중 날이 어두워지면 측량이 불가능하기 때문에 17시까지만 실행한다.

ⅴ) 성토부분 확인측량 시 및 송수파기 위치

ⓐ 성토부분 측량 시 저주파측심기는 성토가 덜 된 것으로 나타날 수 있으므로 천해(수심 10m 이내)에서는 고주파를 사용해야 한다.

ⓑ 송수파기(transducer)는 반드시 측량선에 수직에 가깝게 부착하여야 한다.

ⅵ) 기초준설 후 단면유지

ⓐ 해수는 조수간만(밀물과 썰물의 놀이차)이 크고 해수의 토질도 점토(뻘)성질의 것이 대부분이므로 준설이 완료된 후 후속공정이 곧 실시되어야 한다.

ⓑ 부유토가 많아 수심측량이 어려울 때는 네트측량을 실시하여 수심을 확인한다.

바) 준설 및 항타에 관한 측량

(ㄱ) 준설선(항타선) 양단에 GPS를 설치하고, 준설선(항타선)의 길이와 폭을 컴퓨터에 입력한 후, 모니터상에서 현재의 준설선(항타선) 위치를 파악한다.

(ㄴ) 준설선인 경우는 GPS를 1대만 설치하고 나머지는 Gyro 장치를 사용하여 배의 형태를 표시할 수도 있다.

(ㄷ) 항타선인 경우는 말뚝에 의한 배의 기울기를 고려하기 위하여 경사계를 추가로 부착하여 정확한 항타위치를 유도할 수 있다.

**그림 10-12** 현장 사무실 지붕에 GPS 안테나 설치

**그림 10-13** 현장 사무실 내 기지국 GPS 설치

**그림 10-14** 작업선 양단에 GPS 안테나 설치

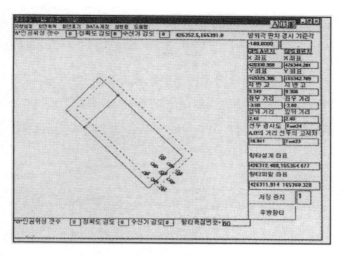

**그림 10-15 컴퓨터를 통한 항타선 위치 유도**

사) 케이슨(caisson) 설치

(ㄱ) 케이슨의 의의

케이슨 설치는 대형 선박용 안벽공사에 이용되는 구조물(방파제 및 암벽 등의 본체를 육상에서 제작한 콘크리트구조물)을 해상으로 예인하여 수중에 설치하는 기초형식을 뜻하는 것으로써 우물통(오픈케이슨), 공기케이슨, 박스케이슨 등이 있다.

(ㄴ) 케이슨 설치 시 측량

해상의 공사에 구조물(케이슨, 블록 등)을 설치할 경우 유동성이 많기 때문에 변위량을 점검하기 위해 설치 전에 법선을 결정해야 한다. 설계된 법선에 따라 구조물을 설치하여야 한다. 구조물 뒤채움 사석투하 및 배후매립 시 토압증가로 구조물이 바다 쪽으로 밀리는 현상이 발생할 수 있다. 이러한 변동량을 관측하기 위해 케이슨을 인양하기 전에 법선설치를 알 수 있게 경계위치부이를 표시한다. 케이슨의 전도 및 유동을 고려하여 기존 케이슨에 붙여서 설치하는데, 이때 법선상에 TS를 설치하고 측량을 수행한다. TS에 의한 측량을 할 경우 프리즘target을 세우지 않아도 케이슨설치상태를 잘 관찰할 수 있다. 또한 법선의 측량 시 케이슨의 전면과 후면의 여성고 차이에 따라 케이슨이 기울어질 수 있으므로 이에 대한 관측도 고려해야 한다. 케이슨 설치지 1함당 두 곳 이상을 측량하여야 케이슨의 변형 여부를 확인할 수 있다. 케이슨 설치의 순서는 케이슨 인양, 법선 확인, 설치, 설치간격 및 법선의 재확인·설치, 설치 완료 후 양수기 철수 및 각종 보조자재를 제거한 후 설치상태를 측량(법선, 설치간격, 테벨 등)하여 성과표를 작성한다.

### 5) 해양측량의 정확도와 축척

#### ① 지형표현의 축척과 등심선간격

해저지형을 상세하게 표현하기 위해서는 가능한 대축척이어야 하고, 등심선의 간격도 작을수록 좋다. 이를 위해서는 측량의 정확도를 높이고 측심선간격을 보다 조밀하게 하여야 하므로, 일반적으로 측량대상해역과 해저지질에 따라서 다음 표들과 같은 값들을 기준으로 한다.

[표 10-4] 해양측량의 지형표현과 축척

| 측량구역 | 축척 | 등심선간격 | 보조등심선 |
|---|---|---|---|
| 해안선부근 | 1/ 10,000 이상 | 1~2m | |
| 대륙붕 | { 1/ 50,000<br>1/200,000 | 5m<br>20m | 10m |
| 대륙붕사면 | 1/200,000 | 100m | 50m |
| 대양저 | 1/ 50,000 | 500m | 100m |

[표 10-5] 해저지지에 따른 등심선간격과 측심간격

| 등심선간격 | 측심간격 | |
|---|---|---|
| | 사니질해저 | 암초해저 |
| 1m | 80m | 0~7m |
| 10m | 400m | 70m |
| 100m | 4,000m | 700m |
| 500m | 20,000m | 3,500m |

위와 같은 기준은 해저지형도뿐만 아니라 지질구조도, 지자기분포도, 중력이상도 등을 작성하기 위한 해양측량에도 적용된다. 예를 들어서, 1,000m급의 지질구조측량, $50\gamma$ 단위의 전자력선도 작성을 위한 측량, 10mgal 단위의 중력이상도 작성을 위한 측량의 경우, 측심선 간격은 4,000m, 축척 1/200,000을 기준으로 한다.

#### ② 항행안전을 위한 측심선간격

주요항로와 준설구역 등에 대하여 선박의 안전한 항행을 보장하기 위하여 실시하는 수로측량은 최천부의 확인이 가장 주된 목적이므로 누락되는 부분이 없도록 정밀한 측량을 실시하여야 하며, 수심 및 저질에 따라서 측량도의 축척과 무관하게 다음과 같은 값들을 기준으로 한다.

[표 10-6] 항행안전을 위한 측심선간격

| 측량구역 | 해저상태 및 수심 | 미측심폭 | 측심등급 |
|---|---|---|---|
| 항로, 박지 및 준설 구역 | 암반 및 장애물 철 거 지 역 | 0.5~2m | A급 |
| | 사니질준설구역 | 3~5m | B급 |
| | 사니질자연해저 | { 0.5~2m | C급 |
| | | 0.5~2m | D급 |
| 기타 구역 | 수심 30m 미만 | 0.5~2m | |
| | 수심 30m 미만 | 0.5~2m | |

여기서 미측심폭은 음파의 지향각 밖에 있어서 음향측심이 되지 않는 폭을 말한다. 한편, 해안부근의 수심측량에서 측심선간격은 다음과 같은 기준을 사용한다.

[표 10-7] 연안수심측량의 측심선간격

| 수심 | 10m | 50m | 110m |
|---|---|---|---|
| 측심선간격 | 200m | 300m | 500m |

암반의 자연해저에 대해서는 위 기준의 2배 이상의 밀도로 하며, 그 결과에 따라서 보측 및 심초를 실시한다. 또한 수심측량결과를 검사하기 위한 검측심격은 주측심의 5~10배를 기준으로 한다.

## 6) 해안선측량(Cost Line Survey)

① 개요

해안선측량은 해안선의 형상과 그 종별을 확인하여 도면화하기 위한 측량으로 해안선 부근의 육상지형, 소도, 이암, 간출암, 저조선(간출선) 등도 함께 관측하는 것이 일반적이다.

해안선 및 부근 지형은 일반적으로 영상탐측에 의함을 원칙으로 하며, 영상탐측에 의할 수 없는 경우에는 실측에 의한다.

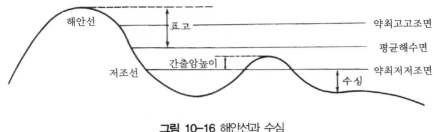

**그림 10-16** 해안선과 수심

육지의 표고는 평균해수면으로부터의 높이임에 비하여 해안선과 해저수심은 이보다 높거나 낮은 평균수면을 기준으로 정한다.

즉, 해안선은 해수면이 약최고고조면에 달하였을 때의 육지와 해면의 경계로 표시한다.

또한 해저수심, 간출암의 높이, 저조선은 약최저저조면을 기준으로 한다.

또한 해안선의 종별은 그 지형과 지질에 따라 평탄안, 급사안, 절벽안, 모래해안(사빈), 암빈, 암해안, 군석안, 수목안, 인공안 등으로 구분되며, 해안선의 형태와 함께 이들 종별이 해도나 연안지도상에 표기되어야 한다.

급사안(steep coast)은 해안지형의 경사가 45° 이상이며, 그 높이가 그다지 높지 않는 것으로 암질안 또는 토질안으로 구분된다.

절벽안(cliffy coast)은 급사안보다 경사가 더욱 급하여 90°에 가까운 해안으로 일반적으로 높이 10m 이상의 것을 말한다.

해안선 중에는 그 경계를 뚜렷이 정하기 힘든 것이 있는데, 수목안, 덤불안 및 군석안이 이런 성질의 대표적인 것들이다. 수목안은 망그로우브(Mangrove)와 같은 수중생장수목이, 덤불안에서는 갈대와 같은 수초가 무성하여 해안선의 경계가 뚜렷하지 못하며, 군석안의 경우는 크고 작은 암석이 산재하여 해안선을 획일적으로 결정하기 곤란하다.

이 밖에도 보다 자세하게 구분할 수 있으나 그 대표적인 예는 그림 10-17과 같다.

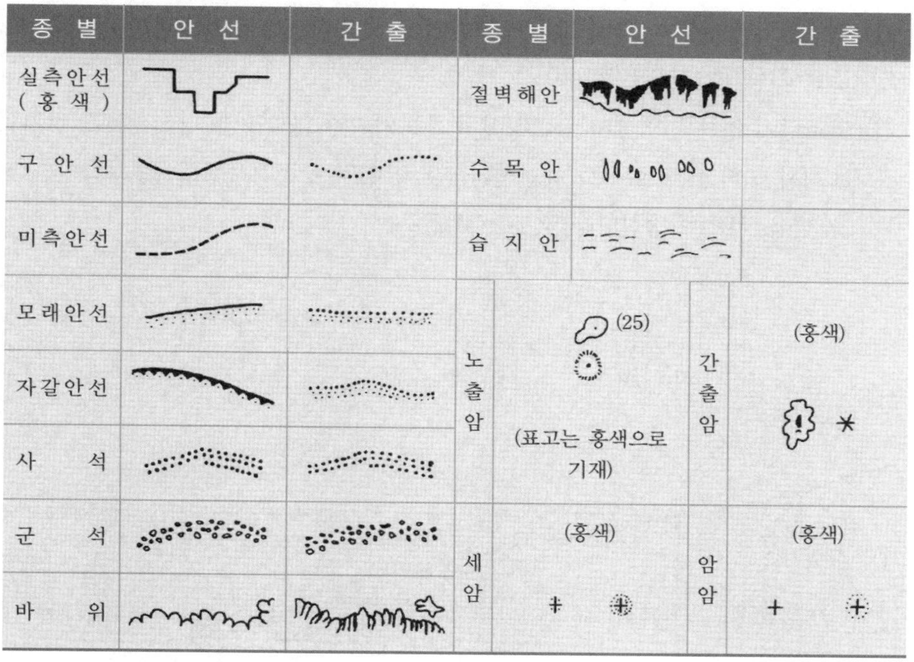

| 종별 | 안선 | 간출 | 종별 | 안선 | 간출 |
|------|------|------|------|------|------|
| 실측안선 (홍색) | | | 절벽해안 | | |
| 구 안 선 | | | 수 목 안 | | |
| 미측안선 | | | 습 지 안 | | |
| 모래안선 | | | 노출암 | (25) (표고는 홍색으로 기재) | 간출암 (홍색) |
| 자갈안선 | | | | | |
| 사 석 | | | | | |
| 군 석 | | | 세암 (홍색) | | 암암 (홍색) |
| 바 위 | | | | | |

**그림 10-17** 해안선의 종별

② 항공영상탐측에 의한 해안선측량

항공영상상에 나타난 수애선이 실제적인 해안선이라면 문제가 없으나 실제로 해수면은 조석현상에 따라 변동을 거듭하므로 촬영 당시 항공영상에 나타난 수애선과 실제 지도상에 표기해야 할 해안선의 관계를 정확하게 규명해두어야 한다.

해안의 경사가 작을수록 조석에 따른 수애선의 변동이 커지게 되며, 촬영시각이 만조 시일 때는 대략 사진상 수애선 위치를 그대로 채택하여도 크게 지장이 없으나, 그 이외의 경우에는 촬영시각과 현지의 조석시간을 비교하여 해안지형의 경사에 따른 보정을 해주어야 한다.

또한 해안의 종별이 암해안 등과 같은 경우에는 해안지형이 크게 달라지지 않지만, 모래사장 등의 경우에는 연안류, 파랑, 바람 등에 의하여 해안지형의 변동이 커지게 된다.

따라서 항공영상으로부터 해안선을 결정하려면 위에 언급한 사항과 함께 다음과 같은 요소들을 잘 고려하여 항공영상을 판독해야 한다.

가) 항만, 방파제 등의 인공안은 그대로 해안선으로 결정한다.
나) 촬영시각이 약최고고조 시와 일치할 때는 사진상 해면과 육지의 경계를 해안선으로 채용한다.

다) 해안경사가 완만한 바위 또는 모래해안에서는 해안에 떠 밀려온 부유물의 흔적, 즉 고조량을 해안선으로 한다.

라) 고조량이 없는 지역에서는 촬영시의 조도와 약최고고조면의 조차($l$)를 현지의 조석표에서 구하고, 도화기로 해안선과 직각방향의 평균경사각($h$)을 구하여 보정량($s$)을 다음 식으로 정한다(그림 10-18 참조).

$$s = l \cos \theta$$
$$= \tan^{-1}(h/d) \tag{10-2}$$

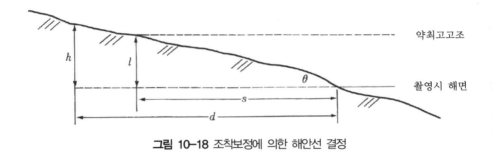

**그림 10-18** 조착보정에 의한 해안선 결정

마) 대축척항공영상(1/1,000~1/5,000)일 경우, 영상면상 기준점의 높이를 기준으로 하여 약최고고조 시의 높이를 도화기에 입력한 다음, 등고선도화와 같은 원리로 해안선의 위치를 결정한다.

바) 천연색 또는 적외선 사진을 사용하면 판독이 더욱 용이하다.

사) 촬영시각을 저조시로 선택하면 저조선과 함께 암초, 간출암, 모래톱 등을 발견하는데 도움이 된다.

## 7) 해상위치측량(Marine Positioning Survey)

① 개요

해상에서의 선박의 위치를 결정하기 위한 해상위치측량은 선박의 항로유지, 수심측량 등 해양측량뿐만 아니라 모든 해상활동에 있어서 가장 기초적이고도 중요한 것이다. 계획된 항로를 정확하게 유지하며 항행하기 위한 해상위치결정의 기법을 일반적으로 항법(navigation)이라고 한다. 해양위치측량은 대부분 항법의 원리와 방법을 동일하게 사용하지만, 일반적인 항법에 비하여 그 정확도와 관측방법을 더욱 엄밀하게 하는 것이다.

해상위치측량의 방법은 관측장비에 따라서는 광학기기에 의한 방법, 전자파에 의한 방법, 인공위성에 의한 방법, 기타 방법(초음파에 의한 방법, 광학기기와 전자파를 병용하는 방법 등)으로 구분할 수 있다.

② 위성항법(Satellite Navigation)

인공위성은 지구중력장의 성질을 반영하면서 궤도운동을 하므로, 위성궤도를 정확히 관측함으로써 지구의 중력장해석, 지오이드결정 등과 같은 측지학, 지구물리학적 연구에 중요한 자료를 제공할 수 있을 뿐만 아니라, 인공위성으로부터의 전파교신을 수신함으로써 수신점의 위치를 결정할 수 있다.

최근에 지구상 장거리 지점 간 상호위치관계를 신속하고 상당히 정확하게 결정할 수 있는 위성측량(satellite surveying)의 기법이 실용화되고 있는 추세이며, 이 위성측량은 원래 대양을 항해하는 선박 또는 항공기의 전천후 위치결정을 목적으로 개발된 위성항법을 기본으로 하여 발전한 것이다.

위성항법은 전파신호를 이용하여 위성과 관측자 사이의 거리 및 거리변화율을 관측함으로써 위치를 결정하게 되며, 현재 실용중인 위성항법방식으로는 미해군항행위성방식인 NNSS(Navy Navigation Satellite System)와 범세계위치결정방식인 GPS(Global Positioning System)가 있다.

NNSS는 1959년 최초로 실시된 위성항법방식으로 도플러 효과를 이용한 거리변화율관측의 원리에 의한다.

현재 65개의 위성이 작동중이며 정확도는 수 m 정도이다.

GPS는 1973년 시작된 방식으로 총 31개(보조위성 7개 포함)의 위성으로 지구 전체를 포괄하여 지구상 어느 지점, 어느 시각에서도 위치결정이 가능하도록 계획된 방식이다. GPS는 도플러효과와 함께 전파도달시간차에 의한 거리관측을 병용한 원리에 의하며, NNSS가 수 분 내지 수십 분의 관측소요시간을 요하는 데 비하여 수초 이내에 위치결정이 가능하고, 정확도면에서도 양호하다. 따라서 NNSS가 저속으로 운항하는 선박에 적합한 데 비하여 GPS는 고속운항 중인 항공기에서도 적용 가능한 방식으로 범세계측지측량망결합 및 기준점측량에서도 큰 몫을 담당하게 되었다.

## (2) 항만측량

항만은 화물의 수륙수송을 전환하는 기능으로 선박이 안전하게 출입하고 정박할 수 있는 시설이어야 한다. 따라서 항만은 선박이 안전하게 입출항하고 하역을 하기 위한 평온한 수면적과 접안시설, 하역장비, 보관시설, 수송시설 등이 필요하며 선박수리시설, 급유, 급수 등의 보급시설과 외항선의 입출항에 따른 세관, 검역소 등의 시설이 있어야 한다.

항만은 해항과 하항 및 항구항을 총괄하여 사용되며, 대륙국가에서는 해항보다는 하항 및 하구항이 많은 편이고, 해양국가에서는 해항이 많으며 우리나라도 해항의 수가 많다.

## 1) 항만계획 시 조사사항

항만계획이란 항만건설 이전에 그 건설에 대한 정당성 여부, 추진방법, 유형과 무형의 결과 및 이해관계를 검토하는 것으로, 이 계획은 항만건설 및 건설 후의 운영의 난이와 항만과 관계되는 공장입지의 가부를 좌우하는 아주 중요한 사업단계이다.

항만계획은 기술적인 조사와 경제적 조사가 행해지는데, 특히 경제적 조사는 기술적인 조사보다 선행해야 하며, 경제적 조사는 항만의 기능에 따라 달라지나 기술적 조사는 어느 항만이든 거의 비슷하다.

첫째, 기술적 조사는 해안선 지형측량, 수심측량, 수질조사, 기상조사(10m/sec 이상의 바람에 대한 풍향별 빈도 고려), 해상조사, 토질조사(해저지반 및 지질조사), 표사 및 침식, 공사장 및 장비조사 등을 한다.

둘째, 경제적 조사는 배후권의 경제지표(인구, 산업별 소득, 공업출하액의 실적), 산업입지조건, 배후교통(철도, 도로의 운송능력의 현상과 장래), 도시계획 등을 한다.

셋째, 환경조건조사는 대기질(환경기준, $NO_2$, $SO_2$, CO 등), 수질(환경기준, COD, DO, SS, PH, N, P 등), 저질(수은, Cd, 납, 크롬화합물 등), 생태계, 문화재 등을 조사한다.

넷째, 이용상황조사는 취급화물량(품목별, 내외화물별, 시계열분석), 배후측량(출발지, 도착지, 육상반출입유동조사 등), 입항선박, 시설이용 등을 조사한다.

## 2) 항만시설과 배치

항만시설과 배치에는 수역시설, 항로, 박지, 외곽시설 등에 대해 고려한다.

① 수역시설

항로, 박지, 조선수면 및 선유장과 같이 선박이 항행 또는 정박하는 항내 또는 만내의 수면을 수역시설이라 한다.

② 항로

항로는 선박의 안전조선을 위해 바람과 파랑방향에 대해 30~60° 정도의 각을 갖는 것이 좋으며, 조류방향과 작은 각을 갖는 것이 좋다. 항로에 있어서 굴곡부가 없는 것이 좋으나 부득이한 경우 중심선의 교각이 30°를 넘지 않도록 해야 하며, 곡선반경은 대상선박 길이의 4배 이상이 되어야 한다.

항로의 수심은 대상선박의 운항에 필요한 수심을 사용하는 것을 표준으로 항로는 특별한 경우를 제외하고는 왕복항로를 원칙으로 하나 일반적으로 항로의 폭은 왕복항로의 경우 선박길이의 1~1.5배, 편도항로는 선박길이의 0.5배 이상으로 한다.

하나, 파랑, 바람, 조류 등이 특히 강한 항로와 간만차가 매우 큰 항로에 대해서는 파랑에 의한 선박의 진동, 선박의 전후요동(pitching), 선박의 복강(squat) 등을 고려하여 여유 수심을 더한다.

③ 박지

박지는 묘박지, 부표박지, 선회장 및 슬립(slip) 등으로 구분되며, 방파제 및 부두의 배치계획과 대상선박의 조선, 바람 및 파랑 등의 외력을 고려하여 설계되어야 한다.

묘박지의 크기는 사용목적, 묘박방법에 따라 표 10-8의 값 이상으로 하는 것이 좋다.

부표박지의 크기는 단부표, 쌍부표묘박지에 따라 그림 10-19와 같은 값을 기준으로 한다.

[표 10-8] 묘박지의 표준면적

| 목적 | 묘박방법 | 지반조건, 풍속 | 반경 |
|------|---------|--------------|------|
| 대기 및 하역 | 단묘박 | 양호<br>불량 | $L+6D$<br>$L+6D+30$m |
| | 쌍묘박 | 양호<br>불량 | $L+4.5D$<br>$L+4.5D+25$m |
| 피난 | | 풍속 20m/sec<br>풍속 30m/sec | $L+3D+90$m<br>$L+4D+145$m |

주) $D$ : 박지수심
   $L$ : 선장

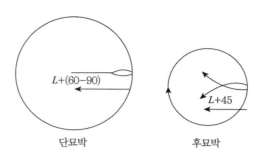

단묘박

후묘박

**그림 10-19 묘박방법**

④ 외곽시설

외곽시설에는 방파제, 파제제, 호안, 갑문, 도류제 등이 있으며, 본 절에서는 방파제의 배치에 관해서만 논하기로 한다. 방파제의 배치는 해안지형, 기상, 해상, 대상선박 등의 조건에 따라 좌우되지만 파랑을 방지하며, 항내의 흐름을 방지하고, 표사에 의한 매몰이 방지되도록 항구를 설치해야 한다.

또한 파랑에너지가 집중하는 부분에 항구를 배치해서는 안 된다. 일반적인 방파제 배치를 나타내면 그림 10-20과 같다. (a), (b)는 사빈해안의 굴입항 만에 많이 적용되며 $A$ 및 $B$ 부분은 자연해빈 또는 소파호안으로 하는 것이 많다. (c)는 하구를 분리하여 만든 항에 많이 적용되며, 하구측의 돌제는 하구도 유제와 같은 역할도 한다. (d)는 항내의 파가 비교적 작은 항에 적용된다. (e), (f)는 어항에 많이 적용되는 형이며, (g), (h), (i)는 해안선이 만곡된 곳에 많이 적용된다. (j), (k), (l)은 하구항의 배치로서 (l)에서와 같이 하구를 좁히면 수심 유지면에서는 좋으나 하천의 홍수유량의 배출상 문제가 된다.

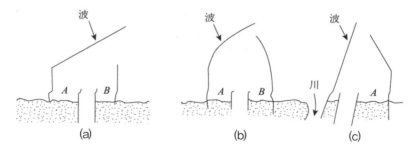

**그림 10-20 방파제 배치의 형식**

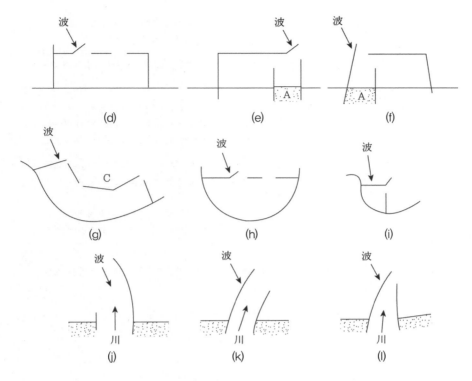

**그림 10-20** 방파제 배치의 형식(계속)

## (3) 하천측량

### 1) 개 요

하천 개수공사나 하천 공작물의 계획, 설계, 시공에 필요한 자료를 얻기 위하여 실시하는 측량을 하천측량(河川測量)이라고 한다. 하천측량에서는 하천의 형상, 수위, 심천단면, 기울기, 유속 및 지물의 위치를 측량하여 지형도, 종단면도, 횡단면도 등을 작성한다. 하천측량의 결과는 치수·이수의 계획에 이용되므로 측량을 실시하는 데 있어서는 하천에 대한 기술이나 하천공학의 기초적 지식을 습득go둘 필요가 있다.

### 2) 하천측량의 순서

하천측량의 일반적인 작업 순서를 표시하면 다음과 같다.

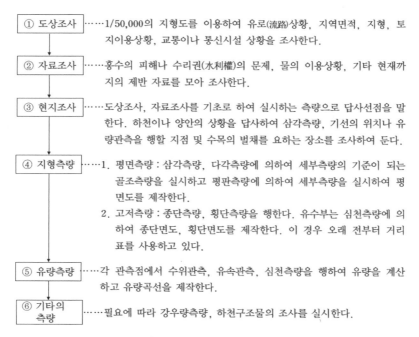

| ① 도상조사 | ……1/50,000의 지형도를 이용하여 유로(流路)상황, 지역면적, 지형, 토지이용상황, 교통이나 통신시설 상황을 조사한다. |
| ② 자료조사 | ……홍수의 피해나 수리권(水利權)의 문제, 물의 이용상황, 기타 현재까지의 제반 자료를 모아 조사한다. |
| ③ 현지조사 | ……도상조사, 자료조사를 기초로 하여 실시하는 측량으로 답사선점을 말한다. 하천이나 양안의 상황을 답사하여 삼각측량, 기선의 위치나 유량관측을 행할 지점 및 수목의 벌채를 요하는 장소를 조사하여 둔다. |
| ④ 지형측량 | ……1. 평면측량 : 삼각측량, 다각측량에 의하여 세부측량의 기준이 되는 골조측량을 실시하고 평판측량에 의하여 세부측량을 실시하여 평면도를 제작한다.<br>2. 고저측량 : 종단측량, 횡단측량을 행한다. 유수부는 심천측량에 의하여 종단면도, 횡단면도를 제작한다. 이 경우 오래 전부터 거리표를 사용하고 있다. |
| ⑤ 유량측량 | ……각 관측점에서 수위관측, 유속관측, 심천측량을 행하여 유량을 계산하고 유량곡선을 제작한다. |
| ⑥ 기타의 측량 | ……필요에 따라 강우량측량, 하천구조물의 조사를 실시한다. |

**그림 10-21** 하천측량의 작업순서

## 3) 하천의 지형측량

지형측량의 범위는 하천의 형상을 포함할 수 있는 크기로 한다. 일반적으로 그 범위는 유제부(有堤部)에서는 제외지(堤外地) 및 제내지(堤內地) 300m 이내, 무제부에서는 홍수가 영향을 주는 구역보다 약간 넓게(약 100m 정도) 한다.

또한 주운(舟運)을 위한 하천 개수공사의 경우 하류는 하구까지로 하며, 홍수방어가 목적인 하천공사에서는 하구에서부터 상류의 홍수피해가 미치는 지점까지, 사방공사의 경우에는 수원지(水源池)까지를 측량 범위로 한다.

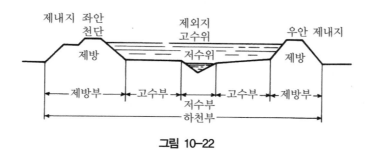

**그림 10-22**

## 4) 하천이나 해양의 측심측량

최근 하천이나 해양에서 많이 이용되고 있는 음향측심기로 단일빔음향측심기(SBES : Single Beam Echo Sounder)가 있으며 SBES보다 성능이 좋은 다중빔음향측심기(MBES : Multi Beam Echo Sounder)가 있다. MBES에 대한 자세한 설명은 본서 5장 고저측량편에서 다루었으므로 여기는 약하기로 한다.

## 5) 수위관측

하천의 수위는 주기적 혹은 계절적으로 변화되고 있다. 이 변화하는 수위의 관측에는, 수위표 (양수표)와 촉침(觸針)수위계가 이용되고 있다.

① 수위관측기기

　가) 보통수위표

보통수위계라고도 하며 그림 10-23과 같이 목제 또는 금속제의 판에 눈금을 새긴 것에, 보조말뚝을 세워 장치한 것이다. 또, 교대, 교각, 호안에 직접 눈금판을 붙이고, 또 직접 페인트로 쓴 경우도 있다. 보조말뚝을 세울 때는, 하상을 1m 이상 파서 매설하는데, 지반이 약할 경우에는 콘크리트 기초를 하는 것이 좋다. 수위표의 눈금의 0은 최저수면 이하로 되고, 고수 시, 즉 홍수 때에 수위를 읽을 수 있도록 그림 10-23과 같은 방법으로 수위표를 설치할 때도 있다.

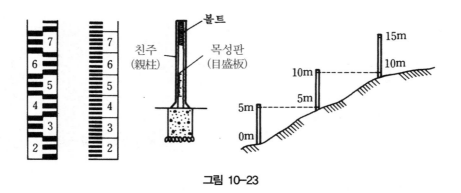

그림 10-23

수위의 관측은, 일반적으로 조석으로 일정시각에 2회 행하는데, 원칙적으로 12시간 또는 6시간마다 행한다. 특히, 고수 시에는 1시간 또는 30분마다, 최고수위의 전후에는 5~10분마다 관측할 필요가 있다.

나) 자동기록수위표

하구부근이나 치수·이수의 중요지점, 또는 관측에 불편한 곳에 수위변화를 자동기록장치에 의해서 기록할 경우에 이용되며, 일반적으로 부자식(浮子式)이 많다. 기록지는 시계에 의해 회전된다. 기록시간은 1일에서부터 1주간 또는 수개월에 이르는 것도 있고, 부자의 상하의 움직임에 의한 수위의 변화를 직접 pen의 움직임으로 회전되는 기록지에 기입하도록 되어 있다.

풍파 등에 의한 수면의 움직임으로 기록되는 것을 방지하기 위해 도관에 의해 도수하여, 우물모양으로 함으로써 수면을 정온상태가 되도록 한 것이 많으며 기타 각종의 수위계가 있다.

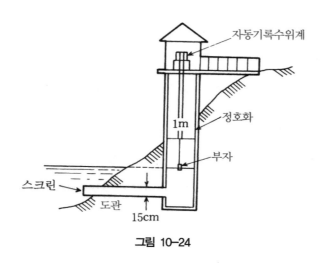

그림 10-24

② 하천 수위의 종류

하천측량에서 관측한 수위를 다음과 같이 구분하고 있다.

가) 최고수위(HWL)와 최저수위(LWL)

어떤 기간에 있어서 최고·최저의 수위로, 연단위나 월단위의 최고·최저로 구분한다.

나) 평균최고수위(NHWL)와 평균최저수위(NLWL)

이것은 연과 월에 있어서의 최고·최저의 평균으로 나타낸다. 전자는 축제(築堤)나 가교, 배수공사 등의 치수적으로 이용되고, 후자는 주운(舟運)·발전·관개 등 이수관계에 이용된다.

다) 평균수위(MWL)

어떤 기간의 관측수위를 합계하여 관측횟수로 나누어 평균값을 구한 수위

라) 평균고수위(MHWL)와 평균저수위(MLWL)

어떤 기간에 있어서의 평균수위 이상의 수위의 평균, 또는 평균수위 이하의 수위로부터 구한 평균수위

마) 평수위(OWL : Ordinary Water Level)

어떤 기간에 있어서의 수위 중 이것보다 높은 수위와 낮은 수위의 관측횟수가 똑같은 수위로 일반적으로 평균수위보다 약간 낮다.

바) 최다수위(MFWL : Most Frequent Water Level)

일정기간 중에 제일 많이 기록된 수위

사) 지정수위

홍수 시에 매시 수위를 관측하는 수위

아) 통보수위

지정된 통보를 개시하는 수위

자) 경계수위

수방요원의 출동을 필요로 하는 수위

③ 수위관측소의 설치

하천의 수위관측은 하천의 개수계획, 하천구조물의 신축공사, 하천수의 이수계획을 세우기 위해 하는 것으로 관측소는 다음과 같은 사항을 고려하여 적당한 장소를 선정한다.

가) 관측소의 위치는 그 상하류의 상당한 범위까지 하안과 하상이 안전하고 세굴(洗掘)이나 퇴적이 되지 않아야 한다.

나) 상하류의 길이 약 100m 정도의 직선이어야 하고 유속의 변화가 크지 않아야 한다.

다) 수위를 관측할 경우 교각이나 기타 구조물에 의하여 수위에 영향을 받지 않아야 한다.

라) 홍수 때는 관측소가 유실, 이동 및 파손될 염려가 없는 곳이어야 한다.

마) 평시는 홍수 때보다 수위표를 쉽게 읽을 수 있는 곳이어야 한다.

바) 지천의 합류점 및 분류점으로 수위의 변화가 생기지 않는 곳이어야 한다.

## 6) 유속관측

유속관측은 유속계에 의한 방법, 부자(浮子)에 의한 방법, 하천기울기를 이용한 방법 등이 있으며 유속관측장소는 다음과 같은 곳을 선정하여 관측한다.

① 유속관측의 위치

가) 직류부로서 흐름이 일정하고 하상(河床)의 요철이 적으며 하상경사가 일정한 곳

나) 수위의 변화에 의해 하천횡단면형상이 급변하지 않고 지질이 양호한 곳

다) 관측장소의 상하류의 유로는 일정한 단면을 갖고 있으며 관측이 편리한 곳

② 유속의 관측

그림 10-25에서 표시한 바와 같이 하천 횡단면을 따라서 와이어 등으로 약 5m 사이의 구간에 표를 하여 각 구간마다 각각 평균유속을 구한다. 각 구간의 유속관측점은 각 구간의 중심연직선 상으로 하는 것이 좋다.

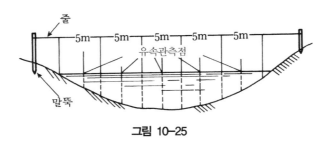

그림 10-25

양안에 긴 와이어로 달아맨 통의 가운데로부터 유속측량기를 달아매어 관측할 수 있지만 유수의 흐름으로 충분한 정확도를 기대할 수는 없다.

소정의 깊이까지 유속측량기를 내리고 30초 경과한 후의 회전수를 관측한다. 이때 유속측량기는 항상 수평으로 유지하도록 한다. 흐름이 경사질 때는 추를 달든지 미리 마련된 밧줄로써 균형을 유지하도록 한다. 또한 회전수 관측시의 시간은 스톱워치(stopwatch)를 사용하여 관측한다. 동일연직선을 따라서 유속을 관측할 때는 낮고 가까운 쪽에서부터 순차적으로 수면에

가까운 곳으로 실시한다. 유속측량기는 횡단면과 직교하는 방향으로 향하도록 한다.

가) 유속측량기에 의한 유속 및 유량관측 방법

유속계(current meter)에는 연직축에 붙어 있는 수개의 원추상배(杯)가 유수의 작용에 의한 연직축의 회전으로 유속을 구하는 배형 유속측량기(cup-type current meter), 수평 축에 붙어 있는 날개의 유수의 작용에 의한 수평축의 회전으로부터 유속을 구하는 익형유속 측량기(propeller type current meter) 및 날개의 회전으로부터 생기는 전기출력으로부터 유속을 구하는 전기유속측량기(electric current meter)가 있다. 관측범위는 0.08m/sec∼ 3m/sec 정도로 되어 있다.

익형유속측량기에 의한 유속의 공식은 다음과 같다.

$$v = a + bn \tag{10-3}$$

여기서, $v$ : 유속

$a$, $b$ : 기계의 특유정수

$n$ : 1초 동안의 회전수

나) 평균유속을 구하는 방법

하천횡단면에 있어서 임의의 연직선상의 각각의 수심에서 유속을 관측하고 그림 10-26과 같이 종유속곡선을 그려서 구적기 등으로 그 면적을 구한다.

전수심을 분할하면 그 연직선상에서의 평균유속이 구하여진다. 평균유속을 구하는 방법에는 평균유속계산식, 1점법, 2점법, 3점법 등이 있다.

(ㄱ) 평균유속계산식

가우스의 평균치법을 사용하여 유속계의 관측점수에 대한 연직선상의 관측위치와 평균유속의 관계를 구한 식으로 유속관측점수를 $n$으로 하면 평균유속 $v_m$은

$$n = 2인\ 경우\ v_m = \frac{1}{2}(v_{0.211} + v_{0.789}) \tag{10-4}$$

$$n = 3\text{인 경우 } v_m = \frac{1}{18}(5v_{0.113} + 8v_{0.5} + 5v_{0.887}) \qquad (10\text{-}5)$$

$$n = 4\text{인 경우 } v_m = 0.174(v_{0.07} + v_{0.93}) + 0.326(v_{0.33} + v_{0.67}) \qquad (10\text{-}6)$$

여기서 $v_i$ : 수표면에서 $i$로 나눈 깊이의 유속

식 (10-4), (10-5), (10-6)는 수위나 유량이 변동하는 경우 될 수 있는 한 단시간에 전단면에서의 유속을 관측할 필요가 있다.

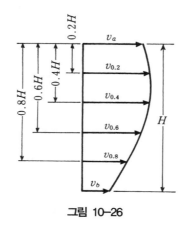

그림 10-26

③ 유속계 및 평균유속 산정

가) 유속계(current meter)

유속계는 연직축에 붙어 있는 수개의 원추상배가 유수의 작용에 의한 연직축의 회전으로 유속을 구하는 배형(杯型) 유속관측기(cup-type current meter), 수평축에 붙어 있는 날개의 유수의 작용에 의한 수평축회전으로부터 유속을 구하는 익형(翼型)유속관측기(propeller type current meter), 날개회전에 의해 생기는 전기출력으로 유속을 구하는 전기유속관측기(electric current meter)가 있다.

나) 관측선간격 및 유속관측

관측선간격은 하상의 형태, 하폭의 대소 및 관측정확도에 따라 다르나 유속관측수는 7~10 이상을 등간격으로 관측하며 수류횡단면중 하나의 연직선에 따른 유속은 그림 10-27

과 같이 수심에 따라 변한다.

유속계를 관측점 수에 따라 평균유속은 다음과 같다.

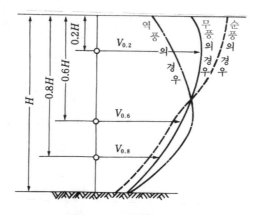

**그림 10-27** 유속의 분포

(ㄱ) 1점법

수면에서의 수심의 60% 되는 지점(0.6H)의 유속을 관측하여 평균유속으로 하는 방법
이다.

$$V_m = V_{0.6} \tag{10-7}$$

(ㄴ) 2점법

수면에서 수심의 20%(0.2H) 및 80%(0.8H)인 지점의 유속을 관측하여 평균유속을 구
하는 방법이다.

$$V_m = \frac{1}{2}(V_{0.2} + V_{0.8}) \tag{10-8}$$

(ㄷ) 3점 및 4점법

수면에서 수심의 20%(0.2H), 40%(0.4H), 60%(0.6H), 80%(0.8H)인 지점의 유속을
관측하여 평균유속을 구하는 방법이다.

$$3점법 : V_m = \frac{1}{4}(V_{0.2} + 2V_{0.6} + V_{0.8}) \tag{10-9}$$

$$4점법 : V_m = \frac{1}{5}(V_{0.2} + V_{0.4} + V_{0.6} + V_{0.8}) + \frac{1}{2}\left(V_{0.2} + \frac{1}{2}V_{0.8}\right) \tag{10-10}$$

④ 부자에 의한 유속관측

유속이 매우 빠르거나 유속관측기에 의해 관측이 어려운 경우, 부자를 흘려보내면서 부자의 속도를 관측하여 유량을 계산한다. 이것은 하천의 적당한 구간을 부자가 유하하는 시간을 관측하여 유속을 구한다.

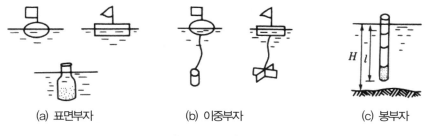

(a) 표면부자        (b) 이중부자        (c) 봉부자

그림 10-28 부자의 종류

가) 부자의 종류

(ㄱ) 표면부자

나무·코르크·병·죽통(竹筒) 등을 이용하여 작은 돌이나 모래를 넣어 추로 하고 흘수선(吃水線)은 0.8~0.9로 한다. 평균유속은 표면부자의 속도를 $v_s$로 한 경우, 큰 하천에서는 $0.9v_s$, 얕은 하천에서는 $0.8v_s$로 한다.

(ㄴ) 이중부자

표면부자에 실이나 가는 쇠줄로 수중부자와 연결시켜 만든 부자로 수면에서 수심의 3/5인 곳에 수중부자를 가라앉혀서 직접 평균유속을 구할 때 사용되나 정확한 값은 얻을 수 없다.

(ㄷ) 봉부자

봉부자는 그림 10-29와 같이 거의 수심과 같은 길이의 죽통이나 파이프의 하단에 추를 넣어 연직으로 세워 하천에 흘려보낸다. 상단은 눈에 띌 정도로 수면에 약간 나타나도록 한다.

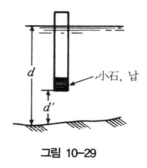

그림 10-29

봉부자는 수면에서부터 하천바닥에 이르는 전수심의 유속에 영향을 받으므로 평균유속을 비교적 얻기 쉽다. 하천바닥의 상태가 불규칙할 때는 전수류를 $d$, 부자상단에서 하천바닥까지의 거리를 $d'$, 부자의 유속을 $v_r$이라면 평균유속 $v_m$은 프란시스공식 (10-11)으로 구해진다.

[표 10-9] $K$의 값

| $(d-d')/d$ | 0.95 | 0.90 | 0.80 | 0.70 | 0.65 |
|---|---|---|---|---|---|
| $K$ | 0.99~1.00 | 1.97~1.00 | 0.94~0.97 | 0.92~0.95 | 0.91~0.94 |

[표 10-10] $K$의 값

| 부자번호 | 1 | 2 | 3 | 4 | 5 |
|---|---|---|---|---|---|
| 수심(m) | 0.7 이하 | 0.7~1.3 | 1.3~2.6 | 2.4~5.2 | 5.2 이하 |
| 부자의 흘수$(d-d')m$ | 표면부자 사용 | 0.5 | 1.0 | 2.0 | 4.0 |
| 보정계수 $K$ | 0.85 | 0.88 | 0.91 | 0.94 | 0.96 |

$$v_m = v_r\left(1.012 - 0.116\sqrt{\frac{d'}{d}}\right) \tag{10-11}$$

위 식에서 $d' \leq \dfrac{d}{4}$로 한다.

또 $v_m = Kv_r$로 하여 간단히 평균유속을 구하는 경우도 있다. 이 경우 $K$를 보정계수라 하고 표 10-9의 값으로부터 취하게 된다.

또 일반적으로 수심에 따라 부자를 5개로 분리하여 각각의 수심에 따라 사용하고 있으며 일정한 보정계수를 사용하여 실용상 간단히 유속을 구하도록 되어 있다.

나) 부자에 의한 유속관측

부자에 의한 유속관측은 하천의 직류부를 선정하여 실시한다. 직류부의 길이는 하폭의 2~3배, 30~200m로 한다.

그림 10-30에서와 같이 부자출발선에서부터 첫 번째 시준하는 선까지의 거리는 부자가 도달하는 데 약 30초 정도가 소요되는 위치로 하고 시준선은 유심에 직각이 되도록 한다. 부자출발선상에서 일정한 간격으로 분할하고 각 구간 중앙에 부자를 투하한다. 하폭에 대한 분할수는 표 10-11의 값을 참고로 하는 것이 좋다.

분할폭은 각 구간의 유량이 거의 같게 되도록 하고 계획고 수위에서의 하폭을 기준으로 하여 구분한다. 분할의 폭은 하천의 중앙부에서는 약간 넓게, 하천안(河川岸) 부근에는 수심의 변화가 심하므로 약간 좁게 한다.

거리 $L$과 부자가 유하한 시간 $t$를 관측할 때, 부자의 유속은 $v = \dfrac{L}{t}$에 일정한 계수를 붙여 평균유속으로 한다.

부자의 투하는 다리를 이용하든가 하천을 따라 케이블을 건네고 투하장치를 사용한다. 또 투하된 부자가 시준선상의 어떤 위치에 있는가를 찾기 위하여 하안으로부터의 거리를 구한다.

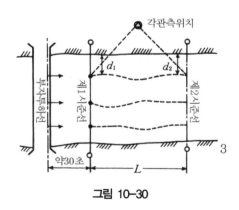

그림 10-30

[표 10-11]

| 하천폭(m) | 50 이하 | 50~100 | 100~200 | 200~400 | 400~800 | 800 이상 |
|---|---|---|---|---|---|---|
| 분할수 | 3 | 4 | 5 | 6 | 7 | 8 |

다) 부자에 의한 유속계산

부자의 유속관측은 하천의 직선부를 선정하여 실시하며 직선부의 길이는 하폭의 2~3배로서 30~200m로 한다. 부자투하선에서부터 약 30초 정도 소요되는 위치에 제일시준선을 정하고 거리($L$)와 부자가 유하한 시간($t$)을 관측하여 부자 속도($V$)를 구하여 평균유속($V_m$)을 계산한다.

$$V_m = C \cdot V \tag{10-12}$$

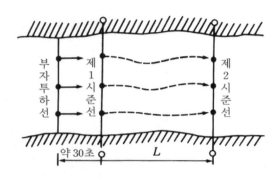

**그림 10-31** 부자에 의한 유속관측

**[표 10-12]** $C$ 보정계수값(봉부자인 경우)

| $(H-l)/H$ | 0.05 | 0.10 | 0.20 | 0.30 | 0.40 |
|---|---|---|---|---|---|
| $C$ | 0.986 | 0.969 | 0.942 | 0.919 | 0.908 |

$*l = (0.87 \quad 0.996) H$

여기서, $V_m$ : 평균유속,   $V$ : 봉부자의 속도($L/t$),   $C$ : 보정계수

⑤ 하천의 기울기를 이용한 유속관측

기울기를 이용한 유속관측은 부자나 유속관측기에 의한 유속관측이 불가능하거나 수로신설에 따른 설계에 이용되며, 하천의 수면기울기, 하상상태, 조도계수(粗度係數)로부터 평균유속을 구한다.

가) Chezy의 식

$$V_m = C\sqrt{RI}$$

(10−13)

여기서, $V_m$＝평균유속(m/sec)

$C$ : Chezy의 계수

$R$＝경심(유적/윤변)[徑深(流積/潤邊)]

$I$ : 수면기울기

② Manning의 식

$$V_m = \frac{1}{n}R^{2/3}I^{1/2}$$

(10−14)

여기서, $N$은 하도의 조도계수

## 7) 유량관측

유량계나 부자 또는 하천기울기를 이용하여 평균유속을 구하고 하천의 횡단면적을 곱하여 유량을 계산한다.

$$Q = A \cdot V_m (\text{m}^3/\text{sec})$$

(10−15)

여기서, $Q$ : 유량(m³/sec),    $A$ : 단면적(m²),    $V$ : 평균유속(m/sec)

유량관측은 하천측량에서의 중요한 작업의 한 가지이다. 그러나 하천의 흐름은 대단히 복잡하여 관측방법도 완전한 것이 아니고, 다른 일반측량과 비교하여도 정확도의 면에서 낮다. 일반적으로 유량을 관측하는 방법에는 다음과 같은 것이 있다.

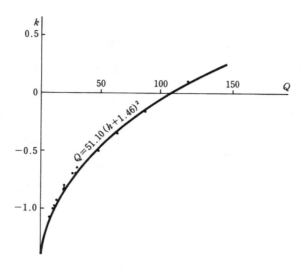

**그림 10-32** 저수량관측에 의한 수위유량 곡선

① 유량을 관측하는 방법

　가) 유수(流水)를 일정용량의 용기에 받아 만수에 이르기까지의 시간을 관측하여 유량을 구하는 방법이 있다.

　나) 벤추리 미터(venturi meter), 오리피스(orifice)나 양수계 등의 계기에 의해 구하는 방법이 있으며 관로 등의 경우에 이용한다.

　다) 수로 내에 둑을 설치하고, 사방댐의 월유량의 공식을 이용하여 유량을 구하는 방법이 있다.

　라) 수위유량곡선을 미리 만들어서 필요한 수위에 대한 유량을 그래프상에서 구하는 방법이 있다.

　마) 유량과 유역면적의 관계로부터 하천유량을 추정하는 방법이 있으며 하천개수계획이나 수력발전계획 등의 자료로 이용된다.

　　이것들의 유속·유량의 관측에는 다음과 같은 곳을 택할 필요가 있다.

　(ㄱ) 직류부로서 흐름이 일정하고, 하상의 요철이 적고 하상경사가 일정한 곳이 좋다 (와류가 일어나는 곳은 피한다).

　(ㄴ) 수위의 변화에 의해 하천 횡단면형상이 급변하지 않고, 지질이 양호한 하상이 안정하여 세굴·퇴적이 일어나지 않는 곳(저수로의 위치가 시시각각 변화되거나 섬[洲]이 만들어지는 곳은 피한다)

(ㄷ) 관측장소의 상·하류의 유로는 일정한 단면을 갖는 곳(초목 등의 하천공작물의 장애 때문에, 유수가 저해되는 곳은 피한다)

(ㄹ) 관측이 편리한 곳, 예를 들면 다리 등을 이용할 수 있는 곳

② 유량을 구하는 방법

그림 10-33과 같이 제1, 제2 시준선의 측심측량결과에 의해 작성된 2개의 단면도를 겹쳐 수면위치와 수로폭중심을 일치시켜 각 단면의 중간을 통하는 선을 구하여 이것을 평균단면을 나타내는 선으로 한다. 부자의 평균위치 사이의 각 단면적을 $A_1$, $A_2$, $A_3$, …로 하고 평균유속을 계산하여 $v_1$, $v_2$, $v_3$, …로 하면 전체 유량은, 식 (10-16)로 표시된다.

$$Q = \frac{2}{3}v_1 A_1 + \frac{v_1 + v_2}{2}A_2 + \frac{v_2 + v_3}{2}A_3 + \cdots \qquad (10\text{-}16)$$

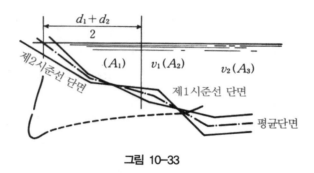

그림 10-33

---

**예제 10-1**

부자에 의한 유량관측에서 유하거리는 시간 및 거리의 관측오차에 의한 유속의 정확도에 따라 정하여진다.

지금 유하거리의 관측오차를 0.1m, 유하시간의 관측오차를 1′로 하면 최대유속 1.5m/sec 일 때 유속의 오차를 2% 이내로 하기 위해 필요한 부자유하거리를 구하시오.

**풀이** 유하거리의 오차 $\dfrac{dl}{l} = \dfrac{0.1}{l} \times 100 = 10/l\,(\%)$

유하시간의 오차 $\dfrac{dt}{l} = \dfrac{0.1}{l/1.5} \times 100 = 150/l\,(\%)$

그러므로

유속의 오차 $\dfrac{dV}{l} = \sqrt{\left(\dfrac{10}{l}\right)^2 + \left(\dfrac{150}{l}\right)^2} = \dfrac{150.3}{l}$

이 결과 $l = \dfrac{150.3}{2} = 75.2 \rightarrow 75.2$ 이상으로 한다.

그림 10-34와 같이 하천의 유속단면적을 분할하여 각각의 면적을 $A_1$, $A_2$, $\cdots$, $A_n$, 각 구간의 중심 연직선상의 평균유속을 $v_1$, $v_2$, $\cdots$, $v_n$으로 하면 전유량 $Q$는 식 (10-17)에 의해 구하여진다.

$$Q = v_1 A_1 + v_2 A_2 + \cdots + v_n A_n = \Sigma v A \tag{10-17}$$

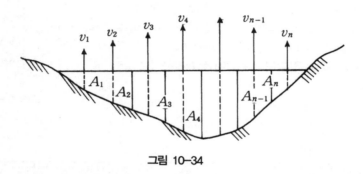

그림 10-34

또 그림 10-35와 같이 깊이관측점에서 각각의 평균유속을 구할 때는 식 (10-18)에 의해 유량을 구하여도 좋다.

$$Q = \frac{2}{3} v_1 \frac{h_1 \cdot b_1}{2} + \frac{v_1 + v_2}{2} \cdot \frac{h_1 + h_2}{2} b_2 + \cdots$$
$$+ \frac{v_{n-1} + v_n}{2} \cdot \frac{h_{n-1} + h_n}{2} b_{n-1} + \frac{2}{3} v_n \cdot \frac{h_n b_n}{2} \tag{10-18}$$

도식적으로 구하면 그림 10-36과 같이 유속관측점에서의 평균유속에 각 점의 수심을 곱한 $v_1 h_1$, $v_2 h_2$, $\cdots$, $v_n h_n$의 값을 취한다. 이것을 이어서 $v_m h$ 곡선을 그리고, $v_m h$ 곡선과 수면과 이루어진 면적을 구적기 등으로 관측하여 그 값을 소요유량으로 한다.

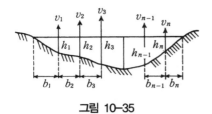

그림 10-35

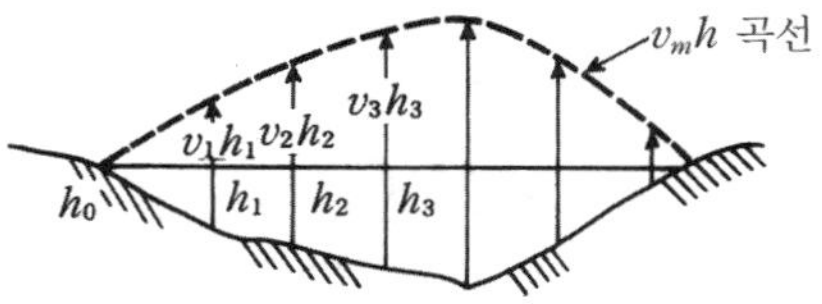

그림 10-36

예제 10-2

오른쪽 그림에 표시된 것 같은 어떤 하천의 유속을 좌안(左岸)에서 5m 간격으로 1점법 및 2점법에 의해 유속측량기로써 관측한다. 유속공식을 $v = 0.7n + 0.02$로 하고 각 관측수선에서 평균유속을 구하고 전유량을 계산하시오(n은 초당회전수).

유속관측결과는 아래 표와 같다.

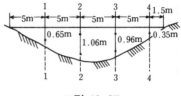

그림 10-37

[표 10-13] 유속관측결과

| 관측수점 번호 | 거리 | 수심(m) | 관측점수심(m) | 회전수 | 초수 |
|---|---|---|---|---|---|
| 1 | 좌안관측점에서 5m | 0.65 | 0.39 | 50 | 88 |
| 2 | 좌안관측점에서 10m | 1.06 | 0.21 | 100 | 56 |
| | | | 0.85 | 70 | 72 |
| 3 | 좌안관측점에서 15m | 0.96 | 0.19 | 70 | 58 |
| | | | 0.77 | 50 | 63 |
| 4 | 좌안관측점에서 20m | 0.35 | 0.21 | 20 | 77 |

**풀이** 관측결과로부터 평균유속을 구하면 다음과 같다.

[표 10-14] 평균유속계산결과

| 관측수점 번호 | 거리 | 수심(m) | 관측점수심(m) | 회전수 | 초수 | 매초 회전수 | 유속 (m/sec) | 평균유속 (m/sec) |
|---|---|---|---|---|---|---|---|---|
| 1 | 좌안관측점에서 5m | 0.65 | 0.39m | 50 | 88 | 0.57 | 0.42 | 0.42 |
| 2 | 좌안관측점에서 10m | 1.06m | 0.21m | 100 | 56 | 1.77 | 1.26 | 0.98 |
| | | | 0.85m | 70 | 72 | 0.97 | 0.70 | |
| 3 | 좌안관측점에서 15m | 0.96m | 0.19m | 70 | 58 | 1.20 | 0.86 | 0.72 |
| | | | 0.77m | 50 | 63 | 0.80 | 0.58 | |
| 4 | 좌안관측점에서 20m | 0.35m | 0.21m | 20 | 77 | 0.26 | 0.20 | 0.20 |

평균유속의 결과로부터 유량을 계산하면 표 10-15와 같다.

**[표 10-15] 유량계산**

| 관측수점<br>번호 | 평균유속<br>(m/sec) | 평균유속평균<br>(m/sec) | 관측점 간<br>거리(m) | 수심<br>(m) | 평균수심<br>(m) | 유적<br>(m²) | 유량<br>(m³/sec) |
|---|---|---|---|---|---|---|---|
| 1 | 0.42 | 0.28 | 5.0 | 0.65 | 0.325 | 1.625 | 0.455 |
| 2 | 0.98 | 0.70 | 5.0 | 1.06 | 0.855 | 4.275 | 2.993 |
| 3 | 0.72 | 0.85 | 5.0 | 0.96 | 1.010 | 5.050 | 4.293 |
| 4 | 0.20 | 0.46 | 5.0 | 0.35 | 0.655 | 3.275 | 1.507 |
| 우안수애 | 0 | 0.13 | 1.5 | 0 | 0.175 | 0.2625 | 0.034 |

합계 9.282

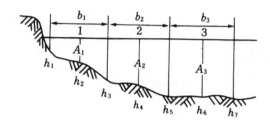

**그림 10-38** 하천단면의 분할

그림 10-38과 같이 하천단면을 분할하여 각각의 면적을 $A_1$, $A_2$, $\cdots$, $A_n$으로 하고 각 구간의 평균유속을 $V_1$, $V_2$, $\cdots$, $V_n$으로 하면 전 유량($Q$)은 다음과 같다.

$$Q = V_1 A_1 + V_2 A_2 + \cdots V_n A_n \tag{10-19}$$

여기서,

$$A_1 = \frac{b_1}{2}(h_1 + h_3)$$

$$A_2 = \frac{b_2}{2}(h_3 + h_5)$$

$\cdots\cdots\cdots\cdots$

$b_1$, $b_2$ : 유속관측선간격

$h_1$, $h_2$ : 수심

③ 유량계산

가) 부자에 의한 유속관측에서 유량계산

제1, 제2시준선의 횡단면도를 서로 겹쳐 수면단위와 수로폭중심을 일치시켜 각 단면의 중간을 통하는 선을 구하여 평균단면선으로 한다. 부자의 평균위치 사이의 각 단면적을 $A_1$, $A_2$, $A_3$, …로 하고 평균유속을 $V_1$, $V_2$, $V_3$, …라 하면 전체유량은 다음과 같다.

$$Q = \frac{2}{3}V_1 A_1 + \frac{V_1 V_2}{2}A_2 + \frac{V_2 V_3}{2}A_{3+} \cdots$$

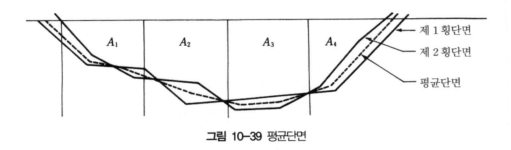

**그림 10-39** 평균단면

나) 웨어에 의한 유량관측

하천이 작은 경우, 웨어를 설치하여 유량을 구하며 단면형상에 따라 사각웨어, 전폭웨어, 삼각웨어, 수중칼날형웨어 등이 있다. 여기에서는 사각웨어와 삼각웨어에 의한 유량계산식을 서술한다.

(ㄱ) 사각웨어

$$Q = cbh^{3/2} \tag{10-20}$$

$$c = 1.7859\frac{0.0295}{h} + 0.237\frac{h}{D} - 0.428\frac{(B-b)h}{BD} + 0.034\sqrt{\frac{B}{D}} \tag{10-21}$$

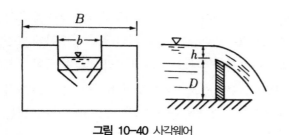

그림 10-40 사각웨어                    그림 10-41 직각삼각웨어

(ㄴ) 직각삼각웨어

$$Q = ch^{5/2} \tag{10-22}$$

$$c = 1.354 + \frac{0.004}{h} + \left(0.14 + \frac{0.2}{\sqrt{D}}\right)\left(\frac{h}{B} - 0.09\right)^2 \tag{10-23}$$

여기서, $Q$ : 유량(㎥/sec),     $b$ : 월류웨어폭,     $h$ : 월류수심

다) 유량곡선에 의한 유량관측

어떤 지점의 수위와 이것에 대응하는 유량을 관측하고 수위를 종축에, 유량을 횡축으로 취하여 작도하면 그림 10-42와 같은 수위유량곡선이 된다.

수위유량곡선을 나타낸 식의 기본형은 2차 포물선이라 가정하고 최소제곱법에 의하여 계수를 구한다. 식의 기본형은 다음과 같이 표시된다.

$$\left.\begin{array}{l} Q = K \cdot (h \pm Z)^2 \\ Q = a + bh + ch^2 \end{array}\right\} \tag{10-24}$$

여기서, $Q$ : 유량

　　　　$h$ : 수심

　　　　$Z$ : 수위표 $O$점과 하상과의 고저차

　　　　$a,\ b,\ c,\ K$ : 계수

수위유량곡선은 수위와 유량을 동시관측에 의하여 얻은 많은 자료를 근거로 작성한다.

이 경우에는 증수시(增水時)와 감수시(減水時)에는 같은 수위로 되어도 그림 10-42에 표시한 바와 같이 유량이 다른 것은 보통이다. 또 복단면의 하천에서 의 수위가 홍수위를 넘는 경우와 같이 유로단면의 변화가 심할 때 유량곡선은 수위의 고저에 따라 각각 만들어둔다.

홍수 시의 경우 유량관측이 되지 않으므로 홍수량을 보정하기 위한 유량곡선을 연장하여 구한 경우가 있다. 그러나 어디까지나 이것은 어림으로써 참고로 하는 정도에 지나지 않는다. 유량곡선이 치수나 이수계획의 참고자료로 쓰이는 경우도 하상의 변동이나 그 이외의 상황의 변화에 따라 유량선식을 만들 필요가 있다.

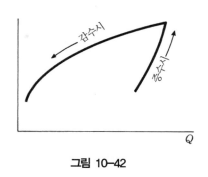

**그림 10-42**

라) 월류부에 의한 유량관측

작은 하천 또는 수로에 있어서는 월류부(越流部, weir)를 설치하고 웨어의 공식에 의해 유량을 구하는 경우가 있다. 이같이 유량관측을 목적으로 한 웨어를 관측웨어라 말한다.

일반적으로 웨어는 단면의 형에 따라 인형(刃形)웨어와 폭후월류부(幅厚越流部)로 분리된다. 전자는 월류부의 형상이 예민하게 되어 있으며 사각월류부, 전폭월류부, 삼각월류부가 그 예이다. 칼날형 월류부는 월류수맥이 안전하고 월류수심의 관측이 용이하므로 널리 사용되어진다.

## 8) 하천도면작성

하천측량에 의하여 다음과 같은 도면이 만들어진다. 즉, ① 평면도, ② 종단면도, ③ 횡단면도 등이다.

도면에는 모두 측량의 연월일, 측량자, 방위, 축척, 기타 필요한 사항을 명기하여야 한다.

① 지형도의 제작

지형도는 하천개수나 하천구조물의 계획, 설계, 시공의 기초가 되는 것으로 골조측량으로 구한 기준점은 전부 직교좌표에 의하여 전개되고 이것에 의하여 정확한 지형도를 결정한다. 지형도에는 축척, 자북, 진북, 측량연월일, 측량자명 등을 기입한다. 도식은 원칙상 국토지리정보원 지형도 도식에 의하지만 하천공사용 목적에 있어서는 단독으로 도식을 사용하는 것도 있다. 또한 축척은 보통 1/2,500이다. 단, 재래의 도면을 이용할 경우나 하폭 50m 이하의 경우에는 1/10,000이 쓰인다. 그 외에 하천법의 대상이 되는 하천에 관해서는 하천대장을 만들고 이 하천대장의 지형도 축척은 1/2,500, 상황에 따라서는 1/5,000 이상이 쓰인다.

② 종단면도

종단측량의 결과로부터 종단면도를 제작한다. 종단면도의 축척은 종1/100~1/200, 횡 1/1,000~1/10,000로 하지만 종 1/100, 횡 1/1,000을 표준으로 하지만 경사가 급한 경우에는 종축척은 1/200로 한다. 종단면도에는 양안의 거리표고, 하상고도, 계획고수위, 계획 제방고도, 수위표, 교대고도(橋臺高度), 수문 및 배수용 갑문 등을 기입하며 하류를 좌측으로 하여 제도한다.

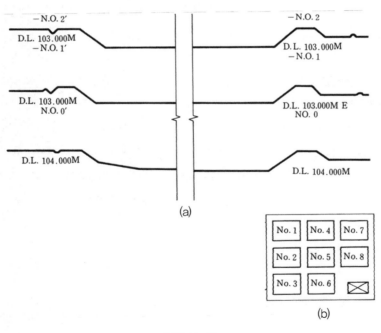

그림 10-43

③ 횡단면도

횡단면도는 육상부분의 횡단측량과 수중부분의 심천측량의 결과를 연결하여 작성된다.

축척은 횡 1/1,000, 종 1/100로 하고 고도는 기준 수준면에서 좌안을 좌·우안을 우로 쓰고,

양안의 거리, 표위치, 측량 시의 수위, 고수위, 저수위, 평수위 등을 기입한다. 역시 필요에 따라 수면 밑의 유적(流積), 윤변(潤邊) 등도 기입한다. 그림 10-43(a)는 하천 횡단면도의 일 예이다. 횡단면도의 배치는 그림 10-43(b)와 같다.

## 4. 터널측량

### (1) 개 요

터널측량은 공사도중에 결과를 점검하기가 곤란하며 터널이 관통되었을 때 비로소 그 오차를 발견할 수 있으므로 높은 정확도를 요구하고 있다. 따라서 터널측량은 방법과 정확도에 대한 충분한 검토와 신중을 기해야 한다.

터널은 사용목적에 따라 도로터널, 수로터널, 철도터널, 해저터널, 광산터널 등이 있으며, 터널측량을 단계별 작업으로 나누어 보면 지형측량, 갱외측량, 갱내측량, 갱내·외측량(관통측량), 터널 완성 후 측량 등으로 구분된다.

① 지형측량 : 영상탐측 및 지질조사에 의한 지형측량으로 터널의 노선선정이나 지형의 경사 및 지질의 특성 등을 조사한다,
② 갱외기준점측량 : GPS, TS에 의한 삼변 및 삼각측량 또는 다각측량 및 고저(또는 수준)측량에 의해 굴삭을 위한 측량의 기준점 설치 및 중심선방향의 설치를 하는 측량이다.
③ 갱내측량 : 다각측량과 고저측량에 의해 설계중심선 갱내에서의 기준점 설정, 곡선설치, 갱내·외의 연결 및 굴삭, 지보공, 형틀설치 등을 위한 측량이다.
④ 관통측량
⑤ 터널 완성 후의 측량

### (2) 갱외기준점 및 중심선측량

#### 1) 갱외기준점

지형도상에 터널의 위치가 결정되면 터널의 위치를 현지에 설치하기 위해 기준점을 측설한다. 기준점은 양쪽 갱구나 작업갱구 부근에 설치하며, 갱구부근은 지형도 나쁘고 좁은 장소가 많으므로 반드시 인조점을 설치한다. 기준점은 이것을 기초로 하여 터널 작업을 진행하기 때문

에 측량의 정확도를 높이기 위해 후시를 될 수 있는 한 길게 하고 고저기준점(또는 수준기준점) 및 수평위치(x, y) 기준점 설치는 갱구근처에 안전하고 지반이 견고한 장소를 선택하여 2개소 이상 설치하는 것이 좋다. 또한 터널시점부의 기준점과 종점부의 기준점은 반드시 연결측량을 실시해야 한다.

## 2) 중심선측량

터널의 중심선측량은 양쪽 갱구의 중심선상에 기준점을 설치하고 이 두 점의 좌표를 구하여 터널을 굴진하기 위한 방향을 설정함과 동시에 정확한 거리를 찾아내는 것이 목적이다. 종전에는 기준점 및 중심선측량에 트랜시트나 TS에 의한 삼각 및 다각측량이 시행되었으나 최근에는 GPS에 의한 삼변측량방식이 이용되고 있다. 트랜시트나 TS에 의한 삼각 및 다각측량은 산지나 도심지의 경우 시통의 불량으로 관측기계를 여러 번 옮기므로 인한 누적오차 발생요인 및 시간의 요소가 많다. 따라서 측량에 소요되는 경비도 증가하게 된다. GPS와 TS의 관측방법 및 장단점은 그림 10-44~10-46과 같다.

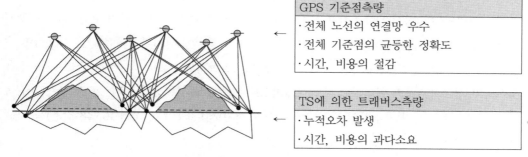

그림 10-44 갱외기준점 측량 개요도

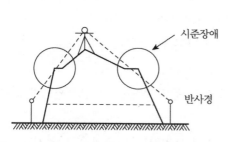

그림 10-45 TS에 의한 기준점 측량시 시통장애 발생

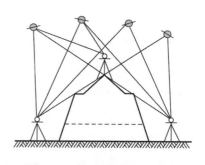

그림 10-46 GPS에 의한 삼변측량

### 3) 고저측량

기준점의 수평위치좌표가 구해지면 다음에는 수직위치인 표고(標高)를 구해야 한다. 지형이 완만하다면 일반적인 노선측량과 같이 설정된 중심선을 따라 레벨로 고저측량을 하지만 급경사 지형인 경우에는 측량이 용이한 길로 우회하든가 가까이 있는 국토지리정보원의 기본고저 기준점(수준점)을 사용하여 각 갱구별(坑口別)로 표고를 구한다. 일반적으로 터널의 양갱구간(兩坑口間)에는 고저차가 있어서 시공상의 이 상대적인 고저차를 알면 지장은 없으므로 될 수 있는 한 양갱구를 직접 연결하는 고저측량을 행하여 가는 편이 안전하다. 최근에는 수평위치관측과 같이 고저위치관측값 산정에도 GPS를 활용하고 있다.

## (3) 갱내측량

### 1) 갱내측량 시 고려할 일반사항

터널의 굴삭(堀削)이 진행됨에 따라 갱구(坑口)에 설치한 기준점을 기초로 하여 갱내의 중심선측량 및 고저측량을 실시한다. 갱내의 중심부는 항상 차량과 장비가 이동하므로 갱내기준점은 주로 배수로 옆의 안전한 장소에 콘크리트를 타설하여 도벨(dowel)이라는 표지를 설치한다. 또한 굴착면의 변위발생으로 설치한 기준점의 변형이 있을 수 있으므로 주기적(월1회)으로 갱외기준점과 연결확인측량을 해야 한다. 갱내가 길어져서 갱내에 설치한 기준점만을 사용하여 측량할 경우 오차가 누적될 가능성이 있으므로 갱내는 일반적으로 200~300m간격으로 기준점을 설치하며 갱외기준점과 연결하여 폐합트래버스로 관측값을 취득해야 한다. 또한 관측값 취득 시 정밀프리즘(구심경이 부착된 정준대에 프리즘 설치)세트(그림 10-47~10-48 참조)를 사용하여 최소한 2대회 이상을 관측시행한다.

측량을 실시할 때마다 고저의 변동, 중심선의 이동을 기록하여 두고 몇 회 재관측을 하여도 틀릴 경우에는

① 갱구 부근에 설치한 갱외의 기준점이 움직였나의 여부
② 갱내의 도벨(갱내에 묻어서 설치한 기준점)이 나쁜가의 여부
③ 측량기계가 나쁜가의 여부
④ 지산(地山) 또는 지층이 움직이고 있는가의 여부 등의 원인을 조사할 필요가 있다.

갱내의 공사 중 특히 환기가 잘 안되고 먼지도 많아 흐려져 시통(視通)이 나빠진다. 측량할 때는 조명을 충분히 하는 한편 환기에 매우 주의하여 갱내에 흐려짐이 없도록 주의하여야 한다.

측량의 정확도는 관통 시의 오차가 10cm 이내 정도이다.

**그림 10-47** 폴 프리즘 세트                 **그림 10-48** 정밀프리즘 세트

## 2) 갱내 중심선측량

### ① 도벨(dowel)의 설치

갱내에서의 중심말뚝은 차량 등에 의하여 파괴되지 않도록 견고하게 만들어야 한다. 일반적으로 갱내 기준점인 도벨을 설치한다.

이것은 노반을 사방 30cm, 깊이 30~40cm 정도 파내어 그 안에 콘크리트를 넣고 그림 10-49와 같이 목괴를 묻어서 만든다. 이것에 가는 정을 연직으로 깊이 박든가 경우에 따라 정두(釘頭)를 남겨 놓는 때도 있다.

설치 장소는 불필요물이나 재료의 반출입에 지장이 없거나 측량기계를 설치하는 데 용이한 곳을 중심선상으로 택한다. 이 경우 배수용의 도랑(溝)이 설치되어 있는 것이 많은데, 그림 10-50과 같이 도랑의 양안을 콘크리트로 메우고 이것에 각재를 넣어 매입하고 중심정을 박는다. 트럭에 의하여 불필요물을 반출하는 경우에는 중심선을 피하여 옆으로 도벨을 설치하는 것도 있다.

도갱을 굴삭하는 경우 적당한 장소를 찾지 못할 때 지보공(支保工)의 천단(天端)에 중심점을 만든다. 그러나 장기간에 걸쳐 사용하는 중심점을 지보공으로 잡는 것은 부적당하며, 되도록 빠른 기회에 정식으로 도벨을 설치하는 것이 좋다.

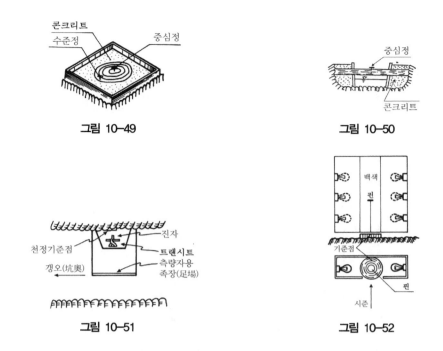

그림 10-49

그림 10-50

그림 10-51

그림 10-52

무지보 또는 지보공이 있어도 괘시판(掛矢板)에 간격이 있을 때는 천단의 암반에 구멍을 뚫고 목편을 끼워 그것에 중심정을 박는 것도 있다. 이 천정의 도벨은 터널의 굴삭이 완료된 구간 또는 복공이 완성된 구간 중 하부에 설치할 수 없는 경우에 사용된 경우는 그림 10-51과 같이 트랜시트와 측량하는 사람이 설 장소는 따로 만든다.

터널 내의 측량에는 특별한 조명을 사용할 필요가 있는데, 간단한 경우에는 pin 뒤에 백지를 세워 그 뒤로부터 회중전등이나 홍광램프(flood lamp)로 비추는 방법을 취한다. 여기에서는 호롱을 사용하여 pin을 비추는 것이다. 그림 10-52는 분도원 및 십자반을 읽기 위해 트랜시트에 조명이 부착된 트랜시트를 사용한 경우이다.

## 3) 갱내 고저측량

터널의 굴삭이 진행됨에 따라 갱구 부근에 이미 설치된 고저기준점(BM)으로부터 갱내의 BM에 고저측량으로 연결하여 갱내의 고저를 관측한다. 갱내 BM은 갱내작업에 의하여 파손되지 않는 곳에 설치가 쉽고 측량에 편리한 장소를 택하면 된다.

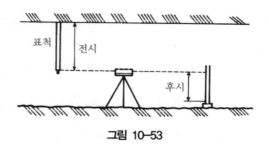

그림 10-53

갱내의 고저측량에 표척과 level을 사용하는 것은 갱외와 같지만 먼지나 연기 때문에 흐릴 경우가 많으므로 표척과 level을 조명할 필요가 있으며 때로는 조명이 달린 표척을 사용한다. 갱내는 좁으므로 표척은 3m 또는 그 이하의 짧은 것과 천단에 BM을 설치할 경우를 위하여 5m의 것을 사용하면 된다. 갱내에서 천정에 BM을 만든 경우는 표척을 반대로 하는 '역 rod'를 사용한다(그림 10-53 참조). 이 경우는

$$표고 = 후시 + 전시 + 후시점의 표고$$

가 된다.

## 4) 갱내 단면관측

터널의 중심선과 높이가 정해지면 그것에 대응하는 단면을 정하여 굴삭해야 한다. 단면형은 보통 절단의 중심으로부터 지거를 관측하여 만드는 경우 정확히 하지 않으면 여굴삭의 증가를 초래하고, 굴삭수량의 증가, 콘크리트의 되비비기 증가 등을 초래하여 큰 손실이 나타날 수 있다. 굴삭을 마치면 단면측량기로 갱구단면의 형태를 관측하고 여굴삭의 상태를 파악한다.

## 5) 갱내 곡선설치

터널이 직선인 경우는 트랜시트를 이용하여 중심선을 연장하지만, 곡선인 경우는 정확한 곡선설치를 해야 한다.

갱내는 협소하므로 현편거법(弦偏距法)이나 트래버스 측량에 의해 설치하며, 트래버스 측량에 의한 방법에는 내접(內接) 다각형법과 외접(外接) 다각형법이 있다.

① 현편거법

설치작업에서 절우(切羽)의 중심을 찾는 데는 현(弦) 길이가 허용하는 범위에서 가능한 한

길게 잡아 현편거(弦編距), 접선편거(接線偏距)를 산출하고 이것을 사용하여 현편거법(弦編距法)과 접선 편거법(接線偏距法)을 적용한다.

일반적으로 현편거법은 그림 10-54와 같이, 기설(既設)의 중심점 $A$, $B$의 시통선상에 거리 $l$을 잡고, 이곳에서 직각으로 $d' \fallingdotseq \dfrac{l^2}{R}$인 곳에 점 C를 결정한다. 이 방법은 오차가 누적될 위험이 있으므로, 어느 정도 길어지면 다각형을 형성하여 거리와 내각(內角)을 관측하고 정확한 위치를 구해야 한다.

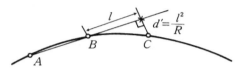

**그림 10-54** 현편거법

② 내접 다각형법

그림 10-55에서

$$\overline{AB} = \overline{BC} = \overline{CD} = \cdots = l$$
$$\angle AOB = \angle BOC = \angle COD = \cdots = \alpha \qquad (10-25)$$
$$\angle A'AB = \alpha/2, \qquad \angle ABC = 180° - \alpha$$

여기서, $\sin \dfrac{\alpha}{2} = \dfrac{\overline{AB}}{2R}$

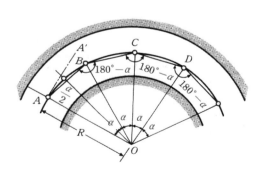

**그림 10-55** 내접 다각형법

곡선설치는 다음과 같이 설치한다.

가) 시점(始點) $A$에 트랜시트를 설치하고 접선(接線) $\overline{AA'}$에서 $\dfrac{\alpha}{2}$만큼 망원경을 회전한다.

나) 그 시준선상에 $\overline{AB}=l$인 곳에 점 $B$를 설치한다.

다) 점 $B$에 트랜시트를 옮겨 $\overline{BA}$선에서 $180°-\alpha$인 방향을 설정하고 $\overline{BC}=l$인 점을 $C$로 한다.

라) 이상의 방법을 반복하여 곡선을 설치한다.

이 경우 $l$의 길이는 곡선 반경($R$)과 터널의 폭($W$)에 제한을 받으며, 그림 10-56에서

$$\overline{AM}=\sqrt{R^2-\left(R-\dfrac{W}{2}\right)^2}$$

$$=\sqrt{RW-\dfrac{W^2}{2}}$$

$$\therefore \ \overline{AB}=2\sqrt{RW-\dfrac{W^2}{4}}=\sqrt{W(4R-W)} \tag{10-26}$$

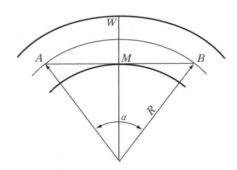

**그림 10-56** 트래버스 현 길이의 제한

---

**예제 10-3**

곡선 반경 300m인 경우, 굴삭(掘削) 후 터널폭이 도갱(導坑)에서 4m인 경우와 상부 반단면(半斷面)에서 9m인 경우 각각의 관측선(觀測線)의 길이는 얼마인가?

**풀이** 도갱의 경우 : $\overline{AB}=\sqrt{4(4\times300-4)}\fallingdotseq69$m

상부 반단면의 경우 : $\overline{AB}=\sqrt{9(4\times300-9)}\fallingdotseq103$m

③ 외접 다각형법

설치순서를 그림 10-57에서 사용한 부호에 의해 설명하면 다음과 같다.

가) 시점(始點) $A$ 에서 접선방향으로 측벽(側壁)에 근접한 점 $B$ 를 정한다.

나) 접선상의 점 $A$ 에서 $x$ 의 거리에 대한 지거 $y = R - \sqrt{R^2 - x^2}$ 을 계산한다.

다) $x$, $y$ 값을 이용하여 곡선의 중간점을 설치한다.

라) $\varphi = \tan^{-1} \dfrac{R}{AB}$ 를 계산한다.

마) 점 $B$ 에 트랜시트를 설치하고 $\angle ABC = 2\varphi$ 가 되게 방향을 잡고 $\overline{BC} = \overline{CD} = \overline{AB}$ 로 하면 점 $C$ 는 곡선상의 점이 된다.

바) $B \sim C$, $C \sim D$ 간은 접선에 대한 지거를 이용하여 설치한다.

사) 이와 같은 과정을 반복하여 곡선설치를 한다.

이 경우에 관측선(觀測線) 길이의 제한은, 그림 10-57에서 점 $B$ 는 측벽(側壁)에서 50cm 떨어지게 하므로 다음과 같이 표시된다.

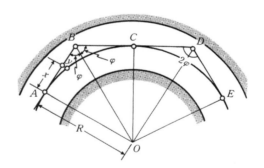

그림 10-57 외접 다각형법

$$\overline{AB} = \sqrt{\left(R + \frac{W}{2} - 0.5\right) - R^2} = \frac{1}{2}\sqrt{(W + 4R - 1)(W - 1)}$$

$$\therefore \ 관측선 \ 길이 = 2\overline{AB} = \sqrt{(W + 4R - 1)(W - 1)} \tag{10-27}$$

갱구 부근에서만 곡선으로 되어 있는 터널은 그림 10-58과 같이 터널의 직선 부분을 연장한 방향으로 특별한 도갱을 파서 이것을 통하여 중심선측량을 하는 경우가 있다. 이것은 측량도갱 (測量導坑)이라 부르는데, 일반적으로 배수 또는 불필요물을 반출하는 데도 많이 이용한다.

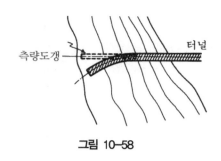

측량도갱   터널

그림 10-58

내접 다각형법의 예제 10-1과 조건이 동일하다면 관측선의 길이는 얼마인가?

**풀이**  도갱의 경우 : $2\overline{AB}=\sqrt{4+4\times300-1)(4-1)} ≒ 60m$

상부 반단면의 경우 : $2\overline{AB}=\sqrt{(9+4\times300-1)(9-1)} ≒ 98m$

## (4) 갱내 · 외의 연결측량

갱내와 갱외의 측량을 연결하는 방법은 지상과 지하가 어떻게 연결되어 있는가에 따라서 다르다. 수평에 가까운 터널 또는 30° 이상 35° 이하의 사갱(斜坑)으로 연결되어진 경우에는 특별한 방법을 이용할 필요는 없다. 일반적으로 트랜시트는 삼각(三脚) 대신에 특별한 방법으로 지지하지 않으면 안 될 경우가 있다.

경사가 급한 경우에는 보조 망원경이 있는 트랜시트를 이용해야 한다. 단면이 대단히 작을 때, 또는 양측의 지주(支柱)나 정부(頂部)의 갱목(坑木)으로부터 적당한 지지대가 있을 때에는, 트랜시트는 일반적으로 삼각 대신에 3본(本)의 짧은 핀으로 지탱되는 지지대를 사용하는 것이 좋다.

## 1) 1개의 수직갱에 의한 연결방법

1개의 수직갱으로 연결할 경우에는 수직갱에 2개의 추를 매달아서 이것에 의해 연직면을 정하고, 그 방위각을 지상에서 관측하여 지하의 측량으로 연결한다.

## 2) 정렬식

갱내의 2본(本)의 수선(垂線)을 연결한 직선상에 가능한 한 수선에 가깝게 트랜시트를 고정시킨다. 수선을 연결한 선의 방위각은 미리 지상에서 관측한 값을 기준으로 하여 각을 관측한 값으로 그 시준선상에 2점을 정하고, 이 직선을 기준으로 하여 지하측량을 한다. 지하측량은 지상측량과 같은 방위를 기준으로 하여 실시할 수가 있다.

2개의 수선을 연결한 직선상에 트랜시트를 세울 경우, 트랜시트는 가능한 한 수선에 가깝도록 설치하여야 한다. 이것은 수선의 간격이 좁으므로 방위(方位)를 결정하는 데 있어서 오차를 되도록 작게 하기 위해서이다.

### 3) 삼각법

일반적으로 삼각법을 가장 많이 이용하고 있다. 그림 10-59에서 점 $A$, $B$는 모두 수선점(垂線點), 점 $P$, $C$는 지상의 관측점(觀測點), 1, 2는 갱내의 관측점이다. 먼저, 지상의 점 $C$에 트랜시트를 세우고 $\angle PCB$, $\angle PCA$를 정밀하게 관측한다. 다음에 삼각형 $ABC$의 세 변의 길이 $S_1$, $S_2$, $S_3$를 쇠줄자로 잰다.

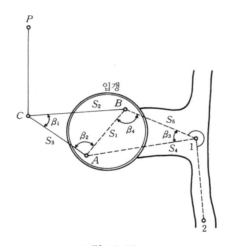

그림 10-59

다음에 트랜시트를 갱 내의 관측점 1로 이동하고, 지상과 같이 $\angle A12$, $\angle B12$를 관측한다. 그리고 삼각형 AB1의 세 변의 길이 $S_1$, $S_4$, $S_5$를 관측한 값으로부터 sine 법칙을 이용하여 다음의 관계식으로부터 구한다.

$$\sin\beta_2 = \frac{S_2}{S_1}\sin\beta_1$$

$$\sin\beta_4 = \frac{S_4}{S_1}\sin\beta_3$$

여기서, $\beta_1 = \angle PCA - \angle PCB$, $\beta_2 = \angle B12 - \angle A12$

관측선(觀測線) $AB$는 관측선 $AC$와 $\beta_2$, 관측선 $AB$은 관측선 $AB$와 $(360° - \beta_1)$, 관측선 $12$는 관측선 $B1$과 $(360° - B21)$에서 취득된다. 이것에 의해 지하 다각형의 각 관측선의 방위 각을 점차적으로 결정한다.

## (5) 관통측량

지상의 개발이 진행될 때 암석이나 광상(鑛床)으로 차단되면 2개의 갱도 사이에 새로운 갱도 가 필요하게 된다. 이것은 수평갱뿐만 아니라 사갱이나 수직갱에도 필요하다. 이 2점간의 굴진 방향·경사·거리 등의 측량을 관통측량(貫通測量)이라 한다.

터널의 관통측량은 일반적으로 양쪽에서 굴삭하는데, 터널의 길이가 길 때는 적당한 곳에 수직갱이나 횡갱을 판다. 터널의 중심선측량은 중심선이 가능한 한 직선이 되도록 하며 또 터널 내의 배수관계는 보통 중앙을 높게 하고 터널의 양쪽 입구를 낮게 경사를 만들어 배수한다.

터널에서의 곡선은 되도록 피하여야 하나 부득이한 경우 곡선설치를 할 때에는 지상에 곡선 을 설치한 후에 지하곡선설치를 한다. 이 방법은 노선측량의 경우와 같다.

## (6) 터널 완성 후의 측량

터널 완성 후의 측량에는 준공검사의 측량과 터널이 변형을 일으킨 경우의 조사측량이 있는 데, 방법은 동일하다.

### 1) 중심선측량

완성한 측벽간의 중심 $C$를 터널 단면의 중심으로 하는 한편 터널의 갱구로 부터 소정의 중심 선을 추입(追入)하여 중심 $C'$를 구하고 점 $C'$가 $C$와 일치하면 그 터널의 중심은 소정의 중심선 상에 있으며 만약 $x$만큼 떨어져 있다면 그만큼 터널이 횡으로 변위되어 있는 것이다. 간격은 일반적으로 20m로 한다.

수로 터널에서는 이 변위는 문제가 되지 않지만 철도 터널과 같이 궤도를 소정의 중심선에 맞추어 정확히 부설해야 하는 터널에서는 이 최대 편의에 따라 그 부근의 궤도의 중심을 가감해 야 한다. 도로 터널의 경우는 적은 편의(偏倚)는 노견의 부분으로 조정할 수 있지만 어느 정도 이상의 편의가 생기면 철도와 같은 최대 편의량에 따라 도로 중심선을 적당히 고칠 필요가 있다.

터널이 지변 등 기타 이유로 이동하고 있는 경우의 조사에서는 측량시 매번 20m 간격으로 C점을 설정하고, 이때의 $x$값이 어떻게 변동하여 가는가를 관찰한다.

## 2) 고저측량

터널의 고저측량의 기준을 어디에 잡는가 하는 것은 여러 가지가 있지만 철도의 경우는 시공기면을, 수로 터널과 같이 역 아치인 인버트(invert)가 있는 경우는 인버트의 중심을, 도로 터널에서는 arch crown 및 포장의 중심을 고저측량의 기준으로 한다. 이 측량도 중심선측량과 같이 20m 간격으로 level을 사용하여 고저측량을 하고 터널의 기울기가 소정의 기울기로 되어 있는가를 점검한다.

터널의 이동관측의 경우는 판정하고 싶은 위치에 도벨을 설치하고 그 높이의 변화를 기록한다.

## 3) 내공단면의 측량

터널의 단면검사 및 변형검사에서는 반드시 실시하는 측량으로 터널이 곡선인 경우는 접선에 직각방향으로, 또한 기울기가 있는 경우는 그 기울기에 수직방향의 단면을 관측해야 한다(그림 10-60).

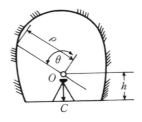

그림 10-60

① TS에 의한 내공단면 측량

굴착된 터널단면(터널이 곡선인 경우는 접선에 직각방향으로 또한 기울기가 있는 경우는 그 기울기에 수직방향의 단면)의 3차원 좌표를 관측하고 이를 설계좌표와 비교하여 차이값을 구하고 숏크리트나 라이닝콘크리트의 수량까지 계산한다.

　　가) TS로 굴착면에 대한 3차원 좌표를 관측한다.
　　나) 설계 좌표값과 실측 좌표값을 비교하여 차이값을 구하고 이를 그래픽 처리하여 내공단면 측량 결과표를 작성한다.

다) TS와 노트북PC 또는 PDA를 호환하여 실시간으로 내공단면의 측량이 가능하다.

**그림 10-61** TS와 노트북PC의 호환

**그림 10-62** 무타켓 TS와 PDA의 호환

**그림 10-63** PDA를 이용한 터널내공단면측량

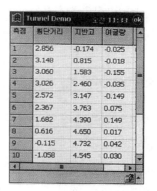

**그림 10-64** 내공단면 측량결과표

② 최근의 3D레이저스캐너를 이용한 터널내공단면 측량

**그림 10-65** 3D레이저스캐너 측량 광경

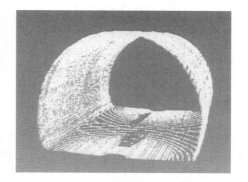

**그림 10-66** 터널 전체 단면의 3차원 좌표 취득

# 5. 노선(도로 및 철도)측량

## (1) 개 요

도로·철도·운하 등의 어느 정도 폭이 좁고 길이가 긴 구역의 측량을 총칭하여 노선측량(路線測量, route survey)이라 한다. 따라서 이 작업에서는 삼각측량 또는 다각측량에 의하여 골조를 정하고 이를 기본으로 하여 지형도를 만드는 작업과 종횡단면도의 작성, 토공량, 교량의 경간, 터널의 길이 등을 정하는 작업 등이 포함된다.

노선의 위치를 어디로 택하는지는 매우 많은 요소에 지배되므로, 여기에서 는 다만 노선을 설계하는 데 필요한 자료를 얻기 위한 측량작업을 기술한다.

노선측량의 순서를 크게 나누면, 노선의 선정, 노선의 결정, 공사량의 산정으로 분류할 수 있다. 그러나 일반적으로 사용하고 있는 순서나 방법은 각종 노선의 특성 및 규격, 각 계획부서에서 정하는 일정한 사무절차의 형식, 측량기계의 종류 및 성능에 따라 달라질 수 있다.

## (2) 노선의 측량과정 및 순서

노선측량의 작업을 크게 나누면 ① 노선선정, ② 계획조사측량, ③ 실시설계(또는 중심선)측량, ④ 세부측량, ⑤ 용지측량, ⑥ 공사측량 등이다.

이 중, 중심선측량만을 보아도 여러 가지의 방법이 있다. 지형의 상황, 계획의 내용, 소요정확도 등에 의하여 다른 것은 물론이지만, 현재 실시하고 있는 것을 보면 다음과 같다.

① 현지에서 교선점(I.P.) 및 곡선에의 접선을 직접 결정하고, 접선의 교각 또는 IA를 실제 관측하여 주요점·중간점을 설치한다.
② 지형도에 의해, 중심선의 좌표 성과를 현지작업을 하기 전에 계산하여 놓고, 이 성과를 현지에 설치한다.
③ ①과 ②의 방법을 지형 등에 따라서 적당히 병용한다.

### 1) 설계측량

노선의 종류에 따라 각각의 설계 과정이 조금씩 다르긴 하지만 기본 원리는 대동소이하므로 본 내용에서는 도로공사의 설계과정에 대해서 기술하기로 한다.

노선의 선정, 조사, 설계 및 공사를 위한 측량의 흐름은 그림 10-67과 같다.

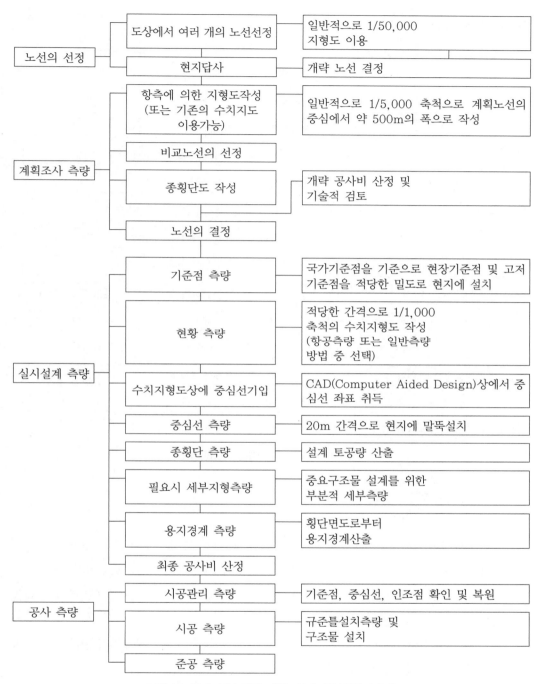

| 노선의 선정 | 도상에서 여러 개의 노선선정 | 일반적으로 1/50,000<br>지형도 이용 |
| --- | --- | --- |
| | 현지답사 | 개략 노선 결정 |
| 계획조사 측량 | 항측에 의한 지형도작성<br>(또는 기존의 수치지도<br>이용가능) | 일반적으로 1/5,000 축척으로 계획노선의<br>중심에서 약 500m의 폭으로 작성 |
| | 비교노선의 선정 | |
| | 종횡단도 작성 | 개략 공사비 산정 및<br>기술적 검토 |
| | 노선의 결정 | |
| 실시설계 측량 | 기준점 측량 | 국가기준점을 기준으로 현장기준점 및 고저<br>기준점을 적당한 밀도로 현지에 설치 |
| | 현황 측량 | 적당한 간격으로 1/1,000<br>축척의 수치지형도 작성<br>(항공측량 또는 일반측량<br>방법 중 선택) |
| | 수치지형도상에 중심선기입 | CAD(Computer Aided Design)상에서 중<br>심선 좌표 취득 |
| | 중심선 측량 | 20m 간격으로 현지에 말뚝설치 |
| | 종횡단 측량 | 설계 토공량 산출 |
| | 필요시 세부지형측량 | 중요구조물 설계를 위한<br>부분적 세부측량 |
| | 용지경계 측량 | 횡단면도로부터<br>용지경계산출 |
| | 최종 공사비 산정 | |
| 공사 측량 | 시공관리 측량 | 기준점, 중심선, 인조점 확인 및 복원 |
| | 시공 측량 | 규준틀설치측량 및<br>구조물 설치 |
| | 준공 측량 | |

**그림 10-67** 노선의 선정, 계획, 설계, 공사측량의 흐름

## 2) 실시설계 측량

노선의 실시설계를 위한 측량의 작업순서는 그림 10-68과 같이 수행한다.

### ① 측량작업 순서

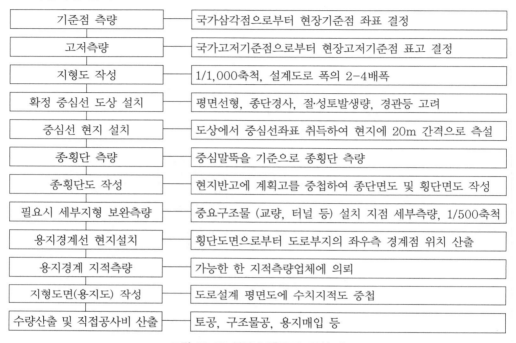

| 기준점 측량 | 국가삼각점으로부터 현장기준점 좌표 결정 |
| --- | --- |
| 고저측량 | 국가고저기준점으로부터 현장고저기준점 표고 결정 |
| 지형도 작성 | 1/1,000축척, 설계도로 폭의 2-4배폭 |
| 확정 중심선 도상 설치 | 평면선형, 종단경사, 절·성토발생량, 경관등 고려 |
| 중심선 현지 설치 | 도상에서 중심선좌표 취득하여 현지에 20m 간격으로 측설 |
| 종·횡단 측량 | 중심말뚝을 기준으로 종횡단 측량 |
| 종·횡단도 작성 | 현지반고에 계획고를 중첩하여 종단면도 및 횡단면도 작성 |
| 필요시 세부지형 보완측량 | 중요구조물 (교량, 터널 등) 설치 지점 세부측량, 1/500축척 |
| 용지경계선 현지설치 | 횡단도면으로부터 도로부지의 좌우측 경계점 위치 산출 |
| 용지경계 지적측량 | 가능한 한 지적측량업체에 의뢰 |
| 지형도면(용지도) 작성 | 도로설계 평면도에 수치지적도 중첩 |
| 수량산출 및 직접공사비 산출 | 토공, 구조물공, 용지매입 등 |

**그림 10-68** 실시설계측량의 작업순서

### ② 노선측량 작업 시 고려사항

가) 수평위치 관측

반드시 국토지리정보원에서 발급한 삼각점 성과표의 좌표를 기준으로 하나 경우에 따라 성과심사를 받은 타 공사의 공공 기준점 성과표의 좌표를 사용 할 수도 있다.

GPS에 의한 정지측량 방법이 가장 정확하나, RTK-GPS에 의한 실시간 이동측량 방법을 이용하여 효율성을 높일 수 있다.

TS를 사용하여 트래버스 측량 방식으로 기준점 설치하는 경우 반드시 2점 이상의 삼각점을 연결하는 결합트래버스방식을 취해야 한다.

나) 수직위치 관측

국토지리정보원에서 발급한 고저기준점 성과표의 표고를 기준으로 해야 하며, 경우에 따라 성과심사를 받은 타 공사의 공공 고저기준점 성과표의 표고를 사용할 수 있다. 왕복측량에 의한 직접고저측량을 원칙으로 하나, 경우에 따라 GPS에 의한 간접고저측량을 실시할 수도 있다.

2점 이상의 국가고저기준점과 결합하여야함을 원칙으로 하나, 경우에 따라 1점의 국가고저기준점에 폐합시켜야 하며, 국가고저기준점의 경우 유실·망실된 점이 많으므로 부득이 멀리 떨어진 곳의 고저기준점을 사용해야 하는 경우가 많으므로, 적정한 측량비용 산정을 위해서는 측량 전 고저기준점 답사가 필수적으로 해야 한다.

다) 지형도 작성

지형도 작성 방법에는 GPS나 TS에 의한 평판측량방법, 항공영상탐측에 의한 방법 및 위성영상에 의한 방법 등이 있는데, 소규모 지역의 지형도는 GPS 및 TS를 이용한 평판측량방법이 효율적이다.

평판측량을 할 경우 측량의 경제성을 고려하여 기존의 대축척 수치지도를 최대한 활용할 수 있다. 중요한 부분은 전면 실측을 원칙으로 하나, 중요도가 낮은 부분은 수치지도를 수정·보완하여 지형도를 제작할 수도 있다.

지하시설물은 확인측량을 실시(실측 또는 기 GIS 구축자료 활용)해야 한다.

라) 중심선 및 종단측량

중심선의 좌표 (X, Y 좌표)를 CAD 상에서 취득하여 이를 현지에 측설 하고 중심말뚝을 20m 간격으로 설치하고, 중심말뚝 설치 지점의 표고를 TS로 관측하여 종단측량을 실시한다.

마) 횡단측량

중심말뚝을 기준으로 중심선의 직각방향으로 도로 경계선 예상지점 보다 10m 정도 더 바깥지점까지 지형이 변하는 변곡점의 표고를 TS로 관측한다.

절토 또는 성토로 인한 사면의 길이를 미리 설정하고 설정된 사면의 끝 지점에서 10m 정도의 여유 폭을 감안하여 넓게 횡단측량을 실시한다.

바) 용지경계측량

용지경계선은 설계된 횡단면도로부터 구한 사면의 끝 지점에 1m 여유폭을 둔 지점으로 하며, 용지경계 말뚝은 중심말뚝을 기준으로 하여 중심선의 직각방향으로 설치하고 각 말뚝의 위치는 측지좌표로 관측하여야 한다(차후 용지도 작성이나 경계복원 측량 시 필요하다).

사) 지형측량(용지측량)

설치된 용지경계 말뚝을 지적좌표에 의해 현황측량한 다음 수치지적도를 만든 후 설계평면도에 중첩하여 사용지역의 지형도면(용지도)을 작성한다.

도해지적 지구인 경우에는 지적측량 전문업체에 의뢰하여야 한다.


아) 수량산출

CAD 상에서 각 횡단면에 대한 면적, 절·성토량 등을 프로그램을 이용하여 산출한다.


## 3) 시공측량

설계측량을 마친 후 시공을 위한 측량은 그림 10-69와 같다.


① 순서

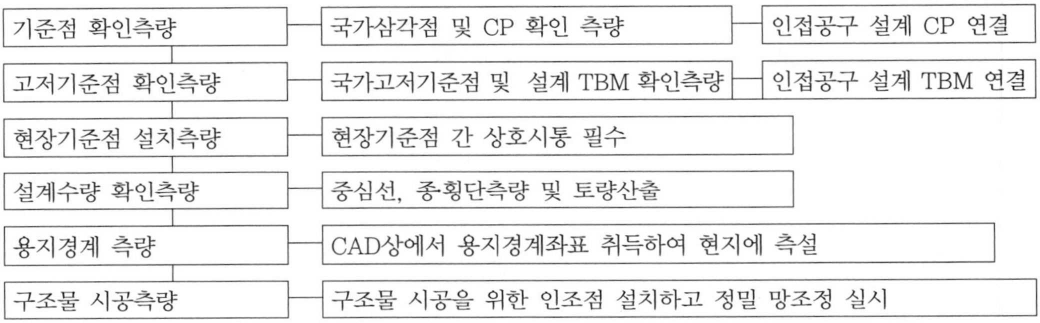

| 기준점 확인측량 | 국가삼각점 및 CP 확인 측량 | 인접공구 설계 CP 연결 |
|---|---|---|
| 고저기준점 확인측량 | 국가고저기준점 및 설계 TBM 확인측량 | 인접공구 설계 TBM 연결 |
| 현장기준점 설치측량 | 현장기준점 간 상호시통 필수 | |
| 설계수량 확인측량 | 중심선, 종횡단측량 및 토량산출 | |
| 용지경계 측량 | CAD상에서 용지경계좌표 취득하여 현지에 측설 | |
| 구조물 시공측량 | 구조물 시공을 위한 인조점 설치하고 정밀 망조정 실시 | |

그림 10-69 시공측량 작업순서

② 착공 전 측량

착공 전 측량은 공사계약 즉시 설계수량의 이상 유무를 확인하기 위하여 실시하는 측량으로서 도로나 철도공사의 경우 일반적으로 다음의 내용과 같이 실시한다.


가) 기준점 확인측량

나) 고저기준점 확인측량

다) 현장기준점(현장CP) 설치측량

라) 중심선측량

마) 종단측량

바) 횡단측량 및 토공량 산출

사) 용지경계측량

아) 설계수량 확인

자) 필요에 따라 지장물 조사

③ 착공 전 측량의 세부내용

가) 기준점확인 측량

기준점확인 측량은 설계기준점(설계CP : Control Point)의 정확성 여부를 확인하는 측량으로서 설계도서상의 측량보고서에 명시된 사용 삼각점과 설계 삼각점의 상호 위치 관계를 확인하는 과정으로 다음과 같이 실시한다.

(ㄱ) 설계에 사용된 삼각점과 설계기준점(설계CP) 위치 확인(휴대용 GPS 사용)

(ㄴ) 설계에 사용된 고저기준점과 설계고저기준점(TBM) 위치 확인

(ㄷ) 시공용 현장기준점(현장 CP : Control Point) 선점 및 조표(콘크리트 타설 후 황동 표지 설치)설치

(ㄹ) 기준점 확인측량 결과 설계CP에 과대오차(±5cm 이상) 발생 시 원인분석 및 시공용으로의 사용여부 결정

(ㅁ) 고저기준점 확인 측량인 경우는 $\pm 10mm \sqrt{Sg}$ ($S$는 편도거리, km) 이상의 오차 발생시 신규 측량성과 사용

나) 유의사항

(ㄱ) 착공 전 측량 비용의 절감을 위하여 삼각점을 연결하여 측량하지 않고 설계CP성과를 그대로 사용해서는 안 된다(반드시 확인측량 필요함).

(ㄴ) 기준점 측량 방식은 TS를 사용할 경우 반드시 두 점 이상의 삼각점을 연결하는 결합트래버스 방식을 취해야 하며(한 점의 삼각점을 사용하는 폐합트래버스는 사용 불가), GPS에 의한 정밀기준점측량을 실시하는 경우 관측시간도 최소 1시간 30분 이상을 유지토록 한다.

다) 설계수량 확인측량

설계수량의 확인을 위해서는 중심선측량과 종횡단측량을 실시하여 원지반에 대한 횡단면도를 작성하고 이를 설계 단면도에 중첩함으로서 토공량을 산출한다.

(ㄱ) 설계도면을 CAD 프로그램으로 실행하여 중심선 좌표를 취득한다.

(ㄴ) 중심선 좌표를 TS에 입력하고 현장CP의 좌표를 기준으로 측설한다(중심선측량).

(ㄷ) 중심선의 표고를 TS로 관측한다(종단측량). 착공전측량 과정에서의 종단측량은 토공을 위한 고저측량이므로 레벨에 의한 직접고저측량보다는 TS에 의한 간접고 저측량으로도 충분하다.

(ㄹ) 설계도면에서 절토면 또는 성토면이 끝나는 지점의 거리를 산출하여 중심선으로 부터 직각방향으로 횡단상의 지형 변곡점에 대한 표고를 TS로 관측하여 기록하거 나 TS의 메모리 장치에 입력한다(횡단측량).

(ㅁ) 횡단측량 시 경계측량도 병행할 수 있는데, 설계도면에서경계좌표를 취득하여 측 설 함으로써 간단히 처리할 수 있다.

그림 10-70 횡단측량 외업 광경

그림 10-71 횡단측량 외업 후 TS에 저장된 측량자료를 컴 퓨터로 전송하여 내업 실시

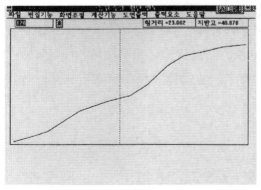

그림 10-72(a) 횡단도 자동 작성

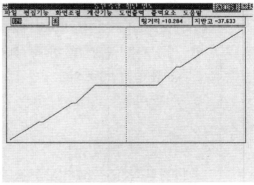

그림 10-72(b) 설계단면 입력

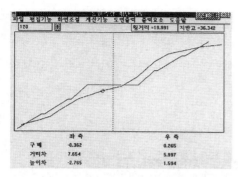

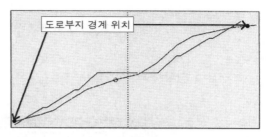

그림 10-72(c) 원지반 단면과 설계단면을 합성하여 횡단    그림 10-72(d) 일반적인 도로경계 위치
면도 작성

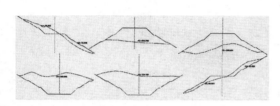

그림 10-72(e) 절토 및 성토 부분의 단면적 자동계산  그림 10-72(f) 자동 작성된 단면적에 의한 절성토량 자동계산

## 4) 구조물 측설

### ① 구조물 좌표계산

측설이란 설계도면상의 구조물 위치를 현지에 재현하는 측량을 말하는데, 일반적으로 설계도면상에는 모든 구조물의 좌표가 일일이 명기 되지 않기 때문에 구조물의 측설을 위해서는 소정의 프로그램을 통하여 노선의 중심선 좌표를 계산한 후 각 구조물의 좌표를 계산하여야 한다.

### 가) 선형 및 구조물좌표 계산

도로, 철도, 지하철 등의 노선측량에 기본이 되는 중심선 측량에서 중심선 좌표계산이 정확하여야 횡단측량의 좌표, 노선의 경계좌표 및 각종 구조물의 좌표 계산값이 정확하게 취득될 수 있다.

선형자동계산은 시중에 판매되는 선형자동계산 프로그램을 사용하여 중심선의 좌표계산을 손쉽게 할 수 있다.

### (ㄱ) 선형자동계산 프로그램의 선형별 중심선 좌표계산

（ⅰ) 도로 : 직선－완화곡선(클로소이드곡선)－단곡선－완화 곡선－직선구간

（ⅱ) 철도 : 직선－완화곡선(3차포물선)－단곡선－완화곡선－직선구간

（ⅲ) 지하철 : 직선－완화곡선(렘니스케이트곡선)－단곡선－완 화곡선－직선구간

(ㄴ) 선형자동계산 예

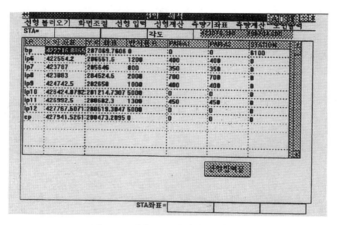

그림 10-73(a) 도로용 선형 입력 예

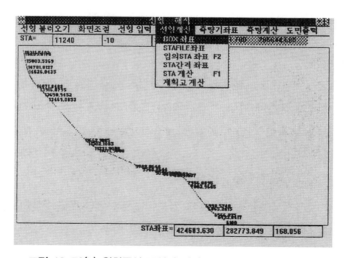

그림 10-73(b) 완화곡선 구역의 경사구조물 좌표 계산의 예

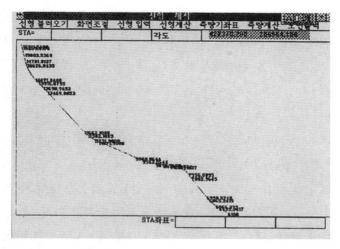

**그림 10-73(c)** 입력된 자료에 의한 자동계산으로 직선, 완화곡선, 단곡선 등이 그래픽으로 표시되는 예

**그림 10-73(d)** 지하철 선형 입력 예

나) 선형자동계산 프로그램의 특징

    (ㄱ) 도로, 철도 지하철 등 어떠한 종류의 선형이라도 중심선의좌표를 3차원으로 자동
        계산한다.

    (ㄴ) 시점에서 종점까지 원하는 거리 간격으로 제한 없이 세분하여 좌표 계산이 가능
        하다.

    (ㄷ) 노선의 중심뿐 아니라 좌우 노폭을 입력함으로써 중심선으로부터 좌우로 이격된
        지점의 좌표도 자동계산 된다.

    (ㄹ) 임의 지점의 좌표를 입력하면 그 지점에 대한 종단 STA. 및 좌우 이격거리가 역으
        로 계산된다.

(ㅁ) 종곡선 해석 기능

(ㅂ) 자동 계산된 모든 좌표는 컴퓨터에서 측량기 메모리 장치로 자동 전송되어 쉽고 빠른 측설작업을 수행하게 한다.

(ㅅ) 도면상 노선설계 오류 발견 시 오류 메시지 표시로 시공 전 세부적인 도면 검토가 가능하다.

② 중요 구조물의 인조점 설치

교량이나 박스와 같은 중요 구조물의 시공 시는 수시로 측량을 해야 하므로 매 측량 시마다 멀리 떨어져 있는 현장 CP로부터 측량을 해 올 경우 오차도 크고 번거롭기 때문에 구조물 주위에 별도의 기준점망을 설치하게 되는데, 이와 같이 구조물 자체의 측량을 위 해 설치되는 측점을 인조점(RF : Referring Point)이라고 한다. 인조점 설치 방법은 아래와 같다.

가) 인조점은 현장 CP의 좌표를 기준으로 한다.

나) 인조점의 설치 위치는 구조물 주요 부분의 시준이 용이하고 지반이 안정하며 구조물 공사 기간 동안 지형이 변하지 않는 지점을 선정한다.

다) 인조점은 콘크리트 타설 후 황동표지를 설치하거나 견고한 말뚝을 설치하여 표식을 한다.

라) 각 인조점은 하나의 폐합망으로 구성하여야 하며 각 점의 위치오차는 가능한 한 2~3mm 이내가 되도록 하여야 한다.

마) 인조점망은 수시로 검측하여 소정의 정확도를 유지해야 하며 위치 변동으로 인해 오차가 발생하는 인조점이 있을 때는 즉시 망조정을 다시 실시하여야 한다.

바) 인조점망은 다른 인조점망이나 현장 CP와 연결 사용해서는 안 되며 해당되는 구조물 측설 및 검측 시에만 사용하여야 한다(∵ 국가삼각점이나 현장 CP는 일반적으로 1~3cm 의 위치오차를 수반하고 있으므로 정밀한 인조점망과 연결하는 것은 바람직하지 않음).

③ 인조점 설치 순서

가) 구조물과 가장 가까운 CP2에 TS를 설치하고 그 위치에서 가장 멀리 있는 CP1을 후시로 하여 기선오차 소거 후 인조점을 측설한다.

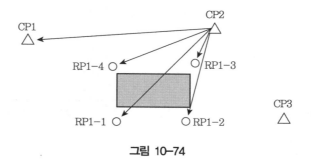

그림 10-74

나) 인조점 측설 후 인조점 중 1점을 기준으로 하는 폐합트래버스 측량을 실시하여 각 인조점의 시공좌표를 확정한다.

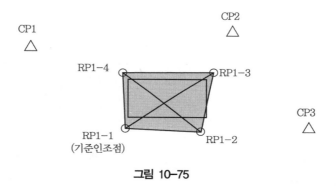

그림 10-75

다) 인조점 폐합트래버스망을 수시 점검하고 오차를 조정하여 구조물 완공시까지 정밀망을 유지한다.

## (3) 노선에 이용되는 곡선

### 1) 곡선의 분류

선상(線狀)축조물의 중심선이 굴절한 경우, 곡선에서 이것을 연결하여 방향의 변화를 원활히 할 필요가 있다. 곡선은 이것이 포함하는 면에 의해 2개로 구분된다. 그래서 수평선 내에 있으면 수평곡선(또는 평면곡선 : horizontal curve), 수직면 내에 있으면 수직곡선(vertical curve)으로 종단곡선과 횡단곡선이 있다.

중심선의 구성요소는 직선, 완화곡선, 원곡선이다.

또 철도에서도, 종래 완화곡선으로 사용하던 3차 포물선 대신 최근에는 반파장 정현곡선(正弦

曲線)을 체감곡선(遞減曲線)으로 하는 곡선(sine 체감곡선)을 사용하고 있다. 곡선을 그 형상·성질에 의해 분류하면 표 10-16과 같다.

[표 10-16] 곡선의 분류

| 형상에 의한 분류 | | 성질에 의한 분류 |
|---|---|---|
| 수평곡선 | 단곡선(單曲線)<br>복곡선(複曲線 ; 또는 복합곡선)<br>반향곡선<br>머리핀 곡선<br><br>완화곡선 | 원곡선<br><br>3차 포물선(철도)<br>반파장 sine 체감곡선(고속철도)<br>렘니 스케이트(lemniscate)(시가지전철)<br>클로소이드(clothoid)(고속도로) |
| 수직곡선 | 종단곡선<br><br>횡단곡선 | 2차 포물선<br>원곡선<br>직선<br>쌍곡선<br>2차 포물선 |

## 2) 원곡선의 특성

① 원곡선의 술어와 기호

표 10-17에서와 같이 단곡선(또는 단심곡선)도 조합에 의해 여러 가지 형태로 생각할 수 있는데, 결과적으로 전부는 몇 개의 단곡선으로 분할하므로, 특수한 예를 제외하고, 여기에서는 1개의 단곡선에 관하여 그 성질과 설치법을 기술한다.

그림 10-76에서처럼 1개의 원호에 대하여 일반적으로 이용되는 용어와 술어와 기호는 표 10-18과 같다.

**[표 10-17]** 원곡선의 술어와 기호

| 기호 | 술어 | 적요 |
|---|---|---|
| BC | 원곡선 시점(beginning of curve) | A |
| EC | 원곡선 종점(end of curve) | B |
| IP | 교선점(intersection point) | D |
| $R$ | 반경(radius of curve) | OA＝OB |
| TL(또는 $T$) | 접선 길이(tangent length) | AD＝BD |
| $E$ | 외할(外割, external secant) | CD |
| M | 중앙종거(middle ordinate) | CM |
| SP | 곡선중점(secant point) | C |
| CL | 곡선 길이(curve length) | $\widehat{\text{ACB}}$ |
| $L$ | 장현(長弦, long chord) | AB |
| $l$ | 현(弦) 길이(chord length) | AF |
| $c$ | 호(弧) 길이(arc length) | $\widehat{\text{AF}}$ |
| IA(또는 $I$) | 교각(交角, intersection angle) | ＝중심각 |
| $\delta$ | 편각(偏角, deflection angle) | $\angle$DAF |
| $\theta$ | 중심각(central angle) | $\angle$AOF |
| $\dfrac{I}{2}$ | 총편각(total deflection angle) | $\angle$DAB＝$\angle$DBA |

② 원곡선의 공식

원곡선에서 매개 변수 간의 관계식은 표 10-17과 같으며, 중심말뚝은 직선부와 곡선부에서는 추가말뚝을 제외하고는 일반적으로 20m 간격으로 설치하나 원호상에서는 현(弦) 길이를 관측하여 사용하므로, 호(弧) 길이와 현 길이의 차가 발생한다.

그림 10-77에서 $c = \widehat{\text{AB}}$, $l = \widehat{\text{AB}}$, 곡률 반경을 $R$, 중심각 $\theta$로 하면, 표 10-18의 식에서

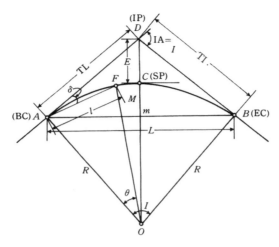

그림 10-76

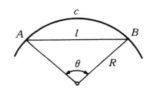

그림 10-77

[표 10-18] 원곡선의 공식

| 관계사항 | 공식 |
|---|---|
| 접선의 길이 | $\mathrm{TL}(\text{또는 } I) = R \tan \dfrac{I}{2}$ |
| 교각과 중심각 | $\mathrm{IA} = I = \angle\mathrm{AOB}$ |
| 편각과 중심각 | $\delta = \dfrac{2}{\theta} = \dfrac{l}{2R}(\text{라디안})$ |
| 곡선 길이와 중심각 | $\mathrm{CL} = RI(I\text{는 라디안}) = \dfrac{RI}{\rho}(I\text{는 도})$ |
| 호의 길이와 편각 | $l = R \cdot \theta = 2R \cdot \delta$ |
| 호 길이와 편각 | $l = 2R\sin\delta = 2R\sin\dfrac{\theta}{2}$ |
| | $L = 2R\sin\dfrac{I}{2}$ |
| secant($E$)=외할 | $E = R\left(\sec\dfrac{I}{2} - 1\right)$ |
| 중앙종거($M$) | $M = R\left(1 - \cos\dfrac{I}{2}\right)$ |

$$l = 2R \sin \delta = 2R \sin \frac{\theta}{2} \qquad\qquad (10-28)$$

$c ≒ l$로 하면,

$$\sin \frac{\theta}{2} ≒ \frac{c}{2R} - \frac{1}{6} \left( \frac{c}{2R} \right)^2$$

이것을 식 (10-28)에 대입하면,

$$l ≒ 2R \left\{ \frac{c}{2R} - \frac{1}{6} \left( \frac{c}{2R} \right)^3 \right\} = c - \frac{c^3}{24R^2}$$

따라서 호 길이와 현 길이의 차는

$$c - l ≒ \frac{c^3}{24R^2} \qquad\qquad (10-29)$$

이며, 반경 300m 이상의 경우 $c = l$로 생각한다.

또한 그림 10-78에서 중앙종거($M$)와 곡선 반경($R$)의 관계는 다음과 같다.

$\triangle$BOm에서

$$R^2 - (L/2)^2 = (R - M)^2$$

$$\therefore \ R = \frac{L^2}{8M} + \frac{M}{2} \qquad\qquad (10-30)$$

이고, $M$의 여러 가지 값에 대한 $R$의 값을 식 (10-30)에서 계산한 것이 원도표이며 $M$의 값이 $L$의 값에 비해 작으면 식 (10-30)의 우변 제2항은 무시한다.

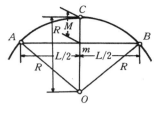

**그림 10-78**

③ 단곡선 설치

단곡선 설치과정은 방법에 따라 차이는 있으나 전반적인 설치과정을 서술하면 다음과 같다.

    가) 단곡선의 반경($R$), 접선(2방향), 교선점(D), 교각($I$)을 정한다.

    나) 단곡선의 반경($R$)과 교각($I$)으로부터 접선 길이(TL), 곡선길이(CL), 외할($E$) 등을
        계산하여 단곡선 시점(BC), 단곡선 종점(EC), 곡선중점(SP)의 위치를 결정한다.

    다) 시단현($l_1$)과 종단현($l_{n+1}$)의 길이를 구하고, 중심말뚝의 위치를 정한다.

이상의 순서에 따라서 계산을 하여 교선점(IP)말뚝, 역(役) 말뚝, 중심말뚝을 설치하면 된다. 여기서 각각의 원곡선(圓曲線) 중 단곡선(또는 단심곡선)의 선설치 방법에 대해 서술하면 다음과 같다.

④ 편각법에 의한 단곡법 설치

철도나 도로 등의 단곡선 설치에서 가장 일반적으로 이용하고 있는 방법이 그림 10-79에 표시한 편각법(偏角法)으로서 편의각법(偏倚角法)이라고도 한다. 편각법으로 시준하여 장애가 있는 경우에는 그림 10-79에 표시한 편각 현장법(偏角弦長法)을 병용하면 좋다.

편각 현장법(극각 현장법)은 트랜싯으로 편각(偏角)을 관측한 다음 거리를 관측하여 곡선을 측설하는 방법이다. 그림 10-79에서 시단현 $\overline{AP_1} = l_1$, 종단현 $\overline{P_n B} = l_{n+1}$과 $\overline{P_1 P_2} = \overline{P_2 P_3} = \cdots = l$에 대한 편각을 계산하여 각각 $\delta_1$, $\delta_{n+1}$, $\delta$로 하면, AD 방향에 대한 각 점의 편각은 다음과 같다.

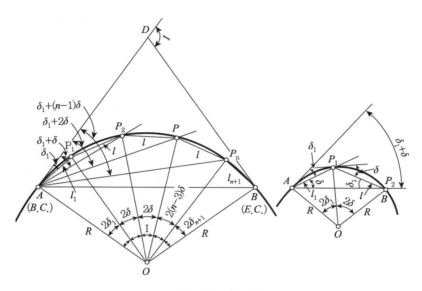

**그림 10-79** 편각법

점 $P_1$의 편각 $= \delta_1$

점 $P_2$의 편각 $=$ 점 $P_1$의 편각 $+ \delta = \delta_1 + \delta$

점 $P_3$의 편각 $=$ 점 $P_2$의 편각 $+ \delta = \delta_1 + 2\delta$

........................................................

점 $P_n$의 편각 $=$ 점 $P_{n-1}$의 편각 $+ \delta = \delta_1 + (n-1)\delta$

점 $B$의 편각 $=$ 점 $P_n$의 편각 $+ \delta_{n+1} \left( = \dfrac{I}{2} \text{로 된다} \right)$

이상과 같이 편각을 구하는데, 실제로는 $\delta$의 정수배(整數倍)의 값을 사용하여, 다음과 같은 순서로 중심말뚝을 측설(測設)한다.

가) 점 A(BC)에 트랜싯을 고정하고, 수평 분도원의 영점지표를 편각과 반대방향으로 $\delta_1$ 만큼 회전한 위치에 교점 $D$(I.P.)를 시준한다. 시준을 한 다음에 영점 지표가 0°00′ 00″ 표시하는 곳까지 망원경을 움직여 이 시선(視線) 중에 $\mathrm{AP_1} = l_1$의 거리를 취하면 점 $P_1$이 정해진다.

나) 점 $P_2$의 편각 $- \delta_1 = \delta$의 값에 맞추어 망원경을 돌리고, 이 시선 가운데에서 $P_1$으로 부터 20m의 거리에 있는 점을 구하면 $P_2$가 정해진다.

다) 이와 같은 방법으로 $P_3$, $P_4$ $\cdots$ 에 대하여 $2\delta$, $3\delta$, $\cdots$의 값에 맞추어 망원경을 돌려 $P_2$, $P_3$ $\cdots$으로부터 20m의 거리를 취하여 $P_3$, $P_4,\cdots$, $P_n$을 정한다.

라) 최후로, 종단현(終短弦) $\overline{P_nB} = l_{n+1}$ 및 점 B에 대한 각 $\{(n-1)\delta + \delta_{n+1}\}$을 써서 점 B를 정하고, EC와 일치하는가로 측량의 정확도를 판정한다.

큰 오차가 생길 때는 재관측(再觀測)해야 하나 오차가 작을 때는 각 점에 배분한다. 이 방법은 호(弧)의 길이와 현(弦)의 길이를 같은 것으로 간주하고 있지만, 일반적인 경우 실용상에는 큰 무리가 없다. 곡선의 반경이 작은 경우는 현의 길이를 보정(補正)하여 사용하면 된다. 현의 길이에 대하여 20m의 정수배(整數倍)에 대한 $\delta$의 정수배값은 일반적으로 측량법에 기재되어 있으므로, 이것을 사용하여 상술(上述)한 방법을 사용하면 종단법(終端法)에 도달하기까지 계산이 필요하지 않으므로 편리하다.

**예제 10-5**

IP의 위치가 기점(起點)으로부터 320.24m, 곡선 반경 180m, 교각(交角) 44°00'인 단곡선(單曲線)을 편각법(偏角法)에 대하여 측설하시오.

**풀이**

① $TL = R\tan\dfrac{I}{2} = 180 \times \tan(22°30') = 74.558\,[\mathrm{m}]$

② $CL = R°/\rho° = 0.0174533 RI° = 0.0174533 \times 180 \times 44 = 138.23\,[\mathrm{m}]$

③ $E = R\left(\sec\dfrac{I}{2} - 1\right) = 180(\sec 22°30' - 1) = 14.831\,[\mathrm{m}]$

④ BC의 위치 : 기점(起點)에서의 추가 거리는

$\qquad 320.24 - TL = 320.24 - 74.558 = 245.68\,[\mathrm{m}]$

그러므로

$\qquad No.12 + 5.68\,[\mathrm{m}]$

⑤ 시단현(始短弦)의 길이 $l_1 = 20 - 5.68 = 14.32\,[\mathrm{m}]$

⑥ EC의 위치 : 기점에서의 추가 거리는

$\qquad 245.404 + CL = 245.68 + 141.37 = 387.05\,[\mathrm{m}]$

그러므로

No.19 + 7.05 [m]

⑦ 종단현(終短弦)의 길이 $l_{n+1} = 7.05 \, [\text{m}]$

⑧ 편각의 계산

　　㉠ 20m에 대한 편각 $\delta = 1718.87' \times \dfrac{20}{180} = 3° 10' 59''$

　　㉡ 시단현에 대한 편각 $\delta_1 = 1718.87' \times \dfrac{14.32}{180} = 2° 16' 45''$

　　㉢ 종단현에 대한 편각 $\delta_{n+1} = 1718.87' \times \dfrac{7.05}{180} = 1° 07' 20''$

⑨ 곡선상 중심말뚝에 대한 편각

$\overline{AD} - \delta_1 = -2° 16' 45''$
No. 13 $-\delta_1 + \delta_1 = 0° 00' 00''$
No. 14 $\delta = 3° 10' 59''$
No. 15 $2\delta = 6° 21' 58''$
No. 16 $3\delta = 9° 32' 57''$
No. 17 $4\delta = 12° 43' 56''$
No. 18 $5\delta = 15° 54' 55''$
No. 19 $6\delta = 19° 05' 54''$
E.C. $6\delta + \delta_{n+1} = 20° 13' 14''$

$\delta_1 + 6\delta + \delta_{n+1} = 22° 29' 59'' \fallingdotseq 22°30' = \dfrac{I}{2}$

즉, 1초의 오차가 있지만 실용상 지장은 없다.

⑤ 중앙종거에 의한 단곡선 설치

이 방법은 그림 10-80에 있는 것처럼 최초에 중앙종거(中央縱距) $M_1$을 구하고, 다음에 $M_2$, $M_3$ …으로 하여 작은 중앙종거를 구해서 적당한 간격마다 곡선의 중심말뚝을 박는 방법이다.

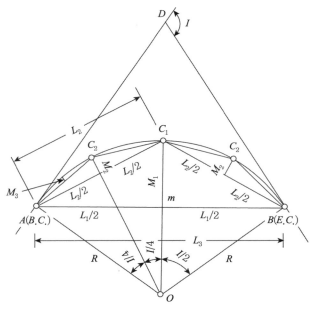

**그림 10-80** 중앙 종거법

이 방법은 1측쇄(測鎖)마다의 거리를 따라서 중심말뚝을 박는 것은 할 수 없지만 시가지의 곡선설치나 철도, 도로 등의 기설곡선(既設曲線)의 검사 또는 정정(訂正)에 편리하게 사용된다. 계산식은

$$
\left.
\begin{aligned}
M_1 &= R\left(1 - \cos\frac{I}{2}\right)\\
M_2 &= R\left(1 - \cos\frac{I}{4}\right)\\
M_3 &= R\left(1 - \cos\frac{I}{8}\right)\\
&\cdots\cdots\cdots\cdots\\
M_n &= R\left(1 - \cos\frac{I}{2^n}\right)
\end{aligned}
\right\}
\qquad
\left.
\begin{aligned}
\frac{L_1}{2} &= R\sin\frac{I}{2}\\
\frac{L_2}{2} &= R\sin\frac{I}{4}\\
\frac{L_3}{2} &= R\sin\frac{I}{8}\\
&\cdots\cdots\cdots\cdots\\
\frac{L_n}{2} &= R\sin\frac{I}{2^n}
\end{aligned}
\right\}
\qquad (10\text{-}31)
$$

식 (10-31)은 일반적으로 $R = 100\,\mathrm{m}$의 경우에 대하여 $I$의 여러 종류 값에 대한 $M$, $\dfrac{L}{2}$의 계산식으로 일반적인 측량표 중에 중앙 종거표가 수록되어 있으므로 주어진 교각 $I$ 및 $\dfrac{I}{2}$, $\dfrac{I}{4}$, $\cdots$에 대한 $M$의 값을 구하여 $\dfrac{R}{100}$배 하면 중앙종거를 구할 수 있다.

## 3) 복곡선과 반향곡선

### ① 복곡선(또는 복심곡선, 복합곡선 : compound curve)

반경이 다른 2개의 단곡선이 그 접속점에서 공통접선을 갖고 곡선들의 중심이 공통접선과 같은 방향에 있을 때 이것을 복곡선(複曲線)이라 하고 접속점을 복곡선 접속점(PCC : Point of Compound Curve)이라 한다. 철도나 도로에서 복곡선을 사용하면 그 접속점에서 곡률이 급격히 변화하기 때문에 차량에 동요를 일으켜 승객에게 불쾌감을 주므로, 될 수 있는 한 피하는 것이 좋다. 어쩔 수 없는 경우에는 접속점 전후에 걸쳐서 완화곡선을 넣어 곡선이 점차로 변하도록 해야 한다. 또, 산지의 특수한 도로나 산길 등에서는 곡률(曲率) 반경(半徑)과 경사, 건설비 등의 관계 및 복잡한 완화곡선을 설치할 경우에 자동차의 속도가 저감되기 때문에 복곡선을 설치하는 경우가 많다. '도로 기하구조 요강'에서는 같은 방향으로 굽은 복곡선의 경우, 큰 원과 작은 원의 관계를 규정하고 있다(그림 10-81).

가) 완화곡선의 설정에서 작은 원으로부터 큰 원의 이정량(移程量)[8]이 0.1m 미만인 경우

$$R_2 < \frac{R_1}{1 - \alpha \cdot R_1} \tag{10-32}$$

[표 10-19] 평면선형의 '도로기하구조요강' 표

| 설계속도 (km/h) | 최소곡선반경(m) | | | | | 최소곡선길이 (m) | | 최소완화 구간길이 (m) | 한계곡선 반경(m) | | 시거(m) | |
|---|---|---|---|---|---|---|---|---|---|---|---|---|
| | 설계 최솟값 | 최대편경사도 | | | 편경사도 (−2%) | | | | 최소 | 표준 | 제동 | 추월 |
| | | 6% | 8% | 10% | | | | | | | | |
| 120 | 1,000 | 710 | 630 | 570 | — | 1,400/θ | 200 | 100 | 2,000 | 4,000 | 210 | — |
| 100 | 700 | 460 | 410 | 380 | — | 1,200/θ | 170 | 85 | 1,500 | 3,000 | 160 | 500 |
| 80 | 400 | 280 | 250 | 230 | — | 1,000/θ | 140 | 70 | 900 | 2,000 | 110 | 350 |
| 60 | 200 | 150 | 140 | 120 | 220 | 700/θ | 100 | 50 | 500 | 1,000 | 75 | 250 |
| 50 | 150 | 100 | 90 | 80 | 150 | 600θ | 80 | 40 | 350 | 700 | 55 | 200 |
| 40 | 100 | 60 | 55 | 50 | 300 | 500/θ | 70 | 35 | 250 | 500 | 40 | 150 |
| 30 | 65 | (30) | — | — | 55 | 350/θ | 50 | 25 | 130 | — | 30 | 100 |
| 20 | 30 | (15) | — | — | 25 | 280/θ | 40 | 20 | 60 | — | 20 | 70 |

※ θ는 도로교각

---

8   이정량(移程量, shift) : 클로소이드 곡선이 삽입될 경우 클로소이드 곡선의 중심에서 내린 수선의 길이와 접속되는 원곡선의 반지름과의 차이.

여기서, $\alpha = \dfrac{1}{\left(\dfrac{V}{3.6}\right) \sqrt[3]{\dfrac{1}{24SP^2}}}$

$R_2$ : 큰 원의 반경(m),     $V$ : 설계속도(km/h)

$R_1$ : 작은 원의 반경(m),     $S$ : 이정량(=0.1m)

$P$ : 원심가속도의 변화율(m/sec$^2$)

나) 큰 원의 곡률과 작은 원의 곡률차가 표 10-19에서 규정한 한계곡선반경 이하에 있는 경우

$$\frac{1}{R_0} > \frac{1}{R_1} - \frac{1}{R_2} \tag{10-33}$$

여기서, $R_0$는 표 10-19의 규정에서 완화곡선을 설치할 때 최소한계곡선반경(m), 일반적으로 작은 원의 반경이 표 10-19의 한계곡선반경의 최솟값 이상이면,

설계속도 80km/h 이상인 경우 ······ $R_2 \leq 1.5 R_1$

설계속도 80km/h 미만인 경우 ······ $R_2 \leq 2.0 R_1$ $\qquad$ (10-34)

그림 10-81에서 기호는 각각 다음의 것을 나타낸다.

$R_1$, $R_2$, $T_1$, $T_2$, $I_1$, $I_2$, $I$의 7개의 값 중에서 4개가 주어지면 다른 3개의 값은 표 10-19의 공식에서 산출된다.  여기에서 vers $\alpha = 1 - \cos \alpha$이다.

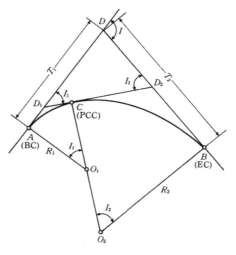

$R_1$: 작은 원의 반경      $T_2$: 큰 원의 접선길이
$T_1$: 작은 원의 접선길이    $I_2$: 큰 원의 중심각
$I_1$: 작은 원의 중심각     $D_2$: 큰 원의 IP
$D_1$: 작은 원의 IP        $Q_2$: 큰 원의 중심
$O_1$: 작은 원의 중심      $I$: 복곡선의 교각 $I = I_1 + I_2$
$D$: 복곡선의 IP        $B$: EC
$A$: BC              $C$: PCC
$R_2$: 큰 원의 반경

**그림 10-81 복곡선**

실제로 복곡선을 설치하는 경우 교선점 $D$를 정하여 교각 $I$를 재고 다시 현지의 상황에 맞게 하여 다시 3개의 양을 적당히 판정하면 다른 3개의 값을 구할 수 있다. 가령 곡선시점 $A$ 및 곡선종점 B의 위치를 정하면 $T_1$, $T_2$가 주어지게 되고 한쪽의 원반경 $R_1$을 적당히 판정하면 다른 3개의 $R_2$, $I_1$, $I_2$가 구해진다.

이것들의 값에서 호의 길이 $\overset{\frown}{AC}$, $\overset{\frown}{CB}$를 계산하면 $A$, $B$, $C$ 각 점의 추가거리를 정한다.

다음에 그림 10-81에 있는 것처럼 접선 $\overline{AD}$, $\overline{BD}$상에 각각 $D_1$, $D_2$를

$$\overline{AD_1} = R_1 \tan \frac{I_1}{2}, \quad \overline{BD_2} = R_2 \tan \frac{I_2}{2} \tag{10-35}$$

가 되도록 하여 $D_1$, $D_2$를 정하면 $\overline{D_1 D_2}$는 점 $C$에서 공통접선으로 된다. 점 $C$는 이 접선상에 $\overline{D_1 C} = \overline{AD_1}$ 또는 $\overline{D_2 C} = \overline{BD_2}$로 하여 구해지며, 곡선설치는 2개의 원곡선으로 나누어하면 된다.

[표 10-20] 복곡선의 공식

| 주어진 제원 | 구하는 제원 | 계산식 |
|---|---|---|
| $R_1$ $R_2$ $I_1$ $I_2$ | $I$ $T_1$ $T_2$ | $I = I_1 + I_2$ <br> $T_1 = \dfrac{R_1 \operatorname{ver} I + (R_2 - R_1)\operatorname{vers} I_2}{\sin I}$ <br> $T_2 = \dfrac{R_2 \operatorname{ver} I - (R_2 - R_1)\operatorname{vers} I_1}{\sin I}$ |
| $R_1$ $R_2$ $T_1$ $I_2$ | $I$ $T_1$ $T_2$ | $\operatorname{vers} I_2 = \dfrac{T_1 \sin I - R_1 \operatorname{vers} I}{R_2 - R_1}$ <br> $I_1 = I - I_2$ <br> $T_2 = \dfrac{R_2 \operatorname{ver} I - (R_2 - R_1)\operatorname{vers} I_1}{\sin I}$ |
| $R_1$ $R_2$ $T_2$ $I$ | $I_1$ $I_2$ $T_1$ | $\operatorname{vers} I_1 = \dfrac{R_2 \operatorname{vers} I - T_2 \sin I}{R_2 - R_1}$ <br> $I_2 = I - I_1$ <br> $T_1 = \dfrac{R_1 \operatorname{vers} I + (R_2 - R_1)\operatorname{vers} I_2}{\sin I}$ |
| $R_1$ $T_1$ $T_2$ $I$ | $I_2$ $I_1$ $R_2$ | $\tan \dfrac{I_2}{2} = \dfrac{T_1 \sin I - R_1 \operatorname{vers} I}{T_2 + T_1 \cos I - R_1 \sin I}$ <br> $I_1 = I - I_2$ <br> $R_2 = R_1 + \dfrac{T_1 \sin I - R_1 \operatorname{vers} I}{\operatorname{vers} I_2}$ |
| $R_2$ $T_1$ $T_2$ $I$ | $I_1$ $I_2$ $R_1$ | $\tan \dfrac{I_1}{2} = \dfrac{R_2 \operatorname{vers} I - T_2 \sin I}{R_2 \sin I - T_2 \cos I - T_2}$ <br> $I_2 = I - I_1$ <br> $R_1 = R_2 - \dfrac{R_2 \operatorname{vers} I - T_2 \sin I}{\operatorname{vers} I_1}$ |
| $R_1$ $T_2$ $I_1$ $I$ | $I_2$ $R_2$ $T_2$ | $I_2 = I - I_1$ <br> $R_2 = R_1 + \dfrac{T_1 \sin I - R_1 \operatorname{vers} I}{\operatorname{vers} I_2}$ <br> $T_2 = \dfrac{R_2 \operatorname{vers} I - (R_2 - R_1)\operatorname{vers} I_1}{\sin I}$ |
| $R_2$ $T_2$ $I_2$ $I$ | $I_1$ $R_1$ $T_1$ | $I_1 = I - I_2$ <br> $R_1 = R_2 - \dfrac{R_2 \operatorname{vers} I - T_2 \sin I}{\operatorname{vers} I_1}$ <br> $T_1 = \dfrac{R_1 \operatorname{vers} I + (R_2 - R_1)\operatorname{vers} I_2}{\sin I}$ |

[표 10-20] 복곡선의 공식(계속)

| 주어진 제원 | 구하는 제원 | 계산식 |
|---|---|---|
| $T_1$ | $I$ | $I = I_1 + I_2$ |
| $T_2$ | $R_1$ | $R_1 = \dfrac{T_1 \sin I - (\text{vers } I - \text{vers } I_1) - T_2 \sin I \cdot \text{vers } I_2}{\text{vers } I\,(\text{vers } I - \text{vers } I_1 - \text{vers } I_2)}$ |
| $I_1$ | | |
| $I_2$ | $R_2$ | $R_2 = \dfrac{T_2 \sin I - (\text{vers } I - \text{vers } I_2) - T_1 \sin I \cdot \text{vers } I_1}{\text{vers } I\,(\text{vers } I - \text{vers } I_1 - \text{vers } I_2)}$ |

**예제 10-6**

복곡선에 있어서 교각 $I=63°24'$, 접선길이 $T_1=135$m, $T_2=248$m, 곡선반경 $R_1=100$m인 경우 큰 원의 곡선반경 $R_2$와 $I_1$, $I_2$를 구하시오.

**풀이** ① 표 10-20으로부터

$$\tan \frac{I_2}{2} = \frac{T_1 \sin I - R_1 \text{ vers I}}{T_2 + T_1 \cos I - R_1 \sin I}$$

$$= \frac{135 \times \sin(63°24') - 100 \times \text{vers}(63°24')}{248 + 135 \times \cos(63°24') - 100 \times \sin(63°24')}$$

$$= 0.298982$$

$$\therefore I_2 = 33°18'$$

$$\therefore I_1 = I - I_2$$

$$= 63°24' - 33°18' = 30°6'$$

$$\therefore R_2 = R_1 + \frac{T_1 \sin I - R_1 \text{ vers I}}{\text{vers I}_2}$$

$$= 100 + \frac{135 \times \sin(63°24') - 100 \times \text{vers}(63°24')}{\text{vers}(33°18')}$$

$$= 499\text{m}$$

② ①의 해석법과 다른 방법으로 단곡선반경을 $R$로 하면,

$$R = \frac{T_1 + T_2}{2} \tan \frac{180 - I}{2} = \frac{135 + 248}{2} \tan \frac{180 - 63°24'}{2} = 310.06\text{m}$$

$$r = \frac{T_2 - T_1}{2} = \frac{248 - 135}{2} = 56.5\text{m}$$

$R_1 = R - r \cot \dfrac{I_1}{2}$ 으로부터,

$$\cot \frac{I_1}{2} = \frac{I}{r}(R - R_1) = \frac{1}{56.5}(310.06 - 100) = 3.717876$$

$$\therefore I_1 = 30°6'$$

$$\therefore I_2 = I - I_1 = 33°18'$$

$$\therefore I_2 = R + r \cot \frac{I_2}{2}$$
$$= 310.06 + 56.5 \cot\left(\frac{33°18'}{2}\right) = 499\text{m}$$

② 반향곡선(reverse curve, S-curve)

반경이 똑같지 않은 2개의 원곡선(圓曲線)이 그 접속점에서 공통접선을 갖고, 곡선들의 중심이 공통접선(共通接線)의 반대쪽에 있을 때 이것을 반향곡선이라 하며, 접속점을 반향곡선 접속점(PRC : Point of Reverse Curve)이라고 한다. 반향곡선은 복곡선(複曲線)보다도 곡률의 변화가 심하므로, 적당한 길이의 완화곡선을 넣을 필요가 있고, 지형관계로 어쩔 수 없이 완화곡선을 넣어 사용하는 경우에서도 접속점의 장소에 적당한 길이의 직선부를 넣어 자동차 핸들의 급격한 회전을 피하도록 해야 한다(그림 10-82).

반향곡선은 일반적으로 그림 10-82와 같지만 그 기하학적 성질은 복곡선과 같고 복곡선의 모든 공식으로 $R_2$와 $I_2$의 부호를 반대로 하여 그대로 사용하며 설치법도 복곡선의 설치법과 같다.

그림 10-83은 2개의 평행선 사이에 반향곡선을 넣은 경우로 2점 A, B를 맺는 선은 점 C를 지나고 이 경우 교각 $I = 0$, $I_1 = I_2$로 된다. 지금 평행한 두 접선 사이의 거리 $d$와 $R_1$, $R_2$가 주어졌다면 다음의 각 식에서 $I_1$, $I_2$, $T_1$, $T_2$ 등을 구할 수 있다.

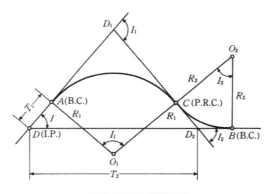

**그림 10-82** 반향곡선

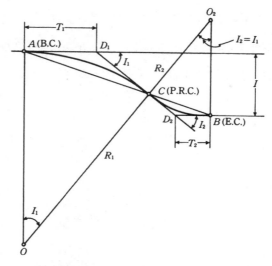

**그림 10-83** 반향곡선(2개의 접선이 평행한 경우)

$$\text{vers } I_1 = \text{vers } I_2 = \frac{d}{R_1 + R_2} \tag{10-36}$$

$$\overline{AB} = 2R_1 \sin \frac{I_1}{2} + 2R_2 \sin \frac{I_2}{2}$$

$$= 2(R_1 + R_2) \sin \frac{I_1}{2}$$

$$= 2(R_1 + R)2)\sqrt{\frac{1 - \cos I_1}{1 + \cos I_1}}$$

$$= \sqrt{2(R_1 + R_2)d} \tag{10-37}$$

$$T_1 = R_1 \tan \frac{I_1}{2} = R_1 \sqrt{\frac{1 - \cos I_1}{1 + \cos I_1}}$$

$$= R_1 \sqrt{\frac{d}{R_1 + R_2} \cdot \frac{1}{2 - \dfrac{d}{R_1 + R_2}}}$$

$$= R_1 \sqrt{\frac{d}{2(R_1 + R_2) - d}} \tag{10-38}$$

$$T_2 = R_2 \sqrt{\frac{d}{2(R_1 + R_2) - d}} \tag{10-39}$$

## 4) 장애물이 있는 경우의 원곡선 설치법 및 노선변경법

장애물이 있어서 IP에 접근하지 못하는 경우에는 그림 10-84에서 $\overline{AD}$ 및 $\overline{BD}$ 또는 그 연장 상의 점 $A'$, $B'$를 적당히 잡아 $\angle DA'B' = \alpha$ 및 $\angle DB'A' = \beta$와 $\overline{A'B'} = L$을 관측하면,

$$I = \alpha + \beta \qquad (10\text{-}40)$$

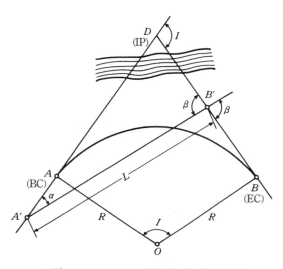

**그림 10-84** IP 부근에 장애물이 있는 경우

sin 법칙에서

$$A'D = \frac{\sin \beta}{\sin I} \cdot L \qquad (10\text{-}41)$$

$$B'D = \frac{\sin \alpha}{\sin I} \cdot L \qquad (10\text{-}42)$$

곡선반경 $R$을 알면 $TL = R \tan \dfrac{I}{2}$로 되므로,

$$\left.\begin{array}{l} \overline{A'A}= \overline{AD} - \overline{A'D}= R\tan\dfrac{I}{2} - \dfrac{\sin\beta}{\sin I}\cdot L \\[3mm] \overline{B'B}= \overline{BD} - \overline{B'D}= R\tan\dfrac{I}{2} - \dfrac{\sin\alpha}{\sin I}\cdot L \end{array}\right\} \qquad (10\text{--}43)$$

이것에서 점 $A(EC)$ 및 점 $B(BC)$의 위치를 정할 수 있다. 여기에 $\overline{A'A}$, $\overline{B'B}$의 값은 $A'$ 및 점 $B'$가 점 $A$, 점 $B$에 대하여 IP에 가까운 쪽에 있을 때 (+)로 한다.

---

**예제 10-7**

AC와 BD선 사이에 곡선을 설치하는데, 장애물이 있어서 교점을 구할 수 없을 때 AC, CD 및 DB선의 방위각과 CD의 거리를 관측하였다. 곡선의 시점이 C인 경우 곡선의 반경과 D점 으로부터 곡선종점까지 거리를 구하시오. 단, $\alpha_{AC}=45°$, $\alpha_{CB}=80°$, $\alpha_{DB}=135°$

**풀이**   $\angle ICD = \alpha_{CD} - \alpha_{AC} = 80° - 45° = 35°$
$\angle IDC = \alpha_{DB} - \alpha_{CD} = 135° - 80° = 55°$
$\angle CID = 180° - (35° + 55°) = 90°$
$\therefore \overline{CI} = 200 \times \sin 55°/\sin 90° = 163.83\text{m}$
$\overline{DI} = 200 \times \sin 35°/\sin 90° = 114.72\text{m}$
$TL = \overline{CI} = R\tan\dfrac{I}{2} = R\tan\dfrac{90°}{2} = 163.83\text{m}$
$\therefore R = 163.83\text{m}$

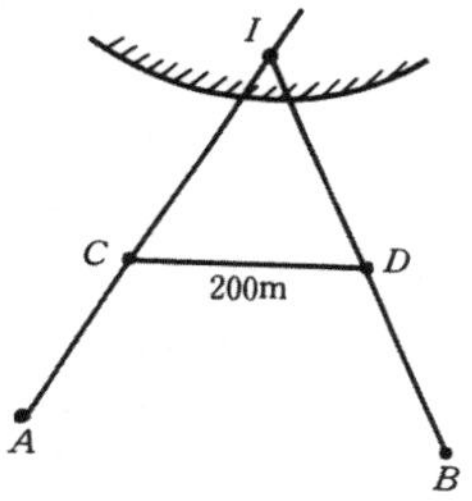

**그림 10-85**

$D$점으로부터 곡선종점까지의 거리 $TL - \overline{DI} = 163.83 - 114.72 = 49.11\text{m}$

---

## 5) 편경사(cant superelevation) 및 확폭(slack, widening)

차량이 곡선을 따라 주행(走行)할 경우 곡률과 차량의 주행속도에 의하여 원심력이 작용되는 데, 이 때문에 다음과 같이 불리한 점이 있다.

① 철도의 경우

   가) 바깥쪽 레일이 큰 중량 및 횡압(橫壓)을 받아 일반적으로 바깥쪽 레일 및 차량의 마모 가 매우 심하다.

   나) 원심력 때문에 열차저항이 증가하고 안쪽 레일에 가해지는 중량이 감소되어 약간의 지장에 의해서도 탈선을 일으키기 쉽다.

② 도로의 경우

가) 바깥쪽의 차륜에 큰 하중이 걸리기 때문에 스프링이 압축되고, 바깥쪽으로 전복시키려는 힘이 작용한다.

나) 노면이 평행한 원심력의 분력(分力)이 타이어의 마찰저항 및 노면에 평행한 자중(自重)의 분력의 합보다도 커지며 미끄러져서(slip) 바깥쪽으로 밀려나간다.

이와 같은 것을 방지하기 위하여 안쪽바깥 레일 사이에 높이의 차를 두거나 노면에 편경사(片傾斜)를 두거나 한다. 이 고도의 차나 편경사를 캔트(cant or kant)라 한다.

위와 같은 경우 그림 10-86에서 노면에 평행한 힘의 분력의 적응을 고려하면 미끄러지는(slip) 것을 방지하기 위한 조건은 식 (10-44)와 같다.

$$F\cos\theta \leq W\sin\theta + (W\cos\theta + F\sin\theta)f \qquad (10-44)$$

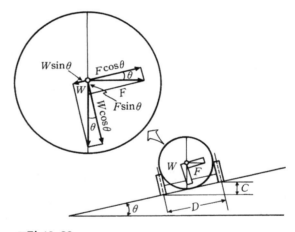

$R$ : 곡률반경(m)
$W$ : 차량중량(kg)
$V$ : 주행속도(km/h)$=V/3.6$(m/sec)
$g$ : 중력의 가속도$=9.8$m/sec$^2$
$F$ : 원심력(kg)
$f$ : 마찰계수
$\theta$ : 편경사의 각도
$D$ : rail 간격(m)
$C$ : cant(m)

그림 10-86

우변의 제2항은 노면과 타이어 사이의 마찰저항이며, 궤도인 경우에는 바깥쪽 레일에 횡력(橫力)으로서 작용하는 힘이다.

여기서 $F$와 $W$의 합력(合力)이 노면에 수직인 경우, 즉 $f=0$인 경우를 생각하면

$$\frac{F}{W} = \tan\theta \qquad (10-45)$$

그런데

$$F = W \cdot \frac{V^2}{127R} \tag{10-46}$$

$$\therefore \ \frac{F}{W} = \frac{V^2}{127R} \tag{10-47}$$

또한 $\theta$가 적을 때는

$$\frac{C}{D} = \sin\theta \fallingdotseq \tan\theta \tag{10-48}$$

식 (10-45), (10-47), (10-48)에서

$$\frac{C}{D} \fallingdotseq \frac{V^2}{127R} \tag{10-49}$$

철도인 경우 $D$의 값으로서는 실제 궤간(軌間)보다도 오히려 좌우의 레일 두부(頭部)와 차량답면(車輛踏面)의 접촉점 간격을 취하는 것으로 하면 1,067mm의 궤간에 대해서는 일반적으로 $D = 1,127$mm로 하여

$$C = \frac{DV^2}{127R} = 8.87\frac{V^2}{R} \tag{10-50}$$

또한 1,345mm의 궤간에 대해서는 일반적으로 $D = 1,500$mm로 하여

$$C = \frac{DV^2}{127R} = 11.8\frac{V^2}{R} \tag{10-51}$$

가 된다. 속도 $V$[km/h]와 cant $C$[mm]와의 관계가 식 (10-50), (10-51)과 같은 관계에 있을 때, $V$를 cant $C$에 대한 '적응속도'라 하며, $C$를 $V$에 대한 '균형 cant'라 한다. 그런데 열차의

계획 최고속도를 고려한 경우는 다음과 같이 표시된다.

$$C = C_m + C_d = 8.87 \frac{V^2}{R} \quad \text{(궤간 1,067mm)} \tag{10-52}$$

$$C = C_m + C_d = 11.8 \frac{V^2}{R} \quad \text{(궤간 1,345mm)} \tag{10-53}$$

여기서,  $V$ : 열차의 계획 최고속도[km/h]

$C_m$ : 실 캔트(實 cant)의 양[mm]

$C_d$ : cant 부족량[mm]

$C_m$ 은 곡선 중에 열차가 정지하였을 경우나 저속 운행 시 바람에 의한 열차의 횡전(橫轉)에 대한 안정성과 승차감에 의하여 결정되며, 그 한계는 $\frac{\text{cant}}{\text{궤간}} = 0.13$ 정도이다. $C_d$ 는 곡선 중의 고속 운전 시 바깥쪽으로의 전도(轉倒)나 원심력에 의한 승차감의 악화, 외력에 의한 궤도보수 작업의 증가 등에 제한을 받는다.

자동차가 곡선부를 주행할 경우는 그림 10-87(a)에서와 같이 뒷바퀴는 앞바퀴보다도 항상 안쪽을 지난다. 그러므로 곡선부에서는 그 안쪽부분을 직선부에 비하여 넓게 할 필요가 있다. 이것을 곡선부의 확폭(slack widening)이라 한다(그림 10-87(b) 참조). 곡선부의 확폭량(擴幅量) $\varepsilon$ 은 다음 식으로 나타낸다.

$$\varepsilon = \frac{L^2}{2R} \tag{10-54}$$

여기서  $\begin{cases} R \text{는 차선 중심선의 반경(차량 전면중심의 회전 반경)} \\ L \text{은 차량의 전면에서 뒷바퀴까지의 거리} \end{cases}$

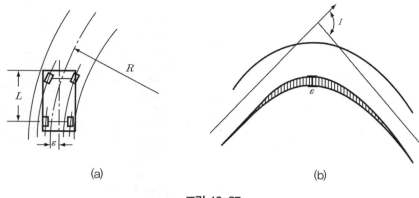

(a)                                          (b)

그림 10-87

## 6) 편경사의 체감과 완화곡선

편경사를 체감하는 방법에는 곡선장의 동경(動徑), 횡거(橫距)에 따라 일정한 비율로 체감하는 직선체감법과 직선의 주위에 곡선(예 : sin 곡선)을 적용한 곡선체감법이 있다.

직선체감을 전제로 완화곡선은 평면에서만 적용할 뿐 입체면에서는 고려되지 않는다.

즉, 직선체감법에 의한 완화곡선의 양 끝에서는 cant(편경사) 때문에 외측 rail(외측노측)의 경사가 급변하게 되며 이 부분을 통과하는 차량에 동요나 충격을 주게 된다. 철도에서는 1960년 경부터 반파장정현곡선을 cant의 원활체감곡선으로 하였고 도로에서는 편경사에 관하여 완충종단곡선을 삽입함으로써 클로소이드 곡선을 그대로 사용하고 있다.

지금 그림 10-88과 같이 완화곡선의 시점(BTC)을 직교좌표의 원점으로 하고 접선의 방향을 x축이라 하며 이것과 직각방향으로 y축을 잡는다. 또한,

$$C_0 : 원곡선(반경=R)에서의 \text{ cant}$$

사인반파장 곡선의 곡률은 곡선변화이며 캔트는 곡선체감이다.

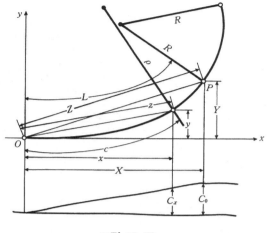

그림 10-88

$C_x$ : 완화곡선중의 cant

$L$ : 완화곡선길이

$\rho$ : cant $C_x$인 점에서의 완화곡선의 곡률반경

으로 하여 cant를 직선체감법으로 체감하면,

$$C_x = C_0 \frac{x}{X} \tag{10-55}$$

그런데, cant와 곡률반경과의 일반적 관계는 식 (10-49)에서

$$C_0 = \frac{DV^2}{127R}, \quad C_x = \frac{DV^2}{127\rho}$$

$$\therefore \frac{C_x}{C_0} = \frac{\dfrac{1}{\rho}}{\dfrac{1}{R}} \tag{10-56}$$

식 (10-55), (10-56)에서

$$\frac{R}{\rho} = \frac{x}{X}$$

$$\therefore \ \frac{1}{\rho} = \frac{x}{RX} \tag{10-57}$$

식 (10-57)은 cant가 횡거 $x$에 직선적으로 비례하는 것으로 하여 구하였지만 만약 동경 $z$에 직선적으로 비례한다고 하면,

$$\frac{1}{\rho} = \frac{z}{RX} \tag{10-58}$$

가 되며, 또한 cant가 완화곡선길이 $C$에 직선적으로 비례한 경우에는

$$\frac{1}{\rho} = \frac{C}{RL} \tag{10-59}$$

가 된다. 이들은 상이한 곡선이며 식 (10-57)에는 3차포물선이 식 (10-58)에는 렘니스케이트 곡선이, 식 (10-59)에는 클로소이드 곡선이 각각 대응된다.

## 7) 완화곡선(transition curve)

### ① 완화곡선 종별 및 의의

차량이 직선부에서 곡선부로 들어가거나 도로의 곡률(曲率)이 0에서 어떤 값으로 급격히 변화하는 경우 원심력이 작용하여 횡방향의 힘을 받게 된다. 이 원심력은 차량의 속도와 곡선부의 곡률에 의해 결정되며 차량을 불안정하게 하는 동시에 승객에게 불쾌감을 준다. 따라서 원심력에 의한 영향을 감소시키기 위해 직선부와 곡선부 사이에 완화곡선은 곡률반경을 ∞에서 R, 또는 R에서 ∞까지 점차 변화시키는 완만한 곡선을 설치하는데, 이 곡선을 완화곡선(transition curve)이라 한다.

완화곡선은 곡선반경이 시점에서 무한대이고 종점에서 원곡선으로 된다. 완화곡선의 접선은 시점에서 직선에, 종점에서 원호에 접하며 곡선반경의 감소율은 편경사의 증가율과 비례한다. 완화곡선은 특성에 따라 4가지로 나누어진다.

가) 클로소이드(clothoid)

곡률(곡선반경의 역수)이 곡선길이에 비례하는 곡선을 클로소이드라 하며, 차가 일정한 속도로 주행하고 앞바퀴가 핸들에 의해 일정한 각속도로 회전될 때 자동차의 뒷바퀴 차축중심이 그리는 운동궤적이 클로소이드곡선이 된다. 일반적으로 도로의 완화곡선설치에 많이 이동되는 곡선이다.

나) 램니스케이트(lemniscate)

곡률반경이 동경($\rho$)에 반비례하여 변화하는 곡선을 램니스케이트라 하며, 접선각($\varphi$)이 135°까지 적용되므로 시가지철도나 지하철도와 같이 곡률이 급한 완화곡선에 이용된다.

다) 3차포물선

3차포물선은 곡률이 횡거에 비례하여 변화하는 곡선으로 캔트는 직선체감이다. 철도의 완화곡선설치에 많이 이용된다. 접선각($\varphi$)이 약 24°에서 곡선반경이 최대가 되므로 그 이상에서는 사용하지 않으며 3개의 완화곡선 중 가장 곡률이 완만하다.

라) 반파장 sine 체감곡선

편경사(cant)의 체감(遞減)에 반파장정현(半波長正弦−sine) 곡선을 이용한 완화곡선으로 시점(BTC)에 접선(시접선)을 $x$축으로 하고 곡률 및 Cant의 체감형상을 $\sin(-\pi/2\sim\pi/2)$이 곡선으로 한 것이다. 반파장사인체감곡선은 곡률이 곡선변화를 하는 것으로 편경사는 곡선체감이다. 이 곡선은 주로 고속전철에 이용된다.

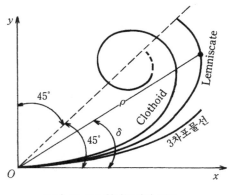

그림 10-89 완화곡선의 종류

② 완화곡선의 성질 및 길이

완화곡선이 가지고 있는 성질은 다음과 같다.

  가) 곡선반경은 완화곡선의 시점에서 무한대, 종점에서 원곡선 $R$로 된다.
  나) 완화곡선의 접선은 시점에서 직선에, 종점에서 원호에 접한다.
  다) 완화곡선에 연한 곡선반경의 감소율은 캔트의 증가율과 동률(다른 부호)로 된다.

또 종점에 있는 캔트는 원곡선의 캔트와 같게 된다.
정률로 캔트를 증가시킨 것에 필요한 완화곡선길이($L$)의 구하는 방법은 세 가지가 있다.

  가) 곡선길이 $L$(m)을 캔트 $h$(mm)의 $N$배에 비례인 경우

$$L = \frac{N}{1,000} \cdot h = \frac{N}{1,000} \frac{v^2 s}{gR}$$

  여기서, $L$ : 완화곡선길이,　 $v$ : 속도,　 $h$ : 캔트
　　　　 $R$ : 곡률반경,　 $s$ : 레일 간 거리

  $N$의 값은 차량속도에 따라 300~800을 택한다.

  나) $r$을 캔트의 시간적 변화율(cm/sec)이라 하고 완화곡선($L$)을 주행하는 데 필요한 시간을 $t$라 할 때 일정 시간율로 경사시킨 경우

$$t = \frac{L}{v} = \frac{h}{r} = \frac{sv^2}{rgR} \qquad \therefore L = \frac{sv^3}{rgR} \tag{10-60}$$

  다) 원심가속도의 시간적 변화율이 승객에게 불쾌감을 주기 때문에 $P$를 원심가속도의 허용변화율이라 할 경우

**[표 10-21]**

| 설계속도(km/h) | 완화구간의 길이(m) | 설계속도(km/h) | 완화구간의 길이(m) |
|:---:|:---:|:---:|:---:|
| 220 | 100 | 50 | 40 |
| 100 | 85 | 40 | 35 |
| 80 | 70 | 30 | 25 |
| 60 | 50 | 20 | 20 |

$$L = \frac{v^3}{PR} \tag{10-61}$$

허용값 $P$는 $0.5 \sim 0.75 \text{m/sec}^2$으로 한다.

도로구조령에서는 이것을 고려하면 완화구간의 길이를 표 10-21과 같이 규정했다.

③ 완화곡선의 요소

일반적인 완화곡선의 요소를 나타내는 기호 및 그 설명을 그림 10-90과 표 10-22에 표시하였다.

또한 그림 10-91과 같이 clothoid 상에 임의의 현을 취하였을 때

| | |
|---|---|
| $B$ : 곡선길이 | $S$ : 현길이 |
| $\rho$ : 현각 | $F$ : 공시(拱矢) |

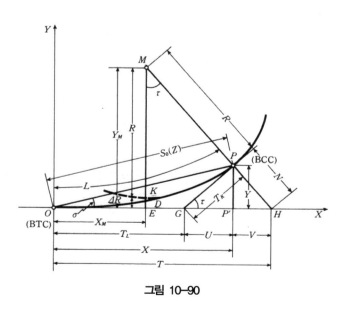

그림 10-90

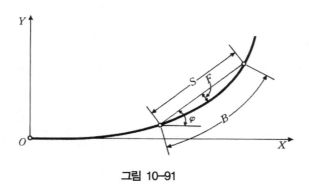

그림 10-91

가 된다.

**[표 10-22] 완화곡선의 요소**

| 기호 | 요소 | 적요 |
|---|---|---|
| $O$ | 완화곡선원점 | |
| $M$ | 완화곡선상의 점 $P$에 있어서 곡률의 중심 | |
| $\overline{OX}$ | 주접선(완화곡선원점에 있어서 접선) | |
| $A$ | 클로소이드의 매개변수 | |
| $X, Y$ | 점 $P$의 $X$, $Y$ 좌표 | |
| $L$ | 완화곡선길이 | $\overparen{ODP}$ |
| $R$ | 점 $P$에 있어서 곡률반경 | $\overline{MP}$ |
| $\Delta R$ | 이정량(shift) | $\overline{EK}$ |
| $X_M , Y_M$ | 점 $M$의 $X$ 좌표, $Y$ 좌표 | |
| $\tau$ | 점 $P$에 있어서 접선각 | $\angle PGH$ |
| $\sigma$ | 점 $P$의 극각(편각, 편의각) | $\angle POG$ |
| $T_K$ | 단접선 길이 | $\overline{PG}$ |
| $T_L$ | 장접선 길이 | $\overline{OG}$ |
| $S_O(Z)$ | 동경 | $\overline{OP}$ |
| $N$ | 법선의 길이 | $\overline{PH}$ |
| $U$ | $T_K$의 주접선에의 투영길이 | $\overline{GP^{'}}$ |
| $V$ | $N$의 주접선에의 투영길이 | $\overline{HP^{'}}$ |
| $T$ | $X+Y=T_L+U+V$ | $\overline{OH}$ |

④ 완화곡선 설치

　가) 3차포물선

　일반적으로 직교좌표로 다음과 같은 방정식을 가진 곡선을 3차포물선이라 한다.

$$y = a^2 x^3 \tag{10-62}$$

그런데 일반적으로 곡선의 곡률 $1/\rho$은 직교좌표에 있어서

$$\frac{1}{\rho} = \frac{\dfrac{d^2 y}{dx^2}}{\left\{1 + \left(\dfrac{dy}{dx}\right)^2\right\}^{3/2}} \tag{10-63}$$

로 표시되지만 보통의 경우에서 $\left(\dfrac{dy}{dx}\right)^2$은 1에 비하여 매우 적으므로 근사적으로 다음과 같이 놓을 수 있다.

$$\frac{1}{\rho} \fallingdotseq \frac{d^2 y}{dx^2} \tag{10-64}$$

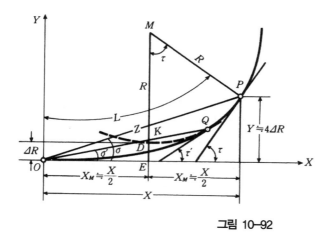

τ′ : 완화곡선상의 임의의 점 $Q$
　　 의 접선이 $X$축과 이루는
　　 각(접선각)
τ : 완화곡선의 종점 $P$에서의
　 접선각
σ′ : 완화곡선상의 임의의 점 $Q$
　　 및 원점 $O$를 지나는 현이
　　 $X$축과 이루는 각(극각, 편
　　 각, 편의각)
σ : 완화곡선의 종점 $P$에서의
　 극각
$X\,Y$ : 완화곡선종점의 좌표
$\Delta R$ : 이동량(shift)$= \overline{EK}$

그림 10-92

식 (10-57)을 식 (10-64)에 적용하면,

$$\frac{d^2y}{dx^2} = \frac{x}{RX}$$

이것을 풀면,

$$y = \frac{x^3}{6RX} \tag{10-65}$$

$$a^2 = \frac{1}{6RX}$$

이라 놓으면, 식 (10-63)과 식 (10-65)는 일치한다.

그림 10-92에서 접선각은 일반적인 경우 적으므로,

$$\left. \begin{aligned} \tau' &\fallingdotseq \tan\tau' = \frac{dy}{dx} = \frac{x^2}{2RX} \\ \tau &\fallingdotseq \tan\tau = \frac{X^2}{2RX} = \frac{X}{2}R \end{aligned} \right\} \tag{10-66}$$

$a$와 $\tau$를 매개변수로 한 경우 표 10-23과 같은 공식이 구하여진다.

완화곡선으로서의 3차포물선은 곡률에 관한 근사식에서 얻어진 것이기 때문에 접선각 $\tau'$가 증대함에 따라 오차가 증대한다. 또한 $x$가 커질수록 곡률반경 $\rho$가 적어지는 조건은 어떤 일정범위의 $x$에 대하여만 만족된다. 즉, $x = \sqrt[4]{0.8} \cdot \sqrt{RX}$에 있어서 반경이 최소가 된다. 그러므로,

$$x^2 = X^2 = \sqrt{0.8}\,R \cdot X = 0.89443R \cdot X$$

$$\therefore\ X = 0.89443R \tag{10-67}$$

이 $X$보다 긴 완화곡선을 사용해서는 안 된다. 또한 반경이 최소가 되는 점의 접선각은

$$\tau = 24°05'4.4'' \tag{10-68}$$

이며 이 최소반경의 값은 1.31422$R$이다.

[표 10-23] 3차 표물선의 공식

| 사항 | 공식 |
|------|------|
| 접선각 | $\tan\tau = 3a^2 X^2$ |
| $X$ 좌표 | $X = \dfrac{1}{a}\sqrt{\dfrac{\tan\tau}{3}}$ |
| $Y$ 좌표 | $Y = \dfrac{1}{a}\left(\sqrt{\dfrac{\tan\tau}{3}}\right)^3$ |
| 곡선반경 | $R = \dfrac{1}{a}\,\dfrac{1}{\sqrt{6}\cdot\cos^2\tau\cdot\sqrt{\sin 2\tau}}$ |
| 완화곡선길이 | $L = \dfrac{1}{a}\displaystyle\int_0^\tau \dfrac{d\tau}{\sqrt{6}\cdot\cos^2\tau\cdot\sqrt{\sin 2\tau}}$ |
| shift | $\Delta R = \dfrac{1}{a}\left\{\dfrac{\sqrt{\tan\tau^3}}{3} - \dfrac{1-\cos\tau}{\sqrt{6}\cdot\cos^2\tau\cdot\sqrt{\sin 2\tau}}\right\}$ $= \dfrac{1}{a}\cdot\dfrac{(1-\cos\tau)(2\cos^2\tau + 2\cos\tau - 3)}{3\sqrt{6}\,a\cdot\cos^2\tau\cdot\sqrt{\sin 2\tau}}$ |

**예제 10-8**

**$R$=400m, $X$=30m인 3차포물선을 설치하시오.**

**풀이** 식 (10−65)로부터

$$x_1 = \frac{1}{4}X = 7.5\text{m}$$

$$x_2 = \frac{2}{4}X = 15\text{m}$$

$$x_3 = \frac{3}{4}X = 22.5\text{m}$$

$$x_4 = \frac{4}{4}X = 30\text{m}$$

$$y_1 = \frac{x_1^3}{6RX} = \frac{7.5^3}{6\times 400\times 30} = 0.0059\text{m}$$

$$y_2 = \frac{x_2^3}{6RX} = \frac{15^3}{6\times 400\times 30} = 0.047\text{m}$$

$$y_3 = \frac{x_3^3}{6RX} = \frac{22.5^3}{6\times 400\times 30} = 0.158\text{m}$$

$$y_4 = \frac{x_4^3}{6RX} = \frac{30^3}{6\times 400\times 30} = 0.375\text{m}$$

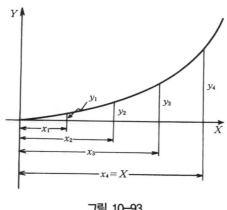

그림 10-93

나) 렘니스케이트(연주형)곡선

직교좌표로 다음과 같은 방정식을 가진 곡선을 일반적으로 lemniscate 곡선이라 한다.

$$(x^2 + y^2)^2 = a^2(x^2 - y^2) \tag{10-69}$$

그림 10-94와 같이 극좌표로 표시하면,

$$Z^2 = a^2 \sin 2\sigma \tag{10-70}$$

극좌표에 있어서 곡률반경 $\rho$는 일반적으로 다음과 같이 표시된다.

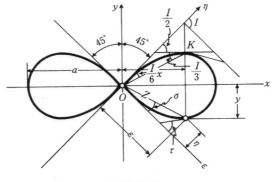

그림 10-94

$$\rho = \frac{\left\{ z^2 + \left( \dfrac{dz}{d\sigma} \right)^2 \right\}^{3/2}}{z^2 + 2\left( \dfrac{dz}{d\sigma} \right)^2 - z\dfrac{d^2z}{d\sigma^2}} \tag{10-71}$$

식 (10-70), (10-71)에서 계산하면 lemniscate 곡선의 기본식은

$$\rho = \frac{a^2}{3z} \tag{10-72}$$

이며, 여기서

$$\frac{3}{a^2} = \frac{1}{RZ}$$

즉,

$$a = \sqrt{3RZ} = 3R\sqrt{\sin 2\sigma}$$

여기서

$$\sigma = \frac{1}{2}\sin^{-1}(Z/3R) \tag{10-73}$$

식 (10-72)는

$$\frac{1}{\rho} = \frac{z}{RZ}$$

라 고쳐 쓸 수 있으며 식 (10-58)과 일치한다.

lemniscate 곡선길이는

$$L = a \int_0^\sigma \frac{d\sigma}{\sqrt{\sin 2\sigma}}$$

$$= \frac{C}{\sqrt{2}} \left\{ 2\sqrt{\tan \sigma} - \frac{1}{5}\sqrt{\tan^5 \sigma} + \frac{1}{12}\sqrt{\tan^9 \sigma} \cdots \right\} \qquad (10\text{-}74)$$

이며, 여기서

$$C = \sqrt{2x} = 3R\sqrt{\sin\left(\frac{x}{3}\right)}$$

이다.

[표 10-24] lemniscate 공식

| 사항 | 공식 |
|---|---|
| 매개변수 | $a^2 = R_{S0} \quad a = \sqrt{3RZ}$ |
| 접선각 | $\tau = 3\sigma$ |
| 곡선길이 | $L = a \int_0^\sigma \dfrac{d\sigma}{\sqrt{\sin 2\sigma}}$ |
| $X$ 좌표 | $X = 3R \sin 2\sigma \cdot \cos \sigma$ |
| $Y$ 좌표 | $X = 3R \sin 2\sigma \cdot \sin \sigma$ |
| shift | $\Delta R = R(3\cos\sigma - 2\cos^3\sigma - 1)$ |
| $M$의 $X$ 좌표 | $X_M = R(3\sin\sigma - 2\sin^3\sigma)$ |
| 곡률반경 | $R = \dfrac{a}{3\sqrt{\sin 2\sigma}}$ |
| 수직선(법선)길이 | $N = 6R \cdot \dfrac{\cos^2\sigma}{4\cos^2\sigma - 3}$ |
| 동경(動徑) | $Z = \sqrt{3RZ \sin 2}$ |

$$z = \sqrt{3RZ \sin 2\sigma} = 3R \sin \frac{I}{3} \qquad (10\text{-}75)$$

또한 접선각 $\tau$와 극각 $\sigma$의 관계는 다음과 같다.

$$\tan \tau = \tan 3\sigma$$

$$\therefore \ \tau = 3\sigma \tag{10-76}$$

3차포물선에서의 $\tau \fallingdotseq 3\sigma$에 해당하지만 3 차포물선의 경우는 $\tan \tau = 3\tan \sigma$로부터 유도하여 나온 것이며, 같은 극각 $\sigma$에 대한 lemniscate 및 3차포물선의 접선각을 $\tau_L$ 및 $\tau_P$라 하면 일반적으로 $\tan \tau_L = \tan 3\sigma > 3\tan \sigma = \tan \tau_F$. 그러므로 접선각은 lemniscate 곡선의 쪽이 빨리 커지므로 급각도로 구부린 곡선의 경우에 유리하다.

$a$를 매개변수로 하고 lemniscate곡선의 요소를 극좌표로 표시하면 표 10-24와 같다. $\sigma$가 미소값일 때에는 아래와 같이 3차포물선과 다른 식이 성립한다(그림 10-95 참조).

$$Z \fallingdotseq 6R\sigma \tag{10-77}$$

$$\Delta R \fallingdotseq \frac{Z^2}{24R} \tag{10-78}$$

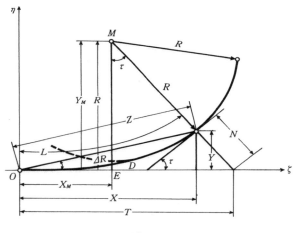

그림 10-95

$$X_M \fallingdotseq \frac{Z}{2} \tag{10-79}$$

$$\overline{DE} \fallingdotseq \frac{\Delta R}{2} \tag{10-80}$$

그림 10-94에서 교각($I$)이 63° 15′이고 최소반경($R$)이 300m일 때 lemniscate 곡선을 설치하시오.

**풀이** 동경($Z$)은 식 (10-75)으로부터

$$Z = \sqrt{3RZ\sin 2\sigma} = 3R\sin\frac{I}{3}$$
$$= 3 \times 300 \times \sin\left(\frac{63°15'}{3}\right) = 323.75\text{m}$$

접선길이($\overline{OD}$)는 $\triangle ODK$에서 $\sin$법칙에 의해

$$\frac{\overline{OK}}{\sin\left(90° - \dfrac{I}{2}\right)} = \frac{\overline{OD}}{\sin\left(90° + \dfrac{I}{3}\right)}$$

$$\overline{OD} = \frac{\sin\left(90° + \dfrac{I}{3}\right)}{\sin\left(90° - \dfrac{I}{2}\right)} Z = \frac{\sin\left(90° + \dfrac{63°15'}{3}\right)}{\sin\left(90° - \dfrac{63°15'}{2}\right)} \times 323.75 = 354.76\text{m}$$

$$\overline{DK} = \frac{\sin\left(\dfrac{I}{6}\right)}{\sin\left(90° - \dfrac{I}{2}\right)} Z = \frac{\sin\left(\dfrac{63°15'}{6}\right)}{\sin\left(90° - \dfrac{63°15'}{2}\right)} \times 323.75 = 69.56\text{m}$$

곡선길이($L$)는 식 (10-74)에 의해,

$$L = \frac{C}{\sqrt{2}}\left\{2\sqrt{\tan\sigma} - \frac{1}{5}\sqrt{\tan^5\sigma} + \frac{1}{12}\sqrt{\tan^9\sigma} \cdots\right\}$$

$$C = 3R\sqrt{\sin\left(\frac{I}{3}\right)} = 3 \times 300 \times \sqrt{\sin\left(\frac{63°15'}{3}\right)} = 539.79$$

$$\tan\sigma = \tan\frac{I}{6} = 0.18609$$

$$L = 381.69\left\{2\sqrt{0.18609} - \frac{1}{5}\sqrt{(0.18609)^5} + \frac{1}{12}\sqrt{(0.18609)^9} \cdots\right\} = 328.18\text{m}$$

다) 클로소이드 곡선

（ㄱ） 클로소이드(clothoid) 곡선의 성질

식 (10-81)은

$$\frac{1}{\rho} = \frac{C}{R \cdot L} = \alpha \cdot C \tag{10-81}$$

이며, 다시 정리하면 다음과 같다.

$$\rho \cdot C = R \cdot L = 1/\alpha \text{ (일정)}$$

여기서 양변의 차원(dimension)을 일치시키기 위하여 $1/\alpha$ 대신에 $A^2$라 놓으면, 하나의 clothoid 상의 모든 점에서 다음 항등식(恒等式)이 성립한다. 식 (10-82)를 clothoid 기본식이라 한다.

$$R \cdot L = A^2 \tag{10-82}$$

이 $A$를 clothoid의 매개변수라 하며, $A$는 길이의 단위를 가진다.

clothoid는 $A$가 정해지면 그 크기가 결정되므로 $R$, $L$, $A$ 중 두 가지를 알면 다른 하나는 정확하게 구해진다.

(ㄴ) 클로소이드의 기본요소

ⅰ) 단위 clothoid

clothoid의 매개변수 $A$에 있어서 $A = 1$, 즉

$$R \cdot L = 1 \tag{10-83}$$

의 관계에 있는 clothoid를 단위 clothoid라 한다. 단위 clothoid의 요소에는 알파벳의 소문자를 사용하면

$$r \cdot l = 1 \tag{10-84}$$

또는 $R \cdot L = A^2$의 양변을 $A^2$으로 나누면,

$$\frac{R}{A} \cdot \frac{L}{A} = 1$$

그러므로 $R/A = r$, $L/A = l$로 놓으면 식 (10-84)이 얻어진다. 이것에서 $R = A \cdot r$,

$L = A \cdot l$이므로 매개변수 $A$인 clothoid의 요소 중 길이의 단위를 가진 것($R$, $L$, $X$, $Y$, $X_M$, $T_L$ 등)은 전부 단위 clothoid의 요소($r$, $l$, $x$, $y$, $x_M$, $t_L$ 등)는 $A$배 하며 단위가 없는 요소($\tau$, $\rho$, $\dfrac{\Delta r}{r}$ 등)는 그대로 계산한다. 단위 clothoid의 제 요소를 계산한 것은 단위 clothoid표로서 작성되어 있다.

ii) 곡선반경

곡선반경은 설계속도에 의해 정해지며 지형과 기타 요소에 의해 최소곡선반경은 도로규격, 설계속도 및 최대편경사에 의해 정해진다(표 10-25 참고).

iii) 매개변수(parameter)

도로에 이용되는 부분은 그 시점 부근의 일부 사용하므로 범위는

$$\frac{R}{3} \leq A \leq R \tag{10-85}$$

로 하는 것이 바람직하며, 원심가속도의 변화율($p$)과 매개변수의 관계는 다음과 같다.

**[표 10-25]** 곡선반경

| 설계속도 (km/h) | 곡선반경(m) | |
|---|---|---|
| | 일반최솟값 | 절대최솟값 |
| 120 | 710 | 570 |
| 100 | 460 | 380 |
| 80 | 280 | 230 |
| 60 | 150 | 120 |
| 50 | 100 | 80 |
| 40 | 60 | 50 |
| 30 | 30 | – |
| 20 | 15 | – |

$$p = \frac{v^2}{L \cdot R} \tag{10-86}$$

여기서, $v$ : 주행속도(m/s)

$L$ : 곡선길이(m)

$R$ : 곡선반경

식 (10-86)에 클로소이드 기본식 $L \cdot R = A^2$, $v(m/s)$를 $V(km/h)$로 하여 대입하면 설계속도에 대한 허용최소매개변수가 계산된다.

$$A = \sqrt{0.0215 \frac{V^3}{p}} \tag{10-87}$$

iv) 곡선길이

원심가속도 변화율 $p$의 허용량을 $0.35 \sim 0.75 m/sec^2$로 하고 핸들의 조작시간을 3초로 하면 3초간 주행하는 클로소이드 최소곡선길이는 다음과 같다(표 10-26 참조).

[표 10-26] 완화곡선

| 설계속도(km/h) | 완화곡선장(m) |
|:---:|:---:|
| 120 | 100 |
| 100 | 85 |
| 80 | 70 |
| 60 | 50 |
| 50 | 40 |
| 40 | 35 |
| 30 | 25 |
| 20 | 20 |

$$L_t = \frac{V}{3.6} \cdot t \tag{10-88}$$

여기서, $V$ : 설계속도(km/h),    $t$ : 3초

v) clothoid의 공식

clothoid 곡선을 실제로 사용하기 위해서는 clothoid표가 있다면 좋지만 clothoid 구간에 구조물 등이 있어 정확한 계산을 요하는 경우에는 엄밀해가 필요하다.

[표 10-27] 클로소이드의 공식

| 사항 | 공식 |
|------|------|
| 곡률반경 | $R=\dfrac{A^2}{L}=\dfrac{A}{l}=\dfrac{L}{2\tau}=\dfrac{A}{\sqrt{2\tau}}$ |
| 곡선의 길이 | $L=\dfrac{A^2}{R}=\dfrac{A}{r}=2\tau R=A\sqrt{2\tau}$ |
| 접선각 | $\tau=\dfrac{L}{2R}=\dfrac{L^2}{2A^2}=\dfrac{A^2}{2R^2}$ |
| 매개변수 | $A^2=R\cdot L=\dfrac{L^2}{2\tau}=2\tau R^2$ |
| | $A=\sqrt{R\cdot L}=l\cdot R=L\cdot r=\dfrac{L}{\sqrt{2\tau}}=\sqrt{2\tau}R$ |
| $X$ 좌표 | $X=L\left(1-\dfrac{L^2}{40R^2}+\dfrac{L^4}{3,456R^4}-\dfrac{L^6}{599,040R^6}+\cdots\right)$ |
| $Y$ 좌표 | $Y=\dfrac{L^2}{6R}\left(1-\dfrac{L^2}{56R^2}+\dfrac{L^4}{7,040R^4}-\dfrac{L^6}{1,612,800R^6}+\cdots\right)$ |
| shift | $\varDelta R=Y+R\cos\tau-R$ |
| $M$의 $X$ 좌표 | $X_M=X-R\sin\tau$ |
| 단접선의 길이 | $T_K=Y\operatorname{cosec}\tau$ |
| 장접선의 길이 | $T_L=X-Y\cot\tau$ |
| 동경(動徑) | $S_0=Y\operatorname{cosec}\sigma$ |

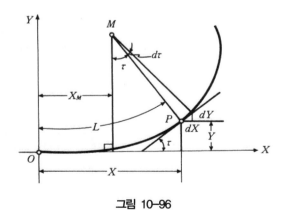

그림 10-96

(ㄷ) clothoid의 형식

clothoid를 조합(組合)하는 형식에는 다섯 가지가 있다.

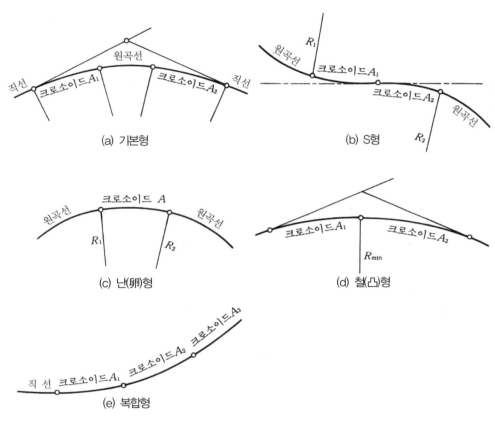

그림 10-97 클로소이드의 조합

ⅰ) 기본형

직선, clothoid, 원곡선의 순으로 나란히 하는 기본적인 형으로 대칭형과 비대칭형이 있다[그림 10-97(a) 참조]

ⅱ) S형

반향곡선(反向曲線)의 사이에 2개의 clothoid를 삽입하는 것[그림 10-97(b) 참조]

ⅲ) 난형(卵型)

복심곡선(複心曲線)의 사이에 clothoid를 삽입하는 것[그림 10-97(c) 참조]

iv) 철형(凸型)

같은 방향으로 구부러진 2개의 clothoid를 직선적으로 삽입한 것으로, clothoid와 clothoid의 접합점은 곡률이 최소가 되는 점에서 이어져 있어, 이것은 교각이 작을 때나 산(山)의 출비(出鼻)의 curve 등에 쓰인다[그림 10-97(d) 참조].

v) 복합형

같은 방향으로 구부러진 2개 이상의 clothoid를 이은 것. clothoid의 모든 접합점에서 곡률은 같다[그림 10-97(e) 참조].

(ㄹ) clothoid 설치법

clothoid는 주요점의 설치, 중간점 설치의 순서로 설치한다. 주요점의 설치는 앞에서 설명한 원곡선의 경우와 같은 방법으로 실시하면 되므로, 여기서는 중간점 설치에 관하여 설명한다.

clothoid 곡선설치에는 여러 가지 방법이 있으나 주접선에서 직교좌표에 의한 방법(a), 극각동경법(極角動徑法)(b), 극각현장법(極角弦長法)에 의한 방법(c), 2/8법에 의한 방법(d) 등이 많이 이용되고 있다.

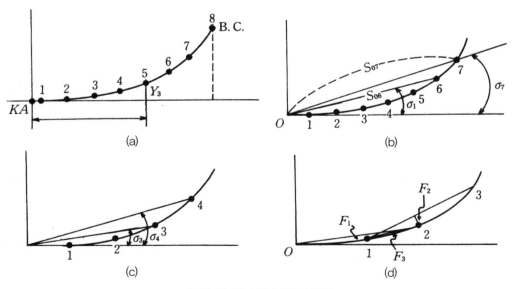

그림 10-98 클로소이드 설치법

(ㅁ) clothoid의 세 성질

ⅰ) clothoid는 나선의 일종이며 그 전체의 형은 그림 10-99와 같다.

ⅱ) 모든 clothoid는 닮은꼴이다. 즉, clothoid의 형은 하나밖에 없지만 매개변수 A를 바꾸면 크기가 다른 무수한 clothoid를 만들 수 있다.

매개변수 A는 일반적으로 메타 단위로 표시되며 원인 경우 1/1,000의 도면에 반경 100m의 원호를 기입하려면 콤파스로 10cm의 원을 그리는 것과 마찬가지로 매개변수 $A$=100m의 clothoid를 1/1,000 도면에 그리기 위해서는 $A$=10cm인 clothoid를 그려 넣으면 된다.

ⅲ) clothoid 요소에는 길이의 단위를 가진 것($L$, $X$, $Y$, $X_M$, $R$, $\Delta R$, $T_K$, $T_L$ 등)과 단위가 없는 것($\tau$, $\sigma$, $\dfrac{\Delta r}{r}$, $\dfrac{\Delta R}{R}$, $\dfrac{l}{r}$, $\dfrac{L}{R}$ 등)이 있다.

어떤 점에 관한 clothoid 요소 중 두 가지가 정해지면 clothoid의 크기와 그 점의 위치가 정해지며 따라서 다른 요소도 구할 수 있다. 또한 단위의 요소가 하나 주어지면 이것을 기초로 단위 clothoid 표를 유도할 수 있으며 그들을 $A$배하면 구하려는 clothoid 요소가 얻어진다.

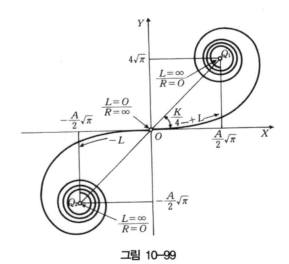

그림 10-99

(ㅂ) clothoid 곡선설계

ⅰ) 대칭기본형 클로소이드

대칭기본형 클로소이드 곡선을 완화곡선으로 사용할 때 곡선부는 직선-클로소이드-단곡선-클로소이드-직선의 순서로 설치된다.

이때 좌우의 매개변수가 동일한 경우가 대칭기본형 클로소이드이다.

그림 10-100에서

$$I = \alpha + 2\tau \tag{10-89}$$

$$W = (R + \Delta R)\tan \frac{I}{2} \tag{10-90}$$

$$D = X_M + W \tag{10-91}$$

여기서, $\Delta R$ : shift

설계에서는 교각 ($I$)와 접선길이 $D$가 주어지는 경우가 많다. 그림 10-100에서 반경 $R$을 알고 있고 $L$을 약 $\frac{2}{3}D$로 하면

$$A \fallingdotseq \sqrt{R \cdot L} \tag{10-92}$$

이며, 매개변수는 식 (10-85)의 규정을 만족하도록 $A$를 결정한다.

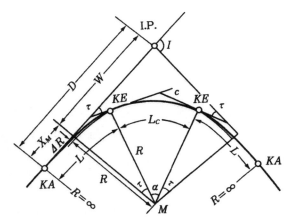

**그림 10-100** 대칭기본형 클로소이드 곡선

클로소이드 곡선길이 ($L$)과 단위선길이 ($L_C$)의 관계와 shift ($\Delta R$)은

$$\frac{L_C}{2} \leq L \leq L_C \tag{10-93}$$

$$\Delta R > 0.2\text{m} \tag{10-94}$$

로 한다.

**예제 10-10**

**교각 $I = 52°50'$, 곡선반경 $R = 300\,\text{m}$의 기본형 대칭형의 클로소이드를 설계하시오.**

**풀이** 매개변수 $A = \dfrac{R}{2} = \dfrac{300}{2} = 150\text{m}$로 하여 클로소이드표 중 클로소이드 $A$표에 의하여 클로소이드 요소를 구하면,

$X_M = 37.480\,\text{m}$,  $X = 74.883\,\text{m}$,
$Y = 3.122\,\text{m}$,  $\tau = 7°9'43''$,  $\Delta R = 0.781\,\text{m}$

그러므로

$W = (R + \Delta R) \tan \dfrac{I}{2} = (300 + 0.781) \tan 26°25'$
$\quad = 300.781 \times 0.46677$
$\quad = 149.419\,\text{m}$
$D = W + X_M = 149.419 + 37.480 = 186.899\,\text{m}$
$\alpha = I - 2\tau = 52°50' - 2 \times 7°09'43 = 38°30'34$
$\quad\quad L_C = 0.0174533 \times R \times \alpha = 0.0174533 \times 300 \times 38.508 = 201.628\,\text{m}$
$L = \dfrac{A^2}{R} = \dfrac{150^2}{300} = 75\text{m}$
$\text{CL} = 2L + L_C = 351.628\,\text{m}$

매개변수 $A$가 클로소이드 $A$표에 없을 때는 단위 클로소이드 표로부터 $l = A/R$ 또는 $r = R/A$를 구하여 $x_M$, $\tau$, $\Delta r$, $x$, $y$ 등을 찾아 $A$배로 하여 $X_M$, $\Delta R$, $X$, $Y$를 구한다.

지금 교점 I.P.의 추가거리를 452.250m라 하면,

$$KA_1\text{의 추가거리} = 452.250 - 186.899 = 265.351\,\text{m} = \text{No. } 13 + 5.351\text{m}$$

$$KE_1\text{의 추가거리} = 265.351 + 75 = 340.351 = \text{No. } 17 + 0.351\text{m}$$

가 된다. 여기에서 각 중심말뚝의 위치를 주접선으로부터의 직교좌표법에 의하여 구할 때는 다음과 같이 하면 된다.

먼저 $K_{A1}$에서 중심말뚝까지의 곡선길이 $L$을 구하고 $l = L/A$의 값을 단위 클로소이드 표에서 구하여 해당하는 $x$, $y$를 찾아 $A$배하여 각 중심말뚝의 좌표값 $X$, $Y$를 구한다.

이것은 그림 10-101에 표시한 극각현길이법에 의하여 측설할 경우 필요한 수치는 다음과 같이 하여 구한다.

먼저 단위 클로소이드 표로부터 $l$에 대한 극각 $\alpha$를 구하고 다음에 극각현길이 표에 의하여 곡선길이 $B$에 대한 현길이 $S$를 구한다. 단, 이 경우 별 차이가 없으므로 $B = S$로 해도 좋다.

**[표 10-28]** 클로소이드 $A$표

| | $A = 150$ | | $\dfrac{1}{A} = 0.0066666666$ | | | $A = 22{,}500$ | | | $\dfrac{1}{6A^2} = 0.0000074074074$ | | |
|---|---|---|---|---|---|---|---|---|---|---|---|
| $R$ | $L$ | $\tau°\ '\ ''$ | $\tau°\ '\ ''$ | $\Delta R$ | $X_M$ | $X$ | $Y$ | $T_K$ | $L_L$ | $S_0$ |
| 750 | 30.000 | 1 08 45 | 0 22 55 | .050 | 15.000 | 29.999 | .200 | 10.000 | 20.000 | 29.999 |
| 700 | 32.143 | 1 18 56 | 0 26 19 | .011 | 16.071 | 32.141 | .246 | 10.715 | 21.429 | 32.142 |
| 650 | 34.615 | 1 31 32 | 0 30 31 | .777 | 17.307 | 34.613 | .307 | 11.539 | 23.078 | 34.614 |
| 600 | 37.500 | 1 47 26 | 0 35 49 | .098 | 18.749 | 37.496 | .391 | 12.501 | 25.001 | 37.498 |
| 550 | 40.909 | 2 07 51 | 0 42 37 | .127 | 20.454 | 40.903 | .507 | 13.638 | 27.235 | 40.907 |
| 500 | 45.000 | 2 34 42 | 0 51 34 | .169 | 22.498 | 44.991 | .675 | 15.003 | 30.003 | 44.996 |
| 450 | 50.000 | 3 10 59 | 1 03 40 | .231 | 24.997 | 49.985 | .926 | 16.672 | 33.339 | 49.993 |
| 400 | 56.250 | 4 01 43 | 1 20 31 | .330 | 28.120 | 56.222 | 1.318 | 18.759 | 37.510 | 56.238 |
| 350 | 64.286 | 5 15 43 | 1 45 14 | .492 | 32.134 | 64.232 | 1.967 | 21.446 | 42.876 | 64.262 |
| 300 | 75.000 | 7 09 43 | 2 23 13 | .781 | 37.480 | 74.883 | 3.122 | 25.037 | 50.041 | 74.948 |
| 250 | 90.000 | 10 18 48 | 3 26 12 | 1.348 | 44.951 | 89.709 | 5.388 | 30.083 | 60.102 | 89.870 |
| 225 | 100.000 | 12 43 57 | 4 14 32 | 1.849 | 49.918 | 99.507 | 7.381 | 33.491 | 66.840 | 99.781 |
| 200 | 112.500 | 16 06 52 | 5 22 04 | 2.626 | 56.102 | 111.613 | 10.487 | 37.785 | 75.313 | 112.105 |
| 190 | 118.421 | 17 51 19 | 5 56 49 | 3.065 | 59.019 | 117.276 | 12.216 | 39.842 | 79.353 | 117.911 |
| 180 | 123.000 | 19 53 40 | 6 37 29 | 3.601 | 62.250 | 123.501 | 14.343 | 42.151 | 83.966 | 124.331 |
| 175 | 128.571 | 21 02 51 | 7 00 28 | 3.917 | 63.998 | 126.847 | 15.592 | 43.416 | 86.328 | 127.802 |
| 170 | 132.353 | 22 18 13 | 7 25 30 | 4.270 | 65.844 | 130.361 | 16.989 | 44.764 | 88.946 | 131.464 |
| 160 | 140.625 | 25 10 44 | 8 22 45 | 5.114 | 69.862 | 137.933 | 20.317 | 47.755 | 94.716 | 139.422 |
| 150 | 150.000 | 28 38 52 | 9 31 44 | 6.194 | 74.379 | 146.293 | 24.557 | 51.222 | 101.342 | 148.340 |
| 140 | 160.714 | 42 53 12 | 10 55 53 | 7.596 | 79.483 | 155.500 | 30.033 | 55.311 | 109.052 | 158.373 |
| 130 | 173.077 | 38 08 26 | 12 39 55 | 9.451 | 85.276 | 165.563 | 37.206 | 60.244 | 118.182 | 169.692 |
| 125 | 180.000 | 41 15 11 | 13 41 24 | 10.602 | 88.467 | 170.890 | 41.627 | 63.129 | 123.429 | 175.887 |
| 120 | 187.500 | 44 45 44 | 14 50 33 | 11.944 | 91.875 | 176.375 | 46.740 | 66.377 | 129.245 | 182.463 |
| 110 | 204.545 | 53 16 15 | 17 37 27 | 15.368 | 99.396 | 178.557 | 59.584 | 74.343 | 143.098 | 196.794 |
| 100 | 225.000 | 64 27 28 | 21 14 54 | 20.165 | 107.817 | 198.144 | 77.048 | 85.394 | 161.324 | 212.597 |
| 95 | 236.842 | 71 25 17 | 23 28 54 | 23.281 | 112.545 | 202.595 | 88.014 | 92.853 | 174.011 | 220.887 |
| 90 | 250.000 | 29 34 39 | 26 04 17 | 27.021 | 117.380 | 205.895 | 100.740 | 102.430 | 187.365 | 229.219 |
| 85 | 264.706 | 89 12 54 | 29 05 24 | 31.522 | 122.349 | 207.341 | 115.357 | 115.368 | 205.760 | 237.271 |
| 80 | 281.250 | 100 42 55 | 32 37 23 | 36.939 | 127.323 | 205.928 | 131.813 | 134.152 | 230.871 | 244.501 |
| 75 | 300.000 | 114 35 58 | 36 45 58 | 43.433 | 132.082 | 200.279 | 149.644 | 164.572 | 268.765 | 250.010 |

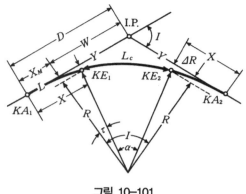

그림 10-101

[표 10-29]

| No. | $L$ | $l = L/A$ | $x$ | $y$ | $X = A \cdot x$ | $Y = A \cdot y$ |
|---|---|---|---|---|---|---|
| 14 | 14.649 | 0.097660 | 0.097660 | 0.000155 | 14.649 m | 0.023 m |
| 15 | 34.649 | 0.230993 | 0.230977 | 0.002054 | 34.647 | 0.308 |
| 16 | 54.649 | 0.364327 | 0.364166 | 0.008058 | 54.625 | 1.209 |
| 17 | 74.649 | 0.497660 | 0.496897 | 0.020520 | 74.535 | 3.078 |
| $KE_1$ | 75.000 | | | | 74.883 | 3.122 |

[표 10-30]

| No. | $L$ | $l$ | $\sigma$ | $S$ |
|---|---|---|---|---|
| 14 | 14.649 | 0.097660 | 0° 05' 28" | 14.649 m |
| 15 | 34.649 | 0.230993 | 0° 30' 34" | 20.000 |
| 16 | 54.649 | 0.364327 | 1° 16' 03" | 20.000 |
| 17 | 74.649 | 0.497660 | 2° 21' 53" | 20.000 |
| $KE$ | 75.000 | | 2° 23' 13" | 0.351 |

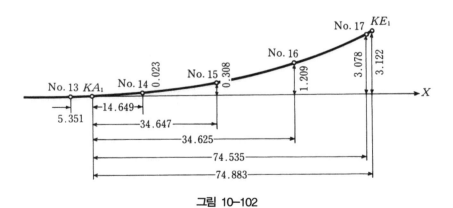

그림 10-102

ii) 비대칭 기본형 클로소이드

기본형 클로소이드에서 좌우 매개변수가 다른 형태로 좌우의 접선길이가 다른 경우에 이용된다.

그림 10-103(a)에서 좌우매개변수 $A_1$과 $A_2$, $R$, $I$가 주어진 경우, $A_1$에 대한 $X_{M1}$, $\tau_1$, $\Delta R_1$, $L_1$, $A_2$에 대한 $X_{M2}$, $\tau_2$, $\Delta R_2$, $L_2$를 구한다.

접선길이 $D_1$, $D_2$는 그림 10-103(b)에서,

$$W = (R + \Delta R_2) \tan \frac{I}{2} \tag{10-95}$$

$$Z_1 = \frac{\Delta R_1 - \Delta R_2}{\tan I} \tag{10-96}$$

$$Z_2 = \frac{\Delta R_1 - \Delta R_2}{\sin I} \tag{10-97}$$

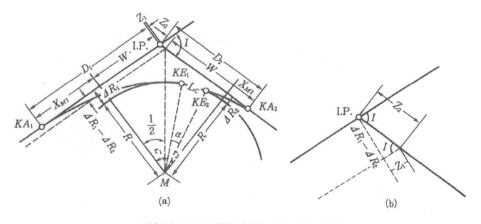

**그림 10-103** 비대칭기본형 클로소이드 곡선

$$D_1 = X_{M1} + W - Z_1 = X_{M1} + (R + \Delta R_2) \tan \frac{I}{2} - \frac{\Delta R_1 - \Delta R_2}{\tan I} \tag{10-98}$$

$$D_2 = X_{M2} + W + Z_2 = X_{M2} + (R + \Delta R_2) \tan \frac{I}{2} - \frac{\Delta R_1 - \Delta R_2}{\sin I} \tag{10-99}$$

이며, 단곡선의 중심각 $\alpha$ 및 곡선길이 $L_c$는

$$\alpha = I - \tau_1 - \tau_2 \tag{10-100}$$

$$L_c = R \cdot \frac{\alpha^\circ}{\rho^\circ} \tag{10-101}$$

이며, 전곡선길이 $(CL)$은 다음과 같다.

$$CL = L_1 + L_c + L_2 \tag{10-102}$$

---

**예제 10-11**

그림 10-104와 같은 대칭형의 철형 클로소이드를 설계하시오.
단, 곡선반경 $R$=100m, 교각 $I$=34° 18′00″, 접선각 $s$= =17°09′이다.

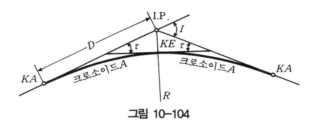

**그림 10-104**

**풀이** 접선각 $\tau = 17°09′$는 단위클로소이드표에 없으므로, 표 중에 있는 17° 07′05″ 및 17° 09′44″로부터 비례배분의 법칙에 의한 계수를 구하고 단위클로소이드표 중의 각 값을 보정한다.

$$보정계수 = \frac{17°09′00″ - 17°07′05″}{17°09′44″ - 17°07′05″} = \frac{1′55″}{2′39″} = 0.723$$

또 단위클로소이드표로부터

$l = 0.773 + 0.001 \times 0.723 = 0.773723$
$r = 1.293661 - 0.001671 \times 0.723 = 1.292453$
$\Delta r = 0.019184 + 0.000074 \times 0.723 = 0.019238$
$x_M = 0.385353 + 0.000492 \times 0.723 = 0.385709$
$x = 0.766129 + 0.000955 \times 0.723 = 0.766819$
$y = 0.076492 + 0.000295 \times 0.723 = 0.076705$
$t = 0.789687 + 0.001111 \times 0.723 = 0.790490$

다음에 매개변수 $A = R/r = \dfrac{100}{1.29} = 77.5$에 대한 클로소이드 곡선요소를 계산하면,

$$L = l \cdot A = 0.773723 \times 77.5 = 59.964\text{m}$$
$$\Delta R = \Delta r \cdot A = 0.019238 \times 77.5 = 1.491\text{m}$$
$$X_M = x_M \cdot A = 0.385709 \times 77.5 = 9.892\text{m}$$

**[표 10-31]** 단위클로소이드표

0.750000～0.775000

| $l$ | $\tau$ ° ′ ″ | $\sigma$ ° ′ ″ | $r$ | $\Delta r$ | $x_M$ | $x$ | $y$ |
|---|---|---|---|---|---|---|---|
| 0.750000 | 16 06 52 | 05 22 04 | 1.333333 | 0.017529 | 0.374013 | 0.744089 | 0.069916 |
| 1000 | 2 39 | 53 | 1684 | 73 | 493 | 956 | 292 |
| 0.771000 | 17 01 46 | 05 40 20 | 1.297017 | 0.019036 | 0.384368 | 0.764217 | 0.075905 |
| 1000 | 2 39 | 53 | 1680 | 74 | 492 | 956 | 293 |
| 0.772000 | 17 04 25 | 05 41 13 | 1.295337 | 0.019110 | 0.384860 | 0.765173 | 0.076198 |
| 1000 | 2 40 | 53 | 1676 | 74 | 493 | 956 | 294 |
| 0.773000 | 17 07 05 | 05 42 06 | 1.293661 | 0.019184 | 0.385353 | 0.766129 | 0.079492 |
| 1000 | 2 39 | 53 | 1671 | 74 | 492 | 955 | 295 |
| 0.774000 | 17 09 44 | 05 42 59 | 1.291990 | 0.019258 | 0.385845 | 0.767084 | 0.076787 |
| 1000 | 2 40 | 53 | 1667 | 75 | 493 | 956 | 295 |
| 0.775000 | 17 12 24 | 05 43 52 | 1.290323 | 0.019333 | 0.386338 | 0.768040 | 0.077082 |
| $l$ | $\tau$ | $\sigma$ | $r$ | $\Delta r$ | $x_M$ | $x$ | $y$ |

0.750000～0.775000

| $t_K$ | $t_L$ | $t$ | $n$ | $S_0$ | $\Delta r/r$ | $l/r$ | $l$ |
|---|---|---|---|---|---|---|---|
| 0.251899 | 0.502088 | 0.764288 | 0.072776 | 0.747367 | 0.013146 | 0.562500 | 0.750000 |
| 347 | 683 | 1110 | 325 | 980 | 76 | 1541 | 1000 |
| 0.259182 | 0.516399 | 0.787466 | 0.079386 | 0.767977 | 0.014677 | 0.594441 | 0.771000 |
| 348 | 682 | 1110 | 325 | 980 | 76 | 1543 | 1000 |
| 0.259530 | 0.517081 | 0.788576 | 0.079711 | 0.768957 | 0.014753 | 0.595984 | 0.772000 |
| 347 | 683 | 1111 | 327 | 981 | 76 | 1545 | 1000 |
| 0.259877 | 0.517764 | 0.789687 | 0.080038 | 0.769938 | 0.014829 | 0.597529 | 0.773000 |
| 348 | 682 | 1111 | 327 | 980 | 77 | 1547 | 1000 |
| 0.260225 | 0.518446 | 0.790798 | 0.080365 | 0.770918 | 0.014906 | 0.599076 | 0.774000 |
| 348 | 683 | 1112 | 329 | 980 | 77 | 1549 | 1000 |
| 0.260573 | 0.519129 | 0.791910 | 0.080694 | 0.771898 | 0.014981 | 0.600625 | 0.775000 |
| $t_K$ | $t_L$ | $t$ | $n$ | $S_0$ | $\Delta r/r$ | $l/r$ | $l$ |

$$X = x \cdot A = 0.766819 \times 77.5 = 59.428\text{m}$$
$$Y = y \cdot A = 0.076705 \times 77.5 = 5.945\text{m}$$

$$D = T = t \cdot A = 0.790490 \times 77.5 = 61.263\text{m}$$

여기서 교점 IP의 추가거리를 452.250m라 하면,

$$KA의 \ 추가거리 = 452.250 - 61.263 = 390.987\text{m} = \text{No}.19 + 10.987\text{m}$$
$$KE의 \ 추가거리 = 390.987 + 59.964 = 450.951\text{m} = \text{No}.22 + 10.951\text{m}$$

각 중심말뚝의 위치를 주접선으로부터 직교좌표법에 의하여 구한 값을 표 10-32에 표시한다.

[표 10-32]

| No. | $L$ | $L = L/A$ | $x$ | $y$ | $X = Ax$ | $Y = Ay$ |
|---|---|---|---|---|---|---|
| 20 | 9.013 | 0.116297 | 0.116296 | 0.000262 | 9.013 | 0.020 |
| 21 | 29.013 | 0.374361 | 0.374178 | 0.008737 | 28.999 | 0.677 |
| 22 | 49.013 | 0.632426 | 0.629901 | 0.042038 | 48.817 | 3.258 |
| KE | 59.964 | 0.773729 | 0.766825 | 0.076707 | 59.429 | 5.945 |

이것을 그림 10-98(d)에 나타낸 극각동경법에 의하여 측설하는 경우에 필요한 값은 다음과 같이 구한다.

[표 10-33]

| 관측점 | $L$ | $l$ | $s$ | $\sigma$ | $S_0$ |
|---|---|---|---|---|---|
| No. 20 | 9.013 | 0.116297 | 0.116297 | $7'\ 4''$ | 9.013 |
| 21 | 29.013 | 0.374361 | 0.374252 | $1°20'13''$ | 29.013 |
| 22 | 49.013 | 0.632426 | 0.631306 | $3°49'05''$ | 49.013 |
| KE | 59.964 | 0.773729 | 0.770652 | $5°42'44''$ | 59.964 |

설치는 트랜시트를 $KA$점에 세우고 그림 10-98(d)에 표시한 것과 같이 주접선에서 $\sigma$의 각을 취하여 줄자에 의하여 $KA$로부터 각 $S_0$의 값을 취하면 클로소이드곡선의 각 중간점 및 BC가 구해진다.

$I=70°40'$, $R=400m$, $L=100m$ 교점의 추가거리 399.077m로 하여 클로소이드의 각 요소를 단위클로소이드표에서 구하여 지거측량으로 완화곡선을 측설하시오.

**풀이** 매개변수 $A$를 먼저 구한다.

$$A^2 = R \cdot L$$
$$\therefore A = \sqrt{RL} = \sqrt{40,000} = 200$$
$$l = \frac{L}{A} = \frac{100}{200} = 0.5$$

이 $l$값을 인수로 하여 단위 클로소이드표를 유도한다(실장으로 하기 위해서 $A = 200$을 넣는다.).

이정점거리 $\qquad X_M = 0.249870 \times 200 = 49.974m$
이정량 $\qquad\qquad \Delta r = 0.005205 \times 200 = 1.041$
접선각 $\qquad\qquad \tau = 7°9'43''$
BC(ETC)의 $x$좌표값 $X = 0.499219 \times 200 = 99.844m$
BC(ETC)의 $y$좌표값 $X = 0.028810 \times 200 = 4.162m$
교점과 이정점까지 거리

$$= (R + \Delta r) \tan\left(\frac{I}{2}\right) = (400 + 1.041) \tan 35°20' = 284.304m$$

교점에서 BTC까지의 거리$= X_M + 284.303 = 49.974 + 284.303 = 334.277m$
원곡선의 중심각 $\theta = I - 2\tau = 70°40' - 14°19'26'' = 56°20'34'' = 56.3428°$
원곡선길이

$$R\theta(\text{rad}) = 0.0174533R\theta° = 400 \times 0.0174533 \times 56.3428° = 393.347m$$

BTC의 추가거리$= 399.077 - 334.227 = 64.850m = \text{No3.} + 4.850m$
ETC의 추가거리$= 64.850 + L = 64.850 + 100 = 164.850m = \text{No8.} + 4.800m$

이하 20m마다 완화곡선상에 중심말뚝을 측설하기 때문에 $l$을 인수로 하여 다음과 같이 측설한다(그림 10-105 참조).

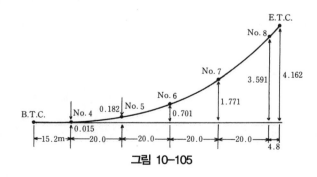

**그림 10-105**

**[표 10-34]** 단위 클로소이드표

| $l$ | $\overset{\tau}{\circ\ '\ ''}$ | $\overset{\sigma}{\circ\ '\ ''}$ | $r$ | $\Delta r$ | $x_M$ | $X$ | $Y$ |
|---|---|---|---|---|---|---|---|
| 0.075000 | 00 09 40 | 00 03 13 | 13.333333 | 0.000018 | 0.037500 | 0.075000 | 0.000070 |
| 1000 | 16 | 6 | 175438 | 0 | 500 | 1000 | 3 |
| 0.076000 | 00 09 56 | 00 03 19 | 13.157895 | 0.000018 | 0.038000 | 0.076000 | 0.000073 |
| 1000 | 15 | 5 | 170882 | 1 | 500 | 1000 | 3 |
| 0.077000 | 00 10 11 | 00 03 24 | 12.987013 | 0.000019 | 0.038500 | 0.077000 | 0.000076 |
| ⋮ | | ⋮ | | ⋮ | | ⋮ | |
| 0.175000 | 00 52 38 | 00 17 33 | 5.714286 | 0.000223 | 0.087499 | 0.174996 | 0.000893 |
| 1000 | 37 | 12 | 32468 | 4 | 500 | 1000 | 16 |
| 0.176000 | 00 53 15 | 00 17 45 | 5.681818 | 0.000227 | 0.087699 | 0.175996 | 0.000909 |
| 1000 | 36 | 12 | 32100 | 4 | 500 | 1000 | 15 |
| 0.177000 | 00 53 51 | 00 17 57 | 5.649718 | 0.000231 | 0.088499 | 0.176996 | 0.000924 |
| ⋮ | | ⋮ | | ⋮ | | ⋮ | |
| 0.275000 | 02 09 59 | 00 43 20 | 3.636364 | 0.000866 | 0.137493 | 0.274961 | 0.003466 |
| 1000 | 57 | 19 | 13176 | 10 | 500 | 999 | 38 |
| 0.276000 | 02 10 56 | 00 43 39 | 3.623188 | 0.000876 | 0.137993 | 0.275960 | 0.003504 |
| 1000 | 57 | 19 | 13080 | 10 | 500 | 999 | 38 |
| 0.277000 | 02 11 53 | 00 43 58 | 3.610108 | 0.000886 | 0.138493 | 0.276959 | 0.003542 |
| ⋮ | | ⋮ | | ⋮ | | ⋮ | |
| 0.375000 | 04 01 43 | 01 23 34 | 2.666667 | 0.002197 | 0.187469 | 0.374815 | 0.008786 |
| 1000 | 1 17 | 26 | 7093 | 17 | 500 | 997 | 70 |
| 0.376000 | 04 03 00 | 01 21 00 | 2.659574 | 0.002214 | 0.187969 | 0.375812 | 0.008856 |
| 1000 | 1 18 | 26 | 7054 | 18 | 499 | 998 | 71 |
| 0.377000 | 04 04 18 | 01 21 26 | 2.652520 | 0.002232 | 0.188468 | 0.376810 | 0.008927 |
| ⋮ | | ⋮ | | ⋮ | | ⋮ | |
| 0.475000 | 06 27 49 | 02 09 16 | 2.105263 | 0.004463 | 0.237399 | 0.474396 | 0.017846 |
| 1000 | 1 38 | 32 | 4423 | 29 | 499 | 993 | 113 |
| 0.476000 | 06 29 27 | 02 09 48 | 2.100840 | 0.004492 | 0.237898 | 0.475389 | 0.017959 |
| 1000 | 1 39 | 33 | 4404 | 28 | 499 | 994 | 113 |
| 0.477000 | 06 31 06 | 02 10 21 | 2.096436 | 0.004520 | 0.238397 | 0.476383 | 0.018072 |
| ⋮ | | ⋮ | | ⋮ | | ⋮ | |
| 0.500000 | 07 09 43 | 02 23 13 | 2.000000 | 0.005205 | 0.249870 | 0.499219 | 0.020810 |
| 1000 | 1 43 | 35 | 3992 | 32 | 499 | 992 | 125 |
| 0.501000 | 07 11 26 | 02 23 48 | 1.996008 | 0.005237 | 0.250369 | 0.500211 | 0.020935 |
| 1000 | 1 44 | 34 | 3976 | 31 | 498 | 993 | 125 |

라) 반파장 sine(정현) 체감곡선

곡률의 변화 $\left(0 \sim \dfrac{1}{R}\right)$에 $\sin\left(-\dfrac{\pi}{2} \sim \dfrac{\pi}{2}\right)$, 즉 그림 10-106의 $A{\sim}B$의 곡선을 이용하면 변화는 −1~+1로 되지만 이것을 0~+1이 되도록 변환한다.

$$\frac{1}{2}\left\{1+\sin\left(-\frac{\pi}{2}+x\right)\right\}=\frac{1}{2}(1-\cos x) \tag{10-103}$$

또는 $\cos(-\pi \sim 0)$을 이용하여 고려하면,

$$\frac{1}{2}\{1+\cos(-\pi+x)\}=\frac{1}{2}(1-\cos x) \tag{10-104}$$

또한 $B \sim C$간을 이용하면 $\cos(0 \sim \pi)$에서 $+1 \sim -1$의 변화가 되므로 1로부터 차를 빼어 $\frac{1}{2}$을 곱하는 변환을 하면 $\frac{1}{2}(1-\cos x)$가 된다. 완화곡선길이를 $L$, 그 $x$축 길이를 $X$라 하면 그림 10-106에서 점 $0(x=0,$ 곡률$=0)$으로부터 점 $P(x=X,$ 곡률$=R)$까지의 곡률은 $\cos x$에서의 변수 $x$의 변역$(0 \sim \pi)$을 $0 \sim X$로 하며,

$$\frac{1}{\rho}=\frac{1}{2R}\left(1-\cos\frac{\pi}{X}x\right) \tag{10-105}$$

또는 $\frac{x}{X}=\lambda$라 놓으면,

$$\frac{1}{\rho}=\frac{1}{2R}(1-\cos\lambda\pi) \tag{10-106}$$

반파장정현곡선에 의한 체감인 경우 곡선길이 L에 첨부하여 곡선체감을 하는 것이지만 L과 x의 차는 대단히 적으므로 LX로 하여도 된다. 곡률의 일반공식의 근사식 식 (10-63)을 사용하면,

$$\frac{d^2y}{dx^2}=\frac{1}{2R}\left(1-\cos\frac{\pi}{X}x\right)$$

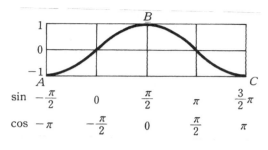

그림 10-106

접선각 $\tau'$는

$$\tan \tau' = \frac{dy}{dx} = \frac{X}{R}\left(\frac{\lambda}{2} - \frac{1}{2\pi}\sin\lambda\pi\right) \tag{10-107}$$

일반적으로 $\tau' = \tan\tau'$로 한다. 식 (10-107)을 다시 적분하면,

$$y = \frac{1}{R}\left\{\frac{x^2}{4} - \frac{X^2}{2\pi^2}\left(1 - \cos\frac{\pi}{X}x\right)\right\} \tag{10-108}$$

$$= \frac{X^2}{R}\left\{\frac{\lambda^2}{4} - \frac{1}{2\pi^2}(1 - \cos\lambda\pi)\right\} \tag{10-109}$$

극각(편각) $\sigma'$는

$$\tan\sigma' = \frac{y}{x} = \frac{X}{R}\left\{\frac{\lambda}{4} - \frac{1}{2\pi^2 X}(1 - \cos\lambda\pi)\right\} \tag{10-110}$$

접선각 및 극각의 일반식은 식 (10-109), (10-110)으로부터

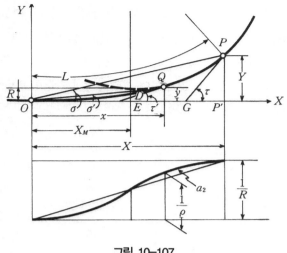

그림 10-107

$$\tau' = \frac{X}{R}\left(\frac{\lambda}{2} - \frac{1}{2\pi}\sin\lambda\pi\right) \tag{10-111}$$

$$\sigma' = \frac{X}{R}\left\{\frac{\pi}{4} - \frac{1}{2\pi^2\lambda}(1 - \cos\lambda\pi)\right\} \tag{10-112}$$

종점 $P(BCC)$에서는

$$\left.\begin{array}{l} \dfrac{1}{\rho} = \left(\dfrac{d^2y}{dx^2}\right)_{x=X} = \dfrac{1}{R} \\[3mm] \tan\tau = \left(\dfrac{dy}{dx}\right)_{x=X} = \dfrac{X}{2R} \\[3mm] Y = (y)_{x=X} = \left(\dfrac{1}{4} - \dfrac{1}{\pi^2}\right)\dfrac{X^2}{R} = 0.14868\dfrac{X^2}{R} \\[3mm] \tan\sigma = \left(\dfrac{y}{x}\right)_{x=X} = 0.14868\dfrac{X}{R} \end{array}\right\} \tag{10-113}$$

이 된다.

## 8) 종단(縱斷)곡선

종단경사는 급격히 변화하는 노선상의 위치에서는 차가 충격을 받으므로 이를 제거하고 시거

확보하기 위해 종단곡선을 설치한다. 종단경사도의 최댓값은 노선을 주행하는 차량의 등판성능에 좌우되나 도로에서는 설계속도에 따라 2~9%로 하며 철도에서는 특수한 경우를 제외하고 35~10%로 한다.

철도에서는 경사도를 ‰(1/1,000)로 표시하며 수평곡선의 반경이 800m 이하인 곡선에서는 종단곡선 반경을 4,000m로 하며, 그 외의 경우는 반경을 3,000m로 한다.

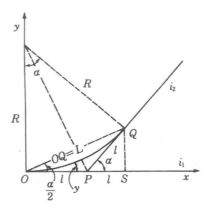

**그림 10-108** 종단곡선

그림 10-108에서 종단곡선 방정식은

$$y = \frac{(i_2 - i_1)}{4l}x^2 = \frac{x}{2R} \tag{10-114}$$

이며

$$R = \frac{2l}{|i_2 - i_1|} \tag{10-115}$$

$$l = \frac{R \cdot |i_2 - i_1|}{2} \tag{10-116}$$

이다.

또한 $R$을 종단곡선의 최소반경이고 $\alpha$의 단위를 radian으로 하면

$$2l = R\alpha = L \tag{10-117}$$

이며,

$$R = \frac{2l}{\alpha} = \frac{L}{\alpha} \tag{10-118}$$

이다. 따라서 종단곡선식을 다시 정리하면

$$y = \frac{\alpha}{2L}x^2 \tag{10-119}$$

이며, $x$, $y$, $L$의 단위를 $m$이고 $\alpha$를 $(i_2 - i_1)$‰로 하면,

$$y = \frac{(i_2 - i_1)}{2,000L}x^2 \tag{10-120}$$

이다.

**예제 10-13**

상향경사가 4.5‰이고 하향경사가 35‰인 경우, 반경이 3,000m인 종단곡선을 설치하시오.

**풀이** $l = \frac{R}{2}\left|i_2 - i_1\right|$로부터

$l = 1.5 \times \left|(-35 - 4.5)\right| = 59.5 \fallingdotseq 60\text{m}$

$y = \frac{x^2}{2R}$로부터

$y_1 = 67\text{mm}, \quad y_2 = 267\text{mm}$

$y_3 = 600\text{mm}, \quad y_2 = 67\text{mm}$

$y_1 = 67\text{mm}$

또한 식 (10-120)을 사용하면

$L = 2l = 3\left|i_2 - i_1\right| = 3 \times 39.5 = 118.5m \fallingdotseq 120$

$y = \frac{-39.5}{2,000 \times 120}x^2$

$x_1 = 20\text{m}$, $x_2 = 40\text{m}$, $x_3 = 60\text{m}$에 대해 구하면

$$y_1 = 66\text{mm}, \quad y_2 = 264\text{mm}$$
$$y_3 = 592\text{mm}, \quad y_2 = 264\text{mm}$$
$$y_1 = 66\text{mm},$$

여기서, 계산값이 $y_3$에서 8mm로 가장 큰 오차가 있으나 이 정도의 오차는 종단곡선 설치에 커다란 영향을 주지 않으므로 무시해도 무방하다.

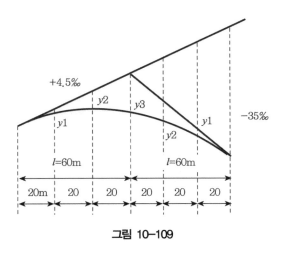

그림 10-109

**예제 10-14**

그림 10-110과 같은 종단곡선(縱斷曲線)에서 $i_1$=3%, $i_2$=−2%이고, 종곡선 시점 A의 계획 고가 87.35m이며, 종곡선 길이 $l$=160m인 종곡선을 설치하시오.

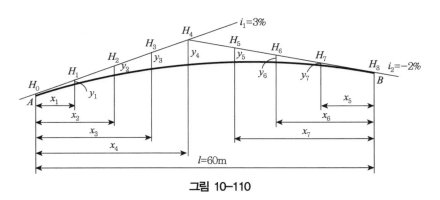

그림 10-110

**풀이** $x_1 = 20\text{m} \quad y_1 = \dfrac{0.05}{2 \times 160} \times 20^2 = 0.0625\text{m} = y^7$

$x_2 = 40\text{m} \quad y_2 = \dfrac{0.05}{2 \times 160} \times 40^2 = 0.25\text{m} = y^6$

$$x_3 = 60\,\mathrm{m} \quad y_3 = \frac{0.05}{2 \times 160} \times 60^2 = 0.5625\,\mathrm{m} = y^5$$

$$x_4 = 80\,\mathrm{m} \quad y_4 = \frac{0.05}{2 \times 160} \times 80^2\,\mathrm{m} = 1.00\,\mathrm{m}\,3$$

종곡선의 계획고(計劃高)

$H_0 = 87.35\,\mathrm{m}$
$H_1 = 87.35 + 0.03 \times 20 - 0.0625 = 8789\,\mathrm{m}$
$H_2 = 87.35 + 0.03 \times 40 - 0.25 = 88.30\,\mathrm{m}$
$H_3 = 87.35 + 0.03 \times 60 - 0.5625 = 88.59\,\mathrm{m}$
$H_4 = 87.35 + 0.03 \times 80 - 1.00 = 88.75\,\mathrm{m}$
$H_5 = 89.75 - 0.02 \times 20 - 0.5625 = 88.79\,\mathrm{m}$
$H_6 = 89.75 - 0.02 \times 40 - 0.25 = 88.70\,\mathrm{m}$
$H_7 = 89.75 - 0.02 \times 60 - 0.0625 = 88.49\,\mathrm{m}$
$H_8 = 89.75 - 0.02 \times 80 = 88.15\,\mathrm{m}$

## (4) 철도측량(rail survey)

① 개요

철도측량은 철도설계, 설계, 공사에 필요한 측량을 하는 것으로 계획노선을 따라 필요한 폭의 대상지역에 있어 지형을 측량하고 결정된 노선의 중심 및 기타 관계되는 제점(諸點)을 정확하게 현지에 측설하여 공사에 필요한 토공량을 계산한다.

측량순서는 일반적으로 조사, 예측, 실측의 순으로 이루어지며, 도로측량방법과 같이 이루어 진다.

철도는 궤도와 궤도를 지지하는 노반으로 이루어진 위에서 2개의 레일을 이용하여 여객과 화물을 운송하는 교통체계역할을 한다. 일반적으로 궤도구조는 쇄석, 자갈 등을 이용한 흙 노반 이나 교량, 터널 및 지하철 등은 콘크리트도상의 경우 시공 후 수정이 어려우므로 측량을 정확히 하여야 한다. 궤도의 선형설계 시에는 편경사(cant), 확폭(slack), 완화곡선, 종곡선을 고려해 야 한다. 또한 철도측량은 폭이 좁고 길이가 길어 중심선에 대한 예각의 형성으로 인한 각 관측 의 오차발생, 지하철인 경우 지상의 기준점을 지하로 연결하는 과정에서 오차발생, 지하의 어두 움, 먼지, 습기 등에 의한 시준장애, 전철구간에서의 현황측량 시 절연장갑을 끼고 측량을 수행 할 것과 고저(level)측량 시 플라스틱스테프를 반드시 이용할 것 등을 고려하여 시공측량을 수행 해야 한다.

② 철도 및 터널 시공측량시 고려사항

철도측량은 노선이 길어 공사구간을 나누어 시공한다. 또한 터널측량은 폭이 좁고 길이가 긴 터널의 밀폐공간의 측량인 경우 개방 및 폐합트래버스에 의한 기준점측량과 기준점과 연계된 내공 및 구조물측량이 이루어지므로 기준점설치가 정확하게 시행되어야 한다.

　가) 지상기준점 측량

　　(ㄱ) 기준점 설치는 GPS를 이용한다. GPS의 사용이 어려운 구간은 삼발이를 이용한 고정된 타깃을 사용해야 하므로 실외와 비슷한 밝기를 유지하도록 설치해야 한다.

　　(ㄴ) 터널 내 기준점 설치는 좌·우측으로 번갈아가며 설치하되 콘크리트타설 등으로 견고히 설치해야 한다.

　　(ㄷ) 복수의 기준점을 설치하여 기준점 망실로 인한 공사에 차질이 없도록 한다.

　　(ㄹ) 연약지반이나 토사구간은 기준점 설치를 피해야 한다.

　　(ㅁ) 수평기준점측량방법은 개방트래버스측량을 이용하므로 최소3회 이상 정밀프리즘을 이용한 관측을 하여야 한다.

　　(ㅂ) 고저기준점측량은 일등고저기준점 또는 이에 준하는 점을 설치하여 갱외고저기준점과 터널 내 고저기준점간 직접왕복고저측량을 시행한다. 또한 월 1~2회 이상 갱외고저기준점과 터널 내 고저기준점간 직접왕복고저측량을 시행하여 오차점검을 하여야 한다.

　나) 터널 내 기준점측량

지하기준점시설 시 TS를 이용하여 직접기준점이동방법과 추를 이용하여 지하로 이동시키는 방법이 있다.

　　(ㄱ) 광파종합관측기(TS)를 이용하여 직접기준점 이동시준을 할 수 있는 충분한 공간 확보가 어려우므로 수회에 걸친 기계이동에 의한 관측으로 오차가 크게 나타날 수 있으므로 많은 주의를 하여야 한다.

　　(ㄴ) 추를 이용하는 좌표기준점의 이동방법은 확인된 지상기준점에서 측량을 실시하여 복공판상부에 구멍을 뚫어놓고 한쪽면 모서리에 기준점을 이동시키는 방법이다. 2개소의 복공에 구멍을 내어 한쪽은 기계점으로 이용할 기준점을 내리고 다른 한쪽은 후시점으로 이용할 기준점을 내린다. 구멍이 뚫린 복공판 한쪽면 모서리에 기준점을 이동시킨 후 피아노선에 추를 매어단 후 지하로 내려 폐유나 물이 담긴

통에 추를 내려 고정시키고 2대의 TS를 이용하여 관측한다. 추를 이용하여 지하로 기준점을 이동시키는 경우는 한번에 지하로 점을 옮길 수 있어 편리할 뿐만 아니라 여러 번 기계를 옮기는 방법보다 오차발생이 적다.

(ㄷ) 지하구간의 고저기준점(수준점)이동방법으로 스틸줄자를 이용하여 지상부의 한 점에 고저기준점값을 옮겨놓고 스틸줄자를 아래로 늘어뜨려 수직이 되도록 팽팽하게 당긴 상태에서 관측값을 정하는 것으로 3인 이상의 측량인원이 소요된다.

## ③ 터널 내공단면측량

터널 내공단면측량은 발파단면의 상황을 확인하기 위하여 실시하는 것으로 숏크리트 타설 후 터널의 미굴, 여굴을 점검하며 직선구간은 10m 간격, 곡선구간은 5m 간격으로 관측하여 허용범위내의 단면은 유지하고 허용범위 밖에 있는 단면들은 라이닝콘크리트나 타설 전에 수정해야 한다.

## ④ 성과인계사항

가) 노반 인수인계 시 확인사항

(ㄱ) 토목기준점을 현장에 매설한 후 트래버스측량에 의한 기준점성과도 작성

(ㄴ) 토목고저기준점을 왕복측량하여 고저기준점 성과도 작성

(ㄷ) 궤도인수구간에 중심선측량 및 고저측량을 실시하여 설계값과 실측값과의 성과표를 작성

측량기준 : 직선은 20m, 곡선은 10m(협의에 의한 조정할 수 있음)

허용오차(터널기준) : 노반폭 = 0~+30mm, 높이 = ±20mm

기울기 오차 = ±3~±1%, 표면오차 = ±30mm

나) 인계서류

협의에 의한 조정사항으로 인수인계서, 노반인수점검표, 위치도, 완료구간에 대한 선형측량성과표, 고저측량성과표 등이 있다.

## ⑤ 철도측량 시 사용되는 용어

가) 본선(本線) : 열차운행에 상용할 목적으로 설치한 선로

나) 측선(側線) : 본선외의 선로

다) 궤간(軌間) : 양쪽 레일 안쪽간의 거리 중 가장 짧은 거리로써 레일의 윗면으로부터 14mm 아래 지점을 기준으로 한다(표준궤간 1,435mm)

라) 궤도(軌道) : 레일, 침목 및 도상과 이들의 부속품으로 구성된 시설

마) 도상(途上) : 레일 및 침목으로부터 전달되는 차량 하중을 노반에 넓게 분산시키고 침목을 일정한 위치에 고정시키는 기능을 하는 자갈 또는 콘크리트 등의 재료로 구성된 부분

바) 건축한계 : 차량이 안전하게 운행될 수 있도록 궤도상에 설정한 일정한 공간으로 선로중심에서 좌, 우 2.1m, 높이 5.15m를 기본한계로 정하고 곡선구간에서 W=50,000/R만큼 확대하도록 하고 있다(R : 선로의 곡선반경 m, W : 확대량 mm).

사) 차량한계 : 철도차량의 안전을 확보하기 위하여 궤도 위에 정지된 상태에서 관측한 철도차량의 길이, 너비 및 높이의 한계

아) 궤도중심간격 : 병렬하는 두 개의 궤도중심 간의 거리. 국유철도 건설규칙에는 정차장 외에 두선을 병설하는 궤도의 중심간격은 4m 이상으로 하고 3선 이상의 궤도를 병설하는 경우에는 각 인접하는 궤도 중심간격 중 하나는 4.3m 이상, 정차장내에서의 궤도의 중심간격은 4.3m 이상으로 하게 되어 있다.

자) 철도보호지구 : 철도시설물 보호 및 열차 안전운행을 확보하기 위하여 철도경계선(가장 바깥쪽 궤도의 끝선)으로부터 30m 이내의 지역으로 철도 주변에서의 각종 행위에 대한 안전성 여부를 검토, 조치하여 안전사고를 방지하기 위하여 설정하는 구역이다.

차) 파정(broken chainage) : 철도노선이 측량에 있어 어느 구간에 대한 계획연장의 변경 또는 노선변경에 따른 개축으로 인하여 생기는 당초 위치에 대한 거리 차이이다. 선로의 일부가 중간에서 변경되어 chainage 변경요소가 생길 경우 전체 노선의 chainage를 변경하게 되면 각 지점의 기준 chainage를 선로의 일부가 변경될 때 마다 조정하여야 하는데, 이럴 경우 관리가 어렵기 때문에 변경지점에 파정을 두어 변경 구간 전후의 chainage는 변경되니 않도록 함으로써 공사 및 유지관리가 용이하도록 한다.

기존 철도를 연장할 경우 기존 선로 레벨을 확인하여 계획고와의 차이가 발생 시 그 차이만큼 기준 BM 값을 변경하여 종단계획의 변경이 발생하지 않도록 하는 방법이다.

⑥ 곡선설치 규정

가) 수평곡선

선형설계에서 모든 선형을 직선으로 연결시키는 것이 가장 이상적이나 지형상 곡선을

설치하여야 하는 경우가 많이 존재한다.

차량의 설계속도에 따른 수평곡선 반경은 표 10-35와 같다.

[표 10-35]

| 설계속도  $V$(km/h) | 최소 곡선반경(m) | |
|---|---|---|
| | 자갈도상 궤도 | 콘크리트상 궤도 |
| 350 | 6,100 | 5,000 |
| 200 | 1,900 | 1,700 |
| 150 | 1,100 | 1,000 |
| 120 | 700 | 1,500 |
| $V \le 70$ | 400 | 600 |

나) 곡선구간의 완화곡선 삽입

설계속도에 따라 다음 표 10-36의 값 이하의 곡선반경을 가진 곡선과 직선이 접속하는 곳에는 완화곡선을 두어야 한다.

[표 10-36]

| 설계속도  $V$(km/h) | 곡선반경(m) |
|---|---|
| 200 | 12,000 |
| 150 | 5,000 |
| 120 | 2,500 |
| 100 | 1,500 |
| $V \le 70$ | 600 |

※ 완화곡선의 형상은 3차 포물선으로 하여야 한다.

⑦ 종단선형 해석

철도에서는 경사도를 ‰(1/1,000)로 표시하며 수평곡선의 반경이 800m 이하인 곡선에서는 종단곡선 곡선반경 4,000m로 하며, 그 외의 경우는 반경을 3,000m로 한다.

선로경사는 곡선과 마찬가지 모양으로 경가가 크게 되면 기관차의 견인중량에 의한 열차의 제약, 열차의 주행성능 등 수송효율에 대하여 큰 영향을 미치고 그로 인한 여객, 화물수송의 양적, 질적 서비스에 큰 영향을 미치기 때문에 선로선정에 있어서는 될 수 있는 한 경사가 작게 되도록 고려하여야 한다. 차량의 설계속도에 따른 종단곡선의 기울기는 표 10-37~10-39와 같다.

[표 10-37] 일반구간

| 설계속도  $V$(km/h) | 최대 기울기(‰) |
|---|---|
| $200 < V \leq 350$ | 25 |
| $150 < V \leq 200$ | 10 |
| $120 < V \leq 150$ | 12.5 |
| $70 < V \leq 120$ | 15 |
| $V \leq 70$ | 25 |

[표 10-38] 정거장의 전후구간 등 부득이한 경우

| 설계속도  $V$(km/h) | 최대 기울기(‰) |
|---|---|
| $200 < V \leq 350$ | 30 |
| $150 < V \leq 200$ | 15 |
| $120 < V \leq 150$ | 15 |
| $70 < V \leq 120$ | 20 |
| $V \leq 70$ | 30 |

[표 10-39] 전기종차 전용선인 경우 : 설계속도와 관계없이 1천분의 35(35‰)이다.

| Sta no. | 거리(m) | 종단경사(%) | 노반계획고(FL) | 궤도계획고(RL = FL + 0.68) |
|---|---|---|---|---|
| 960 | 0 | | 129.16 | 129.84 |
| 1760 | 800 | 18 | 143.56 | 144.24 |
| 2870 | 1110 | 8 | 152.44 | 153.12 |
| 3795 | 925 | −6 | 146.89 | 147.57 |
| 5128 | 1333 | 0 | 146.89 | 147.57 |
| 6513 | 1385 | −8 | 135.81 | 136.49 |
| 7086.946 | 573.946 | 0 | 135.81 | 136.49 |

⑧ 종단곡선의 설치

종단곡선이란 차량이 선로 기울기의 변경지점을 원활하게 운행할 수 있도록 종단면에 두는 곡선을 말한다.

가) 선로의 기울기가 변화하는 개소의 기울기 차이가 설계속도에 따라 다음 표 10-40의 값 이상인 경우에는 종단곡선을 설치하여야 한다.

[표 10-40]

| 설계속도  $V$(km/h) | 기울기 차(‰) |
|---|---|
| $200 < V \leq 350$ | 1 |
| $70 < V \leq 200$ | 4 |
| $V \leq 70$ | 5 |

　　나) 최소 종단곡선 반경은 설계속도에 따라 다음 표 10-41의 값 이상으로 하여야 한다.

[표 10-41]

| 설계속도  $V$(km/h) | 최소 종단곡선 반경(m) |
|---|---|
| $265 \leq V$ | 25,000 |
| 200 | 14,000 |
| 150 | 8,000 |
| 120 | 5,000 |
| 70 | 1,800 |

　　(주) 이외의 값은 다음의 공식에 의해 산출한다.

$$R_v = 0.35 \times V^2$$

　　여기서,  $R_v$ : 최소종단곡선 반경(m)

　　　　　　 $V$ : 설계속도(km/h)

　　$200 < V \leq 350$의 경우, 종단곡선 연장이 1.5V/3.6(m) 미만이면 종단곡선 반경을 최대 40,000m까지 할 수 있다.

　　다) 도심지 통과구간 및 시가지 구간 등 부득이한 경우에는 설계속도에 따라 다음 표 10-42의 값과 같이 최소 종단곡선 반경을 축소할 수 있다.

[표 10-42]

| 설계속도 V(km/h) | 최소 종단곡선 반경(m) |
|---|---|
| 200(1급선) | 10,000 |
| 150(2급선) | 6,000 |
| 120(3급선) | 4,000 |
| 70(4급선) | 1,300 |

# 6. 교량측량

## (1) 개 요

교량은 하천, 계곡, 호소, 해협, 운하, 저지 및 다른 교통로 등의 위를 횡단하여 연결하는 고가의 시설물이다. 또한 교량은 그 지역의 상징적인 조형물이기도 하다. 교량의 위치는 대상에 대한 직각으로 설치되는 것이 원칙이나 그 지역의 지형이나 여건상 경사지게 설치할 수 있다. 이 경우 교량 축 방향과 대상지형이 이루어지는 각을 α로 할 경우 일반적으로 석공교는 $\alpha > 30°$, 목교는 $\alpha > 25°$, 철교는 $\alpha > 20°$로 설정하고 있다. 교량의 축 방향과 교량의 구성은 그림 10-111, 그림 10-112와 같다.

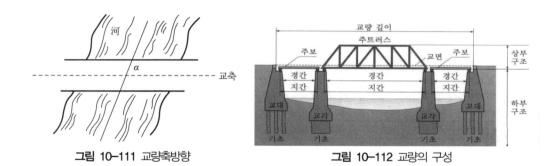

그림 10-111 교량축방향     그림 10-112 교량의 구성

## (2) 실시설계 및 측량

교량의 노선계획은 축척1/1,000~1/2,500의 지형도에 중심선을 넣어 결정하며, 종단도[축척 : 종(1/100~1/200), 횡(1/1,000~1/2,500)] 및 횡단도(종과횡의 축척 : 1/100~1/200)를 작성하여 교량의 개략적인 위치를 정하고 교량에 관한 중요한 시설물에 관한 상세한 사항은 추가로 작업

을 실시한다. 예정교량가설지점을 지형도(1/200~1/500)상에 계획중심선을 삽입하고 이 중심선을 따라 종단측량을 하여 종단면도를 작성한다. 지형변화가 심한 곳은 중심선좌우에 적당한 간격까지 종단측량을 시행하는 것이 좋으며 종단면도와 지질조사의 결과를 고려하여 교량의 형식, 경간(span)수 등을 공사비용과 비교하여 결정한다. 또한 교대, 교각위치의 횡단측량을 실시하여 횡단면도를 작성하며 교대나 교각과 같은 하부구조는 1개 또는 여러 개의 기준선을 정하여 이 기준선으로부터 각각의 하부구조위치를 도면에 기준선 및 필요한 좌표를 표시하여야 한다.

## (3) 교대와 교각의 위치

교대(橋臺)는 교량의 양쪽에 설치되는 것으로 토압과 상부하중, 교대의 자중(自重)을 지지하는 것으로 안전성이 높아야 하며 교대의 단면도는 그림 10-113과 같다. 교각(橋脚)은 수류(水流)에 저항하며 상부하중(荷重)을 지지하는 하부구조물로써 일반적으로 단면은 원형이고 상류측부분은 수류의 저항을 적게 하기 위하여 상류측 원호(圓弧)반경을 교각폭의 $\frac{3}{4}$~1배로 한다. 교대나 교각은 같은 하부구조는 1개 또는 여러 개의 기준선을 정하여 이 기준선으로부터 각각의 하부구조위치를 구하고 도면에 기준선 및 필요한 좌표를 표시한다(그림 10-114 참조).

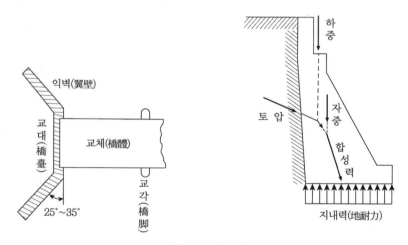

그림 10-113 교대

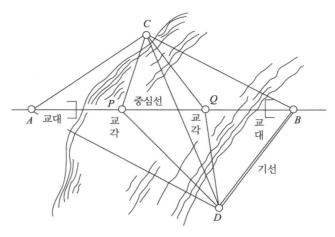

**그림 10-114** 교량측량에서 교각의 위치

## (4) 교량의 지간 및 고저측량

### 1) 지간측량

지간측량방법에는 직접측량방법과 간접측량방법이 있다. 직접측량방법에서는 쇠줄자(지간 50m 한도 : 처짐, 온도, 장력, 경사보정이 필요함), 피아노선(지간 150~300m : 온도보정이 필요하나 간단하고 정확함), 전자기파거리측량기가 이용된다. 간접측량방법에서는 삼각측량이 이용되고 있다. 교각을 세운 후 삼각망을 형성하여 전방교선법으로 교각의 위치를 결정할 경우 가설공(假說工), 말뚝박기공, 케이슨공 등과 관련되기 때문에 위치의 오차허용 범위는 20~40mm 이내이어야 한다.

### 2) 고저측량

교량지점의 양쪽에는 고저기준점(BM : Bench Mark)을 설치하여 양쪽의 고저관계를 연결시키고 필요한 경우에는 교각위치부근에 가고저기준점(TBM : Turning Bench Mark)을 설치한다. 양쪽의 고저측량은 교호고저측량을 이용하지만 거리가 긴 경우에는 도하(渡河)고저측량을 수행한다. 최근 TS나 GPS에 의한 지간거리 및 고저측량에 활용되고 있다.

## (5) 하부구조물측량

교량의 하부구조물은 교량의 상부구조물을 지탱하며 지반과 연결시키는 부분을 총칭하는 것으로 하부공이라고도 한다. 하부구조물 공사를 실시하면 중심말뚝이 없어지게 되므로 인조점

(引照點)을 X형으로 하부구조의 최고점보다 높은 위치에 설치하여 다음측량에 이용한다. 하부구조물측량에는 기초의 밑면이 접하는 토질층이 적당한 지지력을 갖지 못하므로 지지력강화를 위하여 말뚝을 박거나 현장타설로 기초를 형성하기 위해 말뚝기초, 우물통(케이슨)기초(well foundation), 형틀기초, 받침대기초 등의 구조물을 설치한다. 기초구조물설치의 시공순서는 ① 지반의 평탄작업, ② 중심 및 원형의 위치 관측, ③ 굴착, ④ 암 검측, ⑤ 최종굴착성도 결정, ⑥ 내공 확인 후 철근망공내 삽입, ⑦ 수직도확인 관측, ⑧ 콘크리트타설, ⑨ 현타두부높이 관측, ⑩ 두부정리 후 중심확인측량으로 성과표작성을 수행한다. 기초구조물의 형태는 그림 10-115와 같다.

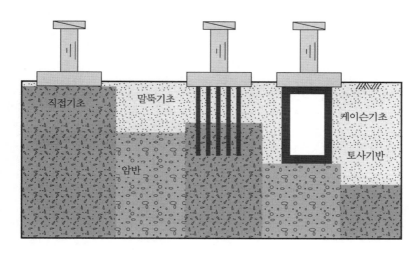

그림 10-115

설계도서, 법령해석, 감리자의 지시 등이 서로 일치하지 않는 경우를 대비하여 그 적용의 우선순위를 계약단계에서 정하지 아니한 때는 다음과 같은 순서로 시행한다.

① 특기시방서 → ② 설계도면 → ③ 일반시방서, 표준시방서 → ④ 산출내역서 → ⑤ 승인된 시공도면 → ⑥ 관계법령의 유권해석 → ⑦ 감리자의 지시사항

## 1) 말뚝기초설치측량

말뚝은 설계도에 표시한 위치에 정확히 타입해야 하며, 말뚝의 간격 및 교각 등의 하부구조와 상대위치를 정확히 측량한 후 작업을 시작한다. 일반적으로 설계위치와 시공위치차는 말뚝의 직경을 $D$로 한 경우 시공위치오차는 $D/4$ 이내로 한다. 그림 10-116에서 교량중심선에 설치한 말뚝이 NO. 6, NO. 7 이고 교대전면에 설치된 말뚝이 ①, ②, ③, ④인 경우 2본(本) 2열(列)

말뚝에 대해 표시하고 있다. 첫째, 트랜시트를 NO. 6에 설치하고 NO. 7을 시준하여 그 시준선 상에 교각 범위에 $a$, $b$를 설치한다. 둘째, 트랜시트를 ②에 세우고 ④를 시준하여 시준선상에 $c$, $d$를 설치한다. $a$점에서 $\overline{cd}$에 평행한 방향을 선정하여 두 개의 말뚝위치를 정하여 $f$, $e$로 표시하며 $b$점에서도 동일하게 하여 $ij$를 정한다. 또한 $d$와 $c$점에서 $\overline{ab}$에 평행한 방향으로 말뚝 간격을 관측하여 $h$와 $g$를 표시하며 이들 표시로부터 4개의 말뚝위치를 결정한다. 말뚝을 수직 으로 타입하는 경우는 두 방향에서 트랜시트로 수직이 되게 지시해주면 되지만 경사말뚝의 경우 는 한 방향은 트랜시트로, 다른 방향은 타입기계의 눈금 및 경사각에 맞추어 이루어진 직각삼각 형의 자를 이용한다.

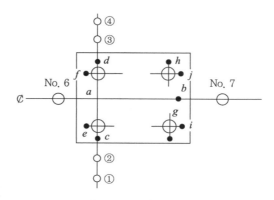

그림 10-116 말뚝설치측량

## 2) 우물통(또는 케이슨)의 설치측량

공사 중 우물통의 이동 상태는 중심위치의 수평이동, 평면 내의 회전이동, 수직폭의 경사로 나누어진다. 그림 10-117에서와 같이 우물통의 상태를 A, B, C, D 4곳에서 검사하여 우물통의 위치 및 경사를 파악할 수 있다. 우물통을 수중에 설치할 경우 트랜시트를 우물통에 설치하여 두 곳에서의 시준선 교점이 우물통의 중심이 되도록 하는 것이 기본이지만 설치용대(設置用台) 를 사용하기도 한다. 최근에는 해협횡단의 교량이 많이 설치되고 있어 해중에서의 교각설치기 술도 점점 진보되고 있다. 종래에는 트랜시트에 의한 전방교회법이나 전자파거리관측기에 의한 후방교회법으로 하였으나, 최근에는 TS에 의한 전방교회법으로 임시위치설정(가거치) 후 3차 원 관측에 의한 정위치설정(정거치)하는 방법과 GPS에 의한 일괄위치설정 방법으로 실시한다.

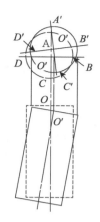

**그림 10-117** 우물통의 설치측량

① TS에 의한 방법

　가) 임시위치설정(가거치)

　두 개의 기지점으로부터 전방교회법으로 각관측하여 우물통을 유도한다(우물통 양단의 수직면 정시준).

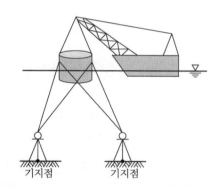

**그림 10-118(a)** TS에 의한 임시위치 설치

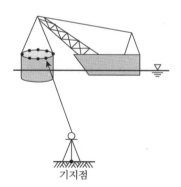

**그림 10-118(b)** TS에 의한 정위치 설치

　나) 정위치설정(정거치)

　（ㄱ) 임시위치설정 유도에 의해 우물통이 정위치의 20~30cm 이내로 접근하면 TS에 의한 3차원 측량으로 정위치설정을 위한 작업을 수행한다.

　（ㄴ) 우물통 상단에 반사프리즘을 설치하여 좌표를 직접 관측한다.

　（ㄷ) TS의 장비 특성상 1~2km 이내의 근거리 공사 시 적용된다.

② GPS에 의한 방법

　　가) GPS로 관측 시 가장 정확도가 높은 RTK GPS 방식을 취한다.

　　나) RTK GPS 방식은 기지국 GPS에서 생성된 위치보정신호가 무선모뎀을 통해 이동국
　　　　GPS로 송신되어 이동국 GPS에서의 위치오차를 1~2cm 이내로 줄일 수 있다.

　　다) RTK GPS에 의해 이동국에서 취득한 우물통의 위치자료는 실시간으로 컴퓨터에 전
　　　　송되어 현재의 시공위치를 영상으로 표시 및 제어를 한다.

　　라) GPS를 이용한 방식은 TS와 같은 광학식 측량방법에 비해 장거리 측량이 가능하고
　　　　기상조건에 제약을 받지 않아 공사효율을 높일 수 있다(그림 10-119).

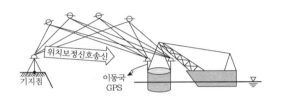

**그림 10-119** GPS에 의한 우물통 설치

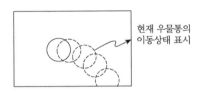

**그림 10-120** GPS에 의한 우물통의 이동현황을 점
검 및 관측할 수 있는 영상

우물통 설치할 경우 고려사항은 다음과 같다.

1단계 : 2대의 TS로 기지점에서 우물통 양단의 수직면을 정시준하여 전방교회법으로 우물통
　　　　을 유도한다.

2단계 : 1단계에서 유도된 우물통이 정위치 근처(약 20~30cm)까지 접근하면 우물통 상단에
　　　　설치된 프리즘 좌표를 TS로 관측하여 우물통을 정위치로 정착시킨다. 정위치로 정착
　　　　시킨 후 중심선측량에 의한 우물통의 위치 및 수직도를 수시로 관측하여 확인할 뿐만
　　　　아니라 우물통의 좌우(2점), 전후(6점)를 택하여 수평위치 및 고저값(높이)을 관측하
　　　　며 횡단면도를 작성하여 굴착작업에 활용한다.

시공은 가조립측량(수평위치 및 고저값), 현황측량(캐드도면 확인), 운반 및 위치설치, 코너
부 폴고정 2기계 설치, 안착, 수평위치 및 고저측량(EL 측량 : Elevation Level Survey), 현황
도면 작업, 평면도작성(횡단 및 평면), 굴착 후 위치 및 EL 측량, 상부 및 하부위치 횡단면도작
성, 굴착순서변경, 반복완료(굴착 순서에 따라 위치 변경되므로 굴착순서를 수시로 확인하여
위치를 결정한다(그림 10-121).

## 3) 구체측량

단면의 형상은 많지만 아래 그림처럼 콘크리트타설 전후 위치측량을 하여 관리를 하여야 하며 완성단면에서는 수평위치 및 고저값은 필수로 확인하여야 한다.

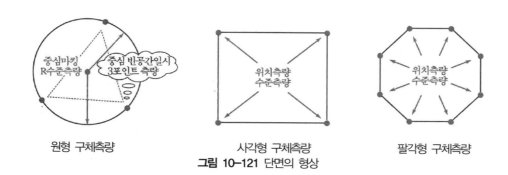

원형 구체측량                사각형 구체측량              팔각형 구체측량
**그림 10-121** 단면의 형상

구체가 높을 시 연직각에 의한 수평거리 오차가 발생하므로 연직각이 20도 이상 시 위치를 변경해주어야 수평위치 오차를 줄일 수 있다.

## 4) 형틀설치측량

형틀설치측량은 기초구조 또는 하부구조설치와 동일한 방법이며 형틀설치 후 형틀상단의 중요점의 위치를 검측하여 지장이 없으면 콘크리트를 타설한다. 하부구조의 구체(軀體)가 소정의 높이까지 도달한 경우 최후의 리프트 타설 전에 중심의 수평위치 및 고저값에 대한 검사를 거친 다음 받침대위치를 정하며 Anchor-Bolt를 고정한 후 소정의 하부구조천단까지 콘크리트를 타설한다.

## 5) 두겹대(coping) 및 받침대(shoe) 측량

교체가설(橋體假說)에 서는 받침대 및 두겹대의 설치위치를 정확하게 측량을 해야 하며, 받침대의 횡축방향 및 교축(橋軸)직교방향의 기준선의 결정, Anchor-Bol의 위치 및 답좌(沓座)의 고저측량을 한다. 두겹대상부의 받침대는 프리캐스트보(PCB : Precast Concrete Beam)나 박스거더(box girder)[9] 등의 상부구조물과 정확히 그 치수가 일치해야 하므로 정밀한 측량을 수행하여야 한다. 받침대의 위치가 교축선(橋軸線)에 대해 임의각도를 갖는 경우, TS, GPS, 트랜시트에 의한 각측량과 받침대간격 및 받침대를 직접측량하여 확인할 필요가 있다. 가동(可動)받침

---

9  박스거더 : 中空의 닫힌 단면을 갖는 상자형의 들보.

대는 상부구조의 온도변화, 휨, 콘크리트크립 및 건조수축, 프리스트레스(prestress)에 의한 이동량에 대해 여유가 있도록 설치해야 한다. 이동량은 다음 식에 의해 산정한다.

$$\Delta l = \Delta l_t + \Delta l_s + \Delta l_c + \Delta l_r \tag{10-121}$$

여기서, $\Delta l$ : 계산이동량

$\Delta l_t$ : 온도변화에 의한 이동량

$\Delta l_s$ : 콘크리트의 건조수축에 의한 이동량

$\Delta l_c$ : 콘크리트의 크립에 의한 이동량

$\Delta l_r$ : 활하중에 의한 상부구조의 휨이동량

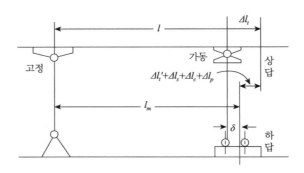

**그림 10-122** 받침대 위치의 결정

가동받침대의 이동량 계산은 상기한 계산이동량 외에 설계할 때의 오차나 하부구조의 예상외 변화에 대처할 수 있도록 여유량을 주어야 한다. 이 여유량은 규모에 따라 다르지만 설치여유량으로 ±10mm, 추가여유량 ±20mm로 해서 총 30mm로 하고 있으며 받침대에 대한 이동량계산에서는 설치여유량 ±10mm만 고려한다. 받침대 설치측량의 허용오차는 일반적으로 2~5mm 내·외이다. 가동받침대는 일반적으로 설계도에 표시된 표준온도, 활하중재하의 상태 및 콘크리트의 건조수축, 크립 등을 고려하여 상하담의 중심이 일치하도록 설치하므로 설치 시의 상황에 따라 그림 10-122와 같이 $\delta$만큼 상하답(畓)의 중심을 수정할 필요가 있으며 늘어나는 방향을 (+)로 한다.

$$\delta = l_m - l \tag{10-122}$$
$$= \Delta l_d - (\Delta l_{t'-1} \Delta l_s + \Delta l_c + \Delta l_p)$$

여기서, $l$ : 받침대의 설치완료 시 상부구조의 신축길이

$l_m$ : 가동받침대하답(下畓)중심과 고정받침대 하답중심 간의 거리

$\Delta l_{t'}$ : 표준온도를 기준으로 한 온도변화에 대한 이동량

$\Delta l_d$ : 받침대의 설치 완료 시에 작용하는 사하중에 대한 이동량

$\delta$ : 가동받침대 상하답중심의 변위

① 두겁대(coping) 측량

두겁대의 수평위치 및 고저값을 확인측량하고 받침대를 고정시키는 앵커볼트 위치 및 콘크리트 받침의 고저값을 확인하는 측량을 실시한다. 두겁대의 시공 및 측량순서는 두겁대의 형틀(form)설치, 철든 및 거푸집 조립 후 수평위치 및 고저(높이)측량, 받침대위치측량, 앵커볼트위치측량 순으로 실시한 다음 성과표를 작성한다.

두겁대시공 및 측량순서는 형틀(form)거치, 철근 및 거푸집조립, 수평위치 및 고저측량, 슈위치측량, 앵커볼트위치측량, 성과표 작성 순으로 한다.

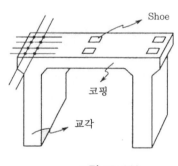

그림 10-123

② 받침대(shoe) 측량 및 연단거리 유지관리

가) 받침대 측량

교량받침대의 시공 및 측량순서는 평면선형의 교량받침대의 중심점과 종단선형의 고저값(또는 높이값-EL : Elevation Level)을 검토한 정확한 자료를 확인, 받침대 수평위치측량, 교량받침대의 중심좌표를 이용하여 교량의 직교축방향으로 기준선을 측설, 교량받침대를 설치한 후 수평위치 및 계획고를 확인(허용오차 : 1~3mm)한 후 검측 및 성과표를 작성한다.

두겁대 상부의 받침대는 프리캐스트보나 박스거더 등의 상부 구조물과 정확히 그 치수가

일치해야 하므로 매우 정밀한 측량을 요한다.

모든 받침대의 꼭짓점에 대한 좌표를 계산하여 정밀하게 받침대 위치를 설정하고 인접 받침대와의 평행성 여부도 점검한다.

나) 받침대 연단거리 유지관리

교량에서 받침은 상부구조의 모든 하중을 하부구조로 전달하는 주요 부위이므로 최소연 단거리 및 형하공간을 확보하여 보수 시 지장이 없어야 한다.

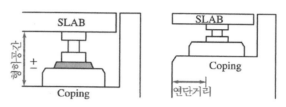

**그림 10-124** 형하공간(좌)과 연단거리(우)

또한 교각 및 교대상부의 받침면은 상부구조로부터 집중하중을 받는 부위이므로 연단거 리가 짧으면 고정단에서 교각 및 교대의 전면의 콘크리트가 파손이 될 수 있다. 또한 받침대 가 파손되는 가동단에서는 받침대가 그 위치를 벗어난다. 이러한 콘크리트 파손이나 받침 대의 위치이탈이 심한 경우 주형이 낙하될 수도 있다.

## (6) 상부구조물측량

### 1) 치수검사 및 가조립검사

교량상부구조물 중에서도 강교는 일반적으로 가설현장과는 다른 공장에서 제작되므로 하부 구조와는 측량오차가 있으면 교량이 걸리지 않게 되는 경우도 생길 가능성이 있기 때문에 크기 값(치수)검사, 가조립검사 등을 철저히 수행하여야 한다.

원수치도면(原値數圖)이라 함은 설계도에 따라 넓은 평면에 그려진 실물크기의 도면이다. 이 원수치도면이 필요한 이유는 구조의 실제길이, 실제각을 재고 모든 부품 및 부재의 실물 크기의 형판을 제작하고 설계도입 기입치수의 틀림이나 상세한 부분에서 가공상의 문제나 설치상의 문제를 발견하기 위해서이다. 일반적으로 강교의 도면은 1/20~1/30의 축척으로 도면화되어 있으므로 원치수도면을 직접 재서 제작 및 설치하는 것이 편리하다. 그러나 최근에는 수치제어 에 의한 자동도화기의 개발과 제작에 필요한 자료들을 직접 얻을 수 있는 program이 개발되고 있으므로 원치수도면의 검사가 합격되면 모든 부재에 대해 절단, 구멍뚫기 등의 가공을 할 수 있다. 공작이 완료된 각각의 교량부재는 공장 내 작업장에서 교량에 관련된 부분을 조립하게 되는데, 이를 가조립이라 하며 가조립된 교량의 형상, 치수, 외관 등을 검사하는 것을 가조립검사라 한다.

① 쇠줄자의 검사

제작공장과 가설현장에서 사용하는 줄자는 정확도가 1급에 속하는 것이지만 원치수도면 작성 시 줄자와 가설현장(架設現場)에서 하부구조측량에 이용된 줄자를 비교하여 엄밀히 검정을 해야 한다. 이는 줄자가 갖고 있는 정오차에 대한 보정이 교량부재의 정확도에 직접 영향을 주기 때문이다.

② 원치수검사

원치수도면을 작성하는 데 사용한 줄자가 검정 시에 감독자가 오차보정이 이루어진 줄자라고 인정된 줄자와 같다는 것이 확인된 후 원치수도면과 설계도를 비교·검토하고 감독관의 지시사항을 면밀히 검토하여야 하며 전체길이, 지간길이, 폭원, 대각거리 및 높이(縱斷形狀), 휨, 부재길이, 부재단면, 보가곡선인 경우 곡선반경 등도 면밀히 검사할 필요가 있다.

③ 가조립검사

가조립검사는 최종적인 주요검사이므로 가설현장담당자도 입회하여 면밀히 조사해야 한다. 가조립검사의 목적은 부재가 정확히 제작되었는가를 확인하고, 부재간의 접합이 양호하며 조립된 전체가 규정된 형상과 수치로 되어 있는가를 확인하는 것이다. 또한 필요에 따라 휨도 관측한다.

## 2) 가설 중 측량

가조립을 한 교량에서는 제원에 대한 문제점 및 가설공사 중의 보에 대한 위로 휨(camber)의 점검 등이 중요한 사항이다. 캠버측량은 각 점에 대해 가설단계마다 실시하며 쓰러짐이나 비틀림 등도 측량한다. 공장에서 가조립한 경우는 가조립 당시의 자료를 설치 당시의 관측자료와 비교하여 검토하며 단면이 큰 경우는 온도분포차에 의한 보의 비틀림이나 휨이 일어나므로 측량 시에는 이 점을 고려해야 한다. 원래 보의 위로휨은 교량 공사 완공 후 10,000일 이후 최종 교량처짐량을 구한 후 그 값을 역으로 한 값을 뜻한다.

### 3) 가설 후의 측량

가설이 완료되고 용접과 부재연결이 완결된 후에는 보의 위로 휨을 측량하고 지보공(支保工)을 철거한 후에는 상부구조의 하중에 의한 처짐을 점검한다. 상판타설을 완료한 후 계획고로부터 포장, 지복(地覆), 난간의 처짐을 제외한 것 등에 대하여 점검하며 포장, 지복, 난간 등을 완료한 후에는 계획고를 측량한다. 교량가설 후에도 콘크리트의 건조수축이나 상부구조의 자중에 의해 처짐의 발생, PC(Prestress Concrete) 보에 의한 경우 피아노선의 이완에 의해 처짐 등이 생기므로 정기적인 점검이 필요하다.

## (7) 특수교량

### 1) 사장교

#### ① 사장교의 특성

사장교는 장대 지간장(일반적으로 200~900m)이 요구되는 하천, 해상 및 주위환경이 높은 타워와 조화를 이룰 수 있는 지역에 가설하는 교량으로 주자재는 케이블(cable)로써 각각의 케이블은 현수교보다 그 연장이 짧으므로 케이블 가설이 용이하다. 구조적 특징으로는 고장력 케이블과 타워에 의해 주하중을 지지하고 현수교와 다르게 앵커리지블록이 필요 없다.

H형 주탑

다이아몬드형 주탑

A형 주탑

I형 주탑

그림 10-125 주탑의 종류

② 주탑 형상측량

주탑 설치 후 초기 형상을 측량하는 것으로 측량시기는 대기온도가 주탑에 균등하게 미치는 시점으로 동절기는 20시 이후, 하절기는 22시 이후 야간에 실시, 측량장비는 무타켓 TS, 온도계, 레벨, 기지점은 교량중심의 연직선 상에 설치하고 공사 종료 시까지 유지관리 한다. 주탑형상 측량은 주탑형상의 정점관측계획에 의하여 설치된 반사시트를 관측한다. 사장교량에서 반사시트는 사장교량공사 종료까지 유지하여야 한다. 케이블가설인 경우는 보강형 상단에 장애물이 없어야 하며 측량 시 바람 및 작업자 이동이 측량오차를 발생시킬 수 있으므로 측량사 이외의 모든 작업자를 철수시켜야 한다. 측량에 관한 측량시작시간, 대기온도, 주탑온도, 측량종료시간을 반드시 기입하여 성과표를 제출하여야 한다.

③ Key Segment 연결 후 형상측량

Key Segment는 전체를 같은 구간의 구간이나 부위로 나누었을 때의 기본적인 구간이나 부위로써 모든 공정을 완료한 후 Key Seg(측경간 Key Seg, 중경간 Key Seg) 연결함과 동시에 최종의 공정까지 정밀한 관측을 한다. 주탑 및 보강형 최종자료를 관측할 경우, 감리원은 시방서에 기준한 정확도를 얻을 때까지 반복관측을 통한 해석으로 소요의 성과에 대한 검측을 한다. 주탑에 설치된 모든 반사시트는 주기적인 관측과 검사를 위해 준공 시까지 유지하며 교량면의 포장후 주탑정상 및 보강형관측을 마친 후 설계실에 자료를 제출하여야 한다. 또는, 설계실에 제출된 최종 구조물성형해석성과를 감리원이 검측을 실시하여야만 모든 작업이 종료되는 것이다.

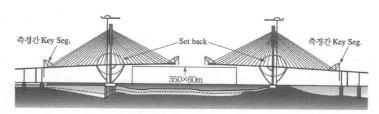

**그림 10-126** 측경간 Key Seg. 가설

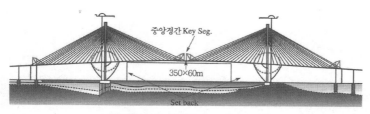

**그림 10-127** 주경간 Key Seg. 가설
(참조 : 현장측량 실무지침서, (주)케이지에스테크, 구미서관, 2012)

# 7. 시설물변형 및 고층건물 유지관리측량

## (1) 사회기반시설물의 변형측량

변위관측은 위치변동이 없는 지점을 기준으로 하여 위치가 변동되는 지점의 변형을 관측하는 측량으로서 기준점과 대상물에 대한 정교한 관측점설치 작업이 가장 중요하다.

구조물이나 기초 지반 내부의 응력이나 변형량은 관측 대상물 간의 상대적인 변형량을 관측하여 취득한다.

절대좌표에 의한 관측으로 전체 시설물의 거동(변동현상)의 분석이 어려울 경우 관측대상에 표지를 설치하여 국지적인 변위량을 관측한 값에 의하여 전체 시설물의 변동사항을 해석한다.

### 1) 측량에 의한 변형관측

① TS에 의한 변형관측

우선 위치변형이 없다고 판단되는 안정된 지반, 구조물 또는 건물 옥상 등에 어느 한 점을 원점(0, 0, 0)으로 하는 기준점망을 설치한다(최소 3점 이상의 트래버스망).

일반 TS로 일일이 반사프리즘을 관측하는 방법과 반사경 자동추적 기능을 가진 TS에 의한 무인 관측 방법이 있다.

정밀형의 TS를 사용해야 하며 각 정확도는 1″ 이내, 거리 정확도는 2mm + 2ppm 이내이어야 한다.

반사 프리즘은 강재 구조물의 경우 자석을 이용하여 아치표면에 부착하거나, 콘크리트 구조물인 경우 앵커에 부착하여 콘크리트 면을 굴착(drilling)한 후 설치한다.

동일지점에서 TS로 프리즘을 연속 관측하여 3차원 자료를 취득, 교량의 거동을 분석한다.

\* 주의 : 프리즘은 TS의 시준방향과 반드시 일치해야 하므로, 프리즘 설치시는 일일이 TS로 프리즘을 시준하면서 정확히 방향을 맞추어 설치해야 한다.

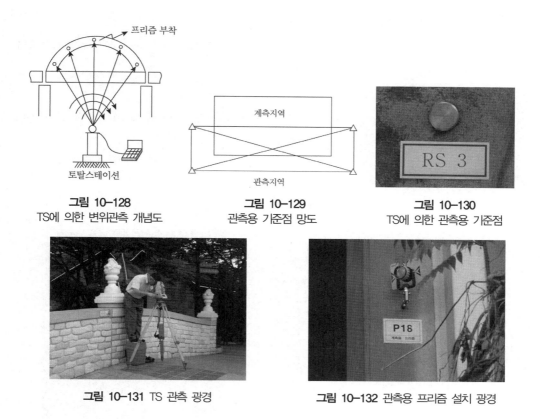

**그림 10-128**
TS에 의한 변위관측 개념도

**그림 10-129**
관측용 기준점 망도

**그림 10-130**
TS에 의한 관측용 기준점

**그림 10-131** TS 관측 광경

**그림 10-132** 관측용 프리즘 설치 광경

② GPS에 의한 변위관측

가) 후처리 방법

관측 지점에 GPS를 설치하고 연속 관측하여 자료를 저장한 다음 저장된 자료를 정밀 후처리하여 시간대별로 변위량을 분석함으로써 mm 정밀도의 자료 취득이 가능하다.

자료는 GPS에 장착된 PCMCIA 카드, 노트북 PC를 이용하여 현장에서 취득하거나 무선 모뎀 또는 광섬유 케이블을 이용하여 사무실에서 전송된 자료를 취득하여, 후처리를 해야만 변위량을 알 수 있는 후처리 방법보다 DGPS 또는 실시간 처리 방법이 많이 이용되고 있다.

나) 실시간 처리방법

(ㄱ) RTK GPS에 의한 방법

기지국에서 생성한 위치보정신호를 이동국 GPS로 송신하여 이동국에서 변위 자료를 취득한다.

(ㄴ) 역정밀 GPS(Inverse DGPS)에 의한 방법

이동국 GPS에서 수신한 원시 자료를 그대로 기지국으로 송신하여 기지국에서 자료를 처리함으로써 변위 자료를 취득한다.

(ㄷ) 일반적으로 mm 단위의 변위 관측이 가능하며 규정값 이상의 변위 발생 시 자동위험 예측 신호를 가동하여 방재시스템으로도 활용 가능하다.

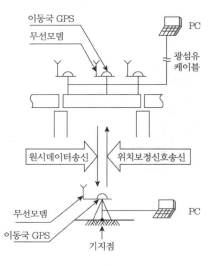

그림 10-133 GPS에 의한 관측 개략도

그림 10-134 교량상판의 GPS 관측

그림 10-135 현수교 주탑의 GPS 관측

## (2) 초고층건물 관리를 위한 수직도 측량

종래의 건축측량은 바닥콘크리트 타설 후 골조 공사를 위한 기둥이나 벽체의 위치측량만 최초 1회 수행될 뿐, 일단 골조공사가 진행되는 동안에는 각 층에서의 모든 측량이 줄자에 의한 거리측량으로만 수행되며 더욱이 건물 내부에서만 측량이 이루어지므로 고층으로 올라갈수록 각 층간 구조물의 평면 위치에 오차가 발생하여 전체적으로 수직도에 결함이 발생할 가능성이 많다.

건축측량을 시행하여 건물의 코어(core)나 외벽시공 시 콘크리트 타설 직전 거푸집의 정확한 위치를 3차원으로 정밀 관측하고, 그 설치오차를 조정함으로써 시공 당시부터 완벽한 수직도를 유지하고 관리하는 방안에 대하여 기술하고자 한다.

### 1) 건축 측량의 순서

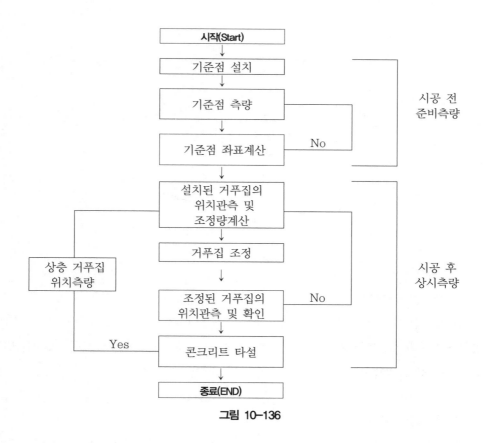

그림 10-136

## 2) 세부측량 계획 및 실시

① 기준점 측량

가) 폐합 트래버스 측량에 의한 기준점 망 (network) 구성

기준점의 위치선정(선점 : selecting station)은 인접 기준점 간 시통이 양호한 지점이어야 하며, 인접 기준점간에 고저차가 심하면 예각의 발생으로 오차가 커지므로 가능한 한 인접 기준점간의 고도 시준각이 45° 이내가 되도록 고려하여 선점한다.

고층 건물일수록 지상에 설치한 기준점에서 건물 상단부의 관측점 시준 시 고도각이 커짐에 따라 시준도 어렵고 정확도도 저하되므로, 설계높이에 따라 지상 기준점을 건물 위치로부터 멀리하여 설치하되 시준 고도각이 45° 이내이면서 시준거리가 500m 이내인 조건이 되도록 근처빌딩의 옥상부에 기준점을 설치도록 한다.

나) 기준점 망도의 예(폐합트래버스 다각망 구성)

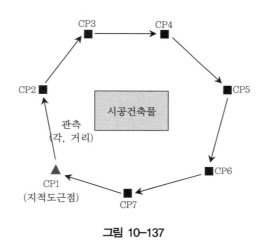

그림 10-137

다) 기준점 좌표계산

지적도근점을 기지점으로 하여 CP1~CP2, CP2~CP3, CP3~ CP4, … CP7~CP1의 방위각과 거리를 관측한 후, 모든 기준점이 상호 간 균등한 정확도를 갖도록 최소제곱법에 의한 관측값 조정을 실시하여 각 기준점의 좌표값을 확정한다.

라) 기준점의 유지관리

지상 및 옥상부에 설치된 기준점 중 특히 지상부 기준점은 일반인에게 노출되어 있어

설치 후 위치변형의 가능성이 있으므로 주기적인 망조정 측량을 실시함으로써 정확도가 유지될 수 있도록 관리해야 한다.

② 코어(core) 및 외벽 시공측량

가) 측량시기

수직도 유지를 위한 측량은 코어부나 외벽부의 콘크리트 타설 직전, 설치된 거푸집의 내측 모서리 지점의 평면좌표(X, Y)를 정확히 관측하여 설계 좌표와의 차이값을 계산함으로써 거푸집 조정량을 결정한다.

나) 측량방법

코어 및 외벽의 위치측량은 가능한 한 3차원 좌표의 직접취득을 원칙으로 함으로써 요구 정확도를 유지할 수 있다.

다) 시공측량 흐름도

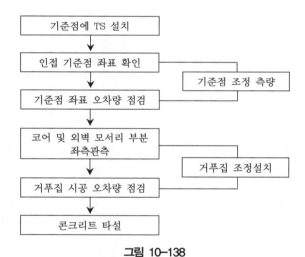

그림 10-138

라) 코어 및 외벽의 좌표관측 광경

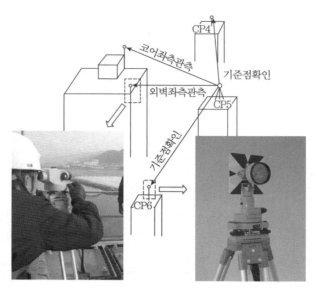

그림 10-139

마) 코어 측량용 임시 기준점 측량

외벽의 시공 상태에 따라 코어부의 시준이 불가능할 경우현재 시공된 층의 슬라브 면상에 임시 기준점을 설치하여 코어부를 직접 관측하여 좌표를 관측한다.

③ 코어 및 외벽의 수직도 검사측량

가) 코어 및 외벽의 수직도 검사측량 방법은 시공측량 방법과 동일하게 실시하며 설계좌표와 비교함으로써 손쉽게 오차량을 파악할 수 있다.

나) 측점 위치에 프리즘을 고정 설치하거나 또는 관측시마다 프리즘을 임시로 설치하는 것 중 적합한 방법을 선택하면 된다.

다) 이미 시공이 완료된 구조물에서 변위 관측의 용도가 아니라면 반드시 프리즘을 고정으로 설치할 필요는 없다.

④ 시공측량 보고서의 작성

시공측량 보고서는 매 측량 시마다 작성되며 기준점의 현황 및 좌표성과 측량성과표 등이 성과품으로 제출된다.

가) 기준점의 현황 및 좌표성과

| 기준점명 | 평면좌표 | | 표고(m) | 설치위치 | 비고 |
|---|---|---|---|---|---|
| | X(m) | Y(m) | | | |
| CP 1 | | | | | |
| CP 2 | | | | | |
| CP 3 | | | | | |
| CP 4 | | | | | |
| CP 5 | | | | | |

나) 측량성과표

(ㄱ) 코어부 측량 성과표

| 관측점위치 | | 설계좌표 | | 시공좌표 | | 시공오차량 | | 비고 |
|---|---|---|---|---|---|---|---|---|
| | | X(m) | Y(m) | X(m) | Y(m) | X(m) | Y(m) | |
| 5층 코어 | Pc 1 | | | | | | | |
| | Pc 2 | | | | | | | |
| | Pc 3 | | | | | | | |
| | Pc 4 | | | | | | | |
| 10층 | Pc 1 | | | | | | | |
| | Pc 1 | | | | | | | |

(ㄴ) 외벽 측량 성과표

| 관측점위치 | | 설계좌표 | | 시공좌표 | | 시공오차량 | | 비고 |
|---|---|---|---|---|---|---|---|---|
| | | X(m) | Y(m) | X(m) | Y(m) | X(m) | Y(m) | |
| 10층 외벽 | Pw 1 | | | | | | | |
| | Pw 2 | | | | | | | |
| | Pw 3 | | | | | | | |
| | Pw 4 | | | | | | | |
| 10층 | Pw 1 | | | | | | | |
| | Pw 2 | | | | | | | |

⑤ 사용 측량장비 기준

본 측량과 같이 높은 정확도를 요하는 측량에서는 오차의 주원인이 되는 기계오차 및 시준오차를 최소화시키기 위해서 다음과 같은 성능 이상의 측량 장비를 사용하여야 한다.

가) TS

각 관측 정확도는 2초 이내의 1급 데오도라이트 기능이어야 하며, 거리 관측 정확도는 2mm+2ppm 이내의 정밀 거리관측을 하여야 한다.

사용 측량장비로서 무타겟 TS는 거리관측 정확도가 낮으며 시준 정확도도 낮다.

나) 레이저 측량 장비류

각 관측 정확도가 낮으며, 레이저빔의 직경이 거리에 비례하여 확대되어 시준 정확도도 양호하지 않다.

다) GPS

후처리 방식인 경우 5mm+1ppm의 정확도로 거리관측 가능하나 망조정시 좌표 편차가 커지고 현장에서 관측 성과를 알 수 없으므로 부적합하며 실시간 처리 방식인 경우 1~2cm의 위치 오차가 발생하므로 정밀 건축측량에는 부적합하다.

⑥ 관측값의 요구정확도

가) 오차의 요인

기계 오차는 ±2mm, 기준점 오차는 ±1mm, 기계 설치 시 구심 오차는 ±1mm, 프리즘 설치 오차는 ±1mm를 요구하고 있다.

나) 오차의 총합

각 오차요인의 성질이 모두 다르므로 평균 제곱근 오차 공식에 근거하여

$$\sqrt{2^2 + 1^2 + 1^2 + 1^2}\, \text{mm} = 2.65\text{mm}$$이므로 안전율을 계산할 때 실제 기대 정확도는 ±4~5mm로 산정하는 것이 바람직하다.


# 8. 사방공사측량

## (1) 개 설

사방(erosion control)은 유역에서 토사생산과 유출에 의해 발생하는 재해를 방지하기 위한 건설사업이다.

우리나라는 산림의 임상(forest physiognomy)이 매우 빈약하고 지세가 급하여 비가 많이 내리게 되면 산지로부터 흙이나 모래가 많이 유실되고 하천의 흐름이 급격히 증가하여 홍수를 일으킨다. 하천이 범람하면 홍수로 인한 토사가 농경지, 가옥, 도로 등을 매몰 및 파괴시키며 하류에 밀려 내려온 토사는 하구의 항만을 메워 수심을 얕게 한다. 사방공사는 이와 같은 위험과 재해를 방지하기 위해 공익적 사업으로 시행되고 있다.

사방사업은 산림의 황폐를 방지하기 위한 예방사방, 이미 황폐된 산지를 복구하기 위한 복구사방으로 구분하기도 하고, 산지의 침식을 방지하고 복구하기 위한 토목시설물을 시공하는 토목공학적 방법, 황폐산지에 사방용 녹화방법인 직물학적 방법으로 구분하기도 한다.

## (2) 산복사방(hillside erosion control)측량

산복공사의 측량은 산복황폐지의 주변을 포함하여 충분한 범위까지 실시해야 한다. 산복붕괴지의 측량은 시공지의 면적결정과 비탈다듬기공사의 토사량산출, 공작물의 수량산출, 위치결정 등을 위해 실시한다. 측량의 종류는 지형측량·종단측량·횡단측량 등의 세 가지로 구분된다.

### 1) 지형측량

지형측량은 계문사방공사의 측량에 준하지만 산복사방공사의 지형측량은 산복황폐지의 면적 및 지황·지형의 기복·식재를 위한 토지 구분 및 그 주변의 지형조건을 파악하기 위해 실시한다. 대규모 원형붕괴지의 경우는 다각측량으로 하며, 소규모 원형붕괴지의 경우는 평판측량, 좁고 긴 붕괴지인 경우는 지단측량에 의해 지형도를 작성한다.

### 2) 종단측량

산복공사의 종단측량은 산복비탈면의 실태를 측량하는 것으로서 주로 산복흙막이공사나 수로공사 등의 공작물배치·규모 및 비탈다듬기공사의 토사량 산정을 위해 실시한다. 일반적으로, 붕괴지 내의 凹부에 축설하는 산복흙막이의 위치 또는 그 계획높이의 결정·수로공사·암거공사 등의 수량을 결정하는 데 기준이 되는 측량이다. 따라서 측점은 지형의 변화점·공작물의 배치·토지구분의 변화 등을 고려하여 선정할 필요가 있다.

### 3) 횡단측량

횡단측량은 지형측량과 종단측량에 의해 공작물의 위치·계획높이 등이 결정되면 그 점에 대하여 종단방향과 직각이 되는 방향으로 지형조건을 측량한다. 즉, 공작물의 구조를 결정하고 이에 부수적으로 시공할 필요가 있는 각 요소, 예를 들면 바닥파기수량의 산출이나 기초의 검토 등을 하기 위해 실시한다.

또한 비탈다듬기공사의 수량산출에 필요한 개소에 대해서도 횡단측량을 해야 한다.

특히, 붕괴지 상부의 무너지기 쉬운 곳의 비탈다듬기공사나 토사량의 산출 등에 있어서는 붕괴지 주위에 측점을 설치하고 이것을 기준으로 하여 횡단측량을 실시한다.

### 4) 산복흙막이측량

산복흙막이(soil arresting structures)는 산복경사의 완화, 붕괴의 위험성이 있는 비탈면의 유지, 매토층 밑부분의 지지 또는 수로의 보호 등을 목적으로 산복면에 설치하는 것이다.

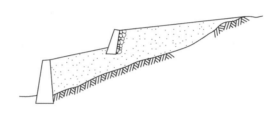

그림 10-140 산복흙막이

① 산복콘크리트벽흙막이

산복비탈면의 흙층이 이동할 위험성이 있고 토압이 커서 다른 흙막이로는 안정을 기대하기 어려울 때 사용한다. 원칙적으로 높이는 4m 이하로 하며 천단두께는 30cm 이상으로 하고 앞면 경사는 1 : 0.3, 뒷면경사는 수직으로 하거나 토압에 대응하여 결정한다. 물빼기구멍은 지름 3cm 정도로 표면적 2~3m$^2$당 1개씩 설치한다.

② 산복돌흙막이

옛날부터 사용되는 방법으로 찰쌓기흙막이와 매쌓기흙막이가 있으며, 현장에서 직접 질이 좋은 돌쌓기용 석재를 구입할 수 있을 때 사용한다. 찰쌓기인 경우, 높이는 3.0m 이하로 하며 메쌓기인 경우는 2.0m 이하로 한다. 높이를 증가시켜야 할 경우, 발디딤을 설치하여 2단이나 3단으로 쌓아 올리는 공법이 안전하며, 돌쌓기 경사는 1 : 0.3으로 하는 것이 좋다.

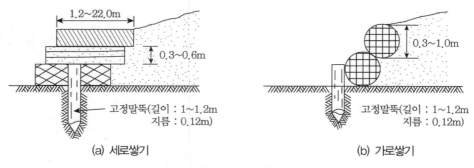

**그림 10-141** 산복돌망태흙막이

③ 산복돌망태흙막이

지반이 연약한 곳에 시공되는 경우가 많으며, 붕괴비탈면에 호박골과 자갈이 많은 곳에서 이것을 처리하기 위해 시공된다. 속채움돌은 지름이 15~30cm인 것이 좋으며 높이는 2.0m 정도로 한다.

## (3) 계문사방(valley erosion control)측량

계문사방이란 계류에서 유수에 의해 침식·운반·퇴적 등의 작용에 의한 재해를 방지하고 그 확대를 억제하기 위한 사방측량이다. 계문사방은 이용 목적에 따라 침식 방지·유송토사의 저사 조절·토석류의 억제·홍수 조절·종침식 방지 등으로 구분되며, 돌·자갈·모래 및 그 밖의 침식물질들을 억제하기 위해 계류를 횡단하는 장벽을 설치하게 되는데, 이것을 사방댐 (erosion control dam)이라 한다. 사방댐을 설치하기 위해 종단면도·평면도·댐설계도 그리고 지상에 있는 기준점(BM)에 맞춰서 댐마루 하류면의 선에 레벨로 철선을 시준하여 수평으로 잡아당겨 댐의 방향선을 정한다. 방향선은 작업에 지장이 없도록 댐마루 높이보다 2~3m 높게 정하고, 양끝은 견고한 말뚝에 고정하여 작업기간 중 사용하도록 한다. 다음에 댐마루 높이의 위치를 정하고 방향선을 기준으로 하여 양안의 댐마루와 하류면 및 상류면을 표시하고 댐마루 줄띄기를 한다.

이때 수평줄띄기판에 댐마루나비·댐마루의 중심선·방수로의 깊이 등을 도시하는 것이 좋다.

방향선에서 추를 내려 그 점을 기준으로 하여 터파기 깊이에 대응한 터파기선을 결정한다. 이와 같은 경우, 방향선은 16~18번 철선을 사용하고 방향선의 철선에 지름 2~3cm인 둥근 고리를 달아 이 고리에 내림선을 연결하여 추를 좌우로 이동하며 위치를 정한다. 터파기 경사는 원지반에 비탈어깨의 위치를 정하고 비탈말뚝과 비탈줄띄기판에 의해 정한다.

그림 10-143에서와 같이 줄띄기판비탈($\overline{CA}$)면의 경사를 필요한 경사가 되게 설치하여 그

경사에 맞춰 터파기경사를 정하면 된다. 즉, 터파기경사를 1 : 0.3으로 할 경우, $\overline{CB}$의 길이가 10, $\overline{AB}$의 길이가 3의 비율로 하고 각 $B$가 직각이 되도록 한 다음 $C$점에서 추를 내려 $\overline{CB}$를 추선과 일치시키면 $\overline{CA}$면이 1 : 0.3의 경사를 나타낸다.

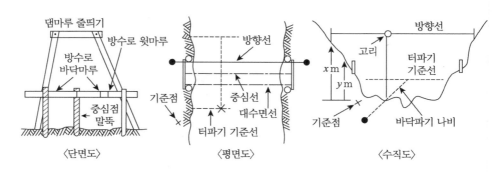

**그림 10-142** 직선사방댐의 줄띄기

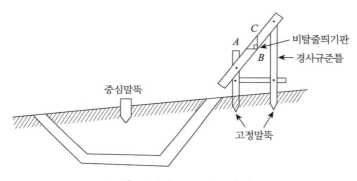

**그림 10-143** 터파기 경사측량

## (4) 하천사방(river erosion control)측량

본 절에서의 하천사방은 야계와 야계적 하천, 하천 등에서 이루어지는 사방공사를 의미하며, 야계이란 유로가 비교적 짧고 경사가 급하며 그 유량이 강우 또는 눈이 녹음으로써 급격히 증가하여 계암 또는 계류바닥을 침식시켜 모래·자갈 등을 생산하고 이동시켜 하류에 퇴적시키는 하천의 상류부를 뜻한다.

하천사방은 계문사방의 연장으로서 둑쌓기와 비탈면 보호측량에 대해서 서술한다.

## 1) 둑쌓기측량

둑쌓기에서 계획을 수립할 때는 축시토량의 양부, 운반기계의 선택, 흙 운반노선의 합리적 배치, 시공시기에 따른 계약, 시공방법, 경제성 및 다음 공사나 다른 공사와의 관련성에 따라 상세히 검토하여 계획적으로 시공한다. 둑의 방향과 형상을 결정하기 위한 측량은 첫째, 개수유심의 중심말뚝을 기점으로 하고 중심점을 통과하는 유심선을 실줄 등을 이용하여 임의 높이에 설치한다. 둘째, 이 유심선에 직각으로 줄을 설치하여 수평이 되게 한다. 이와 같은 줄설치를 기준선이라 한다. 셋째, 설계도에 의하여 중심점에서 현 하상과 둑바깥비탈과의 교점까지 거리를 찾아 기준선에서 수선을 내려 현 하상의 잠정적 비탈밑점을 정하고 말뚝을 박는다(그림 10-144의 E점). 넷째, 둑높이 및 경사 등을 고려하여 적당한 거리를 정하고 기준선상의 점에서 수선을 내려 하상상의 점을 정한 다음 말뚝을 박는다(그림 10-144 G점). 다섯째, 잠정적으로 박아둔 비탈밑점·말뚝 상류 또는 하류면을 평지로 깎은 다음 비탈밑점에 말뚝을 박고 이것에 줄을 매어 설계에 지시된 비탈로 줄을 비탈지게 하여 먼저 박은 말뚝과 이 비탈선과 의 교점에 표시한다. 여섯째, 판의 변을 이 표시점과 일치시키고 이동하지 못하도록 못을 박는다. 이것으로 둑의 바깥비탈을 결정한다. 일곱째, 다시 이 비탈선에서 임의의 상하 두 점에서 설계도에 의하여 둑의 나비를 취하고 두 개의 말뚝을 박으면 안쪽 비탈이 결정된다. 여덟째, 이 양쪽 판자면에 설계도에서 지시된 둑마루선의 두 점을 기록하고 일정한 길이의 판자를 박아둔다. 이때, 둑마루선의 결정은 둑의 여유 높이를 가산한 높이로 해야 한다.

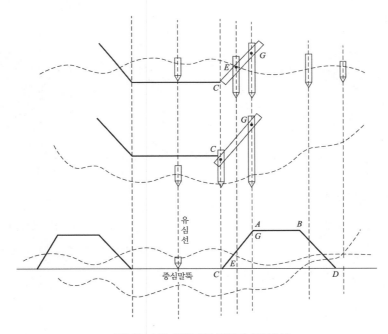

**그림 10-144** 둑쌓기의 방향과 형상측량

## 2) 비탈면 보호측량

둑비탈면을 보호하기 위해 떼붙이기·돌붙이기·콘크리트블록붙이기·콘크리트블록격자틀붙이기·아스팔트붙이기·돌망태붙이기·점토붙이기 등이 있으며, 이들 방법 중 어느 것이든 현장상황에 맞도록 유연성 있는 방법적용이 필요하고 적시에 부분적인 보수가 가능한 것이어야 한다. 그러나 유수·유목 등에 의한 외력이 적은 곳에서는 특별한 보호공법이 필요하지 않고 전면 떼붙이기나 줄떼다지기로도 충분하다.

## (5) 조경사방(landscape erosion control)측량

조경사방은 주로 자연적인 산복사방에서보다도 인위적으로 만든 여러 가지 땅깎기비탈면이나 흙쌓기비탈면 및 각종 개발 훼손지에 대한 복구·안정·녹화·경관조성 등에 더욱 중점을 두고 있다.

## 1) 비탈면 격자틀붙이기

길이 1.0~1.5m 되는 직면각형 콘크리트블록을 사용하여 격자상으로 조립하고 골조에 의해 비탈면을 눌러 안정시키는 방법이다.

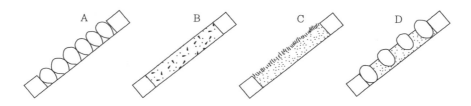

**그림 10-145** 비탈면격자틀 내의 채우기

## 2) 비탈면 콘크리트블록쌓기

비탈면의 안정을 위해 각종 쌓기용 콘크리트블록을 사용하여 산복흙막이와 같은 방법으로 쌓아 올리며, 경사가 1 : 0.5 이상인 비탈면에 규칙적으로 쌓는다. 쌓기블록은 정사각형 또는 다각형을 이루고 있으며 길이는 35~45cm이다.

그림 10-146 비탈면 콘크리트블록쌓기

### 3) 낙석방지망덮기

철사망 또는 합성섬유로 짠 망을 사용하여 비탈면에서의 낙석이 도로 등지에 튀어 내리지 않고 망을 따라 미끄러져 내리도록 하거나, 부석을 눌러 주도록 하기 위해 사용한다.

망의 크기는 50_50cm 정도이며, 철사망은 1ton 정도의 돌을, 합성섬유망은 100kg 이내의 돌을 대상으로 한다.

## 9. 경관 및 조형미측량

### (1) 경관측량

### 1) 개 요

경관(景觀, viewscape)은 인간의 시지각적(視知覺的) 인식에 의하여 파악되는 지형공간구성에 대하여 대상군(對象群)을 전체로 보는 인간의 심적현상이다.

'경관'이라고 하는 경우는 여러 개의 대상 또는 대상군 전체를 보는 것을 말하며, 더욱 추상적인 표현으로는 대상(또는 대상군)이 전체적으로 보이는 상태라 할 수 있다.

경관현상에는 대상이 되는 물리적 사실뿐만 아니라, 대상을 보는 인간의 심리적 또는 생리적 사실도 고려해야 한다. 즉, '경관이란 대상(또는 대상군)의 전체적인 조망이며, 이를 계기로 형성되는 인간(또는 인간집단)의 심적(심리적 또는 생리적) 현상'이라고 말할 수 있다. 경관은 시각적, 객관적, 개선 가능한 것을 뜻하나 경색이나 경치는 감상적, 주관적, 개선 불가능한 것을 뜻한다.

환경에 관한 지형공간적인 유형적(type) 사고방식에서 지표적인 방법에 의한 정량화와 정성적인 경관관측을 위한 표현방법이 발전되어 감에 따라 경관관측의 효용성이 날로 증대되고 있다. 경관관측은 녹지와 여공간(餘空間)을 이용하여 휴식, 산책, 운동, 오락 및 관상 등을 목적으로 하는 도시공원조성이나 토목구조물 등이 자연환경과 이루는 조화감(調和感), 순화감(順和感), 미의식(美意識)의 상승(上昇) 등을 고려하는 데 이용된다. 대상이 환경과 조화감, 순화감, 미의식의 상승을 이루는 것을 경관의 3요소라 한다. 경관관측의 궁극적인 목적은 인간의 쾌적한 생활 지형공간을 창조하는 데 필요한 조사와 설계에 기여하는 데 있다. 경관에는 차경(借景), 첨경(添景) 등을 많이 이용한다.

### 2) 경관의 구성요소, 지점 및 형상적 분류

① 경관의 구성요소

일반적으로 경관의 구성요소에 의하여 대상계, 경관장계, 시점계, 관계계(또는 상호계)로 구분된다. 경관은 인식대상이 되는 대상계, 이를 둘러싸고 있는 경관장계, 그리고 인식의 주체인 시점계가 있다. 또한 대상계, 경관장계 및 시점계를 구성하는 요인과 성격에 관한 상호성을 규명하고 이들 사이에 존재하는 관계계(關係界)가 있다.

② 지점경관의 구성요소

지점경관의 구성요소는 시점, 시점장, 주대상, 대상장으로 나눌 수 있다.

시점(視點, view point)은 경관의 성질을 규정하는 가장 기본적인 요인이다. 동일한 대상이라도 그것을 전망하는 위치에 따라 경관은 크게 달라지고, 전통적으로 좋은 풍경을 얻을 수 있는 시점의 위치를 선정하는 것은 경관설계의 중요한 부분을 차지한다.

시점장(視點場, viewscape setting here, view point field)은 경관을 얻을 때의 시점이 존재하는 '장'으로 시점 부근의 지형공간을 의미한다. 시점부근의 지형공간상태는 시점에서 얻을 수 있는 경관의 성질을 규정한다. 아무리 좋은 풍경이 펼쳐져 있어도 산림이나 건물에 구속되어 볼 수 없는 일은 자주 경험할 수 있다.

주대상(主對象, dominant object)은 경관의 주제가 물리적 대상 또는 대상군인 경우의 해당 대상 또는 대상군을 의미하며, 주제가 지형공간인 경우는 주대상이라 부르지 않는다.

대상장(對象場, viewscape setting there)은 전망하고 있는 대상군에서 전술한 시점장과 주대상을 제외한 모든 대상을 의미하며, 지점경관의 '배경', 즉 주역이 되는 요소를 떠올리게 하는 배경적 부분을 나타낸다. 일반적으로 대상장은 면적으로나 대상의 종류에 있어서도 전망의 대부분을 차지한다.

③ 현상적 분류

경관은 포괄적인 현상을 개별요소로 분해하고 이들 요소와 관계가 있는 요소를 통해 전체를 재구성하려고 하는 요소주의, 구성주의 또는 대상군적인 접근방법으로 분류할 수 있다.

지점경관(地點景觀, scene viewscape)은 고정적인 시점에서 얻을 수 있는 경관을 의미한다.

이동경관(移動景觀, sequence viewscape)은 경관의 변화가 시점의 변화에 따르는 경관이다. 특히 시간에 따른 경관의 변화가 현저하거나 시점의 이동경로가 한정되고 의도적인 경우에 이동경관이라 한다.

장(場)의 경관은 한정된 시점에서의 전망이 아니라 복수 또는 불특정의 시점에서의 전망을 종합한 어떤 일정 범위 내에서 전망의 총체를 나타내는 형태의 경관을 장의 경관이라 하며, 삼림경관, 전원풍경, 도시경관은 장의 경관의 범주에 포함된다.

변천경관(變遷景觀, transition viewscape)은 비교적 긴 시간의 경과에 따라 대상이 변화해가는 경관을 변천경관이라 한다.

## 3) 시각특성

시각은 인간의 시지각에서의 한 시야와 대상 상호간의 관계에 큰 영향을 주고 있다. 즉, 대상을 보는 배경 및 방향에 따라 형상의 변화, 달리면서 대상을 볼 때 속도에 따라 사람이 느낄 수 있는 주시점의 범위, 대인가 접견시 안정적인 심리확보, 대상물을 관찰할 경우 대상물 축선과 이루는 좋은 시준각을 이루는 데 시각은 중요한 역할을 한다.

인간의 시지각에 의한 시야와 대상 상호간의 관계는 그림 10-147, 10-148, 10-149와 같다.

- 흰 것을 배경으로 하여 보면 : 꽃병
- 검은 것을 배경으로 하여 보면 : 두 사람이 마주 보는 현상

**그림 10-147** (a) 반전도형

- 맞은편에서 보면 : 소녀
- 옆에서 보면 : 노인

**그림 10-147** (b) 다의도형

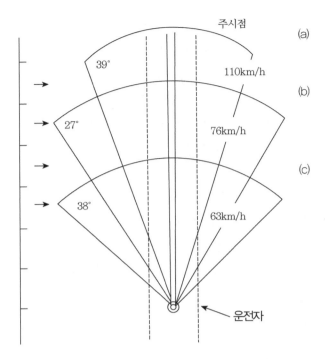

**그림 10-148** 속도 증가에 의한 동시야와 주시점 거리변화

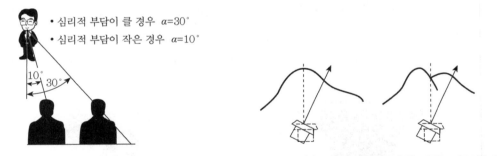

**그림 10-149** (a) 대인과 접견시 안정적 시준각     **그림 10-149** (b) 대상물 축선과 이루는 좋은 시준각($\theta_A$)

## 4) 경관의 정량화

경관의 정량화를 해석하기 위해서는 시각적 측면과 시각현상에 잠재되어 있는 의미적 측면을 동시에 고려하여야 한다.

경관을 해석하기 위해서 의미적인 것을 공학적으로 기술하는 것은 매우 어려우나 시각특성, 경관주체와 대상, 경관유형, 경관평가지표 및 경관표현방법 등을 통하여 경관의 정량화가 이루어지고 있다. 대상을 바라보는 인간의 시지각이 어떠한 특성을 갖고 있는지를 아는 것은 분석에 있어서 가장 기본적인 지식으로서 시야, 시력, 지형공간에 대한 주파수의 속성을 알아야 한다. 대상의 시각속성이란 바라보는 대상이 시각적으로 어떠한 특징을 갖는가를 의미한다. 여러 가지 사항을 고려할 수 있으나 일반적으로 대상의 크기(또는 규모), 형상, 색채, 질감을 주로 고려한다. 여기서는 지표, 주시대상물과 위치관계, 시점과 배경, 평가함수, 경관표현 등에 의한 경관의 정량화에 관해서 기술하겠다.

① 지표에 의한 방법

경관의 정량적 해석을 위하여 경관평가지표로 식별의 명확, 보는 범위에 따르는 시설물의 규모에서 받는 인상, 형태에 의한 인상, 부재구성의 아름다움으로부터 받는 인상 등을 기준으로 하여 가시(可視)·불가시(不可視), 식별도(識別度), 위압감(威壓感), 규모감(規模感, scale), 입체감(立體感), 변화감(變化感), 조화감(調和感)의 7개항으로 나누어 해석한다.

② 주시 대상물과 위치관계에 의한 방법

경관평가를 규정하는 기본요인으로는 관점과 주시 대상물의 위치관계, 즉 거리, 대상물을 보는 각도(수평시각과 수직시각, 대상물의 축선과 시축이 이루는 각) 및 기준면에 대한 시점의 높이로 나누어진다. 이때 시각은 주시 대상물 전체를 보는 시준선의 교각을 말하고 수평시각은 대상물에 대한 수평방향의 시점과 종점을 시준할 때의 각도를 말한다. 그리고 수직시각은 대상물의 특정부분의 상하단(예를 들어, 교량의 교탑의 정상과 수면)을 시준하는 각도이다.

가) 시거리

시거리는 시점부터 대상까지의 거리를 나타내며, 외관의 크기($s$)는 대상의 크기($S$)와 시거리($d$)에 의해서 다음과 같이 나타난다.

$$s \propto S/d \tag{10-123}$$

나) 상향각(앙각)

상향각은 도시에 대한 주변부의 감각을 나타내는 지표로서, 광장과 가로의 분석, 설계에 이용되어 왔다. 벽면의 상향각 45°에서는 완전한 밀폐감(이보다 큰 상향각에서는 일반적으로 밀실공포증이 생김), 18°에서는 밀폐감의 최솟값, 14°에서는 밀폐감이 없어진다.

다) 하향각(부각)

시점이 높은 곳에 있어서 대상을 내려다 볼 경우 주 대상에 대한 하향각의 크기에 따라 경관이 크게 변화한다. 하향각이 −30~−10°가 시각적으로 중요한 영역이나 호수나 항만의 경우 −8~−10° 정도의 시선이 수면에 도달하는 중요한 각이다.

라) 시선 입사각

경관을 구성하고 있는 대상을 가지각색의 크기와 각도를 갖는 면의 집합으로 생각할 수 있다. 안정된 시선입사각(수평각, 수직각, 시준선과 시설물축선이 이루는 각)은 다음과 같다.

(ㄱ) 수평시각

$$\theta_H \quad ☞ \quad 10° < \theta_H \leq 30° \tag{10-124}$$

(ㄴ) 수직시각

$$\theta_V \quad ☞ \quad 0° < \theta_V \leq 15° \tag{10-125}$$

(ㄷ) 시준선과 시설물 축선이 이루는 각

$$\alpha \quad ☞ \quad 10° < \alpha \leq 30° \tag{10-126}$$

③ 시점과 배경에 의한 방법

시점과 배경의 위치관계에 기인하는 요인은 배경의 다양성으로 심리적 영향에 따라 인상이 크게 변하기 때문에 정량적 분석은 매우 곤란하다. 따라서 어느 시점에서 시계 내에서 잡은 전망에 대한 배경의 영향은 시점의 상태에 따른 영향, 배경과 대상물의 위치관계에 따른 영향, 배경의 상태에 따른 영향, 기상조건에 따른 영향의 5개항으로 나누어 배경과 경관도의 관계를 추출할 수 있다. 이 항목에 의하여 주시대상(注視對象)의 주위에 대한 환경상태(배경의 경관도)는 8개항에 따라서 규정한다. 즉, 입지조건, 시준율, 대상시설물의 시준범위, 시점과 배경과의 거리, 하향각 및 상향각, 육해공의 비율, 배경의 시준범위 및 기상조건 등이다.

④ 경관표현에 의한 방법

  가) 정사투영도에 의한 방법

  정사투영도에 의한 방법은 설계자료를 그대로 이용할 수가 있어 조작하기에 용이하고 모든 조건을 정량적으로 판단할 수 있다고 하는 장점이 있지만 입체적 파악이 어려워 시각적인 면에서 현실성이 떨어진다는 결점이 있다.

  나) 스케치 및 회화에 의한 방법

  개략적인 묘사(sketch)는 각각의 영상을 개략적으로 파악하는 방법이며, 담채 스케치는 설계 비교안을 간단한 첨경과 함께 영상화한 다음 스케치상에 엷게 채색하는 방법이고, 채색(coloring)은 설계 비교안을 주변의 경관과 함께 상세하게 색으로 그리는 방법이다.

  다) 투시도에 의한 방법

  투시도에 의한 방법은 다른 시점에서 합쳐진 작도가 가능할 뿐 아니라 시각성이 양호하여 판단하기 쉬운 장점이 있으나 설계자의 주관이 포함되기 쉬우며 자연조건까지 포함하는 데는 제약이 따르는 단점이 있다. 투시도에 의한 방법은 투시도 제작에 시간이 많이 소요되지만 가장 많이 이용되고 있는 방법이다.

  라) 영상면 몽타주(photo or imagery plane montage)에 의한 방법

  영상면(또는 사진) 몽타주에 의한 방법은 경관 정비의 경우에는 새로운 경관 구성요소의 그림을, 개발계획의 경우에는 완성 예정인 구조물과 주변의 조형 부분의 그림을 현황영상면에 합성한 몽타주(montage) 영상면과 비교해서 영향의 정도를 평가하는 방법이다.

  마) 색채모의관측(color simulation)에 의한 방법

  구조물 색채 및 재질을 영상면 내에 투영하여 입력한 요소를 광학적으로 처리하거나 변화시켜 검토하는 방법을 색채 모의관측이라 한다.

  바) 비디오 영상면에 의한 방법

  비디오 영상면에 의한 방법은 비디오에 의한 영상합성을 이용하는 방법으로 몽타주가 비교적 용이하고 장관도(panorama)경관 및 이동경관 등 시야가 연속적으로 변화하는 동경관을 처리할 수 있는 장점 이외에 시각성, 현실성, 정량성이 우수한 장점이 있다.

  그러나 이 방법은 일반적인 영상면(또는 사진)에 비해서 고가의 장비가 필요하며 색채의

질이 떨어지고 영상의 질도 약간 나쁜 단점이 있다.

사) 영상(image)처리에 의한 방법

전산기를 이용한 영상처리에 의한 투시도법은 우선 지형 및 구조물 등의 표고 및 위치 등 3차원 자료를 전산기에 입력하고 수치형상모형(DFM : Digital Feature Model)의 투영법에 의해 임의의 지점으로부터 조망한 투시도를 작성해서 특정 지점에서의 조망을 나타내는 방법이다.

아) 모형(model)에 의한 방법

모형(model)에 의한 방법은 구조물 및 지형 등과 같은 모형 재료에 의해 3차원 모형으로 표현하는 방법이다. 경관정비 및 개발계획 사업의 계획단계에서는 지형모형을 용이하게 만들 수 있으며 경관정비의 새로운 경관 구성요소 또는 구조물과 주변의 조형 부분의 모형을 더하여 경관 및 전망을 검토하는 방법이다.

## 5) 경관의 적용 및 평가

① 경관의 적용

경관조성은 인간이 파괴로 인한 훼손된 대자연을 자연에서 얻어진 각종 경관재료를 활용하여 위안과 휴식, 편리, 오락, 보건위생, 적용 등의 목적을 충족시키기 위하여 입체적 공간으로부터 평면적 공간에 이르기까지 형태학적 또는 생태학적으로 연구, 계획, 분석을 통하여 설계하고 이를 시공 및 관리를 함으로써 인간이 생활을 영위하기 위한 환경을 개선하는 것을 목적으로 한다.

경관의 적용에는 경관해석(도시, 도로, 수변공간, 사회기반시설물 등에 관한 경관 조성), 조경관리, 공원녹지계획, 자연환경조사, 인문사회환경조사, 전산지원해석, 경관정보체계를 이용한 광역경관계획 등이 있다.

② 경관의 평가

경관에 대한 평가는 대단히 추상적인 것이며 사람의 주관에 의해서 변하는 것이므로 평가하는 사람에 따라 달라서 일정하지 않을 뿐만 아니라, 더욱이 경관의 좋고 나쁨이 사람의 주관에 많은 영향을 받기 때문에 사람들이 어떤 경관이 가장 좋다고 단정하기는 어렵다. 경관평가를 계량화하거나 쾌적한 경관이란 어떤 것인가를 구체적으로 나타내는 것은 매우 난해한 문제이다.

경관의 평가구조를 해석하는 방법으로는 역사적으로 정평 있는 전통적인 경관분석과 계량심리학적 방법이 있으나, 모든 방법이 충분하게 평가구조에 대해 해명되고 있지 않으며 생리학, 민족학, 문화인류학 등으로의 접근방법도 필요하다.

경관의 정량적인 평가를 위해서는 인간의 심리적 반향을 나타내는 평가항목을 물리적으로 관측 가능한 요인으로 표시한 관측지표(parameter)가 필요하지만 평가항목에 따라서는 적당한 관측지표를 찾기 어려우므로 이와 같은 경우에는 몽타주 영상 등에 의한 정성적인 평가에 만족할 수밖에 없다.

일반적으로 정량적인 평가기준을 이용하지 않고 경관의 정성적인 평가만을 하는 방법으로는 관찰법 및 영상추출법 등이 있다. 이 경우에는 일원적 평가실험을 통한 통계처리에 의해 정성분석을 수행하고 경관의 가치를 분석해서 경관의 향상 또는 저해 요인을 탐색하거나 평가대상의 순위부여 등에 의해 직접적인 종합평가를 수행한다.

정성적인 경관평가에서 평가주체는 경관전문가, 자연보호단체, 평가대상사업관계자, 원주민, 관광여행자로 대별된다. 이들에 의한 경관평가는 평가주체의 입장과 자라온 환경에 따라 평가하는 착안점과 평가경향이 다르다.

그러나 세부적인 부분에서 차이점은 있더라도 평가항목에서는 전체적인 맥락에 따라 통일성을 부여하는 것이 필요하다.

또한 평가주체가 전문가인 경우에는 평가의 평균값을 많이 벗어나지 않지만 일반인의 경우에는 평가값의 분산이 커져 정밀도가 저하된다. 일반적으로 경관평가의 평가항목은 조사항목과 예측항목이 서로 동일함이 바람직하다.

## (2) 조형미측량

### 1) 개 요

민족문화의 결정체인 유형문화재(tangible cultural properties)를 보존, 복원하기 위한 각 방면의 노력이 활발하고 원형보존에 역점이 주어지고 있다.

문화재를 정확히 기록보존하는 방법으로서 간단한 기기에 의한 관측 방법이 이용되어 왔으나, 노력과 시간이 많이 소요될 뿐 아니라 숙련도에 따라 정확도가 좌우되어 최근에 와서는 영상탐측기법을 이용하고 있다.

지상영상탐측은 지상의 두 점에서 대상물의 종류에 관계없이 입체영상면으로 측량하는 것으로서 피사체와 영상면의 위치 및 방향 등을 자유롭게 조정할 수 있어 단시간 내에 많은 대상물을 촬영할 수 있다. 그 촬영된 영상면을 보관함으로써 대상물에 대한 재확인 및 재현이 가능하고 섬세하게 조각된 부분도 확대도화가 가능하며 문화재 측량에 많은 장점을 갖고 있다.

우리나라는 최근에 지상영상탐측용 카메라 및 레이저스캐닝체계가 도입됨으로써 문화재 측량에 관한 연구가 활발히 진행되고 있다.

지상영상탐측용 사진기와 입체도화기의 활용 및 지상 LiDAR의 이용으로 문화재의 평면, 입면 및 등고선도를 얻고 해석적 방법을 적용하여 각 부재의 정확한 치수와 중요지점의 3차원 좌표를 구한다.

따라서 문화재의 건조시대, 건조방식과 시간경과에 따른 변화를 영구히 기록하고, 그 구조적인 선을 분석하여 현상태의 보존과 변화과정을 알아내고 복원 시 정확한 재료를 제공하는 데 영상탐측방법이 유용하게 이용된다.

## 2) 지상영상탐측방법

### ① 기준점측량

대상물에 부착된 표정점좌표를 해석하기 위해 지상기준점을 설치하며, 이 지상기준점의 3차원좌표를 얻기 위해 지상기준점측량을 실시한다. 지상기준점은 표지를 설치하거나 면·선·표적 등을 이용하며 기준점측량을 그림 10-150과 같이 한다.

$$X = b \cos \alpha = \frac{\sin \beta \cdot \cos \alpha}{\sin r} S \qquad (10\text{-}127)$$

$$Y = \frac{\sin \beta \cdot \sin \alpha}{\sin r} S$$

$$Z = \frac{\sin \beta \cdot \tan \varphi}{\sin r} S + i$$

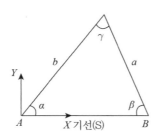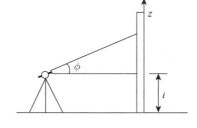

**그림 10-150** 기준점측량

그림 10-151은 기준점배치방법들을 열거한 것으로 대상물의 특성과 현장조건에 적합한 형태

를 선택하여 설치한다.

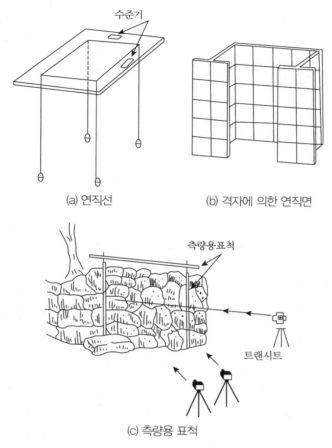

(a) 연직선                    (b) 격자에 의한 연직면

(c) 측량용 표척

**그림 10-151** 기준점 배치방법

② 영상면촬영

대상물의 크기와 도화정확도를 고려한 영상면축척 등을 분석하여 촬영거리와 촬영기선장을 정한다. 표정점배치는 자료분석에서 필요한 곳에 부착하며 도화할 때 장애가 없도록 한다. 영상탐측과 대상물과의 기하학적 관계를 표시하면 그림 10-152와 같으며, 여기서 얻어진 영상면을 입체도화기에 설치하여 표정과정을 거쳐 도화를 하면 등고선도가 작성된다.

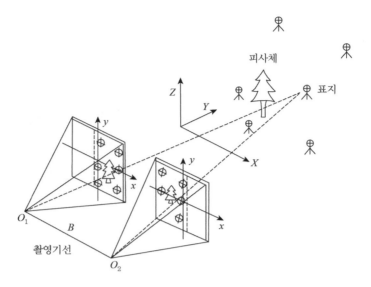

**그림 10-152** 영상탐측의 기하학적 관계

## 3) 레이저관측에 의한 방법

레이저 스캐닝 체계는 정확하고 빠르게 현장에서 물체의 3차원 자료를 측량할 수 있는 장비이다. 표면이 노출된 부분을 정밀한 3차원 좌표로 구할 수 있다. 현재 레이저 스캐닝 체계는 지형 및 일반 구조물 측량, 윤곽 및 용적 계산, 구조물의 변형량 계산, 가상공간 및 건축 모의관측, 역사적인 건축물의 3차원 자료기록보존, 영화배경세트의 시각효과 등에 활용성이 증대되고 있다.

레이저 스캐닝 체계를 이용하여 대상물의 3차원 위치를 구하는 과정은 다음과 같다.

① 대상물의 표면에 레이저를 발진한다.
② 대상물의 표면에서 일부의 레이저가 반사되어 스캐너로 되돌아온다.
③ 발사되어 온 레이저를 스캐너가 감지한다.
④ 발사된 레이저가 반사되어 되돌아오는 시간을 관측하여 대상물의 거리를 계산한다.

작업과정은 비디오 사진기를 이용하여 레이저 스캐너를 관측하고자 하는 대상물의 방향을 맞추면 체계에 연결된 노트북이나 데스크탑 컴퓨터에 대상지역이 나타나고 이 중에 스캐닝할 지역을 선정한다.

스캐닝한 후 결과를 현장에서 바로 볼 수 있으며 스캐닝을 좀 더 자세하게 할 부분은 어디인지, 아니면 다시 해야 할 부분은 어디인지를 판단한 후 스캐닝 작업을 부분적으로 다시 할 수도 있다. 임의의 한 위치에서 관측한 후 보이지 않는 부분을 위하여 다른 위치로 이동하여 관측을 할 수 있으며 야간에는 안전하고 신속하게 자동관측이 가능하다. 기준점을 측량하여 대상물의 3차원 위치정보를 임의의 좌표로 변환할 수도 있다.

레이저 스캐닝을 측량된 대상물의 관측점들을 정합하여 세밀한 가로·세로 단면을 얻을 수 있다.

대상물     스캐너     노트북, PC     모형화     출력 및 분석

**그림 10-153** 레이저스캐닝 체계

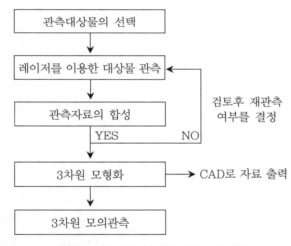

**그림 10-154** 레이저스캐닝 자료처리 과정

## (3) 조형미측량에 의한 조형미 비율해석

### 1) 개 요

조형미(또는 조형비, formative ratio) 비례관계는 사물의 크기나 길이에 대하여 그들이 갖는 양과 양 사이의 관계를 나타내는 말로서 조화의 근본이 되는 균형을 뜻한다.

균형은 부분과 전체의 관계 또는 부분과 부분의 관계를 나타내고 법칙적으로 규정지은 것으로 황금분할이 있다. 황금분할에서 $1 : 1,618$의 비를 황금비$\left(1 : \dfrac{1+\sqrt{5}}{2}\right)$라 한다. 이 황금비는 우리나라에서 신라시대부터 조형물상에 많이 나타난 $3 : 5$비와 거의 같다.

장변과 단변의 비가 황금비가 되는 직사각형과 함께 정사각형 기준으로 하여 이루어진 일련의 제곱근비로 정사각형과 $\sqrt{2}$, $\sqrt{3}$, $\sqrt{4}$, $\sqrt{5}$의 직사각형은 예부터 균형비가 이루어지고 안정된 형태로 이용되고 있다.

로마의 비트루비우스(Vitruvius)는 인체의 비례를 이용하여 척도의 기준으로 삼았으며, 독일의 아돌프자이싱은 비례관계를 연구하여 황금분할법을 확립하였다.

민족문화의 결정체인 문화재(cultural asset)를 보존, 복원하기 위한 각 방면의 노력이 활발하여 문화재의 원형보존에 많은 투자를 하고 있다.

문화재를 정확히 기록보존하는 방법으로서 간단한 기기에 의한 관측방법이 이용되어 왔으나, 노력과 시간이 많이 소요될 뿐 아니라 숙련도에 따라 정확도가 좌우되어 최근에 와서는 영상 및 레이저 측량기법이 문화재 측량에 이용되고 있다.

정밀측량을 통하여 우리나라 석조문화재의 조형미 비례관계를 고찰하면, 석탑인 경우, 삼국시대를 대표하는 백제의 정림사오층탑, 신라의 불국사 다보탑과 석가탑, 감은사지의 동탑과 서탑 등은 정삼각형($60°$, $1 : \sqrt{3}$), 정사각형($45°$, $1 : \sqrt{2}$) 및 원 개념을 추가한 조형미이며, 불상의 경우, 신라시대에 건조된 석굴암의 본존불은 $1 : \sqrt{2}$와 원 개념이 추가되었고, 고려시대에 건조된 은진미륵불은 $1 : \sqrt{3}$의 조형미를 갖추고 있다.

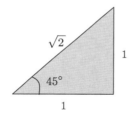
정사각형 구조($45°$, $1 : \sqrt{2}$)

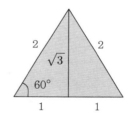
정삼각형 구조($60°$, $1 : \sqrt{3}$)

표 10-43은 삼국, 고려 및 서양의 조형미에 대한 비교표이다.

[표 10-43] 석불상의 조형미 비교

| 서양 | 삼국시대 | 고려시대 |
|---|---|---|
| 황금비 | 정사각형의 원리 | 정삼각형의 원리 |
| $1 : \dfrac{1+\sqrt{5}}{2}$ | $1 : \sqrt{2}$ | $1 : \sqrt{3}$ |
| BC 1650년 이집트 피라미드 건설에 사용<br>Euclid(BC 365~BC 300)가 언급<br>Leonardo da Vinci(AD 452~1519)가 그의 예술작품에 활용 | 삼국시대의 대표적 불상(석굴암 본존불)은 정사각형의 구도가 사용됨으로써 사실화적 묘사 | 고려시대에 축조된 국내 최대의 석불상인 은진미륵은 정삼각형의 구도를 이용하여 축조됨으로써 추상화적 묘사 |

[표 10-44] 석굴암 본존불(그림 10-157)과 은진미륵불(그림 10-162)

| | 석굴암 본존불 | 은진미륵불 |
|---|---|---|
| 시 대 | 서기 751년 신라 경덕왕 때 김대성의 의해 건립, 774년 완공 | 서기 985년 고려 4대왕 광종 |
| 조 성 배 경 | 왕실의 긍지를 계승하고 선왕을 기리기 위해 | 후삼국의 혼란을 수습하고 새로운 통일국가를 기리기 위해 |
| 위 치 | 경남 경주 토함산 석굴암 | 충남 논산군 은진면 관촉리 관촉사 |
| 규 모 | 높이 3.26m | 높이 18.12m |
| 기 타 | 국보 24호<br>가장 한국적인 미가 응축된 최고의 걸작<br>사실적 묘사와 우아하고 세련된 기법 | 보물 218호<br>우리나라 최대의 거상<br>추상화적 묘사와 토속적 형태를 갖춤 |

## 2) 삼국시대 신라의 다보탑(多寶塔)의 조형비(造形比)

다보탑은 목탑(木塔)의 형식을 한 석탑(石塔)으로 특수한 형태의 석탑이다.

1층 처마끝을 기단부 하대저석(下臺低石)에 투영한 위치에서 60° 선으로 그어 탑 중심과 만나는 점을 1층 받침석의 상단면까지의 거리를 반경으로 하는 원을 그리면 3층부 상단면과 일치한다. 또한 2층 처마끝에서 45° 선을 그으면 1층 처마끝과 만나며, 2층 처마끝에서 45° 경사선을 그으면 3층 중심부와 만나고 이 중심점에서 45° 경사선은 3층 처마끝에서 만난다. 3층 중심점에서 2층 상단부까지의 거리를 반경으로 하는 원을 그리면 4층 상단부와 만난다.

**그림 10-155** 불국사의 다보탑

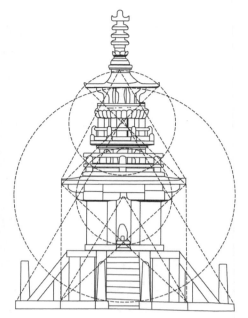

**그림 10-156** 다보탑의 정삼각형, 정사각형 및 원의 구도

### 3) 삼국 및 고려시대의 석조문화재 조형미 해석

① 석굴암 본존불의 몸 전체에 대한 조형미

그림 10-156에 나타난 것과 같이 몸 전체의 위치에 대한 구성은 5개의 큰 원을 중심으로 구성되어 있다.

본존불 중심선 상에서 삼도의 하단을 지나는 수평선과 왼쪽 어깨의 끝점에서 오른쪽 무릎에 접하는 선을 그어서 생긴 선과 본존불 중심선이 만나 이루는 점이 명치를 설정한다.

이 명치를 중심으로 각 몸의 중요 지점을 지나는 원은 다음과 같다.

① 삼도의 하단과 손의 중심을 지나는 원

② 삼도의 상단과 발의 중심을 지나는 원

③ 입술선을 지나고 양쪽 어깨의 끝점을 지나는 원

④ 백호를 지나고 양 무릎의 돌출부 중앙을 지나는 원

⑤ 두부에 위치한 육계의 하단부를 지나고 본존불을 제작한 것으로 예상되는 원석의 밑경계
를 지나는 원

석굴암의 본존불에 대한 조형미를 몸 전체, 얼굴, 신체부위에 따라서 분석한 결과 14개의 원에 의해 모든 위치가 결정된 안정적인 구조임을 알 수 있다.

**그림 10-157** 석굴암 본존불

**그림 10-158** 명치를 중심으로 한 석굴암 본존불의 조형비(5개의 동심원)

**그림 10-159** 조각구도(3개의 동심원)

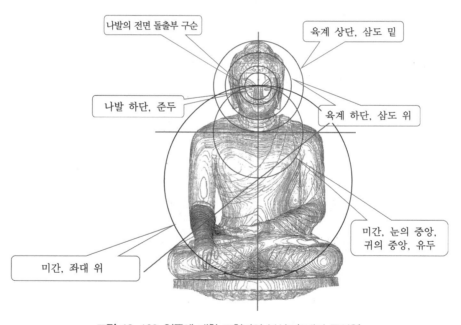

**그림 10-160** 얼굴에 대한 조형비의 분석도(6개의 동심원)

그림 10-158, 10-159, 10-160, 10-164에서 보는 바와 같이 석굴암 본존불은 한치의 오차를 허용하지 않는 듯한 동심원의 구조로 되었으며, 제작당시에도 사각형과 원, 그리고 기하학적인 수학적 개념에서 가로세로가 같아 대각선에 해당하는 $\sqrt{2}$ 의 개념이 적용되었음을 알 수 있다.

② 석굴암의 전실에서의 본존불의 위치

석굴암은 그림 10-161에서 볼 수 있는 바와 같이 전실과 주실 그리고 전실과 주실을 잇는 통로에 해당하는 비도로 구성되어 있다.

주실의 천정은 원형으로 융기(隆起)된 형상으로 되었으며 정상의 중앙부에는 거대한 연화석 (蓮花石)이 놓여 있다. 주실에는 정중앙이 아닌 약간 뒤로 물러선 위치($\sqrt{2}$ : 1)에 석가본존불이 안치되어 있다. 이는 빛의 밝기에 따라 본존불의 인상(印象, 아침 햇살을 받을 때는 강한 조도의 빛으로 인한 전진현상에 의해 전실에 있는 사람을 맞이하려 다가서는 듯, 정오 무렵이면 보통 조도의 빛으로 주실 중앙에서 안정을 취하는 듯, 오후 늦게는 약한 조도의 빛으로 뒤로 물러나 편안히 쉬는 듯한 느낌을 주게끔 주실의 중앙이 아닌 $\sqrt{2}$ : 1로 불상을 배치한 것임)이 다르게 나타나도록 설계하여 안치한 것은 빛에 의한 불상의 현상 변화를 예술적 감각으로 극대화시킨 것이다.

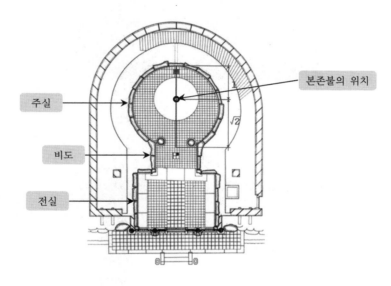

**그림 10-161** 석굴암의 평면도

③ 고려시대 은진미륵불의 몸 전체에 대한 조형미

**그림 10-162** 은진미륵불

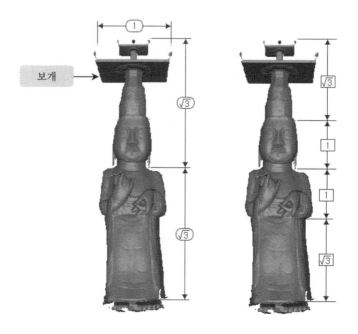

**그림 10-163** 은진미륵불의 전체 조형미

④ 석굴암 본존불과 은진미륵불의 조형비 비교

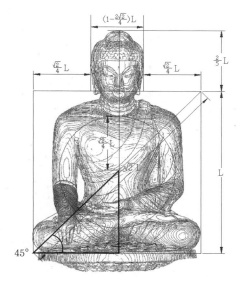

**그림 10-164** 석굴암 본존불의 정사각형 구도

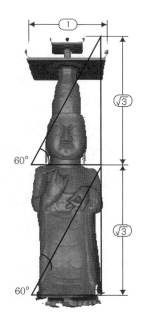

**그림 10-165** 은진미륵불의 정삼각형 구도

삼국시대의 석탑 및 석불상의 조형미 구도는 안정적이고 사실화적인 $1:\sqrt{2}$ 이나 고려시대의 석불상의 조형미 구도는 진취적이고 추상화적인 $1:\sqrt{3}$ 으로 조성되었다(그림 10-163, 10-165). 이는 추상화적인 화풍을 이루어 낸 스페인 피카소(1881.10~1973.4)보다 약 900년 전에 이미 고려인에 의하여 추상화적인 예술작품이 창출되었음을 확인시킨 것이다.


# 10. 초구장(또는 골프장)측량

## (1) 개  요

최근 급속한 경제성장에 의해 국민생활이 윤택해짐에 따라 여가선용을 위한 위락(recreation) 시설이 급증하고 있다.

이러한 위락시설 중 초구장(草球場)은 단순한 유기장(遊枝場)시설로서가 아니라 관광진흥대책과 지역 경제발전에 기여하는 공공사업의 차원에서 평가되고 있다.

초구장은 일반적으로 골프경기경로(golf course), 골프클럽, 컨트리클럽(country club) 등으로 호칭되고 있으며, 설계에서는 토지의 선택, 경기경로의 기본설계, 초구장휴게소의 기본설계로 나눌 수 있다.

초구장 대상지역이 결정되면 항공영상탐측에 의해 1/1,000, 1/3,000, 1/5,000 등의 지형도를 작성하고 현지를 답사하여 필요사항을 지형도에 기입한다. 초구장경로는 18개의 표준경로규정을 고려하여 예상경로를 상호 조정하여 배치한다.

초구장 전체 지역에 대한 지형도는 시공용(1/1,000~1/2,000), 휴대용(약 1/3,000), 안내용(약 1/5,000)으로 각각 작성하며 출발구역(Tee)으로부터 마무리 풀밭(green)까지의 구역인 홀(hole)설계도도 평면도, 종단면도, 횡단면도를 횡축척이 1/1,000, 종축척이 1/500~1/200으로 작성한다. 측점은 선수권자출발구역(champion tee)을 기준점으로 하여 20m 간격으로 배치하며 타구(batting)도와 마무리풀밭설계도는 축척이 1/300~1/500 되게 작성한다.

## (2) 부지의 선택

### 1) 부지의 조사

부지의 조사에는 현황, 입지조건, 자연환경 등을 조사한다.

① 부지의 현황조사

부지의 현황조사는 현주소, 지적, 절대농지유무, 토지소유자, 지역권, 지가의 동향, 가옥의 이전, 고압선과 같은 장애물의 유무 등을 조사한다.

② 경영에 있어 필요한 입지조건 조사

위치, 대상도시의 초구인구, 교통사정, 주변의 기존초구장에 대한 경영실태, 용수, 전기, 가스, 전화, 관광지, 숙박시설 등을 조사한다.

③ 자연환경조사

지형, 면적, 부지의 방위, 사면의 방향, 지질, 표토두께, 암석의 상태, 수질, 수량, 주변환경, 삼림, 기상, 기후풍토 등을 조사한다. 특히, 기상에 대한 조사에서 일조시간, 강우량, 온도 0°C 이하의 기간, 여름과 겨울철의 건습도, 풍향, 풍속, 강설량, 천둥·번개의 발생상황 등을 자세히 조사한다.

## 2) 부지의 조건과 면적

① 부지의 조건

초구장으로서 개발될 수 있는 부지의 적합조건은 여러 가지 조건이 있으며, 그중 중요한 요소를 서술하면 다음과 같다.

첫째, 경관이 아름다우며 공기가 좋아야 한다. 둘째, 기복이 완만한 곳으로 적은 굴곡이 있으며 평야에 가까운 곳이 좋다. 셋째, 초구장 내에 호수나 늪, 유수, 샘이 있는 곳이 좋으며, 수목이 잘 조성된 곳이 적합하다. 넷째, 남북방향에 횡으로 자리 잡고 있어 태양광선이 경기에 장애가 되지 않는 곳이 좋다. 다섯째, 물이 풍부하고 좋은 음료수를 얻을 수 있는 곳이 좋다.

② 부지의 면적

1경로(18홀)의 표준면적을 계산할 때, 1-마무리풀밭(green)인 경우 면적은 약 55만m², 2-마무리풀밭인 경우 면적은 약 60만m²이고, 연습장은 2만m², 초구장휴게소건물 외에 3만m²로 하여 총 60~65만m²(18~20만 평)가 된다. 부지의 형상과 지형을 만족하는 면적을 고려할 때, 평지(표준면적×110% : 20~22만 평), 구릉지(표준면적×130% : 24~26만 평), 산지(표준면적×150% : 27~30만 평)를 고려해서 면적을 산정한다.

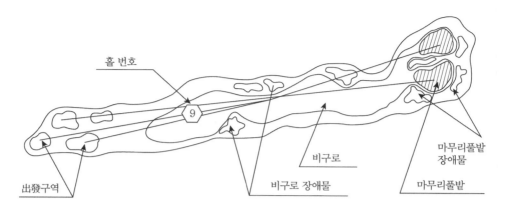

 안에 포함된 라벨:

홀 번호

9

出發구역

비구로 장애물

비구로

마무리풀밭
장애물

마무리풀밭

**그림 10-166** 경로계획

## (3) 초구장경로의 계획

고대의 경로(經路)는 스코틀랜드의 사구에서 엄격한 조건하에 시작하여 오늘날에 는 다양하게 변화하는 경로로 변천되어 왔으며, 각 초구장마다 경로가 다양하며 동일한 것이 없지만 규칙이 허용하는 범위에서 경로가 결정되고 있다.

### 1) 경로와 홀(course and hole)

1경로에는 18개의 홀이 있으며 1번 홀에서 시작하여 18번 홀에서 끝나게 된다. 정규 1회경기(정규 round)는 위원이 지시하는 경우를 제외하고 정규순서로 경기하는 것을 의미하며 정규 1회경기의 홀수는 위원의 지시가 없으면 18개이다.

1번 홀에서 9번 홀까지를 전반경로(out course)라 하고, 10번 홀에서 18번홀까지를 후반경로(in course)라 한다.

경로에는 경기할 홀의 출발구역(tee-ground), tee-ground와 putting ground 사이의 구역인 안전비구로(fair-way), 득점구(hole)를 위하여 특별히 정비된 구역인 마무리구역(또는 경타구역; putting green, putting ground), 모래장애물(bunker) 등으로 이루어지며, 장애물은 위치에 따라 횡방향장애물, 측방향장애물, 안내장애물이 있다. 안내장애물은 과거에는 마무리풀밭(green)에 밀착해 있던 것이 지금은 10~20m 떨어져 만들어지고 있다. 또 안전비구로 부근에서 횡방향장애물은 작아지고 있고, 측방향장애물은 장애물로서의 역할이 강해지고 있다. 횡방향장애물은 안전비구로의 중앙에 옆으로 길게 놓여 있는 것으로 출발구역에서 150~180m 근처에 설치하여 장타력의 유무를 가린다. 측방향장애물은 안전비구로의 좌우나 잡초가 우거진 곳인 불안전비구로(rough)와의 경계선에 놓여 있어 굽은 과오타(miss shot)나 경기장 외 구역

(O.B.; out of bound) 안에 들어가지 않게 하는 벙커이다. 안내장애물은 마무리풀밭 주위에 설치하는 것으로, 기교, 구제 및 전략성의 세 가지 목적에 의해 만들어진다.

## 2) 기준타수(基準打數, par)와 거리

기준타수는 숙련된 경기자인 경우, 목적된 홀에 대해 기대되는 타수로서, 기준타수가 3인 것을 단거리홀(또는 소타수구역; short hole), 4인 것을 중거리홀(또는 중타수거리; middle hole), 5인 것을 장거리홀(또는 다타수구역; long hole)로 명칭되어 있으며 표 10-45는 기준타수와 거리와의 관계를 표시한 것이다.

표 10-45로부터 단거리홀과 중거리홀, 장거리홀의 표준거리를 나타내면 각각 160~250야드, 340~470야드, 480~600야드이다(기준타수와 야드는 표 10-45 참조).

[표 10-45] 기준타수와 거리

| 기준 타수 | 남자 | 여자 |
|---|---|---|
| 3 | 250 야드 이하 | 210 야드 이하 |
| 4 | 251~470 야드 | 211~400 야드 |
| 5 | 471 야드 이상 | 401~575 야드 |
| 6 | | 576 야드 이상 |

## 3) 비구선(飛球線, line of play)

비구선을 플레이선이라고도 하며 비구선의 거리변화는 장거리홀과 단거리 홀의 거리를 교대로 연결하여 변화를 주며 같은 거리의 홀을 연결하여 거리변화가 없는 것도 있다. 일반적으로는 장거리홀 다음에 단거리홀을 연결하는 것이 좋다.

비구선의 방향은 그림 10-167과 같이 시계방향식, 반시계방향식, 혼합식, 수의식, 평행식이 있다.

시계방향식과 반시계방향식은 볼을 지면(ground)상에 떨어지기 쉽도록 한 방법이며, 전반에는 시계방향식을 이용하고 후반에는 반시계방향식을 이용하며 혼합식은 이 두 방법을 조합한 형태이다.

수의식과 평행식은 비구선을 평행 또는 조금 경사지게 한 것으로 단조로운 형태이다. 그러나 부지의 형상에 적합한 배치를 위해 여러 가지 방법을 혼합시킬 수 있으나 비구선이 교차되는 것은 허용되지 않는다.

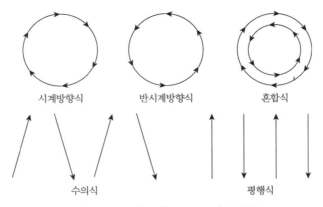

시계방향식       반시계방향식       혼합식

수의식            평행식

**그림 10-167** 비구선(line of play)의 방향

## 4) 홀의 폭 및 인접홀과의 관계

① 홀의 폭과 굽은 경로(dog-legs)

안전비구로(安全飛球路)의 주변은 장해구역(hazard), 둔덕(mound)과 수림(樹林) 등이 있으며, 안전비구로의 폭은 장해(障害)구역이 배치된 부근은 60야드, 수림이 있는 곳은 80야드의 여유가 필요하다.

굽은 경로(dog-legs)는 홀 내의 비구선 방향을 변화시켜 안전비구로를 곡선으로 하고 각도를 주는 것이다(그림 10-168).

절점(折點)에서 비구선의 각도는 30°에서 최대 90°까지 임의로 정하게 된다.

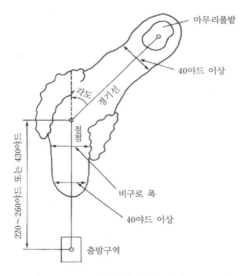

**그림 10-168** 홀의 폭과 굽은 경로(dog-legs)

② 인접 홀과의 관계

마무리풀밭과 다음 출발구역(tee ground)과의 거리는 경기도중 볼에 의한 위험을 방지하기 위해 여유를 두어야 하며, 일반적으로 30~60야드로 하고 있다(그림 10-169).

마무리풀밭부터 출발구역까지의 높이 차는 완만하게 하며 7m 이상일 경우는 리프트(lift)가 필요하다.

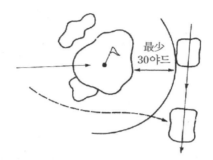

最少
30야드

**그림 10-169** 그린과 다음 홀의 출발구역까지의 거리

## 5) 마무리풀밭(green)

마무리풀밭은 마무리구역의 초지로 종타초지(終打草地), 또는 그린이라고도 하며, 그 형상은 평지형, 접시형, 기복형이 있으며, 평지형은 단조로운 형태의 마무리풀밭이며, 접시형은 중앙에 홀이 있으며 중력의 원리에 의해 공이 중앙으로 모이게 되어 있고, 후방경사면 위에 홀이 있으면 공을 치기가 어렵다. 기복형은 경기자의 기량을 발휘할 수 있는 형태이나 지나친 기복은 유해하다. 그린과 지형의 관계를 이용하여 크게 세 가지로 나누면 산정형(山頂型)마무리 풀밭, 산복형(山腹型)마무리풀밭, 곡형(谷型)마무리풀밭이 있다.

산정형마무리풀밭은 산정에 있는 마무리풀밭으로 마무리풀밭상에 도달하는 데 어려우며, 마무리풀밭에서의 풍경이 좋고 스포츠적인 마무리풀밭이다. 산복형마무리풀밭은 공의 휨을 바로 잡아 주며 장타구(long drive)에 대해 공의 구름을 막아 주어 가장 원만한 형태이다. 곡형마무리풀밭은 앞의 두 형에 비해 단조로우며, 홀에 접근하기 쉽게 되어 있어 경기용으로는 적합지 않다. 따라서 마무리풀밭 주위에 모래장애물(bunker)을 설치할 필요가 있다.

마무리풀밭 주위에 모래장애물을 설치하는 위치에 따라 여러 가지로 구분할 수 있으나 그림 10-170에서 나타난 형태가 대표적인 경우이다.

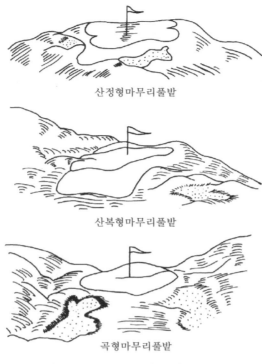

산정형마무리풀밭

산복형마무리풀밭

곡형마무리풀밭

**그림 10-170** 마무리풀밭(green)의 종류

## (4) 초구장휴게소(club house)

초구장휴게소는 품위가 있으며 쾌적한 공간을 갖는 것이 좋다. 초구장의 중심이 되는 초구장
휴게소는 경치가 아름답고 조화가 잘 이루어져야 하며 품위가 있어야 한다.

위치도 높은 곳보다는 중간위치에 있어 접근이 쉽게 되어야 한다. 초구장휴게소 및 부대시설
을 구분하여 서술하면, 첫째, 초구장휴게소 본체에는 대합실, 사무실, 욕실, 세면실, 매점, 식
당, 주차장, 거실, 건조실, 기계실 등이 위치해야 한다. 둘째, 초구장휴게소의 부대시설로서
정화조, 취수시설, 발전소, 소각장, 오락실 등이 있다. 그 외에 대피소, 종업원숙소 등이 필요하다.

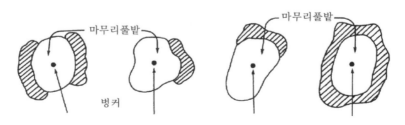

마무리풀밭

마무리풀밭

벙커

**그림 10-171** 마무리풀밭(green)과 모래장애물(bunker)

[표 10-46] 표준코스의 파와 야드지(yardage)

| 야드지 | 레이팅 | 표준코스 | | | | 전장 7,000야드의 코스 예 | | | | |
|---|---|---|---|---|---|---|---|---|---|---|
| | | 레이팅 | 표준 야드지 | 홀수 | 표준 전장 (야드) | 파 | 레이팅 | 표준 야드지 | 홀수 | 표준 전장 |
| ~125 | 2.7 | | | | | | | | | |
| 126~145 | 2.8 | | | | | | | | | |
| 146~165 | 2.9 | 파-3 | | | | | | | | |
| 166~185 | 3.0 | 3.0 | 175.5 | 4 | 702 | | 3.0 | 175.5 | 2 | 351 |
| 186~205 | 3.1 | | | | | 파-3 | | | | |
| 206~225 | 3.2 | | | | | | 3.2 | 215.6 | 1 | 215.5 |
| 226~245 | 3.3 | | | | | | 3.3 | 235.6 | 1 | 235.5 |
| 246~265 | 3.4 | | | | | | | | | |
| 266~285 | 3.5 | | | | | | | | | |
| 286~305 | 3.6 | | | | | | | | | |
| 306~325 | 3.7 | | | | | | | | | |
| 326~345 | 3.8 | | | | | | | | | |
| 346~365 | 3.9 | 파-4 | | | | | 3.9 | 355.5 | 1 | 355.5 |
| 366~385 | 4.0 | 4.0 | 375.5 | 10 | 3,755 | | 4.0 | 375.5 | 2 | 751 |
| 386~405 | 4.1 | | | | | 파-4 | 4.1 | 395.5 | 2 | 791 |
| 406~425 | 4.2 | | | | | | 4.2 | 415.5 | 2 | 831 |
| 426~445 | 4.3 | | | | | | 4.3 | 435.5 | 2 | 871 |
| 446~465 | 4.4 | | | | | | 4.4 | 455.5 | 1 | 455.5 |
| 466~485 | 4.5 | | | | | | | | | |
| 486~505 | 4.6 | | | | | | 4.6 | 495.5 | 1 | 495.5 |
| 506~525 | 4.7 | | | | | | 4.7 | 515.5 | 1 | 515.5 |
| 526~545 | 4.8 | | | | | 파-5 | | | | |
| 546~565 | 4.9 | 파-5 | | | | | 4.9 | 555.5 | 1 | 555.5 |
| 566~585 | 5.0 | 5.0 | 575.5 | 4 | 2,302 | | 5.0 | 575.5 | 1 | 575.5 |
| 586~605 | 5.1 | | | | | | | | | |
| 606~625 | 5.2 | | | | | | | | | |
| 626~645 | 5.3 | | | | | | | | | |
| 646~665 | 5.4 | | | | | | | | | |
| 666~ | 5.5 | | | | | | | | | |
| | | 파 72 | | 홀 18 | 6,759 | 파 72 | 77.6 | | 홀 18 | 6,999 |

[표 10-47] 야드지(예)

| Hole No. | A.G.C | | | | | H.C.C | | | | | | | | | |
|---|---|---|---|---|---|---|---|---|---|---|---|---|---|---|---|
| | PAR | HCP | Champ | Reg | Diff | PAR | HCP | Summer Green | | | | Winter Green | | | |
| | | | | | | | | Champ | Reg | Front | Diff | Champ | Reg | Front | Diff |
| 1 | 4 | 9 | 350 | 330 | 20 | 4 | 9 | 427 | 410 | | 17 | 393 | 376 | | 17 |
| 2 | 4 | 3 | 400 | 370 | 30 | 5 | 3 | 531 | 484 | | 47 | 528 | 482 | | 46 |
| 3 | 4 | 13 | 345 | 305 | 40 | 3 | 17 | 154 | 125 | | 29 | 164 | 135 | | 29 |
| 4 | 3 | 17 | 175 | 150 | 25 | 4 | 11 | 375 | 348 | | 27 | 365 | 339 | | 26 |
| 5 | 5 | 1 | 495 | 470 | 25 | 4 | 5 | 398 | 363 | | 35 | 400 | 365 | | 35 |
| 6 | 3 | 15 | 170 | 140 | 30 | 5 | 1 | 562 | 532 | | 30 | 537 | 505 | | 32 |
| 7 | 4 | 7 | 430 | 400 | 30 | 4 | 13 | 347 | 320 | | 27 | 357 | 330 | | 27 |
| 8 | 5 | 5 | 535 | 480 | 55 | 3 | 15 | 209 | 187 | | 22 | 192 | 171 | | 71 |
| 9 | 4 | 11 | 440 | 395 | 45 | 4 | 7 | 444 | 396 | 368 | 48 (76) | 438 | 390 | 360 | 48 (78) |
| Out | 36 | | 3,340 | 3,040 | 300 | 36 | | 3,447 | 3,165 | 3,137 | 282 (310) | 3,374 | 3,093 | 3,063 | 281 (311) |
| 10 | 4 | 12 | 355 | 335 | 20 | 4 | 4 | 477 | 433 | | 44 | 423 | 380 | | 43 |
| 11 | 5 | 2 | 535 | 490 | 45 | 4 | 10 | 372 | 338 | | 34 | 383 | 349 | | 34 |
| 12 | 4 | 14 | 435 | 390 | 45 | 3 | 16 | 180 | 139 | | 41 | 183 | 142 | | 41 |
| 13 | 4 | 8 | 385 | 350 | 35 | 5 (4) | 2 | 520 | 472 | | 48 | 498 | 446 | | 52 |
| 14 | 3 | 18 | 175 | 140 | 35 | 4 | 6 | 439 | 411 | | 28 | 410 | 383 | | 27 |
| 15 | 4 | 4 | 350 | 315 | 35 | 4 | 14 | 352 | 318 | | 43 | 365 | 332 | | 33 |
| 16 | 3 | 16 | 215 | 185 | 30 | 4 | 8 | 399 | 372 | | 27 | 361 | 334 | | 27 |
| 17 | 5 | 6 | 570 | 530 | 40 | 3 | 18 | 194 | 174 | | 20 | 198 | 178 | | 20 |
| 18 | 4 | 10 | 390 | 355 | 35 | 5 | 12 | 551 | 507 | 455 | 44 (96) | 513 | 473 | 417 | 40 (96) |
| In | 36 | | 3,410 | 3,090 | 320 | 36 (35) | | 3,484 | 3,164 | 3,112 | 320 (372) | 3,334 | 3,017 | 2,961 | 317 (373) |
| Total | 72 | | 6,750 | 6,130 | 602 | 72 (71) | | 6,931 | 6,329 | 6,249 | 602 (682) | 6,708 | 6,110 | 6,023 | 598 (684) |

# 연 습 문 제

## 제10장 사회기반시설측량

1) 다음 각 사항에 대하여 약술하시오.

① 단지조성측량의 사전준비작업

② 단지조성측량의 현지측량

③ 해양측량의 내용

④ 해도의 종류

⑤ 해양측량의 정확도와 축척

⑥ 해안선측량의 종류

⑦ 해상위치결정의 종별

⑧ 해상위치결정에 관한 현재 활용 중인 위성항법방식

⑨ 항만측량의 조사사항, 항만시설과 배치

⑩ 하천측량의 순서

⑪ 하구심천측량

⑫ 하천의 수위 종류

⑬ 유량관측방법

⑭ 유량계산방법

⑮ 유속관측방법

⑯ 유속관측장소의 선정과 평균유속을 구하는 방법

⑰ 유속관측을 위한 부자의 종류와 특징

⑱ 하천도면작성

⑲ 터널측량의 순서 및 종류

⑳ 갱내중심선측량

㉑ 갱내고저측량

㉒ 터널완성 후의 측량

㉓ 관통측량

㉔ 도로 및 철도노선 측량의 순서 및 방법

㉕ 곡선설치범위 분류

㉖ 단곡선, 복곡선 및 반향곡선의 설치

㉗ 완화곡선

㉘ 편경사(cant) 및 확폭(slack)

㉙ 3차포물선

㉚ 렘니스케이트(연주형) 곡선

㉛ 크로소이드(clothoid) 곡선의 기본성질

㉜ 크로소이드 곡선의 형식

㉝ sine 체감곡선

㉞ 종단곡선

㉟ 교량측량의 중요항목

㊱ 건축물, 교량 및 댐의 변위 및 변형측량

㊲ 시설물의 변위, 변형 및 안전진단측량

㊳ 경관의 의의

㊴ 경관의 정량화 방법

㊵ 경관의 평가

㊶ 유형문화재 측량방법에서 영상탐측 및 레이저에 의한 방법

㊷ 유형문화재 조형비 해석

㊸ 우리나라 삼국시대 및 고려시대 유형문화재 조형비와 서양의 황금비율에 의한 조형비와의
   비교

㊹ 경관의 의의

㊺ 경관의 정량화 방법

㊻ 경관의 평가

㊼ 초구장(또는 골프장)(golf or country club)측량 시 부지, 경기장경로 및 휴게소 선정에
   중요사항

2) 부표를 띄울 때 그 필요한 유하거리는 시간 및 관측오차에 의한 유속의 허용정확도에 따라
   정해진다고 한다. 지금 유하거리에 ±0.1m, 그리고 시간의 관측에 ±0.5초의 오차가 따른다고
   하면 관측유속 1.0m/sec인 경우 그 오차를 2% 이내로 하기 위해서는 유하거리를 얼마로 하면
   되는가?

3) 우리나라 하천측량에서 수준측량의 오차의 허용범위는 4km에 대하여 어떻게 정해져 있는가?

4) 하천측량을 하는 범위는?

5) 유량관측을 하기 위하여 하폭을 폭 $l$의 10구간으로 나누어 각 구간마다 수심을 관측하여 횡단면적 $A$를 구하고 또한 각 구간마다의 평균유속을 구하여 그 유량 $Q$를 계산하였다. 측심점의 하단에서의 거리는 정확히 결정되어야 하지만 수심의 관측에 ±5% 또한 유속의 관측에 ±10%의 오차는 허용한다고 하면 전 유량에는 몇 %의 오차를 예상하여야 하는가?

6) 하천측량을 실시하는 주 목적은 무엇인가?

7) 지하(갱내) 측량에서는 관측점을 천정에 설치하는 것이 통례이다. 어떤 사갱에서 관측점의 고저차를 구하기 위하여 그림과 같이 관측점에 추를 달아 관측점에서 기계까지의 높이(IH), 망원경 시준점의 높이(HP), 그때의 망원경이 가리키는 연직각 $a$, 망원경의 중심에서 시준점까지의 사거리 $S'$를 관측하여 다음 결과를 얻었다.

   (IH)=1.28m, (HP)=1.65m

   $S'$=44.69m, $a$=+14°25'

$AB$의 고저차는 얼마인가?

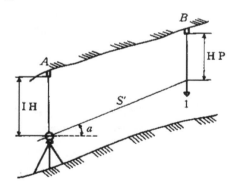

8) 갱내의 좌표(1,265.45m, −468.75m) (2,185.31m, +1,691.60m), 높이(86.30m, 112.40m) 되는 $AB$점을 연결하는 갱도를 굴진하는 경우 그 갱도의 사거리는?

9) 그림과 같이 두 추선(錘線) 1, 2에 의하여 방위를 지하에 연결한다. 두 추선의 간격은 1.50m이다. 이 때 추선의 하나가 추선의 면에 대하여 직각방향으로 0.002m 차가 있었다면 지하에서 관측한 다각형의 방위각에 얼마의 차가 생기는가? 또한 지하 다각형의 계산을 해본 결과 관측점 8의 위치는 그림과 같다. 추선에 위의 오차가 있었다고 하면 관측점 8에 얼마의 위치오차가 생겼는가?

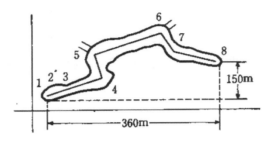

10) 갱내에서 관측점을 시준할 때의 주의사항에 대하여 기술하시오.

11) 경사갱에서 다각측량을 할 때에는 트랜시트의 어느 부분을 잘 조정하여야 하는가?

12) 깊이 100m, 직경 5m인 한 개의 수갱에 의해서 갱내외를 연결하는 데는 어느 방법이 가장 간단하고 적당한가?

13) 경사 30°의 사갱의 갱구와 갱저간의 고저차를 가장 정밀하고 용이하게 관측하는 데 가장 적당한 방법은?

14) 반경 150m의 단곡선을 설치하기 위하여 교각 I를 관측하였더니 57°36′00″이었다. 곡선시점은 교선점(IP)으로부터 몇 m가 되는가? 또한 곡선길이는 몇 m가 되는가?
    단, tan 57°36′ = 1.575748, tan28°48′ = 0.549755

15) 도로를 개수(改修)하여 구(舊)곡선의 중앙에서 10m만큼 곡선을 내측으로 옮기고자 한다. 신곡선의 반경을 구하시오. 단, 구곡선의 곡선반경은 100m이고 그 교각은 60°로 하며 접선방향은 변하지 않는 것으로 한다.

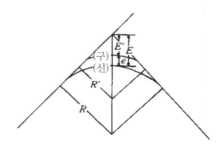

16) 그림의 $AC$ 및 $DB$ 간에 곡선을 넣으려 하는데 그 교점에 갈 수가 없다. 그래서 $\angle ACD = 150°$, $\angle CDB = 90°$ 및 $CD = 200\mathrm{m}$를 관측하여 $C$점에서 $BC$점까지의 거리를 구하려 한다. 곡선반경을 300m라 하면 그 거리는 얼마인가?

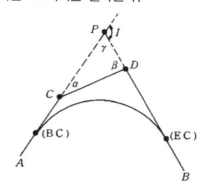

17) 오름경사도 3%, 내림경사도 3%인 그림과 같은 곳에서 길이 60m의 종곡선을 계획하시오. 단, 종곡선은 $y = (i/2l)x^2$을 사용하는 것으로 한다.

18) 그림과 같은 곡선을 설정하고자 하였지만 노선 중에 못이 있어서 BC점이 못 가운데 있음을 알았다. 그래서 점 C에서 CD=50m의 보조기선을 취하여 $\alpha = 84°20'$, $\beta = 68°30'$를 관측하였다. $I = 101°10'$로 하고 단곡선의 반경 $R = 60\mathrm{m}$로 정하였을 때 TL, CL 및 SL을 계산하고 C로부터 BC까지의 거리를 구하시오.

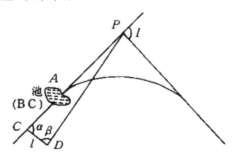

19) 단곡선 설치에서 가장 널리 사용되고 편리한 방법은 무엇인가?

20) 우리나라에서 철도에 적용하는 경사는 무엇인가?

21) 일반적으로 널리 쓰이고 있는 종곡선의 형상은 무엇인가?

22) 복곡선 설치에서 교각(I)이 57°14′, 접선길이 $T_1 = 120m$, $T_2 = 230m$, 곡률반경($R_1$)이 120m 인 경우 큰 원의 곡선반경($R_2$)과 $I_1$, $I_2$를 구하시오.

23) R=500m, X=40m인 3차 포물선을 설치하시오.

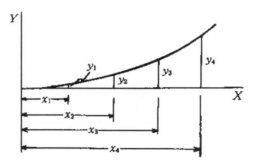

Engineering of Survey and Geospatial Information

# PART. 02-6

## 영상탐측학

# 11 영상탐측학

## 1. 영상탐측학의 일반사항

### (1) 영상탐측학의 특성

영상탐측학은 그 효용성이 증대되고 광역화되는 추세에 있으나 이제까지 검증된 특성을 종래의 일반측량과 비교해 기술하면 다음과 같다.

장점으로는

① 정량적 및 정성적 관측을 할 수 있다.

종래의 측량이 정량적인 관측, 즉 지형(지모·지물)의 위치, 형상, 크기만을 정하는 데 비해 영상탐측학에서는 정량적인 관측은 물론 대상물의 특성까지도 해석하는 정성적인 관측이 가능하다. 즉, 영상탐측학은 자원조사, 대기 및 수질의 오염조사, 각종 재해 및 기상조사, 지질 및 토지이용조사, 삼림조사, 대상물의 미세한 부분의 형태분석, 의학 분야의 영상진단, 도시의 발전상황 등을 연구할 수 있다.

② 동체관측(動體觀測)에 의한 보존이용이 가능하다.

종래의 측량은 대상물의 정적인 것을 관측하는 데 그쳤으나 영상탐측학은 대상물이 움직이더라도 그 상태를 정확히 분석할 수 있다. 즉, 파도(波濤) 및 구름의 동태, 하천의 흐름, 구조물의 변형, 교통량 조사 및 교통사고의 조사, 비행기의 비행경로 추적, 미사일 등의 관측, 홍수, 화재 등의 관측 및 당시 상황을 기록 보존할 수 있다.

### 3) 정확도의 균일성이 있다.

종래의 측량은 골조측량(骨組測量)으로부터 세부측량에 이르기까지 현장측량의 횟수가 증가함에 따라 개인오차 및 기계오차가 누적되어 정확도가 균일하지 못했으나 영상탐측은 일반적으로 1~2회의 현장측량 이외에는 실내에서 일련의 연속작업으로 처리하므로 정확도가 균일하다. 즉, 상대오차(相對誤差)가 양호하고, 일반적으로 허용되는 정확도는 수직위치[또는 높이(height), $+Z$ 또는 $H$]의 경우 촬영고도의 $1/10,000 \sim 2/10,000$, 수평위치(planimetry: $X$, $Y$)의 경우 영상면축척 분모수에 대해 $10 \sim 30 \mu\mathrm{m}$ 정도이다.

### 4) 접근하기 어려운 대상물의 관측이 가능하다.

재래식 측량에서는 교통량이 격심하거나 고층가옥이 밀집된 대도시의 중심부, 군사적 및 정치적인 이유로 입장이 불허되는 구역, 극한지방, 열대지방 등 장기간에 걸쳐 체재가 곤란한 지역 등의 관측이 어려웠으나 영상탐측학에서는 관측대상에 접근하지 않고도 관측이 가능하다.

### 5) 분업화에 의한 능률성이 있다.

영상탐측학에서는 촬영과 일부 현장의 작업 이외에는 전 공정이 실내에서 전문 분야별로 세분되어 분업적으로 처리되므로 능률적인 작업을 할 수 있다. 그러나 재래의 측량에서는 외업(外業)이 많아 현장의 장애물과 비, 바람, 눈 등의 기상조건에 의해 많은 지장을 받는다.

### 6) 축척변경(縮尺變更)의 용역성이 있다.

특정 구역을 측량할 경우 재래식 측량에서는 관측자가 축척 1/1인 대상물의 상태를 일단 자기의 이해에 맞도록 머릿속에 상을 묘사한 뒤 이것에 의해 소요축척(所要縮尺)과 목적대상을 정해서 도면화하므로 만일 소요축척과 목적대상물이 변경되면 측량을 다시 해야 한다. 이에 비해 영상탐측에서는 최초에 정한 축척으로 촬영한 영상면과 이미 측량된 기준점을 이용하여 일정한 한도 내에서 소요축척에 따라 대상물을 도화기(圖化機)로서만 도화할 수 있다.

### 7) 경제성이 있다.

영상탐측은 넓은 지역이라도 신속히 관측할 수 있기 때문에 축척 및 대상지역의 넓고 좁음에 따라 소요경비가 다르나, 일반적으로 중축척 이하의 측량에서는 종래의 지상측량보다 약 50% 정도 경비가 절감되며, 특수한 기법, 즉 좌표조정기법의 하나인 항공삼각측량(AT : Aerial Triangulation)을 적용할 경우에는 80% 이상의 측량경비가 절감된다. 일반적으로 영상탐측은 축척이 작을수록, 그리고 광역일수록 경제적이다.

8) 4차원 측량이 가능하다.

영상탐측은 3차원 공간의 점 $P(X,\ Y,\ Z)$를 2차원 공간의 점 $p(x,\ y)$로 표현된 영상면을 광학적 또는 수학적 방법으로 다시 3차원 공간의 점 $P(X,\ Y,\ Z)$로 재현하는 것이다. 2차원의 공간에 시간($t$)을 추가한 점 $p(x,\ y,\ t)$에서 4차원 측량으로 $P(X,\ Y,\ Z,\ T)$를 구할 수 있다. 예를 들어, 낙석의 추적을 들 수 있다.

영상탐측학의 단점은

① 소규모의 대상물에 대해서는 시설비용이 많이 든다는 것이다. 영상면에 의한 관측을 할 경우 각종 센서(카메라, 레이더 등), 항공기, 정밀도화기, 편위수정기(偏位修正機) 및 부대시설(system) 등이 소요될 수 있으므로 경우에 따라 많은 비용이 소요될 수 있다.

② 영상면에 나타나지 않는 대상물은 식별이 난해하므로 행정경계, 지명, 건물명, 음영에 의해 분별하기 힘든 곳 등의 관측은 현장작업으로 보완하지 않으면 안 된다.

## (2) 영상의 취득

### 1) 전자기파장대

파장대(波長帶)는 전자기파(광파 및 전파)의 진동수에 따라 나눌 수 있다. 진동수가 아주 높은 전자기파는 우주선(宇宙線)과 방사성물질로부터 발생하는 $\gamma$선, $X$선 등이 있으며 각각의 파장은 0.03nm(1nm=$10^{-9}$m), 0.03~3nm 정도로 아주 짧다. 사람의 눈은 일곱 가지 색의 색채감으로 물체를 판별할 수 있으나 가시광선(0.4~0.7$\mu$m) 파장대에서만 육안으로 식별된다. 전체 파장역은 $10^{-10}\mu$m의 짧은 것에서부터 $10^{11}\mu$m(100km) 이상의 긴 파장을 포함한다. 각 파장역은 명칭이 정해져 있으며 특징에 따라서 넓이가 달라지지만 파장대 명칭에 의해 명확하게 구분되지는 않고 어느 정도 중복되어 있다.

예를 들면, 극초단파의 가장 짧은 파장대는 적외선영역과 엄밀히 구분하기 어렵다. 일반적으로 전자기파를 파장대로 나누면 그림 11-1과 같고 파장대별 특성을 요약하면 표 11-1과 같다.

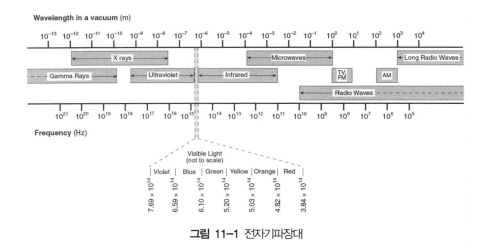

그림 11-1 전자기파장대

[표 11-1] 전자기파의 파장별 특징

| 밴드 | 파장 | 비고 |
|---|---|---|
| 감마선<br>(Gamma ray) | <0.03nm | 방사성물질의 감마방사는 저고도 항공기에 의해 탐측된다.<br>(태양으로부터의 입사광은 공기에 흡수) |
| X-선 | 0.03~3nm | 입사광은 공기에 의해 흡수되어 원격탐측에 이용되지 않는다. |
| 자외선<br>(UV) | 3nm~0.4$\mu$m | 입사되는 0.3lm보다 작은 파장의 자외선은 공기상층부 오존에 흡수된다. |
| 영상면자외선 | 0.3~0.4$\mu$m | 필름의 광전변환기에 탐지되나 공기산란이 심하다. |
| 가시광선 | 0.4~0.7$\mu$m | 필름과 광전변환기에 탐지된다. |
| 적외선(IR) | 0.7~1,000$\mu$m | 물질의 상호작용으로 파장이 변화한다. |
| 반사적외선 | 0.7~3$\mu$m | 이것은 주로 태양광반사이다. 물질의 열적 특성은 포함되지 않는다. |
| 열적외선<br>(Thermal IR) | 3~5$\mu$m<br>8~14$\mu$m | 이 파장대의 영상은 광학적인 감지기를 이용하여 얻어진다. |
| 극초단파 | 0.01~1,000cm | 구름이나 안개를 투과하며 영상은 수동이나 능동적 형태로 얻어진다. |
| 레이더 | 0.1~100cm | 극초단파 원격탐측의 능동적 형태 |

## 2) 영상취득체계

영상의 취득은 센서(sensor)에 의하여 이루어진다. 센서는 전자기파를 담는 기기로서 수동적 센서와 능동적 센서로 대별된다.

수동적 센서는 대상물에서 방사(放射)되는 전자기파를 수집하는 방식이며, 능동적 센서는 센서에서 전자기파를 발사하여 대상물에서 반사되는 전자기파를 수집하는 방식으로 그림 11-2와 같이 구분된다.

① 수동적 센서(passive sensor)

인공위성이나 항공기를 이용하여 지구를 촬영할 경우 일반 카메라처럼 일정한 대상을 촬영하는 방법과 비행방향과 같은 방향에 순차적으로 촬영해가는 방법이 있다.

고해상도의 영상을 취득할 경우 비행방향과 같은 방향으로 따라가면서 촬영 폭이 좁은 영상을 여러 개를 모아 넓은 구역의 영상면을 취득해야 하므로 다중분광 및 초미세분광 방법을 이용하고 있다. 이 방법에는 휘스크브룸 방식과 푸시브룸 방식을 이용하여 영상을 취득하고 있다.

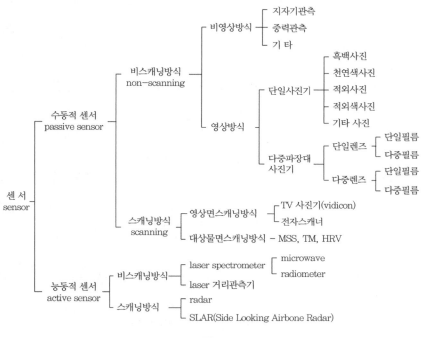

**그림 11-2**

② 능동적 센서(active sensor)

극초단파센서(microwave sensor)는 능동적이고 전천후형으로 시간과 지점을 중요하게 여기는 정보수집에 이용되었으며 가시·적외역의 영상취득이 가능한 장점을 갖고 있다.

극초단파 중 레이더파를 지표면에 주사하여 반사파로부터 2차원 영상면을 얻는 센서로 SLR은 일반적으로 항공기에 탑재되어 사용되므로 SLAR(Side Looking Air-borne Radar)라고도 하며, SLAR에는 저해상영상 레이더인 실개구(實開口)레이더(RAR; Rear Aperture Radar)와 고해상영상 레이더인 합성개구(合成開口)레이더(SAR; Synthetic Aperture Radar)가 있다. SLAR는 저해상영상 레이더를 주로 사용하며 항공기의 진행방향에 직각으로 전파를 발사하며,

안테나 빔(antena beam)은 진행방향으로는 폭이 좁고 직각방향으로는 폭이 넓은 부채 꼴모양을 이룬다. 대상지역에서 반사되는 반사파의 시간차를 정밀하게 관측하여 대상지역의 형태를 판독하며 빔폭(beam width)을 작게 하면 해상도를 높일 수 있다.

고해상영상 레이더인 SAR는 해상도가 높은 영상을 얻기 위한 것으로 저해상영상 레이더인 RAR와 다른 것은 반사파강도 이외의 위상도 관측하며 위상조정 후에 해상도가 높은 2차원 영상면을 작성한다. 고해상영상 레이더는 해상도가 높은 영상을 얻기 위해 수신신호를 비행방향과 비행방향에 직각인 방향으로 분해하여 처리하는 방법을 사용하고 있다.

③ 항공영상탐측용 카메라

　가) 항공영상탐측용 카메라

항공영상탐측용 카메라를 일반카메라와 비교하면 다음과 같은 특징이 있다.

　(ㄱ) 초점거리가 길다(80, 150, 210, 300mm 등).

　(ㄴ) 렌즈의 지름 및 피사각(angular field)이 크다(60°, 90°, 120° 등).

　(ㄷ) 렌즈왜곡(lens distortion)이 극히 적으며, 왜곡이 있더라도 역의 왜곡을 가진 보정판을 이용하면 왜곡을 없앨 수 있다.

　(ㄹ) 거대하교 중량이 크다(카메라의 중량 80kg의 것이 있다).

　(ㅁ) 셔터의 속도는 1/500~1/1,000초이다.

　(ㅂ) 필름은 폭 24cm( 또는 19cm), 길이 60m, 90m, 120m의 것을 이용한다.

　(ㅅ) 파인더(finder)로 사진의 중복도를 조정한다.

　(ㅇ) 주변부라도 입사하는 광량의 감소가 거의 없다.

항공영상촬영용 카메라를 렌즈의 피사각에 따라 분류하면 표 11-2와 같다.

[표 11-2] 항공영상탐측용 카메라의 종류

| 종류 | 렌즈의 피사각 | 초점거리 [mm] | 사진의 크기 [cm] | 필름의 길이 [m] | 최단 셔터간격 [초] | 사용목적 |
|---|---|---|---|---|---|---|
| 보통카메라(NA) (Normal Angle) | 60° (50°) | 210 (300) | 18×18 (23×23) | 120 (120) | 2 (2.5) | 산림조사용 (도시지역조사 및 측량) |
| 광각카메라(WA) (Wide Angle) | 90° | 152~153 | 23×23 | 120 | 2 | 일반도화, 판독용 |
| 초광각카메라(SWA) (Super Wide Angle) | 120° | 88 | 23×23 | 80 | 3.5 | 소축척 도화용 |

나) 촬영 보조기재

(ㄱ) 수평선카메라(horizontal camera)

주된 카메라의 광축에 직각방향으로 광축이 향하도록 부착시킨 소형카메라이다.

(ㄴ) 고도차계(statoscope)

U자관을 이용하여 촬영점 간의 기압차관측에 의해 촬영점간의 고도차를 환산 기록하는 것이다.

(ㄷ) APR(airborne profile recorder)

APR은 비행고도자동기록계라고도 하며, 항공기에서 바로 밑으로 전파를 보내고 지상에서 반사되어 돌아오는 전파를 수신하면서 촬영비행 중의 대지촬영고도를 연속적으로 기록하는 것이다.

(ㄹ) 자동평형경(gyroscope)

회전하는 자이로(자동평형, gyro)의 원리를 이용해 항공기의 동요 등이 카메라에 주는 영향을 막고 영상면상에 연직방향을 촬영과 동시에 찍히도록 함으로써 카메라의 경사를 구해 보정하는 데 이용된다.

(ㅁ) 항공망원경(navigation telescope)

접안 격자판에 비행방향, 횡중복도가 30%인 경우의 유효폭 및 인접촬영경로, 연직점 위치 등이 새겨져 있어서 예정촬영경로에서 항공기가 이탈되지 않고 항로를 유지하는 데 이용된다.

다) 중심투영(central projection)

영상면의 상은 피사체로부터 반사된 빛이 렌즈중심을 직진하여 평면인 필름 면에 투영되어 축소 또는 확대대어 나타난다. 이와 같은 투영을 중심투영이라 하며, 영상면은 중심투영상이다.

영상면의 상은 피사체로부터 반사된 광이 렌즈중심을 직진하여 평면인 필름면에 투영되어 축소 또는 확대되어 나타난다. 이와 같은 투영을 중심투영(中心投影)이라 하며, 지상 또는 항공카메라에 의한 영상면은 중심투영상이다. 센서에 의한 영상면의 정사투영(ortho projection)은 지도투영과 같이 기준면에 대하여 일정한 축척으로 재현된다.

항공영상의 원리 및 수직영상면에 있어서 지표면과의 상관관계를 나타내면 그림 11-3과 같다.

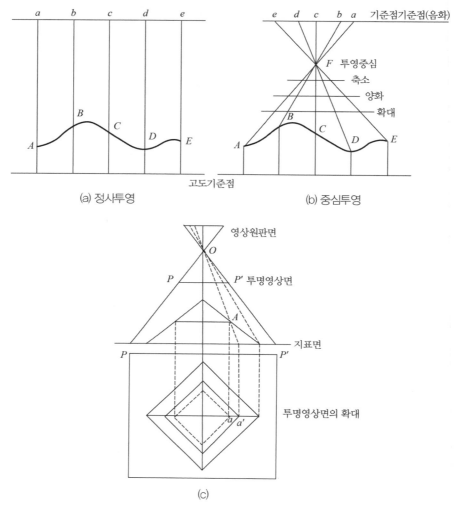

**그림 11-3** 정사투영과 중심투영

영상면원판(음화면, negative film)은 도입실상(倒立實像)이므로, 영상탐측에서는 이를 밀착 인화시켜 정입실상(正立實像)인 투명양화(透明陽畵 : diapositive : glass diapositive, film diapositive)로 만들어 사용한다. 이 투명양화를 확대해 그림 11-3(c)와 같이 대상물의 크기와 같도록 했다고 가정하면, 지형도상에서 $a$로 나타나 있는 $A$점의 중심투영상이 $a'$로 나타남을 알 수 있다.

이와 같이 지표면이 평탄한 경우는 지도와 영상면이 같으나, 기복이 있는 지형에서는 정사투영인 지도와 중심투영(中心投影, central projection : 그림 11-3(b))인 영상면에 차이가 생긴다.

정사투영(正射投影, ortho projection : 그림 11-3(a))은 기준면으로 일정한 축척으로 재현되나 카메라인 경우 중심투영은 중심투영점을 지나 투영중심 뒤쪽에 축소 또는 확대되어 음화(또는 양화)가 재현된다.

라) 항공영상면의 특수 3점

영상면의 특수 3점(specific 3-point)이란 주점, 연직점, 등각점을 말하며, 영상면의 성질을 설명하는 데 중요한 점이다. 수직영상면에서는 주점을, 고저차가 큰 지형의 수직 및 경사영상면에서는 연직점을, 평탄한 지역의 경사영상면에서는 등각점을 각 관측의 중심점으로 사용한다.

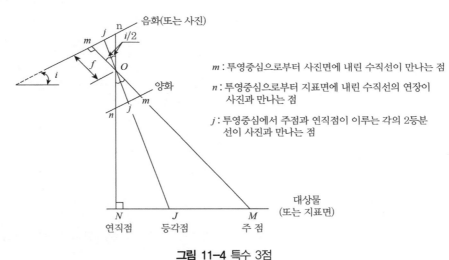

**그림 11-4 특수 3점**

(ㄱ) 주점

주점(principal point, $m$)은 영상면의 중심점으로서, 투영 중심으로부터 영상면에 내린 수직선이 만나는 점, 즉 렌즈의 광축과 영상면이 교차하는 점으로 그림 11-4의 $m$점이다. 일반적으로 항공영상에서는 마주보는 영상면지표의 대각선이 서로 만나는 점이 주점의 위치가 된다(그림 11-4 참조).

(ㄴ) 연직점

그림 11-4와 같이 렌즈중심으로부터 지표면에 내린 연직선이 만나는 점 $N$을 지상연직

점이라 하며, 그 선을 연장하여 영상면과 만나는 $n$점, 즉 렌즈 중심을 통한 연직축과 영상면과의 교점을 연직점(nadir point, $n$)이라 한다.

연직점의 위치는 그림 11-5와 같이 주점으로부터 최대경사선상에서 만큼 떨어져 있으며, 영상면상의 비고점은 연직점을 중심으로 한 방사선 상에 있다.

$$\overline{mn} = f \tan i \tag{11-1}$$

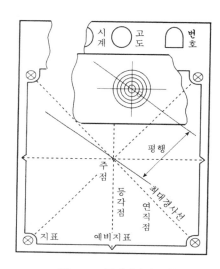

**그림 11-5** 최대경사선 방향

(ㄷ) 등각점

등각점(isocenter point, $j$)은 영상면과 직교하는 광선과 연직선이 이루는 각을 2등분하는 광선이 교차하는 점, 즉 그림 11-4의 $j$점이다.

등각점의 위치는 주점으로부터 최대경사방향선상으로 만큼 떨어져 있으며, 등각점에서는 경사각 $i$에 관계없이 연직사진의 축척과 같은 축척으로 된다.

$$\overline{mj} = f \tan \frac{i}{2} \tag{11-2}$$

## 2. 항공영상 촬영계획 시 고려대상

### (1) 촬영계획

촬영계획(撮影計劃, fight planing 또는 design)을 세울 때는 우선 촬영기선길이, 촬영고도 및 C계수, 등고선간격, 촬영경로, 표정점의 배치, 영상면 매수, 촬영일시, 촬영카메라 선정, 촬영계획도 작성, 지도의 사용목적, 소요의 영상면 축척, 정확도 등을 고려한 작업이 되도록 해야 한다. 여기서는 위의 사항 중 몇 가지만 설명하기로 한다.

### 1) 영상면 축척

렌즈 중심에서 영상면면에 내린 수선의 길이를 주점거리($f$), 기준면으로부터 렌즈 중심까지의 높이를 촬영고도($H$)라 하면 기준면에 대한 영상면축척(imagery or photo scale : $m$ 또는 $s$)은 다음과 같다.

$$M = \frac{1}{m} = \frac{l}{s} = \frac{f}{H} \tag{11-3}$$

여기서 $m$은 영상면 축척 분모수, $l$은 영상면상의 길이, $s$는 실제 거리이다.

지표면은 고저차가 있으므로 영상면 축척은 지형의 고도에 따라 달라진다. 따라서 항공영상 탐측에서는 평균고도를 촬영기준면으로 한다.

---

**예제 10-15**

고도가 400m인 지형을 초점거리 150mm인 카메라로 촬영고도 3,100m에서 촬영한 항공영상에서의 영상면 축척은 얼마인가?

**풀이** 축척 $= \dfrac{f}{H-h} = \dfrac{0.15}{3,100-400} = \dfrac{1}{18,000}$

---

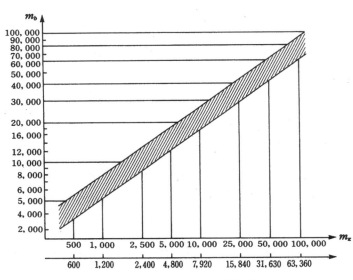

**그림 11-6** 영상면축척($1/m_b$)과 지도축척($1/m_x$)의 관계

항공영상으로 제작하려는 지형도의 축척($1/m_\kappa$)와 영상면축척($1/m_b$)과의 관계는 그림 11-6과 같다. 그림에 나타난 범위는 필요한 지도의 정확도, 지형, 기준점의 상황 및 사용하려는 입체도화기 등을 고려해 결정한 것이다.

## 2) 중복도 및 촬영기선길이

항공촬영은 동일 촬영경로 내에서 인접영상면 간의 종중복(end lap) $p$는 입체시를 위해 최소한 50% 이상이나 일반적으로 60%의 중복도(over lap)를 주며, 인접한 촬영경로(course) 사이의 횡종복(side lap) $q$는 최소 5 % 이상이나 일반적으로는 30%의 중복도를 주어 촬영한다.

산악지역(한 입체모형 또는 영상면상에서 고저차가 촬영고도의 10% 이상인 지역)이나 고층빌딩이 밀집한 시가지는 10~20% 이상 중복도를 높여서 촬영하거나 2단 촬영을 한다.

이는 영상면상에 가려서 보이지 않는 부분인 사각부분(dead area)을 없애기 위함이다. 그림 11-7과 같이 1촬영경로의 촬영 중 임의의 촬영점으로부터 다음 촬영점까지의 실제거리를 촬영기선길이(air base) $B$라 하며, 촬영경로간격을 나타내는 $C$를 촬영횡기선 길이라 한다.

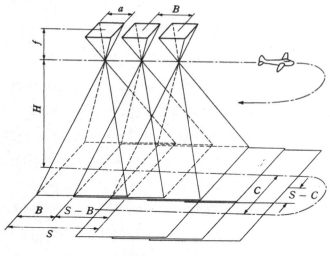

**그림 11-7** 중복촬영

$$B = 영상면크기의\ 실제거리(s) \times \left(1 - \frac{p}{100}\right)$$

$$C = 영상면크기의\ 실제거리(s) \times \left(1 - \frac{q}{100}\right)$$

(11-4)

여기서 영상면크기의 실제 거리 $s$는 영상면 한 변의 크기 $a$에 축척 분모수 $m$을 곱한 것이므로 다음과 같다.

$$s = ma = \frac{H}{f}a$$

대축척도면 제작 시 기복 변위량(또는 偏位量)을 작게 하기 위해서는 중복도를 증가시킨다. 주점기선길이는 인접하는 중복영상면에서 첫째, 영상면의 주점(主點)과 둘째, 영상면 주점간의 영상면상에서의 길이이다.

① 모형(model) : 50% 이상 중복된 한 쌍의 영상면으로 입체시되는 모형으로 입체모형이라고 도 한다.

② 스트립(strip) : 영상면이나 model이 종방향(촬영 진행방향)으로 접합된 형태로 종접합모 형이라고도 한다.

③ 블록(block) : 영상면이나 model이 종횡으로 접합된 형태이거나 스트립이 횡으로 접합된

형태로 종횡접합모형이라고도 한다.

### 3) 촬영경로 및 촬영고도(또는 촬영거리)

촬영경로는 촬영지역을 완전히 덮도록 촬영경로 사이의 중복도를 고려해 결정한다. 도로, 하천과 같은 선형물체를 촬영할 때는 이것에 따른 직선 촬영경로로 촬영하며 일반적으로 중축척(영상면축척이 약 1/20,000 정도)인 경우 촬영경로길이는 약 30km를 한도로 한다. 이는 한 촬영경로를 10~15 입체모형(model)을 기준으로 하는 통례에 따른 것이다. 또한 넓은 지역을 촬영할 경우 일반적으로 동서방향의 직선촬영경로를 취하지만, 남북으로 긴 지역에서는 남북방향으로도 계획한다. 촬영고도(또는 촬영거리, $H$ : fight height)는 영상면축척과 사용카메라의 초점거리가 결정되면 계산할 수 있으며, 촬영기준면을 계획지역 내의 평균기준면(또는 저지면)을 기준으로 하여 촬영고도를 결정한다. 또한 지도제작에 이용하려는 도화기와 요구하는 등고선의 간격에 의해 촬영고도를 결정할 수도 있다.

$$H = C \cdot \Delta h \qquad\qquad (11\text{-}5)$$

여기서 $C$는 American $C$-factor로서 도화기 정밀도에 따른 상수이며 1급은 1,600~2,000, 2급은 800~1,200, 1,200~1,600, 3급은 600~800이다. 그리고 $\Delta h$는 최소등고선 간격이다.

[표 11-3] 영상면축척과 비행고도 및 다른 제원(諸元)

| 영상면축척 | 초점거리 [mm] | 촬영고도 $H$ [m] | 촬영기선 길이 $B$ [km] | 촬영경로 간격 [km] | 한변의 실제거리 [km] | 지형면적 [km²] | 입체모형 유효면적 [km²] |
|---|---|---|---|---|---|---|---|
| 1 : 5,000 | 21<br>15 | 1,050<br>750 | 0.36<br>0.46 | 0.63<br>0.81 | 0.90<br>1.15 | 0.81<br>1.32 | 0.23<br>0.37 |
| 1 : 10,000 | 21<br>15 | 2,100<br>1,500 | 0.72<br>0.92 | 1.26<br>1.61 | 1.80<br>2.30 | 3.24<br>5.29 | 0.91<br>1.48 |
| 1 : 15,000 | 21<br>15 | 3,150<br>2,250 | 1.08<br>1.38 | 1.89<br>2.42 | 2.70<br>3.45 | 7.29<br>11.90 | 2.04<br>3.34 |
| 1 : 20,000 | 21<br>15 | 4,200<br>3,000 | 1.44<br>1.84 | 2.52<br>3.22 | 3.60<br>4.60 | 12.96<br>21.16 | 3.63<br>5.92 |

## 4) 유효(대상, 피복, 포함, 포괄)면적($A$)의 계산

### ① 유효면적계산

영상면 한 변의 길이가 $a$(영상면이 정사각형인 경우), 또는 $a$, $b$(영상면이 직사각형인 경우)일 때 $m$은 영상면이 축척

가) 영상면 한 매의 경우

$$A_0 = (a \cdot m)(a \cdot m) = a^2 \cdot m^2 = \frac{a^2 H^2}{f^2} = \frac{ab}{f^2} H^2$$

나) 단촬영 경로(single course, strip : 영상면이 종방향으로 접합된 모형)인 경우 유효 입체모형면적

$$A_1 = (m \cdot a)\left(1 - \frac{p}{100}\right)(m \cdot a) = A_0\left(1 - \frac{p}{100}\right)$$

다) 복촬영 경로(courses, block : 영상면이 종횡방향으로 접합된 모형)인 경우 유효입체 모형면적

$$A_2 = (m \cdot a)\left(1 - \frac{p}{100}\right)(m \cdot a)\left(1 - \frac{q}{100}\right) \tag{11-6}$$

$$= A_0\left(1 - \frac{p}{100}\right)\left(1 - \frac{q}{100}\right)$$

### ② 입체모형수 및 영상면매수

가) 안전율을 고려한 경우

$$영상면매수(N) = \frac{F}{A} \times (1 + 안전율) \tag{11-7}$$

여기서 $F$는 촬영대상지역의 면적이나 단촬영 경로인 경우는 촬영종방향길이, $A$가 단촬 영 경로일 때는 $B$, 복촬영 경로일 때는 $A_2$를 택한다. 안전율을 고려한 경우 영상면매수($N$)

와 입체모형의 수($N_m$)는 같은 값으로 간주한다.

　나) 안전율을 고려하지 않은 경우

$$단촬영\ 경로의\ 입체모형수(D) = 1(촬영경로의\ 종방향의\ 길이 \div B)$$
$$촬영\ 경로수(D') = (촬영경로의\ 횡방향의\ 전체길이 \div C)$$

$$단촬영\ 경로의\ 영상면\ 매수(N) = D + 1 \tag{11-8}$$

$$복촬영\ 경로의\ 영상면\ 매수(N) = (D+1) \times D' \tag{11-9}$$

$$복촬영\ 경로의\ 입체모형수(N_m) = D \times D' \tag{11-10}$$

여기서 $B$는 촬영종기선길이, $C$는 촬영횡기선길이(횡중복에 있어 주점간의 실제 길이)이다.

③ 지상기준점측량의 작업량
작업량은 수평위치기준의 점수와 수직위치기준측량에 대한 거리[km]를 계산하면 된다.

$$수평위치기준점수 = 입체모형의\ 수 \times 2$$
$$수직위치기준측량 = [촬영경로의\ 종방향길이 \times \{2(촬영경로의\ 수) + 1\}$$
$$+ 촬영경로\ 횡방향길이 \times 2]km$$

단, 항공삼각측량일 경우는 별도로 작업량을 계산한다.

---

**예제 10-16**

초점거리 300mm인 보통각 카메라로 촬영고도 750m에서 종중복도 60%, 횡중복도 30%로
가로 2km 세로 1km인 지역을 촬영해 1/500 지하시설물도를 작성하려고 한다. 영상면크기
가 23×23cm일 때 안전율을 고려한 경우의 영상면매수와, 안전율을 고려하지 않은 경우의
기준점 측량작업량을 구하시오. 단, 안전율은 30%이다.

**풀이**　영상면축척 $M = \dfrac{1}{m} = \dfrac{f}{H} = \dfrac{0.03}{750} = \dfrac{1}{2,500}$

$$촬영기선 \ B = m \cdot a\left(1 - \frac{p}{100}\right) = 2,500 \times 0.23 \times \left(1 - \frac{60}{100}\right) = 230\text{m}$$

$$촬영경로 \ C = m \cdot a\left(1 - \frac{q}{100}\right) = 2,500 \times 0.23 \times \left(1 - \frac{30}{100}\right) = 382.5\text{m}$$

(ⅰ) 안전율을 고려한 경우

$$유효입체모형면적 \ A_0 = m^2 a^2 \left(1 - \frac{p}{100}\right)\left(1 - \frac{q}{100}\right)$$
$$= B \times C = 0.088\text{km}^2$$

$$영상면매수 \ N = \frac{F}{A_{0 \times 1.3 = 29.5}} \rightarrow 30매$$

(ⅱ) 안전율을 고려안한 경우

$$단촬영 \ 경로의 \ 입체모형수 \ D = \frac{2}{0.23} = 8.7 \rightarrow 9 \ 입체모형$$

$$촬영 \ 경로수 \ D' = \frac{1}{0.39} = 2.6 \rightarrow 3 \ 촬영경로$$

입체모형수 $= D \times D' = 27$ 입체모형
영상면 매수 $N = (D+1) \times D' = 30매$
삼각점수 입체모형수 $\times 2 = 27 \times 2 = 54점$
수준측량거리 $= 2 \times (2 \times 3 + 1) + 1 \times 2 = 16\text{km}$

## (2) 항공영상촬영

항공영상촬영은 일반적으로 운항속도 180~200km/h 정도의 소형항공기를 이용하는데, 최근에는 도시의 대축척지도 제작에 100km/h의 항공기도 이용된다. 높은 고도에서 촬영한 경우는 고속기(高速機)를 이용하는 것이 좋으며, 낮은 고도에서의 촬영에서는 노출 중의 편류(偏流)에 의한 영향에 주의할 필요가 있다. 촬영은 지정된 촬영경로에서 촬영경로 간격의 10% 이상 차이가 없도록 하고, 고도는 지정고도에서 5% 이상 낮게 또는 10% 이상 높게 진동하지 않도록 직선상에서 일정한 거리를 유지하면서 촬영한다. 또 앞뒤 영상면간의 회전각(즉, 편류각)은 5° 이내, 촬영시기 카메라 경사(tilt)는 3° 이내로 해야 한다.

1촬영경로의 촬영에 요하는 시간은 일반적으로 15~20분이며 1일 촬영시간을 3시간이라 할 때 8~10 촬영경로의 촬영이 가능하다. 또 1일 촬영가능면적은 촬영지역의 형상과 촬영축척에 의해 달라진다. 항공영상촬영은 태양각이 45° 이상으로 구름이 없는 쾌청일이 최적이나 30° 이상이면 촬영이 가능하며, 이 경우 시간은 오전 10시부터 오후 2시경까지이다. 또한 우리나라 연평균 쾌청일수는 80일 정도이다. 대축척영상면은 저고도이므로 구름이 어느 정도 있거나 태양각이 30° 이상(산악은 30° 이상, 평야는 25° 이상)인 경우에도 촬영이 가능하다.

## 1) 노출시간

촬영할 때 문제가 되는 것은 노출시간(exposure time) 조리개의 결정이다. 이는 영상 촬영할 때, 사용하는 필름의 감광도, 필터의 성질, 촬영목적물에서의 반사광 분광(分光, spectral)분포 등으로 고려해야만 하는 사항 등이다.

여기서 최장 및 최소노출시간의 계산식은 다음과 같다.

$$T_l = \frac{\Delta Sm}{V} \tag{11-11}$$

$$T_s = \frac{B}{V} \tag{11-12}$$

여기서, $T_l$ : 최장노출시간[s]

$T_s$ : 최소노출시간[s]

$V$ : 항공기의 초속

$\Delta S$ : 흔들리는 양[mm]

$B : B = 0.23 \times \left(1 - \frac{p}{100}\right) \times m$ (단, $p$는 종중중복)

$m$ : 축척 분모수

## 2) 영상면처리

촬영을 마친 필름은 될 수 있는 한 빨리 현상하고, 다시 밀착양화(密着陽畵)를 만들어 촬영의 좋고 나쁨을 검사한다. 영상면의 검사는 그 이용목적에 따라 판정의 주안점이 다르나, 일반적으로 다음 사항을 검사한다.

영상면의 중복부분에 필요한 검사구역의 공백부가 없고, 구름이나 구름의 그림자가 찍히거나 수증기나 스모그영향이 없으며, 영상면축척이 지정된 촬영경로와 중복도(최소한 종중복은 50% 이상, 횡중복은 5% 이상)를 만족해야 하고, 영상면의 경사는 3° 이내, 편류각은 5° 이내여야 하며, 영상면에 헐레이션(halation)이 없어야만 영상을 재촬영하지 않는다.

## (3) 표정도

항공영상의 표정도(標定圖, orientation or index map)란 영상면에 촬영되어 있는 구역을 기존의 지도상에 표시한 것이다. 표정도의 축척이 너무 작으면 표정구역이 부정확하게 되며 너무 크면 표정도 매수가 너무 많아 불편하므로 일반적으로 영상면축척의 1/2 정도의 지형도가 적당하다. 촬영 전에 만드는 촬영계산도(flight map)도 영상면축척의 1/2 되는 지형도를 이용한다. 우리나라에서는 1/25,000, 1/50,000의 국가지형도 등이 이용되고 있다.

## 1) 표정도의 작성순서

우선 각 영상면상에서 대응하는 지표를 연결하고 그 교점(주점)을 붉은색 연필 등으로 ○ 표시한 다음 지도상에서 각 주점의 위치를 구한다. 이때 주점 부근의 명확한 지물을 찾아서 그 위치를 표시하고 영상면번호를 기입한다. 또한 이 주점 위치를 연결해 촬영경로를 정하고 촬영경로 번호 등을 기입한 다음, 영상면의 네 모퉁이 위치를 지도상에서 구하고 이들을 연결해 각 영상면의 촬영범위를 기입한다.

## 2) 표정도에 기입할 사항

표정도에 기입할 사항은 각 주점의 위치(촬영범위), 각 촬영경로의 번호와 각 영상면의 번호, 촬영카메라의 종류(카메라번호 등도 기입)와 렌즈의 초점거리, 촬영연월일, 촬영고도, 영상면 축척, 기준면의 높이, 그 밖의 촬영목적, 촬영기관, 필름의 보관 장소, 필름번호 등이다.

## (4) 촬영영상면의 성과검사

항공영상이 영상탐측학용으로 적당한지의 여부를 판정하기 위해서는 중복도(重複度) 이외에 영상면의 경사, 편류, 축척, 구름의 유무 등에 대한 검사를 하고 부적당하다고 판단되면 바로 전부 또는 일부를 재촬영해야 한다.

다음은 재촬영을 해야 할 경우이다.

첫째, 촬영필요구역의 일부분이라도 촬영범위 외에 있는 경우. 둘째, 종중복도가 50% 이하이고 연속영상면 중 중간의 것을 제외한 그 영상면상에 중복부가 없는 경우. 셋째, 지역촬영의 영상면에서 두 인접 촬영경로 사이에 횡중복도가 5% 이하인 경우. 넷째, 촬영 시 음화필름이 평평하지 않아 영상면상이 흐려지는 경우. 다섯째, 스모그(smog), 수증기 등으로 인해 영상면상이 선명하지 못한 경우. 여섯째, 구름 또는 구름의 그림자, 산의 그림자 때문에 지표면이 밝게 찍혀 있지 않은 부분이 영상면의 상당한 면적을 차지하는 경우. 일곱째, 일반적인 경우 적설 등으로 인해 지표면의 상태가 명료하지 않은 경우 등이다. 항공영상에 대한 좋고 나쁨의 판정은 미묘하고 어려운 문제로 좋은 영상면상이 갖추어야 할 조건은 다음과 같다.

첫째, 촬영카메라의 조정검사가 완전히 되어 있을 것. 둘째, 카메라 렌즈는 왜곡차(曲收差)가 작고(일반적으로 0.05mm 이하), 해상력이 50선/mm 이상(0.02mm 이하), 흑백선 하나하나의 영상소 크기는 $1/(50 \times 2) = 10 \mu m = 0.01mm$ 이하일 것. 셋째, 노출시간이 짧고(일반적으로 1/250초 이하), 노출시간 중항공기의 운동에 의한 영상에 대한 변형이 분해능 이하일 것. 넷째, 필름은 신축, 변질의 위험성이 없고 특히 종횡 불균일한 신축이나 변위가 작을 것. 다섯째, 필름 의 유제(乳劑)는 미립자이고 현상처리 중에 입자가 엉키지 않을 것. 여섯째, 도화(圖化)하고자 하는 구역이 공백부 없이 영상면의 입체부분으로 찍혀 있을 것. 일곱째, 구름이나 구름의 그림 자가 찍혀 있지 않을 것. 또한 가스나 연기의 영향도 없을 것. 여덟째, 적설, 홍수 등 이상상태일 때의 영상면이 아닐 것. 아홉째, 영상면축척이 미리 지정된 축척에 가까우며 각각의 영상면축척 의 차가 적을 것(일반적으로 종중복은 50%), 또한 각 촬영경로 사이에 공백부가 없고 그 중복도 가 지정된 값(일반적으로 횡중복은 30%)에 가까운 것일 것. 열한 번째, 각 촬영경로(course)의 편류각이 3° 이내 일 것. 열두 번째, 미리 지정된 표정점이 전부 촬영되어 있을 것. 열세 번째, 영상면상에 부분적인 흐름이나 얼룩 또는 극히 강한 농담 및 명암의 차, 헐레이션이 없을 것.

이밖에도 지도의 목적이나 토지의 상황에 따라 여러 가지 조건이 부가되어야 한다.

## (5) 영상탐측에 필요한 점

### 1) 표정점

영상면상에 나타난 점과 그와 대응되는 실제의 점과의 상관성을 해석하기 위한 점을 표정점 (orientation point) 또는 기준점(control point)이라 한다.

① 표정점의 선점

표정점(標定點) 선점(選點) 시에 주의할 사항은 다음과 같다.

표정점은 $X$, $Y$, $H$가 동시에 정확하게 결정될 수 있는 점이어야 하며 영상면상에서 명료한 점을 택해야 한다. 촬영점에서 대상물이 잘 보여야 하며 시간적으로 변하지 않아야 한다. 가상 점을 사용하지 않아야 하며 경사가 급한 대상물면(또는 지표면)이나 경사변환선상을 택해서는 안 된다. 헐레이션이 발생하기 쉬운 점을 택해서는 안 되며 표정점은 되도록 원판의 가장자리에 서 1cm 이상 떨어져서 나타나는 점을 취하는 것이 바람직하다. 또한 표정점은 대상물에서 기준 이 되는 높이의 점이어야 한다. 영상면의 색조가 전반적으로 흑색이나 회색이 함께 있는 곳 보다는 기선에 직각방향의 일정한 농도로 되어 있는 편이 바람직하며, 영상면상의 표고 표정점 주위에 적어도 약 10cm 정도는 평탄해야 하고 급격한 색조의 변화가 없어야 한다.

② 표정점의 종류

　가) 자연점

　자연점(natural point)은 자연물로서 영상면상에 명확히 나타나고 정확히 관측할 수 있는 점으로 선택되어야 한다.

　나) 기준점

　기준점(지상기준점, control point 또는 GCP : Ground Control Point)이란 대상물(또는 지상)의 수평위치($x$, $y$)와 수직위치($z$)의 기준이 되는 점을 뜻하는 것으로 그 선점에 있어서 주의할 점은 다음과 같다.

　첫째, 확실한 기준점으로 표지(또는 대공표지)되는 점으로서 촬영 전 반드시 점검(또는 야외정찰)해야 하며 영상면상에서 확실히 알 수 있도록 뚜렷이 표시해야 한다. 둘째, 확실한 지상기준점으로 촬영 전에 대공표지(對空標識)가 되지 않은 점은 야외측량사에 의한 스케치 점을 이용하거나 현지측량도면 등을 이용해 영상면상에서 구별할 수 있게 해야 한다. 셋째, 확실한 지상기준점이나 영상면상에서의 구별이 곤란한 점은 지상기준점으로부터 영상면상에서 쉽게 구별이 되는 다른 자연점 또는 대공 표지점 가까이로 관측해야 한다. 넷째, 확실한 지상기준점이 없는 경우(촬영 전의 야외작업이 없을 경우)의 수평위치기준점의 조건은 주위에 대해 대비가 되는 것이어야 한다. 또한 높은 지역의 수직위치기준점은 그 점(또는 기준면)에 관측표를 놓을 때 최대정확도를 갖도록 평탄지역 내에 있어야 한다. 따라서 하나의 기준점이 수평위치기준점과 수직위치기준점에 동시에 적합할 수는 없다.

## 2) 보조표정기준점

① 종접합점

　종접합점(pass point)은 좌표해석이나 항공삼각측량 과정에서 접합표정에 의한 스트립 형성(strip formation)을 하기 위해 사용되는 점으로 두 입체모형(model) 사이의 중복부에서 선택되며 연속된 세 영상면상에 나타난다. 종접합점은 상접합점($a$), 중심접합점($c$), 하접합점($b$)으로 나누어지는데, 상하접합점은 $\Omega$의 조정이 잘 되도록 입체모형의 모서리 가까이에 선택한다. 점 $a$, $b$는 wing point라 하고 $c$는 central point라고도 한다.

　항공삼각측량의 결과로 얻어진 좌표값은 좌표를 필요로 하는 과정(도화작업, DTM, 절대표정)에 이용된다.

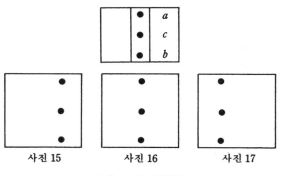

그림 11-8 종접합점

② 횡접합점

횡접합점(tie point)은 좌표해석이나 항공삼각측량 과정 중 종접합점(strip)에 연결시켜 블록(종횡접합모형, block)을 형성하는 데 사용된다. 이 점들은 스트립(종접합모형, strip) 사이의 횡중복 부분의 중심에 위치하며 일반적으로 입체모형(mode)당 한 점씩 택하지만, 경우에 따라 수 개 입체모형당 한 점씩 택할 때도 있다. 높은 정확도가 필요하지 않은 경우에는 입체모형당 2개의 횡접합점이 필요하다. 입체모형이나 종방향, 또는 횡방향의 접합 시 이용되는 접합점을 tie point라고도 한다.

### 3) 자침점

이상의 점들에 있어서 이들의 위치가 인접한 영상면에 옮겨진 점을 자침점(刺針點, prick point)이라 한다. 자침점은 정확히 분별할 수 있는 자연점이 없는 지역, 예를 들면 산림지역이나 사막지역에 특히 유용하다.

좌표해석이나 항공 삼각측량 및 도화를 위해 종접합에 대하여 점이사(點移寫)가 행해지고, 또한 스트립에서 세 영상면 중 가운데 영상면에서 한 번 자침되는데, 이들 점을 인접영상면에 옮길 필요는 없다. 횡접합점의 자침점은 각 스트립(strip)에서의 관측을 동시에 할 수 없으므로 인접 스트립에 이사하는데, 이와 같이 인접영상면에 점(주점, 표정점, 접합점 등)을 옮겨 자침점을 만드는 작업을 점이사(點移寫, point transfer)라고 한다. 자침의 정확도는 영상면상에서 0.2mm가 한도이다.

1/20,000 영상면에서 자침의 정확도는 지상에서 약 4m이며, 이 영상면에서 1/500 지도를 만들 경우 도상의 정확도는 0.8mm가 된다. 정밀 자침은 영상면상에서 0.01mm의 정확도를 유지하도록 자침되어야 한다.

## (6) 관측용표지

관측용표지(標識)란 영상탐측을 실시하는 데 있어 관측할 점이나 대상물을 영상면상에서 쉽게 판별하기 위해 영상면촬영 전에 설치하는 것이다. 일반적으로 기준점의 위치, 길이, 폭 등을 나타내기 위해 이용되며 영상탐측의 종류 및 목적에 따라 표지의 형태, 모양, 색, 밝기 등이 다르지만 그 주변물체에 비해 뚜렷이 나타날 수 있는 것으로 한다. 표지는 항공영상탐측의 표지와 지상영상탐측의 표지로 나눌 수 있다.

## 1) 대공표지

항공삼각측량과 세부도화 작업 시에 자연점으로 소요정확도를 얻을 수 없을 경우 필요한 지상의 표정기준점은 그 위치가 영상면상에 명료하게 나타나도록 영상면을 촬영하기 전에 대공표지(對空標識, air target, signal point)를 설치할 필요가 있다.

항공영상탐측의 대공표지는 주로 합판, 알루미늄판, 합성수지판 등으로 내구성이 강해 후속작업이 완료될 때까지 보존 가능한 것을 사용하며, 영상면상에 명확하게 보이도록 주위의 색상과 대조를 이루는 색과 형을 결정해야 한다. 즉, 주위가 황색이나 흰색인 경우에는 녹색이나 검정색을, 주위가 녹색이거나 검은 경우에는 회백색이나 황색 등을 택하는데, 표지의 표면은 무광택이어야 한다.

대공표지의 설치장소는 천장으로부터 45° 이내에 장해물이 없어야 하고, 대공표지판에 그림자가 생기지 않도록 지면에서 약 30cm 높게 수평으로 고정한다. 대공표지는 일반적으로 영상면상에서 영상면 축척분모수에 대해 $30\mu m$ 정도의 크기이다. 또한 정밀도화기나 정밀좌표관측기로 대공표지의 위치를 관측할 경우 정사각형 대공표지의 한 변의 최소크기($d[m]$)는 $d[m] = \dfrac{M}{T}[m]$이다. 여기서 $T$는 축척에 따른 상수, $M$은 영상면 축척분모수 $d[m]$은 meter 단위이다.

한편, 촬영축척이 1/20,000인 경우는 $T$가 40,000이고, 그 이하의 소축척에서는 $T$를 30,000으로 택한다. 정사각형 대공표지 외의 대공표지형상과 크기는 그림 11-9와 같다.

대공표지를 생략하는 경우는, 첫째, 자연점(自然點, natural point)으로도 영상면상에 명료하게 확인되는 점이 있는 경우, 둘째, 촬영 후 다른 점으로부터 편심관측에 의해 쉽게 확인되는 경우, 셋째 촬영 후의 자침작업(prick)으로도 소요의 정확도를 확보할 수 있는 경우 등이다.

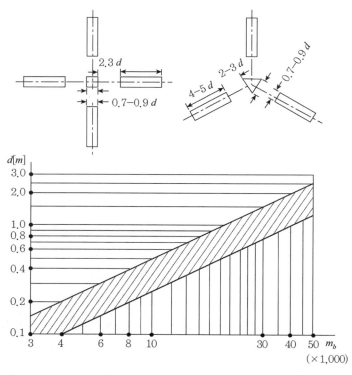

**그림 11-9** 대공표지의 형상과 크기

## 2) 지상설치용 표지

지상설치용 표지(terrestrial target)는 사용목적 및 촬영방향 등에 따라 다음과 같은 여러 형태가 사용된다.

그림 11-10의 (a)는 특히 붕괴지 및 원석채취장 등의 지형영상탐측에 이용되며, 영상면축척에 따라 십자폭을 결정하는데, 일반적으로 십자는 적색이나 검정색이다. (b), (c), (d)는 일반적으로 지상영상탐측에 사용되는 표지로 영상면축척에 구애받지 않고 영상면상에서 확인할 수 있는 크기면 되며 관측중심을 나타낼 수 있는 이점이 있다.

(e)는 관측점을 한쪽에서 표시할 수 없을 때, 그리고 (f), (g)는 좌표를 관측하는 장치의 관측표가 원형일 때, (h), (i), (j)의 구형 및 원추형의 표지는 여러 방향에서 영상면을 촬영할 경우에 유용하다. (k)는 대상물과 기준점과의 광로차가 큰 경우(예 : 끓고 있는 용광로) 기준점을 광점으로 하여 관측하는 데 사용된다.

또한 추를 늘어뜨려 연직선을 기준으로 하거나 격자를 새긴 평면유리판을 이용해 기준점으로 사용하기도 한다.

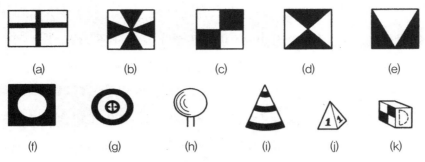

**그림 11-10** 지상설치용 표지의 종류

## (7) 기준점측량

표정점은 최소한 입체모형(model)의 축척을 결정하기 위한 수평위치기준점(planimetric control point 또는 삼각형 : $x$, $y$) 2점과 경사를 조정하기 위한 수직위치기준점(height control point 또는 수준점 : $z$) 3점이 필요하므로 이에 맞게 표정기준점을 설정한다.

기준점으로 이용하려는 점이 기설(既設)의 삼각점이나 수준점으로 그 촬영경로 내에 있다면 기준점을 설정하기 위한 측량은 필요하지 않으나, 토목공사의 목적으로 쓰이는 비교적 대축척의 영상탐측인 경우, 소요로 하는 많은 기설점이 대상 범위에 있지 않는 것이 일반적인 경우이다. 따라서 이와 같은 점을 설치하기 위한 기준점측량으로 삼각측량, 다각측량, 수준(고저)측량 등의 지상측량방법이 행해진다.

항공삼각측량을 할 경우의 표정기준점(標定基準點)은 기법에 따라 다르나 단 스트립조정 (strip adjustment)의 경우는 일반적으로 촬영경로 내 최초의 입체모형(model)에 3~4점, 마지막에 2점, 중간에 4~5 입체모형마다 1점을 둔다. 블록(block)인 경우 평면기준점은 블록 가장자리에 배치, 즉 외곽배치(perimetry)하고 수직위치기준점(수준점)은 블록의 횡방향으로 일정간격 횡방향 설치점 간격(bridging distance)을 두어 배치한다.

## 3. 입체시

## (1) 입체시의 원리

그림 11-11(a)는 사람이 물체 $\overline{PQ}$를 위에서 보고 있는 것으로 이 경우 $P$쪽이 $Q$쪽보다 가깝게 보일 것이다. 이것은 수렴각(또는 시차각) $r_1$과 $r_2$의 값이 다르기 때문이다. 또한 $P$와 $Q$는 각각

안구에 있는 렌즈의 중심 $O_1$, $O_2$를 통하여 망막상의 $p_1'$, $p_2'$와 $q_1'$, $q_2'$에 사상되는데, 이 $\overline{p_1'p_2'}$와 $\overline{q_1'q_2'}$를 각각 점 $P$ 및 점 $Q$의 시차(parallax)라 한다. 따라서 원근을 느끼는 것은 점 $P$와 $Q$의 시차의 차이며 이것을 시차차(parallax difference)라 한다.

그림 11-11(a)를 항공기에서 중복영상면촬영하여 $O_1$, $O_2$를 카메라 렌즈의 중심이라면 굴뚝 $PQ$는 필름상에 각각 $\overline{p_1'q_1'}$와 $\overline{p_2'q_2'}$의 길이로 찍힌다. 지금 이와 같이 찍힌 영상면을 그림 11-11(b)처럼 두고(영상면상의 굴뚝의 꼭대기와 밑을 각각 $P_1Q_1$, $P_2Q_2$라 한다) 왼쪽 눈으로 왼쪽 영상면, 오른쪽 눈으로 오른쪽 영상면을 바라보면 그 상은 망막상에 $\overline{p_1''q_1''}$와 $\overline{p_2''q_2''}$로 나타나므로 원근감을 얻을 수 있다.

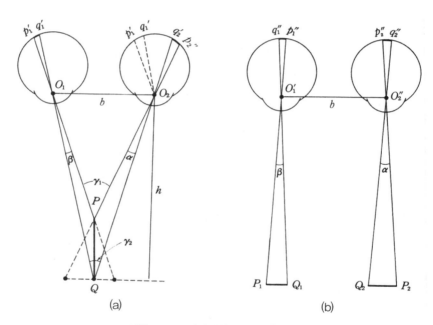

(a)　　　　　　　　　(b)

**그림 11-11** 망막상의 상과 입체감

입체감을 얻기 위한 입체영상면의 조건은 다음과 같다.

① 1쌍의 영상면을 촬영한 카메라의 광축은 거의 동일평면 내에 있어야 한다.
② $B$를 촬영기선길이라 하고, $H$를 기선으로부터 피사체까지의 거리라 할 때 기선고도비 $B/H$가 적당한 값이어야 하며 그 값은 약 0.25 정도이다. 영상탐측에서는 대상에 따라 다르지만 대략 1/4~1/2값이 이용된다.

③ 2매의 영상면축척은 거의 같아야 한다. 축척차가 15%까지는 어느 정도 입체시될 수 있지만 장시간 동안 입체시할 경우에는 5% 이상의 축척차는 좋지 않다.

## (2) 입체시의 방법

입체시(stereoscopic vision)에서 정입체시(orthoscopic vision : 고저가 있는 그대로 보임)와 역입체시(pseudoscopic vision : 고저가 반대로 보임)가 있으며 정입체시방법에는 자연입체시와 인공입체시(육안식, 렌즈식, 반사식, 여색식, 편광식, 순동식), 컴퓨터상에서의 입체시, 컬러입체시 등이 있다.

## 1) 육안입체시

중복영상면을 명시거리(약 25cm 정도)에서 영상면상에 대응하는 점들이 안기선(眼基線)의 길이보다 조금 짧은 약 6cm(일반적으로 중복도가 60%인 경우이나 중복도에 따라 약간의 차이가 있음)가 되도록 떨어뜨려 안기선과 평행하게 놓는다.

왼쪽 눈으로 왼쪽 영상면을, 오른쪽 눈으로 오른쪽 영상면을 보면 좌우의 영상면 상이 하나로 융합되면서 입체감을 얻게 된다. 이를 입체시(立體視)라 하며 눈의 훈련만으로 기구 없이 입체시하는 것을 육안입체시라 한다.

## 2) 기구에 의한 입체시

① 입체경(stereoscope)

　가) 렌즈식 입체경(lens stereoscope)

　　그림 11-12(a)는 2개의 볼록렌즈를 사람의 안기선(eye base)의 평균값인 65mm 간격으로 놓고 조립한 것이다. 이와 같은 렌즈를 통하여 영상면을 볼 때에는 렌즈의 초점이 영상면에 닿아 광각(光角)이 자연상태에 가깝기 때문에 입체시가 평상입체시에 가까워져 쉽게 입체감을 얻을 수가 있다. 더구나 렌즈의 배율로 영상면의 세부까지도 알 수 있다. 그러나 렌즈수차 때문에 상이 기울어져 수평면은 완곡면으로 보이며 또는 시야가 좁기 때문에 일부분은 잘 보이나 그 이외의 부분은 굴절되어 보이는 단점이 있다.

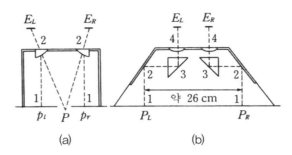

그림 11-12 입체경에 의한 입체시

나) 반사식 입체경(mirror stereoscope)

이 형식은 영상면의 시야가 넓어 렌즈수차에 의한 완곡감도 적게 느껴진다. 렌즈식 입체경의 결점을 보완한 것이며 영상면에서 눈에 이른 광로가 길기 때문에 그만큼 입체시가 좋게 된다. 그림 11-12(b)에서 명백히 알 수 있듯이 영상면상의 기선이 안기선의 수 배인 25~30cm 정도로 되므로 입체시가 한 번에 넓은 범위에서 이루어진다.

② 여색입체시(anaglyph)

여색(餘色)입체시법에는 두 종류의 방법이 있는데, 하나는 여색인쇄법이고 다른 하나는 여색투영광법이다.

가) 여색인쇄법(餘色印刷法)

1쌍의 입체영상면의 오른쪽은 적색으로 왼쪽은 청색으로 현상하여 이것을 겹쳐 인쇄한 것으로 이 영상면의 오른쪽에 청색, 왼쪽에 적색, 즉 여색의 안경으로 보면 입체감을 얻는다. 이것을 애너글리프(anaglyph)에 의한 입체감이라 하며 일반적으로 여색입체시라 하면 이것을 뜻한다.

나) 여색투영광법(餘色投影光法)

암실 내에서 여색필터를 끼운 투영렌즈에 입사된 빛을 좌우의 투영대에 얹어진 흑백투명양화를 통하여 백색판상에 투영시키면 적색광과 청색광의 중첩효과가 나타난다. 한쌍의 투명양화를 좌우의 투영대에 장착시키고 여색관계가 있는 필터를 통하여 백색광을 투영시키면 착색영상면이 생긴다. 이때 적색광영상면은 청색안경으로 청색광영상면은 적색안경으로 보면 착색영상면은 명확히 흑색이 되고, 영상 이외의 투과부(여색인쇄법의 인쇄지의 백색부에 해당하는 부분)는 착색광이 되어 투영되기 때문에 같은 색안경에 흡수되어버린다. 그래서 투영광과 반사필터쪽은 앞에서와 같이 영상면부분이 흑색이 되고 투과광 부분도 필터의 여색광이 차단되어 똑같이 흑색이 된다. 이 때문에 영상면부나 투과부는 흑색이 되므로 영상면은 전혀 보이지 않는다. 이상과 같은 이유로 왼쪽 영상면은 왼쪽 눈에 오른쪽 영상면은 오른쪽 눈에 보여지게 되어 정상입체감이 얻어진다. 이 원리를 이용한 도화기가 켈쉬 플로터(Kelsh plotter)이다.

### ③ 편광입체시

여색입체시는 지금까지 널리 이용되고 있으나, 여색을 이용하기 때문에 컬러영상면에는 불리한 큰 결점이 있다. 편광입체시법은 서로 직교하는 진동면을 갖는 두 개의 편광광선이 한 개의 편광면을 통과할 때 그 편광면의 진동방향과 일치하는 진행방향이 광선만 통과하고 여기에 직교하는 광선은 통과 못하는 편광의 성질을 이용하는 방법이다.

### ④ 순동법

순동법(瞬動法)은 영화와 같이 막망상의 잔상을 이용하여 입체시각을 얻는 방법이다. 투영광선도 중간에 격판을 설치하여 좌우영상면의 광로를 교대로 보내고, 이에 대응하게 좌우의 눈앞에도 동일한 격판을 설치하여 왼쪽 영상면이 투영될 때는 왼쪽격판을 열고 다음 오른쪽 영상면이 투영될 때는 왼쪽격판은 닫히고 오른쪽격판이 열리게 한다. 이 개폐를 초 정도로 급속히 진행하면 입체 시각을 얻을 수 있다.

이 방법의 결점은 다른 방법에 비해 기구적인 문제점, 급속개폐에 따른 진동 때문에 관측의 불안정성 및 진동음에 의한 장시간관측의 곤란 등이 있다.

### ⑤ 컴퓨터상에서의 입체시

현재 가장 일반적인 방법은 수동 또는 능동 형식에 의한 일시적 분리와 편광의 조합이다. 수동적 편광의 경우에서 편광영상면(polarization)이 모니터의 앞에 탑재된다. 영상면들이 120Hz의 간격으로 연속적으로 출력이 되며 편광영상면은 출력되는 영상면과 동조되어 편광을 바꾸게 된다. 사용자들은 수직 또는 수평적으로 편광화된 관측안경을 사용한다. 능동편광의 경우에서는 편광영상면은 그림 11-14에서 보는 바와 같이 조망경(viewing glasses)과 결합된다.

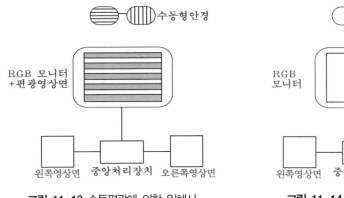

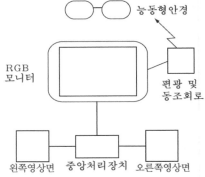

**그림 11-13** 수동편광에 의한 입체시 　　　　　**그림 11-14** 능동편광에 의한 입체시

⑥ 컬러입체시

컬러입체시(chromostereoscopy)로 알려진 효과를 이용하여 컬러심도의 3차원(Chromodepth 3-D) 처리에 기본을 두고 있다. 기본개념은 색상(color)에 의해 심도(depth)를 영상면에 부여한 다음 심도지각(depth perception)을 생성하는 광학에 의해 다시 색상을 얻는 것이다.

전방에 위치한 물체는 붉은색을 띠게 되고 후방의 물체는 파란색을 나타내며 그 사이에 있는 물체는 전자기파분광(spectrum)의 위치에 따라 색을 나타내게 된다. 그러므로 오렌지색 물체는 붉은색보다 뒤에, 초록색보다 앞에 위치하게 된다. 이러한 과정은 안경을 사용하지 않을 때에는 편평한 표준 정규 컬러 영상면으로 보이지만 컬러심도 3차원 안경을 사용하면 3차원 영상면으로 보인다.

⑦ 역입체시(pseudoscopic vision)

역입체시란 입체시과정에서 본래의 고저가 다음과 같은 두 가지 원인에 의해 반대가 되는 현상을 말한다. 즉, 높은 것이 낮게, 낮은 것이 높게 보이는 현상이다.

　가) 한 쌍의 입체영상면에 있어서 영상면의 좌우를 바꾸어 놓을 때(단, 이 경우 주점기선 길이는 같게 한다.)
　나) 정상적인 여색입체시과정에서 색안경의 적과 청을 좌우로 바꾸어서 볼 경우

## 3) 입체상의 변화

① 기선의 변화에 의한 변화

입체상(立體像)은 촬영기선이 긴 경우가 촬영기선이 짧은 경우보다 더 높게 보인다.

② 초점거리의 변화에 의한 변화

렌즈의 초점거리가 긴 쪽의 영상면이 짧은 쪽의 영상면보다 더 낮게 보인다.

③ 촬영고도의 차에 의한 변화

같은 카메라로 촬영고도를 변경하며 같은 촬영기선에서 촬영할 때 낮은 촬영고도로 촬영한 영상면이 촬영고도가 높은 경우보다 더 높게 보인다.

④ 눈의 높이에 따른 변화

눈의 위치가 약간 높아짐에 따라 입체상은 더 높게 보인다.

⑤ 눈을 옆으로 돌렸을 때의 변화

눈을 좌우로 움직여 옆에서 바라볼 때에 항공기의 방향선상에서 움직이면 눈이 움직이는 쪽으로 비스듬히 기울어져 보인다.

## 4) 입체시에 의한 과고감

과고감(過高感, vertical exaggeration)이란 인공입체시하는 경우 과장되어 보이는 정도를 뜻한다. 항공영상면을 입체시해 보면 평면축척에 대해 수직축척이 크게 되기 때문에 실제도형보다 산이 더 높게 보인다.

그림 11-15에서 사람의 양쪽 눈 간격 $\overline{AB} = b = 65\text{mm}$에 대해 촬영고도 $H$는 매우 크므로 수렴각 $\gamma_p$, $\gamma_q$가 대단히 작아 $P$와 $Q$는 고도감 없이 평평하게 보인다. 일반적으로 사람 눈의 수렴각 차($\Delta\gamma = \gamma_p - \gamma - q$)의 분해능력은 $10''{\sim}25''$(거리 500~1,300m에 해당) 정도이므로 아주 먼 거리의 물체는 수렴각이 거의 0°에 가까워지므로 고저 및 원근을 구별할 수 없다. 그러나 I의 상공에서 $A$에서 촬영하고, 촬영기선 $B$만큼 떨어진 II의 상공 $C$점에서 촬영한 두 장의 영상면을 입체시하면 수렴각 $\gamma_P$, $\gamma_Q$가 커지므로 항공기상에서 내려다 본 감각보다 더 명료한 고도감, 즉 과고감을 느낄 수 있다.

촬영기선길이 $B$와 안기선 $b$(52~78mm 정도)의 비를 부상비(浮上比) $n$이라 할 때 다음과 같이 표시된다.

$$n = \frac{B}{b}$$

$$(11-13)$$

과고감은 촬영고도 $H$에 대한 촬영기선길이 $B$와의 비(比)인 기선고도비 $B/H$에 비례한다.

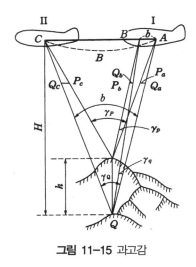

**그림 11-15** 과고감

## 5) 시차와 시차공식

두 투영중심 $O_1$과 $O_2$에서 나온 대응하는 광선이 평면 $r$과 만나는 점 $A'$와 $A''$가 그림 11-16과 같이 일치하지 않는 경우 평면 $r$상의 벡터 $\overline{A''A'}$를 시차(parallax) $p$라 하며, 시차 $p$의 $X$성분을 횡시차(橫視差, x-parallax) $p_x$, $Y$성분을 종시차(縱視差, y-parallax) $p_y$라 한다.

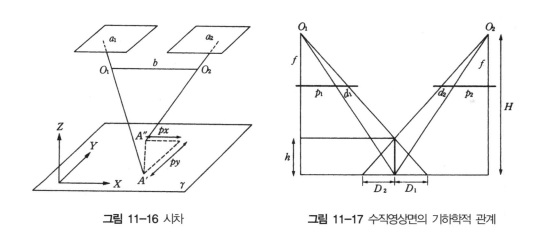

**그림 11-16** 시차          **그림 11-17** 수직영상면의 기하학적 관계

그림 11-17은 정확하게 연직인 2매의 영상면이 같은 고도에서 $h$인 탑을 촬영한 관계를 나타내고 있다.

이때

$$D_1 = (d_1 + p_1)\frac{h}{f}, \quad D_2 = (d_2 + p_2)\frac{h}{f}$$

이므로

$$D_1 + D_2 = \frac{h}{f}(d_1 + d_2 + p_1 + p_2) \tag{11-14}$$

$d_1 + d_2 = \Delta p(\text{시차차}),\ p_1 + p_2 = b(\text{주점기선길이})$라 놓으면

$$h = \frac{f(D_1 + D_2)}{\Delta p + b} = \frac{f}{\Delta p + b} \cdot \frac{H}{f}(d_1 + d_2) = \frac{\Delta p}{\Delta p + b}H \tag{11-15}$$

의 시차공식(parallax formula)을 얻을 수 있다. $\Delta p$가 $b$에 비해 무시할 정도로 작을 경우 다음과 같은 간략식을 쓸 수 있다.

$$h = \frac{\Delta p}{b}H \tag{11-16}$$

---

**예제 3-3**

촬영고도 6,000m 영상면 I을 기준으로 입체모형(model, 한 쌍의 중복된 영상면으로 입체시되는 부분)화한 주점기선길이가 80mm, 영상면 II를 기준으로 입체모형화한 주점기선길이 = 81mm일 때, 시차차 1.0mm 그림자의 고저차는 얼마인가?

**풀이** $h = \dfrac{\Delta p}{b}H = \dfrac{6{,}000}{\dfrac{80+81}{2}} \times 1.0 = 74.5\text{m}$

## 4. 영상면의 표정

### (1) 표정의 의의

표정(標定, orientation)은 영상 취득 시 기하학적 조건에서 가상값으로부터 최적(最適)값을 구하는 단계적인 해석 및 작업을 말한다. 영상탐측에서는 카메라와 영상면촬영시의 사정으로 엄밀수직영상면을 얻을 수 없으므로 촬영점의 위치나 카메라의 경사 및 영상면축척 등을 구해 촬영시의 카메라와 대상물좌표계의 관계를 재현해야 하는데, 이를 영상면의 표정이라 한다. 영상면의 단위에 따라 한 장의 영상면만 이용해 좌표를 해석하기 위한 단영상면표정(orientation of single imagery)과 2장 이상의 영상면을 중복촬영해 3차원 좌표($X, Y, Z$)를 얻기 위한 입체영상면표정(또는 중복영상면표정, orientation of stereo imagery)으로 크게 나누어진다. 표정의 처리에는 기계적 방법(analogue method)과 해석 및 수치적 방법(analytical or digital method)이 있으며, 표정의 종별에는 내부표정(inner orientation)과 외부표정(exterior orientation)이 있다.

### (2) 내부표정과 외부표정

내부표정은 기계적 방법에서 입체도화기의 투영기에 촬영 당시와 똑같은 상태로 투명양화를 정착시키는 작업으로 영상면주점(寫眞主點)을 도화기의 투영 중심에 일치시키고 촬영카메라의 초점거리를 도화기의 눈금에 맞추는 작업이고, 해석적 또는 수치적 방법은 기계좌표(machine coordinate)로부터 영상면좌표(imagery coordinate)를 구하는 작업이다.

외부표정은 영상면의 좌표계를 소요의 좌표계로 전환시키는 표정으로 다시 상호표정(相互標定, relative orientation), 접합표정(接合標定, successive orientation), 절대표정(絶對標定 또는 對地標定, absolute orientation)으로 세분된다.

기계적 상호표정은 입체도화기에서 내부표정을 거친 후 상호표정인자($b_y$, $b_z$, $\kappa$, $\varphi$, $w$)에 의해 종시차($P_y$ : $y$-parallax)를 소거한 입체시를 통해 3차원 가상좌표인 입체모형좌표(model coordinate)를 구하는 작업이다. 해석적 상호표정은 영상면좌표(imagery coordinate, 좌우영상면좌표)로부터 해석적으로 입체모형좌표를 얻는 작업이다. 상호표정의 경우 최소한 영상면상에서 5점의 표정점이 필요하다. 접합표정은 입체모형간, 스트립간을 접합해 좌표계를 통일시키는 작업으로 기계적 접합표정은 만능도화기(base in과 base out이 되는 입체도화기, universal instrument, 예 : A-7, C-7 등)에 의한 스트립좌표계(strip coordinate system)를 구하는 것을 뜻하며, 해석적 접합표정은 입체모형(model)을 종방향으로 접합시켜 스트립좌표계 (strip coordinate system)나, 스트립을 횡방향으로 접합시켜 블록좌표계(block coordinate) 로 만들기 위한 $\lambda$, $\kappa$, $\varphi$, $\omega$, $S_x$, $S_y$, $S_z$ 인자의 해석적 처리를 의미한다. 절대표정은 가상좌표(2 차원 및 3차원 영상좌표)를 대상물의 절대좌표로 환산하는 작업이다. 기계적 절대표정은 입체 도화기상에서 내부, 상호표정을 마친 후 대상물의 좌표값을 이용하여 경사[입체모형당 수직위 치값($Z$ or $H$) 3점]와 축척[한 입체모형당 수평위치값($X$, $Y$) 2점]을 조정하여 대상물 좌표계로 환산하는 작업이고, 해석적 절대표정은 2차원($X$, $Y$)이나 3차원($X$, $Y$, $Z$) 가상좌표를 대상물 좌표계로 환산하는 작업으로 외부표정요소인 7개 인자(7-parameter : $\lambda$, $\kappa$, $\phi$, $\omega$, $C_x$, $C_y$, $C_z$)를 이용하여 최확값을 구한다.

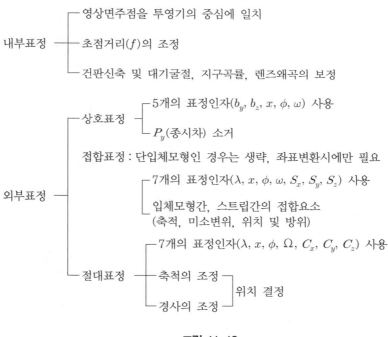

**그림 11-18**

## (3) 직접표정과 간접표정

최근에는 영상의 위치와 자세를 GPS, INS 센서의 조합에 의하여 지상기준점이 이용하지 않고 실시간으로 최확값을 구하는 과정을 직접표정(DO : Direct Orientation)이라 한다. 지상 기준점을 수를 줄이거나 사용하지 않으므로 시간과 비용면에서 효율을 기할 수 있어 지상기준점이 적거나 설치하기 힘든 지역에도 적용할 수 있다. 이 방법은 GPS 신호와 INS 관측값의 신호 동기화 센서 간의 정확한 거리와 각도의 관측 등의 관측체계(영상센서, GPS, INS)간의 관계보정이 필수적이다. 내부표정 외부표정

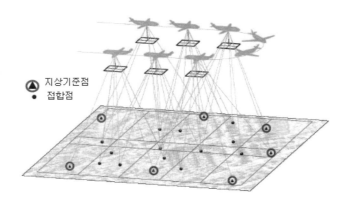

지상기준점
접합점

**그림 11-19** 간접표정

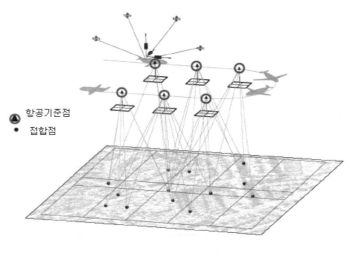

항공기준점
접합점

**그림 11-20** 직접표정

간접표정(IO : Indirect Orientation)은 지상기준점을 이용하여 외부표정요소를 구하여 최확값을 구한다.

내부표정에 오차가 있는 경우 간접표정 방법을 적용하면 외부표정값이 광속조정에 의하여 내부표정의 오차가 처리되어 정확한 지상좌표를 얻을 수 있다. 그러나 직접표정의 경우 GPS와 INS에 의해 외부표정이 정해지므로 내부표정의 오차가 있다면 지상좌표 결정시 오차가 전파되

어 정확한 지상좌표값(최확값)을 얻을 수 없다. 직접표정인 경우는 반드시 정확한 내부표정을 해야 한다.

## (4) 기계적 및 해석적 절대표정(absolute orientation for analogue and analytical method)

내부, 상호, 접합표정에 관하여 기계적 및 해석적 표정의 자세한 내용은 부록 2에서 다루기로 하고 여기서는 절대표정에 관한 기계적 및 해석적 표정에 대해서만 기술한다.

### 1) 기계적 절대표정(analogue absolute orientation)

절대표정은 대지표정(對地標定)이라고도 하며, 상호표정이 끝난 입체모형을 피사체기준점 또는 지상기준점을 이용하여 피사체좌표계 또는 지상좌표계와 일치하도록 하는 작업이다. 절대표정은 ① 축척의 결정, ② 수준면(또는 경사조정)의 결정, ③ 절대위치의 결정 순서로 한다. 절대표정에서는 $K$, $\Phi$, $\Omega$, $X_0$, $Y_0$, $Z_0$, $\lambda$의 7개 표정인자가 필요하며, 2점의 $X$, $Y$좌표와 3점의 $H$좌표가 필요하므로 최소한 3점의 표정점이 필요하다.

① 축척의 결정

투영기의 간격, 즉 기선의 길이 $b_x$에 의해 축척이 결정될 때 그림 11-21에서 $A$, $B$점의 축척화된 길이를 $S_g$, 입체모형상의 길이를 $S_m$이라 하는 $b_x$의 수정량 $\Delta b_x$는

$$\Delta b_x = \frac{S_g - S_m}{S_m} \cdot b_x \tag{11-17}$$

로 계산되며, $b_x$에 $\Delta b_x$를 보정해 축척을 결정한다.

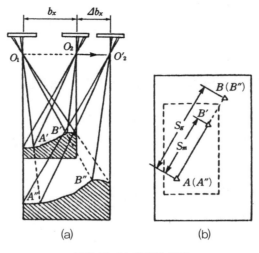

그림 11-21 축척의 결정

② 수준면의 결정

수준면 결정의 목적은 입체모형상에서의 표고와 대상물 공간 기준면상에서의 표고차가 각 점에서 비례적으로 맞도록 하는 데 있다.

그림 11-21(a)의 입체모형 경사를 $X$축, $Y$축으로 분리해 고려하면 (b), (c)와 같다. 도화기의 모든 구조는 그레이드(grade)로 되어 있기 때문에 라디안을 그레이드로 환산하기 위한 상수 $63.66(\rho^g = \dfrac{200^g}{\pi} = 63.66198^g)$을 사용해, $\Omega$(common omega)와 $\Phi$(common phi)의 수정값 $\Delta\Omega$와 $\Delta\Phi$를 계산하면 다음과 같다.

$$\Delta\Omega = 63.66 \cdot \frac{\Delta h_C - \Delta h_B}{\overline{BC} \cdot m} \tag{11-18}$$

$$\Delta\Phi = 63.66 \cdot \frac{\Delta h_B - \Delta h_A}{\overline{AB} \cdot m} \tag{11-19}$$

여기서, $\overline{AB}$는 입체모형 축척 1/m 상의 거리

식 (11-19)은 실제높이를 그대로 사용할 경우이며, $\Delta h$를 입체모형에 축척화한 경우에 $m = 1$이 된다.

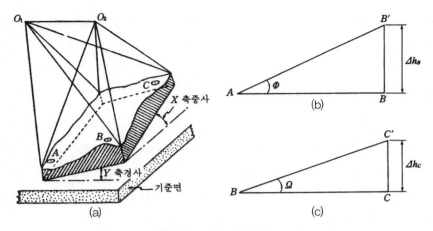

그림 11-22 수준면의 결정

③ 절대위치의 결정

2점의 수평위치($x$, $y$) 기준점으로 축척을, 3점의 수직위치($z$) 기준점으로 경사를 조정함으로써 절대위치를 결정할 수 있다. 절대표정을 마치면 사진상의 점과 실제점과 상사관계가 이루어진다.

## 2) 해석적 절대표정(analytical absolute orientation)

절대표정은 입체모형(model)좌표, 스트립(strip)좌표 및 블록(block)좌표의 가상 3차원 좌표로부터 표정기준점좌표를 이용해 축척 및 경사 등을 조정함으로써 절대(또는 대지)좌표를 얻는 과정을 의미한다. 절대표정의 일반식은 다음과 같다.

$$\begin{bmatrix} X_G \\ Y_G \\ Z_G \end{bmatrix} = SR \begin{bmatrix} X_m \\ Y_m \\ Z_m \end{bmatrix} + \begin{bmatrix} X_o \\ Y_o \\ Z_o \end{bmatrix} \tag{11-20}$$

여기서 $X_G$, $Y_G$, $Z_G$는 절대좌표, $X_m$, $Y_m$, $Z_m$은 입체모형좌표, $X_o$, $Y_o, Z_o$는 입체모형좌표계의 원점위치이며, $S$는 축척인자, $R$은 회전행렬이다.

## (5) 수치적 표정(digital orientation)

투명양화를 관측장치대에 정치하고 모형(model)에 대한 시야의 조정이 이루어지고 난 후에 표정이 진행된다. 이 과정은 기계 및 해석적 영상탐측과 수치영상탐측 양쪽 모두의 체계에서 중요한 것이다. 수치영상탐측체계에 관련되는 표정을 설명하기 위해 전통적인 항공영상면 입체쌍을 가정한다.

## 1) 내부표정

내부표정(interior orientation)은 건판과 영상면좌표계 간의 관계를 처리하는 과정으로 이동지지대의 양화를 정확하게 위치 설정시키는 것이다. 수치영상탐측체계상에서의 내부표정은 수치영상과 관련되어 있으므로 수학적인 모형이 스캐너의 기하학적 특성이나 정오차에 대해 고려되어야 하고, 그런 다음 영상소와 영상면좌표 간에 변환계수가 고려되어야 한다.

해석도화기는 내부표정과정을 처음으로 거친 후에 첫 번째 영상면지표를 도출한다. 조작자는 체계가 자동적으로 그 다음 지표를 찾아가는 동안 지표에 대한 정확한 위치를 결정하고 이에 대한 기록을 해야 한다. 수치영상탐측체계도 이와 동일한 기능을 갖고 있다. 이 경우 영상면건판을 이동하지 않고 단지 커서나 표현의 변화만을 이용해 이루어져야 한다. 수치영상탐측체계는 건판이나 광학기기의 이동이 없다는 것이 특징이다.

어떻게 조작자의 관찰 없이 일괄적인 작업만으로 자동적인 내부표정을 할 수 있는가는 수치화된 항공영상면에 대한 영상면지표의 일치화로 형태인식학적인 기법에 의해 해결할 수 있다. 이러한 경우 동일한 체계 환경 내에서 스캐닝한 후에 바로 내부표정을 실시할 수 있으므로 수치영상은 변환계수를 가지게 된다.

## 2) 상호표정

상호표정(relative orientation)에서 모형(model)을 형성하기 위해서는 5개의 표정요소($b_y$, $b_z \kappa$, $\phi$, $\omega$)를 이용해 공액점의 시차를 제거함으로써 이루어진다. 해석도화기체계에서 시차는 고정된 하나의 영상면건판에 대해 다른 영상면건판을 움직임으로서 제거할 수 있다. 수치영상탐측체계에서 이러한 과정은 하나의 커서를 움직이는 동안 다른 하나의 커서를 고정시켜서 달성할 수 있다. 수치영상탐측체계에서 공액점은 조작자가 양질의 초기 근삿값을 제공한다면 자동적으로 찾을 수 있음을 예상할 수 있다.

현재의 수치영상탐측체계는 좌표관측형식에서 입체모형형식으로 변환하는 과정에서 많은 시간이 소요되는데, 이것은 영상면이 공액기하상태를 만들기 위해 재배열과정을 거쳐야 하기 때문이다. 따라서 실제영상면을 표준화된 위치로 변환해 행방향이 기선과 평행하도록 해야 한다. 이런 경우 공액점은 동일한 열에 놓이게 된다. 이것은 영상정합의 과정을 신속하게 하고 영상이동을 손쉽게 할 수 있도록 하는 탐색영역의 범위를 축소할 수 있게 한다.

상호표정은 자동적인 일괄작업과정을 수행함으로써 어느 정도 자동화할 수 있다. 공액기하에 대한 영상재배열은 표정 이후 바로 실시할 수 있기 때문에 매우 유용하다고 할 수 있다. 더욱이 이 일괄작업과정은 비용을 절감할 수도 있다.

## 3) 절대표정

절대표정(absolute orientation)은 모형공간과 실제 대상공간 사이의 관계를 이용해 실제대상공간을 기준으로 조정하는 작업으로 영상면에 대해서 이와 상응하는 실제대상공간에 대한 기준점(또는 절대좌표)의 관측값을 필요로 한다. 종종 기준점의 식별문제가 대두되는데, 이것은 점들이 부분적으로 보이고 배경과의 대조가 잘 이루어지지 않기 때문이다. 만약 수작업에 의해 점들을 찾아내기가 어려운 경우 이를 전산기를 통해 식별한다는 것은 더욱 어려운 일이므로 자동적인 기준점의 인식은 향후 계속적인 연구가 이루어져야 할 것이다.

해석도화기와 수치영상탐측체계 사이의 비교에 있어 중요한 관점은 표 11-4에 요약되어 있다.

**[표 11-4]** 해석도화기와 수치영상탐측체계의 비교

| 해석도화기 | 수치영상탐측체계의 기능 |
|---|---|
| 영상면처리 | 수치영상면처리 |
| 카메라, 지상기준점 등의 자료입력 | 카메라, 지상기준점 등의 자료입력 |
| 투명양화를 운반대에 장착 | 영상입력 |
| 기준점식별<br>· 투명양화에 밝기 조절<br>· 부점관측<br>· 확대축소가 연속적이고 빠름<br>· 도브프리즘 이용 | · 영상면강조(유연화, 히스토그램 평활화)<br>· 커서(모양, 크기, 색상)<br>· 영상면의 재표현 느림<br>· 영상면회전 |
| 내부표정<br>· 영상면지표 관측<br>· 내부표정요소 계산 | · 영상면지표관측<br>· 내부표정요소 계산(반자동) |
| 상호표정<br>· 영상면이동 및 회전<br>· 시차소거<br>· 상호표정요소 계산<br>· 모형에서 자유롭게 이동 | · 커서이용 영상이동<br>· 상호표정요소 계산(자동)<br>· 공액영상 재배열<br>· 모형 내에서 이동 |
| 절대표정<br>· 지상기준점 식별<br>· 대상물 관측<br>· 절대표정요소 계산<br>· 2장 이상의 영상면을 볼 수 있으나 번거로움<br>· 공액점을 찾기 위해서는 조작자가 항상 필요 | · 지상기준점 식별 지원<br>· 절대표정요소 계산(반자동)<br>· 여러 개의 윈도를 통해 다중으로 볼 수 있음<br>· 자동적으로 영상정합수행 |

[표 11-4] 해석도화기와 수치영상탐측체계의 비교(계속)

| 해석도화기 | 수치영상탐측체계의 기능 |
|---|---|
| 수치고도모형<br>· 수치고도모형 생성방법 정의<br>· 불연속선(breakline)을 디지타이징<br>· 점진적 표본화 | · 수치고도모형 생성방법 정의<br>· 반자동에 의한 불연속선(breakline) 디지타이징<br>· 생성자동화 |
| 항공삼각측량<br>· 점선택<br>· 점이사<br>· 블록조정 | · 점선택<br>· 반자동에 의한 점이사<br>· 자동블록조정 |

# 5. 항공삼각측량

항공삼각측량(aerial triangulation)은 입체도화기 및 정밀좌표관측기에 의하여 영상면상에서 무수한 점들의 좌표를 관측한 다음 소수의 대상물(또는 지상) 기준점의 성과를 이용하여 관측된 무수한 점들의 좌표를 전자계산기, 종횡접합모형(block) 조정기, 도해적방법 등에 의하여 절대 혹은 측지좌표로 환산해 내는 경제적 기법이다.

입체영상탐측에서 하나의 입체모형의 절대표정을 위해서는 최소한 3점의 기준점성과, 즉 표정점의 좌표를 알아야 하며, 소요되는 점수는 입체모형수에 비례하여 증가하게 된다. 이 점들을 증설하는 데 드는 시간과 경비를 대폭 절감시켜 높은 정확도와 경제성을 도모할 수 있는 것이 항공삼각측량이다.

## (1) 항공삼각측량의 종류

### 1) 촬영경로 수에 의한 분류

항공영상에서 전후영상면이 입체시가 가능하도록 중복되게 일직선상으로 촬영된 지역(또는 영상면)을 촬영경로(course)라 한다.

그림 11-23(a)와 같이 하나의 촬영경로영상면들을 이용하여 항공삼각측량을 하는 경우는 단촬영경로 조정 또는 스트립 조정(종접합모형 조정, strip adjustment)이라 하며, 그림 11-23(b)와 같이 여러 촬영경로의 영상면을 이용하여 항공삼각측량을 하는 경우를 블록조정(종횡접합모형조정, block adjustment)이라 한다.

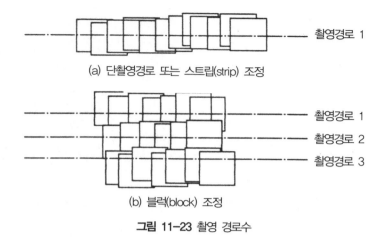

(a) 단촬영경로 또는 스트립(strip) 조정

촬영경로 1
촬영경로 2
촬영경로 3

(b) 블럭(block) 조정

**그림 11-23** 촬영 경로수

## 2) 조정기본단위의 종류에 의한 분류

항공삼각측량에는 조정의 기본단위로서 영상면(imagery), 입체모형(model) 및 스트립(strip)이 있으며, 이것을 기본단위로 하는 항공삼각측량방법을 각각 광속조정법, 독립모형법, 다항식법 항공삼각측량이라 한다.

스트립은 단촬영경로의 입체모형들을 전부 연결시킨 것을 의미하며 원칙적으로는 스트립조정(strip adjustment)이라 해야 하지만 다항식을 이용하므로 다항식조정법이란 명칭을 사용하고 있다.

① 다항식법

다항식법(polynomial method)은 스트립좌표(strip coordinate)를 기본 단위로 하여 절대좌표를 구한다. 촬영경로마다 접합표정 또는 개략의 절대표정을 한 후, 복수촬영경로에 포함된 기준점과 접합점(tie point)을 이용하여 각 촬영경로의 절대표정을 다항식에 의한 최소제곱법으로 절대좌표를 결정하는 방법이다. 미지수는 다항식의 계수와 접합점의 좌표에 의하여 일반적으로 수직위치와 수평위치의 조정을 나누어 실행한다. 이 방법은 다른 방법에 비해 필요한 기준점의 수가 많게 되고 정확도도 저하된다. 단, 계산량은 다른 방법에 비해 적게 소모된다.

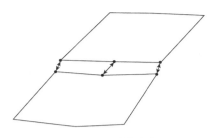

**그림 11-24** 다항식법

② 독립모형법

독립모형법(IMT : Independent Model Triangulation)은 입체모형좌표(model coordinate)를 기본단위로 하여 접합점과 기준점을 이용하여 여러 입체모형의 좌표들을 절대좌표로 환산하는 방법이다.

조정방식은 첫째 수평위치좌표와 수직위치좌표(X, Y, Z)를 동시에 조정하는 방법과, 둘째 수평위치좌표와 수직위치좌표를 분리하여 조정하는 방법으로 나눌 수 있으나, 후자의 방법이 미지수가 적어 계산시간이 짧은 이점이 있다.

입체모형좌표로부터 절대좌표로의 변환기본식을 세우는 방법에는 삼각함수를 이용하는 방법과 로드리게스(Rodrigues)의 직교행렬을 이용하는 방법이 있다.

독립모형법에는 정밀입체도화기를 이용하는 기계적 방법과 정밀좌표관측기를 이용하는 해석적 방법으로 이분된다.

PAT-M 43(Photogrammetric Aerial Triangulation Model)은 독립모형법에 의한 프로그램의 일종이다.

다항식법에 비해 기준점의 수가 감소되며, 전체적인 정확도가 향상되므로 큰 block 조정에 이용되었다. 그러나 광속조정법이 개발됨에 따라 다항식법과 독립모형법은 별로 사용하지 않고 있는 실정이다.

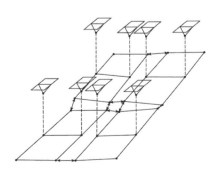

**그림 11-25** 독립입체모형법

③ 광속조정법

광속조정법(bundle adjustment)은 영상면좌표(imagery coordinate)를 기본단위로 하여 절대좌표를 구한다. 이 경우 기계좌표를 영상면좌표로 변환시킨 다음 영상면좌표로부터 직접절대좌표(absolute coordinate)를 구한다. 블록(block) 내의 각 영상면상에 관측된 기준점, 접합점의 영상면좌표를 이용하여 최소제곱법으로 각 영상면의 외부표정요소 및 접합점의 최확값을 결정하는 방법이다.

각 점의 영상면좌표가 관측값으로 이용되므로 다항식법이나 독립모형법에 비해 정확도가 가장 양호하며 조정 능력이 높은 방법이다.

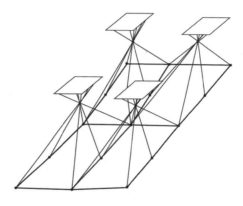

**그림 11-26** 광속조정법

# 6. 지상영상탐측

## (1) 지상영상탐측의 특징

지상영상탐측과 항공영상탐측을 비교하면 다음과 같다.

① 항공영상탐측은 촬영당시 카메라의 정확한 위치를 모르고 촬영된 영상면에서 촬영점을 구하는 후방교선법이지만 지상영상탐측은 촬영카메라의 위치 및 촬영방향을 미리 알고 있는 전방교선법이다.
② 항공영상면이 감광도에 중점을 두는 데 비하여 지상영상은 렌즈왜곡에 많은 고려를 하고 있다.

③ 항공영상면은 한 번에 넓은 면적을 촬영하기 때문에 광각영상면이 바람직하나 지상영상면은 여러 번 찍을 수 있으므로 보통각이 좋다.

④ 항공영상면에 비하여 기상변화의 영향이 적다.

⑤ 지상영상면은 시계가 전개된 적당한 촬영지점이 필요하다.

⑥ 지상영상면은 축척변경이 용이하지 않다.

⑦ 항공영상면은 지상 전역에 걸쳐 찍을 수 있으나 지상영상면에서는 삼림, 산 등의 배후는 찍히지 않아 보충촬영을 할 필요가 있다.

⑧ 항공영상면에 비하여 평면 정확도는 떨어지나 높이의 정확도는 좋다.

⑨ 작업지역이 좁은 곳에서는 지상영상탐측이 경제적이고 능률적이다.

⑩ 소규모 지물의 판독은 지상영상면 쪽이 유리하다.

# 7. 원격탐측(RS : Remote Sensing)

## (1) 개 요

원격탐측 분야는 인공위성에 탑재된 다양한 센서를 통하여 취득되어진 영상을 이용하여 지형공간정보의 자료들을 구축하는 탐측 기술이다. 원격탐측은 실제 관찰하고자 하는 목적물에 접근하지 않고 멀리 떨어진 거리에서 관측된 값으로부터 정보를 추출하여 내는 기법이나 학문을 포괄적으로 의미한다. 인공위성이나 항공기 등의 관측 대에 탑재된 관측기기를 사용하여 여러 가지 파장에서 반사 또는 복사되는 전자기파 에너지 등의 매개체를 통하여 대상물을 관측 기록한 후 이를 분석하여 필요한 자료를 추출하여 내는 기술로 관찰되는 대상이 관측자와 직접적인 접근이 없이도 관찰 대상에 대한 정보를 보다 신속하고 광역적으로 취득할 수 있으며, 이러한 자료를 활용, 분석하여 토지, 환경, 도시 및 자원에 대해 필요한 정보를 얻을 수 있다.

## (2) 이용 현황

원격탐측은 과거에 위성센서의 한계로 인하여 측량분야에서의 활용도가 매우 낮았으나 현재 고해상도 인공위성의 등장으로 각광받고 있는 측량 기술이다. 위성측량을 이용한 3차원 공간정보 취득에 대한 연구는 현재까지도 지속적으로 이루어지고 있으며, 최근 우리나라에서 해상도가 1m급의 고해상도 인공위성인 아리랑 2호의 발사에 성공하여 앞으로 위성측량분야가 더욱 발전할 것으로 기대되고 있다.

　원격탐측은 동일한 지역을 서로 다른 기하학적 조건에서 촬영한 두 장 이상의 고해상도 영상을 이용하여 입체모형을 구성함으로써 항공영상을 이용하는 경우와 유사하게 입체도화나 DEM 추출, 정사영상 제작 등을 수행할 수 있고 이를 통해 보다 현실감이 뛰어난 3차원 공간정보를 취득할 수 있게 되었다. 원격탐측은 기본적으로 디지털 센서를 사용하여 영상을 취득하므로 필름기반의 항공영상에 비해 디지털 영상은 영상 자체의 기하학적, 분광학적 정밀도가 낮으나, 다양한 스펙트럼 밴드에 대한 정보취득이 가능하며, 항공기나 사람이 접근하기 어려운 비접근 지역 또는 대규모 지역 또는 대규모 지역에 대한 신속한 자료취득이 용이하다는 특징을 가지고 있다. 그러나 항공영상과 마찬가지로 구름이나 기상상태 등 대기의 영향에 민감하고, 제한된 궤도상에서만 관측이 가능하다는 점에서 양질의 위성영상의 취득에 많은 어려움을 내포하고 있다. 또한 항공영상에 비하여 넓은 지역을 포함하지만 상대적으로 낮은 공간 해상도로 인하여 지형(지모와 지물)에 대한 엄밀한 판독과 정확도 유지가 어려운 실정이며, 정확한 자료처리를 위해 높은 기술력과 고해상영상 등이 소요된다. 입체영상을 이용하는 경우에도 대상물의 옆면에 대한 정보는 사실상 취득이 불가능하며, 고해상도 위성영상에 대한 제반 기술에 대한 정보 부족으로 정확한 입체모형 구성 및 3차원 공간정보취득에 상대적으로 어려움을 내포하고 있는 실정이다. 이런 원격탐측의 기법에는 원격탐측에서 얻어진 영상의 영상질 개선, 특징 추출을 위한 특수처리 등을 수행한 영상처리 기술이 사용되어 왔으며, 1960년대 이전에는 항공영상이 원격탐측 활동에 주로 사용되었고, 그 후 Mercury 계획에 의해 위성영상이 나옴으로써 급격한 발전과 함께 위성영상이 원격탐측 활동의 중요한 자료 취득기법으로 대두하게 되었다. 고정밀 위성영상(HPSI : High Precision Satellite Image)은 인공위성 탑재센서(sensor)에 의해 취득된 영상을 처리한 후, 지상해상도(ground resolution)가 대체로 1m보다 작은 영상소(pixel : picture element)의 범위에서 지형적 오차를 갖도록 형성된 영상이다. 미국의 상업위성 IKONOS가 1999년에 발사되어, 지상해상도 1m급인 영상들이 2000년부터 민간에 보급되기 시작하면서, 고정밀 위성영상의 활용이 각광을 받고 있다. 이로 인해 이들 고해상도의 영상을 처리하여 고부가가치의 위성영상 결과물의 도출연구가 활발해지고 있다. 이전까지는 미국의 안보기관에서 10m보다 정밀한 해상도의 위성영상이 민간에 보급되는 것을 극도로 제한해왔기 때문에 고해상도의 위성영상을 처리하거나 활용하는 기술개발이 민간에게는 한계가 있었다.

　최근 위성영상 처리기술의 발전 추세는 크게 네 가지 측면으로 나누어볼 수 있다. 첫째는 영상소의 지상 분해능의 고도화, 둘째는 관측 파장대역의 다중화, 셋째는 관측 파장대역이 긴 파장 쪽으로의 확장, 넷째는 자료의 높은 비트(high bit)화이다. 위성궤도와 같이 지표면 상공 수백 km 이상의 높은 고도에서 사용되는 센서체계기술은 고도의 첨단 우주기술에 속하는 분야이기 때문에 선진국을 필두로 극소수의 나라에서만 기술개발이 진척되어 왔다. 특히 1m급의 고해상도 위성영상은 각 영상소에 포함된 지상 면적이 $1m^2$ 정도로 작아, 지상의 건물이나 유사한 표적물들이 여러 조각으로 나누어지기 때문에 기존의 분류방법에 의한 분석으로는 컴퓨터에 의한 자동분류 시 만족스런 결과를 얻을 수 없기 때문에 고해상도 영상들에 대한 새로운 분류방법론이 제기되고 있다.

## (3) 영상 취득

최근에 개발되고 있는 위성들에 의해 취득되는 영상은 고해상도화와 더불어, 관측파장대의 다중화로 인해 많아지는 분석 밴드(band) 수와 기술의 첨단화로 인한 디지털(digital)영상의 높은 샘플링(sampling) 수(high bit data rate per channel per pixel) 때문에 대상 목표물의 관측 자료량이 폭증되고 있다. 기존의 영상 처리방법으로는 다량 자료의 전산 처리효율이 급격히 떨어지므로, 이와 같은 고해상도의 영상을 적시에 분석하고 유용한 결과를 도출하기 위해서는 자료처리의 효율 극대화 기술이 필요하다. 또한 관측 파장대역이 광파에서 긴 파장 쪽으로 확장되어 초단파까지 가게 되면서, 분석 영역이 가시광 영역 밖으로 전개되었기 때문에 보이지 않는 파장 영역의 분석기술이 요구되고 있다. 최근에는 지구관위치관측성의 증가와 함께 다양한 사양을 갖춘 위성영상자료의 취득이 가능하게 되었고, 센서에 따라 서로 다른 공간해상도(spatial resolution)와 파장영역을 가진 영상들의 장점을 함께 활용하고자 하는 관심이 증가하고 있다. 일반적으로 센서에서 감지되는 신호는 공간해상도, 파장 폭, 감지 시간 등의 인자에 의하여 제한을 받게 되므로, 어느 하나의 인자에 우선하여 영상을 촬영하면 다른 인자는 그만큼 희생되어야 한다. 즉, 공간해상도가 높은 영상을 얻기 위해서는 파장 폭을 상대적으로 넓게 해야 하고, 반대로 파장 폭을 좁게 하여 여러 파장대의 영상을 얻기 위해서는 공간해상도를 낮추어야 한다. SPOT 위성영상에서 10m 해상도 자료는 광역의 파장 폭으로 흑백영상을 얻는데 반하여, 공간해상도를 20m로 낮추면 여러 파장대의 영상을 얻을 수 있다. 이와 같이 공간해상도와 분광 영역을 달리하는 영상 자료를 융합하는 연구가 활발히 진행되고 있다.

원격탐측의 영상융합에서 동시에 또는 서로 다른 시간에 두 개 또는 그 이상의 센서들에 의해 얻어지거나 서로 다른 시간대에 얻어지는 특정 지역의 지표면 정보는 단일 센서에서 취득할 수 없는 그 지역에 대한 특성을 분석하기 위해 결합된다. 다음으로 중요한 과정은 적절한 융합수준을 결정하는 것이다. 융합수준에 따라 필요한 전 처리과정이 달라진다. 다른 센서들로부터의 영상융합은 몇 가지 추가적인 전 처리 과장을 요구하고 일반적인 영상분류 기법에서는 해결할 수 없는 여러 어려움들이 제기된다. 개개의 센서는 자신의 고유의 특성을 가지고 있고 영상

수집과정은 수정되거나 삭제되어야만 하는 다양한 인공적인 요소들을 포함한다. 또한 원격탐측 영상들은 기하학적 보정이 필요하고 영상융합을 위해서 서로 다른 센서로 관측된 영상들 간의 공간적 연결성을 보여 줄 공통 공간 참조(common spatial reference)가 필요하다. 예를 들어 영상소별 정보의 결합에 근거한 영상융합에서는 영상들이 같은 공간해상도를 갖고 있지 않으면 그들이 같은 크기의 영상소 크기를 가지도록 재표본추출을 하여야 하며 정확한 영상 간의 상호 등록(co-registration)이 필요하다.

영상융합은 발달된 영상처리기술을 이용하여 다양한 소스의 영상을 결합하는 도구이며 영상 면에 분명히 존재하는 정보를 개선시키고 영상면으로부터 얻을 수 있는 정보에 대한 해석의 신뢰성을 증가시키기 위하여 서로 별개이면서 상호보완적인 자료를 통합하는 것이 목적이다. 영상융합을 통하여 자료는 더욱 정확한 정보를 가지게 되고 자료의 유틸리티는 증가되므로 융합 자료는 매우 효과적인 운영상 성능, 즉 확신의 증가, 모호함의 감소, 신뢰의 개선, 분류의 개선 을 제공할 수 있다.

## (4) 원격탐측의 분류

원격탐측은 이용하는 대상 분야에 의한 분류, 자료취득방법에 의한 분류, 탑재기에 의한 분류, 관측파장영역에 의한 분류 등으로 나눌 수 있다.

원격탐측을 이용하는 대상 분야는 지구상에 존재하는 모든 것이라고 해도 과언이 아닐 정도로 다양하다. 식물의 분광특성을 이용한 농업·삼림·초지 등의 원격탐측, 지상자원탐사에 이용되는 지질판독에 의한 원격탐측, 해양상의 수온, 해류분포, 어족조사 및 수질오염조사 등을 위한 해양원격탐측, 대기오염, 도시환경 변화 등에 대한 환경원격탐측, 그리고 기상원격탐측, 군사정보수집을 위한 군사원격탐측 등 많은 분야가 있다.

자료취득방법에 의한 분류는 정보를 수집하는 센서(sensor)에 의해 크게 수동적 센서(passive sensor)에 의한 것과 능동적 센서(active sensor)에 의한 것으로 나뉜다.

그리고 탑재기에 의한 분류는 지상탑재기, 기구, 항공기 및 인공위성으로 나누어지는데, 이들을 높이에 따라 분류하면 다음과 같다. 정지위성, 궤도위성, 고고도항공기(고도 20~40km), 저고도항공기(고도 5~10km), 헬리콥터(고도 0.2~2km) 및 지상관측기로 나뉘며, 위성은 고도에 따라 다시 저고도(150~200km)인 단기간(1~3주)위성, 중고도(350~1,500km)인 장기간(7년 이상)위성, 정지궤도(35,800km)위성으로 나뉜다.

원격탐측은 정보를 취득할 수 있는 파장영역이 매우 넓으며 각 파장대에 따라 자외선, 가시광선, 적외선 및 극초단파 등으로 나누어진다. 또한 원격탐측은 각 파장을 관측하는 장소에 따라 지상관측과 항공기관측 및 인공위성관측으로 나뉘며 그 특성을 보면 다음과 같다.

지상관측에 의한 정보수집방법은 정량적인 관측이 가능할 뿐만 아니라 정성적인 정확도가 높지만 넓은 지역을 대상으로 하거나 동시자료를 얻는 것은 거의 불가능하다. 항공기관측에 의한 정보수집방법의 특성은 정성적인 해상력이 우수하고 지상관측보다는 신속하게 정보를 얻을 수 있지만 주기관측이나 수량적 정확도를 높이는 데는 너무 많은 경비를 요한다. 인공위성에 의한 원격탐측은 짧은 시간 내에 넓은 지역을 동시에 관측할 수 있으며 반복관측이 가능하다. 또한 일반적으로 다중파장에 의하여 자료를 수집하므로 원하는 목적에 적합한 정보취득이 용이하고 관측자료가 수치적으로 기억되며 판독이 자동적이며 정량화가 가능하다. 관측은 매우 먼 거리에서 행해지고 관측시각(view angle)이 좁아서 얻어진 영상은 정사투영상에 가깝고 탐사된 자료가 즉시 이용될 수 있다.

즉, 자료수집의 광역성 및 광역동시성·주기성·수량적인 정확도 등이 가장 큰 장점이며 정성적이나 정량적인 해석능력도 보조자료를 이용하면 더욱 높일 수 있다. 단 회전주기가 일정하므로 원하는 지점 및 시기에 관측하기 어렵다. 따라서 이런 결점을 보완하기 위하여 LANDSAT-4, 5는 원하는 시기와 지점에 즉시 이용할 수 있는 가변궤도를 채택하려고 시도하였으며, 극지방은 극궤도위성을 이용하여 자료를 수집한다.

## (5) 지구관측위성

토지, 자원 및 환경관측을 위한 인공위성은 수없이 많으나 대표적인 것만 열거하면 다음과 같으며 좀 더 자세한 것은 부록에 수록하였다.

### 1) LANDSAT

미국 NASA에서 1972년 7월 23일 1호(발사 당시는 ERTS), 2호(1975. 1.22), 3호(1978. 3. 5), 4호(1982. 7. 16), 5호(1984. 2. 1) 발사하였으며 센서로는 해상력 80m인 MSS, 30m인 TM 등이 있다. 1999년 4월 15일에 발사된 LANDSAT-7의 ETM$^+$는 15m(P)와 30m(XS)가 있다.

### 2) SPOT

프랑스에서 1호는 1986년 2 월 22일, 2호는 1990년 1월 22일에 발사하였으며 센서로는 해상력 10m인 P형(전정색 또는 흑백영상) HRV, 20m인 XS형(다중파장대영상)이며 2002년 5월 3일에 발사된 SPOT-5는 P형이 5m, XS형이 10, 20m이다.

## 3) RADARSAT

캐나다 우주국에서 발사된 SAR 탑재위성으로 Fine 형식은 10m, 표준형식은 30m의 해상력이 있다.

## 4) SPIN-2에 장착한 KVR

소련의 위성으로 2m 해상도의 panchro-matic 영상을 제공한다.

## 5) IKONOS

미국위성으로 1999년 9월 24일 발사되어 해상도 1m(전정색 : P), 4m 다중파장대의 영상을 제공한다.

## 6) 아리랑위성(KOMPSAT)

KOMPSAT-1은 한국위성으로 1999년 12월 21일 발사되어 해상도 6.6m의 영상을 제공하였으며, 2006년 7월 28일에 발사된 KOMPSAT-2는 1m 해상력의 영상을 얻을 수 있으며, 2012년 5월 18일에 발사된 KOMPSAT-3는 0.7m의 해상력을 가진 영상을 취득할 수 있다. KOMPSAT는 KOrea Multi-Purpose SATellite의 약자로 다목적 관측위성인 아리랑 위성을 뜻한다.

## 7) 천리안위성(COMS; Communication Ocean and Meteorological Satellite)

한국위성으로 2010년 6월 27일 발사되어 가시 및 적외선탑재기가 적재되었고 기상, 해양, 통신 등에 활용된다.

## 8) IRS-IC

인도에서 1995년 12월에 발사한 위성으로 고도 917km, 해상도 5m(Pan)의 영상을 제공한다.

## 9) QuickBird-2

미국 지구관측 위성으로 2001년 10월 18일에 발사되어 해상도 0.61m(P형), 2.44m(XS형)의 영상을 얻을 수 있다.

## (6) 자료처리체계와 자료처리

### 1) 자료처리체계

원격탐측자료를 처리하여 이용하려면 먼저 조사지역과 탐측목적을 설정하고 이에 따른 판별항목, 실험지역, 표본추출, 지상검증(ground truth) 등의 기본작업을 행한다. 인공위성이나 항공기의 센서에서 얻은 자료를 자기테이프 등에 기억시켜 전처리하고 지상검증자료를 참고로 하여 공간적 해석처리, 다중파장대(multispectral)의 자료처리 등을 행한다. 이와 같이 처리된 자료를 영상면이나 프린터에 의해 출력하거나 필름에 기록한다.

### 2) 원격탐측자료의 처리

#### ① 컬러표시방식

수치원격탐측자료는 RGB(Red, Green, Blue : 적색, 녹색, 청색) 컬러좌표체계를 사용하여 가법컬러이론으로 색소혼합에 의해 표현된다. 8비트 영상인 경우가법컬러이론에서 255, 0, 0의 RGB 밝기값은 밝은 적색영상소로, 255, 255, 255의 RGB값을 가진 영상소는 밝은 백색영상소로, 0, 0, 0의 RGB값은 흑색영상소를 만든다. 이와 같은 방법으로 총 $2^{24}=16,777,216$가지의 컬러조합을 표현할 수 있다.

#### ② 수치영상자료포맷

수치영상자료는 BIP(Band Interleved by Pixel), BIL(Band Interleaved by Line), BSQ (Band SeQuential)와 같은 다양한 형태로 제공된다. BIP 자료는 각각의 영상소의 밝기값을 밴드순서에 따라 순차적으로 정렬한 자료형태이며, BIL 자료는 각각의 열과 관련된 밴드의 밝기값을 순차적으로 정렬한 자료형태이며, BSQ 자료는 각각의 밴드 안의 모든 개별적인 영상소의 분리된 파일에 위치시킨 자료형태이다.

#### ③ 대기의 방사보정

원격탐측자료의 대기보정하는 방법으로 절대보정과 상대보정이 있다. 절대보정은 원격탐측에서 기록된 밝기값을 비율표면 반사도로 바꾸는 것이며, 상대보정은 단일원격탐측영상 내의 밴드들 사이의 강도를 정규화하는 데 이용하거나 다중시기 원격탐측자료의 강도를 분석기에 의해 선택된 표준영상에 맞춰 정규하는 데 이용된다.

④ 기하보정

기하보정에는 영상대지도보정과 영상대영상등록이 일반적으로 이용되고 있다. 영상대지도보정은 영상면의 기하학적 조건을 평면으로 만드는 과정이고, 영상대영상등록은 동일한 지역의 비슷한 기하학적 조건을 가진 두 영상면에서 동일한 물체들이 서로 같은 위치에 표현되도록 두 영상면을 변환 및 회전시키는 처리과정이다.

⑤ 영상강조

영상강조 알고리즘은 사람의 시각적 분석을 용이하게 하거나 기계를 이용한 일련의 분석을 하기 위해 이용한다. 원격탐측자료의 시각적 분석 및 일련의 기계 분석에 필요하다고 알려진 다양한 영상강조 방법들 중 점연산(point operation)은 영상면에서 이웃하는 영상소의 특성에 관계없이 각각의 영상소 밝기값을 수정하는 과정이며, 지역연산(local operation)은 한 영상소를 둘러싸고 있는 영상소들의 밝기값을 참조하여 영상소 밝기값을 하나씩 수정하는 과정이다.

⑥ 자료추출방법

자료를 분석하여 주제정보를 추출하기 위한 방법 중 패턴인식기법(pattern recognition)이 널리 쓰인다. 자료추출은 감독분류(supervised classification), 무감독분류(unsupervised classification)방법으로 나뉜다. 일반적으로 산림, 농지 등과 같은 이산적인 항목으로 분류된 지도를 만들기 위해 범주형 분류(hard classification)논리를 사용하며 이질적이며 불균일한 자료의 경우 퍼지분류(Fuzzy classification)가 쓰이기도 한다. 감독분류는 도심지, 농경지, 습지 등의 토지피복 형태와 현장확인, 항공영상면의 판독, 지도분석, 개인의 경험 등 기존 자료의 조합이 가능한 경우에 적용되며, 무감독분류는 지상의 참조정보가 부족하거나 영상면상의 표면구조물들이 정상적으로 정리되어 있지 않아 토지피복 형태를 선험적으로 알 수 없을 경우 이용한다.


# 8. 라이다와 레이더 영상

## (1) 개 요

라이다(LiDAR : Light Detection And Ranging)는 RADAR와 동일한 원리를 이용하는 관측방법으로 레이저(LASER : Light Amplification by Stimu-lated Emission of Radiation) 단면 관측을 뜻한다. LiDAR 장비는 목표물을 향하여 레이저 파를 발사한다. 발사된 레이저 파는

목표점에서 일부는 반사되고 일부는 흡수되고 흩어질 것이다. 이러한 반사특성을 이용하여 목표물의 특성을 알아내고 레이저 파가 돌아오는 시간을 이용하여 목표지점까지의 거리를 관측하게 된다. 라이다는 크게 3가지 종류가 있다.

### 1) Range Finders

가장 간단한 LiDAR로 거리 관측을 위한 장비이다.

### 2) DIAL(DIfferential Absorption Lidar)

대기 중의 오존, 증기, 오염물 등의 화학적 밀도를 관측하기 위한 장비이다.

### 3) Doppler LiDARS

도플러 원리를 이용하여 움직이는 물체의 속도를 관측하기 위한 장비이다.

일반적인 항공레이저관측에 사용되는 LiDAR 체계는 Laser Scanner, GPS, 관성항법체계(INS : Inertial Navigation System)로 구성되어 있으며 GPS가 센서의 위치를, INS가 센서의 자세를, 레이저스캐너가 센서와 지표면과의 거리를 관측하여 지표면 상의 고도점에 대한 $X$, $Y$, $Z$ 좌표를 구하는 것이 LiDAR의 위치결정의 기본원리이다.

레이저에 의한 라이다관측은 정밀하고 빠르게 물체의 3차원 형상을 관측할 수 있는 기법이다. 기본적으로 종전의 레이저 관측의 기능을 갖고 있으며, 초당 최대 5,000~500,000점까지 레이저를 대상체 표면에 발사하여 대상체 표면의 지형공간위치정보($x$, $y$, $z$)를 갖는 무수한 관측점군(point-cloud)으로서 표현하게 된다.

## (2) 지상 LiDAR

지상 LiDAR는 대상체면에 투사한 laser의 간섭이나 반사를 이용하여 대상체면상의 관측점의 지형공간정보를 취득하는 관측방식으로서, 3차원 정밀 관측은 대상체의 표면으로부터 상대적인 3차원(X, Y, Z) 지형공간좌표를 각각의 점 자료(point data)로 기록하며, 관측방법에 따라 일정량의 굴절각 증분을 주기 위해 하나 또는 두 개의 거울(mirror)을 사용하거나, 장비 전체가 회전하여 3차원 지형공간좌표를 얻는다. 이와 함께 디지털 카메라를 이용하여 스캐닝과 동시에 디지털 영상을 확보하여 3차원 모형의 구축 시 텍스처(texture) 자료로 활용이 가능하므로 3차원 지형공간 정보 구축에 큰 편리성을 확보할 수 있다.

현재 레이저 스캐닝 체계는 지형 및 일반 구조물 관측, 윤곽 및 용적 계산, 구조물의 변형량 계산, 가상공간 및 건축 모의관측, 역사적인 건물의 3차원 자료 기록보관, 영화배경세트의 시각 효과 등에 활용성이 증대되고 있다. 레이저 스캐닝 체계를 이용하여 대상물의 3차원 위치를 구하는 과정은 다음과 같다.

① 대상물의 표면에 레이저를 발진한다.
② 대상물의 표면에서 일부의 레이저가 반사되어 스캐너로 되돌아온다.
③ 반사되어온 레이저를 스캐너가 감지한다.
④ 발사된 레이저가 반사되어 되돌아오는 시간을 관측하여 대상물의 거리를 계산한다.

빛의 속도를 알고 발사된 레이저가 되돌아오는 시간을 알면 대상물의 거리를 구할 수 있으며 발사된 레이저의 각은 매우 정밀하고 빠른 속도의 servo 모터가 달린 거울을 이용하여 구할 수 있다. 이렇게 하여 구해진 거리와 각을 이용하여 대상물의 직교좌표(x, y, z)를 구할 수 있다.

지상 LiDAR 탐측을 해석하는 방법으로는 시간차(time-of-flight)방식, 위상차(phase shift)방식, 삼각측량법(triangulation)방식 등이 있다.

TOF(Time-Of Flight)방식은 레이저를 발사하여 반사되어 오는 시간적인 차이로 거리를 계산하며 레이저 송신부, 수신부, 처리부로 구성되어 있다. 레이저가 반사되어 돌아오는 시간을 계산하여 거리를 결정하고 각도만큼 수평, 수직으로 회전하여 관측한 점 위치를 결정하는 방법이다. 이 방법은 삼각법에 비하여 근거리에는 정밀도가 다소 떨어지나 중·장거리 거리 관측에는 많이 사용하는 방법이다.

최근에는 사용의 편리성 및 정확도가 확보되는 시간차방식이 주로 사용되고 있다.

위상차(phase shift)방식은 주파수가 다른 파를 동시에 발산하여 생성된 두 파의 위상변위는 거리와 시간에 따라 점진적으로 큰 위상변위를 생성한다. 동일한 거리에서 두 신호를 검출하고 두 파의 출발시간을 알면 위상변위를 알 수 있다. 관측된 위상변위를 발생하기 위해 생성된 파일의 수와 일정한 속도가 주어진다면, 관측거리는 계산될 수 있다.

삼각측량법(triangulation)방식은 일반적으로 근거리에 대한 지형공간자료 취득을 위하여 사용되는 기술이며, 지도 제작법이나 GPS 위치관측에 사용된다. 간단한 삼각측량법(tringulation) 원리를 이용한 방법이며, 레이저가 점이나 선으로 대상 물체 표면에 투영되는 것으로 하나 또는 그 이상의 광전소자(CCD : Charge Coupled Device) 카메라로 물체의 위치를 기록한다. 레이저 빔의 각도는 스캐너가 내부적으로 기록하고, 고정된 기선(base) 길이로부터 기하학적으로 대상물체와 장비의 거리가 결정되는 정밀한 측량방법으로서, 특히 가까운 거리에서의 정밀도가 높다.

정확도는 스캐너의 기선길이와 물체와의 거리에 의존하며, 정밀도가 높은 반면에 시간이 오래 걸린다는 것과 실물에 주사된 레이저가 CCD 카메라로 구분이 가능해야 하므로 직사광선이 있는 곳에서는 자료의 오류가 많이 발생하므로 보다 좋은 자료를 얻기 위해서는 야간에 관측해야 하는 불편함을 가지고 있다. 레이저 스캐너 내부에서의 관측각을 사용하여 기지점을 근거로 미지점의 위치를 개별적으로 구하는 방법으로서, 주로 전방교선법(intersection)이 적용된다.

기지점(레이저 스캐너에 의해 인식된 임의의 기계좌표)에 기기를 설치하여 미지점의 방향을 관측한 후 그들 방향선의 교점으로서 미지점의 위치를 결정하게 된다.

## (3) 항공 LiDAR

항공 LiDAR 관측은 Laser 스캐너, GPS, 관성항법장치(GPS/INS) 등으로 구성되어 있고 레이저 스캐너는 거리관측부와 스캐닝부로 다시 구분되어 상호보완적으로 정밀한 위치정보를 갖는 점 자료를 확보할 수 있는 측량기술이다.

LiDAR 체계는 움직이는 비행기에 탑재되어 사용되어지며 정지상태가 아닌 항공기에서 관측하기 때문에 지상좌표를 나타낼 항공기의 정확한 위치를 알기 위하여 항공기의 초기 위치값은 GPS/INS로부터 제공받고, 레이저 스캐너에 의해 레이저펄스를 지표면에 주사하여 반사된 레이저파의 도달시간을 이용하여 물체의 3차원 위치좌표를 계산한다. 항공 LiDAR 관측은 광범위한 지역의 DEM을 적은 비용으로 효율적으로 구축하기 위해서 개발되었다.

항공 LiDAR 탐측의 관측점 밀도는 단위시간당 송신할 수 있는 펄스의 수, 촬영각도, 항공기의 고도, 비행속도 등에 따라 결정된다. INS의 우연오차로 인해 수직방향 오차보다 수평방향 오차가 약 2~3배 정도 크다. 일반적으로 LiDAR의 수직정확도는 15cm, 수평정확도는 30cm로 보고 있으며 사용되는

레이저펄스의 파장대는 $1\mu$m 이상의 적외선 영역이다.

LiDAR를 이용해 취득되는 자료로 첫 번째는 지표면의 3차원 좌표이다.

좌표계는 UTM, WGS84로 국지좌표계로의 변환이 필요하며, 고도는 GPS를 이용하는 다른 방법들과 같이 타원체고이므로 지오이드(geoid)를 고려한 고도값 환산이 필요하다. 그리고 저장방식은 ASCII 혹은 binary 형태의 포맷으로 다른 매체와의 호환가능성이 매우 높다. 두 번째로, 입사하는 레이저펄스와 반사되는 레이저펄스의 강도비를 나타내는 반사강도(intensity) 자료는 토지피복분류와 지표상 건물추출 등에 이용되고 있다. 또한 레이저펄스가 수관층을 투과하는 성질을 이용하여 식물과 지표면의 상태를 모두 기록한 다중반사(multiple return) 자료가

LiDAR 자료에 포함된다. 다중반사는 빔이 물체에 도달하면서 지름이 팽창할 때 빔의 일부는 지붕의 끝부분에 부딪히고 나머지는 지상에 도달하게 된다면, 이 장비는 지붕에서의 반사와 지상에서의 반사를 기록하여, 단일 펄스에 대한 두 개의 다른 고도를 제공한다는 것을 의미한다. 지붕에서 계산된 고도를 '선 반사(first return)', 지상에서 계산된 고도를 '후 반사(last return)'라고 부른다. 만약 레이저펄스가 나무에 충돌한다면, 첫 번째 반사는 나무의 고도를 제공할 것이고 두 번째 또는 세 번째 반사는 중간에 있는 나뭇가지의 고도를, 마지막 반사는 나무 아래 지상의 고도를 제공하게 된다. 이것은 LiDAR의 표면 거칠기 정보와 수관층의 두께·생체량 (biomass) 등을 추정하는 자료로 활용될 수 있으며, 지표면의 정보와 지상물의 정보를 동시에 취득할 수 있다는 점에서 중요한 가치를 지닌다.

LiDAR 체계의 장단점으로는 첫째, 기상조건, 주야, 계절 등에 관계없이 관측이 가능하다(단, 구름이 비행고도보다 위에 있을 경우에만 관측이 가능하다). 둘째, 지형·고도자료를 신속·정확하고 저렴하게 취득할 수 있다. 한 번의 측량으로 $X$, $Y$, $Z$좌표를 모두 취득하게 되며, 광범위한 기준점 망 없이 30km의 지역에 단지 1개의 지상 기준국만이 필요하다. 셋째, LiDAR는 좁고 긴 지역의 지도제작에 이상적이며, 연안선에 대한 정확한 정보를 제공한다. 넷째, 밀집한 숲을 투과할 수 있는 LiDAR점 자료를 이용하여 순수한 지상의 지형을 제작할 수 있다.

단점으로는 첫째, LiDAR 센서는 비, 안개, 연무, 스모그, 눈보라 등 상황에서는 사용이 불가능하다. 둘째, 수체에 반사된 자료는 신뢰할 수 없다. 적외선 파장은 물에 잘 흡수되기 때문이다. 셋째, LiDAR 자료는 점밀도에 따라 경계선의 관측이 용이하지 못하다. 넷째, 수직오차에 비해 수평오차가 약 3배가량 크다. 다섯째, 과밀한 식생지역에서는 레이저펄스가 지면까지 투과할 수 없다.

요구되는 점의 밀도에 따라 비행기의 속도, 고도 및 스트립간의 폭이 결정되는 단점을 보완하기 위해서 면적단위로 등고선을 관측하는 레이저 스캐닝 방법이 단면측량 방법으로 대체되고 있다.

항공 LiDAR 측량이 기술을 개선시킨다면 지금까지의 평면적인 분석에서 3차원적인 입체분석이 가능해지며, 더욱 빠르고 정밀한 고도모형을 저비용으로 생산할 수 있게 될 것이다. 이를 통해 국가 DEM 제작, 3D 모형화, 수치 영상지도 제작 등의 지형공간정보 취득은 물론 해마다 반복되고 있는 각종 재난재해의 사전 대비와 관리를 위한 하천 및 해안조사, 홍수지도, 재해지도 제작이 간편해지며 토목설계, 전력선 및 철도측량, 불법건축물판독 등의 다양한 분야에 활용될 수 있을 것이다.

## (4) 오 차

LiDAR 관측에서 대상물의 좌표를 계산하기 위한 관측값으로 레이저 스캐너의 위치($X$, $Y$, $Z$), 레이저 광선의 순간주사각을 포함한 자세($\omega$, $\phi$, $\kappa$), 목표물까지의 거리($D$)가 있다. 레이저 주사기(scanner)의 순간주사각(scan angle)에 발생하는 오차는 장비 제작과정의 검정과정을 통하여 최소화되었다고 가정하면 실제 LiDAR 관측 시 관측에서 발생하는 오차는 기준점 위치관측기의 관측 오차[항공기의 활용 시는 GPS 관측의 오차, 관성관측기(IMU : Inertial Measurement Unit) 관측의 오차], 레이저 거리관측의 오차 및 이들 센서의 통합을 위한 좌표계 변환 등으로 나누어 고려할 수 있다.

## (5) 활용 분야

LiDAR 체계의 등장으로 이전에는 할 수 없었던 지형공간정보 분야에 다양한 응용이 가능해졌다. 지상 및 항공 LiDAR에 의하여 정확하고 정밀한 수치고도자료를 이용한 3차원 도시 모형이 가능해져 도시계획, 건물객체추출, 건물변화, 경관, 문화재 및 각종 구조물해석, 무선통신 분야의 기지국 설치 및 전파확산모형분석 등에 응용되고 있다. 또한 홍수피해예측, 해안선 관리, 산림정보(산림분포 및 산림량, 수고, 흉고직경, 산림의 탄소흡수량 조사 등)추출, 송전탑 위치 분석, 전선 위치 모형화, 철도 및 도로의 관리, 군사전략사업, 환경분석 및 계획 등 다양한 분야에서 활용되고 있다.

## (6) 레이더 영상탐측

### 1) 의 의

1950년 Carl Wiley가 Doppler Beam Sharpening 이론을 개발하였으며, 이를 발전시켜 1970년대에 항공기에 SLAR를 탑재하여 영상을 취득함으로써 민간 및 국방 분야 등에 걸쳐 다양한 응용 분야가 개발되었다. 저해상 영상 레이더인 RAR와 고해상 영상 레이더인 SAR는 극초단파 중 레이더(RADAR : RAdio Detection And Ranging)파를 지표면에 발사하여 돌아오는 반사파를 이용하여 2차원 영상을 취득하는 센서이다. 대부분의 광학영상 체계가 수직(Nadir) 영상을 취득하는 반면 레이더 영상(radar imagery)의 경우 파의 왕복시간으로만 거리(위치)를 파악하는 특성으로 측면촬영(side-looking)방식을 취하고 있다. 이는 레이더로 수직영상을 얻기 위한 수직촬영(down-looking)방식을 택할 경우 수직축을 중심으로 좌·우의 레이더파 왕복시간값을 구할 수 없기 때문이다. RAR의 경우 촬영고도가 고정되어 있을 때 레이더의 특성상 입사각

(incidence angle)이 클수록 측면방향 해상도가 증가하지만 센서의 진행방향의 해상도는 감소하게 되는 특성이 있다. 그러나 입사각에 따른 센서 진행방향의 해상도의 문제점을 해소시킨 SAR를 사용함으로써 해결할 수 있다. RAR는 물리적으로 매우 큰 안테나 배열을 사용하며 SAR는 이러한 RAR의 안테나 배열을 수신파의 특성을 이용함으로써 물리적으로 매우 작은 안테나를 이용하여 고해상의 2차원($X$, $Y$) 영상을 취득할 수 있도록 신호를 합성하여 처리하므로 합성개구레이더로 명명되었다.

### 2) 자료취득 기하(幾何)에 의한 왜곡

측면촬영방식으로 인한 SAR 영상의 왜곡은 크게 음영(陰影, shadow), 단축(短縮, fore-shortening), 전도(顚倒, layover)로 나타낼 수 있다. 음영은 지형의 특성으로 인하여 센서에서 발사한 극초단파가 도달하지 못하여 영상면에서 그 지역이 매우 어둡게 나타나는 현상이다. 단축은 레이더 방향으로 기울어진 면이 영상면에 짧게 나타나게 되는 왜곡을 의미하며 전도는 고도가 높은 대상물의 신호가 먼저 들어옴으로써 수평위치가 뒤바뀌는 현상을 의미한다(그림 11-27).

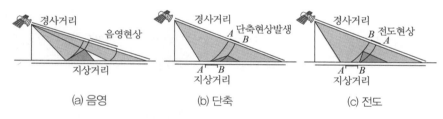

**그림 11-27** SAR 영상면의 왜곡

### 3) 활용 분야

해상의 기름유출 시 오염을 관측 및 감시(monitoring), 능동센서(active sensor)의 특징을 이용한 홍수 모니터링, 간섭기법(interferometry)을 이용한 정밀한 수치고도모형(DEM) 생성, 빙하의 이동경로 관측, 지표의 붕괴 및 변이 관측, 화산활동의 관측 등에 이용되고 있다.

## 9. 영상면판독

영상면판독은 영상면상의 정성적 정보를 판별하는 것을 말한다. 영상면판독(imagery interpretation)은 색조(tone or color), 형태(pattern), 질감(texture), 형상(shape), 크기(size),

음영(shadow) 등의 6가지 기본요소와 위치상호관계(location or situation), 과고감(vertical exaggeration)의 보조요소에 의하여 영상면상에서 정성적 요소를 추출해내는 것으로 피사체 또는 지표상의 형상, 상태, 식생, 지질 등의 연구수단으로 이용되고 있다.

## (1) 영상면판독의 요소

### 1) 색조(tone or color)

대상물이 갖는 빛의 반사에 의한 것으로 인간의 육안으로 10~15단계의 구별이 가능하다. 색조는 명도, 색상, 채도의 3가지 성질로 나타낼 수 있다.

### 2) 형태(pattern)

대상물의 배열상황에 의하여 판별되는 것으로 영상면 상에서 볼 수 있는 식생, 지형 또는 지표상의 색조 등을 말한다.

### 3) 질감(texture)

색조, 형상, 크기, 음영 등의 여러 요소의 조합으로 구성된 조밀, 거칠음, 세밀함 등으로 표현된다.

### 4) 형상(shape)

개체나 목표물의 윤곽, 구성배치 및 일반적인 형태를 말한다.

### 5) 크기(size)

어느 대상물이 갖는 입체적 및 평면적인 길이와 넓이를 뜻하며, 영상면 상에 나타나는 촬영이 갖는 가장 기본적인 요소가 된다.

### 6) 음영(shadow)

어떤 대상물의 형태를 읽기 위해서는 그 자체가 갖는 색조 이외에도 대상물의 윤곽을 주는 음영이 큰 역할을 하고 있다. 영상면 판독 시 빛의 방향과 촬영시의 빛의 방향을 일치시키는 것이 입체감을 얻기 쉽다. 따라서 음영이 자기 앞에 오도록 하여 관찰하는 것이 좋다.

## 7) 위치상호관계(location or situation)

어떤 영상면에 나타난 대상이 주위의 대상과 어떠한 관계가 있는가를 파악하는 것이다. 영상면에 나타난 형태를 주변환경의 특성과 관련시켜 대상을 식별할 수 있다.

## 8) 과고감(vertical exaggeration)

과고감(過高感)은 지표면의 기복이 과장되어 나타낸 것으로 낮고 평탄한 지역에서의 지형판독에 도움이 되는 반면, 사면의 경사는 실제보다 급하게 보이므로 오판에 주의할 필요가 있다.

## (2) 판독의 순서

항공영상에 의한 영상면의 판독은 일반적으로 다음과 같은 순서로 한다.

## 1) 촬영계획, 촬영 및 영상면 제작

목적설정, 영상면축척의 결정, 영상면의 종류, 촬영일시, 범위, 렌즈 및 센서 등을 고려해 촬영계획을 하여 촬영한 다음 영상면을 제작한다.

## 2) 판독기준의 작성

판독항목에 따라 영상면의 특성을 고려하여 판독요소를 설정한다.

## 3) 판 독

판독기준을 기초로 광역의 판독과 부분적·중심적인 판독을 행한다. 필요에 따라 현지조사의 계획도 함께 행한다.

## 4) 현지조사

판독결과의 확인, 보정, 정정 등을 한다.

## 5) 판 독

현지조사의 자료를 기초로 하여 다시 판독하고 결과를 정리한다.

## (3) 판독에 이용되는 영상면

판독에 쓰이는 영상면은 표 11-5와 같다.

천연색영상면은 판독상 가장 좋으나 가격이 비싸고 높은 고도의 촬영에는 적합하지 않은 결점이 있으며, 적외선영상면은 필름의 유효기간이 짧으므로 입수하기가 어렵다. 따라서 우리들이 흔히 쓰는 영상면은 대부분 흑백(또는 全整色)영상면이다. 표 11-6에 흑백영상면과 적외선영상면 판독상의 특성을 비교해 나타내었다.

[표 11-5] 판독에 쓰이는 영상면

| 종류 | 성질 | 주된 용도 |
|---|---|---|
| 전정색영상면 | 가시광선의 흑백영상면 | 형태를 판독요소로 하는 것, 지질, 식물 |
| 적외선영상면 | 근적외선의 흑백영상면 | 식물과 물의 판독 |
| 천연색영상면 | 가시광의 천연색영상면 | 색을 판독요소로 하는 것 |
| 적외색영상면 | 가시광의 일부와 근적외선을 색으로 나타낸 영상면 | 식물의 종류와 활력의 판독 |
| 다중파장대영상면 | 가시광선과 근적외선을 대역별로 동시에 촬영한 흑백영상면 | 광범위한 이용면을 가지며, 특히 식물의 판독 |
| 열영상 | 표면온도의 흑백영상면 | 온도 |

[표 11-6] 흑백색(panchromatic)영상면과 적외선(infrared)영상면의 비교

| 피사체 | 전정색 항공영상면 | 적외선 항공영상면 |
|---|---|---|
| ① 침엽수<br>② 광엽수<br>③ 기 타 | 전체 흑색으로 찍힘<br>색조로 판별 곤란하며 형으로 구별 | ① 흑색으로 찍힘<br>② 백색으로 찍힘 ⎱ 판별 쉬움<br>③ 독자의 색조로 찍힘 |
| ④ 밭(田)<br>⑤ 논(畓) | 전체 회색 색조<br>경지의 경계에 의해 판별 | ④ 함수율, 경작물에 의해 농도차가 다양함<br>⑤ 전부 흑색, 경계는 백색 |
| ⑥ 하 천<br>⑦ 해안선<br>⑧ 호 소<br>⑨ 하 상 | ⑥ 회색 또는 백색 세천은 지형으로 판별<br>⑦ 파도 때문에 확정이 어려움<br>⑧ 회색 또는 흑색, 어떤 때는 전반사에 의해 백색이 됨<br>⑨ 전체 백색 또는 회색, 모래와 자갈의 구별은 불가능 | ⑥ 수부는 전부 백색, 곡천도 가는 흑선으로 나타나고 발견이 쉬움<br>⑦ 해안선이 명료하게 나타남<br>⑧ 전부 흑색, 삼림 내에 있어도 발견이 쉬움<br>⑨ 자갈은 백색, 모래는 회색, 흙은 짙은 회색 또는 회색, 흑색 |
| ⑩ 붕괴지 | ⑪ 전체 백색 또는 회색 | ⑩ 회색, 수분이 있을 때는 흑색으로 나타나는 등 토질암질에 따라 농담이 변함 |
| ⑪ 도 로 | ⑫ 백색<br>발견이 쉬움 | ⑪ 콘크리트와 아스팔트에서 색조가 변해 발견이 어려우며 열련이 요구됨 |
| ⑫ 시가지 | ⑬ 선명하게 나타남 | ⑫ 시가지의 촬영에는 부적합하지만 실제는 영향이 없음 |

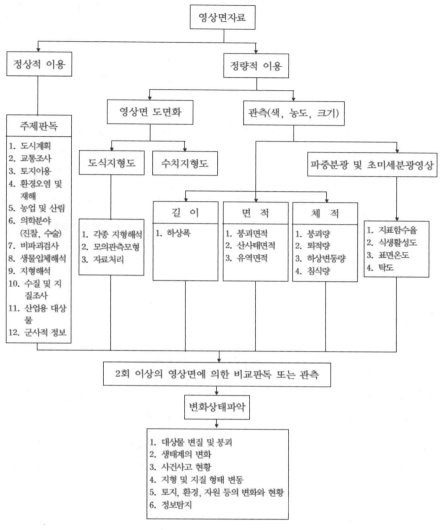

**그림 11-28** 영상면의 일반적인 이용도식

# 10. 수치영상체계

## (1) 개 요

　수치영상탐측학(digital imagematics)은 필름을 이용하지 않고 수치영상을 이용하여 대상물을 처리하는 영상탐측기법이다. 수치센서(digital sensor)를 이용하여 대상물 공간을 디지타이징(digitizing)이나 스캐닝(scanning)하여 직접적으로 수치영상을 취득하거나 기존의 항공영상을 디지타이징이나 스캐닝하여 간접적으로 수치영상을 취득할 수 있다. 또한 수치영상, 수치영상탐측의 이용은 새로운 처리기법을 적용하는 것이 특징이다.

필름 대신 수치영상을 이용하여 분석하는 영상탐측기법이 1988년부터 이론개발이 활발해지자 수치영상탐측학(imagematics)이라고 하였으며 일명 연성사진측량학(softcopy photogrammetry)이라고도 하였다.

지난 몇 연간 저장기능이 방대해지고 새로운 소프트웨어와 하드웨어의 증가로 수치영상탐측학이 괄목할만한 발전을 이룩하게 되었다. 영상탐측학적인 문제를 해결하기 위한 정부기관 및 개인 업체에서 기능이 좋은 제품들을 만들었다.

영상탐측체계의 설계개념은 체계구조, 컴퓨터, 자료취득 공유영역, 그리고 GIS와 인간 공유영역을 포함하고 있다. 수치영상탐측체계의 본질이 되는 세 성분은 다음과 같다.

① 수치영상의 이용
② 사용자에게 상호작용 제공
③ 영상탐측학적 기능사용

체계의 자동화는 인간생활의 필수조건으로 되어가고 있다.

자동화된 수치영상탐측체계의 연구목적은 영상을 처리하는 데 더 낳은 안정성과 정확성을 보장과 인간의 노동을 배재함으로써 생기는 비용효과의 창출이다.

Gülch는 수치영상탐측학의 발전에 대한 관점을 3가지 단계로 나타내었다. 첫째 단계는 1955연에서 1981연까지의 기간이다. 이 시기는 수치영상탐측학 환경의 기본적인 개념과 흐름을 기술한 것이 특징으로써 소프트웨어와 하드웨어의 부적절성과 수치영상의 부재, 실제 전산체계의 뒷받침이 없었다. 둘째 단계는 Helava에 의해서 해석도화기가 개발됨으로써 사람의 손에 의해서 이루어지던 작업을 자동적으로 처리할 수 있는 계기를 마련되었다.

셋째 단계는 Sarjakoski에 의해서 최초로 수치입체도화기에 대한 논리적 세부개념이 제시되었는데, 기능적인 면에서는 해석도화기와 매우 비슷하나 영상이 수치영상으로 대치되는 차이점이 있었다. Case는 수치영상 개발체계의 또 다른 기초개념을 제공하였다. 제안된 이 체계는 수치고도모형을 생성할 수 있는 해석도화기의 가능성에 관한 것이다.

이러한 2가지 설계개념을 이용하여 Gülch는 1982연에서 1988년 사이에 수치영상탐측체계의 발전을 위한 길을 열었다. 1988년 일본 교토에서 있었던 ISPRS 총회에서, 처음으로 상업적인 수치영상탐측체계(KERN DSP1)가 소개됨으로써 원격탐측과 수치영상탐측학의 체계개발에 중요한 계기가 되었다.

또한 이 ISPRS 총회의 연구팀(WG : Working Group) II/III 공동위원회에서 현존하는 수치영상탐측학 체계의 기능 및 수행에 관한 작업을 착수하였다.

계속해서 많은 영상탐측기관에서는 자신들의 생산 환경에 적합한 수치영상탐측체계를 연구개발하고 있다.

그림 11-29에는 수치영상탐측학 환경의 구조를 나타내고 있다. 입력부분에서는 항공영상을 처리할 수 있는 수치카메라 또는 스캐너를 가지고 있어야 한다. 처리의 핵심부분이 수치영상탐측체계이다. 출력부분에서 격자형 자료를 처리하기 위한 필름기록기(film recorder)나 선추적 형식을 처리하기 위한 도화기가 필요하다. 수치영상은 수치카메라를 이용하여 직접적으로 취득하거나, 스캐너를 이용하여 기존의 영상면을 스캐닝하여 간접적으로 얻을 수 있다. 대부분의 전문가들은 몇 년 안에 항공영상탐측용 카메라를 혁신적으로 대체하여 수치자료를 취득할 수 있는 기술이 개발될 것으로 예상하고 있다.

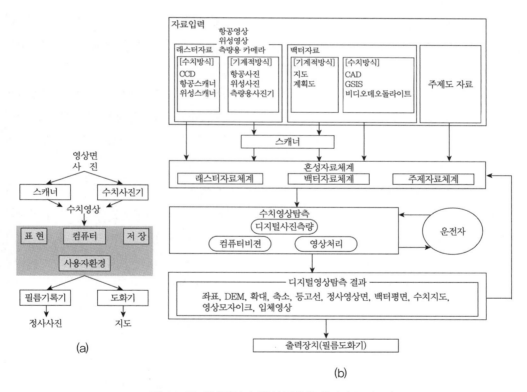

**그림 11-29** 일반적인 수치영상탐측학 환경의 구조도

## (2) 수치카메라와 수치영상(digital camera & digital imagery)

### 1) 개 요

수치카메라(digital camera)는 필름이 없는 카메라(film-less camera)로서 대신 2차원 배열의 CCD가 필름면에 위치하게 되는 것이 일반 카메라와의 주요한 차이점이다. 렌즈는 외부로부터 빛을 감지기 저장소에 모아주며, 감지기의 각 영상소에 비춰지는 빛에너지는 입사되는 방사에너지의 양에 따른 전하를 발생시킨다. 이러한 기계적(analogue) 신호는 일반적으로 전기적으로 추출되며, 8bit(0-255)에서 10bit(0-1023) 범위의 수치적(digital) 밝기값으로 변환된다. 기계적-수치적(AD : Analogue/Digital) 변환에서 얻어지는 밝기값은 카메라 내의 메모리나 플래쉬카드에 저장된다. 일반적으로 CCD(Charge Coupled Device) 카메라를 수치카메라로 간주하며 CCD는 일반 카메라에 비해 보다 민감한 분광반사변화를 나타낼 수 있다.

수치카메라는 70년대 초부터 영상탐측학에서 특수한 목적으로 사용되었으나 그 당시의 vidicon-tube 카메라는 영상 tube가 불안정했기 때문에 정확도면에서 많이 떨어졌다. 이러한 단점은 80년대 초 전자 카메라의 등장으로 많이 감소되었다. CCD는 높은 안정성을 제공하였으며 오늘날의 수치카메라에 이 장치가 채택되고 있다.

대부분의 수치카메라들은 렌즈와 입력장치, 즉 카메라의 접속장치인 C-mount를 사용하며 대개 폐쇄회로 TV렌즈(CCTV-lens : Close Circuit TeleVision lens)를 사용한다. C-mount와 영상면 사이의 거리는 17.525mm이다. IR(infrared) 필터의 역할은 $0.7\mu$m보다 큰 파장을 제거하기 위한 것이다.

수치카메라는 내부에 청색, 녹색, 적색(RGB : Red, Green, Blue)의 필터휠이 있어 촬영 시 이러한 필터를 이용하여 세 가지 형태의 영상면을 기록하며, 그 결과로 지형으로부터 반사된 청색, 녹색, 적색 광에 근거한 각각의 영상면을 생성한다. 이러한 세 개의 각 흑백 영상면은 가색 이론(additive color theory)을 이용하여 컬러 합성되어 천연색 컬러영상면을 생성할 수 있으며, 근적외선 영상면을 사용한 위색컬러영상면도 생성할 수 있다.

### ① 장점

종래의 필름 카메라보다 수치카메라가 갖는 가장 큰 장점으로는 촬영 이후의 처리와 해석에 영상면이 바로 이용될 수 있다는 점이다. 이것은 실시간으로 처리할 수 있으므로 로봇이나 특수한 산업 등에 적용할 수 있다. 또한 수치카메라는 파장대를 변조하기가 쉽다.

② 단점

주요 단점으로는 수치적 영상 처리 기술을 사용하여 세 개의 각 영상면을 등록(register)하는 것이 필요하다. 일반적인 지상영상의 경우 고정된 카메라를 통하여 취득되는 데 반하여, 항공영상은 촬영하는 동안 항공기가 빠르게 움직이기 때문에 연속적인 각 영상(예 : 청색, 녹색, 적색)이 약간 다른 시점에서 취득되게 되므로 각 영상에 기록된 지리적 영역이 서로 다르게 된다. 또한 해상도와 시계가 한정되어 있다. 공간해상도면에서도 기존의 23×23cm의 항공영상을 대체하기 위해서는 약 20,000×20,000영상소 감지기의 3개 저장 공간이 요구된다(Light, 1996). 현재 최고품질의 수치카메라는 약 2,000×3,000영상소이며, 가격이 고가이다. 그러나 수치카메라의 가격은 기술발전과 함께 계속적으로 낮아지고 있으며, 요구되는 20,000×20,000영상소의 CCD가 개발되기까지의 문제점과 등록 문제는 카메라를 탑재하는 탑재체(예, 비행선, 동력 글라이더 등)를 저속, 저고도를 유지함으로써 해결 가능할 것이다.

## 2) 수치자료 취득체계

① 조명체계(illumination system)

실시간으로 영상을 처리하는 데 중요한 요소이며, 수치카메라 체계 요소 중 가장 핵심이 되는 부분이다.

② 신호전달(signal transmission)

카메라와 영상취득면(frame grabber) 사이를 연결해주는 것으로, 신호는 기계적(analogue)인 것과 수치적(digital)인 것이 있다.

③ 영상취득면

카메라의 출력을 받아들이는 것으로 필요할 경우 기계적 신호를 수치적 신호로 변환하며, 영상이 영구적으로 저장되기 전까지 영상을 일시적으로 저장한다.

## 3) 카메라의 종류

① CCD 카메라

CCD 카메라는 반도체(소자)에 빛을 쪼이면 전하를 발생하거나 저항 값이 변화하는 소자를 많이 나열하여 대상물의 광학상을 전기신호인 영상신호로 변환시킴으로써 수치영상을 얻을 수 있다. 이러한 방법에는 전기신호로 변환하는 과정에서 진공관식으로 전자빔을 사용하는 촬상관과 전자빔을 사용하지 않고 반도체소자만으로 구성된 전자(solid-state) 촬상소자가 있다. CCD 는 최근에 많이 사용되고 있는 것으로 전자 촬상소자 중의 하나로 공간적 위치가 확실하고 영상 의 신뢰도가 높으며 가격이 저렴하고 저전압에서 작동하기 때문에 널리 이용되고 있다.

CCD는 sensor의 나열방법에 따라서 1차원 카메라와 2차원 카메라로 나뉜다. 1차원 카메라는 소자를 일렬로 나열한 것으로 이것을 이용하여 2차원인 넓은 영상을 1차원 카메라로 취득할 경우 카메라 또는 피사체를 이동시킬 필요가 있다. 이 1차원 카메라를 사용한 카메라를 라인 스캐너라고 한다. 2차원 카메라는 수많은 작은 소자를 2차원 평면에 나열한 것이다. 렌즈를 통해 카메라에 투영된 광학상을 각 카메라에서 직접 영상소자마다 전기신호로 변환한다.

② CCD 카메라의 해상력

카메라의 해상력은 얼마만큼 세밀한 영상을 표현할 수 있는가를 나타내며 해상도(resolution : 선/mm)는 1개의 영역에 얼마나 많은 소자로 가득 채워져 있는가에 따라 결정된다. 2차원 카메라에 서는 수평방향으로 배치된 소자의 개수로서 수평해상도가, 수직방향으로 배치된 소자의 개수로 수직해상도가 결정된다. 1차원 카메라는 1개의 고밀도 집적회로(LSI : Large Scale Integrated circuit) 안에 2차원으로 소자를 나열하지 않기 때문에 그만큼의 많은 소자를 1개의 열(line)에 채워 넣을 수 있으므로 해상도가 높다.

1차원 카메라는 한 열의 해상도를 높일 수 있지만 결점으로 카메라 또는 피사체를 기계적으로 움직일 필요가 있으므로 큰 영상을 입력할 경우에는 그만큼 시간이 걸려 정지영상의 입력에 한정되어 사용하고 있다. 한편 2차원 카메라는 해상도를 높이기는 어렵지만 실시간으로 영상을 다룰 수 있는 장점이 있다.

③ 1차원 CCD 카메라(라인 스캐너)

CCD 라인 스캐너(line scanner)에 의해 2차원의 정지영상을 얻기 위해서는 카메라 자체 내지 는 피사체를 움직일 필요가 있다. 예를 들면 고정밀도의 영상입력용 장치는 펄스 모터에 의해 카메라를 이동시키나 휴대 스캐너(handy scanner) 등 간단한 것은 사람 손으로 움직인다.

라인 스캐너는 움직임의 속도가 여러 가지 조건에 따라 다르다. 구체적인 예로 전송 시간 주파수(clock frequency) 카메라의 영상축적시간이 어느 정도로 제한되어 있다.

라인 스캐너(line scanner)는 3열 방식(3-line : 전방, 후방, 연직방향) 카메라가 가장 널리 쓰인다. 3열 방식 카메라는 영상면에 설치되는 3개의 열을 갖게 된다. 이것으로 인해 3개의 적용범위를 얻을 수 있다. 3열 방식 카메라가 적용된 예로는 MOMS가 있다. 이와 달리 변형된 형태가 있는데, 독일에서 개발되어 독일 우주계획에서 사용하였다.

1열 방식(1-line) 카메라의 적용으로 가장 잘 알려진 예로는 SPOT이 있다. 6,000개의 탐측요소(sensing element)가 선형으로 배열되어 있으며 인접한 궤도의 중복되는 영상으로 입체시가 가능하여 입체영상을 얻을 수 있다.

[표 11-7] 차원 CCD 카메라의 적용 종류 및 기능

| 센서명 | 활용연도 | 비고 | |
|---|---|---|---|
| | | stereo 기능 | 분리된 창 |
| MEIS | 항공기, 1978년 I호기, 1983년 II호기 | ○ | |
| MOMS | 1983년 우주왕복선 1호, 1993년에 우주왕복선 2호, 1997년 이후 Priroda에서 쏘아올린 우주왕복선 | ○ | ○ |
| HRV | 1986년부터 SPOT위성 | | |
| JERS-1의 OPS | 1992년부터 2년간 운영 | ○ | |
| MEOSS | 1993년 실패한 인도의 IRS-1E 계획 | | ○ |
| HRSC | 1989, 1997년 실패한 화성계획 | ○ | ○ |
| WAOSS | 1997년에 실패한 화성계획 | ○ | ○ |
| WACC | 항공기, WAOSS에서 유래, 1995년부터 시험 | ○ | ○ |
| DPA | MOMS-02 시험 이전의 항공기, 1992년 말에 시작 | ○ | ○ |

먼저 영상축적의 시간을 너무 짧게 할 수는 없다. 그 이유는 광의 조사(irradiation)시간이 짧으면 출력전압이 낮아져 잡영(noise)에 큰 영향을 받은 영상이 되기 때문이다. 이로 인해 카메라의 감도를 제한한다. 감도는 1lx의 광이 1초간 탐측(sensing)될 경우 출력에 몇 V가 나오는가로 표현하고 있다.

전송 시간주파수는 영상소 수에 따라서 결정된다. 영상축적시간의 사이에 영상소 수만큼 전송하지 않으면 안 되며 전송주파수는 축척시간을 1열로 나눈[축적시간÷1열(line)] 값으로 영상소 수를 결정한다.

라인 스캐너에서는 될 수 있는 한 큰 영상을 단시간에 취입시키기 위해 카메라의 고감도화 작동의 고속화가 필요하다.

④ 2차원 CCD 카메라

2차원 CCD 카메라(CCD 센서라고도 함)의 동작기능은 가로와 세로로 바둑 눈금과 같이 나열된 카메라에 의해 광은 전기로 변환되어 각각 전하의 덩어리로 되어 순차 텔레비전의 탐측에 맞추어 전송된다.

1차원의 CCD 카메라와 기본적으로는 같지만 다른 점은 신호의 속도이다. 라인 스캐너는 일반

적으로 수백 kHz~1MHz 정도로 동작하고 있으나, 대부분의 2차원 CCD 카메라는 9~14MHz 정도로 동작하고 있다. 그러므로 신호를 얻어내는 방법이 다르다.

카메라와 기억장치의 접속(interface)장치로 흑백카메라나 RGB 출력의 3판식 카메라를 사용할 경우 단순히 연결만 한다. 그러나 정밀한 기하학적인 영상처리를 할 경우 카메라와 A/D (Analogue/Digital) 변환 및 기억장치의 시간을 같게 동작시켜야 한다. CCD의 영상소의 수와 기억장치의 수를 맞추면 CCD 영상면상 영상의 X-Y 위치가 그대로 기억장치의 위치에 해당되므로 가하학적인 오차가 적게 처리된다.

**[표 11-8]** 차원 CCD 카메라의 적용 종류 및 기능

| 센서명 | 비스캐닝 장치 내역 |
|---|---|
| Kodak DCS420 | $14 \times 9mm^2$, $1536 \times 1024$개의 영상소 |
| Kodak DCS460 | $30 \times 20mm^2$, $3060 \times 2036$개의 영상소 |
| Rollei ChipPack | $31 \times 31mm^2$, $2048 \times 2048$개의 영상소 |
| Rollei Q16 Metric Camera | $60 \times 60mm^2$, $4096 \times 4096$개의 영상소 |

## 4) 수치카메라의 영상처리 및 체계

### ① 수치영상의 처리과정

측량 분야에서 활용하는 수치카메라는 지표면의 사물을 면으로 관측할 수 있기 때문에, 이러한 자료의 처리는 극히 일부를 제외하고는 영상처리의 범주에 속함으로 자료처리의 대부분이 수치영상처리계로서 수행한다.

#### 가) 관측자료의 입력

수집자료에는 아날로그 자료와 수치 자료의 종류 2종류가 있다. 영상과 같은 아날로그 자료의 경우, 처리계에 입력하기 위해 필름 스캐너 등으로 A/D 변환이 필요하다. 여기서 설명하는 수치 자료의 경우, 일반적인 수치 컴퓨터로도 읽어 낼 수 있는 범용적인 미디어 포맷을 사용하여 변환할 필요가 있다.

#### 나) 재생 · 보정처리

처리계에 입력된 관측자료에 대해, 먼저 광학적 왜곡 및 기하학적 왜곡을 보정한 후 처리목적에 따라 변환, 분류 처리를 수행한다.

#### 다) 변환처리

변환처리는 어떤 공간으로부터 다른 공간으로의 영상을 표현하는 것으로서 관측자료에 포함되어 있는 정보의 일부를 강조한다. 따라서 변환처리의 결과는 강조된 영상인 경우가 많다.

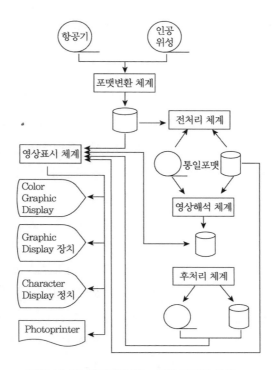

**그림 11-30** 처리계에 있는 영상 자료의 흐름

라) 분류처리

분류는 특징공간의 분할을 중심으로 한 처리이지만, 최종적으로는 영상자료와 범주(category)와의 대응관계가 결정된다(영상처리 분야에서는 일반적으로 레벨이라고 부른다). 따라서 분류처리의 결과는 주제도의 형태를 취하는 경우가 많다.

마) 처리결과의 출력

처리결과는 D/A 변환됨으로써 표시장치나 필름에 아날로그 자료로 출력되는 경우와 지형공간정보체계 등 다른 처리계의 입력자로로 되도록 수치자료로 출력되는 경우가 있다.

② 영상처리체계

　가) 하드웨어 구성

일반적으로 영상처리는 어떠한 컴퓨터 체계를 이용해도 되지만, 영상처리를 쉽게 처리할 수 있는 것이어야 한다. 이들 하드웨어체계에 영상처리용 소프트웨어를 장착한 체계를 영상처리체계라 부른다.

영상처리체계는 하드웨어의 구성을 고려하여 다음과 같이 2종류로 크게 나눈다.

(ㄱ) 전용 처리형

주된(host) 컴퓨터에 영상처리기를 접속한 형식이다. 영상처리기는 몇 영상면 정도의 프레임 버퍼와 연산처리 전용 프로세스를 장치하고, 영상간의 연산이나, 적분 상승(convolution) 등의 기본영상처리가 고속으로 행해지는 장치이다. 접속하는 호스트 컴퓨터는 개인용 컴퓨터(PC), 워크스테이션(WS), 미니 컴퓨터, 범용기 등, 처리목적에 따라 달라진다.

(ㄴ) 범용 계산기형

호스트 컴퓨터에 영상표시장치만을 내장, 혹은 접속시킨 형식이다. 전용 프로세스가 아니기 때문에 영상 간 연산들을 모두 소프트웨어로 실현해야 한다. 소프트웨어에 의존하기 때문에 유연성이 높고, 체계의 이식성은 좋으나 소프트웨어 규모는 커진다. 주된 컴퓨터로서는 PC, WS 등이 적합하다. 더구나 최근에는 전용 처리형 또는 범용 계산기형을 확장해, 네트워크로 접속한 체계 구성도 많다.

나) 주변장치

영상처리 체계는 여러 가지 주변장치가 필요하다. 이러한 주변장치에는 먼저 기술한 영상표시 장치 외에, 아날로그 영상을 수치영상으로 변환, 입력하는 영상입력장치, 수치영상을 종이나 필름에 출력하는 영상출력장치, 대량의 영상자료를 기록해두는 영상자료의 저장장치가 있다.

다) 소프트웨어

영상처리 소프트웨어의 내용은 체계에 의해 다르나, 주요한 기능으로는 다음과 같은 것을 들 수 있다.

자료수입출력(기기로부터 자료를 읽고 입력하는 것 등), 영상면표시, 조작(영상표시, 좌표관측, 색조변경 등), 재생, 보정처리(기하보정, 복사량보정 등), 영상출력(하드카피 출력 등), 해석처리(각종 변화처리, 분류처리 등) 등이 있다.

광의의 영상입력장치에는 센서도 포함되지만, 여기서는 수치 카메라에 한정해서 다루기로 한다. 영상입력장치를 이용하면, 농도나 색 등의 정보를 수치정보로 표현해서 컴퓨터 처리가 가능한 자료로 바꿀 수 있다.

라) 영상입력장치의 성능을 비교하는 데 필요한 항목

원고의 크기는 35mm 필름~A0 등 입력가능한 원고의 크기 범위, 공간분해능은 1영상소의 원고상의 크기, 농도분해능은 입력 후 1영상소가 갖는 농도수, 신호대잡음비(SN : Signal Noise)비는 신호와 잡영의 크기비, 색재현성은 입력된 영상의 색 재현성, 영상등록은 색분해된 영상 간의 위치 어긋남, 입력속도는 입력영상의 수치화에 필요한 시간, 기하학적 정확도 입력된 자료의 기하학적 정확도, 가변적 범위(dynamic range)는 변환될 수 있는 입력화 사이 최소, 최대 농도, 입력영상의 종류는 필름(투과형), 인화지(반사형) 등이 있다.

③ 수치카메라(CCD 카메라)의 기계적 기능

CCD 카메라의 기능을 크게 나누면 광을 받는 수광부, 광에 따라서 출력된 전하를 전송하는 전송부, 전하를 전압으로 출력하는 출력부 3개로 나누어진다.

수광부에서는 광의 세기에 비례하여 전하가 발생한다. 수광부는 영상 다이오드, 금속산화물 반도체(MOS : Metal Oxide Semiconductor) 용량에 의한 축적전극 및 이동통로(shift gate)로 구성된다. 입력광은 영상 다이오드로서 광전교환에 의해 광전류로 되며 축적전극에 축적되어 신호전하가 된다. 이 신호전하가 이동통로를 통해 전송부로 옮겨지고 이동통로를 제어하는 이동펄스에 의해 전송부로 옮긴 신호전하는 전송펄스에 의해 순차적으로 전송된다.

전송로를 통한 전하는 출력부에 있는 표현능력장치(plotting capacitor)에 흘러들어간다. 이 신호의 전하 $Q$는 표현능력장치의 전압을 $\Delta V = Q/C$분($C$ : 용량계수)만큼 변화시키므로 프리 앰프에 의해 전압이 신호로 출력된다.

## (3) 영상정합 및 융합

### 1) 영상정합(image matching)

① 개요

영상탐측에서 가장 기본적인 처리과정 중의 하나는 둘 또는 그 이상의 영상면상에서 공액점 (conjugate point)을 찾고 관측하는 것이다. 기계적(analog), 해석적(analytical) 영상탐측학에서 공액점의 식별은 인간에 의해서 직접 수행되었다. 수치영상탐측에서는 영상정합(image matching)이라는 처리과정에 의해 자동으로 그 문제를 해결하려고 시도하고 있다. 이 장에서는 영상정합의 여러 가지 양상에 대해서 기술한다. 그리고 대부분의 예제는 중심투영을 하는 항공영상면에 대해서 언급되고 있다.

영상탐측학에서 가장 기본적인 과정은 입체영상면의 중복영역에서 공액점을 찾는 것이라 할 수 있으며, 기계적이거나 해석적 영상탐측에서는 이러한 공액점을 수작업으로 식별하였으나, 수치영상탐측(digital photogrammetry) 기술이 발달함에 따라 이러한 공정은 점차 자동화되고 있다.

영상접합은 입체영상면 중 한 영상면의 한 위치에 해당하는 실제의 대상물이 다른 영상면의 어느 위치에 형성되었는가를 발견하는 작업으로서, 상응하는 위치를 발견하기 위해 유사성 관측을 이용한다. 이는 영상탐측학이나 로봇시각(robot vision) 등에서 3차원 정보를 추출하기 위해 필요한 주요기술이며, 수치영상탐측학에서는 입체영상면에서 수치고도모형을 생성하거나, 항공삼각측량에서 점이사(point transfer)을 위해 적용된다.

② 영상정합의 분류 및 작업
영상정합은 정합의 대상기준에 따라 다음과 같이 분류한다.

- 영역기준 정합(또는 단순정합)(area based matching or single matching) : 영상소의 밝기값 이용
- 형상기준 정합(feature based matching) : 경계정보(edge information) 이용
- 관계형 정합(대상물 또는 기호정합)(relational matching, structural matching or symbolic matching) : 대상물(structure)의 점, 선, 면의 밝기값[계조(階照), gray scale]등을 이용

정합 처리방법은 영상정합 문제의 해결을 위한 전반적인 기술을 말하며, 처리방법에는 계층적 방법(hierarchical approach), 신경망적 방법(neural networks approach)을 들 수 있다. 표 11-9는 이들 용어가 어떻게 연관되어 있는지를 보여 주고 있으며, 첫 번째 열은 세 가지의 가장 잘 알려진 정합방법을 나타내고 있다.

가) 영역기준 정합
영역기준 정합에서는 왼쪽 영상면의 일정한 구역을 기준영역(template area)으로 설정한 후, 이에 해당하는 오른쪽 영상면의 동일구역을 일정한 범위에서 이동시키면서 찾아내는 원

리를 이용하는 기법이다. 사전정보가 필요 없으며 평균제곱근 오차가 최소가 되도록 점진적으로 정합을 시행한다. 최근에는 상관정합기법에 의해서 영상정보 취득의 효율을 크게 높이고 있다. 영역기준정합에는 밝기값상관법(GVC : Gray Value Correlation)과 최소제곱정합법(LSM : Least Square Matching)을 이용하는 정합방법이 있다(부식 3-21, 22, 23 참조).

[표 11-9] 정합방법과 정합요소와의 관계

| 영상접합방법 | 유사성 관측 | 영상정합요소 |
|---|---|---|
| 영역기준정합 | 상관성, 최소제곱 | 밝기값 |
| 형상기준정합 | 비용함수 | 경계 |
| 관계형 또는 기호정합 | 비용함수 | 기호특성 : 대상물의 점, 선, 면 밝기 값 |

나) 형상기준 정합

형상기준정합에서는 대응점을 발견하기 위한 기본 자료로서 특징(점, 선, 영역 등이 될 수 있으나, 일반적 경계정보를 의미함)적인 인자를 추출하는 기법이다. 두 영상에서 대응하는 특징을 발견함으로써 대응점을 찾아내는데, 이 경우 각 점에 대한 평균값이나 분산과 같은 대표값을 계산하여 두 영상의 값을 서로 비교한 후 공액점을 이용한다. 특징정보를 추출하는 연산자(operator)는 이미 컴퓨터 시각분야에서 많이 연구되어 있으며, 대개 이러한 연산자들을 사용하거나 변경하여 사용한다.

형상기준정합을 수행하기 위해서는, 먼저 두 영상면에서 모두 특징을 추출해야 한다. 이러한 특징정보는 영상면의 형태로 이루어지며, 대응하는 특징을 찾기 위한 탐색영역을 줄이기 위하여 공액 정렬을 수행해야 한다.

한 정합점이 있을 때 주변의 정합점과의 모순이 발생하지 않으려면 유사성만을 이용해서 해결할 수 없다. 전역적인 정합점을 구하기 위해 완화법(relaxation) 동적 프로그래밍에 의한 최소경로계산(minimal path computation), 모의관측단련(simulated annealing) 기법 등이 이용될 수 있다. 정합의 정확도는 영상면의 질에 많은 영향을 받으나, 일반적으로 부영상소(sub pixel) 범위로 얻을 수 있다.

다) 관계형 정합

영역기준정합과 형상기준정합은 여전히 전역적인 정합점을 구하기에는 역부족이다. 관계형정합은 영상에 나타나는 특징들을 선이나 영역 등의 부호적 표현을 이용하여 묘사하고, 이러한 관계대상들뿐만 아니라 관계대상들끼리의 관계까지도 포함하여 정합을 수행한다. 점(points), 무의(blobs), 선(line), 면 또는 영역(region) 등과 같은 구성요소들은 길이,

면적, 형상, 평균밝기값 등의 특성을 이용하여 표현된다. 이러한 구성요소들은 지형공간적 관계에 의해도형으로 구성되며, 두 영상에서 구성되는 도형(graph)의 구성요소들의 특성들을 이용하여 두 영상을 정합한다. 입체영상면의 시야각이 다르기 때문에 구성요소들의 차이가 발생할 수 있으며, 정합과정에서 이러한 차이를 보상할 수 있는 방법이 필요하다.

관계형 정합은 아직 연구개발 단계에 있으며, 상호표정인자를 결정하거나 인공지물의 복원에 활용되고 있으나, 앞으로 많은 발전이 있어야만 실제상황에서의 적용이 가능할 것이다.

③ 정합의 특성비교

이미 설명한 바와 같이 세 가지 정합(영역, 형상 및 관계형)은 하나의 계층적 구조로 잘 설명할 수 있다. 즉, 관계형 정합은 전역적인 개략 정합점들을 구하는 데 유리하며, 이러한 정합결과는 형상기준정합이 국부적이며, 정밀한 정합점들을 구하는 데 이용될 수 있다. 또한 형상기준정합의 결과는 매우 정밀한 정합점을 계산하기 위해서 영역기준정합의 근사 초깃값으로 사용될수 있다. 영역기준정합과 형상기준정합은 이미 영상탐측 분야에서 많이 연구되었으며, 관계형 정합은 현재 활발하게 연구되고 있다.

④ 영상정합의 수행과정

영상정합은 다음과 같은 과정에 의해 수행될 수 있다.

> 가) 하나의 영상면에서 정합요소(점이나 특징)를 선택한다.
> 나) 나머지 영상면에서 대응되는 공액요소를 찾는다.
> 다) 대상공간(object space)에서 정합된 요소의 3차원 위치를 계산한다.
> 라) 영상정합의 품질을 평가한다.

명백하게 두 번째 단계가 가장 해결하기가 어렵다. 나머지 단계는 다소 사소하게 생각할 수 있으나, 여전히 관심 있는 문제를 포함하고 있다. 예로서 전형적인 입체쌍(stereo pair)을 선택한다. 두 영상면에서 어느 영상면의 정합요소를 선택해야 하는가? 어떤 실체요소(entity)가 선택되어야 하고, 어떻게 그것을 결정할 것인가? 능한 공액점이 없다고 한다면 어떻게 대상공간(object space)에서 위치를 계산해야 하는가? 등의 문제를 고려해야 한다.

## 2) 영상융합(image fusion)

영상융합은 일반적으로 둘 혹은 그 이상의 서로 다른 영상면들을 이용하여 새로운 영상면을 생성함으로써 영상의 효과를 극대화시켜 영상분류(classification)의 정확도를 향상시키는 데 사용되는 기법이다. 영상융합을 통해 개선된 영상으로부터 영상면에 존재하는 정보를 최대한으로 얻음으로써 자료의 모호함을 감소, 신뢰성확보 및 분류의 개선을 할 수 있다. 영상융합의 유형을 크게 두 가지로

**case1** : 광학영상 간의 융합으로 고해상영상(예 : panchromatic 영상)과 저해상영상(예 : multispectral 영상)을 융합하여 공간해상도와 분관해상도를 향상시킨다(예 : Landsat TM이나 SPOT panchromatic 영상 또는 SPOT XS와 SPOT panchromatic 영상과의 융합).

**case2** : 광학영상과 레이더영상간의 융합으로 레이더위성영상의 정밀한 지형공간정보에 의한 지형의 기복을 상세히 표현하거나 DEM의 정확도 향상에 효과적으로 기여한다(예 : 광학영상인 Landsat TM과 RADARSAT의 레이더영상과의 융합/영상융합에 이용되는 기법에는 Wavelet, HPF, CN, PCA 등이 있다(부 제2장 참조).

## 3) 수치영상체계에 의한 성과 활용

### ① 일반적 활용

수치카메라를 이용한 측량 성과의 이용은 토지, 자원, 환경 및 기타로 대별된다.

#### 가) 토지

국가 기본도 및 지형도 작성, 토지이용도 및 도시계획도 작성 및 정비, 해안선 및 해저수심조사, 임야도 및 토양도 작성, 부분적인 지적 재측량 등

#### 나) 자원

지질(단층 및 구조선) 조사 및 광물자원(광물 및 유맥) 조사, 농작물의 종류별 분포 및 수확량조사, 삼림의 수종 및 치산조사 등 삼림 자원조사, 관개배수조사, 수자원조사(어군의 이동상황 분포) 등

다) 환경

대기오염조사, 수질오염 및 해양오염조사, 식물의 활력조사, 토양의 함수비 및 효용도 조사, 해양환경(수온, 조류, 파속 등) 조사, 기상(태풍, 구름, 풍향 등) 조사 및 일기예보, 홍수피해, 병충해, 적설량, 해수침입, 삼림화재, 연약지반조사 등의 방제대책 및 피해조사, 도시온도조사, 도시발달과 분포상태조사, 인구 분포 조사, 건축물 단속 및 적정재산세 과세, 경관분석 등

라) 기타

고고학(고적발견), 문화재 보존의 복원, 토목, 건축의 시설물 위치, 크기 및 변위량 파악, 의상 및 인체공학, 영상처리에 의한 의학에 적용, 교통량 차량 주택 방향 등의 교통조사, 교통사고 및 도로상태조사, 산업생산품설계 및 제품조사, 우주개발, 범죄조사 등의 사회문제 연구 등

② 보전적(保全的) 이용

수치카메라를 이용하여 촬영한 지역에 문제가 발생할 경우, 보유하고 있는 영상을 이용하여 조사한다(홍수피해상황 조사, 화재피해상황 조사, 산림성장상황조사 등).

③ 영상지도(imagery map)

현재까지 영상지도 제작은 항공영상을 모자이크하거나 편위수정(rectification)을 하여 영상지도를 제작하였다. 그러나 최근에는 수치도화기(digital plotter)를 사용하여 확대 축소가 가능한 영상지도를 수치지도제작과 동시에 작성할 수 있다. 따라서 일반지도에서 묘사 및 판독이 곤란한 지형 및 기타 세부사항까지도 판독할 수 있고 3차원(X, Y, Z) 영상지도를 제작할 수 있어 조경, 단지조성, 도시계획 등 여러 분야에 활용할 수 있다.

④ 군사적 이용

수치카메라를 이용하여 얻은 영상은 군용지도 제작에 이용됨은 물론, 영상을 판독 해석하여 적의 상황을 파악하는 데 이용된다.

⑤ 항공기에 의한 이용
가) 항공 RGB 영상
GPS/INS 체계를 이용한 항공 RGB 영상 취득 시와 지상 RGB 영상 취득 시, 이러한

기술들의 장점과 수치카메라 사용 시의 장점이 합쳐져 정확도 향상, 작업 간편화, 비용절감, 시간단축 등의 효과를 볼 수 있다.

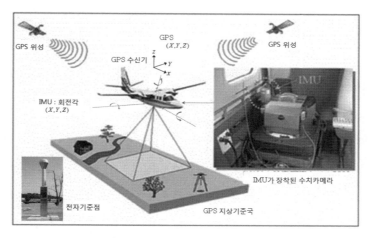

그림 11-31 GPS/INS 항공영상탐측

나) 근적외선 영상

항공레이저측량을 통해 얻어진 자료는 무수히 많은 점들이 모여 지상의 대상물을 나타내고 있다. 그러나 점밀도가 좋지 않은 곳의 대상물 식별이나 정성적 특성파악을 위해서는 영상의 도움이 필요할 경우 그 자체로만으로도 지형의 표현을 직관적으로 알 수 있는 장점이 있으며, 특히 수치영상은 컬러 영상뿐 아니라 적외선 영상을 제작 가능하여 기존의 항공영상보다 더 많은 정보를 제공할 수 있다. 또한 수치 방식으로 기존의 항공영상보다 더욱 빠르고 간편하게 결과물을 확인할 수 있다.

그림 11-32 RGB 영상(좌)과 근적외선 영상(우) 비교

# 연 습 문 제

## 제11장 영상탐측학

1) 다음 각 사항에 대하여 약술하시오.

① 영상탐측학의 특징

② 카메라에 의한 촬영 후 영상면의 분류

③ 전자기파의 파장대별 특징

④ 영상취득체계에서 센서가 수집하는 방식

⑤ APR

⑥ 자이로스코프

⑦ 항공망원경

⑧ 촬영축척

⑨ 촬영고도

⑩ 능동적 센서(active sensor)

⑪ 중심투영

⑫ 항공영상면의 특수 3점

⑬ 기복변위

⑭ 표정도

⑮ 표정점

⑯ 자침점

⑰ 시차 및 시차차

⑱ 입체시의 원리

⑲ 육안 및 기구에 의한 입체시의 종류

⑳ 역입체시

㉑ 입체시에 의한 과고감

㉒ 부점

㉓ 대공표지

㉔ 항공영상면에 관한 표정의 의의 및 종류

2) 어떤 지역을 축척 1/15,000로 촬영하였다. 촬영한 수직영상을 C-계수가 1,200인 도화기로서 도화할 수 있는 최소등고선간격이 1.5m였다면 기선고도비는 얼마인가?(단, 영상면크기 23 × 23cm, 횡중복도 30%, 종중복도60%)

3) 어느 지역을 중복하여 촬영한 항공영상이다. 밀착영상면상에서 주점기선길이 11cm일 때 인접 영상면과의 종중복도는 얼마인가?(단, 영상면크기 23 × 23cm)

4) 평지를 촬영고도 4,500m에서 촬영한 밀착영상면의 종중복도가 60%, 횡중복도가 30%일 때 이 수직영상의 유효모형의 면적을 구하시오.(단, 영상면의 크기 23 × 23cm, 초점거리 150mm)

5) 영상면축척 1/30,000, 종중복도 60%, 영상면크기 23 × 23cm로 1/60,000 지형도로 세로 7cm, 가로 18cm의 도화지역을 촬영하는 데 필요한 영상면 매수는 얼마인가?(단, 안전율 20%)

6) C-계수가 1,300인 도화기로서 1/60,000의 항공영상을 도화작업할 때 신뢰할 수 있는 최소 등고선 간격은?(단, 초점거리 150mm)

7) 표고 700m이고 20km×40km인 장방형의 구역을 표고(해발고도) 3,700m에서 초점거리 210mm의 사진기로 촬영하였다. 이때 필요한 영상면매수는?(단, 종중복도 60%, 횡중복도 30%, 영상면의 크기 23 × 23cm, 안전율 30%)

8) 대지고도 3,500m로 촬영한 편위수정영상면이 있다. 지상연직점으로부터 800m인 곳에 있는 비고 1,300m의 산꼭대기는 몇 mm 변위로 찍혀지는가?(단, 축척 1/25,000)

# PART. 03

## 지형공간정보공학

# 12 지형공간정보공학

## 1. 지형공간정보체계의 의의 및 용어변천

### (1) 지형공간정보체계의 의의

지형공간정보체계(GIS : Geospatial Information System)를 정의하면 지형공간정보체계는 제반 지구상에 존재하는 대상의 기본적인 형상의 특성 및 형체(지형정보 : geo information)와 생활공간에 존재하는 대상의 활용적인 현상에 관한 발생의 위치, 영역 및 시간에 관한 모형화나 위상관계(공간정보 : spatial information)를 처리·해석하는 정보체계라 할 수 있다. 즉, 지구 및 우주공간에 관련된 제반 정보를 지구과학 정보(GSI : Geo-Scientific Information)에 중점을 둔 정보체계라고 정의할 수 있다.

### (2) 정보체계의 용어변천

지형공간정보체계는 1950년 미국 워싱턴대학의 지리학과에서 GIS(Geographic Information System)를 제안한 이래 1988년 Ubiquitous(Mark Weiser 제시), 1991년 SIS[Spatial Information System(Cracknell 제시-LIS, UIS, GIS 등을 총칭]이어 GSIS[Geo- Scientific Information System(Tuner와 Kolm 제시-GIS, UIS, LIS 등을 총칭]이란 정보체계용어가 지속적으로 등장

되면서 발전해가고 있었다. 이러한 정보체계의 통합용어 제안 추세에 따라 우리나라에서도 1992년 2월 3일 Yeu에 의해 GSIS[Geo-Spatial Information System(Yeu, B.M 제시-GIS, UIS, LIS, SIS, AM/FM Ubiquitous 등을 총칭)]를 제창하게 되었다. 이는 인간의 총체적인 영역인 Geo(地 또는 地形 : 삶의 터전에 나타나는 형상들의 영역)와 Space(空間 : 시간과 위치에 관련되어 발생하는 현상들의 영역)를 결합한 Geospace라는 신종 용어를 제작한 후 이의 형용사인 Geospatial을 활용한 Geo-Spatial Information System(초기에는 GSIS이었으나 시간이 경과됨에 따라 GIS라고도 칭했음)이 모든 정보체계를 연계 및 융·복합하여 가장 적절하고 포괄적으로 표현할 수 있다고 주장한 것이다. 여기서 지형정보(地形情報, Geo Information)는 삶의 터전(또는 地球) 및 삶의 터전과 관련된 영역(또는 우주 및 우주정거장 영역)에서 삶을 이어갈 수 있도록 마련된 자연물(自然物) 및 인공물(人工物)들이다. 이들은 지모(地貌 : 강, 산, 계곡, 바다 등)와 지물(地物 : 가옥, 토로, 교량, 광물, 풀, 나무 등)로 구분되며 색(色)을 지니고 있어 가시화(可視化)가 되므로 실체(實體)를 구분할 수 있는 형태(形態 또는 形象, appearance)로 나타난다. 또한 삶의 욕구에 필요한 대상들(국토, 도시계획 및 관리, 각종 생상품 등)이 지형정보를 기반으로 계획, 설계, 제작 및 유지관리 등이 이루어지고 있다. 공간정보(空間情報, Spatial Information)는 삶의 영역에서 자연의 특성 및 인간의 특성이 시간과 위치(時·位)에 관련되어 물리·화학적이거나 인문사회학적 측면에 의한 변화로 발생(發生)된 狀態(또는 現象, phenomena)로 나타난다. 또한 지형정보를 기반으로 공간정보를 활용하면 삶의 욕구에 상응하는 가치를 창출할 수 있다. 예로써 공해가 심하다 할 경우, 어느 형상의 위치(지형정보)에 어떠한 현상으로 발생(공간정보)하고 있다고 명시하여야만 정확한 정보로서의 소임을 다하는 것이다. 즉, 인간이 삶을 영위하기 위하여 삶의 기반이 되는 면을 다루는 지형정보와 활용적인 면을 다루는 공간정보를 다함께 수용할 수 있는 정보체계용어로 Geospatial Information System을 제창하게 된 것이다. 어느 한 정보만을 중시해서는 정확하고 가치 있는 정보의 소임을 행사할 수 없을 뿐만 아니라 선진화된 정보화를 이룰 수 가 없는 것이다. Geospatial Information이라는 용어를 창출하여 국제사회에 처음으로 제시하면서 1993년 4월 24일 한국지형공간정보학회(KSGIS : Korean Society for Geospatial Information System)를 창립하였다. 학회창립 후 GIS 관련 분야 국내 관·산·학 기관 및 외국학술단체와도 학술교류를 활발히 하면서 학회의 위상을 높여가고 있었다. 본 학회가 창립된 지 1년 후인 1994년 3월 5일~12일에 개최된 국제측량사연맹 (FIG : International Federation of Surveyors - FIG XX International Congress Melbourne, AUSTRALIA, March 5-12 1994] 총회에 참석하여 지형공간정보학회의 회원이 작성한 3편의 논문을 발표하게 되었다. 그중 지형공간정보와 관련된 논문으로 A Study in Geo-Spatial Information System for Urban Change Detection by Digital Processing of Aerial Photographs(FIG

Congress. 1994. 3(Yeu Bock_Mo/Yom Jae – Hong/Cho Gi – Sung/Cho Kyu – Jang – Korea) 라는 논문이 발표된 후 1994년 4월부터 미국 지리학회를 비롯한 GIS 관련 분야에서 Geographic 보다 포괄적이고 완성도 높게 이루어진 용어가 Geospatial이란 것이 인정되고 사용됨에 따라 우리나라에서 처음으로 제창한 Geospatial Information이 국제적 정보용어로 자리 잡게 되었다. 이로써 미국, 캐나다, 중국, 일본 등 선진국에서 GIS에서 이용되는 G는 'Geographic' 대신에 'Geospatial'로 사용하는 것이 일반화되었다. 미국 사진측량 및 원격탐측 학회인 PE & RS(Photogrammetric Engineering & Remote Sensing)에서도 학회지명을 "The official journal for imaging and geospatial information science and technology"로 표기하고 있다. 또한 1992년에 제안하여 1994년 국제정보체계용어로 정착된 Geospatial Information의 발전적인 GGIM(Global Geospatial Information Management)에 관한 UN 첫 Forum이 UN 산하 NGII(National Geographic Information Institute)의 주최로 2011년 10월 24일~27일에 87개국 지리원장, 24개 국제기구의 장. 국내·외 정보 분야 관련 전문가 등이 참석한 가운데 Geospatial Information을 처음으로 제창한 한국(Coex Convention Center, Grand Ball Room, Seoul Korea)에서 개최되었다.

삶의 가치창출을 극대화시킬 수 있는 미래지향적 종합정보체계가 되려면 정보의 기반이 되는 지형정보(geo-information)와 활용에 상응하는 공간정보(spatial-information)를 연계하여 다룰 수 있는 지형공간정보(geospatial-information)가 필수적으로 도입되어야 한다. 지형공간정보공학(GIE : Geospatial Information Engineering)의 한 체계인 GIS 발전 추세에 따라 다양한 정보 분야를 포괄적으로 총칭하는 데 공간정보(spatial-information)로 표현하기에는 한계가 있어 이미 선진국에서는 모든 정보 분야를 지형공간정보(geospatial – information)로 표현하고 있다.

## 2. 국내외의 동향

정보의 다양성, 고유성, 정확성을 최대화시킬 수 있는 양질의 정보환경으로 변화되어감에 따라 GIS의 몫이 민간 차원에서는 한계가 있어 국가 전체의 지형공간정보체계와 기관과의 협력체계로 발전하게 되었다. 이에 우리나라의 국가GIS구축사업의 제1단계는 1995~2000년으로 GIS 기반 조성, 제2단계는 2000~2005년으로 GIS 활용의 확산, 제3단계는 2005~2010년으로 GIS 연계통합으로 추진되어 왔으며, 장차 제4단계는 2010~2015년으로 GIS 연계, 통합, 활용으로 제5단계는 2015~2020년으로 GIS의 국내뿐만 아니라 전 세계의 GIS의 활용이 가능해짐에 따라 Global GIS 공유 및 활용을 확대할 계획을 추진하고 있다.

## (1) 국내의 발전 동향

### 1) 제1단계(1995~2000년)

국가적으로 IMF를 맞고 대구지하철 가스폭발, 삼풍백화점 및 성수대교 붕괴, 지방자치시대 개막 등으로 인한 환경, 방재 등 사회 전반적으로 GIS에 대한 인식이 높아짐에 따라 제1차 GIS 구축사업이 시작되기에 이르렀다. 이에 지형도, 공동주택도, 지하시설물도 및 지적도 등 수치지도제작과 지형공간정보를 활용한 근로사업을 통하여 인력양성 등을 시행하였다.

### 2) 제2단계(2000~2005)

모바일폰 등장과 밀레니엄버그, 세계무역센터 테러, 보안기술개발 등으로 인한 국가정보보안기술에 대한 인식이 요구되어 국가 GIS 유통망을 구축하고 기구축한 자료기반(database)을 응용체계로 발전시키게 되었다.

### 3) 제3단계(2005~2010)

휴대폰(인터넷)원스톱, 홈뱅킹온라인민원업무, 3차원 국토GIS연계 및 활용, GIS를 이용한 내비게이션의 사용자 확대, 유비쿼터스의 사회로의 진입을 위한 지능형 기술개발이 진행되었다.

### 4) 제4단계(2010~2015)

수요자중심의 지형공간정보 맞춤형 서비스를 위해 다각화된 지형공간정보의 제공과 효율적 관리를 위해 지형공간정보의 연계, 통합, 활용 및 저탄소녹색성장(GG : Green Growth)의 기반인 정밀한 실내·외 지형공간정보 생산을 통한 U-City(Ubiquitous-City) 등 다양한 활용 분야 적용을 시도하고 있다. 이로써 국경 없는 새로운 지역사회형성 및 친환경 지속 가능한 녹색도시 공간을 이루는 데 목적을 두고 있다.

### 5) 제5단계(2015~2020)

모든 대상들이 지능화됨에 따라 현실공간과 가상공간의 상호작용이 이루어지면서 개인별 지형공간정보의 자동갱신이 요구되어 고정밀 지형공간정보를 탑재한 로봇이 다양한 분야에서 활용할 수 있고, 재난·재해·범죄에 대처한 능동적 안정망을 구축할 계획이다. 이러한 제반기술을 한반도뿐만 아니라 전 세계의 지형공간정보활용이 가능하게끔 Global 지형공간정보를 공유하고 활용할 계획을 구상하고 있다.

## (2) 국외의 발전 동향

### 1) 미 국

GOS(Geospatial One-Stop) 사업을 중심으로 국가지형공간정보기반을 추진하고 있으며, 자료정비의 효율화를 도모하기 위한 표준을 정하였다. 포털사이트 운영을 통해 분산된 자료에 대한 통합적 접근이 가능하도록 연방정부의 모든 지형공간정보의 서비스가 등록된 GOS1 포털사이트 'http://gos2.geodata.gov/wps/portal/gos'를 개설하여 각종 지형공간정보를 검색 및 서비스를 제공하고 있다. 또한 민간분야 인식증대 및 적극적인 참여유도를 위해 공간기술산업협회(STIA : Spatial Technologies Industry Association)에 관련과제들을 연구하고 있다.

### 2) 캐나다

각종 기관이 소유한 다양한 자료와의 통합 및 활용개발, 부가가치창출이 가능한 캐나다 지형공간정보기반(CGDI : Canadian Geospatial Data Infrastructure)을 구축하였다. 지형공간정보표준을 국가표준(CANOGSB)을 운용하고 있으며 미국과 함께 북미지역표준화 공동추진 및 국제표준기구활동에 적극참여하고 있다. 또한 민간의 경비부담을 최소화시키기 위해 인터넷을 통해 정부의 지형공간정보를 찾을 수 있도록 제공하고 있다. 지오매틱스(geomatics) 전문가 양성 및 성장산업지원, 지오매틱스 교육 홍보로 캐나다의 지오매틱스 부분의 경쟁력 및 능력강화를 시도하고 있으며, 고도의 지형공간정보기술개발을 가속시키기 위해 프로그램[자료활용, 지도제작, 기본지형공간정보구축 및 혁신(Geo lnnovations) 파트너십, 기술개발, 지속가능위원회 운용, 산업협력체계 등)]을 구상하고 있다.

### 3) 유 럽

유럽 전역의 지형공간자료기반정비를 목적으로 INSPIRE(INfrastructure for SPatial Information in Europe) 프로젝트를 추진하고 있다. 또한 지형공간정보의 접근 및 활용, 온라인 서비스를 위한 개방적이고 협력적인 기반구축, 유럽 국가들의 INSPIRE 참가와 동시에 국가차원에서의 지형공간자료정비를 추진하고 있다. 독일은 국가연방정부, 민간의 협력하에 German SDI를 구축하고 핀란드는 시민을 위해 중앙·지방정부·산업·유저가 함께 Finnish SDI를 구축하여 지형공간정보를 공급하고 있다.

## 4) 일 본

지형공간정보활용추진기본법(2007년 8월)을 제정하고 기본적이며 기반이 되는 3종류(기본지형공간자료, 지형공간자료기반, 디지털영상)를 기반으로 구축한 국가지형공간자료를 기준으로 국가 GIS 산업을 체계적으로 추진하고 있다. 기반지도정보정비 관련 업무의 기반지도정보 상호활용 및 원활한 유통, 인터넷을 통한 기본지형공간정보의 제공, 클리어링하우스 확충을 통한 유통환경정비, 지형공간정보체계와 관련된 위성의 활용, 파트너십 등에 관하여 연구개발을 활발히 함으로써 실무활용을 확대시켜 나가고 있다.


## 3. 우리나라 지형공간정보체계의 추진방향

### (1) 국가지형공간정보정책의 방향설정

'국가지형공간정보정책'이라는 용어의 등장은 단순한 용어 변화 이상의 의미를 가지게 된다. 국가지형공간정보에 관한 법률에 정의된 바와 같이 지형공간정보를 활용할 수 있는 제반 환경을 포괄하는 정책[1]이라고 볼 수 있다.

본 저서에서는 국가공간정보를 국가지형공간정보로 표기하기로 한다.

국가지형공간정보정책은 그림 12-1과 같이 기본지형공간정보, 지형공간정보 관련 표준, 지형공간정보 유통(메타자료 포함), 지형공간정보 기술, 지형공간정보 인적자원, 파트너십, 법제도, 조직 등의 요소로 구성된 국가지형공간정보기반(NSDI)과 이를 활용하기 위한 공공 부문과 민간 부문의 활용체계 및 지형공간정보산업을 포괄하는 것을 말한다.

국가지형공간정보정책을 체계적이고 합리적으로 수행하기 위해서는 새로운 패러다임에 부합하는 방향을 설정할 필요가 있다. 새로운 국가지형공간정보정책의 방향 설정을 위해 새로운 분석틀인 ERRC(Eliminate, Reduce, Raise, Create)를 활용하였다. 첫째, 지금까지 관행처럼 추진된 요소 가운데 시대의 변화에 맞지 않아 제거해야 할 요소는 무엇인가? 둘째, 점차 그 기능과 역할 또는 중요도를 감소시켜야 할 요소는 무엇인가? 셋째, 미래의 발전을 위해서 증가시켜야 할 요소는 무엇인가? 넷째, 앞으로 새롭게 창조해야 할 요소는 무엇인가? 이러한 고민을 토대로 그림 12-2와 같은 국가지형공간정보정책 방향의 설정요소를 도출하였다.

---

1　정책은 국가기관이 당위성에 입각하여 사회문제의 해결 및 공익달성을 위한 정책의 목표와 수단에 대해서 공식적인 정치·행정적 과정을 거쳐 의도적으로 선택한 장래의 행동지침(박석복·이종렬, 2000)으로 정의됨.

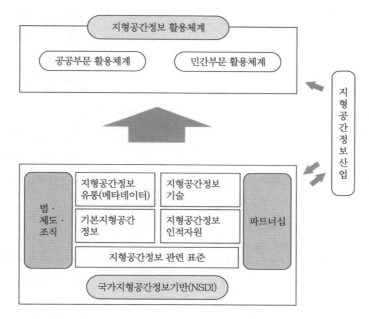

자료 : 국토해양부,'제4차 국가지형공간정보정책 기본계획(2010~2015)', 2010.3. 인용

**그림 12-1** 국가지형공간정보정책의 구성

그림 12-2와 같은 ERRC 방법론에 근거해 설정된 요소들을 토대로 향후 국가지형공간정보정책이 추구해야 할 기본방향을 결정하였다. 기본방향은 정보환경, 정보형태, 활용대상, 업무수행방식, 정보공개, 정보영역의 부문에서의 변화를 수용하는 방향으로 설정되었다. 디지털(digital) 환경에서 유비쿼터스(ubiquitous) 환경에 부합하는 국가지형공간정보체계 구축이 필요하고, 2차원 지리정보에서 이동객체에 적합한 3차원 지형공간정보의 수요에 부응할 필요가 있다. 지자체, 산업체, 시민 등 사용자의 파워와 기능이 커짐에 따라 공급자 중심에서 사용자 중심의 국가지형공간정보체계를 구축해야 한다. 중앙부처, 지자체, 민간의 협력체계 구축을 통한 국가지형공간정보정책이 추진되어야 한다. 폐쇄적이고 제한적인 정보공개에서 수요자 층에 맞는 맞춤형 지형공간정보의 개방적이고 비제한적인 지형공간정보 제공이 이루어져야 한다. 각 분야별/부처별 등으로 구분되어 구축·관리되었던 정보영역에서 활용성을 높이는 지형공간정보의 연계·통합이 필요하다(표 12-1 참조).

| 제거 | | 증가 | |
|---|---|---|---|
| ・단방향 의사소통 | | ・민간/지자체의 역할과 기능 | |
| ・배타적 추진 | | ・적극적인 업무처리 정보화 의지 | |
| ・지형공간자료의 부정확성 | | ・구글과 같은 서비스 환경 | |

| 감소 | | 창조 | |
|---|---|---|---|
| ・공급자중심의 사고 | | ・지형공간정보의 부가가치(산업) | |
| ・중복투자 | | ・지형공간정보의 융·복합적 활용 | |
| ・일방(하향)적 추진방식 | | ・유비쿼터스 지형공간정보(u-GIS) | |

**그림 12-2** 정책방향의 설정요소

**[표 12-1]** 국가지형공간정보 정책의 기본방향

| 구분 | 현재 | 향후 |
|---|---|---|
| 정보환경 | 디지털 | 유비쿼터스 |
| 정보형태 | 2차원 지리정보 | 3차원 지형공간정보 |
| 활용대상 | 공급자(supply) 중심 | 사용자(demand) 중심 |
| 업무수행 | 독립적 | 협력적 |
| 정보제공 | 폐쇄적, 제한적 공개(보안) | 개방적, 공개 |
| 정보영역 | 개별분야 | 연계·통합 |

## (2) 제4차 국가지형공간정보정책 기본계획의 기조

새로운 조직과 새로운 법률에 근거한 국가지형공간정보정책을 시행하기 위해 기존에 수행되던 '제3차 국가지리정보체계 기본계획(2006~2009)'에 이어 '제4차 국가지형공간정보정책 기본계획(2010~2015)'을 2010년 3월에 수립하였다.

제4차 국가지형공간정보정책 기본계획은 그림 12-3과 같이 '녹색성장을 위한 그린(GREEN)[2] 지형공간정보사회 실현'이라는 비전을 설정하였다. 또한 '녹색성장의 기반이 되는 지형공간정보', '어디서나 누구라도 활용 가능한 지형공간정보', '개방·연계·융합 활용 지형공간정보'의 3대 목표 및 '상호협력적거버넌스', '쉽고 편리한 지형공간정보접근', '지형공간정보 상호 운영', '지형공간정보기반 통합', '지형공간정보기술 지능화'의 5대 추진전략을 정책기조로 추진하고 있다.

---

2   그린(GREEN)이란 GR(GReen Growth), EE(Everywhere Everybody), N(New deal)의 약자를 결합한 것으로 GREEN 의 의미를 구현할 수 있는 사회를 그린(GREEN) 지형공간정보사회라 한다.

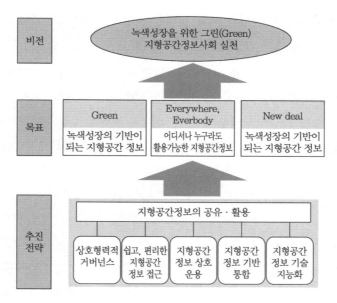

자료 : 국토해양부, '제4차 국가지형공간정보정책 기본계획(2010~2015)', 2010.3. 인용

**그림 12-3** 제4차 국가지형공간정보정책 정책기조

## (3) 국가지형공간정보정책의 추진전략

### 1) 일방적 지시체제(goverment)에서 상호협력체제(governance)로

상호협력적 측면에서는 지형공간정보 생산자, 사용자, 서비스 제공자 그리고 중앙정부, 지방자치단체, 산업체, 학술기관 등 이해관계자가 참여하는 협력적인 지형공간정보 운용체계의 구축을 목표로 하였다.

국가 차원에서 다양한 정보를 함께 공유하기 위해 지형공간정보인프라가 구축될 것이며, 이를 효율적으로 구축하기 위해 이해관계자가 모두 참여하는 추진체계가 필요하다. 향후 지방자치단체의 역할과 기능 확대, 지형공간정보산업 성장에 따라 중앙정부와 지방자치단체, 그리고 산업체, 학술기관 간에 수평적·수직적으로 합리적인 수행체계를 갖추어야 한다.

이를 위한 추진방향으로는 중앙정부, 지방자치단체, 산업체, 학술기관이 함께 참여하여 파트너십(partnership) 관계를 유지할 수 있는 운영조직을 구축할 예정이다. 실무적인 협력방안으로 다양한 워킹그룹(working group) 등을 구성하여 운용하고, 지형공간정보를 공유하고 활용하는 데 장애가 되는 요소를 파악하고, 이를 제거하는 제도적 장치를 마련한다.

정보의 공유가 가능한 의사소통체계를 구축하고, 중앙정부와 지방자치단체 간의 상생협력을 위하여 광역자치단체, 기초자치단체의 기능과 역할도 정립할 예정이다.

## 2) 공급자 중심에서 수요자 중심의 쉽고 편리한 지형공간정보 접근으로

사용자가 언제, 어디서나 지형공간정보를 쉽고 편리하게 접근·활용하는 것을 목표로 한다.

모든 사용자가 필요로 하는 지형공간정보를 언제 어디서나 쉽게 접근하여 활용하는 것이 국가지형공간정보인프라의 지향점이며, 지금까지 공급자 중심의 '유통'은 사용자 중심의 '접근'의 개념으로 개선될 필요가 있다. 중앙부처가 주도적으로 자료를 수집·공급하고 있으나 지방자치단체 등 자료 생산·보유자가 적극 참여하지 않음에 따라 활용실적이 낮게 나타나고 있다.

이를 해결하기 위한 추진방향은 지형공간정보를 생산·관리하고 있는 기관과 개인들이 정보공유의 필요성을 인식하고 자발적으로 참여할 수 있는 운영체계를 구축하고, 필요한 경우 관계 중앙부처와 지방자치단체가 함께 자료를 모으고 공유할 수 있는 방안(법제화 등)을 공동으로 추진하는 것이다. 공공부문과 민간부문이 생산·관리하고 있는 지형공간정보를 서로 제공·공유·활용할 수 있는 개방적 지형공간정보 접근방안을 모색하고, 사용자가 자료의 특성과 내용을 용이하게 파악할 수 있도록 자료의 생산과 함께 메타자료의 작성을 의무화한다.

사용자들이 지형공간정보와 서비스에 용이하게 접근할 수 있는 활용기술을 개발 및 지원하고, 지형공간정보의 접근에 어려움을 초래하는 규제 및 행정적 장애를 최소화할 수 있는 일관된 정책과 모범적인 실행절차를 마련한다.

사용자들이 자료 이용의 필요성에 대하여 이해할 수 있는 소통 체제를 구축하고, 사용자의 편의를 위해 국가 차원에서 지형공간정보 목록을 작성하고, 사용자가 피드백할 수 있는 체계를 개발하며, 지형공간정보 및 서비스의 접근성 향상을 위한 지형공간정보통합포털로 발전시킨다.

## 3) 개별적 운용에서 지형공간정보 상호운용으로

국가지형공간정보 상호운용성(표준)을 확보하여 지형공간정보의 공유결합을 위한 적시성(適時性) 확보 및 첨단 기술 적용을 가능하게 하여 기술적 가치가 증대될 수 있도록 한다.

제1·2·3차 국가GIS사업을 통해서 구축된 자료와 응용체계의 연계에 대한 요구가 증가하고 있으며, ITS, U-City, 전자정부 등 타 부처 정보화 산출물과 지형공간정보 연계를 통한 효율성이 증대되고 있다.

또한 지형공간정보와 첨단기술을 결합시키는 융·복합 지형공간정보 표준의 중요성이 증대되어 모바일 위치기술과 차량 제어기술의 결합, 지형공간마이닝 기술과 로봇기술의 결합, 건설기술과 지형공간정보기술의 결합 등이 이루어지고 있다. '세계 로봇시장 규모는'2013년 300억 달러,[3] 초고층 빌딩시장 규모 약 40조 원으로 전망[4]된다.

---

3  교육과학기술부 외, 2009, 제1차 지능형로봇 기본계획, p.4.

GIS 표준을 시장확보 및 시장선점을 위한 전략적 도구로서 활용하는 추세이다. 웹 기술 등장 이후 특정기관이 국제표준을 주도적으로 독점 개발하는 사례가 증가하고 있다. ESRI 사에서 ISO 메타자료 표준을 개발하고, 유럽 Spacebel 사가 소형인공위성시장을 겨냥한 해결책 (solution)인 프로바(Proba)와 연계된 OGC 표준을 개발하는 등 다수 사례가 조사되었다.

향후 지형공간정보참조체계 부여 및 지형공간정보 사업간 상호운용성의 시험·인증체계를 상시 운영함으로써 사업간 연계를 보장하고, 실무적으로 사용할 수 있는 국가지형공간정보 표준을 개발한다. 또한 지형공간정보 표준과 첨단 기술 결합을 통한 융·복합 표준개발 및 기술 지적재산권과 결합한 전략적 국제표준을 개발함으로써 국제·지역 표준협력체계 확대를 통한 국내지형공간정보기술의 해외 시장진출 장벽을 해소하고, 지형공간정보 표준 기초역량을 강화하여 다각적으로 활용한다.

### 4) 분산형에서 지형공간정보기반 통합으로

다양한 지형공간정보의 원활한 통합·활용을 통해 사용자가 문제를 보다 효과적으로 해결할 수 있는 능력을 제고하는 것을 목표로 한다.

상호운용성과 마찬가지로 자료의 통합능력은 지형공간정보의 활용성을 높이는 매우 중요한 요소이며, 다양한 자료의 실질적인 가치는 유관한 자료 셋을 서로 통합하여 지형공간분석의 효율성을 높이는 데 있다.

향후 추진방향은 우선순위가 높고 사용자의 필요성에 부합하는 기본지형공간정보 셋을 개발하고, 이를 활용하도록 함으로써 지형공간정보의 통합성을 확보한다. 국가기본지형공간정보 셋의 공유 및 활용을 용이하게 하는 공통 분류체계, 지형공간적 참조 및 표준 목록, 자료 모형 등을 개발하고 이를 지속적으로 개선한다. 지형공간정보 생산에 대한 표준과 기준을 제시하고, 이를 준수하도록 함으로써 지형공간정보의 통합성을 확보한다. 지형공간정보 통합의 장애요인을 파악하고, 이를 해소할 수 있는 기술적 행정적 방안을 모색하며, 유비쿼터스시대를 선도하기 위한 핵심지형공간정보를 구축한다.

### ◆ 개별·폐쇄적 활용기술 중심에서 지형공간정보기술 지능화로

센서기술, 네트워크 기술 등 지능화 관련기술과 결합한 지형공간정보를 생산·활용함으로써 유비쿼터스 정보환경에 능동적으로 대응하는 것을 목표로 한다.

RFID(Radio Frequency IDentification), 센서, 센서네트워크 등 스스로 인식하고 능동적으

---

4  국토해양부, 2008년도 국가GIS지원연구 – 국가GIS표준체계확립 및 표준관리, p.33.

로 자료를 수집하는 유비쿼터스 관련 기술이 발전함에 따라 지형공간정보도 점차 지능화 추세로 진화하고 있다. 또한 U-City 등 첨단정보도시 건설이 본격화됨에 따라 지형공간정보의 지능화에 대한 수요도 점차 커지고 있으며, 로봇산업이 활성화되고, 각종 모바일 장비에 위치인식 기능이 부착됨에 따라 능동적인 지형공간정보의 수요가 늘어나고 있다.

향후 추진방향은 지형공간정보와 유비쿼터스 관련 기술을 연계하는 R&D 사업을 지속적으로 추진하여 지형공간정보의 지능화를 세계적으로 선도하며, 지능형 지형공간정보의 유용성을 실험할 수 있는 검정장(test bed)을 설치하고 실험과 검증을 실시한다. 지능형 지형공간정보를 활용하는 실험프로젝트를 수행하고, 활용의 범용화를 모색하며, 지형공간정보 지능화의 기반이 되는 3차원 지형공간정보, 실내위치관측, 시간개념을 포함하는 자료기반(DB) 등에 대한 지속적인 연구개발을 추진한다.

## (4) 지형공간정보산업 진흥

세계적으로 지형공간정보 서비스가 빠르게 발전되고 확산됨에 따라 지형공간정보산업을 육성하려는 선진국의 움직임이 활발한 가운데 우리나라도 지형공간정보산업진흥법을 2009년 2월에 제정하였다. 우리나라의 지형공간정보산업을 육성하기 위해 정부의 다양한 시책을 제시할 필요가 있으며, 한국의 지형공간정보산업을 국가성장동력산업으로 자리매김할 수 있도록 하기 위해 지형공간정보산업 진흥 기본계획을 별도로 수립하였다.

### 1) 변화전망

세계 지형공간정보산업의 규모는 급속하게 팽창 중이며, 특히 2000년대 초부터 시작된 지형공간정보 응용기술들의 본격적인 활용과 산업 간 융·복합 등 지형공간정보 활용 범위가 지속적으로 확산되고 있어 그 성장세가 폭발적으로 증가하고 있다.

또한 지형공간정보산업의 급격한 성장과 변화에 기업들의 신속한 대응이 이루어짐에 따라 고도화된 IT기술에 지형공간정보가 결합된 신기술 배양에 중점을 두고 있다. 또한 지형공간정보의 활용으로 새로운 수익모형 창출과 소비자의 다양한 요구충족을 위해 기업 간 M&A를 추진하여 기술과 서비스의 융·복합 활성화를 추진하고 있다. 구글, MS 등 대형 포털 및 IT기업의 지형공간정보산업으로의 진출과 영향력 확대를 위한 노력이 지속되고 있다.

각국 정부는 지형공간정보산업을 위한 정책, 제도, 예산지원 등을 통해 지형공간정보산업 활성화에 대한 지원을 강화하고 있다.

## 2) 목표 및 추진전략

지형공간정보산업진흥 기본계획(2010~2015)은 지형공간정보산업 성장기반조성 및 국가성장 동력 산업화라는 목표를 설정하였다. 추진전략으로는 공공부문의 선도적 활용으로 시장 조기 창출, 지형공간정보 유통·공유 촉진 및 규제완화로 민간주도 산업발전 유도, 튼튼한 산업기반 조성을 통한 지속적 고도성장실현을 설정하였다.

위의 목표와 추진전략을 달성하기 위한 추진과제로는 첫째, 지형공간정보산업 수요기반 확충이다. 이를 위해 선도적 수요 발굴 및 인식 제고, 지형공간정보 시범사업 실시, 지형공간정보 서비스 확산 등의 세부과제를 도출하였다.

둘째, 지형공간정보의 원활한 생산, 유통, 공유 촉진이다. 이를 위해 공공지형공간정보의 제공 및 유통 확대, 민간 지형공간정보 생산·유통 활성화, 지형공간정보의 생산·유통 활성화를 위한 제도개선 등의 세부과제를 도출하였다.

셋째, 지형공간정보산업 성장기반 구축이다. 이를 위해 품질인증 및 표준화 체계 확립, 종합적인 산업지원체계 구축, 건전한 산업생태계 조성 등의 세부과제를 도출하였다.

넷째, 기술개발 및 국제경쟁력 강화이다. 이를 위해 기술경쟁력 제고, 전문인력 양성, 국제협력 및 해외진출 지원 등의 세부과제를 도출하였다.


# 4. 지형공간정보체계에 관한 국내여건 조성 및 전망

## (1) 계획수립 여건 및 환경

정보환경을 digital에서 Ubiquitous로 정보형태는 1차원 및 정적(static)인 정보를 3차원 및 동적(dynamic)인 정보로 할 것이다. 활용대상은 공급자(supply) 중심에서 사용자(demand) 중심으로 한다. 업무수행은 독립적인 체제에서 협력적인 체제로 전환하며 정보제공은 폐쇄적이며 제한적 공개(보안)가 아닌 개방적인 공개로 유도할 것이다. 또한 정보영역은 개별 분야에서 연계 및 통합 분야로 발전시킬 계획이다.


## (2) 정책기조의 추진방향

녹색성장을 위한 그린(green)지형공간정보사회의 실현을 위하여 첫째, 녹색성장(green growth) 기반이 되는 지형공간정보, 둘째, 언제 어디서나 누구(every where & every body)라도 활용 가능한 지형공간정보로, 셋째, 새로운 개발 연계 융합활용(new deal)을 할 수 있는 지형공간정보를 확보하는 것이다.

## (3) 추진전략

지형공간정보의 공유 및 활용을 위하여 상호 협력적 환경을 조성하고 쉽고 편리한 지형공간정보접근을 유도하며 지형공간정보 상호운용, 지형공간정보의 기반통합 및 기술의 지능화를 도모하는 추진전략을 실행한다.

## (4) 국가지형공간정보정책의 구성

국가지형공간정보기반과 이를 활용하기 위한 공공부분과 민간부분의 활용체계를 구성하여 관련법, 제도 및 조직과 관련된 표준화체계를 확립하고 종합적인 산업지원시스템 구축 및 건전한 산업생태계 조성을 위하여 기술경쟁력 제고, 전문인력 양성, 기술 개발, 국제협력 및 해외진출의 적극적 지원을 통해 국제경쟁력 강화에 최선을 다한다.

## (5) 미래 지형공간정보사회의 모습

2000년 이후 모바일폰 등장과 밀레니엄버그 등으로 인해 국가정보보안기술개발에 대한 수요가 요구되었으며, 기 구축한 자료기반을 기반으로 응용체계 및 국가지형공간정보유통망이 구축되었다.

2005년부터 Web2.0, UCC(User Created Contents)의 활성화와 지형공간정보를 활용한 내비게이션의 사용자 확대와 RFID, USN(Ubiquitous Sensor Network) 등 유비쿼터스 사회로의 진입을 위한 지능형 기술개발이 진행되고 있다.

향후 지형공간정보를 자유자재로 활용하는 사회가 도래할 것이다. 이를 위해서는 수요자 중심의 지형공간정보 맞춤형 서비스를 위한 다각화된 지형공간정보의 제공과 효율적 관리가 가능한 지형공간정보의 연계·통합·활용이 이루어져야 한다. 또한 저탄소 녹색성장의 기반인 정밀한 실내외 지형공간정보 생산을 통해서 지형공간정보를 활용한 U-City 등 다양한 활용 분야에 적용될 것이다.

사물이 지능화됨에 따라 현실지형공간과 가상지형공간의 상호작용이 이루어지면서 개인별 지형공간정보 자동갱신이 가능해질 것이며, 고정밀 지형공간정보를 탑재한 로봇이 다양한 분야에서 활동할 것이다. 한반도뿐만 아니라 전 세계의 지형공간정보 활용이 가능해짐에 따라 글로벌 지형공간정보의 공유와 활용이 대세를 이루게 될 것이다. 또한 재난·재해·범죄 등에 대처한 사회적 안전망이 보다 세밀하게 구성되어 최근에 자주 발생하고 있는 사건·사고의 발생빈도가 상당히 줄어들게 될 것이다.

## (6) 향후 발전방안

국가지형공간정보정책과 관련된 사업을 추진함에 있어 많은 분야와의 결합을 통한 컨버전스가 이루어질 것이다. 국민생활을 편리하게 하는 교통, 보건·의료·복지, 환경, 방범·방재, 시설물관리, 교육, 문화·관광·스포츠, 물류서비스 등 다양한 분야에 활용될 수 있는 정보 및 정보체계가 국가지형공간정보정책에 의해 제시될 것이다. 이를 토대로 우리 국민들은 보다 더 편리하고 쾌적한 생활을 누릴 수 있으며, 우리의 도시들은 스마트하고 지속 가능한 미래 도시로 성장해 나갈 것이다.

언제 어디서나 인터넷을 통해 원하는 지형공간정보를 쉽게 취득하고 활용할 수 있는 '지형공간정보사회'가 실현될 것이다. 이러한 지형공간정보사회는 앞으로 10년 후의 우리생활을 지형공간과 관련된 모든 사항을 의식하지 않아도 활용할 수 있는 사람과 지형공간이 완벽하게 결합된 형태로 변화시킬 것이라고 생각된다.

이러한 변화를 유도하는 방향성을 제시하는 것이 바로 제4차 국가지형공간정보정책 기본계획이며, 이 기본계획에 근거하여 내용들이 추진됨으로써 우리 생활에 많은 변화가 이루어질 것이다.

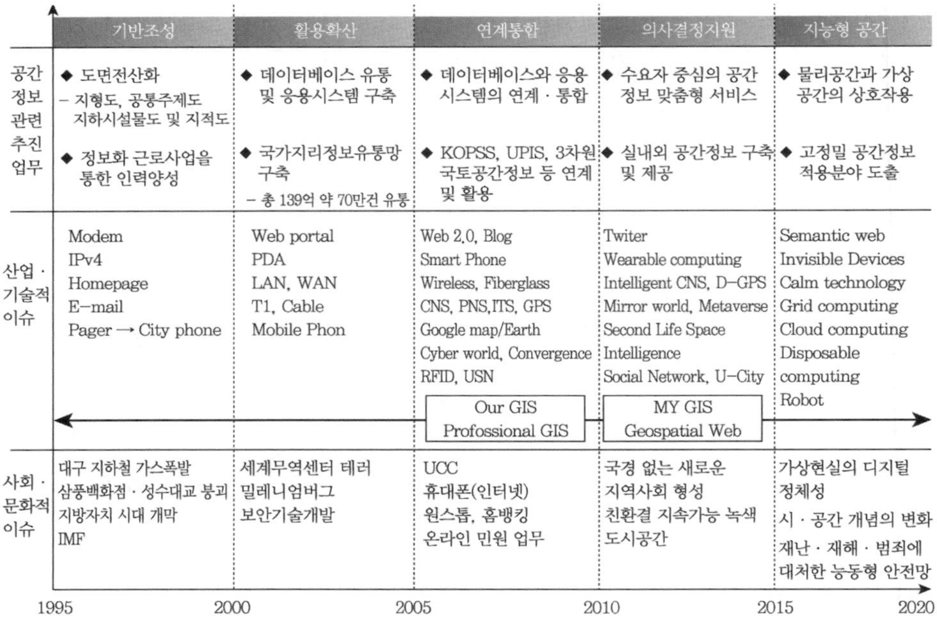

| | 기반조성 | 활용확산 | 연계통합 | 의사결정지원 | 지능형 공간 |
|---|---|---|---|---|---|
| 공간정보 관련 추진업무 | ◆ 도면전산화<br>– 지형도, 공통주제도<br>지하시설물도 및 지적도<br><br>◆ 정보화 근로사업을<br>통한 인력양성 | ◆ 데이터베이스 유통<br>및 응용시스템 구축<br><br>◆ 국가지리정보유통망<br>구축<br>– 총 139억 약 70만건 유통 | ◆ 데이터베이스와 응용<br>시스템의 연계·통합<br><br>◆ KOPSS, UPIS, 3차원<br>국토공간정보 등 연계<br>및 활용 | ◆ 수요자 중심의 공간<br>정보 맞춤형 서비스<br><br>◆ 실내외 공간정보 구축<br>및 제공 | ◆ 물리공간과 가상<br>공간의 상호작용<br><br>◆ 고정밀 공간정보<br>적용분야 도출 |
| 산업·기술적 이슈 | Modem<br>IPv4<br>Homepage<br>E–mail<br>Pager → City phone | Web portal<br>PDA<br>LAN, WAN<br>T1, Cable<br>Mobile Phon | Web 2.0, Blog<br>Smart Phone<br>Wireless, Fiberglass<br>CNS, PNS,ITS, GPS<br>Google map/Earth<br>Cyber world, Convergence<br>RFID, USN<br><br>Our GIS<br>Profossional GIS | Twiter<br>Wearable computing<br>Intelligent CNS, D–GPS<br>Mirror world, Metaverse<br>Second Life Space<br>Intelligence<br>Social Network, U–City<br><br>MY GIS<br>Geospatial Web | Semantic web<br>Invisible Devices<br>Calm technology<br>Grid computing<br>Cloud computing<br>Disposable<br>computing<br>Robot |
| 사회·문화적 이슈 | 대구 지하철 가스폭발<br>삼풍백화점 · 성수대교 붕괴<br>지방자치 시대 개막<br>IMF | 세계무역센터 테러<br>밀레니엄버그<br>보안기술개발 | UCC<br>휴대폰(인터넷)<br>원스톱, 홈뱅킹<br>온라인 민원 업무 | 국경 없는 새로운<br>지역사회 형성<br>친환경 지속가능 녹색<br>도시공간 | 가상현실의 디지털<br>정체성<br>시 · 공간 개념의 변화<br>재난 · 재해 · 범죄에<br>대처한 능동형 안전망 |
| | 1995 | 2000 | 2005 | 2010 | 2015     2020 |

그림 12–4 1995년부터 2020년까지 지형공간정보 관련 주요이슈

# 5. 지형공간정보체계의 자료 기반의 발전 동향

## (1) 자료의 형태와 자료기반

### 1) 자료의 형태

지형공간정보의 메타자료는 지형공간정보에 대한 내용, 품질, 용도, 판매가격, 조건 및 기타 특성 등의 상세한 정보를 사전에 제공함으로써 사용자의 요구에 맞는 정보의 접근을 용이하게 하는 자료 설명서이다.

메타자료의 핵심요소는 자료품질정보, 지형공간자료 구성정보, 지형공간참조정보, 실체 및 특성정보, 배포정보, 메타자료 참조정보가 있다. 메타자료의 생성은 내부미디어(intra–media)나 미디어 내간(inter–media) 정보를 근거로 한다. 내부미디어 메타자료는 미디어 내부의 정보를 설명한다. 반면에 미디어내 간 메타자료는 여러 개의 미디어와 그들 간의 관계에 대한 설명을 다룬다. 추출 함수의 종류에 따라서 내용–종속 메타자료(content-dependent metadata), 내용–특성 메타자료(content-descriptive metadata), 내용–독립 메타자료(content independent metadata)로 메타자료를 분류할 수 있다. 메타자료의 생성방법에 있어서 메타자료는 미디어

개체에 추출 함수를 적용함으로써 생성된다. 메타자료를 추출하기 위해서 미디어 종속(media dependent), 미디어 독립(media independent), 메타상관관계(meta correlations)가 사용된다.

## 2) 자료기반관리체계의 변천

① 관계형 자료기반관리체계(RDBMS : Relational Data Base Management System)

RDBMS는 관계형 자료기반을 만들거나, 수정하고 관리할 수 있게 해주는 정보체계이다. 또한 2차원의 행과 열로서 자료를 조직하고 접근하는 자료기반체계로서 전형적으로 관계되는 정보들을 구조화 질의 언어를 이용하여 접근되도록 한다. 또한 다른 파일들로부터 자료 항목을 다시 결합할 수 있고 자료 이용에 효율적인 체계를 제공한다. RDBMS는 사용자가 입력하거나, 또는 응용프로그램 내에 포함된 SQL 문장을 이용하여 자료기반의 생성, 수정 및 검색 등의 서비스를 제공한다. 잘 알려진 RDBMS로는 마이크로소프트의 액세스, 오라클의 오라클11g, Ardent의 UniData 등이 있다.

RDBMS는 기업이 다양하게 변하는 업무 형태와 요구에 대해 빠른 대응을 위해서 개발되었다. 자료기반에서 가장 중요한 것은 자료기반 설계이다. 일반적으로 자료기반 설계를 하는 데 전체 개발기간의 70% 이상을 소요하고 특히 실행과 밀접한 관계가 있다. RDBMS 설계에서 가장 중요한 것은 자료의 중복성을 제거하는 것이다.

② 객체지향 자료기반관리체계(OO-DBMS : Object Oriented Data Base Management System)

객체지향 자료모형을 사용하여 자료기반에 표현되어 있는 대량의 자료를 보관, 관리하고 실세계를 표현, 모형화하는 체계를 의미한다. 사용자로부터 자료처리 요청을 받아 자료기반에 접근하여 작업을 수행하며 프로그램 내에서 처리절차보다는 조작의 대상이 되는 자료의 기능과 의미를 중요시하여 취급하는 사고방식을 말하며 이 개념을 사용하면 소프트웨어가 보다 사용자 중심이 되어 사용하기 편리하다.

③ 객체관계형 자료기반관리체계(OR-DBMS : Object Relational Data Base Management System)

관계형 DBMS 기술과 객체 DBMS 기술의 결합을 사용자가 자료 형식과 완성된 프로그램 (routine : 자료 형식을 처리하기 위한 저장 프로시저와 기능), 그리고 자신만의 접근 방법 (access method)을 정의해서 자료 형식을 효율적으로 저장하고 접근이 가능하도록 되어 있다.

④ 멀티미디어 자료기반관리체계(M-DBMS : Multimedia Data Base Management System)

여러 명의 사용자가 동시에 대용량의 멀티미디어 자료기반을 구축, 검색, 삽입·삭제·갱신 등의 편집과 관리(보완, 회복 등)할 수 있게 하는 것이 소프트웨어 체계이다. 또한 멀티미디어 DBMS는 각 자료형태에 속한 모든 자료를 자료 형식에 독립적으로 다룰 수 있다. M-DBMS는 기존의 DBMS 기능에 내용 검색체계 기능, 대용량 저장 체계 지원, 인터넷 지원 등의 기능을 향상시킨 체계이다.

## (2) 자료기반 체계의 동향

### 1) 개방형 GIS(OpenGIS)

OpenGIS는 GIS 구축환경이 점점 다양하고 복잡해짐으로써 지형공간정보자료 공유의 필요성이 대두됨에 따라, GIS 소프트웨어들 간의 공통표준으로서, 사용자들의 자신이 가지고 있는 다양한 형태의 저장자료에 대한 사용자의 접근 및 자료 처리 기능을 제공할 수 있는 지형공간정보 체계이다. openGIS를 실현하기 위한 상호가동성(interoperability)은 복잡하고 다양한 자료원과 자료형태를 지니고 있는 지형공간정보체계 관련분야를 효율적이고 경제적인 자료처리가 가능하도록 한다.

### 2) 기업형 GIS(Enterprise GIS)

Enterprise GIS는 분산되어 사용되고 있는 각 부서의 지형공간정보를 자료기반 관리기술과 사용자/서버(client/server) 기술로 통합관리하는 GIS, 즉 기업형 GIS를 의미하고, 경영정보체계(MIS : Management Information System)와 GIS 체계를 통합하여 공동자료기반을 이용하는 것을 말한다. 이러한 기술이 가장 활발하게 운영되고 있는 예로는 은행, 대리점을 가진 업체 등을 들 수 있다.

### 3) 컴포넌트 GIS(Component GIS)

컴포넌트 GIS란 정의된 인터페이스를 통해 특정서비스를 제공할 수 있는 소프트웨어의 최소 단위라 할 수 있다. 컴포넌트 GIS는 응용프로그램, 네트워크, 언어, 도구와 운영체제를 넘어 플러그 앤 플레이(plug and play)가 가능한 독립적인 객체이다. 특정 목적의 자료기반을 개발하거나 기존의 응용을 더욱 확장시킬 수 있는 컴포넌트(component)를 요구하는 추세에 따라 구성요소를 중요시하는 기술이 등장하면서 객체(object)기술이 OLD(Object Linking Embedding),

COM(Component Object Model), DCOM(Distributed Component Object Model), CORBA (Common Object Request Broker Architecture) 등으로 발전되어 가고 있다. 컴포넌트 (component)는 하드웨어, 소프트웨어, 언어, 생산자, 전산환경 등에 종속되지 않고 컴포넌트별 전문적 생산으로 개발비 및 유지비를 감소시키고, GIS의 주요 client/server 개발 도구의 통합 작업형태를 제공한다. componentGIS의 등장으로 기술의 범용화가 가능해졌고, 분산환경에 적합한 통합 작업형태를 제공하게 되었다. componentGIS는 GIS 정보를 확장시킬 수 있는 새로운 도구가 될 것이다.

## 4) 인터넷/웹 GIS

인터넷/웹 GIS는 인터넷의 기술을 GIS와 접목하여 지형공간정보의 입력, 수정, 조작, 분석, 출력 등 GIS자료와 서비스 제공이 인터넷 환경에서 가능하도록 구축된 것이다. internet GIS 구축과 관련 있는 표준 및 규약에는 openGIS, 하이퍼텍스트통신규약(HTTP : Hyper Text Transfer Protocol), JAVA, CORBA, Z39.50 등이 있고, internetGIS의 구현기법은 CGI (Common Gateway Interface), ActiveX 컨트롤방식, JAVA 애플릿(applet : 작은 응용프로그램) 방식 등을 이용한다. 그리고 익스플로러(explorer)와 같은 브라우저(browser)를 이용하여 GIS자료를 볼 수 있도록 하는 것이다. 또한 인터넷/웹 GIS는 대용량의 지형공간자료처리 및 GIS 애플리케이션 서버 요청과 web 서버 요청 사이의 트랜잭션 분산과 다중 사용자 처리가 중요하고 자료 근원(source) 접근을 효율적으로 분산시키므로 대량의 온라인 트랜잭션 처리와 트랜잭션의 집중을 여러 대의 서버에 분산하는 데 적합하다.

## 5) 비즈니스 GIS(Business GIS)

비즈니스 GIS는 복잡한 분석을 필요로 하지 않고 단순히 주어진 자료를 쉽게 지도로 생성하여 사용자들이 직관적으로 그 공간적 분포를 이해할 수 있도록 도와주는 기능을 갖추고 있다. 비즈니스 GIS 제품에는 지형공간 연산 및 질의 등이 포함되지 않으며 업무에서 그 사용이 빈번하고 동작을 단순화시킬 수 있는 특징이 있다.

## 6) 데스크탑 GIS(Desktop GIS)

데스크탑(desktop) GIS란 전문적(professional) GIS 성능에는 미치지 못하지만 최근 그 성능면에서 급속히 발전하는 탁상 PC(데스크탑 PC)상에서 사용자들이 손쉽게 지형공간정보의 도면화와 지형공간분석을 수행할 수 있는 소프트웨어를 말한다. desktop GIS의 활용으로는 고객관리 및 분석, 입지선정분석, 자연보호에 활용, 교통사고 위험지역 분석 등 다양한 지형공간분석이 이루어지고 있다.

## 7) 전문적 GIS(Professional GIS)

전문적 GIS는 각 분야의 전문성과 특정목적에 적용시킬 수 있는 GIS이다.

전문적 GIS에서는 특성자료를 RDBMS와 연동할 수 있으며 각 제품에 따른 다양한 지형공간자료모형으로 위상관계를 형성할 수 있는 기능을 제공한다. 또한 데스크탑(desktop)이나 워크스테이션 이상의 설치영역(platform)에서 운영되어 효율적인 지형공간분석 기능과 지도작성 기능을 제공한다.

## 8) 가상 GIS(Virtual GIS)

가상(virtual) GIS는 지형공간 세계를 3차원적인 가상공간으로 모형화하여 사용자로 하여금 고도의 현실감 속에서 가상 세계를 통해 각종 GIS 분석을 가능하게 해주는 정보체계를 말한다. 즉, 2차원으로 입력되어 있는 지형공간자료를 실제와 같은 3차원의 지형공간자료로 보여주는 정보체계로 다양한 종류의 3차원 지상 및 지하 시설물을 모형화하고 분석 처리할 수 있는 기능을 제공한다.

## 9) 모바일 GIS(Mobile GIS)

모바일 GIS는 언제, 어느 장소에서나 지형공간정보에 기반을 둔 유무선환경의 통신망을 통해 현재 위치 기반의 필요 정보를 제공할 수 있도록 구현된 GIS로서 위치기반 서비스, 텔레매틱스, 지형공간정보기반 고객관계체계(g-CRM) 및 무선 판매관리시점(POS : Point of Sales)을 이용한 유통관리 체계 등의 현장 지원 체계에 활용되고 있다. 모바일 GIS 기술은 사용자의 요청에 의해 서버에서 보유한 위치정보 및 특성정보를 검색, 처리한 결과 값을 유/무선통신망을 통해 사용자가 원하는 클라이언트(client)로 보내주는 것을 기본으로 하고 있으므로 웹 GIS의 개념에 이동통신망 등의 무선 통신망과 휴대용 단말기(PDA, Pocket PC, Cellular Phone 등)가 결합된 형태이다.

## 10) 3차원 GIS

기존의 2차원 GIS는 실세계의 지형공간요소를 2차원적인 점, 선, 면의 객체로 추상화, 일반화함으로써 많은 정보의 손실을 가져온다는 단점이 있다. 3차원 GIS(지형공간정보체계)는 이러한 2차원 GIS(지리정보체계)의 한계를 극복하여, 현실세계를 사실적으로 표현해 줌으로써 좀 더 가시적이고 정량적 분석이 가능한 장점이 있다. 또한 3차원 지형 및 시설물의 연동 관리, 3차원 지형공간정보가 위상학적인 자료구조를 다양하게 관리하여 3차원 지형공간정보의 검색, 편집, 분석이 가능하고 사용자 질의처리 및 몰입적 상호작용을 지원한다. 3차원 GIS는 사용자가 가시적이고 정량적 분석을 신속하게 할 수 있어 현실 같은 가상세계에서 쉽게 정보를 이해하고 의사 결정을 할 수 있게 하는 체계이다.

## 11) 비디오 GIS(Video GIS)

비디오 GIS(Video GIS : Video Geospatial Information System)란 비디오 영상을 기반으로 하여 직접 사용자와 상호작용이 가능하고 지형공간자료를 분석·가공하는 것으로 지형공간정보 자료가 실제로 어떠한 모습으로 존재하고 있는지에 대한 정보를 얻을 수 있는 체계다. 이러한 영상 정보를 통해서 사용자는 현실 세계와 컴퓨터상으로 표현되는 지형공간정보 자료의 관계성을 더 정확하고 빠르게 알아볼 수 있다. 비디오 GIS를 구축하기 위하여 요구되는 기술들을 비디오 자료 취득 및 위치관측을 위한 기술, 영상 처리 및 지형공간 객체 추출을 위한 기술, 연계정보 구축을 위한 기술 등이 있다. 텔레매틱스 기술과 연계하여 실시간으로 취득되는 영상정보와 항법자료를 기반으로, 운전자에게 현실감과 인지력, 편의를 제공할 수 있는 차량항법 기술 개발이 이루어져 가고 있다.

## 12) 지능형 교통체계

지능형 교통체계(ITS : Intelligent Transportation System)는 고도의 정보처리 기술(전자, 제어, 통신 등)을 교통운용에 적용시킨 것으로 도로, 운전자, 차량, 신호체계, 대중교통 이용자들에게 매순간의 교통상황에 따른 적절한 대응책을 제시함으로써 원활한 교통소통과 교통시설의 효율적 운영, 운전자의 편의성과 안전성을 극대화하는 첨단의 도로교통체계이다. 지능형 교통체계의 구성으로는 첨단교통관리, 첨단교통정보, 첨단대중교통, 상용차량운행, 첨단차량 제어체계로 크게 5개 분야로 구분할 수 있다.

① 첨단교통관리체계(ATMS : Advanced Traffic Management System)
도심 및 교통수요의 통제와 조정을 통하여 교통량을 노선별로 적절히 분산시키고 지체시간을 줄여 도로의 효율성을 증대시키는 체계이다.

② 첨단교통정보체계(ATIS : Advanced Traffic Information System)

차량 내외부 표시장치 및 단말기를 통하여 각종 교통정보를 제공하여 안전하고 쾌적한 이동을 지원하는 체계이다.

③ 첨단대중교통체계(APTS : Advanced Public Transportation System)

버스, 지하철, 다인승 차량 등 대중교통을 효율적으로 운행관리하며, 현재 도로상에서 운행되는 버스, 지하철 등의 위치를 식별하여 운행상태를 파악하는 등 대중교통 운영정보와 요금징수를 자동으로 관리할 수 있는 체계이다.

④ 상용차량운행체계(CVO : Commercial Vehicle Operations)

운행 중인 트럭, 택시, 버스 등 상업용 차량의 위치를 파악하고 고객과 화물을 효율적으로 연결시켜 빈 차량의 운행이나 교통지체를 줄이고 통행속도를 높여 운행비용을 절감시키기 위한 체계이다.

⑤ 첨단차량제어체계(AVCS : Advanced Vehicle Control System)

이 체계는 운전자의 운전행위를 도와주는 것으로 차량 내·외부에 송수신 장치를 장착하여 주행 중 차량간격, 차선위반여부, 속도 등의 안전운행에 관한 체계이다.

## 13) 위치기반서비스

① 의의

LBS(Location Based Services)란 위치기반(位置基盤)서비스로 필요한 장소, 필요한 시간에 위치기반 정보를 전달하는 응용 분야로 정의할 수 있다. 위치기반 서비스는 이동식 사용자가 그들의 지리학적 위치, 소재 또는 알려진 존재에 대한 서비스를 받도록 하는 것[미국의 연방통신위원회(FCC : Federal Communications Committee)의 정의]으로 사용자는 이러한 서비스를 컴퓨터, 휴대폰, PDA(Personal Digital Assistant), 무선호출기 등의 장비를 이용하여 접근할 수 있다. LBS에서 사용자의 위치를 결정하는 방법으로는 크게 기존 이동통신 기지국망을 이용하는 방법과 GPS를 이용한 방법으로 구분되고 있다.

② 위치 결정

　　가) 기존의 이동통신망을 이용한 사용자의 위치 결정

- AOA(Angle Of Arrival) 방식 : 2개 이상의 기지국에서 단말기로부터 오는 신호의 방향을 관측하여 방위각을 이용한 단말기의 위치를 결정한다.
- TOA(Time Of Arrival) : 3개 이상의 기지국으로부터의 전파전달 시간을 이용하여 거리를 기반으로 위치를 결정한다.

나) GPS 및 Galileo를 이용하여 사용자의 위치를 결정

다) 이동객체자료기반(DBMS : Data Based Mobile System)를 이용하여 위치정보 취득

라) Cell ID 방식

- 이용자가 속한 기지국의 서비스 셀ID를 통해 이용자의 위치를 결정한다.

③ 문제점

LBS의 그 활용성이 방대하고 많은 이점을 지니고 있지만 개인정보유출 및 사생활 보호, 무선 광고 등의 범람에 관한 문제가 해결되어야 한다. 이러한 문제는 법적으로 규제가 되어야 하며 기술적 해결방안에는 통지, 동의, 보안 그리고 기술적 중립성 등이 반드시 포함되어야 한다.

④ 응용 분야

지형공간정보를 활용한 유비쿼터스 시대의 가장 중요한 서비스로 위치기반서비스(LBS)가 주목을 받고 있다. LBS은 대부분의 통신 회사들이 자신들의 망내에서 유선 또는 휴대전화 기반의 위치 추적 기술을 추구할 계획을 가지고 있다. 현재 LBS는 엔터테인먼트 위주로 '친구찾기'와 같은 형태로 발전하고 있으나 향후에는 사람뿐만 아니라 자동차나 화물, 물체의 위치정보를 바탕으로 다양한 부가 서비스를 제공하게 될 것으로 예상된다. 주로 항법장치, 응급수송, 고객의 위치를 이용한 광고 및 마케팅, 도난차량 회수 등에 사용되고 있다.

## 14) 유비쿼터스(Ubiquitous)

① 의의

유비쿼터스(Ubiquitous)는 라틴어 어원으로 '동시·도처에 존재하는(being or seeming to be everywhere at the same time), 편재(遍在)하는(omnipresent)' 등의 뜻, 즉 시간과 장소에 구애받지 않고 언제 어디에서나 원하는 정보에 접근할 수 있는 기술이나 환경을 의미하는 것으로 1988년 Xerox의 PARC(Palo Alto Research Center)의 Mark Weiser가 처음으로 주장하였다. 실세계의 각종 제품들과 환경 전반에 걸쳐 컴퓨터들이 존재하게 하되, 이들이 사용자에게는 컴퓨터로서의 겉모습을 드러내지 않도록 환경 내에 효과적으로 내재시키는 기술을 의미한다.

세분화시키면 물리공간을 지능화하는 유비쿼터스 컴퓨팅(ubiquitous computing)과 물리공간에 펼쳐진 각종 사물들을 언제(anytime), 어디서(anywhere, anyplace), 어떤 장치(anymedia)임에 구애받지 않고 망으로 연결하는 유비쿼터스 망(UN : Ubiquitous Network)으로 구분할 수 있다.

가) 유비쿼터스 환경에서 정보를 교환하는 상대는 '사람과 사람' 중심에서 '사람과 기계'로 바뀌고 있으며, '기계와 기계' 간의 통신도 증가하고 있다.

나) 유비쿼터스의 특징은 기기가 눈에 보이지 않아야 하고 유비쿼터스 망은 언제 어디서나 사용이 가능해야 하며, 반드시 망에 연결되어 있어야 한다.

다) 유비쿼터스 정보기술을 활용한 차세대 전자정부의 서비스 모형은 빠른 접속(fast), 상시 접속(always on), 모든 곳(everywhere)에서 접속, 쉽고 편리한(easy & convenient) 이용, 온·오프라인 연계(on-off line connection), 지능화(intelligent) 그리고 자연스러운 사용(natural)이 가능한 서비스를 지향한다.

② 기술의 문제점
　가) 모든 사물에 편재된 컴퓨터의 소유 및 설치 문제
　　• 소유자에 따라 설치, 컴퓨터의 목적 및 사양이 달라질 수 있음
　　• 유비쿼터스 환경은 오랜 시간에 걸쳐 광범위하게 진행되므로 시간에 따라 또는 지역에 따라 설치 체계가 달라질 수 있음

　나) 공공시설에 설치된 컴퓨터의 보안성 문제
　　• 현재로서는 공공시설로의 접근은 용이한 편으로 컴퓨터의 조작 가능성이 존재한다.
　　• 개인보안장치를 이용한 체계 접근도 공공시설의 접근포인트(access point)에서는 보안성을 보장받지 못함 → 광범위하게 설치되는 컴퓨터에 대한 관리 및 법규 문제가 있다.

　다) 필요 시 사용할 수 있는 보편성 및 신뢰성 문제
　　• 언제, 어디서나 사용자가 원할 때 사용할 수 있기 위해서는 access point에 대한 보편성 및 신뢰성이 필수적이다.
　　• 사용자가 지금이라도 불편을 느낀다면 자신만의 정보기기를 휴대할 것이다(공중전화도 유비쿼터스의 한 형태로 생각할 수 있으며 사용자는 이를 외면하고 무선기기를

휴대함).

③ 활용 분야

개인이 살기 좋은 최적의 상태를 유지하기 위해 주위에 산재한 '위험요소'를 제거하는 서비스로 노부모 모니터링, 필요한 지원을 제공하는 조직(병원, 경찰서, 의사, 공공건강센터, 관련 커뮤니티 등)과의 연결한다. 유비쿼터스를 활용한 전자정부 서비스는 다음과 같다.

가) 조세부문

상품 스캔과 동시에 조세담당 행정기관에 정보가 전달되어 과세 및 세금징수 등이 가능하다.

나) 환경부문

부품이나 폐기물에 RFID 장착으로 리사이클 등을 효율적으로 관리 가능하다. RFID (Radio Frequency IDentification : 무선전파식별자)는 전자 tag를 대상물에 부착하여 대상물의 주위환경을 인지하고 기존 정보기술(IT)체계와 실기간으로 정보를 교환 및 처리할 수 있는 기술이다.

다) 보건의료부문

복지를 위한 인적자원의 고갈문제와 새로운 서비스기대수준에 대응하는 서비스 제공이 가능하다.

라) 교통부문

향상된 내비게이션 서비스가 가능하다.

마) 방재 및 방범

산불, 홍수, 가뭄 등 자연재해 등을 자동 감지하여 대책 서비스 제공이 가능하다.

바) 유지·보수 부문

수도, 전기, 가스 등의 공공시설에 대한 효과적인 보수로 인한 비용 절감이 가능하다. 향후 기술 발전 가능성과 발전 속도를 감안할 때, 신기술인 유비쿼터스 정보기술이 공공서비스에 이식되어 서비스 제공 방식과 서비스의 파급효과를 혁신적으로 변화시킬 차세대 전자정부서비스로의 실현가능성은 매우 높다.

사) U-City

첨단 정보통신기반과 유비쿼터스 정보서비스를 도시지형공간에 융합하여 생활의 편의증대와 삶의 질을 향상, 체계적 도시 관리에 의한 안전과 주민복지증대, 신산업창출 등 도시기반기능을 혁신시킬 수 있는 첨단도시가 U-city이다.

아) U-생태도시(U-Eco City)

생태도시(Eco-city)는 자연환경의 변화 및 지구환경문제에 대한 위기의식에 의해 자원, 에너지기술, 자원복원기술 등을 기반으로 이루어진 도시를 뜻한다. 생태도시 건설의 국면 (paradigm) 변화와 미래도시에 대한 새로운 요구에 따라 차세대 도시환경인 U-City와 지속가능한 생태도시의 개념이 융·복합된 새로운 형태의 도시가 U-생태도시(U-Eco City)이다.

## 15) 환경 GIS(Environmental GIS)

① 의의

생활개선 과정에서 나타나는 다양한 형태의 환경정보를 지형공간정보체계에 의한 입력, 저장, 분석 및 평가를 통하여 최적의 실행계획(scenario)을 찾기 위한 분석기술이 환경 GIS의 몫이다. 다양한 환경 분야에서 우리들 생활과 관련이 가장 큰 수질개선을 위한 GIS 기반의 수질관리에 대하여 약술하기로 한다.

② 수질관리의 수행절차

가) 수질관리대상유역의 선정
나) 대상유역의 경계확정

대상유역의 경계를 확정하기 위해 이미 구축된 수치지도(1/5,000, 1/25,000)를 기반으로 제작되고 있는 수자원단위지도(전국토를 12개 대권역, 117개 중권역, 840개 소구역의 표준유역으로 분할하여 1999년부터 제작)와 수치고도모형(DEM)을 이용한다.

다) 오염원 자료기반설계 및 구축

수자원단위지도나 DEM에 의해 선정된 지역에 대하여 인구, 가축, 산업, 토지이용, 양식 등의 주요 오염원자료를 이용하여 오염원 데이터베이스(DB : Data Base, 자료기반)을 설계 및 구축을 한다. 데이터베이스구축 시 위치자료는 수평 및 수직위치(경도, 위도, 표고 : $x$, $y$, $z$)와 특성자료로는 도형 및 영상자료와 속성자료가 이용된다. 도형 및 영상자료에는 도로, 등고선, 하천, 철도, 건물, 지류, 각종 시설물, 행정 및 지역경계 등이 포함되며 속성자료에는 분요처리, 형태별 인구현황, 가축현황, 토지이용현황, 폐수배출소현황, 온천현황, 양식장현황, 하수처리현황, 상수도현황, 수질관측현황 등을 포함시킨 자료를 구축한다.

라) 오염발생부하량 및 배출부하량의 산정

오염된 데이터베이스 설계 및 구축을 마련한 후 오염발생, 배출 및 유달부하량을 산출한다. 유역에 존재하는 수질오염은 점오염원과 비점오염원으로 대별된다.

(ㄱ) 점오염원과 비점오염원

점오염원은 한 지점에 오염원이 집중되어 배출점이 일정함으로 오염부하량의 판별이 쉽게 될 수 있다. 비점오염원은 넓은 영역에 오염원이 분포되어 정확한 배출지점을 결정하기 어려운 특징이 있는 오염원이다. 즉, 지역과 시기에 따라 오염물의 배출양이 다르고 기상조건, 지질, 지형 등에 영향을 받는 경우, 강우 시 지표면유출수와 함께 배출되는 오염물질(농지에 살포된 비료 및 농약, 토양침식물, 축산유출물, 교통에 관련된 오염물질, 도시지역의 먼지와 쓰레기 등) 등이 비점오염원이 될 수 있다.

(ㄴ) 발생, 배출 및 유달부하량과 유달계수

발생부하량은 인간의 활동과 자연으로부터 발생하는 오염부하량으로 각 오염원규모에 오염발생원 단위를 곱하여 부하량을 산정한다. 배출부하량은 각 오염원으로부터 정화방법에 의한 제거를 거친 다음 배출되는 부하량이다. 유달부하량은 지천에서의 유하과정을 거쳐 본류지점까지 도달하는 부하량으로 실제수역에 유입되는 오염부하량이다. 유달계수는 오염물질이 발생원에서 배출되어 대상유역까지 도달하는 전과정으로 유달부하량과 배출부하량의 비율이다.

마) 수질모형화

수질모형(model)은 오염물질이 물로 유입되어 물리적·화학적·생물학적인 과정(하천, 호소, 바다 등으로 운송 중 생성 또는 소멸되는 것들)과 상호작용 및 환경변화 등을 수치적으로 추정할 수 있는 모형이다. 수질모형은 처리수준, 적용대상, 수문순환에 따라 구분된다. 수질모형 선정 시 기술적 측면에서 합리적, 이용효과, 사용목적이 지역여건에 적절하고 검증이 가능한 것으로 고려해야 한다. 하천수질모형화(modelling)는 수질모형을 이용하여 소요목적에 부응하는 수질을 유지 및 관리할 수 있도록 오염부하량의 규제나 분배를 합리적으로 수행하기 위한 도구이다. 하천수질모형에는 여러 종류(Vollenweider, QUAL 2E, CE-QUAL-RI, QUALKO 모형 등)가 있다. 이 중 QUALKO 모형은 QUAL 2E 모형을 근간으로 WASP5 장점들을 결부시켜 bottle BOD 반응기작, 조류의 생산에 의한 유기물 증가, 탈질화반응 등 정체수역이 많은 하천에서 발생할 수 있는 반응기작을 시뮬레이션할 수 있도록 국립환경과학원에서 보완한 모형이다.

바) 오염원저감방법 및 의사결정체계구축
오염원저감을 위하여 목표수질의 설정, 오염총량관리계획, 오염저감방식(저감량산정 및 배분, 처리대상소유역의 우선순위결정, 적절한 처리공법 선정 등)을 결정하고 오염저감의 사결정체계를 구축해야 한다.

(ㄱ) 목표수질의 설정
목표수질은 인구, 경제, 국토이용계획, 도시형태, 산업배치, 이수현황 등 대상유역의 자연적 및 사회적 특성에 부합되도록 다음과 같은 사항들을 고려하여 설정한다.

- 생태계(인간, 동·식물)의 보호와 보전
- 목표한 바의 수질향상을 위하여 수질기준 및 지역별 수질오염도에 따른 등급구분과 목표달성 단계별 등급을 지정
- 배출원 규제는 현재 적용 가능한 기술과 폐수처리기술능력을 감안하여 실행하되 절대 보전지역에 대해서는 엄격한 규제를 전제로 한다. 이상의 설정에는 수질환경 및 생활환경에 기준하여 유역의 물이용 상황을 고려하여 이루어져야 한다.

(ㄴ) 오염저감방식
목표한 바의 수질을 달성하기 위하여 오염물질의 저감방식에는 대상유역에서 산정된 저감량을 하나의 소유역에서 집중적으로 저감시키는 방식과 저감량을 대상유역에 존재하는 전체 소유역에 분산하여 저감시키는 방식이 있다. 또한 오염저장방식에는 다음과 같은 사항을 고려한다.

- 저감량 산정 및 배분 : 일반적으로 전체유역에 대한 저감량을 소유역별로 배분하는 방식으로 수행한다.
- 처리대상 소유역의 우선순위 결정 : 오염부하량, 분뇨처리형태, 상수원보호구역 현황, 재정상황, 종합판정 등이 주요 고려대상이다.
- 적정처리공법 선정 : 처리공법 선정은 처리성능, 건설비, 유지관리의 용이성 및 환경 영향 등을 고려하여 가장 경제적이고 효율적인 공법을 선정해야 한다.

(ㄷ) 오염저감에 대한 의사결정지원체계의 구축

제반 오염저감을 위한 환경 GIS 기반의 적용분석은 유역의 지형공간적 특성을 고려할 수 있음으로 효율적으로 적절한 의사결정을 지원할 수 있다. GIS 기반의 편리한 사용자 환경(interface)을 통한 의사결정지원모듈과 입력파일간의 연계를 통하여 보다 편리한 시나리오(scenario)의 수행은 물론 조건을 바꾸어 연속적인 실행계획의 분석이 가능하게 된다. 이에 GIS 기반으로 구축된 의사결정지원체계는 오염저감을 경제적이고 효율적으로 수행하는 데 크게 기여할 수 있을 것이다.

## 16) 물류(物流)정보체계(Logistics Information System)

① 정보의 정의 및 물류정보의 목적

정보는 자료를 처리하여 사용자에게 의미 있는 가치를 부여하는 것으로써 '상황에 대응하여 적절한 판단을 내리거나 행동을 취하기 위해 필요로 하는 지식'이다. 또한 정보의 가치는 정보의 시기 적절함, 정보가 적용되는 내용 및 대상, 그리고 정보의 수집, 저장, 조작과 표현에 소요되는 비용에 달려 있다. 물류정보의 목적은 생산과 소비 사이에서 물류의 시간 및 장소적 효용을 효율화시키기 위해서 물류와 관련된 운송, 보관, 하역, 포장 등의 물류기능을 유기적으로 결합하여 고객서비스의 향상, 물류비절감, 물류의 제기능을 종합적으로 관리할 수 있는 물류정보체계의 확립 등을 제시할 수 있고, 신속·정확한 정보전달기능, 제반 물류기능의 통합체계 구축기능을 갖추어 전체적인 물류활동을 원활히 수행하는 데 필수불가결한 지식으로 기여하는 데 있다.

② 물류정보체계(Logistics Information System)

가) 물류정보체계의 의의

물류정보체계는 물류정보를 수집, 저장, 가공, 유통할 수 있게 하는 업무처리 및 관계자(운송업자, 화주, 주선업자, 창고업자, 컴퓨터운영자 등), 컴퓨터의 하드웨어 및 소프트웨어의 집합체로 이루어지고 있다.

물류정보체계에서 비용절감이나 매출증대 측면의 효과를 증대시키기 위하여 대부분의 체계가 네트워크 중심으로 사용자/공급자(c/s : client/server) 환경으로 구축되는데, 이때 물류정보체계에서 필요한 사항으로, 가) 이동체계 물품을 운송하기 때문에 유·무선을 통합한 정보네트워크, 나 )비계수정보(기상정보, 주소, 성명 및 도로 등), 문자, 음성, 영상정보 등의 처리능력, 다) 물류센터에는 수발주 정보에 의해 입고, 운송, 분류, 출고 등의 작업이 실행될 경우 정보체계와 하역기계를 연동할 수 있는 기계의 전산화(mechatronics : 로봇, 공장자동화, 반도체 기술 등에 의한 정확하고 효율적인 기술 분야) 등이 있다.

### 나) 물류정보체계의 구성

물류정보체계의 구성은 공급처로부터 판매처에의 이동으로 이루어지는 것으로 이 과정에서 수급조정정보화(생산, 판매 및 재고현황)와 물류처리정보화(주문처리, 재고관리, 창고관리, 수배송관리, 물류정보통제관리, 컨테이너관리, 의사결정시험관측 등)가 수급조정의 중요한 역할을 한다.

물류정보체계는 물류의사결정, 물류계획, 물류관리, 물류업무체계 등 4개의 소분류체계(sub-system)로 구성된다.

이중 물류의사결정지원체계(LDSS : Logistics Decision Support System)는 조달, 생산, 판매 등 다른 체계와 연결하여 물류계획의 수립 및 물류의사결정을 지원한 체계이다. 의사결정지원(DSS) 체계의 필요성은, 가) 다양한 정보량의 증가로 적절한 정보의 선택 및 판단이 어렵게 되었다. 나) 정보가 산재해 있고 복잡하게 뒤섞였기 때문에 이를 체계화하여 공유할 필요가 있다. 다) 사내(社內)정보의 질과 양이 편재해 있는 것을 조화롭게 처리할 필요가 있다. 라) 경영환경의 변화로 육감(六感)에 의한 의사결정으로 대응할 수 없게 되었다. 마) 조직의 확대로 인하여 신속·정확한 의사결정이 요구되게 되었다. 즉, 물류의사결정은 물류활동에 관한 물류계획, 물류경영관리, 물루업무관리에 가장 큰 몫을 감당할 수 있는 것이다.

### ③ 물류정보체계의 구축에 필요한 정보기법

물류정보체계의 구축에 필요한 정보기술은 표준화, 단순화, 계획화, 대량화, 공동화 등의 원칙에 필요하며 물류정보체계의 특징[가) 원격지간 체계, 나) 대량의 정보처리 및 정보량의 대폭적 변동, 다) 다기업 간 체계, 라) 물류기기와 연결, 마) 현장 중심형 체계, 바) 서비스수준과 비용의 상충관계, 사) 자료의 사전처리와 후속처리]에 대응하여 물품과 정보의 일체화를 수행할 수 있는 바코드, 무선식별자(RFID : Radio Frequency IDentification), 자료교환은 인터넷 (Internet), 전자문서교환(EDI), 광속상거래(CALS : Commerce At Light Speed), 운송관리체계(TMS), 전사적 자원관리(全社的 資源管理, ERP), 제조업과 유통업을 연결하는 물류네트워크 (수직형 물류정보네트워크)에는 신속응답(QR : Quick Response), 제약이론(制約理論, TOC : Theory Of Constraints), 공급연쇄관리(SCM), 기업 간 네트워크 형성을 위한 부가가치통신망 (VAN : Value Added Network), 영상 및 음성처리, 영상회의 등 이동통신을 위한 다중채널접속(MCA : Multi Channel Access)과 자동차량감시(AVM : Automatic Vehicle Monitoring), 단말기, 텔레터미널, 위성통신(GPS, GALILEO, GLONASS 등) 등이 있다. 또한 물류효율화를 위해 공동물류 등을 지향하는 수평형 물류 네트워크로 철도청의 철도운영정보체계(KROIS : Korea Railroad Operation Information System), 복합터미널망, 항공운송정보망, 한국물류 네트워크(KL-Net : Korea Logistics Network), 데이콤 및 한진 등 민간기업의 물류 VAN, 국토교통부의 항망운영정보체계[Port-MIS(Management Information System)], KL-net 등이 물류서비스 향상과 물류비 절감을 위해 지속적으로 발전해가고 있다.

가) 부가가치통신망(VAN)

(ㄱ) VAN(Value Added Network)의 의의

VAN은 데이터통신업자를 매개로 자료를 상호교환할 뿐만 아니라 도중의 변환과정에서 정보에 가공이나 연산 등의 처리로 정보의 내용을 변경하는 기능, 즉 부가가치를 창출한다.

(ㄴ) VAN의 역할

VAN은 전자문자교환 통신망과 함께 광속거래의 주통신망으로 부가가치를 부여한 음성 또는 자료를 정보로 제공하는 복합적인 서버로 물류경로를 강화하고 물류조직 간 컴퓨터에 의한 주문, 배송, 화물추적 등 고객서비스를 제공할 수 있다. 또한 VAN은 자료의 수집 및 배포를 위한 소프트웨어, 통신회로, 제어장치 등의 네트워크 설비를 갖추어야만 자료교환, 통신처리, 정보처리, 전송 등의 기능을 실행할 수 있으며, VAN은 표준화를 함으로써 체계개발, 비용절감, 프로그램 공동이용, 통신비 및 정보관련 인건비의 절감효과가 나타날 수 있다.

각 분야의 물류 VAN을 연결하여 모든 물류업무를 자동화하는 종합물류정보망에는 철도청의 KROIS, 국토교통부의 Port-MIS, KL-Net, 복합터미널망, 항공정보망, 민간기업의 물류 VAN, 데이콤의 운송 VAN 등이 포함되며 한국무역자동화망(KT-Net : Korea

Trad Network)과 통관자동화망 등 유관전산망과 연동하고 물류업무를 신속·정확하게 수행하고 있다.

나) 전자문서교환(EDI)

(ㄱ) EDI(Electronic Data Interchange)의 의의

EDI는 문서를 전자적으로 각 기관의 컴퓨터에 직접 전송함으로써 재입력과 같은 중복작업을 없애 업무효율을 증대시킬 수 있다.

EDI는 주문의 지연 및 오류감소, 비용절감, 고객서비스의 향상, 주문주기 단축으로 신속(JIT : Just In Time) 구매에 의한 재고관리의 효용증대와 사무인력 감축에 의한 인력활용 극대화, 기존의 업무체계를 그대로 유지하면서 네트워크에 유연성을 증대시키고 표준화에 의해 체계 개발비를 감소시킬 수 있다. 또한 EDI의 직접적인 효과는 거래시간의 단축, 업무처리의 오류 감소, 자료의 재입력 등의 비용 감소, 간접적인 효과는 인력 및 재고 감소, 관리의 효율성 증대, 고객서비스의 향상, 효율적인 인력 및 자금관리, 전략적인 효과는 거래선과의 관계 개선, 경쟁상대에 대한 우위 확보, 적절한 전략 정보체계 수립 등이 있다.

우리나라도 1991년 국제표준인 UN/EDI FACT(UN EDI For Administration Commerce & Transportation) 및 한국/EDI FACT 위원회가 구성되었고, 전자거래 기본법에 제정되면서 국가적인 전자문자표준화 심의기구 역할을 하고 있다.

(ㄴ) EDI 개선방향

서류문서가 전자문서로 변환됨에 따라 업무의 효율성 증가, 비용 감소의 효과는 발생하였지만 기존의 EDI가 저장·발송 및 저장·인출(store-and-forward/store-and retrieve) 방식으로 대량의 자료를 신속히 전송하려는 사용자의 요구에 부응하지 못했다. 이에 현재의 표준 EDI에서 수용하지 못하는 비정형화된 거래정보, 설계서, 기술명세정보, 제조기술, 공정제어정보, 제품정보, 상품안내, 고객지원정보 등을 수용하기 위해 CALS로 확대시켜 기술자료교환[TDI : Technical Data Interchange-비즈니스 자료를 교환하는 EDI 와 전산지원디자인(CAD : Computer Aided Design)]과 제조자료교환(MDI : Manufacture Data Interchange-기술자료를 교환) 등을 통해 모든 자료를 디지털화하여 통합자료기반(DB : Data Base)을 구축한 기업자료통합(EDI : Enterprise Data Integration) 방향으로 발전시켜 가고 있다.

다) 광속상거래(CALS)

(ㄱ) CALS(Commerce At Light Speed)의 의의

CALS는 제품 또는 체계의 요구에 대한 기획, 설계, 조달, 개발, 생산, 운용, 보수 및 폐기의 전 과정에서 발생하는 모든 정보를 표준에 따라 디지털화하여 제조업 및 협력업체 등 관련 기관이 단일통신망으로 공유함으로써 비용 절감, 개발처리시간 단축 및 품질향상을 추구하는 정보통합화의 첨단경영체계이다.

(ㄴ) CALS의 특징

CALS의 특징으로는 서류를 없애고 디지털정보로 변환시켜 전달하는 체계로서 기업 내부간, 기업 간 컴퓨터 온라인 형태로 정보를 전달하고 설계에서 폐기까지 제품의 생산주기(life cycle) 전체를 대상으로 한다. 또한 모든 정보는 표현, 저장, 전달할 때는 통일된 국제표준에 의해 처리하고 전 세계를 연결하는 안전적인 네트워크의 정비로 세계 산업의 정보를 최대한으로 이용하고 기업 간 거래를 신속하고 정확하게 하기 위한 산업정보화의 기법이다.

(ㄷ) CALS의 표준화

CALS에 사용되는 표준은 국제, 국내, 정부표준 순으로 우선순위를 정하여 사용한다. 표준이 없는 경우에만 CALS 표준을 작성하는 것을 원칙으로 한다. CALS의 표준은 하나의 기업뿐만 아니라 그 기업정보체계와 연결될 국내·외 타 기업, 타기관 등 어떠한 체계도 연결 및 사용할 수 있는 통일된 기준을 갖기 위해서다. 각 국은 표준안을 마련하려고 논의를 하고 있으며 1996년 7월 파리에서 국제 CALS 위원회(ICC)가 개최된 바가 있으며 우리나라에서도 1994년 4월 민간차원의 정보통신진흥협회가 설립한 한국 EDI협회가 CALS 분과위원회를 구성하고 본격적인 논의를 시작하게 되었다. 정부차원에서는 국립기술품질원 산하 칼스표준전문위원회 등이 국제 표준화 동향을 살피면서 CALS 체제에 대한 종합표준의 제정을 추진하고 있다. CALS체계의 하위 표준인 제품모델, 데이터포맷, 전자문서교환(EDI 표준), 가이드 및 절차 등에 관한 4가지 주요 표준을 개발하였다.

CALS에는 기본적 구성 요소인 정보의 입력과 교환을 위한 표준, 정보의 교환 공유를 위한 규칙, 관련 소프트웨어가 있고 정보의 입력과 교환을 위한 표준은 자료의 형식, 정의, 기술방법, 항목, 전속, 자료를 교환하기 위한 규칙 등이 있다.

(ㄹ) CALS의 적용 분야

CALS가 추구하는 목표는 종이 없는 업무체계, 체계개발기간의 단축, 비용절감, 자료관리의 효율화, 종합적 품질관리를 통합품질향상 등이다.

ⅰ) 설계 및 동시 공학적 설계

CALS의 활용으로 논리적으로 통합된 통합(integrated) 자료기반과 자료의 호환이 가능하여 동시공학(同時工學, CE : Concurrent Engineering)[5]적 설계와 컴퓨터지원설계(CAD)가 가능해진다. 이에 복잡한 체계를 효율적으로 설계할 수 있고 제품의 생산, 제작, 개량, 신뢰성 등을 향상시키는 데 기여할 수 있다. 또한 엔지니어링 측면의 효과는 기술도면의 양을 대폭 줄이고 물리적 모형(prototype)을 제거하고 종래부터 사용하던 작업에 비해 개발시간을 82%까지 단축할 수 있고 공학변경시간을 80%까지 줄일 수 있다.

ⅱ) 체계의 개발 및 개선

신규체계의 개발 및 기존체계를 개선할 경우 전자회의(또는 영상면회의) 및 메일, 전자적 지시, 전자검증 및 평가 도구 등을 활용하여 관리를 쉽게 하고 처리시간을 단축할 수 있다.

ⅲ) 제조

설계부서의 생산공정 설계자와 관리자에게 기술자료가 신속하고 정확하게 전달되어 공정관리, 생산의 신속화, 품질개선 등에 큰 효과를 나타낼 수 있다.

ⅳ) 정비

문제발생시 방대한 양의 정비교법을 다양한 그래픽과 '문제-해결' 방식의 편리한 검색방법을 제공하여 스스로 고장을 진단하고 그 수리과정을 영상면(screen)으로 보여주는 '진단 및 수리 자료기반(DB)'이 상용화되고 있다.

ⅴ) 자재관리의 보관

물류지원의 예상자료와 결과가 자료기반에 최신의 상태로 항상 유지됨으로써 자재관

---

5  동시공학 : 제조업에서 계획, 설계, 개발, 제조, 판매, 운영, 유지보수 등 각 공정을 순차적인 과정이 아닌 동시에 처리함으로써 개발기간의 단축, 개발비용의 삭감을 기대할 수 있는 공학

리 및 보관업무를 신속하게 처리할 수 있고 수요발생을 예측하여 업무를 사전에 준비할 수 있다.

### vi) 물류지원

물류자료를 디지털형태로 자료기반에 발생 즉시 입력시킴으로써 수행 중에 이루어지는 실적자료의 확인, 기타의 물류자료를 통합하여 관련 정보를 언제나 즉시 검색하여 소요부품에 대한 물류활동을 신속하게 처리할 수 있다.

### vii) 교육내용 개선

체계가 복잡·다양하고 고도화됨에 따라 관리자에게는 인력에 대한 지속적인 교육수요가 증대된다. CALS 자료기반을 통해 체계에 대한 모든 자료를 활용할 수 있으므로 이에 대응할 수 있는 교육내용 개선과 컴퓨터 기반 교육훈련(CBT : Computer Basis Training) 등 효율적인 교육방법을 개발하여 이용할 수 있다.

### 라) 무선식별자(RFID)

#### (ㄱ) RFID(Radio Frequency IDentification)의 의의

RFID는 초소형 칩을 내장한 자료수집 장치(data capture mechanism)로 기능을 바코드와 비슷하지만 원거리에서 인식이 가능하고 동시(同時)에 여러 가지를 인식할 수 있어 바코드보다 활용범위가 훨씬 넓다. 또한 RFID는 스캐너로 인식하는 것이 아니라 원거리에서 판독기(reader)로 인식하고 언제, 어느 공장에서 제조되어 어디로 출하되었는지의 정보를 지닐 수 있어 비즈니스와 공공업무분야에서 활용되었으나 현재는 자동차 통행료 자동지불, 박물관의 전시상품 보호, 군수물자의 조달, 항공사의 화물추적, 출입국 심사, 보안지역의 출입통제용, 유통 경로상의 제품 하나하나의 위치를 확인, 위조지폐나 모조품의 유통도 방지, 슈퍼에서 RFID 태그가 부착된 물품을 구입하고 이를 판독할 수 있는 장치가 달려 있는 바구니에 넣으면 자동으로 계산 등이 이루어지므로 소매업체, 물류업체, 제조업체가 많은 편익을 얻게 되었다.

#### (ㄴ) RFID 체계의 구성요소

RFID는 무선전파를 이용하여 태그에 자료를 기록하여 판독하는 체계로 안테나(antenna), 태그(tag : transponder)와 판독기(reader)로 구성되고 있다. RFID 기술은 AM, FM 라디오와 비슷하나 극소화된 부품들이 작은 실리콘 칩에 내장된 점이 다르다. 무선신호를 받은 태그는 판독기가 발신하는 무선신호의 에너지를 이용하여 자신이 지니고 있는 물품의 고유 ID를 반송하여 상세정보를 취득할 수 있다.

ⅰ) 안테나

안테나는 판독기에 부착되어 태그에 입력된 전자상품코드(EPC : Electronic Product Code)를 읽기 위한 신호의 수발신(受發信) 기능을 가지고 있어 컴퓨터와 태그사이의 통신을 할 수 있는 기능을 지니고 있다.

ⅱ) 태그

태그는 크기(피부에 삽입할 수 있는 소형에서 대형 컨테이너 등에까지 사용), 모양(신용카드에서 나선형 모양까지) 및 메모리 용량(용도에 따라 다름) 등이 다양하다. 태그형식에서도 read-only 태그는 정보내용의 변경이 불가능하게 제조 시 프로그래밍되었으나 가격이 저렴하여 단순인식을 요하는 분야에서 이용되고 WORM(Write Once Read Many) 태그는 자료입력을 사용자가 할 수 있으나 입력한 후에는 변경이 불가능하다. Read/Write 태그는 자료의 입력 및 변경을 여러 번 할 수 있게 만든 구조이다.

태그는 신호발신기 존재에 따라 수동형[6]과 능동형[7]이 있다. 태그는 크기와 사용목적에 따라 칩형, 비(非)칩(chip less)형, 초소용 등을 개발하여 5센트 이하를 목표로 하고 있다.

태그는 물품의 환경(컨테이너나 팔레트의 작업 중에 훼손되지 않게 부착, 외관을 중시하는 품목은 포장에 부착, 다양한 취급환경에서 태그 또는 그 덮개가 손상되지 않도록 함)을 고려하여 다루어야 한다.

RFID 태그는 일반적인 바코드에 비해 장점은, 가) 손상의 염려가 적다. 나) 다수의 태그를 빠른 속도로 동시에 판독할 수 있고, 태그와 판독기 사이에 장애물의 영향을 극복하고 판독이 가능하다. 다) 읽기와 쓰기 기능이 있어 태그의 재사용이 가능하다. 라) 태그의 수동 및 능동형에 따라 메모리 양을 다르게 조정할 수 있다. 메모리는 읽기전용, 일기 및 쓰기 겸용 등으로 방식을 구성할 수 있다. 마)태그의 유효기간 동안 자료의 추가 입력, 습도계, 온도계, 고도계 등 각종 센서 기능 등을 부가할 수 있다.

---

6  외부전원의 공급이 없으므로 구조가 간단하고 읽기전용으로 높은 출력의 판독기가 필요하며 감지거리가 1m 전후만 가능(최근 UHF 대역이 도입으로 출력에 다라 10m도 가능)하며 저가이고 수명도 반영구(10년 이상)이어서 소단위 낱개 물품에 많이 사용된다. 중간단계인 반(半) 수동형(semi passive)은 배터리를 내장하고 있으나, 판독기로부터 신호를 받을 때까지는 작동하지 않으므로 오랜 시간 사용이 가능하여 지속적인 식별이 필요하지 않는 물품에 사용된다.
7  배터리를 내장하고 읽기/쓰기가 가능하고 수명이 10년으로 제한된다. 장거리(30~100m) 자료교환을 할 수 있고 고가($1 이상)의 기기나 대형 창고 등의 물류유통분야 및 컨테이너, 트럭 등에서 많이 이용됨

iii) 판독기

판독기는 안테나와 제어장치로 구성되어 안테나, 태그, 컴퓨터, 서버, 네트워크 사이의 통신을 관리하고 태그에 담긴 전자상품코드(EPC)로 직접 처리를 제어 할 수도 있다. RFID 판독기는 다량의 태그판독이 가능하며 판독률도 높다. 판독기는 휴대용이 가능한 이동식과 출입구나 선반 등에 세우는 고정식이 있다. 주위환경과 제품특성이 판독에 영향을 미친다. 금속이나 액체의 비율이 높거나 RFID의 전파를 반사하거나 흡수하면 정확한 판독이 어렵다. 현재 주파수대역은 5개이고 대역에 따라 활용이 각각 다르다. 가) 125~135kHz는 축산물유통, 출입카드로 활용, 나) 13.56MHz는 신용카드, 교통카드, 낱개상품 등에 활용, 다) 433.92MHz부터 능동형 태그가 작용되어 컨테이너, 트럭 등에 활용, 라) 860~960MHz나 2.45GHz의 고주파는 30m 이상의 판독거리로 철도, 물류, 유통 등에서 활용, 마) 860~960MHz은 세계 공통의 물류유통 공용주파수대로 활용되고 있다. 고주파일수록 인식속도가 빠르며 환경에 민감하고 태그 크기가 작아진다. 미국에서는 865~868MHz는 의료용으로 제한되어 있다. 리더와 태그 사이의 통신을 위해 사용되는 통신규격은 125kHz, 135kHz, 13.56MHz, 433MHz(능동형), 860~930MHz, 2.45GHz(수동형, 능동형) 등이며, 주파수 표준을 정하는 문제가 국제표준화의 핵심이다. 현재 RFID용으로 사용가능한 주파수 대역이 국제적으로 통일되지 못하고 있으며 일반적으로 무선통신주파수의 규정이 국가별로 다르고 관리기구도 각각 다르다. 표 12-2와 같이 세계적으로 사용이 허용된 주파수대역과 신규 사용이 제한된 주파수 대역이 공표되고 있으며 사용목적에 따라 판독을 높이는 것과 긴 판독거리 확보를 위한 RFID 연구가 지속적으로 이루어져 가고 있다.

[표 12-2] 주파수별 RFID 구분 및 특성

[표 12-2] 주파수별 RFID 구분 및 특성

| 주파수 | 저주파 | 고주파 | 극초단파 | 마이크로파 | 주파수 영역 |
| --- | --- | --- | --- | --- | --- |
| | 125.13kHz | 13.56MHz | 433.92MHz | 860~960MHz | 2.45GHz |
| 인식거리 | 60cm 미만 | 60cm 미만 | 50~100m | 3.5~100m | 1m 이내 |
| | • 비교적 고가<br>• 환경에 의한 성능 저하 거의 없음 | • 저주파보다 저가<br>• 짧은 인식거리와 다중태그 인식에 응용 | • 장거리 인식<br>• 실시간 추적 및 컨테이너 내부 습도, 충격 등 환경감지 | • IC기술발달로 가장 저가<br>• 다중태그 인식, 거리와 성능이 가장 뛰어남 | • 900대역 태그와 유사한 특성<br>• 환경에 대한 영향을 가장 많이 받음 |
| 동작방식 | • 수동형 | • 동형 | • 능동형 | • 능동/수동형 | • 능동/수동형 |
| 적용분야 | • 공정자동화<br>• 출입통제/보안<br>• 동물관리 | • 수화물관리<br>• 대여물관리<br>• 출입통제/보안 | • 컨테이너 관리<br>• 실시간 위치추적 | • 공급연쇄관리<br>• 자동통행로 징수 | • 위조 방지 |
| 인식속도 | 저속 | | 고속 | | |
| 환경영향 | 강인 | | 민감 | | |
| 태그크기 | 대형 | | 소형 | | |

참조 : ETRI, 물류와 경영, 2005. 3.

(ㄷ) 유통물류에서 RFID의 효용

RFID는 실시간으로 물류흐름을 파악, 관리 및 통제할 수 있어 활용의 범위와 효용이 날로 증대되어 가고 있다.

ⅰ) 교통 분야

카드에 내장된 RFID칩이 버스나 지하철에 설치된 판독기에 접촉되는 순간 무선으로 통신되어 결재가 이루어진다. 고속도로 요금소에 설치된 판독기가 차량에 부착된 RFID칩을 읽는 순간 판독기를 통해 차량식별 및 사후에 요금을 징수할 수 있으므로 운전자들은 차량을 멈추지 않고 통과할 수 있다.

ⅱ) 식품 분야

RFID칩이 부착된 음식물 재료에 단말기가 접촉되는 순간 유통과정, 적당한 요리법, 신선도 정보가 영상면에 나타난다. 또한 레스토랑 그릇에 부착된 RFID칩은 음식의 종류 및 가격에 대한 정보를 담고 있으므로 손님이 주문한 음식을 먹고 나가면 자동으로 계산될 뿐만 아니라 레스토랑 운영자에게는 식자재(食資材) 재고관리에 대한 정보가 취득될 수 있다.

iii) 의류 및 상품 분야

의류 및 상품에 부착된 RFID칩은 무인판매, 도난 및 불법유통을 방지할 뿐만 아니라 RFID 태그에 고유의 제품별, 일련번호를 제시하면 모조품의 제조가 불가능하게 된다.

iv) 병원 및 제약 분야

의료정보(혈액형, 혈압, 의료기록 등)를 담은 RFID칩을 팔찌나 몸에 지닐 수 있어 진료 받을 때 쉽고 정확하게 진찰이 이루어지며, 환자를 치료하고 약을 투여할 때 실수를 줄이고 어느 병원에서나 환자의 의료기록정보가 공유되므로 진찰이 쉽게 이루어질 수 있다. 또한 의약품에 RFID칩을 부착하면 모조약품을 방지할 수 있다.

v) 여가선용 이용 분야

여가선용공간에 입장하는 입장객들이 RFID칩을 팔찌에 부탁하고 입장하게 되면 현금이나 신용카드를 이용하지 않고도 여가선용공간 내 레스토랑 이용 및 기념품 구입이 가능하고 어린이의 경우 어린이들의 위치추적이 가능하여 미아를 방지할 수 있다.

vi) 컨테이너 터미널 및 회수물류 분야

항만에 RFID 기반의 U-port 인프라를 구축하여 컨테이너 및 차량의 실시간 위치추적을 할 수 있다. 농산물, 음료수 등을 팔레트, 통(桶)과 같은 회수용기에 RFID 태그를 부착하여 관리하면 실시간 변동되는 상황을 파악할 수 있어 관리에 필요한 정보를 활용할 수 있다.

vii) 유통물류의 흐름

RFID 태그를 사용하면 매장, 창고, 공장 및 운송중인 화물에 대한 실시간 정보제공으로 재고수준 및 품질의 감소, 물품의 분실 및 멸실 감소와 안전하고 신속한 작업진행이 이루어진다.

viii) 도서관 서비스 분야

도서관 내 자가(自家)대출, 반납기를 통해 수초 만에 대출·반납할 수 있고, 휴대용 리더기로 책을 찾을 수 있게 된다. 또한 24시간 무인(無人)대출반납이 가능해지는 등 도서관 서비스가 향상되고, 관리·운영비도 크게 절약될 수 있다.

ix) 지하시설물 관리 분야

지중의 매설물 위치표시 및 탐사가 가능하고 중첩 및 인접된 여러 개의 관로를 구분할 수 있다. 또한 도로 덧씌우기 등으로 매몰된 시설물의 정확하고 신속한 탐사로 유지보수가 가능할 뿐만 아니라 주요 급수관의 분기점을 정확히 파악할 수 있으므로 향후 지자체에서 급수관 누수복구나 원관폐쇄 업무 등에 활용할 수 있다. 이에 각종 굴착사고 시 관로파손의 사전예방이 가능하다.

(ㄹ) RFID 기반의 물류활용

RFID 기반의 물류활용에는 고객서비스 및 지원체계[8](CSS & OMS : Customer Service & Support System), 창고관리체계[9](WMS : Warehouse Management System), 운송관리체계[10](TMS), 인도관리체계[11](引渡管理體系, DMS : Delivery Management System), 가시성관리체계[12](可視性管理體系, VMS : Visibility Management System), 공급연쇄 이벤트(사건 또는 사고)관리[13](SCEM : Supply Chain Event Management) 등이 있다.

(ㅁ) RFID의 문제점과 전망

ⅰ) RFID의 문제점

RFID의 문제점으로는 기술적인 면과 제도적인 면이 있다.

기술적인 문제로는

ⅰ-1) 주위의 환경조건에 따라 인식률이 많은 차이가 있다. 건축물 내부나 외부에서 태그를 인식할 때 주위의 금속 등으로 전파 반사물이 있거나 형광등, 네온 등의 장해요인

---

8 CSS/OMS는 고객사와 물류회사가 주문 및 납품에 대하여 정보를 교환할 수 있는 URECA(Ubiquitous RFID Environment Collaboration Area : RFID 기반 유비쿼터스 협업영역)에서 고객의 수발주(受發注)를 효율화시킬 수 있는 주문관리체계이다.

9 WMS는 물류센터 내 제반작업(발주, 입고, 출고, 재고관리 등)의 유통과정 전체를 체계적으로 관리하여 물류관리 및 운영의 최적화와 효율화를 시킨다. 또한 RFID를 기반으로 한 WMS는 물품검사의 간소화 및 자동화, 작업의 정확도로 안정된 재고율 유지, 입출고 처리의 유연성 및 적정 재고유지 및 정확한 출고(FIFO : First In First Out, 先入先出, LIFO : Last In First Out, 後入先出)로 물품처리량의 극대화, 실시간 정보서비스로 업무개선 및 표준화 등의 관리가 가능하게 하는 체계이다.

10 TMS는 수배송관리를 지원하여 차량과 화물의 배정을 효율적으로 관리하고 최적의 수배송 경로의 계획 및 실행을 통해 차량의 흐름을 관제하고 최적화하는 체계이다.

11 DMS는 수출입 물류 및 국제물류를 수송, 통관, 보세운송 등에 관한 통합서비스와 물류관련자들 정보를 공유하여 신속하고 최적화된 선적 및 수송을 지원하는 관리체계이다.

12 VMS는 기업 내외부(內外部)에 가시성(可視性)을 제고하여 주요정보를 관리 항목별로 분류하여 그래프나 문서형태로 보여줌으로써 경영자의 신속하고 정확한 의사결정지원과 지표를 관리할 수 있는 체계이다.

13 SCEM은 물류처리과정에서 발생할 수 있는 다양한 문제점(event)을 사전에 신속한 감지와 분석을 통하여 정의된 규칙에 따라 문제점을 예방하여 정상적인 물류처리가 가능하게 하는 체계이다.

이 있는 경우, 어떠한 재질의 부착물인가에 따라 인식률에 많은 차이가 나타난다.

ⅰ-2) 무선판독기가 설치되어 있는 곳에 RFID 태그가 부착된 물품을 가지고 움직일 경우 판독기가 정보를 읽을 수 있어 개인의 일거일동을 감시할 수 있다. 태그가 부착된 옷을 사 입을 때 리더만 읽으면 그 사람의 브랜드 취향과 구매시기 등을 알 수 있다. 또한 저가의 태그는 해킹 및 위조의 위험도 있다. 사회적 문제는 사생활 침해(RFID 체계 자체가 아니라 그 안에 들어 있는 정보가 네트워크나 인터넷을 통해 유출되는 것이 문제)가 논란의 대상이다. 경제적 문제는 기술의 진전으로 태그가격이 대폭 절감이 되어 기존의 바코드를 대체할 수 있는 수준에 이르러야 활용도가 많아 질 것이다. RFID 기술은 전파를 이용해 소리 없이 개인의 정보를 추적할 수 있으므로 개인정보가 노출되어 악용될 가능성도 있다. 이러한 연유로 미국(2004년 유타주와 캘리포니아 주)에서는 태그부착 사실의 사전고지(事前告知), RFID를 통한 정보수집 및 추적 시 소비자들의 동의, 구매시점에 소비자의 태그기능 정지요구, 소비자가 매장을 떠날 경우 태그를 떼어내거나 파괴하는 것 등을 고려한 'RFID 소비자 보호법'을 통과시켰다. 우리나라도 RFID의 사생활침해, 신원인증, 정보보안에 대한 안전성 등을 고려하여 RFID/USN에서의 '정보침해 방지기술 발전계획'을 수립하여 기술적인 해결방안을 지속적으로 연구하고 있다. 사생활보호법으로 2005년 7월 홈네트워크, 텔레메틱스 등 서비스별 필요성을 대비해 일반법으로 'USN(Ubiquitous Sensor Network) 정보보호에 관한 법률'을 제정할 계획을 수립해 놓고 있다.

ⅱ) RFID의 전망

RFID의 태그가격(일본 총무성 발표에 의하면 10만 원 정도면 군사나 의료 분야에서 위치관측과 진단, 보안 등에 사용할 수 있고 10원 정도면 소매품목의 관리 및 추적 등에 사용할 수 있다고 분석한 바 있음)별 적용 분야가 다르나 지속적으로 가격이 낮아져서 일반적인 저가제품에서는 1센트에 접근하고 고가제품에는 $10의 태그를 붙여 물류효율을 높인다면 태그가격은 문제가 되지 않는다고 한다.

또한 국가별로 RFID의 규격이 다를 경우 보급에 한계가 있기 때문에 국제적으로 규격통일이 필수적이며 주파수에 대한 국제표준이 결정되고 태그가격이 하락하면 RFID가 각 산업분야로 확산되어 물류처리과정을 혁신적으로 변화시킬 수 있을 것이다. 국내·외 물류 분야의 RFID 적용은 공공 분야 중심으로 진행되어야 한다. 이는 기업들이 투자효과를 명확히 확인할 수 없어 관망하고 있기 때문에 공공분야에서 뚜렷한 성공사례를 제시하여야만 기업들의 RFID 기술도입을 적극적으로 유도할 수 있기 때문이다. 산업현장에서도 지속적인 적용 및 연구를 통해 RFID의 문제점들을 해결해 가고 있다. RFID에 대한 적절한 태그가격 및 인식률, 사생활보호 문제 등 해결하여야 할 과제에 대한 조속한 대처 방안 마련, 명확한 비즈니스 모형(model)과 그 간의 적용성과 들을 고속 성장하는 정보기 술과 연동이 되고 안정적으로 운영할 수 있는 RFID 기술이 활용된다면 고객의 요구와 환경변화에 대응하고 낭비요인을 제거할 수 있어 공급연쇄 전체에 대하여 RFID는 효율 을 높일 수 있는 혁신적 기술로 정착될 것이다.

참조 : ① 임석민, "물류학원론", 두남, pp.343~376, 2010.

② 조진행·오세조, "물류관리", 두남, pp.205~226, 2008.

## 17) 공급연쇄 관리(SCM : Supply Chain Management)

### ① 의의

현대의 기업환경은 서비스를 위한 정보연결망(정보네트워크), 기술을 위한 산업의 융·복합 화(개발), 상품의 효용증대를 위한 글로벌화(개방 및 세계화)로 고객의 요구와 기업의 이익증대 를 충족시키는 총체적 서비스(total service)를 지향하고 있다. 이러한 추세에 따라 하나의 방편 으로 공급연쇄 관리가 등장하게 되었다.

공급연쇄관리는 제조, 물류, 유통업체 등 공급연쇄 상의 모든 업체들의 협력을 기본으로 IT를 활용하여 품절방지, 재고수준의 축소, 투자비 및 물류비 감소, 설비유지의 용이 등을 통하여 처리시간을 단축시켜 원가를 낮추고 서비스의 질을 높여 소비자의 가치를 창출할 수 있을 뿐만 아니라 기업으로서는 수요와 공급을 일치시켜 경쟁력 있는 기반(infra)을 생성하고 그 성과를 관측하는 사내(社內)와 사외(社外)의 각 단위체계를 통합하여 연동시켜 관리할 수 있는 경영기법 이다.

### ② SCM의 특징

#### 가) 수요예측 및 대처능력 향상

공급처와 협업을 증진시켜 공급연쇄 전체의 속도 및 효율을 향상시키기 위해 공급연쇄를 실시간으로 가시성(可視性, visibility : 공급연쇄 각각의 항목의 부분을 보는 것) 및 통시성 (洞視性, wholly visibility : 공급연쇄 각 항목을 점검하는 장치와 파트너의 프로세스가 연 결된 전체적인 부분을 보는 것)으로 예외 상황 발생을 즉시 점검 및 대응 성과의 지속적 관측으로 물자와 정보의 흐름을 파악하고 평가하여 시장의 수요예측이 정확해지고 고객의 변화에 신속한 대처능력이 증가되어 고객서비스 및 시장점유율을 향상시킬 수 있다.

나) 매출 증대와 재고 감소

제조업체들은 각종 기술(기기개발로 생산성 증대, 처리시간 단축, 원가 절감, 자동화 등) 개발, 정보화 및 경영혁신으로 신제품 수요확대, 기존제품 개량 및 신제품 개발에 매진하였다. 그러나 최근에는 제조부문의 역량이 어느 정도 달성되었기 때문에 제품 및 서비스공급의 조직영략의 중요성이 대두되면서 제조단계 외부의 가치연쇄인 공급연쇄의 관리에 큰 관심이 쏠리고 있다. 물품의 부가가치의 60~70%가 제조공정 외부인 공급연쇄에서 발생하고 있다. 순수제조 소요시간보다 공급연쇄의 물류관리, 주문처리 및 구매조달 등으로 소요시간이 훨씬 길고 개선의 사항이 많아 외부의 요소들을 저렴한 정보로 적절히 처리하기 위한 방안으로 SCM을 적극 활용하게 되었다. 이에 재고품에 대해서는 처리시간 단축(25~50%), 응답시간 감소(25~50%), 재고감소 등으로 수요의 불확실성이 개선되었고, 매출에 대해서는 정확한 납기회답, 정식인도, 품절 및 재고의 감소, 이행률(fill rate)의 증가, 고객서비스 향상, 시장점유율을 확대시킬 수 있다.

다) 제품 및 서비스 공급의 조직역량 강화

SCM은 외부 지향적이며 파트너들과 연계하여 공급연쇄 전반의 이익증대가 목적이므로 다각도로 전개되는 기업 간 업무처리(경영계획, 수요예측, 생산, 조달, 물류, 판매 등)를 효율적으로 처리하기 위해 기업 간의 정보를 공유, 통합, 관리기술을 기반으로 전자문서교환, 무선식별자, 위성위치관측체계(EDI, RFID, GPS) 등 다양한 기술을 결합하여 업무조직의 가시화, 정보의 통합, 물류와 정보의 동시화[연계 및 융·복합으로 동시성(同時性, real time)과 통시성(洞視性, wholly visibility)으로 물류관리], 파트 간 협업화, 정보의 디지털화, 업무처리의 셀프서비스화(self-service) 등의 전자상거래(EC : Electronic Commerce)로 변모시켜 가면서 제품 및 서비스의 품질을 지속적으로 개선시켜감에 따라 연쇄 내 기업들의 서비스 향상, 비용절감, 이익배분체계가 잘 이루어져 제품 및 서비스 공급의 조직역량이 강화될 수 있다.

③ SCM이 갖추어야 할 중요사항

SCM을 효율적으로 실현하기 위해서는 공급연쇄 파트너 간의 정보공유, 기업의 전략, 목표 및 SCM 기술의 동시화로 재고감소, 현금흐름 및 시장에 대한 서비스를 충실하게 수행하여야 한다. 이를 위해 각 참여자(player)의 역할, 중복부분, 합리화 할 대상 등을 해결하여야 할 중요 과제는 다음과 같다.

가) 환경에 적절한 SCM체계 도입

공급연쇄이 하나의 공동운명체로써 원자재 공급업체, 판매업체를 정보기법(예, 인터넷)으로 연결하여 서로 다른 기업들이 하나의 가치연쇄로 통합되어야 한다. 이와 같은 SCM 체계는 시장에 적합한 것으로서 적절한 가격, 고품질, 최상의 판매후서비스(A/S)가 이루어질 수가 있는 것이다.

나) 경영체계의 조화로운 실현

타조직과 조화를 이루어야 하는 SCM의 경우 제품개발에서 조달, 생산, 판매, 유통에 관한 SCM 전반의 관장부서가 구매본부, 생산본부, 판매본부라는 각각의 부문보다 강력한 의지에 의한 톱다운(top-down) 형태로 지휘명령과 직권을 명확하게 부단한 노력으로 실행하여야만 SCM의 복잡하고 어려운 체계를 조화롭고 적절하게 실현해갈 수 있는 것이다.

다) 강력한 의지실현과 신속성

공급업체 및 판매업체(고객)와 주문정보를 공유하여 자제수급, 생산 및 판매계획에 관한 신속한 의사결정을 기반으로 강력한 의지실현과 신속성으로 환경변화에 대응하여야 SCM 체계의 효율을 증대시킬 수 있는 것이다.

라) 현장에 적합한 판매부서(vender) 선정

복잡다양하고 예기치 못한 일도 발생할 수 있는 현장을 인식 및 처리능력이 없는 벤더에게 SCM 실행체계를 맡기는 것은 큰 손실을 초래할 수 있다.

목표달성을 위해서는 실효효과가 무엇인지에 대한(SCM 도입사례) 철저한 연구, 중립적인 컨설팅 및 통합자의 요망사항, 경쟁자, 금융기관 및 투자회사의 평가에 대한 의견을 수렴하여 기업의 주축(主軸)을 이루고 있는 Vender를 적절하게 선정하여야만 SCM을 성공적으로 활용할 수 있는 것이다.

마) 공급연쇄을 최적화하는 데 도움을 주는 체계 활용

SCM은 다양하게 발전하고 기업들은 SCM을 지속적으로 개선하고 있다. SCM1.0에서 2.0으로 진화, 인터넷과 함께 등장한 전자상거래(EC)인 e-SCM, 공급연쇄 계획인 SCP (Supply Chain Planning), 공급연쇄 실행인 SCE 공급연쇄 이벤트 관리인 SCEM, 판매, 소비 후의 반품, 회수, 재활용 또는 재자원화를 실현하는 역공급연쇄 관리인 RSCM(Reverse Supply Chain Management) 등의 SCM 체계의 모듈들이 등장하고 있다. 이들 발전 동향을 올바르게 파악하여 SCM의 잠재력을 적절히 활용하여 물류산업 발전에 기여하여야 될 것이다.

④ SCM 관리의 구축

SCM 관리의 구축은 운영이나 전략에 따라 다양한 형태가 있고 그 형태에 따라서 결과도 각기 다르게 나타나나 관리체계의 추진방향은, (A) 기업 내부의 모든 기능에 대한 통합, (B) 공급연쇄 상의 모든 기능에 대한 통합, (C) 공급연쇄의 전략개발로 대별될 수 있다. 기업 내부의 기능 통합을 달성하기 위하여 운영과 계획수립 처리방식의 동시화, 부서 위주에서 전체 처리방식 위주로의 기업 구조변화, 전사적(全祇的)인 합의 도출에 대하여 즉시 조달인 JIT(Just In Tim), 전사적 품질 경영인 TQM(Total Quality Management), 기업업무 개선인 BPR(Business Process Reengineering) 등과 같은 경영기법을 적용하여 부서 및 기능 간 벽을 허물고 전사적 (또는 총체적) 차원에서 처리방식(process)을 지속적으로 개선하는 데 중점을 두고 있다. 공급 연쇄 상의 통합을 위하여 통합이 조직의 경계를 초월하고 공급연쇄 상의 모든 경영파트너들로 확장하여 부서 및 조직 간의 명확한 대화채널, 선진화된 협상기술, 핵심경영처리 방식에 대한 지식, 다수의 파트너와 함께 업무를 수행하고 의사결정을 할 수 있는 능력개발에 관한 처리방식 을 원활히 하고 효과적으로 수행할 수 있는 처리방식 팀을 구성한다.

공급연쇄의 전략개발을 위해서는 새로운 경영처리방식과 기술의 공동개발, 공급연쇄상의 고 객에 대한 가치제공, 조직 및 부서의 핵심역량강화 등을 통하여 이루어진 공급연쇄 전략은 장기 적인 차원에서 수행되고 조직 및 조직원 간의 협조체계유지, 달성 목표와 처리방식의 성과에 대한 명확한 한계확립, 최선의 정보네트워킹 능력 활동을 갖추어야 한다. 공급연쇄 관리체계가 상기한(ABC) 추진방향으로 모두 이루어지도록 하기 위해서는 기업 내부의 통합을 먼저 달성하 고 통합의 범위를 공급연쇄상의 모든 파트너로 확장한 후 효과적으로 공유된 전략개발체계를 수립하여야 될 것이다.

공급연쇄 관리체계의 구축을 성공리에 수행하기 위해서는 경영환경, 기업의 역량, 기업이 추구하는 목표에 따라 다양하게 전개될 수 있지만 다음과 같은 사항을 중점적으로 다루어야 할 것이다. 가) 전체 공급연쇄을 대상으로 이루어져야 하는 교육프로그램 작성. 나) 공급연쇄 전체에 걸쳐 공유된 비전을 확립. 다) 기업들은 현재 수행하고 있는 전략의 장점과 단점을 지속 적으로 평가할 수 있는 처리방식(경쟁전략의 평가)을 갖출 것. 라) 공급연쇄 네트워크의 전략적 인 방향을 설정하고 공급연쇄 구성원들이 채널전략을 이해할 수 있도록 하여 공급연쇄 관리인의 부가가치 창출을 할 수 있도록 한다. 마) 개별 기업들은 최적의 파트너를 선정할 수 있는 기준을 가지고 있어야 한다. 바) 공급연쇄의 각 기업 최고경영진의 적극적인 지원과 참여가 있어야 한다. 사) 공급연쇄 관리에서 기업의 조직구조는 수평적이어야 하는데, 기능 및 부서 간 교류가 보장되어야 한다. 아) 공급연쇄의 참여자들은 정보·통신기술을 이용하여 공급연쇄 상의 다양한 정보기반(infra)을 효과적으로 연계하고 표준화된 전산환경을 제공할 수 있는 정보네트워크를 구축해야 한다. 자) 시장에서 경쟁우위를 유지하기 위해 공급연쇄 관리의 구축전략 처리방식을 지속적으로 적용하여 부가가치 창출전략, 인적자원, 정보네트워킹, 공급연쇄 통제 등을 효과적으로 수행해야 한다. 차) 공급연쇄 관리전략의 지속적인 성공은 효과적인 성과관측에 대한 개발 및 적용으로 유지될 수 있다. 성과관측은 처리방식과 결과에 대한 모두를 대상으로 한다. 처리방식 관측은 주문주기 감소, 비용절감, 교육효과 향상, 인적자원의 능력 등을 대상으로 하고 결과 관측은 판매, 수익 증가, 고객만족 증가, 제품설계 시간 단축, 시장 점유율 증가 등을 중심적으로 다룬다.

⑤ SCM의 추진 현황 및 사례

가) 추진현황

SCM은 미국이 섬유산업에 신속응답인 QR과 가공식품 산업에 효율적 소비자 대응인 ECR(Efficient Consumer Response)을 활용하였으며 1990년 전후에 유럽을 비롯한 대부분의 국가에 기업들이 SCM을 추진하였다. 우리나라도 1999년 3월 「한국 SCM 민·관 합동 추진위원회」가 발족되어 산업자원부, 업계, 학계 및 연구소 관련 업계가 참여하여 업무처리절차, 상품코드의 표준화, 한국적 SCM을 정착시키기 위해 기반조성, 실현, 확산단계로 추진되고 있다.

성공사례로는 전사적 자원관리(全社的 資源管理, EPR)를 구축하여 기업 내부의 통합에 의한 자원의 효율적인 활용으로 생산성 향상, 비용 절감, 고객서비스 향상 등을 달성할 수 있었다.

최근 세계 각국의 SCM 시장규모가 급성장하는 추세이며 국내에서도 ERP 구축의 성과가 전 산업에 걸쳐서 가시화되고, 물류표준화를 위한 노력으로 SCM 활용성을 증가시켜 나가고 있다.

나) SCM 추진사례

(ㄱ) 인터넷 환경과 전자 SCM(e-SCM : electronic SCM)

e-SCM은 제조, 무륜, 유통판매 업에 등에 관한 관련 기업들이 공동으로 인터넷, 바코드, 전자문자교환(EDI) 등을 기본으로 자료기반(DB)을 구축하여 고객에 대한 대응력 제고 및 새로운 서비스를 제공하는 협력 체계로서, 가) 전사적 자원관리(ERP)를 도입, 나) 구축된 전사적 자원관리체계를 기존의 공급연쇄에 연결하여 공급업체 및 고객과 주문정

보를 공유하여 자재수급, 생산 및 판매계획 수립, 다) 원자재공급업체, 생산기업 및 고객을 인터넷으로 연결하여 서로 다른 기업들이 하나의 가치연쇄로 통합한다.

(ㄴ) SCM 2.0

글로벌화로 수요변동의 다변화, 협력업체의 도산, 자연재해, 레저 등 발생빈도가 증대됨에 따라 세계 기업들은 위기 대응력의 강화 및 유연성 보강을 위해 기존의 비용 절감 SCM(SCM 1.0) 체계를 재설계하여 탄력적, 그린, 고객지향 및 위험관리 등을 추구하는 SCM 2.0으로 발전해가고 있다. SCM 2.0은, 가) SCM이 고도화 될수록 위기능력을 강화하기 위해 공급, 수요, 기술변화에 대한 탄력적인 대응력, 고속도를 중시, 나) 환경의식의 재고 및 규제강화로 기업들은 공급연쇄 및 물류활동에서 탄소배출의 감소, 역공급연쇄관리(RSCM - A/S 대상제품, 반품, 폐기물 등을 회수해 재활용, 폐기하는 SCM으로서 제품의 흐름이 기존의 공급연쇄와는 반대로 고객에서 출발함) 천연자원 활용 및 절약 등을 고려하여 그린 SCM 정착, 다) 고객접촉에 의해 수집된 정보를 제품개발, 생산, 유통 등에 활용 및 공급연쇄 재설계시 반영하여 경쟁력 있는 신기술개발과 SCM의 중요성 증대, 라)전쟁, 테러 등에 관한 위험관리 등을 중시하여 고객지향적 SCM으로 발전되어 가고 있다.

(ㄷ) 공급연쇄 계획(SCP : Supply Chain Planning)

공급연쇄 계획은 개별적으로 생산계획을 수립하는 게 아니라 전체적인 수요생산 및 구매계획 등을 고려한 공급연쇄 전체의 최적계획을 수립하여 구매, 생산, 유통, 판매에 관하여 공급연쇄 상의 모든 업무의 전략, 전술, 운영에 대한 계획의 수립 및 관리를 하는 것이다. 공급연쇄 계획에서 계획기능은 주(主)생산계획(master planning : 년간/분기/월간 생산계획), 생산일정(production scheduling : 월간/주간 생산일정), 조달계획(procurement plan), 일정수정(rescheduling simulator), 변화관리(change control) 등을 포함하고 판매계획, 재고(자재/제품), 공급계획, 공급자 공급계획 및 데이터 호환(data interface), 구매계획, 재고정보 등의 공유(共有)를 지원하면서 수출예측, 배송계획, 납기응답 부분은 제외시킨다.

SCM이 광범위하게 활용되어 기업 간 경계가 점점 모호해짐에 따라 개별기업간의 경쟁이 아닌 공급연쇄간의 경쟁체제로 변해가고 있다. 이에 공급연쇄 상의 구성원들은 하나의 목적을 갖고 일사불란하게 움직일 수 있는 단일 예측이 있어야 소기의 목적을 달성할 수 있다. 이에 협력계획·예측 및 보충인 CPFR(Collaborative Planning, Forecasting and Replenishing)을 통한 단일 예측(one number forecasting)을 하기 위하여 협력을 위한 처리방식인 S&OP(Sales & Operation Planning : SCM 전체를 조정하는 경영자들의 의사결정 지원도구로써 고객서비스, 판매량, 생산량, 재고수준, 마케팅 동향 등을 전체적으로 통시(洞視)하며 수요공급의 균형을 유지하고 관리할 수 있는 체계임)와 협력을 해야 한다.

(ㄹ) 공급연쇄 사건(또는 사고, Event) 관리(SCEM)

SCEM은 최적의 계획수립, 계획의 정확한 실행, 문제점의 감지(感知), 피드백을 통한 조정으로 이루어지는 체계로 기업에게 실시간으로 정보를 제공하며 최적의 해답을 선택을 할 수 있게 지원하고 기업에게 주목하여야 할 문제점(공급연쇄 전반에 걸쳐 과잉재고, 품절 등)에 대하여 사전에 조기경보(early warning)를 함으로써 문제발생을 사전에 조처할 수 있고 핵심성과지수(KPI : Key Performance Index)를 설정하고 공급연쇄에 대한 지속적인 관찰(monitoring) 및 조정을 통해 공급연쇄의 효율을 향상시킬 수 있는 체계이다.

SCEM은 제3자 데이터와 사건(event)에 대하여 공급연쇄의 부분을 실시간(real time)으로 가시성(可視性, visibility)을 제공하고 각 항목을 점검하는 물리적 장치와 파트너의 처리방식이 연결되어 공급연쇄 전체를 보고 관찰할 수 있는 통시성(洞視性, wholly visibility)을 제공할 수 있다. 이를 위하여, 가) 현재 SCEM기술을 확장한 전사적자원관리(ERP)로 통합되어 중요한 주문이나 재고의 가시성은 ERP로 제공한다. 즉, 공급연쇄의 실시간 가시성으로 원재료 구매, 제조, 판매, 물류 등을 동시화(同時化)하고 고객요구 및 예외적인 사항에 대한 대응력을 높이며 서비스의 품질을 증진시킬 수 있다. 또한 공급연쇄 전체의 흐름을 가시화할 수 있는 통시성에 의하여 기업활동을 신속·정확하게 수행할 수 있다. 나) SCEM을 공급연쇄 기술의 일부로 편입하고 공급연쇄 계획인 SCP나 공급연쇄 실행인 SCE 분야에서 접근하며 기업활용통합(EAI : Enterprise Application Integration)의 기업 내부 통합기술을 바탕으로 SCEM의 기능을 추가한다. 다) 순수한 SCEM 기술업체들은 확장된 공급연쇄의 통시성 제공에 큰 장점이 있으므로 통합에 추가비용이 소요되지만 특정기술에 치우치지 않는 통합을 실현한다.

(ㅁ) 역공급연쇄관리(RSCM)

RSCM은 고객으로부터 물품이 되돌아오는 경로를 관리하는 것으로 발주오류, 배송오류와 같은 사무적인 실수, 불량품, 상품교체, 구매취소 등이 있다. 어떤 이유로 고객들이 반품하는지 분석하면서 기업은 고객만족도를 증대시키고 반품을 줄일 수 있는 예방조치를 취할 수 있다. 반품량을 예측하면 특별할인과 같은 행사를 통해 다른 시장에서 저렴한 가격으로 처분할 수도 있다.

(ㅂ) 경영처리방식인 경영처리혁신(BPR : Business Process Reengineering or Restructuring, Redesign : Innovation)

경영처리혁신(BPR)은 업무절차를 근본적으로 재고하여 급격하게 재설계함으로써 비용, 품질, 서비스, 속도 등의 핵심요소를 적극적으로 개선하는 것이다.

경영처리혁신은 기업 내부의 변화[14]가 동기가 되어 발생하게 되었다. 또한 경영처리혁신은 조직 내의 처리방식이 경쟁자보다 월등해야 한다는 원칙에서 고객의 요구를 충족하는 일련의 과정을 하나의 처리방식으로 설정하고 경쟁사를 압도하기 위한 처리방식인 혁신운동으로 사업의 비전과 업무목표 설정, 혁신대상 처리방식 선정, 현재 처리방식의 이해와 분석, 필요한 정보기술의 확인 및 취득, 처리방식모형(prototype)의 설계 및 구축, 결과의 관측 및 평가 등의 순으로 추진한다.

BRP의 성공요소로는, 가) 최고경영자의 주도와 구성원의 공감대가 이루어져야 한다. 총론에 찬성하고 각론에 반대하는 조직의 형태를 벗어나 혁신을 위해서는 최고경영자의 지도능력, 조정능력 및 결단력이 필요하다. 나) 추진주체가 올바르게 구성이 되어야 한다. 경영처리혁신은 대상처리방식에 관련된 부서를 주축으로 추진조직을 구성하되 그 구성원에 정보체계부서장을 포함시키는 것이 적절하다. 다) 사업의 핵심요소와 연계하고 경영처리방식의 범위를 설정해야 한다. 사업목적이나 기업전략을 달성하는 데 가장 중요한 요소가 무엇인지 판별하고 이를 강화시키는 방향으로 경영처리혁신을 추진시켜야 한다. 또한 경영처리방식의 폭(breadth)의 광범위하면 혁신이 전체 조직에서 발생할 수 있을 뿐만 아니라 협의의 처리방식에는 나타나지 않는 혁신기회를 얻을 수 있는 장점이 존재한다. 경영처리방식의 깊이(depth)는 재설계 시 기업의 핵심이며 구성원의 행동을 변화시키는 근본 요소인 역할과 책임, 성과의 관측과 보상, 조직구조, 정보기술, 공유가치, 제조기술 등의 요소를 포함시켜 이에 대한 실제적인 변화를 추구하는 것을 뜻한다. 라) 경영처리혁신의 출발선을 기업 내부의 아이디어가 아닌 고객의 요구에 의한 고객참여의 경영처리혁신이 되어야 한다.

---

14 기업내부의 변화 : ① 소비자 요구의 급격하고 다양한 변화, ② 국제화, 개방화, 규제완화 등으로 글로벌 경쟁의 심화, ③ IT기술의 발전으로 인한 변화와 일상화 등의 외부 환경의 변화, ④ 통제 및 효율보다 서비스의 질, 속도, 값 (비용)을 중시하는 기업철학의 변화, ⑤ 업무에서 정보기술의 활용 미흡, ⑥ 부서 간 접촉 및 의사소통에서의 간접비용 증가, ⑦ 조직의 경영처리 방식, 혁신 노력 등

(ㅅ) 실시간기업(RTE : Real Time Enterprise)

기업들은 경영환경이 급변하고 불확실성이 확대되면서 고객의 요구를 신속하게 파악하여 신속하게 대응할 수 있도록 말단조직에서 최고경영자에 이르기까지 모든 정보와 지식을 실시간으로 공유하여 비즈니스 처리방식의 지연요소들을 제거하고 기업의 의사결정과 그 후속조치를 실시간으로 실행하는 스피드 경영기법이 실시간기업이다.[15]

실시간기업의 요소기술은 실시간추적을 통해 효율적인 공급연쇄 구축을 가능하게 하는 무선식별자, 웹서비스, 기업긴급통신(EIM : Enterprise Instant Messaging), 사업활동관찰(BAM : Business Activity Monitoring) 등이 있으며, 기업 내부의 처리방식 통합과 관리를 위해서는 경영처리관리(BPM)가 필요하다.

활용(application)으로는 전사적 자원관리(ERP), 자료저장장소(DW : Data Warehouse), 사업정보처리기능(BI : Business Intelligent), 기업활용통합 등이 실시간기업의 기반을 이루고, IT통합뿐만 아니라 처리방식의 통합도 필요하다. 이에 기존의 활용 처리방식에 맞추는 재설계가 필요하며 하부구조(infra structure)로서 정보기술(IT)과 상부구조(super structure)로서의 비즈니스 처리방식인 2가지 계층(layer)이 있다.

ⅰ) 하부구조인 정보기술

실시간기업은 정보체계를 통합하여 기업 내부의 통합뿐만 아니라 유관기업, 소비자들과 의사소통 및 정보교환이 가능한 통합체계를 구축하여 주문을 받아 부품을 조달하고 조립하여 고객에게 배달하기까지의 모든 처리방식을 통합하는 것이다.

ⅱ) 상부구조인 비즈니스 처리방식

실시간기업을 위해서는 기업 전체의 비즈니스 처리방식이 명확하고 규정한 처리방식과 그 내용을 끊임없이 개선하되 한 기업이나 조직에 국한되지 않고 공급연쇄 상의 여러 기업과 조직이 연계되어 복수기업 간의 처리방식 전체가 함께 이루어져야 한다. 또한 실시간기업의 핵심요구 구조 조건인 추적(tracking), 통시성(洞視性, wholly visibility), 관찰(monitoring), 해석(analysis), 실행성과(performance), 대응(response)을 만족하려면 사업정보처리기능(BI), 통합, 메시지 등의 역량이 필요하므로 기업들은 현재 이를

---

15  삼성경제연구소가 정리한 RTE의 4가지 사항은 ⓐ 먼저(기회선점), 빠른 출발로 유망사업의 조기 발굴, 선행투자, 조기출시 등, ⓑ 빨리(시간단축), 빠른 의사결정으로 처리시간 단축, 상품개발 시간단축 등, ⓒ 제 때(타이밍), 적시성으로 부품의 적시조달, 납기 준수 등, ⓓ 자주(유연성), 실시간 경영으로 인적·물적 자원의 실시간 관리와 다품종 소량생산 등이다.

준비해 가고 있다.

이제 관리자는 핵심성과지침(KPI : Key Performance Indicator)을 기준으로 목표 값과 차이를 파악해 자동으로 대응계획을 수립할 수 있고 대응방안까지 연결해 관리할 수 있게 되어 업무와 IT가 괴리되지 않게 수동적 업무처리 방식에서 능동적으로 업무형태로 변화되어 실시간기업를 구현할 수 있는 기반이 이루어졌다.

⑥ SCM과 6시그마(Six Sigma)

가) 6시그마의 의의

6시그마는 현실적으로 인간이 달성 가능한 가장 낮은 수준의 오차(error)라고 할 수 있다. 시그마($\sigma$)는 그리스 알파벳 24개 중 18번째 글자로서 통계학에서는 표준편차를 의미하고 오차(error)나 착오(miss)의 발생확률을 가리키는 통계용어로 통계학에서는 100만 번에 3~4회의 오차(99.99967%의 정확도)가 나는 수준을 6시그마로 규정하고 있다. 5시그마는 100만 번에 233회, 4시그마는 6,210회의 미스가 발생하는 수준이며 3시그마는 97%, 1시그마는 68%의 성공률이다.

6시그마는 품질에 영향을 미치는 결정적인 요소를 찾아내고 문제점을 해결할 수 있는 인재를 양성해서 과학적인 기법을 적용하여 기업경영 전 분야에 걸쳐 무결점(zero defect)의 품질을 추구함으로써 불량으로 인한 손실을 제거하고 업무의 질을 향상시켜 원가를 획기적으로 절감시키고 품질혁신 및 고객만족을 위해 전사적(全社的)으로 실행하는 21세기 경영전략으로 활용되고 있다.

6시그마의 가장 큰 장점은 개선 대상이 처리방식(process)이기 때문에 어떠한 분야에도 적용이 가능하다. 모든 작업과 활동은 처리방식으로 이루어지기 때문이다. 기존의 품질향상 기법은 일반적으로 제조공정에만 적용되었으나 6시그마는 제조업뿐만 아니라 유통, 물류, 서비스, 정부 및 공공기관에 대한 업무를 통계기법에 의한 수치화로 모든 분야에 적용할 수 있는 기법이다.

무한경쟁시대의 경쟁력은 원가를 낮추거나 품질을 향상시키는 것만으로는 경쟁력이 강화되지 않고 제품, 서비스품질, 판매와 구매, 물류 및 회계 등 전 부분의 경쟁에서 총체적으로 우월할 때 경쟁력이 향상될 수 있는 것이다. 고객의 신뢰에 보답하는 최선의 방법은 상품 및 서비스 불량률을 100만 개당 3~4개(6시그마, 99.9996%)로 줄이는 것이다.

나) 6시그마의 특징

6시그마를 창안한 헨리박사는 6시그마는 통계적 관측이자 기업전략이며 철학이라고 정의하였다. 6시그마는 제품이나 처리방식(공정)의 품질수준을 나타내는 통계적 관측 (statistical measurement)의 척도이며, 경영에서는 생산 및 제조과정, 사물실의 업무수준을 통일된 지표(指標)로 나타낸 것이다. 또한 기업전략(business strategy)을 강화시키는 획기적인 경영방법으로 기업의 성장발전에 필수적인 고객 만족도의 수준을 높이는 만큼 제품의 품질을 좋아지고 가격도 낮아져 고객만족은 더욱 커진다. 6시그마의 철학 (philosophy)은 기업 내 가치관과 사고방식을 바꾸어 처리방식의 품질수준을 관측하여 문제점을 파악하고 그 원인을 분석하여 최적의 개선방안을 모색하며 그 성과를 관찰(monitoring)하는 활동이다.

다) 차세대 6시그마

차세대 6시그마는 다른 기업과의 통합을 추구하는 수렴형(convergence)과 6시그마 자체를 개선하는 진화형(evolution)으로 나눌 수 있다.

수렴형은 6시그마에 균형성과지표(BSC : Balance Score Cord), 린생산방식(Lean Production System),[16] 공급연쇄 관리모형(SCOR : Supply Chain Operation Reference),[17] 제약이론(TOC : Theory Of Constraints)[18] 등 주요 혁신기법의 장점을 가미한 것이다. 진화형은 마이클 헨리의 3세대 6시그마 이론을 근거로 한 것으로써 기존의 6시그마가 논리적인 문제해결 과정에 중점을 두었다면 3세대 6시그마는 창의적인 아이디어 도출방법을 중시한 것이다. 즉, 3세대 6시그마는 파스칼(프랑스, 1623~1662)의 표현(혁신은 기존 것을 변화시키는 것이 아니라 없던 것을 새롭게 만드는 것)처럼 혁신의 본질로 돌아가야 된다는 것이다.

라) 한국기업의 시그마 도입현황

한국의 기업들도 내부체계의 기반구축에 중점을 둔 대기업 및 중소기업들이 경영혁신을 위해 6시그마에 관심을 갖게 되어 도입대상이 확대되는 추세이고 삼성화재 및 삼성네트웍스, 에스원, 에버랜드 등이 이미 도입하였으며, 제조기업에서는 현장 중심에서 마케팅, 인사, 기획, 영업 등 사무부분으로 6시그마를 도입하였고 포스코도 2기 처리방식의 혁신도구를 6시그마와 전사적자원관리(ERP) 등 기존의 IT기반(infra)을 접목하는 방안을 모색하였

---

16 린생산방식으로 불리는 즉시조달(JIT : Just-In-Tim)은 자동설비 설치자금이 부족한 상태에서 다품종 소량수요를 충족시키기 위하여 유연성과 낮은 원가라는 두 생산방식의 장점을 결합한 것.
17 정보와 상품의 흐름을 평가, 개선하는 데는 효과적이지만 공급단계에 특화되어 기업 전체의 문제해결에 문제가 있다.
18 의사결정의 초점을 제약(制約, constraints)에 맞추어 물자의 흐름, 돈의 흐름, 논리의 흐름을 최적화한다.

다. 동부제강은 6일을 「6시그마데이」로 명명하여 경영진과 공장장 등이 참석한 자리에서 6시그마 사무국을 별도로 운영하면서 6시그마 중·장기계획을 수립하고 연도별계획에 의해 구체적인 프로젝트를 시행하고 있다. 한샘은 2000년부터 추진해온 전사적자원관리가 물류 및 생산부문에 혁신을 일으켰으므로 마케팅이나 간접부문으로 확대하기 위해 6시그마를 도입하게 되었다.

마) 미국의 6시그마의 도입현황

미국에서 6시그마는 제조업에서는 이미 보편화 되었고 금융, 의료, 통신, 공공부문 등의 서비스분야에서도 활용도가 증대되고 있다.

6시그마 교육기관인 미국의 AAA(Air Academy Association)에 제시한 6시그마 도입전략의 6단계는, 가) 필요성(needs)의 구체화, 나) 비전의 명확화, 다) 계획수립, 라) 계획실행, 마) 이익평가, 바) 이익유지 등이다.

최고경영자가 가장 중요한 과제가 무엇인가를 구체적으로 지정한다(필요성의 구체화단계). 도달하려는 목표를 명확히 설정하고 모든 구성원이 이를 공유한다(비전의 명확화단계). 프로젝트를 선정하는 데서부터 개시연도와 투자대비 이익 등에 관하여 구체적 목표를 설정하고 프로젝트를 주도할 관리자를 선정하여 역할분담을 분명히 하고 간부사원에 대한 교육일정도 정해야 한다(계획수립단계). 3단계에서 수립한 계획을 실천에 옮길 때 최초의 교육대상은 프로젝트를 주도할 관리자와 재무관리 자들이다. 계획실행에 필요한 하드웨어와 소프트웨어 등의 자원을 제공하고 각 프로젝트의 분기보고, 월례회의 일정도 정한다. 계획 및 실행의 장애요인을 정의한 뒤에야 6시그마 활동이 시작되는 것이다(계획실행단계). 개별목표의 달성정도와 진척관리도 평가한다. 이 과정에서 프로젝트에 문제가 발생할 경우 프로젝트의 지속 여부를 다시 논의한다(이익평가단계). 성과를 유지하기 위해 관리계획을 세우고 그 과정에서 필요한 각종 의사소통 채널을 정비한다. 당초계획 대로 실행하고 그 성과에 새로운 프로젝트를 선정한다. 브리핑, 비디오, 사내보(社內報) 등을 통해 성공체험을 알리고 공유하는 활동도 한다. 필요에 따라 프로젝트를 주도하는 관리자 및 그 밖의 간부사원에 대한 교육도 강화하여 더 많은 프로젝트 지도자들도 양성한다(이익의 유지단계).

미국의 경우 6시그마는 제조업에서 이미 보편화되었고 우리나라도 삼성화재, 에스원, 삼성네트웍스, 에버랜드 등이 도입하였고, 제조업의 경우 현장 중심에서 영업, 마케팅, 인사, 기획 등 사무부문으로 6시그마를 확대해가고 있다.

바) 6시그마에 의한 품질경영

품질관리는 제조공정에서 제품의 불량을 제거하기 위한 검사였으나 완성된 제품의 품질 개선이나 불량예방에는 도움이 되지 못하여 관리도(control chart) 등을 적용한 통계적 품질관리(SQC : Statistical Quality Control)로 발전하였다. 그러나 통계적 품질관리도 한계가 있어 품질에 영향을 미치는 모든 부서(경영사, 관리자, 작업자 등 전 계층)가 참여하는 전사적 품질경영으로 발전하고 있다. 전사적 품질경영은 전사적 품질경영으로, 가) 품질을 개선하고, 나) 고객의 욕구를 만족시키고, 다) 직원의 혁신을 권장하며, 라) 정보의 소통을 지원하고, 마) 체계를 개선하며, 바) 직원의 긍지와 팀워크를 고취하고, 사) 혁신과 지속적 개선을 추구하는 것으로 6시그마와 연계하여 운용한다. 또한 6시그마 및 전사적 품질경영과 같이 품질경영을 추진하는 총체적(總體的) 예방 및 생산보존(TPM : Total Preventive Maintenance, Total Productive Maintenance)이 있다. 총체적 예방 및 생산보존은 기업 체질의 강화를 목표로 생산체계 전반의 불량, 고장, 재해의 제로 등 일체의 손실을 없애는 체제를 구축하고 생산부문을 비롯한 개발, 영업, 관리 등 모든 부문에 관하여 최고경영자로부터 현장작업자에 이르기까지 모두 참여한 활동으로 생산체계를 효율적으로 추구하는 종합적 효율화 혁신활동이다. 즉시조달체계는 자동화와 통합화로 이루어져 생산체계를 자동화하기 위해서는 일시정지 또는 불량을 최소화하고 아울러 다품종 소량생산에 의한 작업전환 시간을 최소화해야 하는데, 이를 가능하게 한 것이 TPM이다. TPM과 JIT는 철저한 낭비제거 외에도 경영에 직결되는 전사적 제조기술, 낭비의 미연방지, 현장 현물주의, 참여경영, 인간존중 등의 많은 공통점이 있다.

사) SCM의 전망

기업이 공급연쇄관리(SCM)를 다양하고 급변하는 기업환경에 부응하고 현재보다 효율적이고 미래지향적으로 발전시키기 위해서는 갈수록 증대되는 고객의 요구사항에 대처(더 좋은 서비스, 물품가격의 저렴화, 더 신속한 배달시간, 선택폭의 다양성 등), 국제화가 진전됨에 따라 부품과 완성품의 생산지와 소비지가 지구상의 전 지역에 확대되고 광범위한 시장에 대한 동일한 서비스 제공의 필요성, 기업 간 경쟁이 치열(특수한 기법개발로 창업하는 소기업과 대기업간의 경쟁)해지고, 정보통신기술도입에 의한 제조 및 판매의 촉진에 진력(인터넷을 이용한 상품구매, 공급연쇄의 최적화, 데이터 공급 및 정보처리에 의한 제품, 제품처리 및 배송 등) 등에 대한 SCM 관리에 높은 수준의 성과를 도출할 수 있어야 될 것이다.

이를 위하여 미래의 SCM은, 가) 능동적인 처리방식(active process)으로 통합(경영계획, 제품설계, 마케팅에 의한 고객의 요구에 대응), 신속·정확성(고객의 요구, 네트워크

설계, 조달에 대한 급변화에 신속한 대응으로 새로운 성과 도출), 유연함(수요의 많고 적음에 따른 공급물량에 대한 신축성 있는 조절로 정보의 왜곡으로 인한 손실을 감소) 등을 기반으로 하여 능동적이며 강력한 관리로 SCM 효율을 증대시킬 수 있을 것이다. 나) 수주생산방식(build-to order)과 연기전략(postponement strategy)의 도입으로 서비스 수준 향상, 경쟁력 확보, 비용 절감, 고객의 욕구 충족, 제3자 업체 성장 등에 기여될 것이다. 수주생산방식에서는 수요의 변동이 크고 다품종 소량생산으로 최종 고객이 필요로 하는 물량만큼 생산하는 것으로 정보의 흐름이 공급연쇄의 하류에서 상류로 실시간 전송되고 이에 따라 물품(상품)의 흐름이 상류에서 하류로 진행됨에 따라 적기에 적정한 상품을 정확하고 신속한 공급으로 고객에 대한 서비스수준의 향상과 경쟁력 확보에 크게 기여될 수 있다. 연기전략은 생산의 최종단계를 고객의 주문을 받을 때까지 미룬 다음 고객의 요구에 부응하는 상품을 만들어서 배달하는 생산연기전략과 중앙배송센터에 고객이 요구할 수 있는 상품을 보관하고 있다가 고객주문이 접수되었을 때 즉시 배송하는 물류연기전략이 있다. 소비자의 요구에 즉시 대응할 수 있는 연기전략은 전체 공급연쇄의 비용을 절감하고 고객의 요구를 충족시킬 수 있으므로 제3자 물류업체(다품종의 대량상품을 전국의 거점으로 운송뿐만 아니라 최종 상품의 분류, 라벨링, 포장, 소비자로부터의 전자주문, 소비자에게로 직접 배달 등을 수행함)의 성장에 큰 영향을 줄 것이며 민첩한 물류업체들의 급성장에도 도움이 될 것이다. 다) 미래 기업은 독자기업으로 경영보다는 소비자 지향적 조직이나 공급연쇄 지향적 조직 중 어느 한 조직으로 운영될 가능성이 있다. 소비자 지향적 조직은 상품개발, 브랜드, 시장조사, 기술, 유통채널 전략 등 지적재산에 핵심적인 역량을 집중하고 운영활동은 주로 외주처리(outsourcing)에 의존한다. 예로 공장이나 설비를 보유하지 않고 대부분의 일을 외주 처리하는 회사로 Gateway 2000, Nike 등이 있다. 공급연쇄 지향적 조직은 계약 생산업체, 물류업체, 정보기술업체가 주축이 되고 공급연쇄 운영은 조달, 생산, 물류, 주문처리, 판매후서비스(A/S) 등을 수행한다. 자동차회사일 경우는 두 조직을 지향할 수도 있을 것이다. 라) 웹(web)기반의 SCM으로 확대될 가능성이 크다. 공급연쇄 상에서 발생할 수 있는 처리방식을 표준화한 정보공유로 개방된 연결조직망(network) 인터넷을 통하여 고객은 자신과 관련된 물류정보를 공급자로부터 직접 얻을 수 있고 기업은 요구사항과 물류 수행에 필요한 제반 정보를 쉽고 투명하게 공유할 수 있다. 앞으로 기업이 두 개의 서로 다른 체계를 연계 및 공급연쇄의 모든 체계를 통합할 때 필수적으로 도입을 할 내부연결망(Intranet)과 외부연결망(extranet) 체계 관련 소프트웨어 기술이 개발되면 기존의 사용자/공급자(C/S)체계보다 정보 접근 및 파악이 쉽고 유지비용도 절감될 뿐만 아니라 방화벽을 설치하여 외부로부터 정보도 보호할 수 있고 부분 최적화를 아울러 전체 최적화를 통한 공급연쇄로 모든 기능 및 활동을 통합할 수 있을 것이다. 이에 현재 내부연결망과 외부연결망 관련 소프트웨어 기술이 활발하게 개발되고 있으므로 앞으로의 공급연쇄 관리는 웹을 기반으로 구축이 되어 생산자와 소비자의 요구사항 달성에 크게 기여될 것이다.

참조 : ① 임석민, "물류학원론", 두남, pp.377~497, 2010.
② 조진행·오세조, "물류관리", 두남, pp.423~450, 2008.

# 연 습 문 제

## 제12장 지형공간정보공학

다음 각 사항에 대하여 약술하시오.

① 지형공간정보학의 의의

② 지형공간정보체계

③ 지형자료(geo data)

④ 공간자료(spatial data)

⑤ 정보(information)및 체계(system)

⑥ 지형공간정보체계의 용어변천

⑦ 국내의 GIS 발전동향

⑧ 미국, 캐나다, 일본의 GIS 발전동향

⑨ 국가지형공간정보의 정책의 방향설정

⑩ 국가지형공간정보정책시 추진전략

⑪ GIS에 관한 국내여건조성 및 전망

⑫ 지형공간정보체계의 자료구성요소

⑬ 지형공간적 변량을 표현하는 방식에서 격자(raster)방식, 벡터(vector)방식, 세밀도 (LOD)방식, 자료기반(DB)방식

⑭ RFID

⑮ 지형공간정보의 자료처리체계

⑯ 지형공간정보체계의 자료기반체계의 발전동향

⑰ 위치기반서비스(LBS: Location Based Service)

⑱ 유비쿼터스(ubiquitous)

⑲ U-city, U-Eco city

⑳ 물류정보체계의 의의

㉑ 물류정보체계의 구축에 필요한 정보기법(VAN, EDI, CALS, RFID, SCH, BPR, RTE, 6 sigma)

# PART. 04

## 우주개발

# 13 우주개발

## 1. 개 요

지구는 태양계 우주에 속해 있다. 태양을 중심을 다수의 행성(行星) 및 달로 구성된 태양계 우주에서 태양은 가장 큰 천체(天體)이다. 그러나 태양은 태양계 우주 이외에 많은 은하계(銀河系)를 포함한 우주 전체 중에서는 하나의 작은 별에 지나지 않는다. 태양은 인류 및 모든 생태계에서 중요한 역할을 하고 있다. 태양의 크기는 직경이 약 864,000mile(1,382,000km)이나 되며 태양계의 주요 에너지의 공급원이다. 태양의 내부온도는 25,000,000°F(14,000,000°C) 가량 되지만 표면온도는 10,000°F(5,600°C) 수준이다. 태양은 지구에 대해서 약 27일의 주기(週期)로 자전(自轉)을 하면서 수백만도(數百万度)나 되는 높은 온도의 물질을 우주공간에 방출하고 자장(磁場)을 형성할 뿐만 아니라 충전입자(充電粒子)와 자기(磁氣)를 태양계의 천체를 향해서 계속 방출하고 있으므로 태양계의 환경변화에 큰 영향을 주고 있다. 이러한 태양의 영향은 같은 태양계 내에서도 수성(水星), 금성(金星), 지구, 화성(火星), 목성(木星), 천왕성(天王星), 해왕성(海王星), 의 순서로 거리가 멀어짐에 따라 그 영향도 감소되고 있다.

인공위성(artificial satellite)은 우주개발에 대한 목적을 갖고 물체주위를 궤도에 따라 선회하도록 개발하여 우주에 발사된 우주비행체(spacecraft)이다. 우주비행체는 인간이 탑승하는 유무에 따라 유인비행체와 무인비행체로 분류되며 지구궤도를 도는 인공위성과 태양계의 다른 행성을 탐측하기 위한 탐측위성은 무인비행체다.

우주과학 기술에 의한 각종 취득된 자료는 우리 인간의 일상생활의 개선에 중요한 부분이 되어가고 있다. 인공위성에 의하여 위성통신 및 방송, 위성에 의한 범 지구 위치결정체계(GPS : Global Positioning System)에 의한 배, 항공기 및 자동차의 항행을 위한 위치자료제공, 자원탐사, 환경조사 및 감시, 재해조사, 기상위성에 의한 날씨예보, 지구의 온난화 현상, 삼림 황폐화, 지형해석 및 지형도작성, 해양 및 지표면에서 발생하는 각종 현상변화를 정확하게 감지 및 관찰할 수 있다. 위성기술은 여러 방면의 과학 및 기술을 조합하는 대단히 정교하고 고유한 기술로서 재료, 컴퓨터, 로봇산업, 건설사업, 전자공학, 통신, 정보화와 같은 각종 분야에 대한 과학기술을 진흥시켜 새로운 산업분야를 육성 발전시키는 동기부여에 기여하고 있다.

## 2. 우주개발을 위한 인공위성의 종류 및 운영체계

### (1) 임무수행을 위한 인공위성의 종류

지구의 둘레를 공전하는 인공적인 위성으로 비행하는 궤도의 고도에 따라 정지위성(지구의 자전주기와 같아서 지표면에서 보면 위성이 상공의 한 지점에 정지해있는 것처럼 보이는 위성)과 이동위성으로 구분한다.

### 1) 통신 및 방송위성

일상생활 및 생활개선에 가장 밀접한 영향을 주는 통신위성으로 임무는 라디오, 전화, 텔레비전 및 각종 필요한 자료를 전달한다.

통신위성은 지구의 자전주기와 동일하게 회전속도를 갖고 있는 정지궤도(GEO : Geostationary Earth Orbit)에서 고정통신 및 이동통신이 가능하고 중궤도(MEO : Medium Earth Orbit)에서도 이동통신이 가능하다.

우리나라 통신위성으로는 무궁화위성 있으며 무궁화 1호가 95년 8월 5일에 발사된 후 6호(2010년 12월 29일)까지 발사되었다.

2002년 3월부터 위성방송을 해온 한국디지털위성방송(스카이라이프)은 2003년 HD(High Definition) TV방송서비스를 시작함에 따라 디지털(digital)로 전환되는 2013년에는 모든 TV채널을 HD수준으로 보게 됨에 따라 각 가정에서 영화전문 3D PPV(3-Dimensions Pay Per View)로 개선할 체계도 마련되고 있다.

## 2) 기상위성

각종 기상(태풍, 홍수, 구름, 습도 등), 재해, 농작물 수확 등에 관한 예측 및 현황을 파악하는 데 기여를 한다. 기성위성에는 미국의 TIROS(Telecom Infrared Observation Satellite : 고도 850km 상공에서 지구를 남북방향으로 선회), 일본의 GMS-3(Geo stationary Meterological Satellite-3 : 고도 36,000km 상공에서 지구자전과 같이 선행하면서 항상 일정한 지역에 기상정보 제공), 우리나라의 COMS[Communication, Ocean and Meteorological Satellite : 36,000km 상공의 운용궤도(적도, 동경128도)에서 기상정보 제공], 러시아의 Meteor, 중국의 풍운 시리즈 등이 있다.

## 3) 지구관측위성

지구표면상의 토지, 자원 및 환경에 관하여 고성능이며 다양한 파장의 영상취득카메라 및 센서 등을 이용한 관측으로 토지 및 환경변화, 3차원 지형해석 및 도면제작, 농작물작황현황, 산림자원분포, 지구의 온난화현상, 지표면 및 해양에서의 변화감지, 각종 재해요인 추출 및 예방에 대하여 기여하고 있다([표 13-1]).

[표 13-1] 각 국의 지구관측 위성현황

| 소유국 | 위성명 | 센서유형 | 밴드 | 해상도 [m] | 방사해상도 [bit] | 발사연도 | 촬영폭 [km] |
|---|---|---|---|---|---|---|---|
| 한국 | KOMPSAT-2 | MS | 1 4 | 1 4 | 10 | 2006 | 15 |
| 한국 | KOMPSAT-3 | MS | | 0.7 2.8 | | 2012 | |
| 미국 | LANDSAT | Pan ETM$^+$ | 1 7 | 15 30, 60 | | 1999 | 185 |
| 미국 | IKONOS | MS | 1 4 | 1 4 | 11 | 1999.9 | 11 |
| 미국 | QuickBird | MS | 1 4 | 0.61 2.44 | 11 | 2001.10 | 16.5 |
| 미국 | OrbView | MS | 1 4 | 1~2 4 | 11 | 2003.6 | 8 |
| 미국 | GeoEye | MS | 1 4 | 0.41 1.65 | 11 | 2008.9 | 15.2 |
| 러시아 | KVR-1000 | Film Camera | 1 | 2 | 8 | 1980 | 40 |
| 러시아 | DK-1 | Digital Camera | 1 | 0.8 | 8 | 1978 | 40 |

[표 13-1] 각 국의 지구관측 위성현황(계속)

| 소유국 | 위성명 | 센서유형 | 밴드 | 해상도 [m] | 방사해상도 [bit] | 발사연도 | 촬영폭 [km] |
|---|---|---|---|---|---|---|---|
| 러시아 | RESURS-DK | MS | 1 3 | 1 2 | 10 | 2006 | 28.3 |
| | RESURS-DK-R | MS Radar | 1 4 | 1. 2.5 1.5 | 10 | 2003 | 28.3 |
| 캐나다 | Radarsat-2 | Radar | 1 | <50 | | 2004 | <300 |
| 프랑스 | SPOT-5 | MS | 3 1 1 | 10 10 2.5 | | 2002.5 | 60 |
| 독일 | RapidEye | MS | 5 | 5 | <12 | 2008.8 | 77 |
| 인도 | IRS-1C/D | Pan | 1 | 5 | 6 | 1995 | 70 |
| | IRS-P5 | Pan | 1 | 2.5 | 10 | 2005.5 | 30 |
| | IRS-P6 | MS | 3 4 | 5.8 23.5 | 7 | 2003.10 | 23.9 |
| 일본 | ALOS | MS Radar | 1 4 1 | 2.5 10 | 8 | 2005.7 | 70 |
| 이스라엘 | EROS-B1 | Pan | 1 | 0.82 | | 2002 | |

## 4) 항법위성

미국의 나브스타GPS(NAVSTAR-GPS : NAVigation System with Timing And Ranging-GPS)라는 항법위성 프로그램에 의해 1973년 미 국방성에서 군사적 목적으로 GPS가 개발되었으나 현재 국토개발, 시설물관리, 차량항법체계, 측지측량망 설정, 항공산업, 농작물관리, 긴급재난구조, 우주개발 등에 기여하고 있다.

러시아의 GLONASS, 유럽연합과 유럽우주국의 GALILEO 프로젝트 계획은 GPS와 유사한 항법체계로 구축되고 있다(그림 13-1).

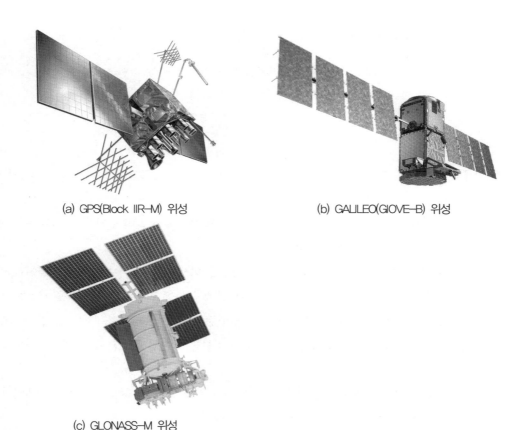

(a) GPS(Block IIR–M) 위성          (b) GALILEO(GIOVE–B) 위성

(c) GLONASS–M 위성

출처 : GPS_www.GPS.gov,  GA츠LILEO_www.esa.int,  GLONASS_www.nisglonass.ru

**그림 13-1** GNSS 위성

## 5) 군사 및 정찰위성

군사용으로 사용되는 정찰, 조기경보, 도청통신, 항행, 군사에 필요한 기상(일기예보, 홍수대비, 지진예측 등) 등을 해석하고 감시하는 데 기여하고 있다.

미국의 DSP(Defense Support Program) 위성은 적외선감지기, 레이더를 이용하여 미사일발견, Vera 위성은 핵폭발탐지, DMSP(Defense Meterological Satellite System) 위성은 군사적 목적이외에 일기, 홍수, 지진, 농작물작황, 지도제작, 환경감시에도 기여한다. 러시아의 Rorsat 위성은 항공기나 군함을 추적하고 있다.

가시광선 및 적외선에 의한 군사정보수집에는 러시아의 COSMOS, 프랑스의 SPOT, 미국의 Lacrosse 위성 등이 있다. 또한 도청위성으로 미국의 볼텍스, 오리온위성이 있으며 러시아의 라두가위성, 포토크위성도 군사통신위성이다.

## (2) 인공위성의 운영관리체계

인공위성의 임무를 수행하기 위해서는 위성관제 및 위성자료의 수신국역할을 하는 지상의 관제국, 위성궤도 국제등록 및 할당제도를 고려해야 한다.

### 1) 관제국의 임무

관제국의 내부적인 역할은 4개의 체계, 즉 위성운용, 임무계획, 모의관측(simulation), 원격추적 및 명령체계로 이루어진다.

위성운용체계는 위성에 보내는 자료의 분석, 보낼 명령을 작성하여 안테나로 자료를 전송 및 자료기반(DB : Data Base)화하여 저장한다.

임무계획체계는 사용자가 필요로 하는 위성의 임무를 위성운용에 사용할 수 있는 언어로 변환, 임무운용을 위한 궤도결정, 위치자세조정, 연료량계산 등에 관한 임무계획표를 작성한다.

모의관측체계는 위성에 필요한 명령을 직접 보내기 전에 위성에 대한 자세제어계, 열제어계, 전력계, 관측 및 명령계 등을 모형화(modeling)하여 검증하고 운영자가 훈련, 위성의 이상상태 등을 분석한다.

원격추적 및 명령체계는 지상의 관제국과 연속적으로 주고받을 수 있는 정상적인 상태검사, 중계기의 송수신전환 및 계기들 간의 변환 등을 점검한다.

관제국의 외부적인 역할은 위성체계와의 관계, 수신국과의 관계, 외부지상국과의 관계를 다루어 위성탑재체의 정상적 운용, 관측자료의 수신, 처리, 저장 등을 수행하여 사용자들에게 필요한 자료를 분배한다.

### 2) 위성궤도 국제등록 및 할당

위성에 의한 통신 및 방송업무를 수행하기 위해서는 위성궤도와 주파수를 국제주파수 등록원부에 등재되어야 한다.

위성망 국제등록을 위해 전파규칙이 정한 서류와 위성사업 계획서를 갖추어 신청하면 우선적으로 할당하여 지정한다. 명시된 규정과 절차에 의해 위성망 국제등록 및 조정이 통과되더라도 공표자료를 제출 후 7년 이내에 위성을 발사하지 못하면 위성망의 국제등록이 말소된다.

## 3. 인공위성의 궤도 및 발사환경

### (1) 인공위성의 궤도

인공위성은 고정된 평면 내(궤도평면)에서 지구의 중력과 위성의 원심력을 유지하면서 지구 중심을 기준으로 하여 일정한 궤도를 따라 움직이고 있는 저궤도(LEO), 중궤도(MEO), 정지궤도(GEO), 태양동기궤도(SSO), 고타원궤도(HEO) 등이 있다. 특수궤도로서 러시아의 북극지역에서 좋은 시야를 제공하는 몰니야(Molniya)궤도가 있다. 또한 그림 13-2와 같이 원형, 극 및 타원궤도 등도 있다.

### 1) 저궤도(LEO : Low Earth Orbit)

고도가 500km에서 1,500km 사이에 있는 궤도이며 9분에서 20분 정도 짧은 주기로 하루에 수십 회의 회전을 하고 일정한 시간이 지나면 원래 출발하였던 자리로 되돌아온다.

대부분의 지구관측위성과 위성이동통신체계(GMPCS : Global Mobilized Personal Communication by Satellite)의 위성들이 이용하고 있다.

저궤도위성으로는 우리나라 우리별(궤도 : 1호 1,300km, 2호 820km)과 아리랑(궤도 : 1호, 2호, 3호 685km), 미국의 랜드샛(LANDSAT : 주기가 98.5분이며 하루에 15회 정도 지구를 회전) 등이 있다.

### 2) 중궤도(MEO : Medium Earth Orbit)

고도가 5,000km에서 20,000km인 궤도로 밴앨런대의 영향을 고려하여 궤도를 택한다.

밴앨런대는 전파통신에 악영향을 주는 1,500km에서 5,000km 사이와 20,000km에서 30,000km 사이에 형성되어 있다.

중궤도를 이용하는 대표적위성은 미국의 GPS, 러시아의 GLONASS, 유럽연합과 유럽우주국의 GALILEO 등이 있다.

### 3) 정지궤도(GEO : Geostationary Earth Orbit)

고도 35,786km 상공에서 경사각이 0°인 적도면의 원형궤도로서 공전주기가 23시간 55분 4초로 지구자전주기와 같다. 공전방향도 지구의 자전방향과 같으므로 상공에 고정된 것처럼 보이기 때문에 전파를 송수신하기 위해 안테나를 움직일 필요가 없다.

주로 통신과 방송위성에 이용하나 기상위성으로도 사용하고 있다.

우리나라에서는 2010년 6월 27일에 천리안위성(COMS : 통신해양기상위성)을 발사하여 활용하고 있다.

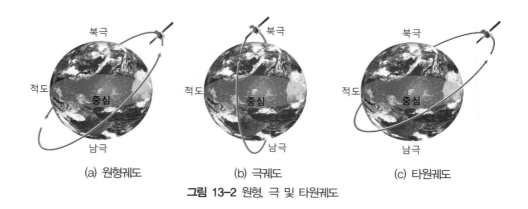

(a) 원형궤도　　　　　(b) 극궤도　　　　　(c) 타원궤도

그림 13-2 원형, 극 및 타원궤도

## 4) 태양동기궤도(SSO : Sun Synchronous Orbit)

태양동기궤도의 주기는 지구의 궤도주기와 동일하기 때문에 위성궤도면과 태양은 항상 동일한 각도를 유지한다(그림 13-3).

대부분의 지구관측위성(KOMPSAT, IKONOS, SPOT 등)이 태양동기궤도이다.

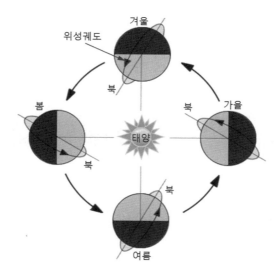

그림 13-3 태양동기궤도

## 5) 고타원궤도(HEO : Highly Elliptic Orbit)

고도 약 500km(단반경-근지점)와 약 50,000km(장반경-원지점) 범위의 고위도타원의 비정지위성궤도이다(그림 13-4).

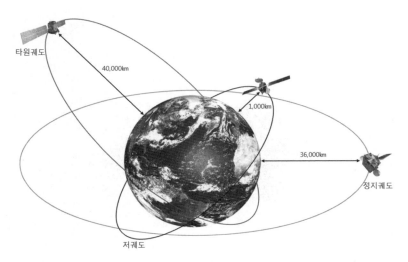

타원궤도

40,000km

1,000km

36,000km

정지궤도

저궤도

**그림 13-4** 타원궤도 및 정지궤도

비정지궤도이지만 중위도와 고위도지방에서 궤도의 경사각을 60° 이상으로 하여 원지점 근방을 통과할 때 오랜 시간 원하는 지역에 좋은 통신환경을 제공할 수 있고, 고층건물이 많은 대도시에 좋은 서비스를 할 수 있다.

## 6) 몰니야궤도(Molniya Orbit)

러시아와 같이 고위도지역에서 관측 및 통신을 할 수 있도록 장반경(원지점)은 약 40,000km 단반경(근지점)은 약 600km이며 경도경사각이 63.4°인 고타원궤도다.

12시간 주기로 회전하므로 정지궤도에서 커버할 수 없는 고위도지역을 오랜 시간 관측할 수 있다. 3개의 위성만 있으면 극지역을 비행하는 항공기와 계속적인 통신을 수행하고 북반구를 계속적으로 관측할 수 있다(그림 13-5).

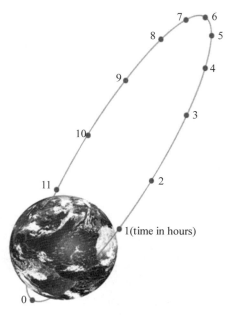

**그림 13-5 몰니야궤도**

## (2) 인공위성의 발사환경

### 1) 발사환경조성

인공위성을 임무에 적합한 궤도에 진입시키는 로켓체계를 위성발사체라 한다. 발사환경조성은 위성설계발사장 여건 및 비용 등을 고려하여 다음과 같은 점을 점검하여 이루어진다. 발사장의 위성의 수, 중량, 임무궤도, 임무과정 및 비용, 위성체 추진계의 궤도와 무게, 진입로켓 및 부스터 부속품의 무게, 발사체의 형상 및 크기, 진동주파수 및 크기, 최대가속도, 궤도진입 정밀도, 발사장과 발사체와의 연결 관계, 특히 지형적인 조건(지반의 견고성, 주변의 지세, 방해요인의 유무) 및 인가(人家)와의 관계 등을 면밀히 분석하여 발사환경을 만들어야 한다.

### 2) 인공위성의 발사장 입지선정

발사장은 위성의 임무와 궤도경사각, 안전성, 접근성, 기후 및 지형조건 등을 고려하여 선정한다.

① 위성의 임무와 궤도경사각

적도와 작은 경사각을 필요로 하는 정지궤도위성은 적도 근처가 유리하고 큰 경사각 또는 극궤도가 필요한 위성은 위도에서 남쪽(혹은 북쪽)을 향한 발사가 유리하다.

② 안전성과 접근성
• 안전성

발사체가 대기권을 벗어나 궤도에 진입하기 위하여 최소 3단계 이상의 분리가 이루어지므로 다른 나라(우리의 경우 중국, 일본, 대만 등)의 영토나 인구밀집지역을 직접통과로 인한 문제가 생기지 않도록 한다. 이는 분리가 이루어질 때 로켓의 낙하지점이 발사체의 용량과 로켓추진제에 따라 다르기 때문이다.

• 접근성

발사체의 조립은 발사장에서 이루어지므로 각 단의 로켓을 부분적으로 발사장에 이동되어야 하기 때문에 기존의 도로망이나 교통시설의 접근성을 마련해야 한다.

• 기후와 지형조건

– 기후조건 : 발사장 또는 예정비행경로 18km 이내에 벼락 및 뇌우가 없을 것, 발사 15분 전에 지상으로부터 9km 상공의 전압계강도(벼락 시 구름과 지상 사이에 발생하는 전기)가 1kV/m 이내일 것, 비행경로 상에는 구름의 두께가 1.37km 이상이면 안 되며 가능하면 풍속이 12.35m/sec 이내이어야 발사대와의 충돌을 방지할 수 있다.

– 지형조건 : 발사장 부지의 지반이 약할 경우 위성체 정확도에 큰 영향을 미치므로 공사 시 암반상태를 철저히 조사하여야 한다. 또한 발사장에는 폭발사고(고체 및 액체로켓이 지상에서 폭발사고)를 대비하여 안전거리를 충분히 확보하여야 한다. 우리나라의 경우 발사가 해상을 향해 이루어지므로 발사 시 어업중단에 따른 보상 문제를 고려해야 된다.

## 3) 인공위성의 발사가능시간 및 발사방향

① 발사가능시간

태양동기 저궤도위성인 경우는 하루에 동일한 장소를 동일한 시간에 운행하기 때문에 특정한 발사장에서 특정한 발사시간대에 발사를 해야 한다.

우리나라의 아리랑위성은 10시 50분에 적도를 통과할 수 있도록 발사시간을 계산하여야 하며 하루에 발사할 수 있는 시간대는 약 10분 정도이다. 적도 정지궤도위성인 경우는 천이궤도[19]에

---

19  천이궤도(transfer orbit, 遷移軌道) : 고도가 다른 두 궤도 사이에서 첫 번째 궤도로부터 다음 목표궤도로 올려놓기

서 태양의 위치 및 원지점에서 원지점엔진을 점화할 수 있도록 명령을 지상국과의 통신에 의하여 정해지며 발사할 수 있는 시간대는 하루에 약 2시간 정도이다. 우주왕복선의 경우에 있어서 발사 시간대는 정지궤도위성을 저궤도위치의 우주왕복선에서 발사할 때는 태양의 위치를 고려하고, 우주관측계기를 발사할 때에는 행성의 위치를 고려하여야 한다. 행성탐사인 경우에는 행성까지 도착하는 데 자체의 추진연료가 많이 요구되므로 태양과 행성이 가장 가까워져서 에너지 소요가 최소가 될 수 있도록 발사시간대를 계산(다른 행성의 중력을 이용하는 swing-by를 수행할 수 있도록 시간대를 계산)하여야 되기 때문에 경우에 따라 여러 개월을 기다려야 발사할 수 있다.

② 발사방향

인공위성은 지구자전방향과 같은 방향으로 발사하므로 에너지를 보전할 수 있도록 지구자전속도(적도 근처에서는 빠르고 극지역에서는 느리다. 북위 30°인 경우 약 400m/sec이다)를 잘 이용하면 다른 방향보다 더 많은 탑재체 무게를 발사할 수 있다. 우리나라 무궁화위성은 미국 플로리다의 케이프커너베럴에 서 동쪽을 향해 발사하였다. 지구관측위성이나 정찰위성인 경우 가능한 지구 전체를 관측할 수 있어야 하기 때문에 극지역을 통과해야만 하는 관계로 남쪽방향으로 발사한다. 주변여건이 여의치 않을 경우(이스라엘은 동쪽에 아랍 국가들이 있고 서해안이 바다로 접해 있음) 서쪽을 향하여 발사를 한다.

## 4) 발사체

발사체는 인공위성이나 우주화물을 우주로 운반하기 위한 1회용 소모성(예 : 정지궤도 및 저궤도용 위성) 발사체와 재사용(예 : 우주왕복선) 발사체가 있으나 재사용 발사체의 사용이 장려되는 추세이다.

## 5) 발사체 로켓

현재 일반적으로 실용화되고 있는 화학로켓으로 액체로켓(액체상태의 추진계를 이용하여 추진제탱크와 로켓엔진으로 이루어진 것으로 터빈, 가스배관장치, 추진제 주입기, 연소실 및 냉각장치펌프, 노즐 등으로 구성되어 추진력의 조절과 재시동이 용이한 로켓), 혼합로켓(고체로켓과 액체로켓을 혼합하여 대기권 내에서 산화제를 절약할 수 있는 로켓), 다단로켓(위성의 임무에

---

까지의 중간단계 궤도로 행성탐사에서의 기본비행궤도로 활용된다. 전이(轉移)궤도, 호만(Hohmann)궤도, 호만전이궤도라고도 한다.

상응하는 높은 궤도에 위성이 진입하기 위해서 발사체의 속도를 증가시킬 수 있는 로켓) 등이 있다. 다단로켓은 다 쓴 연료 등을 분리하여 낙하시킴으로써 로켓의 속도성능을 증가시킬 수 있어 현재 대다수의 발사체가 다단로켓을 사용하고 있다.

## 6) 발사체 궤도진입

발사로켓을 소요로 하는 높은 궤도까지 직접 위성체를 진입시키는 것은 불가능하다. 정지궤도위성인 경우 발사체의 1단과 2단 로켓을 이용하여 약 200~300km의 저고도 원주형궤도에 도달한다. 위성은 다시 근지점 엔진점화 준비를 위한 근지점까지 상승하는 데 30분 정도 소요된다. 3단 로켓인 근지점엔진을 사용하여 근지점에 도달하면 근지점 엔진을 점화하여 원형궤도에 속도를 주어 근지점이 200km이고 원지점이 35,786km인 타원형의 천이궤도에 진입한다. 천이궤도는 정지궤도에 오르기 위한 중간단계의 궤도로써 궤도의 속도는 약 107km/sec이다. 천이궤도에 진입한 위성은 케플러법칙에 의하여 추가의 동력없이 관성의 힘으로 지구주위를 선회하다가 위성이 원지점(35,786km)에 도달하면 위성에 탑재되어 있는 원지점엔진을 점화하여 원형의 정지궤도에 진입하게 된다. 이때 정지궤도(원형궤도)가 요구되는 속도는 3.07km/sec이다. 정지궤도에 진입한 위성은 태양전지판을 전개하여 필요한 전력을 공급받고 계기, 안테나 등을 이용하여 지구로 통신역할을 할 수 있게 한다(그림 13-6).

출처 : www.nasa.gov

**그림 13-6** 우주왕복선으로부터 분리되고 있는 마젤란

### 7) 위성발사체와 미사일

#### ① 위성발사체

위성발사체는 특수임무를 수행할 수 있는 탑재체를 갖추고 있으며 임무궤도나 주차궤도에서 비행체를 분리하며 그 궤도에서 선회할 수 있는 초기속도를 제공하여야 한다. 일정한 궤도 내에서 유지될 수 있어 지구 대기권에 재진입시의 응력·공기력[20]으로부터 위성탑재체를 보호할 수 있는 발사체를 사용한다.

#### ② 미사일

로켓발사체 내에 인명이나 시설을 파괴할 수 있는 화학무기나 원자력 분야의 무기가 탑재될 수 있다. 지상이나 공중의 목표물을 향하여 발사함으로서 대상을 적중시키는 임무를 갖고 있다. 핵·화학 및 생물학적 탄두를 포함하는 살상용 탄도미사일은 대기권 재진입시에 작용하는 강력한 응력에 견디도록 설계되어야 한다. 지상의 목표물에 로켓 자체가 충돌하는 것이기 때문에 높은 속도를 요구하지 않는다.

#### ③ 위성발사체와 미사일의 공통점

위성발사체와 미사일의 공통요소는 추진력을 얻기 위한 추진체계, 로켓의 몸체를 구성하는 구조물, 로켓의 방향과 속도를 제어하는 유도 및 제어, 지상지원 및 발사장비, 로켓체계의 통합 등이다. 이러한 공통점을 고려할 때 위성발사체를 보유하고 있는 나라는 미사일을 개발할 수 있는 능력이 있는 것이다.

## 4. 우주탐사선에 의한 태양계 행성의 탐측

이 절에서는 태양계 행성탐측위성을 어떻게 탐사하고 해석하였는지를 기술한다.

태양계탐측은 수성, 금성, 달과 같은 내부 행성과 화성, 목성, 토성, 천왕성, 해왕성과 같은 외부행성 및 화성과 목성의 궤도 사이에 산재되어 있는 소행성 및 혜성 등에 관한 사항이다(행성의 탐측내용은 장영근·최규홍 저 "인공위성과 우주" 자료를 인용함).

---

20 응력(stress, 應力) : 단위 면적에 작용하는 힘으로 표시되는 물리량.
공기력(aerodynamic force, 空氣力) : 공기나 가스 속을 운동하는 물체에 작용하는 힘 또는 공기나 가스에 미치는 상대운동으로 인한 힘.

## (1) 수성(Mercury)의 탐측위성 - 마리너 10호(Mariner 10)

1973년 11월 3일, 수성과 금성을 관측하기 위해 발사된 마리너 10호(Mariner 10)는 수성의 영상을 취득한 첫 번째 탐측위성이었다. 탐측결과 지구의 백만 조 분의 1 정도의 얇은 대기가 존재하며 지구의 6분의 1인 중력과 1%의 자기장을 가지고 있다는 사실을 밝혔으며, 수성내부에 지름이 약 1,600km 되는 거대한 철핵이 존재한다는 것도 알게 되었다(그림 13-7).

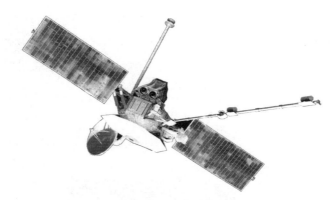

출처 : www.astronomie.nl

**그림 13-7** 마리너 10호

## (2) 금성(Venus)의 탐측위성 - 마리너 2호(Mariner 2)

마리너 2호는 1962년 8월 27일 발사된 세계최초의 성공적인 우주탐사선으로 금성의 표면으로 부터 약 35,000km 근처를 지나면서 금성의 온도를 처음으로 관측하였다. 파이오니아 비너스(Pioneer Venus)와 베네라(Venera)는 금성의 대기의 97%가 이산화탄소이고, 1~3%가 질소, 0.1~0.4%가 수증기라는 것과 10,000m보다 높은 산들이 존재한다는 것도 발견하게 되었다. 또한 우주왕복선으로부터 발사된 첫 탐측위성인 NASA(National Aeronautics and Space Administration, 미항공우주국)의 마젤란(Magellan)위성은 1990년부터 1994년까지 4년 동안 영상 레이더를 사용하여 금성의 표면을 관측한 성과로 98% 이상의 금성의 지도를 만들 수 있었다.

## (3) 화성(Mars)의 탐측위성 - 마리너 4호

1965년 7월 14일 최초로 화성궤도에 도착한 미국의 마리너 4호는 22장의 질이 낮은 화성표면의 영상취득으로 화성의 표면은 지구와는 달리 달과 같은 거대한 분화구로 구성되었고, 화성의 대기압은 지구 대기압의 1%보다도 작다는 것을 알게 되었다. 생명체의 존재에 대해 연구를 시도

한 계획이 바이킹(Viking) 프로그램이었다. 바이킹 1호는 1975년 8월 20일 발사해 11개월만인 1976년 7월 20일 화성에 착륙하여 화성에서의 생명체 존재가능성을 조사하기 위해 광합성 실험, 신진대사 실험 및 가스교환 실험 등을 수행하였으나 화성생명체의 존재 가능성에 대해 확실한 결론을 얻을 수 없었다.

## (4) 목성(Jupiter)의 탐측위성 – 보이저 1호(Voyager 1)

보이저 1호는 1610년 갈릴레오에 의해 처음으로 관측되었던 목성의 4개의 위성[이오(Io), 유로파(Europa), 가니메데(Ganymedae), 칼리스토(Calisto)]에 관한 영상면 판독결과 이오(Io)가 나트륨과 황으로 둘러싸인 거대한 화산이며 다른 3개의 위성들은 모두 엷은 얼음으로 둘러싸여 있는 사실을 알게 되었다([그림 13-8]).

출처 : jpl.nasa.gov

**그림 13-8** 보이저 1호

## (5) 토성(Saturn)의 탐측위성 – 카시니(Cassini)

미국과 유럽의 공동 토성 탐측선인 카시니(Cassini)는 1997년 10월에 플로리다의 케이프 케네베럴에서 타이탄 IV에 의해 발사되었으며 위성의 규모는 무게 6톤, 높이 7m로 미 항공우주국에서 제작한 행성탐사위성 중 가장 비싸고 거대한 위성이다. 카시니위성은 지구를 선회하는 동안 지구의 자기장 안에 갇혀있는 입자들을 분석하였고 달에 대한 영상을 지구로 보내왔다(그림 13-9).

출처 : www.cassini3d.com

**그림 13-9 토성탐사위성 카시니**

## (6) 천왕성(Uranus)의 탐측위성 – 보이저 2호(Voyager 2)

1986년 1월 24일에 천왕성에 도착하여 천왕성의 자기장이 행성의 회전축에 60°, 태양을 도는 행성의 궤도 평면에 97.9°가 기울어져 있는 것과 낮과 밤이 42년마다 한 번씩 돌아온다는 사실을 알게 되었다.

## (7) 해왕성(Neptune)의 탐측위성 – 보이저 2호(Voyager 2)

해왕성의 대기가 85%가 수소이고, 13%가 헬륨, 2%가 메탄이라는 사실과 자전주기가 18시간으로 오로라[21] 현상이 일어나고 있음을 관찰하였다.

## (8) 태양의 탐측위성

### 1) 파이오니아(Pioneer) 위성과 율리시스(Ulysses) 위성

미국의 태양탐측위성인 파이오니아 5호가 1959년 3월 11일 최초로 태양궤도에 발사되었고, 미 항공우주국과 유럽우주기구가 공동으로 추진하여 1990년 10월에 최초의 태양극궤도 태양탐측위성인 율리시스를 발사하였다.

---

21 오로라[aurora, 극광(極光)] : 지구 밖에서 입사하는 전자나 양성자가 지구의 고위도지방의 초고층대기와 충돌하여 발광하는 현상으로 빛깔은 적백색(赤白色)이나 암적색(暗赤色)으로 빛나기도 하나 그 밝기가 가장 밝을 때는 만월과 같은 정도이다. 태양의 활동이 심할 때는 중위도 지방에서도 관측되기도 하나 우리나라에서는 관측된 바가 없다. 분광관측(分光觀測)에 의하면 $O_2$, $N_2$, N, O, H, OH 등의 스펙트럼이 보인다.

## 2) 소호(SOHO : SOlar and Heliospheric Observatory)

미 항공우주국과 유럽우주기구가 공동으로 참여하여 개발한 태양탐측위성인 소호는 1995년 12월 12일에 발사되었다. 소호위성은 정지위성(지구로부터 150만km 거리에 있는 태양과 지구 사이에 위치함)으로 태양을 24시간 관측할 수 있어 태양의 내부구조와 태양으로부터 나오는 빛의 세기와 변화를 분석할 수 있었으며 코로나의 성질과 태양풍 등에 대해서도 탐측할 수 있었다(그림 13-10).

출처 : www.nasa.gov

**그림 13-10** 태양탐사위성 소호

## (9) 달의 탐측위성

### 1) 루나(Lunar) 시리즈

옛 소련의 달 탐측 계획으로 1959년 1월 2일 인류 역사상 최초로 옛 소련의 루나 1호가 달궤도 진입, 그해 9월 12일에는 루나 2호가 위성으로는 처음으로 달에 착륙, 10월에는 루나 3호가 달의 반대편을 탐측하여 지구에서는 볼 수 없었던 달의 뒷모습 영상을 취득할 수 있었다. 루나 10호는 1966년 4월 3일에 달 표면에 약 3시간 정도 머물면서 달 표면을 조사하였고, 루나 24호 (1976)까지 달의 표면조사와 영상들을 전송해왔다.

### 2) 아폴로(Apollo) 시리즈

미국은 1966년 6월 1일 서베이어 1호를 달에 발사한 후 1968년 10월에는 유인우주선인 아폴로 7호를, 1969년 7월 20일에 아폴로 11호가 암스트롱, 콜린스, 엔드린을 태우고 달에 착륙하여 21시간 36분 20초 동안 달에서 월석채취와 달 표면에 레이저 반사경을 설치하는 등 여러 가지

탐측장비를 설치한 후 7월 24일 지구로 귀환했다. 1972년 12월 아폴로 17호로 일단 아폴로 시리즈는 임무를 종료하였고 이로부터 25년 만에 루나 프로스펙터(Lunar Prospector)로 달을 탐측하였으나 명확한 달의 특성을 규명하지 못하고 있다(그림 13-11).

출처 : www.nasa.gov

**그림 13-11** 아폴로 11호가 달에 착륙하여 내딛은 인류의 첫 발자국

### 3) 창어3호

중국은 창어3호 달 탐사위성을 2013년 12월 2일 발사하여 12월 14일 성공적으로 달 표면에 연착륙시켰다. 12월 15일에는 창어 3호와 이와 분리된 탐사기 옥토끼(玉兎·중국명 위투)는 서로 영상을 성공적으로 촬영하였다.

중국의 무인 달 탐사 프로젝트에 관련해 '요(繞·회전), 낙(落·착륙), 회(回·귀환)' 3단계로 나눠 1단계에서는 창어 1호, 2호를 통해 달 궤도를 선회하면서 달 표면에 대한 정밀관측 등 임무를, 2단계에서는 창어 3호, 4호를 통해 무인 달 착륙 등 임무를, 마지막 3단계에서는 창어 5호, 6호를 통해 달 표면에 착륙해 샘플을 채취하고 지구로 귀환하는 임무 등을 수행한다는 계획을 세우고 있다.

### (10) 달의 탐측계획

달의 탐측은 1959년 1월 2일 러시아의 루나 시리즈에 의한 달궤도 진입, 1969년 7월 20일 아폴로 1호가 암스트롱, 크린스, 벨드린을 태우고 달에 도착, 1998년 1월 6일 아폴로 17호의 달 착륙 등을 통하여 많은 자료를 확보하고 해석하였으나 자원개발 가능성 이외 큰 성과를 거두지 못하고 있다. 현재로는 에너지로 활용할 수 있는 헬륨($_2^3$He) 100만 톤가량이 달 표면에 침전되어 있다는 것이다. 이를 지구로 옮겨 올 경우 전 세계인이 500년 정도 사용할 수 있는 에너지원이고 우주왕복선 1대의 운송량인 25톤의 헬륨이면 미국이 1년 동안 사용할 수 있는 에너지원이라 한다. $^3_2He$(양성자 2＋중성자 1)은 일반적인 $^4_2He$(양성자 2개＋중성자 2개)보다 중성자 하나가 적다. $^3_2He$에 중성자 1개를 핵융합시킬 경우 일반적인 헬륨 $^4_2He$(양성자 2개＋중성자 2개)이 되면서 양자 1개가 남는다[$^3_2He$(양성자 2개＋중성자 1개)에 (양성자 1개＋중성자 1개)를 핵융합하면 일반 $^4_2He$(양성자 2개＋중성자 2개)이 되면서 양성자 1개가 남는다]. 이 양성자 1개가 엄청난 에너지원으로 발생한다는 것이다.

지구에서 찾을 수 없는 $^3_2He$이기에 고갈되어 가는 지구의 자원 확보에 큰 관심의 대상이 되고 있다. 일반적인 방사성은 수만 년에 걸쳐서 반감되므로 생태계에 치명상을 주고 있으나 핵분열을 이용하면 반감기가 12년 정도이므로 방사성 동위원소가 있는 폐기물이 거의 생기지 않는다. 달은 지구의 하나뿐인 위성이며 밀물, 썰물, 밤하늘의 밝은 빛, 지구에서 가장 가까운 외부천체, 미지의 자원보고라고 생각되는 대상이므로 많은 연구가 진행되고 있는 것이다. 이에 오래전부터 미국, 러시아에 이어 최근에는 일본의 셀레네, 중국의 창어 1호, 인도의 찬드라안 1호가 달탐측에 임하고 있다. 최근에는 미국의 LRO(달 정찰위성)가 2009년 6월 달 탐측에 적극 참여할 것을 제의해 왔다. 미국항공우주국은 2008년 7월 국제 달 탐측 연결조직망(network)에 9개국(미국, 일본, 영국, 독일, 프랑스, 캐나다, 인도, 우리나라, 이탈리아)을 참여시켜 달 표면에 공동 탑재체(달 지진계, 열전도 관측기, 달 자력계, 레이저 거리관측기) 설정을 목표로 하고 있다. 우리나라도 달 탐측을 위해 2007년 11월에 2020년까지 달 탐측궤도선, 2025년까지 달 탐측체에 대한 자력발사 및 달의 자료원의 채취 및 귀환 등을 실현하고자 계획을 세우고 있다.

## (11) 혜성 탐사로봇 필래(Philae)

유럽우주국(ESA : European Space Agency)이 로제타(Rosetta) 탐사선에서 분리된 필래(Philae) 탐사로봇을 2014년 11월 13일 오전 1시(한국시각)에 인류 최초로 혜성(彗星) ‘67P/추류모프-케라시멘코’에 안착시켰다. 로제타호는 2004년 3월 아리안 5호 로켓에 실려 발사된 이래 10년간 지구와 태양간 거리의 42배가 되는 64억km를 비행한 끝에 2014년 8월 혜성 궤도에 진입했다. 이는 인류가 처음으로 혜성에 우주선을 착륙한 것이다. 자연에서 단백질을 이루는 아미노산이 이번 혜성탐사를 통하여 발견될 경우 지구생명의 기원을 찾을 수 있는 기회가 될 전망이며, 태양계의 비밀도 풀 수 있을 것으로 예상하고 있다. 과학자들은 이 혜성이 46억 년 전 태양계 탄생 당시 생성된 것으로 추정하며 중력도 지구의 10만분의 1에 불과하다고 추정한다. 필래는 배터리가 작동하는 동안 주요한 임무(11대의 과학 장비로 혜성의 핵과 꼬리 등을

분석하고 각종 영상을 촬영하여 지구에 전송)를 수행한 이후에는 태양전지를 펼쳐 배터리를
충전해 2015년 3월까지 정보를 수집할 계획이다. 그림 13-12와 그림 13-13은 '67P/추류모프-
케라시멘코' 혜성에 착륙하는 로봇 필래의 모습과 혜성의 지표면 및 행성 간 중력을 이용한
로제타호의 비행에 관한 내용이다.

**그림 13-12** 혜성 위에 선 탐사로봇의 다리

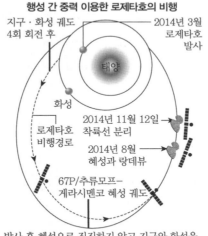

**그림 13-13** 행성 간 중력을 이용한 로제타호의 비행

## (12) 우주의 미세파편

우주미세파편에는 미세운석과 우주파편이 있다. 지구 주위의 우주공간에는 유성, 혜성 등의 잔해인 미세운석이 널리 분포되어 있다. 2011년까지의 발사된 인공위성 현황은 북아메리카 우주방위 NORAD에 의하면 9,800개의 위성이 발사되었고 현재 운행되는 인공위성은 1,086개라 한다.

1957년 '스푸트니크 1호' 발사 후 9,800여 개(북아메리카 우주방위 NORAD의 집계)의 인공위성 중 수명이 다 되어 떠돌아다니는 우주비행체, 로켓연료입자, 각종 부품들이 미국우주감시망 (SSN)에 의하면 2010년 2월 6일 현재 지름 10cm 이상인 잔해물이 15,000여 개이며 이보다 작은 잔해물까지 합치면 200,000개 이상이라고 한다. 2009년 2월 10일 이리듐 33호(500kg)와 임무작동이 이미 멈춘 러시아 통신위성 코스모스 2251(900kg)의 충돌로 10cm 이상의 위성파편이 1,000여 개가 발생하였다고 한다. 미세운석 $1\mu g(10^{-6}g)$ 정도의 입자는 0.5mm의 알루미늄 강판을 뚫을 수 있다고 한다. 초속 8km 이상의 속도로 지구궤도를 돌고 있는 1cm 이상의 우주파편이 우주선과 충돌할 경우 우주선은 치명상을 받을 수 있다. 우주파편에 대한 대책으로 미국은 우주환경을 모형화하여 위성궤도산출에 사용하였고 중국은 자국의 폐기된 기상위성 풍운 1C를 미사일로 파괴하는 실험도 하였다고 한다. 우주파편에 의한 위성체의 손상을 감소시키기 위한 권장사항으로는 궤도에 남아 있는 모든 물체는 임무가 끝난 후에 폭발을 막기 위해 비활성화 시키고 마지막 단의 분리 시 폭발할 때 남아 있는 볼트와 크램프가 파편으로 남지 않도록 조치하고 있다. 또한 임무가 끝나는 정지궤도위성은 위성파편에 의한 손상에 대비하여 최소한 150km 이상의 고도로 높여준다. 현재 인공위성이 우주파편과의 충돌가능성에 관한 정확한 예보는 할 수 없다고 한다.

## (13) 우주정거장과 우주왕복선

국제우주정거장(ISS : International Space Station)은 저궤도를 유지하는 반영구적인 시설로서 우주개발에 대한 실험대상을 오랜 기간(수개월 내지 수년간) 무중력하에서 연구할 수 있는 대표적인 국제우주프로그램으로 1972년 이후 미국, 러시아, 유럽우주기구 등이 적극적으로 참여하여 개발하고 있다. 국제우주정거장은 앞으로 탐사할 행성에 영구유인기지를 설정하는 데 크게 기여될 것이다.

우주왕복선(space shuttle)은 과학자들이 오랜 기간 무중력 시험을 할 수 있는 환경제공, 기자재운송 등에 이용되는 저궤도 과학실험실 운송체계로 300~400km 범위의 원형궤도에 발사된다. 우주왕복선을 이루고 있는 고체로켓 부스터와 오비타(obiter)는 재사용이 가능하나 연료탱크는 발사 때마다 새것으로 교체해 사용하고 있다. 우주왕복선은 인공위성을 회수하거나 우주기지건설에 소요되는 대형기자재를 우주공간으로 운반하는 역할을 수행한다.

## 5. 우리나라 우주개발의 현황

### (1) 개 요

우리나라는 국제협력을 통하여 한국최초 우주인 배출과 위성제조 및 지상설비의 정착으로 우주과학 분야에서의 세계시장 진출이 확대될 것으로 전망하고 있다. 지구 관측분야에서는 다목적실용위성의 한국표준모형 개발로 상업화 조기달성이 이루어짐으로써 지구관측위성의 독자개발에 의한 영상정보 취득의 자주화가 실현단계에 이르렀다. 위성 본체 및 지상국의 경우 국내 주도 개발을 추진하고 또한 탑재체의 경우도 해양, 기상위성의 지속적 수요를 감안하여 국내개발을 적극 추진하는 등 국내외 위성개발 환경을 고려하여 단계적 위성개발 기술을 확보할 계획이다. 핵심 위성부품의 국산화를 통해 위성체 플랫폼 제작 능력 배양에 대한 계획도 수립하고, 우주정보통신의 활성화를 통하여 국민생활 및 복지 향상에 기여하고, 통신해양기상위성 개발, 정지궤도위성 개발능력의 확보, 우리나라 독자 기술에 의한 통신방송용 위성개발 추진, 저궤도 발사체 체계종합 및 독자적 운용능력 확보, 2015년까지 1.5톤급 저궤도 실용위성 발사체 개발 및 발사와 실용위성 발사체의 신뢰도를 향상시켜 장기적으로 상용화 개발, 우주센터 건설 등을 통하여 국제 수준의 우주과학기술 능력을 확보할 계획이다.

다목적실용위성은 국가적 수요에 따른 지상, 해양, 환경 등의 관측 임무를 수행하며, 위성자료의 연속성을 통해 공공수요를 충족시킬 계획이다. 현재 운영 중인 다목적실용위성 3호의 경우 한국표준 관측위성 지정도 검토, 동일 모형 복제로 제작비용을 줄이고 민간 생산의 적극적인 지원, 탑재체 등에 관해서 국내 산·학·연 협력체제에 의한 개발로 기술자립 및 국산화에 기여하고 있다. 과학기술위성은 실용위성 개발과 관련된 핵심기술의 선행연구 및 우주관측 실험을 추진하고, 통신해양기상위성에 관해서는 정지궤도위성의 국산화 개발능력을 확보하며, 통신·해양·기상 등의 위성 수요 충족에 관해서도 많은 구상을 하고 있다. 이제 한국은 위성체/탑재체 핵심기술, 탑재체 운용/관제체계 기술, 위성자료 처리/이용기술, 위치관측체계 기술개발 능력 확보 및 종합기반시설 구축에 관한 장·단기계획을 수립하여 실행하고 있다(그림 13-14).

한국의 위성발사 현황은 표 13-2와 같다.

[표 13-2] 한국의 위성발사 현황

| 분류 | 구분 | | 발사년도 | 궤도 | 중량 | 탑재체 | 임무 |
|---|---|---|---|---|---|---|---|
| 과학기술위성 | 우리별 | 1호 | 1992년 8월 11일 | 1300km, 원궤도 | 50kg | 지상관측탑재체 우주방사선 관측 통신탑재체 | 위성제작기술습득 위성전문인력양성 위성제작기술습득 |
| | | 2호 | 1993년 9월 26일 | 800km, 태양동기궤도 | 50kg | 지상관측탑재체 저에너지입자검출기 적외선감지기 통신탑재체 | 위성부품국산화 소형위성기술습득 |
| | | 3호 | 1999년 5월 26일 | 720km, 태양동기궤도 | 110kg | 지상관측탑재체 우주과학탑재체 | 지상관측 과학관측 |
| | 과학기술위성 | 1호 | 2003년 9월 27일 | 685km, 태양동기궤도 | 106kg | 원자외선분광기 방사능영향관측 고에너지입자검출기 정밀지구자기장관측기 | 우주환경관측 |
| | | 2호 | 2009년 8월 25일 | 300~1,500km | 99.2kg | Radiometer 레이저반사경 | 선행기술시험 우주과학연구 |
| | | 3호 | | 저궤도 | 150kg 내외 | – | 선행기술시험 |
| 다목적실용위성 | KOMPSAT (아리랑) 1호 | | 1999년 12월 21일 | 685km 태양동기궤도 | 470kg | EOC(PAN 6.6m), OSMI, SPS | 지상관측 해양관측 |
| | 2호 | | 2006년 7월 28일 | 685km 태양동기궤도 | 800kg | MSC(PAN 1m, MS 4m) | 지상관측 |
| | 3호 | | 2012년 5월 18일 | 685km 태양동기궤도 | 1ton | AEISS(PAN 0.7m, MS 2.8m) | 지상관측 |
| | 3A호 | | 2014년 예정 | 450~890km | 1ton | EO/IR(0.55m) | 적외선지구관측 |
| | 5호 | | 2013년 8월 22일 | 저궤도, 태양동기궤도 | 1.4ton | SAR(1m) | 전천후 지상관측 |
| 정지궤도위성 | COMS (천리안) | | 2010년 6월 27일 | 정지궤도 | 2.5ton | 통신탑재체(Ka대역) 기상탑재체(5ch) 통신탑재체(8ch) | 정지궤도우주인증 공공통신망구축 기상해양관측 |

**그림 13-14** 우리나라의 인공위성 발사 일정계획

## (2) 발사된 인공위성 현황

### 1) 아리랑위성 1호(KOMPSAT-1)

한국 최초의 지구관측용 다목적 실용위성으로서 지도제작, 국토조사, 재해조사, 해양관측, 과학실험 등에 사용되었으며 현재는 임무수행이 완료되었다.

### 2) 아리랑위성 2호(KOMPSAT-2)

아리랑위성 2호는 1999년부터 과학기술부, 산업자원부, 정보통신부 등의 지원을 받아 한국항공우주연구원이 개발한 저궤도 지구관측위성이며, 과학관측용 고해상도 관측장비(센서)를 이용하여 대규모 자연재난 감시, 각종 자원의 이용 실태 조사, 지형공간 정보체계, 지도제작 등과 같은 다양한 분야에서 활용될 수 있다. 아리랑위성 2호는 2006년 7월 28일 러시아 북극해 근방의 플레세츠크 발사장에서 발사되었다.

아리랑위성 2호의 지진복구지원 사례로서 자연 또는 인적재해를 입은 우주기반의 가용자원이 없는 국가들을 대상으로 인도적 차원에서의 지원해왔다. 국제 우주기반의 재해관련 지원 및 협력을 위해 International Charter가 운영되고 있으며, 전 지구 환경과 안보에 관한 관측 및 감시(GMES : Global Monitoring for Environment and Security) 프로그램을 통해 전 세계우주기반 정보를 활용한 재해분야뿐만 아니라 다양한 위성영상 활용 분야에 대한 지원을 점차 확대하고 있는 추세이다. 한국항공우주연구원은 아리랑 2호(KOMPSAT-2 : Korea Multi-Purpose Satellite-2) 영상자료를 재해발생 국가들에게 피해분석에 활용할 수 있도록 제공하였다. 리히터 규모 7.0에 달하는 강력한 지진이 2010년 1월 12일 아이티의 수도 포르토프랭스에서 발생함에 따라 약 540만 명이 피해를 입게 되었다. 이에 대해 인도적인 차원에서 한국항공우주연구원은 아이티 지진발생지역을 촬영한 아리랑 2호 영상자료를 International Charter에 제공하여 아이티지진 피해복구 계획수립에 활용할 수 있도록 지원하였다. 표 13-3과 표 13-4는 아리랑 위성 1, 2호의 제원과 센서의 특성을 비교하였으며, 그림 13-15은 아리랑 2호의 위성과 영상을 나타내고 있다. 또한 그림 13-16, 13-17는 아리랑 2호에 의한 아이티의 재해지역에 관한 영상 및 재해지도이다.

[표 13-3] 아리랑 1, 2호 제원 비교

| 특성 | 아리랑-1 | 아리랑-2 |
|---|---|---|
| 발사일 | 1999년 12월 20일 | 2006년 7월 28일 |
| 발사체 | Taurus | Rocket |
| 발사장소 | Vandenberg Air Force Base, USA | Plesetsk Cosmodrome, Russia |
| 수명 | 3years | Minimum 5years (Design Life : 3years) |
| 궤도 고도 | 685km | 685km |
| 궤도 경사 | 98.13°, sun-synchronous | 98.13, sun-synchronous |
| 적도통과시간 | 10 : 50AM(Ascending node) | 10 : 50AM(Ascending node) |
| 궤도회전시간 | 98.46minutes | 93.5minutes |
| 재방문기간 | less than 3days | Revisit rate of 3days with roll angle of 30° |
| 관측폭 | 17×17km | 15×15km |

[표 13-4] 아리랑 위성 1, 2호 센서 특성비교

| 특성 | 아리랑-1 | | 아리랑-2 |
|---|---|---|---|
| | OSMI | EOC | |
| 공간해상도 | 1km | 6.6m | • 1m(pan.)<br>• 4m(multi.) |
| 분광해상도 | 6band(0.4~0.9$\mu$m) | 0.51~0.73$\mu$m | • 0.5~0.9$\mu$m(pan.)<br>• 0.45~0.52$\mu$m(blue)<br>• 0.52~0.60$\mu$m(green)<br>• 0.63~0.69$\mu$m(red)<br>• 0.76~0.90$\mu$m<br>  (near-infrared) |
| 방사해상도 | 11bit | 8bit | 10bit |
| 관측폭 | 800km | 17km | 15km |
| 재방문기간(궤도) | daily | 28days | 28days |

출처 : 한국항공우주연구원

**그림 13-15** 아리랑 2호 위성과 영상

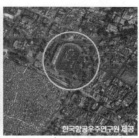

(April, 13 2009)　　　　　　(January, 13 2010)　　　　　　(January, 16 2010)

**그림 13-16** 아이티 지진재해지역을 촬영한 아리랑 2호 영상

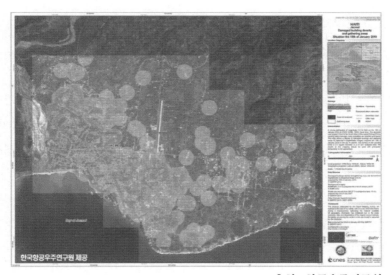

출처 : 한공우주연구원

**그림 13-17** 아리랑 2호 영상을 이용한 아이티 재해도면

참조 : 국립방재연구원, "선제적 재난대응을 위한 위성영상정보 활용체계 구축"

### 3) 아리랑위성 3호(KOMPSAT-3)

아리랑위성 3호는 국가 우주개발 중장기 개발계획에 따라 아리랑위성 1호 및 아리랑위성 2호 개발을 통하여 확보한 위성개발 기술을 사용하여 개발하였고, 특히 국내 최초로 미터급 이하(submeter, 0.7m) 해상도를 갖는 초고해상도 광학탑재체의 설계/해석 및 조립/정렬/시험을 국내기술로 수행하였다.

아리랑위성 3호의 개발은 국가 차원의 고해상도 위성영상 수요를 충족시키고, 한국 내의 우주기술 인프라를 발전시킴으로서 향후 세계 우주시장 진출 기반을 확보하는 것이다.

아리랑위성 3호는 다중지역 촬영방법[22] 이외에도 같은 비행경로 내에 동일 지역의 전방, 후방을 촬영하는 입체(stereo)영상 촬영 방법, 특정 지역을 집중적으로 촬영하는 광대역 촬영방법 등의 새로운 기능들을 갖추고 있다.

아리랑위성 3호는 서브미터(submeter : 미터급 이하)급의 해상도를 갖는 AEIS(Advanced Earth Imaging Sensor System)를 탑재하고, 고도 685km의 태양동기궤도에서 운영되고, 임무는 아리랑위성 1호와 2호에 이어 지속적으로 고해상도 지구관측 영상을 취득하여 국가수요 충족과 함께 지형공간 정보체계, 환경, 농업, 해양관측 등의 활용 분야에 초고해상도 광학영상을 제공하는 것이다.

아리랑위성 3호는 2012년 5월 18일 일본 다네가시마 우주센터 대형로켓발사장에서 발사되었다.

### 4) 아리랑위성 5호(KOMPSAT-5)

아리랑위성 5호는 2013년 8월 22일 오후 11시30분(현지 시각 오후 8시 39분) 러시아 모스크바에서 남쪽으로 1,600km 떨어진 야스니발사장에서 드네프르(Dnepr) 발사체에 실려 발사되었다.

현재 임무중인 아리랑위성 2, 3호는 하루에 한번 그것도 날씨가 맑은 낮에만 지상촬영이 가능하나 아리랑위성 5호는 앞으로 5년간 지구상공 550km를 하루 15바퀴 돌면서 밤이나 구름 낀 날에도 지상에 있는 1m 크기의 물체를 선명하게 구별할 수 있는 고해상영상레이더[SAR : Synthetic Aperture Radar-합성개구(合成開口)레이더]가 실려 있다.

아리랑위성 5호는 전천후 지상관측이 가능하므로 해양유류 유출사고, 적조, 화산폭발, 재난 감시, 지형공간 정보체계(GIS) 구축, 중국어선의 해상불법조업, 북한군사현황관측과 감시에 많은 기여를 할 수 있을 것이다.

---

22 위성이 기동성을 가지고 현 위치에서 각도와 자세를 신속하게 변경하면 비행경로의 아래쪽 일정범위 내의 원하는 특정 지역을 골라 촬영하는 다중지역 촬영이 가능하게 된다. 이와 같은 기능은 사용자의 요청으로 원하는 특정 지역만을 촬영하는 상업용 영상촬영의 경우 매우 유용하다.

## 5) 천리안위성(COMS : Communication Ocean and Meteorological Satellite)

### ① 개요

2010년 6월 27일에 발사된 통신해양기상위성인 천리안위성은 2003년부터 국가 우주개발 중장기 계획에 따라 기상청, 국토교통부, 교육과학기술부, 방송통신위원회공동사업으로 대한민국 최초의 기상관측, 해양관측, 통신서비스 임무를 수행할 수 있는 정지궤도 복합위성으로 미국, 중국, 일본, 유럽연합(EU), 인도, 러시아에 이어 세계에서 일곱 번째로 독자 기상위성보유국으로 자리 잡게 되었다.

COMS 인공위성 구성 및 제원은 운용고도 및 기간(36,000km/7년), 운용궤도(적도, 동경 128.2도 위치), 발사중량[2,497kg(탑재체 포함)], 해상도(가시 1km, 적외 4km), 탑재체(기상영상관측센서, 해양관측센서, 통신중계기 및 안테나)로 구성되어 있다.

### ② COMS의 기능 및 활용

#### 가) 기상관측

평상시 15분 간격으로 기상정보 취득이 가능하며, 비상시 특별관측으로 최소 8분 간격의 기상정보 제공이 가능하여 장기간의 해수면온도, 구름 자료를 통한 기후변화 분석을 할 수 있다. 국내 최초의 24시간 연속관측이 가능한 적외선 파장을 보유하여, 연속적인 산불감지와 산불관측 및 감시, 눈이 쌓인 지역추정 및 식생지수 분석을 통한 가뭄 정도 파악, 태풍, 집중호우, 황사 등 위험기상 조기 탐지를 할 수 있다.

#### 나) 해양관측

정지궤도위성으로 한반도 주변 바다의 가로·세로 2,500km 촬영이 가능하다. 한반도 주변해역 해양환경 및 해양생태 감시, 해양의 클로로필 생산량 추정 및 어장정보 취득, 적조의 발생 예측/이동관측 및 감시(monitoring)를 통한 적조피해 저감 및 효율적인 양식장 관리를 할 수 있다. 또한 해양의 유류오염 피해 감지로 해양재해 피해 저감, IT(RFID/USN, GPS 등)와 위성을 연계한 선박의 위치를 확인할 수 있다.

#### 다) 통신서비스

Ka-Band 방식 채택으로 광대역 위성 멀티미디어 서비스가 가능하여 30TV, UHDTV 등 차세대 위성서비스 기반을 마련하였다.

## (3) 우리나라 인공위성 발사장 및 정지궤도위성의 위치

### 1) 우리나라 나로우주센터

우리나라의 각종 위성(아리랑, 무궁화, 우리별 등)들은 외국의 우주센터에서 발사되었다. 외국에서 발사할 경우 발사일정, 발사비용, 위성기술노출 등의 손실이 있다. 이에 1996년에 '우주개발중장기기본계획'을 수립하였고, 1999년 12월까지 우주센터후보지를 11개를 선정한 후 인접지역에 대한 안정성, 발사각도, 부지의 활용가능성, 발사장 접근성(도로, 항만, 전기, 용수 등의 기반 조건 등), 각종 시설(발사대이동, 연료 및 발사관제설비, 발사지휘센터, 발사통세센터, 비행안전통제센터, 발사체의 정보 및 비행상태정보를 다루는 통신센터 등) 등을 감안하여 2001년 1월 전남 고흥군 봉래면 외나로도가 우주센터로 선정되었다. 우주센터는 부지 약 500만m², 시설부지 142,145m² 규모로 2009년 6월 11일 우주센터가 설정됨으로써 우리나라 나로우주센터가 세계 13번째 우주센터가 되었다. 이로서 우주과학기술실현에 필요한 사항(발사체 조립, 연료 및 산화제 등의 공급, 발사순간부터 3,000km까지 실시간정보를 취득할 수 있는 추적 레이더, 광학추적장비, 기상레이더 등) 등이 나로우주센터 인근에 위치하고 있다.

### 2) 우리나라의 정지궤도위성의 현황

우리나라의 천리안위성(COMS : 2010년 6월 27일 발사)은 정지궤도위성으로 지구의 자전주기와 같다. 정지궤도위성의 위치는 위성정보 전달에 중요하므로 정보수요국의 최적의 상공위치점유에 관한 치열한 경쟁을 하고 있다. 현재 한반도 상공(경도 113~134도)은 17개(중국 5개, 일본 4개, 한국, 타이, 인도 각 2개, 베트남, 인도네시아 각각 1개)의 위성이 점유하고 있다. 한국 상공의 최적정지궤도 위치(경도 124~132도)에는 중국과 일본이 선점하고 있으며 한국의 위성은 하나도 없다. 정지궤도위성은 위치가 적도상공의 특정고도로 제한되고 다른 나라의 위성과의 전파혼선 문제가 있어 최적의 위치선점에 대한 경쟁이 심화되고 있다.

참조 : 장영근·최규홍, "인공위성과 우주", 오덕수·신민수·이병선·강군석·주인권·주인원, "훤히 보이는 위성세계"

# 연 습 문 제

## 제13장 우주개발

다음 각 사항에 대하여 약술하시오.

① 임무수행을 위한 인공위성의 종류

② 우주개발에 이용되는 위성의 궤도

③ 인공위성의 발사체, 발사환경 및 궤도진입

④ 위성 발사체와 미사일 발사체의 차이

⑤ 위성발사장 입지, 발사가능한 시간 및 방향

⑥ 우주의 미세파편

⑦ 태양계 행성들의 탐측현황

⑧ 달의 부존자원 및 미래탐측계획

⑨ 인공위성의 운영관리체계

⑩ 우리나라 우주개발 현황과 미래계획

부 록

# 01 관측값 해석

관측값해석에서는 최소제곱법과 삼변망조정에 관하여 기술한다.

## 1. 관측값 해석에 관한 최소제곱법

### (1) 개 요

관측을 여러 번 되풀이 하게 되면 다른 관측값을 갖게 되는 변수들이 발생한다. 이들 변수들은 관측값에 의해 조정을 함으로써 최확값을 얻게 된다. 이 조정 방법에는 간이법, 엄밀법(또는 최소제곱법)으로 대별되나 최근 가장 많이 이용되고 있는 방법은 최소제곱법이다.

최소제곱법(LSM : Least Squar Method)은 미지값의 수보다 관측값에 의한 조건식의 수가 많을 때 적용하는 것으로 관측방정식(observation equation)을 이용하는 방법, 조건방정식 (condition equation)을 이용하는 방법, 미정계수를 이용하는 방식이 있다. 최근 computer의 활용으로 관측방정식의 방법이 주로 이용되고 있다.

### 1) 최확값을 얻을 수 있는 기본 가정

1) 관측값에는 과대오차 및 정오차는 모두 제거되고 우연오차만 남아 있다.

2) 조정할 관측값의 수는 충분히 많다.

3) 오차의 빈도 분포는 정규분포이다.

2) 수식표현

임의의 관측군이 있을 경우, 이들 관측값의 잔차를 $v_1$, $v_2$, $\cdots$, $v_n$, $h$를 관측의 정밀도 계수라 할 때, 오차가 생길 수 있는 확률밀도함수는 정규분포곡선식으로부터

$$f(x) = (\frac{h}{\sqrt{\pi}})^2 e^{h^2(v_1^2 + v_2^2 + \cdots + v_n^2)} = \left(\frac{h}{\sqrt{\pi}}\right)^2 e^{h^2[v^2]} \tag{1-1}$$

이 된다($e$ : exponential). 식 (1-1)에 의하여 최확값을 구하기 위해서는 분모항이 최소가 되어야 함으로 다음과 같은 식의 조건을 만족시켜야 한다.

① 관측값의 정밀도가 동일한 경우

$$\Phi = v_1^2 + v_2^2 + \cdots + v_n^2 = \sum_{i=1}^{n} v_i^2 \rightarrow \text{최소} \tag{1-2}$$

② 관측값의 정밀도가 다를 경우

$$\Phi = w_1 v_1^2 + w_2 v_2^2 + \cdots + w_n v_n^2 = \sum_{i=1}^{n} w v_i^2 \rightarrow \text{최소} \tag{1-3}$$

여기서 $w_1$, $w_2$, $\cdots$, $w_n$은 관측값 $l_1$, $l_2$, $\cdots$, $l_n$에 대한 경중률이다.

즉, 잔차의 제곱의 합이 최소가 되는 값이 최확값이므로 이와 같은 조건은 매우 중요하다. 복잡한 관측의 경우에도 최확값을 얻기 위해서는 이 조건을 기초로 하여 조정계산을 한다.

## (2) 관측방정식에 의한 최소제곱법 해석

관측방정식에 의한 최소제곱법해석의 경우 미지항보다 관측방정식이 많으므로 미지계수행렬 (Jacobian 행렬 : B)을 정사각행렬로 만들기 위해 양변에 B행렬의 전치행렬($B^T$)를 곱하여 해를 얻는다.

## 1) 최확값 계산

$$v_1 = a_{11}x_1 + a_{12}x_2 + \cdots + a_{1n}x_n - l_1 \qquad (1\text{--}4)$$

$$v_2 = a_{21}x_1 + a_{22}x_2 + \cdots + a_{2n}x_n - l_2$$

$$\vdots$$

$$v_n = a_{n1}x_1 + a_{n2}x_2 + \cdots + a_{mn}x_n - l_n$$

$$V = BX - L$$

$$B^T WBX = B^T WL \qquad (1\text{--}5)$$

$(B : \text{Jacobian 행렬}, \quad X : \text{계수행렬}, \quad L : \text{상수항벡터}, \quad W : \text{경중률})$

$\qquad (m \times n) \qquad\qquad (n \times 1) \qquad\qquad (m \times 1)$

$$NX = t \qquad (1\text{--}6)$$

$$X = N^{-1}t \qquad (1\text{--}7)$$

$$(N = B^T WB, \quad t = B^T WL)$$

식 (1--7)로부터 최확값이 얻어진다.

## 2) 오차해석

미지량 X, Y, Z의 값을 구하기 위하여 초기근삿값은 $X_0$, $Y_0$, $Z_0$ 그 보정량을 $x$, $y$, $z$으로 놓고 ($X = X_0 + x$, $Y = Y_0 + y$, $Z = Z_0 + z$) 반복계산을 실시한다. 계산단계에서 경중률 계수행렬, 분산--공분산행렬은 다음과 같다.

오차전파식을 이용하여

$$Q_{xx} = N^{-1} = (B^T WB)^{-1} \qquad (1\text{--}8)$$

$\sum xx_= \sigma_0^2 Q_{xx}$ 가 된다. $N^{-1}$는 대칭행렬이므로

$$\sigma_{xx} = \sigma_0^2 (B^T W B)^{-1} = \begin{bmatrix} \sigma_{x_1^2} & \sigma_{x_1 x_2} & \cdots & \sigma_{x_1 x_n} \\ \sigma_{x_2 x_1} & \sigma_{x_2 x_2} & \cdots & \sigma_{x_2 x_n} \\ \vdots & & & \\ \sigma_{x_n x_1} & & & \sigma_{x_{n^2}} \end{bmatrix} \tag{1-9}$$

여기서 대각선은 분산이고 그 이외의 공분산이다. 공분산이 0이면 독립성이 있음을 뜻한다. 표준편차 $\sigma_0$는

$$\sigma_0 = \sqrt{\frac{V^T W V}{m - n}} \tag{1-10}$$

여기서, $m - n$은 자유도이고 $V$는 $V = BX - L$이다. 또한 관측값의 조정값은 $L + V$이다. 미지수(최확값)에 대한 표준편차는 $Q_{xx}$의 대각선 요소를 이용하여 다음과 같이 산출한다.

$$\sigma_{xx} = \pm \sigma_0 \sqrt{Q_{xx}} \tag{1-11}$$

---

**부예제 1-1**

부그림 1-1과 같은 수준(고저)망을 측량한 각 구간의 표고(높이)차가 아래와 같다. 최소제곱법 중 관측방정식방법을 적용하여 B, C, D점의 최확표고를 구하고, 이에 대한 오차를 해석하시오(단, 표고기준점의 고도는 100.000m이다).

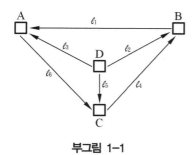

**부그림 1-1**

| 시점 | 종점 | 표고차(m) |
|------|------|-----------|
| B | A | $l_1 = 21.973$ |
| D | B | $l_2 = 20.940$ |
| D | A | $l_3 = 42.932$ |
| C | B | $l_4 = -11.040$ |
| D | C | $l_5 = 31.891$ |
| A | C | $l_6 = -11.017$ |

**풀이** 관측방정식을 다음과 같이 구성한다.
(1) 최확표고

$$B = A - l_1 + v_1 \qquad B = 100 - 21.973 + v_1 \qquad B = 78.027 + v_1$$
$$D = B - l_2 + v_2 \qquad\qquad\qquad\qquad\qquad -B + D = -20.940 + v_2$$
$$D = A - l_3 + v_3 \qquad D = 100 - 42.932 + v_3 \qquad D = 57.068 + v_3$$
$$C = B - l_4 + v_4 \qquad C = B - (-11.040) + v_4 \qquad -B + C = 11.040 + v_4$$
$$D = C - l_5 + v_5 \qquad D = C - 31.891 + v_5 \qquad -C + D = -31.891 + v_5$$
$$A = C - l_6 + v_6 \qquad 100 = C - (-11.017) + v_6 \qquad -C = -88.983 + v_6$$

관측방정식 $BX = L + V \quad X = (B^T B)^{-1} B^T L$에서

$$\begin{bmatrix} 1 & 0 & 0 \\ -1 & 0 & 1 \\ 0 & 0 & 1 \\ -1 & 1 & 0 \\ 0 & -1 & 1 \\ 0 & -1 & 0 \end{bmatrix} \begin{bmatrix} B \\ C \\ D \end{bmatrix} = \begin{bmatrix} 78.027 \\ -20.940 \\ 57.068 \\ 11.040 \\ -31.891 \\ -88.983 \end{bmatrix} + \begin{bmatrix} v_1 \\ v_2 \\ v_3 \\ v_4 \\ v_5 \\ v_6 \end{bmatrix}$$

$$B^T B = \begin{bmatrix} 1 & -1 & 0 & -1 & 0 & 0 \\ 0 & 0 & 0 & 1 & -1 & -1 \\ 0 & 1 & 1 & 0 & 1 & 0 \end{bmatrix} \begin{bmatrix} 1 & 0 & 0 \\ -1 & 0 & 1 \\ 0 & 0 & 1 \\ -1 & 1 & 0 \\ 0 & -1 & 1 \\ 0 & -1 & 0 \end{bmatrix} = \begin{bmatrix} 3 & -1 & -1 \\ -1 & 3 & -1 \\ -1 & -1 & 3 \end{bmatrix}$$

$$B^T L = \begin{bmatrix} 1 & -1 & 0 & -1 & 0 & 0 \\ 0 & 0 & 0 & 1 & -1 & -1 \\ 0 & 1 & 1 & 0 & 1 & 0 \end{bmatrix} \begin{bmatrix} 78.027 \\ -20.940 \\ 57.068 \\ 11.040 \\ -31.891 \\ -88.983 \end{bmatrix} = \begin{bmatrix} 87.927 \\ 131.914 \\ 4.237 \end{bmatrix}$$

$$X = \begin{bmatrix} 3 & -1 & -1 \\ -1 & 3 & -1 \\ -1 & -1 & 3 \end{bmatrix}^{-1} \begin{bmatrix} 87.927 \\ 131.914 \\ 4.237 \end{bmatrix} = \begin{bmatrix} 0.5 & 0.25 & 0.25 \\ 0.25 & 0.5 & 0.25 \\ 0.25 & 0.25 & 0.5 \end{bmatrix} \begin{bmatrix} 87.927 \\ 131.914 \\ 4.237 \end{bmatrix} = \begin{bmatrix} 78.001 \\ 88.998 \\ 57.079 \end{bmatrix}$$

최확값은 B=78.001, C=88.998, D=57.079이다.

**참고** $B^T B = N$의 역행렬(Inverse matrix)을 $N^{-1}$로 놓으면

$$N^{-1} = \frac{adjN}{\det N}$$

여기서, adjN : N의 수반행렬(adjoint matrix)
　　　　 detN : N의 행렬식(determinant)

N의 여인수
$$N = \begin{bmatrix} 3 & -1 & -1 \\ -1 & 3 & -1 \\ -1 & -1 & 3 \end{bmatrix}$$

$$N_{11} = \begin{vmatrix} 3 & -1 \\ -1 & 3 \end{vmatrix} = 8 \quad N_{12} = -\begin{vmatrix} -1 & -1 \\ -1 & 3 \end{vmatrix} = 4 \quad N_{13} = \begin{vmatrix} -1 & 3 \\ -1 & -1 \end{vmatrix} = 4$$

$$N_{21} = -\begin{vmatrix} -1 & -1 \\ -1 & 3 \end{vmatrix} = 4 \quad N_{22} = \begin{vmatrix} 3 & -1 \\ -1 & 3 \end{vmatrix} = 8 \quad N_{23} = -\begin{vmatrix} 3 & -1 \\ -1 & -3 \end{vmatrix} = 4$$

$$N_{31} = \begin{vmatrix} -1 & -1 \\ 3 & -1 \end{vmatrix} = 4 \quad N_{32} = -\begin{vmatrix} 3 & -1 \\ -1 & -1 \end{vmatrix} = 4 \quad N_{33} = \begin{vmatrix} 3 & -1 \\ -1 & 3 \end{vmatrix} = 8$$

$$adjN = \begin{bmatrix} N_{11} & N_{21} & N_{31} \\ N_{12} & N_{22} & N_{32} \\ N_{13} & N_{23} & N_{33} \end{bmatrix} = \begin{bmatrix} 8 & 4 & 4 \\ 4 & 8 & 4 \\ 4 & 4 & 8 \end{bmatrix} \quad \begin{aligned} \det N &= 3 \times N_{11} + (-1) \times N_{21} + (-1) \times N_{31} \\ &= 3 \times 8 + (-1) \times 4 + (-1) \times 4 = 16 \end{aligned}$$

$$N^{-1} \frac{1}{16} \begin{bmatrix} 8 & 4 & 4 \\ 4 & 8 & 4 \\ 4 & 4 & 8 \end{bmatrix} = \begin{bmatrix} 0.5 & 0.25 & 0.25 \\ 0.25 & 0.5 & 0.25 \\ 0.25 & 0.25 & 0.5 \end{bmatrix}$$

## (3) 오차해석

관측값의 조정값 : $L + V$

$$\begin{bmatrix} 21.973 + (-0.026) \\ 20.940 + (0.018) \\ 42.932 + (0.011) \\ -11.040 + (-0.043) \\ 31.891 + (-0.028) \\ -11.017 + (-0.015) \end{bmatrix} = \begin{bmatrix} 21.947 \\ 20.958 \\ 42.943 \\ -11.083 \\ 31.863 \\ -11.032 \end{bmatrix}$$

$$V^T V = (-0.026 \ \ 0.018 \ \ 0.011 \ \ -0.043 \ \ -0.028 \ \ -0.015) \begin{bmatrix} -0.026 \\ 0.018 \\ 0.011 \\ -0.043 \\ -0.028 \\ -0.015 \end{bmatrix}$$

$$= 3.98 \times 10^{-3}$$

$$\sigma_0 = \sqrt{\frac{V^T V}{m-n}} = \sqrt{\frac{3.98 \times 10^{-3}}{6-3}} = 0.036 \text{m}$$

분산 및 공분산 행렬은

$$\sigma_{xx} = \sigma_0^2 (B^T B)^{-1}$$

$$= 0.0013 \begin{bmatrix} 0.5 & 0.25 & 0.25 \\ 0.25 & 0.5 & 0.25 \\ 0.25 & 0.25 & 0.5 \end{bmatrix} = 10^{-4} \begin{bmatrix} 6.5 & 3.25 & 3.25 \\ 3.25 & 6.5 & 3.25 \\ 3.25 & 3.25 & 6.5 \end{bmatrix} \text{m}^2$$

$$V^T V = (-0.026 \quad 0.018 \quad 0.011 \quad -0.043 \quad -0.028 \quad -0.015) \begin{bmatrix} -0.026 \\ 0.018 \\ 0.011 \\ -0.043 \\ -0.028 \\ -0.015 \end{bmatrix}$$

$$= 3.98 \times 10^{-3}$$

표준편차는 $Q_{xx}$의 대각선요소를 이용한 산출로 구한다.

$$\sigma_B = 10^{-2}\sqrt{6.5} = 0.0255\text{m}$$

$$\sigma_C = 10^{-2}\sqrt{6.5} = 0.0255\text{m}$$

$$\sigma_D = 10^{-2}\sqrt{6.5} = 0.0255\text{m}$$

---

부예제 1-2

**평면삼각형 세 내각을 관측한 최확값과 표준오차는 다음과 같다. 최소제곱법을 이용하여 조정하시오(단, 0.1″단위까지 계산하시오).**

$$a_1 = 56°21'32'' \, (\sigma_1 \pm 1''), \quad a_2 = 49°52'09'' \, (\sigma_2 = \pm 2''), \quad a_3 = 79°46'28'' \, (\sigma_3 = \pm 3'')$$

**풀이** 관측방정식은

$$(a_1 + v_1) + (a_2 + v_2) + (a_3 + v_3) - 180° = 0 \text{에서}$$
$$v_1 + v_2 + v_3 = 180° - (56°21'32'' + 49°52'09'' + 73°46'28'') = -9''$$

관측방정식을 행렬로 정리하면

$$(1 \; 1 \; 1)\begin{pmatrix} v_1 \\ v_2 \\ v_3 \end{pmatrix} = (-9'')$$

이 된다.
편차가 $\pm 1''$, $\pm 2''$, $\pm 3''$이므로 경중률(W : Weight)을 구한다. 여기서 경중률은 평균제곱근오차
(또는 표준편차)의 제곱에 반비례하므로 다음과 같다.

$$W_1 : W_2 : W_3 = \frac{1}{\sigma_1^2} : \frac{1}{\sigma_2^2} : \frac{1}{\sigma_3^2} = \frac{1}{1^2} : \frac{1}{2^2} : \frac{1}{3^2} = 1 : 0.25 : 0.11 = 9 : 2.25 : 1$$
$$N = (AWA^T)^{-1}(A^TWL)$$

$$AWA^T = (1 \ 1 \ 1) \begin{pmatrix} \dfrac{1}{9} & 0 & 0 \\ 0 & \dfrac{1}{2.25} & 0 \\ 0 & 0 & 1 \end{pmatrix} \begin{pmatrix} 1 \\ 1 \\ 1 \end{pmatrix} = 1.555$$

$$A^TWL = \begin{pmatrix} 1 \\ 1 \\ 1 \end{pmatrix} \begin{pmatrix} \dfrac{1}{9} & 0 & 0 \\ 0 & \dfrac{1}{2.25} & 0 \\ 0 & 0 & 1 \end{pmatrix} (-9) = \begin{pmatrix} -1 \\ -4 \\ -9 \end{pmatrix}$$

$$N = \frac{1}{1.555} \begin{pmatrix} -1 \\ -4 \\ -9 \end{pmatrix} = \begin{pmatrix} -0.64 \\ -2.57 \\ -5.78 \end{pmatrix}$$

$a_1 = 56°21'32'' - 0.64'' = 56°21'31.4''$
$a_2 = 49°52'09'' - 2.57'' = 49°52'06.4''$
$a_3 = 73°46'28'' - 5.78'' = 73°46'22.2''$

$$\overline{\phantom{aaaaaaaaaaaaaaaaaaaaaaaaaaaaaaa}}$$
$$180°00'00''$$

## (4) 미정계수에 의한 최소제곱법 해석

조건식의 수를 결정하여 관측오차를 구한다음 표준방정식으로부터 미정계수를 구한다. 얻어진 미정계수로부터 보정값을 구해 최확값을 구한다. 미정계수법 풀이과정은 다음과 같다.

1) 조건식의 수($N_k$)로 계산

$$N_k = r - (n - m) \tag{1-12}$$

여기서, $r$ : 관측개수,　　$n$ : 관측점수,　　$m$ : 기지점수

2) 조건식으로부터 오차($v$)계산

$$\begin{bmatrix} v_1 \\ v_2 \\ \vdots \\ v_r \end{bmatrix} = \begin{bmatrix} a_0 \ a_1 \cdots a_n \\ b_0 \ b_1 \cdots b_n \\ \vdots \\ r_0 \ r_1 \cdots r_n \end{bmatrix} \begin{bmatrix} l_1 \\ l_2 \\ \vdots \\ l_n \end{bmatrix} \tag{1-13}$$

3) 표준방정식을 설정하여 미정계수($k$)를 계산($W$ : 경중률)

$$\begin{bmatrix} \dfrac{aa}{W} \end{bmatrix} k_1 + \begin{bmatrix} \dfrac{ab}{W} \end{bmatrix} k_2 + \cdots + \begin{bmatrix} \dfrac{ar}{W} \end{bmatrix} k_r + v_1 = 0 \\[3mm] \begin{bmatrix} \dfrac{ab}{W} \end{bmatrix} k_1 + \begin{bmatrix} \dfrac{bb}{W} \end{bmatrix} k_2 + \cdots + \begin{bmatrix} \dfrac{br}{W} \end{bmatrix} k_r + v_2 = 0 \\[3mm] \vdots \\[3mm] \begin{bmatrix} \dfrac{ar}{W} \end{bmatrix} k_1 + \begin{bmatrix} \dfrac{br}{W} \end{bmatrix} k_2 + \cdots + \begin{bmatrix} \dfrac{rr}{W} \end{bmatrix} k_r + v_r = 0 \end{bmatrix} \tag{1-14}$$

4) 보정값 $v'$를 계산

$$\begin{aligned} v'_1 &= \frac{1}{W_1}(a_1 k_1 + b_1 k_2 + \cdots r_1 k_r) \\ v'_2 &= \frac{1}{W_2}(a_2 k_1 + b_2 k_2 + \cdots r_2 k_r) \\ &\vdots \qquad\qquad\qquad \vdots \\ v'_n &= \frac{1}{W}(a_n k_1 + b_n k_2 + \cdots r_n k_r) \end{aligned} \Bigg\} \tag{1-15}$$

5) 관측값($l_i$)에 보정값을 가하여 최확값을 계산

$$x_1 = l_1 + v_1', \quad x_2 = l_2 + v_2', \quad x_3 = l_3 + v_3' \cdots x_r = l_r + v_r' \tag{1-16}$$

부예제 1-3

부그림 1-2에서 고저기준점 $A$, $B$를 연결하는 고저측량을 행하여 다음과 같은 관측값을 얻었다.

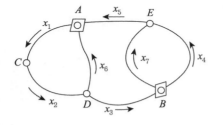

$l_1 = 5.666\text{m}$      $l_2 = -1.195\text{m}$

$l_3 = 3.481\text{m}$      $l_4 = -1.999\text{m}$

$l_5 = -5.972\text{m}$      $l_6 = -4.463\text{m}$

$l_7 = -1.981\text{m}$

부그림 1-2

위의 관측값을 미정계수법으로 조정하시오.
단, $A$, $B$ 고저기준점의 표고는 $H_A = 18.396\text{m}$, $H_B = 26.317\text{m}$ 이며 각 구간의 거리는 동일하다.

**풀이** 관조건식수 $N_k = r - (n-m)$에서 $N_k = 7 - (5-2) = 4$

조건식은

$$x_1 + x_2 + x_6 = 0$$
$$x_3 + x_7 + x_5 - x_6 = 0$$
$$x_4 - x_7 = 0$$
$$H_A - x_6 + x_3 = H_B$$

이다.

각 구간의 거리가 동일하므로 경중률은 1이다. $H_A - H_B = -7.921\text{m}$ 이고 조건식을 정리하면

$$x_1 + x_2 + 0 \cdot x_3 + 0 \cdot x_4 + 0 \cdot x_5 + x_6 + 0 \cdot x_7 = 0$$
$$0 \cdot x_1 + 0 \cdot x_2 + x_3 + x_4 + x_5 + (-1)x_6 + x_7 = 0$$
$$0 \cdot x_1 + 0 \cdot x_2 + 0 \cdot x_3 + x_4 + 0 \cdot x_5 + 0 \cdot x_6 + (-1)x_7 = 0$$
$$0 \cdot x_1 - 0 \cdot x_2 + x_3 + 0 \cdot x_4 + 0 \cdot x_5 + (-1)x_6 + 0 \cdot x_7 - 7.921 = 0$$

이다. 관측오차 $v_1$, $v_2$, $v_3$, $v_4$는 다음과 같다.

$$v_1 = 5.666 - 1.195 - 4.463 = 0.008\text{m} = 8\text{mm}$$
$$v_2 = 3.481 - 1.981 - 5.912 + 4.463 = -0.009\text{m} = -9\text{mm}$$
$$v_3 = -1.999 + 1.981 = -0.018\text{m} = -18\text{mm}$$
$$v_4 = 4.463 + 3.481 - 7.921 = 0.023\text{m} = 23\text{mm}$$

그리고

$$[aa] = 1 + 1 + 0 + 0 + 0 + 1 + 0 = 3$$
$$[ab] = 0 + 0 + 0 + 0 + 0 - 1 + 0 = -1$$
$$[ac] = 0 + 0 + 0 + 0 + 0 + 0 + 0 = 0$$
$$[ad] = 0 + 0 + 0 + 0 + 0 - 1 + 0 = -1$$
$$[bb] = 0 + 0 + 1 + 0 + 1 + 1 + 1 = 4$$
$$[be] = 0 + 0 + 0 + 0 + 0 + 0 - 1 = -1$$
$$[bd] = 0 + 0 + 1 + 0 + 0 + 1 + 0 = 2$$
$$[cc] = 0 + 0 + 0 + 1 + 0 + 0 + 1 = 2$$
$$[cd] = 0 + 0 + 0 + 0 + 0 + 0 + 0 = 0$$
$$[dd] = 0 + 0 + 1 + 0 + 0 + 1 + 0 = 2$$

이다. 식 (1-14)로부터 표준방정식을 구성한다.

$$3k_1 - k_2 - k_4 + 8 = 0$$
$$-k_1 + 4k_2 - k_3 + 2k_4 - 9 = 0$$
$$-k_2 + 2k_3 - 18 = 0$$
$$-k_1 + 2k_2 + 2k_4 + 23 = 0$$

위의 식을 풀면

$$k_1 = -7.8, \quad k_2 = 27.3, \quad k_3 = 22.67, \quad k_4 = -42.74$$

이다. 미정계수 $k_1$, $k_2$, $k_3$, $k_4$를 이용하여 보정값 $v'$를 식 (1-15)에서 구한다.

$$v_1' = k_1 = -7.8 Pmm \qquad v_2' = k_1 = -7.8mm \qquad v_3' = k_2 + k_4 = -15.4mm$$
$$v_4' = k_3 = 22.67mm \qquad v_5' = k_2 = 27.34mm \qquad v_6' = k_1 - k_2 - k_4 = 7.6mm$$
$$v_7' = k_2 - k_3 = 4.67mm$$

따라서 최확값은 식 (1-16)에 의하여 구할 수 있다.

$$x_1 = l_1 + v_1' = 5.666 - 0.0078 = 5.658$$
$$x_2 = l_2 + v_2' = -1.203 \quad x_3 = 3.446 \quad x_4 = -1.976$$
$$x_5 = -5.945 \quad x_6 = -4.445 \quad x_7 = -1.976$$

## (5) 조건방정식에 의한 최소제곱법 해석

조건방정식에 의한 최소제곱조정은 다음과 같은 조건방정식으로 표시한다.

$$\begin{matrix} B & V & = & L \\ k,\,n & n,\,1 & & k,\,1 \end{matrix} \qquad (1-17)$$

여기서 $k$는 조건방정식수이며 n은 주어진 관측값의 수이다. 식 (1-17)은 $n$개 관측값의 잔차에 대한 $k$개의 방정식이며 $k$가 $n$보다 적으면 이 조건만으로는 해(값)를 얻을 수 없다. 따라서 추가적인 방정식이 비상관적이며 동일정밀도로 관측된 경우 식 (1-2)로부터 얻어져야하며 관측값이 비상관적이고 정밀도가 다르게 관측된 경우 식 (1-3)으로부터 얻어야 한다.

부그림 1-3과 같은 고저측량망에 대한 관측을 할 경우 3개의 조건식은 다음과 같다.

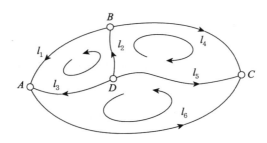

**부그림 1-3** 고저측량망

$$v_1 + v_2 - v_3 = -(l_1 + l_2 - l_3) = f_1 \tag{1-18}$$

$$v_2 + v_4 - v_5 = -(l_2 + l_4 - l_5) = f_2$$

$$v_3 - v_5 + v_6 = -(l_1 - l_5 + l_6) = f_3$$

또는

$$\begin{bmatrix} 1 & 1 & -1 & 0 & 0 & 0 \\ 0 & 1 & 0 & 1 & -1 & 0 \\ 0 & 0 & 1 & 0 & -1 & 1 \end{bmatrix} \begin{bmatrix} v_1 \\ v_2 \\ v_3 \\ v_4 \\ v_5 \\ v_6 \end{bmatrix} = \begin{bmatrix} f_1 \\ f_2 \\ f_3 \end{bmatrix} \tag{1-19}$$

6번의 관측이 비상관적이며 동일하지 않은 경중률로 관측되었다고 하면 $\phi$는

$$\phi = W_1 v_1^2 + W_2 v_2^2 + W_3 v_3^2 + W_4 v_4^2 + W_5 v_5^2 + W_6 v_6^2 \to \text{최소} \tag{1-20}$$

이다. Lagrange 승수(Lagrange multiplier)인 $K_i$값을 고려하여 $\phi$가 최소가 되도록 정리하면 다음과 같다.

$$\phi = W_1 v_1^2 + W_2 v_2^2 + W_3 v_3^2 + W_4 v_4^2 + W_5 v_5^2 + W_6 v_6^2 \tag{1-21}$$
$$- 2K_1(v_1 + v_2 - v_3 - f_1) - 2K_2(v_2 + v_4 - v_5 - f_2)$$
$$- 2K_3(v_3 - v_5 + v_6 - f_3)$$

식 (1-21)에서 -2는 잔차를 구분할 때 (-)부호가 생기는 것을 방지하기 위해 (-)부호를 붙였으며 미지값은 잔차, 즉 $v_1$, $v_2$, $\cdots$, $v_6$와 Lagrange승수 $K_1$, $K_2$, $K_3$이다.

$\phi'$을 최소로 하기 위해 이들 미지수에 대해 편미분하면 다음과 같다.

$$\frac{\partial \phi'}{\partial v_1} = 2\,W_1 v_1 - 2K_1 = 0 \qquad\qquad v_1 = \frac{1}{W_1}K_1$$

$$\frac{\partial \phi'}{\partial v_2} = 2\,W_2 v_2 - 2(K_1 + K_2) = 0 \qquad v_2 = \frac{1}{W_2}(K_1 + K_2)$$

$$\frac{\partial \phi'}{\partial v_3} = 2\,W_3 v_3 - 2(K_1 + K_3) = 0 \qquad v_3 = \frac{1}{W_{32}}(-K_1 + K_3)$$

$$\frac{\partial \phi'}{\partial v_4} = 2\,W_4 v_4 - 2K_2 = 0 \qquad\qquad v_4 = \frac{1}{W_4}K_2 \qquad\qquad (1\text{-}22)$$

$$\frac{\partial \phi'}{\partial v_5} = 2\,W_5 v_5 - 2(-K_2 - K_3) = 0 \quad v_5 = \frac{1}{W_5}(-K_2 - K_3)$$

$$\frac{\partial \phi'}{\partial v_6} = 2\,W_6 v_6 - 2K_3 = 0 \qquad\qquad v_6 = \frac{1}{W_6}K_3$$

$K_1,\ K_2,\ K_3$에 대한 $\phi'$를 미분하면

$$\frac{\partial \phi'}{\partial K_1} = -2(v_1 + v_2 - v_3 - f_1) = 0$$

$$\frac{\partial \phi'}{\partial K_2} = -2(v_2 + v_4 - v_5 - f_2) = 0$$

$$\frac{\partial \phi'}{\partial K_3} = -2(v_3 - v_5 + v_6 - f_3) = 0$$

또는

$$v_1 + v_2 - v_3 = f_1 \qquad\qquad\qquad (1\text{-}23)$$

$$v_2 + v_4 - v_5 = f_2$$

$$v_3 - v_5 + v_6 = f_3$$

이다. $\phi'$를 lagrange 승수에 대해 편미분하는 경우 lagrange 승수는 $\phi$가 최소로 되는 조건을 만족시켜 준다.

식 (1-22)를 행렬 형태로 정리하면

$$\begin{bmatrix} v_1 \\ v_2 \\ v_3 \\ v_4 \\ v_5 \\ v_6 \end{bmatrix} = \begin{bmatrix} 1/W_1 \\ & 1/W_2 \\ & & 1/W_3 \\ & & & 1/W_4 \\ & & & & 1/W_5 \\ & & & & & 1/W_6 \end{bmatrix} \begin{bmatrix} 1 & 0 & 0 \\ 1 & 1 & 0 \\ -1 & 0 & 1 \\ 0 & 1 & 0 \\ 0 & -1 & - \\ 0 & 0 & 1 \end{bmatrix} \begin{bmatrix} K_1 \\ K_2 \\ K_3 \end{bmatrix} \quad (1\text{-}24)$$

이다. 식 (1-24)의 오른쪽 첫 번째 항은 관측값의 경중률행렬 $W$의 역행렬이고 이것을 여인수행렬(cofactor matrix)이라 하며 기호는 $Q$로 표시한다.

$$Q = W^{-1} \tag{1-25}$$

식 (1-24)의 오른쪽 두 번째 항은 식 (1-19)에서 계수행렬 $B$의 전치행렬이다.
Lagrange 승수벡터를 $K$라고 표시하면 $K$는 다음과 같다.

$$K = \begin{bmatrix} K_1 \\ K_2 \\ K_3 \end{bmatrix} \tag{1-26}$$

$V$를 잔차벡터로 표시하면 식 (1-24)은

$$V = W^{-1}B^T K = QB^T K \tag{1-27}$$

이고 식 (1-17)에 $V$를 대입하면

$$B(QB^T K) = (BQB^T)K = f \tag{1-28}$$

이다.

$(BQB^T)$를 정규방정식의 계수행렬이라 하며 $Q_e$로 표시한다.

$$Q_e = BQB^T \tag{1-29}$$

식 (1-28)은 다음과 같이 표시된다.

$$Q_e K = f \qquad (1-30)$$

식 (1-30)의 해는

$$K = Q_e^{-1} f = W_e f \qquad (1-31)$$

이다.

여기서 $Q_e$의 역행렬을 $W_e$로 표기한다. 이는 $Q_e$와 $W_e$는 여인수와 경중률행렬을 각각 표시하기 때문이다.

$$W_e = Q_e^{-1}(BQB^T)^{-1} \qquad (1-32)$$

식 (1-27)과 식 (1-32)는 비상관관측값뿐만 아니라 상관관측값에 대하여서도 일반적으로 적용된다. $K$는 Lagrange 승수의 벡터이며 $\phi$는 조건방정식 (1-17)에 의해 관련되어 있으며 그 식은 다음과 같다.

$$\phi' = V^T W V - 2K^T(BV - f) \qquad (1-33)$$

$\phi'$를 $V$에 대해 편미분하여 0으로 놓으면 $\phi'$의 편미분식은 다음과 같다.

$$\frac{\partial \phi'}{\partial V} = 2V^T W - 2K^T B = 0 \qquad (1-34)$$

이를 다시 정리하면

$$WV = B^T K \qquad (1-35)$$

이다. 여기서 $W$는 대칭행렬이며 $W^T = W$이다

$$V = W^{-1}B^TK = QB^TK \tag{1-36}$$

계수행렬 $Q_e$는 식 (1-29)에 의해 계산되며 $K^T$값과 잔차 $V$는 식 (1-27)에 의해 계산된다. 이때 조정된 관측값 $L$을 구하기 위해 관측값 $L$을 추가해야 한다.

**부예제 1-4**

삼각의 내각을 관측한 결과 $a_1 = 57°48'40''$, $a_2 = 76°24'50''$, $a_3 = 45°46'00''$ 이다. 이 값을 조건방정식을 이용한 최소제곱법으로 각 내각을 조종하시오.

(1) 비상관 관측값이며 동일한 경중률로 관측된 경우

(2) 비상관 관측값이며 동일하지 않은 경중률, 즉

$$W_1 = 0.97m,\ a_2 = 76°24'50'',\ a_3 = 45°46'00''$$

인 경우

**풀이** 조건방정식은

$a_1 + v_1 + a_2 + v_2 + a_3 + v_3 - 180°$에서
$v_1 + v_2 + v_3 = 180° - (57°48'40'' + 76°24'50'' + 45°46'00'') = 30''$

이다. 행렬로 표시하면

$$[1\ 1\ 1] \begin{bmatrix} v_1 \\ v_2 \\ v_3 \end{bmatrix} = [30'']$$

이다.

(1) 경중률이 같은 경우이므로 $W = Q = I$이다.
식 (1-29)로부터

$$Qe = BWB^T = [1\ 1\ 1] \begin{bmatrix} 1 \\ 1 \\ 1 \end{bmatrix} = [3]$$

이다.
식 (1-31)로부터

$$K = Qe^{-1}f = [1/3][30''] = [10'']$$

이다.

$V$는 식 (1-27)로부터 계산된다.

$$V = QB^T K = B^T K = \begin{bmatrix} 1 \\ 1 \\ 1 \end{bmatrix} [10''] = \begin{bmatrix} 10'' \\ 10'' \\ 10'' \end{bmatrix}$$

관측값에 잔차를 추가하여 관측값을 조정하면 다음과 같다.

$$\begin{aligned} \overline{a_1} &= a_1 + v_1 = 57°48'50'' \\ \overline{a_2} &= a_2 + v_2 = 76°25'00'' \\ \overline{a_3} &= a_3 + v_3 = 45°46'00'' \\ \hline & \qquad 180°00'00'' \end{aligned}$$

(2) $W_1 = 0.97$, $W_2 = 0.5$, $W_3 = 0.68$이기 때문에 경중률 행렬은

$$W = \begin{bmatrix} W_1 & & \\ & W_2 & \\ & & W_3 \end{bmatrix} = \begin{bmatrix} 0.97 & & \\ & 0.5 & \\ & & 0.68 \end{bmatrix}$$

이다. 여인수 행렬 N은

$$N = W^{-1} = \begin{bmatrix} 1/W_1 & & \\ & 1/W_2 & \\ & & 1/W_2 \end{bmatrix} = \begin{bmatrix} 1 & & \\ & 2 & \\ & & 1.5 \end{bmatrix}$$

이다. 식 (1-29)와 식 (1-31), 식 (1-27)을 이용하여 계산한다.

$$Q_e = BWB^T = \begin{bmatrix} 1 & 1 & 1 \end{bmatrix} \begin{bmatrix} 1 & & \\ & 2 & \\ & & 1.5 \end{bmatrix} \begin{bmatrix} 1 \\ 1 \\ 1 \end{bmatrix} = [4.5]$$

$$K = Q_e^{-1} f = [1/4.5][30''] = [6.7'']$$

$$V = WB^T K = \begin{bmatrix} 1 & & \\ & 2 & \\ & & 1.5 \end{bmatrix} \begin{bmatrix} 1 \\ 1 \\ 1 \end{bmatrix} [6.7''] = \begin{bmatrix} 7'' \\ 13'' \\ 10'' \end{bmatrix}$$

조정된 관측값은 다음과 같다.

$$\begin{aligned} \overline{a_1} &= a_1 + v_1 = 57°48'47'' \\ \overline{a_2} &= a_2 + v_2 = 76°25'03'' \\ \overline{a_3} &= a_3 + v_3 = 45°46'10'' \\ \hline & \qquad 180°00'00'' \end{aligned}$$

## 2. 오차의 전파

정오차의 전파(propagation of systematic error)와 우연오차의 전파(propagation of random error)는 다음과 같다.

### (1) 정오차의 전파

오차의 부호와 크기를 알 때 이들 오차의 함수는

$$y = f(x_1, \ x_2, \ x_3, \ \cdots, \ x_n)$$

(1-37)

이며, 각각의 변수는 정오차 $\Delta x_1, \ \Delta x_2, \ \cdots \ \Delta x_n$를 가지고 있는 경우 함수식은 편미분방정식으로 표시할 수 있다.

$$\Delta y = \frac{\partial y}{\partial x_1}\Delta x_1 + \frac{\partial y}{\partial x_2}\Delta x_2 + \frac{\partial y}{\partial x_3}\Delta x_3 + \cdots + \frac{\partial y}{\partial x_n}\Delta x_n$$

(1-38)

### (2) 우연오차의 전파

관측값이 어떤 결과값을 형성하기 위해 합하게 될 때 이 때 평균제곱근 $x$ 오차는 각 평균제곱근의 제곱합의 제곱근이 된다.

$$x = x_1 + x_2 + x_3 + \cdots + x_n$$

(1-39)

$$\sigma = \sqrt{(\sigma_1^2 + \sigma_2^2 + \sigma_3^2 + \cdots + \sigma_n^2)}$$

(1-40)

독립변수가 $x_1, \ x_2, \ x_3, \ \cdots, \ x_n$이고 독립변수들의 표준편차가 $\pm \delta_{x_1}, \ \pm \delta_{x_2}, \ \pm \delta_{x_3}, \ \cdots, \ \pm \delta_{x_n}$일 때, $y = f(x_1, \ x_2, \ x_3, \ \cdots x_n)$을 Taylor 급수에 의해 전개하면 $y$의 오차는

$$\sigma'^2_y \simeq \left(\frac{\partial f}{\partial x_1}\right)^2 \delta_{x_1^2} + \left(\frac{\partial f}{\partial x_2}\right)^2 \delta_{x_2^2} + \left(\frac{\partial f}{\partial x_3}\right)^2 \delta_{x_3^2} + \cdots + \left(\frac{\partial f}{\partial x_n}\right)^2 \delta_{x_n^2}$$

(1-41)

이다. 여기서, $\delta_{x\,i}$는 표준편차 또는 표준오차이다.

## (3) 오차타원

분산이나 표준편차는 각이나 거리와 같이 1차원의 경우에 대한 정밀도의 척도이다. 그러나 점의 수평위치와 같이 2차원 상에서의 정밀도영역은 오차타원으로 나타내며(〈부그림 1-4〉) 3차원 상에서 정밀도영역은 오차타원체로 나타낸다.

어떤 점을 h방향으로 변환할 때 식은

$$x' = x\cos\theta + y\sin\theta \tag{1-42}$$
$$y' = y - x\sin\theta + y\cos\theta$$

이며 관측값 $a$, $b$에 대해 분산 $\sigma_a^2$, $\sigma_b^2$, 공분산 $\sigma_{ab}$이라면 $a$, $b$의 함수 $F$의 분의 분산 $\sigma_F^2$은

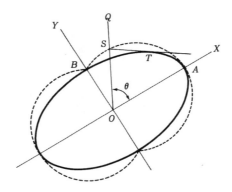

**부그림 1-4** 오차타원 $OA = \sigma_X$=최대, $OB = \sigma_Y$=최소, $OB = \sigma_\theta$

$$\sigma_F^2 = \sigma_a^2(\partial F/\partial a)^2 + \sigma_b^2(\partial F/\partial b)^2 \tag{1-43}$$
$$+\cdots+ 2\sigma_{ab}(\partial F/\partial a)(\partial F/\partial b)$$
$$+\cdots$$

로 표현된다. 식 (1-43)과 식 (1-42)로부터

$$\sigma_{x'}^2 = \sigma_x^2\cos^2\theta + \sigma_y^2\sin^2\theta + 2\sigma_{xy}\sin\theta\cos\theta \tag{1-44}$$

이며 마찬가지로

$$\sigma_{y'}^2 = \sigma_x^2 \sin^2\theta + \sigma_y^2 \cos^2\theta - 2\sigma_{xy}\sin\theta\cos\theta \qquad (1\text{-}45)$$

가 된다. $\sigma_{x'}^2$이 $\theta$에 따라 변화하며 최댓값을 갖는 $\theta$를 구하면 $\partial\sigma_{x'}^2/\partial\theta = 0$으로 하여 $\theta$를 계산한다.

$$\tan 2\theta = 2\sigma_{xy}/(\sigma_x^2 - \sigma_y^2) \qquad (1\text{-}46)$$

식 (1-49)에서 $\theta$는 $\theta_1$과 $\theta_2$의 두 개 값이 있으며 $\pi/2$만큼 차이가 난다. 하나는 $\sigma_{x'}^2$의 최댓값을 나타내고 다른 하나는 최솟값을 나타내며 식은 다음과 같다.

$$\sigma_{\max}^2 = \frac{1}{2}[(\sigma_x^2 + \sigma_y^2) + \{(\sigma_x^2 - \sigma_y^2)^2 + 4(\sigma_{xy})^2\}^{1/2}] \qquad (1\text{-}47a)$$

$$\sigma_{\min}^2 = \frac{1}{2}[(\sigma_x^2 + \sigma_y^2) - \{(\sigma_x^2 - \sigma_y^2)^2 + 4(\sigma_{xy})^2\}^{1/2}] \qquad (1\text{-}47b)$$

〈부그림 1-4〉에서 $X$축을 기준으로 하여 $\theta$만큼 각을 이룬 $OQ$방향의 분산 $\sigma_\theta^2$을 구하려면 식 (1.-44)에서 $\sigma_{xy} = 0$으로 하면

$$\sigma_\theta^2 = \sigma_X^2 \cos^2\theta + \sigma_Y^2 \sin g^2\theta \qquad (1\text{-}48)$$

이다. 여기서 $\sigma_x$는 장반경(semimajor axes)과 $\sigma_y$는 단반경(semiminor axes)이고 $S$는 $OQ$상에 있으며 이것에 수직인 $ST$가 어느 점에서 타원에 접할 때의 점이다. 이 $S$점이 나타내는 궤적을 수족선(pedal curve)이라 하며 오차곡선(error curve)이라고도 한다. 결국 오차타원은 주축방향으로 $\sigma_X$, $\sigma_Y$를 가질 때의 타원이며 $X$축으로부터 $\theta$방향의 표준편차 $\sigma_\theta$의 궤적은 오차곡선이 된다. 여기서 장반경축이 $\sigma_{\max}$이고 단반경축이 $\sigma_{\min}$인 타원을 표준오차타원(standard error ellipse)이라고 한다.

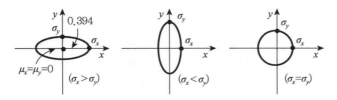

**부그림 1-5** 표준오차타원

예를 들면, 2차원에서 95%의 신뢰도를 요구할 때 타원의 장반경은 표준오차타원의 장반경 $\sigma_x$의 2.447배이고 단반경도 $\sigma_y$의 2.447배이며 $\sigma_x$와 $\sigma_y$의 영역 내에 있을 확률은 겨우 0.394에 불과하다. 이때 표준오차타원의 장반경과 단반경에 2.447배가 되는 타원을 고려할 수 있는데, 이런 타원을 신뢰타원(confidence ellipse)이라고 한다.

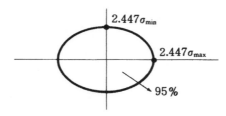

**부그림 1-6** 신뢰타원

또한, 주축으로부터 $\alpha$방향의 표준편차 $\sigma_\alpha$의 궤적을 수족선(pedal curve)이라 하며 $\overline{OQ}$와 이에 수직인 타원의 접선 $\overline{ST}$의 교점 $S$의 궤적을 나타내기도 한다.

$$\sigma_x^2 = (\sigma_x \cos \alpha)^2 + (\sigma_y \sin \alpha)^2 \tag{1-49}$$

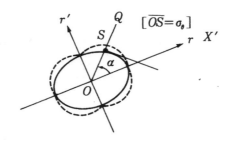

**부그림 1-7** 수족선

△PQR에서 ∠P와 변 길이 q, r을 TS(Total Station)로 관측하였다. 다음을 계산하시오. 단, ∠P=60°00′00″, q=200.00m, r=250.00m이며, 각 관측의 표준오차 $\sigma_a = \pm 40''$, 거리관측의 표준오차 $\sigma_l = \pm \left( 0.01m + \dfrac{D}{10,000} \right)$, $D$는 수평거리이다(단, 거리는 소수 3자리까지 구하시오).

(1) △PQR의 면적($A$)에 대한 표준오차($\sigma_A$)

(2) △PQR의 면적($A$)에 대한 95% 신뢰구간

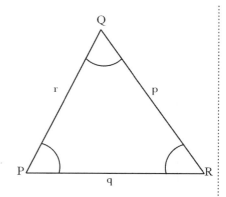

**풀이**

(1) △PQR의 면적($A$)에 대한 표준오차($\sigma_A$)

$$A = \frac{1}{2} r \cdot q \sin \angle P$$

면적($A$)에 대한 표준오차($\sigma_A$)는 오차전파법칙에 의해 다음과 같이 표현한다.

$$\sigma_A = \pm \sqrt{\left( \frac{1}{2} \triangle r \, q \sin \angle P \right)^2 + \left( \frac{1}{2} r \, \triangle q \sin \angle P \right)^2 + \left( \frac{1}{2} rq \cos \angle P \frac{\triangle \alpha''}{\rho''} \right)^2}$$

여기서 $\triangle r$, $\triangle q$, $\triangle \alpha$를 구하면 다음과 같다.

$$\triangle r = \pm \sqrt{(0.01)^2 + \left( \frac{D}{10,000} \right)^2} = \pm \sqrt{(0.01)^2 + \left( \frac{250}{10,000} \right)^2} = \pm 0.027 \text{m}$$

$$\triangle q = \pm \sqrt{(0.01)^2 + \left( \frac{D}{10,000} \right)^2} = \pm \sqrt{(0.01)^2 + \left( \frac{200}{10,000} \right)^2} = \pm 0.022 \text{m}$$

$$\triangle \alpha = \pm 40''$$

※ 일반적으로 TS 제작회사에서는 정밀도 표시를 ±(a+bD)ppm으로 한다. a는 거리에 비례하지 않는 오차이고, bD는 거리에 비례하는 오차의 표현이다. 그러므로 종합 정밀도($\sigma$)는 $\sqrt{a^2 + (bD)^2}$이 된다.

$$\sigma_A = \pm \sqrt{\frac{1}{2} \left[ (0.027 \times 200 \times \sin 60°)^2 + (250 \times 0.022 \times \sin 60°)^2 + \left( 250 \times 200 \times \cos 60° \times \frac{40''}{206,265''} \right)^2 \right]}$$
$$= \pm 4.125 \text{m}^2$$

∴ 표준오차($\sigma_A$) = $\pm 4.125 \text{m}^2$

(2) △PQR의 면적($A$)에 대한 95% 신뢰구간

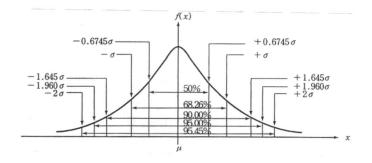

$\therefore$ 95% 신뢰구간은 $\pm(1.960 \times \sigma_A) = \pm(1.960 \times 4.125) = \pm 8.085 \mathrm{m}^2$

# 3. 삼변측량망 조정

삼변측량의 조정방법에는 조건방정식에 의한 조정과 관측방정식에 의한 조정법이 있다.

## (1) 조건방정식에 의한 삼변망 조정

### 1) 조건식의 수

1개의 삼각형을 결정하기 위해서는 3개의 변길이가 필요하고, 한 삼각형에 연속한 삼각형은 2개의 변길이를 추가해 가는 것이므로 1개의 새로운 점을 추가할 경우 두 변을 추가해야 한다. 따라서 기지점이 1점인 경우 조건식의 수는

$$l - \{2(n-3) + 3\} = l - 2n + 3$$

이 되며, 여기서 $l$ : 총변수, $n$ : 관측점수이다.

다음에 기지점이 2점 이상일 때는 $L - 2N$이 되며 여기서 $L$은 기지변을 제외한 총변수이고 $N$은 미지점의 관측점수이다. 삼변망에는 단삼변망, 사변망, 유심다변망으로 구성할 수 있으며, 이는 모두 1개 이상의 조건식이 성립한다.

### 2) 단삼변망

부그림 1-8에서

$$A + B + C - 180° = 0 \qquad (1\text{-}50)$$

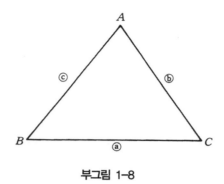

**부그림 1-8**

변관측값을 $a$, $b$, $c$, 변보정량을 $\delta_a$, $\delta_b$, $\delta_c$라 하고 각계산은 다음과 같다.

$$\angle A' = \cos^{-1} \frac{b^2 + c^2 - a^2}{2bc}$$

$$\angle B' = \cos^{-1} \frac{a^2 + c^2 - b^2}{2ac} \qquad (1\text{-}51)$$

$$\angle C' = \cos^{-1} \frac{a^2 + b^2 - c^2}{2ab}$$

여기서 $\angle A'$, $\angle B'$, $\angle C'$는 관측변으로 계산된 각이며 $\cos A = (b^2 + c^2 - a^2)/2bc$에서 전미분을 취하면,

$$-\sin A\,dA \qquad (1\text{-}52)$$
$$= \frac{2bc(2bdb + 2cdc - 2adc) - 2c(b^2 + c^2 - a^2)db - 2b(b^2 + c^2 - a^2)dc}{4b^2c^2}$$

식 (1-52)에 $b^2 + c^2 - a^2 = 2bc\cos A$, $b = c\cos A + a\cos C$, $c = a\cos B + b\cos A$를 대입하여 정리하면,

$$dA = \frac{a}{bc\sin A}da - \frac{a\cos C}{bc\sin A}db - \frac{a\cos B}{bc\sin A}dc \qquad (1\text{-}53)$$

가 된다. 여기서 정현(正弦)비례식을 적용하여 정리하면,

$$dA = \frac{da}{c \sin B} - \frac{\cot C}{b}db - \frac{\cot B}{c}dc$$

$$dB = \frac{db}{a \sin C} - \frac{\cot A}{c}dc - \frac{\cot C}{a}da \qquad (1-54)$$

$$dC = \frac{dc}{b \sin A} - \frac{\cot B}{a}da - \frac{\cot A}{b}db$$

이고, 각조건방정식은

$$dA + dB + dC + \varepsilon = 0 \qquad (1-55)$$

이다. 여기서 윗 식의 값을 대입하면,

$$\left[\frac{1}{c \sin B'} - \frac{\cot C'}{a} - \frac{\cot B'}{a}\right]da + \left[\frac{1}{a \sin C'} - \frac{\cot A'}{b} - \frac{\cot C'}{b}\right]db \qquad (1-56)$$

$$+ \left[\frac{1}{b \sin A'} - \frac{\cot B'}{c} - \frac{\cot A'}{c}\right]dc + \varepsilon = 0$$

이며 $\varepsilon = \angle A' + \angle B' + \angle C' - 180°$이다.

식 (1-56)에서

$$G_a = \frac{1}{c \sin B'} - \frac{\cot C'}{a} - \frac{\cot B'}{a}$$

$$G_b = \frac{1}{a \sin C'} - \frac{\cot A'}{b} - \frac{\cot C'}{b} \qquad (1-57)$$

$$G_c = \frac{1}{b \sin A'} - \frac{\cot B'}{c} - \frac{\cot A'}{c}$$

라고 가정하면 식 (1-56)은 $G_a \cdot da + G_b \cdot db + G_c \cdot dc + \varepsilon = 0$가 되고, $a$, $b$, $c$는 km, $\delta_a$, $\delta_b$, $\delta_c$는 cm의 차원으로 통일하면 $\varepsilon = 10^5 \varepsilon / \rho''$이다.

각 변의 오차량은 상기조건식을 미정계수법에 의한 최소제곱법을 적용하여 계산할 수 있다.

$$\delta_i = K \cdot G_i \quad (i = a, b, c) \tag{1-58}$$

$$K = \frac{-\varepsilon}{(G_a{}^2 + G_b{}^2 + G_c{}^2)}$$

### 3) 사변망

부그림 1-9의 6개의 변길이로 구성되는 사변망에서 $AC$의 길이 $b$에 오차가 있다고 가정하면 $C$점이 $C'$ 또는 $C''$로 되어 일치하지 않는다. $C$점이 일치하기 위한 조건으로서는 $\angle BAC + \angle DAC = \angle BAD$이며 또는 $\alpha_1 + \alpha_2 = \alpha_3$, $\alpha_1 + \alpha_2 - \alpha_3 = 0$이고, 각 변길이 사이에는 다음과 같은 cosine 법칙이 성립한다.

$$\left. \begin{array}{l} \triangle ABC \text{에서} \ \cos \alpha_1 = (a^2 + b^2 - c^2)/2ab \\ \triangle ACD \text{에서} \ \cos \alpha_2 = (b^2 + f^2 - e^2)/2bf \\ \triangle ABD \text{에서} \ \cos \alpha_3 = (a^2 + f^2 - d^2)/2af \end{array} \right\} \tag{1-59}$$

이것을 전미분하여 정리하면,

$$d\alpha_1 = \frac{dc}{a \cdot \sin \beta_2} - \frac{\cot \gamma_1}{b} db - \frac{\cot \beta_2}{a} da \tag{1-60}$$

$$d\alpha_2 = \frac{de}{b \cdot \sin \gamma_2} - \frac{\cot \delta_2}{f} df - \frac{\cot \gamma_2}{b} db$$

$$d\alpha_3 = \frac{dd}{a \cdot \sin \beta_1} - \frac{\cot \delta_1}{f} df - \frac{\cot \beta_1}{a} da$$

이며, 각조건식은 $d\alpha_1 + d\alpha_2 - d\alpha_3 + \varepsilon = 0$ 또는 $\varepsilon = \alpha_1 + \alpha_2 - \alpha_3$로부터 유도된다.

$$\frac{1}{a}(\cot \beta_1 - \cot \beta_2)da - \frac{1}{b}(\cot \gamma_1 + \cot \gamma_2)db + \frac{dc}{a \sin \beta_2} \tag{41-61}$$

$$- \frac{dd}{a \sin \beta_1} + \frac{de}{b \sin \gamma_2} + \frac{1}{f}(\cot \delta_1 - \cot \delta_2)df + \varepsilon = 0$$

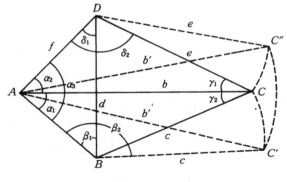

**부그림 1-9 사변망**

여기서

$$\lambda_a = \frac{1}{a}(\cot\beta_1 - \cot\beta_2), \quad \lambda_b = -\frac{1}{b}(\cot\gamma_1 + \cot\gamma_2) \tag{1-62}$$

$$\lambda_c = \frac{1}{a\sin\beta_2}, \quad \lambda_d = \frac{-1}{a\sin\beta_1}$$

$$\lambda_e = \frac{1}{b\sin\gamma_2}, \quad \lambda_f = \frac{(\cot\delta_1 - \cot\delta_2)}{f}$$

로 놓고 미정계수법에 의한 최소제곱법을 적용하기 위하여 2차식을 만들면,

$$F = da^2 + db^2 + dc^2 + dd^2 + de^2 + df^2 \tag{1-63}$$

$$- 2k(\lambda_a da + \lambda_b db + \lambda_c dc + \lambda_d dd + \lambda_e de + \lambda_f df + \varepsilon)$$

이고, 이것을 편미분하여 최솟값을 구하면 각 변길이의 오차량을 구하게 된다.

$$\delta_i = K \cdot \lambda_i, \quad (i = a, \ b, \ c, \ d, \ e, \ f) \tag{1-64}$$

$$K = \frac{-\varepsilon}{(\lambda_a^{\ 2} + \lambda_b^{\ 2} + \lambda_c^{\ 2} + \lambda_e^{\ 2} + \lambda_f^{\ 2})}$$

### 4) 유심다변망

부그림 1-10에서 $\gamma_1 + \gamma_2 + \gamma_3 + \gamma_4 + \gamma_5 - 360° = 0$이고 조건방정식은 $d\gamma_1 + d\gamma_2 + d\gamma_3$

$+d\gamma_4 + d\gamma_5 + \varepsilon = 0$이며 $\cos\gamma_1 = (f^2 + g^2 - a^2)/2fg$를 전미분하여 정리하면 다음과 같다.

$$d\gamma_1 = \frac{a}{fg\sin\gamma_1}da - \frac{\cot\alpha_1}{f}df - \frac{\cot\beta_1}{g}dg$$

$$d\gamma_2 = \frac{b}{gh\sin\gamma_2}db - \frac{\cot\alpha_2}{g}dg - \frac{\cot\beta_2}{h}dh$$

$$d\gamma_3 = \frac{c}{hi\sin\gamma_3}dc - \frac{\cot\alpha_3}{h}dh - \frac{\cot\beta_3}{i}di \qquad (1\text{-}65)$$

$$d\gamma_4 = \frac{d}{ij\sin\gamma_4}dd - \frac{\cot\alpha_4}{i}di - \frac{\cot\beta_4}{j}dj$$

$$d\gamma_5 = \frac{e}{jf\sin\gamma_5}de - \frac{\cot\alpha_5}{j}dj - \frac{\cot\beta_5}{f}df$$

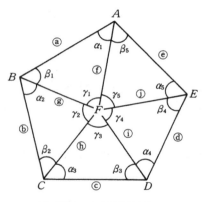

**부그림 1-10 오변유심망**

식 (4-16)을 조건방정식에 대입하면,

$$\frac{a}{fg\sin\gamma_1}da + \frac{b}{gh\sin\gamma_2}db + \frac{c}{hi\sin\gamma_3}dc + \frac{d}{ij\sin\gamma_4}dd$$

$$+ \frac{e}{if\sin\gamma_5}de - (\cot\alpha_1 + \cot\beta_5)\frac{df}{f}$$

$$- (\cot\alpha_2 + \cot\beta_1)\frac{dg}{g} - (\cot\alpha_3 + \cot\beta_2)\frac{dh}{h} \qquad (1\text{-}66)$$

$$- (\cot\alpha_4 + \cot\beta_3)\frac{di}{i} - (\cot\alpha_5 + \cot\beta_4)\frac{dj}{j} + \frac{10^5\varepsilon}{\rho''} = 0$$

이며, 식 (4-17)을

$$m_a = \frac{a}{fg \sin \gamma_1}, \ m_b = \frac{b}{gh \sin \gamma_2}$$

$$\hspace{4cm} (1\text{-}67)$$

$$m_c = \frac{c}{hi \sin \gamma_3}, \ m_d = \frac{d}{ij \sin \gamma_4}$$

$$m_e = \frac{e}{if \sin \gamma_5}, \ m_f = \frac{-(\cot \alpha_1 + \cot \beta_5)}{h}$$

$$m_g = \frac{-\cot \alpha_2 - \cot \beta_1}{g}, \ m_h = -\frac{\cot \alpha_3 + \cot \beta_2}{h}$$

$$m_i = -\frac{\cot \alpha_4 - \cot \beta_3}{i}, \ m_j = -\frac{\cot \alpha_5 + \cot \beta_4}{j}$$

라 두고 미정계수법에 의한 최소제곱법을 적용하여 각 변의 오차량을 구하면,

$$\delta_i = K \cdot m_i, \ (i = a, b, c, d, e, f, g, h, i, j) \hspace{2cm} (1\text{-}68)$$

$$K = \frac{-\varepsilon}{[m_i{}^2]}$$

가 된다.

## 5) 삼변망의 좌표결정

삼변측량에 의해 좌표계산은 기지점이 1개일 경우는 좌표계산상 방위각을 별도로 관측해야 함에 비하여 기지점이 2개 이상일 경우는 두 좌표로부터 방향각이 계산되기 때문에 좌표계산에 는 편리하다.

$$\left. \begin{array}{l} X_C = X_A + p\cos\theta + \gamma\sin\theta = X_B - q\cos\theta + \gamma\sin\theta \\ Y_C = Y_A + p\sin\theta + \gamma\cos\theta = Y_B - q\sin\theta - \gamma\cos\theta \end{array} \right\} \hspace{1cm} (1\text{-}69)$$

이 식에서 $p, \ q, \ r, \ \theta$는 다음 관계로부터 계산된다.

$$\cos\theta = \frac{X_B - X_A}{c}, \ \sin\theta = \frac{Y_B - Y_A}{c} \tag{1-70}$$

$$p = \frac{1}{2} \cdot \frac{b^2 + c^2 - a^2}{c}, \ q = \frac{1}{2} \cdot \frac{a^2 - b^2 + c^2}{c}$$

$$r = \sqrt{b^2 - p^2} = \sqrt{a^2 - q^2}$$

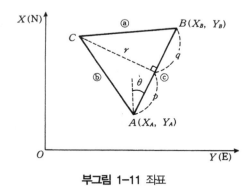

**부그림 1-11** 좌표

## (2) 삼변망의 관측방정식에 의한 조정

관측방정식에 의한 망조정은 조건방정식에 의한 망조정보다 훨씬 많은 방정식을 처리해야 하므로 과거에는 잘 사용되지 않았으나 오늘날에는 컴퓨터의 발달에 힘입어 널리 이용되고 있으며 기본관측방정식은 다음과 같다.

$$K_{Lij} + V_{Lij} = \left\{ (X_j - X_i)^2 + (Y_j - Y_i)^2 \right\}^{1/2} \tag{1-71}$$

이 비선형방정식을 Taylor 급수를 이용해서 선형화하면 다음과 같은 거리측량에 대한 최종선형관측방정식이 된다.

$$K_{Lij} + V_{Lij} = \left[ \frac{X_{i0} - X_{j0}}{(IJ)_0} \right] dx_i + \left[ \frac{Y_{i0} - Y_{j0}}{(IJ)_0} \right] dY_i \tag{1-72}$$

$$+ \left[ \frac{X_{j0} - X_{i0}}{(IJ)_0} \right] dx_j + \left[ \frac{Y_{j0} - Y_{i0}}{(IJ)_0} \right] dY_j$$

부그림 1-12에 나타나 있는 미지점 $U$의 좌표는 $X$, $Y$좌표를 알고 있는 기준점 $A$, $B$, $C$로부터 $AU$, $BU$, $CU$의 거리를 관측함으로써 구할 수 있다. 이들 거리관측값 중 2개만 있으면 $U$점의 $X$, $Y$좌표를 구할 수 있으며 나머지 1개의 관측값은 잉여관측값으로 이 값에 의해 최적의 U좌표값을 계산할 수 있다.

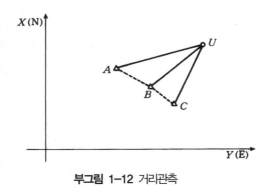

**부그림 1-12** 거리관측

관측방정식 (1-72)에 길이 $AU$에 대해서는 $i$ 대신에 $a$, $j$ 대신에 $u$를, $BU$와 $CU$에 대해서도 마찬가지로 처리하면 식 (1-73)가 된다. 변의 임의의 끝점이 기준점이면 그 점의 좌표는 변하지 않으므로 관측방정식에서 이들 항은 없어진다. 위와 같은 과정을 거치면 이들 선형화 관측방정식 결과는 다음과 같게 된다.

$$(L_{au} - AU_0) + V_{Lau} = \left[\frac{X_{u0} - X_a}{AU_0}\right](dX_u) + \left[\frac{Y_{u0} - Y_a}{AU_0}\right](dY_u)$$

$$(L_{bu} - BU_0) + V_{Lbu} = \left[\frac{X_{u0} - X_b}{BU_0}\right](dX_u) + \left[\frac{Y_{u0} - Y_b}{BU_0}\right](dY_u) \quad (1\text{-}73)$$

$$(L_{cu} - CU_0) + V_{Lcu} = \left[\frac{X_{u0} - X_c}{CU_0}\right](dX_u) + \left[\frac{Y_{u0} - Y_c}{CU_0}\right](dY_u)$$

여기서,

$$AU_0 = \sqrt{(X_{u0} - X_c)^2 + (Y_{u0} - Y_a)^2}$$
$$BU_0 = \sqrt{(X_{u0} - X_c)^2 + (Y_{u0} - Y_b)^2}$$
$$CU_0 = \sqrt{(X_{u0} - X_c)^2 + (Y_{u0} - Y_c)^2}$$

$L_{au}$, $L_{bu}$, $L_{cu}$는 관측거리이며 $X_{u0}$, $Y_{u0}$는 2개의 관측거리로부터 얻은 $U$점의 초기좌표의 값이다. 위의 선형관측방정식을 행렬형태로 나타내면 다음과 같다.

$$DQ = K + V \tag{1-74}$$

여기서 $D$는 미지수의 계수 행렬이고, $Q$는 미지보정값 $dX_u$, $dY_u$ 행렬이며, $K$는 상수, 행렬 $V$는 관측한 길이의 잔차이다. 가장 적당한 보정값 $dX_u$, $dY_u$는 최소제곱법을 이용하여 계산되며 같은 경중률일 때 방정식은

$$Q = (D^T D)^{-1} D^T K \tag{1-75}$$

이다.

---

**부예제 1-6**

그림과 같은 도형에서 U점의 좌표를 삼변망의 관측방정식에 의한 최소제곱법으로 구하시오. 단, $\overline{AU} = 4{,}536.75\text{m}$, $\overline{BU} = 3{,}552.00\text{m}$, $\overline{CU} = 4{,}084.87\text{m}$

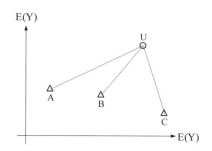

| 관측점 | X(m) | Y(m) |
|--------|----------|----------|
| A | 649.05 | 3,395.36 |
| B | 1,824.42 | 1,535.44 |
| C | 2,148.92 | 20.36 |

삼각의 내각을 관측한 결과 $a_1 = 57°48'40''$, $a_2 = 76°24'50''$, $a_3 = 45°46'00''$ 이다. 이 값을 조건방정식을 이용한 최소제곱법으로 각 내각을 조종하시오.

(1) 비상관 관측값이며 동일한 경중률로 관측된 경우

(2) 비상관 관측값이며 동일하지 않은 경중률, 즉

$$W_1 = 0.97\text{m}, \quad a_2 = 76°24'50'', \quad a_3 = 45°46'00''$$

인 경우

**풀이**

1) 1차계산
(1) 초기 근삿값
① $\overline{AB}$의 방위각

$$\theta_{AB} = 180° + \tan^{-1}\left(\frac{X_b - X_a}{Y_b - Y_a}\right) = 180° + \tan^{-1}\left(\frac{1,824.42 - 649.05}{1,535.44 - 3,395.36}\right)$$
$$= 180° - 32°17'27'' = 147°42'33''$$

② $\overline{AB}$의 거리

$$\overline{AB} = \sqrt{(X_b - X_a)^2 + (Y_b - Y_a)^2}$$
$$= \sqrt{(1,824.42 - 649.05)^2 + (1,535.44 - 3,395.36)^2} = 2,200.18\text{m}$$

③ $\overline{AU}$의 방위각

코사인 제2법칙 $c^2 = a^2 + b^2 - 2ab \cos C$에서

$$\angle UAB = \cos^{-1}\left(\frac{4,536.75^2 + 2,200.18^2 - 3,552.00^2}{2 \times 4,536.75 \times 2,200.18}\right) = 50°05'50''$$
$$\theta_{AU} = \theta_{AB} - \angle UAB = 147°42'33'' - 50°05'50'' = 97°36'43''$$

④ $X_U,\ Y_U$의 계산

$$X_U = 649.05 + 4,536.75 \sin 97°36'43'' = 5,145.82\text{m}$$
$$Y_U = 3,395.36 + 4,536.75 \cos 97°36'43'' = 2,794.41\text{m}$$

(2) $\overline{AU},\ \overline{BU},\ \overline{CU}$의 계산

$X_U$와 $Y_U$가 실측값으로부터 계산되었기 때문에 $\overline{AU}$와 $\overline{BU}$는 그들의 실측거리와 똑같다. 따라서

$$\overline{AU} = 4,536.75\text{m}$$
$$\overline{BU} = 3,552.00\text{m}$$
$$\overline{CU} = \sqrt{(5,145.82 - 2,148.92)^2 + (2,794.41 - 20.36)^2} = 4,083.72$$

(3) 관측방정식을 해석하기 위하여 행렬을 구성한다.
① $A$행렬

식 (8.25~27)에 의하여

$$a_{11}dX_U + a_{12}dY_U = L_1 + V_1$$
$$a_{21}dX_U + a_{22}dY_U = L_2 + V_2$$
$$a_{31}dX_U + a_{32}dY_U = L_3 + V_3$$

여기서

$$a_{11} = \frac{5,145.82 - 649.05}{4,536.75} = 0.991$$
$$a_{12} = \frac{2,794.41 - 3,395.36}{4,536.75} = -0.132$$
$$a_{21} = \frac{5,145.82 - 1,824.42}{3,552.00} = 0.935$$

$$a_{22} = \frac{2,794.41 - 1,535.44}{3,552.00} = 0.354$$

$$a_{31} = \frac{5,145.82 - 2,148.92}{4,083.72} 0.734$$

$$a_{32} = \frac{2,794.41 - 20.36}{4,083.72} = 0.679$$

② $L$행렬
$L_1 = 4,536.75 - 4,536.75 = 0.00$
$L_2 = 3,552.00 - 3,552.00 = 0.00$
$L_3 = 4,084.87 - 4,083.72 = 1.15$

③ $X$와 $V$행렬

$$X = \begin{bmatrix} dX_U \\ dY_U \end{bmatrix}, \qquad V = \begin{bmatrix} v_{au} \\ v_{bu} \\ v_{cu} \end{bmatrix}$$

(4) 행렬 $X$구하기
$$X = (A^TA)^{-1}A^TL$$

$$A^TA = \begin{bmatrix} 0.991 & 0.935 & 0.734 \\ -0.132 & 0.354 & 0.679 \end{bmatrix} \begin{bmatrix} 0.991 & -0.132 \\ 0.935 & 0.354 \\ 0.734 & 0.679 \end{bmatrix}$$

$$= \begin{bmatrix} 2.395 & 0.698 \\ 0.698 & 0.604 \end{bmatrix}$$

$$(A^TA)^{-1} = \frac{1}{0.96} \begin{bmatrix} 0.604 & -0.698 \\ -0.698 & 2.395 \end{bmatrix}$$

$$A^TL = \begin{bmatrix} 0.991 & 0.935 & 0.734 \\ -0.132 & 0.354 & 0.679 \end{bmatrix} \begin{bmatrix} 0.00 \\ 0.00 \\ 1.15 \end{bmatrix} = \begin{bmatrix} 0.844 \\ 0.802 \end{bmatrix}$$

$$X = \frac{1}{0.96} \begin{bmatrix} 0.604 & -0.698 \\ -0.698 & 2.395 \end{bmatrix} \begin{bmatrix} 0.844 \\ 0.802 \end{bmatrix} = \begin{bmatrix} -0.052 \\ +1.387 \end{bmatrix}$$

(5) 수정된 $U$의 좌표 계산
$X_U = 5,145.82 - 0.052 = 5,145.768$
$Y_U = 2,794.41 + 1.387 = 2,795.797$

2) 반복 2차 계산
(1) $\overline{AU}$, $\overline{BU}$, $\overline{CU}$의 계산
$$\overline{AU} = \sqrt{(5,145.768 - 649.05)^2 + (2,795.797 - 3,395.36)^2} = 4,536.513$$
$$\overline{BU} = \sqrt{(5,145.768 - 1,824.42)^2 + (2,795.797 - 1,535.44)^2} = 3,552.443$$
$$\overline{CU} = \sqrt{(5,145.768 - 2,148.92)^2 + (2,795.797 - 20.36)^2} = 4,084.623$$

(2) 행렬의 형성
본 예제에서는 길이의 변화량이 적으므로 $A$행렬을 형성하여 계산하여도 많은 변화가 없으므로 $(A^TA)^{-1}$값도 변화가 없다. 이에 $L$행렬만 다시 형성하여 계산한다.

$L_1 = 4,536.75 - 4,536.513 = 0.237$

$$L_2 = 3,552.00 - 3,552.443 = -0.443$$
$$L_3 = 4,084.87 - 4,084.623 = 0.247$$

(3) $X$행렬

$$A^T L = \begin{bmatrix} 0.991 & 0.935 & 0.734 \\ -0.132 & 0.354 & 0.679 \end{bmatrix} \begin{bmatrix} 0.237 \\ -0.443 \\ 0.247 \end{bmatrix} = \begin{bmatrix} 0.002 \\ -0.020 \end{bmatrix}$$

$$X = \frac{1}{0.96} \begin{bmatrix} 0.604 & -0.698 \\ -0.698 & 2.395 \end{bmatrix} \begin{bmatrix} 0.002 \\ -0.020 \end{bmatrix} = \begin{bmatrix} +0.016 \\ -0.051 \end{bmatrix}$$

(4) 수정된 $U$좌표
$$X_U = 5,145.768 + 0.016 = 5,145.784$$
$$Y_U = 2,795.797 - 0.051 = 2,795.746$$

# 02 지구좌표계와 우리나라의 측량원점

## 1. 지구좌표계

### (1) 지구형상

지구형상은 물리적 지표면(육지나 해양 등이 자연상태의 지표면), 지오이드(중력의 등포텐셜면), 회전타원체(수학적으로 계산을 유효하게 수행하기 위하여 간단히 정의되는 타원체), 수학적 지표면(중력장에 의한 지표면을 수학적으로 표시하는 텔루로이드, 의사지오이드 등의 수학적 지표면)으로 크게 구분한다.

한 타원체의 주축을 회전하여 생기는 입체를 회전타원체라 한다. 지구는 단축을 주위로 회전하는 타원체로 실제 지구의 부피와 모양에 가장 가까운 것으로 규정하고 있다. 이 회전타원체를 지구타원체라 한다. 지구타원체는 기하학적타원체로굴곡이 없는 매끈한 면으로 지구의 부피, 표면적, 반경, 표준중력, 삼각측량, 경위도측량, 지도제작 등에 기준으로 한다.

### (2) 지오이드(geoid)

지구타원체는 지표의 기복과 지하물질의 밀도차가 없다고 생각한 것이므로 실제 지구와 차가 너무 커서 좀 더 지구에 가까운 모양을 정할 필요가 있다. 지구타원체를 기하학적으로 정의한 데 비하여 지오이드는 중력장이론에 따라 물리학적으로 정의한다. 지구표면의 대부분은 바다가 점유하고 있다. 정지된 평균해수면(mean sea level)을 육지까지 연장하여 지구 전체를 둘러쌌다고 가상한 곡면을 지오이드라 한다. 지오이드면은 평균해수면과 일치하는 등퍼텐셜면으로 일종의 수면이라 할 수 있으므로 어느 점에서의 중력방향은 이 면에 수직이며, 주변지형의 영향이나 국부적인 지각밀도의 불균일로 인하여 타원체면에 대하여 다소의 기복이 있는(최대 수십 m) 불규칙한 면으로 간단한 수식으로는 표시할 수 없다. 고저측량은 지오이드면을 표고 0으로 하여 측량한다. 따라서 지오이드면은 높이가 0m이므로 위치에너지($E = mgh$)가 0이다. 일반적으로 지구상 어느 한 점에서 타원체의 수직선과 지오이드의 수직선은 일치하지 않게 되며 두 수직선의 차, 즉 수직선편차(또는 연직선편차)가 생긴다. 지오이드면은 대륙에서는 지오이드면 위에 있는 지각의 인력 때문에 지구타원체보다 높으며, 해양에서는 지구타원체보다 낮다.

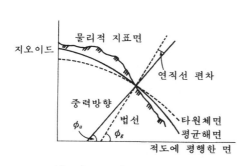

**부그림 2-1** 지오이드와 타원체

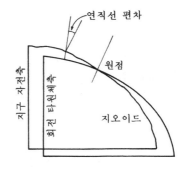

**부그림 2-2** 지오이드와 회전타원체

## (3) 경위도좌표

지구상 절대적 위치를 표시하는데, 일반적으로 가장 널리 쓰이는 곡면상의 좌표이다. 어느 지점의 경도는 본초자오선으로부터 적도를 따라 그 지점의 자오선까지 잰 최소각거리로 동, 서쪽으로 0°에서 180°까지 잰다. 한편 위도는 자오선을 따라 적도에서 어느 지점까지 관측한 최소각거리로써 남·북쪽으로 0°에서 90°까지 관측한다.

기본측량과 공공측량에 있어서 기준타원체(또는 준거타원체)에 대한 지점위치를 경도, 위도 및 평균해수면에서부터의 높이로 표시한 것을 측지측량좌표(부그림 2-3 참조)라 부르는데, 일반적으로는 지리좌표라 말한다.

경도는 본초자오선(그리니치 천문대를 통과하는 자오선)을 기준으로 하여, 어떤 지점을 지나는 자오선까지의 각거리 λ로 표시하고, 위도는 어떤 지점에서 기준타원체에 내린 수직선[또는 법선(法線)]이 적도면과 이루는 각 φ로 표시한다. 천문학적으로 관측한 위도는 그 지점에서 연직선, 즉 지오이드를 기준하여 내린 수직선이 적도면과 이루는 각이며 측지위도는 기준(또는 준거)타원체를 기준하여 내린 수직선이 적도면과 이루는 각이다. 기준이 다른 면(타원체, 지오이드면)에 내린 연직선으로 인하여 연직선 편차가 발생한다. 기준(또는 준거)타원체를 기준으로 한 경우를 측지경위도(geodetic longitude and latitude), 지오이드를 기준으로 한 경우를 천문경위도(astronomic longitude and latitude)라 한다.

또 경위도 원점값은 천문측량에 의해 정해지므로 천문경위도이지만 기준타원체상의 측지 제점에 관해서는 측지경위도로 간주한다.

측량의 목적, 지역의 광협, 측량의 정확도 등에 따라서 지구를 구로 보고 그 표면상에서 지점의 위치를 표시하는 경우가 많다.

이 경우 구의 반경은 주로 다음 식으로 표시되는 평균 곡률반경을 이용하고 있다.

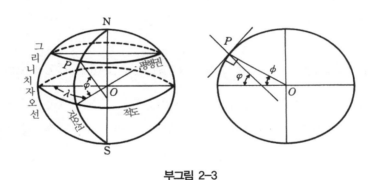

부그림 2-3

$$평균\ 곡률반경 : r = \sqrt{R_m N} \tag{2-1}$$

단, $R_m$ : 자오선의 곡률반경

$N$ : 횡(묘유선방향)의 곡률반경

## (4) 평면직교좌표

측량범위가 크지 않은 일반측량에서는 평면직교 좌표가 널리 사용된다. 평면직교 좌표에서는 측량지역에 1점을 택하여 좌표원점으로 정하고 그 평면상에서 원점을 지나는 자오선을 $X$축, 동서방향을 $Y$축으로 하며, 각 지점의 위치는 평면상의 직교좌표값, $X$, $Y$로 표시된다.

## (5) UTM 좌표계(Universal Transverse Mercator coordinate)

UTM 투영법에 의하여 표현되는 좌표계로서 적도를 횡축, 자오선을 종축으로 한다. 이 방법은 지구를 회전타원체로 보고 지구 전체를 경도 6°씩 60개의 구역으로 나누고 그 각 종대의 중앙자오선과 적도의 교점을 원점으로 하여 횡메르카토르 투영법으로 등각투영한다. 각 종대에는 180°W 자오선에서 동쪽으로 6° 간격으로 1부터 60까지 번호를 붙인다. 종대에서 위도는 남·북에 80°까지만 포함시키며 다시 8°간격으로 20구역으로 나누어 C에서 X까지(단 I와 O는 제외) 20개의 알파벳문자로 표시한다. UTM 좌표에서 거리단위는 m 단위로 표시하며 종좌표에서는 N을, 횡좌표에는 E를 붙인다.

## (6) UPS 좌표계(Universal Polar Stereographic coordinate)

UPS 좌표는 위도 80° 이상의 양극지역의 좌표를 표시하는 데 사용한다. UPS 좌표는 극심입체 투영법에 의한 것이며 UTM 좌표의 투영법과 같은 특징을 가진다. 이 좌표계는 양극을 원점으로 하는 평면직교 좌표계를 사용하며, 거리좌표는 m 단위로 나타낸다.

## (7) 3차원 직교좌표계(three-dimensional or space cartesian coordinate)

3차원 직교좌표의 원점은 지구중심이고, 적도면상에 $X$ 및 $Y$축을 잡고, 지구의 극축을 $Z$축으로 한다. 인공위성이나 관측용 장비에 의한 천체를 관측할 경우 측량망 결합에 이용된다.

# 2. 세계측지측량기준계

나라마다 다른 국가기준계로부터 얻은 위치정보는 대규모 지역에 대해서는 요구를 충족시킬 수 없으므로 하나의 통합된 측지측량기준계가 필요하게 되었다.

세계측지측량기준계(WGS : World Geodetic System)는 다음과 같다.

WGS(1960)는 미 국방성에서 전세계에 대하여 하나의 통일된 좌표계를 사용할 수 있도록 만든 지심좌표계로서 당시에 이용할 수 있었던 모든 중력, 천문측량 등의 관측자료를 종합하여 결정되었다.

WGS(1966)는 확장된 삼각망과 삼변망 도플러 및 광학위성자료를 적용하여 정하였으며 WGS(1972)는 도플러 및 광학위성자료, 표면중력측량, 삼각 및 삼변측량, 고정밀 트래버스,

천문측량 등으로부터 얻은 새로운 자료와 발달된 전산기와 정보처리기법을 이용하여 결정하였다. WGS(1984)는 WGS72를 개량하여 지구질량중심을 원점으로 하는 좌표체계로, GRS 80(Geodetic Reference System, 1980)은 IUGG/IGA 제17차 총회(1979)에서 새로이 제정된 것으로 우리나라의 측량 기준의 기준 타원체로 채택하고 있다.

**[부표 2-1]** 타원체별 제원

| 구분 | 벳셀 | GRS80 | WGS84 |
|------|------|-------|-------|
| 장반경($a$) | 6,377,397.155m | 6,378,137m | 6,378,137m |
| 편평율($f$) | 1/299.152813 | 1/298.257222 | 1/298.257223 |

# 3. 국제지구기준좌표계(ITRF)

국제지구회전관측연구부(IERS)[1]에서 설정한 국제지구기준좌표계(ITRF)는 IERS Terrestrial Reference Frame의 약자로 국제지구회전관측연구부라는 국제기관이 제정한 3차원국제지심직교좌표계이다. 세계 각국의 VLBI, GPS, SLR 등의 관측 자료를 종합해서 해석한 결과에 의거하고 있다.

IERS는 국제시보국(BIH : Bureau Internayional De L'heuve)의 지구회전부문과 국제극운동연구부(IPMS)[2]를 종합해서 1988년에 설립되었다. ITRF는 좌표원점을 지구중심(대기를 포함)으로 한 지구중심계이며, ITRF에서 위도와 경도가 필요할 때는 GRS80을 이용할 수 있다. 1996년에 WGS84가 ITRF의 구축에 이용되고 있는 지구동력학에 대한 국제 GPS 사업(IGS)[3]의 관측자료를 이용하여 조정한 후부터 ITRF와 WGS84의 차이는 cm단위로 접근하게 되었다.

ITRF는 IERS에서 제공하고 있는 지구중심의 국제기준계이며, IERS는 1987년 국제천문학연합인 IAU[4]와 국제측지·지구물리학연합인 IUGG[5]에 의하여 공동으로 설립된 기구로서 초장기선간섭계(VLBI)[6], SLR(Satellite Laser Ranging) 등의 관측에 의하여 결정된 값이다. ITRF는 현재 국제시보국의 BTS(BIH Terrestrial System)을 승계하고 있으며 WGS84보다 더 정확한

---

1　IERS : International Earth Rotation Service
2　IPMS : International Polar Motion Service
3　IGS : International GNSS Service
4　IAU : International Astronomical Union
5　IUGG : International Union of Geodesy and Geophysics
6　VLBI : Very Long Baseline Interferometry

기준계로서 각 국에서 사용되고 있다.

GPS위성의 궤도정보에 대한 정확도가 관측정확도에 큰 영향을 미치므로 위성추적관제국(Terrestrial System)을 통한 정밀력(ephemeris)의 제공이 필요하다. GPS의 정밀력은 미국 국방성의 NIMA[7]에서 관장하고 있다. 또한 IGS와 국제협동 GPS망(CIGNET)[8]은 전 지구에 걸쳐 실시되고 있는 민간의 GPS위성 궤도추적을 위한 망이다.

IGS는 1991년에 IUGG산하기구인 국제측지학협회(IAG)[9]에서 제안한 것으로서 연속추적을 위한 주된 관측망과 보다 많은 수의 기점망으로 구성하고 있다.

CIGNET는 1992년에 운용된 약 20점의 추적국으로 구성되며 미국 NGS(National Geodetic Survey)에서 관장하고 있는 민간용 추적체계이다. 국가기본망의 구축을 위해서는 먼저 국제적인 ITRF/IGS와 관련되는 대륙망이 결정되어야 하며 구성이 곤란한 경우는 국제적인 VLBI/SLR 관측점을 활용하는 것이 필요하다.


# 4. 좌표의 투영(projection for coordinates)

엄격히 표현하면 지표면은 평면이 아닌 구면이다. 삼각측량의 경우에도 삼등 삼각측량 이하와 같이 거리가 짧을 때는 곡면이란 것을 생각지 않아도 되지만 일등, 이등 삼각측량과 같이 1변의 거리가 길게 되고 범위가 넓게 되면 지구의 곡률을 고려하지 않으면 안 되게 된다. 이와 같이 하여 둥근 지구 표면의 일부에 국한하여 얻어진 측량의 결과를 평탄한 종이 위에 어떤 모양으로 표시할 수 있겠는가 하는 문제를 취급하는 것이 투영법(投影法)이다.

투영법에는 그 지도를 사용하는 목적에 따라 여러 가지 방법이 있다. 그러나 어떤 방법이든 지구를 평면으로 표시하는 이상 무리가 일어나는 것은 당연하므로 어디에서도 비틀어짐이 생기지 않게 평면상에 표시할 수는 없다. 그러므로 지구면의 형상을 정확히 표시할 수 있는 것으로서는 지구의 밖에는 없다. 그러나 지구 전체를 1/50,000로 축소한 지구의를 만들어 이를 이용하는 것은 더욱 곤란하다. 그래서 지금 이와 같은 지구의가 되었다고 하고 그 표면을 충분히 평면으로 간주할 수가 있을 정도로 좁은 간격의 자오선과 평행하게 잘라본다. 그리고 그 1편을 1장의 지도로 하면 그 지도를 충분히 정확한 지구의 표면을 축도한 것으로 할 수 있다. 이와 같이 하여 지도를 만드는 방법을 다면체투영법이라 한다(부그림 2-4 참조).

---

7　NIMA : National Imagery and Mapping Agency
8　CIGNET : Coorperative International GPS Network
9　IAG : International Association of Geodesy

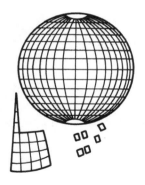

**부그림 2-4** 다면체투영법

같은 경도차라 하여도 위도가 변하면 그 평행권의 길이가 변한다. 따라서 다면체투영법에 의한 지도는 사각형이 아니고 등각의 사다리꼴로 되고 또 1장의 지도에 포함되는 면적도 남과 북이 다르게 된다. 이것을 순서대로 붙여 나가면 이음이 차차 둥글어져 구형이 될 것이다.

현재 발행되고 있는 지형도는 〈부표 2-2〉와 같은 표준에 의하여 1장의 지형도가 되고 있다.

**[부표 2-2]** 국가기준계의 특징

| 축척 | 경도차 | 위도차 |
|---|---|---|
| 1/5,000 | 1′ 30″ | 1′ 30″ |
| 1/25,000 | 7′ 30″ | 7′ 30″ |
| 1/50,000 | 15′ | 15′ |

지구의 투영법으로서는 다면체투영법 외에 메르카토르법(경선은 경도차에 따른 등간격의 평행직선이고 위선은 그것에 직교하는 직선으로 표현한다. 두 지점간의 등각항로가 항상 직선이므로 방위각이 올바로 표시된다. 해도의 투영법으로서 중요하다), 본느법(면적을 똑같이 나타내도록 한 도법), 도레미법(각 경선상에서는 거리가 옳게 나타난다) 등 목적에 의하여 여러 방법이 사용된다. 횡원통도법(transverse cylindrical projection)은 적도에 지구와 원통을 접하여 투영하는 것으로 대표적인 방법은 다음과 같다.

## (1) 가우스이중 투영(Gauss double projection)

① 지구를 원으로 가정하여 타원체에서 구체로 등각투영하고 이 구체로부터 평면으로 등각횡원통 투영하는 방법이다.

② 소축척지도에서는 지구 전체를 구에 투영하고 대축척지도에서는 지구의 일부를 구에 투영

한다.

③ 우리나라 지적도 제작에 이용하고 있다.

## (2) 가우스-크뤼거도법(Gauss-Krügers projection)

① 회전타원체로부터 직접 평면으로 횡축등각원통도법에 의해 투영하는 방법으로 횡케르카 토르도법(TM : Transverse Mercator projection)이라고도 한다.

② 원점은 적도상에 놓고 중앙경선을 X축, 적도를 Y축으로한 투영으로 축상에서는 지구상의 거리와 같다.

③ 투영범위는 중앙경선으로부터 넓지 않은 범위로 한정한다.

④ 투영식은 타원체를 평면의 등각투영이론에 적용하여 구할 수 있다.

⑤ 우리나라 지형도 제작에 이용되었으며 남북이 긴 우리나라 형상에는 적합한 투영방법이다.

## (3) 국제횡메르카토르도법(UTM : Universal Transverse Mercator projection)

① 지구를 회전타원체로 보고 80°N~80°S의 투영범위를 경도 6°, 위도 8°씩 나누어 투영한다.

② 투영식 및 좌표변환식은 가우스-크뤼거(TM)도법과 동일하나, 원점에서의 축척계수를 0.9996으로 하여 적용범위를 넓혔다.

③ 지도 제작 시 구역 경계가 서로 30′씩 중복되므로 적합부에 빈틈이 생기지 않는다.

④ 우리나라 1/50,000 군용지도에서 사용하였으며 UTM좌표는 제2차 세계대전에 이용되었다.

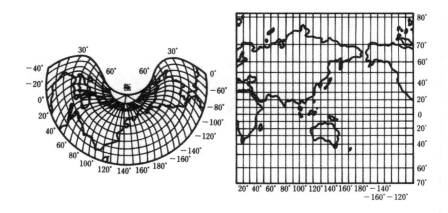

**부그림 2-5** 본느도법과 도레미법

투영법은 그 성질에 따라 등거리도법, 등각도법, 등적도법으로 분류되고(부표 2-3 참조), 투영면에 따라서는 방위도법, 원통도법, 원추도법, 의사도법으로 크게 나눌 수 있다(부표 2-4 참조).

**[부표 2-3]**

| 도법 | 성질 | 용도 | 예 |
|---|---|---|---|
| 등각도법 | 등각, 미소지역에서의 상사성(相似性) | 미소지역의 관측 | 측량좌표계, 해도, 항공도, 천기도 |
| 등적도법 | 임의의 면적이 항상 일정한 비율로 나타난다. | 면적으로 분포를 비교할 때 | 분포도 |
| 등 거 리 도 법 | 거리가 바르게 나타난다. 왜곡이 균등하고 작도하기 쉽다. | 특정점을 기준으로 한 거리의 관측, 전체의 관찰 | 일람도 |
| 심사도법 | 측지선이 항상 직선으로 나타난다. | 대원항로의 조사 | 무선방향 탐지도 |
| 메르카토르 도 법 | 등방위선이 항상 직선으로 나타난다. | 항로의 조사 | 해도 |

**[부표 2-4]**

| 투영면＼성질 | 방위도법 | 단원추도법 | | 다원추도법 다면체도법 | 원통도법 | | 의사(방위·원추·원통)도법 |
|---|---|---|---|---|---|---|---|
| | | 접원추 | 할원추 | | 접원통 | 할원통 | |
| 정리(正距) (등거리) | 정사도법 | 토레미도법 (정) | De L' isle | 정규다원추 도법 | 정사각형 도법 카시니 | 직사각형 도법 | |
| 정각(正角) (등각) | 평사도법 | 람베르트 도법 | 상사원추 | 메르카토르 | 메르카토르(정) 람베르트정각원통(횡) 가우스·크뤼거(횡) 〈메르카토르〉 U.T.M | | |
| 정적(正積) (등적) | 람베르트 정적방위 도법 | 람베르트 정적원추 도법(정) | 알베르 | | 람베르트정적원통(정) | | 본느(추) 상송(통) 몰와이데(통) 햄머(방) 에케르트(통) |
| 기 타 | 심사도법 외사도법 | 심사원추 (정) | | 직각다원추 도법 다면체도법 | 심사원통 (정) 밀러 | 갈 | 에이토프(방) |

주 : 도법명칭에서 ( )는 천정도법(천), 방위도법(방), 정축(정), 횡축(횡), 사축(사), 원통(통), 원추(추).

# 5. 우리나라의 측량원점과 기준점

우리나라는 3개의 측량원점(경위도원점, 수준원점, 중력원점)과 위성기준점, 수준점, 중력점, 통합기준점, 삼각점, 지자기점, 수로기준점, 영해기준점 등과 같은 국가기준점 및 지적기준점 등이 있다.

## (1) 측량원점

### 1) 경위도원점

경위도원점은 한 나라의 모든 위치의 기준으로서 측량의 출발점이 되는 점이다. 우리나라의 측지측량은 1910년대에 일본의 동경원점으로부터 삼각측량방법으로 대마도를 건너 거제도, 절영도를 연결하여 우리나라 전역에 국가기준점을 설치 국가기간산업의 근간으로 활용하였으며, 1960년대 이후 정밀측지망 설정사업으로 서울의 남산에 한국원점이라고 설치되었으나 시통장애 및 주변 여건의 변화 및 독자적인 경위도원점의 설치가 요구됨에 따라 새로이 현재의 국토지리정보원 구내에 대한민국경위도원점이 설치 운영되고 있다.

우리나라 경위도좌표계의 원점으로서 국토지리정보원에서는 정밀측지망측량의 기초를 확립하기 위해 1981부터 1985년까지 5년간에 걸쳐 정밀천문측량을 실시하였다. 또한 세계측지계에 따른 우리나라 모든 측량 및 위치결정의 기준을 규정하여 새로운 측지계의 효율적 구현을 도모하고자 국제 측지VLBI(Very Long Baseline Interferometry) 관측을 실시하여 2002년 경위도원점(국토지리정보원에 있는 대한민국 경위도원점 금속표의 십자선 교점)의 세계측지계좌표로 설정하였다.

- 설치 : 1985. 12. 27
- 위치 : 국토지리정보원내(수원)
- 좌표 : 동경 127° 03′ 14.8913″
  북위 37° 16′ 33.3659″
- 원방위각 : 3° 17 32.195″[원점으로부터 진북을 기준으로 오른쪽 방향으로 관측한 서울과학기술대학교(공릉동) 내 위성기준점 금속표 십자선 교점의 방위각]

출처 : 좌(국토지리정보원), 우(인하공전 박경식 교수)

**부그림 2-6** 대한민국 경위도 원점

경위도원점을 기준으로 한 삼각점은 토지의 형상, 경계, 면적 등을 정확하게 결정하거나 각종 시설물의 설계와 시공에 관련된 위치결정을 하기 위하여 측량을 실시할 때에 그 기준이 되는 점이다. 삼각점은 전국에 일정한 분포로 등급별 삼각망을 형성하고, 그 지점에 삼각점을 매설하여 경도와 위도, 높이, 직각좌표(또는 직교좌표), 진북방향과 거리를 관측하고 그 결과를 성과표로 작성하여, 각종 GIS사업, 시설물 관리, 수치지형도 제작, 공공측량, 일반측량, 지적측량 등 각종 국토건설계획 및 시공, 유지 관리시 이용할 수 있도록 그 성과표를 제공한다. 현재 전국에 16,410여 개의 삼각점이 설치·관리되고 있다.

## 2) 수준원점

우리나라의 육지표고의 기준은 전국의 검조장에서 다년간 조석 관측한 결과를 평균 조정한 평균해수면(중등 조위면, MSL : Mean Sea Level)을 사용한다. 평균해수면은 일종의 가상면으로서 수준측량(또는 고저측량)에 직접 사용할 수 없으므로 그 위치를 지상에 연결하여 영구표석을 설치하여 수준원점(OBM : Original Bench Mark)으로 삼고 이것으로부터 전국에 걸쳐 주요 국도를 따라 수준망(또는 고저측량망)을 형성하였다. 수준원점(또는 고저측량원점)의 형태는 원점을 보호하는 원형 보호각 안의 화강석 설치대에 부착된 자수정에 음각으로 십자(+) 표식을 하였다. 측량·수로조사 및 지적에 관한 법률에 의하여 우리나라의 높이의 기준은 대한민국 수준원점을 기준하도록 되어 있다. 대한민국 수준원점(인하공업전문대학 교정 내에 있는 원점 표석 수정판의 영 눈금선 중앙점)은 1963년에 1910년대에 설치된 인천수준기점으로부터의 연결 관측에 의하여 설정되었고 인천만의 평균 해면상으로부터 26.6871m이다.

현재 전국에 수준원점을 기준으로 약 7,220여 개의 수준점(고저기준점)을 설치·운영하고 있으며, 이를 이용하여 일상생활에 필요한 상·하수도를 비롯하여 하천 제방공사 및 교량높이기준설정 등의 치수사업과 도로 경사나 구조물등 각종 토목공사 시 높이를 결정하고 있다.

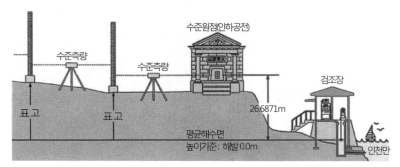

부그림 2-7 우리나라 수준점 개요도

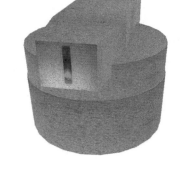

수준원점은 이 원통형 시설물(높이 3.46m, 넓이 2.2평) 안에
설치되어 있다

출처 : 좌(국토지리정보원), 우(인하공전 박경식 교수)

부그림 2-8 수준원점 전경과 원점표석의 수정판(영눈금)

## 3) 중력원점

중력원점은 2000년 한일 측지협력사업으로 국토지리정보원과 일본의 국토지리원이 공동으로 절대중력관측을 실시하여 그 값을 아래와 같이 국토지리정보원 고시 제2001-82호(2001.3.6)로 고시하였다.

- 관측목적 : 국제중력망과의 결합 및 높은 정확도의 대한민국 중력관측망 구축을 위하여 대한민국 중력원점 설치
- 관측기간 : 1999.12.10~12.16(7일간)
- 관측장비 : 절대중력계 FG5

– 관측결과

| 경위도좌표 | 중력값(mgal) | 표고(m) | 표준편차 |
|---|---|---|---|
| 경도 127° 3′ 21.979″ E<br>위도 37° 16′ 21.576″ N | 979918.775±0.0001 | 56.5273 | 0.0115mgal |

중력원점을 설치하는 이유는 크게 두 가지로 구분할 수 있는데, 첫째는 중력망을 안정적으로 관리함으로써 상대중력 관측값의 망조정으로 중력망의 뒤틀림이나 편이 등을 제거할 수 있다. 두 번째로 중력의 변화를 정기적으로 모니터링하여 지구 동역학적인 문제를 연구한다. 지하에 광물이 있거나 지각운동이 일어나면 중력이 변하기 때문이다. 전 세계적인 절대중력망의 네트워크는 이러한 지구 동역학을 규명하는 데 중점을 두어 노력하고 있으며, 지각, 지하수, 맨틀 상부의 밀도변화 등 다양한 문제에 응용된다.

현재 중력원점으로부터 전국 주요 지점의 상대중력을 관측한 중력기준점이 12점이고 중력보조점이 약 6,970여개가 설치·관리되고 있다.

출처 : 국토지리정보원

**부그림 2-9** 중력원점(좌)과 중력기준점(우)

## (2) 국가기준점 및 지적기준점

### 1) 위성기준점(GPS상시관측소)

위성기준점은 지리학적 경위도, 지구중심 직교좌표의 관측 기준으로 사용하기 위하여 대한민국 경위도원점을 기초로 정한 기준점이다.

국가 기준 좌표계로서의 활용, 자동항법시스템의 활용, 지도제작, 지각변동 등의 목적으로 1995년 3월 수원 GPS상시관측소 운영을 시작으로 1997년 GPS 무인 원격관측소를 4곳 설치하였고, 1998년 GPS 무인원격관측소 중앙국을 설치하였으며, 2012년 현재 국토지리정보원은 72

개의 GPS상시관측소를 운영하고 있다.

위성기준점은 지상 약 20,200km에서 지구 주위를 하루에 2회 회전하는 24개의 GPS 위성으로부터의 수신된 자료를 국토지리정보원 GPS 중앙처리센터로 전송하고 정밀 기선 해석을 통하여 위성기준점 위치를 높은 정확도로 결정한다. 이러한 GPS수신자료를 사용자가 우리나라 어느 곳에서든지 손쉽게 이용 할 수 있도록 전국에 등분포로 위성기준점을 설치하고, 이에 대한 측량성과는 국토지리정보원 고시 제 2001-153(2001. 6. 4)호로 공표 하였으며, 그 측량성과 및 GPS관측자료는 국토지리정보원 홈페이지 등을 통하여 일반에게 제공하고 있다.

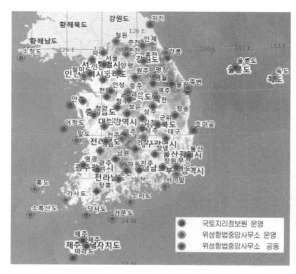 

출처 : 국토지리정보원

**부그림 2-10** 위성기준점(GPS상시관측소) 현황과 위성기준점(국토지리정보원 내)

## 2) 통합기준점

2008년부터 국토지리정보원에서는 위치, 높이 및 중력값의 정보를 담고 있는 통합기준점을 설치하여 왔다. 통합기준점이란 평탄지에 설치·운용하여 측지, 지적, 수준, 중력 등 다양한 측량분야에 통합 활용할 수 있는 다차원·다기능 기준점을 말한다. 경위도(수평위치), 높이(수직위치), 중력 등을 통합 관리 및 제공, 영상기준점 역할을 한다. 현재 약 1,200여개의 통합기준점이 설치·관리되고 있다.

**부그림 2-11** 통합기준점(수원)

## 3) 지자기점(地磁氣點)

지구가 가지는 자석의 성질, 즉 지자기 3요소인 편각, 복각, 수평분력을 관측하여 관측지역에 대한 지구자기장의 지리적 분포와 시간변화에 따른 자기장 변화를 조사, 분석하는 것이 지자기 측량으로 이를 위하여 설치한 점이 지자기점이다. 전국의 지자기도, 지형도, 항로 및 항공도 작성과 위성측지측량, 수준측량, 중력측량 등의 관측자료와 함께 이를 이용한 지구 내부 구조해석에 활용하고 국가 기본도의 지침편차자료와 지하자원의 무굴삭 탐사, 지각 내부구조연구 및 지구 물리학의 기초자료로 활용된다. 지자기점은 현재 약 30여개가 설치·관리되고 있다.

출처 : 국토지리정보원
**부그림 2-12** 지자기점(국토지리정보원 내)

## 4) 수로기준점

수로조사 시 해양에서의 수평위치와 높이, 수심관측 및 해안선 결정 기준으로 사용하기 위하여 위성기준점과 기본수준면을 기초로 정한 기준점으로서 수로측량기준점, 기본수준점, 해안선 기준점으로 구분한다.

① 수로측량기준점

수로조사시 해양에서의 수평위치 측량의 기준으로 사용하기 위하여 위성기준점, 통합기준점 및 삼각점을 기초로 정한 국가기준점을 말한다.

② 기본수준점

수로조사시 높은 관측의 기준으로 사용하기 위하여 조석관측을 기초로 정한 국가기준점을 말한다. 부그림 2-13의 기본수준원점은 인천지역의 수심기준인 약최저저조면과 우리나라 해발고도의 기준인 평균해수면으로부터의 높이를 정한 점이다.

출처 : 국립해양조사원

**부그림 2-13** 인천 기본수준원점(국립해양조사원 내)

③ 해안선기준점

수로 조사 시 해안선의 위치 측량을 위하여 위성기준점, 통합기준점 및 삼각점을 기초로 정한 국가기준점을 말한다.

## 5) 영해기준점

영해기준점은 우리나라의 영해를 획정(劃定)하기 위하여 정한 기준점이다.

## 6) 지적기준점

지적측량 시 수평위치 측량의 기준으로 특별시장·광역시장·도지사 또는 특별자치도지사나 지적소관청이 지적측량을 정확하고 효율적으로 시행하기 위하여 국가기준점을 기준으로 하여

따로 정하는 측량기준점이다. 우리나라의 지적기준점은 구소삼각원점, 특별소삼각원점, 특별
도근측량원점 및 통일원점 등 다양한 원점체계를 기준으로 하고 있다. 지적기준점에는 지적삼
각점, 지적삼각보조점, 지적도근점 등이 있다.

① 지적삼각점(地籍三角點)
지적측량 시 수평위치 측량의 기준으로 사용하기 위하여 국가기준점을 기준으로 하여 정한
기준점이다.

② 지적삼각보조점
지적측량 시 수평위치 측량의 기준으로 사용하기 위하여 국가기준점과 지적삼각점을 기준으
로 하여 정한 기준점이다.

③ 지적도근점(地籍圖根點)
지적측량 시 필지에 대한 수평위치 측량 기준으로 사용하기 위하여 국가기준점, 지적삼각점,
지적삼각보조점 및 다른 지적도근점을 기초로 하여 정한 기준점이다.

**부그림 2-14** 지적삼각점

# 03 영상의 자료취득 체계

## 1. 수동적 센서(passive sensor)

### (1) 카메라체계

항공카메라를 용도별로 분류하면 측량용카메라와 판독용카메라로 대별된다. 이들을 구조의
차이에 따라 분류하면 부그림 3-1과 같다.

### 1) 프레임카메라(frame camera)

프레임카메라에는 단일렌즈방식과 다중렌즈방식이 있다. 단일렌즈방식 중에서 가장 많이 사
용되고 있는 항공카메라에는 Wild의 RC형이나 Zeiss의 RMK 등이 있다. 다중렌즈방식은 여러
개의 렌즈로 되어 있으며, 렌즈의 앞부분에 각각 다른 필터를 장치하여 동일지역을 동일시각의
각기 다른 파장역(波長域)의 영상으로 기록하는 방법이다.

### 2) 파노라마카메라(panoramic camera)

이 카메라는 약 120도의 피사각(被寫角)을 가진 초광각(超廣角)렌즈와, 렌즈 앞에 장치한 프리
즘이 회전하거나 렌즈 자체의 회전에 의해 비행방향에 직각방향으로 넓은 피사각을 촬영하는

카메라이다. 1회 비행으로 광범위한 지역을 기록할 수 있는 장점이 있으며 판독용으로 사용된다.

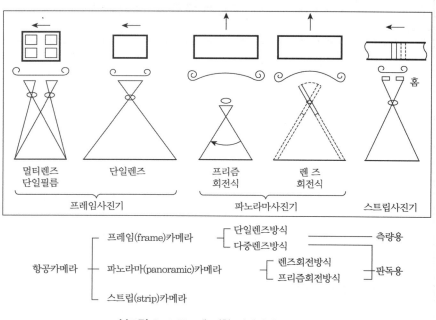

**부그림 3-1** 구조에 의한 카메라의 분류

## 3) 스트립카메라(strip camera)

항공기의 진행과 동시에 연속적으로 미소 폭을 통해 멀어진 영상을 롤(roll)필름에 스트립(strip)으로 기록하는 카메라이다.

촬영의 원리는 항공기에서 바라본 지형의 이동속도에 맞추어 필름을 움직이고, 렌즈를 통한 영상을 가는 홈(slit)의 필름에 분광(分光)하도록 하는 것이다.

## (2) 다중파장대카메라(MSC : MultiSpectral Camera)

다중파장대 카메라는 필터와 필름을 이용하여 여러 개의 파장영역에 분광하여 여러 밴드의 흑백영상을 촬영하는 카메라이다.

## 1) 다중카메라방식

여러 대의 카메라를 사용하는 방법으로 각각의 카메라에는 각각 다른 필터와 필름이 구비되어 있다. 이 방식은 카메라의 수와 필터, 그리고 필름을 목적에 따라 선택할 수 있는 이점이 있다.

## 2) 다중렌즈(multilens)방식

이 방법은 단일카메라에 여러 개의 렌즈와 필터를 조합시키고 1대의 큰 필름 상에 각각 다른 파장대의 흑백영상을 촬영하는 것이다. 이 방식의 이점은 1대의 필름에 다른 파장대의 영상이 함께 촬영되어 있으므로 현상처리(現像處理)를 동시에 할 수 있다는 것과 보존이 편리하다는 점이다.

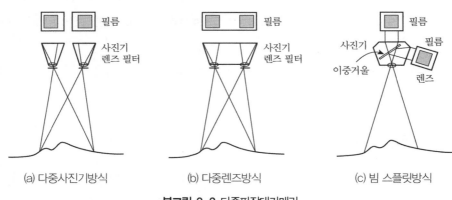

(a) 다중사진기방식          (b) 다중렌즈방식          (c) 빔 스플릿방식

**부그림 3-2** 다중파장대카메라

## 3) 빔 스플릿(beam split)

이 방식은 1개의 렌즈를 통한 빛을 카메라의 내부에서 이중거울(dichronic mirror)을 사용해 여러 파장대로 나누어 흑백영상을 촬영하는 것이다. 이 경우 여러 필름에 영상을 맺게 하는 것과 1대의 필름 상에 여러 개의 상을 맺게 하는 방식이 있다.

## (3) 비디콘카메라

영상면필름 대신 비디콘(vidicon)과 같은 축적형(蓄積形)의 촬상관(撮像管)을 사용한 광전(flaming)방식의 탐측기이다. 광학계의 구성은 영상면방식과 비슷해 다중파장대로 만들기 위해서는 다중카메라 배열방식이 사용된다. 광전변환면(光電變換面)에 기록된 상은 전자빔(beam)에 의해 스캐닝 되며 영상신호로 변환된다. 전자적인 영상신호는 직접 지상에 무선신호로 전송되며 수치적으로 전산기에 입력할 수 있다는 점 등이 영상면필름과 기능적으로 다른 특징이다.

RBV(Return Beam Vidicon)는 광전면(光電面)에 축적된 상을 읽어내는 것으로, 읽는 데 사용한 전자빔을 굴절시켜 2차 전자기증폭기에서 고감도의 신호검출을 하는 방식의 비디콘이다. 공간해상력은 40×40m이다.

### (4) 전자스캐너

실리콘 등의 전자(solid-state)광감응소자 여러 개를 선상 또는 면상으로 매우 고밀도로 배열하고 그 위에 맺어진 광학적 상을 전자신호로 변경하도록 하는 형식의 스캐너이다. 전자스캐너는 대상물의 면을 주사하지 않고 대상물에서 광학계를 통과해 얻어진 상을 여러 개의 전자감광소자로 광전 변환한다. 이와 같은 방법을 푸시-브룸(push-broom)스캐너라고 한다. 따라서 1개의 검지소자(檢知素子)에 입력되는 자료가 1영상소에 대응하므로 분해능은 검지소자의 수에 따라 결정된다.

전자스캐너는 기계적인 가동부가 없고 전자빔(beam)을 사용하지 않으므로 신뢰도와 기구상의 정확도가 비디콘사진보다 우수하다.

### (5) 방사계(radiometer)

방사계는 시야 내에 있는 물체로부터 방사 또는 반사되는 것을 입력하여 정해진 파장역의 전자기파강도를 관측하는 장치이다. MSS나 TM 등도 넓은 의미에서는 방사계로 볼 수 있으나 주로 기상위성에 탑재되는 가시·적외영역의 주사형 복사계를 복사계로 호칭하고 있다.

### (6) 다중분광 및 초미세분광영상(multispectral & hyperspectral band imagery) 취득체계

인공위성이나 항공기를 이용하여 지구를 촬영할 경우 일반 카메라처럼 일정한 대상을 촬영하는 방법과 비행방향과 같은 방향에 순차적으로 촬영해가는 방법이 있다.

고해상도의 영상면을 취득할 경우 비행방향과 같은 방향으로 따라가면서 촬영 폭이 좁은 영상을 여러 개를 모아 넓은 구역의 영상면을 취득하여야 되기 때문에 다중분광 및 초미세분광 방법을 이용하고 있다. 이 방법에는 휘스크브룸 방식과 푸쉬브룸 방식을 이용하여 영상면을 취득하고 있다.

## 1) 자료취득 방법

### ① 휘스크브룸(whiskbroom) 방식

탑재체의 비행방향 축에 직각방향으로 회전가능한 반사경(scanning mirror)을 이용하여 일정한 촬영폭(swath width)을 유지하며 넓은 폭의 영상면을 취득한다. 반사경이 회전하는 데 따른 복잡한 기하구조를 가지므로 기하보정이 쉽지 않다. 영상취득 시간이 짧으며 영상면의 해상력은 반사경의 각도에 따라 달라지며 영상면왜곡도 크다(부그림 3-3(a)).

LANDSAT의 ETM+, NOAA의 AVIRIS 등이 이용하고 있다.

### ② 푸쉬브룸(push broom) 방식

카메라 본체는 움직이지 않고 선형센서를 이용하여 띠 모양의 영상을 취득하는 방식이다. 휘스크브룸에 비해 영상폭이 좁으며 기하구조도 단순하여 기하보정이 쉽다. CCD 배열로 영상을 취득하므로 휘스크브룸에 비해 영상왜곡이 적은 긴 영상을 취득할 수 있다〈부그림 3-3(b)〉. SPOT의 HRV, 아리랑위성의 EOC, Quickbird 등이 이용하고 있다.

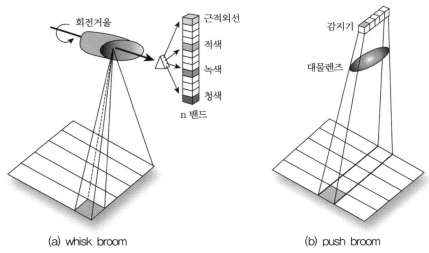

(a) whisk broom          (b) push broom

**부그림 3-3** whisk broom과 push broom 방식

## 2) 다중분광 영상

LANDSAT의 TM(Thematic Mapper)나 SPOT의 XS와 같은 다중분광(multispectral band) 영상면은 3~10개의 분광밴드로 형성되어 있다. 표 2-2와 표 2-3에서 표시한 바와 같이 LANDSAT의 MSS, TM과 SPOT의 HRV 등과 같다.

① 다중파장대스캐너(MSS : Multi Spectral Scanner)

다중파장대스캐너(MSS)는 지표로부터 방사되는 전자기파를 렌즈와 반사경으로 집광하여 필터를 통해 분광한 다음, 파장별로 구분해 각각 영상을 테이프에 기록하는 것으로 관측도는 부그림 3-4와 같다.

비행방향에 직각으로 회전하는 반사경을 이용하여 지표면을 대상으로 관측하는데, 이것을 스캐닝이라고 한다. 자료를 기록하는 최소관측시야단위를 순간시야(IFOV : Instantaneous Field Of View)라 하며 밀리 라디안(milli-radian)으로 표시한다. 이것에 대응하는 지표의 관측최소단위면적을 영상소(pixel : picture element 또는 photo element)라 하며 이것은 광학카메라의 분해능(分解能)에 상당한다. 항공기에 탑재하는 MSS는 일반적으로 4밴드[MSS-4 : 0.4~0.5$\mu$(청), MSS-5 : 0.5~0.6$\mu$(녹), MSS-6 : 0.7$\mu$(근적외), MSS-7 : 07~0.9$\mu$(적외)]가 많으나 가시근적외역을 10파장대 정도로 나누고 열적외역(熱赤外域)을 1~2파장대 더 추가한 것도 있다. MSS의 영상소는 80×80m이다.

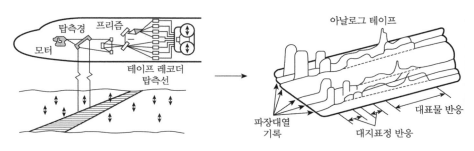

**부그림 3-4** MSS 관측도

② TM(Thematic Mapper)과 ETM+(Enhanced Thematic Mapper plus)

지표면의 고분해능 관측을 목적으로 LANDSAT-4호와 5호에는 TM이, LANDSAT-7에는 ETM+가 탑재되었다. TM과 ETM+의 지상스탠밴드는 기본적으로 MSS와 동일하지만 밴드수와 검출기수가 더 많으며 위성고도가 낮다. LANDSAT 1-7 특성은 부표 3-1과 같다.

| Satellite | Launch | 회수시기 | 궤 도 | Sensor | Bandwidth($\mu$m) | Resolution[m] |
|---|---|---|---|---|---|---|
| LANDSAT 1 | 1972.7.23 | 1978.1.6 | 18일/900km | RBV | (1) 0.18~0.57 | 80 |
| LANDSAT 2 | 1975.1.22 | 1985.2.15 | 18일/900km | | (2) 0.58~0.68 | 80 |
| | | | | | (3) 0.70~0.83 | 80 |
| | | | | MSS | (4) 0.5~0.6 | 79 |
| | | | | | (5) 0.6~0.7 | 79 |
| | | | | | (6) 0.7~0.8 | 79 |
| | | | | | (7) 0.8~1.1 | 79 |
| LANDSAT 3 | 1978.3.5 | 1983.3.31 | 18일/900km | RBV | (1) 0.505~0.75 | 40 |
| | | | | MSS | (4) 0.5~0.6 | 79 |
| | | | | | (5) 0.6~0.7 | 79 |
| | | | | | (6) 0.5~0.6 | 79 |
| | | | | | (7) 0.8~1.1 | 79 |
| | | | | | (8) 10.4~12.6 | 240 |
| LANDSAT 4 | 1982.7.16 | – | 16일/705km | MSS | (4) 0.5~0.6 | 82 |
| LANDSAT 5 | 1984.3.1 | – | 16일/705km | | (5) 0.6~0.7 | 82 |
| | | | | | (6) 0.5~0.6 | 82 |
| | | | | | (7) 0.8~1.1 | 82 |
| | | | | TM | (1) 0.45~0.52 | 30 |
| | | | | | (2) 0.52~0.60 | 30 |
| | | | | | (3) 0.63~0.69 | 30 |
| | | | | | (4) 0.76~0.90 | 30 |
| | | | | | (5) 1.55~1.57 | 30 |
| | | | | | (6) 10.4~12.5 | 120 |
| | | | | | (7) 2.08~2.35 | 30 |
| LANDSAT 7 | 1999.4.15 | – | 16일/705km | ETM+ | (1) 0.45~0.52 | 30 |
| | | | | | (2) 0.52~0.60 | 30 |
| | | | | | (3) 0.63~0.69 | 30 |
| | | | | | (4) 0.76~0.90 | 30 |
| | | | | | (5) 1.55~1.57 | 30 |
| | | | | | (6) 10.4~12.5 | 60 |
| | | | | | (7) 2.08~2.35 | 30 |
| | | | | | PAN 0.50~0.90 | 15 |

③ HRV(High Resolution Visible)

HRV 센서의 제원은 부표 3-2와 같으며 다중파장대형(multispectral code : XS형)과 흑백형
(또는 전정색 panchromatic code : P형)으로 분류되며 각각에 따라 파장대, 영상소의 크기 및
수가 다르게 된다.

| 형<br>항목 | 다중분광대형 (XS) | 흑백 (전정색)형(P) |
|---|---|---|
| 파장대 | 녹색 (0.50~0.59μm)<br>적색(0.61~0.68μm)<br>근적외(near~infrared)(0.79~0.89) | 0.51~0.73μm |
| 시야범위 | 4.13° | 4.13° |
| 영상소 크기(위성직하) | 20m×20m | 10m×10m |
| line당 영상소수 | 3000 | 6000 |
| 관측폭(위성직하) | 60km) | 60km |

## 3) 초미세분광(hyperion)

① 위성 및 항공기에 탑재된 초미세 분광센서

하이퍼스펙트럴(hyperspectral)영상은 일반적으로 5~10mm에 해당하는 좁은 대역폭(bandwidth)을 가지며 36~288 정도의 밴드수로 대략 $0.4~14.52μm$ 영역의 파장대를 관측하여 자료취득 방식에 따라 pushbroom 센서와 wiskbroom 센서가 있다.

[부표 3-3(a)] 위성에 탑재된 초미세 분광센서

| 소유국 | 위성명 | 센서명 | 밴드수 | 밴드폭(μm) | 해상도(m) | 촬영폭(km) | 발사연도 |
|---|---|---|---|---|---|---|---|
| 미국 | EO-1 | Hyperion | 220 | 0.43~2.4 | 30 | 7.6 | 2001 |
| 미국 | Terra(EOS-AM) | MODIS | 36 | 0.405<br>~14.385 | 250~1000 | 2330 | 1999 |
| 미국 | Aqua(EOS-PM) | | | | | | 2002 |
| 미국 | NEMO | COIS | 210 | 0.4~2.5 | 30~60 | 30 | 2002 |

[부표 3-3(b)] 항공기에 탑재된 초미세 분광센서(pushbroom 방식 센서)

| 센서명 | 밴드수 | 밴드폭 | 파장범위 | 탑재방식 | 분광해상도 | 관련 기관 |
|---|---|---|---|---|---|---|
| CASI | 228개 | 1.8nm | 0.43~0.87μm | 항공기 | 12bit | 캐나다 ITRES |
| HYDICE | 210개 | 10nm | 0.4~2.5μm | 항공기 | 12bit | 미국 Hughes Danbury<br>Optical Systems, Inc. |
| AISA | 186개 | 1.6nm | 0.45~0.9μm | 항공기 | 12bit | 핀란드 Spectral Imaging Ltd. |
| AAHIS | 288개 | 2.5nm | 0.39~0.84μm | 항공기 | 12bit | 미국 SETS Technology Inc. |

| 센서명 | 밴드수 | 밴드폭 | 파장범위 | 탑재방식 | 분광해상도 | 관련 기관 |
|--------|--------|--------|----------|----------|-----------|-----------|
| AVIRIS | 224개 | 9.6nm | $0.4\sim2.5\mu m$ | 항공기 | 12bit | 미국 NASA JPL |
| DAIS | 79개 | $0.9\sim45$nm | $04\sim12.6\mu m$ | 항공기 | 15bit | 독일 GER & DLR |
| HyMap | 126개 | $10\sim20$nm | $0.45\sim2.5\mu m$ | 항공기 | 12bit | 호주 Integrated Spectronics |
| MAS | 50개 | $20\sim1,500$nm | $0.52\sim14.52\mu m$ | 항공기 | 12bit | 미국 NASA GSFC |
| Probe-1 | 128개 | 20nm | $0.44\sim2.5\mu m$ | 항공기 | 12bit | 미국 ESSI |

② 초미세분광 영상 특성

초미세분광 영상은 가시광선, 근적외선, 열적외선($0.4\mu m$에서 $2.5\mu m$) 파장대에 해당하는 범위에서 좁은 분광밴드 폭을 가지면서 수십에서 수백($36\sim288$)에 이르는 분광밴드의 수를 가진다.

초미세분광 영상은 많은 분광밴드를 가지고 있어 물체 특유의 반사 특정을 잘 반영하여 물체를 식별하거나 구분하는 것이 용이하다. 여러 기관 (USGS, NASA JPL, Johns Hopkins, the Australian government)에서 다양한 물질의 분광특성을 정리한 초미세분광 라이브러리 (hyperspectral library)를 제공하고 있다.

한 영상소의 분광은 순수한 물질의 분광특성의 경중률(weight)을 고려한 선형 결합으로 나타난다. 여기서 경중률은 순수한 물질의 한 영상소 안의 영역의 비율과 정확히 일치한다고 간주하고 영상소보다 작은 크기의 분류가 가능하다. 가령 경중률이 0.9가 나왔다는 것은 경중률에 해당하는 물질의 함유량이 영상소에 차지하는 비율이 90%라는 것을 의미한다.

서로 인접한 파장대의 분광은 높은 상관관계를 가지고 있다. 그러므로 정보의 손실을 최소로 하면서 영상처리하는 밴드수를 줄이는 연구가 시도되고 있다. 이와 더불어 연구목적에 맞는 밴드 조합을 찾는 연구도 진행되고 있다.

## 2. 능동적 센서

극초단파(microwave)는 능동적이고 전천후 형으로 시간과 지점을 중요하게 여기는 정보수집에 이용되며 가시·적외역의 영상취득이 가능한 장점을 갖고 있다.

극초단파 중 레이더 파를 대상면에 스캐닝해 그 반사파로부터 2차원 영상면을 얻는 감지기로 SLR은 일반적으로 항공기에 탑재되어 사용되므로 SLAR(Side Looking Airborne Radar)라고도 한다. SLAR에는 실개구(實開口)레이더(RAR : Real Aperture Radar)와 합성개구(合成開口)

레이더(SAR : Synthetic Aperture Radar)가 있다. SLAR는 실개구레이더를 주로 사용하며 항공기의 진행방향에 직각으로 전파를 발사하며 안테나빔(antenna beam)은 진행방향으로는 폭이 좁고 직각방향으로는 폭이 넓은 부채꼴모양을 이룬다. 대상지역에서 반사되는 반사파의 시간차를 정밀하게 관측해 대상지역의 형태를 판독하여 빔 폭(beam width)을 작게 하면 해상도를 높일 수 있다.

고해상영상 레이더는 해상도가 높은 영상면을 얻기 위한 것으로 저해상영상 레이더와 다른 것은 반사파강도 이외의 위상도 관측하며 위상조정 후에 해상도가 높은 2차원 영상면을 작성한다. 고해상영상 레이더는 해상도가 높은 영상면을 얻기 위해 수신신호를 비행방향과 비행방향에 직각인 방향으로 분해하여 처리하는 방법을 사용하고 있다.


## 3. 카메라 체계에 의한 영상면

센서 중 관측용 카메라를 이용한 영상면의 처리과정에서는 촬영방향, 관측방법 및 도화축척 등에 의해 분류하면 다음과 같다.

### (1) 촬영방향에 의한 영상면의 분류

#### 1) 수직 영상면(vertical imagery)

광축(光軸)이 연직선과 거의 일치하도록 공중에서 촬영한 영상면(경사각 3° 이내)이다.

#### 2) 경사 영상면(oblique imagery)

광축이 연직선 또는 수평선에 경사 촬영한 영상면(경사각 3° 이상)으로 지평선이 영상면에 나타나는 고각도 경사 영상면과 지평선이 영상면에 찍히지 않는 저각도 경사영상면이 있다.

#### 3) 수평 영상면(horizontal imagery)

광축이 수평선과 거의 일치하도록 촬영한 영상면으로 일반적으로 지상에서 촬영한 영상면이다.

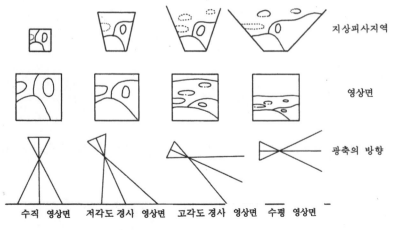

부그림 3-5 촬영방향에 의한 영상면의 분류

지상피사지역

영상면

광축의 방향

수직 영상면   저각도 경사 영상면   고각도 경사 영상면   수평 영상면

## (2) 지상영상탐측의 방법

지상영상탐측은 그 촬영방법에 따라 다음의 세 가지로 나누어진다.

### 1) 직각수평촬영

양카메라의 촬영축이 촬영기선에 대하여 직각방향으로 향하게 하여 평면촬영을 하는 방법으로 도화계측의 절단면은 촬영기선과 평행인 평면으로 결정된다.

### 2) 편각수평촬영

양카메라의 촬영축이 촬영기선에 대하여 일정한 각도만큼 좌 또는 우로 수평편각하여 촬영하는 방법으로 이 경우에 쓰이는 카메라에는 각도를 정확히 읽을 수 있는 장치가 달려 있다.

### 3) 수렴수평촬영

양카메라의 촬영축을 촬영기선에 대하여 어느 각도만큼 내측으로 향해 수평수렴상태에서 촬영하는 방법으로 카메라의 광축은 서로 교차한다. 이와 같이 하면 촬영기선이 길어진 것과 같은 결과가 되므로 높은 정확도가 얻어진다. 이 경우 기선에 대한 광축방향은 정확히 관측해 두어야 한다.

직각수평촬영인 경우, 절대좌표의 정확도와 영상면좌표의 정확도와의 관계식은 다음과 같다.

$$\sigma X = \frac{H}{f} \cdot \sigma x \qquad\qquad (3-1)$$

$$\sigma Y = \frac{H}{f} \cdot \sigma y$$

$$\sigma Z = \sqrt{2} \frac{H}{f} \cdot \frac{H}{B} \cdot \sigma x$$

여기서 $\sigma X$, $\sigma Y$, $\sigma Z$는 절대좌표의 정확도, $\sigma x$, $\sigma y$는 영상면좌표의 정확도, $H$는 촬영거리, $f$는 초점거리, 그리고 $B$는 촬영기선길이

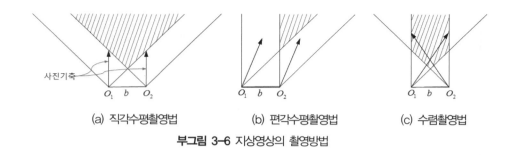

(a) 직각수평촬영법　　(b) 편각수평촬영법　　(c) 수렴촬영법

**부그림 3-6** 지상영상의 촬영방법

## 4. 항공영상면에 의한 대상물의 재현

공간상에 존재하는 임의의 점 $P$로부터 출발한 빛은 앞 3절의 중심투영에서 설명한 바와 같이 투영중심 $O$를 통과해 필름면상의 $p$에 상이 기록된다. 따라서 이 상점(像點) $p$의 위치나, 역으로 $p$로부터 $P$점의 위치를 구하는 방법은 $P$점, $O$점 및 $p$점이 동일직선상에 있어야 한다는 조건을 이용한다. 이 조건을 공선조건(共線條件, collinearity condition)이라 하는데, 영상탐측의 기본원리이다. 영상탐측에 쓰이는 다른 조건들도 이 공선조건의 조합에 의해 얻어진다.

공선조건을 이용하는 데 있어 취득한 영상면이 1매인 경우와 2매인 경우는 큰 차이가 있다. 즉, 영상면 1매인 단영상 탐측에서는 다른 별도의 조건이 주어지지 않는 한 2차원 정보밖에 없는 영상면 1매로서 대상물의 3차원 좌표를 결정하기가 어렵지만, 대상물을 서로 다른 위치에서 촬영한 2매 이상의 영상면을 이용하는 입체영상탐측에서는 2개 이상의 공선조건이 얻어지므로 대상물의 3차원 좌표를 2개 이상의 광선교점으로 결정할 수 있다.

부그림 3-7과 같이 각각의 영상면상에서 주점을 원점으로 하고 비행방향을 $x$축으로 갖는 평면직교좌표계 $(x_1, y_1)$, $(x_2, y_2)$를 영상면좌표계라 한다. 또한 왼쪽영상면의 투영중심 $O_1$을

원점으로 하여 $O_2$에 향한 방향을 $X$축, 연직방향을 $Z$축, 이에 직교하는 $Y$축을 갖도록 3차원 좌표계를 가정하면 임의의 점 $P(X, Y, Z)$는 두 영상면상에 $p_1(x_1, y_1)$과 $p_2(x_2, y_2)$로 나타난다. $O_2p_2$에 평행한 $O_1p_2'$를 왼쪽영상면에 취하면 $\triangle O_1 p_1 p_2'$와 $\triangle O_1 O_2 P$와의 비례관계에서 다음 식을 얻을 수 있다.

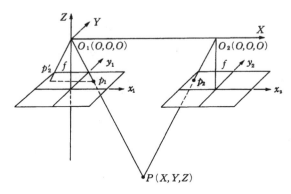

**부그림 3-7** 수직영상면에서의 좌표계

$$X = \frac{x_1}{x_1 - x_2} B \tag{3-2}$$

$$Y = \frac{y_1}{x_1 - x_2} B = \frac{y_2}{x_1 - x_2} B$$

$$Z = \frac{f}{x_1 - x_2} B$$

여기서 $x_1 - x_2$는 시차차이며 $f$는 초점거리, $B$는 촬영기선길이이다.

따라서 $f$와 $B$의 값을 알면 $p_1$, $p_2$의 영상면좌표를 관측하여 위의 식으로부터 $p$의 공간좌표 $X$, $Y$, $Z$를 구할 수 있다. 영상면좌표는 정밀좌표관측기(comparator)와 같은 정확도가 높은 정밀좌표관측기를 이용해 관측한다.

부그림 3-7과 식 (3-2)는 항공영상탐측의 원리를 설명한 것으로, 지상영상탐측에서의 원리 및 기본식은 항공영상탐측의 경우와 동일하고 좌표측만 변환하면 된다. 즉, 지상영상탐측에서는 일반적으로 $X$축이 기선방향, $Y$축이 연직방향, $Z$축이 광축방향을 나타낸다. 지상영상의 경우는 항공영상과는 달리 촬영조건에 따라 항공영상에서의 수직영상면에 대응되는 직각수평촬영 외에 편각수평촬영 및 수렴수평촬영도 널리 이용되며, 근거리 영상탐측인 경우 단일카메라뿐만 아니라 입체카메라도 이용한다.

## 5. 영상면의 기하학적 성질

### (1) 기복변위

대상물(또는 지표면)에 기복(起伏)이 있을 경우, 연직으로 촬영해도 축척은 동일하지 않으며, 영상면면에서 연직점을 중심으로 방사상의 변위가 생기는데, 이를 기복변위(起伏變位, relief displacement)라 한다. 부그림 3-8의 $P$점은 정사투영인 지도상에 $A$점으로 나타나지만 중심투영에 의한 영상면에서는 $a$점에서 기복 $h$에 의한 변위 $\Delta r$만큼 떨어져 $P$점으로 나타난다. 따라서 $P$점의 위치를 영상면상에서 찾기 위해서는 기복변위량 $\Delta r$을 계산해야 한다.

부그림 3-8에서 $\Delta r : \Delta R$의 축척관계와 $\Delta PP'A \backsim \Delta Opn$의 관계로부터

$$\frac{\Delta R}{h} = \frac{r}{f} \quad \Delta R = \frac{r}{f}h \tag{3-3a}$$

$$\Delta OPa \backsim OAP'$$

$$\frac{\Delta r}{\Delta R} = \frac{f}{H} \quad \Delta r = \frac{f}{H}\Delta R \tag{3-3b}$$

$$\therefore \ \Delta r = \frac{h}{H}r \tag{3-3c}$$

여기서 $\Delta r$은 기복변위량, $h$는 비고, $H$는 촬영고도, $r$은 연직점으로부터의 상점까지의 거리로 위와 같은 기복변위공식을 얻을 수 있다. 또 대축척도면의 작성 시 기복변위량을 고려해 중복도를 증가시키기도 한다. 이러한 기복변위공식을 응용해, 영상면에 나타난 탑, 굴뚝 및 건물 등의 높이를 구할 수 있다.

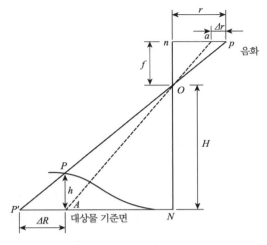

**부그림 3-8** 기복변위

촬영고도 750m에 촬영한 영상면상에 굴뚝의 윗부분이 연직점으로부터 80mm 떨어져 나타나 있고, 굴뚝의 변위가 3.5mm일 때, 굴뚝의 높이는 얼마인가?

**풀이** $h = \dfrac{\Delta r}{r} H = \dfrac{3.5}{80} \times 750 = 32.8\text{m}$

## (2) 렌즈왜곡

렌즈왜곡(lens distortion)은 방사방향의 왜곡(radial distortion)과 접선방향의 왜곡(tangential distortion)으로 나누어진다.

방사방향의 렌즈왜곡은 대칭형이고, 카메라마다 다르며, 렌즈왜곡에 큰 영향을 미치므로 일반적으로 방사방향의 왜곡만을 보정하는 경우가 많다. 주점으로부터 거리 $r$에 대한 방사방향왜곡($\Delta r$)이 구해진 경우 영상면좌표($x'$, $y'$)는 다음과 같이 보정된다.

$$x = x' - \frac{x'}{r} \Delta r$$

$$y = y' - \frac{y'}{r} \Delta r \tag{3-4}$$

여기서 $r = \sqrt{x'^2 + y'^2}$ 이다.

방사방향왜곡 $\Delta r$는 검정결과 값으로부터 근사적으로 구하는 방법과 다음 식 (3-5)와 같은 다항식근사법이 있다.

$$\Delta r = k_1 r^1 + k_2 r^3 + k_3 r^5 + k_4 r^7 + \cdots k_n r^{2n-1} \tag{3-5}$$

여기서 $k_1$에서 $k_n$은 방사방향 렌즈왜곡항의 계수이며 일반적으로 $r^7$항까지만 고려하면 충분하다.

접선방향왜곡은 비대칭형으로, 렌즈의 제작 및 합성과정에서 각 렌즈들의 중심이 일치하지 않게 발생한다. 일반적으로 접선방향의 왜곡($\pm 2\mu\mathrm{m}$)은 방사방향왜곡($\pm 20 \sim 25\mu\mathrm{m}$)의 1/10 정도로 매우 작아 무시하지만 정밀한 관측을 요할 경우에는 conrady model에 의한 다음 보정식으로 영상면좌표를 보정한다.

$$\Delta x = P_1 (r^2 + 2x'^2) + 2P_2 x'y'$$
$$\Delta y = P_2 (r^2 + 2y'^2) + 2P_1 x'y' \tag{3-6}$$

여기서 $P_1$, $P_2$는 접선방향왜곡항의 계수이다.

## (3) 대기굴절

촬영고도가 높아지면 광선은 대기굴절(atmospheric refraction)의 영향을 받는다. 대기굴절에 대한 보정량 $\Delta r$은 다음 식 (3-7)과 같이 주점으로부터의 거리 $r$의 함수로 나타내어진다.

$$\Delta r = D_x \left\{ 1 + \left( \frac{r}{f} \right)^2 \right\} r \tag{3-7}$$

여기서 $D_x$는 $1.5 \times 10^{-5}(H-h)\{1-0.035(2H+h)\}$, $H$는 촬영고도[km], $h$는 지점의 고도[km], $f$는 초점거리이다.

대기굴절에 의한 영상면좌표의 보정은 위 식 (3-7)의 보정량 $\Delta r$를 사용해 식 (3-4)처럼 보정한다.

## (4) 지구곡률

지상점의 위치를 수평위치로 계산하려면 지구곡률(地球曲率, earth curvature)에 의한 상의 왜곡을 보정해야 하는데, 그 보정량 $\Delta e$는 다음 식과 같이 주점으로부터의 거리 $r$의 함수로 나타내어진다.

$$\Delta e = \frac{Hr^3}{2Rf^2} \tag{3-8}$$

여기서 $H$는 촬영고도, $R$은 지구반지름, $f$는 초점거리이며, 영상면좌표의 보정은 식 (3-4)처럼 보정한다.

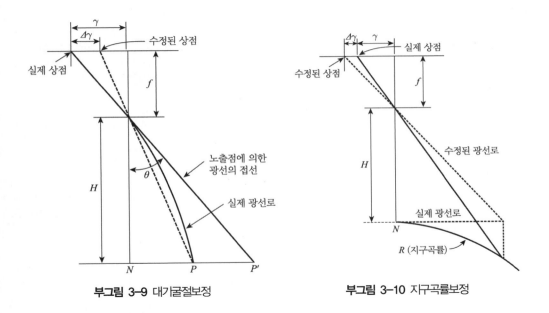

**부그림 3-9** 대기굴절보정        **부그림 3-10** 지구곡률보정

## (5) 필름변형

필름의 수축 및 팽창량은 지표 사이의 관측된 거리와 검정자료를 비교해 결정한다. $(x_m, y_m)$을 지표간의 관측된 거리라 하고 $(x_c, y_c)$를 검정자료라 하면 보정된 영상면좌표는 다음 식 (3-9)과 같다.

$$x = \left(\frac{x_c}{x_m}\right)x'$$

(3-9)

$$y = \left(\frac{y_c}{y_m}\right)y'$$

여기서 $x_c/x_m$과 $y_c/y_m$은 $x$, $y$방향의 축척계수이다.


## 6. 공간상에서 영상면이 이루어내는 3가지 기하학적 조건

### (1) 공선조건

공간상의 임의의 점 $(X_P,\ Y_P,\ Z_P)$과 그에 대응하는 영상면상의 점 $(x,\ y)$ 및 카메라의 촬영중심$(X_O,\ Y_O,\ Z_O)$이 동일직선상에 있어야 하는 조건을 공선조건(collinearity condition)이라 한다.

다음 부그림 3-11에서 카메라투영중심과 $P$의 상점 및 대상물 사이에는 식 (3-10)과 같은 관계가 성립한다.

$$\begin{pmatrix} X_P - X_O \\ Y_P - Y_O \\ Z_P - Z_O \end{pmatrix} = R \begin{pmatrix} x \\ y \\ -f \end{pmatrix}$$

(3-10)

$$\frac{X - X_O}{X_P - X_O} = \frac{Y - Y_O}{Y_P - Y_O} = \frac{Z - Z_O}{Z_P - Z_O}$$

(3-11)

식 (3-10)을 식 (3-11)에 대입하고 또한 PO와 pO 사이의 비를 S(축척계수)라 하면

$$\frac{x}{X_P - X_O} = \frac{y}{Y_P - Y_O} = \frac{-f}{Z_P - Z_O} = S$$

(3-12)

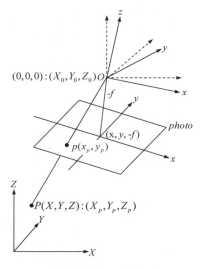

**부그림 3-11** 공선조건

즉,

$$\begin{pmatrix} x \\ y \\ z \end{pmatrix} = S \begin{pmatrix} X_P - X_O \\ Y_P - Y_O \\ Z_P - Z_O \end{pmatrix}$$

이며 주점에서의 영상면좌표$[x_p,\ y_p :$ 상좌표$(x,\ y)$가 카메라 검정값과의 차$]$, X, Y, Z 좌표축에 대한 x, y, z축의 방향여현(方向餘弦, direction cosine)을 R이라 하면

$$\begin{pmatrix} x - x_p \\ y - y_p \\ f \end{pmatrix} = S \cdot R \begin{pmatrix} X_P - X_O \\ Y_P - Y_O \\ Z_P - Z_O \end{pmatrix} \tag{3-13}$$

이다. 이때 $R$는 $R_{\omega\phi\kappa}$로

$$R_{\omega\phi\kappa} = \begin{pmatrix} 1 & 0 & 0 \\ 0 & \cos\omega & -\sin\omega \\ 0 & \sin\omega & \cos\omega \end{pmatrix} \begin{pmatrix} \cos\phi & 0 & \sin\phi \\ 0 & 1 & 0 \\ -\sin\phi & 0 & \cos\phi \end{pmatrix} \begin{pmatrix} \cos\kappa & -\sin\kappa & 0 \\ \sin\kappa & \cos\kappa & 0 \\ 0 & 0 & 1 \end{pmatrix}$$

$$R_{\omega\phi\kappa} = \begin{pmatrix} \cos\phi\cos\kappa & -\cos\phi\sin\kappa & \sin\phi \\ \cos\omega\sin\kappa + \sin\omega\sin\phi\cos\kappa & \cos\omega\cos\kappa - \sin\omega\sin\phi\sin\kappa & -\sin\omega\cos\phi \\ \sin\omega\sin\kappa - \cos\omega\sin\phi\cos\kappa & \sin\omega\cos\kappa + \cos\omega\sin\phi\sin\kappa & \cos\omega\cos\phi \end{pmatrix} \quad (3\text{--}14)$$

$$= \begin{pmatrix} r_{11}\, r_{12}\, r_{13} \\ r_{21}\, r_{22}\, r_{23} \\ r_{31}\, r_{32}\, r_{33} \end{pmatrix}$$

$$S = \frac{-f}{r_{31}(X_P - X_O) + r_{32}(Y_P - Y_O) + r_{33}(Z_P - Z_O)} \quad (3\text{--}15)$$

라 할 때 공선조건식은 식 (3-16)와 같다.

$$F_x(X,\ Y,\ Z,\ \omega,\ \phi,\ \kappa,\ X_O,\ Y_O,\ Z_O,\ x_p,\ f)$$

$$x = x_p - f\,\frac{r_{11}(X_P - X_O) + r_{12}(Y_P - Y_O) + r_{13}(Z_P - Z_O)}{r_{31}(X_P - X_O) + r_{32}(Y_P - Y_O) + r_{33}(Z_P - Z_O)}$$

$$= x_p - f\,\frac{N_x}{D}$$

$$F_y(X,\ Y,\ Z,\ \omega,\ \phi,\ \kappa,\ X_O,\ Y_O,\ Z_O,\ y_p,\ f)$$

$$y = y_p - f\,\frac{r_{21}(X_P - X_O) + r_{22}(Y_P - Y_O) + r_{23}(Z_P - Z_O)}{r_{31}(X_P - X_O) + r_{32}(Y_P - Y_O) + r_{33}(Z_P - Z_O)} \quad (3\text{--}16)$$

$$= y_p - f\,\frac{N_y}{D}$$

## (2) 공면조건

3차원 공간에서 한 쌍의 중복된 영상면이 동일면상에서 일치(영상면상의 점 및 투영 중심이 일치) 하여야 하는 조건을 공면조건이라 한다. 3차원 공간상에서 평면의 일반식은 $AX + BY + CZ + D = 0$ 이다. 다음 부그림 3-12와 같이 2개의 투영중심O1 $(X_{O_1},\ Y_{O_1},\ Z_{O_1})$, $O_2(X_{O_2},\ Y_{O_2},\ Z_{O_2})$와 공간상의 임의의 점 P의 상점 $p_1(X_{p_1},\ Y_{p_1},\ Z_{p_1})$, $p_2(X_{p_2},\ Y_{p_2},\ Z_{p_2})$가 동일평면에 있기 위한 관계 식은 식 (3-17)과 같다.

$$\begin{bmatrix} X_{o_1} & Y_{o_1} & Z_{o_1} & 1 \\ X_{o_2} & Y_{o_2} & Z_{o_2} & 1 \\ X_{p_1} & Y_{p_1} & Z_{p_1} & 1 \\ X_{p_2} & Y_{p_2} & Z_{p_2} & 1 \end{bmatrix} \begin{bmatrix} A \\ B \\ C \\ D \end{bmatrix} = \begin{bmatrix} 0 \\ 0 \\ 0 \\ 0 \end{bmatrix} \tag{3-17}$$

따라서 4점($O_1$, $O_2$, $p_1$, $p_2$)이 동일한 평면 내에 있기 위한 조건인 공면조건(coplanarity condition)을 만족하기 위해서는 다음의 행렬식이 0이 되어야 한다.

$$\begin{vmatrix} X_{O_1} & Y_{O_1} & Z_{O_1} & 1 \\ X_{O_2} & Y_{O_2} & Z_{O_2} & 1 \\ X_{p_1} & Y_{p_1} & Z_{p_1} & 1 \\ X_{p_2} & Y_{p_2} & Z_{p_2} & 1 \end{vmatrix} = 0 \tag{3-18}$$

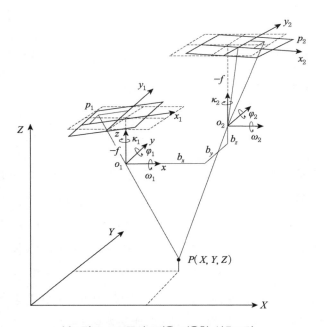

**부그림 3-12** 공면조건을 이용한 상호표정

한편, 기선 b의 x, y, z 성분인 bx, by, bz와 $O_1$, $O_2$의 좌표 사이에는 다음의 관계가 성립한다.

$$bx = X_{O_2} - X_{O_1}, \ by = Y_{O_2} - Y_{O_1}, \ bz = Z_{O_2} - Z_{O_1} \tag{3-19}$$

따라서 $bx$, $by$, $bz$와 $O_1$의 좌표를 이용하여 $O_2$의 좌표를 나타내면

$$O_2(X_{O_1} + bx, \ Y_{O_1} + by, \ Z_{O_1} + bz)$$

이다.

여기서, $O_1$을 기준으로 하면 $O_1 = (0, \ 0, \ 0)$이고, $O_2 = (bx, \ by, \ bz)$로 나타낼 수 있으므로, 식 (3-20)은 식 (3-22)과 같이 정리할 수 있다. 또한

$$\begin{bmatrix} x_1 \\ y_1 \\ z_1 \end{bmatrix} = R_1 \begin{bmatrix} X_{p1} \\ Y_{p1} \\ f \end{bmatrix}, \ \begin{bmatrix} x_2 \\ y_2 \\ z_2 \end{bmatrix} = R_2 \begin{bmatrix} X_{p2} \\ Y_{p2} \\ f \end{bmatrix}$$

이라면 공면조건식 (3-20)은

$$\begin{vmatrix} bx & by & bz \\ X_1 & Y_1 & Z_1 \\ X_2 & Y_2 & Z_2 \end{vmatrix} = 0 \tag{3-20}$$

## (3) 공액조건

부그림 3-13은 공액 기하(epipolar geometry)를 이루고 있는 각각의 투영중심이 $C'$, $C''$인 입체쌍을 나타내고 있다. 공액면(epipolar plane)은 2개의 투영중심($C'$, $C''$)과 대상점 $P$에 의해 정의된다. 공액선(epipolar line)은 공액면과 영상면의 교선(intersection)인 $e'$, $e''$이고, 공액은 영상면과 모든 가능한 공액면과의 교선인 공액들의 수렴중심이다.

부그림 3-13에서 공액선은 주사선에 대해 평행하고 동일하다. 또한 수직영상면이므로 공액은 무한대에 놓여 있다. 그러나 대부분의 경우에 2개의 카메라 축은 평행하지 않고, 촬영기선 ($C'$, $C''$)에 대해 수직이 아니므로 공액 기하상태로 변환하기 위해서는 공액선이 영상면좌표체계에서 동일한 $y$좌표를 갖고, $x$축에 평행하게 되도록 변환시켜야 한다. 이렇게 변환된 영상면은 촬영기선에 평행하고 동일한 초점거리(focal length)를 가져야 한다. 하나의 초점거리를 선택하고 난 뒤에도 촬영기선을 회전하면 무한한 수의 가능한 공액기하가 존재하게 된다.

공액선을 이용하여 영상정합을 수행할 경우 탐색영역을 크게 감소시켜 준다. 실제 적용을 위해서는 수치영상의 행(row)과 공액선이 평행하도록 만드는데, 이러한 입체쌍(stereo pairs)

을 정규화 영상(normalized images)이라 한다.

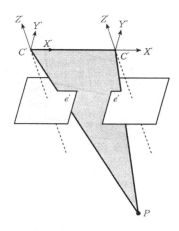

**부그림 3-13** 공액 기하

# 7. 수치영상의 정합 및 융합

## (1) 영역기준정합에는 밝기값 상관법(GVC : Gray Value Correlation)과 최소제곱법 (LSM : Least Square Matching)을 이용하는 정합방법이 있다.

### 1) 밝기값 상관법

간단한 방법으로 부그림 3-14와 같이 왼쪽 영상면에서 정의된 기준영역을 오른쪽 영상면의 탐색영역(search area)상에서 한 점씩 이동하면서 모든 점들에 대해 통계적 유사성 관측값(상관계수)을 계산하는 것이다. 계산된 관측값 중에서 가장 큰 유사성을 보이는 점을 정합점으로 선택할 수 있다. 탐색영역의 크기는 외부표정요소의 정확성과 허용 가능한 값의 차에 따라 달라지며, 입체정합을 수행하기 전에 두 영상에 대해 공액 정렬을 수행하여 탐색영역 크기를 줄임으로써 정합의 효율성을 높일 수 있다.

밝기값 상관법에서는 유사성 관측식으로 공분산관측식과 유사한 통계식을 사용한다. $g_i^t$가 기준영역이고 $g_i^s$가 한 영상의 탐색영역이라고 하고, 여기서 $n$이 대상영역의 영상소 수이며, $i = 1, \cdots, n$이라고 할 때 상관계수는 다음 식과 같다.

$$R = \frac{\sum_i (g_i^t - \overline{g^t})(g_i^s - \overline{g^s})}{\sqrt{\sum_i (g_i^t - \overline{g^t})^2 \cdot (g_i^s - \overline{g^s})^2}} \quad (-1 \leq R \leq 1) \tag{3-21}$$

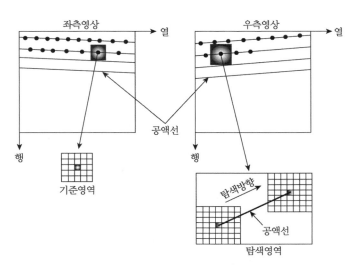

**부그림 3-14** 영역기준 영상정합의 개념

## 2) 최소제곱정합법

최소제곱정합법은 탐색영상면에서의 탐색점의 위치$(x_s,\ y_s)$를 기준영상 $G_i$와 탐색영역 $G_s$의 밝기값들의 함수로 정의한다.

$$g_t(x_t,\ y_t) = g_s(x_s,\ y_s) + n(x,\ y)$$

$(x_t,\ y_t)$는 기준영역에서 주어진 좌표이고, $(x_s,\ y_s)$는 찾고자 하는 탐색점의 좌표이며, $n$은 잡영(noise)이다. 위식을 최소제곱해로 풀면 이동량$(\varDelta_x,\ \varDelta_y)$을 구할 수 있다.

$$\begin{bmatrix} \varDelta_x \\ \varDelta_y \end{bmatrix} = \begin{bmatrix} \sum g_x^2 & \sum g_x g_y \\ \sum g_x g_y & \sum g_y^2 \end{bmatrix}^{-1} \begin{bmatrix} \sum g_x \varDelta_g \\ \sum g_y \varDelta_g \end{bmatrix} \tag{3-22}$$

여기서 $(g_x,\ g_y) = (dg_s/dx,\ dg_s/dy)$이며 $\varDelta g = g_t(x,\ y) - g_s(x,\ y)$, 즉 기준영상의 영상소와 탐색영상의 영상소의 밝기값 차이를 말한다.

초깃값$(x_0,\ y_0)$을 이 식에 대입하여 이동량을 계산하고, 계산된 이동량을 적용하여 다음 식과 같이 근사위치를 구한다.

$$(x_{n+1},\ y_{n+1}) = (x_n + \Delta x,\ y_n + \Delta y) \tag{3-23}$$

이동량이 매우 작아질 때까지 이러한 과정을 계속 반복하면 원하는 탐색점의 위치로 수렴하게 된다.

### 3) 문제점

① 이웃 영상소끼리 유사한 밝기값을 갖는 지역에서는 최적의 영상정합이 어렵다. ② 반복적인 부형태(sub pattern)가 있을 때 정합점이 여러 개 발견될 수 있다. ③ 선형경계주변에서는 경계를 따라서 중복된 정합점이 발견될 수 있다. ④ 불연속적인 표면을 갖는 부분에 대한 처리가 어렵다. ⑤ 계산량이 많다.

## (2) 영상융합의 기법

영상융합에 많이 이용되는 기법들은 다음과 같다.

### 1) Wavelet 융합기법

고해상영상(예 : panchromatic영상)을 저해상영상(예 : multispectral)의 공간해상도와 일치 하는 단계까지 다해상도 Wavelet 변환을 적용하여 근사영상과 세부영상으로 나뉜 후 근사영상을 저해상도 영상의 각 분광밴드로 대체한 뒤 역 변환 함으로써 영상을 융합하는 기법이다. 신호처리 및 영상처리분야에서 다양하게 적용되고 있다. 특히 영상압축, 경계선추출, 물체인식 등에 많이 이용되고 있다.

### 2) HPF(High Pass Filter) 융합기법

제 1단계로 저해상도 영상의 각 분광밴드에 low pass filter를 적용시켜 분광해상도를 유지하면서 저주파성분을 추출하고 고해상도영상에는 high pass filter를 적용시켜 고해상도 정보를 강조하면서 고주파성분을 추출한다. 제2단계로 두 영상에 경중률(weight ratio)을 적용시켜 영상을 융합한다. 이때 영상의 질을 향상시키기 위해 공간해상도와 분광정보가 유사한 비율로 융합되도록 필터의 경중률과 필터의 크기를 결정해야 한다.

### 3) CN(Color Normalized)융합기법

첫 단계로 융합하고자 하는 저해상도영상의 영상소(pixel)와 고해상도영상의 영상소에 각각 1을 더한 후 그 결과에 3을 곱한다. 둘째단계로 모든 저해상도영상에 대해 영상소값의 합을 구하고 3을 더한 후 이 값을 이용해서 나눈다. 셋째단계도 나누어진 값에 1을 빼면 새로운 융합 영상의 영상소값이 계산된다. 수식은 다음과 같다

$$CN_i = \left\{ \frac{(MS_i + 1.0) \times (PAN + 1.0) \times 3.0}{\Sigma MS_i + 3.0} \right\} - 1.0 \qquad (3-24)$$

여기서 $CN_i$ : $i$번째 저해상도와 고해상영상의 융합
        $MS_i$ : 저해상영상(multispectral)의 $i$
        PAN : 고해상영상(panchromatic)

분모 3.0을 더한 이유는 0으로 나누어지는 것을 피하기 위함이다. 이 방법은 PCA 융합기법과 유사한 결과를 기대하는 저해상도 영상을 한꺼번에 사용해서 영상을 융합 할 수 있다.

### 4) PCA(Principal Component Analysis)융합기법

영상부호와 영상압축, 영상향상에 사용되는 기법으로 변량사이의 상관관계를 고려하여 가능한 정보를 상실하지 않고 많은 변량의 관측값을 적은 개수의 종합지표로 집약시켜 나타낼 수 있다. 3개 이상의 분광밴드(명암, 색조, 채도)로 구성된 영상에 적용할 수 있는 장점이 있다.

# 04 크기의 표준화 체계

국제단위계(SI : International Standard Unit) 단위는 1971년 국제도량형 총회(國際度量衡總會)의 결의에 따라 7개의 기본단위, 2개의 보조단위, 그리고 이들로부터 유도되는 19개의 조합단위를 요소로 하는 일관성있는 단위의 집합과 이들 단위에 SI접두어(20개)를 붙여서 구성되는 10의 정수배(整數倍)로 활용된다.

## 1. 기본단위

| 관측량 | 길이 | 질량 | 시간 | 전류 | 열역학적온도 | 물량 | 광도 |
|--------|------|------|------|------|--------------|------|------|
| 관측단위 | meter | kilogram | second | ampere | kelvin | mol | candela |
| 기호 | m | kg | s | A | K | mol | cd |

## (1) 길 이

1m=무한히 확산되는 평면전자기파(平面電磁氣波, plane electromagnetic wave)가 1/299, 792, 458초 동안 진공 중을 진행하는 길이

## (2) 질 량

국제 kg원기(原器)를 기준으로 한다. 1879년에 백금 90%, 이리듐 10%의 합금으로 만들어서 국제도량형국(國際度量衡局, BIPM : Berea Internationale des Poids et Measures)에서 보관 중이다.

## (3) 시 간

원자시(原子時) 1초 = $Cs^{133}$의 바닥상태에 있는 2개의 초미세준위(超微細準位) 사이의 천이 (遷移)에 대응하는 방사선의 9,192,631,770주기의 지속시간

## (4) 전 류

1A=무시할 정도로 작은 단면적과 무한대의 길이를 가진 2개의 서로 평행한 직선도체가 진공 중에서 1미터 떨어져 있고 여기에 일정한 전류가 흐를 때 상호작용하는 힘이 1미터마다 $2 \times 10^{-7}$뉴턴(N)이 될 때의 전류

## (5) 열역학적 온도

1K=물의 삼중점(三重點)에서 열역학적 온도의 1/273.16

## (6) 물 량

1mol = $C^{12}$의 0.012kg에 포함되어 있는 원자수만큼 많은 기본 구성체를 포함하는 어떤 체 계의 물량

## (7) 광 도

1cd=주파수 $540 \times 10^{12}$헤르츠의 단색광(單色光)을 방출하는 광원(光源)의 복사체(輻射體)가 매 스테라디안당 1/683 와트일 때의 광도(光度)

## 2. 보조단위

### (1) 라디안(평면각의 SI단위)

$$1\text{rad} = \frac{1\,(\text{호의 길이})}{1\text{m}\,(\text{반경})} = 1\text{m/m}$$

### (2) 스테라디안(입체각의 SI단위)

$$1\text{sr} = \frac{1\text{m}^2\,(\text{구의 일부 표면적})}{1\text{m}^2\,(\text{구의 반지름의 제곱})} = 1\text{m}^2/\text{m}^2$$

## 3. 조합단위(組合單位)

| 양 | 명칭 | 기호 | 정의 |
|---|---|---|---|
| 주파수 | 헤르츠 | HZ | $s^{-1}$ |
| 힘 | 뉴턴 | N | $m \cdot kg \cdot s^{-2}$ |
| 압력, 응력 | 파스칼 | Pa | $N/m^2$ |
| 에너지, 일량, 열량 | 줄 | J | $N \cdot m$ |
| 공률(工率), 방사속(放射束) | 와트 | W | $J/s$ |
| 전기량, 전하 | 쿨롱 | C | $A \cdot s$ |
| 전압, 전위 | 볼트 | V | $W/A$ |
| 정전용량 | 패럿 | F | $C/V$ |
| 전기저항 | 옴 | $\Omega$ | $V/A$ |
| 컨덕턴스 | 지멘스 | S | $A/V$ |
| 자속(磁束) | 웨버 | Wb | $V \cdot s$ |
| 자속밀도 | 테슬라 | T | $Wb \cdot m^2$ |
| 인덕턴스 | 헨리 | H | $Wb/A$ |
| 섭씨온도 | 섭씨온도 | ℃ | $t℃ = (t-273.15)K$ |
| 광속(光束) | 루멘 | lm | $cd \cdot sr$ |
| 조도 | 룩스 | lx | $lm/m^2$ |
| 방사능 | 베크렐 | Bq | $s^{-1}$ |
| 흡수선량 | 그레이 | Gy | $j/kg$ |
| 선량(線量), 당량(當量) | 시버트 | Sv | $J/kg$ |

# 4. 접두어(接頭語)

| 배수 | 접두어 | 기호 | 배수 | 접두어 | 기호 |
|---|---|---|---|---|---|
| $10^{24}$ | 요타(yotta) | Y | $10^{-1}$ | 데시(deci) | d |
| $10^{21}$ | 제타(zetta) | Z | $10^{-2}$ | 센티(centi) | c |
| $10^{18}$ | 엑사(exa) | E | $10^{-3}$ | 밀리(milli) | m |
| $10^{15}$ | 페타(peta) | P | $10^{-6}$ | 마이크로(micro) | $\mu$ |
| $10^{12}$ | 테라(tera) | T | $10^{-9}$ | 나노(nano) | n |
| $10^{9}$ | 기가(giga) | G | $10^{-12}$ | 피코(pico) | p |
| $10^{6}$ | 메가(mega) | M | $10^{-15}$ | 펨토(femto) | f |
| $10^{3}$ | 킬로(kilo) | k | $10^{-18}$ | 아토(atto) | a |
| $10^{2}$ | 헥토(hecto) | h | $10^{-21}$ | 젭토(zepto) | z |
| $10^{1}$ | 데카(deca) | da | $10^{-24}$ | 욕토(yocto) | y |

# 5. 도량형 환산표(度量衡 換算表)

## (1) 길 이

| 단위 | cm | m | 인치 | 피트 | 야드 | 마일 | 자 | 간 | 정 | 리 |
|---|---|---|---|---|---|---|---|---|---|---|
| 1cm | 1 | 0.01 | 0.3937 | 0.0328 | 0.0109 | … | 0.033 | 0.0055 | 0.0009 | … |
| 1m | 10.0 | 1 | 39.37 | 3.2808 | 1.0006 | 0.0006 | 3.3 | 0.55 | 0.00997 | 0.00025 |
| 1인치 | 2.54 | 0.0254 | 1 | 0.0823 | 0.0278 | … | 0.0838 | 0.0140 | 0.0002 | … |
| 1피트 | 30.48 | 0.3048 | 12 | 1 | 0.3333 | 0.00019 | 1.0058 | 0.1676 | 0.0028 | … |
| 1야드 | 91.438 | 0.9144 | 36 | 3 | 1 | 0.0006 | 3.0175 | 0.5029 | 0.0083 | 0.0002 |
| 1마일 | 160930 | 1609.3 | 63360 | 5280 | 1760 | 1 | 5310.8 | 885.12 | 14.752 | 0.4098 |
| 1자(尺) | 30.303 | 0.303 | 11.93 | 0.9942 | 0.3314 | 0.0002 | 1 | 0.1667 | 0.0028 | 0.00008 |
| 1간(間) | 181.818 | 1.818 | 71.582 | 5.965 | 1.9884 | 0.0011 | 6 | 1 | 0.0167 | 0.0005 |
| 1정(町) | 10909 | 109.091 | 4294.9 | 357.91 | 119.304 | 0.0678 | 360 | 60 | 1 | 0.0278 |
| 1리(里) | 392727 | 2927.27 | 154619 | 12885 | 4295 | 2.4403 | 12960 | 2160 | 36 | 1 |

\* 1해리(海里, nautical mile)=1,852m
1길(丈)=10자(尺)=100치

## (2) 넓 이

| 단위 | 평방자 | 평 | 단보 | 정보 | m² | 아르(a) | ft² | yd² | acre |
|---|---|---|---|---|---|---|---|---|---|
| 1평방자 | 1 | 0.02778 | 0.00009 | 0.000009 | 0.09182 | 0.00091 | 0.98841 | 0.10982 | ··· |
| 1평 | 36 | 1 | 0.00333 | 0.000033 | 3.3058 | 0.03305 | 35.583 | 3.9537 | 0.00081 |
| 1단보 | 1080 | 300 | 1 | 0.1 | 991.74 | 9.9174 | 10674.9 | 1186.1 | 0.24506 |
| 1정보 | 10800 | 3000 | 10 | 1 | 9917.4 | 99.174 | 106749 | 11861 | 2.4506 |
| 1m² | 10.89 | 3025 | 0.001008 | 0.0001 | 1 | 0.01 | 10.764 | 1.1958 | 0.00024 |
| 1a | 1089 | 30.25 | 0.10083 | 0.01008 | 100 | 1 | 1076.4 | 119.58 | 0.02471 |
| 1ft² | 1.0117 | 0.0281 | 0.00009 | 0.000009 | 0.062903 | 0.000929 | 1 | 0.1111 | 0.000022 |
| 1yd² | 9.1055 | 0.25293 | 0.00084 | 0.00008 | 0.83613 | 0.00836 | 9 | 1 | 0.000207 |
| 1acre | 44071.2 | 1224.2 | 4.0806 | 0.40806 | 4046.8 | 40.468 | 43560 | 4840 | 1 |

## (3) 부 피

| 단위 | 홉 | 되 | 말 | cm³ | m³ | 리터[l] | in³ | ft³ | yd³ | gal(미) |
|---|---|---|---|---|---|---|---|---|---|---|
| 1홉 | 1 | 0.1 | 0.01 | 180.39 | 0.00018 | 0.18039 | 11.0041 | 0.0066 | 0.00023 | 0.04765 |
| 1되 | 10 | 1 | 0.1 | 1.8039 | 0.00180 | 1803.9 | 110.041 | 0.0637 | 0.00234 | 0.47656 |
| 1말 | 100 | 10 | 1 | 18039 | 0.01803 | 18.039 | 1100.41 | 0.63707 | 0.02359 | 4.76563 |
| 1cm³ | 0.00554 | 0.00055 | 0.00005 | 1 | 0.00001 | 0.001 | 0.06102 | 0.00003 | 0.00001 | 0.00026 |
| 1m³ | 5543.52 | 554.325 | 55.4352 | 1000000 | 1 | 1000 | 611027 | 35.3165 | 1.30802 | 264.186 |
| 1l | 5.54352 | 0.55435 | 0.05543 | 1000 | 0.001 | 1 | 611.027 | 0.03531 | 0.00130 | 0.26418 |
| 1in³ | 0.09083 | 0.00908 | 0.00091 | 16.386 | 0.00001 | 0.01638 | 1 | 0.00057 | 0.00002 | 0.00432 |
| 1ft³ | 156.966 | 15.6666 | 1.56966 | 28316.8 | 0.02931 | 28.3169 | 1728 | 1 | 0.03703 | 7.48051 |
| 1yd³ | 4238.09 | 423.809 | 42.3809 | 764511 | 0.76561 | 764.511 | 46656 | 27 | 1 | 301.974 |
| 1gal | 20.9833 | 2.0983 | 0.20983 | 3875.43 | 0.00378 | 3.78543 | 231 | 0.163368 | 0.00495 | 1 |

## (4) 무 게

| 단위 | g | kg | t | 그레인 | 온스 [oz] | 파운드 [lb] | 돈(匁) | 근(斤) | 관(貫) |
|---|---|---|---|---|---|---|---|---|---|
| 1g | 1 | 0.001 | 0.0000001 | 15.432 | 0.03527 | 0.0022 | 0.26666 | 0.00166 | 0.000265 |
| 1kg | 1000 | 1 | 0.001 | 15432 | 35.273 | 2.20459 | 266.666 | 1.6666 | 0.26666 |
| 1t | 1000000 | 1000 | 1 | ··· | 25273 | 2204.59 | 266666 | 1666.6 | 266.666 |
| 1그레인 | 0.06479 | 0.00006 | ··· | 1 | 0.00228 | 0.00014 | 0.01728 | 0.00108 | 0.000017 |
| 1온스 | 28.3459 | 0.02835 | 0.000028 | 437.4 | 1 | 0.0625 | 7.56 | 0.0473 | 0.00756 |
| 1파운드 | 453.592 | 0.45359 | 0.00045 | 7000 | 16 | 1 | 120.96 | 0.756 | 0.12096 |
| 1돈 | 3.75 | 0.00375 | 0.000004 | 47.872 | 0.1323 | 0.00827 | 1 | 0.00625 | 0.001 |
| 1근 | 600 | 0.6 | 0.006 | 9259.556 | 21.1647 | 0.32279 | 160 | 1 | 0.16 |
| 1관 | 3750 | 3.75 | 0.00375 | 57872 | 132.28 | 8.2672 | 1000 | 6.25 | 1 |

Engineering of Survey and Geospatial Information

# 연습문제 해답

# 연 습 문 제 해 답

## 제1장 서 론

①~⑯의 해답은 본문 참조

## 제2장 수평거리(또는 거리 : X)측량

1)의 해답은 본문 참조

2) $m_0 = \pm \sqrt{\dfrac{25,475}{10(10-1)}} \fallingdotseq \pm 16.8\,\text{mm}$

$\therefore\ 240.356 \pm 16.8\,\text{mm}$

정밀도 $= \dfrac{0.0168}{240.356} \fallingdotseq \dfrac{1}{14,300}$

1관측의 평균제곱근오차 $m = \pm \sqrt{\dfrac{25,475}{10-1}} = \pm 53.2\,\text{mm}$

3) 그림에서 경사각 $a$로 인해

$AB - AC = AB - AB' = BB'\,(\because AC = AB')$

즉, $BB'/AB = (AB - AC)/AB$

$\qquad\qquad = 1 - \dfrac{AC}{AB}$

$\qquad\qquad = 1/5000$

$\therefore \dfrac{AC}{AB} = \dfrac{5000-1}{5000} = \dfrac{4999}{5000} = 0.9998$

$\therefore BC = \sqrt{1^2 - 0.9998^2} = 0.02$

$0.02\text{rad} = 206,265'' \times 0.02 = 1°08'$

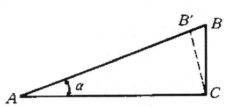

4) $E_s^2 = E_1^2 + E_2^2 + \cdots$

$$E_s = \sqrt{(0.0014)^2 + (0.0012)^2 + (0.0015)^2 + (0.0015)^2}$$
$$= \pm 0.0028\text{m}$$


# 제3장 수직거리(또는 고저)측량

1)의 ①~⑱번의 해답은 본문 참조

2) 이 문제에서 주의하여야 할 것은 level $Q$에서 $C \rightarrow B = +0.386$m는 $B \rightarrow C$로 고치면 부호가 반대로 되어 $B \rightarrow C = -0.386$m로 되며 이 $P$와 $Q$ 양관측 값의 평균을 취하는 것이다.

$$B \rightarrow C = \frac{1}{2}\{-0.344\text{m} + (-0.386)\} = -0.365\text{m}$$

∴ $A$점의 표고 $= 2.545$m

$\quad A \rightarrow B = -0.512$

$\quad B \rightarrow C = -0.365$

$\quad \underline{C \rightarrow D = +0.636(+}$

∴ $D$점의 표고 $= 2.304$m

3) 왕관측(往觀測)의 폐합차와 복관측(復觀測)의 폐합차를 구한다.

고저기준점 $A$의 표고 − 수준점 $B$의 표고 $= 24.678 - 2.134 = 22.541$m

왕관측의 폐합차 $E_1 = -0.033$m

복관측의 폐합차 $E_2 = -0.036$m

그러므로 왕관측과 복관측의 폐합차는 거의 같다고 보아도 좋으므로 왕복관측의 평균을 취하여 관측표고를 구하고 조정값, 조정표고를 계산하면 다음 표와 같다.

| 관측점 | 고저차 | | | 관측표고 | 조정값 | 조정표고 |
|---|---|---|---|---|---|---|
| | 왕관측 | 복관측 | 평균 | | | |
| $A$ | | | | 2.134m | | 2.134m |
| 1 | +3.643m | −3.651m | +3.647m | 5.781 | +0.006m | 5.787 |
| 2 | +25.325 | −25.312 | +25.318 | 31.099 | +0.012 | 31.111 |
| 3 | +78.476 | −78.488 | +78.482 | 109.581 | +0.018 | 109.599 |
| 4 | −18.934 | +18.945 | −18.940 | 90.641 | +0.024 | 90.665 |
| 5 | −52.717 | +52.706 | −52.712 | 37.929 | +0.030 | 37.959 |
| $B$ | −13.282 | +13.292 | −13.287 | 24.642 | +0.036 | 24.678 |

오차 $E = 24.642 - 24.678 = -0.036$m

관측점수는 6점이므로 +0.036/6 = +0.006(조정값은 오차의 부호와 반대이므로) 이것에 의하여 조정표고가 구하여진다.

∴ 관측점 5의 표고는 37.959m이다.

4) $x = 116.00 \times \tan 30° = 66.97$m

∴ $B$ 점의 지반고 $= (125.31 + 1.23) - (66.97 + 1.95) = 57.62$m

5) ① $BB' = \dfrac{3 \times AA'}{4} = 0.15$m

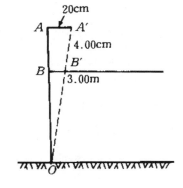

$$OB = \sqrt{(OB')^2 - (BB')^2}$$
$$= \sqrt{3^2 - 0.15^2} \fallingdotseq 2.996\,\text{m}$$

∴오차 $= 3.000\text{m} - 2.996\,\text{m}$

$= +4\,\text{mm}$

② $\dfrac{20 \times 50}{206265''} \fallingdotseq 5\,\text{mm}$

6) 고저측량망의 각각의 환의 폐합차를 구하고 다음에 각 환의 거리를 계산하고 $1.0\text{cm}\sqrt{S}$ 에 의해 폐합차의 제한조건을 구하여, 각 환의 폐합차가 각각의 제한조건 내에 있는가를 조사한다. 관측은 화살표의 방향으로 하였으므로 그의 부호를 주의한다.

각 환의 폐합차 $W$를 구하면,

I. $W_1 = (1)+(2)+(3) = +2.474 - 1.250 - 1.241 = -0.017\text{m} = -1.7\text{cm}$

II. $W_2 = -(2)+(4)+(5)+(6) = +1.250 - 2.233 + 3.117 - 2.115 = +0.019\text{m}$

$= +1.9\text{cm}$

III. $W_3 = -(3)-(6)+(7)+(8) = +1.241 + 2.115 - 0.378 - 3.094 = -0.116\text{m}$

$$= -11.6\text{cm}$$

IV. $W_4 = (5)+(7)-(9) = +3.117-0.378-2.822 = -0.083\text{m} = -8.3\text{cm}$

외주 $W_5 = (1)+(4)+(9)+(8) = +2.474-2.233+2.822-3.094 = -0.031\text{m}$

$$= -3.1\text{cm}$$

각 환의 거리 $S_i$를 구하고 폐합차의 제한조건을 계산하면,

I. $S_1 = 4.1+2.2+2.4 = 8.7\text{km}$          $1.0\sqrt{8.7} \fallingdotseq 2.9\text{cm}$

II. $S_2 = 2.2+6.0+3.6+4.0 = 15.8\text{km}$     $1.0\sqrt{15.8} \fallingdotseq 4.0\text{cm}$

III. $S_3 = 2.4+4.0+2.2+2.3 = 10.9\text{km}$     $1.0\sqrt{10.9} \fallingdotseq 3.3\text{cm}$

IV. $S_4 = 3.6+2.2+3.5 = 9.3\text{km}$         $1.0\sqrt{9.3} \fallingdotseq 3.0\text{cm}$

외주 $S_5 = 4.1+6.0+3.5+2.3 = 15.9\text{km}$    $1.0\sqrt{15.9} \fallingdotseq 4.0\text{cm}$

각 환의 폐합차와 각각의 제한조건을 비교하면 III과 IV의 환의 폐합차가 제한 조건보다 크고, 기타의 환은 제한조건 내에 있다. 그러므로 III또는 IV의 환을 재관측할 필요가 있고 III의 환에 관하여는 (3), (6), (8)의 각 구간은 다른 환에 있어서 제한조건 내에 있으므로 나머지 구간 (7)을 재관측하여야 한다.

IV의 환에 관해서도 마찬가지로 (7)의 구간을 재관측하여야 한다. 따라서 재관측을 요하는 구간은 III과 IV환의 공통부분인 (7)구간으로 판정한다.

7) ① 관측방정식으로 구하는 경우

최확값을 $\hat{l_1}, \cdots, \hat{l_4}$, 관측값을 $l_1, \cdots, l_4$, 잔차를 $v_1, \cdots, v_4$라 하면 관측방정식은

$$\begin{cases} L+\hat{l_1}-Q = 17.533+\hat{l_1}+v_1-Q = 0 \\ A+\hat{l_2}-P = 17.533+l_2+v_2-P = 0 \\ Q+\hat{l_3}-P = Q+l_3+v_3-P = 0 \\ A+\hat{l_4}-P = 17.533+l_4+v_4-P = 0 \end{cases}$$

$$\begin{cases} v_1 = -4.250-17.533+Q = Q-21.783 \\ v_2 = -17.533+8.537+P = -8.996+P \\ v_3 = 12.781+P-Q \\ v_4 = -17.533 \times 8.557+P = -8.976+P \end{cases}$$

잔차의 제곱의 합이 최소가 된다는 최소제곱법에 의해

$\phi = v_1^2+v_2^2+v_3^2+v_4^2$

$\quad = (Q-21.783)^2+(-8.996+P)^2+(12.781+P-Q)^2+(-8.976+P)^2$

이 되므로,

$$\frac{\partial \phi}{\partial P} = 2(-8.996 + P) + 2(12.781 + P - Q) + 2(-8.976 + P) = 0$$

$$\frac{\partial \phi}{\partial Q} = 2(Q - 21.783) - 2(12.781 + P - Q) = 0$$

이 된다. 이것을 $P$, $Q$에 대해 정리하면,

$$\begin{cases} 3P - Q = 5.191 \\ -P + 2Q = 34.564 \end{cases}$$

가 되므로,

$$\therefore P = 8.9892(\text{m}) \qquad\qquad Q = 21.7766(\text{m})$$

② 행렬에 의한 최소제곱법은 다음과 같다.

관측방정식을 다음과 같이 구성한다.

$$
\begin{array}{lll}
A = Q - l_1 + v_1 & 17.533 = Q - l_1 + v_1 & -Q = -21.783 + v_1 \\
A = P - l_2 + v_2 & 17.533 = P - l_2 + v_2 & -P = -8.996 + v_2 \\
Q = P - l_3 + v_3 & Q = P - l_3 + v_3 & Q - P = 12.781 + v_3 \\
A = P - l_4 + v_4 & 17.533 = P - l_4 + v_4 & -P = -8.996 + v_4
\end{array}
$$

관측방정식 $BX = L + V$, $X = (B^T B)^{-1} B^T L$에서

$$
\begin{bmatrix} 0 & -1 \\ -1 & 0 \\ -1 & 1 \\ -1 & 0 \end{bmatrix}
\begin{bmatrix} P \\ Q \end{bmatrix}
=
\begin{bmatrix} v_1 \\ v_2 \\ v_3 \\ v_4 \end{bmatrix}
+
\begin{bmatrix} -21.783 \\ -8.996 \\ 12.781 \\ -8.976 \end{bmatrix}
$$

$$
B^T B =
\begin{bmatrix} 0 & -1 & -1 & -1 \\ -1 & 0 & 1 & 0 \end{bmatrix}
\begin{bmatrix} 0 & -1 \\ -1 & 0 \\ -1 & 1 \\ -1 & 0 \end{bmatrix}
=
\begin{bmatrix} 3 & -1 \\ -1 & 2 \end{bmatrix}
$$

$$
B^T L =
\begin{bmatrix} 0 & -1 & -1 & -1 \\ -1 & 0 & 1 & 0 \end{bmatrix}
\begin{bmatrix} -21.783 \\ -8.996 \\ 12.781 \\ -8.976 \end{bmatrix}
=
\begin{bmatrix} 5.191 \\ 34.564 \end{bmatrix}
$$

$$
X =
\begin{bmatrix} 3 & -1 \\ -1 & 2 \end{bmatrix}
\begin{bmatrix} 5.191 \\ 34.564 \end{bmatrix}
= \frac{1}{5}
\begin{bmatrix} 2 & 1 \\ 1 & 3 \end{bmatrix}
\begin{bmatrix} 5.191 \\ 34.564 \end{bmatrix}
=
\begin{bmatrix} 8.9822 \\ 21.7766 \end{bmatrix}
$$

$$\therefore P = 8.9892(\text{m}) \qquad\qquad Q = 21.7766(\text{m})$$

③ 조건방정식을 이용하는 경우

조건식수 $K = r - (n - m) = 4 - (3 - 1) = 2$

가 되며, 여기서 $r$은 관측수, $n$은 관측점수, $m$은 표고기지점수이다.

각 노선의 최확값을 $\hat{l_1}, \cdots, \hat{l_4}$, 관측값을 $l_1, \cdots, l_4$, 잔차를 $v_1, \cdots, v_4$라 하면 조건식은

$$\begin{cases} \hat{l_1} - \hat{l_2} + \hat{l_4} = 0 \\ \hat{l_2} - \hat{l_4} = 0 \end{cases}$$

이 되므로,

$$v_1 - v_2 + v_3 + (l_1 - l_2 + l_3) = v_1 - v_2 + v_3 + 0.006 = 0$$

$$v_2 - v_4 + (l_2 + l_4) = v_2 - v_4 + 0.02 = 0$$

이 된다. 최소제곱법에 의하면,

$$[v^2] = v_1^2 + v_2^2 + v_3^2 + v_4^2 = 최소$$

조건방적식인 경우 Lagrange 승수인 $K_i$값을 고려하여 정리하면,

$$\phi' = v_1^2 + v_2^2 + v_3^2 + v_4^2 - 2K_1(v_1 - v_2 + v_3 + 0.006) - 2K_2(v_2 - v_4 + 0.02) = 최소$$

이다. $\phi'$값을 최소로 하기 위해 미지변수에 대해 편미분하면,

$$\frac{\partial \phi}{\partial v_1} = 2v_1 - 2K_1 = 0 \qquad\qquad \therefore \begin{cases} v_1 = K_1 \\ v_2 = -K_1 + K_2 \\ v_3 = K_1 \\ v_4 = -K_2 \end{cases}$$

$$\frac{\partial \phi}{\partial v_2} = 2v_2 + 2K_1 - 2K_2 = 0$$

$$\frac{\partial \phi}{\partial v_3} = 2v_3 - 2K_1 = 0$$

$$\frac{\partial \phi}{\partial v_4} = 2v_4 + 2K_2 = 0$$

이것을 윗 식에 대입하면,

$$\begin{cases} 3K_1 - K_2 = -0.006 \\ -K_1 + 2K_2 = -0.02 \end{cases}$$

$$\therefore K_1 = -0.0064, \qquad\qquad K_2 = -0.0132$$

가 되며,

$$v_1 = -0.0064, \qquad v_2 = -0.0068, \qquad v_3 = -0.0064, \qquad v_4 = 0.0132$$

가 된다. 따라서

$$\hat{l_1} = 4.250 - 0.0064 = 4.2434\text{m} \qquad \hat{l_2} = -8.537 - 0.0068 = -8.5438\text{m}$$

$$\hat{l_3} = -12.781 - 0.0064 = -12.7874\text{m} \qquad \hat{l_4} = -8.557 + 0.0132 = -8.5438\text{m}$$

가 되므로,

$$\therefore \begin{cases} P점의\ 표고 = A점의\ 표고 + \hat{l_2} = 17.533 - 8.5438 = 8.9892\,(\text{m}) \\ Q점의\ 표고 = A점의\ 표고 + \hat{l_1} = 17.533 + 4.2434 = 21.7764\,(\text{m}) \end{cases}$$

8) ① $13.794 - 12.573 = +1.221$m

② ①, ②의 평균제곱근오차를 $m_1$, $m_2$라 하면 $B$, $C$간 비고의 평균제곱근오차 $M$은

$$M = \pm \sqrt{m_1^2 + m_2^2}$$

$$\therefore M = \pm \sqrt{(2\sqrt{6.2})^2 + (2\sqrt{5.0})^2}$$

$$= \pm \sqrt{4(6.2 + 5.0)} = \pm \sqrt{11.2}$$

$$= \pm 6.7\text{mm}$$

9) $H = \dfrac{(a_1 - b_1) + (a_2 - b_2)}{2} = \dfrac{(a_1 + a_2) - (b_1 + b_2)}{2}$

$$\therefore H = \frac{(0.74 + 1.87) - (0.07 + 1.24)}{2} = \frac{2.61 - 1.31}{2} = 0.65$$

$A$점의 표고가 50m이므로 $B$점의 표고는

$$50.0 + 0.65 = 50.65\text{m}$$

10) 경중률(확실도)은 거리에 반비례하므로

$$W_1 : W_2 : W_3 : W_4 = \frac{1}{3.0} : \frac{1}{2.0} : \frac{1}{1.0} : \frac{1}{2.5}$$

$$= 0.33 : 0.50 : 1.00 : 0.40$$

| | $P$점의 관측표고 | 개략평균값 $(H')$(m) | $H - H'$ | 경중률($W$) | $W(H - H')$ |
|---|---|---|---|---|---|
| $A \rightarrow P$ | 34.241 | | 0.041 | 0.33 | 0.01353 |
| $B \rightarrow P$ | 34.240 | 34.2 | 0.040 | 0.50 | 0.02000 |
| $C \rightarrow P$ | 34.235 | | 0.035 | 1.00 | 0.03500 |
| $D \rightarrow P$ | 34.238 | | 0.038 | 0.40 | 0.01520 |
| 계 | | | | 2.23 | 0.08373 |

$P$점의 최확값은

$$H_0 = \frac{\sum PH}{\sum P} = H' + \frac{\sum P(H - H')}{\sum P} = 34.2 + \frac{0.08373}{2.23}$$

$$= 34.2 + 0.038 = 34.238$$

11) 비고에 대한 관측값의 경중률은 2점 간의 거리에 반비례한다. 각 비고에 대한 관측값의 경중률 $W_i$는

$A \rightarrow P$의 관측값의 경중률 $W_1 = \dfrac{1}{2.8} \fallingdotseq 0.36$

$P \rightarrow C$의 관측값의 경중률 $W_2 = \dfrac{1}{7.8} \fallingdotseq 0.13$

$B \rightarrow P$의 관측값의 경중률 $W_3 = \dfrac{1}{4.2} \fallingdotseq 0.24$

$P \rightarrow D$의 관측값의 경중률 $W_4 = \dfrac{1}{5.6} \fallingdotseq 0.18$

따라서 $W_1 : W_2 : W_3 : W_4 = 7 : 3 : 5 : 4$

각 점으로부터 따로 구해진 $W$점의 표고 $H_i$는

$A \rightarrow P$에서 구하여진 $W$점의 표고 $H_1 = 21.568 + 10.536 = 32.104\,\mathrm{m}$

$P \rightarrow C$에서 구하여진 $W$점의 표고 $H_2 = 22.672 + 9.450 = 32.122\,\mathrm{m}$

$B \rightarrow P$에서 구하여진 $W$점의 표고 $H_3 = 25.192 + 6.919 = 32.111\,\mathrm{m}$

$P \rightarrow D$에서 구하여진 $W$점의 표고 $H_4 = 27.588 + 4.518 = 32.106\,\mathrm{m}$

$W$점의 표고의 최확값 $H_0$는

$$H_0 = \frac{[WH]}{[W]} = \frac{W_1 H_1 + W_2 H_2 + W_3 H_3 + W_4 H_4}{W_1 + W_2 + W_3 + W_4}$$

$$= 32.100 + \frac{0.173}{19} = 32.100 + 0.009 = 32.109\,\mathrm{m}$$

12) 각 고저기준점에서 구한 $P$점의 관측표고 $H_i$ 는 다음과 같다.

$A \rightarrow P :\ H_1 = 40.718 - 6.208 = 34.510\,\mathrm{m}$

$P \rightarrow C :\ H_2 = 26.845 + 7.680 = 34.525\,\mathrm{m}$

$B \rightarrow P :\ H_3 = 36.276 - 1.764 = 34.512\,\mathrm{m}$

$P \rightarrow D :\ H_4 = 42.333 - 7.808 = 34.525\,\mathrm{m}$

관측표고를 $H_i$, 경중률을 $W_i$라 하면 $W_i$는 그 노선의 거리에 반비례한다.

$$W_1 : W_2 : W_3 : W_4 = \frac{1}{2.4} : \frac{1}{2.5} : \frac{1}{1.2} : \frac{1}{4.2} = 4.2 : 4.0 : 8.3 : 2.4$$

최확값 $H_0 = \dfrac{[WH]}{[W]}$

$$= 34.500 + \frac{4.2 \times 0.010 + 4.0 \times 0.025 + 8.3 \times 0.012 + 2.4 \times 0.025}{4.2 + 4.0 + 8.3 + 2.4}$$

$$= 34.500 + \frac{0.3016}{18.9} \fallingdotseq 34.500 + 0.016 = 34.516\,\mathrm{m}$$

| 노선 | 관측표고 $H_i$ | 경중률 $w_i$ | 잔차 $v_i$ | $w_iv_i$ | $w_iv_i^2$ |
|---|---|---|---|---|---|
| $A \rightarrow P$ | 34.510m | 4.2 | $-0.006$m | $-0.0252$ | 0.0001512 |
| $P \rightarrow C$ | 34.525 | 4.0 | $+0.009$ | $+0.0360$ | 0.0003240 |
| $B \rightarrow P$ | 34.512 | 8.3 | $-0.004$ | $-0.0332$ | 0.0001328 |
| $P \rightarrow D$ | 34.525 | 2.4 | $+0.009$ | $+0.0216$ | 0.0001944 |
| 계 | | 18.9 | | $-0.0008$ | 0.0008024 |

계산결과를 정리하면 위의 표와 같다.

최확값 $H_0$의 평균제곱근오차 $m_0$는

$$m_0 = \pm \sqrt{\frac{[wv^2]}{[w](n-1)}}$$

$$= \pm \sqrt{\frac{0.0008024}{18.9(4-1)}} = \pm 0.0038\text{m} = \pm 3.8\,\text{mm} \qquad \text{(답) (2)}$$

# 제4장 다각측량

1)은 본문 참조

2) 그림과 같은 결합 traverse의 각관측오차 $\Delta a$는 $\Delta a = (W_a - W_b) + [a] - 180°(n-3)$
에서 구할 수 있다.

$$\therefore \Delta a = (12°43'18'' - 351°42'51'') + 878°59'51'' - 180°(6-3) = -29''$$

3) 진행방향에서 좌로 각관측하였으므로(+),

∴ 어떤 관측선의 방위각 = (하나앞 관측선의 방위각) + 180° + (교각)

$AB$관측선의 방위각 $= 138°15'00''$

$BC$관측선의 방위각 $= 138°15'00'' + 180° + 70°44'00'' = 28°59'00''$

$CD$관측선의 방위각 $= 28°59'00'' + 180° + 112°47'40'' = 321°46'40''$

$DA$관측선의 방위각 $= 321°46'40'' + 180° + 89°02'00'' = 230°48'40''$

(검산) $AB$관측선의 방위각 $= 230°48'40'' + 180° + 87°26'20'' = 138°15'00''$

4) 변수 7의 다각형의 내각의 합은 $(7-2) \times 180 = 900°$
내각의 관측값의 합은 $900°01'25''$

∴ 각관측오차는 $900°01'25'' - 900° = 1'25'' = 85''$

이것을 각 각에 조정하는 데는 $85''/7 = 12''$ 나머지 $1''$

그러므로 각 각에서 $12''$를 빼고 한 각만은 $13''$를 뺀 후 방향각을 계산한다.

결과는 다음 표와 같다.

| 관측점 | 실제관측내각 | 조정내각 | 방향각 |
|---|---|---|---|
| | | | 3° 00′ 10″ |
| 1 | 91° 32′ 47″ | 91° 32′ 35″ | 94° 32′ 45″ |
| 2 | 192° 45′ 52″ | 192° 45′ 40″ | 107° 18′ 25″ |
| 3 | 33° 13′ 40″ | 33° 13′ 28″ | 320° 31′ 53″ |
| 4 | 208° 02′ 32″ | 208° 02′ 20″ | 348° 34′ 13″ |
| 5 | 100° 09′ 07″ | 100° 08′ 55″ | 268° 43′ 08″ |
| 6 | 179° 33′ 27″ | 179° 33′ 14″ | 268° 16′ 22″ |
| 7 | 94° 44′ 00″ | 94° 43′ 48″ | 183° 00′ 10″ |
| 합 | 900° 01′ 25″ | 900° 00′ 00″ | |

5)

| 야장 | | | 경·위거계산 | | | |
|---|---|---|---|---|---|---|
| | | | 경거 | | 위거 | |
| 관측점 | 방위 | 거리 | E(+) | W(−) | N(+) | S(−) |
| A | N 52° 00′ E | 106.3m | 83.8m | | 65.4m | |
| B | S 29° 45′ E | 41.0 | 20.3 | | | 35.6 |
| C | S 31° 45′ W | 76.9 | | 40.5 | | 65.4 |
| D | N 61° 00′ W | 71.3 | | 62.4 | 34.6 | |

위거의 폐합오차 $\sum L = 65.4 + 34.6 - (35.6 + 65.4) = -1.0 \text{m}$

경거의 폐합오차 $\sum D = 83.8 + 20.3 - (40.5 + 62.4) = +1.2 \text{m}$

∴ 폐합오차 $E = \sqrt{(\sum L)^2 + (\sum D)^2} = \sqrt{(-1.0)^2 + (1.2)^2} = 1.56 \text{m}$

∴ 폐합비 $R = \dfrac{1.56}{106.3 + 41.0 + 76.9 + 71.3} = \dfrac{1}{189.4} \fallingdotseq \dfrac{1}{190}$

6) 위거의 폐합차 $(100.53 + 41.93) - (54.55 + 58.47 + 29.42) = +0.02 \text{m}$

경거의 폐합차 $(26.17 + 29.14 + 89.13) - (104.14 + 40.29) = +0.01 \text{m}$

관측선 1~2에서의 조정량: $\sum l = -\dfrac{0.02 \times 100.53}{284.90} = -0.01$, $\sum d = -\dfrac{0.01 \times 26.17}{288.87} = 0$

관측선 2~3에서의 조정량: $\sum l = -\dfrac{0.02 \times 41.93}{284.90} = 0$, $\sum d = -\dfrac{0.01 \times 104.14}{288.87} = -0.01$

관측선 3~4에서의 조정량: $\sum l = -\dfrac{0.02 \times 54.55}{284.90} = 0$, $\sum d = -\dfrac{0.01 \times 40.29}{288.87} = 0$

관측선 4~5에서의 조정량: $\sum l = -\dfrac{0.02 \times 58.47}{284.90} = -0.01$, $\sum d = -\dfrac{0.01 \times 29.14}{288.87} = 0$

관측선 5~1에서의 조정량: $\sum l = -\dfrac{0.02 \times 29.42}{284.90} = 0$, $\sum d = -\dfrac{0.01 \times 89.13}{288.87} = 0$

∴ 배횡거＝(하나앞 관측선의 배횡거)＋(하나앞 관측선의 경거)＋(그 관측선의 경거)

관측선 1~2에서의 배횡거: 26.17

관측선 2~3에서의 배횡거: 26.17＋26.17－104.15＝－51.81

관측선 3~4에서의 배횡거: －51.81－104.15－40.29＝－196.25

관측선 4~5에서의 배횡거: －196.25－40.29＋29.14＝－207.40

관측선 5~1에서의 배횡거: －207.40＋29.14＋89.13＝－89.13

배면적 $2S = \sum \{($각측선의 위거$) \times ($각측선의 배횡거$)\}$

관측선 1~2에서의 배면적: $100.52 \times 26.17 = +2{,}630.61$

관측선 2~3에서의 배면적: $41.93 \times (-51.81) = -2{,}172.39$

관측선 3~4에서의 배면적: $(-54.55) \times (-196.25) = 10{,}705.44$

관측선 4~5에서의 배면적: $(-58.48) \times (-207.4) = 12{,}128.75$

관측선 5~1에서의 배면적: $(-29.42) \times (-89.13) = 2{,}622.21$

∴ 면적 $25{,}914.62/2 = 12{,}957.31\text{m}^2$

| 관측점 | 거리(m) | 위거(m) | | 경거(m) | | 조정위거(m) | | 조정경거(m) | | 배횡거 | 배면적 |
|---|---|---|---|---|---|---|---|---|---|---|---|
| | | + | − | + | − | + | − | + | − | | |
| 1~2 | 103.88 | 100.53 | | 26.17 | | 100.52 | | 26.17 | | +26.17 | +2630.61 |
| 2~3 | 112.26 | 41.93 | | | 104.14 | 41.93 | | | 104.15 | −51.81 | −2172.39 |
| 3~4 | 67.81 | | 54.55 | | 40.29 | | 54.55 | | 40.29 | −196.25 | +10705.44 |
| 4~5 | 65.33 | | 58.47 | 29.14 | | | 58.48 | 29.14 | | −207.40 | +12128.75 |
| 5~6 | 93.86 | | 29.42 | 89.13 | | | 29.42 | 89.13 | | −89.13 | +2622.21 |
| 계 | 443.14 | 142.46 | 142.44 | 144.44 | 144.43 | 142.45 | 142.45 | 144.44 | 144.44 | | +25914.62 |

7) 각관측오차를 $d\theta$, 1 rad을 $\rho''$라 하면,

$$\frac{200}{\rho''} = \frac{0.02}{d\theta}, \quad d\theta = \frac{0.02}{200} \times 206265'' = 21''$$

8) $B$점이 $B'$점으로 각오차로 인하여 이동하였다 한다. 관측선의 길이를 $S$, 각관측 오차를 $d\theta$라 하면

$$\frac{BB'}{S} = d\theta \text{ rad}, \quad BB' = \frac{S \cdot d\theta}{\rho''} = \frac{158 \times 20''}{206265''} = 1.53\,\text{cm}$$

그러므로 1.53cm의 변위가 생기게 된다.

9) 절점 간의 평균거리 200m에 대하여 각관측오차는 $\pm20''$이므로 중심각 $\theta$를 낀 호의 길이를 $dl$이라 하면

$$\theta = \frac{dl}{R} \quad \therefore \quad dl = \theta \cdot R$$

단, $\theta$는 rad로 표시한 각이므로 $dl = \dfrac{\theta'' R}{\rho''}$

$\theta''$가 $\pm20''$이므로 $dl = \dfrac{\pm20'' \times 200}{206265''} = \pm0.019\text{m} = \pm0.02\text{m} = \pm2\text{cm}$ 비즈

10) 좌회전의 다각형에서 교각으로부터 방위각을 구하는 데는(어떤 관측선의 방위각)＝(하나전 관측선의 방위각)＋(양관측선이 이루는 교각)－180°

$AB$의 방위각＝125°27′

$BC$의 방위각＝125°27′＋125°46′－180°＝71°13′

$CD$의 방위각＝71°13′＋82°25′＋360°－180°＝333°38′

11) 결합 다각형의 각관측폐합차 $\varepsilon$은

$$\varepsilon = \alpha B - \{\alpha A + (\beta_1 + \beta_2 + \ldots + \beta_5)\} + (n+1)180°$$

로 구하여진다.

$\varepsilon = 91°35'46'' - \{325°14'16'' + (68°26'54'' + 239°58'42'' + 149°49'18''$
$\qquad + 269°30'15'' + 118°36'36'')\} + (5+1)180°$

$\quad = 91°35'46'' - (325°14'16'' + 846°21'45'') + 1080° = -15''$

조정량은 $-15''$이다. 이것을 5등분하여 1측점 $-3''$씩 조정하면 된다.

방향각의 계산

$\alpha_{A-C} = 325°14'16''$

$\alpha_{A-1} = 325°14'16'' + 68°26'54'' - 360° = 33°41'10''$

$\alpha_{1-2} = 33°41'10'' + 239°58'42'' - 180° = 93°39'52''$

$\alpha_{2-3} \equiv 93°39'52'' + 149°49'18'' - 180° = 63°29'10''$

$\alpha_{3-B} = 63°29'10'' + 269°30'15'' - 180° = 152°59'25''$

$\alpha_{B-D} = 152°59'25'' + 118°36'36'' - 180° = 91°36'01''$

답은 표와 같다.

| 관측점 | 관측한 교각 | 관측방향각 | 조정량 | 조정방향각 |
|---|---|---|---|---|
| | | | | $\alpha_A = 325°14'16''$ |
| A | 68°26'54'' | 33°41'10'' | $-3''$ | 33°41'07'' |
| 1 | 239°58'42'' | 93°39'52'' | $-6''$ | 93°39'46'' |
| 2 | 149°49'18'' | 63°29'10'' | $-9''$ | 63°29'01'' |
| 3 | 269°30'15'' | 152°59'25'' | $-12''$ | 152°59'13'' |
| B | 118°36'36'' | 91°36'01'' | $-15''$ | $\alpha_B = 91°35'46''$ |

12) 트랜시트 법칙을 사용하여 조정한다. 각 관측점이 조정량은 다음 식으로부터 구한다.

조정량 $\delta x = \dfrac{\varepsilon_L \cdot \Delta x_i}{\sum|\Delta x|}$ $\qquad \delta y = \dfrac{\varepsilon_D \cdot \Delta y_i}{\sum|\Delta y|}$

단, $\varepsilon_L$: 위거의 폐합차($=+0.02$m) $\varepsilon_D$: 경거의 폐합차($=+0.01$m)

$\Delta x_i$: 임의관측선의 위거 $\Delta y_i$: 임의관측선의 경거 $\sum|\Delta x|$: 위거의 절댓값의 합

$\sum|\Delta y|$: 경거의 절댓값의 합

관측선 1~2의 조정량 : $\delta_x = -\dfrac{0.02 \times 100.53}{284.90} = -0.01$ $\delta_y = -\dfrac{0.01 \times 26.17}{288.87} = 0$

관측선 2~3의 조정량 : $\delta_x = -\dfrac{0.02 \times 41.93}{284.90} = 0$ $\qquad \delta_y = -\dfrac{0.01 \times 104.14}{288.87} = -0.01$

관측선 3~4의 조정량 : $\delta_x = +\dfrac{0.02 \times 54.55}{284.90} = 0$ $\qquad \delta_y = -\dfrac{0.01 \times 40.29}{288.87} = 0$

관측선 4~5의 조정량 : $\delta_x = -\dfrac{0.02 \times 58.47}{284.90} = -0.01$ $\delta_y = -\dfrac{0.01 \times 29.14}{288.87} = 0$

관측선 5~1의 조정량 : $\delta_x = +\dfrac{0.02 \times 29.42}{284.90} = 0$ $\qquad \delta_y = -\dfrac{0.01 \times 89.13}{288.87} = 0$

계산결과는 표와 같다.

| 관측선 | 위거조정량 | 경거조정량 | 조정위거 | 조정경거 |
|---|---|---|---|---|
| 1~2 | $-0.01$m | 0m | $+100.52$m | $+26.17$m |
| 2~3 | 0 | $-0.01$ | $+41.93$ | $-104.15$ |
| 3~4 | 0 | 0 | $-54.55$ | $-40.29$ |
| 4~5 | $-0.01$ | 0 | $-58.48$ | $+29.14$ |
| 5~1 | 0 | 0 | $-29.42$ | $+89.13$ |

13) $R = \dfrac{\sqrt{E_i^2 + E_d^2}}{\sum S} = \dfrac{\sqrt{(-0.12)^2 + (0.23)^2}}{1240}$

$\qquad = \dfrac{1}{4,769} \fallingdotseq \dfrac{1}{4,770}$

14) $2\sqrt{n'}$

15) 위거에 대한 영향이 크다.

　　방위각이 0°또는 270°에 가까울 때에는 경거에 대한 영향이 더 크다.


## 제5장 삼각측량

1)의 답은 본문 참조

2) 그림에서 준거타원체상의 투영길이는 다음 식으로 된다.

$$\frac{S_0}{S} = \frac{R}{R+H}$$

$$S_0 = \frac{S}{1+H/R} = S(1+\frac{H}{R})^{-1} \fallingdotseq S - \frac{H}{R}S$$

여기서 $R$ : 지구의 반경 $H$ : 관측지의 표고(평균)

$S$ : 수평거리 $S_0$ : 투영거리

$$\therefore\ S_0 = 500.423 - \frac{300}{6,400,000} \times 500.423 = 500.400\,\mathrm{m}$$

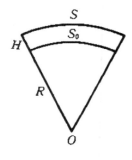

3) 반경 2,000m의 원에 있어서 중심각 1″인 호 $DC$의 길이를 구하면

$$\widehat{DC} = \frac{\theta \times AB}{1\,\mathrm{rad}} = \frac{1'' \times 2,000}{206,265''} \fallingdotseq 0.010\,\mathrm{m}$$

1″이내로 하기 위해서는 $\widehat{DC}$를 0.01m

이내로 하면 된다.

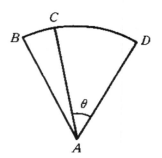

4) $x_1'' = \rho'' \dfrac{e}{S_1} \sin\varphi$

$$x_1'' = 2 \times 10^5 \times \frac{0.2}{2000} \sin 120°$$

$$= 2 \times 10^5 \times 1 \times 10^{-4} \times \frac{\sqrt{3}}{2}$$

$$= 2 \times 10 \times \frac{1.732}{2} \fallingdotseq 17''$$

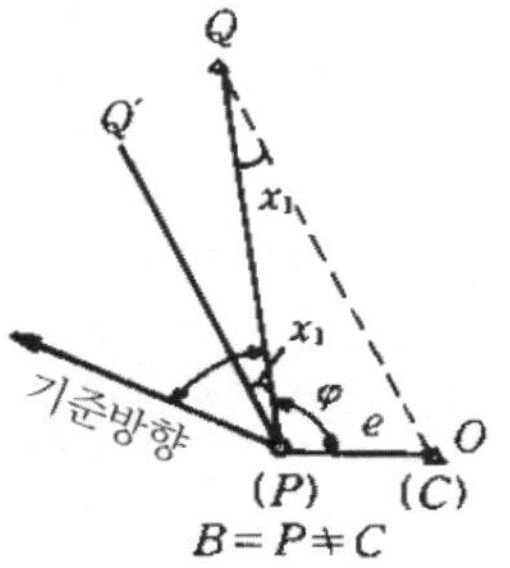


그러나 문제는 $O$점에서 $Q$점방향의 편심조정이므로 옆의 그림과 같이 $(B)$의 기준방향으로부터 우회전의 각을 $OQ$의 방향으로 조정하는 데는 $-17''$가 된다.

5) 1. 점조건식

(1) ①+②= ∠$A$ (2) ③+④= ∠$B$ (3) ⑤+⑥= ∠$C$

(4) ⑦+⑧= ∠$D$ (5) ⑨+⑩= ∠$E$ (6) ⑪+⑫= ∠$F$

(7) ⑬+⑭+⑮+⑯+⑰+⑱=360°

2. 각조건식

(1) ②+③+⑭=180° (2) ④+⑤+⑮=180° (3) ⑥+⑦+⑯=180°

(4) ⑧+⑨+⑰=180° (5) ⑩+⑪+⑱ㅍ180° (6) ⑫+①+⑬=180°

(7) ⑬+⑭+⑮+⑯+⑰+⑱=180°

6) $h = S \cdot \tan\alpha + \frac{(1-k)}{2R} S^2$에 있어서 $\alpha = 0$이므로

$$h = \frac{(1-k)}{2R} S^2 \qquad \therefore S^2 = \frac{2R}{(1-k)} h \qquad \therefore S = \sqrt{\frac{2R \cdot h}{(1-k)}}$$

$$\therefore S = \sqrt{\frac{2 \times 6370 \times 10^3 \times 1.4}{(1-0.14)}} \fallingdotseq 4500\,\mathrm{m}$$

7) $h = \frac{S^2}{2R} - k\frac{S^2}{2R} = \frac{S^2}{2R}(1-k)$

$$0.01 = \frac{S^2}{2 \times 6.37 \times 10^6}(1-k)$$

$$\therefore S = \sqrt{\frac{0.01 \times 2 \times 6.37 \times 10^6}{(1-0.14)}} = 385\,\mathrm{m}$$

8) $T = T' - x = 60°33'15'' - 206265'' \times \frac{5}{1300} \sin 57°04' = 60°16'23''$

9) $A = \dfrac{\sqrt{3}}{2} l^2 = \dfrac{\sqrt{3}}{2} \times 1.5^2 = 2\,\mathrm{km}^2$

10) $\angle ABD = T'\ \angle ACD = T$

$T + x_1 = T' + x_2$ $\qquad\qquad \therefore T = T' - x_1 + x_2$ $\qquad$ ……(1)

$\triangle ABC$에 있어서 $AD = S_1$이라 하면

$\dfrac{e}{\sin x_1} = \dfrac{S_1}{\sin (360° - \varphi)}$ $\qquad\qquad \sin x_1 = \dfrac{e}{S_1} \sin (360° - \varphi)$

$\therefore x_1'' = \rho'' \dfrac{e}{S_1} \sin (360° - \varphi)$ $\qquad$ ……(2)

(여기서 $\sin^{-1} x \fallingdotseq x$ 이것을 각도의 초로 표시하기 위하여 $\rho''$를 곱한다.) 같은 방법으로 하여 $\triangle CBD$에 있어서 $CD = S_2$라 하면

$\sin x_2 = \dfrac{e}{S_2} \sin (360° - \varphi + T')$

$\therefore x_2'' = \rho'' \dfrac{e}{S_2} \sin (360° - \varphi + T')$ $\qquad$ ……(3)

식 (1)에 식 (2) (3)을 대입하면 $\angle ACD$가 구해진다.

(답) $\angle ACD = T' - x_1 + x_2$

11) 점조건식은 없다. 각조건식, 변조건식은 다음과 같다.

(1)+(2)+(3)+(4)+(5)+(6)+(7)+(8)=360°

(1)+(2)=(5)+(6) (3)+(4)=(7)+(8) (각조건식)

$\dfrac{\sin (1) + \sin (3) + \sin (5) + \sin (7)}{\sin (2) + \sin (4) + \sin (6) + \sin (8)} = 1$ (변조건식)

12) 지구의 곡률반경을 $R$, 수평거리를 $S$라 하면 지구의 곡률에 의한 오차 [球差] $E_c$는

$E_c = \dfrac{S^2}{2R} = \dfrac{5^2 \times 10^6}{2 \times 6.37 \times 10^6} = 1.962\,\mathrm{m}$

14) 정삼각형

15) 1. 단삼각망

    a. 점조건식: $p$(삼각점수)$-2$, 1점에서 2개각 이상 있을 때 성립

    b. 삼각형 조건식: $n$개(삼각형의 수)

    c. 방향각 조건식: 1개(기선의 방향각으로부터 각 변의 방향각을 경유하여 점선의 방향 각과 일정하게 하는 조건식)

    d. 변조건식(邊線條件): 기선으로부터 변의 길이와 각의 sine 공식에 의하여 검선의 길이에 일치하게 하는 조건식 1개,
$$\sum \log \sin \alpha + \log S_0 = \sum \log \sin \beta + \log S_n$$

    e. 좌표조건식: 1개, 변조건식에 의하여 오차 조정이 완결되므로, 일반적으로 정도가 낮은 측량에 적용된다.


2. 복삼각망

    a. 점조건식: 4

    b. 각조건식: 7개, 4변형 내의 4개의 삼각형의 내각의 합이 각각 $180°$가 되어야 하는 것과 $b+c=g+f$, $a+b=d+e$, $\angle A + \angle B + \angle C + \angle D = 360°$가 되는 7개의 조건식이 성립한다.

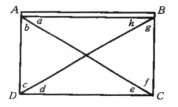

    c. 변조건식: 1개, 즉
$$\sum \log \sin \alpha = \sum \log \sin \beta$$

    d. 방향각 조건: 2개, 2개 이상의 4변형이 연속되고 점선이 있을 때 실시한다. 단삼각망에 준한다.


# 제6장 삼변측량 및 천문측량

1)은 답은 본문 참조

2) 사변형 내의 4개 삼각형의 내각의 합이 $180°$가 되어야 한다.

$$A_1 + B_1 + A_2 + B_2 = 180° \cdots (1)$$

$$A_2 + B_2 + A_3 + B_3 = 180° \cdots (2)$$

$A_3 + B_3 + A_4 + B_4 = 180° \cdots (3)$

$A_4 + B_4 + A_1 + B_1 = 180° \cdots (4)$

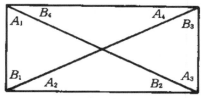

이상에서 3개식만 만족시키면 나머지 조건식도 만족시킨다. 이것을 삼각규약조정법이라 한다. 각조건에 의한 조정은 (5) (6) (7)이고 변조건에 의한 조정은 식(8)이다.

$A_1 + B_1 = A_3 + B_3 \cdots (5)$

$A_2 + B_2 = A_4 + B_4 \cdots (6)$

$A_1 + B_1 + A_2 + B_2 + A_3 + B_3 + A_4 + B_4 = 360° \cdots (7)$

$$\frac{\sin(B_1) + \sin(B_2) + \sin(B_3) + \sin(B_4)}{\sin(A_1) + \sin(A_2) + \sin(A_3) + \sin(A_4)} = 1 \cdots (8)$$

식 (5)~(8)을 동시에 취급하는 것이 엄밀법이고 각조건과 변조건을 각각 계산하는 것을 근사법이라 한다.

3) $\overline{AB} = \sqrt{(2,404.12 - 1,125.0)^2 + (2,534.35 - 1,875.0)^2} = 1,439.06 \, \mathrm{m}$

$\theta_{AB} = \tan^{-1}\left(\dfrac{2,404.12 - 1,125.0}{2,534.35 - 1,875.0}\right) = \tan^{-1}\left(\dfrac{1,279.12}{659.35}\right) = 62°11'22''$

$\theta_{AC} = \theta_{AB} + \angle A = 62°43'49'' + 63°43'49'' = 126°27'38''$

$X_C = X_A + b\cos\theta_{AC} = 1,125.0 + 1,097.9\cos126°27'38'' = 472.55 \, \mathrm{m}$

$Y_C = Y_A + b\sin\theta_{AC} = 1,875.0 + 1,097.9\sin126°27'38'' = 2,758.00 \, \mathrm{m}$

4) ① 1차계산

　　㉠ 초기 근삿값

　　　　ⓐ $\overline{AB}$의 방위각

$$\theta_{AB} = 180° + \tan^{-1}\left(\frac{X_b - X_a}{Y_b - Y_a}\right) = 180° + \tan^{-1}\left(\frac{1,824.42 - 649.05}{1,535.44 - 3,395.36}\right)$$

$$= 180° - 32°17'27 = 147°42'33$$

　　　　ⓑ $\overline{AB}$의 거리

$$\overline{AB} = \sqrt{(X_b - X_a)^2 + (Y_b - Y_a)^2}$$

$$= \sqrt{(1,824.42 - 649.05)^2 + (1,535.44 - 3,395.36)^2} = 2,200.18 \, \mathrm{m}$$

ⓒ $\overline{AU}$의 방위각

코사인 제2법칙 $c^2 = a^2 + b^2 - 2ab\cos C$에서

$$\angle UAB = \cos^{-1}\left(\frac{4,536.75^2 + 2,200.18^2 - 3,552.00^2}{2 \times 4,536.75 \times 2,200.18}\right) = 50°05'50''$$

$$\theta_{AU} = \theta_{AB} - \angle UAB = 147°42'33'' - 50°05'50'' = 97°36'43''$$

ⓓ $X_U$, $Y_U$의 계산

$$X_U = 649.05 + 4,536.75 \sin 97°36'43'' = 5,145.82\,\text{m}$$

$$Y_U = 3,395.36 + 4,536.75 \cos 97°36'43'' = 2,794.41\,\text{m}$$

ⓛ $\overline{AU}$, $\overline{BU}$, $\overline{CU}$의 계산

$X_U$와 $Y_U$가 실측값으로부터 계산되었기 때문에 $\overline{AU}$와 $\overline{BU}$는 그들의 실측거리와 똑같다. 따라서

$\overline{AU} = 4,536.75\,\text{m}$

$\overline{BU} = 3,552.00\,\text{m}$

$\overline{CU} = \sqrt{(5,145.82 - 2,148.92)^2 + (2,794.41 - 20.36)^2} = 4,083.72$

ⓒ 관측방정식을 해석하기 위하여 행렬을 구성한다.

ⓐ $A$행렬

식 (8.25~27)에 의하여

$$a_{11}dX_U + a_{12}dY_U = L_1 + V_1$$

$$a_{21}dX_U + a_{22}dY_U = L_2 + V_2$$

$$a_{31}dX_U + a_{32}dY_U = L_3 + V_3$$

여기서

$$a_{11} = \frac{5,145.82 - 649.05}{4,536.75} = 0.991$$

$$a_{12} = \frac{2,794.41 - 3,395.36}{4,536.75} = -0.132$$

$$a_{21} = \frac{5,145.82 - 1,824.42}{3,552.00} = 0.935$$

$$a_{22} = \frac{2,794.41 - 1,535.44}{3,552.00} = 0.354$$

$$a_{31} = \frac{5,145.82 - 2,148.92}{4083.72} = 0.734$$

$$a_{32} = \frac{2,794.41 - 20.36}{4,083.72} = 0.679$$

ⓑ $L$행렬

$$L_1 = 4,536.75 - 4,536.75 = 0.00$$

$$L_2 = 3,552.00 - 3,552.00 = 0.00$$

$$L_3 = 4,084.87 - 4,083.72 = 1.15$$

ⓒ $X$와 $V$행렬

$$X = \begin{bmatrix} dX_U \\ dY_U \end{bmatrix}, \qquad V = \begin{bmatrix} v_{au} \\ v_{bu} \\ v_{cu} \end{bmatrix}$$

ⓔ 행렬 $X$ 구하기

$$X = (A^T A)^{-1} A^T L$$

$$A^T A = \begin{bmatrix} 0.991 & 0.935 & 0.734 \\ -0.132 & 0.354 & 0.679 \end{bmatrix} \begin{bmatrix} 0.991 & -0.132 \\ 0.935 & 0.654 \\ 0.734 & 0.679 \end{bmatrix}$$

$$= \begin{bmatrix} 2.395 & 0.698 \\ 0.698 & 0.604 \end{bmatrix}$$

$$(A^T A)^{-1} = \frac{1}{0.96} \begin{bmatrix} 0.604 & -0.698 \\ -0.698 & 2.395 \end{bmatrix}$$

$$A^T L = \begin{bmatrix} 0.991 & 0.935 & 0.734 \\ -0.132 & 0.354 & 0.679 \end{bmatrix} \begin{bmatrix} 0.00 \\ 0.00 \\ 1.15 \end{bmatrix} = \begin{bmatrix} 0.844 \\ 0.802 \end{bmatrix}$$

$$X = \frac{1}{0.96} \begin{bmatrix} 0.604 & -0.698 \\ -0.698 & 2.395 \end{bmatrix} \begin{bmatrix} 0.844 \\ 0.802 \end{bmatrix} = \begin{bmatrix} -0.052 \\ +1.387 \end{bmatrix}$$

ⓜ 수정된 $U$의 좌표 계산

$$X_U = 5,145.82 - 0.052 = 5,145.768$$
$$Y_U = 2,794.41 + 1.387 = 2,795.797$$

② 반복 2차 계산

㉠ $\overline{AU}$, $\overline{BU}$, $\overline{CU}$의 계산

$$\overline{AU} = \sqrt{(5,145.768 - 649.05)^2 + (2,795.797 - 3,395.36)^2} = 4,536.513$$

$$\overline{BU} = \sqrt{(5,145.768 - 1,824.42)^2 + (2,795.797 - 1,535.44)^2} = 3,552.443$$

$$\overline{AU} = \sqrt{(5,145.768 - 2,148.92)^2 + (2,795.797 - 20.36)^2} = 4,084.623$$

ⓛ 행렬의 형성

본 예제에서는 길이의 변화량이 적어 $A$행렬을 형성하여 계산하여도 많은 변화가 없으므로 $(A^TA)^{-1}$값도 변화가 없다. 이에 $L$행렬만 다시 형성하여 계산한다.

$L_1 = 4,536.75 - 4,536.513 = 0.237$

$L_2 = 3,552.00 - 3,552.443 = -0.443$

$L_3 = 4,084.87 - 4,084.623 = 0.247$

ⓒ $X$행렬

$$A^TL = \begin{bmatrix} 0.991 & 0.935 & 0.734 \\ -0.132 & 0.354 & 0.679 \end{bmatrix} \begin{bmatrix} 0.237 \\ -0.443 \\ 0.247 \end{bmatrix} = \begin{bmatrix} 0.002 \\ -0.020 \end{bmatrix}$$

$$X = \frac{1}{0.96} \begin{bmatrix} 0.604 & -0.698 \\ -0.698 & 2.395 \end{bmatrix} \begin{bmatrix} 0.002 \\ -0.020 \end{bmatrix} = \begin{bmatrix} +0.016 \\ -0.051 \end{bmatrix}$$

ⓡ 수정된 $U$의 좌표 계산

$X_U = 5,145.768 + 0.016 = 5,145.784$

$Y_U = 2,795.797 - 0.051 = 2,795.746$


# 제7장 3차원 및 4차원 위치해석

①~㉓의 답은 본문 참조


# 제8장 도면제작

①~㉙의 답은 본문 참조


# 제9장 면·체적산정

①~⑥의 답은 본문 참조

# 제10장 사회기반시설측량

1)의 답은 본문 참조

2) 유하거리의 오차 $\dfrac{dl}{l} = \dfrac{0.1}{l} \times 100 = \dfrac{10}{l}(\%)$

유하시간의 오차 $\dfrac{dt}{t} = \dfrac{0.5}{l/1.0} \times 100 = \dfrac{50}{l}(\%)$

유속의 오차 $\dfrac{dv}{v} = \sqrt{\left(\dfrac{10}{l}\right)^2 + \left(\dfrac{50}{l}\right)^2} \fallingdotseq \dfrac{51}{l}(\%)$

문제에서 $\dfrac{51}{l} \leq 2$ ∴ $l \geq 25.5\,\mathrm{m}$

3) 급류부 ±20mm, 완류부 ±15mm, 감조부 ±12mm

4) 유제부에서 제내 30m 이내, 무제부에서는 홍수위선에서 100m까지의 범위

5) 본문에 있어서

각 구간의 유량 $q = a \cdot v = l \cdot h \cdot v$

문제에서 $l$에 오차가 없다고 하면 $h$ 및 $v$에 각각 $\Delta h$ 및 $\Delta v$의 오차가 있기 때문에 $q$에 $\Delta q$의 오차가 만들어진다. 그 관계식은

$$\left(\dfrac{\Delta q}{q}\right)^2 = \left(\dfrac{\Delta h}{h}\right)^2 + \left(\dfrac{\Delta v}{v}\right)^2$$

그런데 $\Delta h = \pm \dfrac{5}{100}h$ $\Delta v = \pm \dfrac{10}{100}v$

$$\left(\dfrac{\Delta q}{q}\right)^2 = \left(\dfrac{\pm 5h}{100h}\right)^2 + \left(\dfrac{\pm 10v}{100v}\right)^2$$

$$\therefore \Delta q^2 = \left\{\left(\dfrac{5}{10}\right)^2 + \left(\dfrac{10}{10}\right)^2\right\} \cdot q^2$$

$$\Delta q = + \dfrac{\sqrt{5^2 + 10^2}}{100} \cdot q = \pm \dfrac{11}{100} \cdot q$$

고로 전단면에서의 전유량 $Q$의 오차 $\Delta Q$는 $l$이 10 구간이므로

$$\Delta Q = \Delta q \sqrt{10} \cdot Q = \pm \frac{11}{100} \cdot \sqrt{10} \cdot Q = \pm \frac{33}{100} \cdot Q$$

즉, 전유량 $Q$의 33%의 오차를 예상하여야 한다.

6) 하천측량은 하천의 형상, 수위, 심천, 단면, 경사 등을 관측하여 하천의 평면도, 종단도를 작도함과 동시에 유속, 유량 등도 조사하여 하천 개수공사를 하는데 필요한 자료를 얻는 데 있다.

7) $H_B = H_A + (\pm \mathrm{IH}) \pm (\mathrm{S'} \sin \alpha) - (\pm \mathrm{HP})$

$\quad H_B - H_A = - (\pm \mathrm{IH}) + \mathrm{S'} \sin \alpha + \mathrm{HP}$

$\qquad\qquad\quad = -1.28 + 44.69 \times \sin 14°25' + 1.65 \mathrm{m}$

$\qquad\qquad\quad = 11.4965 \fallingdotseq 11.50 \mathrm{m}$

$\mathrm{IH}$와 $\mathrm{HP}$는 천정으로부터 재면 $(-)$, 바닥에서부터 재면 $(+)$, $\alpha$는 고각은 $(+)$ 저각은 $(-)$

8) $\Delta x = 2{,}185.31 - 1{,}265.45 = 919.86 \mathrm{m}$

$\quad \Delta y = 1{,}691.60 - (-468.75) = 2{,}160.35 \mathrm{m}$

$\quad \therefore$ 사거리 $S = \sqrt{\Delta x^2 + \Delta y^2} = \sqrt{5{,}513{,}254.5} = 2{,}348.03 \mathrm{m}$

9) $A$를 각오차라 하면 $A = \tan^{-1} \dfrac{0.002}{1.50} = 0.0762° = 0°04'34''$

관측점 8까지의 거리는 $\sqrt{150^2 + 360^2} = 390 \mathrm{m}$

$1.50\mathrm{m}$에 대하여 $0.002\mathrm{m}$의 오차이므로

관측점 8의 위치오차는 $390 \times \dfrac{0.002}{1.50} = 0.52 \mathrm{m}$

10) 단거리인 경우는 추선을 시준하고 그 후방에는 백지 또는 백포를 대고 추선의 후측방 또는 추선과 백지와의 중간측에서 조명한다. 그리고 거리가 30m 이상일 때 등화의 불빛을 직접 시준하여 특별히 표등을 사용한다. 또한 거리가 멀고 빛이 약하여 보기가 곤란할 때는 반사 경, 조명기가 사용된다.

11) 사갱의 측량에서 트랜시트를 설치해서 시준하는 것이 어려우므로, 수평축의 틀림에 의한

오차를 각 관측방법에 의해 소거할 수 없고 또 이 오차가 크게 영향을 끼치므로 수평축 조정은 엄밀히 해야 한다.

12) 트랜시트와 수선에 의한 방법

13) 트랜시트로 경사를 재고 사거리를 재어 계산으로 구한다.

14) $\text{TL} = R\tan\dfrac{I}{2} = 150 \times \tan 28°48' = 150 \times 0.549755 = 82.46\,\text{m}$

$\text{CL} = \pi R\dfrac{I}{180°} = 3.14 \times 150 \times \dfrac{57°36}{180°} = 150.72\,\text{m}$

15) $\text{SL} = E = R\left(\sec\dfrac{I}{2} - 1\right)$

(구) $E' = R'\left(\sec\dfrac{I}{2} - 1\right)$

(신) $E = R\left(\sec\dfrac{I}{2} - 1\right)$

그런데 곡선의 중점을 내측으로 $e = 10\,\text{m}$만큼 옮겼다고 하면 $E = E' + e$

$\therefore R\left(\sec\dfrac{I}{2} - 1\right) = R'\left(\sec\dfrac{I}{2} - 1\right) + e$

$\therefore R = R' + \dfrac{e}{\sec\dfrac{I}{2} - 1} = 100 + \dfrac{10}{\sec 30° - 1} = 100 + 64.64 = 164.64\,\text{m}$

16) $AC$와 $BD$의 교점을 $P$라 하면 그림으로부터

$\alpha = 180° - \angle ACD = 180° - 150° = 30°$

$\beta = 180° - \angle CDB = 180° - 90° = 90°$

$\gamma = 180° - (\alpha + \beta) = 180° - (30° + 90°) = 60°$

$\therefore I = 180° - \gamma = 180° - 60° = 120°$

$\therefore \text{TL} = R\tan\dfrac{I}{2} = 300 \times \tan 60° = 300 \times \sqrt{3} = 519.6\,\text{m}$

다음에 $\overline{CP}$는 $\triangle PCD$에 있어서 삼각비례공식에 의하여

$$\frac{CP}{\sin\beta} = \frac{CD}{\sin\gamma}$$

$$\therefore CP = \frac{CD \cdot \sin\beta}{\sin\gamma} = \frac{200 \times \sin 90°}{\sin 60°} = \frac{200 \times 1}{\sqrt{3}/2} = 230.9\,\mathrm{m}$$

고로 $C$점에서 $BC$까지의 거리 $(x)$는

$$x = \mathrm{TL} - \overline{CP} = 519.6 - 230.9 = 288.7\,\mathrm{m}$$

17) $i = \dfrac{+3}{100} - \dfrac{-3}{100} = \dfrac{6}{100}$   $y = \dfrac{i}{2l}x^2 = \dfrac{0.06}{2 \times 60}x^2 = 0.0005x^2$

$x_1 = 10\,\mathrm{m}$인 점 $\qquad y_1 = 0.0005 \times 10^2 = 0.05\,\mathrm{m}$

$x_2 = 20\,\mathrm{m}$인 점 $\qquad y_2 = 0.0005 \times 20^2 = 0.20\,\mathrm{m}$

$x_3 = 30\,\mathrm{m}$인 점 $\qquad y_3 = 0.0005 \times 30^2 = 0.45\,\mathrm{m}$

$x_4 = 40\,\mathrm{m}$인 점 $\qquad y_4 = 0.0005 \times 40^2 = 0.80\,\mathrm{m}$

$x_5 = 50\,\mathrm{m}$인 점 $\qquad y_5 = 0.0005 \times 50^2 = 1.25\,\mathrm{m}$

$x_6 = 60\,\mathrm{m}$인 점 $\qquad y_6 = 0.0005 \times 60^2 = 1.80\,\mathrm{m}$

18) $PC = \dfrac{\sin\beta}{\sin(\alpha+\beta)} \cdot l = 101.9\,\mathrm{m}$ $\qquad PA = \mathrm{TL} = R \cdot \tan\dfrac{I}{2} = 73.0\,\mathrm{m}$

$AC = PC - PA = 101.9 - 73.0 = 28.9\,\mathrm{m}$

$\mathrm{CL} = \dfrac{RI}{\rho°} = 106.0\,\mathrm{m}$

$\mathrm{SL} = R\left(\sec\dfrac{I}{2} - 1\right) = 42.0\,\mathrm{m}$

19) 편각설치법

20) $\dfrac{n}{1,000}$

21) 포물선

22) $\tan \dfrac{I_2}{2} = \dfrac{T_1 \sin I - R_1 \operatorname{vers} I}{T_2 + T_1 \cos I - R_1 \sin I}$

$$= \dfrac{120 \times \sin\,(57°14') - 120 \times \operatorname{vers}(57°14')}{230 + 120 \times \cos\,(57°14') - 120 \times \sin\,(57°14')}$$

$$= \dfrac{45.852}{194.040} = 0.2363$$

$\therefore I_2 = 26°35'25''$

$\therefore I_1 = I - I_2$

$$= 57°14' - 26°35'25'' = 30°38'35''$$

$\therefore R_2 = R_1 + \dfrac{T_1 \sin I - R_1 \operatorname{vers} I}{\operatorname{vers} I_2}$

$$= 120 + \dfrac{120 \times \sin\,(57°14') - 120 \times \operatorname{vers}\,(57°14')}{\operatorname{vers}\,(26°35'25'')}$$

$$= 120 + \dfrac{100.447}{0.10577} = 1069.67\,\mathrm{m}$$

23) $x_1 = \dfrac{1}{4}X = \dfrac{40}{4} = 10\,\mathrm{m}$

$x_2 = \dfrac{1}{2}X = 20\,\mathrm{m}$

$x_3 = \dfrac{3}{4}X = 30\,\mathrm{m}$

$x_4 = X = 40\,\mathrm{m}$

$y_1 = \dfrac{x_1^3}{6RX} = \dfrac{10^3}{6 \times 500 \times 40} = 0.0083\,\mathrm{m}$

$y_2 = \dfrac{20^3}{6 \times 500 \times 40} = 0.0667\,\mathrm{m}$

$y_3 = \dfrac{30^3}{6 \times 500 \times 40} = 0.2250\,\mathrm{m}$

$y_4 = \dfrac{40^3}{6 \times 500 \times 40} = 0.5333\,\mathrm{m}$

# 제11장 영상탐측학

1)의 답은 본문 참조

2) $\dfrac{B}{H} = \dfrac{ma\left(1 - \dfrac{p}{100}\right)}{C \cdot \Delta h} = \dfrac{15{,}000 \times 0.23 \times 0.4}{1{,}200 \times 1.5} = 0.7666$

3) $\overline{p_1{}'p_2} = 11\,\mathrm{cm}$

$\overline{a_1 p_1{}'} = \overline{a_2 p_2{}'} = \dfrac{23}{2} - 11 = 0.5\,\mathrm{cm}$

$\therefore$ 종중복도 $\dfrac{\overline{a_1 a_2}}{a} = \dfrac{0.5 + 11 + 0.5}{23}$

$= 0.5217 \fallingdotseq 0.52 \fallingdotseq 52\%$

4) $B = 0.23 \times \left(1 - \dfrac{60}{100}\right) \times 30{,}000 = 2{,}760\mathrm{m} = 2.76\,\mathrm{km}$

$C = 0.23 \times \left(1 - \dfrac{30}{100}\right) \times 30{,}000 = 4{,}830\mathrm{m} = 4.83\,\mathrm{km}$

단, $\dfrac{1}{m} = \dfrac{f}{H} = \dfrac{0.15}{4{,}500} = \dfrac{1}{30{,}000}$

$\therefore$ 유효입체모형면적 $= 2.76 \times 4.83 = 13.3308 \fallingdotseq 13.3\,\mathrm{km}^2$

5) $m = \dfrac{S}{B} = \dfrac{0.18 \times 60{,}000}{0.23 \times \left(1 - \dfrac{60}{100}\right) \times 30{,}000} = 3.9 \fallingdotseq 4$

$4 \times 1.2 = 4.8 \fallingdotseq 5$　5매

6) $\Delta h = \dfrac{H}{C} = \dfrac{60{,}000 \times 0.15}{1{,}300} = 6.9\,\mathrm{m}$

7) $\dfrac{1}{m} = \dfrac{0.21}{3{,}700 - 700} = \dfrac{1}{14{,}286}$

$$\text{사진매수} = \frac{20 \times 40 \times 10^6}{(0.23 \times 14,286)^2 \times \left(1 - \frac{60}{100}\right)\left(1 - \frac{30}{100}\right)} \times \left(1 + \frac{30}{100}\right) = 343.98$$

$$\therefore \ 344\text{매}$$

8) $\Delta r = \dfrac{h}{H}r = \dfrac{1,300}{3,500} \times 800 = 297.14\,\text{m}$

$$\frac{297.14 \times 1,000}{25,000} = 11.89$$

# 제12장 지형공간정보공학

①~㉑의 답은 본문 참조

# 제13장 우주개발

①~⑩의 답은 본문 참조

# 찾 아 보 기

### A

# 저 자

## 유 연 (柳 然 : Yeu, Yeon)

**▌약력**

- 서울대학교 공과대학 토목공학과 학사 졸업
- 2011년 6월 12일 미국 OSU(The Ohio State University)에서 Geodetic Science 전공으로 공학석사 및 공학박사 학위 수여
- 현 재단법인 석곡관측과학기술연구원 선임연구위원
- 한양대학교 건설환경공학과 출강

**▌주요저서**

- "지형공간정보학개관", 유복모 공저, 동명사, 2011 초판, 2014 제2판
- "측량학개관", 유복모 공저, 박영사, 2012 초판, 2013 제2판(2013년 대한민국학술원 선정 우수학술도서)
- "영상탐측학개관", 유복모 공저, 동명사, 2012 초판
- "지공탐측학개관", 유복모 공저, 박영사, 2013 초판
- "측량실무개관", 유복모 공저, 박영사, 2014 초판
- "지형공간개선", 유복모 공저, 문운당, 2015 초판
- "사회환경안전관리", 씨아이알, 2016 초판 외 2권

# 감수자

## 유복모 (柳福模 : Yeu, Bock Mo)

**▌약력**

- 서울대학교 공과대학 토목공학과 학사 졸업
- 네덜란드 ITC에서 사진측량학 수학
- 1975년 6월 19일 일본 동경대학에서 공학박사 학위 수여
- 연세대학교 공과대학 토목공학과 교수 역임(1976. 3.~2001. 2.)
- 서울대학교 공과대학 토목공학과, 환경대학원 강사 역임(1978~1980, 1980~1984, 1986~1992)
- 1982년 토목분야 측량 및 지형공간정보기술사 취득
- IUGG의 IAG 한국분과위원장 역임(1987~1993)

- 한국지형공간정보학회 회장 역임(1993~1997)
- 한국전통조경학회 회장 역임(1995~1996)
- 대한토목학회 회장 역임(1997~1998)
- 한국측량학회 회장 역임(1998~2000)
- 서울시 문화상 수상(1999. 10. 28. 건설 부문)
- 홍조근정훈장수여(2000. 3. 30. 제5609호)
- 현 재단법인 석곡관측과학기술연구원 이사장
- 연세대학교 명예교수(2001. 2. ~ 현재)
- 미국, 사진측량 및 원격탐측학회 명예회원
- 'Emeritus Member of ASPRS(American Society of Photogrammetry & Remote Sensing)'(2004. 1. ~ 현재)


▌주요저서
- "측량공학", 박영사, 1977 초판, 2006 제6판
- "사진측량학개론", 희중당, 1977 초판, 사이택미디어, 2005 제3판
- "도시계획", 문교부, 1979 초판
- "측량학", 동명사, 1991 초판, 1998 제3판
- "측지학", 동명사, 1992 초판, 2000 제5판
- "원격탐측", 개문사, 1992 초판
- "지형공간정보학", 동명사, 1994 초판, 2001 제3판
- "경관공학", 동명사, 1996 초판, 2003 제3판
- "현대 디지털 사진측량학", Toni F. Schenk 공저, 피어슨 에듀케이션 코리아, 2003 초판
- "건조물측량학", 대가, 2007 초판
- "지형공간정보학개관", 유연 공저, 동명사, 2011 초판, 2014 제2판
- "측량학개관", 유연 공저, 박영사, 2012 초판, 2013 제2판(2013년 대한민국학술원 선정 우수학술 도서)
- "영상탐측학개관", 유연 공저, 동명사, 2012 초판
- "지공탐측학개관", 유연 공저, 박영사, 2013 초판
- "측량실무개관", 유연 공저, 박영사, 2014 초판
- "지형공간개선", 유연 공저, 문운당, 2015 초판 외 8권

# 측량 및 지형공간정보공학

초 판 인 쇄    2016년 01월 29일
초 판 발 행    2016년 02월 05일

저      자    유 연
펴  낸  이    김성배
펴  낸  곳    도서출판 씨아이알

책 임 편 집    박영지
디  자  인    윤지환, 하초롱
제 작 책 임    이헌상

등 록 번 호    제2-3285호
등  록  일    2001년 3월 19일
주      소    (04626) 서울특별시 중구 필동로8길 43(예장동 1-151)
전 화 번 호    02-2275-8603(대표)
팩 스 번 호    02-2275-8604
홈 페 이 지    www.circom.co.kr

I S B N    979-11-5610-194-9 (93530)
정      가    43,000원